Velázquez Word to Word English and Spanish School Dictionary

English – Spanish/Español – Inglés

Velázquez Word to Word English and Spanish School Dictionary

English – Spanish/Español – Inglés

Velázquez Press:
9682 Telstar Ave. Ste 110
El Monte, CA 91731 USA
Visit www.VelazquezPress.com or www.AskVelazquez.com

ISBN 10: 1-59495-132-2
ISBN 13: 978-1-59495-132-9

Printed in the United States of America

First Edition
24 23 22 21 20 4 5 6 7 8

Library of Congress Control Number: 2013901438

List of Contributors

Lexicon researched and compiled by Arthur C, Rachel L and the editors at *Velázquez Press*.

Thanks to Ruth García-Lago and Maria J for their review of the Spanish-English terms.

Thanks to Diego A Torres and Maggie Castro for their design work.

Preface

Limited English speakers in United States schools are faced with a double hurdle. They not only need to learn a second language in an ESL setting, but also must keep up with their peers in terms of content. In the case of abstract thought, such as science, a student may enter an ESL program already with well-formed concepts in his or her native language. The student and the teacher must bridge this gap, especially if this student is to succeed in the current American educational system.

Velázquez Word to Word English and Spanish School Dictionary/ Glossary is a newly revised work with a breadth of vocabulary that all bilingual students and teachers will find indispensable as a supplementary resource. This new bilingual glossary is convenient and relevant to classroom study and examinations because it offers a comprehensive array of lexical terms and translations. Here, the ESL student and teacher will find not only technical terminology presented in English and Spanish, but also entries for the type of discourse most commonly used to discuss language arts, math and science.

This glossary fills a specific niche in elementary, middle and high school ESL and bilingual education by aspiring to the following objectives. First, this glossary is a resource used by limited English speaking students in the classroom to aid them in the comprehension of language arts, math and science terms. Second, it is designed to be used by these same students during standardized tests. Third, schools and districts provide this resource to parents as a means to increase parent involvement. Parents can use the glossary to support student homework assignments. Finally, the *Velázquez Word to Word English and Spanish School Dictionary/Glossary* can be used as a handy bibliographic reference for bilingual teachers who must overcome questions of translation equivalents of specific terminology. Look no further than the *Velázquez Word to Word English and Spanish School Dictionary/Glossary* for all student, teacher and administrative science needs!

Velázquez Press

Prefacio

Los estudiantes que asisten a escuelas norteamericanas y que hablan un inglés limitado tienen que confrontar principalmente dos obstáculos: no sólo deben aprender el inglés como una segunda lengua sino que también deben mantenerse al nivel de sus compañeros de clase en las demás materias. En los casos de asignaturas de pensamiento abstracto, como lo son las ciencias, un estudiante puede ingresar a cualquier programa bilingüe con ciertos conceptos bien formados en su primera lengua. El estudiante y el maestro deben trabajar para hacer más pequeña esta diferencia lingüística, especialmente si el estudiante quiere tener éxito dentro del sistema educativo estadounidense.

El glosario bilingüe de términos para uso en salones de clase, *Velázquez Word to Word English and Spanish School Dictionary/Glossary*, es una compilación revisada que presenta un vocabulario amplio, indispensable como recurso suplementario para todo estudiante y maestro bilingüe. Este nuevo glosario bilingüe resulta muy conveniente y pertinente para su uso tanto en salones de clase como en exámenes estandarizados, debido a su gran variedad de términos y traducciones comprensible. En este glosario, el estudiante de inglés como segunda lengua y su maestro no sólo encontrarán terminología técnica presentada en inglés y español sino también distintas palabras sobre el tipo de discurso que se emplea comúnmente al hablar sobre las ciencias.

Este glosario cubre una necesidad especial de las escuelas primarias, secundarias y preparatorias que cuentan con educación bilingüe y aspira a los siguientes objetivos. Primero, es un recurso que los estudiantes con inglés limitado usarán en su salón de clase para ayudarles a comprender términos academicos, abstracciones y a expresarse en el lenguaje técnico correctamente. Segundo, está diseñado para que estos mismos estudiantes puedan utilizarlo durante los exámenes estandarizados. Tercero, escuelas y distritos lo proveen a padres como herramienta para incrementar su participación en la educación de estudiantes. Los padres lo utilizan para traducir y entender vocabulario en inglés, y para ayudar al estudiante con su tarea. Por último, los maestros bilingües que quieran aclarar dudas sobre traducciones de terminología específica tendrán a la mano como recurso bibliográfico el *Velázquez Word to Word English and Spanish School Dictionary/ Glossary.* ¡No busque más! El *Velázquez Word to Word English and Spanish School Dictionary/Glossary* resolverá toda duda técnica como estudiante, maestro o administrador bilingüe.

Velázquez Press

User's Guide

This glossary is unique in that its word-to-word translation format meets requirements for school standardized testing. Disallowed are pronunciation keys, parts of speech, and guide words.

This glossary includes bold face entry words in alphabetical order. Homonyms that are different parts of speech are denoted with superscript. Commas are used to list synonymous translations. Related terms are indented beneath the main entry word in bold face to facilitate searchability.

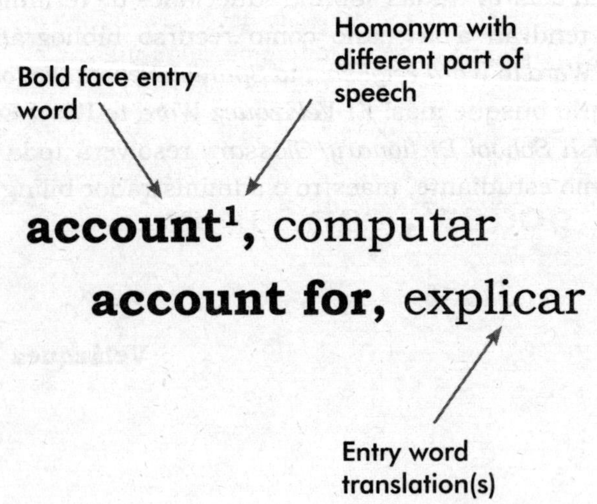

Guía del Usuario

Este glosario es único ya que su formato de presentar las traducciones palabra por palabra cumple los requisitos para exámenes escolares estandarizados. No están permitidas la pronunciación fonética, las categorías gramaticales ni las palabras para guiar la traducción.

Este glosario incluye vocablos en orden alfabético que están en negrita. Los homónimos que tienen diferentes categorías gramaticales están indicados con un superíndice. Las comas se usan para enlistar los equivalentes sinónimos. Las palabras asociadas están en sangría debajo de la entrada principal y en negrita para facilitar la búsqueda.

Section I

English – Spanish

1

1st person point of view, punto de vista de la primera persona
3rd person limited, 3ª persona limitada
3rd person omniscient, 3ª persona omnisciente

A

a, un, uno, una
AA triangle similarity, triángulos semejantes AA
AAA triangle similarity, triángulos semejantes AAA
AAS triangle congruence, triángulos congruentes AAS
A.B. (Bachelor of Arts), Br. en A. (Bachiller en Artes)
a cappella, a cappella, a capela
aback, detrás, atrás
  to be taken aback, quedar desconcertado
abacus, ábaco
abandon, abandonar, dejar
abase, rebajar, degradar
abash, avergonzar, causar confusión, sonrojar
abate[1], aminorar, disminuir, rebajar, aminorar, menguar, amainar
abate[2], disminuirse
abbey, abadía, monasterio
abbot, abad
abbreviate, abreviar, acortar, compendiar
abbreviation, abreviación, abreviatura
ABC's, abecé, abecedario
abdicate, abdicar, renunciar
abdication, abdicación, renuncia, dimisión
abdomen, abdomen, vientre, barriga
abdominal thrust maneuver, maniobra de compresión abdominal
abduct, secuestrar
Abdul-Mejid, Abd-ul-Mejid
Abelian group· grupo abeliano
aberration, desvío, extravío, aberración
abet, favorecer, patrocinar, sostener, excitar, animar
abeyance, suspensión
  in abeyance, en suspenso
abhor, aborrecer, detestar
abide[1], habitar, morar, permanecer
abide[2], soportar, sufrir, defender, sostener
  to abide by, cumplir con, sostenerse en
ability, potencia, habilidad, capacidad, aptitud, facilidad
  ability to support life, capacidad de albergar vida
abiotic, abiótico
  abiotic components of ecosystems, componentes abióticos de un ecosistema
abject, vil, despreciable, bajo, desanimado
abjectly, abyectamente
abjure[1], abjurar, renunciar
abjure[2], retractarse
ablaze, en llamas
able, fuerte, capaz, hábil
  to be able to, saber, poder
able-bodied, robusto, vigoroso
ably, con habilidad
abnormal, anormal, deforme
aboard, a bordo
  to go aboard, embarcarse
  all aboard!, ¡señores viajeros, al tren!
abode, domicilio, habitación
abolish, abolir, anular, suprimir, destruir o dar fin a alguna cosa, revocar
abolition, abolición
  abolition movement, movimiento abolicionista
abolitionism, abolicionismo
abolitionist, abolicionista
  Abolitionist Movement, movimiento abolicionista
A-bomb, bomba atómica
abominable, abominable, detestable
aboriginal, aborigen, primitivo(a), originario(a)

aboriginal population, población aborigen
abort[1], abortar
abort[2], fracaso
abortion, aborto, malparto
abound, abundar
about[1], cerca de, por ahí, hacia, sobre, acerca, tocante a
about[2], en torno a, aquí y allá, aproximadamente, cerca de
all about, en todo lugar, en todas partes
it is about twelve, son aproximadamente las doce
to be about, tratar de
to go about, andar acá y acullá
about-face[1], media vuelta
about-face[2], dar media vuelta
above[1], encima, sobre, superior, más alto
above zero, encima de cero
above[2], arriba
above all, sobre todo, principalmente, mayor a
above mentioned, ya mencionado, susodicho, sobredicho
aboveboard[1], sincero
aboveboard[2], al descubierto.
Abraham Lincoln, Abraham Lincoln
abrasion, abrasión, raspadura, rozamiento, fricción, desgaste por rozamiento o fricción.
abrasive, raspante, abrasivo
abrasives, abrasivos
abreast, de costado
to be abreast of the news, estar al corriente
abridge, abreviar, compendiar, acortar
abroad, fuera de casa o del país
to go abroad, salir, ir al extranjero
abrupt, quebrado, desigual, precipitado, repentino, bronco, rudo
abscess, absceso, postema
abscond, esconderse, huir, fugarse
absence, ausencia, falta, abstracción
absence of rules and laws, ausencia de reglas y leyes
leave of absence, licencia, permiso
absent, ausente, fuera de sí, distraído(a)
absentee, el que está ausente de su empleo
absenteeism, ausentismo
absent-minded, distraído, desatento
abscissa, abscisa
absolute, absoluto(a), categórico(a), positivo(a), arbitrario(a), completo(a), puro(a)
absolute advantage, ventaja absoluta
absolute age, edad absoluta
absolute dating, datación absoluta
absolute deviation, desviación absoluta
absolute error, error absoluto
absolute function, función absoluta
absolute location, ubicación absoluta
absolute magnitude, magnitud absoluta
absolute maximum, máximo absoluto
absolute monarchy, monarquía absoluta
absolute term, término absoluto
absolute value, valor absoluto
absolute value function, función de valor absoluto
absolution, absolución
absolutism, absolutismo
absolutist state, estado absoluto
absolve, absolver, dispensar, exentar
absorb, absorber
absorbent, absorbente
absorption, absorción
abstain, abstenerse, privarse
abstinence, abstinencia, templanza
abstract[1], abstraer, compendiar
abstract[2], abstracto
abstract[3], extracto, sumario, compendio· resumen
abstract dance, danza abstracta
Abstract Expressionism, expresionismo abstracto

abstracted gesture, gesto abstraído
abstraction, abstracción, distracción
absurd, absurdo(a)
absurdity, absurdo, ridiculez
abundance, abundancia, copia, plenitud, raudal
in abundance, a rodo, en abundancia, a granel
abundant, abundante, sobrado
abuse[1], abusar, engañar, maltratar, violar
abuse[2], abuso, engaño, corruptela, seducción, injuria, afrenta
abuse of power, abuso de poder
abusive, abusivo, injurioso
A.C., a.c. (alternating current), C.A. (corriente alterna)
ac. (account), cta. (cuenta)
acacia, acacia
academic, académico
academical, académico
academy, academia, colegio
accede, acceder, convenir en alguna cosa, asentir
accelerando, accelerando
accelerate, acelerar
accelerating agent, agente de aceleración
acceleration, aceleración, prisa, apremio
accelerator, acelerador
accelerometer, acelerómetro
accent[1], acento, modulación, tono
accent[2], acentuar, colocar los acentos, intensificar
accentuate, acentuar, intensificar
accept, aceptar, admitir, recibir favorablemente
accept responsibility for one's actions, aceptar la responsabilidad por sus propias acciones
acceptable, aceptable, grato(a), digno(a) de aceptación
acceptable behavior, comportamiento aceptable
acceptance, aceptación, recepción, recibimiento
access[1], acceso, entrada, aumento
access[2], accesar, entrar
accessibility, accesibilidad, fácil acceso
accession, subida
accession of Elizabeth I, subida al trono de Isabel I de Inglaterra
accessory[1], accesorio, concomitante, casual
accessory[2], cómplice
accident, accidente, casualidad, suceso imprevisto, lance
accident insurance, seguro contra accidentes
accidental, accidental, casual, contingente
acclaim, aclamar, aplaudir, vitorear
acclamation, aclamación, aplauso
acclimate, aclimatar
acclimated, aclimatado(a)
accolade, elogio, premio, reconocimiento de méritos
accommodate[1], acomodar, ajustar, contener
accommodate[2], adaptarse, conformarse
accommodating, servicial, complaciente, obsequioso(a)
accommodation, comodidad, localidad, habitación, cabida, cuarto
accommodations, localidades, facilidades de alojamiento
accompaniment, acompañamiento
accompany, acompañar
accomplice, cómplice
accomplish, efectuar, llevar a cabo, realizar, lograr, conseguir, cumplir
accomplished, perfecto(a), completo(a), capaz, bien preparado(a)
accomplishment, realización, cumplimiento entero de alguna cosa
accomplishments, habilidades, conocimientos, prendas
accord[1], acuerdo, convenio, armonía, simetría
of one's own accord, espontáneamente
with one accord, unánimemente
accord[2], acordar
accord[3], estar de acuerdo
accordance, conformidad, acuerdo
according, conforme

according to, según
accordingly, consecuentemente, por consiguiente
accordion, acordeón
accost, saludar a uno yendo hacia él, acercarse, trabar conversación
account, cuenta, cálculo, estimación, aprecio, narración, relación, motivo
for my account, a mi cuenta
on account of, a causa de, a cargo de, por motivo de
on my account, a mi cuenta
on no account, de ninguna manera
to be of no account, ser un cero a la izquierda
to bring to account, pedir cuentas
to charge to one's account, adeudar en cuenta
to keep an account, llevar cuenta
to take into account, tomar en cuenta
unsettled account, cuenta pendiente
accountable, responsable
accountant, contador, tenedor de libros
accounting, contabilidad
accredit, acreditar, patrocinar
accredited, autorizado(a)
accrue, resultar, provenir
accrued, acumulado(a)
acculturation, aculturación
accumulate[1], acumular, amontonar
accumulate[2], crecer, aumentarse
accumulation, acumulación
accumulator, acumulador
accuracy, exactitud, precisión, esmero, cuidado
accurate, exacto, puntual, certero, atinado, correcto
accursed, maldito(a), maldecido(a), execrable, excomulgado(a)
accursed be!, ¡mal haya!
accusation, acusación, cargo
accusative, acusativo(a)
accuse, acusar, culpar, formar causa
accustom, acostumbrar, avezar
accustom oneself, familiarizarse
ace, as, aviador sobresaliente, migaja, partícula
acetate, acetato
acetic, acético
acetone, acetona
acetylene, acetileno
ache[1], dolor continuo, mal
ache[2], doler
achieve, ejecutar, perfeccionar, ganar, obtener, lograr, realizar
achievement, ejecución, acción heroica, hazaña, logro
Achilles tendon, tendón de Aquiles
aching, doliente
acid, ácido(a), agrio(a), acedo(a)
acid proof, resistente a los ácidos
acid rain, lluvia ácida
acid reaction, reacción ácida
acid test, prueba de acidez
acid-base indicator, indicador ácido-base
acidimeter, acidímetro
acidity, agrura, acedía, acidez, acritud
ack-ack, antiaéreo(a)
acknowledge, reconocer, confesar
to acknowledge receipt, acusar recibo
acknowledgment, reconocimiento, gratitud, concesión
acne, acné
acorn, bellota
acoustic instrument, instrumento acústico
acoustics, acústica
acquaint, advertir, avisar, enterar, familiarizar, informar
to be acquainted with, conocer
acquaintance, conocimiento, familiaridad, conocido(a)
acquiesce, consentir, asentir
acquiescence, asenso, consentimiento, sumisión
acquire, adquirir, obtener
acquired trait, rasgo adquirido
acquisition, adquisición, obtención
acquit, liberar, absolver, pagar

acre, acre
acreage, número de acres
acrid, acre mordaz
acrobat, acróbata, volatinero
acrobatics, acrobacia
acronym, acrónimo, siglas
across[1], de través, de una parte a otra
across[2], a través de, por
acrostic, acróstico
act[1], representar, obrar
act[2], hacer, efectuar
act[3], acto, hecho, acción, efecto
Act of Supremacy, Acta de Supremacía
A.C.T.H., A.C.T.H. (hormona adrenocorticotropa)
acting[1], representación
acting method, método de actuación
acting skill, habilidad de actuación, dotes de actuación
acting[2], interino(a), suplente
action, acción, operación, batalla, gesticulación, proceso, actividad, funcionamiento, hecho, gestión
action segment, segmento de acción
action verb, verbo de acción
action word, palabra que indica acción
actions, conducta, comportamiento
activate, activar
activation energy, energía de activación
active, activo(a), eficaz, ocupado(a), ágil
active listener, oyente activo, escucha activo
active listening skills, habilidades de escucha activa
active transport, transporte activo
activity, agilidad, actividad, prontitud, vivacidad
activity level, nivel de actividad
agrarian activity, actividad agraria
actor, actor, ejecutante, agente, cómico, actor
actress, actriz, cómica
actual, cierto(a), real, efectivo(a)
actual mass, masa real
actuate, excitar, mover, impulsar, poner en acción
acute, agudo(a), ingenioso(a)
acute angle, ángulo agudo
acute triangle, triángulo agudo, triángulo acutángulo
acutely, con agudeza, con perspicacia, extremadamente
A.D. , "D. de J. C. (después de J.C.); A.D. (Anno Domini)"
ad, anuncio
adage, proverbio, refrán
adamant, firme, tenaz, inflexible
adapt, adaptar, ajustar.
adaptability, adaptabilidad
adaptation, adaptación
adaptive, adaptativo(a)
adaptive characteristics, características adaptativas
add, juntar, sumar, agregar, añadir
add radical expressions, suma de expresiones radicales
addend, sumando
addicted, adicto(a)
addicted to, apasionado(a) por, adicto(a) a
adding machine, sumadora mecánica, máquina de sumar
addition, adición, suma
addition algorithm, algoritmo de suma
addition counting procedure, procedimiento de cálculo de suma
addition of fractions, suma de fracciones
additional, adicional
additionally, en o por adición, además
additive, aditivo
additive inverses, inverso aditivo
additive property of equality, propiedad aditiva de igualdad
address[1], hablar, dirigir la palabra
address[2], oración, discurso, señas, dirección
addressee, destinatario(a)
addressograph, máquina para imprimir sobrescritos, adresógrafo
adenoid, adenoideo
adept, adepto(a), sabio(a), experto(a)

adequate, adecuado(a), proporcionado(a), suficiente, a propósito
adhere, adherir, aficionarse, pegarse
adherent[1], pegajoso(a), tenaz, adherente
adherent[2], adherente, partidario(a)
adhesion, adhesión, adherencia
adhesive, pegajoso(a), tenaz
adhesive plaster, esparadrapo, cinta adhesiva
adhesive tape, esparadrapo, cinta adhesiva
adieu[1], despedida
adieu[2], ¡adiós!
adjacent, adyacente, contiguo(a), colindante
adjacent angles, ángulos adyacentes
adjacent sides, lados adyacentes
adjective, adjetivo(a)
adjective clause, cláusula adjetiva
adjective phrase, frase adjetiva, sintagma adjetivo
adjoin[1], juntar, unir
adjoin[2], ser contiguo(a)
adjoining, contiguo(a), siguiente
adjourn, diferir, aplazar, suspender, clausurar
adjournment, prórroga, aplazamiento, clausura
adjure, juramentar, conjurar
adjust, ajustar, acomodar
adjustable, ajustable, adaptable
adjuster, mediador(a), ajustador(a)
adjustment, ajustamiento, ajuste, arreglo
adjutant, ayudante
ad-lib, improvisar, hablar sin atenerse a lo escrito
Adm. (Admiral), Almte. (almirante)
administer, administrar, gobernar, desempeñar, dar, surtir, proveer
administrate, administrar
administration, administración, gobierno, dirección, gerencia
admirable, admirable
admiral, almirante
admiration, admiración
admire, admirar, estimar, contemplar
admirer, admirador(a), amante, pretendiente
admiringly, con admiración
admission, admisión, recepción, entrada, concesión, ingreso
admit, admitir, dar entrada, recibir, conceder, permitir, confesar, reconocer
admittance, entrada, admisión
no admittance, se prohibe la entrada
admonish, amonestar, reprender
ado, dificultad, bullicio, tumulto, fatiga
much ado about nothing, mucha importancia para tan poca cosa
adobe, adobe
adolescence, adolescencia
adolescent, adolescente
adolescent independence, independencia del adolescente
Adolf Hitler, Adolf Hitler
adopt, adoptar, prohijar
adoption, adopción
adoration, adoración
adore, adorar
adorn, adornar, ornar
to adorn oneself, prenderse, adornarse
adornment, adorno, atavío
adrenaline, adrenalina
adrift, flotante, a merced de las olas, al garete
adroit, diestro(a), hábil, mañoso(a)
adulation, adulación, lisonja, zalamería
adult, adulto(a)
adulterate[1] adulterar, corromper, falsificar
adulterate[2], adúltero(a), adulterado(a), falsificado(a)
adultery, adulterio
ad val. (ad valorem), ad val. (ad valórem)
advance[1], avanzar, promover, pagar adelantado
advance[2], hacer progresos
advance[3], avance, adelanto
in advance, con anticipación, por adelantado
advanced, adelantado, avanzado
advanced movement skill, habilidad motora avanzada

advancement, adelantamiento, progreso, promoción
advantage, ventaja, superioridad, provecho, beneficio, delantera
absolute advantage, ventaja absoluta
to take advantage of, aprovecharse de, sacarle partido a
advantageous, ventajoso(a), útil
advantageously, ventajosamente
advection, advección
advent, venida, advenimiento, Adviento
adventure[1], aventura, riesgo
adventure[2], osar, emprender
adventure[3], aventurar
adventurer, aventurero(a)
adventuresome, intrépido(a), atrevido(a), aventurero(a), valeroso(a)
adventuress, aventurera
adventurous, intrépido, atrevido, aventurero, valeroso
adverb, adverbio
adverb clause, cláusula adverbial
adverb phrase, frase adverbial, sintagma adverbial
adverbial, adverbial
adversary, adversario(a), enemigo(a)
adversary system, sistema acusatorio, sistema adversarial
adverse, adverso(a), contrario(a)
adversity, adversidad, calamidad, infortunio
advertise, anunciar, hacerle propaganda
advertisement, aviso, anuncio
advertiser, anunciante
advertising, propaganda, publicidad
advertising code, código publicitario, código de publicidad
advertising copy, copia publicitaria, copia de publicidad
advice, consejo, parecer
advice and consent, consejo y consentimiento
advisability, prudencia, conveniencia, propiedad
advisable, prudente, conveniente, aconsejable
advise[1], aconsejar, avisar
advise[2], consultar, aconsejarse
adviser, consejero(a), consultor(a)
advisor, consejero(a), consultor(a)
advisory, consultivo(a)
advocacy service, servicio de apoyo, servicio de asistencia
advocate[1], abogado(a), protector(a), partidario(a)
advocate[2], defender, apoyar
Aegean region, región del Egeo
aerial[1], aéreo
aerial photograph, fotografía aérea, aerofotografía
aerial[2], antena
aerobic, aerobio(a)
aerobic bacteria, bacteria aeróbica
aerobic capacity, capacidad aeróbica
aerobic respiration, respiración aeróbica
aerodynamics, aerodinámica
aeroembolism, aeroembolismo
aeromedicine, aeromedicina
aeronautics, aeronáutica
aeroplane, aeroplano, avión
aerosol, aerosol
aesthetic, estético(a)
aesthetic achievement, logro estético
aesthetic criteria, criterios estéticos
aesthetic purpose, intención estética, finalidad estética
aesthetic quality, calidad estética
aesthetics, estética
afar, lejos, distante
from afar, de algún lugar distante, desde lejos
affable, afable, complaciente
affair, asunto, negocio, lance, duelo
love affair, amorío
affect, conmover, afectar, hacer mella
affectation, afectación
affected, afectado(a), remilgado(a), lleno(a) de afectación
affectedly, con afectación
affection, amor, afecto, afección
affectionate, afectuoso(a), benévolo(a), cariñoso(a)
affectionately, cariñosamente, afectuosamente
affianced, desposado, prometido

affidavit, testimonio, declaración jurada, atestación
affiliate, ahijar, afiliar
affiliation, afiliación
affirm, afirmar, declarar, confirmar, ratificar, aprobar
affirmation, afirmación
affirmative, afirmativo(a)
affirmative action, discriminación positiva, acción afirmativa
affix[1], anexar, añadir, fijar
affix[2] **(pl. affixes)**, afijo (pl. afijos), sufijo
afflict, afligir, atormentar
affliction, aflicción, dolor, pena
affluence, copia, abundancia, riqueza, opulencia
affluent, afluente, opulento(a), rico(a)
afford, dar, proveer, producir, proporcionar, facilitar, tener los medios, tener los recursos
affront[1], afrenta, injuria
affront[2], afrentar, insultar, ultrajar
afghan, especie de manta tejida de varios colores
afield, en el campo, afuera
afire, en llamas
A.F.L., A.F. of L. (American Federation of Labor), F.A.T. (Federación Americana del Trabajo)
AFL-CIO, Federación Estadounidense del Trabajo y Congreso de Organizaciones Industriales
aflame, en llamas
afloat, flotante, a flote
afoot[1], a pie
afoot[2], en pie, en vías de realización
aforethought, premeditado(a)
with malice aforethought, con alevosía y ventaja, premeditadamente
afraid, temeroso(a), espantado(a), tímido(a), miedoso(a)
to be afraid, temer, tener miedo
afresh, de nuevo, otra vez
Africa, África
African American, afroamericano
African American community, comunidad afroamericana
African-American Union soldier, soldado afroamericano de la Unión
African, africano(a)
African heritage, herencia africana
African nationalist movement, movimiento nacionalista africano
African resistance movement, movimiento de resistencia africano
African slave trade, trata de esclavos de África
African village life, vida rural en África
Afro-Eurasia, Eurafrasia, Eurasiáfrica o continente euroasiático africano
aft, a popa
after[1], después de, detrás, según, tras de
day after tomorrow, pasado mañana
after[2], después
afterburner, quemador auxiliar
after-dinner, de sobremesa, para después de comida
aftereffect, resultado, efecto resultante
afterlife, vida venidera
aftermath, retoño, segunda cosecha, consecuencias
afternoon, tarde, pasado meridiano
afterthought, reflexión posterior
afterward, afterwards, después, en seguida, luego
again, otra vez
again and again, muchas veces, repetidas veces
against, contra, enfrente
agape, con la boca abierta
agate, ágata
age[1], edad, siglo, vejez, época
absolute age, edad absoluta
Age of Enlightenment, Ilustración
Age of Exploration, Era de los Descubrimientos
age of the universe, edad del Universo
of age, mayor de edad
age[2], envejecer
aged, envejecido(a), anciano(a), añejo(a)

agency, agencia, medio
agent, agente, asistente, casero(a), poderhabiente
agents of erosion, agentes de erosión
insurance agent, agente de seguros
agility, agilidad
aggravate, agravar, empeorar, intensificar
aggravating, agravante, irritante
aggravation, agravación, agravamiento
aggregate[1], agregado(a), unión
aggregate demand, demanda agregada
aggregate supply, oferta agregada
agrarian society, sociedad agrícola
aggregate[2], juntar, reunir
aggregation, agregación
aggression, agresión, ataque, asalto
aggressive, agresivo(a), ofensivo(a)
aggressor, agresor
aggrieve, injuriar, afligir, apesadumbrar
aghast, horrorizado(a)
agile, ágil, vivo(a), diestro(a)
agitate[1], agitar, discutir con ahínco
agitate[2], excitar los ánimos, alborotar opiniones
agitation, agitación, perturbación
agitator, agitador(a), incitador(a)
aglow, fulgurante, ardiente, radiante
ago, atrás, hace
long ago, hace mucho
a few days ago, hace unos días
agonizing, agonizante
agony, agonía, angustia extrema
agrarian, agrario
agrarian society, sociedad agrícola
agree, acordar, concordar, convenir, consentir
to agree with, dar la razón a, estar de acuerdo con
agreeable, conveniente, agradable, amable
agreeable with, según, conforme a
agreed, establecido(a), convenido(a)
agreed!, ¡de acuerdo!
agreement, acuerdo, concordia, conformidad, unión, pacto
by agreement, de acuerdo
general agreement, consenso
to reach an agreement, ponerse de acuerdo
agribusiness, agroindustria
agricultural, agrario(a), agrícola
Agricultural Adjustment Act, Ley de Ajuste Agrícola
agricultural economy, economía agrícola
agricultural lifestyle, estilo de vida agrícola, modo de vida rural
agricultural practice, práctica agrícola
agricultural soil, suelo agrícola
agricultural technology, tecnología agrícola
agriculture, agricultura
ague, calentura intermitente
Agustin de Iturbide, Agustín de Iturbide
ahead, más allá, delante de otro, en adelante, enfrente
to go ahead, continuar, seguir
aid[1], ayudar, socorrer, conllevar
aid[2], ayuda, auxilio, socorro
Aid to Families with Dependent Children, Ayuda a Familias con Niños Dependientes (AFDC)
aide, ayudante
aide-de-camp, edecán, asistente
AIDS (Acquired Immune Deficiency Syndrome), SIDA, síndrome de inmunodeficiencia adquirida
ail, afligir, molestar
what ails you?, ¿qué le duele a usted?
aileron, alerón
ailing, doliente, enfermizo(a), achacoso(a)
ailment, dolencia, indisposición
aim[1], apuntar, dirigir el tiro con el ojo, aspirar a, intentar

aim², designio, intento, punto, mira, puntería, blanco
aimless, sin designio, sin dirección, sin objeto
ain't, no estar, no ser
air¹, aire, tonada, semblante
  air mass, masa de aire
air², de aire, aéreo(a)
  air base, base aérea
  air blast, chorro de aire
  air brake, freno neumático, freno de aire
  air bump, máquina neumática, golpe de aire
  air chamber, cámara de aire
  air cooling, enfriamiento o refrigeración por aire
  air force, fuerza aérea
  air mail, correo aéreo, correspondencia aérea, vía aérea
  air pollution, contaminación atmosférica, contaminación del aire
air³, airear, secar, ventilar
  air mass circulation, circulación atmosférica
  air meet, concurso aéreo, congreso de aeronáutica
  air movement, movimiento del aire
  air pressure, presión de aire
  air resistance, resistencia del aire
  air shaft, respiradero de mina
  air track, carril de aire
  air valve, válvula de aire
airline, línea aérea
airliner, avión de pasajeros, avión de línea
airlock, cámara de presión intermedia, burbuja de aire
airconditioned, con aire acondicionado
airborne, aéreo(a), trasportado(a) por aire
  airborne emission, emisión atmosférica
airbrush, pulverizador neumático, brocha de aire
air-condition, acondicionar el clima interior
air conditioning, acondicionamiento del aire, aire acondicionado, ventilación
air-cooled, enfriado por aire
aircraft, aeronave, avión
  aircraft carrier, portaaviones
airing, caminata, paseo para tomar aire, ventilación
airlift, puente aéreo, ayuda aérea
airmail¹, aeropostal
  airmail letter, carta aérea, carta por avión
airmail², enviar por correo aéreo
airplane, aeroplano, avión
  airplane carrier, portaaviones
air pocket, bache aéreo, bolsa de aire
airport, aeropuerto, aeródromo
airproof, hermético(a)
air-raid, bombardeo aéreo, incursión aérea
  air-raid shelter, refugio contra bombardeos aéreos
  air-raid warden, el encargado de hacer cumplir las disposiciones contra bombardeos aéreos
airship, aeronave, dirigible, aeroplano
airsickness, mareo en un viaje aéreo
airstrip, pista de aterrizaje
airtight, herméticamente cerrado(a), hermético(a), a prueba de aire
airway, vía aérea
airy, aéreo(a), etéreo(a), alegre, lleno(a) de aire
aisle, nave de una iglesia, pasillo, crujía, pasadizo
ajar, entreabierto
Akhenaton (Amenhotep IV), Akenatón o Ajenatón (Amenhotep IV)
akin, consanguíneo(a), emparentado(a), análogo(a), semejante
alacrity alacridad, presteza
al-Afghani, al-Afghani
à la king, en salsa blanca con hongos y pimientos
Alamo, Álamo

alamode (à la mode), con helados
  pie or cake alamode, pastel o bizcocho servido con helados
alarm[1], alarma, rebato
  alarm clock, despertador, reloj despertador
  burglar alarm, alarma contra ladrones
  fire alarm, alarma contra incendios
  to sound the alarm, dar la alarma
alarm[2], alarmar, inquietar
alarming, alarmante, sorprendente
alarmist, alarmista
alas, ¡ay! ¡ay de mí!
Alaska, Alaska
albeit, aunque
Albert Einstein, Albert Einstein
albinism, albinismo
albino, albino(a)
album, álbum
albumen o albumin, albumen, albúmina
alchemy, alquimia
alcohol, alcohol
  alcohol abuse, abuso de alcohol
  alcohol dependency, dependencia al alcohol
alcoholic[1], alcohólico(a)
alcoholic[2], alcohólico(a)
  alcoholic fermentation, fermentación, alcohólica
alderman, regidor, concejal
ale, variedad de cerveza
alert[1], alerta, vivo(a), atento(a), despierto(a), activo(a)
alert[2], alertar, avisar
alertness, cuidado, vigilancia, viveza, actividad
Alexander, Alejandro
Alexander Graham Bell, Alexander Graham Bell
Alexander Hamilton, Alexander Hamilton
Alexander of Macedon, Alejandro de Macedonia
Alfred the Great, Alfredo el Grande
alga (pl.algae), alga (pl.algas)
algae, algas
algebra, álgebra
algebraic, algebraico(a)
  algebraic distributive property, propiedad distributiva algebraica
  algebraic equation, ecuación algebraica
  algebraic expression, expresión algebraica
  algebraic expression expansion, expansión de expresión algebraica
  algebraic function, función algebraica
  algebraic representation, representación algebraica
  algebraic step function, función escalonada algebraica
  algebraic system, sistema algebraico
algebraically, algebraicamente
Algeria, Argelia
Algonkian, algonquino
algorithm, algoritmo
alias[1], alias, apodo, sobrenombre
alias[2], de otra manera, por otro nombre, de otro modo
alibi, coartada
alien[1], extraño(a)
alien[2], forastero(a), extranjero(a), extraterrestre
  Alien and Sedition Acts, Leyes de Extranjería y Sedición
alienate, enajenar, malquistar, indisponer
alight[1], descender, apearse
alight[2], encendido(a), ardiente
align, alinear
alignment, alineación
alike[1], semejante, igual
alike[2], igualmente, del mismo modo
alimentary[1], alimenticio(a), alimentario(a)
alimentary[2], canal, tubo digestivo
alive, vivo(a), viviente, activo(a)
alkali, álcali
alkaline, alcalino(a)
all[1], todo
  all men are created equal, "todos los hombres son creados iguales"
  all or none response, toda o ninguna respuesta
  all possible outcomes, todos los resultados posibles
  all together, todo(s) junto(s), toda(s) junta(s)

all[2], enteramente, completamente
all at once, de un tirón, todo de una vez
all of a sudden, de repente
all right, bueno(a), satisfactorio(a)
all the better, tanto mejor
all year round, todo el año
not at all, de ninguna manera, no hay de qué
once and for all, una vez por todas, de una vez por todas
alla breve, alla breve
all-American, de todos los Estados Unidos
allay, aliviar, apaciguar
allege, alegar, declarar
allegiance, lealtad, fidelidad
pledge of allegiance, jura a la bandera
allegorical, alegórico(a)
allegory, alegoría
allele, alelo
allergic, alérgico(a)
allergist, alergista, alergólogo(a)
allegro, allegro
allergy, alergia
alleviate, aliviar, aligerar
alley, paseo arbolado, callejuela, pasadizo, callejón
alliance, alianza, parentela
allied, aliado(a), confederado(a)
Allied Powers, Potencias aliadas
alligator, lagarto, caimán
alligator pear, aguacate
alliteration, aliteración
allocate, asignar, distribuir
allocation, distribución, colocación, asignación, fijación
allocation method, método de asignación
allocation of power, asignación de poder
allot, distribuir por suerte, asignar, repartir
allotment, asignación, repartimiento, lote, parte, porción
all-out, supremo(a), total, completo(a)
to go all-out, dar el todo
allover, de diseño repetido
allow, conceder, aprobar, permitir, dar, pagar
allowing that, supuesto que
allowable, admisible, permitido(a), justo(a)
allowance, concesión, licencia, bonificación, ración, alimentos, mesada
alloy[1], ligar, mezclar un metal con otro, aquilatar oro
alloy[2], liga, aleación, mezcla
all-round, completo(a), por todas partes, en todas formas
allspice, pimienta inglesa o de Jamaica
all-time, inigualado(a) hasta ahora, todos los tiempos
all-time high, lo más alto de todos los tiempos
allude, aludir
allure[1], alucinar, cebar, fascinar
allure[2], seducción
alluring, seductor(a)
allusion, alusión
alluvial fan, abanico aluvial
ally[1], aliado(a), asociado(a)
ally[2], hacer alianza, vincular
almanac, almanaque
almighty, omnipotente, todopoderoso(a)
almond, almendra
almond tree, almendro
almost, casi, cerca de, aproximadamente
alms, limosna
aloft, arriba, sobre
alone[1], sólo(a)
alone[2], solamente, solo(a), a solas
to let alone, dejar en paz
along, a lo largo, adelante, junto con
to get along with, llevarse bien
alongside, al lado de
aloof[1], lejos, de lejos, a lo largo
aloof[2], reservado(a), apartado(a)
aloud, en voz alta
alpaca, alpaca
alphabet, alfabeto
alphabetic, alfabético(a)
alphabetic writing, escritura alfabética
alphabetical, alfabético(a)
alphabetical writing, escritura alfabética
alphabetically, alfabéticamente, por orden alfabético

alphabetize, alfabetizar
alphanumeric keys, claves alfanuméricas
alphanumeric system, sistema alfanumérica
Alps, Alpes
already, ya
also, también, igualmente, además
alter, alterar, mudar, modificar
alteration, alteración, cambio
alternate[1], alternativo(a), recíproco(a)
  alternate angle, ángulo alterno
  alternative explanation of data, explicación alternativa de los datos
  alternate exterior angle, ángulo alterno externo
  alternate interior angle, ángulo alterno interno
alternate[2], alternar, variar
alternate[3], suplente
alternating, alterno(a), alternativo(a)
  alternating current, corriente alterna
  alternating series, series alternas
alternation of generation, alternación de generaciones
alternative[1], alternativo(a)
  alternative energy source, fuentes de energía alternativa
alternative[2], disyuntiva
although, aunque, no obstante, bien que, si
altimeter, altímetro
altitude, altitud, altura, elevación,
alto, contralto
altogether, del todo, enteramente
altruism, altruismo
alum, alumbre
aluminum, aluminio
alumnus, exalumno(a), persona graduada de una escuela o universidad
always, siempre, constantemente, en todo tiempo, sin cesar
A.M. (a.m.), antemeridiano, antes del mediodía
am, soy, estoy
amalgamate, amalgamar
amass, acumular, amontonar
amateur, aficionado(a), novato(ta), principiante
amateurish, novato(a), superficial, como un aficionado(a) o principiante
amaze, sorprender, asombrar
amazement, asombro, pasmo
amazing, extraño(a), pasmoso(a), asombroso(a)
Amazon, Amazonas
ambassador, embajador(a)
ambassador at large, embajador(a) acreditado ante varios países
amber[1], ámbar
amber[2], ambarino(a)
ambidextrous, ambidextro(a), ambidiestro(a)
ambience, ambiente, atmósfera
ambiguity, ambigüedad, duda, equívoco
ambiguous, ambiguo(a)
  ambiguous case, caso ambiguo
ambition, ambición
ambitious, ambicioso(a)
amble[1], paso de andadura del caballo
amble[2], amblar
ambulance, ambulancia
ambulant, ambulante
ambulatory, ambulante
ambush[1], emboscada, celada, sorpresa
ambush[2], emboscar
ameba, amiba, ameba
ameliorate, mejorar
amen, amén
amenable, responsable, sujeto(a) a, dócil, que se puede someter
amend[1], enmendar
amend[2], enmendarse, reformarse, restablecerse
amendment, enmienda, reforma, remedio
amends, recompensa, compensación, satisfacción
  to make amends, reparar
America, América
American, americano(a)
  American citizenship, ciudadanía estadounidense
  American Communist Party, Partido Comunista de los Estados Unidos

American constitutional democracy, democracia constitucional estadounidense
American dream, sueño americano
American Expeditionary Force, Fuerzas Expedicionarias Estadounidenses
American Federation of Labor (AFL), Federación Estadounidense del Trabajo
American flag, bandera estadounidense
American foreign policy, política exterior de los Estados Unidos
American Heart Association, Asociación Estadounidense del Corazón
American holiday, día festivo estadounidense
American identity, identidad estadounidense
American Indian chief, jefe nativo americano
American Indian nation, nación nativa americana
American literature, literatura estadounidense
American Lung Association, Asociación Estadounidense del Pulmón
American Psychological Association, Asociación Estadounidense de Psicología
American Revolution, Independencia de los Estados Unidos o Revolución estadounidense
American society, sociedad estadounidense
American symbol, símbolo estadounidense
American theater, teatro estadounidense
American tribal government, gobierno tribal nativo
American West, Oeste de los Estados Unidos

Americanization, americanización
Americanized, americanizado
Americans with Disabilities Act, Ley de Estadounidenses con Discapacidades
Americas, the, Las Américas, continente americano
Americentric, americentrista
amethyst, amatista
amiable, amable, amigable
amicable, amigable, amistoso(a)
amid, entre, en medio de
amidst, entre, en medio de
amino acid, aminoácido
amino acid sequence, secuencia de aminoácidos
amiss[1], importuno(a), impropio(a)
amiss[2], fuera de lugar
ammeter, amperímetro
Ammianus Marcellinus, Amiano Marcelino
ammonia, amoniaco
ammunition, munición, pertrechos
amnesty, amnistía, indulto
Amnesty International, Amnistía Internacional
amniotic, amniótico
amniotic fluid, líquido amniótico
amoeba, amiba
among, entre, mezclado(a) con, en medio de
amongst, entre, mezclado con, en medio de
amorphous, amorfo
amorous, amoroso(a)
amount[1], importe, cantidad, suma, monto, producto, montante
amount[2], montar, importar, subir, ascender, sumar
to amount to, arrojar, llegar a ser
ampere, amperio
amphibian, anfibio(a)
amphibious, anfibio(a)
amphitheater, anfiteatro
ample, amplio, vasto
amplification, amplificación, extensión
amplifier, amplificador
amplify, ampliar, extender, extenderse
amplitude, amplitud, extensión, abundancia,
amplitude modulation, modulación de amplitud
amply, ampliamente, copiosamente
amputate, amputar
amputation, amputación, corte
amputee, amputado(a)

Amsterdam, Ámsterdam
amt. (amount), valor
amulet, amuleto
amuse, entretener, divertir
amusement, diversión, pasatiempo, entretenimiento
    amusement park, parque de diversiones
amusing, divertido(a)
    to be amusing, tener gracia, ser divertido
amusingly, entretenidamente, graciosamente
an, un, uno, una
anabolism, anabolismo
anaerobic, anaerobio(a)
    anaerobic bacteria, bacteria anaeróbica
    anaerobic respiration, respiración anaeróbica
analog clock, reloj analógico
analogous, análogo(a)
    analogous structure, estructura análoga
analogy, analogía
analysis, análisis
analytical, analítico(a)
    analytical geometry, geometría analítica
    analytical proof, prueba analítica
analyze, analizar
anaphase anafase
anarchy, anarquía
Anasazi, anasazi
Anatolia, Anatolia
anatomical, anatómico(a)
    anatomical characteristic, característica anatómica
anatomy, anatomía
ancestor, ancestro, abuelo
    ancestor worship, culto a los antepasados
    ancestors, antepasados
ancestry, linaje de antepasados, raza, estirpe, alcurnia, prosapia
anchor[1], ancla, áncora
anchor[2], ancorar, echar las anclas, surgir
anchor[3], sujetar con el ancla
    to cast anchor, dar fondo
anchorage, anclaje, rada, surgidero
anchovy, anchoa
ancient, antiguo, anciano
    ancient civilization, civilización antigua
    ancient Greece, Antigua Grecia
    ancient literature, literatura antigua
    ancient Rome, Antigua Roma
    ancient time, época antigua
and, y, e
    and so on, y así sucesivamente
Andalusian, andaluz(a)
andante, andante
Andean region, región andina
Andes, Andes
Andrew Jackson, Andrew Jackson
anecdotal scripting, guión anecdótico, literatura anecdótica
anecdote, anécdota
anemia, anemia
anemic, anémico(a)
anemometer, anemómetro
anesthesia, anestesia
anesthetic, anestésico(a)
anew, de nuevo, nuevamente, otra vez
angel, ángel
    Angel Island, Isla Ángel
angelic, angélico, angelical
angelical, angélico, angelical
anger[1], ira, cólera
anger[2], enojar, irritar, encolerizar
Angkor Wat, Angkor Wat
angle[1], ángulo, punto de vista
    angle addition postulate, postulado de la suma de un ángulo
    angle bisector, ángulo bisector, bisectriz de un ángulo
    angle in standard position, ángulo en una posición estándar
    angle measure, medida de ángulo
    angle measurement, medida de ángulos
    angle of depression, ángulo de depresión
    angle of elevation, ángulo de elevación
    angle pairs,

pares de ángulos
angle unit,
unidad de ángulo
right angle, ángulo recto
angle[2], pescar con caña
angler, pescador de caña, cañero
angling, pesca, pesca con caña
Anglo-Saxon, anglosajón, anglosajona
Anglo-Saxon affix,
afijo anglosajón
Anglo-Saxon Boniface,
Bonifacio anglosajón
Anglo-Saxon root,
raíz anglosajona
Angora, Angora
Angora cat, gato de Angora
angry, colérico(a), irritado(a), enojado(a), indignado(a), resentido(a)
anguish, ansia, pena, angustia
angular, angular
animal, animal
animal domestication,
domesticación animal
animal features,
rasgos animales
animal nervous system,
sistema nervioso de los animales
animal product,
producto animal
Animalia, mundo animal
animate[1], animar, alentar
animate[2], viviente, animado(a)
animated, animado(a), lleno(a) de vida
animated cartoon,
caricatura animada
animation, animación
animosity, animosidad
anion, anión
anise, anís
ankle, tobillo
annals, anales
annex[1], anexar, apropiarse de
annex[2], anexo, sucursal
annexation, anexión
annihilate, aniquilar
anniversary, aniversario
Anno Domini, Anno Domini, después de Cristo, d. C.
annotated bibliography, bibliografía anotada
annotation, anotación
announce, anunciar, publicar, notificar, avisar
announcement, advertencia, aviso, anuncio, notificación
announcer, anunciador(a), locutor(a), notificador(a)
annoy, molestar, fastidiar
annoyance, molestia, fastidio, lata
annoying, enfadoso(a), molestoso(a), fastidioso(a), importuno(a)
annual, anual
annual interest rate,
tasa de interés annual
annuity, renta anual, pensión, anualidad
life annuity, pensión vitalicia, pensión, anualidad
annul, anular
annulment, anulación
annum, año
anode, ánodo
anomaly, anomalía
anonymous, anónimo(a)
anorexia, anorexia
another, otro, diferente
one another, uno a otro
anoxia, anoxia, falta de oxígeno
answer[1], responder, contestar, replicar, corresponder
answer[2], refutar, contestar, satisfacer, surtir efecto
answer[3], respuesta, contestación, réplica
answerable, responsable, conforme, discutible, refutable
ant, hormiga
antagonism, antagonismo, rivalidad
antagonist, antagonista, contrario(a)
antagonistic, antagónico(a)
antagonize, contrariar, oponerse a
antarctic, antártico
Antarctic Circle,
círculo polar antártico
Antarctic Treaty,
Tratado Antártico
Antarctica, Antártica
ante meridian (a.m.), antemeridiano (a.m.)
anteater, oso hormiguero
antebellum, período antebellum
antebellum period,
período antebellum

antecedent, antecedente
antelope, antílope
antenna, antena
anteroom, antecámara, antesala
anthem, himno
national anthem, himno nacional
anthology, antología
anthracite, antracita, carbón de piedra
anthropologist, antropólogo(a)
anthropology, antropología
antiaircraft[1], antiaéreo(a)
antiaircraft[2], antiaéreos(as)
antibiotic, antibiótico(a)
antibody, anticuerpo
anti-Chinese movement, movimiento antichino
anticipate, anticipar, prevenir
anticipation, anticipación
anticlimax, anticlímax, suceso final mucho menos importante que los precedentes
anticommunist movement, movimiento anticomunista
antics, travesuras, gracias
antidote, antídoto, contraveneno,
Anti-Federalist, antifederalista
antifreeze, solución incongelable
antigen, antígeno
antihistamine, antihistamina
anti-immigrant attitude, actitud antiinmigrante
antiknock, antidetonante
antimatter, antimateria
antimycin, antimicina
antioxidant, antioxidante
antipathy, antipatía
antipersonnel, que se destina a destruir tropas terrestres
antiquated, anticuado
antique[1], antiguo(a)
antique[2], antigüedad
antiquity, antigüedad, ancianidad
anti-Semitic, antisemítico(a), antisemita
anti-Semitism, antisemitismo
antiseptic, antiséptico
antislavery ideology, ideología abolicionista
antisocial, antisocial
antitank, antitanque
antithesis, antítesis
antitoxin, antitoxina
antitrust, contra monopolios
antler, asta, cuerna, mogote
Antoine Lavoisier, Antoine Lavoisier
antonym, antónimo
Antwerp, Amberes
anvil, yunque, bigornia
anxiety, ansiedad, ansia, afán, cuidado
anxious, ansioso, inquieto
any, cualquier, cualquiera, alguno, alguna, todo
any more, más
anybody, alguno, alguien, cualquiera
anyhow, de cualquier modo, de todos modos
anyone, alguno, cualquiera
anything, algo
anyway, como quiera, de todos modos
anywhere, en cualquier lugar, dondequiera
A.P. (Associated Press), P. A. (Prensa Asociada)
apace, aprisa, con presteza o prontitud
apart[1], aparte, separadamente
apart[2], separado
apartheid, apartheid
apartment, departamento, apartamento, piso
apartment house, edificio de departamentos
apathy, apatía
ape[1], mono, simio
ape[2], remendar, imitar a
aperture, abertura, rendija, resquicio
apex, ápice, cúspide, colmo, cima, vértice
apiary, colmena, colmenar, abejera
apiece, por cabeza, por persona
Apocalypse, Apocalipsis
apogee, apogeo
apologetic, apologético(a), que se disculpa
apologetical, apologético, que se disculpa
apologize, disculparse, pedir excusas
apology, apología, defensa, satisfacción, disculpa
apoplexy, apoplejía
apostle, apóstol
apostrophe, apóstrofe, dicterio,

apóstrofo
apothecary, apotecario(a), boticario(a)
apothem, apotema
Appalachian Mountains, Montes Apalaches
appall (appal), espantar, aterrar, deprimir, abatir
appalling, aterrador, espantoso
apparatus, aparato, aparejo
apparel[1], traje, vestido, ropa
wearing apparel, vestuario
apparel[2], vestir, trajear, adornar
apparent, evidente, aparente
apparent movement of the planets, movimiento aparente de los planetas
apparent movement of the stars, movimiento aparente de las estrellas
apparent movement of the Sun, movimiento aparente del Sol
apparently, claramente, al parecer, por lo visto
apparition, aparición, visión
appeal[1], apelar, recurrir, interesar, atraer, suplicar
appeal to authority, apelar a la autoridad
appeal to emotion, apelar a la emoción
appeal to fear, apelar al miedo
appeal to logic, apelar a la lógica
appeal[2], súplica, exhortación, apelación, incentivo, estímulo, simpatía, atracción
appear, aparecer, manifestar, ser evidente, salir, parecer, tener cara de
appearance, apariencia, aspecto, vista, aparición
appease, apaciguar, aplacar, reconciliar
appeasement, apaciguamiento
appellate, (de) apelación
appellate jurisdiction, tribunal de apelación
append, añadir, anexar
appendage, cosa accesoria, apéndice, dependencia
appendectomy, operación del apéndice
appendicitis, apendicitis
appendix, apéndice
appetite, apetito
appetizer, aperitivo
appetizing, apetitoso(a)
applaud, aplaudir, alabar, palmear, aclamar, palmotear
applause, aplauso
apple, manzana
apple orchard, manzanal, manzanar
apple pie, pastel o pastelillo de manzanas
apple tart, pastel o pastelillo de manzanas
apple tree, manzano
applesauce, puré de manzana
appliance, utensilio, instrumento, aparato, herramienta
applicable, aplicable, apto(a), conforme
applicant, aspirante, solicitante, candidato(a)
application, solicitud, aplicación
applied, aplicado(a), adaptado(a)
applied force, fuerza aplicada
apply[1], aplicar, acomodar
apply[2], dirigirse a, recurrir a
to apply for, solicitar
appoint, señalar, determinar, decretar, nombrar, designar
appointment, estipulación, decreto, mandato, orden, nombramiento, cita, compromiso, designación
apportion, repartir, prorratear
apposition, aposición
appositive, apositivo(a)
appraisal, avalúo, tasación, valuación
appraise, apreciar, tasar, valuar, estimar
appreciable, apreciable, sensible, perceptible
appreciate, apreciar, estimar, valuar
appreciation, aprecio, tasa
appreciative, apreciativo(a), agradecido(a)
apprehend, aprehender, prender, concebir, comprender, temer
apprehension, aprehensión, recelo, presa, captura

apprehensive, aprehensivo(a), tímido(a), perspicaz
to become apprehensive, sobrecogerse
apprentice[1], aprendiz
apprentice[2], poner a alguno de aprendiz
approach[1], abordar, aproximar, acercar, aproximarse
approach[2], acceso, acercamiento, proximidad, enfoque
approbation, aprobación
appropriate[1], apropiar, adaptar, asignar
appropriate[2], apropiado(a), particular, peculiar
appropriation, apropiación, partida asignada para algún propósito
approval, aprobación
on approval, a prueba, a vistas
approve, aprobar, dar la razón
approximate[1], acercar, acercarse
approximate[2], aproximado(a)
approximate lines, líneas aproximadas
approximation, aproximación
apricot, albaricoque, chabacano
April, abril
apron, delantal, mandil
apropos[1], a propósito, oportunamente
apropos[2], oportuno(a)
apt, apto(a), idóneo(a)
aptitude, aptitud, disposición natural
aptness, aptitud
aquacade, espectáculo acuático, natación y saltos ornamentales con acompañamiento musical
aquamarine, aguamarina
aquaplane, acuaplano
aquarium, acuario, pecera
aquatic, acuático(a)
aquatics, actividades acuáticas
aqueduct, acueducto
aqueous, acuoso(a)
aquifer, acuífero
aquiline, aguileño(a)
Arab, árabe, arábigo(a)
Arab Caliph, califa árabe
Arab League, Liga árabe
Arab-Israeli crisis, crisis árabe-israelí, conflicto árabe-israelí
Arab Muslim, árabe musulmán
Arab Palestinian, árabe palestino
Arabia, Arabia
Arabian, árabe, arábigo(a)
Arabian Nights, Las Mil y una Noches
Arabic, árabe, arábigo(a), arábico(a)
arable, labrantío, cultivable
arbitrary, arbitrario, despótico
arbitrary rule, mandato o regla arbitraria
arbitrate, arbitrar, juzgar como árbitro
arbitration, arbitrio, arbitraje
arbitrator, árbitro
arbor, emparrado, enramada
arc, arco
arc lamp, lámpara de arco
arc length, longitud del arco
arc light, lámpara de arco
arc weld, soldadura eléctrica o de arco
arc welding, soldadura eléctrica o de arco
arcade, arcada, bóveda
arccosine, arco coseno
arch[1], arco
arch[2], cubrir con arcos, arquear
straight arch, arco adintelado
arch[3], principal, insigne, grande, infame, artero(a), bellaco(a)
arch. (architect), arq. (arquitecto)
archaeological, arqueológico
archaeologist, arqueólogo
archaeology, arqueología
archeological, arqueológico
archeological evidence, evidencia arqueológica
archeologist, arqueólogo(a)
archetype, arquetipo
archaic, arcaico(a)
archbishop, arzobispo
archdiocese, arzobispado
archduke, archiduque
arched, arqueado(a), abovedado(a)
archer, arquero
archery, ballestería
Archimedes' principle, principio de Arquímedes
archipelago, archipiélago
architect, arquitecto(a)
architectural, arquitectónico
architectural style,

estilo arquitectónico
architecture, arquitectura
archives, archivos
archway, arcada, bóveda
arcsine, arco seno
arctangent, arco tangente
arctic, ártico(a)
Arctic Ocean, océano Ártico
ardent, ardiente, apasionado
ardor, ardor, vehemencia, pasión
arduous, arduo(a), laborioso(a), difícil
area, área, espacio, superficie
area model, modelo de área
area of complex shapes, área de formas complejas
area of irregular shapes, área de formas irregulares
area under curve, área bajo la curva
arena, palenque, arena, pista
Argentina, Argentina
argue[1], disputar, discutir, argüir, replicar, discurrir
argue[2], probar con argumentos
argument, argumento, controversia
argumentation, argumentación
arid, árido(a), seco(a), estéril
arid climate, clima árido
arise, levantarse, nacer, provenir
aristocracy, aristocracia
aristocrat, aristócrata
aristocratic, aristocrático(a)
aristocratic power, poder aristocrático
Aristotle, Aristóteles
arithmetic, aritmética
arithmetic expression, expresión aritmética
arithmetic sequence, secuencia aritmética
arithmetic series, series aritméticas
arithmetical, aritmético
Arizona, Arizona
ark, arca
arm, brazo, rama de árbol, poder, arma
arm & shoulder stretch, estiramiento de brazos y hombros
arm in arm, de bracete
armadillo, armadillo
armament, armamento de navíos, armamento
armchair, silla de brazos, poltrona, butaca
armed, armado(a)
armed control, control armado
armed forces, fuerzas armadas
armed forces service, servicio de las Fuerzas Armadas
armed revolution, revolución armada
armful, brazada
armhole, sisa
armistice, armisticio
armor, armadura, fuerzas y vehículos blindados
armor plate, coraza
armored, blindado(a), acorazado(a)
armory, armería, arsenal
armpit, axila, sobaco
arms, armas
arms embargo, embargo de armas
arms limitations, limitación de armas
arms race, carrera armamentista
army, ejército, tropas
aroma, aroma
aromatic, aromático(a), oloroso(a)
around[1], alrededor de
around[2], alrededor, en o al derredor, en torno
arouse, despertar, excitar, sublevar
arraign, citar, delatar en justicia, acusar
arrange, colocar, poner en orden, arreglar
arranged marriage, matrimonio arreglado
arrangement[1], colocación, orden, arreglo
flower arrangement, arreglo floral
arrangement[2], disposición, acuerdo
array[1], adorno, vestido, atavío, orden de batalla, serie imponente de cosas
array[2], colocar, vestir, adornar
arrears, deuda atrasada
to be in arrears, estar atrasado en un pago
arrest[1], arresto, detención
arrest[2], arrestar, prender, atraer
arrested, arrestado, detenido

arrival, arribo, llegada, venida
arrive, arribar, llegar, venir
arrogance, arrogancia, presunción
arrogant, arrogante, presuntuoso(a)
arrow, flecha, saeta, dardo
arrowhead, casquillo, punta de flecha
arrowroot, arruruz
arsenal, arsenal, atarazana, armería
arsenic, arsénico
arson, incendio provocado intencionalmente
art, arte, industria, ciencia
art criticism, crítica de arte
art elements, elementos artísticos
art form, forma de arte
art history, historia del arte
art material, material artístico
art medium, medio artístico
art object, objeto de arte
art of courtly love, arte del amor cortés
art process, proceso de arte
art song, canción artística
art technique, técnica de arte
art tools, herramientas artísticas
the fine arts, las bellas artes
artery, arteria
artesian wells, pozos artesianos
artful, artificioso(a), diestro(a)
arthritic, artrítico(a)
arthritis, artritis
rheumatoid arthritis, artritis reumatoidea
arthropod, artrópodo
article, artículo
Articles of Confederation, Artículos de la Confederación
articulate[1], articulado(a), claro(a), distinto(a)
articulate[2], articular, pronunciar distintamente
articulation, articulación, pronunciación
articulation of movement, articulación de movimiento
artichoke, alcachofa
artifact, artefacto
artifice, artificio, fraude
artificial, artificial, artificioso(a), sintético(a)
artillery, artillería
artisan, mecánico(a), artesano(a)
artist, artista, pintor(a)
artistic, artístico(a)
artistic choice, elección artística
artistic expression, expresión artística
artistic process, proceso artístico
artistic purpose, intención artística
artless, sencillo(a), simple
artwork, material gráfico, ilustraciones
Aryan culture, cultura aria
as, como, mientras, también, pues, en son de, visto que, pues que
as much, tanto
as far as, hasta
as for, en cuanto a
as it were, por decirlo así
as long as, siempre y cuando
as to, en cuanto a
ASA triangle congruence, triángulo congruente ASA
asbestos, asbesto, amianto
ascend, ascender, subir
ascendancy, ascendiente, influjo, poder
ascending, creciente, ascendente, que asciende, que incrementa, que sube
ascending order, orden ascendente
ascension, ascensión
ascent, subida, eminencia, altura
ascertain, indagar, averiguar
ascetic[1], ascético(a)
ascetic[2], asceta
ascribe, adscribir, atribuir adjudicar
asexual, asexual
asexual reproduction, reproducción asexual, reproducción vegetativa
ash[1], ceniza, reliquias de un cadáver
ash tray, cenicero
Ash Wednesday,

Miércoles de Ceniza
ash[2], fresno
Ashanti, ashanti, asantes
ashamed, avergonzado
to be ashamed, tener vergüenza
ashcan, cenicero, recipiente para las cenizas de carbón
ashen, ceniciento, pálido
Ashikaga period, período Ashikaga o Muromachi
Ashoka, Asoka
ashore, en tierra, a tierra
Asia, Asia
Asian American, asiático(a) americano(a), americano(a) de origen asiático
Asian art form, modalidad artística asiática
Asian Civil Rights Movement, Movimiento por los Derechos Civiles de los Asiáticos
Asian Pacific settler, colono del Pacifico Asiático
Asiatic, asiático(a)
aside, al lado, aparte
asinine, estúpido, como un asno
ask, preguntar, pedir, rogar
to ask a question, hacer una pregunta
to ask for, pedir
askance, al sesgo, oblicuamente, de refilón, sospechosamente
asking permission, pedir permiso
aslant, oblicuamente
asleep, dormido(a)
to fall asleep, dormirse
asp, áspid
asparagus, espárrago
aspect, aspecto, vista, aire, semblante
aspersion, aspersión, difamación, calumnia
asphalt, asfalto
asphyxiate, asfixiar
asphyxiation, asfixia
aspirant, aspirante, candidato(a)
aspiration, aspiración
aspire, aspirar, desear
aspirin, aspirina
ass, borrico, asno
assail, asaltar, atacar, acometer
assassin, asesino(a)
assassinate, asesinar, matar
assassination, asesinato
assault[1], asalto, insulto
assault[2], acometer, asaltar
assay[1], ensayo, análisis, contraste
assay[2], ensayar, copelar
assemblage, multitud, ensambladura, empalme
assemble[1], congregar, convocar, afluir, ensamblar, armar
assemble[2], juntarse
assembling, de ensamble
assembly, asamblea, junta, congreso, montaje, concurso, concurrencia
assembly line, línea de montaje, producción en cadena
assent[1], asenso, aprobación, consentimiento
assent[2], asentir, aprobar
assert, sostener, mantener, afirmar
assertion, aserción
assertive consumerism, consumismo rapaz, consumismo desaforado
assess, amillarar, imponer, evaluar
assessment, amillaramiento, impuesto, catastro
assessor, asesor(a)
assessor of taxes, tasador(a) de impuestos
asset, algo de valor, ventaja,
assets, haber, activo, capital
assiduous, asiduo(a), aplicado(a), constante
assiduously, constantemente, diligentemente
assign, asignar, destinar, fijar
assignment, asignación, cesión, señalamiento, tarea escolar
assimilate, asimilar, asemejar
assimilation, asimilación
assist, asistir, ayudar, socorrer
assistance, asistencia, socorro, colaboración
assistant, asistente, ayudante
assn. (association), asn. (asociación)
associate[1], asociar
to associate with, acompañar, frecuentar
associate[2], asociado(a)
associate[3], socio(a), compañero(a)
association, asociación, unión, sociedad, agrupación, club

associative property, propiedad asociativa
associative property of addition, propiedad asociativa de la suma
associative property of multiplication, propiedad asociativa de la multiplicación
associativity, asociabilidad
assonance, asonancia
assorted, clasificado(a)
assorted goods, artículos variados
assortment, surtido, variedad
asst. (assistant), asistente, ayte. (ayudante)
assuage, mitigar, suavizar
assume[1], suponer, arrogar, apropiar, presumir
assume[2], arrogarse
assumed, supuesto(a), falso(a), fingido(a)
assumption[1], presunción, suposición
Assumption[2], Asunción
assurance, seguridad, certeza, convicción, fianza, confianza, seguro
assure, asegurar, afirmar, prometer
assuredly, ciertamente, sin duda, de seguro
Assyria, Asiria
Assyrian Empire, Imperio asirio
asterisk, asterisco
astern, por la popa
asteroid, asteroide
asteroid impact, impacto de un asteroide
asteroid movement patterns, patrones de movimiento de asteroides
asthma, asma
asthmatic, asmático(a)
astigmatism, astigmatismo
astir, agitado(a), activo(a), levantado(a) de la cama
astonish, pasmar, sorprender
astonishing, asombroso(a)
astonishment, pasmo, asombro, sorpresa
Astoria, Astoria
astound, consternar, aterrar, pasmar
astounding, asombroso(a)
astray, extraviado(a), descaminado(a), en forma descaminada
to go astray, ir por mal camino
to lead astray, desviar, seducir
astride, sentado(a) a horcajadas
astringent, astringente
astrobiology, astrobiología
astrolabe, astrolabio
astrology, astrología
astronaut, astronauta
astronavigation, astronavegación, navegación sideral
astronomer, astrónomo(a)
astronomical discovery, descubrimiento astronómico
astronomical distance, distancia astronómica
astronomical object, objeto astronómico
astronomical size, tamaño astronómico
astronomy, astronomía
astrophysics, astrofísica
astute, astuto, aleve, perpicaz
asunder, separadamente, en pedazos
asylum, asilo, refugio, seno
insane asylum, casa de locos, manicomio
asymptote, asíntota
at, a, en
at all, nada, siempre
at first, al principio
at large, en libertad
at last, al fin, por último
at least, a lo menos, cuando menos
at most, a lo más, cuando más
at once, al instante, en seguida
at your service, su servidor o servidora, a sus órdenes
Atatürk, Atatürk
ate, pretérito del verbo eat
atheism, ateísmo
atheist, ateo(a)
Athenian democracy, democracia ateniense
Athens, Atenas
athlete, atleta

athlete's foot, pie de atleta, infección entre los dedos de los pies
athletic, atlético(a), deportista, robusto(a), vigoroso(a)
athletic equipment, equipo atlético
athletics, deportes
at-home, recepción en casa de carácter sencillo
athwart[1], contra, al través
athwart[2], oblicuamente, en contra
Atlantic, Atlántico
Atlantic basin, cuenca del Atlántico
Atlantic Ocean, océano Atlántico
Atlantic slave trade, trata de esclavos del Atlántico
atlas, atlas
A.T.M. (automatic teller machine), cajero automático
atmosphere, atmósfera, ambiente
atmosphere layers, capas atmosféricas
atmospheric change, cambio atmosférico
atmospheric pressure, presión atmosférica
atmospheric pressure cells, celdas de presión atmosférica
atmospheric temperature, temperatura atmosférica
atmospheric warming, calentamiento atmosférico
atom, átomo
atom bomb, bomba atómica
atom smasher, desintegrador de átomos
atomic, atómico(a)
atomic arrangement, configuración atómica
atomic bomb, bomba atómica
atomic bonding principles, principios del enlace atómico
atomic configuration, configuración atómica
atomic diplomacy, diplomacia atómica
atomic energy, energía atómica
atomic mass, masa atómica
atomic motion, movimiento atómico
atomic nucleus, núcleo atómico
atomic number, número atómico
atomic reaction, reacción atómica
atomic symbol, símbolo atómico
atomic theory, teoría atómica
atomic weight, peso atómico
atomize, pulverizar, reducir a átomos
atomizer, pulverizador, aromatizador
atone, expiar, aplacar, pagar
atonement, expiación, propiciación
atonism, atonismo
atop, encima de, sobre
ATP (adenosine tri-phosphate), ATP (trifosfato de adenosina)
ATP synthesis, síntesis de ATP
atrocious, atroz, enorme, odioso(a)
atrocity, atrocidad, enormidad
atrophy, atrofia
att. (attention), atención
attach, pegar, sujetar, fijar, atar, ligar, embargar, añadir
attaché, adjunto(a) o agregado(a)
attachment, adherencia, afecto, embargo, secuestro, aditamento, anexo, adjunto
attack[1], atacar, acometer
attack[2], ataque
attack ad hominem, argumento ad hóminem
attain, ganar, conseguir, obtener, alcanzar
attainable, asequible
attainment, logro, realización, consecución de lo que se pretende
attainments, conocimientos, logros
attempt[1], intentar, probar, experimentar, procurar, ensayar
attempt[2], empresa, experimento infructuoso, tentativa, prueba
attend[1], servir, asistir, acompañar
attend[2], prestar atención
attendance, concurrencia, asistencia, tren, séquito, servicio, cuidado

attendant, sirviente, cortejo
attention, atención, cuidado
to attract attention, llamar la atención
to call attention, hacer presente
to give attention to, ocuparse en o de
to pay attention, hacer caso, prestar o poner atención
to pay no attention, no hacer caso
attentive, atento(a), cuidadoso(a)
attentively, con atención, atentamente
attest, atestiguar, dar fe
attic, desván, guardilla
attire[1], atavío
attire[2], adornar, ataviar
attitude, actitud, manera de ser, postura
attorney, procurador(a), abogado(a), mandatario(a)
attract, atraer, persuadir, seducir
to attract attention, llamar la atención
attraction, atracción, atractivo
attractive, atractivo, simpático, seductor
attribute[1], atribuir, imputar
attribute[2], atributo
attune, acordar, armonizar
atty. (attorney), abogado, pror. (procurador)
auburn, castaño(a) rojizo(a)
auction, venta pública, subasta, remate
auctioneer, rematador, subastador, martillero
audacious, audaz, temerario(a)
audaciously, atrevidamente
audacity, audacia, osadía
audible, perceptible al oído
audibly, alto, de modo que se pueda oír
audience, audiencia, auditorio, concurrencia, oyentes, circunstantes
audience response, respuesta de la audiencia
audiophile, audiófilo(a)
audiotape, cinta de audio
audiovisual, audiovisual
audit[1], remate de una cuenta, auditoría contable
audit[2], rematar una cuenta, examinar, pelotear
audition[1], audición
audition[2], conceder audición
audition[3], presentar audición
auditor, contador(a), oidor(a)
auditorium, anfiteatro, teatro, auditorio, sala de conferencias o diversiones, salón de actos
auger, barrena
aught, alguna cosa, cero
augment[1], aumentar, acrecentar
augment[2], crecer
August, agosto
august, augusto(a), majestuoso(a)
Augustus, Augusto
aunt, tía
aura, aureola, aura
Aureomycin, aureomicina
auricle, oreja, aurícula
aurora, aurora
aurora borealis, aurora boreal
auspices, auspicios, protección
auspicious, próspero(a), favorable, propicio(a)
auspiciously, prósperamente
austere, austero(a), severo(a), rígido(a)
austerity, austeridad, mortificación, severidad
Australia, Australia
Austria, Austria
Austro-Hungarian empire, Imperio Austro-Húngaro
authentic, auténtico, fehaciente
authenticity, autenticidad
author, autor, escritor
author's bias, sesgo del autor
author's interpretation, interpretación de autor
author's purpose, intención del autor
author's viewpoint, punto de vista del autor
authoress, autora, escritora
authoritarian, autoritario(a)
authoritarian rule, régimen autoritario
authoritarian system, sistema autoritario
authoritative, autoritativo(a)

authority, autoridad, férula
authorization, autorización, permiso
authorize, autorizar
authorized, autorizado(a), facultado(a)
autobiographical narrative, narración autobiográfica
autobiography, autobiografía
auto, coche, carro, automóvil
auto court, autohotel
autocracy, autocracia
autocrat, autócrata
autocratic, autocrático(a)
autocratical, autocrático(a)
autogiro, autogiro
autogyro, autogiro
autograph[1], autógrafo
autograph[2], autografiar
automat, restaurante de servicio automático
automated machine, máquina automática
automatic, automático(a)
autonomic nervous system, sistema nervioso autónomo
automation, automatización
automaton, autómata
automobile, automóvil
automotive, automotor, automotriz
autonomous, autónomo(a)
autonomous phase of learning, fase autónoma del aprendizaje
autonomous power, poder autónomo
autonomy, autonomía
autopilot, piloto automático
autopsy, autopsia, necroscopia
autotroph, autótrofo
autotrophic, autotrófico
autumn, otoño
autumnal, otoñal
auxiliary, auxiliar, asistente
auxiliary verb, verbo auxiliar
avail[1], aprovechar
avail[2], servir, ser ventajoso
avail[3], provecho, ventaja
to no avail, en vano, sin éxito
avail oneself of, aprovecharse de
available, accesible, disponible
avalanche, avalancha, alud, lurte, torrente
avarice, avaricia
avaricious, avaro(a)
ave. (avenue), avenida
avenge, vengarse, castigar, vindicar
avenger, vengador(a)
avenue, avenida
average[1], tomar un término medio, promediar
average[2], término medio, promedio
law of averages, ley de probabilidades, ley de avería
average[3], medio
average family size, tamaño promedio del hogar
average price level, nivel de precios promedio
aversion, aversión, disgusto
avert, desviar, apartar, evitar
aviary, avería, pajarera
aviation, aviación
aviator, aviador
aviatrix, aviadora
avid, ávido(a), codicioso(a), voraz
avidity, codicia, avidez
avocado, aguacate
avocation, ocupación accesoria, diversión, chifladura, pasatiempo, afición
Avogadro's Number, número de Avogrado
Avogadro's hypothesis, hipótesis de Avogrado
avoid, evitar, escapar, huir, anular
avoidable, evitable
avoidance, evitación, anulación
avoirdupois, sistema de pesos vigente en E.U.A. e Inglaterra, gordura, obesidad
avow, confesar, declarar
await, aguardar
awaiting your reply, en espera de sus noticias
awake[1], despertar
awake[2], despierto(a)
wide awake, alerta, completamente despierto(a)
award[1], juzgar, otorgar, adjudicar, conceder
award[2], sentencia, decisión, premio, adjudicación
aware, cauto(a), vigilante, sabedor(a), enterado(a), consciente

away, ausente, fuera, lejos, ¡fuera! ¡quita de ahí!
far and away, de mucho, con mucho
awe[1], miedo, pavor, temor reverencial
awe[2], infundir miedo o temor reverencial, pasmar
awe-inspiring, imponente
awe-struck, aterrado(a), espantado(a), embargado(a) por el respeto
awful, tremendo, funesto, horroroso
awfully, con respeto y veneración, muy, excesivamente
awhile, por un rato, por algún tiempo
awkward, tosco(a), inculto(a), rudo(a), desmañado(a), torpe, poco diestro(a)
awl, lezna, punzón
awning, toldo (para resguardarse del sol)
ax[1], hacha
ax[2], cortar con hacha, eliminar
axe[1], hacha
axe[2], cortar con hacha, eliminar
axial movement, movimiento axial
axiom, axioma
axis, eje, alianza
axis country, país del Eje
axis of symmetry, eje de simetría
Axis Powers, Potencias del Eje
axle, eje de una rueda
axle box, buje
axolotl, ajolote
ay[1], sí
ay[2], voto afirmativo
aye[1], sí
aye[2], voto afirmativo
azalea, azalea
Aztec, azteca
Aztec Empire, Imperio azteca
Aztec Foundation of Heaven, Cimientos del Cielo Azteca
azure[1], azulado(a)
azure[2], color cerúleo

B

b. (book), libro
b. (born), n. (nacido)
B.A. (Bachelor of Arts), Br. en A. (Bachiller en Artes)
babble[1], charlar, parlotear
babble[2], charla, murmullo
babbling, charla, murmullo
babe, niño(a) pequeño(a), nene, infante, bebé
babel, babel, confusión
babushka, pañoleta
baby, niño(a) pequeño(a), nene, infante
baby boy, nene
baby girl, nena
baby-sit, cuidar niños ocasionalmente, servir de niñera
baby-sitter, cuidaniños, niñera
baby boom generation, generación de los baby boomers
babyhood, niñez, infancia
babyish, pueril, infantil, como niño chiquito
Babylon, Babilonia
Babylonian Empire, Imperio babilónico
baccalaureate, bachillerato
bachelor, soltero, bachiller
bacillus, bacilo, microbio
back[1], dorso, espalda, lomo, revés
back of a book, lomo de un libro
to turn one's back, dar la espalda
back[2], posterior
back cover, contraportada
back seat, asiento trasero
back stairs, escalera trasera, escalera secreta
back[3], sostener, apoyar, favorecer
to back up, recular, apoyar
back[4], atrás, detrás
a few years back, hace algunos años
back of, detrás, tras de
to come back, regresar
to fall back, hacerse atrás
to go back to, remontar a
backbone, hueso dorsal, espinazo,

espina, firmeza, decisión
backdoor, puerta trasera
backer, partidario(a), sostenedor(a)
backfield, los jugadores detrás de la línea en el juego de fútbol
backfire, abrir claros mediante fuego para contener un incendio, producirse explosiones prematuras en cilindros o tubos de escape
backgammon, juego de chaquete o tablas, backgammon
background, fondo, ambiente, antecedentes, educación
background knowledge, conocimientos previos
backlog, tronco trasero en una hoguera, reserva de pedidos pendientes
backspace key, tecla de retroceso
backspin, retruque
backstage, parte detrás del telón o de bastidores
backstop, reja para detener la pelota en el juego de béisbol, receptor, catcher
backstroke, reculada, revés, movimiento propulsor nadando de espalda
back-up, respaldo
backward, opuesto(a), retrógrado(a), retrospectivo(a), tardo(a), lento(a)
to be backward, ser tímido(a)
backwards, de espaldas, hacia atrás
bacon, tocino
Bacon's rebellion, Rebelión de Bacon
bacteria, bacterias
aerobic bacteria, bacteria aeróbica
bacteriology, bacteriología
bad, mal, malo(a), perverso(a), infeliz, dañoso(a), indispuesto(a), vicioso(a)
to look bad, tener mala cara
badge, señal, símbolo, divisa
badger, tejón
badger, fatigar, cansar, atormentar
to badger with questions, importunar con preguntas
bad-tempered, de mal humor, de mal carácter
baffle, eludir, confundir, hundir
bag, saco, bolsa, talego
baggage, equipaje
baggage car, furgón, coche o carro de equipajes, vagón
baggage check, talón
baggage master, jefe de equipajes
baggage room, sala de equipajes
Baghdad, Bagdad
bagpipe, gaita
bail[1], fianza, caución, fiador(a), recaudo
to go bail for, salir fiador
bail[2], caucionar, fiar, salir fiador, dar fianza
to give bail, sanear
on bail, bajo fianza
to bail out, vaciar, descender en paracaídas
bailiff, alguacil, mayordomo
bait[1], cebar, azuzar, atraer
bait[2], cebo, anzuelo, carnada
bait and switch, venta con señuelo
bake, cocer en horno
bakelite, baquelita
baker, hornero, panadero
bakery, panadería
baking, hornada
baking powder, polvo de hornear
baking soda, bicarbonato de soda
bal. (balance), saldo
balance[1], balanza, equilibrio, resto, balance, saldo de una cuenta
balance board, tabla de equilibrio
balance of power, equilibrio político
balance of trade, balanza comercial
balance scale, balanza
balance sheet, balance
credit balance, saldo acreedor
debit balance, saldo deudor
net balance, saldo líquido
to lose one's balance, caerse, perder el equilibrio
balance[2], pesar en balanza, contrapesar, saldar, considerar, examinar
to balance an account, cubrir una cuenta
balanced, balanceado, equilibrado

balanced budget, equilibrio presupuestario
balanced equation, ecuación balanceada
balanced forces, fuerzas balanceadas
balcony, balcón, galería, anfiteatro
bald, calvo(a), simple, desabrido(a)
baldness, calvicie
bale[1], bala, fardo de mercaderías, paca
bale[2], embalar, tirar el agua del bote
Balfour Declaration, Declaración Balfour
Balinese dance, danza balinesa, danza de Bali
baling[1], embalaje
baling[2], relativo al embalaje
baling machine, empaquetadora
balk, rebelarse, resistirse
Balkans, Balcanes
ball, bola, pelota, bala, baile
ball bearing, cojinete de bolas
ball point pen, pluma atómica, bolígrafo
ballad, balada, romance
ballast[1], lastre, balasto
ballast[2], lastrar
ballerina, bailarina
ballet, ballet
ballistic, balístico(a)
ballistic missile, proyectil balístico
ballistic stretching, estiramiento balístico
ballistics, balística
balloon, globo, máquina aerostática
balloon tire, neumático o llanta balón
ballot[1], cédula para votar, boleto electoral, escrutinio, papeleta, balota
ballot[2], votar con balotas
ballot box, urna electoral
ballplayer, jugador de pelota
ballroom, salón de baile
ballyhoo, alharaca, aspaviento, bombo, exagerada publicidad
balm, bálsamo
balmy, balsámico(a), fragante, suave, agradable
balsam, bálsamo
Baltic, Báltico
Baltic region, región báltica
The Baltic Sea, el mar Báltico
balustrade, balaustrada
bamboo, bambú
bamboozle, engañar, embaucar
ban[1], bando, anuncio, excomunión, proclama, prohibición
ban[2], prohibir, vedar, excomulgar, maldecir
banal, trivial
banality, trivialidad
banana, plátano, banana, banano, guineo, cambur
band[1], venda, faja, unión, cuadrilla, charanga, banda, orquesta
band instrument, instrumento de orquesta
band[2], unir, juntar, vendar
bandage[1], venda, faja, vendaje
bandage[2], vendar, fajar
bandanna, pañoleta, pañuelo grande de colores
bandit, bandido(a)
bandstand, plataforma de banda, quiosco de música
bandwagon[1], vehículo para banda de música
bandwagon[2], subirse al carro
to get on the bandwagon, adherirse a una candidatura probablemente triunfante, unirse a un grupo
bane, destrucción, azote
bang[1], puñada, puñetazo, ruido de un golpe
bang[2], dar puñadas, sacudir, cerrar con violencia
bang!, ¡pum!
bangs, flequillo
bangle, brazalete, ajorca
banish, desterrar, echar fuera, proscribir, expatriar
banishment, destierro
banister, pasamano, baranda
banjo, banjo
bank[1], orilla, ribera, montón de tierra, banco, cambio, dique, escollo
bank balance, saldo bancario
bank book, libreta de banco o de depósitos
bank recharter, estatuto del banco

Bank Recharter Bill of 1832, Ley sobre Estatutos de Banco de 1832
blood bank, banco de sangre
savings bank, banco de ahorros
bank[2], poner dinero en un banco, detener el agua con diques, banquear, escorar
banker, banquero(a), cambista
banking, banca
banking, bancario(a)
banking house, casa de banca
bankrupt[1], insolvente, quebrado(a), en bancarrota, fallido, persona en bancarrota
bankrupt[2], llevar a la quiebra o a la bancarrota
bankruptcy, bancarrota, quiebra
banner, bandera, estandarte
banquet[1], banquete, comida suntuosa
banquet[2], banquetear
bantamweight, peso gallo
banter[1], zumbar, divertirse a costa de alguno
banter[2], zumba, burla
Bantu, bantú
Bantu migrations in Africa, migraciones bantúes en África
baptism, bautismo, bautizo
baptize, bautizar
bar[1], barra, tranca, obstáculo, estrados, aparador, cantina, barrera, palanca
bar graph, gráfica de barras
bar[2], barrear, cerrar con barras, impedir, prohibir, excluir
bar[3], excepto, salvo que
bar none, sin excluir a nadie
bars, rejas
in bars, en barra o en barras
barb, púa
Barbados, Barbados
barbarian[1], hombre bárbaro
barbarian[2], bárbaro(a), cruel
barbarism, barbarismo, crueldad, barbaridad
barbarous, bárbaro(a), cruel
barbecue, barbacoa
barbecue pit, asador
barbed, barbado
barbed wire, alambre de púas
barber, barbero, peluquero
barbershop, peluquería, barbería
barbershop quartet, cuarteto de barbería
barbital, barbital
barbiturate, barbitúrico
bare[1], desnudo(a), descubierto(a), simple, pobre, puro(a)
bare[2], desnudar, descubrir
bareback (horseback riding), en cerro o a pelo (al montar a caballo)
barefoot, descalzo(a), sin zapatos
barefooted, descalzo(a), sin zapatos
bareheaded, descubierto, con la cabeza al aire
barelegged, con las piernas desnudas, sin medias
barely, apenas, solamente, pobremente
bargain, contrato, pacto, ganga
bargain, pactar, negociar, regatear
barge, chalupa, barcaza
baritone, barítono
barium, bario
bark[1], corteza, ladrido
bark[2], descortezar, ladrar
barkeeper, tabernero(a), cantinero(a)
barker, charlatán (charlatana) de feria, pregonero, gritón (gritona)
barley, cebada
barmaid, moza de taberna
barn, granero, pajar, establo
barnyard, patio de granja, corral
barometer, barómetro
baron, barón, poderoso industrial
baroness, baronesa
baronet, título de honor inferior al de barón y superior al de caballero
baroque, barroco
barrack, cuartel, barraca
barrage, cortina de fuego, presa de contención
barrage balloon, globo de barrera
barrel[1], barril, cañón de escopeta,cilindro
barrel[2], embarrilar
barren, estéril, infructuoso(a), seco(a)
barricade[1], barricada, estacada, barrera
barricade[2], cerrar con barreras, empalizar, atrincherar
barrier, barrera, obstáculo

barrier island, isla barrada
sound barrier, barrera sónica
barring, excepto, fuera de
barrister, abogado
barroom, taberna, cantina
bartender, tabernero, cantinero
barter[1], permutar, traficar, cambiar, trocar
barter[2], cambio, trueque, permuta
barter economy, economía del trueque
Bartholomew de las Casas, Bartolomé de las Casas
barycenter, baricentro
basal, básico(a), fundamental
basal metabolism, metabolismo basal, metabolismo fundamental
base[1], fondo, basa, base, pedestal, contrabajo, pie
base 10, base 10
base 60, base 60
base angle, ángulo de la base
base e, base e
base number, número base
base of support, base de apoyo
base reaction, reacción de base
base ten number system, sistema de numeración decimal
base word, palabra raíz
base[2], apoyar, basar
base[3], bajo(a), vil
baseball, béisbol, pelota de béisbol, juego de béisbol
baseboard, tabla que sirve de base, friso
based, basado(a)
baseless, sin fondo o base
basement, sótano
baseness, bajeza, vileza, ilegitimidad de nacimiento, mezquindad
bashful, vergonzoso(a), modesto(a), tímido(a)
bashfulness, vergüenza, modestia, timidez, cortedad, esquivez
basic, fundamental, básico(a)
basic needs, necesidades básicas
basic number, número básico
basin, palangana, vasija, cuenca
basis, base, fundamento, suposición, pie
bask, exponerse
to bask in the sunshine, ponerse a tomar el sol
basket, cesta, canasta
basketball, básquetbol, baloncesto
basketball chest pass, pase de pecho de baloncesto
Basque, vasco(a)
Basque minority, minoría vasca
bass[1], estera, esparto, lubina, róbalo o robalo
bass[2], bajo, tono bajo y profundo
bass clef, clave de fa
bass drum, bombo
bass horn, tuba
bass viol, violón, contrabajo
bassinet, cuna, moisés
basso, bajo
bassoon, bajón
bastard, bastardo(a)
baste, pringar la carne en el asador, hilvanar, bastear
basting, hilván
bat[1], bate, garrote, palo, murciélago
bat[2], batear, golpear a la pelota
batch, hornada, cantidad de cosas producidas a un tiempo, pilada, carga, colada, pastón, templa, turno de colada
batch production, producción por lotes
bath, baño
bathe, bañar, bañarse
bathhouse, balneario
bathing, baño
bathing beach, playa para baño, balneario
bathing resort, balneario
bathrobe, peinador, bata
bathroom, cuarto de baño
bathtub, bañera, tina de baño
bathyscaphe, batiscafo
baton, batuta
battalion, batallón
batter[1], batido, pasta culinaria, bateador, voleador
batter[2], apalear, batir, cañonear, demoler
battery, acumulador, batería, pila
battery box, caja de batería
battery cell, elemento de batería

dry battery, batería o pila seca
storage battery, batería de acumuladores

battle[1], batalla, combate
Battle for Britain, Batalla de Inglaterra
battle cry, grito de batalla
battle front, frente de combate
battle ground, campo de batalla
Battle of Bull Run, Batalla de Bull Run
Battle of Hastings, Batalla de Hastings
Battle of Saratoga, Batalla de Saratoga
Battle of Tours, Batalla de Tours o Batalla de Poitiers
battle royal, pelotera
sham battle, simulacro

battle[2], batallar, combatir

battlefield, campo de batalla

battleship, acorazado

Batu, Batú

bauble, chuchería

Bavaria, Baviera

bawl, gritar, vocear, ladrar

bay[1], bahía, laurel, lauro
Bay of Pigs, bahía de Cochinos
bay rum, agua olorosa que sirve de cosmético, bahía del ron
bay window, mirador, ventana salediza

bay[2], ladrar, balar

bay[3], bayo
to keep at bay, tener a raya

bayonet[1], bayoneta

bayonet[2], traspasar con la bayoneta

bazaar, bazar

bazooka, cañón portátil contra tanques, bazuca

bbl. (barrel), brl. (barril)

B.C. (Before Christ), "A. de J.C.; Antes de Jesucristo, aC, a. de C (antes de Cristo), a. JC"

B.C.E. (Before the Common Era), Antes de la Era Común (AEC)

bdl. (bundle), bto. (bulto, fardo)

be, ser, estar, quedar
to be ill, estar malo(a), estar enfermo(a)
to be in a hurry, estar con prisa
to be right, tener razón
to be well, estar bien o bueno

beach[1], costa, ribera, orilla, playa
beach comber, vagabundo(a) de las playas

beach[2], encallar

beachhead, cabeza de playa

beacon, fanal, faro

bead, cuenta, chaquira

beads, rosario

beaded, adornado(a) con cuentas o chaquiras

beagle, sabueso

beak, pico, espolón de navío

beaker, taza

beam[1], viga, rayo de luz, volante, brazos de balanza
beam of timber, madero, viga de madera
to fly on the beam, volar siguiendo la línea de radiación

beam[2], emitir rayos, brillar

beaming, radiante

bean, haba, habichuela, frijol, alubia
kidney beans, frijoles rojos o colorados
navy beans, frijoles blancos

bear[1], oso, bajista
she bear, osa

bear[2], llevar alguna cosa como carga, sostener, apoyar, soportar, producir, parir, conllevar, portar

bear[3], sufrir, tolerar

bear[4], resistir
to bear a grudge, guardar rencor
to bear in mind, tener presente, tener en cuenta

beard[1], barba, arista de espiga

beard[2], desafiar

bearded, barbado, barbudo

beardless, desbarbado, joven, imberbe

bearer, portador(a), árbol fructífero

bearing, situación, comportamiento, relación, sufrimiento, paciencia, cojinete

beast, bestia, bruto(a), res, hombre brutal
beast of burden, acémila
beastly[1], bestial, brutal
beastly[2], brutalmente
beat[1], golpear, batir, tocar, pisar, abatir, ganar
beat[2], pulsar, palpitar
beat[3], golpe, pulsación, ronda
beater, batidor, batidora
beating, paliza, zurra,pulsación
beatnik, bohemio estrafalario de los E.U.A.
beau, petimetre, cuturraco(a), novio, pretendiente
beauteous, bello(a), hermoso(a)
beautiful, hermoso(a), bello(a), precioso(a)
beautifully, con belleza o perfección, hermosamente
beautify[1], hermosear, embellecer, adornar
beautify[2], hermosearse
beauty, hermosura, belleza, preciosidad
beauty parlor, salón de belleza
beauty salon, salón de belleza
beauty spot, lunar
beaver, castor, sombrero de pelo de castor
beaver board, catón de fibras para techos interiores y tabiques
becalm, serenar, sosegar
because, porque, pues, que
because of, a causa de
beck, seña, indicación muda
at one´s beck and call, a la mano, a la disposición
beckon, hacer seña con la cabeza o la mano, llamar con señas
become[1], sentar, quedar bien
become[2], hacerse, convertirse, ponerse, llegar a ser
becoming, conveniente, que le queda bien a uno
bed[1], cama, yacimiento
bed sheet, sábana
folding bed, cama plegadiza
river bed, cauce
to make the bed, hacer la cama
to stay in bed, guardar cama
bed[2], acostar, meter en la cama
bed[3], alojar, fijar
bed down, acostar
put to bed, meter en la cama
bedbug, chinche
bedclothes, cobertores, mantas, colchas
bedding, ropa de cama, accesorios de cama
bedeck, adornar
bedlam, belén, algarabía, confusión
bedpan, silleta para enfermos
bedpost, pilar de cama
bedraggle, ensuciar arrastrando por el suelo
bedridden, postrado en cama
bedrock, lecho rocoso, lecho de roca
bedroom, alcoba, cuarto de dormir, dormitorio, recámara
bedside, lado de la cama, cabecera
bedspread, colcha, sobrecama
bedspring, colchón de muelles
bedtime, hora de acostarse
bee, abeja
beech, haya
beechnut, hayuco
beef, buey, toro, vaca, carne de res o de vaca
beefsteak, bistec
beehive, colmena
beeline, línea recta
to make a beeline for, apresurarse a llegar a algún lugar
been, del verbo be
beer, cerveza
beeswax, cera de abejas
beet, remolacha, betarraga, betabel
beet root, betarraga
beet sugar, sugar, azúcar de remolacha o betabel
beetle, escarabajo, pisón
befall, suceder, acontecer, sobrevenir
befit, convenir, acomodarse a, cuadrar
before[1], más adelante, delante, enfrente, ante, antes de
before[2], antes de, ante, delante de, enfrente de
before[3], antes que
beforehand, de antemano, con ante-

rioridad, anticipadamente
befriend, favorecer, proteger, amparar
beg[1], mendigar, rogar, suplicar, pedir
beg[2], vivir de limosna
began, pretérito del verbo begin
beget, engendrar
beggar, mendigo(a), limosnero(a)
beggarly, pobre, miserable, despreciable
begin, comenzar, principiar
beginner, principiante, novicio(a)
beginning, principio, comienzo, origen
at the beginning, al principio
beginning consonant, consonante inicial
beginning with, a partir de
beginnings, rudimentos
begrudge, envidiar
beguile, engañar
begun, participio del verbo begin
behalf, favor, patrocinio, consideración
on behalf of, en pro de
behave, comportarse, portarse, manejarse
behavior, conducta, proceder, comportamiento
acceptable behavior, comportamiento aceptable
behavior consequence, consecuencia del comportamiento
behavior pattern, patrón de comportamiento
behavioral change in organisms, cambio de comportamiento en organismos
behavioral response to stimuli, respuesta de comportamiento a los estímulos
behead, decapitar, descabezar
behind[1], detrás de, tras, a la zaga de, inferior a
from behind, por detrás
behind[2], detrás, atrás, atrasadamente
behold[1], ver, contemplar, observar
behold[2], ¡he aquí! ¡mira!
beige, beige, beis, castaño claro
being, existencia, estado, ente, persona
belated, demorado(a), atrasado(a)
belch[1], eructar, vomitar
belch[2], eructo, eructación
belfry, campanario
Belgian, belga
Belgium, Bélgica
belie, desmentir, desdecir, contrastar con
belief, fe, creencia, opinión, credo
belief systems, sistemas de creencias
believable, creíble
believe[1], creer
believe[2], pensar, imaginar
believer, creyente, fiel, cristiano(a)
belittle, dar poca importancia (a algo)
bell, campana, bronce
bell ringer, campanero
bell-shaped curve, curva en forma de campana
call bell, timbre
bellboy, botones, mozo de hotel
belle, beldad
bellhop, botones, mozo de hotel
belligerent, beligerante
bellow[1], bramar, rugir, vociferar
bellow[2], bramido
bellowing, rugiente
bellows, fuelle
belly, vientre, panza, barriga
belong, pertenecer, tocar a, concernir
belongings, propiedad, efectos, anexos
beloved, querido(a), amado(a)
below, debajo, inferior, abajo
belt, cinturón, cinto, correa, cintura
to hit below the belt, dar un golpe bajo, herir con saña
to tighten one's, tomar aliento, soportar
bemoan, deplorar, lamentar
bench, banco, tribunal
benchmarking, realizar pruebas comparativas
bend[1], encorvar, inclinar, plegar, combar, hacer una reverencia
bend[2], encorvarse, combarse, cimbrarse, inclinarse
bend[3], comba, encorvadura, codo, giro
beneath, debajo, abajo, de lo más hondo

benediction, bendición
benefactor, bienhechor(a)
beneficent, benéfico(a)
beneficial, beneficioso(a), provechoso(a), útil
beneficial change, cambio benéfico
beneficiary, beneficiario(a)
benefit[1], beneficio, utilidad, provecho, bien
benefit of clergy, sanción de la iglesia, fuero de la iglesia
for the benefit of, a beneficio de
benefit[2], beneficiario(a)
benefit[3], beneficiarse, prevalerse
benevolence, benevolencia, gracia
benevolent, benévolo(a)
benevolent society, sociedad benéfica
benign, benigno, afable, liberal
Benin, Benín
Benito Mussolini, Benito Mussolini
Benjamin Franklin, Benjamin Franklin
Benjamin Franklin's autobiography, autobiografía de Benjamín Franklin
bent, inclinación, tendencia
benumb, entorpecer, dejar sin movimiento
benzene, bencina
bequeath, legar en testamento.
bequest, legado
berate, regañar con vehemencia
bereave, despojar, privar
bereavement, despojo, luto, duelo
bereft, despojado(a), privado(a)
beret, boina
Bering land bridge, puente de Beringia
berkelium, elemento radiactivo artificial
Berlin, Berlín
Berlin blockade, bloqueo de Berlín
Bernoulli's principle, principio de Bernoulli
berry, baya
berth, litera, camarote
beseech, suplicar, implorar, conjurar, rogar
beset, sitiar, cercar, perseguir, acosar, aturdir, confundir
besetting, habitual
beside, al lado de, cerca de, junto a, en comparación con
beside oneself, fuera de sí, trastornado(a)
besides[1], por otra parte, además
besides[2], además de
besiege, sitiar, bloquear, acosar
besmirch, manchar, ensuciar
bespeak, ordenar, apalabrar alguna cosa
best[1], mejor
best approximation, mejor aproximación
best man, padrino de boda
best seller, éxito de librería, superventas
best[2], lo mejor
to do ones´s best, hacer todo lo posible
bestial, bestial, brutal
bestow, dar, conferir, otorgar, dar en matrimonio, regalar, dedicar
bestow upon, deparar
bet[1], apuesta
bet[2], apostar
beta ray, rayo beta
betatron, betatrón
betray, hacer traición, traicionar, divulgar algún secreto
betrayal, traición
betroth, contraer esponsales, desposarse
to become betrothed, prometerse, comprometerse
betrothal, esponsales
betrothed[1], comprometido(a), prometido(a)
betrothed[2], prometido(a)
better[1], mejor, más bien
better half, cara mitad, mi otra mitad, media naranja
so much the better, tanto mejor
better[2], mejorar, reformar
betters, superiores
bettor, apostador(a)
between, entre, en medio de
betwixt, entre, en medio de
bevatron, bevatrón
bevel[1], cartabón, sesgadura, bisel
bevel[2], cortar un ángulo al sesgo,

biselar
beverage, bebida
bevy, bandada, grupo
bewail, lamentar, deplorar
beware[1], tener cuidado, guardarse
beware[2], ¡cuidado! ¡mira!
bewilder[1], descaminar, pasmar
bewilder[2], extraviarse, confundirse
bewilderment, extravío, confusión
bewitch, encantar, hechizar
bewitching, encantador(a), cautivador(a)
beyond, más allá, más adelante, fuera de
bf. (bold face), letra negrilla
Bhakti movement, movimiento bhakti
bharata natyam dance, danza Bharatanatyam
biannual, semestral, bianual
bias[1], propensión, inclinación, parcialidad, preocupación, sesgo, objeto, fin, prejuicio
bias[2], inclinar, preocupar, predisponer
  on the bias, al sesgo
  to cut on the bias, sesear
biased, predispuesto(a)
  biased sample, muestra engañosa, muestra parcial
bib, babero
Bible, Biblia
  Bible Belt, Cinturón bíblico, Cinturón de la Biblia
biblical, bíblico
  biblical account of Genesis, relato bíblico del Génesis
  Biblical allusion, alusión bíblica
bibliography, bibliografía
bicameral, bicameral
bicarbonate, bicarbonato
biceps, bíceps
biconditional, bicondicional
bicker, reñir, disputar
bicycle, bicicleta
  bicycle lane, ciclovía, ciclopista, bicicarril
  to ride a bicycle, montar en bicicleta
bicycling, ciclismo
bid[1], convidar, mandar, envidar, ofrecer
  bid adieu, despedirse
bid[2], licitación, oferta, envite
bidder, licitador(a), postor
bidding, orden, mandato, ofrecimiento
bide[1], esperar, aguardar, permanecer
bide[2], sufrir, aguantar
biennial, bienal
bier, féretro, ataúd
big, grande, lleno(a), inflado(a)
  Big Bang theory, teoría del Bing Bang, el Big Bang, la gran explosión
  big business, gran negocio
  Big Dipper, Osa Mayor
  Big Stick diplomacy, diplomacia de mano dura
bigamist, bígamo(a)
bigamy, bigamia
bigger, más grande
biggest, el más grande
big-headed, cabezón (cabezona), cabezudo(a)
bighearted, generoso(a), liberal, espléndido(a), magnánimo(a)
bigness, grandeza
bigot, persona fanática, hipócrita
bigoted, santurrón (santurrona), intolerante
bigotry, fanatismo, intolerancia
bilateral agreement, acuerdo bilateral
bile, bilis, cólera
bilingual, bilingüe
  bilingual education, educación bilingüe
bill[1], pico de ave, cédula, cuenta, factura
  bill of exchange, cédula o letra de cambio
  bill of fare, menú, lista de platos
  bill of health, patente de sanidad
  bill of lading, carta de porte, declaración, conocimiento
  Bill of Rights, Carta o Declaración de Derechos
  bill of sale, acta o contrato o escritura de venta
  bills payable, documentos o efectos por pagar

bills receivable, documentos por cobrar, letras o efectos por cobrar
post no bills, no fijar carteles
show bill, cartelón
bill[2], enviar una cuenta, facturar
Bill Clinton, Bill Clinton
billboard, cartelera, valla publicitaria
billet[1], billete, esquela, orden de alojamiento
billet[2], alojar soldados
billfold, billetera, cartera de bolsillo
billiards, billar
billion, billón, millón de millones, mil millones
billionaire, billonario(a)
billow, ola grande
billowy, hinchado como las olas, ondulado
Billy the Kid, Billy el Niño
bimonthly, bimestral
bin, artesón, armario, despensa
binary, binario(a)
binary compound, compuesto binario
binary fission, fisión binaria
binary form, forma binaria
binary operation, operación binaria
binary system, sistema binario
bind[1], atar, unir, encuadernar, obligar, constreñir, impedir, poner a uno a servir
bind[2], ser obligatorio(a)
binder, encuadernador(a)
binding, venda, faja, encuadernación, pasta
binding agreement, acuerdo vinculante
binding energy, energía enlazante
cardboard binding, encuadernación de cartón
cloth binding, encuadernación en tela
bingo, bingo
binocular, binocular
binoculars, gemelos, lentes, binóculos
binomial, binomio
binomial expansion, expansión de un binomio
binomial expression, expresión de un binomio
binomial nomenclature, nomenclatura binomial
binomial theorem, teorema binario
biochemical characteristic, característica bioquímica
biochemistry, bioquímica
biodegradable, biodegradable
biodiversity, biodiversidad
biogenesis, biogénesis
biogeochemical, biogeoquímico
biogeochemical cycle, ciclo biogeoquímico
biographical, biográfico(a)
biographical narrative, narración biográfica
biographical sketch, bosquejo biográfico, semblanza biográfica
biography, biografía
biological, biológico(a)
biological adaptation, adaptación biológica
biological evidence, evidencia biológica
biological evolution, evolución biológica
biological magnification, biomagnificación
biological molecule, molécula biológica
biological succession, sucesión biológica, sucesión ecológica
biological warfare, guerra biológica
biology, biología
biomass, biomasa
biomass pyramid, pirámide de biomasa
biome, bioma
biomechanics of movement, biomecánica del movimiento
biomolecules, biomoléculas
biopsy, biopsia
biosphere, biósfera
biotechnology, biotecnología
biotic, biótico
bipartisan, representativo de dos partidos políticos
bipolar centers of power, centros bipolares del poder

birch, abedul
bird, ave, pájaro
bird of prey, ave de rapiña
bird shot, perdigones
bird's-eye view, vista a vuelo de pájaro
birdie, tanto de un golpe menos de par en un agujero
birth, nacimiento, origen, parto, linaje
birth certificate, certificado o acta de nacimiento
birth control, control de la natalidad
birth rate, natalidad, tasa de natalidad
to give birth, dar a luz, parir
birthday, cumpleaños, natalicio
to have a birthday, cumplir años
birthmark, marca de nacimiento
birthplace, suelo nativo, lugar de nacimiento
birthright, derechos de nacimiento, primogenitura
birthstone, piedra preciosa correspondiente al mes en que uno ha nacido
Biscay, Vizcaya
biscuit, bizcocho, bollo, galleta
bisect[1], bisecar, dividir en dos partes
bisect[2], bifurcarse
bisecting each other, bisecarse la una a la otra
bisector, bisectriz
bisector combinations, combinaciones de bisectrices
bishop, obispo, alfil
Bismarck, Bismarck
Bismarck's "Blood and Iron" speech, discurso "hierro y sangre" de Bismarck"
bison, bisonte, búfalo
bit[1], bocado, pedacito, pizca, brote, trozo
bit of a bridle, bocado del freno
not a bits, nada
two bits, 25 centavos
bit[2], refrenar
bit[3], pretérito del verbo bite
bitch, perra, zorra
bite[1], morder, punzar, picar, satirizar, engañar
bite the dust, caer muerto, quedar totalmente derrotado
bite[2], tentempié
biting, mordaz, acre, picante
bitten, participio del verbo bite
bitter, amargo(a), áspero(a), mordaz, satírico(a)
bitterness, amargor, amargura, rencor, pena, dolor
bituminous, bituminoso
bituminous coal, carbón bituminoso
bivariate data, datos bivariados
bivariate data transformation, transformación de datos bivariantes
bivariate distribution, distribución bivariante
bivouac, vivac, vivaque
biweekly[1], quincenal, que sucede cada dos semanas
biweekly[2], quincenalmente
bizarre, raro(a), extravagante
bk.[1] **(bank)**, Bco. (Banco)
bk.[2] **(block)**, manzana, cuadra, bloque
bk.[3] **(book)**, libro
bkg. (banking), banca
bkt. (basket), cesta
B.L. (Bachelor of Laws), Br. en L. (Bachiller en Leyes)
B/L, b.l (bill of lading), contó, conocimiento de embarque
bl. (bale), bala, fardo
bl. (barrel), brl.: barril.
blab[1], parlar, charlar, divulgar
blab[2], chismear
blab[3], chismoso(a)
black[1], negro(a), oscuro(a), tétrico(a), malvado(a), funesto(a)
black art, nigromancia
Black Death, peste negra
Black Hawk War, Guerra de Black Hawk
black hole, hoyo negro
black lead, lápiz de plomo
Black Legend, leyenda negra
black letter, letra gótica
black list, lista negra, lista de personas que merecen censura
black magic, magia que aspira a producir muerte o daño

black majority, mayoría negra
black market, mercado negro
Black Reconstruction, Reconstrucción negra
Black Sea, mar Negro
black sheep, hijo malo, oveja negra
black widow, araña americana, capulina
black[2], color negro
black[3], teñir de negro, negrecer, limpiar
blackball, excluir a uno votando con una bolita negra, jugar la suerte con una bola negra, votar en contra
blackberry, zarzamora, mora
blackbird, mirlo
blackboard, pizarra, encerado, pizarrón, tablero
blacken, teñir de negro, ennegrecer
blackhead, espinilla
blackmail[1], chantaje
blackmail[2], chantajear, amenazar con chantaje
blackness, negrura
blackout, oscurecimiento
blacksmith, herrero
bladder, vejiga
blade, brizna, hoja, pala, valentón
blade of a propeller, aleta
blame[1], vituperar, culpar, achacar
blame[2], culpa, vituperación, imputación
blameless, inocente, irreprensible, intachable, puro(a)
blameworthy, culpable
blanch, blanquear, mondar, pelar, hacer pálido(a)
bland, blando(a), suave, dulce, apacible, gentil, agradable, sutil
blank[1], blanco(a), pálido(a), confuso(a), vacío(a), sin interés
blank cartridge, cartucho en blanco
blank check, cheque en blanco
blank credit, carta en blanco
blank form, blanco, esqueleto
blank verse, verso sin rima
blank[2], blanco, espacio en blanco
blanket[1], cubierta de cama, frazada, manta, cobertor
blanket[2], general
blanket instructions, instrucciones generales
blare, proclamar ruidosamente
blarney, lenguaje adulador, zalamería
blasé, insensible al placer, hastiado(a), aburrido(a)
blaspheme, blasfemar, jurar
blasphemy, blasfemia, reniego
blast[1], ráfaga
blast furnace, horno alto
blast[2], marchitar, secar, arruinar, volar con pólvora
blasting, voladura
blast-off, despegue
blatant, voncinglero(a)
blaze[1], llama, hoguera, mancha blanca en la frente de los animales, señal de guía hecha en los troncos de los árboles
blaze[2], encenderse en llamas, brillar, resplandecer
blaze[3], inflamar, flamear, llamear
blazes!, ¡chispas! ¡caracoles!
blazon, blasonar, decorar, publicar
bldg. (building), ed. (edificio)
bleach, blanquear al sol, blanquear
bleachers, gradas al aire libre
bleak, pálido(a), descolorido(a), frío(a), helado(a), sombrío(a)
blear, legañoso(a) o lagañoso(a)
blear-eyed, lagañoso
bleared, legañoso(a) o lagañoso(a)
bleary, ojos empañados
bleat[1], balido
bleat[2], balar
bled, pretérito del verbo bleed
bleed, sacar sangre, sangrar, página en que se sangran grabados o texto.
bleeding[1], sangría
bleeding[2], sangrante
blemish[1], manchar, ensuciar, infamar
blemish[2], tacha, deshonra, infamia, lunar
blend[1], mezclar, combinar, armonizar
blend[2], mezcla, armonía

blender, mezclador, licuadora
bless, bendecir, alabar, santiguar
blessed, bendito(a), afortunado(a)
blessing, bendición
blight[1], tizón, pulgón, plaga, daño
blight[2], agotarse, perjudicarse
blind[1], ciego(a), oculto(a), oscuro(a)
  blind alley, callejón sin salida
  blind flying, vuelo con instrumentos, vuelo a ciegas
  blind person, ciego(a)
  blind respect, respeto ciego
blind[2], velo, subterfugio, emboscada
blind[3], cegar, deslumbrar
  Venetian blinds, persianas
blindfold[1], vendar los ojos
blindfold[2], con los ojos vendados
blindly, ciegamente, a ciegas
blindness, ceguera
blink[1], guiñar, parpadear, cerrar los ojos, echar llama
blink[2], guiñada, pestañeo, destello
  to be on the blink, estar descompuesto
blinker, anteojera
bliss, felicidad, embeleso
blissful, feliz en sumo grado, beato(a), bienaventurado(a)
blissfully, embelesadamente
blister[1], vejiga, ampolla
blister[2], ampollarse
blithe, alegre, contento(a), gozoso(a)
blitzkrieg, guerra relámpago
blizzard, tormenta de nieve
bloat[1], hinchar
bloat[2], entumecerse, abotargarse
bloc, bloc, grupo político
block[1], zoquete, horma, bloque, cuadernal, témpano, obstáculo, manzana, cuadra
  block system, sistema de cobertura de una vía
  block and tackle, polea con aparejo
block[2], bloquear
blockade[1], bloqueo, cerco
  to run a blockade, romper el bloqueo
blockade[2], bloquear
blockhead, bruto(a), necio(a), zopenco(a)
blond, rubio(a), güero(a)
blonde, rubio(a), güero(a)
blood, sangre, linaje, parentesco, ira, cólera, apetito animal
  blood bank, banco de sangre
  blood clot, embolia
  blood count, cuenta de los glóbulos de la sangre
  blood donor, donante o donador(a) de sangre
  blood poisoning, septicemia
  blood plasma, plasma
  blood pressure, presión arterial
  blood test, análisis de la sangre
  blood tissue, tejido sanguíneo
  blood transfusion, transfusión de sangre
  blood vessel, vena
  in cold blood, en sangre fría
bloodhound, sabueso(a)
bloodshed, matanza, derramamiento de sangre
bloodshot, ensangrentado
bloodsucker, sanguijuela, desollador(a)
bloodthirsty, sanguinario(a), cruel
bloody, sangriento, ensangrentado, cruel
  Bloody Sunday, Domingo Sangriento
bloom[1], flor, florecimiento
bloom[2], florecer
bloomers, calzones o pantalones de mujer
blossom[1], flor, capullo, botón
blossom[2], florecer
blot[1], manchar, cancelar, denigrar
blot[2], mancha
blotch, roncha, mancha
blotter, papel secante
blouse, blusa
blow[1], golpe, pedrada
blow[2], soplar, sonar
  to blow one's nose, sonarse las narices
  to blow up, volar o volarse por medio de pólvora, ventear, ampliar mediante proyección
blow[3], soplar, inflar
  blow-dryer, secador o secadora de pelo

blower, fuelle, soplador
blowgun, bodoquera
blown[1], soplado
blown[2], pasado perfecto del verbo blow
blowout, reventazón, ruptura de neumático o llanta
blowpipe, soplete, cerbatana
blowtorch, soplete para soldar
blubber[1], grasa de ballena
blubber[2], llorar hasta hincharse los carrillos, gimotear
blue, azul, cerúleo(a)
 blue-collar worker, trabajador(a) de cuello azul
blueberry, mora azul
bluebird, azulejo, pájaro azul, pájaro cantor
bluegrass, variedad de hierba con tallos azulados
bluejay, variedad de pájaro azul con copete
blueprint, heliografía, heliógrafo
blues, melancolía, hipocondria, blues
bluff[1], risco escarpado, morro, fanfarronada
bluff[2], rústico(a), rudo(a), francote(a)
bluff[3], impedir con pretextos de valentía o de recursos
bluff[4], baladronear, engañar, hacer alarde
bluing, añil
blueing, añil
bluish, azulado
blunder[1], desatino, error craso, atolondramiento, pifia, disparate
blunder[2], confundir, desatinar
blunt[1], obtuso(a), romo(a), boto(a), lerdo(a), bronco(a), grosero(a)
blunt[2], embotar, enervar, calmar
blur[1], mancha
blur[2], manchar, infamar
blurring of genres, desdibujamiento de géneros
blurt (out), hablar a tontas y a locas
blush[1], rubor, sonrojo
blush[2], ruborizarse, sonrojarse
bluster[1], ruido, tumulto, jactancia
bluster[2], hacer ruido tempestuoso
blvd. (boulevard), blvd. (bulevar)

boa, boa (serpiente), boa (cuello de pieles)
boar, verraco
 wild boar, jabalí
board[1], tabla, mesa, tribunal, consejo, junta, bordo
 board game, juego de mesa
 board of directors, consejo directivo, directorio
 board of trustees, junta directiva
 bristol board, cartulina
 free on board, franco a bordo
 on board, a bordo
board[2], abordar, hospedar, alojar, subir a
board[3], hospedarse
 to board up, entablar
boarder, pensionista, pupilo(a)
boarding school, colegio para internos
boardinghouse, casa de pupilos, casa de huéspedes, posada, pensión
boardwalk, paseo marítimo
boast[1], jactancia, ostentación
boast[2], presumir, jactarse, hacer alarde, hacer gala, preciarse de
boast[3], blasonar, decorar, publicar
 to boast about, jactarse de
boastful, jactancioso(a)
boat, bote, barca, chalupa, buque, barco
 in the same boat, en una misma situación, en un mismo caso
 tug boat, remolcador
boatman, barquero
boatswain, contramaestre
bob[1], meneo, vaivén, melena
bob[2], menar o mover la cabeza, bambolear, cortar corto el cabello
bobbin, canilla, broca, bobina, carrete, carretel
bobby pin, pasador, horquilla
bobby socks, tobilleras
bobby-soxer, tobillera, muchacha adolescente
bobcat, variedad de lince
bobolink, chambergo
bobsled, trineo de dos rastras
Boccaccio, Boccaccio

bode, presagiar, pronosticar
bode ill, ser de mal agüero
to bode well, prometer bien
bodice, talle, cotilla, corpiño
bodily[1], corpóreo(a), físico(a)
bodily[2], en peso, conjuntamente
body[1], cuerpo, corporal
body alignment, alineación del cuerpo
body composition, composición del cuerpo
body control, control corporal
body heat, calor corporal
body image, imagen corporal
body language, lenguaje corporal
body-part articulation, articulación de las partes del cuerpo
body plan, plan corporal
body position, posición corporal
body shape, forma corporal
body system, sistema corporal
body[2], cuerpo
body of the text, cuerpo del texto
body of water, cuerpo de agua
body politic, cuerpo político
body sound, sonido del cuerpo
body[3], caja de un coche, carrocería de un coche
body[4], individuo
any body, cualquiera
evey body, cada uno(a), todos (as)
body[5], gremio
bodyguard, guardaespaldas
Boer, bóer
Boer War, Guerra de los Bóeres
bog[1], pantano
bog[2], hundir, hundirse
bogus, fingido(a), falso(a)
boil[1], hervir, bullir, hervirle a uno la sangre
boil[2], cocer
boil[3], furúnculo, divieso(a), nacido(a)
boiler, caldera, hervidor, calentador, boiler
boiling, hirviendo, hirviente
boiling point, punto de ebullición
boisterous, borrascoso(a), tempestuoso(a), violento(a), ruidoso(a)
bold, atrevido, valiente, audaz, temerario, imprudente
bold face, letrilla negra
bolding, marcar en negrita
boldly, descaradamente, atrevidamente
boldness, intrepidez, valentía, osadía, confianza
bolero, bolero, chaqueta corta
boll, cápsula
boll weevil, picudo, gorgojo de algodón
bolo, machete filipino
Bolshevik, bolchevique
bolster[1], travesero, cabezal, cojín, cabecera
bolster[2], apoyar, auxiliar
bolster up, sostener, apoyar, alentar
bolt, dardo, flecha, cerrojo, chaveta, tornillo
bolt[2], cerrar con cerrojo
bolt[3], desbocarse
door bolt, pasador
bomb, bomba
atomic bomb, bomba atómica
bomb release, bomba de liberación
bomb thrower, lanzabombas
hydrogen bomb, bomba de hidrógeno
bombard, bombardear
bombardment, bombardeo
Bombay, Bombay
bomber, bombardero, avión de bombardeo
bombproof, a prueba de bombas
bombshell, bomba, granada
bombsight, mira de bombardero aéreo
bona fide, de buena fe
bonbon, confite, bombón
bond[1], ligadura, vínculo, lazo, vale, obligación, bono
in bond, bajo fianza
bond[2], poner en depósito
bondage, esclavitud, servidumbre
bondholder, tenedor de bonos
bondman, esclavo, siervo, fiador

bondsman, esclavo, siervo, fiador
bone[1], hueso
bone[2], desosar, deshuesar
boneless, sin huesos, desosado(a), deshuesado(a)
bonfire, hoguera, fogata
bonnet, gorra, bonete, sombrero
bonny, bonito(a), galán, gentil
bonus, prima, bonificación, gratificación
bony, huesudo(a)
boob, persona boba
booby, zote, persona boba
booby trap, bomba trampa
boogie woogie, una forma popular de baile
book[1], libro
book[2], asentar en un libro, inscribir, contratar, fichar
bookbinder, encuadernador de libros
bookcase, armario para libros, estante, librero
Booker T. Washington, Booker T. Washington
bookie, persona cuyo negocio es apostar a las carreras de caballos
booking, registro
booking office, oficina de reservaciones
bookkeeper, tenedor de libros
bookkeeping, teneduría de libros, contabilidad
double-entry bookkeeping, contabilidad por partida doble
single-entry bookkeeping, contabilidad por partida simple o sencilla
booklet, folleto
bookmaker, persona cuyo negocio es apostar a las carreras de caballos
bookmark, marcador de libro
bookseller, librero, vendedor de libros
bookstand, puesto de libros
bookstore, librería
bookworm, polilla que roe los libros, ratón de biblioteca
Boolean search, búsqueda booleana
boom[1], botalón, bonanza, repentina prosperidad, rugido seco, estampido
boom[2], zumbar
boomerang, búmeran o bumerán
boomtown, ciudad con rápido desarrollo
boon[1], presente, regalo, favor, gracia
boon[2], alegre, festivo(a), generoso(a)
boondoggle[1], obra inútil o poco práctica en que se malgastan tiempo y dinero
boondoggle[2], entregarse a ocupaciones frívolas e inútiles
boorish, rústico(a), agreste, villano(a), zafio(a)
boost[1], levantar o empujar hacia arriba, asistir
boost[2], aprobar con entusiasmo
boost[3], ayuda, aumento
booster, fomentador(a), secuaz
booster rocket, cohete impulsor
boot, bota
riding boot, bota de montar
to boot, además, por añadidura
bootblack, limpiabotas
bootee, calzado tejido para niños, bota corta
booth, barraca, cabaña, puesto, reservado, casilla, caseta
bootleg, contrabandear
bootlegger, contrabandista
bootlegging, tráfico ilegal de licores
booty, botín, presa, saqueo, despojo
booze[1], emborracharse
booze[2], bebida alcohólica
borax, bórax
border[1], orilla, borde, repulgo, vera, margen, frontera, reborde, cenefa
border conflict, conflicto fronterizo
border states, estados fronterizos
border[2], confinar, bordear
border[3], ribetear, limitar
to border on, rayar en
bordering, contiguo(a), colindante
bordering on, rayando en
borderland, frontera, confín
borderline[1], límite, orilla
borderline[2], incierto
borderline case, caso en los límites de lo anormal
bore[1], taladrar, horadar, perforar,

barrenar, fastidiar
bore[2], pretérito del verbo bear
bore[3], taladro, calibre, perforación, latoso(a), majadero(a)
boredom, tedio, fastidio
boric, bórico
boric acid, ácido bórico
boring, fastidioso(a), aburridor(a), aburrido(a)
born, nacido(a), destinado(a)
to be born, nacer
borough, villa, burgo, distrito administrativo de una ciudad
borrow, pedir prestado
borrower, prestatario(a)
borrowing, préstamo
bosom, seno, pecho
boss, clavo, protuberancia, cacique, jefe
Boston, Boston
Boston Tea Party, Motín del Té de Boston
botanical, botánico
botany, botánica
botch[1], remiendo chapucero, roncha
botch[2], remendar, chapucear
botchy, con ronchas, chapucero, hecho toscamente
both[1], ambos, ambas, los dos, las dos
both[2], tanto como
bother[1], aturrullar, confundir, molestar, incomodar
bother[2], estorbo, mortificación
bottle[1], botella
bottle[2], embotellar
bottle up, embotellar, ahogar, reprimir
bottleneck, cuello de botella, obstáculo, impedimento, cuello de estrangulación
bottom[1], fondo, fundamento, valle, buque
at bottom, en el fondo, realmente
false bottom, fondo doble
bottom[2], fundamental, mínimo
bottomless, insondable, sin fondo
boudoir, tocador, recámara
bougainvillea, buganvilia
bough, rama
bouillon, caldo
boulder, canto rodado, china, peña, guijarro, peña desprendida de una masa de roca
boulevard, avenida, paseo, bulevar
bounce[1], arremeter, brincar, saltar
bounce[2], golpazo, brinco, bravata
bouncing, fuerte, bien formado(a), robusto(a)
bound[1], límite, salto, repercusión
within bounds, a raya
bound[2], confinar, limitar, destinar, obligar, reprimir
bound[3], resaltar, brincar
bound[5], destinado(a)
bound for, con rumbo a, con destino a
boundary, límite, frontera, meta, línea, aledaño
boundary dispute, disputa fronteriza
boundless, ilimitado, infinito
bounteous, liberal, generoso(a)
bountiful, liberal, generoso(a), bienhechor(a)
bounty, liberalidad, bondad
bouquet, ramillete de flores, ramo, aroma, olor
bourgeois, burgués (burguesa)
bourgeoisie, burguesía
bout, turno, encuentro, combate
bow[1], encorvar, doblar, oprimir
bow[2], encorvarse, saludar, hacer reverencia
bow[3], reverencia, inclinación, proa
bow[4], arco, lazo
bow and arrow, arco y flecha
bow control, control del arco
bowels, intestinos, entrañas
bower, enramada de jardín, bóveda, aposento retirado
bowl[1], taza
wash bowl, jofaina, lavamanos
bowl[2], jugar boliche o bolos, jugar a las bochas
bowlegged, patizambo(a), patiestevado(a)
bowling, juego de bolos, juego de boliche
bowling alley, bolera, mesa de boliche
bowling pin, birla, bolo
box[1], caja, cajita, cofre
axle box, buje
box & whisker plot, diagrama de caja y bigotes

box office, taquilla
box on the ear, bofetada
box seat, asiento en palco
box[2], meter alguna cosa en una caja, boxear
box[3], boxear
boxcar, vagón cubierto, furgón cerrado
boxer, púgil, boxeador, pugilista
Boxer Rebellion, Rebelión de los Bóxers
boxing, boxeo, pugilismo, pugilato
boy, muchacho, niño, criado, lacayo, zagal
boy friend, amigo predilecto, novio potencial
boy scout, muchacho explorador
boycott[1], boicotear
boycott[2], boicoteo, boicot
boyhood, niñez
boyish, pueril, propio de un niño o varón, frívolo(a)
bra, brassiere, sostén, corpiño, soporte
brace[1], abrazadera, manija
brace[2], apoyar, reforzar
bracelet, brazalete, pulsera
bracing[1], refuerzo
bracing[2], fortificante, tónico
bracket, puntal, rinconera, consola, ménsula
brackets, corchetes
brag[1], jactancia
brag[2], jactarse, fanfarronear
braggart, jactancioso(a), fanfarrón(a), valentón(a), fachenda
Brahmanism, brahmanismo
braid[1], trenza, pasamano, trencilla
braid[2], trenzar
braille, escritura para uso de los ciegos, braille
Braille alphabet, alfabeto braille
brain, cerebro, seso, juicio
brainless, insensato(a), estúpido(a)
brainstorm, lluvia de ideas
brainwashing, lavado cerebral
brake, freno
to apply the brakes, frenar
to release the brakes, quitar el freno
brakeman, guardafrenos
bramble, zarza, espina
bran, salvado, afrecho
branch[1], rama, brazo, ramal, sucursal, ramo
branch[2], ramificar, ramificarse
branch out, ramificarse
brand[1], tizón, hierro, marca, nota de infamia, marca de fábrica
brand[2], herrar, infamar
brandish, blandir, ondear
brand-new, flamante, enteramente nuevo(a)
brandy, aguardiente, coñac
brass, bronce, desvergüenza
brass band, charanga
brassie, mazo empleado en el juego de golf
brassiere, brassiere, soporte, corpiño, sostén
brat, rapaz, chiquillo,
bravado, baladronada
brave[1], bravo(a), valiente, atrevido(a)
brave[2], combatir, desafiar
bravery, valor, braveza
brawl[1], quimera, disputa, camorra, pelotera
brawl[2], alborotar, vocinglear
brawn, pulpa, fuerza muscular
brawny, carnoso(a), musculoso(a)
bray[1], rebuznar
bray[2], rebuzno, ruido bronco
brayers, rodillo de tinta
brazen[1], de bronce, caradura, desvergonzado(a), imprudente
brazen[2], encararse con desfachatez
brazier, latonero, brasero
Brazil, Brasil
Brazilian, brasileño(a), brasileiro(a)
Brazilian independence movement, movimiento de independencia de Brasil
breach, rotura, brecha, violación
breach of faith, abuso de confianza
breach of promise, falta de palabra
breach of trust, abuso de confianza
bread, pan, sustento
bread line, fila de los que es-

peran la gratuita distribución de pan
brown bread, pan moreno, pan negro o de centeno
whole-wheat bread, pan moreno, pan negro o de centeno
breadth, anchura
break[1], quebrar, vencer, quebrantar, violar, domar, arruinar, partir, interrumpir, romperse, reventarse algún tumor, separarse, quebrar
to break out, abrirse salida, estallar
to break to pieces, hacer pedazos
break[2], rotura, rompimiento, ruptura, interrupción
break of day, aurora
breakable, frágil, rompible
breakdown, descalabro, avería repentina, decadencia, decaimiento, desarreglo, interrupción, postración
breakdown of food molecules, degradación de las moléculas alimenticias
break-even point, punto en que un negocio empieza a cubrir los gastos que ocasiona
breakfast[1], desayuno
breakfast room, desayunador
breakfast[2], desayunar
breaking, rompimiento, fractura
breakneck, desenfrenado(a), vertiginoso(a)
at breakneck speed, a todo correr, a todo escape
breakthrough, embestida que perfora una zona de defensa
breakup of Soviet Union, desintegración de la Unión soviética
breakwater, muelle, dique, escollera
breast[1], pecho, seno, corazón
breast examination, exploración mamaria
breast[2], acometer, resistir, arrostrar valerosamente
breaststroke, braza
breastwork, parapeto, defensa
breath, aliento, respiración, soplo de aire, momento
breath control, control de la respiración
breath-taking, conmovedor(a), excitante
out of breath, jadeante, sin aliento
breathe, respirar, exhalar, resollar
breathing, aspiración, respiración, respiro
breathing rate, frecuencia respiratoria
breathing spell, desahogo, descanso, aliento
breathless, falto(a) de aliento, desalentado(a)
breech, trasero
breeches, calzones
breed[1], casta, raza
breed[2], procrear, engendrar, criar, educar
breed[3], parir, multiplicarse
breeding, crianza, buena educación, modales
breeze, brisa, céfiro
breezy, refrescado(a) con brisas
Brenner Pass, paso del Brennero
Brer Rabbit, Hermano conejo
brethren, pl. de brother, hermanos
brevity, brevedad, concisión
brew[1], tramar, maquinar, mezclar
brew[2], hacer cerveza
brew[3], calderada de cerveza
brewer, cervecero(a)
brewery, cervecería
briar, zarza, espino
briars, maleza
bribe[1], cohecho, soborno
bribe[2], cohechar, corromper, sobornar
bribery, cohecho, soborno
brick, ladrillo, hombre alegre y popular
bricklayer, albañil
brickyard, adobería, ladrillar
bridal, nupcial
bride, novia, desposada
bridegroom, novio, desposado
bridesmaid, dama, madrina de boda
bridge[1], puente, suspensión
bridge[2], puente colgante
bridge[3], construir un puente, salvar un obstáculo
bridgehead, cabeza de puente

bridgework, puente dental, construcción de puentes
bridle[1], brida, freno
bridle[2], embridar, reprimir, refrenar
brief[1], breve, conciso(a), sucinto(a)
brief[2], compendio, breve, escrito
  brief case, cartera, portadocumentos, portapapeles
  in brief, en pocas palabras, en breve
brief[3], hacer un resumen, dar instrucciones finales para una misión
briefing, instrucciones
brig, bergantín
brigade, brigada
brigadier, general de brigada
bright, claro(a), luciente, brillante, luminoso(a), vivo(a)
brighten[1], pulir, dar lustre, ilustrar
brighten[2], aclarar
brightness, esplendor, brillantez, agudeza, claridad, lucimiento
brilliance, brillantez, resplandor, brillo, esplendor, fulgor
brilliancy, brillantez, resplandor, brillo, esplendor, fulgor
brilliant[1], brillante, luminoso(a), resplandeciente
brilliant[2], brillante
brilliantine, brillantina, grasa para el cabello
brim[1], borde, extremo, orilla, ala
brim[2], llenar hasta el borde
brim[3], estar lleno(a)
brimful, lleno(a) hasta el borde
brimstone, azufre
brine, salmuera
bring, llevar, traer, conducir, inducir, persuadir
  to bring about, efectuar
  to bring forth, producir, parir
  to bring up, educar
  to bring to pass, efectuar, realizar
brink, orilla, margen, borde
brisk, vivo, alegre, jovial, fresco
bristle[1], cerda
bristle[2], erizarse
bristly, cerdoso(a), lleno(a) de cerdas
Britain, Reino Unido
  Britain's modernizing policy in India, política británica de modernización en India
British, británico(a)
  British colony, colonia británica
  British Columbia, Colombia Británica
  British constitution, Constitución británica
  British East Africa, Africa Oriental Inglesa
  British East India, Indias Orientales Británicas
  British Empire, Imperio británico
  British Guiana, Guayana Inglesa
  British Honduras, Belice, Honduras Británica
  British imperialism, imperialismo británico
  British Isle, isla británica
  British literature, literatura británica
  British monarch, monarquía británica
  British rule, mandato británico
  British West Indies, Indias Occidentales Británicas
brittle, quebradizo, frágil
broach, iniciar, entablar
broad, ancho(a), abierto(a), extenso(a)
  broad jump, salto de longitud
broadcast[1], radiodifusión
  broadcast advertising, publicidad en medios de difusión
broadcast[2], radiodifundir, perifonear
broadcasting[1], radiodifusión, audición, perifonía
  broadcasting station, emisora, radiodifusora
broadcasting[2], radioemisor(a)
broadcloth, paño fino
broaden, ensanchar, ensancharse
broad-minded, tolerante, de ideas liberales
broadmindedness, amplitud de miras
broadside, andanada, costado de un barco, anchura

Broadway musical, musical de Broadway
brocade, brocado
broccoli, brécol, brócoli
brochure, folleto
brogue, abarca, pronunciación regional de un idioma, en especial la pronunciación irlandesa del inglés
broil, asar a la parrilla
broiler, parrilla
broke, pretérito del verbo break
broken, roto(a), quebrado(a), interrumpido(a)
  broken English, inglés mal articulado
  broken-down, afligido(a), abatido(a), descompuesto(a)
  broken-hearted, triste, abatido(a), acongojado(a), con el corazón hecho trizas
broker, corredor, agente de bolsa
  exchenge broker, corredor de cambio
  insurance broker, corredor de seguros
  money broker, cambista
brokerage, corretaje
bromide, bromuro
bronchial, bronquial
  bronchial tube, bronquio
bronchitis, bronquitis
bronchoscope, broncoscopio
bronze[1], bronce
  bronze casting, pieza de bronce fundido
  bronze tool-making technology, tallado(a) de herramientas en bronce
bronze[2], broncear
brooch, broche
brood[1], cobijar, pensar alguna cosa con cuidado, madurar
brood[2], raza, nidada
brook[1], arroyo, quebrada
brook[2], sufrir, tolerar
broom, escoba
broomstick, palo de escoba
broth, caldo
brother, hermano
brotherhood, hermandad, fraternidad
brother-in-law, cuñado, hermano político
brotherly, fraternal
brow, ceja, frente, cima
browbeat, mirar con ceño, intimidar
brown[1], bruno(a), moreno(a), castaño(a), pardo(a)
  dark brown, bruno, castaño oscuro
  brown paper, papel de estraza
  brown sugar, azúcar morena
  Brown v. Board of Education (1954), Brown contra la Junta Educativa de Topeka
brown[2], dorar, tostar
brownies, duendes de los cuentos de hadas, pastelitos de chocolate y nueces
browse, ramonear, pacer
  to browse over a book, hojear, leer un libro
browser, navegador
Bruges, Brujas
bruise[1], magullar, machacar, abollar, majar, pulverizar
bruise[2], magulladura, contusión
brunet, moreno, trigueño
brunette, morena, trigueña
brunt, choque, esfuerzo
brush[1], bruza, escobilla, brocha, cepillo, encuentro, escaramuza
  artist's brush, pincel
  brush painting, técnica de pintura china
brush[2], cepillar
  to brush off, despedir con brusquedad
brush[3], mover apresuradamente, pasar ligeramente
brushwood, breñal, zarzal
brusque, brusco(a), rudo(a), descortés
Brussels sprouts, colecitas de Bruselas
brutal, brutal, bruto(a)
brute[1], bruto(a)
brute[2], feroz, bestial, irracional
B.S. (Bachelor of Science), Br. en C. (Bachiller en Ciencias)
b.s. (bill of sale), C/Vta, C V (Cuenta de Ventas)
b.s. (balance sheet), balance

BTU (British Thermal Unit), unidad termal británica
bu. (bushel), medida de áridos
bubble[1], burbuja, bagatela
bubble[2], burbujear, bullir
  bubble over, estar en efervescencia, borbotar, hervir
bubonic plague, peste bubónica
buck, gamo, macho
bucket, cubo, pozal, cangilón, cucharón
buckle[1], hebilla
buckle[2], abrochar con hebilla, afianzar
  buckle down to, dedicarse con empeño
buckle[3], encorvarse
bucksaw, sierra de bastidor
buckshot, perdigón grande
buckwheat, trigo sarraceno
bud[1], pimpollo, botón, capullo
bud[2], florecer, brotar
bud[3], injertar
Buddha, Buda
Buddhism, budismo
Buddhist beliefs, creencias budistas
Buddhist monk, monje budista
Buddhist-Hindu culture, cultura hindú-budista
buddy, hermano, camarada, compañero
budge, moverse, menearse
budget, presupuesto
  budget constraint, restricción presupuestaria
  budget deficit, déficit presupuestario
  budget surplus, superávit
Buenos Aires, Buenos Aires
buff[1], pulidor, aficionado(a)
buff[2], de color amarillo rojizo
buff[3], lustrar, dar lustre, pulir
buffalo, búfalo
buffer[1], parachoques, topes, pulidor
buffer[2], solución de buffer
buffet[1], puñetazo, puñada
buffet[2], combatir a puñetazos
buffet[3], aparador
buffet[4], bufé
  buffet supper, ambigú, bufé
buffoon, bufón (bufona), gracioso(a)
bug, chinche, insecto, bicho
Buganda, Buganda
bugbear, espantajo, coco
buggy[1], calesa
  baby buggy, cochecito de niño
buggy[2], chinchoso(a), con bichos
bugle, clarín, corneta
bugler, corneta, trompetero
build, edificar, construir
builder, arquitecto(a), constructor(a)
building, edificio, construcción, inmueble
  building style, estilo del edificio
bulb, bulbo, cebolla
  electric light bulb, foco de luz eléctrica
bulge, combarse
bulimia, bulimia
bulk, masa, volumen, grosura, mayor parte, capacidad de un buque
  in bulk, a granel
bulky, macizo(a), grueso(a), grande
bull, toro, disparate, bula, breve pontificio, dicho absurdo
  bull ring, plaza de toros
  bull's eye, centro de blanco, claraboya
bulldog, perro de presa
bulldoze, coercer o reprimir por intimidación
bulldozer, niveladora, abrebrechas, persona que intimida
bullet, bala
bulletin, boletín
  bulletin board, tablero para avisos
  bulletin board system, sistema de tablón de anuncios
bulletproof, a prueba de balas
bullfight, corrida de toros
bullfighter, torero
bullfrog, rana grande
bullion, oro o plata en barras
bully[1], espadachín, valentón, rufián, gallito
bully[2], fanfarronear
bulwark[1], baluarte
bulwark[2], fortificar con baluartes
bum, holgazán, bribón
bumblebee, abejón, abejorro,

zángano
bump[1], hinchazón, giba, golpe
bump[2], chocar contra
bumper[1], parachoques o paragolpes de un auto, defensa
bumper[2], excelente, abundante
bumper crop, cosecha abundante
bun, bollo
bunch[1], montón, manojo, ramo, racimo
bunch[2], agrupar, amontonar, poner en racimo
bundle[1], atado, haz, paquete, rollo, bulto, lío
bundle[2], atar, hacer un lío o un bulto
bundle up, envolver, abrigarse
bungalow, casa de un piso
bungle[1], chapucear, chafallar, hacer algo chabacanamente
bungle[2], chabacanería
bunion, juanete
bunk, patraña, mentira fabulosa, camarote
bunk beds, literas
bunker, trampa
Bunsen burner, mechero Bunsen
bunting, lanilla para banderas, calandria
buoy[1], boya
buoy[2], boyar
buoy up, apoyar, sostener
buoyancy, flotación, principio de Arquímedes
buoyant, boyante
buoyant force, fuerza boyante
bur, carda, bardana, arandela
burden[1], carga, cargo
burden[2], cargar, gravar
bureau, armario, tocador, cómoda, escritorio, oficina, departamento, división
bureaucracy, burocracia
burette, bureta
burglar, salteador(a), ladrón (ladrona)
burglar alarm, alarma contra ladrones
burglar insurance, seguro contra robo
burglary, asalto, robo
burial, entierro, enterramiento
Burkina Faso, Burkina Faso
burlap, arpillera, o harpillera
burlesque[1], burlesco
burlesque[2], función teatral de género festivo y picaresco
burlesque[3], burlarse, parodiar
burly, voluminoso(a), vigoroso(a), turbulento(a)
Burma Pass, Camino de Birmania
burn[1], quemar, abrasar o herir, incendiar
burn[2], arder
burn[3], quemadura
burner, quemador, mechero
burning, quemadura, incendio
burnish, bruñir, dar lustre
burrow[1], conejera
burrow[2], esconderse en la conejera, excavar un hoyo en la tierra
burst[1], reventar, abrirse
to burst into tears, prorrumpir en lágrimas
to burst out laughing, soltar una carcajada
burst[2], reventón, rebosadura
bury, enterrar, sepultar, esconder
bus, autobús, ómnibus, camión
bush, arbusto, cola de zorra
to beat around the bush, acercarse indirectamente a una cosa, andar con rodeos
bushel, medida de áridos
bushing, buje, cojinete, encastre, encaje, casquillo, collera
bushy, espeso(a), lleno(a) de arbustos, lanudo(a)
busily, solícitamente, diligentemente
business, empleo, ocupación, negocio, quehacer
business cycle, ciclo económico
business deduction, deducción de negocio
business firm, compañía, empresa
business house, casa de comercio
business letter, carta comercial
business man, hombre de negocios
business practice, práctica comercial

business transaction, negociación, operación
to do business with, tratar con
businessman, comerciante
bust, busto
bustle[1], confusión, ruido, polisón
bustle[2], apurarse con estrépito, menearse
busy[1], ocupado(a), atareado(a), entremetido(a)
busy[2], ocupar
busybody, entremetido(a), metomentodo, cotilla
but[1], excepto
but[2], menos, pero, solamente
butcher[1], carnicero
butcher's shop, carnicería
butcher[2], matar atrozmente
butler, mayordomo
butt[1], culata, blanco, hito, bota, cuba para guardar vino, persona a quien se ridiculiza, cabezada
butt[2], topar
butter, mantequilla, manteca
butter dish, mantequillera
buttercup, ranúnculo
butterfly, mariposa
buttermilk, suero de mantequilla, jocoque
butterscotch, variedad de dulce hecho de azúcar y mantequilla
buttock, nalga, anca, grupa
button[1], botón
call button, botón de llamada
push button, botón de contacto
button[2], abotonar
buttonhole, ojal
buttress[1], contrafuerte, sostén, apoyo
buttress[2], suministrar un sostén, afianzar
buxom, robusto(a) y rollizo(a)
buy, comprar
to buy at retail, comprar al por menor
to buy at wholesale, comprar al por mayor
to buy for cash, comprar al contado
to buy on credit, comprar a crédito o fiado
buyer, comprador, compradora
buzz[1], susurro, soplo
buzz[2], zumbar, cuchichear, descender en picada y volar bajo y velozmente
buzzard, gallinazo
buzzer, zumbador
bx. (box), caja
by[1], por, a, en, de, con, al lado de, cerca de
by[2], cerca, a un lado
by all means, de todos modos, cueste lo que cueste
by and by, dentro de poco, luego
by much, con mucho
by the way, de paso, a propósito
bygone[1], pasado
bygone[2], lo pasado
bylaws, estatutos, reglamento
by-pass[1], desvío
by-pass[2], desviar
by-product, derivado, subproducto
bystander, circunstante, espectador(a)
byte, byte
byword, apodo, mote
Byzantine, bizantino(a)
Byzantine church, iglesia bizantina
Byzantine Empire, Imperio bizantino
Byzantium, Bizancio

C

C. (centigrade), C. (centígrado)
C. (current), corrte., cte. (corriente)
C.A. (Central America), C.A. (Centro América)
cab, coche de alquiler, taxi
cabana, cabaña, caseta
cabaret, cabaret
cabbage, repollo, berza, col
Cabeza de Vaca, Cabeza de Vaca
cabin, cabaña, cabina, barraca, choza, camarote
cabin steward, mayordomo
cabinet, gabinete, escritorio, ministerio
cabinet council, consejo de ministros
cabinetmaker, ebanista
cable[1], cable, cablegrama

cable address, dirección cablegráfica
cable car, ferrocarril funicular, vehículo manejado por un cable
cable[2], cablegráfico
cable television, televisión por cable, cablevisión
cablegram, cablegrama
cabman, chofer de taxi, taxista
caboose, cocina, fogón
cackle[1], cacarear, graznar
cackle[2], cacareo, charla
cactus, cacto
cad, persona vil o despreciable
cadaver, cadáver, cuerpo
caddie[1], ayudante, paje
caddie[2], servir de ayudante o paje
caddy[1], ayudante, paje
caddy[2], servir de ayudante o paje
cadence, cadencia
cadet, cadete
Caesarean, cesáreo(a)
caesarean section, operación cesárea
café, café, restaurante, cantina
cafeteria, cafetería, restaurante en donde se sirve uno mismo
caffeine dependency, dependencia a la cafeína
cage[1], jaula, alambrera, prisión
cage[2], enjaular
Cairo, El Cairo
Cairo Conference on World Population, Conferencia Internacional sobre la Población y el Desarrollo de El Cairo
cajole, lisonjear, adular
cake[1], torta, bizcocho, pastel
cake[2], endurecerse, coagularse
calamity, calamidad, miseria
calcimine, lechada
calcium, calcio
calculate, calcular, contar
calculating, calculador, de calcular
calculating machine, máquina de calcular
calculation, calculación, cuenta, cálculo
calculator, calculadora
calculus, cálculo
calendar, calendario, almanaque
calendar time, tiempo del calendario
calf, ternero(a), cuero de ternero, pantorrilla
calfskin, piel de ternera, becerro
caliber, calibre
calibration, calibración
calico, percal, zaraza
California, California
californium, californio
calipers, compás de calibres, compás de espesores
calisthenics, calisténica, gimnasia, calistenia
call[1], llamar, nombrar, convocar, citar, apelar, denominar
call and response, llamada y respuesta
to call for, ir por
to call names, injuriar
to call the roll, pasar lista
to call to order, llamar al orden, abrir la sesión
to call on, visitar
call[2], llamada, instancia, invitación, urgencia, vocación, profesión, empleo, grito, pito, toque
to have a close call, salvarse en una tablita
calla lily, lirio, alcatraz
caller, visitador(a), visitante, persona que llama
calling, profesión, vocación
callous, calloso(a), endurecido(a), insensible
calm[1], calma, tranquilidad
calm[2], quieto(a), tranquilo(a)
calm[3], calmar, aplacar, aquietar
to calm down, serenarse
calorie, caloría
calve, parir, producir la vaca
calves, plural de calf
Calvin Coolidge, Calvin Coolidge
calyx, cáliz
cam, leva
Cambodia, Camboya
cambric, cambray, batista
came, pretérito del verbo come
camel, camello
camel caravan, caravana de camellos
Camelot image, imagen de Camelot
cameo, camafeo
camera, cámara
camera angle, ángulo de cámara

camera man, camarógrafo(a)
camera shot, toma de cámara
digital camera, cámara digital
camouflage, camuflaje, simulación, fingimiento, engaño, disfraz
camp[1], campo
army camp, campamento del ejército
to break camp, levantar el campo
Camp David Accords, Acuerdos de Camp David
camp[2], campal
camp[3], acampar
campaign[1], campaña
campaign[2], hacer campaña, hacerle propaganda
campaigning, hacer campaña
campfire, hoguera en el campo
camphor, alcanfor
campus, patio o terrenos de una universidad, un colegio, un instituto, etcétera
camshaft, eje de levas
can[1], poder, saber
can[2], envasar en latas
can[3], lata, bote
can opener, abrelatas, abridor de latas
Canada, Canadá
Canadian, canadiense
canal, canal
canal network, red de canales
canal system, sistema de canales
Canal Zone, Zona del Canal
Canaries, Las Canarias,
canary, canario
Canary Islands, Islas Canarias
canary, canario
canasta, canasta
Canberra, Canberra
cancel, cancelar, borrar, anular, invalidar, barrear
cancellation, cancelación
cancellation law of addition, ley de cancelación de la adición
cancellation law of multiplication, ley de cancelación de la multiplicación
cancellation method, método de cancelación
cancer, cáncer
cancerous, canceroso(a)
candid, cándido(a), sencillo(a), ingenuo(a), sincero(a)
candid camera, cámara para tomar fotografías sin que lo advierta el sujeto
candidate, candidato(a), aspirante
candied, garapiñado(a), en almíbar
candle, candela, vela, bujía
candle power, potencia luminosa
candlelight, luz artificial, luz de vela, crepúsculo, anochecer
candlestick, candelero
candor, candor, sinceridad, ingenuidad
candy[1], confitar, garapiñar
candy[2], confite, bombón, dulce
candy box, caja de dulces, confitera
cane, caña, bastón
cane plantation, cañal, cañaveral
canine, canino(a), perruno(a)
canker[1], llaga ulcerosa
canker[2], roer, corromper
canker[3], corromperse, roerse
canned goods, productos en lata o en conserva
cannibal, caníbal, antropófago(a)
cannon, cañón
canny, cuerdo(a), discreto(a), sagaz
canoe, canoa, bote, chalupa, piragua
canon, canon, regla, canónigo
canon law, derecho canónico
canonize, canonizar
canopy, dosel, pabellón, cabina cerrada trasparente, capota del paracaídas
cant[1], jerigonza, canto o esquina de un edificio
cant[2], hablar en jerigonza
cantaloup, melón de verano
cantaloupe, melón de verano
canteen, cantina, tienda de provisiones para soldados, vasija en que los soldados, viajeros, etcétera llevan agua

canter, medio galope
canton[1], cantón
canton[2], acantonar
canvas, cañamazo, lona
canvass, escudriñar, examinar, controvertir, solicitar votos, etcétera
canyon, desfiladero, cañón
cap[1], gorra, birrete, cachucha
cap and gown, traje académico o toga y birrete
cap[2], poner remate a
to cap the climax, llegar al colmo
percussion cap, cápsula fulminante
cap. (capital letter), may. (letra mayúscula)
capability, capacidad, aptitud, habilidad
capable, capaz, idóneo(a)
capacity, capacidad, inteligencia, habilidad, calidad
seating capacity, cabida
cape, cabo, promontorio, capa, capota, capote
Cape Horn, cabo de Hornos
Cape of Good Hope, cabo de Buena Esperanza
Cape Region, Región del Cabo
caper[1], cabriola, travesura, alcaparra
to cut a caper, cabriolar
caper[2], hacer travesuras
capillary, capilar
capital[1], capital, excelente, principal
capital goods, bienes de capital
capital punishment, pena de muerte
capital[2], capitel, capital, mayúscula
capital goods, bienes de capital
capital punishment, pena capital, pena de muerte
capital resource, recurso capital
capital resources, recursos capitales
capital stock, acción de capital
to invest capital, colocar un capital
capitalism, capitalismo
capitalist, capitalista
capitalist country, país capitalista
capitalist economy, economía capitalista
capitalization[1], capitalización
capitalization[2], escribir con mayúsculas
capitalize, capitalizar
Capitol, Capitolio
Capitol Hill, Capitolio
capitulate, capitular
capricious, caprichoso
capricious rule, regla arbitraria
capsize, volcar, volcarse
capsule, cápsula
Capt. (Captain), Cap. (Capitán)
captain, capitán
caption, presa, captura, título, subtítulos pie de grabado, título, leyenda o pie de foto
captivate, cautivar, esclavizar
captive, cautivo(a), esclavo(a)
captivity, cautividad, esclavitud, cautiverio
captor, apresador(a)
capture[1], captura, presa, toma
capture of Constantinople, toma de Constantinopla
capture[2], apresar, capturar
car, carreta, carro, coche, automóvil
baggage car, furgón, vagón
freight car, furgón, vagón
express car, furgón, vagón
dining car, coche comedor
funeral car, carroza
sleeping car, coche dormitorio
caramel, caramelo
carat, quilate
caravan, caravana
caraway, alcaravea
carbohydrate, carbohidrato
carbolic, fénico
carbonic acid, ácido carbónico, ácido fénico, fenol
carbon, carbón
carbon atom, átomo de carbono
carbon copy, copia al carbón, copia en papel carbon, réplica

carbon cycle, ciclo del carbono
carbon dioxide, dióxido de carbono
carbon fixation, fijación del carbono
carbon monoxide, monóxido de carbono
carbon paper, papel carbón
carbonic, carbónico
carbonic acid, ácido carbónico
carbuncle, carbúnculo, carbunclo
carburetor, carburador
carcass, animal muerto, casco, armazón
carcinogen, carcinógeno
carcinogenic, cancerígeno(a), carcinogénico(a)
card[1], naipe, carta, tarjeta, carda
card catalog, catálogo de fichas, fichero
card catalogue, catálogo de fichas, fichero
card index, fichero
card[2], cardar
cardboard, cartón
cardigan, suéter o chaqueta tejida con botonadura al frente
cardinal[1], cardinal, principal, rojo(a), purpurado(a)
cardinal directions, puntos cardinales
cardinal number, número cardinal
cardinal points, puntos cardinales
cardinal[2], cardenal
cardiogram, cardiograma
cardiopulmonary, cardiopulmonar
cardiorespiratory, cardiorrespiratorio(a)
cardiorespiratory endurance, resistencia cardiorrespiratoria
cardiorespiratory exertion, esfuerzo cardiorrespiratorio
cardiovascular, cardiovascular
cardiovascular efficiency, eficiencia cardiovascular
cardiovascular system, sistema cardiovascular
care[1], cuidado, esmero, solicitud, cargo, vigilancia
to take care of, cuidar de
care[2], cuidar, tener cuidado, inquietarse, estimar, apreciar
to care about, preocuparse de
what do i care?, ¿a mí qué me importa?
I don't care a fig, no me importa un bledo
to care for, guardar, vigilar, cuidar
career, carrera, profesión, curso
carefree, libre, sin cuidados
careful, cuidadoso(a), ansioso(a), prudente, solícito(a)
to be careful, tener cuidado
careless, descuidado, negligente, indolente
carelessly, descuidadamente
carelessness, descuido, negligencia
caress[1], caricia
caress[2], acariciar, halagar
caretaker, velador
careworn, cansado, fatigado
carfare, pasaje
cargo, cargamento de navío, carga, consignación
Caribbean, Caribe
Caribbean Basin, cuenca del Caribe
caricature[1], caricatura
caricature[2], hacer caricaturas, ridiculizar
carload, furgón entero, carro entero, vagonada
carnal, carnal, sensual
carnation, clavel
carnival, carnaval
carnivore, carnívoro(a)
carnivorous, carnívoro(a)
carol, villancico
Christmas carol, villancico o canción de Navidad
Carolina regulators, reguladores de Carolina
Carolingian Empire, Imperio carolingio
carouse, beber excesivamente, tomar parte en una juerga
carp[1], carpa
carp[2], censurar, criticar, reprobar
carpenter, carpintero
carpet[1], alfombra, tapete, tapiz

carpet sweeper,
barredor de alfombra
carpet[2], cubrir con alfombras, tapizar
carpeting, material para tapices, tapicería
carpool, cooperación para compartir los gastos de trasporte en automóvil
carriage, porte, talante, coche, carroza, carruaje, vehículo, carga, cureña de cañón
carrier, portador(a), carretero(a), trasportador(a)
aircraft carrier,
portaaviones
carrier pigeon,
paloma mensajera
carrion, carroña
carrot, zanahoria
carry, llevar, conducir, portar, lograr, cargar
to carry on, continuar
to carry out, cumplir, llevar a cabo, realizar
carrying capacity, capacidad de persistencia, capacidad de carga
carrying money, llevar dinero, portar dinero
cart[1], carro, carreta, carretón
cart[2], acarrear
cartel, cartel
Cartesian, cartesiano(a)
Cartesian coordinate system,
sistema de coordenadas cartesianas
Cartesian coordinates,
coordenadas cartesianas
Cartesian plane,
plano cartesiano
Carthage, Cartago
cartilage, cartílago
cartload, carretada
cartogram, cartograma
cartographer, cartógrafo
cartography, cartografía
carton, caja de cartón
cartoon[1], caricatura, boceto, viñeta, historieta
animated cartoon,
caricatura animada
cartoon[2], caricaturizar, bosquejar
cartoonist, caricaturista
Cartouche, cartucho, cartela
cartridge, cartucho
blank cartridge,
cartucho en blanco
cartridge shell, cápsula
carve, cincelar, trinchar, tajar, grabar
carver, escultor(a), persona que taja, trinchante
carving, escultura, entalladura
carving knife,
tajador, cuchillo de tajar
cascade, cascada, salto de agua
case, estado, situación, causa, bolsa, caso, estuche, vaina, caja, caso
in case,
si acaso, caso que
in the case of, en caso de
casement, puerta ventana, marco de ventana
cash[1], dinero contante, efectivo, caja
cash and carry, compra al contado en que el comprador se lleva él mismo la mercancía
cash crop, cultivo comercial
cash on delivery, cóbrese al entregar, contra rembolso
cash on hand,
efectivo en caja
cash payment,
pago al contado
cash register,
registrador, caja registradora
to buy for cash,
comprar al contado
cash[2], cobrar o hacer efectivo
cashbook, libro de caja
cashbox, caja de hierro
cashew, anacardo
cashew nut,
nuez de la India
cashier, cajero(a)
cashier's check,
cheque de caja
cashmere, casimir (tela)
casing, forro, cubierta, envoltura, caja
cask, barril, tonel, cuba
casket, ataúd
Caspian Sea, mar Caspio
cassava, mandioca, yuca
casserole, cacerola

casserole dish, guiso al horno de una combinación de ingredientes en una cacerola
cast[1], tirar, lanzar, echar, modelar
to cast lots, echar suertes
cast[2], amoldarse
cast[3], tiro, golpe, forma, matiz, reparto, elenco artístico
cast[4], fundido
cast iron, hierro colado
cast steel, acero, fundido
castanets, castañuelas
castaway, réprobo(a), náufrago(a)
cast-down, humillado
caste, casta, clase social
caste system, sistema de castas
to lose caste, perder la posición social
caster, calculador, vinagrera, aceitera, angarillas, tirador, adivino(a), ruedecita
Castile, Castilla
Castilian, castellano(a)
casting, tiro, vaciado, distribución de papeles a los actores
castle[1], castillo, fortaleza
castle[2], encastillar
to castle one's king, enrocar (en el juego de ajedrez)
castoff, descartado(a)
castoff clothes, ropa de desecho
castoff iron, hierro de desecho
castor, castor, sombrero castor
castor oil, aceite de ricino, de castor o de palmacristi
castrate, castrar, capar
casual, casual, fortuito(a)
casual clothing, ropa sencilla, ropa de calle o para deportes
casualty, accidente, caso
casualty rate, tasa de accidentalidad
casualties, víctimas de accidentes o de guerra
cat, gato(a)
to let the cat out of the bag, revelar un secreto
cat. (catalog), catálogo
catabolism, catabolismo
catechism, catecismo
cataclysm, cataclismo, diluvio
catalog, catálogo
catalogue, catálogo, rol, elenco, lista
Catalonia, Cataluña
Catalonian, catalán (catalana)
catalyst, catalizador
catapult, catapulta
cataract, cascada, catarata, catarata
catarrh, catarro, reuma
catastrophe, catástrofe
catbird, tordo, mimo
catch[1], coger, agarrar, asir, atrapar, pillar, sorprender
catch[2], pegarse, ser contagioso(a), prender
to catch cold, resfriarse
to catch fire, encenderse
catch[3], botín, presa, captura, trampa, buen partido, acto de parar la pelota
catch bolt, picaporte
catcher, cogedor(a), parador de la pelota
catching, contagioso(a)
catchup, catchup, catsup, ketchup
catchword, reclamo, contraseña
catchy, atrayente, agradable, engañoso
catechism, catecismo
categorical, categórico(a)
categorical data, datos categóricos
category, categoría
cater, abastecer, proveer, halagar, complacer
cater-cornered, diagonal
caterer, proveedor(a), abastecedor(a), persona que proporciona lo que se ha de comer en un banquete
caterpillar, oruga
caterpillar tractor, tractor de oruga
catfish, barbo
catgut, cuerda de violín o de guitarra
cathartic[1], catártico(a)
cathartic[2], purgante, laxante
cathedral, catedral
Catherine the Great, Catalina la Grande
cathode, catódico(a)
cathode ray tube, tubo de rayos catódicos

cathodic, catódico
cathodic ray tube, tubo de rayos catódicos
Catholic, católico(a)
Catholic Christianity, cristianismo católico
Catholic Church, Iglesia católica
Catholic clergy, clero católico
Catholic Reformation, reforma católica, Contrarreforma
catholicism, catolicismo
cation, catión
catnip, calamento
cat's-paw, persona que sirve de instrumento a otra, soplo
catsup, catchup, catsup, ketchup
cattle, ganado, ganado vacuno
cattle herders, pastores de rebaño
cattleman, ganadero, criador de ganado
Caucasus, Cáucaso
caucus, junta electoral, camarilla política, asamblea partidista
caudillo, caudillo
cauliflower, coliflor
cause[1], causa, razón, motivo, lugar, proceso
cause-and-effect, causa y efecto
cause[2], motivar, causar
caustic, cáustico(a)
caution[1], prudencia, precaución, aviso
caution[2], avisar, amonestar, advertir
cautionary, de índole preventiva, dado a tomar precauciones
cautious, cauteloso(a), prudente, circunspecto(a), cauto(a)
to be cautious, estar sobre sí, ser cauteloso(a)
cavalcade, cabalgata, cabalgada
cavalier[1], jinete, caballero
Cavalier[2], Cavalier
cavalry, caballería
cavalry warfare, guerra de caballería
cavalryman, soldado de a caballo, soldado de caballería
cave, cueva, caverna
cave man, troglodita
cavern, caverna, antro
caviar, caviar
cavity, hueco, cavidad, seno
Cavour, Cavour
caw, graznar
Cayuga, cayuga
cc., c.c. (cubic centimeter), c.c. (centímetro cúbico)
C.D. (compact disc), disco compacto
C.D. player, player, reproductor de CD
CD-ROM, CD-ROM
C.E. (Civil Engineer), Ing. Civil (Ingeniero Civil)
C.E., EC (Era Común)
cease[1], parar suspender, cesar, dejar de, interrumpir
cease[2], desistir
ceaseless, incesante, continuo
cedar, cedro
cede, ceder, trasferir
ceiling[1], techo o cielo raso de una habitación, cielo máximo
ceiling[2], máximo
celebrate, celebrar, elogiar
celebration, celebración, alabanza
celebrity, celebridad, fama, persona célebre
celebrity endorsement, respaldo de celebridades
celery, apio
celestial, celeste, divino, celestial
celestial body, cuerpo celeste
celestial empire, Imperio celeste
celibate, soltero(a), célibe
cell[1], celda, cueva, célula
cell cycle, ciclo celular
cell division, división celular
cell function, función celular
cell growth, crecimiento celular
cell membrane, membrana celular
cell nucleus, núcleo celular
cell organelle, orgánulo celular
cell wall, pared celular
cell[2], teléfono celular o móvil
cell phone, teléfono celular o móvil

cellar, sótano, bodega
cello, violonchelo
cellophane, celofán
cellular, celular
cellular communication, comunicación celular
cellular differentiation, diferenciación celular
cellular energy conversion, conversión de energía celular
cellular phone, teléfono celular o móvil
cellular regulation, regulación celular
cellular respiration, respiración celular
cellular response, respuesta celular
cellular waste disposal, eliminación celular
celluloid, celuloide
cellulose, celulosa
Celsius (°C), grado Celsius (°C)
cement[1], argamasa, cemento
cement[2], pesar con cemento, conglutinar
cement[3], unirse
cemetery, cementerio, camposanto
cen. (central), cent. (central)
censor, censor(a), crítico(a)
censorship, censura
censure[1], censura, reprensión
censure[2], censurar, reprender, criticar
census, censo, encabezamiento, empadronamiento
census data, datos del censo
census district, distrito de censo
cent, centavo, céntimo
per cent, por ciento
cent. (Centigrade), C. (centígrado)
cent. (central), cent. (central)
cent. (Century), siglo
centennial, centenario
center[1], centro, centro
center of gravity, centro de gravedad
center-pivot irrigation, técnica de irrigación central
center-radius equation of a circle, ecuación centro y radio de un círculo
center[2], colocar en un centro, reconcentrar
center[3], colocarse en el centro, reconcentrarse
centi, centí-
centigrade, centígrado
centigram, centigramo
centiliter, centilitro
centimeter, centímetro
centipede, ciempiés
central, central, céntrico(a)
Central Africa, África Central
Central America, América Central, Centroamérica
central angle, ángulo central
Central Asia, Asia Central
Central Asian steppes, estepas de Asia Central
central authority, autoridad central
central business district, zona central de negocios
Central Europe, Europa Central
central government, gobierno central
Central Iberia, centro de la peninsula Ibérica
central idea, idea central
central initiation, iniciación central
central limit theorem, teorema central del límite
central nervous system, sistema nervioso central
central place, lugar central
central place theory, teoría de los lugares centrales, teoría del sitio central
Central Powers, Potencias Centrales, Imperios Centrales
central processing unit, unidad central de procesamiento
central symmetry, simetría central
central tendency, tendencia central
centralization, centralización
centralize, centralizar
centralized, centralizado(a)
centralized monarchy, monarquía centralizada
centrifugal, centrífugo

centrifugation, centrifugación
centrifuge, centrífugo
centripetal, centrífuga, centrífugadora
    centripetal acceleration, aceleración centrípeta
    centripetal force, fuerza centrípeta
centroid of a triangle, centroide de un triángulo
century, centuria, siglo
C.E.O. (chief executive officer), director(a) ejecutivo(a), presidente(a) ejecutivo(a)
ceramics, cerámica
cereal, cereal
cerebellum, cerebelo
cerebral, cerebral
    cerebral palsy, parálisis cerebral, diplegia espástica
cerebrum, cerebro
ceremonial[1], ceremonial
ceremonial[2], ceremonial, rito externo
ceremonious, ceremonioso(a)
ceremony, ceremonia
cerise, de color cereza
certain, cierto(a), evidente, seguro(a), certero(a), indudable, efectivo(a)
    certain case, caso cierto
    certain event, evento cierto
    certain sum, un tanto
    certain quantity, un tanto
certainty, certeza, seguridad, certidumbre
    certainty of conclusions, certidumbre de las conclusiones
    with certainty, a ciencia cierta
certitude, certeza, seguridad, certidumbre
    with certitude, a ciencia cierta
certificate, certificado, testimonio, bono, certificación
    birth certificate, acta de nacimiento
certified, certificado
    certified public accountant, contador público titulado
certify, certificar, afirmar, dar fe
Cesar Chavez, César Chávez
cessation, cesación
cesspool, cloaca, sumidero
Ceylon, Ceilán
cg. (centigram), cg. (centigramo)
chafe, frotar, irritar
chaff[1], burla, fisga, paja menuda, cosa frívola e inútil
chaff[2], hacer bromas, chotear
chagrin, mortificación, disgusto
chain[1], cadena, serie, sucesión
    chain gang, gavilla de malhechores encadenados juntos, collera
    chain reaction, reacción en cadena
    chain store, tienda de una serie que pertenece a una misma empresa
chain[2], encadenar, atar con cadena
chains, esclavitud
chair[1], silla
    easy chair, silla poltrona
    folding chair, silla plegadiza
    swivel chair, silla giratoria
    wheel chair, silla de ruedas
chair[2], entronizar, colocar en un cargo público
chairman, presidente
chaise longue, canapé, sofá
chalice, cáliz
chalk[1], tiza, gis, yeso
chalk[2], dibujar con yeso o tiza, bosquejar, lapizar
    to chalk up, aumentar un precio, ganar puntos
chalky, gredoso(a), yesoso(a), calcáreo(a)
challenge[1], desafío, pretensión, recusación
challenge[2], desafiar, retar, provocar, reclamar
challenger, desafiador(a), retador(a)
chamber, cámara, aposento, cámara de mina
    air chamber, cámara de aire
    chamber music, música de cámara
    chamber of commerce, cámara de comercio
chamberlain, camarero, chambelán
chamber maid, moza de cámara, camarera
chambray, cambray

chameleon, camaleón
chamois, gamuza
champ[1], morder, mascar
champ[2], campeón(a)
Champa, Champa
champagne, champaña, champán
champion[1], campeón (campeona), paladín
champion[2], defender, respaldar, apoyar
championship, campeonato
chance[1], ventura, suerte, ocasión, oportunidad, casualidad, acaso, riesgo, posibilidad
by chance, por casualidad, por carambola
chance[2], acaecer, acontecer
chance[3], fortuito, casual
chance event, suceso aleatorio
chance reordering, reorganización de oportunidades
chancellor, canciller, rector(a)
chandelier, araña de luces
Chandogya, Chandogya
Chandragupta, Chandragupta
change[1], cambiar, trasmutar, variar
to change cars, trasbordar
to change one's clothes, mudar de ropa
change[2], variar, alterarse, revolverse
change[3], mudanza, variedad, vicisitud, cambio, variación, suelto
changes in the Earth's surface, cambios en la superficie terrestre
change of direction, cambio de dirección
change of motion, cambio de velocidad
change of speed, cambio de velocidad
to make change, cambiar
changeable, variable, inconstante, mudable, cambiante
changeless, inmutable
change-over, cambio de ocupación o posición
channel[1], canal, conducto
TV channel, canal de televisión
channel[2], acanalar, estriar
chant[1], sonsonete
chant[2], cantar, repetir algo monótonamente
chaos, caos, confusión
chaotic, confuso(a), caótico(a)
chap[1], rajarse, henderse, agrietarse
chap[2], rendija, mandíbula, mozo, chico, tipo
chapel, capilla
chaperon[1], escolta, chaperón (chaperona)
chaperon[2], acompañar, escoltar
chaplain, capellán
chaps, zahones, chaparreras
chapter, capítulo, cabildo, filial de una confraternidad
chapter headings, encabezados de capítulo
chapter title, título de capítulo
char, hacer carbón de leña, carbonizar
character, carácter, señal, distintivo, letra, calidad, parte, papel, personaje, modalidad, persona rara o excéntrica
character development, desarrollo de personajes
character motivation, motivación de los personajes
character's motive, motivo del personaje
character trait, rasgo de personalidad
characteristic[1], característico(a), típico(a)
characteristic[2], rasgo, peculiaridad
characterization, caracterización
characterize, caracterizar, imprimir, calificar
charade, charada
charcoal, carbón, carbón vegetal, carbón de leña
charge[1], encargar, comisionar, cobrar, cargar, acusar, imputar, precio
to charge to account, adeudar en cuenta, cargar en cuenta
charge[2], cargo, cuidado, mandato, acusación, tarifa, ataque, carga
charge account,

cuenta abierta
charge attraction, atracción de cargas
charge collect, porte debido, porte por cobrar
charge prepaid, porte pagado o cobrado
charge repulsion, repulsión de cargas
extra charge, gasto adicional
in charge of, a cargo de
charged object, objetos cargados
charger, caballo de guerra, cargador, alimentador
chariot, faetón, carruaje
charitable, caritativo(a), limosnero(a), benévolo(a), benigno(a), clemente
charitable giving, donación caritativa
charitable group, grupo caritativo
charity, caridad, benevolencia, limosna, beneficencia
charlatan, charlatán (charlatana), curandero(a)
Charlemagne, Carlomagno
Charles Darwin, Charles Darwin
Charles' law, ley de Charles
charm[1], encanto, atractivo, simpatía
charm[2], encantar, embelesar, atraer, seducir
charming, seductor(a), simpático(a), encantador(a)
chart[1], carta de navegar, carta, hoja de información gráfica, cuadro, plano
chart[2], marcar en un cuadro
to chart a course, marcar un derrotero
charter[1], carta constitucional, letra patente, fletamento, privilegio, carta, cédula
charter document, estatuto, escritura
charter local government, gobierno local constitucional
Charter Oath of 1868, Carta de Juramento de 1868
charter[2], fletar, estatuir
charter member, miembro o socio(a) fundador(a)
chartist movement, cartismo, movimiento cartista
chase[1], cazar, perseguir, acosar, cincelar
chase[2], caza
to give chase, corretear, perseguir
chaser, chaser, porción pequeña de agua, cerveza u otra bebida suave que se toma después de algún licor
chasm, hendidura, vacío, abismo
chassis, bastidor, armazón, chasis
chaste, casto(a), puro(a), honesto(a), púdico(a)
chasten, corregir, castigar
chastise, castigar, reformar, corregir
chastity, castidad, pureza
chat[1], charlar, platicar
chat[2], plática, charla, conversación
chat room, sala de chat, salón de chat
chattel, bienes muebles
chattel slavery, esclavitud personal
chatter[1], cotorrear, charlar, castañetear
chatter[2], chirrido, charla
chatterbox, parlanchín (parlanchina), charlatán (charlatana)
chatterer, parlanchín (parlanchina), charlatán (charlatana)
chattering[1], parlanchín (parlanchina), locuaz
chattering[2], charla, rechinamiento
chatty, locuaz, parlanchín
chauffeur, chófer, chofer
chauvinism, chovinismo
cheap, barato(a)
cheap labor, mano de obra barata
cheaply, barato(a)
cheapen, abaratar, denigrar
cheat[1], engañar, defraudar, hacer trampa
cheat[2], trampa, fraude, engaño, trampista, trápala
check[1], reprimir, refrenar, verificar, comprobar, examinar, mitigar, regañar, registrar, facturar, checar
check by factoring, checar por factorización

check for understanding, comprobar la comprensión de los alumnos
to check, tener a raya
to check (baggage), documentar, facturar el equipaje
to check in, llegar a un hotel
to check out, salirse de un hotel
to check off, eliminar
check[2], restricción, freno, represión, jaque, libranza, póliza, cheque
cashier's check, cheque de caja
checks and balances, inspecciones y balances, controles y contrapesos
traveler's check, cheque de viajero
checkbook, libro de cheques, libro talonario
checker, verificador(a)
checkerboard, tablero de damas
checkers, juego de damas
checking, comprobación
checking account, cuenta corriente, cuenta de cheques
checklist, lista de comprobación, lista de control
checkpoint, punto de referencia o comprobación
checkroom, consigna, guardarropía, guardarropa
cheek, cachete, carrillo, mejilla, desvergüenza, atrevimiento
cheekbone, pómulo
cheer[1], alegría, buen humor
cheer[2], animar, alentar, vitorear
cheer[3], alegrarse, regocijarse
to cheer up, tomar ánimo
cheer up!, ¡valor! ¡anímese!
cheerful, alegre, vivo(a), jovial, campechano, genial
cheerful mien, buena cara
cheerfulness, alegría, buen humor, júbilo
cheering, consolador(a)
cheerless, melancólico(a), triste
cheese, queso
cottage cheese, requesón
cheeseburger, hamburguesa con queso
cheesecake, pastel de queso, fotografías que exhiben desnudeces femeninas
cheesecloth, estopilla, manta de cielo
chef, cocinero(a), jefe(a) de cocina, chef
chemical[1], químico(a)
chemical bond, enlace químico, cadena química
chemical change, cambio químico
chemical compound, compuesto químico
chemical cycle, ciclo químico
chemical element, elemento químico
chemical energy, energía química
chemical equation, ecuación química
chemical equilibrium, equilibrio químico
chemical fertilizer, fertilizante químico
chemical formula, fórmula química
chemical organization of organisms, organización química de los organismos
chemical properties of elements, propiedades químicas de los elementos
chemical properties of substances, propiedades químicas de las sustancias
chemical property, propiedad química
chemical reaction, reacción química
chemical reaction rate, velocidad de reacción química
chemical warfare, arma química
chemical[2], sustancia química
chemical engineering, ingeniería química
chemical warfare, guerra química
chemical weathering, desgaste químico
chemist, químico(a)
chemistry, química
chenille, felpilla
cherish, mantener, fomentar, pro-

teger, acariciar, estimar
to cherish the hope, abrigar la esperanza
Chernobyl nuclear accident, accidente nuclear de Chérnobil
Cherokee, Cherokee
Cherokee Trail of Tears, Sendero de Lágrimas Cherokee
cherry [1], cereza
cherry[2], bermejo
cherub, querubín
Chesapeake, Chesapeake
chess, ajedrez
chessboard, tablero de ajedrez
chest, pecho, arca, baúl, cofre
chest of drawers, cómoda
chestnut[1], castaña, color castaño
chestnut tree, castaño
chestnut[2], castaño
chew, mascar, masticar, rumiar, meditar, reflexionar
chewing gum, chicle, goma de mascar
chic[1], gracia, elegancia
chic[2], elegante, muy de moda
chick, pollito, polluelo
Chickasaw, Chickasaw
Chickasaw removal, remoción de los chickasaw
chicken, pollo, joven
chicken pox, viruelas locas, varicela
young chicken, pollo(a)
chicken-hearted, cobarde, tímido(a)
chicken-hearted person, gallina
chide[1], reprobar, regañar
chide[2], reñir, alborotar
chief, principal, capital
chief clerk, oficial mayor
Chief Joseph's "I Shall Fight No More Forever", "No pelearé nunca más" del Jefe Joseph
chief justice, presidente de la suprema corte
chief of staff, jefe de Estado Mayor
commander in chief, generalísimo, comandante en jefe
chieftain, jefe, comandante
chiffon, chifón, gasa
chilblain, sabañón
child, infante, hijo(a), niño(a), párvulo
child abuse, abuso infantil
child labor, explotación infantil
with child, embarazada, encinta
childbirth, parto, alumbramiento
child-care center, centro de cuidado infantil
childhood, infancia, niñez
childish, frívolo(a), pueril
childishly, puerilmente, infantilmente
childless, sin hijos
childlike, pueril, infantil
children, niños, hijos
children's literature, literatura infantil
children's program, programa infantil
Chile, Chile
Chilean, chileno(a)
chili, chile, ají
chili sauce, salsa de chile o de ají
chill[1], frío(a)
chill[2], frío, escalofrío
chill[3], enfriar, helar
chilly, algo frío(a)
chime[1], armonía, repique
chime[2], sonar con armonía, concordar
chime[3], repicar
chimes, juego de campana
chimney, chimenea
chimmey sweep, limpiachimeneas
chimpanzee, chimpancé
Chimu society, cultura chimú
chin, barba, mentón
china[1], porcelana, loza
China[2], China
China's 1911 Republican Revolution, Revolución republicana china de 1911
China's population growth, crecimiento de la población china
China's revolutionary movement, movimiento revolucionario chino
Chinatown, Barrio Chino
chinaware, porcelana, loza
chinchilla, chinchilla
Chinese, chino(a)
Chinese civilization, civilización china

Chinese Communist Party, Partido Comunista de China
Chinese community, comunidad china
Chinese New Year, Año Nuevo Chino
Chinese Revolution, Revolución china
Chinese textile, textiles chinos
Chinese workers, trabajadores chinos
Chinese writing system, sistema de escritura chino
chink[1], grieta, hendidura
chink[2], henderse, resonar
chintz, zaraza satinada
chip[1], desmenuzar, picar
chip[2], astillarse
chip[3], crizna, astilla, chip
chipper, jovial, alegre
chipmunk, variedad de ardilla
chiropodist, pedicuro, callista
chiropractor, quiropráctico(a)
chirp[1], chirriar, gorjear
chirp[2], gorjeo, chirrido
chisel[1], escoplo, cincel
chisel[2], escoplear, cincelar, grabar, estafar, engañar
chiseler, oportunista, estafador
chivalrous, caballeroso
chivalric, caballeroso
chivalry, caballería, cortesía, hazaña caballerosidad
chives, cebollín
chloremia, cloremia
chloride, cloruro
chlorine, cloro
chloroamphenicol, cloramfenicol
chloroform, cloroformo
Chloromycetin, cloromicetina (marca registrada)
chlorophyll, clorofila
chloroplast, cloroplasto
chock-full, completamente lleno(a)
chocolate, chocolate
Choctaw removal, remoción de los choctaw
choice[1], elección, selección, preferencia, opción
choice[2], selecto(a), exquisito(a), excelente, escogido(a)
choir, coro
choke[1], sofocar, oprimir, tapar
choke[2], estrangularse
choke[3], regulador de aire
choker, collar apretado
cholera, cólera
cholesterol, colesterol
choose, escoger, elegir, seleccionar
chop[1], tajar, cortar, picar
chop suey, olla china
chop[2], chuleta
lamb chop, chuleta de cordero
pork chop, chuleta de puerco
veal chop, chuleta de ternera
chops, quijadas
chopsticks, palillos
choral, coral
chord[1], acorde, cuerda
chord progression, progresión armónica
chord[2], encordar
chorded zithers, cítara de cuerdas
chore, tarea, quehacer
chores, quehaceres de la casa
choreographic, coreográfico
choreographic process, proceso coreográfico
choreographic structure, estructura coreográfica
choreography, coreografía
chorister, corista
choropleth map, mapa de coropletas
chorus, coro
chose, pretérito del verbo choose
chosen, participio del verbo choose
chowder, sancocho, sopa de pescado
Christ, Jesucristo, Cristo
christen, cristianar, bautizar
christening, bautismo, bautizo
Christian, cristiano(a)
Christian beliefs, creencias cristianas
Christian community, communidad cristiana
Christian denomination, denominación cristiana
Christian Europe, Europa cristiana
Christian evangelical movement, movimiento evangélico cristiano
Christian missionary, misionero cristiano

Christian monotheism, monoteísmo cristiano
Christian name, nombre de pila
Christian religious art, arte religiosa cristiana
Christian soldier, soldado cristiano
Christianity, cristianismo, cristiandad
Christmas, Navidad, Pascua
Christmas carol, villancico de Navidad
Christmas day, pascua de Navidad
Christmas Eve, víspera de Navidad, Nochebuena
Christmas gift, aguinaldo
Christmas tree, árbol de Navidad
to wish a Merry Christmas, desear felices Pascuas
Christopher Columbus, Cristóbal Colón
chromatography, cromatografía
chrome, cromo
chromium, cromo
chromosome, cromosoma
chromosome pair, par cromosómico
chronic, crónico(a)
chronic disease, enfermedad crónica
chronicle[1], crónica, informe
chronicle[2], hacer una crónica
chronological, cronológico
chronological order, orden cronológico
chronology, cronología
chrysalis, crisálida
chrysanthemum, crisantemo
chubby, gordo(a), cariancho(a), rechoncho(a)
chuck[1], cloquear
chuck[2], hacer a uno la mamola
chuckle, cloquear, reírse entre dientes
chum, camarada, compañero(a), amigo(a) íntimo(a)
chump, tajo, tronco, zopenco(a), tonto(a)
chunk, tajo, tronco, cantidad suficiente.
chunky, rechoncho(a), macizo(a)
church, iglesia, templo
church music, música sagrada
Church of Jesus Christ of Latter-Day Saints, Iglesia de Jesucristo de los Santos de los Últimos Días
church-state relations, relaciones Iglesia-Estado
churchgoer, devoto(a), persona que asiste fielmente a la iglesia
churchman, sacerdote, eclesiástico
churchyard, cementerio, patio de la iglesia
churl, patán, rústico(a)
churn[1], mantequera, mantequillera
churn[2], mazar, batir la leche para hacer manteca o mantequilla
chute, vertedor
Cicero, Cicerón
cider, sidra
C.I.F., c.i.f. (cost, insurance and freight), c.s.f. (costo, seguro y flete)
cigar, cigarro, puro
cigar butt, colilla
cigar box, cigarrera
cigarette, cigarrillo, cigarro, pitillo
cigarret butt, colilla
cigarret case, portacigarros, pitillera, cigarrera
cigarret holder, boquilla
cigarret lighter, encendedor, mechero
cinch, cincha, algo muy fácil
Cincinnatus, Cincinato
cinder, ceniza gruesa y caliente
cinder cone volcano, volcán de cono de ceniza
cinema, cinematógrafo, cine
cinematographer, cinematógrafo
cinnamon, canela
CIO[1] **(Congress of Industrial Organizations)**, CIO (Congreso de Organizaciones Industriales)
CIO[2] **(Committee for Industrial Organizations)**, CIO (Comité de Organizaciones Industriales)
cipher[1], cifra, número, cero
cipher[2], numerar, calcular
circle[1], círculo, corrillo, asamblea, rueda
circle formula, fórmula del círculo

circle graph, gráfico circular, gráfico de torta, gráfico de pastel
circle without a center, círculo sin un centro
circle[2], circundar, cercar, ceñir
circle[3], circular
circling, aproximación en circuito
circuit, ámbito, circuito, vuelta
circuit-court district, distrito de tribunal de circuito
circuit training, circuito de entrenamiento
circular[1], circular, redondo
circular function, función circular
circular motion, movimiento circular
circular[2], carta circular
circularize, hacer circular
circulate, circular, moverse alrededor
circulating, circulante
circulation, circulación
circulation of money, circulación del dinero, circulación monetaria
circulatory system, aparato circulatorio, sistema circulatorio
circumcenter, circuncentro
circumcircle, circuncírculo
circumcise, circuncidar
circumcision, circuncisión
circumference, circunferencia, circuito
circumference formula, fórmula de la circunferencia
circumflex, acento circunflejo
circumlocution, circunlocución
circumnavigate, circumnavegar
circumscribe, circunscribir
circumscribed about, circunscrito a
circumspect, circunspecto(a), prudente, reservado(a)
circumstance, circunstancia, condición, incidente
circumstances, situación económica
circumstantial, accidental, indirecto(a), circunstancial, accesorio(a)
circumstantial evidence, evidencia circunstancial
circumvent, embaucar, engañar con estratagema
circus, circo, arena, hipódromo
cirrhosis, cirrosis
cirrus, cirro, cirrus
cirrus cloud, nube cirro
cistern, cisterna
citadel, ciudadela, fortaleza
citation, citación, mención
cite, citar, alegar, citar, referirse a
citizen, ciudadano(a)
citizens and subjects, ciudadanos(as) y súbditos(as)
fellow citizen, conciudadano(a)
citizenry, masa de ciudadanos
citizenship, ciudadanía, nacionalidad
citizenship by birth, ciudadanía por nacimiento
citizenship papers, carta de ciudadanía
citric, cítrico(a)
citron, cidra
citrus, cítrico(a)
city, ciudad
city center, centro de la ciudad
city council, ayuntamiento, municipio
city hall, ayuntamiento, palacio municipal
city planning, urbanización, planificación, planeación urbana
city park, parque público, parque municipal
city-state, ciudad-estado
"City Upon a Hill" speech, Discurso "La ciudad en la colina"
civic, cívico(a)
civic center, centros cívicos
civic duty, obligación civil
civic efficacy, eficacia civil
civic-mindedness, civismo
civic responsibility, responsabilidad civil
civics, instrucción cívica
civil, civil, cortés
civil disobedience, desobediencia civil
civil engineer, ingeniero civil
civil law, derecho civil
civil liberties,

libertades civiles
civil rights, derechos civiles
Civil Rights Act, Ley de Derechos Civiles
Civil Rights Act of 1964, Ley de Derechos Civiles de 1964
civil rights legislation, legislación de derechos civiles
Civil Rights Movement, Movimiento de los Derechos Civiles
civil service, servicio civil
civil service examination, examinación del servicio civil
civil service reform, reforma del servicio civil
Civil War, guerra civil
Civil War amendment, enmienda de la Guerra Civil
Civil Works Administration, Administración de Trabajos Civiles
civilian, paisano(a), particular, jurisconsulto(a), civil
Civilian Conservation Corps, Cuerpo Civil de Conservación
civilian control of the military, control civil de los militares
civilian population, población civil
civilian review board, comisión de investigación civil
civility, urbanidad, cortesía
civilization, civilización
civilize, civilizar
clack, ruido continuo, golpeo
clad, vestido(a), cubierto(a)
claim[1], pedir en juicio, reclamar, pretender como cosa debida
claim[2], pretensión, derecho, reclamo, reclamación
to enter a claim, demandar
claimant, reclamante, demandador(a)
clam, almeja
clam chowder, sopa de almejas
clamber, gatear, trepar
clammy, viscoso(a), tenaz
clamor[1], clamor, grito, vocería
clamor[2], vociferar, gritar
clamorous, clamoroso(a), tumultuoso(a), estrepitoso(a)
clamorously, clamorosamente
clamp[1], barrilete, collar, abrazadera, manija, collera, tenazas, pinzas, grapa, laña, sujetador
clamp[2], sujetar, afianzar, empalmar
clan, clan, familia, tribu, raza
clandestine, clandestino(a), oculto(a)
clang[1], rechino, sonido desapacible
clang[2], rechinar, sonar
clank[1], rechinar, chillar
clank[2], sonido estridente, retintín
clannish, estrechamente unido(a), gregario(a)
clansman, miembro de un clan
clap[1], batir, aplicar, palmear
clap[2], palmear, palmotear, aplaudir
to clap hands, batir palmas
clap[3], estrépito, golpe, trueno, palmoteo
clapboard, tejamanil, chilla
clapper, palmoteador(a), badajo de campana, llamador(a)
clapping, palmada, aplauso, palmoteo
clarification, explicación, aclaración
clarify[1], clarificar, aclarar
clarify[2], aclararse
clarinet, clarinete
clarity, claridad
clarity of meaning, claridad de significado
clarity of purpose, claridad de propósito
clash[1], encontrarse, chocar, contradecir
clash[2], batir, golpear
clash[3], crujido, estrépito, disputa, choque
clasp[1], broche, hebilla, sujetador, manija, abrazo
clasp[2], abrochar, abrazar
class[1], clase, género, categoría
class boundaries, límites de clase
class conflict, lucha de clases
class relations, relaciones entre clases
class system, sistema de clases
classes of functions, clases de funciones
classes of triangles, clases de triángulos
class[2], clasificar
classic, clásico(a)

classical, clásico(a)
classical allusion, alusión clásica
classical civilization, civilización clásica
classical dance, danza clásica
Classical Greek art and architecture, arquitectura y arte griego clásico(a)
classification, clasificación
classification of organisms, clasificación de los organismos
classification of substances, clasificación de las sustancias
classify, clasificar, graduar
classify triangles, clasificar los triángulos
classmate, condiscípulo(a)
classroom, aula, sala de clase
classroom dramatization, adaptación teatral en el salón de clases
classroom instruments, instrumentos del salón de clases
clatter[1], resonar, hacer ruido
clatter[2], ruido, alboroto
clause, cláusula, artículo, estipulación, condición
claustrophobia, claustrofobia
claw[1], garra, garfa
claw[2], desgarrar, arañar
clay, barro, arcilla
clay pottery, cerámica de arcilla
clean[1], limpio, casto
clean air laws, leyes de aire limpio
clean[2], enteramente
clean[3], limpiar
clean-cut, bien tallado(a), bien parecido(a), de buen carácter
cleaner, limpiador(a), sacamanchas, quitamanchas
cleaning, limpieza
cleanliness, limpieza, aseo
cleanly[1], limpio(a), puro(a), delicado(a)
cleanly[2], primorosamente, aseadamente
cleanse, limpiar, purificar, purgar
clear[1], claro(a), lucido(a), diáfano(a), neto(a), límpido(a), sereno(a), evidente, inocente
clear-cut, claro(a), bien definido(a)
clear and present danger rule, regla del "peligro claro e inminente"
clear[2], clarificar, aclarar, justificar, absolver
to clear the table, quitar la mesa
to clear up, aclararse, despejarse
clear[3], aclararse
clearance, despacho, despacho de aduana, utilidad líquida, espacio, juego limpio
clearance sale, liquidación
clear-headed, listo(a), inteligente
clearing, espacio libre, aclaración
clearing house, casa de compensación
clearing of forest, deforestación
clear-sighted, perspicaz, juicioso(a), clarividente
cleat, listón de refuerzo, abrazadera, manija, cornamusa
cleavage, hendidura
cleave, hender, partir, dividir, pegarse
cleaver, cuchillo de carnicero
clef, clave
cleft, hendidura, abertura
Cleisthenes, Clístenes
clemency, clemencia
clench, cerrar, agarrar, asegurar
clergy, clero
clergyman, eclesiástico, clérigo
cleric, clérigo
clerical, clerical, eclesiástico(a)
clerical work, trabajo de oficina
clerk, eclesiástico(a), clérigo, amanuense, escribiente, dependiente
chief clerk, oficial mayor
clever, diestro(a), hábil, mañoso(a), inteligente
cleverness, destreza, habilidad, inteligencia
clew[1], ovillo de hilo, pista, indicio
clew[2], cargar las velas
click[1], sonar, pegar, prosperar, gustar al público, cliquear
click[2], ruidito
client, cliente
clientele, clientela

cliff, peñasco, precipicio, barranca, acantilado
climate, clima, temperatura
climate changes, cambios climáticos
climate graph, climograma, gráfico de clima
climate region, región climática
climatic pattern, patrón climático
climate zone, zona climática
climatology, climatología
climax, colmo, culminación, clímax
climb[1], escalar, trepar
climb[2], subir
climber, trepador(a), arribista, persona que aspira a escalas sociales más altas
climograph, climograma
clinch, empuñar, cerrar el puño, remachar un clavo
clinch[2], agarrarse
clinch[3], agarro, agarrón
clincher sentence, oración decisiva, frase concluyente
cling, colgar, adherirse, pegarse
clinic[1], clínico(a)
clinic[2], clínica, consultorio, clínica médica
clinical, clínico(a)
clinical depression, depresión clínica
clink[1], hacer resonar
clink[2], resonar
clink[3], rentintín
clip[1], recortar, cortar a raíz, escatimar
clip[2], tijeretada, grapa, gancho
clipper, navío velero, clíper, trasquilador, hidroavión
cippers, tijeras podadoras
clipping, recorte
clique, camarilla, pandilla
cloak[1], capa, capote, pretexto
cloak[2], encapotar, pailar, encubrir
cloakroom, guardarropa, guardarropía
clock, alarm
alarm clock, despertador
clockmaker, relojero
clockwise, con movimiento circular a la derecha
clockwise direction, dirección a las manecillas del reloj
clockwork, mecanismo de un reloj
like clockwork, sumamente exacto y puntual
clod, terrón, tierra, suelo, césped, zoquete, hombre estúpido
clog[1], obstáculo, galocha
clog[2], obstruir
clog[3], coagularse
cloister, claustro, monasterio
cloning, clonar, clonación
close[1], cerrar, tapar, concluir, terminar
close[2], cerrase, unirse, convenirse
close[3], cercado, fin, conclusión, cierre
close[4], cerrado(a), preso(a), estrecho(a), angosto(a), ajustado(a), avaro(a)
close[5], de cerca, junto, estrechamente, secretamente
close by, muy cerca
close fight, combate reñido
close quarters, lugar estrecho, espacio limitado
close-up, fotografía de cerca, algo visto muy de cerca
to close an account, finiquitar una cuenta
closed, cerrado(a)
closed-circuit, en circuito cerrado
closed curve, curva cerrada
closed electrical circuit, circuito eléctrico cerrado
closed figure, figura cerrada
closed-loop system, sistema de circuito cerrado
closed shop, contrato colectivo, taller cerrado
closed system, sistema cerrado
close-fitting, entallado(a), ajustado(a), estrecho(a), ceñido(a) al cuerpo
closemouthed, callado(a), discreto(a), reservado(a)
closeness, estrechez, espesura, reclusión
closest, más cercano
closet[1], ropero, gabinete
water closet, retrete
closet[2], encerrar en un gabinete o en un ropero
closing, cierre, conclusión, clausura

closing sentence, frase de cierre
clot[1], grumo, coagulación
blood clot, embolia
clot[2], cuajarse, coagularse
cloth, paño, mantel, lienzo, material
cloth binding, encuadernación en tela
clothe, vestir, cubrir
clothes, vestidura, ropa
bed clothes, ropa de cama
clothes closet, ropero
clothes hanger, percha, colgador o gancho de ropa
clothesbasket, cesta para ropa
clothesbrush, cepillo para ropa
clothesline, cuerda para tender la ropa, tendedero
clothespin, gancho de tendedero, pinza para tender la ropa
clothier, pañero, persona que vende ropa
Clothilde, Clotilde
clothing, vestidos, ropa
cloud[1], nube, nublado(a), adversidad
cloud[2], anublar, oscurecer
cloud[3], anublarse, nublarse, oscurecerse
cloudburst, chaparrón, tormenta de lluvia
cloudy, nublado(a), nubloso(a), oscuro(a), sombrío(a), melancólico(a), pardo(a)
clove, clavo
cloven, partido(a), hendido(a)
clover, trébol
cloverleaf, hoja de trébol, trébol
Clovis, Clodoveo
clown, payaso(a)
clownish, bufón (bufona), truhán (truhana)
cloy, empalagar, saciar, hartar
club[1], círculo, club, garrote
club[2], unirse, formar un club
club[3], golpear con un garrote, congregar, contribuir
clubs, bastos (en la baraja)
clubhouse, casino, club
cluck[1], cloqueo
cluck[2], cacarear
clucking, cloqueo
clue, ovillo de hilo, pista, indicio, cargar las velas
clump, trozo sin forma, bosquecillo
clumsiness, torpeza, desmaña
clumsy, torpe, sin arte, desmañado(a)
clung, pretérito y pasado perfecto del verbo cling
cluster[1], racimo, agrupar
cluster[2], arracimarse, agruparse
clutch[1], embrague, garra, acoplamiento
clutch pedal, pedal del embrague
clutch[2], embragar, empuñar, agarrar
clutter[1], poner en desorden
to clutter up, alborotar
clutter[2], confusión
Co., co. (Company), Cía. (compañía)
Co., co (county), condado.
C.O. (Commanding Officer), Comandante en Jefe
c/o, c.o. (carried over), sigue
c/o, c.o. (in care of), a/c. (a cargo de)
coach[1], coche, carroza, vagón, entrenador
coach[2], entrenar, preparar
coachman, cochero
coagulate[1], coagular, cuajar
coagulate[2], coagularse, cuajarse, espesarse
coal[1], carbón
bituminous coal, carbón bituminoso
coal dealer, carbonero(a)
coal mine, mina de carbón, carbonería
coal mine strike, huelga en las minas de carbón
coal miner, carbonero(a)
coal mining, minas de carbón
coal pit, mina de carbón, carbonería
coal oil, querosina
hard coal , antracita
soft coal, hulla
coal[2], carbonero(a), carbonífero(a)
coaltar, alquitrán de hulla, brea
coalesce, juntarse, incorporarse
coalition, coalición, confederación
coarse, basto(a), ordinario(a), rústico(a), grueso(a)
coarsen[1], hacer basto(a), burdo(a) o vulgar

coarsen[2], hacerse basto(a)
coarseness, tosquedad, grosería
coast[1], costa, litoral
coast[2], litoral
coast guard, guardacostas
coast line, litoral, costa, línea costanera
coast[3], costear, ir de bajada, por impulso propio
coastal, costero(a), costanero(a)
coastal area, zona costera
coastal ecosystem, ecosistema costero
coastal flood zone, zona costera de inundación
coaster, piloto, buque costanero
coaster brake, freno de bicicleta
coasting, cabotaje, acción de rodar cuesta abajo
coastwise, costanero, a lo largo de la costa
coat[1], saco, chaqueta, americana, abrigo, gabán, capote
coat of arms, armas, escudo de armas
coat of paint, mano de pintura
coat[2], cubrir, vestir, bañar
coating, revestimiento, capa, mano
coatroom, guardarropa
coax, instar, rogar con lisonja
coaxial, coaxial
coaxial cable, cable coaxial
cob, cisne macho, mazorca de maíz, jaca
cobalt, cobalto
cobbler, zapatero(a) remendón, zapatero(a)
cobblestone, guijarro
cobweb, telaraña, trama
cocaine, cocaína
cock[1], gallo, macho, veleta, giraldilla, grifo, llave
cock[2], montar
to cock the head, erguir la cabeza
cockfight, pelea de gallos
cockfighting, pelea de gallos
cockpit, reñidero de gallos, casilla o cámara de piloto, cabina, casilla
cockroach, cucaracha
cockscomb, cresta de gallo, fachendoso(a), farolero(a)
cocktail, coctel
cocky, engreído(a), arrogante
cocoa, cacao, chocolate
coconut, coco
coconut palm, cocotero
cocoon, capullo del gusano de seda
cod, bacalao, merluza
C.O.D., c.o.d. (cash on delivery, collect on delivery), C.A.E. (cóbrese al entregar)
coda, coda
coddle, sancochar, acariciar, consentir, mimar, apapachar
code, código, clave
Code Napoleon, código napoleónico
code of Hammurabi, Código de Hammurabi
codfish, bacalao
cod-liver oil, aceite de hígado de bacalao
codominance, codominancia
coeducational, coeducativo(a)
coefficient, coeficiente
coenzyme, coenzima
coerce, obligar, forzar
coerced labor, trabajos forzados
coercion, coerción
coevolution, coevolución
coexistence, coexistencia
coffee, café
coffee break, pausa en el trabajo para tomar café
coffee plantation, cafetal
coffee trade, comercio del café
coffeepot, cafetera
coffer, cofre, caja
coffin, féretro, ataúd, caja
cofunction, co-función
cog, diente
cogent, convincente, urgente
cogitate, pensar, meditar
cognac, coñac
cognate, consanguíneo(a), cognado(a), de origen similar
cognizance, conocimiento, divisa, competencia, jurisdicción
cognizant, informado(a), sabedor, competente
cogwheel, rueda dentada, rodezno
cohabit, cohabitar
coherence, coherencia, conexión

coherent, coherente, consistente, lógico
coherent order, orden coherente
cohesion, coherencia, cohesión
cohesive, cohesivo(a)
cohesive force, fuerza cohesiva
cohesiveness, cohesión
cohort, cohorte, secuaz, partidario(a)
coiffure, peinado, tocado
coil[1], recoger, enrollar
coil[2], carrete, bobina, espiral, rollo
coin[1], cuña, moneda, dinero
coin[2], acuñar moneda, falsificar, inventar
coining money, acuñar dinero
coincide, coincidir, concurrir, convenir
coincidence, coincidencia, casualidad
coke, coque, coca cola
Col. (Colonel), Cnel. (Coronel)
colander, coladera, colador
cold[1], frío(a), indiferente, insensible, reservado(a), yerto(a)
Cold War, Guerra Fría
cold[2], frío, frialdad, catarro, resfriado
cold climate, clima fría
cold cream, crema para la cara
cold front, frente frío
cold storage, conservación en cámara frigorífica
to be cold, hacer frío, tener frío
to catch cold, constiparse, resfriarse
cold-blooded, impasible, cruel, a sangre fría
coldness, frialdad, indiferencia, insensibilidad, apatía
coleslaw, ensalada de col
colic, cólico
coliseum, coliseo, anfiteatro
colitis, colitis
collaborate, cooperar, colaborar
collaboration, colaboración, cooperación
collaborator, colaborador(a)
collapse[1], desplomarse
collapse[2], hundimiento, colapso, derrumbe, desplome
collapsible, plegadizo(a), plegable
collar[1], collar, collera
collar[2], agarrar a uno por el cuello
collarbone, clavícula
collateral[1], colateral, indirecto
collateral[2], aval, garantía
colleague, colega, compañero(a)
collect, coleccionar, recoger, colegir, cobrar
to collect, recaudar
collection, colecta, colección, compilación, cobro
collective, colectivo(a), congregado(a)
collective bargaining, trato colectivo, negociaciones colectivas
collective decision, decisión colectiva
collective noun, sustantivo colectivo
collectivism, colectivismo
collectivization, colectivización
collector, colector(a), agente de cobros
collector of customs, administrador(a) de aduana
college, universidad, colegio universitario
collegiate, colegial(a)
collide, chocar, estrellarse
collie, perro pastor
collision, colisión, choque, atropello
cologne, colonia, agua de Colonia
coll. (colloquial), fain. (familiar)
collinear, colineal
collinear points, puntos colineales
colloid chemistry, química coloidal
colloquial, familiar, aceptable en conversación familiar
colloquialism, expresión familiar
collusion, colusión
colon[1], colon
colon[2], dos puntos
colonel, coronel
colonial, colonial
colonial Africa, África colonial
colonial charters, cartas coloniales
colonial community, communidad colonial
colonial government,

gobierno colonial
colonial period, período colonial
colonial rule, dominio colonial
colonist, colono(a), colonizador(a)
colonization, colonización
colonize, colonizar
colonizer, colonizador
colony, colonia
colony in Massachusetts, colonia en Massachusetts
color[1], color, pretexto
color[2], colorar, paliar
color[3], enrojecerse, ponerse colorado(a)
color blindness, daltonismo
color of light, color de la luz
color variation, variación del color
Colorado mining town, pueblo minero de Colorado
colors, bandera
color-blind, daltoniano(a), daltónico(a)
colored, colorado(a), pintado(a), teñido(a), de raza negra, con prejuicio
colorful, pintoresco(a), lleno(a) de colorido
coloring, colorido(a), colorante
colorless, descolorido(a), incoloro(a)
colossal, colosal
colt, potro, muchacho sin juicio
Columbian Exchange, intercambio colombino
Columbus, Colón
Columbus Day, Día de la Raza
column, columna
columnist, periodista encargado de una sección especial
com, com
Com. (Commander), jefe
Com. (Commission), comisión
Com. (Committee), comité, comisión
Com. (Commodore), comodoro
comb[1], peine, almohaza
comb[2], peinar, almohazar, cardar
to comb one's hair, peinarse
combat[1], combate, batalla
combat[2], combatir, resistir
combatant, combatiente
combination, combinación
combination of movements, combinación de movimientos
combine[1], combinar
combine like terms, combinar los términos semejantes
combine[2], unirse
combine[3], máquina segadora, máquina trilladora, combinación de personas u organizaciones para provecho comercial o político
combustible, combustible, inflamable
combustion, combustión, incendio, agitación violenta
combustion chamber, cámara de combustión
Comdr. (Commander), jefe
Comdt. (Commandant), comandante
come, venir, acontecer, originar
to come back, volver
to come forward, avanzar
to come to, volver en sí
to come upon, encontrarse con
comeback, vuelta, recobro, rehabilitación, recobranza, réplica mordaz
comedian, comediante, cómico
comedienne, actriz cómica
comedown, cambio desfavorable de circunstancias, descenso en posición social
comedy, comedia, sainete
comeliness, gracia, garbo
comely, garboso(a), gracioso(a)
comet, cometa
comet impact, impacto de un cometa
comet movement patterns, patrones de movimiento de cometas
comfort[1], consuelo, comodidad, bienestar
comfort[2], confortar, alentar, consolar
comfortable, confortable, cómodo(a), consolatorio(a)
comforter, colcha, consolador(a)
comforting, confortante, consolador(a)
comic, cómico(a), burlesco(a), chistoso(a)

comic opera, ópera bufa
comic strip, historieta cómica
comics, historietas cómicas, monitos
comical, chistoso(a), gracioso(a), bufo(a), burlesco(a)
coming[1], venida, llegada
coming[2], venidero(a), entrante
coming from, procedente de
comma, coma
comma fault, coma mal colocada
comma splice, coma mal colocada
command[1], ordenar, mandar
command[2], gobernar, imperar, mandar
command[3], orden, comando, señorío
command economic system, economía dirigida
command economy, economía de planificación
commandant, comandante
commandeer, decomisar, confiscar, obligar el reclutamiento
commander, jefe, comandante, capitán, capitán de fragata
commander in chief, capitán general, generalísimo, comandante en jefe
lieutenant commander, capitán de corbeta
commandment, mandato, precepto, mandamiento
commando, comando, incursión o expedición militar
commemorate, conmemorar, celebrar
commemoration, conmemoración
commemorative holidays, fiestas conmemorativas
commence, comenzar
commencement, principio, ejercicios de graduación
commend, encomendar, encargar, alabar
commendable, recomendable, digno(a) de encomio
commendation, recomendación, encomio
commensalism, comensalismo
commensurate, conmensurativo, en proporción
comment[1], comentario
comment[2], comentar, glosar
commentary, comentario, interpretación, glosa
commentator, comentador(a), locutor(a)
commerce, comercio, tráfico, trato, negocio
chamber of commerce, cámara de comercio
commercial[1], comercial
commercial advertising, publicidad comercial
commercial agriculture, agricultura comercial
commercial banking, banca comercial
commercial center, centro comercial
commercial[2], comercial, anuncio
commercialization, comercialización
commercialize, comerciar, explotar un negocio, poner un producto en el mercado
commissar, jefe de gobierno en la Rusia soviética
commiserate[1], compadecer, tener compasión
commiserate[2], compadecerse
commissary, comisario, comisariato
commission[1], comisión, patente, corretaje
commission agent, agente comisionista
commission merchant, comisionista
out of commission, inutilizado(a), gastado(a)
commission[2], comisionar, encargar, apoderar
commissioned officer, oficial
commissioner, comisionado, delegado
commit, cometer, depositar, encargar
to commit to memory, aprender de memoria
commitment, compromiso, comisión, auto de prisión
commital, compromiso, comisión, auto de prisión
committee, comité, comisión, junta
Committee for Industrial Organizations (CIO), Comité de Organizaciones Industriales (CIO)
commodious, cómodo(a), conveniente

commodiously, cómodamente
commodity, artículo de consumo, mercadería
commodity flow, flujo de mercancías
commodity price, precio de las materias primas
commodore, jefe de escuadra, comodoro
Commodore Matthew Perry, comodoro Matthew Perry
common[1], común, público(a), general, ordinario(a)
common ancestor, ancestro común
common ancestry, linaje común
common carrier, portador(a)
Common Cause, causa común
common denominator, denominador común
common divisor, divisor común
Common Era, Era Común
common factor, factor común
common feature, rasgo común, característica común
Common fraction, fracción común
common good, bien común
common law, ley a fuerza de costumbre, derecho consuetudinario
common logarithm, logaritmo común
common man, hombre común
Common Market, Mercado Común
common multiple, múltiplo común
common noun, sustantivo común
common people, pueblo
common perpendicular, perpendicular común
common pleas, causas ajenas
common refuse, residuo común
common sense, sentido práctico
common stock, acciones comunes u ordinarias
common tangent, tangente común
common[2], lo usual
in common, en común
commoner, plebeyo(a), miembro de la cámara baja
commonplace[1], lugar común
commonplace[2], trivial, banal
commonwealth, república, estado, nación
commotion, tumulto, perturbación del ánimo
communal life, vida en común
commune[1], conversar, tener confidencias, comulgar
commune[2], comuna, menor división política de Francia, Italia, etcétera, distrito municipal
communicable, comunicable
communicable diseases, enfermedades transmisibles
communicate[1], comunicar, participar
communicate[2], comunicarse
communication, comunicación, participación, escrito
communication route, vía de comunicación
communication technology, tecnología de comunicación
communicative, comunicativo(a)
communion, comunidad, comunión
to take communion, comulgar
communiqué, comunicación oficial
communism, comunismo
communist, comunista
communist country, país comunista
Communist International, Internacional Comunista
Communist Party, Partido Comunista
community[1], comunidad, república, común, colectividad
community[2], comunal, comunitario(a)
community agency, agencia comunitaria
community chest, caja de la comunidad, fondos benéficos de la comunidad

community health, salud comunitaria
community project, proyecto comunitario
commutation, mudanza, conmutación
commutation ticket, billete o boleto de abono
commutative, conmutativo(a)
commutative property, propiedad conmutativa
commutative property of addition, propiedad conmutativa de la suma
commutative property of multiplication, propiedad conmutativa de la multiplicación
commutator, conmutador, colector
commute[1], conmutar
commute[2], viajar diariamente
commuter, persona que viaja diariamente de una localidad a otra
compact[1], compacto(a), sólido(a), denso(a)
compact car, automóvil pequeño
compact[2], pacto, convenio, neceser, polvera
compactly, estrechamente, en pocas palabras
companion, compañero(a), acompañante
companionable, sociable
companionship, camaradería, compañerismo, sociedad, compañía
company, compañía, sociedad, compañía comercial
company union, unión de los obreros de una empresa sin otras conexiones
to keep company, hacer compañía a, tener relaciones con
to part company with, separarse
comparable, comparable
comparative, comparativo(a)
comparative adjective, adjetivo comparativo
comparative advantage, ventaja comparativa
comparative adverb, adverbio comparativo
comparative government systems, sistemas políticos comparados
compare[1], comparar, colacionar, confrontar
compare & contrast, comparar y contrastar
compare numbers, comparar números
compare strategies, comparar estrategias
compare[2], comparación
beyond compare, sin igual, sin comparación
comparison, comparación, símil
beyond comparison, sin comparación, sin igual
in comparison with, comparado(a) con
compartment, compartimiento, compartimento
compass[1], alcance, circunferencia, compás, brújula
compass[2], circundar
compassion, compasión, piedad
compatibility, compatibilidad
compatible, compatible
compatible numbers, números compatibles
compatriot, compatriota
compel, compeler, obligar, constreñir
compensate, compensar
compensation, compensación, esarcimiento
compete, competir
competence, competencia, suficiencia
competent, competente, capaz, adecuado(a), caracterizado(a)
competition, competencia, concurso
competitive, competidor
competitive market, mercado competitivo
competitive sport, deporte competitivo
competitor, competidor(a), rival
compilation, compilación
compile, compilar
complacence, complacencia, propia satisfacción
complacency, complacencia
complacent, complaciente, deseoso(a) de servir, satisfecho(a) de sí mismo

complain, quejarse, lamentarse, dolerse
complainant, querellante, demandante
complaining, quejoso(a)
complaint, queja, pena, lamento, llanto, quejido, reclamación
to file a complaint, quejarse, poner una queja
complaisant, complaciente, cortés
complement[1], complemento
complement of a set, complemento de un conjunto
complement of an event, complemento de un evento
complement[2], completar, complementar
complementarily, complementariamente
complementary, complementario
complementary angles, ángulos complementarios
complementary color, color complementario
complementary divisor, divisor complementario
complementary event, evento complementario
complementary product, producto complementario
complementary shape, forma complementaria
complete[1], completo(a), cumplido(a), perfecto(a)
complete metamorphosis, metamorfosis completa
complete sentence, oración completa
complete[2], completar, acabar, llevara acabo, rematar
completely, completamente, a fondo
completing the square, completar un cuadrado
completion, complemento, colmo, terminación, perfeccionamiento
complex[1], complejo(a), compuesto(a)
complex carbohydrate, carbohidrato complejo
complex conjugate, conjugado complejo
complex fraction, fracción compleja
complex number, número complejo
complex problem, problema complejo
complex root, raíz compleja
complex sentence, oración compleja
complex[2], complejo
inferiority complex, complejo de inferioridad
complexion, cutis, tez, aspecto general
complexity, complejidad
compliance, sumisión, condescendencia, consentimiento
in compliance with, de acuerdo con, accediendo
complicate, complicar
complicated, complicado(a), embrollado(a)
complication, complicación
complicity, complicidad
compliment[1], cumplido, lisonja, piropo, requiebro
compliment[2], echar flores, ensalzar, alabar
complimentary, ceremonioso, piropero, gratis, de cortesía
comply, cumplir, condescender, conformarse
component, componente
compose, componer, sosegar, concertar, reglar, ordenar
to compose oneself, serenarse
composed, sosegado(a), moderado(a)
to be composed of, componerse de
composer, autor(a), compositor(a), cajista
composite, compuesto, mezcla, combinación de varias partes
composite number, número compuesto
composite volcano, volcán compuesto
composition, composición, compuesto
composition of functions, composición de funciones
composition of matter, reivindicación de patente

composition of the universe, composición del universo
composition structure, estructura de composición
compositional device, dispositivo de composición
compositional technique, técnica de composición
compositor, cajista, compositor(a)
composure, calma, tranquilidad, sangre fría
to lose one's composure, perder la calma, perder la serenidad
compound[1], componer, combinar
compound[2], compuesto(a)
compound adjective, adjetivo compuesto
compound event, evento compuesto
compound interest, interés compuesto
compound microscope, microscopio compuesto
compound noun, sustantivo compuesto
compound personal pronoun, pronombre personal compuesto
compound sentence, oración compuesta
compound verb, verbo compuesto
compound word, palabra compuesta
compound-complex sentence, oración compleja compuesta
compound[3], compuesto, confección
comprehend, comprender, contener, entender, penetrar
comprehensible, comprensible, fácil de comprender, concebible
comprehension, comprensión, inteligencia
comprehensive[1], comprensivo(a), que contiene, incluye, extenso
comprehensive[2], integral
compress[1], comprimir, estrechar
compress[2], cabezal, fomento
compression, compresión
compression wave, onda de compresión
comprise, comprender, incluir
compromise[1], compromiso, transacción, convenio
Compromise of 1850, Compromiso de 1850
Connecticut Compromise, Compromiso de Connecticut
compromise[2], transigir
comptometer, contómetro
comptroller, sobrestante, interventor
compulsion, compulsión, apremio
compulsive, coactivo(a), obligatorio(a), compulsivo(a)
compulsively, por la fuerza
compulsory, obligatorio(a), compulsivo(a)
compulsory education, educación obligatoria
compunction, compunción, contrición
computation, computación, cuenta, cómputo, cálculo
compute, computar, calcular
computer, computadora, ordenador
computer fraud, fraude informático
computer hacking, piratería informática
computer program, programa informático
computer technology, tecnología informática
computer-generated image, imagen generada por computadora
comrade, camarada, compañero(a)
comradeship, camaradería, compañerismo intimo
con. (against), contra
con. (conclusion), conclusión
concave, cóncavo(a)
concave angle, ángulo cóncavo
concave curve, curva cóncava
concavity, concavidad
conceal, ocultar, esconder
concealed, escondido(a), oculto(a), disimulado(a), secreto(a)
concealment, ocultación, encubrimiento
concede[1], conceder, admitir
concede[2], asentir, acceder
conceit, vanidad, presunción, vanagloria
conceited, afectado(a), vano(a),

presumido(a)
conceivable, concebible
conceive, concebir, comprender
concentrate, concentrar, concentrarse
concentrated settlement form, forma de asentamiento concentrado
concentration, concentración
concentration camp, campo de concentración
concentration gradient, gradiente de concentración
concentration of reactants, concentración de reactivos
concentration of services, concentración de servicios
concentric, concéntrico
concentric circles, círculos concéntricos
concentric zone model, modelo de zonas concéntricas
concentrical, concéntrico(a)
concept, concepto
conception, concepción, concepto, fecundación
conceptual map, mapa conceptual
concern[1], concernir, importar, pertenecer
concern[2], negocio, interés, importancia, consecuencia
concerned, interesado(a), inquieto(a), apesarado(a), mortificado(a)
concerning, tocante a, respecto a
concert[1], concierto, convenio
concert[2], concertar, concertarse
concert performer, concertista
concerted, concertado(a), acordado(a), ajustado(a)
concerto, concierto, trozo hecho para un instrumento con acompañamiento de orquesta
concession, concesión, cesión, privilegio
conciliate, conciliar, atraer
conciliation, conciliación
concise, conciso(a), sucinto(a)
conclude, concluir, decidir, finalizar, terminar, epilogar
concluding paragraph, párrafo de conclusión
concluding statement, argumento de conclusión
conclusion, conclusión, terminación, fin, clausura, consecuencia
conclusive, decisivo(a), concluyente
concoct, confeccionar, maquinar, mezclar
concoction, maquinación, mezcla
concomitant, concomitante
concord, concordia, armonía
concordance, concordancia
concourse, concurso, reunión, multitud, gentío
concrete[1], concreto, hormigón, cemento
concrete mixer, mezcladora
reinforced concrete, hormigón armado
concrete[2], concreto
concrete[3], concretar
concubine, concubina
concur, convenir, coincidir, acceder
concurrence, coincidencia, acuerdo, convenio
concurrent, concurrente, simultáneo(a)
concurrent line, línea concurrente
concurrent power, poderes concurrentes
concussion, concusión
concyclic points, puntos concíclicos
condemn, condenar, desaprobar, vituperar
condemnation, condenación
condensation, condensación
condense, condensar, comprimir
condenser, condensador(a)
condescend, condescender, consentir
condescending, complaciente, afable
condescension, condescendencia
condiment, condimento, salsa
condition, situación, condición, calidad, requisito, estado, circunstancia
on condition that, con tal que
conditional, condicional, hipotético(a)
conditional equality, igualdad condicional
conditional equation, ecuación condicional

conditional inequality, desigualdad condicional
conditional probability, probabilidad condicional
conditional statement, enunciado condicional
conditioned, condicionado(a), acondicionado(a)
condolence, pésame, condolencia
condom, condón
condone, condonar
condor, cóndor
conduce, conducir
conducive, conducente, útil
conduct[1], conducta, manejo, proceder, conducción
safe conduct, salvoconducto
conduct[2], conducir, guiar
conduction, conducción
conductivity, conductividad
conductor, conductor(a), guía, director(a)
conduit, conducto, caño, cañería
cone, cono
ice cream cone, barquillo de mantecado, de nieve o de helados
paper cone, cucurucho
confection, confitura, confección, confite
confectionery, dulcería, confitería, confitura, confites, dulces
confederacy, confederación
Confederate Army, Ejército Confederado
confederate[1], confederarse
confederate[2], confederado(a)
Confederate States of America, Estados Confederados de América
confederation, federación, confederación
confer[1], conferenciar, consultarse
confer[2], conferir, otorgar, dar
conference, conferencia, sesión, junta
Conference at San Remo, Conferencia de San Remo
Conference of Versailles, Tratado de Versalles
confess, confesar, confesarse
confession, confesión
confessional, confesionario
confessor, confesor(a)
confetti, confeti
confidant, confidente(a)
confidante, confidente(a)
confide, confiar, fiarse
confidence, confianza, seguridad, confidencia
confidence interval, intervalo de confianza
in strictest confidence, con o bajo la mayor reserva
confident[1], cierto(a), fiado(a), seguro(a), confiado(a)
confident[2], confidente
confidently, con seguridad
confidential, confidencial
confidentially, en confianza, confidencialmente
confiding, fiel, seguro, confiado
configuration, configuración
confine[1], confín, límite
confine[2], limitar, aprisionar
confine[3], confinar
confinement, prisión, encierro, parto, sobreparto
confirm, confirmar, ratificar
confirmation, confirmación, ratificación, prueba
confirmation by observation, confirmación mediante observación
confiscate, confiscar, decomisar
conflagration, conflagración, incendio
conflict[1], conflicto, combate, pelea
conflict management, gestión de conflictos
conflict prevention strategy, estrategia de prevención de conflictos
conflict resolution, resolución de conflictos
conflict[2], contender, combatir, chocar, estar en conflicto
conflicting interpretations, interpretación en conflicto
conform, conformar, conformarse
conformity, conformidad, concordia
confound, turbar, confundir, destruir
confound it!, ¡caracoles!
confront, afrontar, confrontar, comparar
Confucius, Confucio

Confucianism, confucianismo
confuse, confundir, desordenar
confused, confuso(a), desorientado(a), embrollado(a)
confusion, confusión, baraúnda, desorden, perturbación, trápala, trastorno
congeal, helar, congelar, congelarse
congenial, compatible
 to be congenial, simpatizar
congenital, congénito(a)
congestion, congestión
conglomerate[1], conglomerar, aglomerar
conglomerate[2], aglomerado
conglomerate[3], conglomerado
conglomeration, aglomeración
Congo, Congo
congratulate, congratular, felicitar
congratulation, congratulación, felicitación
congregate[1], congregar, reunir
congregate[2], afluir, congregarse
congregation, congregación, reunión
congress, congreso, conferencia
 Congress of Vienna, Congreso de Viena
congressional, perteneciente o relativo al congreso
 congressional authority, autoridad del Congreso
 congressional district, distrito electoral
 congressional election, elecciones parlamentarias
congressman, diputado al congreso, congresista
congresswoman, diputada al congreso, congresista
congruence, congruencia
congruent, congruente, conforme
 congruent triangles, triángulos congruentes
congruous, idóneo(a), congruente, congruo(a), apto(a)
conic, cónico(a)
 conic without a center, cónico sin centro
conical, cónico(a)
conjecture[1], conjetura, suposición
conjecture[2], conjeturar, pronosticar
conjointly, conjuntamente, mancomunadamente
conjugate, conjugar
 conjugate complex numbers, números complejos conjugados
 conjugate imaginary lines, líneas imaginarias conjugadas
 conjugate number, número conjugado
 conjugate of a complex number, conjugado de un número complejo
 conjugate roots, raíz conjugada
 conjugate tangents, tangentes conjugadas
conjugation, conjugación
conjunction, conjunción, unión
conjunctive adverb, adverbio conjuntivo
conjure[1], rogar, pedir con instancia
conjure[2], conjurar, encantar, hechizar
connect, conectar, juntar, unir, enlazar, relacionar
Connecticut Compromise, Compromiso de Connecticut
connecting cable, cable de conexión
connection, conexión
connections, relaciones
connivance, connivencia
connive, confabularse, fingir ignorancia, disimular
connoisseur, perito(a), conocedor(a)
connotation, connotación
connotative meaning, significado connotativo
connote, connotar
connubial, conyugal, matrimonial
conquer, conquistar, vencer
conquered, conquistado
conqueror, vencedor(a), conquistador(a)
conquest, conquista
conscience, conciencia, escrúpulo
conscience-stricken, con remordimientos, hostigado por el remordimiento
conscientious, concienzudo(a), escrupuloso(a), meticuloso(a)
conscientiously, según conciencia, concienzudamente
conscious, sabedor(a), convencido(a), consciente

consciously, a sabiendas
consciousness, conocimiento, sentido
conscript[1], reclutado(a), seleccionado(a)
conscript[2], conscripto, recluta de servicio forzoso
conscription, conscripción, reclutamiento obligatorio, alistamiento
consecrate, consagrar, dedicar
consecration, consagración
consecutive, consecutivo(a), consiguiente
consecutive angles, ángulos consecutivos
consecutive integers, números consecutivos
consecutive intervals, intervalos consecutivos
consensus, consenso, asenso, consentimiento, opinión colectiva, consentimiento general
consent[1], consentimiento, asenso, aprobación
consent of the governed, consentimiento de los gobernados
consent[2], consentir, aprobar
consequence, consecuencia, importancia, efecto
consequent, consiguiente
conservation, conservación
conservation issue, problema de conservación
conservation movement, movimiento de conservación, movimiento conservacionista
conservation of area, conservación de área
conservation of energy, conservación de energía
conservation of mass, conservación de la masa
conservation of matter, conservación de la materia
conservationist, conservacionista
conservatism, conservadurismo
conservative, conservador(a)
conservatory, conservatorio
conserve[1], conservar, cuidar, hacer conservas
conserve[2], conserva
consider[1], considerar, examinar
consider the rights of others, considerar los derechos e intereses de otros
consider[2], pensar, deliberar, ponderar, reflexionar
considerable, considerable, importante, bastante
considerably, considerablemente
considerate, considerado(a), prudente, discreto(a), deferente
consideration, consideración, deliberación, importancia, valor, mérito
considering, en atención a, en vista de
considering that, en vista de que, considerando que
consign, consignar
consignee, consignatario(a), depositario(a)
consignment, consignación, partida
consist, consistir
consistence, consistencia
consistence of equations, consistencia de ecuaciones
consistency, consistencia
consistent, consistente, congruente, conveniente, conforme, sólido(a), estable
consolation, consolación, consuelo
console[1], consolar
console[2], consola
consolidate, consolidar, consolidarse
consolidation, consolidación
consommé, consomé, caldo
consonance, consonancia
consonant[1], consonante, conforme
consonant[2], consonante
consonant blend, combinación de consonantes, mezcla de consonante
consonant substitution, sustitución de consonantes
consort[1], consorte, esposo(a)
consort[2], asociarse
conspicuous, conspicuo(a), aparente, notable, llamativo(a), sobresaliente
to be conspicuous, destacarse
conspicuously, claramente, insignemente
conspiracy, conspiración, trama,

complot, lío
conspirator, conspirador(a)
conspire, conspirar, maquinar
constable, condestable, alguacil
constabulary, fuerza de policía
constancy, constancia, perseverancia, persistencia
constant, constante, seguro(a), firme, fiel, perseverante
constant coefficient, coeficiente constante
constant difference, diferencia constante
constant factor, factor constante
constant of proportionality, constante de proporcionalidad
constant rate of change, tasa de cambio constante
constant ratio, proporción constante
constant speed, velocidad constante
constant term, término constante
Constantine, Constantino
Constantinople, Constantinopla
constellation, constelación
consternation, consternación, terror
constipation, estreñimiento
constituency, junta electoral, distrito electoral
constituent[1], constitutivo(a), elector, votante
constituent[2], constituyente
constitute, constituir, establecer, diputar
constitution, constitución, estado, temperamento, complexión
constitutional, constitucional, legal
constitutional amendments, enmiendas constitucionales
Constitutional Convention, Convención constitucional
constitutional democracy, democracia constitucional
constitutional ideal, ideal constitucional
constitutional law, derecho constitucional
constitutional monarchy, monarquía constitucional
constitutional origins, orígenes constitucionales
constitutional principles, principios constitucionales
constitutional ratification, ratificación constitucional
constitutional republic, república constitucional
constitutionalism, constitucionalismo
constitutionality of laws, constitucionalidad de las leyes
constrain, constreñir, forzar, restringir
constraint, constreñimiento, restricción
constrict, constreñir, estrechar
constriction, constricción, contracción
construct, construir, edificar
construction, construcción, interpretación
constructive, constructivo(a), constructor(a)
constructive interference, interferencia constructiva
construe, construir, interpretar
consul, cónsul
consular, consular
consular corps, cuerpo consular
consulate, consulado(a)
consulship, consulado(a)
consult, consultar, consultarse, aconsejar, aconsejarse
consult together, conferenciar
consultant, consultor(a)
consultation, consulta, deliberación
consume[1], consumir, disipar, destruir, desperdiciar, devorar
consume[2], consumirse
consumer, consumidor(a)
consumer culture, cultura de consumo
consumer document, guía del consumidor
consumer fraud, fraude al consumidor
consumer health service, servicio de salud al consumidor
Consumer Price Index, Índice de Precios al Consumidor

consumer product safety, seguridad de los productos de consumo
consumer rights, derechos del consumidor
consumer spending, gastos en bienes de consumo
consumer tastes, gustos de los consumidores
consumerism, consumismo
consummate[1], consumar, acabar
consummate[2], cumplido(a), consumado(a)
consumption[1], consumo
consumption[2], consunción, tisis
contact[1], contacto
contact lenses, lentes de contacto, pupilentes
contact[2], tocar, poner en contacto, ponerse en contacto
contagion, contagio, infección
contagious, contagioso(a)
contagious disease, enfermedad contagiosa
contain, contener, comprender, reprimir, refrenar
container, envase, recipiente
container company, empresa de contenedores
containment, contención
containment policy, política de contención
contaminate, contaminar, corromper
contemplate[1], contemplar
contemplate[2], meditar, pensar
contemplative, contemplativo(a)
contemporaneous, contemporáneo(a)
contemporary, contemporáneo(a)
contemporary democracy, democracia contemporánea
contemporary economic trade network, red comercial económica contemporánea
contemporary life, vida contemporánea
contemporary meaning, significado contemporáneo
contemporary music, música contemporánea
contemporary realistic fiction, ficción realista contemporánea
contemporary system of communication, sistema de comunicación contemporáneo
contempt, desprecio, desdén
contemptible, despreciable, vil
contemptuous, desdeñoso(a), insolente
contend, contender, disputar, afirmar, lidiar, competir
content[1], contento, satisfecho
content[2], contentar, satisfacer
content[3], contento, satisfacción
to one's hearts's content, a pedir de boca, a satisfacción perfecta
content[4], contenido, sustancia, esencia, significación
content-area vocabulary, vocabulario del área de contenido
contents, contenido
contention, contención, tema
contentment, contentamiento, placer
contest[1], contestar, disputar, litigar
contest[2], concurso, competencia, disputa, altercación
contestant[1], contendiente, litigante
contestant[2], contendiente, litigante, concursante
context, contexto, contextura
context clue, pista de contexto, clave contextual
context credibility, credibilidad del contexto
contiguous, contiguo(a), vecino(a)
to be contiguous, colindar
continent, continente
continently, castamente
continental, continental
continental climate, clima continental
Continental Congress, Congreso Continental
continental drift, deriva continental
contingency, contingencia, acontecimiento, eventualidad
contingent[1], contingente, cuota
contingent[2], contingente, casual
continual, continuo(a)
continuance, continuación, permanencia, duración, pro-

longación
continuation, continuación, serie
continuation of species, continuidad de las especies
continue[1], continuar
continue[2], durar, perseverar, persistir
continuity, continuidad
continuous, continuo
continuous probability distribution, distribución de probabilidad continua
contortion, contorsión
contour, contorno
contour plowing, cultivo en contorno
contraband[1], contrabando
contraband[2], prohibido(a), ilegal
contraceptive[1], que evita la concepción
contraceptive[2], contraceptivo(a), anticonceptivo(a)
contract[1], contraer, abreviar, contratar
contract[2], contraerse
contract[3], contrato, pacto
contract labor, trabajo contratado, braceros contratados
contract negotiation, negociación del contrato
contractile, contráctil
contraction, contracción, abreviatura
contractor, contratante, contratista
contradict, contradecir
contradiction, contradicción, oposición
contradictory, contradictorio(a)
contrail, estela de vapor
contralto, contralto, contralto
contrapositive of a statement, contrapositivo de una frase
contraption, dispositivo, artefacto
contrary[1], contrario(a), opuesto(a)
contrary[2], contrario(a)
on the contrary, al contrario, antes bien
contrarily, contrariamente
contrast[1], contraste, oposición
contrast[2], contrastar, oponer
contrasting expressions, expresiones contrastantes
contrasting shapes, formas contrastantes
contribute, contribuir, ayudar
contribution, contribución
contributor, contribuidor(a), contribuyente
contrite, contrito(a), arrepentido(a)
contrition, penitencia, contrición
contrivance, designio, invención
contrive, inventar, trazar, maquinar, manejar, combinar
control[1], control, inspección, conducción, sujeción, dirección, mando, gobierno
control group, grupo de control
control of variables, control de variables
control tower, torre de mando
control[2], controlar, restringir, gobernar, refutar, registrar, criticar
to control oneself, contenerse, vencerse
controlled experiment, experimento controlado
controlling idea, idea principal
controller, contralor(a), registrador(a), interventor(a)
controversial, controvertible, discutible, sujeto a controversia
controversy, controversia
contusion, contusión, magullamiento
conundrum, adivinanza, acertijo
convalescence, convalecencia
convalescent, convaleciente
convection, convección
convection cell, célula de convección
convection current, corriente de convección
convene[1], convocar, juntar, unir
convene[2], convenir, juntarse
convenience, conveniencia, comodidad, conformidad
at your convenience, cuando le sea posible, cuando quiera
convenience store, tienda de conveniencia
convenient, conveniente, apto(a), cómodo(a), propio(a)
convent, convento, claustro, monasterio

convention, convención, convencionalismo
conventional, convencional, estipulado(a), tradicional
conventional warfare, guerra convencional
conventionalism, convencionalismo
conventionality, uso convencional, costumbre establecida
converge, convergir
convergent, convergente
convergent boundaries, límites convergentes
conversant, versado(a), familiarizado(a)
conversant with, versado(a) en
conversation, conversación, plática, tertulia
conversational, de conversación
conversationalist, buen(a) conversador(a)
converse[1], conversar, platicar
converse[2], inverso(a), contrario
converse of a statement, converso de una frase
conversely, a la inversa
conversion, conversión, trasmutación
convert[1], convertir, trasmutar, reducir
convert large number to small number, convertir un número grande en uno pequeño
convert small number to large number, convertir un número pequeño en uno grande
convert[2], convertirse
convert[3], converso(a), convertido(a), catecúmeno(a)
converter, convertidor(a), depurador(a), conversor(a), trasformador(a)
convertibility, convertibilidad
convertible[1], convertible, trasmutable
convertible[2], (auto.) convertible
convex, convexo
convex angles, ángulos convexos
convex polygon, polígono convexo
convexity, convexidad
convey, trasportar, trasmitir, trasferir, conducir
conveyance, trasporte, conducción, vehículo
conveyer (conveyor), conductor(a), trasportador(a)
convict[1], probar la culpabilidad, condenar
convict[2], reo(a), convicto(a), presidiario(a)
conviction, convicción, certidumbre, condenación
convince, convencer, poner en evidencia, persuadir
convincing, convincente, con convicción
convincingly, de una manera convincente
convocation, convocación, sínodo
convoy[1], convoyar
convoy[2], convoy, escolta
convulse, conmover, trastornar
convulsion, convulsión, conmoción
convulsive, convulsivo(a)
cony, conejo, piel de conejo
coney, conejo, piel de conejo
coo, arrullar
cooing, arrullo de palomas, conversación amorosa
cook[1], cocinero(a)
pastry cook, repostero(a)
cook[2], cocinar, aderezar las viandas
cook[3], cocer, cocinar, guisar
cookbook, libro de cocina
cooker, olla para cocinar
pressure cooker, olla a presión, olla exprés
cookie, bollo, galleta, galletita
cooking[1], cocina, arte culinario
cooking[2], relativo(a) a la cocina
cooking range, cocina económica
cooking stove, estufa, cocina económica
cooking temperature, temperatura de cocción
cooking utensils, batería de cocina
cool[1], fresco(a), indiferente
cool color, colores frescos
cool-down, enfriamiento
cool[2], enfriar, refrescar
to cool off, aplacarse, refrescarse

cooler, enfriadera, enfriador, refrigerante, prisión, cárcel
cool-headed, sereno, calmado
cooling, refrescante
coolness, fresco, frialdad, frescura, estolidez
coop[1], gallinero
coop[2], enjaular, encarcelar
cooperate, cooperar
cooperation, cooperación
cooperative, cooperativo(a), cooperador(a)
cooperative apartment, departamento de condominio
coordinate[1], coordinar
coordinate[2], coordenada, coordinada
coordinate axis, ejes de coordenada
coordinate covalent bond, enlace covalente coordenado
coordinate geometry, geometría analítica, geometría de coordenada
coordinate grid, cuadrilla de coordenadas
coordinate plane, plano coordenado
coordinate system, sistema de coordenadas
coordinate transformation, transformación de coordinadas
coordinated subsystems, subsistemas coordinados
coordinating conjunctions, conjunciones de coordinación, conjunciones coordinadas
coordination, coordinación
cop, policía, gendarme
cope[1], capa pluvial, arco, bóveda, albardilla
cope[2], competir, lidiar con
copepod, copépodo
Copernican revolution, revolución copernicana
Copernicus, Copérnico
copious, copioso(a), abundante
copiously, abundancia
coping strategy, estrategia de afrontamiento
coplanar, coplanar
copper, cobre, cobre (color), moneda de cobre
copper sulphate, sulfato de cobre
copperplate, lámina o plancha de cobre
coppersmith, trabajador en cobre
Coptic Christians, cristianos coptos
copy[1], copia, original, ejemplar
copy[2], copiar, imitar
copybook, cuaderno para escribir, copiador de cartas
copyist, copista, plagiario(a)
copyright, propiedad, derechos de autor, derechos de reproducción
copyright law, ley de derechos de autor
copyright violation, infracción de derechos de autor
coquette, coqueta
coquettish, coquetona, coqueta
coral[1], coral
coral[2], coralino(a), de coral
coral reef, arrecife de coral, banco de coral
cord[1], cuerda, cordel, cuerda (medida para leña), cordón, pasamanos
cord[2], encordelar
cordage, cordaje
cordial[1], cordial, de corazón, amistoso(a)
cordial[2], cordial
corduroy, pana
core, cuesco, interior, centro, corazón, cogollo, núcleo
cork[1], corcho
cork[2], tapar con corchos
corkscrew, tirabuzón
corn[1], grano, callo, maíz
corn meal, harina de maíz
sweet corn, maíz tierno, elote
corn popper, tostador de maíz
corn[2], salpresar, salar, granular
corncob, tusa, olote
cornea, córnea
corned beef, cecina, carne de vaca preparada en salmuera
corner[1], ángulo, rincón, esquina, extremidad
to turn the corner, doblar la esquina
corner[2], acaparar
cornered, anguloso(a), en aprieto

cornerstone, piedra angular
cornet, corneta
cornfield, maizal, milpa
cornflower, aciano
cornice, cornisa
cornstalk, tallo de maíz
cornstarch, maicena, harina de maíz
cornucopia, cornucopia
corny, cursi
corollary, corolario
corona, corona, halo, meteoro luminoso, coronilla
coronation, coronación
coroner, oficial que hace la inspección jurídica de los cadáveres
coronet, corona que corresponde a algún título de noble, diadema
Corp., **corp. (corporal, corporation)**, S.A. (sociedad anónima)
corporal[1], cabo
corporal[2], corpóreo(a), corporal, material, físico(a)
corporate, formado(a) en cuerpo o en comunidad, colectivo(a)
  corporate spending, gastos corporativos
corporation, corporación, gremio, sociedad anónima
corps, cuerpo de ejército, regimiento, cuerpo
  air corps, cuerpo de aviación
corpse, cadáver
corpuscle, corpúsculo
corpuscular, corpuscular
corral[1], corral
corral[2], acorralar
correct[1], corregir, reprender, castigar, enmendar, amonestar, rectificar
correct[2], correcto(a), cierto(a)
correctly, correctamente
correction, corrección, castigo, enmienda, censura, remedio
corrective, correctivo
  corrective justice, justicia correctiva
correlate, poner en correlación
correlation, correlación
  correlation coefficient, coeficiente de correlación
correlative conjunction, conjunción correlativa
correspond, corresponder, correspondencia
correspondence, correspondencia, reciprocidad
  to carry on the correspondence, llevar la correspondencia
correspondent[1], correspondiente, conforme
correspondent[2], corresponsal
corresponding, correspondiente, similar, congruente
  corresponding angle, ángulo correspondiente
  corresponding secretary, secretario encargado de la correspondencia
  corresponding side, lado correspondiente
  corresponding value for, valor correspondiente para
corridor, crujía, pasillo, corredor
corroborate, corroborar
corrode, corroer
corrosive, corrosivo(a)
corrugate, corrugar, arrugar
corrugated, corrugado(a), acanalado(a), ondulado(a)
corrupt[1], corromper, sobornar, infectar
corrupt[2], corromperse, pudrirse
corrupt[3], corrompido(a), depravado(a)
corruptible, corruptible
corruption, corrupción, perversión, depravación, impureza
corsage, ramillete para el vestido
corset, corsé
Cortes' journey into Mexico, viaje de Cortés a México
cortex, corteza
cortisone, cortisona
cosine, coseno
cosmetic, cosmético(a)
  cosmetic kit, neceser
cosmic, cósmico
  cosmic ray, rayo cósmico
cosmology, cosmología
cosmonaut, cosmonauta
cosmopolitan, cosmopolite, cosmopolita
cosmos, cosmos
Cossack, cosaco(a)
cost[1], coste, costo, precio, expensas

at all costs,
a toda costa, a todo trance
cost and benefits,
costos y beneficios
cost of production,
costo de producción
cost per unit,
costo por unidad
cost-benefit ratio,
razón de costo-beneficio
cost-distance,
costo-distancia
cost-push inflation,
inflación de costos
cost[2], costar
costly, costoso(a), suntuoso(a), caro(a)
costume, traje, ropa, disfraz
costumer, sastre, persona que vende o alquila vestuario para el teatro
costuming, vestuario
cot, catre
cotangent, cotangente
coterminal angles, ángulos coterminales
cottage, cabaña, casucha, choza
cottage cheese, requesón
cottage industry,
industria familiar
cotton, algodón
cotton flanner, franela
cotton gin, despepitadora de algodón, desmotadora de algodón
cotton goods,
tela de algodón
spun cotton,
algodón hilado
cottonseed, semilla de algodón
cottonseed oil, aceite de semilla de algodón
cottonwood, variedad de álamo americano
couch[1], echarse, acostarse
couch[2], acostar, extender, esconder, expresar, manifestar
couch[3], cama, lecho, canapé, sofa
cough[1], tos
cough[2], toser
cough drop,
pastilla para la tos
could, pretérito del verbo can
Coulomb's law, Ley de Coulomb
council, concilio, concejo, junta, sínodo
town council,
cabildo, ayuntamiento
councilor (councillor), concejal, miembro del concejo
counsel, consejo, aviso, abogado
counseling, orientación psicopedagógica
counselor (counsellor), consejero, abogado
count[1], contar, numerar, calcular
count backwards,
contar en forma regresiva
to count on,
confiar, depender de
count[2], cuenta, cálculo, conde
countdown, conteo regresivo
countenance[1], rostro, fisonomía, aspecto, semblante, apoyo, talante
countenance[2], proteger, ayudar, favorecer
counter[1], contador, ficha, mostrador, tablero
Geiger counter,
contador Geiger
counter[2], al revés
counter[3], contrario(a), adverso(a)
counter example,
contraejemplo
Counter-Reformation,
contrarreforma, Catholic Reformation
counteract, contrariar, impedir, estorbar, frustrar
counterargument, contraargumento
counterattack, contraataque
counterbalance[1], contrapesar, igualar, compensar
counterbalance[2], contrapeso
counterclaim, contrarreclamación
counterclockwise, con movimiento circular a la izquierda
counterculture, contracultura
counterexample, contraejemplo
counterfeit[1], contrahacer, imitar, falsear
counterfeit[2], falsificado(a), fingido(a)
counterfeit note,
billete de banco falsificado
counterfeiter, falsificador(a)

counterintelligence, contraespionaje
counteroffensive, contraofensiva
counterpart, complemento, réplica, persona que semeja mucho a otra
counterplot, contratreta
counterpoint, contrapunto
countersign[1], refrendar, firmar, visar
countersign[2], consigna
countess, condesa
counting numbers, números cardinales
Counting Principle, principio de conteo
counting procedure, procedimiento de cálculo
countless, innumerable
country[1], país, campo, campiña, región, patria
 country of origin, país de origen
country[2], rústico(a), campestre, rural
 country club, club campestre
 country house, casa de campo, granja
 country of origin, país de origen
countryman, paisano, compatriota
countryside, campo, región rural
countrywoman, paisana, compatriota, campesina
county, condado, provincia
coup, golpe maestro, golpe repentino, acción brillante
 coup d'état, golpe de Estado
 coup de grace, golpe de gracia
coupé, cupé
couple[1], par, pareja, vínculo
couple[2], unir, parear, casar
couple[3], juntarse, unirse en un par, asociar
couplet, pareado, copla
coupling, acoplamiento, unión, junta, empalme
couplings, locomotoras acopladas
coupon, cupón, talón
courage, coraje, valor
 to lose courage, intimidarse
 to take courage, cobrar ánimo
courageous, valeroso(a), valiente
courier, correo, mensajero, expreso
course, curso, carrera, camino, ruta, rumbo, plato, método, entrada, servicio, asignatura
 course of time, trascurso del tiempo
 in due course, a su debido tiempo
 of course, naturalmente, por supuesto, desde luego
court[1], corte, palacio, patio, cortejo, frontón, tribunal
 court of Heian, corte de Heian
 court of justice, juzgado, tribunal de justicia
 court-martial, consejo militar, consejo de guerra
 court packing, plan de rellenar la corte, empaquetamiento de la corte, recomposición de la corte
court[2], cortejar, solicitar, adular, requerir, requebrar
courteous, cortés, benévolo, caballeresco
courtesy, cortesía, benignidad, caravana
courthouse, foro, tribunal, palacio de justicia
courtier, cortesano(a), palaciego(a)
courtly, cortesano(a), elegante
 courtly ideals, ideales del amor cortés
 courtly love, amor cortés
courtroom, sala de justicia, tribunal
courtship, cortejo, galantería
courtyard, patio
cousin, primo(a)
 first cousin, primo(a) hermano(a)
covalent bond, enlace covalente coordenado
cove, ensenada, cala, caleta
covenant[1], contrato, pacto, convenio
 covenant community, comunidad de alianza
 Covenant of the League of Nations, Pacto de la Sociedad de Naciones
covenant[2], pactar, estipular
cover[1], cubierta, abrigo, pretexto
 under separate cover, por separado
 cover charge,

precio del cubierto
cover[2], cubrir, tapar, ocultar, proteger, paliar
covering, ropa, vestido, cubierta
coverlet, colcha
covelid, colcha
covert action, operación encubierta
covet, codiciar, desear con ansia
covetous, avariento(a), sórdido(a)
cow[1], vaca
cow[2], acobardar, intimidar
coward, cobarde
cowardice, cobardía, timidez
cowardly, cobarde, pusilánime
cowboy, vaquero, gaucho
cowboy culture, cultura de vaqueros
cower, agacharse, intimidarse
cowherd, vaquero
cowhide, cuero, látigo
cowl, capucha
co-worker, colaborador(a), compañero(a) de trabajo
cowpuncher, vaquero(a), gaucho(a)
coy, recatado(a), modesto(a), tímido(a)
coyly, con timidez
coyote, coyote
cozy, cómodo(a) y agradable
C.P.A. (Certified Public Accountant), C.P.T. (Contador Público Titulado)
CPR, reanimación cardiopulmonar (RCP)
crab, cangrejo, jaiba, persona de mal carácter
crab apple, manzana silvestre
crabbed, áspero(a), austero(a), bronco(a), tosco(a)
crabby, rezongón, refunfuñón
crabgrass frontier, frontera de malezas
crack[1], crujido, raja, quebraja
crack[2], hender, rajar, romper, craquear
to crackdown, compeler, obligar a obedecer
crack[3], reventar, jactarse, agrietarse
crack[4], raro(a), fino(a), de superior calidad
crackdown, acción de aumentar la severidad de regulaciones o restricciones
cracked, quebrado(a), rajado(a), demente, estúpido(a)
cracker, galleta, cohete
cracking, craqueo
crackle, crujir, chillar
crackling, estallido, crujido
crack-up, colapso, colisión, choque
cradle[1], cuna
cradle[2], acunar
craft[1], arte, artificio, astucia, oficio
craft[2], nave, embarcación
craftiness, astucia, estratagema
craftsman, artífice, artesano
craftsmanship, artesanía
crafty, astuto(a), artificioso(a)
crag, despeñadero
craggy, escabroso(a), áspero(a)
cram[1], embutir, engordar, empujar, engullir, recargar, estudiar intensamente a la última hora
cram[2], atracarse de comida
cramp[1], calambre, retortijón de tripas
cramp[2], constreñir, apretar
cranberry, arándano
crane, grulla, grúa, pescante
cranium, cráneo
crank[1], manivela, manija, maniático(a)
crank[2], poner en marcha un motor
crankcase, cárter, caja del cigüeñal
crankshaft, cigüeñal, manivela
cranky, malhumorado(a), excéntrico(a)
cranny, grieta, hendidura
crash[1], estallar, rechinar, estrellar, estrellarse, chocar
to crash a party, concurrir a una fiesta sin invitación
crash[2], estallido, fracaso, choque
crash[3], de socorro
crash landing, aterrizaje accidentado o de emergencia
crash-dive, sumergirse repentinamente como un submarino
crate, caja para embalar loza
crater, cráter
crave, rogar, suplicar, apetecer, pedir, anhelar
craving[1], insaciable, pedigüeño
craving[2], deseo ardiente, antojo
crawl[1], arrastrarse, caminar a rastras
crawl[2], crol (en natación)
crayfish, cangrejo de río

crayon, lápiz, pastel
craze[1], locura, demencia, antojo, capricho
craze[2], enloquecer
craze[3], enloquecerse
crazy, fatuo(a), simple, trastornado(a), loco(a)
creak, crujir, chirriar
creaky, crujiente
cream, crema, nata
  cream of tartar, crémor tártaro
  cream puff, bollo de crema
  whipped cream, crema batida
creamery, lechería
creamy, cremoso(a), lleno(a) de nata o crema
crease[1], doblez, pliegue, arruga
  crease resistant, inarrugable
crease[2], arrugar, ajar, doblar
create, crear, causar
creation, creación, obra creada
  creation myths of Babylon, mito babilónico de la creación
  creation myths of China, mito chino de la creación
  creation myths of Egypt, mito egipcio de la creación
  creation myths of Greece, mito griego de la creación
  creation myths of Sumer, mito sumerio de la creación
creative, creador, con habilidad o facultad para crear
creator, creador(a)
  the Creator, el Creador
creature, criatura
crèche, nacimiento o belén
credentials, credenciales
credibility, credibilidad
credible, creíble, verosímil
  credible sources, fuentes dignas de crédito
credit[1], crédito, reputación
  blank credit, carta en blanco
  credit balance, saldo acreedor
  credit policy, política crediticia
  letter of credit, carta credencial o de crédito
  on credit, a crédito o fiado
credit[2], creer, fiar, acreditar
  to buy on credit, comprar a crédito
  to credit with, abonar en cuenta
creditable, estimable, digno(a) de encomio
creditably, honorablemente, de manera encomiable
credit card, tarjeta de crédito
creditor, acreedor(a)
credulous, crédulo(a)
credulously, con credulidad
Cree removal, remoción de los cree o cri
creed, credo, profesión de fe
creek, riachuelo, arroyo, cala, ensenada
creep, arrastrar, serpentear, gatear
creepy, pavoroso, que hormiguea
creeper, reptil, enredadera, pájaro trepador, vestido de una sola pieza para niños muy pequeños
cremate, incinerar cadáveres
cremation, cremación, incineración
Creole, criollo(a)
  Creole-dominated revolt of 1821, Levantamiento de los Criollos en 1821
crepe, crepé, crespón
crescendo, crescendo
crescent[1], creciente
  crescent moon, luna creciente
crescent[2], creciente
cress, mastuerzo
  water cress, berro
crest, cresta, copete, orgullo
crestfallen, acobardado(a), abatido(a) de espíritu, decaído(a)
Crete, Creta
cretonne, cretona
crevice, raja, hendidura
crew, tripulación, cuadrilla
crib[1], pesebre, cuna, casucha, chuleta o acordeón para los exámenes
crib[2], plagiar, hacer chuletas o acordeones para los exámenes
cribbage, variedad de juego de naipes
cricket, grillo, vilorta
  field cricket, saltamontes, caballeta
crier, pregonero

crime, crimen, delito
Crimean War, Guerra de Crimea
criminal[1], criminal, reo(a)
criminal law, derecho penal
criminal[2], reo(a), convicto(a), criminal
criminology, criminología
crimp[1], rizado(a)
to put a crimp in, poner un impedimento
crimp[2], rizar, encrespar
crimson[1], carmesí
crimson[2], carmesí, bermejo(a)
cringe[1], bajeza, servilismo
cringe[2], adular servilmente, encogerse, sobresaltarse
crinkle[1], arruga
crinkle[2], serpentear, arrugar
crinoline, crinolina
cripple[1], lisiado(a)
cripple[2], estropear, derrengar, tullir, lisiar
crisis, crisis
crisp[1], crespo(a), frágil, quebradizo(a), fresco(a), terso, lozano(a), claro(a), definido(a)
crisp[2], encrespar, ponerse crespo(a), rizarse
crisscross[1], entrelazado(a)
crisscross[2], entrelazar, cruzar
criteria, criterios
criteria for acceptance, criterios de aceptación
criterion, criterio
critic, crítico(a)
critical, crítico(a), exacto(a), delicado(a)
critical paths method, método de la ruta crítica
critical standard, estándar crítico
critical text analysis, análisis crítico de textos
critically, en forma crítica
criticism, crítica, censura
criticize, criticar, censurar
to give cause to criticize, dar que decir
critique, crítica, juicio crítico
croak, graznar, crascitar, croar
crochet[1], tejido de gancho
crochet[2], tejer con aguja de gancho
crock, cazuela, olla
crockery, loza, vasijas de barro
crocodile, cocodrilo
crocodile tears, lágrimas de cocodrilo, dolor fingido
Cro-Magnon, Cro-Magnon, Cromañón
crone, anciana, vieja
crony, amigo(a) antiguo(a), compinche
crook[1], gancho, curva, petardista, ladrón (ladrona)
crook[2], encorvar, torcer
crook[3], encorvarse
crooked, torcido(a), corvo(a), perverso(a), deshonesto(a), avieso(a), tortuoso(a)
to go crooked, torcerse, desviarse del camino recto de la virtud
croon, canturrear, cantar con melancolía exagerada
crop[1], cosecha, mieses, producción, buche de ave, cabello cortado corto, cultivo
crop failure, mala cosecha
crop lien system, sistema de derecho de retención de cosecha, crédito por compra adelantada de cosecha
crop rotation, rotación de cultivos
crop yield, rendimiento de la cosecha
crop[2], segar, cosechar, cortar, desmochar
croquet, croquet
croquette, croqueta
cross[1], cruz, carga, trabajo, pena, aflicción, tormento
Cross of Gold speech, Discurso de la Cruz de oro
cross[2], contrario(a), opuesto(a), atravesado(a), enojado(a), malhumorado(a)
cross reference, contrarreferencia, comprobación, verificación
cross section, sección trasversal, sección representativa
cross[3], atravesar, cruzar
to cross off, barrear
to cross over, traspasar
crossly, enojadamente, malhumoradamente

crossbar, tranca, travesaño
crossbeam, viga trasversal
crossbreed, raza cruzada
cross-country, a campo traviesa, a través del país
cross-cultural contact, contacto entre culturas
crosscut[1], de corte trasversal o transversal
crosscut[2], atajo, corte trasversal o transversal
crossed, cruzado(a)
cross-examine, repreguntar, acribillar a preguntas
cross-eyed, bizco(a), bisojo(a), estrábico(a)
crossing, cruzamiento de dos vías, cruce, travesía
grade crossing, paso o cruce a nivel
street crossing, cruce de calle
cross-reference, remisión, referencia cruzada
crossroad, paso, cruce, encrucijada
cross-section, sección transversal
cross-stitch[1], punto de cruz
cross-stitch[2], hacer puntos de cruz
crossways, terciadamente, atravesadamente
crosswise[1], atravesado(a)
crosswise[2], atravesadamente
crossword puzzle, crucigrama, rompecabezas
crotch, gancho, corchete, bragadura, bifurcación
crotchet, semínima, capricho, corchete
crouch, agacharse, bajarse
croup, grupa, garrotillo
crow[1], cuervo, barra, canto del gallo
crow[2], cantar el gallo, alardearse
crowbar, palanca de hierro, barreta, pie de cabra
crowd[1], tropel, turba, muchedumbre, multitud, pelotón
crowd of people, gentío
crowd[2], amontonar
crowd[3], agruparse, amontonarse
crowded, concurrido(a), lleno(a) de gente
crown[1], corona, diadema, guirnalda, rueda, moneda de plata que vale cinco chelines, complemento, colmo
crown[2], coronar, recompensar, dar cima, cubrir el peón que ha llegado a ser dama
crown prince, príncipe heredero
crucial, crucial, decisivo(a), crítico(a)
crucible, crisol
crucifix, crucifijo
crucify, crucificar, atormentar
crude[1], crudo(a), inculto(a), tosco(a)
crude birth rate, tasa bruta de natalidad
crude death rate, tasa bruta de mortalidad
crude[2], bruto(a)
cruel, cruel, inhumano(a)
cruel and unusual punishment, castigo cruel e inusual
cruelty, crueldad, barbarie
cruise[1], crucero, viaje, travesía, excursión
cruise[2], navegar, viajar
cruiser, crucero, navegante, acorazado
crumb, miga, brote, migaja
crumble[1], desmigajar, desmenuzar
crumble away, derrumbarse
crumble[2], desmigajarse, desmoronarse
crumple, arrugar, ajar, rabosear
crunch[1], crujir
crunch[2], cascar con los dientes, mascar haciendo ruido
crusade, cruzada
Crusades, Cruzadas
crush[1], apretar, oprimir, aplastar, machacar
crush[2], choque, estrujamiento
crusher, triturador(a), máquina trituradora
crushing[1], trituración
crushing[2], triturador(a)
crushing machine, trituradora
crust[1], costra, corteza
crust[2], encostrar
crust[3], encostrarse
crustaceous, crustáceo(a)
crustal deformation, deformación

– cortical, deformación de la corteza
crustal plate movement, movimiento de las placas corticales
crusty, costroso(a), bronco(a), áspero(a)
crutch, muleta
cry[1], gritar, pregonar, exclamar, llorar
cry[2], grito, llanto, clamor
to cry out, dar gritos
crybaby, niño llorón
crying[1], lloroso(a)
crying[2], lloro, grito
crypt, cripta, bóveda subterránea
cryptic, escondido(a), secreto(a)
cryptography, criptografía
crystal, cristal
crystalline, cristalino(a), trasparente
crystalline solid, sólido cristalino
crystallization, cristalización
crystallize[1], cristalizar
crystallize[2], cristalizarse
C.S.T. (Central Standard Time), hora normal del centro
cub, cachorro(a)
cub reporter, aprendiz de reportero
cub scout, cachorro
Cuba, Cuba
Cuban, cubano(a)
Cuban Missile Crisis, Crisis de los Misiles en Cuba
cubbyhole, casilla, casillero, cualquier lugar pequeño y encerrado en forma de caverna
cube[1], cubo
cube[2], cubicar, elevar al cubo
cube both sides, elevar ambos lados al cubo
cube number, número cúbico
cube root, raíz cúbica
in cubes, cubicado
cubic, cúbico(a)
cubic equation, ecuación cúbica
cubic number, número cúbico
cubic unit, unidad cúbica
cubical, cúbico
Cubism, cubismo
cuckold, cornudo(a)
cuckoo, cuclillo, cuco
cucumber, pepino
cud, panza, primer estómago de los rumiantes, pasto contenido en la panza
to chew the cud, rumiar, reflexionar
cuddle, abrazar, acariciarse
cudgel[1], garrote, palo
cudgel[2], apalear
take up the cudgels for, salir en defensa de
cue, cola, apunte de comedia, indirecta, taco
cuff, puño de camisa o de vestido
cuff links, gemelos, mancuernillas
cul-de-sac, callejón sin salida
culinary, culinario(a), de la cocina
culminate, culminar
culmination, culminación
culprit, reo(a), delincuente, criminal
cult, culto, devoción
cultivate, cultivar, mejorar, perfeccionar
cultivated, cultivado(a), labrado(a), culto(a)
cultivation, cultivación, cultivo
cultivator, cultivador(a), agricultor(a), arado de cultivo
cultural, cultural
cultural agency, agencia cultural
cultural belief, creencia cultural
cultural contact, contacto cultural
cultural context, contexto cultural
cultural continuity, continuidad cultural
cultural diffusion, difusión cultural
cultural exchange, intercambio cultural, rasgos culturales
cultural expression, expresión cultural
cultural heritage, herencia cultural
cultural identity, identidad cultural
cultural influence, influencia cultural

cultural integration, integración cultural
cultural landscape, paisaje cultural
cultural nuance, matiz cultural
cultural perspective, perspectiva cultural
cultural preservation, preservación cultural
Cultural Revolution, Revolución cultural proletaria
cultural theme, tema cultural
cultural tradition, tradicíon cultural
cultural trait, características culturales
culture, cultura, cultivo, civilización
culture group, grupo cultural
culture hearth, cultura madre, crisol cultural
culture region, región cultural
Cumberland Gap, desfiladero de Cumberland
cumbersome, engorroso(a), pesado(a), confuso(a)
cumulative, cumulativo(a), acumulativo
cumulative frequency histogram, histograma de frecuencia acumulativa
cumulative relative frequency, frecuencia relativa acumulativa
cumulonimbus, cumulonimbo
cumulus, cúmulo o cúmulus
cuneiform, cuneiforme
cunning[1], hábil, artificioso(a), astuto(a), intrigante
cunning[2], astucia, sutileza
cup[1], taza, cáliz
cup[2], aplicar ventosas, ahuecar en forma de taza
cupboard, armario, aparador, alacena, rinconera
cupcake, pastelito, bizcocho pequeño
cupful, taza
cupola, cúpula
cur, perro de la calle, villano, canalla
curate, ayudante de un párroco
curative, curativo(a), terapéutico(a)
curator, curador(a), guardián (guardiana)
curb[1], barbada, freno, restricción, orilla de la acera
curb[2], refrenar, contener, moderar
curbstone, brocal, contrafuerte de una acera
curd[1], cuajada, requesón
curd[2], cuajar, coagular
curdle[1], cuajar, coagular
curdle[2], cuajarse, coagularse
cure[1], remedio, cura
cure[2], curar, sanar
to cure skins, curar las pieles
cure-all, panacea
curfew, toque de queda
curio, chuchería, objeto curioso
curio shop, tienda de curiosidades
curiosity, curiosidad, rareza
curious, curioso(a), raro(a), extraño(a)
curl[1], de cabello rizado
curl[2], rizar, encrespar, enrizar, enchinar
curl-up, acurrucarse
curl[3], rizarse, encresparse
curling, ensortijamiento
curling iron, encrespador(a), enchinador(a)
curling tongs, encrespador
curly, rizado(a)
currant, grosella
currency, circulación, moneda corriente, dinero
national currency, moneda nacional
current[1], corriente, del día
current affairs, temas de actualidad
current events, sucesos del día
current interest rate, tasa de interés corriente
current[2], tendencia, curso, corriente, corriente
currently, actualmente
curricular, perteneciente a los estudios en una escuela, curricular
curriculum, programa de estudios
curse[1], maldecir
curse[2], imprecar, blasfemar
curse[3], maldición, imprecación, reniego

cursed, maldito(a), enfadoso(a)
cursive, cursiva
cursor, cursor
cursory, precipitado(a), superficial
curt, sucinto(a), brusco(a)
curtail, cortar, mutilar, rebajar, reducir
curtain[1], cortina, telón
curtain raiser, pieza breve con que empieza una función de teatro
curtain[2], proveer con cortinas
curtsy[1], reverencia, saludo, caravana
cursty[2], hacer una reverencia o caravana
curvature, curvatura
curve[1], encorvar
curve[2], corvo(a), torcido(a)
curve[3], curva, combadura
bell-shaped curve, curva en forma de campana
curve fitting, ajuste de curvas
curve fitting median method, método central de ajuste de curvas
cushion, cojín, almohada
custard, natillas, flan, crema
custodian, custodio(a)
custody, custodia, prisión, cuidado
custom, costumbre, uso
customs collector, administrador(a) de aduana
custom duties, derechos de aduana o arancelarios
customary, usual, acostumbrado(a), ordinario(a)
customary measurement system, sistema anglosajón de medidas
customary units of capacity, unidades de capacidad anglosajonas
customary units of mass, unidades de masa anglosajonas
customary units of measure, unidades de medidas anglosajonas
custom-built, hecho(a) a la orden o a la medida
customer, parroquiano, cliente, comprador(a)
customer service, servicio al cliente
custom-free, exento de derechos
customhouse, aduana
customhouse declaration, manifiesto
custom-made, hecho(a) a la medida
customs, revisión de aduana
customs search, revisión de aduana
cut[1], cortar, separar, herir, dividir, alzar
to cut short, interrumpir
to cut teeth, nacerle los dientes
cut[2], cortado(a)
cut glass, cristal tallado o cortado
cut tobacco, picadura
cut[3], cortadura, herida, grabado, clisé
cutback, reducción de la producción, reintegro ilegal de fondos públicos.
cute, agradable, atractivo(a), gracioso(a), chistoso(a), listo(a), inteligente
cuticle, epidermis, cutícula
cutlery, cuchillería
cutlet, costilla o chuleta para asar
cutline, pie de foto, leyenda, subtítulo
cutout, desconectador(a), interruptor(a), silenciador(a), recortado(a), recorte, figura para recortar
cutter, cortador(a), cúter
cutthroat, asesino(a), degollador(a), garrotero(a)
cutting[1], cortante, sarcástico
cutting[2], cortadura, incisión, alce, trinchado
metal cuttings, virutas de metal
wood cuttings, virutas de madera
cutworm, larva destructora
cwt. (hundredweight), ql. (quintal)

cyanobacterium, cianóbacteria
cybernetics, cibernética
cyberspace, ciberespacio
cyclamen, pamporcino
cycle, ciclo
cyclical unemployment, desempleo cíclico o coyuntural
cycling of energy, ciclo de energía
cyclist, ciclista
cyclone, ciclón, huracán
cyclotron, ciclotrón
cylinder, cilindro, rollo, rodillo
  cylinder head, culata de cilindro
cylindric, cilíndrico
cylindrical, cilíndrico
cymbal, címbalo, platillo
cynic, cynical, cínico(a)
cyniccynicism, cinismo
cypher, cifra, número, cero, calcular, numerar
cypress, ciprés
  cypress nut, piñuela
Cyrus I, Ciro I
cyst, quiste, lobanillo
cytoplasm, citoplasma
C.Z. (Canal Zone), zona del canal
czar, zar
  Czar Nicholas I, Zar Nicolás I
  Czar Nicholas II, Zar Nicolás II
Czechoslovakian, checoslovaco(a)

d. (date), fecha
d. (daughter), hija
d. (day), día
d. (diameter), diámetro
d. (died), murió
D.A. (District Attorney), procurador(a), fiscal
d/a. (days after acceptance), d/v. (días vista)
dab[1], frotar suavemente con algo blando o mojado, golpear suavemente
dab[2], pedazo pequeño, salpicadura, golpe blando, barbada
dabble[1], rociar, salpicar
dabble[2], chapotear
  to dabble in politics, meterse en política
dachshund, perro de origen alemán, de cuerpo largo y patas muy cortas
Dacron, dacrón
dad, papá
Dadaism, dadaísmo
daddy, papá
daffodil, narciso
dagger, puñal
dahlia, dalia
Dahomey, Reino de Dahomey
daily[1], diario(a), cotidiano(a)
  daily life, vida diaria, vida cotidiana
  daily prayer, oración diaria
  daily survival skill, destreza de supervivencia diaria
  daily weather pattern, patrón climático diario
daily[2], diariamente, cada día
daintiness, elegancia, delicadeza
dainty[1], delicado(a), meticuloso(a), refinado(a)
dainty[2], bocado exquisito
dairy, lechería, quesería
  dairy cattle, vacas lecheras, vacas de leche
daisy, margarita, maya
dally, juguetear, divertirse, tardar, dilatar, pasar el tiempo con gusto
dam[1], madre, dique, azud, presa, represa
dam[2], represar, tapar
damage[1], daño, detrimento, perjuicio
damage[2], dañar, perjudicar, estropear
damages, daños y perjuicios
Damascus, Damasco
damask[1], damasco
damask[2], de Damasco
damask[3], adornar a manera de Damasco
dame, dama, señora, matrona
damnable, condenable
damnably, de un modo condenable, horriblemente
damnation, condenación, maldición
damp[1], húmedo(a)

damp[2], humedad
dampen, humedecer, desanimar, abatir
damper, sordina, apagador, registro, persona o cosa que desalienta
dampness, humedad
damsel, damisela, señorita
dance[1], danza, baile
dance hall, salón de baile
dance phrase, secuencia de baile
dance step, paso de baile
dance[2], bailar
dancer, danzarín (danzarina), bailarín (bailarina)
dandelion, diente de león, amargón
dandruff, caspa
dandy, petimetre, currutaco(a)
Dane, danés (danesa)
danger, peligro, riesgo, escollo
danger zone, zona de peligro
dangerous, peligroso(a)
dangle, fluctuar, estar colgado(a) en el aire, colgar, columpiarse
Danish, danés (danesa), dinamarqués (dinamarquesa)
dank, húmedo(a) y desagradable
Daoism, taoísmo
dapper, activo(a), vivaz, despierto(a), apuesto(a)
dapple[1], abigarrar
dapple[2], vareteado(a), rayado(a)
dapple gray horse, caballo rucio rodado
D.A.R. (Daughters of the American Revolution), Organización Hijas de la Revolución Norteamericana
dare[1], osar, atreverse, arriesgarse
dare[2], desafiar, provocar
dare[3], reto
daredevil, temerario(a), calavera, atrevido(a), valeroso(a), valiente, persona que no teme a la muerte, que arriesga su vida
daring[1], osadía
daring[2], osado(a), temerario(a), emprendedor(a)
Darius I, Darío I
Darius the Great, Darío el Grande
dark[1], oscuro(a), opaco(a), ciego(a), ignorante, hosco(a), tétrico(a), moreno(a), trigueño(a)
in the dark, a oscuras
dark horse, candidato incógnito que se postula en el momento más propicio
dark[2], oscuridad, ignorancia
Dark Ages, Oscurantismo
darken[1], oscurecer
darken[2], oscurecerse
darkness, oscuridad, tinieblas
darkroom, cámara oscura, cuarto oscuro
darling[1], predilecto(a), favorito(a)
darling[2], querido(a), amado(a)
darn, zurcir
dart[1], dardo, costura, sisa, cuchilla, pinza
dart[2], lanzar, tirar, echar
dart[3], volar como dardo
Dartmouth College vs. Woodward (1819), caso Administradores de la Universidad de Dartmouth contra Woodward (1819)
dash[1], arranque, acometida
dash[2], guión, raya
dash[3], arrojar, tirar, chocar, estrellar, batir
to dash off, bosquejar, escribir apresuradamente
to dash out, salir precipitadamente
dashboard, tablero de mandos, salpicadera
dashing, vistoso(a), brillante
dastardly, cobarde, vil
data, datos
data access, acceso a los datos
data analysis, análisis de datos
data base, base de datos
data cluster, grupo de datos
data collection method, método de recopilación de datos
data deletion, eliminación de los datos
data display, presentación de los datos
data display error, error en la presentación de los datos

data frequency table, tabla de frecuencia de datos
data gap, falta de datos
data gathering, recopilación de datos
data interpretation, interpretación de los datos
data presentation, presentación de los datos
data processing, procesamiento de los datos
data records, registros de datos
data reduction, reducción de datos
data retrieval, recuperación de datos
data set, conjunto de datos
data storage, almacenamiento de datos
data table, tabla de datos
data update, actualización de datos

database, base de datos

date[1], data, fecha, duración, cita
newspaper date line, fecha de un artículo en el periódico
to date, hasta la fecha
out of date, anticuado(a), fuera de moda
under date, con fecha
up to date, muy de moda, en boga
what is the date?, ¿a cómo estamos?, ¿cuál es la fecha?

date[2], datar

date[3], dátil

date[4], salir con chicos(as)
date rape, violación durante una cita, violación por un conocido

dated, fechado(a)

dateless, sin fecha

dateline, línea internacional de cambio de fecha

dating methods, métodos de datación

dating relationship, salir con alguien

daub, pintorrear, untar, manchar, ensuciar

daughter, hija
daughter cell, célula hija
daughter in-law, nuera

daunt, intimidar, espantar

dauntless, intrépido(a), arrojado(a)

davenport, sofá tapizado

dawdle, desperdiciar, haraganear

Dawes Severalty Act of 1887, Ley Dawes de 1887, Ley General de Distribución de Tierras

dawn[1], alba, albor, madrugada

dawn[2], amanecer

day, día, periodo
by day, de día
day after tomorrow, pasado mañana
day before, víspera
day by day, día por día
day laborer, jornalero
day letter, telegrama diurno
day nursery, guardería infantil
day school, escuela diurna
day shift, turno diurno
day work, trabajo diurno
every day, todos los días
on the following day, al otro día

days, tiempo, vida
these days, hoy día
thirty day's sight, treinta días vista o fecha

daybreak, alba

daydream[1], ilusión, fantasía, ensueño, quimera, castillos en el aire

daydream[2], soñar despierto, hacerse ilusiones, estar en la luna

daylight, día, luz del día, luz natural
daylight saving time, horario de verano

daytime, tiempo del día

daze, deslumbrar, ofuscar con luz demasiado viva

dazed, aturdido(a), ofuscado(a)

dazzle, deslumbrar, ofuscar

D.C. (District of Columbia), D.C. (Distrito de Columbia), E.U.A.

d.c. (direct current), C.D. (corriente directa), C.C. (corriente continua)

D-Day, Día D

DDT, DDT (insecticida)

de facto, de facto
de facto segregation, segregación de facto

de jure segregation, segregación de jure
De Morgan's law, ley de De Morgan
deacon, diácono
deaconess, diaconisa
deactivate, desactivar
dead[1], muerto(a), sin espíritu, finado(a)
dead center, punto muerto
dead end, callejón sin salida
dead heat, corrida indecisa
dead letter, carta no reclamada
dead reckoning, estima, derrotero estimado
dead silence, silencio profundo
dead weight, carga onerosa, peso propio de una máquina o vehículo
the dead, los finados, los muertos
dead[2], flojo(a), entorpecido(a), marchito(a)
dead[3], apagado(a)
deaden, amortecer, amortiguar
deadline, fecha fijada para la realización de una cosa, como la fecha de tirada de una revista, periódico, etc.
deadlock, estancamiento, paro, interrupción, desacuerdo
deadly, mortal, terrible, implacable
deaf, sordo(a)
deaf ears, orejas de mercader
deaf-mute, sordomudo(a)
to fall on deaf ears, caer en saco roto
deafen, ensordecer
deafness, sordera
deal[1], negocio, convenio, partida, porción, parte, trato, negociación, mano
square deal, trato equitativo
deal[2], distribuir, dar, traficar
deal in, comercial en
to deal with, tratar de
dealer, negociante, distribuidor, el que da las cartas en el juego de naipes
dealing, conducta, trato, tráfico, comercio
dealings, transacciones, relaciones
deamination, desaminación
dean, deán, decano
dear, predilecto(a), amado(a), caro(a), costoso(a), querido(a)
dearly, caramente, cariñosamente
dearth, carestía, hambre
dearth of news, escasez de noticias
death, muerte
death penalty, pena de muerte, pena capital
death rate, tasa de mortalidad
death warrant, sentencia de muerte
deathbed, lecho de muerte
deathless, inmortal, imperecedero
deathlike, cadavérico(a), inmóvil
deathly, cadavérico(a), mortal
debark, desembarcar
debase, humillar, envilecer, rebajar, deteriorar
debate[1], debate, riña, disputa
debate[2], discutir, ponderar
debate[3], deliberar, disputar
debauch[1], vida disoluta, exceso, libertinaje
debauch[2], depravar, corromper
debauch[3], depravarse
debit[1], debe, cargo
debit balance, saldo deudor
debit[2], adeudar, cargar en una cuenta, debitar
debonair, afable y cortés, alegre y agraciado(a)
debris, despojos, escombros
debt, deuda, débito, obligación
floating debt, deuda flotante
public debt, deuda pública
to run into debt, adeudar, endeudarse, endrogarse
debtor, deudor(a)
debtor class, clase deudora
debug, depurar
debut, estreno, debut
to make one's debut, debutar
debutante, debutante, señorita presentada por primera vez en sociedad
Dec. (December), dic. (diciembre)
dec. (deceased), M., m. (murió o muerto)

decade, década
decadence, decadencia
decadent, decadente
decagon, decágono
decalcomania, calcomanía
decapitate, decapitar, degollar
decay[1], decaer, descaecer, declinar, degenerar, venir a menos
decay[2], descomposición, decadencia, declinación, disminución, caries
  decay rate, tasa de decrecimiento
deceased, finado(a), fallecido(a), muerto(a), difunto(a), extinto(a)
deceit, engaño, fraude, impostura, zancadilla, trápala
deceitful, fraudulento(a), engañoso(a), falaz
deceive, engañar, defraudar, embaucar
deceleration, desaceleración, deceleración
December, diciembre
Decembrist uprising, Rebelión Decembrista
decency, decencia, modestia
decent, decente, razonable, propio(a), conveniente
decently, decentemente
decentralization, descentralización
deception, decepción, impostura, engaño, trapisonda
deceptive, falso(a), engañoso(a)
decibel, decibel, decibelio
decide, decidir, determinar, resolver, juzgar, decretar
decidedly, decididamente
deciduous, caedizo(a), temporáneo(a)
decimal, decimal
  decimal addition, suma de decimales
  decimal division, división de decimales
  decimal estimation, cálculo de decimales
  decimal fraction, fracción decimal
  decimal multiplication, multiplicación de decimales
  decimal number, número decimal
  decimal point, punto decimal, coma decimal
  decimal subtraction, resta de decimales
decimeter (dm), decímetro (dm)
decipher, descifrar
decision, decisión, determinación, resolución
decisive, decisivo(a), terminante
decisively, decisivamente
deck[1], bordo, cubierta, baraja de naipes
  deck chair, silla de cubierta
  deck hand, marinero, estibador
deck[2], adornar
declaration, declaración, manifestación, explicación
  Declaration of Independence, Declaración de Independencia
  Declaration of Sentiments, Declaración de Sentimientos
  Declaration of the Rights of Man, Declaración de los Derechos del Hombre y del Ciudadano
  Declaration of the Rights of Women, Declaración de los Derechos de la Mujer y de la Ciudadana
declarative, declarativo(a)
  declarative sentence, oración declarativa
declare, declarar, manifestar
declension, declinación, declive, inclinación
decline[1], declinar, rehusar
decline[2], declinación, decadencia, declive, ocaso
decline[3], decaer, desmejorar, venir a menos, inclinarse
decode, descifrar
decoder, descodificador
decoding, decodificar
décolleté, escotado(a)
decolonization, descolonización
decompose[1], descomponer
decompose[2], pudrirse, descomponerse
decomposer, organismo saprofito
decomposition, descomposición
deconstruct, deconstruir
decorate, decorar, adornar, condecorar
decorator, decorador(a)

decorous, decente, decoroso(a)
decorum, decoro, garbo, decencia, conveniencia, pudor
decoy[1], atraer, embaucar, engañar
decory[2], seducción, reclamo, lazo, ardid
decrease[1], disminuir, reducir, minorar
decrease[2], menguar
decrease[3], disminución
decreasing pattern, patrón decreciente
decree[1], decreto, edicto
decree[2], decretar, ordenar
decrepit, decrépito(a)
decrescendo, decrescendo, diminuendo
dedicate, dedicar, consagrar
dedicated line, línea dedicada
dedication, dedicación, dedicatoria
deduce, deducir, derivar, inferir
deduct, deducir, sustraer
deduction, deducción, rebaja, descuento
deductive, deductivo
 deductive argument, argumento deductivo
 deductive method, método deductivo
 deductive prediction, predicción deductiva
 deductive reasoning, razonamiento deductivo
deed, acción, hecho, hazaña, escritura
deem, juzgar, pensar, estimar
deep, profundo(a), sagaz, grave, oscuro(a), taciturno(a), subido(a), intenso(a)
 deep seated, arraigado(a), profundo(a)
 the deep, piélago, la mar
deepen, profundizar, oscurecer, intensificar
deep-freeze, congelador, congeladora
deer, ciervo(s), venado(s)
deface, borrar, destruir, desfigurar, afear
defame, difamar, calumniar
default[1], delito de omisión, morosidad en el pago de cuentas, defecto, falta
 default on a loan, incumplimiento de pago
 to lose by default, perder por ausencia, por no presentarse
default[2], fallar, delinquir
defeat, derrota, vencimiento, derrotar, frustrar
defeatist, pesimista, derrotista, abandonista
defect, defecto, falta
defection, defección, fracaso, malogro
defective, defectuoso(a), imperfecto(a)
defence, defensa
defend, defender, proteger
defendant[1], defensivo(a)
defendant[2], demandado(a), acusado(a)
defender, defensor(a), abogado(a)
defense, defensa, protección, amparo, apoyo, sostén
 defense policy, política de defensa
 defense spending, gastos en defensa
defenseless, indefenso(a), impotente
defensive[1], defensivo(a)
defensive[2], defensiva
 defensive strategy, estrategia defensiva
defensively, de un modo defensivo
defer[1], diferir, retardar, posponer, postergar
defer[2], deferir
deference, deferencia, respeto, consideración
 in deference to, por consideración a
deferential, respetuoso(a)
deferment of loan, aplazamiento
defiance, desafío
 in defiance of, a despecho de
defiant, atrevido(a), porfiado(a)
deficiency, defecto, imperfección, falta, insolvencia, deficiencia
deficient, deficiente, pobre
deficit, déficit
defile[1], desfiladero
defile[2], corromper, deshonrrar, ensuciar
defile[3], desfilar
define, definir, limitar, determinar

defining property, propiedad definitoria
definite, definido(a), exacto(a), preciso(a), limitado(a), cierto(a), concreto(a), determinado(a)
definition, definición
definitive, definitivo(a)
definitively, definitivamente
deflatable, desinflable
deflate, desinflar
deflation, deflación
deflect, desviarse, ladearse
deforestation, deforestación
deform, deformar, desfigurar
deformed, deformado(a), desfigurado(a)
deformity, deformidad
defraud, defraudar frustrar
defray, costear, sufragar, subvenir
defrost, descongelar, deshelar
defroster, descongelador, desescarchador
deft, despierto(a), despejado(a), diestro(a)
deftly, con ingenio y viveza
defunct[1], difunto(a), muerto(a)
defunct[2], difunto(a)
defy, desafiar, retar, despreciar, desdeñar
degenerate[1], degenerar
degenerate[2], degenerado(a)
degenerated curve, curva degenerada
degeneration, degeneración
degenerative disease, enfermedad degenerativa
degrade, degradar, deshonrar, envilecer
degree, grado, rango, condición, título universitario
by degrees, gradualmente
degree measure, medida de grados
degree of a monomial, grado de un monomio
degree of a polynomial, grado de un polinomio
degree of kinship, grado de parentesco
dehumidify, deshumedecer
dehydrate, deshidratar
deicer, descongelador, deshelador
deify, deificar, divinizar
deign, dignarse, condescender
deity, deidad, divinidad
deject, abatir, desanimar
dejected, abatido(a)
dejection, decaimiento, tristeza, aflicción, evacuación
del. (delegate), delegado
del. (delete), suprimir
Delaware River, río Delaware
delay[1], diferir, retardar, postergar
delay[2], demorar
delay[3], retardo, retraso, dilación, demora
delectable, deleitoso(a), deleitable
delegate[1], delegar, diputar
delegate[2], delegado(a), diputado(a)
delegated powers, poderes delegados
delegation, delegación, diputación, comisión
delete, suprimir, tachar
delete key, tecla Suprimir
deliberate[1], deliberar, considerar
deliberate[2], cauto(a), avisado(a), pensado(a), premeditado(a)
deliberately, con premeditación, deliberadamente
deliberation, deliberación, circunspección, reflexión, consulta
delicacy, delicadeza, fragilidad, escrupulosidad, manjar
delicate, delicado(a), exquisito(a), tierno(a), escrupuloso(a)
delicately, delicadamente
delicatessen, salchichonería, tienda donde se venden fiambres y quesos
delicious, delicioso(a), sabroso(a), exquisito(a)
delight[1], delicia, deleite, placer, gozo, encanto
delight[2], deleitar, regocijar
to take delight in, tener gusto en, estar encantado(a) de
delight[3], deleitarse
delighted, complacido(a), gozoso(a)
delightful, delicioso(a), deleitable
delineate, delinear, diseñar
delinquency, delito, culpa, delincuencia
juvenile delinquency, delincuencia juvenil
delinquent, delincuente

delirious, delirante, desvariado
to be delirious, delirar
delirium, delirio
delirium tremens, delírium tremens
deliver, entregar, dar, rendir, libertar, recitar, relatar, partear
deliverance, libramiento, liberación, salvación
delivery, entrega, liberación, alumbramiento, parto
general delivery, lista de correos, entrada general
special delivery, entrega inmediata
dell, valle hondo, hondonada, cañada
delouse, despiojar
delta, delta
delude, engañar, alucinar
deluge[1], inundación, diluvio
deluge[2], inundar
delusion, engaño, ilusión
de luxe, lujoso(a), ostentoso(a)
de luxe edition, edición de lujo
delve, cavar, penetrar, sondear en busca de información
demagogue, demagogo
demand[1], demanda, petición jurídica, venta continuada
aggregate demand, demanda agregada
demand[2], consumo
demand curve, curva de demanda
demand-pull inflation, inflación de demanda, inflación generada por la demanda
demand[3], demandar, reclamar, pedir, requerir, exigir
demarcation, demarcación, límite
demeanor, porte, conducta, comportamiento
proper demeanor, corrección
demented, demente, loco(a)
demerit, desmerecer
demigod, semidiós
demise[1], legar, dejar en testamento, ceder, arrendar
demise[2], muerte, óbito, transmisión de la corona por abdicación o muerte
demitasse, taza pequeña
demobilization, desmovilización
demobilize, desmovilizar
democracy, democracia
democrat, demócrata
democratic, democrático(a), demócrata
democratic despotism, despotismo democrático
democratic legislature, legislatura democrática
Democratic nominee, candidato por el Partido Demócrata
Democratic Party, Partido Demócrata
Democratic-Republican Party, Partido Demócrata-Republicano
democratic values, valores democráticos
democratization, democratización
demographic information, información demográfica
demographic shift, cambio demográfico
demographic transition, transición demográfica
demographics, demografía
demography, demografía
demolish, demoler, arruinar, arrasar, batir
demolition, demolición, derribo
demolition bomb, bomba de demolición
demon, demonio, diablo
demonstrate, demostrar, probar
demonstration, demostración, manifestación
demonstrative, demostrativo(a), expresivo(a)
demonstrative pronoun, pronombre demostrativo
demonstartively, demostrativamente
demonstrator, demostrador(a)
demoralize, desmoralizar
demote, degradar, rebajar en clase o en grado
demotion, degradación, descenso de rango, categoría o empleo
demur[1], objetar, demorar, vacilar, fluctuar
demur[2], demora, objeción
demure, reservado(a), decoroso(a), grave, serio(a)

demurely, modestamente
den, caverna, antro, estudio, habitación para lectura o descanso
denature, desnaturalizar
denatured, alcohol, alcohol desnaturalizado
deniable, negable
denial, denegación, repulsa
denim, mezclilla, tela de algodón basta y fuerte
Denmark, Dinamarca
denomination, denominación, título, nombre, apelativo
denominational, sectario(a)
denominator, denominador
denotation, denotación
denotative meaning, significado denotativo
denote, denotar, indicar
denounce, denunciar
dense, denso(a), espeso(a), cerrado(a), estúpido(a), impenetrable
density, densidad, solidez
density of population, densidad de población
dent[1], abolladura, mella
dent[2], abollar
dental, dental
dental clinic, clínica dental, dental
dental health, salud dental
dental loss, pérdida de dientes
dentifrice, dentífrico
dentist, dentista, sacamuelas
dentistry, odontología
dentition, dentición, dentadura
denture, dentadura postiza
denunciation, denunciación
deny, negar, rehusar, renunciar, abjurar
deodorant, desodorante
deodorize, quitar o disipar el mal olor
depart, partir, irse, salir, morir, desistir
department, departamento
department store, bazar, tienda dividida en secciones o departamentos
departure, partida, salida, desviación
depend, depender
it depends, según y conforme
to depend on, confiar en, contar con
to depend upon, confiar en, contar con
dependable, digno(a) de confianza
dependence, dependencia, confianza
dependency, dependencia
dependent[1], dependiente, persona que depende de otra para su manutención
dependent[2], dependiente, cifrado(a)
dependent clause, cláusula dependiente
dependent equations, ecuaciones dependientes
dependent events, eventos dependientes
dependent upon, cifrado en
dependent variable, variable dependiente
depict, pintar, retratar, describir
depilatory, depilatorio(a)
deplete, agotar, vaciar
depleted rain forests of central Africa, reducción de los bosques tropicales de África Central
deplorable, deplorable, lamentable
deplore, deplorar, lamentar
depopulate, despoblar, devastar
deport, deportar
deportment, comportamiento, conducta, porte, manejo
depose, deponer, destronar, testificar
to depose upon oath, declarar bajo juramento
deposit[1], depositar
deposit[2], depósito
deposition, deposición, testimonio, destitución
depositor, depositante
depository, depositario(a), almacén, depósito
depot, depósito, almacén, estación, paradero
deprave, depravar, corromper
depravity, depravación
deprecate, deprecar
depreciate, depreciar
depreciation, descrédito, desestimación, depreciación
depredation, depredación, pillaje

depress, deprimir, humillar
depressed[1], desgraciado(a), deprimido(a)
depressed[2], descorazonado(a)
depression[1], depresión, abatimiento
depression[2], depresión
angle of depression, ángulo de depresión
depression[3], contracción económica, crisis
Depression of 1873-1879, Depresión de 1873-1879
Depression of 1893-1897, Depresión de 1893-1897
depression[4], depresión atmosférica, borrasca
deprive, privar, despojar
to deprive of, quitar
dept. (department), depto. (departamento)
depth, profundidad, abismo, seriedad, oscuridad
depth bomb, bomba de profundidad
depth charge, carga de profundidad
deputy, diputado(a), delegado(a), lugarteniente, comisario(a)
derail, descarrilar
derange, desarreglar, desordenar, trastornar, volver loco
derby[1], carrera especial de caballos celebrada anualmente
derby[2], sombrero hongo, bombín
deregulation, desregularización, liberalización
derelict[1], abandonado(a), infiel, descuidado(a)
derelict[2], derrelicto, paria
dereliction, desamparo, abandono
deride, burlar, mofar
derision, irrisión, mofa, escarnio
derisive, irrisorio(a)
derivation, derivación
derivative, derivado(a)
derive[1], derivar, sacar
derive[2], derivarse, proceder
derived, derivado(a)
derived characteristic, característica derivada
derived equation, ecuación derivada
dermatologist, dermatólogo(a)
dermatology, dermatología
dermis, dermis, cutis
derogatory, derogatorio(a), despectivo(a)
derrick, grúa
Descartes' "Discourse on method", "Discurso del método" de Descartes
descend, descender
descendant, vástago, descendiente
descending, descendente
descending order, orden descendente
descent, descenso, pendiente, invasión, descendencia, posteridad
describe, describir, delinear, calificar, explicar
description, descripción
brief description, reseña
descriptive, descriptivo(a)
descriptive language, lenguaje descriptivo
descriptive writing, escritura descriptiva
desecrate, profanar
desegregate, integrar, suprimir la segregación, abolir la segregación
desegregation, abolición de la segregación
desensitize, insensibilizar, hacer insensible a la luz
desert[1], desierto, desértico
Desert Storm, Tormenta del Desierto
desert[2], mérito, merecimiento
desert[3], abandonar
desert[4], desertar
deserter, desertor(a)
desertification, desertificación, desertización
desertion, deserción
deserve, merecer, ser digno(a)
deserving, meritorio(a), merecedor(a)
to be deserving, valer, merecer
design[1], diseñar, designar, proyectar, tramar
desing[2], designio, intento, diseño, plan, dibujo
design element, elemento de diseño
design principle, principio de diseño

designed object, objeto diseñado
designate, designar, apuntar, señalar, distinguir
designated value, valor designado
designation, designación
designer, dibujante, proyectista, diseñador(a), intrigante
designing, insidioso, astuto
desirability, ansia, conveniencia
desirable, deseable
desire[1], deseo, apetencia
desire[2], desear, apetecer, querer, pedir
desirous, deseoso(a), ansioso(a)
desist, desistir
desk, escritorio, papelera, pupitre, bufete
desktop, escritorio
desktop publishing software, software de creación de publicaciones
desolate[1], desolar, devastar
desolate[2], desolado(a), solitario(a)
desolation, desolación, ruina, destrucción
despair[1], desesperación
despair[2], desesperar
despairing, desesperado(a), sin esperanza
desperate, desesperado(a), furioso(a)
desperation, desesperación
despicable, vil, despreciable
despique[1], malicia
despique[2], a pesar de, a despecho de
despise, despreciar, desdeñar, despite, despecho
despite, a pesar de
despoil, despojar, privar
despond, desanimarse, abatirse, desesperarse
despondent, abatido(a), desalentado(a), desesperado(a), desanimado(a)
despot, déspota
despotic or despotical, despótico(a), absoluto(a), arbitrario(a)
despotism, despotismo
dessert, postre
destination, destino, paradero
destine, destinar, dedicar
destiny, destino, hado, sino, suerte
destitute, carente, en extrema necesidad
destitution, destitución, privación, abandono
destroy, destruir, arruinar, hacer pedazos
destroyer, destructor(a), barco de guerra
destruction, destrucción, ruina
destructive, destructivo(a), ruinoso(a)
destructive distillation, destilación destructiva
desultory, irregular, inconstante, sin método
detach, separar, desprender, destacar
detachable, desmontable
detachment, separación, desprendimiento
detachment law, ley de desprendimiento
detail[1], detalle, particularidad, circunstancia, destacamento
in detail, al por menor, al detalle
to go into detail, menudear
detail[2], detallar, referir con pormenores
detain, retener, detener, impedir, detectar, descubrir, discernir
detect, detectar
detective, detective
detective story, novela policiaca
detector, descubridor(a), detector(a), indicador(a)
détente, distensión, rejación de tensión, détente
detention, detención, retención, cautividad, cautiverio
deter, desanimar, disuadir
detergent, detergente
deteriorate, deteriorar
deterioration, deterioración, deterioro
determination, determinación, decisión, resolución
determine[1], determinar, decidir
determine[2], decidir, resolver
to be determined, proponerse, decidir, resolver
deterrence, disuasión
deterrent[1], disuasivo(a), desanimador(a)
deterrent[2], lo que desanima o

disuade
detest, detestar, aborrecer
detestable, detestable, abominable
dethrone, destronar
detonation, detonación, fulminación
detour[1], rodeo, desvío, desviación, vuelta
detour[2], desviar
detract[1], detractar, retirar, disminuir
detract[2], denigrar
detriment, detrimento, daño, perjuicio
detrimental, perjudicial
detrimental change, cambio perjudicial
deuce, dos, diantre
the deuce!, ¡demonios!
devaluate, depreciar, devaluar
devastate, devastar, robar
devastation, devastación, ruina
develop[1], desenvolver, desarrollar, revelar
develop[2], desarrollarse
developed country, país desarrollado
developing country, país en desarrollo
developing nations, naciones en vías de desarollo
development, desarrollo
deviate, desviarse
deviation, desvío, desviación
absolute deviation, desviación absoluta
device, dispositivo, invento, aparato, mecanismo, artefacto, plan, ardid, lema, proyecto, artificio
devil, diablo, demonio
deviled eggs, huevos rellenos y condimentados
deviltry, diablura
devious, desviado(a), tortuoso(a)
devise[1], trazar, inventar, idear, legar
devise[2], legado, donación testamentaria
devitalize, restar vitalidad
devoid, vacío(a), carente
devote, dedicar, consagrar, destinar
devote oneself, consagrarse
devotion, devoción, oración, rezo, afición, dedicación
devour, devorar
devout, devoto(a), piadoso(a)
dew, rocío
dewdrop, gota de rocío
dewy, rociado(a), con rocío
dexterity, destreza
dexterous, diestro(a), hábil
dextrose, glucosa, dextrosa
dextrous, diestro(a), experto(a)
dharma, dharma
diabetes, diabetes
Diabetes Association, Asociación de Diabetes
diabetic, diabético(a)
diabolic, diabólico(a)
diabolical, diabólico(a)
diagnose, diagnosticar
diagnosis, diagnosis
diagonal, diagonal
diagram, esquema, diagrama, gráfico
dial, esfera de reloj, cuadrante, reloj de sol
dial telephone, teléfono automático
to dial the number, marcar el número
dialing, acción de llamar por teléfono automático, sintonización
dialect, dialecto
dialectics, dialéctica
dialogue, diálogo
diameter, diámetro
diamond, diamante, brillante, oro
diamond cutter, diamantista
diamond trade, comercio de diamantes
diapason, diapasón
diaper[1], pañal
diaper[2], proveer con pañales
diaphragm, diafragma
diarrhea, diarrea
diary, diario(a)
diathermy, diatermia
dice, dados
dichotomous key, clave dicotómica
dicker, regatear
dickey, peto, pechera, asiento del conductor
dictaphone, dictáfono, aparato para dictar cartas
dictate[1], dictar
dictate[2], dictamen
dictation, dictado

dictator, caudillo, dictador
dictatorial, autoritativo(a), dictatorial, dictatorio(a), imperioso(a)
dictatorship, dictadura
diction, dicción, estilo
dictionary, diccionario, léxico
Diderot, Diderot
die[1], morir, expirar, evaporarse, desvanecerse, marchitarse
die[2], dado, cuño, molde, troquel, matriz
Diego Rivera, Diego Rivera
die-hard, persona intransigente y conservadora
Diem regime, régimen de Diem
diesel, diesel
  diesel engine, motor diesel
  diesel machinery, maquinaria de Diesel
diet[1], dieta, régimen
  diet aid, ayuda dietética
diet[2], estar a dieta
  dietary supplement, suplemento dietético
dietetics, dietética
dietician, dietista
differ, diferenciarse, contradecir
difference, diferencia, disparidad, variante
  difference of squares, diferencia de dos cuadrados
different, diferente, desemejante
  different size units, unidades de tamaño diferentes
differential, diferencial
  differential calculus, cálculo diferencial
differentiate, diferenciar
difficult, difícil, áspero(a), enrevesado(a)
difficulty, dificultad, obstáculo, escollo, trabajo
  with difficulty, a duras penas, trabajosamente
diffident, tímido(a), modesto(a), falto(a) de confianza en sí mismo
diffraction, difracción
diffuse[1], difundir, esparcir
diffuse[2], difundido(a), esparcido(a), prolijo(a)
diffusion, difusión
  diffusion of tobacco smoking, difusión de humo del tabaco
dig[1], cavar, excavar
  dig up, desenterrar, desarraigar
dig[2], pulla, indirecta
digest[1], digerir, clasificar, asimilar mentalmente
digest[2], extracto, compendio
digestible, digerible
digestion, digestión
digestive, digestivo(a)
  digestive system, aparato digestivo
digger, cavador(a)
digging, excavación
diggings, lo excavado, lavaderos de arenas auríferas
digit[1], dígito
digit[2], dedo
digital clock, reloj digital
digitized, digitalizado(a)
dignified, altivo(a), serio(a), grave, con dignidad
dignify, exaltar, elevar
dignitary, dignatario(a)
dignity, dignidad, rango, mesura
digression, digresión, divagación, desvío
digressive time, paréntesis, digresión
dihedral angle, ángulo dihedro
dihybrid cross, dihibridismo, cruz dihíbrida
dike, dique, canal
dilapidate, dilapidar
dilapidated, arruinado(a), desvencijado(a)
dilate[1], dilatar, extender
dilate[2], dilatarse, extenderse
dilated, dilatado(a), extendido(a), explayado(a), prolijo(a), difuso(a)
dilation, dilatación
  dilation of object in a plane, dilatación de un objeto en un plano
dilemma, dilema
dilettante, aficionado(a)
diligence, diligencia, asiduidad
diligent, diligente, asiduo(a), aplicado(a), hacendoso(a)
diligently, diligentemente
dill, eneldo

dill pickle, encurtido con eneldo
dilute, diluir
dim[1], turbio de vista, oscuro(a), confuso(a)
dim[2], ofuscar, oscurecer, eclipsar
dime, moneda de diez centavos en E.U.A.
dimension, dimensión, medida, extensión
diminish[1], decrecer, disminuir
diminish[2], ceder, menguar, disminuirse
diminishing, menguante
diminuendo, diminuendo
diminutive, diminutivo(a)
dimity, cotonía
dimmer, amortiguador de intensidad de luz
dimness, oscuridad, opacidad
dimple, hoyuelo
din[1], ruido violento, alboroto
din[2], atolondrar
dine[1], dar de comer o de cenar
dine[2], comer, cenar
diner, coche comedor
dingy, sucio(a), empañado(a)
dining, comedor
dining car, coche comedor
dining room, comedor, refectorio
dinner, comida, cena
dinosaur, dinosaurio
dint, golpe
by dint of, a fuerza de, a puro
diocese, diócesis
diorama, diorama
dip[1], remojar, sumergir
dip[2], sumergirse, penetrar, inclinarse
dip[3], inmersión, inclinación
diphtheria, difteria
diphthong, diptongo
diploid, diploide
diploma, diploma
diplomacy, diplomacia, tacto
diplomat or diplomatic, diplomático(a)
diplomatic corps, cuerpo diplomático
dipper, cucharón, cangilón, cazo
Big Dipper, Osa Mayor
dire, horrendo(a), cruel, deplorable
direct[1], directo(a), derecho(a), recto(a), claro(a)
direct address, dirección directa
direct current, corriente continua
direct democracy, democracia directa
direct experience, experiencia directa
direct function, función directa
direct hit, blanco directo
direct measure, medida dirigida
direct popular rule, mandato popular directo
direct proof, prueba directa
direct proportion, proporción directa
direct quote, cita directa
direct variation, variación directa
direct[2], dirigir, enderezar, ordenar
direction, dirección, instrucción, manejo, rumbo, curso
direction of a force, dirección de una fuerza
direction of motion, dirección de un movimiento
directionality, direccionalidad
director, director(a), guía, superintendente
board of directors, directorio, junta directiva
directory, directorio, guía
directrix of parabola, directriz de una parábola
dirge, canción lúgubre
dirt, suciedad, porquería, mugre
dirty[1], puerco(a), sucio(a), vil(a), bajo(a)
dirty trick, mala partida, mala broma
dirty[2], ensuciar, emporcar
disability, impotencia, inhabilidad, incapacidad
disable, hacer incapaz, incapacitar, desaparejar
disablement, impedimento, desaparejo de una nave como resultado de algún combate
disadvantage, desventaja, daño
disagree, desconvenir, discordar, no estar de acuerdo

disagreeable, desagradable
disagreement, desacuerdo, discordia, desavenencia, diferencia, desconformidad
disappear, desaparecer, salir, esfumarse, ausentarse
disappearance, desaparición
disappoint, frustrar, faltar a la palabra, decepcionar, engañar
to be disappointed, llevarse chasco, estar decepcionado
disappointment, chasco, contratiempo, decepción
disapproval, desaprobación, censura
disapprove, desaprobar
disarm, desarmar, privar de armas
disarmament, desarme
disarray[1], desarreglo
disarray[2], desnudar, desarreglar
disassembly, desmontaje
disassociate, desasociar
disaster, desastre, infortunio, catástrofe
disastrous, desastroso(a), infeliz, funesto(a)
disband[1], dividir, desunir
disband[2], dispersarse
disbelief, incredulidad, desconfianza
disbelieve, descreer, desconfiar
disburse, desembolsar, pagar
disbursement, desembolso
disc, disco
disc jockey, anunciador de programa con base en discos, DJ, tocadiscos
discard[1], descartar
discard[2], descarte
discern, discernir, percibir, distinguir
discernible, perceptible
discerning, juicioso(a), perspicaz
discernment, discernimiento
discharge[1], descargar, pagar, licenciar, ejecutar, cumplir, descartar, despedir
discharge[2], descargarse
discharge[3], descarga, descargo, finiquito, dimisión, absolución
disciple, discípulo(a), secuaz
disciplinary, disciplinario(a)
discipline[1], disciplina, enseñanza, rigor
discipline[2], disciplinar, instruir
disclaim, negar, renunciar, repudiar, rechazar
disclose, descubrir, revelar
disclosure, descubrimiento, revelación
disclosure of methods & procedures, divulgación de los métodos y procedimientos
discolor, descolorar
discoloration, descoloramiento, mancha
discomfort, incomodidad, aflicción, molestia
disconcert, desconcertar, confundir, turbar
disconnect, desconectar
disconsolate, inconsolable, desconsolador
disconsolately, desconsoladamente
discontent[1], descontento(a)
discontent[2], descontento(a), disgustado
discontent[3], descontentar
discontented, descontento
discontinue, descontinuar, interrumpir, cesar
discord, discordia, discordancia, disensión
discordance, discordia, discordancia, disensión
discordant, discorde, incongruente
discordantly, con discordancia
discount[1], descuento, rebaja
discount rate, tasa de descuento
rate of discount, tipo de descuento
discount[2], descontar
discourage, desalentar, desanimar
discouragement, desaliento
discourse[1], discurso, tratado
discourse[2], conversar, discurrir, tratar (de)
discourteous, descortés, grosero(a)
discourtesy, descortesía, grosería
discover, descubrir, revelar, manifestar
discovery, descubrimiento, revelación
discovery of diamonds, descubrimiento de diamantes
discovery of gold, descubrimiento de oro
discredit[1], descrédito, deshonor
discredit[2], desacreditar, deshonrar

discreet, discreto(a), circunspecto(a), callado(a)
discrepancy, discrepancia, diferencia, variante
discrete, discreto(a), descontinuo
discrete probability, probabilidad discreta
discrete probability distribution, distribución de probabilidad discreta
discretion, discreción
discriminant, discriminante
discriminate, discriminar
discriminating, parcial, discerniente
discrimination, discriminación
discrimination based on age, discriminación basada por la edad
discrimination based on disability, discriminación basada por discapacidad
discrimination based on ethnicity, discriminación basada por el origen étnico
discrimination based on gender, discriminación basada por el género
discrimination based on language, discriminación lingüística
discrimination based on religious belief, discriminación basada por la religión o las creencias
discuss, discutir
discussion, discusión
discussion leader, líder de discusión
disdain[1], desdeñar, despreciar
disdain[2], desdén, desprecio
disdainful, desdeñoso(a)
disease, enfermedad
contagious disease, enfermedad contagiosa
disease microorganism, microorganismo patógeno
disease pandemic, pandemia de enfermedad
diseased, enfermo(a)
disembark, desembarcar
disenfranchisement, privación del derecho a voto
disengage[1], desenredar, librar
disengage[2], libertarse de
disfavor[1], desfavorecer
disfavor[2], desaprobación
disfigure, desfigurar, afear
disfigurement, deformidad, desfiguración
disgrace[1], deshonra, desgracia
disgrace[2], deshonrar, hacer caer en desgracia
disgraceful, deshonroso(a), ignominioso(a)
disgracefully, vergonzosamente
disguise[1], disfrazar, enmascarar, simular
disguise[2], disfraz, máscara
disgust[1], disgusto, aversión, fastidio
to cause disgust, repugnar
disgust[2], disgustar, inspirar aversión
dish[1], fuente, plato, taza
set of dishes, vajilla
dish[2], servir en un plato
dishcloth, paño para lavar platos
dishearten, desalentar, descorazonar
dishevel, desgreñar
dishonest, deshonesto(a), ignominioso(a)
dishonesty, falta de honradez, deshonestidad, impureza
dishonor[1], deshonra, ignominia
dishonor[2], deshonrar, infamar
dishonorable, deshonroso(a), afrentoso(a), indecoroso(a)
dishonorably, ignominiosamente
dishpan, vasija para fregar platos
dishrag, paño para lavar platos
dishwasher, lavaplatos, lavavajilla
dishwater, agua para lavar platos
disillusion[1], desengaño, desilusión
disillusion[2], desengañar, desilusionar
disincentive, falta de incentivos
disinfect, desinfectar
disinfectant, desinfectante
disinherit, desheredar
disintegrate, desintegrar, despedazar
disintegration, desintegración
disinterested, desinteresado(a)
disjoint[1], dislocar, desmembrar
disjoint[2], desligar, desunir, separar
disjoint events, eventos desligados

disjointed, dislocado(a)
disjointedly, separadamente
disjunction, disyunción
disk, disco
  disk drive, unidad de disco
  disk jockey, anunciador de programa con base en discos, DJ, tocadiscos
diskette, disquete
dislike[1], aversión, repugnancia, disgusto
dislike[2], disgustar, desagradar
dislocate, dislocar, descoyuntar
dislodge, desalojar
disloyal, desleal, infiel
disloyalty, deslealtad, infidelidad, perfidia
dismal, triste, funesto(a), horrendo(a)
dismantle, desmantelar, desamueblar, desaparejar
dismay[1], consternación, terror
dismay[2], consternar, consternarse, abatirse
dismember, desmembrar
dismiss, despedir, echar, descartar
dismissal or dismission, despedida, dimisión, destitución
dismount[1], desmontar, apearse
dismount[2], desmontar, descender
disobedience, desobediencia
disobedient, desobediente
disobey, desobedecer
disorder[1], desorden, confusión, indisposición, desequilibrio
disorder[2], desordenar, perturbar
disorderly, desarreglado(a), confuso(a)
disorganization, desorganización
disorganize, desorganizar
disown, negar, desconocer, repudiar
disparage, envilecer, mofar, menospreciar
disparagement, menosprecio, desprecio, insulto
disparity, disparidad
dispassionate, sereno(a), desapasionado(a), templado(a)
dispatch[1], despacho, embarque, envío, remisión
dispatch[2], despachar, embarcar, remitir, enviar
dispel, disipar, dispersar
dispensary, dispensario
dispensation, dispensación, dispensa
dispense, dispensar, distribuir, eximir
dispersal, dispersión
disperse, esparcir, disipar, dispersar
dispersion, dispersión
displace, desplazar, dislocar, desordenar
displaced, desplazado(a), dislocado(a)
  displaced person, persona desplazada
displacement, cambio de situación, mudanza, desalojamiento, coladura, desplazamiento
  displacement of results, desplazamiento de los resultados
display[1], desplegar, explicar, exponer, ostentar
display[2], ostentación, despliegue, exhibición
displease, disgustar, ofender, desagradar, chocar
displeasure, disgusto, desagrado, indignación
disposable, desechable
  disposable income, ingresos disponibles
disposal, disposición, eliminación
dispose, disponer, dar, arreglar
  to dispose of, deshacerse de
disposed, dispuesto(a), inclinado(a)
  ill disposed, mal dispuesto(a)
  well disposed, bien dispuesto(a)
disposition, disposición, índole, inclinación, carácter, humor
  good disposition, buen humor, buen carácter
dispossess, desposeer, desalojar
disproportion, desproporción
disproportionate, desproporcionado(a)
disprove, confutar, refutar
disputable, disputable, contestable
dispute[1], disputa, controversia
dispute[2], disputar, controvertir, argüir
disqualify, descalificar, inhabilitar
disquiet[1], inquietud, perturbación
disquiet[2], inquietar, turbar

disregard[1], desatender, desdeñar
disregard[2], desatención, desdén
disreputable, deshonroso(a), despreciable
disrepute, descrédito, mala fama
to bring into disrepute, desacreditar, difamar, desprestigiar
disrespect, irreverencia, falta de respeto
disrespectful, irreverente, descortés
disrobe, desnudar, desnudarse
disrupt, desbaratar, hacer pedazos, desorganizar, enredar
disruption, rompimiento, fractura
dissatisfaction, descontento, disgusto
dissatisfied, descontento(a), no satisfecho(a)
dissatisfy, descontentar, desagradar
dissect, disecar
dissection, disección
dissemble, disimular, fingir
disseminate, diseminar, sembrar, esparcir, propagar
dissension, disensión, discordia
dissent[1], disentir, estar en desacuerdo
dissent[2], disensión
dissertation, disertación, tesis
dissimilar, disímil
dissipate, disipar
dissipation, disipación, libertinaje
dissociate, disociar
dissolute, disoluto(a), libertino(a)
dissolution, disolución, muerte
dissolve[1], disolver
dissolve[2], disolverse, derretirse
dissonance, disonancia
dissonant, disonante, discordante, diferente
dissuade, disuadir
distal initiation, inicio distal
distance[1], distancia, lejanía, lontananza, respeto, esquivez
at a distance, de lejos
distance decay, descomposición a distancia
distance formula, fórmula de distancia
distance from a fixed point, distancia desde un punto fijo
distance-preserving transformations, transformaciones preservan la distancia
distance run, carrera de distancia
distance walk, caminata de distancia
in the distance, a lo lejos
distance[2], apartar, sobrepasar, espaciar
distant, distante, lejano, esquivo, reservado
very distant, a leguas, muy distante, muy esquivo
distaste, hastío, disgusto, tedio
distasteful, desabrido(a), desagradable, chocante, maligno(a)
distemper, indisposición, desasosiego, moquillo, desorden tumultuoso, morbo
distension, distensión, dilatación, anchura
distill, destilar, gotear
distiller, destilador
distillery, destilería, destilatorio
distinct, distinto, diferente, claro, sin confusión
distinct arrangements, ordenamientos distintos
distinctly, con claridad
distinction, distinción, diferencia
person of distinction, persona distinguida o eminente
distinctive, característico
distinctness, claridad
distinguish, distinguir, discernir
distinguished, distinguido(a), caracterizado(a), señalado(a), eminente, notable, famoso(a), ilustre, considerado(a)
distort, distorsionar, tergiversar, pervertir, torcer, disfrazar, falsear
distortion, distorsión, deformación, contorsión, torcimiento, perversión
distract, distraer, perturbar
distracted, distraído(a), aturdido(a), perturbado(a)
distraction, distracción, confusión, frenesí, locura
distress[1], aflicción, calamidad, miseria
distress[2], angustiar, acongojar, secuestrar, embargar
distribute, distribuir, dividir, repartir

distribution, distribución, reparto
distribution of ecosystems, distribución de los ecosistemas
distribution of power, distribución de poder
distribution of resources, distribución de recursos
distributive, distributivo(a)
distributive property, propiedad distributiva
distributor, distribuidor(a)
district, distrito, región, jurisdicción, zona, vecindario, barrio
distrust[1], desconfiar
distrust[2], desconfianza, sospecha, suspicacia
distrustful, desconfiado(a), sospechoso(a), suspicaz
distrustfully, desconfiadamente
disturb, perturbar, estorbar
disturbance, disturbio, confusión, tumulto, perturbación
disuse[1], desuso
disuse[2], desusar
ditch[1], zanja, foso, cauce
ditch[2], abrir zanjas o fosos, desembarazarse, dar calabazas
ditto[1], ídem, copia, duplicado
ditto[2], copiar, duplicar
ditto[3], también, asimismo
ditty, cancioncita, poema simple
diuretic, diurético(a)
divan, diván
dive[1], sumergirse, zambullirse, bucear, echarse un clavado
dive[2], zambullidura, clavado, garito, leonera
dive bomber, bombardero en picada
diver, buzo, somorgujo
diverge, divergir, divergirse, discrepar
divergence, divergencia
divergent, divergente
divergent boundaries, límites divergentes
divers, varios(as), diversos(as), muchos(as)
diverse, diverso(a), diferente, variado(a)
diversification, diversificación
diversify, diversificar
diversion, diversión, pasatiempo
diversity, diversidad, variedad
diversity of life, diversidad de vida
divert, desviar, divertir, recrear
divest, desnudar, privar, despojar
divide[1], dividir, distribuir, repartir, partir, desunir
divide radical expressions, dividir expresiones radicales
divide[2], desunirse, dividirse
divided loyalties, conflicto de lealtades
divided quotation, cita dividida
dividend, dividendo
divider, divisor, distribuidor, compás de puntas
divine[1], divino(a), sublime, excelente
divine law, ley divina
divine right, derecho divino
divine[2], teólogo
divine[3], conjeturar
divine[4], presentir, profetizar, adivinar
diving[1], buceo
diving[2], buceador(a), relativo(a) al buceo
diving bell, campana de bucear
diving suit, escafandra
divinity, divinidad, deidad, teología
divisibility, divisibilidad
divisibility test, prueba de divisibilidad
divisible, divisible
divisible by, divisible por
division, división, desunión, separación
division of Earth's surface, división de la superficie terrestre
division of Germany and Berlin, división de Alemania y Berlín
division of labor, división del trabajo
division of the subcontinent, división del subcontinente
divisor, divisor(a)
divorce[1], divorcio
divorce[2], divorciar, divorciarse de
divulge, divulgar, publicar
Dixieland music, música Dixieland
dizziness, vértigo, ligereza, vahído, vaivén, mareo
dizzy, vertiginoso(a), mareado(a), tonto(a), estúpido(a)
dm (decimetre), dm (decímetro)
D.N.A. (deoxyribonucleic acid),

A.D.N. (ácido desoxirribonucleico)
DNA fingerprint, huella de ADN, huella genética
DNA molecule, molécula de ADN
DNA replication, replicación de ADN
DNA sequence, secuencia de ADN
DNA structure, estructura de ADN
DNA subunit, subunidad de ADN
do[1], hacer, ejecutar, finalizar, despachar
do[2], obrar, comportarse, prosperar
how do you do?, ¿cómo está usted?
to do away with, suprimir, quitar
to do without, pasarse sin, prescindir de
docile, dócil, apacible
dock[1], muelle, desembarcadero
dry dock, astillero
dock[2], descolar, entrar en muelle, cortar, descontar
docket[1], extracto, sumario, minuta, rótulo, marbete
docket[2], rotular, inscribir en el orden del día
doctor[1], doctor(a), médico
Doctor of Law, Doctor en Derecho
Doctor of Philosophy, Doctor en Filosofía
doctor's office, consultorio de médico, gabinete
doctor[2], medicinar
doctrine, doctrina, erudición, ciencia
document, documento, precepto
document formatting, formato de documentos
documentary, documental
dodge, evadir, esquivar
doe, gama
doer, hacedor(a), actor (actriz), ejecutante
doeskin, piel de ante
doff, quitarse, desposeerse de
dog[1], perro
dog days, canícula
dog fight, pelea de perros, refriega, combate aéreo a muerte
dog kennel, perrera
Dog Star, Sirio, Canícula
dog[2], espiar, perseguir
dogcart, variedad de coche de dos ruedas, carruaje tirado por perros
dogged, tenaz, persistente, ceñudo(a), intratable, áspero(a), brutal
doggedly, adustamente, con persistencia, tenazmente
doghouse, perrera, casa de perro
to be in the doghouse, estar castigado, estar en desgracia
dogma, dogma
dogmatic, dogmático
dogmatical, dogmático
dogwood, cornejo
doily, carpetita, pañito de adorno
doings, hechos, acciones, eventos
doldrums, fastidio, abatimiento
dole[1], distribución, porción, limosna
dole[2], repartir, distribuir
doleful, doloroso(a), lúgubre, triste
doll, muñeca
boy doll, muñeco
dollar, dólar, peso
dollar diplomacy, diplomacia del dólar
silver dollar, peso fuerte
dolly, muñequita, remachador, plataforma de tracción
dolphin, delfín
dolt, hombre bobo
domain, dominio
domain of function, dominio de una función
dome, cúpula, domo
domestic[1], doméstico(a), interno(a), casero(a)
domestic crop, cultivo doméstico
domestic policy, política interna
domestic program, programa nacional
domestic tranquility, tranquilidad doméstica
domestic violence, violencia doméstica, violencia familiar, violencia intrafamiliar
domestic[2], criado(a), sirviente(a)

domesticate, domesticar
domesticated animal, animal domesticado
domicile, domicilio
dominance, predominio, ascendencia, autoridad
dominant, dominante
dominant gene, gen dominante
dominant trait, rasgo dominante
dominate, dominar, predominar
domination, dominación
domineer, dominar, señorear
domineering, tiránico(a), arrogante
Dominican Republic, República Dominicana
dominion, dominio, territorio, señorío, soberanía
domino, dominó, traje de máscara
dominoes, dominó (juego)
don, ponerse
donate, donar, contribuir, obsequiar
donation, donación, dádiva, contribución
done, hecho
well done, bien hecho(a), bien cocido(a), bien asado(a)
donkey, burro(a), asno, borrico(a)
donor, donador(a)
doodle[1], garrapato, garabatos
doodle[2], garrapatear, hacer garabatos
doom[1], sentencia, condena, suerte
doom[2], sentenciar, juzgar, condenar
doomsday, día del juicio final
until doomsday, hasta quién sabe cuándo
door, puerta
door bolt, pasador
door knocker, picaporte, llamador, aldaba
front door, puerta de entrada
sliding door, puerta corrediza
within doors, en casa, bajo techo
doorbell, timbre de llamada
doorhandle, tirador para puertas
doorkeeper, portero(a), ujier
doorknob, perilla
doorman, portero
doorstep, umbral
doorway, portada, portal, puerta de entrada
dope, narcótico, medicina heroica, información, persona muy estúpida
dope fiend, morfinómano(a), persona adicta a las drogas
Doppler effect, efecto Doppler
dormant, durmiente, secreto, latente
dormitory, dormitorio
dorsal, dorsal
dose[1], dosis, porción
dose[2], disponer la dosis de un remedio
dot[1], punto, puntillo
dot[2], poner punto
dote, chochear
doting, senil, chocho(a), excesivamente aficionado(a) o enamorado(a)
dotted note, corchea con puntillo
double[1], doble, duplicado(a), duplo(a), falso(a), insincero(a)
double-angle formula, fórmula de ángulo doble
double bar graph, gráfico de barras dobles
double boiler, baño María
double-breasted, con dos filas de botones
double chin, papada
double entry, partida doble
double-feature, función con dos películas de largo metraje
double jeopardy, doble riesgo, doble inculpación
double line graph, gráfico de líneas dobles
double negative, doble negación
double play, maniobra que pone fuera de juego a dos de los jugadores rivales
double-quick, a paso muy rápido
double replacement, reemplazo doble
double talk, charla vacía de sentido aunque seria en apariencia
double time, paso doble o rápido
double[2], duplicado, doble, engaño,

artificio
double cross, engañar
double[3], doblar, duplicar, plegar
doubles, juego de dobles
doubling, duplicar, multiplicar por dos
doubling time, tiempo de duplicación
doubt[1], duda, sospecha
there is no doubt, no cabe duda
without doubt, sin duda
doubt[2], dudar, sospechar
doubter, incrédulo(a)
doubtful, dudoso(a), dudable, incierto(a)
doubtless, indudable
doubtlessly, sin duda, indudablemente
douche, ducha
dough, masa, pasta, dinero
doughnut, rosquilla, variedad de buñuelo
dour, torvo(a), austero(a)
douse[1], zambullir, empapar
douse[2], zambullirse, empaparse
dove, paloma
ring dove, paloma torcaz
Dow Jones, índice Dow Jones
dowager, viuda de un noble, matrona respetable
dowdy[1], desaliñado
dowdy[2], mujer desaliñada
dowel, tarugo(a), zoquete, clavija de madera
dower, viudedad
down[1], plumón, flojel, bozo, vello, revés de fortuna
ups and downs, vaivenes, altas y bajas
down[2], pendiente
down[3], abajo
so much down, tanto al contado
down[4], derribar
down with!, ¡abajo!
down payment, pago inicial, enganche
downcast, apesadumbrado(a), cabizbajo(a)
downfall, ruina, decadencia, desplome
downgrade[1], cuesta abajo, bajada
downgrade[2], rebajar en calidad, degradar
downhearted, abatido(a), desanimado(a)
downhill[1], pendiente, hacia abajo
downhill[2], cuesta abajo
download[1], descargar, bajar
download[2], descarga
downpour, aguacero, chubasco, chaparrón
downright, sin ceremonias, de manera patente, por completo
downstairs[1], escaleras abajo
downstairs[2], inferior
downstream, aguas abajo, río abajo
downtown, centro, centro de la ciudad
downtown business area, zona comercial del centro de la ciudad
downtown streets, calles céntricas
downward, inclinado(a)
downwards, hacia abajo
downwind, en la dirección del viento
downy, velloso(a), suave
dowry, dote
doze[1], sueño ligero, siesta
doze[2], dormitar
dozen, docena
D.P. (displaced person), persona desplazada
Dr. (Doctor), Dr. (Doctor)
drab[1], paño castaño, mujer desaliñada, prostituta, color entre gris y café
drab[2], opaco(a), murrio(a), monótono(a)
draft[1], corriente de aire
draft[2], dibujo, dibujar
drafting board, tablero de dibujar, tabla para dibujo
draft[3], redactar, borrador
rough draft, borrador
draft[4], giro, letra de cambio, libranza, calado
sight draft, giro a la vista
time draft, letra a plazo
to honor a draft, dar acogida a una letra o un giro
draft[5], reclutar forzosamente, conscripción, leva
draft board, junta de conscripción
draftee, quinto, recluta

draftsman, dibujante, diseñador(a)
drag[1], arrastrar, tirar con fuerza
drag[2], arrastrarse por el suelo
drag[3], rastro, rémora, influencia
drag chute, paracaídas de frenado
dragon, dragón
dragonfly, libélula
drain[1], desaguar, secar, sanear
drain[2], desaguadero, colador, cauce, cuneta, sangradera
drainage, desagüe, saneamiento
drainage basin, cuenca hidrográfica
drainpipe, tubo de desagüe
drake, ánade macho
dram, dracma, porción de licor que se bebe de una vez
drama, drama
drama-documentary, documental dramático
dramatic, dramático
dramatic dialogue, diálogo dramático
dramatic irony, ironía dramática
dramatic media, medios dramáticos
dramatic monologue, monólogo dramático
dramatic mood change, cambio drástico de humor
dramatic play, obra dramática
dramatic text, texto dramático
dramatical, dramático
dramatics, arte dramático, declamación
dramatist, dramaturgo(a)
dramatization, versión dramatizada, representación o descripción dramática
dramatize, dramatizar
drank, pretérito del verbo drink
drape[1], cortina, colgadura
drape[2], vestir, colgar decorativamente
drapery, ropaje, cortinaje
drastic, drástico(a)
draught, trago, poción, corriente de aire
draw[1], dibujar
draw a graph, dibujar un gráfico
draw[2], traer, atraer, arrastrar, sacar
draw conclusions, sacar conclusiones
draw nigh, acercarse
draw out, sacar
draw[3], tirar, encogerse, moverse
draw[4], librar una letra de cambio
draw lots, echar suertes
draw on, librar a cargo de una persona
draw up, redactar, formular
drawback, desventaja, inconveniente
drawer, cajón, gaveta, girador de una letra
drawers, calzones, calzoncillos
drawing, dibujo, rifa
drawing room, sala de recibo
drawl[1], hablar con pesadez
drawl[2], enunciación penosa y lenta
drawn[1], movido(a), halado(a), dibujado(a), desenvainado(a), estirado(a)
dray (cart), carro, carretón
drayman, carretero
dread[1], miedo, terror, espanto
dread[2], terrible
dread[3], temer
dreadful, terrible, espantoso(a)
dreadfully, terriblemente
dream[1], sueño, fantasía, ensueño
dream[2], soñar, imaginarse
dreamer, soñador(a), visionario(a)
dreamland, reino de los sueños
dreamy, quimérico(a), soñador(a), soñoliento(a)
dreary, lúgubre, triste
Dred Scott decision, decisión de Dred Scott
dredge, rastrear con el rezón, excavar
dredger, draga, pescador de ostras
dredging, dragado
dredging machine, draga
dregs, heces, escoria, morralla
drench[1], empapar, mojar, humedecer
drench[2], bebida purgante, empapada
dress[1], vestido, atavío, tocado, traje
dress ball, baile de etiqueta
dress code, código de vestimenta
dress goods, tela para vestidos
dress rehearsal,

último ensayo
dress suit,
traje de etiqueta
ready-made dress,
traje hecho
dress², vestir, ataviar, revestir, curar las heridas, cocinar
dress³, vestirse
dresser, el que viste o adereza, tocador
dressing, curación, adorno, salsa, aderezo
dressing case, neceser
dressing gown,
peinador, bata
dressing table, tocador
French dressing,
salsa francesa
dressmaker, modista, costurera
dressmaking, modistería, confección de vestidos
dressy, vistoso(a), elegante
drew, pretérito del verbo draw
Dreyfus affair, Caso Dreyfus
dribble¹, hacer caer gota a gota
dribble², gotear
drift¹, impulso, tempestad, montón, tendencia, propósito, designio, significado, deriva
drift², impeler, amontonar
drift³, formar en montones
driftwood, leña acarreada por el agua
drill¹, taladro, barrena, instrucción de reclutas
drill², taladrar, disciplinar reclutas
drill³, hacer el ejercicio
drilling, perforación
drink¹, beber, embeber, absorber, embriagarse
drink², bebida
drinker, bebedor(a), borracho(a)
drinking fountain, fuente pública para beber agua
drip¹, despedir algún líquido a gotas
drip², gotear, destilar
drip³, gotera
dripping, pringue, chorreo
drippings, pringue
bacon drippings,
pringue, grasa de tocino
drive¹, accionamiento, paseo, tacazo
to go out for a drive,
ir de paseo, dar un paseo
drive², impeler, guiar, manejar, conducir, llevar, impulsar, andar en coche
drive into,
hincar, forzar a, reducir a
drive-in, restaurante en que el cliente es servido en su automóvil
drive-in theatre, autocinema
driver, empujador(a), cochero(a), carretero(a), conductor(a), chófer, maquinista
driveway, calzada o entrada para coches
driving, motor, conductor, impulsor
driving license, matrícula para conducir vehículos, licencia de conductor o de chófer
driving permit,
tarjeta de circulación
to go out driving,
ir de paseo, dar un paseo
drizzle¹, lloviznar
drizzle², llovizna
drogue, artefacto aerodinámico remolcado para sostener mangueras de alimentación de combustible o frenar el descenso de asientos expulsores, aviones o cápsulas espaciales
droll¹, jocoso(a), gracioso(a)
droll², bufón (bufona)
drone¹, zángano de colmena, haragán, avión radioguiado
drone², zanganear, dar un sonido sordo
drool, babear
droop¹, inclinarse, colgar, desanimarse, desfallecer
droop², dejar caer
drop¹, gota, pastilla, pendiente, arete
by drops, gota a gota
drop curtain, telón de boca
lemon drop, pastilla de limón
letter drop, buzón
drop², destilar, soltar, cesar, dejar, dejar caer
drop³, gotear, desvanecerse, sobrevenir, languidecer, salirse
to drop dead, caerse muerto
dropsy, hidropesía

dross, escoria de metales, hez
drought, seca, sequía, sequedad, sed
drought-plagued Salle, Salle acosado por la sequía
drouth, seca, sequía, sequedad, sed
drove[1], manada, hato, muchedumbre, rebaño
drove[2], pretérito del verbo drive
drown[1], sumergir, anegar
drown[2], anegarse, ahogarse
drowse, adormecer, adormecerse
drowsily, soñolientamente, lentamente
drowsiness, somnolencia, pereza
drowsy, soñoliento(a), somnoliento(a)
drudge[1], trabajar ardua y monótonamente
drudge[2], ganapán, yunque, esclavo
drudgery, trabajo arduo y monótono
drug[1], droga, medicamento
drug abuse, abuso de drogas
drug dependency, dependencia a las drogas
drug of choice, droga de elección
drug-related problem, problema relacionado con drogas
drug-seeking behavior, conducta compulsiva de búsqueda de drogas
drug[2], narcotizar
drugs, drogas, narcóticos, estupefacientes
druggist, farmacéutico(a), boticario(a)
drugstore, botica, farmacia
drum, tambor, tímpano
drum machine, caja de ritmos
drum major, tambor mayor
drummer, tambor, tamborilero, tamboritero, viajante
drumstick, palillo de tambor, pata
drunk[1], borracho(a), ebrio(a), embriagado(a)
drunk and drugged driving, manejar bajo la influencia de alcohol o drogas
drunk[2], participio del verbo drink
drunkard, borrachín (borrachina)
drunken, ebrio(a)
drunken revel, orgía
drunkenness, embriaguez, borrachera
dry[1], árido(a), seco(a), sediento(a), insípido(a), severo(a)
dry battery, pila seca, batería seca
dry cell, pila seca
dry cleaning, lavado en seco
dry cleaning shop, tintorería
dry dock, dique de carena
dry goods, mercancías generales
dry goods store, mercería
dry ice, hielo seco, anhídrido carbónico solidificado
dry-land farming technique, técnica de agricultura de secano
dry[2], secar, enjugar
to dry clean, limpiar en seco
to make too dry, resecar
dry[3], secarse
dryness, sequedad, aridez de estilo
D.S.C. (Distinguished Service Cross), Cruz de Servicios Distinguidos
D.S.M. (Distinguished Service Medal), Medalla de Servicios Distinguidos
D.S.O. (Distinguished Service Order), Orden de Servicios Distinguidos
DSS regulation, regulación del Departamento de Servicios Sociales
D.S.T. (Daylight Saving Time), horario oficial de verano
dual, binario
dual control, mando doble, mandos gemelos
dual effect, efecto dual
dual personality, doble personalidad
dual sport, motocicleta
dub, armar a alguno caballero, apellidar, poner apodo, doblar
dubious, dudoso(a)
duchess, duquesa
duchy, ducado
Duchy of Moscow, Principado de Moscú, Gran Ducado de Moscú

duck[1], ánade, pato(a), tela fuerte más delgada que la lona, sumergida, agachada, camión anfibio para descargar buques de carga
duck[2], zambullir, zambullirse, agacharse
duckweed, lentaje de agua
duct, canal, tubo, conducto
ductless, sin canales o tubos
dud, bomba que no estalla, persona o cosa que resulta un fracaso
duds, ropa vieja
dude, petimetre
due[1], debido(a), adecuado(a)
due bill, abonaré, pagaré
due process, debido proceso
in due time, oportunamente
due[2], derecho, tributo, impuesto
due to, debido(a) a
to become due, vencerse
duel[1], duelo, desafío
duel[2], batirse en duelo
duelist, duelista
duet, dúo, dueto
dug[1], teta
dugout, refugio subterráneo usado en casos de bombardeo, piragua
duke, duque
dull[1], lerdo(a), estúpido(a), insípido(a), obtuso(a), tosco(a), triste, murrio(a), opaco(a), romo(a)
dull of hearing, algo sordo
dull[2], entontecer, obstruir, ofuscar
dullness, estupidez, torpeza, somnolencia, pereza, pesadez
duly, debidamente, puntualmente
dumb, mudo(a), estúpido(a)
dumbly, sin chistar, silenciosamente
dumbbell, pesa, haltera, persona estúpida
dumbfound (dumfound), confundir, enmudecer
dumb-waiter, montaplatos
dummy, mudo(a), estúpido(a), maniquí, maqueta
dump, tristeza, vaciadero, depósito, basurero
dump truck, carro de volteo
to be in the dumps, tener melancolía
dumps, abatimiento, murria
dumping, vertimiento, acto de arrojar, verter, descargar o volcar
dumping ground, lugar de descarga, vertedero
dumping place, lugar de descarga, vertedero
dumpling, pastelito relleno con fruta o carne
dumpy, gordo(a), rollizo(a)
dun[1], bruno(a), sombrío(a)
dun[2], acreedor(a) inoportuno(a)
dun[3], pedir un acreedor a su deudor con importunidad, importunar
dunce, zote, zopenco(a), tonto(a), bobo(a), zonzo(a)
dune, médano, duna
dung[1], estiércol
dung[2], estercolar
dungeon, calabozo
duodenal, duodenal, del duodeno
duodenal ulcer, úlcera duodenal o del duodeno
dupe[1], bobo(a), víctima, tonto(a)
dupe[2], engañar, embaucar
duple meter, tiempo binario
duplex, duplo, gemelo, doble
duplex (apartment), departamento de dos pisos
duplicate[1], duplicado, copia
duplicate[2], duplicar
duplicity, duplicidad, doblez
durability, duración, estabilidad
durable, durable, duradero
durable goods, bienes duraderos
duration, duración
duress, compulsión, prisión
during, durante
dusk[1], crepúsculo
dusk[2], hacerse noche
dusky, oscuro(a)
dust[1], polvo
Dust Bowl, Cuenca de Polvo
dust storm, vendaval de polvo, polvareda, tormenta de polvo
dust[2], limpiar de polvo, desempolvar
duster, plumero, persona o cosa que quita el polvo, guardapolvo
dustpan, recogedor de basura, basurero

dusty, polvoriento, empolvado
Dutch, holandés (holandesa), neerlandés
Dutch colonization, colonización holandesa, colonización neerlandesa
Dutch merchant class, clase comerciante holandesa
Dutch Republic, República Holandesa
Dutch West Indies, Antillas Neerlandesas, Indias Occidentales Holandesas
dutiable, sujeto a derechos de aduana
dutiful, obediente, sumiso(a), respetuoso(a)
duty¹, deber, obligación, quehacer, facción
off duty, libre
on duty, de servicio, de guardia
duty², respeto, homenaje
duty³, derechos de aduana, impuesto
dwarf¹, enano(a)
dwarf², impedir que alguna cosa llegue a su tamaño natural
dwarf³, empequeñecerse
dwell, habitar, morar, dilatarse
dwell upon, explayarse
dweller, habitante, morador(a)
dwelling, habitación, residencia, domicilio, posada
dwindle, mermar, disminuirse, degenerar, consumirse
dye¹, teñir, colorar
dye², tinte, colorante
dyed-in-the-wool, fanático, ferviente, convencido
dyeing, tintorería, arte o proceso de teñir
dyer, tintorero(a)
dying, agonizante, moribundo(a)
dynamic, dinámico(a), enérgico(a)
dynamic change, cambio dinámico
dynamic equilibrium, equilibrio dinámico
dynamic level, nivel dinámico
dynamic qualities or efforts, cualidades o esfuerzos dinámicos
dynamic system, sistema dinámico
dynamics, dinámica
dynamically, con energía
dynamite, dinamita
dynamo, dínamo o dinamo
dynastic politics, política dinástica
dynasty, dinastía
dysentery, disentería
dyspepsia, dispepsia
dystrophy, distrofia

E Pluribus Unum, E Pluribus Unum (de muchos, uno)
E. (east), E. (este, oriente)
ea. (each), c/u (cada uno)
each¹, cada
each², cada uno, cada una, cada cual
each other, unos a otros, mutuamente
eager, deseoso(a), fogoso(a), ardiente, vehemente, celoso(a), fervoroso(a)
eagerness, ansia, anhelo, vehemencia, ardor
eagle, águila
eagle-eyed, de vista de lince, perspicaz
ear, oreja, oído, asa, espiga
by ear, de oído
ear of corn, mazorca, elote
ear specialist, otólogo
ear trumpet, trompetilla
earache, dolor de oído
eardrum, tímpano
earl, conde
early¹, temprano(a), primero(a)
early detection and treatment, detección y tratamiento temprano
Early Middle Ages, Alta Edad Media
early modern society, sociedad moderna temprana
early², temprano
early bird, madrugador(a)
earmark, marca de identificación
earmuff, orejera
earn, ganar, obtener, conseguir, devengar

earned income, ingresos salariales
earnest[1], ardiente, fervoroso(a), serio(a), importante
earnest[2], seriedad, señal, prueba
in good earnest, de buena fe
earnestly, con ahínco
earnestness, ansia, ardor, celo, seriedad, vehemencia
with earnestness, con ahínco
earnings, ingresos, ganancias
earphone, audífono, auricular
earring, arete, pendiente
earshot, distancia a que se puede oír algo
within earshot, al alcance del oído
earth, Tierra, globo terráqueo, suelo
Earth's age, edad de la Tierra
Earth's atmosphere, atmósfera terrestre
Earth's axis, eje terrestre, eje de la Tierra
Earth's climate, clima terrestre
Earth's crust, corteza terrestre
Earth's elements, elementos terrestres
Earth's external energy sources, fuentes de energía externa de la Tierra
Earth's formation, formación de la Tierra
Earth's gravity, gravedad de la Tierra
Earth's internal energy sources, fuentes de energía interna de la Tierra
Earth's layers, capas terrestres
Earth materials, materiales terrestres
Earth's orbit, órbita de la Tierra
Earth's rotation, rotación terrestre, rotación de la Tierra
Earth's surface, superficie terrestre, superficie de la Tierra
Earth system, sistema terrestre
Earth's temperature, temperatura terrestre
Earth-sun relation, relación entre el Sol y la Tierra
earth-moving machinery, maquinaria para excavaciones
earthen, terreno, hecho de tierra, de barro
earthenware, loza de barro
earthly, terrestre, mundano
earthquake, terremoto, sismo, seísmo, temblor
earthquake zone, zona sísmica
earthquake-resistant construction, construcción resistente a sismos
earthworm, lombriz de tierra
earthy, mundano(a), terrestre, terreno(a)
earwax, cerumen
ease[1], quietud, reposo, ocio, comodidad, facilidad
at ease, con desahogo, con soltura
ease[2], aliviar, mitigar
easel, caballete
easiest, más fácil
easily, fácilmente
east, oriente, este
East Africa, África Oriental
East Asia, Asia del Este
East Asian Co-Prosperity Sphere, esfera de coprosperidad de Asia Oriental
East Coast, Costa Este
East India Company, Compañía Británica de las Indias Orientales
East Indies, Indias Orientales
Easter, Pascua de Resurrección
Easter egg, huevo real o de dulce dado como regalo para la Pascua Florida
easterly, eastern, oriental, del este
Eastern Australia, Australia Oriental
Eastern Europe, Europa del Este
Eastern Hemisphere, hemisferio oriental
Eastern Mediterranean, Mediterráneo Oriental
Eastern Roman Empire, Imperio romano de Oriente
eastern United States, este de los Estados Unidos
eastward, hacia el oriente, hacia el este

easy, fácil, cortés, sociable, cómodo(a), pronto(a), libre, tranquilo(a), aliviado(a)
easy chair, silla poltrona
on easy street, próspero(a)
easy mark, blanco, víctima
easygoing, lento(a), tranquilo(a), buenazo(a), sereno(a), inalterable
eat[1], comer, roer
eat[2], alimentarse
eatable, comestible
eating disorder, desorden alimenticio
eaves, socarrén, alero
eavesdropper, espía, persona que escucha a escondidas lo que no debe oír
ebb[1], menguante, disminución, decadencia
ebb tide, marea menguante
ebb[2], menguar, decaer, disminuir
ebb and flow, flujo y reflujo
ebony, ébano
eccentric, excéntrico(a)
eccentricity, excentricidad
ecclesiastic, eclesiástico(a)
echelon, escalón, tropas o barcos de guerra en formación
echo[1], eco
echo[2], resonar, repercutir
echo[3], hacer eco
éclair, pastelito relleno con crema
eclipse[1], eclipse
eclipse[2], eclipsar
ecological role, rol ecológico
ecology, ecología
economic, económico(a), frugal, parco(a), moderado(a)
economic aid, ayuda económica
economic alliance, alianza económica
economic dependency, dependencia económica
economic depression, depresión económica
economic disparity, disparidad económica
economic dominance, dominio económico
economic incentive, incentivo económico
economic indicator, indicador económico
economic interdependence, interdependencia económica
economic power, poder económico
economic reforms, reformas económicas
economic region, región económica
economic risk, riesgo económico
economic sanctions, sanciones económicas
economic security, seguridad económica
economic specialization, especialización económica
economic system, sistema económico
economic system, sistema económico
economic theory, teoría económica
economical, económico(a), frugal, parco(a), moderado(a)
economically developing nation, nación en vías de desarrollo económico
economics, economía
economist, economista
economize, economizar, ser económico
economy[1], economía
economy[2], frugalidad
ecosystem, ecosistema
ecotourism, ecoturismo
ecstasy, éxtasis
ecstatic, extático(a)
ecstatically, éxtasis
eczema, eccema
eddy[1], reflujo de agua, remolino
eddy[2], remolinar
edge[1], filo, borde, orilla, vera, punta, esquina, margen
edge city, área urbana de periferia
on edge, impaciente, nervioso(a)
edge[2], afilar, ribetear, introducir
edge[3], avanzar poco a poco escurriéndose
edge away, alejarse
edgewise, de canto, de lado
edging, orla, orilla
edible, comedero(a), comestible

edict, edicto, mandato
edifice, edificio, fábrica
edify, edificar
edit, redactar, dirigir, revisar, corregir
edition, edición, publicación, impresión, tirada
editor, director(a), redactor(a), editor(a), persona que corrige o revisa
editorial, editorial, artículo de fondo
  editorial staff, redacción, cuerpo de redacción
educate, educar, enseñar
educated, educado(a), instruido(a)
education, educación, crianza
  education system, sistema educativo
educational, educativo(a)
  educational reform, reforma educativa
educator, pedagogo(a), educador(a), maestro(a)
eel, anguila
eerie, que infunde terror, como un fantasma, asustado(a), horripilante
efface, borrar, destruir
effect[1], efecto, realidad
  to take effect, entrar en vigor
effect[2], efectuar, ejecutar
effects, efectos, bienes
effective[1], eficaz, efectivo(a), real
effective[2], soldado disponible para la guerra
effeminate[1], afeminar, debilitar
effeminate[2], afeminarse, enervarse
effeminate[3], afeminado
  effeminate man, afeminado
effervescent, efervescente
efficacious, eficaz
efficacy, eficacia
efficiency, eficiencia, virtud, rendimiento (de una máquina)
efficient, eficaz, eficiente
effigy, efigie, imagen, retrato
effort, esfuerzo, empeño, gestión
effusion, efusión
effusive, expansivo(a), efusivo(a)
eft, tritón
e.g. (for example), p.e. (por ejemplo), vg. (verbigracia)
egg[1], huevo
  egg beater, batidor de huevos
  egg cell, célula embrionaria, óvulo
  egg white, clara de huevo
  egg yolk, yema de huevo
  deviled egg, huevo relleno
  fried egg, huevo frito o estrellado
  hard-boiled egg, huevo cocido o duro
  poached egg, huevo escalfado
  scrambled egg, huevo revuelto
  soft-boiled egg, huevo tibio o pasado por agua
egg[2], mezclar con huevos
  to egg on, incitar, hurgar, azuzar
eggnog, yema mejida, ponche de huevo, rompope
eggplant, berenjena
eggshell, cascarón de huevo
ego, ego, yo
egoism, egoísmo
egotism, egoísmo
egoistical, egoísta
egotistical, egoísta
Egypt, Egipto
Egyptian, egipcio(a)
  Egyptian civilization, civilización egipcia
  Egyptian time, época egipcia
eiderdown, edredón, plumón
eight, ocho
  eight ball, bola No. 8
  behind the eight ball, en situación desventajosa o desconcertante en extremo
eighteen, dieciocho o diez y ocho
eighteenth, decimoctavo(a), dieciocheno(a)
eighth, octavo
  eighth note, corchea
eightieth, octogésimo(a)
eighty, ochenta
Eisenhower Doctrine, Doctrina Eisenhower
either[1], cualquiera, uno de dos
either[2], o, sea, ya, ora
ejaculation, eyaculación
eject, expeler, desechar
ejection, expulsión, evacuación
  ejection seat, asiento expulsor
elaborate[1], elaborar
elaborate[2], trabajado(a), primoroso(a)
elaboration, elaboración

elapse, pasar, correr, trascurrir
elapsed time, tiempo transcurrido
elastic[1], goma
elastic[2], elástico(a), repercusivo(a)
elastic clause, cláusula flexible
elasticity, elasticidad
elate, exaltar, elevar
elated, exaltado(a), animoso(a)
elation, júbilo
e-learning, e-learning, educación a distancia
elbow[1], codo
elbow[2], dar codazos, empujar con el codo, codearse
elbowroom, anchura, espacio suficiente, libertad, latitud
elder[1], que tiene más edad, mayor
elder[2], anciano(a), antepasado(a), eclesiástico(a), jefe(a) de una tribu, saúco
elderly, de edad madura, anciano(a)
eldest, mayor, más anciano(a)
Eleanor Roosevelt, Eleanor Roosevelt
elect[1], elegir
elect[2], elegido(a), electo(a), escogido(a)
elected representative, representante electo
election, elección
elections, comicios
electioneering, propaganda electoral
elective, electivo(a)
elector, elector(a)
electoral, electoral
electoral college, colegio electoral
electoral system, sistema electoral
electorate, electorado
electric, eléctrico
electric bulb, bombilla o foco eléctrico
electric cable, cable conductor
electric car, vehículo eléctrico
electric chair, silla eléctrica
electric current, corriente eléctrica
electric eye, célula fotoeléctrica
electric fixtures, instalación eléctrica
electric force, fuerza eléctrica
electric lamp, lámpara eléctrica
electric meter, contador electrómetro
electric motor, electromotor, motor eléctrico
electric plant, planta eléctrica
electric potential, potencial eléctrico
electric railroad, ferrocarril eléctrico
electric switch, conmutador
electric wire, hilo o alambre conductor
electric welding, soldadura elécrica
electrical, electrotecnia, ingeniería eléctrica
electrical charge, carga eléctrica
electrical circuit, circuito eléctrico
electrical current, corriente eléctrica
electrical energy, energía eléctrica
electrical engineering, electrotecnia, ingeniería eléctrica
electrical transcription, transcripción mediante cinta magnética
electrically neutral, eléctricamente neutro
electrician, electricista
electricity, electricidad
electrify, electrizar
electrocardiogram, electrocardiograma
electrochemistry, electroquímica
electrocute, electrocutar
electrocution, electrocución
electrolysis, electrólisis
electrolyte, electrólito, electrolito
electrolytic, electrolítico
electromagnet, electroimán
electromagnetic, electromagnético
electromagnetic energy, energía electromagnética
electromagnetic field,

campo electromagnético
electromagnetic force, fuerza electromagnética
electromagnetic radiation, radiación electromagnética
electromagnetic spectrum, espectro electromagnético
electromagnetic wave, onda electromagnética
electromotive, electromotor, electromotriz
electromotive force, fuerza electromotriz
electron, electrón
electron configuration, configuración de electrón
electron sharing, electrones compartidos
electron transfer, transferencia electrónica
electronegativity, electronegatividad
electronic, electrónico(a)
electronic form, forma electrónica
electronic instrument, instrumento electrónico
electronic media, medios electrónicos
electronic sound, sonido electrónico
electronics, electrónica
electrotherapy, electroterapia
electrotype, electrotipo
elegance, elegancia
elegant, elegante, delicado(a), lujoso(a)
elegy, elegía
element, elemento, fundamento
element stability, estabilidad de elementos
elements, elementos, principios, bases, elementos atmosféricos
elements of matter, elementos de la materia
elements of music, elemento de la música
elements of plot, elementos de la trama
elements of poetry, elementos poéticos
elements of prose, elementos de la prosa
elemental, elemental, simple, inicial
elementary, elemental, simple, inicial
elementary particle, partícula elemental
elementary school, escuela primaria
elephant, elefante
elevate, elevar, alzar, exaltar
elevated, elevado
elevated railroad, ferrocarril elevado
elevated train, tren elevado
elevation, elevación, altura, alteza
elevator, ascensor, elevador
eleven, once, oncena
eleventh, onceno(a), undécimo(a)
elf, duende, persona traviesa
elicit, incitar, educir, sacar, atraer
elicited response, respuesta provocada
eligible, elegible, deseable
eliminate, eliminar, descartar
elimination, eliminación
elimination method, método de eliminación
elimination of matter & energy, eliminación de materia y energía
elite status, posición de élite
Elizabeth I, Isabel I
elk, alce, anta
ellipse, elipse
elliptic, elíptico(a)
elliptical, elíptico(a)
elliptical orbits, órbitas elípticas
Ellis Island, Isla de Ellis
Ellora, Ellora
elm, olmo
elocution, elocución, declamación
elongate, alargar, extender
elope, escapar, huir, fugarse con un amante
elopement, fuga con un amante, huida
eloquence, elocuencia, facundia
eloquent, elocuente
else[1], otro, más
else[2], si no, de otro modo
nothing else, nada más
somewhere else, en alguna otra parte
elsewhere, en otra parte
elucidate, dilucidar, explicar
elude, eludir, evadir
elusive, artificioso(a), falaz, evasivo(a)

elusory, artificioso(a), falaz, evasivo(a)
emaciate, extenuar, adelgazar
emaciated, demacrado(a), chupado(a)
to become emaciated, demacrarse
email (e-mail), correo electrónico
emanate, emanar
emanation, emanación, origen
emancipate, emancipar, dar libertad
emancipation, emancipación
Emancipation Proclamation, Proclamación de Emancipación
emancipator, libertador(a)
embalm, embalsamar
embank, terraplenar, represar
embankment, encajonamiento, malecón, dique, presa, terraplén
embargo [1], embargo, detención, comiso
embargo[2], embargar
embark, embarcar, embarcarse
embarkation, embarcación
embarrass, avergonzar, desconcertar, turbar
embarrassed, avergonzado(a), cortado(a)
embarrassing, penoso(a), vergonzoso(a)
embarrassment, turbación, bochorno, vergüenza, pena
embassy, embajada
embellish, hermosear, adornar
ember, ascua, pavesa
embezzle, desfalcar
embezzlement, hurto, desfalco
embezzler, desfalcador(a)
embitter, amargar, agriar
emblazon, blasonar
emblem, emblema
embody, encarnar, incluir
embolism, embolismo
emboss, realzar, imprimir en relieve
embrace[1], abrazar, contener
embrace[2], abrazo
embroider, bordar
embroidery, bordado(a)
embroil, embrollar, confundir
embryo, embrión
emerald, esmeralda
emerge, surgir, emerger
emergence, emergencia, aparición
emergence of life forms, aparición de formas de vida
emergency, aprieto, emergencia, necesidad urgente
emergency landing field, campo de aterrizaje de emergencia
of emergency, en caso de necesidad o de emergencia
emergency room, sala de emergencia
emerging capitalist economy, economía capitalista emergente
emeritus, emérito(a), retirado(a)
emery, esmeril
emigrant, emigrante
emigrate, emigrar
emigration, emigración
eminence, altura, sumidad, eminencia, excelencia
eminent, eminente, elevado(a), distinguido(a), relevante
eminent domain, expropiación
emissary, emisario(a), espía
emission, emisión
emit, emitir, echar de sí, arrojar, despedir
emolument, emolumento, provecho
emotion, emoción, conmoción
emotional, emocional, sensible, impresionable
emotional appeal, apelación emocional
emperor, emperador
Emperor Aurangzeb, Emperador Aurangzeb
emphasis, énfasis
emphasize, hablar con énfasis, acentuar, hacer hincapié, recalcar
emphatic, enfático(a)
empire, imperio
empire-builder, constructor de un imperio
empirical, empírico(a)
empirical probability, probabilidad empírica
empirical verification, comprobación empírica
employ, emplear, ocupar
employ, empleo, ocupación

employee, empleado(a)
employer, amo(a), dueño(a), patrón(a)
employment, empleo, ocupación, cargo
employment opportunity, oportunidad de empleo
to give employment to, colocar, emplear
emporium, emporio
empower, autorizar, dar poder, facultar, habilitar, capacitar
empowerment, empoderamiento
empress, emperatriz
emptiness, vacuidad, vacío, futilidad
empty[1], vacío(a), vano(a), ignorante
empty[2], vaciar, evacuar, verter
empty-handed, manivacío(a), con las manos vacías
empty-headed, vano(a), hueco(a), frívolo(a), tonto(a)
Ems telegram, Telegrama de Ems
emulate, emular, competir con, imitar
emulsify, emulsionar
emulsion, emulsión
enable, habilitar, permitir, poner en estado de
enact, establecer, decretar, efectuar, estatuir
enamel[1], esmalte
enamel[2], esmaltar
enamelware, vasijas esmaltadas
enamored, enamorado(a)
encampment, campamento
encase, encajar, encajonar, incluir
enchant, encantar
enchanting, encantador(a)
enchantment, encanto
enchantress, encantadora, mujer seductora
encircle, cercar, circular, circundar, circunvalar
enclose, cercar, circunvalar, circundar, incluir, encerrar
enclosure, cercamiento, cercado, caja, anexo
Enclosure Movement, Movimiento de cercamiento
encomienda system, sistema de encomienda
encompass, circundar, cercar, circuir
encore[1], bis, repetición, ¡bis! ¡otra vez! ¡que se repita!
encore[2], pedir que un actor repita lo que ha ejecutado
encounter[1], encuentro, duelo, pelea
encounter[2], encontrar
encounter[3], encontrarse
encourage, animar, alentar, envalentonar, dar aliento
encouragement, estímulo, aliento, animación
encouraging, alentador(a)
encroach, usurpar, avanzar gradualmente
encumber, embarazar, cargar, estorbar
encumbrance, impedimento, estorbo, carga
encyclopedia, enciclopedia
end[1], fin, final, extremidad, cabo, término, propósito, intento, punto
end product, producto final
no end, sinnúmero
to accomplish ones's end, salirse con la suya
to no end, en vano
end[2], matar, concluir, feneder, terminar
end[3], acabarse, terminar
endanger, poner en peligro, arriesgar
endangered, en peligro, en vías de extinción
endangered species, especies en vías de extinción
endear, hacer querer
endearment, terneza, encarecimiento, afecto
endeavor[1], esforzarse, intentar
endeavor[2], esfuerzo
ending, terminación, conclusión, cesación, muerte
ending consonant, consonante final
endless, infinito(a), perpetuo(a), sin fin
endnotes, notas al final, apostilla, pie de página
endocrine system, sistema endocrino
endocytosis, endocitosis
endoplasmic reticulum, retículo endoplasmático
endorse, endosar, apoyar, sancionar

endorsee, endosatario(a), cesionario(a)
endorsement, endorso, endoso, endose
endorser, cedente
endothermic, endotérmico(a)
endothermic reaction, reacción endotérmica
endow, dotar
endowment, dotación
endowment insurance, seguro dotal
endpoint, punto extremo
endurable, soportable
endurance, duración, paciencia, sufrimiento
endure[1], sufrir, soportar
endure[2], durar, conllevar, sufrir
endways, de punta, derecho, a lo largo
endwise, de punta, derecho, a lo largo
ENE, **E.N.E. (east-northeast),** ENE (este-nordeste)
enema, lavativa, enema
enemies of the state, enemigos del Estado
enemy, enemigo(a), antagonista
energetic, enérgico, vigoroso
energy, energía, fuerza
activation energy, energía de activación
energy consumption, consumo de energía
energy crisis, crisis energética
energy industry, industria energética
energy-poor region, región pobre en energía
energy pyramid, pirámide de energía
energy resources, fuentes de energía
energy source, fuente de energía
energy transfer, transferencia de energía
energy transformation, transformación de la energía
enervate, enervar, debilitar, quitar las fuerzas
enfeeble, debilitar, enervar
enfold, envolver, arrollar, rodear
enforce, compeler, hacer cumplir, poner en vigor, cumplir
enforcement, compulsión, coacción, fuerza, cumplimiento
enfranchise, franquear, conceder franquicia, naturalizar
engage[1], empeñar, obligar, contratar
engage[2], comprometerse
engaged, comprometido, prometido
engagement, noviazgo, compromiso, cita, contrato, combate
engaging, simpático, atractivo
Engel v. Vitale, caso Engel contra Vitale
engender, engendrar, procrear
engine, máquina, locomotora, instrumento
engine house, casa de máquinas
internal-combustion engine, motor de explosión, motor de combustión interna
engineer, ingeniero(a), maquinista
engineered, diseñado(a), ingeniado(a)
engineering, ingeniería
England, Inglaterra
English[1], inglés
English language, inglés
English[2], inglesa
English Bill of Rights, Declaración de derechos inglesa
English Channel, Canal de la Mancha
English civil war, Guerra Civil inglesa
English Common Law, Derecho anglosajón
English Parliament, Parlamento inglés
English Revolution, Revolución inglesa
English system of measurement, sistema anglosajón de unidades, sistema imperial
Englishman, inglés
Englishwoman, inglesa
engrave, grabar, esculpir, tallar
engraver, grabador(a)
engraving, grabado, estampa
engrossing, absorbente
engulf, engolfar, tragar, sumir
enhance, mejorar, realzar, elevar, intensificar
enigma, enigma

enigmatic, enigmático(a)
enjoin, ordenar, mandar, advertir, prohibir
enjoy, gozar, poseer, saborear, disfrutar de
enjoyable, agradable
enjoyment, goce, disfrute, placer, fruición, usufructo
enlarge[1], engrandecer, dilatar, extender, ampliar
enlarge[2], extenderse, dilatarse
enlarge upon, explayarse
enlargement, aumento, ampliación
enlighten, aclarar, iluminar, instruir
enlightened, ilustrado(a)
enlightened absolutism, absolutismo ilustrado
Enlightened Despot, déspota ilustrado
enlightenment, ilustración, aclaración
enlist[1], alistar, reclutar
enlist[2], inscribirse como recluta, engancharse
enlistment, alistamiento
enliven, animar, avivar, alegrar
enmity, enemistad, odio
ennoble, ennoblecer
enormity, enormidad, atrocidad
enormous, enorme
enough[1], bastante, suficiente
enough[2], suficientemente
enough[3], suficiencia
enough!, ¡basta! ¡suficiente! ¡ya!
enquire, interrogación, pregunta, investigación, pesquisa
enrage, enfurecer, irritar
enraged, colérico(a), sañoso(a)
enrapture, arrebatar, entusiasmar, encantar
enrich, enriquecer, adornar
enroll, registrar, inscribir, arrollar
enrollment, inscripción, matriculación
ensemble, conjunto, traje de mujer compuesto de más de una pieza
enshrine, guardar como reliquia, estimar como cosa sagrada
ensign, bandera, enseña, naval
naval ensign, alférez, subteniente
enslave, esclavizar, cautivar
ensue, seguirse, suceder
ensure, asegurar
entail[1], vínculo, mayorazgo
entail[2], vincular, ocasionar
entangle, enmarañar, embrollar
enter[1], entrar, meter, admitir, registrar, penetrar
enter[2], entrar, empeñarse en algo, emprender, aventurar
enteritis, enteritis
enterprise, empresa
enterprising, emprendedor(a)
entertain, entretener, obsequiar, agasajar, divertir
entertainer, festejador(a), persona que divierte a otra, cantante, bailarín, que entretiene en una fiesta
entertaining, divertido(a), chistoso(a)
entertainment, festejo, diversión, entretenimiento, pasatiempo
entertainment industry, industria del entretenimiento
enthalpy, entalpía
enthrone, entronizar
enthusiasm, entusiasmo
enthusiast, entusiasta
enthusiastic, entusiasmado(a), entusiasta
entice, halagar, acariciar, excitar, inducir
enticing, atractivo(a), incitante
entire, entero(a), cumplido(a), completo(a), perfecto(a), todo(a)
entirety, entereza, integridad, totalidad, todo
entitle, intitular, conferir algún derecho, autorizar
entity, entidad, existencia
entrails, entrañas, tripa
entrance, entrada, admisión, principio, boca, ingreso
entrance, extasiar
entreat, rogar, suplicar
entreaty, petición, súplica, instancia
entree (entrée), principio, entrada, plato principal
entrench, atrincherar
entrench on, usurpar
entrepreneur, empresario
entrepreneurial spirit, espíritu emprendedor

entrepreneurship, proceso emprendedor
entropy, entropía
entrust, confiar
entry, entrada, partida
entwine, entrelazar, enroscar, torcer
enumerate, enumerar, numerar
enumerated powers, poderes enumerados
enumeration, enumeración
enunciate, enunciar, declarar
enunciation, enunciación
envelop, envolver, cubrir
envelope, sobre, cubierta
enviable, envidiable
envious, envidioso(a)
environment, medio ambiente
environmental, ambiental
 environmental change, cambio ambiental, cambios en el medio ambiente
 environmental conditions, condiciones ambientales
 environmental degradation, degradación ambiental
 environmental determinism, determinismo ambiental
 Environmental Protection Act, Ley de protección ambiental
 environmental protection movement, movimiento de protección ambiental
environmentalism, ambientalismo
environs, vecindad, alrededores, contornos
envoy, enviado(a), mensajero(a)
envy[1], envidia, malicia
envy[2], envidiar
enzyme, enzima
epaulet, charretera
epic[1], épico(a)
epic[2], epopeya, poema épico
 Epic of Gilgamesh, Poema de Gilgamesh
epicenter, epicentro
epicure, gastrónomo(a)
epicurean, epicúreo(a)
epidemic[1], epidémico(a)
 epidemic disease, enfermedad epidémica
epidemic[2], epidemia
epidermis, epidermis
epigram, epigrama
epilepsy, epilepsia
epileptic, epiléptico(a)
epilogue, epílogo
Episcopalian, episcopal
episode, episodio
epistle, epístola
epitaph, epitafio
epithet, epíteto
epitome, epítome, compendio, sinopsis
epoch, época, edad, era
equable, uniforme, parejo(a), tranquilo(a)
equal[1], igual, justo(a), semejante, imparcial
 equal chance, igual suerte
 equal justice for all, justicia igualitaria para todos
 equal opportunity, igualdad de oportunidades
 equal pay for equal work, a trabajo igual salario igual
 equal protection clause, cláusula sobre protección igualitaria
 equal protection of the laws, protección igualitaria de las leyes
 equal ratios, razones equivalentes
 equal rights, igualdad de derechos
 Equal Rights Amendment, enmienda sobre igualdad de derechos
 equal rights under the law, igualdad de derechos bajo la ley
equal[2], par, cantidad igual, persona igual
 equal to, ser igual a
equal[3], igualar, compensar
equality, igualdad, uniformidad
equalize, igualar
equally, igualmente
 equally likely, posiblemente igual
 equally spaced points, puntos igualmente espaciados
equanimity, ecuanimidad
equate, identificar, comparar
equation, equilibrio, ecuación
 equation of a line, ecuación de la recta
 equation systems,

sistemas de ecuaciones
equator, ecuador
equatorial, ecuatorial
equestrian[1], ecuestre
equestrian[2], jinete
equiangular, equiangular
equiangular triangle, triángulo equiangular
equidistance, equidistante
equidistant, equidistante
equilateral, equilátero
equilateral triangle, triángulo equilátero
equilibrium, equilibrio
equinox, equinoccio
equip, equipar, pertrechar, aprestar
equipment, equipo, avíos
equitable, equitativo, imparcial
equity, equidad, justicia, imparcialidad
equivalence, equivalencia
equivalent, equivalente
equivalent equations, ecuaciones equivalentes
equivalent forms, formas equivalentes
equivalent forms of equations, formas equivalentes de ecuaciones
equivalent forms of inequalities, formas equivalentes de inecuaciones
equivalent fractions, fracciones equivalentes
equivalent ratios, razones equivalentes
equivalent representation, equivalencia de representaciones
equivocal, equívoco(a), ambiguo(a)
equivocate, equivocar, usar equívocos
era, edad, época, era
eradicate, erradicar, desarraigar, extirpar
eradication, erradicación
eradicator, erradicador(a)
erase, borrar, cancelar, rayar, tachar
eraser, goma de borrar, borrador
erasure, borradura
ere, antes que
erect[1], erigir, establecer
erect[2], derecho(a), ergido(a)
erection, erección, estructura, construcción
erelong, dentro de poco
Eric the Red, Eric el Rojo
Erie Canal, Canal de Erie
ermine, armiño
erode, roer, corroer, comer, gastarse
erosion, erosión
agents of erosion, agentes de erosión
erosion agent, agente de erosión
erosion resistance, resistencia a la erosión
err, equivocarse, errar, desviarse
errand, recado, mensaje, encargo
errand boy, mensajero, mandadero
erratic, errático(a), errante, irregular, excéntrico(a)
erroneous, erróneo(a), falso(a)
error, error, yerro, equivocación
erstwhile, antiguamente, en tiempos pasados
erudite, erudito(a)
erudition, erudición
erupt, hacer erupción
eruption, erupción, sarpullido
escalator, escalera mecánica
escalator clause, cláusula que permite fluctuaciones en los salarios
escallop, venera, pechina, festonear
escapade, fuga, escapada, travesura, calaverada
escape[1], evitar, escapar
escape[2], evadirse, salvarse
to escape from danger, salvarse
escape[3], escapada, huida, fuga, inadvertencia, salvamento
escape capsule, cápsula de escape, cápsula de emergencia
to have a narrow escape, salvarse en una tablita
escape literature, escapismo, literatura huidiza que trata de escapar de la realidad
escaped slave, esclavo fugitivo
escapism, escapismo, estilo literario mediante el cual se trata de escapar o huir de la realidad
escapist, soñador(a), fantaseador(a)
escort[1], escolta, acompañante
escort[2], escoltar, acompañar
Eskimo, esquimal

esophagus, esófago
esoteric, esotérico(a)
especial, especial, excepcional
especially, particularmente, sobre todo, ante todo
espionage, espionaje
espouse, desposar
esquire, señor, noble inglés
essay[1], ensayar, intentar, probar
essay[2], ensayo literario, tentativa
essence, esencia, perfume, quid, médula
essential[1], esencial, sustancial, principal, imprescindible, vital
essential[2], lo esencial
E.S.T. (Eastern Standard Time), hora normal de la región oriental de E.U.A.
establish, establecer, estatuir, fundar, fijar, confirmar
 to establish oneself, radicarse, establecerse
established religion, religión oficial
establishment, establecimiento, fundación, institución
 establishment clause, cláusula de establecimiento del Estado laico
estate, estado, patrimonio, hacienda, bienes
 estate tax, impuesto sobre la herencia
Estates-General, Estados Generales
esteem[1], estimar, apreciar
esteem[2], estima, consideración
esteemed, estimado(a), considerado(a)
esthetic, estético(a)
esthetics, estética
estimate[1], estimar, apreciar, tasar
 estimate answer, estimar una respuesta
estimate[2], presupuesto, cálculo, calcular aproximadamente
estimation, estimación, cálculo, opinión, juicio, cálculo aproximado
 estimation of fractions, cálculo de fracciones
 estimation of height, cálculo de la altura
 estimation of length, cálculo de la longitud
 estimation of width, cálculo del ancho
estrange, apartar, enajenar, malquistar
estuary, estuario, estero, desembocadura de lago o río
etch, grabar al agua fuerte
etcher, acuafortista
etching, aguafuerte, grabado al agua fuerte
eternal, eterno(a), perpetuo(a), inmortal
eternity, eternidad
ether, éter
ethereal, etéreo(a), vaporoso(a)
ethical, ético(a)
 ethical belief, creencia ética
 ethical dilemma, dilema ético
 ethical systems, sistemas éticos
ethically, moralmente
ethics, ética, moralidad
 ethics in science, ética en la ciencia
Ethiopia, Etiopía
Ethiopian, etíope
 Ethiopian art, arte etiope
 Ethiopian rock churches, iglesias etíopes talladas en piedra
ethnic, étnico
 ethnic art, arte étnico
 ethnic cleansing, limpieza étnica
 ethnic composition, composición étnica
 ethnic conflict, conflicto étnico
 ethnic diversity, diversidad étnica
 ethnic elitism, elitismo étnico
 ethnic enclave, enclave étnico
 ethnic group, grupo étnico
 ethnic identity, identidad étnica
 ethnic minority, minoría étnica
 ethnic origin, origen étnico
 ethnic tradition, tradición étnica
ethnicity , etnicidad

ethnocentrism, etnocentrismo
ethnographer, etnógrafo(a)
ethnologist, etnólogo(a)
ethyl, etilo
etiquette, etiqueta
etymology, etimología
E.U. (European Union), Unión Europea
eucalyptus, eucalipto
Eucharist, Eucaristía
eucharistic, eucarístico(a)
Euclidean geometry, geometría euclidiana
Euclidean parallel postulate, postulado paralelo euclidiano
eugenics, eugenesia
eukaryote, eucariota
eulogize, elogiar
eulogy, elogio, encomio, alabanza
euphonious, eufónico(a)
Eurasia, Eurasia
  Eurasian empire, Imperio euroasiático
  Eurasian society, sociedad euroasiática
Eurocentric, eurocéntrico
Europe, Europa
European, europeo(a)
  European colonial rule, régimen colonial europeo
  European colonialism, colonialismo europeo
  European colonization, colonización europea
  European conquest, conquista europea
  European country, país europeo
  European Crusades, Cruzadas europeas
  European Economic Community, Comunidad Económica Europea
  European explorer, explorador europeo
  European imperialism, imperialismo europeo
  European Jew, judío europeo
  European land hunger, hambre de tierra en Europa
  European manorial system, sistema señorial europeo
  European monarchy, monarquía europea
  European opium trade, tráfico de opio en Europa
  European resistance movement, movimiento de resistencia europeo
  European settler, colono europeo
  European Theater, Teatro europeo
  European Union, Unión Europea
euthanasia, eutanasia
eutrophication, eutrofización
evacuate, evacuar
evacuation, evacuación
  evaluation of science process, evaluación de procesos científicos
  evacuation route, ruta de evacuación
evacuee, evacuado(a), persona desalojada de una plaza militar
evade, evadir, escapar, evitar
evaluate, evaluar
evaluation, evaluación, valuación
evanescent, fugitivo(a), imperceptible
evangelical, evangélico(a)
  evangelical argument, argumento evangélico
  evangelical movement, movimiento evangélico
evangelist, evangelista
evaporate[1], evaporar, vaporizar
evaporate[2], evaporarse, disiparse
  evaporated milk, leche evaporada
evaporation, evaporación
evasion, evasión, escape, refugio, tergiversación
evasive, evasivo, sofístico
eve, tardecita, vigilia, víspera
  Christmas eve, Nochebuena
even[1], llano(a), igual, par, semejante
  even integer, entero par
  even number, número par
even[2], aun, supuesto que, no obstante
  even as, como
  even now, aun ahora, ahora mismo
  even so, aun así
  even or odd, pares o nones

even though, aun cuando
not even, ni siquiera
even[3], igualar, allanar
evening[1], vespertino
evening clothes, traje de etiqueta
evening[2], tarde, noche
evenly distributed, uniformemente distribuido
evenness, igualdad, uniformidad
event, evento, acontecimiento, circunstancia, caso, ocurrencia, suceso
event likelihood, probabilidad de un evento
in any event, en todo caso
eventful, lleno de acontecimientos, memorable
eventual, eventual, fortuito(a)
eventualy, eventualmente, finalmente, con el tiempo
ever, siempre
for ever and ever, por siempre jamás, eternamente
ever since, desde que
evergreen, siempre verde
evergreen, siempreviva
everlasting[1], eterno(a)
everlasting[2], eternidad
evermore, eternamente, para siempre jamás
every, todo(a), cada
every day, todos los días
every time, cada vez
everybody, cada uno, cada una, todo el mundo
everyday, ordinario(a), rutinario(a), de todos los días
everyday language, lenguaje cotidiano
everyone, cada cual, cada uno(a)
everything, todo
everywhere, en todas partes, por todas partes, por doquier
evict, despojar jurídicamente, desalojar, expulsar
eviction, evicción, expulsión, despojo jurídico
evidence[1], evidencia, testimonio, prueba
evidence from sedimentary rock, evidencia a partir de una roca sedimentaria
evidence[2], evidenciar
evident, evidente, patente, manifiesto, indudable
evil[1], malo(a), depravado(a), pernicioso(a), dañoso(a)
evil empire, imperio del mal
evil[2], maldad, daño, calamidad, mal
evil-minded, malicioso(a), malintencionado(a)
evildoer, malhechor(a)
evince, probar, justificar, demostrar
evoke, evocar
evolution, evolución, desarrollo
evolve, desenvolver, desplegarse, emitir
ewe, oveja
ex post facto law, Ley ex post facto (efecto retroactivo)
exact[1], exacto(a), puntual, riguroso(a), cuidadoso(a)
exact[2], exigir
exacting, severo(a), exigente
exactness, exactitud
exactitude, exactitud
exaggerate, exagerar, extremar
exaggeration, exageración
exalt, exaltar, elevar, alabar, realzar, enaltecer
exalted, sublime
examination, examen
medical examination, reconocimiento médico
examine, examinar, escudriñar, ver, revisar
examiner, examinador(a), comprobador(a)
examining, revisor(a), examinador(a)
example, ejemplo
to set an example, dar el ejemplo
exasperate, exasperar, irritar, enojar, provocar, agravar, amargar
exasperation, exasperación, irritación
excavate, excavar, cavar, ahondar
excavation, excavación, cavidad
exceed[1], exceder, sobrepujar, rebasar
exceed[2], excederse
exceeding, excesivo(a)
exceedingly, extremadamente, en sumo grado, sobremanera, excesivamente
excel, sobresalir, exceder, desco-

llar, superar
excellence, excelencia
excellent, excelente, sobresaliente
excelsior, trizas rizadas de madera para entapizar, empacar, etcétera
excenter, excéntrico
except[1], exceptuar, excluir, sacar
except[2], recusar
excepting, menos, salvo, excepto, a excepción de
exception, excepción, exclusión
exceptional, excepcional
excerpt[1], extraer, extractar
excerpt[2], extracto
excess, exceso, intemperancia, desmesura, sobra
excess baggage, exceso de equipaje
excessive, excesivo(a)
exchange[1], cambiar, trocar, permutar
exchange[2], cambio, intercambio, bolsa, lonja,
exchange of fauna, intercambio de fauna
exchange of flora, intercambio de flora
exchange office, casa de cambio
exchange rate, tasa de cambio
bill of exchange, letra de cambio, cédula de cambio
domestic exchange, cambio interior
foreign exchange, cambio exterior o cambio extranjero
in exchange for, a cambio de
rate of exchange, tipo de cambio
stock exchange, bolsa
telephone exchange, central telefónica
excise, sisa, impuesto
excitable, excitable, nervioso(a)
excite, excitar, estimular, agitar
excise tax, impuesto al consumo
excitement, estímulo, agitación, excitación, conmoción
exciting, excitante, conmovedor
exclaim[1], exclamar
exclaim[2], proferir
exclamation, exclamación, clamor
exclamation mark, punto de admiración, signo de admiración, signo de exclamación
exclamation point, punto de admiración
exclamatory, exclamatorio(a), exclamativo(a)
exclusionary rule, regla de exclusión
exclude, excluir, exceptuar
exclusion, exclusión, exclusiva, excepción
exclusive, exclusivo(a)
excommunicate, excomulgar, descomulgar
excrement, excremento
excrete, excretar
excretion, excremento, excreción
excretory system, sistema excretor
excruciating, atroz, enorme, grave, muy agudo(a)
excursion, excursión, expedición, digresión, romería, correría
excusable, excusable, perdonable
excuse[1], excusar, perdonar
excuse[2], excusa
execute, ejecutar, ajusticiar, llevar a cabo, cumplir
execution, ejecución
executioner, ejecutor(a), verdugo(a)
executive, ejecutivo(a)
executive branch, poder ejecutivo
executive power, poder ejecutivo
executor, testamentario(a), albacea
exemplary, ejemplar
exemplify, ejemplificar
exempt[1], exento(a), libre por privilegio
exempt[2], eximir, exentar
exemption, exención, franquicia
exercise[1], ejercicio, ensayo, tarea, práctica
exercise[2], hacer ejercicio
exercise[3], ejercitar, atarear, practicar, profesar
exert, ejercer
to exert oneself, esforzarse
exertion, esfuerzo
exhalation, exhalación, vapor
exhale, exhalar
exhaust[1], cámara de escape, escape
exhaust fan, expulsor de aire

exhaust pipe, tubo de salida de gases
exhaust², agotar, consumir
exhausting, enervante, agotador(a)
exhaustion, agotamiento, extenuación
exhaustive, agotador(a), completo(a), minucioso(a)
exhibit¹, exhibir, mostrar
exhibit², memorial, exposición
exhibition, exhibición, presentación, exposición, espectáculo
exhibitionism, exhibicionismo
exhibitor, expositor(a)
exhilarate, alegrar, causar alegría
exhilaration, alegría, buen humor, regocijo
exhort, exhortar, excitar
exhortation, exhortación
exhume, exhumar, desenterrar
exigency, exigencia, necesidad, urgencia
exile¹, destierro, exilio, desterrado(a), exiliado(a)
exile², desterrar, exiliar
exist, existir
existence, existencia
existent, existente
existentialism, existencialismo
existing, actual, presente, existente
exit, partida, salida
exocytosis, exocitosis
exodus, éxodo, salida
exonerate, exonerar, disculpar
exorbitant, exorbitante, excesivo(a)
exoskeleton, dermatoesqueleto
exosphere, exósfera
exothermic, exotérmico(a)
exothermic reaction, reacción exotérmica
exotic¹, exótico(a), extranjero(a)
exotic², cosa exótica (como una planta o una palabra)
expand, extender, dilatar, expandir
expanded form, notación desarrollada
expanded notation, notación ampliada
expanse, extensión de lugar
expansion, expansión, desarrollo
expansionism, expansionismo
expansionist foreign policy, política exterior expansionista
expansive, expansivo(a)
expatriation, expatriación, extrañación
expect, esperar, aguardar
expected value, valor esperado
expected rate of inflation, tasa prevista de inflación
expectant, expectante, que espera, preñada, encinta, embarazada
expectant mother, mujer embarazada o encinta
expectation, expectativa, esperanza
expediency, conveniencia, oportunidad
expedient¹, oportuno(a), conveniente
expedient², expediente, medio
expedite, acelerar, expedir
expedition, expedición, excursión, cruzada, campaña
expeditionary, expedicionario(a)
expel, expeler, expulsar, desterrar
expend, expender, desembolsar
expendable, sacrificable, no indispensable
expenditure, gasto, desembolso
expense, gasto
expensive, caro(a), costoso(a)
experience¹, experiencia, práctica
experience², experimentar, saber
experienced, experimentado(a), versado(a), perito(a)
experiment¹, experimento, prueba
experiment², experimentar, hacer a prueba
experimental, experimental
experimental confirmation, confirmación experimental
experimental control, control experimental
experimental design, diseño experimental
experimental probability, probabilidad experimental
expert¹, experto(a), práctico(a), diestro(a), perito(a)
expert², maestro(a), conocedor(a), perito(a)
expert in, conocedor(a) de
expiate, expiar, reparar un daño
expiration, expiración, muerte, vapor, vaho, vencimiento
expire, expirar, morir, vencerse
explain, explicar
explanation, explicación, aclaración
explanatory, explicativo(a)

explicit, explícito(a)
explicit notation, notación explícita
explode, disparar con estallido, volar, estallar, refutar, explotar
exploit[1], hazaña, proeza, hecho heroico
axploit[2], explotar, aprovecharse
exploitation, explotación
exploration, exploración, examen
explore, explorar, examinar, sondear
explorer, explorador(a)
explosion, explosión
explosive[1], explosivo(a), fulminante
explosive[2], explosivo(a), detonante
exponent, exponente
exponential, exponencial
exponential decay, decrecimiento exponencial
exponential form, forma exponencial
exponential function, función exponencial
exponential growth, crecimiento exponencial
exponential notation, notación exponencial
export[1], exportar
export[2], exportación
export commerce, comercio de exportación
export house, casa exportadora
exportation, exportación
exporter, exportador(a)
exporting firm, compañía de exportación
expose, exponer, mostrar, descubrir, poner en peligro
exposé, desenmascaramiento
exposition, exposición, exhibición
expository writing, texto expositivo, escritura expositiva
expostulate, debatir seriamente
expostulation, debate, disputa, protesta, reconvención
exposure, exposición
expound, exponer, explicar, interpretar
express[1], expresar, exteriorizar, representar
express in simplest radical form, expresar en forma radical simple
express in terms of, expresar en términos de
express[2], expreso, claro, a propósito
express car, furgón, furgón del expreso, vagón expreso
express company, compañía de porteo
express train, tren rápido o expreso
express[3], expreso, correo expreso
expressed, expresado(a)
expressed powers, poderes expresados
expression, expresión, locución, animación del rostro
Expressionism, expresionismo
expressionless, sin expresión
expressive, expresivo
expressly, expresamente
expressman, empleado de empresa de trasporte rápido
expropriate, expropiar, confiscar
expropriation, expropiación
expulsion, expulsión
expurgate, expurgar
exquisite, exquisito(a), perfecto(a), excelente
extemporaneous, improviso, al improviso, a la improvista
extemporary, improviso
extemporize, improvisar
extend[1], extender, amplificar
extend a pattern, extender un patrón, continuar un patrón
extend indefinitely, extender indefinidamente
to extend (time), prorrogar (un plazo)
extend[2], extenderse, cundir
extended, prolongado(a), extendido(a)
extended fact, operación extendida de números elementales
extended family, familia extensa
extension, extensión, prórroga
extensive, extenso(a), amplio(a), general
extensive properties, propiedades extensivas
extent, extensión, grado
to such an extent, a tal grado
extenuate, extenuar, disminuir, atenuar

exterior, exterior
exterior angle, ángulo exterior
exterminate, exterminar, extirpar
exterminator, exterminador
external, externo(a), exterior
external bisector, bisector externo
external conflict, conflicto externo
external cue, indicador externo
external feature, característica externa
externalities, externalidades, efectos externos
extinct, extinto(a), abolido(a)
extinction, extinción, abolición
extinguish, extinguir, suprimir
extinguisher, apagador(a), extinguidor(a)
fire extinguisher, apagador de incendios
extol, alabar, magnificar, exaltar
extort, sacar por fuerza, adquirir por violencia, arrebatar
extortion, extorsión
extra[1], extraordinario(a), adicional, de reserva, de repuesto
extra[2], suplemento extraordinario de un periódico, algo de calidad extraordinaria, actor de cine que desempeña papeles insignificantes
extra mileage, más millas por unidad de combustible
extract[1], extraer, extractar
extract a root, extraer una raíz
extract[2], extracto, compendio
extraction, extracción, descendencia
extractive economies, economías de extracción
extractive mining, minas de extracción
extracurricular, que no forma parte de un plan de estudios
extradition, extradición
extraneous root, raíz extrínseca
extraordinary, extraordinario(a)
extrapolate, extrapolar
extrasensory, extrasensorial
extravagance, extravagancia, derroche, profusión de lujo
extravagant, extravagante, singular, exorbitante, excesivo(a), pródigo(a), gastador(a), derrochador(a)
extreme[1], extremo(a), supremo(a), último(a)
extreme value, valor extremo
extreme[2], extremo(a)
to go to extremes, tomar medidas extremas
extremist, extremista, radical
extremity, extremidad
extremum, extremo
extricate, sacar, desenredar
extrovert, extrovertido(a)
exuberance, exuberancia
exuberant, exuberante, abundantísimo
exuberantly, abundantemente
exude, exudar, traspirar
exult, regocijarse, alegrarse de un triunfo
exultant, regocijado(a), triunfante, victorioso(a)
exultation, exultación, regocijo
eye[1], ojo, vista, yema, botón
in the twinlking of an eye, en un abrir y cerrar de ojos
eye socket, cuenca del ojo
eye[2], ojear, contemplar, observar
eyeball, globo del ojo
eyebrow, ceja
eyeful, completa visión de algo, muchacha atractiva
eyeglasses, anteojos, lentes
eyelash, pestaña
eyeless, sin ojos, ciego
eyelet, ojete
eyelid, párpado
eyeshade, visera, guardavista
eyesight, vista, potencia visiva
eyesore, adefesio, cosa ofensiva a la vista
eyestrain, cansancio o tensión de los ojos
eyetooth, colmillo
eyewash, colirio, loción para los ojos, lisonja hipócrita
eyewitness, testigo ocular
eyewitness account, testimonio del testigo presencia

F. (Fellow), miembro de una sociedad científica o académica
F. (Fahrenheit), Fahrenheit
F. (Friday), viernes
fable, fábula, ficción
fabled, celebrado(a) o puesto(a) en fábulas
fabric, tejido, tela
fabricate, fabricar, edificar, inventar
fabulous, fabuloso(a)
facade, fachada, frontispicio de un edificio
face[1], cara, faz, superficie, fachada, rostro, frente, aspecto, apariencia, atrevimiento, esfera
face down, boca abajo
face to face, cara a cara
face up, boca arriba
face value, valor nominal o aparente
to lose face, sufrir pérdida de prestigio
to make faces, hacer gestos o muecas
faces of a shape, caras de una forma
face[2], encararse, hacer frente
to face about, dar media vuelta
to face the street, dar a la calle
facet, faceta
facetious, chistoso(a), jocoso(a), gracioso(a)
facial, facial
facile, fácil, afable, complaciente
facilitate, facilitar
facilitator, facilitador(a)
facility, facilidad, ligereza, afabilidad, destreza
facing, paramento, cara, guarnición, forro
facsimile, facsímil
facsimile transmission service, servicio de transmisión de facsímil
fact, hecho, realidad
fact family, operaciones con números elementales relacionados (familias)
in fact, en efecto, verdaderamente
matter of fact, hecho positivo o cierto
faction, facción, disensión
factious, faccioso(a)
factitious, facticio(a), artificial
factor, factor, agente, factor
factor a polynomial, calcular los factores
factor completely, factorizar completamente
factor of a polynomial, factor de un polinomio
factor tree, árbol de factores
factorial, factorial
factorial notation, notación factorial
factoring, la descomposición en factores, el factoreo
factorization, factorización
factorization method, método de factorización
factory, fábrica, taller, factoría
factual, actual, relacionado(a) a hechos
faculty, facultad, poder, privilegio, profesorado
fad, fruslería, niñería, boga, novedad
fade, desteñirse, decaer, marchitarse
fade-out, desaparecimiento gradual
fag[1], cansar, fatigar, hacer trabajar como a un esclavo
fag[2], trabajar hasta agotarse
fag end, cadillos, retazo
fagot, liar, hacer líos o haces, recoger, recaudar
Fahrenheit (°F), grado Fahrenheit (°F)
fail[1], abandonar, descuidar, faltar, decepcionar
fail[2], fallar, fracasar, menguar, debilitarse, perecer
without fail, sin falta
failing, falta, defecto
failure, falta, culpa, quiebra, bancarrota, fiasco
to be a failure, quedar o salir deslucido, ser un fracaso
faint[1], desmayarse
faint[2], desmayo
faint[3], tímido(a), lánguido(a), fatigoso(a), desfallecido(a), borroso(a), sin claridad
faint-hearted, cobarde, medroso, pusilánime

faint-heartedly, medrosamente, cobardemente
faintness, languidez, flaqueza, timidez
fair[1], recto(a), justo(a), franco(a)
fair ball, pelota que cae dentro de los límites permitidos en el juego
fair chance, probabilidad alta
fair deal, trato justo
fair employment practice, prácticas de empleo justo
fair-minded, razonable, imparcial
fair notice of a hearing, notificación razonable de una audiencia
fair number cube, cubo número justo
fair share, porción debida
fair-trade, relativo(a) al comercio equitativo
fair trial, juicio imparcial
fair weather, bonanza, buen tiempo
fair[2], hermoso(a), bello(a), blanco(a), rubio(a), claro(a), sereno(a), favorable
fair-haired, de cabellos rubios
fair[3], feria, exposición
fairly, positivamente, favorablemente, justamente, honradamente, claramente, bastante, tolerablemente
fairly well, bastante bien
fairness, hermosura, honradez, justicia
fair-trade agreement, convenio de reciprocidad comercial
fairway, paso libre o despejado, pista
fairy[1], hada, duende
fairy[2], de hadas, relativo a las hadas
fairy tale, cuento de hadas
fairyland, tierra de las hadas, sitio maravilloso, lugar encantador
faith, fe, fidelidad, sinceridad, fervor
faithful, fiel, leal
faithfully, fielmente
faithless, infiel, pérfido(a), desleal
fake[1], aduja, imitación fraudulenta
fake[2], falso(a), fraudulento(a)
fake[3], engañar, imitar
faker, farsante
falcon, halcón
fall[1], caer, caerse, perder el poder, disminuir, decrecer en precio
fall asleep, dormirse
fall back, recular
fall back again, recaer
fall due, cumplir, vencer
fall headlong, caer de bruces
fall in love, enamorarse
fall line, línea de cascadas
fall line of the Appalachians, línea de cascadas de los montes Apalaches
fall off, menguar, disminuir, caerse
fall out, reñir, disputar
fall short, no corresponder a lo esperado
fall sick, enfermar
fall upon, atacar, asaltar
fall[2], caída, declive, catarata, otoño
fall in prices, baja
fallacious, falaz, fraudulento(a), delusorio(a)
fallacy, falacia, sofistería, engaño
fallen, caído(a), arruinado(a)
falling action, acción decreciente
fallout, lluvia nuclear, radiactividad atmosférica
fallow[1], sin cultivar
fallowdeer, corzo(a)
fallow[2], barbecho, tierra que se deja sin cultivar por un tiempo
fallow[3], barbechar
false, falso(a), pérfido(a), postizo(a), supuesto(a)
false analogy, analogía falsa
false bottom, fondo doble
false colors, bandera falsa
false dilemma, dilema falso
false teeth, dientes postizos
falsehood, falsedad, perfidia, mentira
falsetto, falsete
falsetto voice, falsete
falsification, falsificación
falsify, falsificar
falter, tartamudear, vacilar, titubear
faltering, balbuciente, titubeante
fame, fama, renombre
famed, celebrado(a), famoso(a)
familiar, familiar, casero(a), conocido(a)
familiar with, acostumbrado(a) a, versado(a) en, conocedor(a) de
familiarity, familiaridad
familiarize, familiarizar

family, familia, linaje, clase, especie
family alliance, alianza de familias
family assistance program, programa de asistencia familiar
family farm, explotación agrícola de carácter familiar
family name, apellido
family role, rol familiar
familiy tree, árbol genealógico
famine, hambre, carestía, hambruna
famish, hambrear
famous, famoso(a), afamado(a), célebre
fan[1], abanico, aventador, ventilador, aficionado(a)
fan[2], abanicar, aventar, soplar
fanatic, fanático(a), mojigato(a)
fancied, imaginario(a)
fancier, aficionado(a)
fanciful, imaginativo(a), caprichoso(a), fantástico(a)
fancifully, caprichosamente
fancy[1], fantasía, imaginación, imaginativa, capricho
fancy goods, novedades, modas
foolish fancy, quimera
fancy[2], imaginar, gustar de, suponer
fancywork, labores manuales, trabajo de costura
falsification, falsificación
fang, colmillo, garra, uña, raíz de un diente
fantastic, fantástico(a), caprichoso(a)
fantasy, fantasía
far[1], lejos, a una gran distancia
far be it from me!, ¡ni lo permita Dios!
far[2], lejano(a), distante, remoto(a)
far off, lejano(a), distante
Far West, Lejano oeste
faraway, lejano(a), abstraído(a)
farce, farsa
fare[1], alimento, comida, viajero(a), pasaje, tarifa
fare[2], viajar
to fare well (or ill), irle a uno bien (o mal)
farewell, despedida
farewell!, ¡adiós! ¡que le vaya bien!
farfetched, forzado(a), traído(a) de los cabellos
far-flung, extendido(a), de gran alcance
farm[1], tierra arrendada, alquería, hacienda, granja
farm[2], arrendar, tomar en arriendo, cultivar
farming methods, métodos de explotación agrícola
farm labor movement, movimiento de trabajadores agrícolas
farmer, labrador(a), hacendado(a), agricultor(a)
small farmer, estanciero(a), ranchero(a)
farmhand, peón de granja
farmhouse, hacienda, cortijo
farming, agricultura, cultivo
farmland, tierras de labranza
farmyard, corral
far-off, remoto(a), distante
far-reaching, de gran alcance, trascendental
farseeing, perspicaz, previsor(a), precavido(a)
farsighted, présbite(a), precavido, astuto, sagaz, agudo
farther[1], más lejos, más adelante
farther[2], más remoto(a), ulterior
farthermost, que está a mayor distancia
farthest[1], más distante, más remoto(a), más largo(a), más extendido(a)
farthest[2], a la mayor distancia
fascinate, fascinar, encantar
fascinating, fascinador(a), seductor(a)
fascination, fascinación, encanto
fascism, fascismo
fascist, fascista
fascist aggression, agresión fascista
fascist regime, régimen fascista
fashion[1], forma, figura, moda, estilo, uso, costumbre, condición, guisa
latest fashion, última moda
fashion[2], formar, amoldar, confeccionar
fashionable, hecho(a) a la moda, en boga, de moda, elegante
the fashionable world, el gran mundo
fashionably, según la moda, de acuerdo con la última moda
fast[1], rápido(a), veloz, pronto(a), de prisa, adelantado
fast clock, reloj adelantado

fast food, comida rápida
fast-food restaurant, restaurante de comida rápida
fast[2], firme, estable, disipado(a), disoluto(a)
fast[3], ayunar, ayuno
fast day, día de ayuno
fasten[1], afirmar, asegurar, atar, fiar
fasten[2], fijarse
fastener, broche, cierre, cremallera
fastening, atadura, ligazón, nudo
fastidious, delicado(a), melindroso(a), desdeñoso(a)
fasting, ayuno
fastness, prontitud, ligereza, firmeza, fortaleza
fat[1], gordo, pingüe
to get fat, echar carnes, engordar
fat[2], gordo, gordura, grasa, manteca, sebo
fatal, fatal, funesto(a)
fatalist, fatalista
fatality, fatalidad, predestinación, muerte por accidente
fate, hado, destino, fatalidad, sino, suerte
fateful, fatídico(a), ominoso(a), funesto(a)
father, padre
father of modern Egypt, padre del Egipto moderno
father-in-law, suegro
fatherland, patria
fatherless, huérfano(a) de padre
fatherly, paternal
fathom[1], braza
fathom[2], sondar, penetrar
to fathom a mystery, desentrañar un misterio
fathomless, insondable
fatigue[1], fatiga, cansancio
fatigue[2], fatigar, cansar, rendirse
fatness, gordura
fatten[1], cebar, engordar
fatten[2], engrosarse, engordarse
fatty, grasoso(a), untoso(a), craso(a), pingüe
fatuous, fatuo(a), vanidoso(a)
faucet, grifo
water faucet, toma, llave, caño de agua
fault, falta, culpa, delito, defecto
to find fault, tachar, criticar, poner faltas
faultfinder, criticón (criticona), censurador(a)
faultfinding, caviloso(a), criticón (criticona)
faulting, falla
faultless, perfecto(a), cumplido(a), sin tacha
faulty, culpable, defectuoso(a)
faulty reasoning, razonamiento equivocado
faun, fauno
fauna, fauna
faux pas, paso en falso, metida de pata
favor[1], favor, beneficio, gracia, patrocinio
in favor of, a favor de
in his favor, en su provecho
your favor, su apreciable, su grata
favor[2], favorecer, proteger, apoyar
favorable, favorable, propicio(a), provechoso(a)
favorable outcome, resultado favorable
favorably, favorablemente
favorite, favorito(a), favorecido(a)
favoritism, favoritismo
fawn[1], cervato
fawn[2], parir la cierva, adular servilmente
FBI (Federal Bureau of Investigation), FBI (Departamento Federal de Investigación)
fear[1], temer, tener miedo
fear[2], miedo, terror, pavor
fearful, medroso(a), temeroso(a), tímido(a)
fearless, intrépido(a), atrevido(a)
fearlessly, sin miedo
fearsome, espantoso(a), horroroso(a)
feasible, factible, práctico(a)
feast[1], banquete, festín, fiesta
feast[2], festejar, regalar
feast[3], comer opíparamente
feat, hecho, acción, hazaña
feather[1], pluma
feather bed, colchón de plumas
feather duster, plumero
feather[2], emplumar, enriquecer
featherbed, crear sinecuras
featherbedding, sinecura

featherbrained, casquivano(a), tonto(a), frívolo(a)
feathered, plumado(a), alado(a), veloz
featherweight, peso pluma
feathery, cubierto(a) de plumas, ligero(a) como una pluma
feature, facción del rostro, forma, rasgo, atracción principal, característica
features, facciones, fisonomía
Feb. (February), feb. (febrero)
February, febrero
federal, federal
Federal Communications Commission (FCC), Comisión Federal de Comunicaciones
federal court, tribunal federal
federal government, gobierno federal
federal income tax, contribuciones sobre ingresos federales
federal Indian policy, política gubernamental hacia los pueblos indios
federal judiciary, judicatura federal
Federal Reserve, Reserva federal
Federal Reserve System, Sistema de la Reserva Federal
federal spending, gasto federal
federal supremacy clause, cláusula de supremacía federal
federal tax revenue, ingresos por impuestos federales
federate[1], confederado
federalism, federalismo
Federalist, federalista
Federalist Party, Partido Federalista
federation, confederación, federación
fedora, fieltro, sombrero de fieltro
fee, feudo, paga, gratificación, emolumento, honorarios, derecho, cuota
feeble, flaco(a), débil
feeble-minded, imbécil, escaso de entendimiento
feedback, comentario, opinión
feedback loop, bucle de realimentación, circuito de realimentación
feed[1], pacer, nutrir, alimentar, dar de comer
feed[2], alimentarse, nutrirse
feed[3], alimento, pasto
feeder, persona que da de comer, alimentador(a)
feeding, nutrición, alimento, cebadura
feeding level, nivel de alimentación
feel[1], sentir, palpar
to feel like, tener ganas de, apetecer
feel[2], tener sensibilidad
feel[3], tacto, sentido
feeler, antena, tentativa
feeling, tacto, sensibilidad, sentimiento, presentimiento
feet, plural de foot, pies
feign[1], inventar, fingir, simular
feign[2], fingirse, disimular
feint, ficción, finta, treta
felicitation, felicitación, congratulación
felicity, felicidad, dicha
feline[1], felino(a), gatuno(a)
feline[2], gato, animal felino
fell[1], cruel, bárbaro(a)
fell[2], cuero, piel, pellejo
fell[3], matar las reses, cortar árboles, sobrecargar
fell[4], pretérito del verbo fall
fellow, compañero(a), camarada, sujeto(a), socio(a) de algún colegio
fellow citizen, conciudadano(a)
fellow creature, semejante
fellow member, consocio(a)
fellow student, condiscípulo(a)
fellow traveler, compañero(a) de viaje, comunistoide, filocomunista
fellowship, compañía, sociedad, beca, camaradería
felon, reo(a) de un delito gravísimo
felony, delito gravísimo
felt, fieltro
female[1], hembra
female[2], femenino(a)
feminine, femenino(a), tierno(a), afeminado(a), amujerado(a)
feminism, feminismo
feminist movement, movimiento feminista
fence[1], cerca, palizada, valla, perista
fence[2], cercar, preservar
fence[3], esgrimir
fencer, esgrimidor(a)

fencing, esgrima
fend[1], parar, rechazar
fend[2], defenderse
fender, guardabarros, guardalodo, guardafango, guardafuegos
Ferdinand Magellan, Fernando de Magallanes
ferment[1], fermento, levadura
ferment[2], hacer fermentar, fermentarse
fermentation, fermentación
fern, helecho
ferocious, feroz, fiero(a)
ferocity, ferocidad, fiereza
ferrous, férreo(a)
ferry[1], barca de trasporte, barca de trasbordo
ferry[2], llevar en barca
ferryboat, barco para cruzar ríos
ferryman, barquero
fertile, fértil, fecundo(a), productivo(a)
  fertile soil, tierra fértil
fertility rate, tasa o índice de fertilidad
fertilization, fertilización
fertilize, fertilizar
fertilizer, abono, fertilizante
ferule, férula, palmeta
fervent, ferviente, fervoroso(a)
fervently, fervientemente, con fervor
fervid, ardiente, vehemente, férvido(a)
fervor, fervor, ardor
fester, enconarse, inflamarse
festival, fiesta, festival
festive, festivo, alegre
festivity, festividad
fetch[1], buscar, producir, llevar, arrebatar
fetch[2], estratagema, artificio, ardid
fete, fiesta
fete, festejar, honrar, agasajar con una fiesta
fête, fiesta
fête, festejar, honrar, agasajar con una fiesta
fetish, fetiche, adoración ciega de algo
fetter, atar con cadenas
fetters, manija, grillos, hierros, esposas
feud, riña, contienda, feudo
feudal, feudal
  feudal lord, señor feudal
  feudal society, sociedad feudal
  feudal system, sistema feudal
feudalism, feudalismo
fever, fiebre
  typhoid fever, tifoidea, fiebre tifoidea
feverish, febril
few, pocos
  a few, algunos
  few and far between, poquísimos, pocos y distantes entre sí
fewer, menos
  fewer than, menos que
fiancé, novio
fiancée, novia
fib, mentirilla
fiber, fibra, hebra
Fibonacci sequence, secuencia de Fibonacci
fibroid, fibroso
  fibroid tumor, fibroma
fibrous, fibroso
fickle, voluble, inconstante, mudable, frívolo, caprichoso
fiction, ficción, invención
fictitious, ficticio, fingido
fiddle[1], violín
fiddle[2], tocar el violín, jugar nerviosamente con los dedos
fiddler, violinista
fidelity, fidelidad, lealtad
fidget[1], contonearse, moverse inquieta y nerviosamente
fidget[2], agitación nerviosa, persona nerviosa e inquieta
field[1], campo, campaña, espacio
  field cricket, caballeta, saltamontes
  sown field, sembrado
field[2], campal
  field artillery, artillería de campaña
  field day, día de revista, día cuando las tropas hacen ejercicios en sus evoluciones campales, día de concursos gimnásticos al aire libre
  field glasses, gemelos de campo
  field hospital, hospital de sangre, hospital de campaña
  field marshal,

mariscal de campo
field officer,
oficial del Estado Mayor
fielder, jardinero
fiend, demonio, persona malvada
dope fiend, morfinómano(a)
fiendish, diabólico(a), demoniaco(a)
fierce, fiero(a), feroz, cruel, furioso(a)
fiery, ardiente, fogoso(a), colérico(a), brioso(a)
fife, pífano, flautín, pito
fifteen, quince
fifteenth, decimoquinto(a)
fifth, quinto(a), quinto de galón
fifth column, quinta columna
fifth columnist,
quinta-columnista
fifth wheel, rodete, estorbo, persona superflua
fifthly, en quinto lugar
fiftieth, quincuagésimo(a)
fifty, cincuenta
fifty-fifty, mitad y mitad, por partes iguales
fig, higo, bagatela
fig tree, higuera
I don't care a fig,
no me importa un bledo
fight[1], reñir, batallar, combatir, luchar con
fight[2], lidiar
fight[3], batalla, combate, pelea, conflicto
fighter, batallador(a), peleador(a)
fighter plane,
aeroplano de combate
fighting[1], combate, riña
fighting[2], pugnante, combatiente
figment, invención, algo imaginado
figurative, figurativo(a), figurado(a)
figurative language,
lenguaje figurado
figuratively, figuradamente
figure[1], figura, forma, hechura, imagen, cifra
figure of speech, tropo, frase en sentido figurado, figura literaria
good figure, buen cuerpo
figure[2], figurar, calcular
figurehead, roda, figurón de proa, pelele, jefe nominal
filament, filamento, fibra
filch, ratear
file[1], archivo, lista, fila, hilera, lima
file case, fichero
file clerk, archivero(a)
file[2], archivar, limar, pulir
filial, filial
filibuster, pirata, filibustero, filibusterismo u obstruccionismo
filing, clasificación, archivo
filings, limaduras
Filipino insurrection, insurrección en Filipinas
fill[1], llenar, henchir, hartar
to fill out, llenar
to fill up, colmar
fill[2], hartarse
fill[3], hartura, abundancia
filler, llenador(a), relleno
fillet, faja, tira, banda, filete, filete
filling, tapadura, relleno, orificación, tripa
filling station,
estación de gasolina
filly, potranca
film[1], filme, película, membrana
film festival, festival de cine
film strip, película auxiliar en clases o conferencias
film[2], filmar
filter[1], filtro
filter[2], filtrar
filtering, filtrado(a)
filth, inmundicia, porquería, fango, lodo
filthiness,
filthy, sucio(a), puerco(a)
filtrate, filtrar
filtration, filtración
fin, aleta
final, final, último(a), definitivo(a), terminal
Final Solution,
Solución final
finally, finalmente, por último, al cabo
finals, final
finalist, finalista
finality, finalidad
finance[1], renta, economía, hacienda pública, finanzas
finance[2], financiar, costear, sufragar los gastos de
financial, financiero(a), pecuniario(a), económico(a)

financial institution, institución financiera
financier, rentista, hacendista, financista
financing, financiamiento
find[1], hallar, descubrir, proveer, dar con
to find oneself, hallarse, estar, verse
to find out, descubrir, enterarse de
find[2], hallazgo, descubrimiento
finder, descubridor(a), visor(a)
fine[1], fino(a), agudo(a), cortante, claro(a), trasparente, delicado(a), elegante, bello(a), bien criado(a), bueno(a)
fine!, ¡bien! ¡magnífico!
the fine arts, las bellas artes
fine[2], multa
fine[3], multar
fineness, fineza, sutileza, perfección
finery, perifollos, ropa vistosa
finespun, sutil, atenuado(a), insustancial, ilusorio(a)
finesse, sutileza, astucia, pericia
finger[1], dedo
finger bowl, lavadedos
finger[2], tocar, manosear, manejar
fingering, tecleo, manoseo, pulsación
fingernail, uña
fingernail polish, esmalte para uñas
fingerprints, huellas digitales
finicky, melindroso(a)
finish[1], acabar, terminar, concluir, llevar a cabo
finish[2], conclusión, final, pulimento, acabado
finished, concluido(a), perfeccionado(a), refinado(a), retocado(a), arruinado(a)
finishing[1], última mano
finishing[2], de retoque
finishing school, colegio de cursos culturales para niñas
finite, limitado(a), finito(a)
finite graph, grafo finito
finite solution, solución finita
fins, aletas
fiord, fiordo
fir, abeto, oyamel
fire[1], fuego, candela, incendio, quemazón
fire alarm, alarma o llamada de incendios
fire department, cuerpo de bomberos
fire engine, bomba de apagar incendios
fire escape, escalera de salvamento para incendios
fire extinguisher, apagador de incendios, matafuegos
fire insurance, seguro contra incendio
fire screen, guardafuegos, pantalla, mampara
fire station, estación de bomberos
fire truck, autobomba
on fire, en llamas
to catch fire, inflamarse, encenderse
to open fire, hacer una descarga
fire[2], quemar, inflamar
fire[3], encenderse, tirar, hacer fuego
firearms, armas de fuego
firebox, caja del fogón
firebrand, tizón, incendiario(a), persona sediciosa
firebug, incendiaro(a)
firecracker, petardo, buscapiés, cohete
firefly, luciérnaga, cocuyo, cucuyo
fireman, bombero, fogonero
fireplace, hogar, chimenea
fireplug, boca de incendios, toma de agua
firepower, potencia efectiva de disparo
fireproof, a prueba de incendios, incombustible, refractario(a)
fireside, sitio cerca a la chimenea u hogar, vida de hogar
fireside chats, charlas informales, junto al fuego
firetrap, lugar susceptible de incendiarse
firewarden, guardia encargado de prevenir incendios
firewater, aguardiente
firewood, leña para la lumbre
fireworks, fuegos artificiales
firing, encendimiento, leña, descarga
firing line, línea de fuego
firing squad, pelotón de fusi-

lamiento, piquete de salvas
firm[1], firme, estable, constante, seguro(a), compañía, empresa
firm[2], razón social, casa de comercio
firm name, razón social
firmament, firmamento
firmness, firmeza, constancia, fijeza
first[1], primero(a), primario(a), delantero(a)
first aid, primeros auxilios
first-aid kit, botiquín
first-born, primogénito(a)
first-class, de primera clase
First Congress, Primer Congreso
first cousin, primo(a) hermano(a)
first inhabitant, primer habitante
First Lady, primera dama
first mate, piloto
first name, nombre
First New Deal, Primer Nuevo Trato
first person point of view, punto de vista de primera persona
first-quadrant angle, ángulo del primer cuadrante
first-rate, primordial, admirable, de primera clase
first[2], primeramente
first of all, ante todo
firstly, en primer lugar
firsthand, directo(a), de primera mano
fiscal, fiscal
fiscal policy, política fiscal
fish[1], pez, pescado
cured fish, pescado salado
fish globe, pecera
fish market, pescadería
fish[2], pescar
fish pole, caña de pescar
fish story, cuento increíble, relato fabuloso
fishbone, espina de pescado
fisherman, pescador
fishery, pesca
fishhook, anzuelo
fishing, pesca
fishing bait, cebo para pescar
fishing community, comunidad pesquera
fishing line, sedal
fishing reel, carretel
fishing rod, caña de pescar
fishing tackle, avíos de pescar
fishworm, gusano que sirve de carnada
fission, desintegración
fissionable, desintegrable
fissure[1], grieta, hendidura
fissure[2], agrietar, agrietarse
fist[1], puño
fist[2], empuñar
fit[1], apto(a), idóneo(a), capaz, cómodo(a), justo(a)
fit[2], paroxismo, convulsión, capricho, ataque repentino de algún mal
fit[3], ajustar, acomodar, adaptar, sentar, quedar bien
to fit out, proveer
fit[4], convenir, venir, caber
fitful, alternado con paroxismos, caprichoso, inquieto
fitness, aptitud, conveniencia, proporción, oportunidad
fitter, ajustador(a), arreglador(a), armador(a), equipador(a), instalador(a), costurera, entalladora
fitting[1], conveniente, idóneo(a), justo(a), a propósito, adecuado(a)
fitting[2], instalación, ajuste
fittings, guarniciones, accesorios, avíos
five, cinco
Five Civilized Tribes, Cinco Tribus Civilizadas
fix[1], fijar, establecer, componer
to fix up, concertar, arreglar, arreglarse
fix[2], fijarse, determinarse
fixation, fijación, firmeza, estabilidad, fijación
fixed, firme, fijo(a)
fixed income, renta fija
fixed line, línea fija
fixed pulley, polea fija
fixed rate of interest, tasa de interés fija
fixed value, valor fijo
fixing, fijación, ensambladura
fixings, equipajes, accesorios, pertrechos, ajuar

fixture, mueble fijo de una casa
fixtures, instalación, enseres
fizz[1], sisear
fizz[2], siseo
fizzle[1], fiasco, fracaso
fizzle[2], sisear, fallar
Fla. (Florida), Florida
flabbergasted, atónito(a), pasmado(a)
flabby, blando(a), flojo(a), lacio(a), fofo(a), débil
flag[1], bandera, pabellón
flag officer, jefe de una escuadra
flag of truce, bandera de parlamento
flag[2], hacer señales con una bandera
to flag a train, hacer parar a un tren
flag[3], pender, flaquear, debilitarse
flagella (sing. flagellum), flagelos
flagellum (pl. flagella), flagelo
flagging[1], lánguido(a), flojo(a)
flagging[2], enlosado
flagman, guardavía, vigilante
flagpole, asta de bandera
flagrant, flagrante, notorio
flagship, navío almirante, nave capitana
flagstaff, asta de pabellón o de bandera
flagstone, losa
flail[1], mayal
flail[2], batir, sacudir
flair, afición, inclinación
flake[1], copo, lámina
soap flakes, jabón en escamas
flake[2], desmenuzar, desmenuzarse
flamboyant, flamante, suntuoso(a), de líneas ondulantes
flame[1], llama, fuego
flame[2], arder, brillar, flamear, llamear
flamethrower, arrojallamas
flaming, llameante, flamante, llamativo(a)
flamingo, flamenco
flange[1], ribete, dobladillo, repisa, pestaña, reborde, herramienta para hacer rebordes
flange[2], hacer un reborde
flank[1], ijada, flanco
flank[2], atacar el flanco, flanquear
flannel, franela
thick flannel, bayeta
flannelette, franela de algodón
flap[1], ala, bragueta, solapa, aleta
flap[2], aletear, sacudir
flapjack, tortilla de harina cocida en una tartera, torta frita
flare[1], lucir, brillar
flare[2], llama, cohete de señales
flare-up, fulguración, recrudecimiento
flash[1], relámpago, llamarada, borbollón, destello
flash of lightning, rayo, relámpago
flash[2], enviar por telégrafo, dar a conocer rápidamente
flash flood, inundación repentina
flash[3], relampaguear, brillar
flashback, escena retrospectiva
flasher, destellador(a), generador(a) instantáneo(a)
flasher sign, anuncio intermitente
flashing, centelleo, tapajuntas
flash lamp, flash fotográfico
flashlight, linterna, linterna eléctrica de bolsillo, lámpara de intermitencia
flashlight photography, fotografía instantánea de relámpago
flashy, resplandeciente, chillón (chillona), charro(a), superficial, vistoso(a), alegre
flask, frasco, botella
flat[1], llano(a), plano(a), insípido(a)
flat back, lomo plano
flat tire, llanta reventada o desinflada, neumático desinflado
flat[2], llanura, piano, bajío, bemol, apartamento, departamento
flatly, horizontalmente, de plano, francamente
flatboat, buque de fondo plano para flete
flat-bottomed, de fondo plano
flat-footed, de pies achatados, resuelto, firme
flat-map projection, proyección cartográfica
flatiron, plancha
flatness, llanura, insipidez
flatten[1], allanar, abatir, chafar

flatten[2], aplanarse
flatter, adular, lisonjear, echar flores
flatterer, galanteador(a), zalamero(a)
flattering, adulador(a), lisonjero(a)
flattery, adulación, lisonja, requiebro, piropo
flatware, vajilla, cubiertos de plata
flaunt[1], pavonearse
flaunt[2], exhibir con ostentación
flaunt[3], alarde
flavor[1], sabor, gusto
flavor[2], sazonar, condimentar
flavoring, condimento, sabor
flaw[1], resquebradura, hendidura, falta, tacha, ráfaga
flaw[2], rajar, hender
flaw[3], agrietarse, rajarse
flawed, defectuoso(a)
  flawed peace, paz defectuosa
flawless, sin defecto, sin tacha
flax, lino
  to dress flax, rastrillar lino
flaxen, de lino, de hilo, blondo(a), rubio(a)
flaxseed, semilla de lino
flay, desollar, descortezar, censurar severamente
flea, pulga
  flea-bitten, picado(a) de pulgas
fleck[1], mancha, raya
fleck[2], manchar, rayar
flecked, abigarrado(a), vareteado(a)
flee, escapar, huir, tramontarse
fleece[1], vellón, vellocino, lana
fleece[2], esquilar, tonsurar, desnudar, despojar
fleecy, lanudo(a)
fleet[1], flota
fleet[2], veloz, acelerado, ligero(a)
fleeting, pasajero(a), fugitivo(a)
flesh, carne
  flesh color, color de carne
  flesh wound, herida superficial o ligera
flesh-colored, encarnado(a), de color de carne
fleshy, carnoso(a), pulposo(a)
flew, pretérito del verbo fly
flexibility, flexibilidad
flexible, flexible, adaptable, movible
flick[1], dar ligeramente con un látigo
flick[2], golpe como de un látigo, movimiento rápido
flicker[1], aletear, fluctuar
flicker[2], aleteo
  flicker of an eyelash, pestañeo
flier[1], fugitivo(a), aviador(a), tren rápido
flier[2], volante, hoja de anuncios
flight, huida, fuga, vuelo, bandada, elevación
  flight pattern, forma de vuelo
  flight of stairs, tramo de una escalera
  flight strip, pita al borde de una carretera para el aterrizaje de emergencia
flighty, veloz, inconstante, voluble, frívolo(a), casquivano(a), travieso(a)
flimsy, débil, fútil
flinch, respingar, desistir, faltar, retirarse, vacilar
fling[1], lanzar, echar
fling[2], lanzarse con violencia
fling[3], burla, chufleta, tentativa
flint, pedernal
  flint glass, cristal de piedra
flip[1], arrojar, lanzar
flip[2], volteo, reflejo
flip[3], rotar sobre un eje
flippant, ligero(a), veloz, petulante, locuaz
flirt[1], arrojar, lanzar
flirt[2], flirtear, coquetear
flirt[3], coqueta(a), persona coqueta
flirtation, coquetería, flirteo
flit, volar, huir, aletear
float[1], inundar
float[2], flotar, fluctuar
float[3], carro alegórico
floating, flotante
flock[1], manada, rebaño, gentío, vedija de lana
flock[2], congregarse
flog, azotar
flogging, tunda, zurra
flood[1], diluvio, inundación, flujo
  flood-control project, proyecto de control de inundaciones
flood[2], inundar, inundarse
  flood tide, pleamar
flood[3], aluvión
floodgate, compuerta
flooding pattern, patrón de inundación

floodlight, reflector o lámpara que despide un rayo concentrado de luz
floodplain, terreno inundable
floor[1], pavimento, suelo, piso, piso de una casa
  floor brush, escobeta, escoba
  ground floor, piso bajo
  floor show, espectáculo de variedad en un cabaret
floor[2], solar, echar al suelo, enmudecer, derrotar
flooring, suelo, pavimento, ensamblaje de madera para suelos
floorwalker, superintendente de cada departamento de una tienda
flop[1], malograrse, fracasar, caerse
flop[2], fracaso, persona fracasada
floppy disk, disquete, disco flexible
flora, flora
florid, florido
Florida Keys, Cayos de la Florida
florist, florista
floss, hilo dental
  floss silk, hilo de seda
flounce[1], volante, adorno plegado, olán
flounce[2], adornar con volantes u olanes
flounder[1], rodaballo
flounder[2], forcejar, debatirse
flour, harina
  flour mill, molino de harina
flourish[1], blandir, agitar
flourish[2], gozar de prosperidad, crecer lozanamente, jactarse, rasguear, preludiar, florear
flourish[3], floreo de palabras, floreo, preludio, rasgo, lozanía
flout[1], mofar, burlarse
flout[2], mofa, burla
flow[1], fluir, manar, crecer, ondear, verter, correr
flow[2], creciente de la marea, abundancia, flujo, corriente, caudal
  flow chart, diagrama de flujo
  flow map, mapa de flujo
  flow of energy, flujo de energía
  flow pattern, patrón de flujo
  flow resource, recurso de flujo
flowchart, diagrama de flujo
flower[1], flor, lo mejor
  flower garden, jardín de flores, vergel
flower[2], florear, florecer
flowered, floreado(a), abierto(a) en forma de flor, adornado(a) con dibujos florales
flowerpot, tiesto de flores, tiesto, maceta
flowery, florido(a)
flu, influenza, gripe, trancazo
fluctuate, fluctuar
flue, humero, cañón de organo
fluency, fluidez, facundia
fluent, fluido, fluente, fácil, corriente
  to speak a language fluently, hablar un idioma a la perfección
fluently, con fluidez
fluff[1], mullir
fluff[2], pelusa, tamo
fluffy, blando(a) y velloso(a), fofo(a)
fluid, fluido
flume, canal de esclusa, saetín
flunk[1], reprobar
flunk[2], reprobación
flunkey, lacayo(a), persona adulona
flunk-out, persona fracasada
fluorescent, fluorescente
fluoridation, fluoruración
fluoroscope, fluoroscopio
flurry[1], ráfaga, agitación nerviosa, conmoción
flurry[2], confundir, alarmar, agitar
flush[1], sacar agua de algún lugar, echar agua, limpiar con un chorro de agua, animar, alentar
flush[2], sonrojarse, ruborizarse, fluir repentinamente
flush[3], rubor, conmoción, calor intenso, chorro de agua que limpia, flor, flux, una mano de naipes todos del mismo palo, composición pareja en el margen izquierdo, composición sin sangrías
flush[4], bien provisto(a), vigoroso(a), lozano(a), pródigo(a), parejo(a)
fluster[1], confundir, atropellar
fluster[2], confundirse
fluster[3], agitación, confusión
flute[1], flauta, estría
flute[2], estriar
fluted, acanalado(a)
fluting, estriadura, acanaladura

flutist, flautista
flutter[1], turbar, desordenar
flutter[2], revolotear, flamear, estar en agitación
flutter[3], confusión, agitación
flux, flujo
fly[1], volar, pasar ligeramente, huir, escapar
  to fly on the beam, volar por la banda radiofónica
fly[2], mosca, pliegue, volante, pelota que al ser golpeada se eleva
  fly swatter, matamoscas
  flycatcher, papamoscas
flying[1], vuelo, aviación
flying[2], volante, volador(a), temporal, de pasada, repentino
  blind flying, vuelo a ciegas, vuelo con instrumentos
  flying colors, bandera desplegada
  flying field, campo de aviación
  flying fish, pez volador
  flying fortress, fortaleza aérea
  flying saucer, platillo volante o volador
  to come off with flying colors, salir victorioso(a)
flypaper, papel pegajoso para atrapar moscas
flytrap, mosquero
flyweight, peso mosca
flywheel, volante
f.m. (frequency modulation), fm (frecuencia modulada)
foal[1], potro, potra
foal[2], parir una yegua
foam[1], espuma
  foam rubber, hule espuma
foam[2], hacer espuma
foamy, espumoso(a)
fob, faltriquera pequeña, leopoldina, cadena de reloj
  to fob off, colar
F.O.B. (free on board), L.A.B. (libre a bordo), f.a.b. (franco a bordo)
focal, focal
focus[1], foco, punto céntrico, enfoque
  focus of a parabola, foco de una parábola
focus[2], enfocar
fodder, forraje, pastura
foe, adversario(a), enemigo(a)
fog, niebla, neblina
foggy, nebuloso(a), brumoso(a)
foghorn, sirena, pito de los buques
foible, debilidad, flaqueza
foil[1], vencer, frustrar
foil[2], fracaso, hoja, florete
foist, insertar, vender con engaño, colar
fold[1], redil, aprisco, plegadura, doblez
fold[2], apriscar el ganado, plegar, doblar
folder, plegador, plegadera, carpeta, fólder
folding, plegadura
  folding bed, catre de tijera o de campaña, cama plegadiza
  folding chair, silla de tijera, silla plegadiza
foliage, follaje, ramaje
folio, folio, infolio, libro en folio
folk, grupo de personas que forman una nación, gente
  common folk, gente común y corriente
  folk music, música folclórica o tradicional
  folk song, canto folclórico
  folk tale, cuento tradicional, cuento folclórico, cuento popular, leyenda popular
folktale, cuento tradicional, cuento folclórico, cuento popular, leyenda popular
folklore, folclore
follow[1], seguir, acompañar, imitar
  follow directions, seguir instrucciones
follow[2], seguirse, resultar, provenir
follower, seguidor(a), imitador(a), secuaz, partidario(a), adherente, discípulo(a), compañero(a)
following[1], séquito, cortejo, profesión
following[2], próximo(a), siguiente
follow-up, que sigue
  follow-up letter, carta recordatoria, carta que confirma una anterior
  follow-up sentence, frase de seguimiento
folly, extravagancia, bobería, temeridad, vicio

foment, fomentar, proteger
fond, afectuoso(a), aficionado(a), demasiado indulgente
to be fond of, aficionarse, tener simpatía por
fondly, cariñosamente
fondant, pasta de azúcar que sirve de base a muchos confites
fondle, mimar, hacer caricias
fondness, afecto, afición, indulgencia, bienquerencia
font, pila bautismal, fundición
food, alimento, comida
Food and Drug Administration, Administración de Drogas y Alimentos
food chain, cadena alimenticia, cadena trófica
food oxidization, oxidación de los alimentos
food plant domestication, domesticación de plantas alimenticias
food production, producción de alimentos
food storage, almacenamiento de alimentos
food supply, abastecimiento de alimentos
food web, red alimenticia, red alimentaria, red trófica
foods, comestibles, viandas
foodstuffs, productos alimenticios
fool[1], loco(a), tonto(a), bobo(a), bufón (bufona), mentecato(a)
fool[2], engañar, infatuar
fool[3], tontear
foolhardy, temerario(a), atrevido(a)
foolish, bobo(a), tonto(a), majadero
foolishly, bobamente, sin juicio
foolishness, tontería
foolproof, muy evidente, seguro(a), fácil hasta para un tonto
foot[1], pie, pezuña, base, extremo, final, pie, paso
by foot, a pie
foot binding, vendaje de pies
foot soldier, soldado de infantería
on foot, a pie
square foot, pie cuadrado
foot[2], bailar, saltar, brincar, ir a pie
foot[3], pasar, caminar por encima
to foot the bill, pagar la cuenta
foot-and-mouth disease, fiebre aftosa
football, fútbol
footbridge, puente peatonal
footfall, pisada, ruido de pasos
footgear, calzado
foothill, cerro al pie de una sierra
foothold, espacio en que cabe el pie, apoyo, afianzamiento
footing, base, pisada, paso, estado, condición, fundamento, afianzamiento
footlights, luces del proscenio, el teatro, las tablas
footman, lacayo, volante, criado de librea
footmark, huella
footnote, anotación, glosa, nota, nota al pie de página
footpath, senda para peatones
footprint, huella, pisada, vestigio
footrace, corrida, carrera
footrest, apoyo para los pies, escabel
footsore, con los pies adoloridos o lastimados
footstep, vestigio, huella, paso, pisada
footstool, escabel, banquillo para los pies
footwear, calzado
footwork[1], manejo de los pies en el boxeo, fútbol u otro deporte
footwork[2], trabajo de campo
for[1], para, por
for[2], porque, pues
as for me, en cuanto a mí
what for?, ¿para qué?
forage[1], forraje
forage[2], forrajear, saquear
foray[1], correría, saqueo
foray[2], saquear
forbear, cesar, detenerse, abstenerse, reprimirse
forbearance, paciencia, indulgencia, longanimidad
forbid, prohibir, vedar, impedir
God forbid!, ¡ni lo quiera Dios!
forbidden, prohibido(a)
forbidding, que prohibe, repugnante, formidable, que infun-

de respeto
force[1], fuerza, poder, vigor, valor
to be in force, regir
with full force, de plano, en pleno vigor
force[2], forzar, violentar, esforzar, obligar, constreñir
to force one's way, abrirse el paso
forces, tropas
forced, forzoso(a), forzado(a), estirado(a)
forced collectivization, colectivización forzada
forced landing, aterrizaje forzoso
forced relocation, reubicación forzada
forceful, fuerte, poderoso(a), dominante
forceps, fórceps, pinzas
forcible, fuerte, eficaz, poderoso(a), enérgico(a)
forcibly, con energía, enérgicamente, a la fuerza
ford[1], vado
ford[2], vadear
fore[1], anterior, de proa
fore[2], prefijo que denota anterioridad, p.e., precursor
forearm[1], antebrazo
forearm[2], armar con anticipación
forebears, antepasados(as)
forebode, pronosticar, presagiar
foreboding, corazonada, pronóstico
forecast[1], proyectar, prever, conjeturar de antemano
forecast[2], previsión, profecía, pronóstico
weather forecast, pronóstico del tiempo
forecastle, castillo de proa
foreclose, entablar, decidir un juicio hipotecario
foreclosure, exclusión, juicio hipotecario
forefather, abuelo, antecesor, antepasado
forefinger, dedo índice
forefoot, pata delantera de un animal
forefront, primera fila, parte delantera
forego, ceder, abandonar, renunciar a, preceder
foregoing, anterior, precedente
foregone, pasado(a), anticipado(a), predeterminado(a), previo(a)
foreground, delantera, primer plano
forehanded, temprano(a), oportuno(a), prudente, frugal
forehead, frente
foreign, extranjero(a), extraño(a)
foreign aid, ayuda extranjera
foreign-born, nacido(a) en el extranjero
foreign capital, capital extranjero
foreign capital investment, inversión de capital extranjero
foreign exchange market, mercado de divisas
foreign market, mercado exterior
foreign phrases, frases extranjeras
foreign policy, política exterior
foreign relations, relaciones exteriores
foreign trade, comercio exterior
foreign words, palabras extranjeras
foreigner, extranjero(a), forastero(a)
foreleg, pata o pierna delantera
forelock, mechón de cabello que cae sobre la frente
foreman, presidente del jurado, jefe, capataz
foremost[1], delantero(a), primero(a)
foremost[2], en primer lugar
forenoon, la mañana, las horas antes del mediodía.
forensic, forense
foreordain, predestinar, preordinar
forepaw, pata delantera
forequarter, cuarto delantero
forerunner, precursor(a), predecesor(a)
foresail, trinquete
foresee, prever
foreshadow, pronosticar, prefigurar
foreshadowing, anticipación, prefiguración, presagio
foreshorten, escorzar

foresight, previsión, presciencia
foresighted, perspicaz, previsor(a), precavido(a)
forest, bosque, selva
forest cover, cubierta forestal, cobertura forestal
forest fire, incendio forestal
forestall, anticipar, obstruir, impedir, monopolizar
forestation, silvicultura, forestación
forester, guardabosque
forestry, silvicultura
foretaste[1], probar con anticipación
foretaste[2], prueba de antemano, goce anticipado
foretell, predecir, profetizar
forethought, providencia, premeditación
forever, por siempre, para siempre
forevermore, por siempre jamás
forewarn, prevenir de antemano
foreword, advertencia, prefacio, prólogo, preámbulo
forfeit[1], multa, confiscación, prenda
forfeit[2], confiscar, decomisar, perder, pagar una multa
forge[1], fragua, fábrica de metales
forge[2], forjar, contrahacer, inventar, falsear, falsificar
forger, forjador(a), falsario(a), falsificador(a)
forgery, falsificación, forjadura
forget, olvidar, descuidar
forget-me-not, nomeolvides, miosota
forgetful, olvidadizo(a), descuidado(a)
forgetfulness, olvido, negligencia
forgive, perdonar
forgiveness, perdón
forgiving, misericordioso(a), clemente, que perdona
forgot, pretérito del verbo forget
fork[1], tenedor, horca
fork[2], bifurcarse
fork[3], ahorquillar
to fork out, dar, entregar
forked, bifurcado
fork-lift truck, carretilla elevadora
forlorn, abandonado(a), perdido(a), desdichado(a), triste
form[1], forma, modelo, modo, formalidad, método, molde, patrón
form letter, carta circular, carta general
forms of matter, formas de la materia
forms of water, formas del agua
in proper form, en forma debida
form[2], formar, configurar, idear, concebir
form a more perfect union, formar una unión más perfecta (preámbulo de la Constitución de EE.UU.)
form[3], formarse
formal, formal, metódico(a), ceremonioso(a)
formal dance, baile de etiqueta
formal mathematical induction, inducción matemática formal
formal proof, prueba formal
formal region, región formal
formality, formalidad, ceremonia
format, formato
formation, formación
formation flying, vuelo en formación
formative, formativo(a)
former, precedente, anterior, pasado(a), previo(a)
former master, antiguo amo
former slave, antiguo esclavo
the former, aquél
formerly, antiguamente, en tiempos pasados, en otro tiempo, anteriormente
formidable, formidable, temible
formless, informe, disforme
formula, fórmula
formula for missing values, fórmula para calcular valores desconocidos
formulate, formular, articular
formulation, formulación
forsake, dejar, abandonar
forsaken, desamparado(a), abandonado(a)
fort, castillo, fortaleza, fuerte
Fort Sumter, Fort Sumter
small fort, fortín
forth, en adelante, afuera
and so forth,

y así sucesivamente, etcétera
forthcoming, próximo(a), pronto(a) a comparecer
forthright[1], directo(a), franco(a)
forthright[2], directamente adelante, con franqueza, inmediatamente
forthwith, inmediatamente, sin tardanza
fortieth, cuadragésimo(a)
fortification, fortificación
fortify, fortificar, corroborar
fortissimo, fortísimo(a)
fortitude, fortaleza, valor, fortitud
fortnight, quincena, quince días, dos semanas
fortnightly[1], quincenal
fortnightly[2], cada quince días
fortress, fortaleza, castillo
fortunate, afortunado(a), dichoso(a)
fortunately, felizmente, por fortuna
fortune, fortuna, suerte, condición, bienes de fortuna
fortuneteller, sortílego(a), adivino(a)
forty, cuarenta
forum, foro, tribunal
forward[1], anterior, delantero(a), precoz, atrevido(a), pronto(a), activo(a), dispuesto(a)
  forward pass, (fútbol) lance de la pelota en dirección del equipo contrario
forward[2], delantero(a)
forward[3], adelante, más allá, hacia adelante
forward[4], expedir, trasmitir, eviar más adelante
forwards, adelante
fossil, fósil
  fossil evidence, evidencia fósil
  fossil fuel, combustible fósil
  fossil record, registro fósil
foster[1], criar, nutrir, alentar
foster[2], allegado(a)
  foster brother, hermano de leche
  foster child, hijo(a) de leche, hijo(a) adoptivo(a)
  foster father, padre adoptivo, el que cría y enseña a un hijo ajeno
  foster mother, madre adoptiva
foul[1], sucio(a), puerco(a), impuro(a), detestable
  foul ball, pelota que cae fuera del primer o tercer ángulo del diamante de béisbol
  foul play, conducta falsa y pérfida
foul[2], violación de reglas
found[1], fundar, establecer, edificar, fundir, basar
found[2], encontrado, mencionado
foundation, fundación, cimiento, fundamento, pie, fondo
founder[1], fundador(a), fundidor(a)
founder[2], irse a pique, caerse, tropezar
founders, fundadores
founding, establecimiento
  founding fathers, padres fundadores
  founding of Rome, fundación de Roma
foundling, niño expósito(a)
foundry, fundición
fountain, fuente, manantial
  fountain pen, pluma fuente, estilográfica, pluma estilográfica
fountainhead, origen, fuente
four, cuatro
  Four Freedoms speech, Discurso de las cuatro libertades
  four o'clock, las cuatro en punto
  on all fours, a gatas
four-footed, cuadrúpedo(a)
fourteen, catorce
fourteenth, decimocuarto(a)
fourth, cuarto(a)
  Fourth of July, Día de la Independencia de los Estados Unidos
  fourth-quadrant angle, ángulo del cuarto cuadrante
fourthly, en cuarto lugar
fowl, ave
fox, zorro(a)
foxglove, dedalera, digital
foxhole, hoyo protector para uno o dos soldados
foxhound, perro zorrero
foxy, zorruno(a), astuto(a)
foyer, salón de descanso o espera
fraction, fracción
  fraction addition, suma de fracciones

fraction division, división de fracciones
fraction inversion, inversión de fracciones
fraction multiplication, multiplicación de fracciones
fraction subtraction, resta de fracciones
fractions of different size, fracciones de tamaño distinto
fractional, fraccionario(a)
fractional equation, ecuación fraccionaria
fractional radicand, radicando fraccionario
fracture[1], fractura, confracción, rotura
fracture zones, zonas de fractura
fracture[2], fracturar, romper
fragile, frágil, débil, deleznable
fragment, fragmento, trozo
fragrance, fragancia
fragrant, fragante, oloroso(a)
fragrantly, fragancia
frail, frágil, débil
frailty, fragilidad, debilidad
frame[1], marco, cerco, bastidor, armazón, telar, cuadro de vidriera, estructura, figura, forma, cuerpo, forjadura
embroidery frame, bastidor
frame of mind, estado de ánimo
structural frame, armazón
frame[2], fabricar, componer, construir, formar, ajustar, idear, poner en bastidor, enmarcar, encuadrar, incriminar fraudulentamente, prefijar el resultado
framers, Padres fundadores
framework, labor hecha en el bastidor o telar, armazón, marco
France, Francia
franchise[1], franquicia, inmunidad, privilegio
franchise[2], derecho al voto, sufragio
Francis Bacon, Francis Bacon
Francisco Franco, Francisco Franco
Franco-Prussian War, Guerra Franco-Prusiana
frank, franco(a), liberal, campechano(a)
frankly, francamente, abiertamente
frankfurter, salchicha
Frankish Empire, Imperio franco
Franklin D. Roosevelt, Franklin D. Roosevelt
frankness, franqueza, ingenuidad, candor
frantic, frenético(a), furioso(a)
frappé, frappé
fraternal, fraternal
fraternal organization, fraternidad, organización fraternal
fraternity, fraternidad
fraternize, fraternizar, confraternar
fraud, fraude, engaño
fraudulent, fraudulento(a)
fraught, cargado(a), lleno(a)
fray[1], riña, disputa, querella
fray[2], estregar, romper, romperse, desgastar, desgastarse
freak, fantasía, capricho, monstruosidad
freakish, extravagante, estrambótico
freckle, peca
freckled, pecoso(a)
Frederick Douglass, Frederick Douglass
Fredericksburg, Fredericksburg
free[1], libre, suelto, independiente
free enterprise, empresa libre, iniciativa privada, libre empresa
free exercise clause, cláusula de libre ejercicio
free fall, caída incontrolada
free labor system, sistema de trabajo libre
free port, puerto libre
free thought, pensamiento libre
free trade, libre cambio, libre comercio
free trader, libre cambista
free verse, verso suelto, verso libre
free will, libre albedrío, voluntariedad
free[2], gratuito(a), gratis
free-for-all, contienda general, pelotera, certamen en que todos pueden participar
free[3], libertar, librar, eximir
free[4], liberal, franco(a), ingenuo(a)

free-spoken, dicho sin reserva
free on rail, franco sobre vagón
free[5], exento(a), dispensado(a), privilegiado(a)
freeborn, nacido(a) libre, adecuado para el que ha nacido libre
Freedmen's Bureau, Oficina de libertos
freedom, libertad, soltura, inmunidad
freedom of assembly, derecho de reunión
freedom of association, libertad de asociación
freedom of conscience, libertad de conciencia
freedom of expression, libertad de expresión
freedom of petition, derecho de petición
freedom of press, libertad de prensa
freedom of religion, libertad religiosa
freedom of residence, libertad de residencia
freedom of speech, libertad de palabra, libertad de expresión
freedom of the press, libertad de prensa, libertad de la prensa
freedom ride, marchas por la libertad
freedom to choose employment, libertad de elegir trabajo
freedom to emigrate, libertad de emigrar
freedom to enter into contracts, libertad de contratación
freedom to marry whom one chooses, libertad de contraer matrimonio con quien uno elija
freedom to travel freely, libertad de viajar libremente
freehand, carta blanca
freehanded, liberal, generoso(a)
freelance, freelance, independiente
freeman, hombre libre, ciudadano(a)
freethinker, librepensador(a)
freeway, autopista de acceso limitado
freewill, espontáneo(a), voluntario(a)
freeze[1], helar, helarse
freeze[2], helar, congelar
freezer, congelador, congeladora
freezing, congelación
freezing point, punto de congelación, punto de congelamiento
freight[1], carga, flete, conducción, porte
freight car, furgón, vagón de mercancías o de carga
freight house, embarcadero de mercancías
freight[2], fletar, cargar
freighter, fletador(a), cargador(a)
French, francés (francesa)
French and Indian War, Guerra Franco-India
French colonization, colonización francesa
French colonization of Indochina, colonización francesa de Indochina
French colony, colonia francesa
French Declaration of the Rights of Man, Declaración francesa de los Derechos del Hombre y del Ciudadano
French doors, puertas vidrieras dobles
French dressing, salsa francesa
French East India company, Compañía Francesa de las Indias Orientales
French Estates-General, Estados Generales franceses
French horn, trompa
French invasion of Egypt in 1798, invasión francesa de Egipto en 1798
French language, francés
French leave, despedida a la francesa, despedida precipitada o secreta
French Quebec, Quebec francés
French Revolution, Revolución francesa
French salon, Salón francés
French settlement, colonización francesa

French West Indies, Antillas francesas
the French, los franceses
Frenchman, francés
frenzied, loco(a), delirante
frenzy, frenesí, locura
frequency, frecuencia
frequency curve, curva de frecuencia
frequency distribution, distribución de la frecuencia, distribución de frecuencia
frequency modulation, modulación de frecuencia
frequency table, tabla de frecuencia
high frequency, alta frecuencia
frequent[1], frecuente
frequent[2], frecuentar
frequently, con frecuencia, frecuentemente
fresco, pintura al fresco
fresh, fresco(a), nuevo(a), reciente
fresh water, agua dulce
freshen, refrescar
freshman, estudiante de primer año en la escuela superior o universidad, novicio(a), novato(a)
freshness, frescura, frescor, descaro
fresh-water, de agua dulce
fret[1], enojo, irritación
fret[2], frotar, corroer, cincelar, irritar, enojar
fret[3], quejarse, enojarse
fretful, enojadizo(a), colérico(a)
fretflully, de mala gana
Freud's psychoanalytic method, método psicoanalítico de Freud
friar, fraile, fray
fricassee, fricasé
friction, fricción, rozadura
friction of distance, fricción de la distancia
frictional employment, empleo friccional
frictional unemployment, desempleo friccional
frictionless, sin fricción
friday, viernes
Good Friday, Viernes Santo
fried, frito(a)
fried chicken, pollo frito
fried potato, patata o papa frita
friend, amigo(a)
to be close friends, mejores amigos, uña y carne, uña y mugre
to make friends, trabar amistad, hacerse amigos
friendless, sin amigos
friendliness, amistad, benevolencia, bondad
friendly, amigable, amistoso(a)
friendly letter, carta amistosa
friendship, amistad
frier, pollo para freir
fright, susto, espanto, pánico, terror
frighten, espantar
to frighten away, remontar, ahuyentar, espantar
frightful, espantoso(a), horrible
frigid, frío(a), frígido(a)
frigid zone, zona glacial
frigidly, fríamente
frill, faralá, volante, vuelo, adorno excesivo, ostentación en el vestir, en los modales, etc.
fringe[1], fleco, franja
fringe benefit, retribución en especie
fringe[2], guarnecer con franjas, adornar con flecos
fringes, cenefas, borde
frisk[1], saltar, cabriolar
frisk[2], brinco
frisky, retozón (retozona), alegre
fritter[1], fritura, trozo, fragmento
fritter[2], desmenuzar, desperdiciar
frivolity, frivolidad, pamplinada
frivolous, frívolo(a), vano(a)
frizzle, rizar, encrespar
fro, atrás
to go to and fro, ir y venir
frock, toga, túnica, sayo, vestido
frock coat, casaca, levitón
frog, rana
frogman, hombre rana
frolic[1], alegría, travesura, fiesta
frolic[2], retozar, juguetear
frolicsome, juguetón (juguetona), travieso(a)
from, de, después, desde
from now on, en lo sucesivo, desde ahora en adelante
front[1], frente, frontispicio,portada,

faz, cara
front cover, portada
front door, puerta de entrada
front seat, asiento delantero
front-end digits, primer dígito a la izquierda
front-end estimation, cálculo aproximado a partir de los primeros dígitos
in front, enfrente
in front of, delante de
labor front, frente obrero
front[2], hacer frente
front[3], dar cara
frontage, extensión frontera, prolongación lineal de frente
frontal[1], banda en la frente, frontal
frontal[2], frontal
frontier, frontera
frontiersman, colonizador; explorador
frontispiece, frontispicio, portada
frost[1], helada, hielo, escarcha, frialdad de temperamento, austeridad, indiferencia
frost[2], congelar, cubrir con una capa azucarada
frostbitten, helado(a), quemado(a) del hielo
frosted, garapiñado(a)
frosting, capa azucarada, betún
frosty, helado(a), frío(a) como el hielo
froth[1], espuma
froth[2], espumar
frown[1], mirar con ceño
frown[2], fruncir el entrecejo
frown[3], ceño, enojo, mala cara
froze, pretérito del verbo freeze.
frozen[1], helado(a), congelado(a)
frozen foods, alimentos congelados
frugal, frugal, económico(a), sobrio(a)
fruit, fruto(a), producto
candied fruit, fruta azucarada
fruit stand, puesto de frutas
fruit store, frutería
fruit sugar, fructuosa
fruit tree, frutal
fruitcake, pastel de frutas
fruitful, fructífero(a), fértil, provechoso(a), útil
fruitfully, fructuosamente
fruition, fruición, goce
fruitless, estéril, inútil, infructuoso(a)
frump, mujer desaliñada y regañona
frumpy, desaliñado(a), descuidado(a) en el vestir, malhumorado(a), regañón (regañona)
frustrate, frustrar, anular
frustration, contratiempo, chasco, malogro
fry, freir
fryer, pollo para freír
frying pan, sartén
ft., pie, pies
fuchsia, fucsia, color fucsia
fudge, variedad de dulce de chocolate, cuento, embuste
fudge!, ¡que va!
fuel, combustible
fuel gauge, indicador de combustible
fuel oil, aceite combustible
fuel tank, depósito de combustible
fugitive, fugitivo(a), prófugo(a)
fulcrum, fulcro
fulfill, colmar, cumplir, realizar
fulfillment, cumplimiento, realización
full[1], completo(a), pleno(a), perfecto(a)
full-time employment, trabajo de tiempo completo
in full swing, en plena actividad
full[2], lleno(a), repleto(a), cumplido(a), cargado(a)
full dinner pail, eslogan de prosperidad del Partido Republicano
full moon, luna llena, plenilunio
full[3], total, todo(a), enteramente, del todo
full dress, traje de etiqueta
full-fashioned, entallado(a) con amplitud
full-length, a todo el largo natural, de cuerpo entero, de largo metraje
full scale, tamaño natural
full[4], maduro, perfecto, fuerte
full-fledged, maduro(a), con todos los derechos

full-grown, desarrollado(a), crecido(a), maduro(a)
fullness, plenitud, llenura, abundancia
fully, enteramente, a fondo
fumble, tartamudear, chapucear, andar a tientas
fume[1], humo, vapor, cólera
fume[2], ahumar
fume[3], humear, exhalar, encolerizarse
fumigate, fumigar
fuming, humeante
fun[1], diversión
fun[2], chanza, burla, chasco
to have fun, divertirse
to make fun of, burlarse de
function[1], función, empleo
function analogy, función analógica
function composition, función compuesta
function notation, notación de la función, notación de función
function[2], funcionar
functional, funcional
functional distribution of income, distribución funcional del ingreso
functional region, región funcional
functionary, empleado(a), oficial(a), funcionario(a)
functioning, funcionamiento
fund[1], fondo
fund[2], colocar en un fondo
fundamental, fundamental, básico, cardinal
Fundamental Counting Principle, principio fundamental de conteo
fundamental principles of American democracy, principios fundamentales de la democracia estadounidense
fundamental rights, derechos fundamentales
fundamental theorem, teorema fundamental
fundamental unit of life, unidad fundamental de vida
fundamental value, valor fundamental
fundamentalism, fundamentalismo
fundamentally, fundamentalmente
funding, financiación, financiamiento; fondos
funds, fondos
funeral, funeral
funeral car, carroza
funeral director, director de pompas fúnebres
funeral parlor, casa mortuoria, agencia de inhumaciones o funeraria
fungi (sing. fungus), hongos, setas, fungosidades
fungus (pl. fungi), hongo, seta, fungosidad
funnel, embudo, cañón, chimenea
funnies, historietas cómicas, monitos
funny, burlesco(a), bufón (bufona), cómico(a)
funny papers, historietas cómicas, monitos
to strike as funny, hacer gracia
fur[1], piel
fur trade, comercio de pieles
fur[2], hecho(a) de pieles
fur coat, abrigo de pieles
furious, furioso(a), frenético(a), sañoso(a)
furiously, con furia
furl, enrollar, aferrar
furlong, estadio
furlough[1], licencia, permiso
furlough[2], conceder un permiso o licencia
furnace, horno, hornaza
blast furnace, alto horno o de cuba
furnace open-heart, horno Siemens Martín
hot-air furnace, calorífero de aire caliente
furnish, suplir, proporcionar, surtir, proveer, deparar, equipar
to furnish a house, amueblar una casa
furnished, amueblado(a)
furnishings, mobiliario, accesorios, avíos
furniture, ajuar, mueblaje, mobiliario, muebles
furniture set,

juego de muebles
piece of furniture, mueble
furor, rabia, entusiasmo
furred, forrado(a) o cubierto(a) de piel
furrier, peletero
furrow[1], surco
furrow[2], surcar, estriar
furry, parecido(a) a la piel, hecho(a) o guarnecido(a) de pieles
further[1], ulterior, más distante
further[2], más lejos, más allá, aún, además de eso
further[3], adelantar, promover, ayudar, impulsar, fomentar
furthermore, además
furthest, más lejos, más remoto
furtive, furtivo(a), secreto(a)
to look at furtively, mirar de reojo
fury, furor, furia, ira
fuse[1], cohete, fusible, detonador, mecha, espoleta
fuse box, caja de fusibles
fuse[2], fundir, derretirse
fuselage, fuselaje
fusion, fusión, licuación
fuss[1], alboroto, tumulto
fuss[2], preocuparse por pequeñeces
fuss[3], molestar con pequeñeces
fussbudget, persona molesta y exigente
fussy, melindroso(a), exigente
futile, fútil, vano(a), frívolo(a)
futility, futilidad, vanidad
future[1], futuro, venidero
future perfect verb tense, tiempo verbal de futuro perfecto
future[2], lo futuro, el tiempo venidero, porvenir
in the future, en adelante, en lo sucesivo
fuzz, tamo, pelusa
fuzzy, velloso(a)

G

Ga. (Georgia), Georgia
gab[1], locuacidad
gab[2], charlar locuazmente
gabardine, gabardina
gabardine coat, gabán, gabardina
gabble[1], charlar, parlotear
gabble[2], algarabía
gable, socarrén, alero
gad[1], tunar, corretear, callejear
gad[2], aguijón, cuña
gadfly, tábano
gadget, baratija, chuchería, utensilio, aparato, pieza
gag[1], mordaza, expresión aguda y jocosa
gag[2], tapar la boca con mordaza
gage[1], aforo, graduador, indicador, calibrador, manómetro, calibre
gage[2], aforar, calar, calibrar, graduar, medir
tire gage, medidor de presión de aire de neumático
gaiety, alegría
gaily, alegremente
gain[1], ganancia, interés, provecho, beneficio
gain[2], ganar, conseguir
gain[3], enriquecerse, avanzar
gainful, ventajoso(a), lucrativo(a)
gainsay, contradecir, prohibir
gait, marcha, porte
gaiter, polaina, borceguí
gala, de gala, de fiesta
galaxy, galaxia, vía láctea
galaxy of stars, congregación de artistas prominentes
gale, ventarrón
gales of laughter, risotadas
Galileo, Galileo
gall[1], hiel, rencor, odio
gall bladder, vesícula biliar
gall[2], rozar, ludir, irritar, atosigar
gallant[1], galante, elegante, gallardo(a), valeroso(a)
gallant[2], galán, cortejo
gallantry, galantería, gallardía, bravura

gallery, galería, corredor
galley, galera
galley proof, galerada, primera prueba
gallon (gal), galón (gal)
gallop[1], galope
gallop[2], galopar
gallows, horca
gallstone, cálculo biliario
galosh, galocha, bota de hule
galvanize, galvanizar
gamble[1], jugar por dinero
gamble[2], aventurar
gambler, tahúr, jugador(a)
gambling[1], juego por dinero
gambling[2], de juego
gambling house, casa de apuestas o juego, casino
gambol[1], cabriola
gambol[2], brincar, saltar
game[1], juego, pasatiempo, partida de juego, burla, caza
game warden, guardabosque
game[2], jugar
gamecock, gallo de pelea
gamekeeper, guardabosque
gamete, gameto
gamma, gama
gamma globulin, globulina gamma
gamma rays, rayos gamma
gamut, escala, gama, serie
gander, ánsar, ganso(a), simplón (simplona), papanatas
gang, cuadrilla, banda, pandilla, patrulla
gang plow, arado de reja múltiple
Ganges River Valley, valle del río Ganges
Gangetic states, estados del Ganges
ganglion, ganglio
gangplank, plancha
gangrene[1], gangrena
gangrene[2], gangrenar, gangrenarse
gangster, rufián
gangway, portalón, pasamano de un navío, plancha, andamio
gangway!, háganse a un lado! ¡abran paso!
gantry, caballete, portalón
gap, boquete, brecha, laguna
gape, bostezar, boquear, ansiar, hendirse, estar con la boca abierta
garage, garaje, garage, cochera
garb, atavío, vestidura, traje, apariencia exterior
garbage, basura, desperdicios
garble, entresacar, mutilar engañosamente
garden[1], huerto, jardín
vegetable garden, huerto de hortalizas
garden[2], cultivar un jardín o un huerto
gardener, jardinero(a)
gardenia, gardenia
gardening, jardinería
gargle[1], hacer gárgaras
gargle[2], gárgara, gargarismo
Garibaldi, Garibaldi
Garibaldi's nationalist redshirts, Camisas Rojas de Garibaldi
garish, ostentoso(a) y de mal gusto
garland, guirnalda
garlic, ajo
garment, traje, vestido, vestidura
garner[1], granero
garner[2], almacenar, acopiar
garnet, granate, piropo, trinquete, cargadera
garnish[1], guarnecer, adornar, aderezar
garnish[2], guarnición, adorno
garnishee[1], persona a quien se le embarga el crédito o el sueldo
garnishee[2], ordenar la retención o embargo de crédito o sueldo
garnishment, embargo
garret, guardilla, desván
garrison[1], guarnición, fortaleza
garrison[2], guarnecer
garrulous, gárrulo(a), locuaz, charlador(a)
garter, liga, cenojil, jarretera
Garvey movement, movimiento de Garvey
gas, gas
carbonic acid gas, gas carbónico
chlorine gas, cloro
gas burner, mechero de gas
gas jet, mechero de gas
gas laws, leyes de los gases
gas main, cañería, alimentadora de gas

gas mask, mascarilla o careta contra gases asfixiantes
gas meter, medidor de gas
gas pedal, acelerador
gas stove, estufa o cocina de gas
gases of the atmosphere, gases de la atmósfera
gaseous, gaseoso(a)
gash[1], cuchillada
gash[2], dar una cuchillada
gasket, relleno, empaquetadura
gasoline, gasolina, nafta
gasoline tank, depósito o tanque de gasolina
gasp[1], boquear, anhelar
gasp[2], respiración difícil
last gasp, última boqueada
gaspipe, tubería de gas
gastric, gástrico(a)
gate, puerta, portón
gatekeeper, portero(a)
gateway, entrada, paso, puerta cochera
Gateway Arch (St. Louis), Arco Gateway (St. Louis)
gather[1], recoger, amontonar, reunir, fruncir, inferir, arrugar, plegar
gather[2], juntarse, supurar
gathering, reunión, acumulación, colecta
GATT, Acuerdo General de Aranceles y Comercio (GATT)
gaudy, brillante, fastuoso(a)
gauge[1], aforo, graduador, indicador, calibrador, manómetro, calibre
tire gauge, medidor de presión de aire de neumático
gauge[2], aforar, calar, calibrar, graduar, medir
gaunt, flaco(a), delgado(a)
gauntlet, guantelete, manopla
gauze, pretérito del verbo give
gavel, mazo, gavilla
gawk[1], majadero(a), chabacano(a), tonto(a)
gawk[2], obrar como un(a) majadero(a), mirar fijamente como un(a) tonto(a)
gawky, bobo(a), tonto(a), rudo(a), desgarbado(a), deslucido(a)
gay[1], alegre, festivo(a), brillante
to be gay, estar de buen humor, ser alegre
gay[2], homosexual, gay
Gay Liberation Movement, Movimiento de Liberación Homosexual
gay rights, derechos de los homosexuales
to be gay, ser homosexual
gaze[1], contemplar, considerar
gaze[2], mirada
gazelle, gacela
gazette, gaceta
G.B. (Great Britain), Gran Bretaña
gear, atavío, aparato, engranaje, encaje, trasmisión
charging gears, cambio de velocidad, cambio de marcha
gear case, caja de engranajes
gear wheel, rueda dentada
in gear, embragado(a), en juego
landing gear, tren de aterrizaje
out of gear, desembragado, fuera de juego
to throw out of gear, desencajar, desmontar, desembragar
gearshift, cambio de velocidad, cambio de marcha
gearshift lever, palanca de cambios
geese, gansos
Geiger counter, contador Geiger
gelatin, gelatina, jaletina
gelatine, gelatina, jaletina
gelding, caballo capón
gem, joya, piedra, piedra preciosa, presea, gema
gender, género, sexo
gender diversity, diversidad de género
gender equality, igualdad de género
gender role, rol de género
gene, gen
gene encoding, código genético
gene expression, expresión genética
gene mutation, mutación genética
gene splicing, acoplamiento de genes
genealogy, genealogía

genera (sing. genus), géneros
general[1], general, común, usual
  general delivery, lista de correos
  general election, elección general
  general partnership, sociedad colectiva
  general welfare, bienestar general
  general welfare clause, cláusula del bienestar general
  in general, por lo común
general[2], general
generality, generalidad
generalization, generalización
generalize, generalizar
generate, engendrar, producir, causar
generation, generación
generational conflict, conflicto generacional
generator, engendrador(a), dinamo o dínamo, generador(a)
generic, genérico
generosity, generosidad, liberalidad
generous, generoso(a)
genesis, génesis, origen
genetic, genético(a)
  genetic characteristic, característica genética
  genetic engineering, ingeniería genética
  genetic recombination, recombinación genética
  genetic variation, variación genética
genetically determined behavior, comportamiento genéticamente determinado
genetics, genética
Geneva Accords, Acuerdos de Ginebra
Genghis Khan, Gengis Kan
genial, genial, natural, cordial, alegre
geniality, ingenuidad, alegría
genitals, órganos genitales
genitive, genitivo(a)
genius, genio
Genoa, Génova
genocide, genocidio
genotype, genotipo
genre, género
genteel, gentil, elegante
gentian, genciana
gentile, pagano(a), gentil
Gentile, persona no judía
gentility, gentileza, nobleza de sangre
gentle, suave, dócil, manso(a), moderado(a), benigno(a)
gentleman, caballero, gentilhombre
  gentleman's agreement, obligación moral, pacto verbal, pacto de caballeros
gentleness, gentileza, dulzura, suavidad de carácter, nobleza
gently, suavemente, con dulzura
gentrification, aburguesamiento
gentry elite, élite burguesa
genuflection, genuflexión
genuine, genuino(a), puro(a)
genuineness, pureza, sinceridad
genus, género, clase, especie
geodetic, geodésico(a)
geographer, geógrafo(a)
geographic, geográfico(a)
  geographic border, frontera geográfica
  geographic factor, factor geográfico
  geographic features, características geográficas
Geographic Information Systems (GIS), Sistema de Información Geográfica (SIG)
  geographic representation, representación geográfica
  geographic technology, tecnología geográfica
geographical, geográfico(a)
  geographical representation, representación geográfica
geography, geografía(a)
geologic, geológico(a)
  geological dating, datación geológica
  geologic evidence, evidencia geológica
  geologic force, fuerza geológica
  geologic history, historia geológica
  geological shift, cambio geológico
  geologic time, tiempo geológico
  geologic time scale, escala de tiempo geológico(a)

geological, geológico(a)
geologist, geólogo(a)
geology, geología
geometric, geométrico(a)
geometric figure, figura geométrica
geometric function, función geométrica
geometric pattern, patrón geométrico
geometric sequence, secuencia geométrica
geometric series, serie geométrica
geometric shape, figura geométrica
geometric solid, sólido geométrico
geometrical, geométrico(a)
geometry, geometría
plane geometry, geometría plana
solid geometry, geometría del espacio
geomorphology, geomorfología
geopolitics, geopolítica
geosphere, geosfera
georgette, crespón de seda de tejido fino
geothermal energy, energía geotérmica
geotropism, geotropismo
Gerald Ford, Gerald Ford
geranium, geranio
geriatrics, geriatría
germ, germen, microbio
germ cell, célula embrional
germ plasm, germen plasma
germ theory, teoría microbiana
German, alemán (alemana)
German concept of Kultarr, concepto alemán de Kultur (cultura)
German Empire, Imperio alemán
German Federal Republic, República Federal Alemana
German measles, rubeola, sarampión benigno
Germanic peoples, pueblos germanos o germánicos
Germany, Alemania, Germania
germicide, bactericida, germicida
germinate, brotar, germinar
germination, germinación
Geronimo, Gerónimo
gerrymandering, maniobras para dividir un distrito a favor de un partido político
gerund, gerundio
gerund phrase, frase en gerundio
gestation, gestación, preñez
gesticulate, gesticular
to gesticulate with the hands, manotear, hacer ademanes
gesticulation, gesticulación
gesture, gesto, movimiento, ademán
get[1], obtener, conseguir, alcanzar, coger, agarrar, robar, persuadir
to go and get, ir a buscar
get[2], alcanzar, llegar, venir, hacerse, ponerse, prevalecer, introducirse
to go along, ir pasándola
to go away, irse, fugarse, escaparse
to go together, reunirse
to go up, levantarse
getaway, escapada, huida
Gettysburg Address, Discurso de Gettysburg
getup, atavío, estructura
geyser, géiser, surtidor de agua termal
G-force, grado de aceleración producido por la gravedad
Ghana, Ghana
Ghanaian dance, danza de Ghana
ghastly, pálido(a), cadavérico(a), espantoso(a)
Ghaznavid Empire, Imperio gaznávida
ghetto, gueto, barrio judío
ghost, espectro, espíritu, fantasma
ghost town, pueblo fantasma
ghost writer, escritor o escritora cuyos artículos aparecen bajo el nombre de otra persona
ghostly, espectral, como un espectro
ghoul, vampiro(a)
GI, militar, soldado
GI Bill, Carta de Derechos de los Veteranos
GI Bill on higher education, Carta de Derechos de los Veteranos respecto a la educación superior
giant, gigante

giantess, giganta
Gibbons v. Ogden (1824), caso Gibbons contra Ogden
gibbous (moon phase), gibosa menguante/iluminante (fase lunar)
gibe[1], escarnecer
gibe[2], burlarse, mofarse
gibe[3], mofa, burla
giblets, despojos y menudillos
giddiness, vértigo, inconstancia
giddy, vertiginoso(a), inconstante
gift, don, regalo, dádiva, talento, habilidad, presente, obsequio
gifted, hábil, talentoso(a)
gigabyte, gigabyte
gigantic, gigantesco(a)
giggle[1], reírse disimuladamente, reírse nerviosamente y sin motivo
giggle[2], risilla disimulada o nerviosa
gigolo, gigoló
gild, dorar
Gilded Age, Época Dorada
gilding, doradura, dorado
gill, cuarta parte de una pinta, papada
gills, barbas del gallo, agallas de los peces
gilt, dorado(a)
  gilt-edged, con el borde dorado, de la mejor calidad
gin[1], desmotadora, ginebra
  gin rummy, cierto juego de naipes
gin[2], despepitar
ginger, jengibre
  ginger ale, cerveza de jengibre
gingerbread, pan de jengibre
gingerly[1], tímidamente, cautelosamente
gingerly[2], cauteloso(a), cuidadoso(a)
gingersnap, galletita de jengibre
gingham, zaraza, guinga
gingivitis, gingivitis
gipsy, gitano(a), bohemio(a)
giraffe, jirafa
gird[1], ceñir, cercar
gird[2], mofarse
girder, viga
girdle[1], faja, cinturón
girdle[2], ceñir
girl, muchacha, doncella, niña
  girl friend, amiga predilecta, novia potencial
  girl guide, guía, niña guía
  girl scout, muchacha exploradora
  young girl, joven, jovencita
girlhood, niñez, doncellez, juventud femenina
girlish, juvenil, propio de una joven o de una niña
girth, cincha, circunferencia
GIS (Geographic Information Systems), SIG (Sistema de Información Geográfica)
gist, quid, punto principal de una acusación
give, dar, donar, conceder, abandonar, aplicarse
  give account, dar razón
  give away, regalar, divulgar
  give back, retornar, devolver
  give birth, dar a luz
  give direction, indicar
  give directions, dar instrucciones
  give in, rendirse, ceder
  give leave, permitir
  give off, emitir
  give out, anunciar públicamente, agotarse
  give security, dar fianza
  give up, renunciar, rendirse, ceder, transigir, darse por vencido(a)
give-and-take, toma y daca, concesiones mutuas, intercambio
  give name, nombre de plia
giver, dador(a), donador(a)
gizzard, molleja, papo
glacé, garapiñado(a)
glacial movement, movimiento glacial
glacier, glaciar
glad, alegre, contento(a)
  I am glad to see, me alegro de ver
gladly, con gusto
gladden, alegrar, recrear, regocijar
gladiator, gladiador
gladiolus, gladiolo, gladiola
gladness, alegría, regocijo, placer
glamor, encanto, hechizo, elegancia
glamorous, fascinador(a), encantador(a), seductor(a),

tentador(a)
glance[1], vislumbre, vistazo, ojeada, vista
at first glance, a primera vista
glance[2], lanzar miradas, pasar ligeramente
gland, glándula
glandular, glandular
glare[1], deslumbramiento, reflejo, mirada feroz y penetrante
glare[2], relumbrar, brillar, echar miradas de indignación
glaring, deslumbrante, penetrante, flagrante
glass[1], vidrio, vaso para beber, espejo
glass blower, soplador de vidrio
glass case, vidriera
plate glass, vidrio cilindrado
water glass, vidrio soluble
glass[2], vítreo(a), de vidrio
glasses, anteojos, gafas
glassful, vaso, vaso lleno
glassware, cristalería
glassy, vítreo(a), cristalino(a), vidrioso(a)
glaucoma, glaucoma
glaze, vidriar, embarnizar
glazed, vidriado(a), satinado(a)
glazing, vidriado(a)
gleam, claridad, brillo, destello, centelleo
glean, espigar, recoger
glee, alegría, gozo, jovialidad, canción sin acompañamiento para tres o más voces
glee club, coro
gleeful, alegre, gozoso(a)
glen, valle, llanura
glib, de lengua fácil, fluido(a)
glibly, corrientemente, volublemente, fácilmente.
glide, resbalar, pasar ligeramente
glider, deslizador(a), planeador(a), hidroplano(a), hidrodeslizador(a)
gliding, deslizamiento, planeo, planeamiento
glimmer[1], vislumbre
glimmer[2], vislumbrarse
glimpse[1], vislumbre, ojeada
glimpse[2], descubrir, percibir
glint, reflejo, brillo
glisten[1], relucir, brillar
glisten[2], brillo
glitter[1], resplandecer, brillar
glitter[2], brillantez, brillo, ostentación
glittering generality, generalizaciones resonantes
gloat, ojear con admiración, deleitarse
global, global
global behavior, comportamiento global
global communication, comunicación global
global economy, economía global
global impact, impacto global
global market, mercado global
global migration pattern, patrón de migración global
global temperature zones, zonas de temperatura global
global trade, comercio global
global warming, calentamiento global
globalization, globalización
globalizing trend, tendencia de la globalización
globe, globo, esfera, orbe
globe-trotter, trotamundos, persona que viaja mucho
gloom, oscuridad, melancolía, tristeza
gloomy, sombrío(a), oscuro(a), nublado(a), triste, melancólico(a), hosco(a), tenebroso(a)
glorify, glorificar, celebrar
glorious, glorioso(a), ilustre
Glorious Revolution, Revolución gloriosa
Glorious Revolution of 1688, Revolución Gloriosa de 1688
glory[1], gloria, fama, celebridad, lauro, aureola o auréola
glory[2], gloriarse, jactarse
gloss[1], glosa, escolio, lustre
gloss[2], glosar, interpretar, lustrar, barnizar
glossary, glosario
glossy, lustroso(a), brillante

glove, guante
glow[1], arder, inflamarse, relucir
glow[2], fulgor, color vivo, viveza de color, vehemencia de una pasión
glower, mirar con ceño o con ira
glowworm, luciérnaga
glucose, glucosa
glue[1], cola, sustancia glutinosa
glue[2], encolar, pegar
glum, tétrico, de mal humor
glut[1], hartar, saciar
glut[2], hartura, sobreabundancia
glutinous, glutinoso(a), viscoso(a)
glutton, glotón(a), tragón(a)
gluttony, glotonería
glycerine, glicerina
gm. (gram), g (gramo)
G-man, miembro de la policía secreta
gnarled, nudoso(a), enredado(a)
gnash, hacer crujir, hacer rechinar
gnat, jején
gnaw, roer, mordicar
G.N.P. (gross national product), P.N.B. (Producto Nacional Bruto)
go[1], ir, irse, andar, caminar, partir, correr, pasar
  to go away, marcharse, salir
  to go astray, extraviarse
  to go back, regresar, remontar a
  to go beyond, rebasar, trascender, ir más allá
  to go forward, ir adelante
  to go out, salir
  to go without, pasarse sin
  go to it!, ¡vamos! ¡a ello!
go[2], energía, actividad, espíritu, empuje
  on the go, en plena actividad, sin parar, siempre moviéndose
goad[1], aguijada, aguijón, garrocha
goad[2], aguijar, estimular, incitar
goal, meta, fin, tanto, gol, objetivo
  goal line, raya de la meta
  goal post, poste de la meta
goat, cabra, chiva
  he goat, cabrón
goatskin, piel de cabra
gobble[1], engullir, tragar
gobble[2], gorgorear como los gallipavos
gobbledygook, galimatías, lenguaje incomprensible y oscuro
gobbler, pavo(a), glotón(a)
go-between, mediador(a), entremetido(a)
goblet, copa, cáliz
goblin, duende
gocart, andaderas, carretilla, cochecito para niños
God[1], Dios
  act of God, fueza mayor
  God willing, Dios mediante
god[2], dios
godchild, ahijado(a)
goddaughter, ahijada
goddess, diosa
goddesses, diosas
godfather, padrino
godless, infiel, impío(a), ateo(a)
godlike, divino(a)
godliness, piedad, devoción, santidad
godly, piadoso(a), devoto(a), religioso(a), recto(a), justificado(a)
godmother, madrina
gods, dioses
godsend, bendición, cosa llovida del cielo
godson, ahijado
Godspeed, bienandanza, buen viaje
goes, tercera persona del singular del verbo go
goggle, volver los ojos, mirar fijamente
goggles, gafas
going, paso, andadura, partida, progreso
goings-on, sucesos, acontecimientos
goiter (goitre), papera, coto, bocio
gold, oro
  gold leaf, hoja de oro batido
  gold mine, mina de oro, fuente abundante de riqueza
  gold production, producción de oro
  gold standard, petrón de oro
goldbrick[1], eludir la responsabilidad o el deber
goldbrick[2], persona haragana
golden, áureo, de oro, excelente
  Golden Door, Puerta Dorada

Golden Gate Bridge (San Francisco), Puente Golden Gate (San Francisco)
Golden Horde, Horda de Oro
golden mean, moderación, justo medio
golden ratio, razón áurea
golden rule, regla áurea
golden wedding, bodas de oro
goldenrod, solidago
gold-filled, enchapado(a) en oro
goldfinch, cardelina, jilguero
goldfish, carpa pequeña dorada
goldsmith, orífice, orfebre
golf, golf
golf club, palo o bastón o mazo de golf
golf links, campo de golf
golfer, jugador(a) de golf
Golgi apparatus, aparato de Golgi
Golgi body (apparatus), cuerpo de Golgi (aparato)
golosh, galocha, bota de hule, etc.
gone[1], ido(a), perdido(a), pasado(a), gastado(a), muerto(a)
gong, campana chinesca
good[1], buen, bueno(a), benévolo(a), bondadoso(a), cariñoso(a), conveniente, apto(a)
good cheer, jovialidad, regocijo
good day, buenos días
good evening, buenas trades, buenas noches
good humor, buen humor
good law, buena ley
good-looking, bien parecido(a), guapo(a)
good luck, buena suerte
good morning, buenos días
good nature, temperamento agradable, buen carácter
good-natured, bondadoso(a), de buen carácter
Good Neighbor Policy, política de buena vecindad, política del buen vecino
good news!, ¡albricias! ¡buenas noticias!
good night, buenas noches
good rule, buena norma
good sense, sensatez, sentido común
good-sized, de buen tamaño
good turn, favor
good will, buena voluntad, benevolencia, bondad, bienquerencia, buena reputación, crédito mercantil
to say good day, dar los buenos días
good[2], bien
good[3], bien, prosperidad, ventaja
good!, ¡bien! ¡está bien!
good-bye[1], adiós
good-bye[2], ¡adiós! ¡hasta luego! ¡hasta después! ¡hasta la vista! ¡vaya con Dios!
good-for-nothing[1], despreciable, sin valor
good-for-nothing[2], haragán(a)
goodhearted, bondadoso(a), de buen corazón
goodly, considerable, algo numeroso, agradable
goodness, bondad
goods, bienes, bienes muebles, mercaderías, efectos
goods and services exhange, intercambio de bienes y servicios
goods household, enseres, enseres domésticos
straight of goods, hilo
goon, rufián al servicio de bandidos o sindicatos con propósitos terroristas
goose (pl. geese), ganso, oca, tonto(a)
goose flesh, carne de gallina
goose pimples, carne de gallina, piel enchinada (por frío o miedo)
gooseberry, uva espina, grosella
G.O.P. (Grand Old Party), Partido Republicano
gopher, variedad de mamífero roedor
gore[1], sangre cuajada, sesga
gore[2], acornar, dar cornadas, cornear
gorge[1], gorja, gola, garganta, barranco, desfiladero, cañón
gorge[2], engullir, tragar
gorgeous, primoroso(a), brillante, vistoso(a)
gorgeously, con esplendor y magnificencia
gorilla, gorila

gory, cubierto(a) de sangre grumosa, sangriento(a)
gospel, evangelio
gospel music, música gospel
gossamer, telaraña, tejido muy fino como gasa
gossip[1], charla, caramillo, chisme, murmuración, comadrería, runrún
gossip[2], charlar, murmurar, decir chismes
Gothic, gótico(a)
Gothic cathedral, catedral gótica
Gothic type, letra gótica
gouge[1], gubia, gurbia, ranura o estría hecha con gubia, imposición, impostor(a)
gouge[2], escoplear, sacarle (los ojos a alguien), defraudar, engañar
goulash, carne guisada al estilo húngaro
gourd, calabaza, calabacera
gout, gota, podagra
govern, gobernar, dirigir, regir, mandar
governance, gobernanza
governess, aya, institutriz
government, gobierno, administración pública
government bonds, bonos de gobierno
government directive, directiva de gobierno
government employee, funcionario público
government security, valores o títulos del Estado
government spending, gastos del Estado, gasto público
government subsidy, subsidio gubernamental
municipal government, ayuntamiento
governmental, gubernativo, gubernamental
governor, gobernador(a), gobernante, regulador(a)
governor's mansion, gobernación
governor's office, gobernación
gown, toga, vestido de mujer, bata, túnica
G.P.A. (grade point average), promedio de notas
grab[1], agarrar, arrebatar
grab[2], arrebato, cosa arrebatada, gancho para arrancar
Gracchi, Graco
grace[1], gracia, favor, gentileza, merced, perdón
to say grace, bendecir la mesa
grace[2], adornar, agraciar
graceful, que tiene gracia
gracefully, con gracia, elegantemente
graceless, sin gracia, desgraciado(a), réprobo(a), malvado(a)
gracious, gentil, afable, cortés
gracious!, ¡válgame Dios!
graciously, con gentileza
gradation, gradación
grade[1], grado, pendiente, nivel, categoria, calidad, calificación
grade school, escuela primaria
passing grade, aprobado(a)
grade[2], graduar, clasificar
grader, nivelador(a), explanadora
gradient, pendiente, contrapendiente
falling gradient, declive
grading, nivelación
gradual, gradual
gradually, gradualmente
graduate[1], graduar
to be graduated, recibirse, diplomarse
graduate[2], diplomado(a), graduado(a), recibido(a)
graduated cylinder, probeta
graduation, graduación
graft[1], injerto, soborno público
graft[2], injertar, ingerir
graham bread, acemita
grain, grano, semilla, disposición, índole, cereal
against the grain, a contrapelo, con repugnancia
grain alcohol, alcohol de granos
grained, granulado(a), áspero(a), teñido(a) en crudo
gram (g), gramo (g)
grammar, gramática
grammar school, escuela de primera enseñanza, escuela primaria o elemental
grammatical, gramatical
grammatical form,

forma gramatical
gramophone, gramófono
granary, granero
grand, grande, ilustre, magnífico(a), espléndido(a)
Grand Alliance, Gran Alianza
grand piano, piano de cola
grandslam, bola
grandchild, nieto(a)
granddaughter, nieta
grandee, grande (título de nobleza de España)
grandeur, grandeza, pompa
grandfather, abuelo
grandiose, grandioso
grandmother, abuela
grandparents, abuelos (as)
grandson, nieto
grandstand, andanada, tribuna
grange, granja, cortijo, casa de labranza
granger, granjero(a), labriego(a)
granite, granito
grant[1], conceder, conferir, dar, otorgar
granting that, supuesto que
to take for granted, presuponer, dar por sentado
grant[2], concesión, subvención
granular, granular, granoso(a)
granulate, granular
granulated, granulado(a)
granule, gránulo
grape, uva
bunch of grapes, racimo de uvas
grapefruit, toronja
grapevine, parra, vid, viña
through the grapevine, por vía secreta
graph, diagrama, gráfico
graph of instrument, gráfico de un instrumento
graph the equation, graficar la ecuación
graphic, gráfico(a), pintoresco(a)
graphic artist, artista gráfico
graphic arts, artes gráficas
graphic organizer, organizador gráfico
graphic representation of function, representación gráfica de una función
graphic solution, solución gráfica
graphical representation, representación, gráfica
graphically, gráficamente
graphics, gráficos
graphite, grafito
grapple, agarrar, agarrarse, luchar
grasp[1], empuñar, asir, agarrar, comprender
grasp[2], esforzarse por agarrar
grasp[3], puño, puñado, poder
grasping, codicioso
grass, hierba, herbaje, yerba, césped
grass seed, semilla de césped
grass widow, mujer divorciada o separada del marido, mujer cuyo marido está ausente
grass widower, hombre divorciado o separado de su esposa
grasshopper, saltamontes, chapulín
grassland, pradera
grassy, cubierto(a) de herba
grate[1], reja, verja, rejilla
grate[2], rallar, hacer rechinar, enrejar, ofender, irritar
grateful, grato(a), agradecido(a)
grater, rallo, raspador
gratification, gratificación
gratify, contentar, gratificar, satisfacer
grating[1], rejado, reja, rejilla
grating[2], áspero(a), ofensivo(a)
gratis[1], gratuito(a), gratis
gratis[2], gratis, en balde
gratitude, gratitud, agradecimiento
gratuity, propina
grave[1], sepultura, tumba, fosa
grave[2], grave, serio
gravely, con gravedad, seriamente
gravedigger, sepulturero(a)
gravel[1], cascajo, piedra, mal de piedra
gravel[2], cubrir con cascajo, desconcertar
graven, grabado(a), esculpido(a)
graver, grabador, buril
gravestone, piedra sepulcral
graveyard, cementerio, panteón
gravitate, gravitar
gravitation, gravitación
gravitational, gravitacional, gravitatorio(a)
gravitational energy, energía gravitaroria

gravitational force, fuerza gravitatoria
gravitational potential energy, energía potencial gravitacional
gravity, gravedad, seriedad
gravy, jugo de la carne, salsa
gravy dish, salsera
gray[1], gris, cano(a)
gray[2], gris
grayish, pardusco(a), entrecano(a)
graze[1], pastorear, tocar ligeramente
to lead cattle to graze, pastar el ganado
graze[2], rozar, pacer
grease[1], grasa, pringue
to remove grease, desgrasar
grease[2], untar, engrasar, lubricar
greasy, grasiento(a), craso(a), gordo(a), mantecoso(a)
great, gran, grande, principal, ilustre, noble, magnánimo(a), colosal, revelante
Great American Desert, Gran Desierto Americano
Great Awakening, Gran Despertar
Great Barrier Reef, Gran Barrera de Coral
Great Bear, Osa Mayor
Great Britain, Gran Bretaña
Great Canal of China, Gran Canal de China
Great Depression, Gran Depresión
Great Khan Mongke, Gran Kan Möngke
Great Khan Ogodei, Gran Kan Ogodei
Great Leap Forward, Gran Salto Adelante
Great Migration, Gran Migración
Great Plague, Gran Plaga
Great Plains, Grandes Llanuras, grandes praderas
Great Plains Dust Bowl, efecto Dust Bowl de las Grandes Llanuras
Great Powers in Europe, grandes potencias europeas
Great Reform Bill 1832, Ley de Reforma de 1832
great seal, gran sello
Great Society, Gran Sociedad
Great War, Gran Guerra
Great Western Schism, Gran Cisma de Occidente
great-grandchild, bisnieto(a)
great-grandparent, bisabuelo(a)
greatness, grandeza, dignidad, poder, magnanimidad
greater than, mayor a, mayor que
greatest, mayor, máximo
greatest common divisor (GCD), máximo común divisor
greatest common factor (GCF), máximo común divisor, factor común mayor
greatly, muy, mucho, grandemente
Grecian, griego(a)
Greco-Roman antiquity, antigüedad grecolatina
Greece, Grecia
greed, voracidad, gula, codicia
greediness, voracidad, gula, codicia
greedy, voraz, goloso(a), hambriento(a), ansioso(a), deseoso(a), insaciable
Greek, griego(a)
Greek affix, afijo griego
Greek art, arte griego
Greek basic four elements, cuatro elementos básicos griegos
Greek Christian civilization, civilización greco-cristiana
Greek city-state, ciudad-estado griego(a)
Greek civilization, civilización griega
Greek comedy, comedia griega
Greek democracy, democracia griega
Greek drama, drama griego, teatro griego
Greek gods and goddesses, divinidades griegas
Greek Orthodox Christianity, cristianismo ortodoxo griego
Greek philosopher, filósofo griego
Greek rationalism, racionalismo griego
Greek root, raíz griega
Greek tragedy, tragedia griega

green[1], verde, fresco(a), reciente, no maduro(a)
green-eyed, ojiverde
green[2], verdor, llanura verde
greenback, papel moneda
Greenback Labor Party, Partido Laboral Greenback
greenhorn, joven sin experiencia, neófito(a), novato(a)
greenhouse, invernáculo, invernadero
greenhouse effect, efecto invernadero
greenhouse gas, gas de efecto invernadero
greenish, verdoso
Greenland, Groenlandia
Greenlander, groenlandés(a)
Greenpeace, Greenpeace
greens, verduras, hortalizas
greenway, vía verde, espacio verde
greet[1], saludar
greet[2], encontrarse y saludarse
greeting, salutación, saludo
gregarious, gregario
Gregor Mendel, Gregor Mendel
grenade, granada
grew, pretérito del verbo grow
grey, gris
greyhound, galgo, lebrel
grid, parrilla, rejilla, soporte de plomo de las placas de acumuladores, cuadrícula
griddle, plancha, tartera, parrilla
griddlecake, tortilla de harina cocida en una tartera, torta frita
gridiron, parrilla, campo marcado para el juego de fútbol
gridiron pattern, trazado reticular
grief, dolor, aflicción, pena, quebranto, congoja
grievance, pesar, molestia, agravio, injusticia, perjuicio
grieve[1], agraviar, afligir
grieve[2], afligirse, llorar
grievous, doloroso, enorme, cargoso
grievously, penosamente, cruelmente
grill[1], asar en parrillas
grill[2], parrilla
grille, enrejado, reja
grillroom, parrilla, comedor que especializa en alimentos a la parrilla
grim, feo, horrendo, ceñudo, austero
grimace, visaje, mueca, mohín
grime[1], mugre
grime[2], ensuciar
Grimke sisters, hermanas Grimké
grimness, austeridad, severidad
grimy, sucio, manchado
grin[1], sonrisa franca
grin[2], sonreir abiertamente, sonreírse francamente
grind, moler, pulverizar, afilar, estregar, mascar
grinder, molinero(a), molinillo, amolador, muela, piedra molar, piedra de afilar
grindstone, piedra amoladera
griot "keeper of tales", cuentista africano
grip[1], agarrar, empuñar, asir
grip[2], maleta
gripe[1], asir, empuñar
gripe[2], padecer cólico, lamentarse, quejarse
gripes, cólico
grippe, gripe, gripa
gripping, emocionante
grisly, espantoso, horroroso
grist, molienda, provisión
gristle, tendón, nervio, cartílago
grit, moyuelo
grits, maíz, avena o trigo descascarado y molido
gritty, arenoso
grizzled, mezclado con gris, pardusco
grizzly, mezclado con gris, pardusco
grizzly bear, oso pardo
groan[1], gemir, suspirar, dar gemidos
groan[2], gemido, suspiro, quejido
grocer, especiero, bodeguero, abarrotero
grocery, especiería, abacería, bodega
grocery store, tienda de comestibles, tienda de abarrotes
groceries, comestibles
groggy, mareado(a) o atontado(a) por un golpe, medio borracho(a)
groom[1], establero, criado, mozo de caba0.llos, novio
groom[2], cuidar, aliñar, asear
groove[1], muesca, ranura, rutina
groove[2], acanalar
grooved, acanalado(a), estriado(a)

grope, tentar, buscar a oscuras, andar a tientas
grosgrain, gro
gross[1], grueso(a), corpulento(a), espeso(a), grosero(a), estúpido(a)
Gross Domestic Product (GDP), Producto Interno Bruto (PIB)
Gross National Product (GNP), Producto Nacional Bruto (PNB)
gross profits, beneficio bruto
gross weight, peso bruto
gross[2], gruesa, todo
grossly, groseramente, en bruto
grotesque, grotesco(a)
grouch[1], descontento(a), mal humor, persona malhumorada
grouch[2], gruñir, refunfuñar
grouchy, malhumorado(a), de mal humor
ground[1], tierra, terreno, suelo, pavimento, fundamento, razón fundamental, tierra, campo, fondo
ground control approach, acceso de control terrestre
ground floor, piso bajo, planta baja
ground hog, marmota
ground wire, alambre de tierra
ground[2], establecer, traer a tierra
ground[3], varar
grounds, heces, poso, sedimento
groundless, infundado(a)
groundlessly, sin fundamento, sin razón o motivo
groundwater, agua subterránea
groundwater quality, calidad de las aguas subterráneas
groundwater reduction, reducción de las aguas subterráneas
groundwork, plan, fundamento
group[1], grupo
group behavior, comportamiento de grupos
group discussion, discusión de grupo
group expectations, expectativas de grupo
group identity, identidad de grupo
group membership, membresía de grupo
group overlap, coincidencia de grupos
group[2], agrupar
grouping, agrupación
grouse, gallina silvestre
grove, arboleda, boscaje
pine grove, pinar
grovel, serpear, arrastrarse, envilecerse
grow[1], cultivar
grow[2], crecer, aumentarse, nacer, brotar, vegetar, adelantar, hacerse, ponerse, volverse
to grow soft to, relentecer, enternecerse
to grow tender, relentecer, enternecerse
to grow up, crecer
to grow young again, rejuvenecer
grower, cultivador
growing[1], crecimiento, cultivo
growing pattern, patrón de crecimiento
growing[2], creciente
growl[1], regañar, gruñir, rezongar, refunfuñar
growl[2], gruñido
growling, refunfuño
grown-up[1], mayor de edad, maduro(a)
grown-up[2], persona mayor de edad, adulto(a)
growth, vegetación, crecimiento, producto, aumento, progreso, adelanto, nacencia, tumor
growth cycle, ciclo de crecimiento
growth factor, factor de crecimiento
growth rate, tasa de crecimiento
Guangzhou (Canton), Cantón o Guangzhou
grub[1], gorgojo, alimento, persona desaliñada que trabaja muy fuerte
grub[2], desarraigar, desmontar, rozar, dar de comer

grub[3], comer, trabajar muy fuerte en la tierra
grubby, gusarapiento, sucio, desaliñado
grudge[1], rencor, odio, envidia
to bear a grudge, guardar rencor
grudge[2], envidiar, repugnar, malquerer
grudgingly, con repugnancia, de mala gana
gruel, harina de avena mondada, atole
grueling, muy severo, agotador
gruesome, horrible, espantoso
gruff, ceñudo, grosero, brusco
gruffly, ásperamente
grumble, gruñir, murmurar
grumpy, regañón, quejoso, ceñudo
grunt, gruñir, gemir
guarantee[1], garante, fiador(a), garantía, fianza
guarantee[2], garantir, garantizar
guarantor, garante, fiador(a)
to be a guarantor, salir fiador, salir garante
guaranty, garante, garantía
guard[1], guarda, guardia, centinela, rondador, vigilante, guardafrenos, defensa
to be on guard, estar de centinela, estar alerta
guard[2], guardar, defender, custodiar
guard[3], guardarse, prevenirse, velar
to guard against, cautelar, precaverse
guarded, mesurado, circunspecto
guardhouse, cuartel de guardia
guardian[1], tutor, curador, guardián
guardian saint, patrón
guardian[2], tutelar
guardian angel, ángel de la guarda
guardianship, tutela
guerrilla, guerrillero
guerilla warfare, guerra de guerrillas
guess[1], conjeturar, adivinar, suponer
guess and check, procedimiento de adivinar y comprobar
guess[2], conjetura
guesswork, conjetura
guest, huésped(a), invitado(a), convidado(a)
guest speaker, orador invitado
guffaw, carcajada, risotada
guidance, gobierno, dirección
guidance beam, rayo electrónico orientador
guide[1], guiar, dirigir
guide[2], guía, conductor
girl guide, guía, niña guía
guide words, palabras guía
guidebook, manual, guía
guideline, directriz
guidepost, poste indicador, hito
guild, gremio, comunidad, corporación
guild master, maestro del gremio
guile, engaño, fraude
guileless, cándido, sincero
guilt, delito, culpa, delincuencia
guiltless, inocente, libre de culpa
guilty, reo, culpable, culpado
guinea, guinea
guinea pig, conejillo de Indias, cobayo
guise, modo, manera, práctica
guitar, guitarra
gulch, barranca, quebrada, cañada
gulf, golfo, abismo, sima, torbellino
Gulf of Tonkin Resolution, resolución del Golfo de Tonkín
Gulf Stream, corriente del Golfo
gull[1], gaviota, persona fácil de engañar o defraudar
gull[2], engañar, defraudar
gullet, tragadero, gaznate
gullible, crédulo, fácil de engañar
gully[1], barranca
gully[2], formar canal
gulp[1], trago
gulp[2], engullir, tragar
gum[1], goma, encía
chewing gum, chicle, goma de mascar
gum tree, árbol gomífero
gum[2], engomar
gumbo, quimbombó, sopa de quimbombó
gumdrop, pastilla de goma
gummy, gomoso(a)
gumption, inteligencia, juicio, astucia, iniciativa
gumwood, madera del árbol de goma

gun, arma de fuego, cañón, fusil, escopeta, pistola, revólver
gun barrel, cañón de fusil
gun carriage, cureña de cañón
gun control, control de armas
gun metal, bronce de cañones, imitación de cobre
gunboat, cañonero(a)
gunfire, cañoneo
gunner, artillero
gunny, tejido basto para sacos
gunny sack, saco de yute
gunpowder, pólvora
gunshot, tiro de escopeta, herida de arma, alcance de un tiro
gunwale, borda
Gupta Empire, Imperio Gupta
gurgle[1], gorjear
gurgle[2], gorjeo
gush[1], brotar, chorrear, demostrar afecto exageradamente
gush[2], chorro, efusión
gusher, pozo surgente
gust, soplo de aire, ráfaga
gusto, gusto, placer
gut[1], intestino, cuerda de tripa, barriga
gut[2], desventrar, destripar
guts, valor, valentía, fuerza
gutter[1], gotera, canal, zanja, cuneta, caño, arroyo de la calle
gutter[2], acanalar, caer en gotas
guttural, gutural
guy, retenida, tipo, sujeto
guzzle, beber o comer con glotonería
gymnasium, gimnasio
gymnastic, gimnástico(a)
gymnastics, gimnástica, gimnasia
gynecology, ginecología
gypsum, yeso
gypsy, gitano(a), bohemio(a)
gyroscope, giroscopio

H

habeas corpus, hábeas corpus
haberdasher, tendero(a), camisero(a)
haberdashery, mercería, camisería, tienda de ropa para hombres
habilitate, habilitar
habit, hábito, vestido, uso, costumbre
habits of mind, hábitos mentales
habitable, habitable
habitat, habitación, morada, hábitat
habitat destruction, destrucción de hábitat
habitation, habitación, domicilio
habitual, habitual
hacienda, hacienda
hack[1], caballo de alquiler, rocín, cuártago
hack[2], tajar, cortar, usar demasiado hasta vulgarizarlo, chotear
hacker, pirata informático
hackney[1], caballo de alquiler
hackney[2], alquilable, vulgar
hackneyed, trillado(a), trivial, manoseado(a)
haddock, merluza
Hades, los infiernos
Hadith, hadiz
hag, bruja, hechicera
haggard, macilento(a), ojeroso(a), trasnochado(a)
haggle[1], cortar en tajadas
haggle[2], regatear
Hague, Haya
hail[1], granizo, saludo
hail[2], saludar
hail!, ¡viva! ¡salve! ¡salud!
Hail Mary, Ave María
hail[3], granizar
hailstone, piedra de granizo
hailstorm, granizada
hair, cabello, pelo
bobbed hair, melena, pelo corto
hair ribbon, cinta para el cabello

hair trigger, disparador muy sensible
to comb one's hair, peinarse
to cut one's hair, cortarse el pelo
hairbrush, cepillo para el cabello
haircut, corte de pelo
to have a haircut, cortarse el pelo
hairdo, peinado
hairdresser, peluquero(a), peinador(a)
hairdresser's shop, peluquería, salón de belleza
hairdressing, peinado
hairless, calvo(a), sin pelo
hairpin, horquilla
hair-raising, espantoso(a), aterrador(a)
hairy, peludo(a), velludo(a), cabelludo(a)
Haiti, Haití
Haitian Revolution, Revolución haitiana
Hajj, peregrinación
hale, sano(a), vigoroso(a), ileso(a)
half[1] (pl. halves), mitad (pl. mitades)
half hour, media hora
half[2] (pl. halves), medio (pl. mitades)
half-angle formula, fórmula de ángulo medio
half blood, medio(a) hermano(a)
half brother, hermanastro
half-mast, media asta
half-moon, media luna
half note, blanca
half pay, media paga, medio sueldo
half sister, hermanastra
half sole, media suela
half tone, semitono, fotograbado a media tinta
halfback, medio
half-blooded, mestizo(a), encastado(a), de padre o de madre
half-breed, mestizo(a)
half-caste, casta cruzada, cholo(a), mestizo(a)
halfhearted, indiferente, sin entusiasmo
half-life, periodo de semidesintegración, semivida
halftone, semitono
halfway[1], a medio camino
halfway[2], medio, parcial
half-witted, imbécil
halibut, hipogloso(a)
halitosis, halitosis, mal aliento
hall, vestíbulo, sala, salón, colegio, sala, cámara
Halley's comet, cometa Halley
hallow, consagrar, santificar
Halloween, víspera de Todos los Santos
hallucination, alucinación
hallway, pasillo corredor
halo, halo, nimbo, corona
halt[1], cojear, parar, hacer alto, dudar
halt[2], cojera, parada, alto
halt!, ¡alto!
halter, soga, cuerda, cabestro, ronzal, camal, pechera, blusa sin mangas que se amarra al cuello y deja la espalda descubierta
halve, partir en dos mitades
halves, mitades
by halves, a medias
ham, jamón, corva
hamburger, hamburguesa, carne picada de res
hamlet, villorrio, aldea
hammer[1], martillo
hammer of a gun, serpentín
hammer[2], martillar, forjar
hammer[3], trabajar, reiterar esfuerzos
hammering campaign, campaña crítica
hammock, hamaca
hamper[1], cuévano, cesto grande
hamper[2], restringir, estorbar, impedir, entrampar
Han dynasty, dinastía Han
Han empire, Imperio Han
hand[1], mano, palmo, carácter de escritura, salva de aplausos, poder, habilidad, destreza, marinero, obrero, mano o manecilla
at hand, a la mano, al lado
clap hands, batir palmas, aplaudir
hand baggage, equipaje o bulto de mano
hand dribble, drible con las manos

hand grenade, granada de mano
hand organ, organillo
hand position, posición de la mano
hand to hand, cuerpo a cuerpo
hand washing, lavado de manos
in the hands of, en poder de
on the other hand, en cambio, por otra parte
with bare hands, a brazo partido
with one's own hand, de propia mano
hand[2], dar, entregar, alargar, guiar por la mano
to hand down, trasmitir, bajar, pasar más abajo
handbag, bolsa, saquillo de mano, maletilla
handball, pelota, juego de pelota
handbill, cartel
handbook, manual, prontuario
handcart, carretilla de mano
handcuffs, manillas, esposas
handful, manojo, puñado
handicap, carrera ciega con caballos de peso igualado, obstáculo, ventaja, lastre
handicapped athlete, atleta con discapacidad
handicapping condition, condición de discapacidad
handicraft, arte mecánica, destreza manual, mano de obra
handiwork, obra manual
handkerchief, pañuelo
handle[1], mango, puño, asa, manija, manigueta, palanca
handle bar, manubrio
handle[2], manejar, tratar
handling, manejo, toque
handmade, hecho(a) a mano
handout, alimento o ropa que se regala a un limosnero
hand-picked, escogido(a), selecto(a), favorecido(a)
handrail, barandilla, pasamano
handsaw, serrucho
handset, trasmisor y receptor telefónico
handshake, apretón de manos
handsome, hermoso(a), bello(a), gentil(a), guapo(a)
handsomely, primorosamente, con generosidad
hand-to-mouth, precario(a), impróvido(a), escaso(a)
handwork, obra hecha a mano, trabajo a mano
handwriting, escritura a mano, caligrafía, letra
handy, manual, diestro(a), mañoso(a)
handy man, factótum, hombre hábil para trabajos de la casa, reparaciones, etc.
hang[1], colgar, suspender, ahorcar, entapizar, guindar
hang[2], colgar, ser ahorcado, pegarse, quedarse suspenso, depender
hangar, hangar, cobertizo
hangdog[1], avergonzado(a), corrido(a), degradante
hangdog[2], persona vil y despreciable
hanger, alfanje, espada ancha, colgador, gancho
hanger-on, gorrista, gorrón (gorrona), parásito
hanging, pendiente
Hanging Gardens of Babylon, Jardines Colgantes de Babilonia
hangings, tapicería, cortinaje
hangman, verdugo
hangnail, respigón, uñero, padrastro
hangover, resaca, cruda
hank, madeja de hilo
hanker, ansiar, apetecer
hankering, anhelo
hansom, cabriolé
haphazard[1], accidente, lance
haphazard[2], causal, descuidado(a)
hapless, desgraciado(a), desventurado(a)
haploid, haploide, monosomático(a)
happen, acontecer, acaecer, suceder, sobrevenir, caer
to happen to, acertar, suceder por casualidad
happening, suceso, acontecimiento
happily, felizmente
happiness, felicidad, dicha
happy, bienaventurado, jubiloso
happy-go-lucky, calmado, sereno, filosófico, sin preocupaciones

Hapsburg Empire, Imperio de los Habsburgo
harangue[1], arenga
harangue[2], arengar
harass, cansar, fatigar, sofocar, acosar
harbinger, precursor(a)
harbor, albergue, puerto, bahía, asilo
harbor[2], albergar, hospedar
harbor[3], tomar albergue
hard[1], duro, firme
  hard-boiled, cocido hasta endurecerse
  hard-boiled eggs, huevos duros
  hard cash, numerario efectivo
  hard cider, sidra fermentada
  hard coal, antracita
  hard disk, disco duro
  hard drive, unidad de disco duro
hard[2], difícil, difícilmente, penoso
  hard-earned, ganado con mucho trabajo
  hard of hearing, medio sordo, duro de oído
  hard-pressed, apurado, falto de recursos
hard[3], cruel, severo, rígido
  hard and fast, rígido, sin excepción
hard[4], cerca, a la mano
harden, endurecer, endurecerse
hardening, endurecimiento
hardest, más difícil
hardhearted, duro de corazón, insensible
hardly, apenas, severamente
hardness, dureza, dificultad, inhumanidad, severidad
hardship, injuria, opresión, injusticia, penalidad, trabajo, molestia, fatiga
hardware, ferretería, quincallería
  hardware limitations, limitaciones de hardware
  hardware platform, plataforma de hardware
  hardware store, quincallería, ferretería
  hardware trade, comercio de hardware
hardwood, madera dura
hard-working, trabajador
hardy, atrevido, bravo, intrépido, fuerte, robusto, vigoroso
hare, liebre
harebrained, aturdido, atolondrado
hare-lipped, labihendido
harem, harén
hark, escuchar
  hark!, ¡oye! ¡mira!
Harlem Renaissance, Renacimiento de Harlem
harlot, puta, meretriz, prostituta
harm[1], mal, daño, desgracia, perjuicio
harm[2], dañar, injuriar, ofender
harmful, dañoso, dañino, perjudicial, nocivo
harmful substance, sustancia dañina
harmless, inocente, inofensivo
harmonic, armónico
  harmonic accompaniment, acompañamiento armónico
  harmonic instrument, instrumento armónico
harmonics, armonía, teoría musical
harmonica, armónica
harmonious, armonioso
harmonize[1], armonizar, concertar, ajustar, concretar
harmonize[2], convenir, corresponder
harmony, armonía
harness[1], arreos de un caballo
harness[2], enjaezar
harp[1], arpa
harp[2], tocar el arpa
  to harp upon, machacar, porfiar, importunar con insistencia
harpist, arpista
harpoon, arpón
harpsichord, clavicordio, clave
harpy, arpía
harrow[1], grada, rastro
harrow[2], gradar
harrowing, conmovedor(a), horripilante
harry, atormentar, acosar, molestar
harsh, áspero(a), agrio(a), rígido(a), duro(a), austero(a)
harshness, aspereza, dureza, rudeza, austeridad, severidad
hart, ciervo
harvest[1], cosecha, agosto
  harvest festival, fiesta de la cosecha
harvest[2], cosechar, recoger las mieses
harvester, agostero(a), segador(a)

harvesting of resources, recolección de recursos
has[1], ha
has-been, ha sido
has[2], había
has[3], tiene
hash[1], jigote, picadillo
hash[2], picar
hassock, cojín para los pies
haste, prisa, presteza
to be in haste, estar de prisa
hasten[1], acelerar, apresurar
hasten[2], estar de prisa, apresurarse
hastily, precipitadamente, airadamente
hasty, pronto(a), apresurado(a), colérico(a)
hat, sombrero
hats off!, ¡quítense el sombrero!
straw hat, sombrero de paja
hatband, cintillo de sombrero
hatch[1], criar pollos, empollar, tramar
hatch[2], pollada, nidada, media puerta, cuartel, compuerta de esclusa, trampa
hatchet, destral, hacha pequeña
hatching, incubación, cloquera
hatchway, escotilla
hate[1], odio, aborrecimiento
hate speech, discurso de odio
hate[2], odiar, detestar
hateful, odioso(a), detestable
hatefully, detestablemente, con tirria
hatpin, alfiler de sombrero
hatrack, cuelgasombreros, percha para sombreros
hatred, odio, aborrecimiento
hatter, sombrerero(a)
haughty, altanero(a), altivo(a), orgulloso(a)
haul[1], tirar, halar o jalar, acarrear
haul[2], estirón, tirón, botín, presa
haunch, anca
haunt[1], frecuentar, rondar
haunt[2], guarida, lugar frecuentado
haunted, encantado(a), frecuentado(a) por espantos
Havana, La Habana
have, haber, tener, poseer
haven, puerto, abrigo, asilo
havoc, estrago, ruina
Hawaii, Hawai
Hawaiian culture, cultura hawaiana
Hawaiian Islands, Islas Hawaianas
hawk[1], halcón, gavilán
hawk[2], cazar con halcón, pregonar, llevar y vender mercaderías por las calles
hawker, vendedor(a) ambulante, buhonero(a), chalán (chalana)
hawk-eyed, lince, agudo(a), con vista de lince
hawser, guindaleza, amarra
hawthorn, espino blanco, acerolo
hay, heno
hay fever, romadizo, catarro de origen alérgico
hayfield, henar
hayfork, horca, laya
hayloft, henil
haymaker, guadañil, golpe tremendo
haystack, almiar
hazard[1], acaso, accidente, riesgo, juego de azar a los dados
hazard[2], arriesgar, aventurar
hazardous, arriesgado(a), peligroso(a)
hazardous waste handling, manejo de desechos peligros
haze, niebla, bruma, aturdimiento
hazel[1], avellano
hazel[2], color castaño
hazelnut, avellana
hazy, nublado(a), oscuro(a), brumoso(a), aturdido(a)
hdkf. (handkerchief), pañuelo
hdqrs. (headquarters), cuartel general
he, él
H.E. (His Excellency), Su Excelencia
head[1], cabeza, jefe, juicio, talento, puño, fuente, nacimiento
bald head, calva
from head to foot, de arriba abajo
head of a coin, cara de una moneda
head of hair, cabellera
head-on, de cabeza
heads or tails, cara o cruz, cara o sello, águila o sol
head[2], gobernar, dirigir, degollar, podar los árboles, encabezar
Head Start, ventaja inicial

to head off, alcanzar, prevenir
headache, dolor de cabeza, hemicránea, jaqueca
headcheese, queso de puerco
headdress, cofia, tocado
headfirst, de cabeza
headgear, tocado
heading, título, membrete
headland, promontorio, cabo
headless, descabezado(a), estúpido(a)
headlight, linterna delantera, farol delantero
headline, encabezamiento, título, titular
headlong, temerario(a), precipitoso(a), inconsiderado(a)
headmaster, director de una escuela
headmost, primero(a), más adelantado(a)
headphone, auricular para la cabeza
headpiece, casco, yelmo, cabeza, intelecto, entendimiento, viñeta, auricular telefónico con soporte para la cabeza
headquarters, cuartel general, jefatura, administración
police headquarters, jefatura de policía
headset, casco con auricular
headstone, lápida
headstrong, testarudo(a), cabezudo(a)
headwaiter, primer mozo, jefe de los mozos de un restaurante
headwaters, fuente, cabecera, lugar donde nace un río
headway, salida, marcha, avance, progreso, intervalo entre dos trenes en una misma ruta
headwork, trabajo mental
heal[1], curar, sanar, cicatrizar
heal[2], recobrar la salud
health, salud, sanidad, salubridad
bill of health, patente de sanidad
health benefit, beneficio para la salud
health care facility, clínica de asistencia médica
health fad, moda sanitaria
health goal, meta de salud
health insurance, seguro médico
health officer, oficial de sanidad o de cuarentena, sanitario
health resort, centro de salud
health risk, riesgo a la salud
health screening, exploración médica
health services, servicios sanitarios
health-care product, producto de asistencia médica
health-care provider, profesional de la salud
health-enhancing level of fitness, nivel de mejora de la condición física
to be in good health, estar bien de salud
to be in poor health, estar mal de salud
healthful, saludable
healthy, sano(a), salubre, saludable, lozano(a)
healthy relationship, relación sana
heap[1], montón, mojón, rima, rimero
ash heap, cenicero
heap[2], amontonar, acumular
hear[1], oír, entender, acceder
hear[2], oír, escuchar
hearing, oído, oreja, audiencia
hearken, escuchar, atender
hearsay, rumor, fama, voz pública
by hearsay, de oídas, por oídas
hearse, carroza fúnebre
heart, corazón, alma, interior, centro, ánimo, valor, emoción
by heart, de memoria
heart disease, enfermedad cardiaca
heart rate, frecuencia cardiaca
heart-rate recovery, recuperación de la frecuencia cardiaca
heart-rate reserve, reserva de la frecuencia cardiaca
heart trouble, enfermedad del corazón
to one's heart's content, a pedir de boca
with all my heart, con toda mi alma
heartache, angustia, congoja

heartbeat, latido del corazón
heartbreak, decepción amorosa, pesar, aflicción, disgusto
heartbreaking, doloroso(a), conmovedor(a)
heartbroken, desconsolado(a)
heartburn, acedía
heartfelt, expresivo(a), muy sentido(a), muy sincero(a)
hearth, hogar, chimenea
hearthstone, hogar, casa
heartiness, cordialidad
heartless, sin corazón, inhumano(a), cruel
heart-rending, agudo(a), penetrante, desgarrador(a)
heartsick, dolorido(a), afligido(a)
heart-to-heart, íntimo(a), sincero(a), abierto(a), confidencial
hearty, sincero(a), sano(a), vigoroso(a), campechano(a)
  hearty meal, comida sana y abundante
heat[1], calor, calefacción, ardor, vehemencia, animosidad, extremada presión en investigaciones judiciales, carrera
  heat conduction, conducción del calor
  heat convection, convección de calor
  heat emission, emisión de calor
  heat energy, energía térmica
  heat radiation, radiación de calor, radiación térmica
  heat retention, retención del calor
  heat shield, cubierta o protector contra el calor
  heat transfer, transferencia de calor, transferencia térmica
  heat wave, onda cálida
  in heat, en celo
  prickly heat, salpullido
heat[2], calentar, encender
heater, escalfador, calentador, estufa
heath, brezo, brezal, matorral
heathen, gentil, pagano(a)
heather, brezo
heating, calefacción
  central heating, calefacción central
heatstroke, insolación
heave[1], alzar, elevar, arrojar, virar para proa
heave[2], palpitar, respirar trabajosamente
heave[3], esfuerzo para levantarse, suspiro de congoja
heaven, cielo, firmamento
  heavens!, ¡cielos! ¡caramba!
heavenly, celestial, divino(a)
heavier, más pesado
heavily, pesadamente
heaviness, pesadez, peso, carga, aflicción, opresión
heavy, grave, pesado(a), opresivo(a), penoso(a), molesto(a), triste, tardo(a), soñoliento(a), oneroso(a)
  to be heavy, pesar
heavyweight[1], de peso completo
heavyweight[2], peso completo, persona obesa
hebrew, hebreo
  Hebrew Torah, Tora hebrea
heckle, importunar con preguntas
heckler, preguntón (preguntona) importuno(a)
hectic, inquieto(a), agitado(a)
hectograph, hectógrafo
hedge[1], seto, barrera
hedge[2], cercar con un seto
hedgehog, erizo
hedgerow, serie de árboles en los cercados
heed[1], atender, observar
heed[2], cuidado, atención, precaución
  to give heed, reparar, atender
heedless, descuidado(a), negligente, impróvido(a)
heedlessly, negligentemente
heel[1], talón, carcañal, calcañar, canalla, bribón, bellaco, pérfido villano
  rubber heel, tacón de goma o de caucho
  to take to one's heels, apretar los talones, huir
heel[2], poner tacónes, escorar
Hegira (Hijrah), hégira
Heian period, período de Heian
heifer, becerra, vaquilla, ternera
height, altura, elevación, sublimidad
heighten, realzar, adelantar, mejorar, exaltar

Heimlich maneuver, maniobra de Heimlich
heinous, atroz, odioso(a)
heir, heredero(a)
  heir apparent, heredero(a) forzoso(a)
  heir presumptive, presunto(a) heredero(a)
heiress, heredera
heirloom, mueble heredado, reliquia de familia
helibus, helicóptero grande
helicopter, helicóptero
heliotrope, heliotropo
helium, helio
hell, infierno
Hellenism, helenismo
Hellenist culture, cultura helenística
Hellenistic art, arte helenístico
Hellenistic period, período helenístico
hellish, infernal, malvado(a)
hellishly, diabólicamente
hello, ¡hola! ¡qué hay! ¡qué hubo!
helm, timón, gobierno
helmet, yelmo, casco
help[1], ayudar, asistir, socorrer, aliviar, remediar, reparar, evitar
  I cannot help it, no puedo remediarlo
  to help oneself to, servirse
help[2], ayuda, socorro, remedio
  help system, sistema de ayuda
helper, auxiliador(a), socorredor(a)
helpful, útil, provechoso(a), saludable
helpless, inútil, imposibilitado
helpmate, compañero(a), ayudante, esposa
Helsinki Accord, Conferencia de Helsinki
Helsinki Accords, Conferencia de Helsinki, Acuerdos de Helsinki
helter-skelter, a trochemoche, en desorden
hem[1], ribete, bastilla
  hem!, ¡ejem!
hem[2], bastillar, repulgar, ribetear
hem[3], vacilar, fingir tos
  hem in, circundar, rodear, ceñir
hemisphere, hemisferio
hemlock, abeto, cicuta
hemoglobin, hemoglobina
hemophilia, hemofilia
hemorrhage, hemorragia
hemorrhoids, hemorroides, almorranas
hemp, cáñamo
hemstitch[1], vainica, ojito, deshilado
hemstitch[2], hacer una vainica, hacer ojito, deshilar
hen, gallina
hence, de aquí, por esto, por lo tanto
henceforth, de aquí en adelante, en lo sucesivo
henchman, secuaz, servil
hencoop or henhouse, gallinero
henna, alheña
henpeck, encocorar una mujer a su marido tratando de mandarlo, mandilón
  henpecked husband, calzonazos, mandilón
Henri Matisse, Henri Matisse
hepatitis, hepatitis
hepcat, miembro de una banda de jazz, experto en música de jazz
her[1], le, la, a ella
her[2], su, de ella
herald, heraldo
herb, yerba, hierba
herbivore, herbívoro
herbs, hierbas medicinales
herbaceous, herbáceo(a)
herbage, herbaje, hierba
herbivore or herbivorous, herbívoro
herculean, hercúleo(a)
herd[1], hato, rebaño, manada, grey
herd[2], ir en hatos, asociarse
herd[3], guiar en rebaño
herding societies, pueblos de pastores
herder, pastor de ganado
herdsman, pastor
here, aquí, acá
hereabout, por aquí, por los alrededores
hereabouts, por aquí, por los alrededores
hereafter[1], en lo futuro
hereafter[2], estado venidero, el futuro
hereby, por esto

hereditary, hereditario(a)
 hereditary information, información hereditaria
 hereditary social system, sistema social hereditario
heredity, derecho de sucesión, herencia
herein, en esto, aquí dentro
hereinafter, después, más adelante
heresy, herejía
heretic[1], hereje
heretic[2], herético(a)
heretical, herético(a)
heretofore, antes, en tiempos pasados, hasta ahora
hereupon, sobre esto
herewith, con esto
heritage, herencia, patrimonio
hermetic, hermético(a)
hermit, ermitaño(a), eremita
 Hermit Kingdom, reino ermitaño
hermitage, ermita
Hernando Cortes, Hernán Cortés
hernia, hernia, rotura, ruptura
hero, héroe
Herodotus, Heródoto
heroic, heroico(a)
heroics, expresión o acto extravagantes
heroine, heroína
heroism, heroísmo
heron, garza
herring, arenque
herringbone, punto espigado, punto de ojal
hers, el suyo
herself, sí, ella misma
hesitant, indeciso(a), vacilante
hesitate, vacilar, titubear
hesitation, duda, irresolución, vacilación, titubeo
Hetch Hetchy controversy, controversia del valle de Hetch Hetchy
heterogeneous, heterogéneo(a)
 heterogeneous mixture, mezcla heterogénea
heterotroph, heterótrofo
heterotrophic, heterótrofo
heterozygous , heterocigoto
hew, leñar, tajar, cortar, picar
hexagon, hexágono
hexahedron, hexaedro
hexameter, hexámetro
hey, ¡eh! ¡oye!
heyday, apogeo, auge, sumo vigor, suma vitalidad
H.H. (His Holiness) , S.S. (su santidad)
H.H. (His or Her Highness), su alteza
hiatus, abertura, hendidura, laguna, hiato
hibernate, invernar
hibernation, invernada, hibernación
hiccough[1], hipo
hiccough[2], tener hipo
hickory, nogal americano
hid, pretérito del verbo hide
hidden, escondido(a), secreto(a)
hide[1], esconder, apalear
hide[2], esconderse
hide[3], cuero, piel
 hide-and-seek, juego de escondite, escondite
hideous, horrible, macabro(a)
hiding, encubrimiento
 hiding place, escondite, escondrijo, madriguera
hie, apresurarse
hierarchy, jerarquía
hierarchic structure, estructura jerárquica
hierarchy, jerarquía
hieroglyphic, jeroglífico
hi-fi, de alta fidelidad
high[1], alto(a), elevado(a)
 high fidelity, alta fidelidad
 high frequency, alta frecuencia, frecuencia elevada
 high-frequency word, palabra de alta frecuencia
 high jump, salto de altura
 high-latitude place, zona de latitud alta
 high plains, altiplanicie
 high-pitched, tono alto, agudo(a), sensitivo(a)
 high seas, alta mar
 high spirits, alegría, jovialidad
 high-test, alta graduación, alta volatilidad
 high tide, pleamar
 high time, buena hora, jarana
 high treason, alta traición,

delito de lesa majestad
high water, marea alta, mar llena
high[2], noble, ilustre, sublime
high culture entertainment, entretenimiento de alta cultural
High Middle Ages, Plena Edad Media
High Renaissance, alto renacimiento
high[3], altivo(a), orgulloso
high-hat, aristócrata, presuntuoso(a), popof
high-minded, orgulloso(a), arrogante, magnánimo(a)
high-spirited, bizarro(a), gallardo(a), valiente
high[4], arduo(a)
high-strung, nervioso(a), excitable
high[5], caro(a)
high-grade, de alta calidad, excelente
high-priced, caro(a), de precio elevado
high[6], fuerte, poderoso
high-octane, de alto octanaje
high-powered, de alta potencia
high-pressure, de alta presión, intenso, urgente
high-pressure salesman, vendedor persistente y tenaz
high speed, alta velocidad, gran velocidad
high voltage, alta tensión
highball, jaibol
higher court review, revisión de la Corte Suprema
highest law of the land, cláusula de supremacía
highhanded, tiránico(a), arbitrario(a)
highland, tierra montañosa
highlight, alumbrar con reflectores eléctricos, destacar, dar realce, dar relieve, resaltar
highly, altamente, en sumo grado, arrogantemente, ambiciosamente, sumamente
Highness[1], Alteza
Highness[2], altura, elevación
highroad, camino, carretera
high school, escuela secundaria
high-sounding, pomposo(a), retumbante
high-water mark, colmo, pináculo
highway, carretera
highwayman, salteador de caminos
hike, caminata, paseo a pie
hilarious, alegre y bullicioso(a)
hill, collado, cerro, otero, colina
hilly, montañoso(a)
hilt, puño de espada
him, le, lo, a él
himself, sí, él mismo
hind[1], trasero(a), posterior
hind[2], cierva
hinder, impedir, embarazar, estorbar
hindmost, postrero(a), último(a)
hindquarter, cuarto trasero de algunos animales
hindrance, impedimento, obstáculo, rémora
hindsight, mira posterior de una arma de fuego, percepción de la naturaleza y exigencias de un suceso pasado
Hinduism, hinduismo
Hindus, hindúes
hinge[1], charnela, bisagra, gozne, punto principal, centro
hinge[2], engoznar
hint[1], seña, sugestión, insinuación, luz, aviso, buscapié
hint[2], apuntar, insinuar, sugerir, hacer señas
hinterland, tierra interior
hip, cadera
hipbone, hueso de la cadera
hippopotamus, hipopótamo
hire[1], alquilar, rentar
hire[2], alquiler, renta, salario
hireling[1], jornalero(a), mercenario(a)
hireling[2], mercenario, venal
his[1], su, de él
His Holiness (the Pope), su santidad
his[2], el suyo
Hispanic American, hispanoamericano(a)
Hispaniola, Isla Española
hiss, silbar
hissing, chifla, siseo
histogram, histograma
historian, historiador(a)

historic, histórico(a)
historical, histórico(a)
historical account, relato histórico
historical allusion, alusión histórica
historical context, contexto histórico
historical continuity, continuidad histórica
historical document, documento histórico
historical fiction, ficción histórica
historic figure, figura histórica
historical influence, influencia histórica
historical map, mapa histórico
historical narrative, narración histórica
historical period, período histórico
historic preservation, preservación histórica
historic site, sitio histórico
historical theme, tema histórico
history, historia, narración
history of oil discovery, historia del descubrimiento del petróleo
history of science, historia de la ciencia
history of the universe, historia del Universo
hit[1], golpear, dar, atinar
hit[2], salir bien, encontrar, encontrarse
to hit the target, dar en el blanco
hit[3], golpe, suerte feliz, alcance, éxito, golpe
hitch[1], enganchar, atar, amarrar
hitch[2], impedimento, nudo o lazo fácil de soltar
hitchhike, hacer autostop, viajar en autostop
hither[1], acá, hacia acá
hither[2], citerior
hitherto, hasta ahora, hasta aquí
Hittite people, hititas
H.I.V. (human immunodeficiency virus), VIH (virus de la inmunodeficiencia humana)
hive[1], colmena
hive[2], vivir muchos en un mismo lugar
hives, urticaria, ronchas
H.M. (His Majesty, Her Majesty), S.M. (su majestad)
HMO (Health Maintenance Organization), Organización de Mantenimiento de la Salud (HMO)
hoard[1], montón, tesoro escondido
hoard[2], atesorar, acumular
hoarding, acaparamiento, atesoramiento, acumulación de mercancías ante posible escasez
hoarfrost, escarcha
hoarse, ronco
hoarsely, roncamente
hoarseness, ronquera, carraspera
hoary, blanquecino(a), cano(a)
hoax[1], burla, petardo, trufa
hoax[2], engañar, burlar
hobble[1], cojear
hobble[2], enredar
hobble[3], dificultad, cojera, maniota
hobby, manía, afición, hobby
hobbyhorse, caballito de madera en que corren los niños
hobnail, clavo de herradura
hobnob, codearse, rozarse
hobo, vagabundo(a)
hock[1], vino añejo del Rin, corvejón, jarrete
hock[2], desjarretar, dar en prenda, empeñar
hockey, hockey
hocus-pocus, pasapasa, engaño, treta, abracadabra
hodgepodge, almodrote, baturrillo, morralla
hoe[1], azada, azadón
hoe[2], cavar la tierra con azada, azadonar
hog, cerdo(a), puerco(a)
hoggish, porcuno(a), egoísta, glotón (glotona)
hogshead, tonel, barrica, bocoy
hoist[1], alzar, izar
hoist[2], montacargas, cric, elevador, grúa
hoisting, izamiento
hoisting crane, montacargas
hoisting engine, malacate
hold[1], tener, asir, detener, sos-

tener, mantener, juzgar, reputar, poseer, continuar, proseguir, contener, celebrar, sujetar
to hold one's own, mantenerse firme, no ceder
hold[2], valer, mantenerse, durar, abstenerse, adherirse, posponer
hold on!, ¡espera!
to lay hold, echar mano
hold[3], presa, mango, asa, prisión, custodia, bodega, apoyo, poder
holder, tenedor, posesor, mango, asa
cigar holder, boquilla
cigarette holder, boquilla
holding, tenencia, posesión
holding company, compañía tenedora
holdup, asalto, salteamiento
hole, agujero, cueva, hoyo, seno, hueco
holiday, día de fiesta, día festivo
holidays, vacaciones, días de fiesta
holiness, santidad
Holland, Holanda
Hollander, holandés(a)
hollow[1], hueco(a), falso(a), engañoso(a), insincero(a)
hollow[2], cavidad, caverna
hollow[3], excavar, ahuecar
hollow-eyed, con los ojos hundidos
holly, acebo, agrifolio
hollyhock, malva hortense
Holocaust, Holocausto
holster, funda de pistola
holy, santo(a), pío(a), consagrado(a)
holy city, ciudad santa
holy water, agua bendita
Holy Week, Semana Santa
most holy, santísimo(a)
homage, homenaje, culto
home[1], casa, casa propia, morada, patria, domicilio, hogar
at home, en casa
home[2], doméstico(a)
home country, país de origen
home front, frente civil, frente interno, retaguardia
home office, oficina central
home page, página inicial, página principal, página raíz
home row, fila guía, fila principal
homeland, patria, tierra natal
homeless, sin casa, sin hogar, sin techo
homelike, como de casa, cómodo
homeliness, simpleza, fealdad
homely, feo(a), casero(a)
homemade, hecho(a) en casa, casero(a)
homemaker, ama de casa
homeopath, homeópata
homeostasis, homeostasis
Homeric Greek literature, literatura griega homérica
homerun, jonrón, cuadrangular
homesick, nostálgico
homesickness, nostalgia por el hogar o el país natal
homespun, casero(a), tosco(a), basto(a)
homestead, heredad, casa solariega, hogar, solar
Homestead Act, Ley Agraria
homestretch, último trecho de una carrera
homeward, hacia casa, hacia su país
homeward-bound, con rumbo al hogar, de regreso
homework, tarea, trabajo hecho en casa, estudio fuera de la clase
homicidal, homicida
homicide, homicidio, homicida
homily, homilía
homing, rumbo automático, orientación automática hacia un trasmisor
homing pigeon, paloma mensajera
hominid, homínido(a)
hominid community, comunidad de homínidos
hominy, maíz de grano, maíz machacado o molido
homo erectus, Homo erectus
homo sapiens, Homo sapiens
homogeneous, homogéneo(a)
homogeneous mixture, mezcla homogénea
homogenize, homogenizar
homograph, homógrafo(a)
homologous, homólogo(a)
homologous chromosome, cromosoma homólogo

homologous structure, estructura homóloga
homonym, homónimo(a)
homophone, homófono(a)
homosexual, homosexual
homozygous, homocigoto, homocigótico
homozygous genotype, genotipo homocigótico
Honduran, hondureño(a)
honest, honesto(a), probo(a), honrado(a), justo(a)
honesty, honestidad, justicia, probidad, hombría de bien, honradez
honey, miel, dulzura, queridito(a)
like honey, meloso(a)
honeybee, abeja obrera
honeycomb, panal, bresca, ceras
honeydew melon, melón de Valencia, rocío de miel
honeyed, dulce, meloso(a), enmelado(a)
honeymoon, luna de miel
honeysuckle, madreselva
Hong Kong, Hong Kong
honk, graznido de ganso, pitazo de bocina de automóvil
honor[1], honra, honor, lauro
on my honor, a fe mía
point of honor, pundonor
honor[2], honrar
to honor a draft, aceptar un giro o letra de cambio
honorable, honorable, ilustre, respetable
honorable behavior, caballerosidad
honorably, honorablemente
honorarium, honorarios
honorary, honorario(a)
hood[1], caperuza, capirote, capucha, gorro, cofre, cubierta del motor
hood[2], proveer de caperuza, cubrir con caperuza
hoodlum, pillo(a), tunante
hoodoo[1], mal de ojo, persona o cosa que trae mala suerte
hoodoo[2], causar mala suerte
hoodwink, vendar a uno los ojos, engañar, burlar
hoof, pezuña, casco de las bestias caballares
hoof and mouth disease, fiebre aftosa
hoofbeat, ruido de los cascos
hook[1], gancho, anzuelo
by hook or crook, de un modo u otro
hook and eye, corchete macho y hembra
hook[2], enganchar
hooked, enganchado, encorvado
hooked rug, tapete tejido a mano
hookup, empalme, sistema de conexión, circuito, red de radiodifusoras
hookworm, lombriz intestinal
hoop[1], cerco, cerco de barril
hoop skirt, miriñaque
hoop[2], cercar
hoot[1], gritar
hoot[2], grito
hop[1], salto
hop[2], saltar, brincar
hops , lúpulo
hope[1], esperanza
hope chest, ajuar de novia
hope[2], esperar, tener esperanzas
hopeful[1], lleno(a) de esperanzas, esperanzado(a), optimista
hopeful[2], joven prometedor por sus buenas cualidades
hopefully, con esperanza
hopeless, desesperado(a), sin remedio
hopelessly, sin esperanza
Hopi, hopi
hopper, saltador, tolva
hopping, saltar en un pie, saltar a la pata coja
hopscotch, rayuela
horde, horda, enjambre, manada
horehound, marrubio
horizon, horizonte
horizontal, horizontal
horizontal axis, eje horizontal
horizontal line test, prueba de línea horizontal
hormone, hormona
horn, cuerno, corneta, trompeta, cacho, bocina, clarín
horned, cornudo(a)
hornet, abejón
hornpipe, gaita
horny, hecho(a) de cuerno,

calloso(a)
horoscope, horóscopo
horrible, horrible, terrible
horrid, horroroso(a), horrible
horrify, horrorizar
horror, horror, terror
horror-stricken, horrorizado
hors d'oeuvre, entremés, botana
horse[1], caballo, caballería, caballete
horse race, carrera de caballos
horse[2], cabalgar
horse[3], suministrar caballos
horseback, espinazo del caballo
on horseback, a caballo
horsefly, tábano, moscardón, moscarda
horsehair, crin de caballo, tela de crin
horsehide, corambre de caballo
horselaugh, carcajada, risotada
horseman, jinete
horsemanship, equitación
horseplay, retozo vigoroso, relajo
horsepower, caballo de fuerza
horseradish, rábano silvestre, rábano picante
horseshoe, herradura de caballo
horsetail tree, cola de caballo, equiseto
horsewhip[1], látigo, fusta, fuete
horsewhip[2], azotar
horticulture, horticultura, jardinería
hose, medias, manguera, tubo flexible
hosiery, medias, calcetines
hospitable, hospitalario(a)
hospitably, con hospitalidad
hospital, hospital
hospital ward, sala o crujía de hospital
maternity hospital, casa de maternidad
hospitality, hospitalidad
hospitalization, hospitalización
host, anfitrión, huésped, mesonero, ejército, hostia
hostage, rehén
hostel, posada, hostería, hotel
youth hostel, posada para jóvenes
hostess, anfitriona, posadera, mesonera, patrona
hostile, hostil, contrario
hostile audience, audiencia hostil
hostility, hostilidad
hot[1], caliente, cálido(a)
hot-air, de aire caliente
hot dog, perro caliente
hot rod, automóvil reforzado para alcanzar grandes velocidades
hot[2], ardiente, picante, picoso(a), muy condimentado(a)
hot[3], agitado(a), violento(a)
hot-blooded, excitable, de sangre ardiente
hot-tempered, fogoso(a), exaltado(a)
hot[4], recién robado(a)
hotbed, era, invernadero, semillero, foco
hotbox, cojinete calentado excesivamente por fricción
hotel, hotel, posada, fonda
hotheaded, sañoso(a), fogoso(a), exaltado(a)
hothouse, estufa, invernadero
hound, sabueso(a), podenco(a), hombre vil y despreciable
hour, hora
hour hand, manecillas de la hora, aguja horaria
hourglass, reloj de arena, ampolleta
hourly[1], a cada hora, frecuentemente
hourly[2], que sucede a cada hora, frecuente
house[1], casa, familia, linaje, cámara
banking house, casa de banco
business house, casa de comercio
clearing house, casa de compensación
commission house, casa de comisiones
country house, casa de campo
gambling house, casino
House of Commons, Cámara de los Comunes
house of correction, casa de corrección, reformatorio
House of Lords, Cámara de los Lores
House of Representatives, Cámara de Representantes
house of worship, lugar de culto, casa de oración

house on stilts, palafito
house party, fiesta en que los invitados permanecen más de un día, tertulia generalmente en una casa de campo
lodging house, casa de posada o de huéspedes
publishing house, casa editora
to keep house, poner casa, ser ama de casa
wholesale house, casa mayorista
house[2], albergar, residir
houseboat, casa flotante
housebreaker, ladrón que fuerza las puertas de una casa para robarla
housecoat, bata de casa
housefly, mosca
household, familia, casa, establecimiento, hogar
household appliance, aparato electrodoméstico
household goods, enseres
household management, manejo doméstico
household-waste disposal, eliminación doméstica de desechos
householder, jefe de una casa, padre de familia
housekeeper, ama de casa, ama de llaves
housekeeping, gobierno doméstico, manejo casero
housemaid, criada de casa
houses on stilts, palafitos
housetop, tejado
housewarming, tertulia para el estreno de una casa
housewife, ama de casa
housework, quehaceres domésticos, trabajo de casa
housing, edificación de casas, alojamiento, almacenaje, cárter, cubierta, vivienda
housing development, urbanización, desarrollo de vivienda
housings, gualdrapa
hovel, choza, cabaña
hover, colgar, dudar, rondar
how, cómo, cuán, cuánto
how are you getting along?, ¿qué tal?
how do you do?, ¿cómo le va a usted?
how goes it?, ¿qué tal?
how question, pregunta con cómo
how so?, ¿por qué? ¿cómo así?
however[1], como quiera que
however[2], sin embargo, no obstante
howitzer, obús, bombero
howl[1], aullar, reir a carcajadas
howl[2], aúllo, aullido
howsoever, como quiera, como quiera que sea
Huang He (Yellow River) civilization, civilización de Huang He (Río Amarillo)
Huang Ho, Huang Ho
hub, cubo, centro, cubo de una rueda
hub-and-spoke, sistema de aporte y dispersión, red radial
hubbub, grito, ruido, alboroto, tumulto
hubcap, tapacubo
huckleberry, arándano, ráspano
huckster, revendedor, vendedor ambulante
huddle[1], amontonar en desorden
huddle[2], amontonarse en confusión, agruparse para recibir señas
huddle[3], confusión, conferencia secreta
hue, color, tez del rostro, matiz, tinta
hue and cry, alarma que se da contra un criminal
Huey Long, Huey Long
huff[1], arrebato, cólera
huff[2], ofender, tratar con arrogancia
huff[3], enojarse, patear de enfado
huffy, malhumorado(a), irascible, arrogante
hug[1], abrazar, acariciar
hug[2], abrazo apretado
huge, vasto(a), enorme, gigantesco(a)
hulk, casco de una embarcación, armatoste
hull[1], cáscara, casco
hull[2], descortezar

hullabaloo, tumulto, alboroto
hum[1], zumbar, susurrar, murmurar
hum[2], tararear
hum[3], zumbido
human, humano(a)
human adapation, adaptación humana
human being, ser humano
human body, cuerpo humano
human capital, capital humano
human community, comunidad humana
human control over nature, control humano sobre la naturaleza
human cost, costo humano
human genetics, genética humana
human impact, impacto humano
human intention, intención humana
human modification, modificación humana
human modification of ecosystems, modificación de los ecosistemas por el hombre
human nature, naturaleza humana
human operated machine, máquina operada por un ser humano
human process, proceso humano
human resource , recurso humano
human resources, recursos humanos
human rights, derechos humanos
human-induced change, cambio inducido por los humanos
humane, humano(a), compasivo(a)
humanism, humanismo
humanist, humanista
humanitarian[1], filántropo(a)
humanitarian[2], humanitario
humanitarian aid, ayuda humanitaria
humanity, humanidad
humanize[1], hacer humano, civilizar
humanize[2], humanizarse
humankind, el género humano
humble[1], humilde, modesto(a)
humble[2], humillar, postrar
to humble oneself, humillarse, doblar o bajar la cerviz
humbleness, humildad
humbly, humildemente
humbug[1], engaño, farsa
humbug[2], engañar, embaucar
humdrum[1], lerdo(a), estúpido(a), monótono(a)
humdrum[2], monotonía, tedio
humid, húmedo(a)
humid tropical climate, clima tropical húmedo
humidify, humedecer
humidity, humedad
humidor, caja humedecida para puros, bote para tabaco de fumar
humiliate, humillar
humiliation, humillación, mortificación, bochorno
humility, humildad
humman community, comunidad humana
hummingbird, colibrí
humor[1], humor, comicidad, humorada, fantasía, capricho
bad humor, berrinche, mal humor
humor[2], complacer, dar gusto, matar un antojo
humorist, humorista
humorous, humorista, chistoso(a), jocoso(a)
humorously, de buen humor, en forma jocosa
hump, giba, joroba
humpbacked, jorobado(a), giboso(a)
humph! , ¡uf!
humus, humus, mantillo, tierra vegetal
Hun invasions, invasiones de los hunos
hunch, giba, idea, corazonada, presentimiento
hunchback, joroba, jorobado(a)
hunchbacked, jorobado(a), giboso(a)
hundred[1], cien, ciento
Hundred Years' War, Guerra de los Cien Años
hundred[2], centenar, un ciento
hundredth, centésimo(a)

hundredweight, quintal
Hungarian revolt, Revolución húngara
Hungary, Hungría
hunger[1], hambre
hunger strike, huelga de hambre
hunger[2], hambrear, anhelar, ansiar
hungry, hambriento, voraz
to be hungry, tener hambre
hunk, pedazo grande, trozo
hunt[1], cazar, perseguir, buscar
hunt[2], andar a caza
hunt[3], caza
hunter, cazador, caballo de caza, perro de monte, perro braco
hunter-gatherer, cazador-recolector
hunting[1], montería, caza
hunting[2], de caza
hurdle, zarzo, valla, obstáculo
hurdles, carrera de obstáculos
hurdy-gurdy, organillo
hurl, tirar con violencia, arrojar
hurrah! , ¡viva!
hurricane, huracán
hurricane shelter, refugios de huracanes
hurricane tracks, paso del huracán
hurried, apresurado(a), hecho(a) deprisa
hurry[1], acelerar, apresurar, precipitar
hurry[2], atropellarse, apresurarse
hurry[3], precipitación, confusión, urgencia
in a hurry, a prisa
to be in a hurry, tener prisa, darse prisa
hurt[1], dañar, hacer daño, herir, ofender
hurt[2], mal, daño, perjuicio, golpe, herida
hurt[3], sentido(a), lastimado(a), perjudicado(a)
husband[1], marido, esposo
husband[2], administrar con frugalidad
husbandman, labrador, granjero
husbandry, agricultura, economía
hush[1], silencio
hush!, ¡chitón! ¡silencio! ¡paz! ¡calla!
hush[2], aquietar, acallar
hush[3], hacer silencio
husk[1], cáscara, pellejo
husk[2], descascarar, mondar
huskiness, ronquedad, ronquera
husky[1], cascarudo(a), ronco(a), fornido(a), fuerte
husky[2], persona robusta
hussy, tunanta, mujer descarada
hustle, bullir, apurar, apurarse, andar de prisa
hut, cabaña, barraca, choza
Hutus, hutu
hyacinth, jacinto
hybrid, híbrido(a)
hybridization of crops, hibridación de cultivos
hydrant, toma de agua, boca de riego, boca de incendio
hydrangea , hortensia
hydraulic, hidráulico(a)
hydraulic engineering, hidrotecnia
hydraulics, hidráulica
hydrochloric, hidroclórico, clorhídrico
hydrodynamics, hidrodinámica
hydroelectric, hidroeléctrico(a)
hydroelectric plant, central hidroeléctrica
hydroelectric power, poder hidroeléctrico, energía hidroeléctrica
hydrogen, hidrógeno
hydrogen bomb, bomba de hidrógeno
hydrogen carbureted, hidrocarburo
hydrogen peroxide, agua oxigenada, peróxido hidrogenado
hydrogen sulphide, sulfhídrico
hydrologic cycle, ciclo hidrológico
hydrologic water cycle, ciclo hidrológico de agua
hydromatic, hidromático
hydrophobia, hidrofobia
hydroplane, hidroplano, hidroavión
hydroponics, hidroponía
hydrosphere, hidrósfera
hydrostatic, hidrostático(a)
hydrostatics, hidrostática
hyena, hiena
hygiene, higiene
hygienic, higiénico(a)
hygrometer, higrómetro
hymn, himno
hymnal, himnario

hyperbola, hipérbola
hyperbole, hipérbole, exageración
hypersensitive, excesivamente impresionable
hypersonic, hipersónico
hypertension, hipertensión
hypertonic solution , solución hipertónica
hyphen, guión
hyphenate, separar con guión
hypnosis, hipnosis
hypnotic, hipnótico(a)
hypnotism, hipnotismo
hypnotize, hipnotizar
hypochondria, hipocondría
hypocrisy, hipocresía
hypocrite, hipócrita, mojigato(a)
hypocritical, hipócrita, disimulado(a)
hypodermic[1], hipodérmico(a)
hypodermic[2], inyección hipodérmica
hypotenuse, hipotenusa
hypothesis, hipótesis
 hypothesis testing, prueba de hipótesis, comprobación de una hipótesis
hypothetical, hipotético(a)
 hypotonic solution, solución hipotónica
hysterectomy, histerectomía
hysteria, histeria, histerismo
hysteric, histérico(a)
hysterical, histérico(a)
hysterics, paroxismo histérico

I

I, yo
"I Have a Dream" speech, Discurso "Yo tengo un sueño"
iambic, yámbico
Iberian, ibero(a)
 Iberian Empire, Imperio ibérico
ibex, íbice
ibid. (in the same place), ib. (ibídem, en el mismo lugar)
Ibn Battuta, Ibn Batuta
I.C.C. (Interstate Commerce Commission), Comisión de Comercio entre Estados
ice[1], hielo, granizado
 dry ice, hielo seco
 Ice Age, época glacial, edad de hielo
 ice hockey, hockey sobre hielo
 ice pack, bolsa de hielo para aplicaciones frías
 ice pick, picahielo
 ice sheet, manto de hielo
 ice skate, patín de hielo
 ice water, agua helada
ice[2], helar
ice[3], garapiñar
 to ice a cake, garapiñar o ponerle betún a un pastel
iceberg, témpano de hielo
iceboat, embarcación con patines para deslizarse sobre el hielo, barco rompehielos
icebound, rodeado(a) de hielo
icebox, refrigerador, nevera
icebreaker, rompehielos
ice cream, helado, mantecado, nieve
 ice-cream cone, barquillo de helado, barquillo de mantecado
icehouse, nevería, nevera, refrigeradora, empacadora de hielo
Iceland, Islandia
Icelander, islandés (islandesa)
Icelandic, islándico(a), islandés (islandesa)
iceman, repartidor de hielo
Icicle, cerrión, carámbano, canelón
icing, capa dulce para pasteles, betún
icon, icono
iconoclast, iconoclasta
iconoscope, iconoscopio
icy, helado(a), frío(a), indiferente
idea, idea, imagen mental, concepto
 clever idea, feliz idea
ideal, ideal
idealism, idealismo
idealist, idealista
idealistic, idealista
idealize, idealizar
identical, idéntico(a)
identification, identificación
 identification card, cédula personal o de vecindad
 identification papers, cédula personal o de vecindad

identify, identificar
to identify oneself, identificarse
identity (pl. identities), identidad (pl. identidades)
identity property, propiedad de identidad
identity property of addition, propiedad de identidad de la suma
identity property of multiplication, propiedad de identidad de la multiplicación
identity theft, usurpación de identidad
ideological conflict, conflicto ideológico
ideology, ideología, ideario
idiocy, idiotismo
idiom, idioma, dialecto, modismo, frase idiomática
idiomatic, idiomático(a), peculiar a alguna lengua
idiomatical, idiomático(a), peculiar a alguna lengua
idiosyncrasy, idiosincrasia
idiot, idiota, necio(a)
idiotic, tonto(a), bobo(a)
idle[1], ocioso(a), perezoso(a), desocupado(a), holgazán, inútil, vano(a), frívolo(a)
idle[2], holgazanear, estar ocioso(a)
idleness, ociosidad, pereza, negligencia, frivolidad
idler, holgazán(a), gandul, gandula, rueda intermedia
idol, ídolo, imagen
idolatry, idolatría
idolize, idolatrar
idyl, idilio
idyllic, idílico(a), como un idilio
i.e. (that is), es decir, esto es
if, si, aunque, supuesto que
if and only if, si y sólo si
if not, si no
igloo, iglú, choza esquimal
igneous, ígneo(a)
igneous rock, roca ígnea
ignite, encender, abrasar, encenderse
ignition, ignición, ignición, encendido
ignition switch, contacto del magneto
ignoble, innoble, bajo(a)
ignominious, ignominioso(a)
ignominy, ignominia, infamia
ignoramus, ignorante, tonto(a)
ignorance, ignorancia
ignorant, ignorante, inculto(a)
ignore, pasar por alto, desconocer
Iliad, Iliada
ill[1], malo(a), enfermo(a), doliente
ill-fated, desgraciado(a), desdichado(a)
ill-gotten, mal habido(a)
ill-humored, malhumorado(a)
ill turn, mala jugada
ill[2], mal, infortunio
ill-starred, desdichado(a)
ill-suited, inadecuado(a), inapropiado(a)
ill[3], mal, malamente
ill-bred, malcriado(a), descortés
ill-disposed, malintencionado(a), contrario(a)
ill-mannered, malcriado(a), descortés
ill-natured, irascible, de mal carácter
ill-tempered, alhumorado(a), de mal carácter
ill-treat, maltratar
ill-will, malevolencia, mala voluntad
Ill. (Illinois), Illinois
illegal, ilegal
illegal search and seizure, registro y confiscación ilegal, allanamiento ilegal de morada
illegally, ilegalmente
illegible, ilegible
illegibly, de un modo ilegible
illegitimate, ilegítimo(a)
illicit, ilícito(a)
illicitly, ilícitamente
illimitable, ilimitado(a)
illiteracy, analfabetismo
illiterate[1], indocto(a), iliterato(a), analfabeto(a)
illiterate[2], analfabeto(a)
illness, enfermedad, maldad, mal
illogical, ilógico(a)
illuminate, iluminar
illumination, iluminación, alumbrado
illumine, iluminar
illusion, ilusión, ensueño
illusory, ilusorio(a)
illustrate, ilustrar, explicar
illustrated, ilustrado(a), de grabados

illustration, ilustración, elucidación, ejemplo, grabado
illustrative, explicativo(a)
illustrator, ilustrador(a)
illustrious, ilustre, insigne, célebre
IM (instant messaging), mensajería instantánea
image[1], imagen, estatua
image[2], imaginar
imagery, imagen, pintura, vuelos de la fantasía, imaginería, imágenes
imaginable, imaginable, concebible
imaginary, imaginario(a)
 imaginary axis, eje imaginario
 imaginary number, número imaginario
imagination, imaginación, imaginativa, idea fantástica
imaginative, imaginativo(a)
imagine, imaginar, idear, inventar
imbecile, imbécil
imbecility, imbecilidad, idiotismo
imbibe, embeber, chupar
imbue, imbuir, infundir
imitate, imitar, copiar
imitation, imitación, copia
imitative, imitativo(a), imitado(a)
imitator, imitador(a)
immaculate, inmaculado(a), puro(a)
immanent, inmanente
immaterial, inmaterial, de poca importancia
immature, inmaduro(a), inmaturo(a)
immeasurable, inmensurable, inmenso(a)
immediate, inmediato(a)
immediately, inmediatamente, en seguida, en el acto, acto continuo
immemorial, inmemorial
immense, inmenso(a), vasto(a)
immensity, inmensidad
immerse, sumir, sumergir
immersion, inmersión
immigrant, inmigrante
immigrate, inmigrar
immigration, inmigración
 immigration policy, política migratoria
 immigration screening, revisión de inmigración
imminent, inminente
immobile, inmóvil
immoderate, inmoderado(a), excesivo(a)
immodest, inmodesto(a)
immoral, inmoral, depravado(a)
immorality, inmoralidad, corrupción de costumbres
immortal, inmortal
immortality, inmortalidad
immortalize, inmortalizar, eternizar
immovable, inmóvil, inamovible
immovables, bienes raíces
immune, inmune, exento(a)
 immune system, sistema inmunológico o inmunitario, sistema inmune
immunity, inmunidad, franquicia, privilegio
immunization, inmunización
immunize, inmunizar
immutable, inmutable
imp, niño travieso, diablillo, duende
impact, impulso, choque, impacto
impair, empeorar, deteriorar, disminuir
impale, empalar
impanel, formar la lista de personas que han de integrar un jurado
impart, comunicar, dar parte
impartial, imparcial
 impartial tribunal, tribunal imparcial
impartiality, imparcialidad
impassable, intransitable
impasse, camino intransitable, callejón sin salida, obstáculo insuperable
impassioned, apasionado(a), ardiente
impassive, impasible
impatience, impaciencia
impatient, impaciente
impeach, acusar, denunciar, delatar
impeachment, acusación
impede, impedir, paralizar
impediment, impedimento, obstáculo
impel, impeler, impulsar
impend, amenazar, aproximar
impenetrable, impenetrable
impenitent, impenitente
impenintently, sin penitencia
imperative, imperativo(a), imprescindible

imperative mood, modo imperativo
imperative sentence, oración imperativa
imperceptible, imperceptible
imperfect[1], imperfecto(a), defectuoso(a)
imperfect[2], pretérito imperfecto
imperfection, imperfección, defecto
imperial, imperial, supremo(a), soberano(a)
imperial absolutism, absolutismo imperial
imperial conquest, conquista imperial
imperial Mughal, Imperio mogol
imperial policy, política imperial
imperial power, poder imperial
imperial presidency, presidencia imperial
imperialism, imperialismo
imperialist, imperialista
imperil, arriesgar, poner en peligro
imperious, imperioso(a), arrogante
imperishable, indestructible, eterno(a), imperecedero(a)
impersonal, impersonal
impersonate, imitar, personificar, representar
impersonation, personificación, imitación
impertinence, impertinencia, descaro
impertinent, impertinente, inadecuado(a), inaplicable
impertinently, impertinentemente, fuera de propósito
imperturbable, imperturbable
impertubably, sin perturbación
impervious, impenetrable
impetuosity, impetuosidad, ímpetu
impetuous, impetuoso(a)
impetuously, a borbotones
impetus, ímpetu
impinge, chocar, tropezar
impinge upon, invadir, usurpar, abusar de
impious, impío(a), desapiadado(a)
impish, travieso(a)
implacable, implacable, irreconciliable
implant, plantar, injertar, imprimir
implement[1], herramienta, utensilio, mueble
implement[2], poner en ejecución, ejecutar, completar, cumplir, implementar
implements, aperos, enseres
implicate, implicar, envolver
implication, implicación
implicit, implícito(a)
implied, implícito(a)
implied powers, poderes implícitos
implied thesis, tesis implícita
implore, implorar, suplicar
imply, implicar
impolite, descortés, maleducado(a)
import[1], importar
import a file, importar un archivo
import[2], importancia, artículo importado, sentido, significación
import duties, derechos de importación
importance, importancia, trascendencia
important, importante
importation, importación
imported, importado
imported goods, bienes importados
imported resource, recurso importado
importer, importador(a)
importing, importador(a)
importing house, empresa importadora
importunate, importuno(a), insistente
importune, importunar
impose, imponer
to impose upon, imponerse, abusar de
imposing, imponente, que infunde respeto, tremendo(a)
imposition, imposición, carga, impostura
impossibility, imposibilidad
impossible, imposible
impossible event, evento imposible
impossible outcome, resultado imposible
to seem impossible,

parecer mentira
impost, impuesto, tributo, carga
impostor, impostor(a)
imposture, impostura, engaño
impotence, impotencia, incapacidad
impotent, impotente, incapaz
impotently, sin poder, impotentemente
impound, encerrar, acorralar, depositar o embargar, poner en custodia
impoverish, empobrecer
impracticable, impracticable, imposible
impractical, impracticable, irrealizable
imprecation, imprecación, maldición
impregnable, impregnable, inexpugnable
impregnate, impregnar, empreñar
impresario, empresario(a)
impress, imprimir, estampar
impression, impresión, edición
impressionable, impresionable
Impressionism, Impresionismo
impressive, penetrante, impresionable, imponente
impressively, de un modo impresionante
imprint[1], imprimir, estampar
imprint[2], florón, impresión, huella, pie de imprenta
imprison, aprisionar, prender
imprisonment, prisión, encierro
improbability, improbabilidad
improbable, improbable, inverosímil
impromptu, extemporáneo(a), improvisado(a)
improper, impropio(a), indecente
improper fraction, fracción impropia
impropriety, impropiedad, incongruencia
improve[1], mejorar, perfeccionar
improve[2], progresar
improved, mejorado(a), perfeccionado(a)
improvement, progreso, mejoramiento, perfeccionamiento
improvident, impróvido(a)
improvisation, improvisación
improvise, improvisar
imprudence, imprudencia
imprudent, imprudente
impudence, impudencia, cinismo, descaro
impudent, atrevido(a), insolente
impulse, impulsión, impulso, ímpetu
impulsive, impulsivo(a)
impunity, impunidad
impure, impuro(a), impúdico(a), sucio(a)
impurity, impureza
impute, imputar
in[1], en, por, a, de, durante, bajo, dentro de
in front, por delante
in quality, en calidad
in[2], dentro, adentro
in. (inch), pulgada
in. (inches), pulgadas
inability, inhabilidad, incapacidad
inaccessible, inaccesible
inaccuracy, inexactitud, incorrección
inaccurate, inexacto(a)
inactive, inactivo(a), flojo, perezoso(a), negligente, pasivo(a)
inactivity, ociosidad, desidia, inactividad
inadequacy, insuficiencia
inadequate, inadecuado(a), defectuoso(a), imperfecto(a), insuficiente
inadvertent, inadvertido(a)
inalienable, inajenable, inalienable
inalienable right to freedom, derecho inalienable a la libertad
inalienable rights, derechos inalienables
inane, vacío(a), sin sentido(a), tonto(a)
inanimate, inanimado(a), exánime
inarticulate, inarticulado(a)
inasmuch as, visto o puesto que
inaudible, que no se puede oír, imperceptible
inaugural, inaugural
inaugurate, inaugurar
inauguration, inauguración
inborn, innato(a), ingénito(a)
in-box, bandeja de entrada
inbred, innato, sin mezcla
Inc. (Incorporated), S.A. (sociedad anónima)
incalculable, incalculable

Incan civilization, civilización inca
Incan Empire, Imperio inca
Incan highway, camino del inca
incandescent, incandescente
incandescent light, luz eléctrica incandescente
incapable, incapaz, inhábil
incapacitate, incapacitar, inhabilitar, imposibilitar
incapacity, incapacidad, insuficiencia, estolidez
incarcerate, encarcelar, aprisionar
incarnate[1], encarnado(a)
incarnate[2], encarnar
incarnation, encarnación, encarnadura
incase, encajar, incluir
incendiary, incendiario(a)
incendiary bomb, bomba incendiaria
incense[1], incienso
incense stick, pebete
incense[2], exasperar, irritar, provocar, incensar
incenter of a polygon, incentro de un polígono
incentive, incentivo, estímulo
inception, principio
incessant, incesante, constante
incest, incesto
inch[1], pulgada
inch by inch, palmo a palmo
inch[2], avanzar o moverse por pulgadas o a pasos muy pequeños
incidence, incidencia
incidence wires, tirantes o alambres de incidencia
incident[1], incidente, dependiente
incident[2], incidente, circunstancia, ocurrencia
incidental, accidental, casual, contingente
incidentally, incidentalmente
incinerate, incinerar
incinerator, incinerador
incipient, incipiente
incircle, circular
incision, incisión
incisive, incisivo(a), incisorio(a)
incisor, diente incisivo
incite, incitar, estimular
incivility, incivilidad, descortesía
inclemency, inclemencia, severidad
inclement, inclemente
inclination, inclinación, propensión, declive
incline[1], inclinar
incline[2], inclinarse
incline[3], pendiente
inclined, inclinado(a)
inclose, encerrar, incluir
inclosure, cercamiento, cercado
include, incluir, comprender
included, contenido
inclusion, inclusión
inclusive, inclusivo(a)
inclusive behavior, comportamiento incluyente
incognito, de incógnito
incoherence, incoherencia
incoherent, incoherente
income, renta, entradas, rendimiento, ingreso
income distribution, distribución del ingreso
income gap, brecha de los ingresos
income tax, impuesto sobre la renta
incoming, entrante, que acaba de llegar
incoming mail, correspondencia que acaba de recibirse
incoming president, presidente entrante
incommode, incomodar
incommunicado, incomunicado(a)
incomparable, incomparable, excelente
incomparability, incomparabilidad
incomparably, incomparablemente
incompatible, incompatible, opuesto(a)
incompetence, incompetencia
incompetent, incompetente
incomplete, incompleto(a), falto(a), imperfecto(a)
incomplete dominance, dominancia incompleta
incomplete metamorphosis, metamorfosis incompleta
incomprehensible, incomprensible
inconceivable, incomprensible, inconcebible
inconclusive, ineficaz, que no presenta razones concluyentes

incongruity, incongruencia
incongruous, incongruo(a)
inconsequential, inconsecuente
inconsiderate, inconsiderado
inconsistency, inconsistencia, incoherencia, contradicción
inconsistent, inconsistente
inconspicuous, no conspicuo(a), que pasa desapercibido(a)
incontestable, incontestable, incontrastable
incontinence, incontinencia
inconvenience[1], inconveniencia, incomodidad
inconvenience[2], incomodar
inconvenient, incómodo(a), inconveniente
incorporate[1], incorporar
incorporate[2], incorporarse
incorporate[3], incorporado(a)
incorporation, incorporación
incorrect, incorrecto(a)
incorrectly, de un modo incorrecto, incorrectamente
incorrigible, incorregible
increase[1], acrecentar, aumentar
increase[2], crecer, aumentarse
increase[3], aumento, acrecentamiento
increased heart rate, frecuencia cardiaca aumentada
increasing, creciente
increasing pattern, patrón creciente
incredible, increíble
incredulity, incredulidad
incredulous, incrédulo(a)
increment, incremento
incriminate, encriminar, acusar de algún crimen
incubation, incubación, empolladura
incubator, incubadora, empollador
inculcate, inculcar
incumbent[1], echado(a), obligatorio(a)
to be incumbent on, competer, incumbir
incumbent[2], beneficiado(a), titular
incur, incurrir, ocurrir
incurable, incurable
incurably, de un modo incurable
indebted, endeudado, empeñado, obligado
indebtedness, deuda, obligación, pasivo
indecency, indecencia
indecent, indecente
indecision, irresolución, indecisión
indecisive, indeciso(a)
indeed, verdaderamente, de veras, sí
indeed no!, ¡de ninguna manera!
indefatigable, infatigable
indefinite, indefinido(a), indeterminado(a)
indefinite adjective, adjetivo indefinido
indefinite pronoun, pronombre indefinido
indelible, indeleble
indemnification, indemnización
indemnity, indemnidad
indemnity bond, contrafianza
indent, mellar, dar mayor margen
indentation, mella, muesca, mayor margen, sangría, espacio
indenture, escritura, contrato de un aprendiz
indentured servant, sirviente contratado, sirviente por contrato
indentured servitude, servidumbre por contrato
independence, independencia
Independence Day, Día de la Independencia
independence movement, movimiento de independencia
independent, independiente
independent clause, cláusula independiente
independent event, evento independiente
independent judiciary, independencia de los tribunales
independent lord, señor independiente
independent regulatory agency, organismo de control independiente
independent trial, prueba independiente
independent variable, variable independiente
indescribable, indescriptible
indestructible, indestructible
index[1], indicador, índice, exponente
index finger, dedo índice

index of a radical, índice de un radical
index², arreglar en un índice
India, India
India rubber, goma elástica, caucho
Indian, indiano(a), indio(a), índico(a)
Indian concept of ideal kingship, concepto indio de la monarquía ideal
Indian culture, cultura de la India
Indian laborer, trabajador indio
Indian Ocean, Océano Índico
Indian removal, remoción de los indios
Indian Reorganization Act of 1934, Ley de Reorganización de los Indios de 1934 (Nativos Americanos)
Indian spice, especia de la India
Indian summer, veranillo de San Martín, veranillo de San Miguel
Indian uprising of 1857, Rebelión de la India de 1857
Indians, indios
indicate, indicar
indication, indicación, indicio, señal
indicative, indicativo(a)
indicator, indicador, apuntador
indict, procesar
indictment, acusación ante el jurado, denuncia
indifference, indiferencia, apatía
indigenous, indígena
indigenous people, pueblos indígenas
indigent, indigente, pobre
indigestible, indigesto, indigestible
indigestion, indigestión
indignant, airado(a), indignado(a)
indignation, indignación, despecho
indignity, indignidad
indigo, añil
indirect, indirecto
indirect measurement, medida indirecta
indiscreet, indiscreto(a), inconsiderado(a)
indiscretion, indiscreción, imprudencia, inconsideración
indiscriminate, indistinto(a)
indiscriminately, sin distinción, sin discriminación
indispensable, indispensable, imprescindible
indispensably, indispensablemente
indispose, indisponer
indisposed, indispuesto(a), achacoso(a)
indisposition, indisposición, malestar, mala gana
indisputable, indisputable
indistinct, indistinto(a), confuso(a), borroso(a)
indistinguishable, indistinguible
individual¹, individual
individual differences, diferencias individuales
individual liberty, libertad individual
individual responsibility, responsabilidad individual
individual rights, derechos individuales
individual sport, deporte individual
individual², individuo(a)
individual status, condición de individuo
individualism, individualismo
individuality, individualidad
indivisible, indivisible
Indo-Aryan people, pueblo indoario
Indo-European language, lengua indoeuropea
Indo-Gangetic plain, llanura indogangética
indoctrinate, doctrinar, adoctrinar, inculcar
indolence, indolencia, pereza
indolent, indolente, desidioso(a)
Indonesia, Indonesia
Indonesian archipelago, archipiélago de Indonesia
indonlently, indolentemente, con negligencia
indomitable, indomable, invencible
indoor, interior, de puertas adentro
indoors, bajo techo, adentro
indorse, endosar
indorsee, endosatario(a)

indorsement, endorso, endoso
indorser, endosante
indubitable, indubitable, indudable
induce, inducir, persuadir, causar
inducement, motivo, móvil, aliciente
induct, instalar, iniciar
induction, iniciación, instalación, inducción, deducción, ilación
  induction coil, carrete de inducción, bobina de inducción
inductive, inductivo(a), persuasivo(a), tentador(a)
  inductive reasoning, razonamiento inductivo
indulge, favorecer, conceder, ser indulgente
  to indulge in, entregarse a
indulgence, indulgencia, mimo
indulgent, indulgente
indulgently, de un modo indulgente
Indus Valley, valle del Indo
industrial, industrial
  industrial age, era industrial
  industrial center, centro industrial
  industrial development, desarrollo industrial
  industrial district, distrito industrial
  industrial labor, labor industrial
  industrial North, Norte industrial
  industrial parity, paridad industrial
  Industrial Revolution, Revolución Industrial
  industrial society, sociedad industrial
  industrial technology, tecnología industrial
  Industrial Workers of the World, Trabajadores Industriales del Mundo
industrialism, industrialismo
industrialization, industrialización
industrialize, industrializar
industrialized, industrializado
  industrialized countries, país industrializado
industrious, industrioso(a), hacendoso(a), trabajador(a), laborioso(a)
industry, industria
inebriate, embriagar
ineffable, inefable
ineffective, ineficaz
inefficiency, ineficacia
inefficient, ineficiente, ineficaz
ineligibility, ineligibilidad, calidad que excluye elección
ineligible, no eligible, que no llena los requisitos para algún puesto
inept, inepto(a)
ineptitude, ineptitud
inequality, desigualdad, disparidad, diferencia
  inequality solutions, soluciones de inecuaciones
  inequality symbol, símbolo de desigualdad
inert, inerte, perezoso(a)
inertly, indolentemente
inertia, inercia
inertial frame of reference, marco inerte de referencia
inescapable, ineludible
inevitable, inevitable, fatal, sin remedio
inevitably, inevitablemente
inexcusable, inexcusable
inexhaustible, inexhausto(a), inagotable
inexorable, inexorable, inflexible, duro(a), inconmovible
inexpedient, impropio(a), impracticable
inexpensive, de poco costo, barato(a)
inexperience, inexperiencia, impericia
inexperienced, inexperto(a), bisoño(a), sin experiencia, novel
inexplicable, inexplicable
inextricable, intrincado(a), enmarañado(a)
infallible, infalible
infamous, vil, infame
infamy, infamia, oprobio
infancy, infancia
infant, infante, niño(a)
  infant mortality rate, tasa de mortalidad infantil
infanticide, infanticidio, infanticida
infantile, pueril, infantil
  infantile paralysis, parálisis

infantil, poliomielitis
infantry, infantería
infatuate, infatuar, embobar, fascinar
infatuation, infatuación
infect, infectar
infection, infección
infectious, infeccioso(a), contagioso(a)
infectious disease, enfermedad infecciosa
infectiously, por infección
infer, inferir, deducir, colegir
inference, inferencia, ilación, conclusión lógica, deducción
inferior[1], inferior
of inferior quality, de pacotilla, de calidad inferior
inferior[2], inferior, oficial subordinado
inferiority, inferioridad
inferiority complex, complejo de inferioridad
infernal, infernal
inferring, inferir, deducir
infest, infestar
infidel, infiel, pagano(a), desleal
infidelity, infidelidad, perfidia
infield, diamante y jugadores que actúan en él
infiltrate, infiltrarse, penetrar
infinite, infinito(a), innumerable
infinite set, conjunto infinito
infinitely, infinitamente
infinitely increasing, aumentar infinitamente
infinitely many, infinitamente mucho
infinitesimal, infinitesimal
infinitive, infinitivo(a)
infinitive phrases, frases infinitivas
infinity, infinidad, eternidad, inmensidad, infinito
infirm, enfermo(a), débil
infirmary, enfermería
infirmity, fragilidad, enfermedad
inflame[1], inflamar
inflame[2], inflamarse
inflamed, encendido(a)
inflammable, inflamable
inflammation, inflamación, encendimiento
inflammatory, inflamatorio(a)
inflate, inflar, hinchar
inflation, inflación, hinchazón
inflation rate, tasa de inflación
inflection, inflexión, modulación de la voz
inflexible, inflexible
inflict, castigar, infligir
infliction, imposición, castigo
inflow, flujo, afluencia, entrada
influence[1], influencia
influence[2], influir
to influence by suggestion, sugestionar
influential, influyente
influenza, influenza, gripe, trancazo
influx, influjo, afluencia, desembocadura
infold, envolver, abrazar
inform, informar, poner en conocimiento, hacer saber, enseñar, poner al corriente, dar razón de
to inform oneself, enterarse
informal, íntimo(a), informal
informal language, lenguaje informal
informal production, producción informal
informality, sencillez, intimidad, ausencia de formulismos
informant, denunciador(a), informante, informador(a)
information, información, instrucción, informe, aviso, luz
information bureau, oficina de información
information exchange, intercambio de información
information retrieval, recuperación de información
information source, fuente de información
information transfer, transferencia de información
informed, sabedor(a), bien informado(a)
informed citizenry, ciudadanía informada
informed subject, sujeto informado
informer, informante, delator(a)
infraction, infracción, violación
infrared, infrarrojo
infrared radiation,

radiación infrarroja
infrastructure, infraestructura
infrequent, raro(a), insólito(a)
infringe, violar, contravenir, infringir
infringement, violación, infracción
infuriate, irritar, provocar, enfurecer, sacar de sus casillas
infusion, infusión
ingenious, ingenioso(a), vivo(a)
ingenuity, ingeniosidad, inventiva, ingenuidad, destreza
ingenuous, ingenuo(a), sincero(a)
ingenuously, ingenuamente
ingot, lingote, barra de metal
ingrained, teñido en rama(a), impregnado(a)
ingrate, ingrato(a)
ingratiate, hacer aceptar
to ingratiate oneself, congraciarse
ingratitude, ingratitud
ingredient, ingrediente
ingrown, crecido(a) hacia dentro
ingrown nail, uñero, uña enterrada
inhabit, habitar, ocupar
inhabitable, habitable
inhabitant, habitante, residente
inhalants, inhalantes
inhalation, inhalación
inhale, aspirar, inhalar
inhaler, inhalador
inherent, inherente
inherent powers, poderes inherentes
inherit, heredar
inheritance law, ley de sucesión
inherited adaptation, adaptación heredada
inherited characteristic, característica heredada
inherited traits, rasgos hereditarios
inheritance, herencia, patrimonio
inheritance tax, impuesto sobre herencia
inhibit, inhibir, prohibir
inhibition, inhibición, prohibición
inhibitory molecule, molécula inhibidora
inhospitable, poco hospitalario(a), inhóspito(a)
inhuman, inhumano(a), cruel
inhumanity, inhumanidad, crueldad
inimitable, inimitable
iniquitous, inicuo(a), injusto(a)
iniquity, iniquidad, injusticia
initial[1], inicial
initial side of an angle, lado inicial de un ángulo
initial[2], letra inicial
initialize, incializar
initiate, principiar, iniciar
initiation, principio, iniciación
initiation of movement, iniciación de movimiento
initiative[1], iniciativo(a)
initiative[2], iniciativa
inject, inyectar
injection, inyección
injection pump, bomba de inyección
injunction, mandato, entredicho
injure, injuriar, ofender, hacer daño, lastimar
injured, lesionado(a)
injurious, injurioso(a), injusto(a), perjudicial, nocivo(a)
injuriously, injuriosamente
injury, injuria, afrenta, sinrazón, ofensa, mal, perjuicio, daño
injury-prevention strategy, estrategia para la prevención de lesiones
injustice, injusticia, agravio
ink, tinta
India ink, tinta china
inkling, insinuación, noción vaga
inkpad, almohadilla
inkstand or inkwell, tintero
inky, de tinta, semejante a la tinta
inlaid, ataraceado(a)
inlaid work, embutido, encaje, taracea
inland[1], parte interior de un país
inland[2], interior
inland[3], dentro de un país
in-law, pariente político
inlay[1], ataracear
inlay[2], ataracea, relleno
gold inlay, orificación
inlet, entrada, cala, ensenada
inmate, inquilino(a), ocupante, preso(a)
inmost, íntimo(a), muy interior
inn, posada, mesón
innate, innato, natural, ínsito
innate ability, habilidad innata

innate behavior, comportamiento innato
inner, interior
Inner Asia, Asia central
inner tube, cámara de aire
innermost, íntimo(a), muy interior
inning, mano, entrada
innkeeper, posadero(a), mesonero(a)
innocence, inocencia
innocent, inocente
innocuous, inocuo(a), inofensivo(a)
innovate, innovar
innovation, innovación
innovator, innovador(a)
innuendo, indirecta, insinuación
innumerable, innumerable
inoculate, inocular, injertar
inoculation, inoculación
inoffensive, pacífico(a), inofensivo(a)
inordinate, desordenado(a), excesivo(a)
inorganic, inorgánico(a)
input, aportación, insumo
input device, dispositivo de entrada
input table, tabla de entradas
input values, valores de ingreso
inquest, pesquisa, indagación
inquire[1], preguntar
inquire[2], inquirir, examinar
inquirer, averiguador(a), investigador(a), preguntador(a)
inquiry, interrogación, pregunta, investigación, pesquisa, indagación
inquisition, inquisición, escudriñamiento
inquisitive, curioso(a), preguntón (preguntona)
inquisitively, en forma inquiridora
inquisitiveness, curiosidad
inquisitor, juez(a) inquiridor(a), inquisidor(a)
inroad, incursión, invasión
insane, insano(a), loco(a), demente
insane asylum, casa de locos, manicomio
to go insane, perder la razón
insanity, insania, locura
insatiable, insaciable
inscribe, inscribir, dedicar, grabar
inscribed polygon, polígono inscrito
inscription, inscripción, letra, leyenda, letrero, dedicatoria
inscrutable, inescrutable
insect, insecto, bicho
insect killer, insecticida
insect poison, insecticida
insecticide, insecticida
insecure, inseguro(a)
insecurity, inseguridad, incertidumbre
insensibility, insensibilidad, estupidez
insensible, insensible, imperceptible
inseparable, inseparable
insert, insertar, ingerir una cosa en otra, meter
insertion, inserción
inset[1], injertar, plantar, fijar, grabar
inset[2], hoja intercalada en un libro, carta geográfica o lámina dentro de una más grande, intercalación
inside[1], interior, entrañas
on the inside, por dentro
toward the inside, hacia dentro
inside[2], adentro (de), dentro
inside of, dentro de
inside out, al revés
insider, persona que posee información de primera mano
insidious, insidioso(a)
insight, conocimiento profundo, perspicacia, visión, entendimiento
insignia, insignias, estandartes
insignificance, insignificancia, nulidad
insignificant, insignificante, trivial
to be insignificant, ser un cero a la izquierda
insincere, poco sincero(a), hipócrita
insincerity, insinceridad
insinuate, insinuar
insinuation, insinuación
insipid, insípido(a), insulso(a)
insist, persistir, hacer hincapié
insistence, insistencia
insistent, insistente, persistente
insole, plantilla
insolence, insolencia

insolent, insolente
insoluble, insoluble, indisoluble
insolvent, insolvente
insomnia, insomnio
insomuch as, ya que
inspect, reconocer, examinar, inspeccionar
inspection, inspección, registro
tour of inspection, gira de inspección
inspector, inspector, superintendente, registrador(a)
inspiration, inspiración, numen
inspirar, servir de inspiración
inspire, inspirar
instability, inestabilidad, inconstancia
install, instalar
installation, instalación
installment, instalación, pago parcial, plazo, entrega
monthly installment, mensualidad
on the installment plan, a crédito, en pagos parciales, en abonos
instance[1], instancia, ejemplo, caso, instigación, sugestión
for instance, por ejemplo
instance[2], citar ejemplos
instant[1], instante, urgente, presente
the 20th instant, el 20 del presente
instant[2], instante, momento
instant messaging (IM), mensajería instantánea
instantly, en un instante, al punto
instantaneous, instantáneo(a)
instead of, en lugar de, en vez de
instep, empeine del pie
instigate, instigar, mover
instigation, instigación, sugestión, provocación a hacer daño
instigator, instigador(a)
instill, inculcar, infundir, insinuar
instil, inculcar, infundir, insinuar
instinct[1], instinto
instinct[2], animado(a), impulsado(a), lleno(a), cargado(a)
instinctive, instintivo(a)
instinctive behavior, comportamiento instintivo
instinctively, por instinto
institute[1], instituir, establecer
institute[2], instituto
institution, institución
institutional, institucional
instruct, instruir, enseñar
instruction, instrucción, enseñanza
instructive, instructivo
instructor, instructor(a)
instrument, instrumento, contrato, escritura
instrument approach, aproximación a ciegas o mediante instrumentos
instrument board, tablero de instrumentos
instrument flying, vuelo con instrumentos, vuelo a ciegas
instrument landing, aterrizaje mediante instrumentos
instrumental, instrumental
instrumental literature, literatura instrumental
instrumental score, resultado instrumental
instrumentation, instrumentación
insubordinate, insubordinado(a)
insubordination, insubordinación
insufferable, insufrible, insoportable
insufferablely, inaguantablemente, de un modo insoportable
insufficient, insuficiente
insufficiently, insuficientemente
insular, insular, isleño(a)
insulate, aislar
insulating, aislante
insulating tape, cinta aisladora
insulation, aislamiento
insulator, aislador, aislante
insulin, insulina
insult[1], insultar
insult[2], insulto
insulting, insultante
insultingly, con insultos, con insolencia
insurance, seguro, seguridad
accident insurance, seguro contra accidente
burglary insurance, seguro contra robo
fire insurance, seguro contra fuego o incendio
insurance agent, agente de seguros

insurance broker, corredor de seguros
insurance policy, póliza de seguro
insurance premium, prima de seguro
life insurance, seguro de vida
insure, asegurar
insurgent, insurgente, insurrecto(a), rebelde
insurrection, insurrección, sedición
intact, intacto(a), entero(a)
intake, acceso de aire, orificio de entrada o acceso de agua, canal de alimentación, aereación
intake manifold, válvula múltiple de admisión
intangible, intangible
integer, entero(a), número entero
integral[1], íntegro(a), integrante, integral
integral exponents, potencias de números enteros
integral[2], todo
integrally, integralmente
integrate, integrar
integration, integración
integration of art forms, integración de formas artísticas
integrity, integridad, pureza
intellect, entendimiento, intelecto
intellectual[1], intelectual
intellectual[2], intelectual, mental
intellectual honesty, honestidad intelectual
intellectual life, vida inteligente
intelligence, inteligencia, conocimiento, correspondencia
intelligence test, prueba de inteligencia
intelligent, inteligente
intelligent system, sistema inteligente
intelligentsia, clase culta, clase intelectual
intelligible, inteligible
intemperate, destemplado(a), inmoderado(a)
intend[1], intentar
intend[2], proponerse
to intend, pensar
intense[1], intenso(a)
intense[2], vehemente
intensify, intensificar, hacer más intenso
intensity, intensidad
intensive, completo(a), concentrado(a)
intensive properties, propiedades intensivas
intensive study, estudio completo
intent[1], atento(a), cuidadoso(a)
intent[2], intento, designio
intently, con aplicación
intention, intención, designio, mira
intentional, intencional
intentionally, de intento, intencionalmente
inter, enterrar, soterrar
interact, interactuar
intercede, interceder, mediar
intercept[1], interceptar, impedir
intercept[2], intercepto
interceptor, interceptor
interceptor missile, proyectil interceptor
interceptor plane, interceptor
intercession, intercesión, mediación
interchange[1], alternar, trocar
interchange[2], comercio, canje, intercambio
interchangeable, intercambiable
intercollegiate, interescolar, interuniversitario(a)
intercommunicate, comunicarse mutuamente
intercourse, comercio, comunicación, coito, contacto carnal
interdenominational, intersectario(a)
interdepartmental, entre departamentos
interdependence, dependencia mutua, interdependencia
interdependence of organisms, interdependencia de los organismos
interdict[1], entredicho
interdict[2], interdecir, prohibir
interest[1], interesar, empeñar
interest[2], interés, provecho, influjo, empeño
compound interest, interés compuesto
interest compounded annually, interés compuesto anual
interest compounded se-

miannually, interés compuesto semestral
interest group, grupo de interés
interest payment, intereses de demora
interest rate, tasa de interés
rate of interest, tipo de interés
interested, interesado(a)
interesting, interesante, atractivo(a)
The Interesting Narrative of the Life of Olaudah Equiano, "La interesante narración de la vida de Olaudah Equiano"
interfere, entremeterse, ingerirse, mezclarse, intervenir
interference, interposición, mediación, ingerencia, interferencia estática, interferencia
interim, intermedio
ad interim, entre tanto, en el ínterin
interior, interior, interno(a)
interior angle, ángulo interior
interior monologue, monólogo interior
interject, interponer
interjection, interjección
interlining, entretela
interlock, trabar, trabarse, engranar
interloper, entrometido(a), intruso(a)
interlude, intermedio
intermarriage, casamiento entre los miembros de dos familias, razas, etcétera
intermediary, intermediario(a)
intermediate[1], intermedio
intermediate directions, puntos cardinales intermedios
intermediate range ballistic missile (IRBM), proyectil balístico de alcance intermedio
intermediate[2], intermediario(a)
interment, entierro, sepultura
intermezzo, intermedio
interminable, interminable, ilimitado(a)
intermingle, entremezclar, mezclarse
intermission, intermedio
intermittent, intermitente
intermix, entremezclar, mezclar
intermolecular forces, fuerzas intermoleculares
intern[1], internar, encerrar
intern[2], practicante, médico interno
internal, interno(a)
internal bisector, bisector interno
internal conflict, conflicto interno
internal cue, indicador interno
internal medicine, medicina interna
internal structure, estructura interna
internal trade, comercio interior
international, internacional
international competition, competencia internacional
international conflict, conflicto internacional
International Date Line, línea internacional de cambio de fecha
international debt crisis, crisis de la deuda externa
international economy, economía internacional
International Ladies Garment Workers Union, Unión Internacional de Costureras
international law, derecho internacional
international market, mercado internacional
International Monetary Fund (IMF), IMF (Fondo Monetario Internacional)
International Red Cross, Cruz Roja Internacional
international relations, relaciones internacionales
international trade routes, rutas comerciales internacionales
internet, internet
Internet browser, explorador de Internet
Internet Service Provider, proveedor de acceso a Internet
internment, encerramiento, concentración
internment of Japanese Americans, campos de concentración para japoneses en EE.UU.

internship, práctica que como médicos residentes hacen los posgraduados en un hospital
interpersonal conflict, conflicto interpersonal
interphase, interfase
interplanetary, interplanetario(a)
interpolate, interpolar
interpolation, interpolación
interpose[1], interponer, entreponer
interpose[2], interponerse
interpret, interpretar
interpretation, interpretación, versión
interpreter, intérprete
interquartile range, rango intercuartílico
interracial, entre razas
interrelated, con relación recíproca
interrogate, interrogar, examinar
interrogation, interrogación, pregunta
interrogative, interrogativo(a)
  interrogative pronoun, pronombre interrogativo
  interrogative sentence, oración interrogativa
interrogator, interrogante
interrupt, interrumpir, romper
interruption, interrupción
interscholastic, interescolar
intersect[1], cruzar, intersección
intersect[2], entrecortar, cortar
intersecting, intersectante
  intersecting lines, líneas intersectantes
intersection, intersección, bocacalle
  intersection of sets, intersección de conjuntos
  intersection of shapes, intersección de formas
intersperse, intercalar, esparcir una cosa entre otras
interstate, entre estados, interestatal
  interstate commerce, comercio interestatal
  Interstate Commerce Commission (I.C.C.), Comisión de Comercio entre Estados
  interstate highway system, red de autopistas interestatales
  interstate highways, autopistas interestatales
intertwine, entretejer
interurban, interurbano(a)
interval, intervalo
  at intervals, a ratos
  interval training, entrenamiento de intervalos
intervene, intervenir, ocurrir
intervening clauses, cláusulas intermedias
intervening opportunity, oportunidad de intervención
intervening word phrases, frases de palabras intermedias
intervention, intervención, interposición
interventionist, intervencionista
interview[1], entrevista
interview[2], entrevistar
interviewer, entrevistador
interwoven, entretejido(a), entrelazado(a)
intestate, intestado(a)
intestinal, intestinal
intestine, intestino(a), doméstico(a)
intestines, intestinos
intimacy, intimidad, confianza, familiaridad
intimate[1], amigo(a) íntimo(a)
intimate[2], íntimo(a), familiar
intimate[3], insinuar, dar a entender
intimation, insinuación, indirecta
intimidate, intimidar
intimidation, intimidación
into, en, dentro
intolerable, intolerable
intolerance, intolerancia
intolerant, intolerante
intonation, entonación
intoxicant, bebida alcohólica
intoxicate, embriagar
intoxicated, bebido(a), ebrio(a), borracho(a)
intoxicating, embriagante
  intoxicating liquor, bebida embriagante
intoxication, embriaguez, intoxicación
intramural, situado intramuros, que tiene lugar dentro de un pueblo o un colegio
  intramural sport, deportes intramuros
Intranet, intranet
intransitive, intransitivo(a)
intravenous, intravenoso(a)
  intravenous shot, inyección intravenosa

intrench, atrincherar
intrepid, arrojado(a), intrépido(a)
intricacy, embrollo, embarazo, dificultad
intricate, intrincado(a), complicado(a), complejo(a)
intrigue[1], intriga, trama
intrigue[2], intrigar
intrinsic, intrínseco(a), inherente
introduce, introducir, meter
  to introduce, presentar
introduction, introducción, presentación, prólogo, preámbulo
  introduction of species, introducción de especies exóticas
introductory, previo(a), preliminar(a), introductorio(a)
  introductory clause, cláusula introductoria
  introductory paragraph, párrafo introductorio
introvert, introvertido(a)
intrude, entremeterse, introducirse, ingerirse
intruder, intruso(a), entrometido(a)
intrusion, intrusión
intrust, confiar
intuition, intuición
intuitive, intuitivo(a)
Inuit, esquimal
inundate, inundar
inundation, inundación
inured, endurecido(a)
  to become inured, connaturalizarse
invade, invadir, asaltar
invader, usurpador(a), invasor(a)
invalid[1], inválido(a), nulo(a)
  invalid approach, aproximación inválida
  invalid argument, argumento inválido
  invalid diet, dieta para inválidos
invalid[2], inválido(a)
invalidate, invalidar, anular
invaluable, inapreciable
invariable, invariable
invariance, invariedad
invasion, invasión
  invasion of privacy, invasión a la privacidad
invective, invectiva
inveigle, seducir, persuadir
invent, inventar
invention, invención, invento
inventive, inventivo(a)
inventor, inventor(a), forjador(a)
inventory, inventario
inverse, inverso(a), trastornado(a)
  inverse function, función inversa
  inverse operation, operación inversa
  inverse property, propiedad inversa
  inverse relation, relación inversa
  inverse square law, ley de cuadrado inverso
  inverse variation, variación inversa
inversely, inversamente
  inversely proportional, inversamente proporcional
invert, invertir, trastrocar
invertebrate, invertebrado(a)
inverted, invertido(a), permutado(a)
invest, investir, emplear dinero en, invertir
  to invest money, colocar o invertir dinero
investing, invertir
investigate, investigar
investigative technique, técnica de investigación
investigation, investigación, pesquisa
investigator, pesquisidor(a), investigador(a)
investiture, investidura
investment, inversión
investor, inversionista
inveterate, inveterado(a)
invigorate, vigorizar, dar vigor, fortificar, confortar, robustecer
invigorating, vigorizante
invincible, invencible
inviolate, ileso(a), inviolado(a)
invisible, invisible
invitation, convite, invitación
invite, convidar, invitar
inviting, incitante, atractivo(a), seductor
invocation, invocación
invoice[1], factura
invoice[2], facturar
invoke, invocar

involuntary, involuntario(a)
involuntary migration, migración forzada
involve, envolver, implicar
involved, complejo(a), complexo(a), implicado(a), envuelto(a)
invulnerable, invulnerable
inward, interior, interno(a)
inwards, interiormente, internamente, hacia adentro
iodine, yodo
ion, ion
ion-exchange reaction, reacción de intercambio iónico
ionic bond, enlace iónico
ionic motion, movimiento iónico
ionization, ionización
ionosphere, ionosfera
iota, iota (letra griega), ápice, jota
I.O.U. (I owe you), pagaré, vale.
I.Q. (intelligence quotient), cociente intelectual
Iran, Irán
Iran-Contra affair, escándalo Irán-Contra
Iranian hostage crisis, Crisis de los rehenes en Irán
Iraq invasion of Kuwait (1991), invasión iraquí de Kuwait (1991)
irate, iracundo(a), colérico(a)
IRBM (intermediate range ballistic missile), proyectil balístico de alcance intermedio
ire, ira, iracundia
Ireland, Irlanda
iridescent, iridiscente, tornasolado
iris, arcoiris, iris, flor de lis
irish, irlandés (irlandesa)
Irish immigrant, inmigrante irlandés
irk, fastidiar, cansar
irksome, tedioso(a), fastidioso(a)
iron[1], hierro
cast iron, hierro fundido o de fundición
galvanized iron, hierro galvanizado
iron curtain, cortina de hierro
iron lung, pulmón de acero
iron metallurgy, siderurgia
iron ore, mineral de hierro
iron rust, herrumbre
iron tools and weapons, herramientas y armas de hierro
pig iron, fundición
sheet iron, hierro laminado
wrought iron, hierro forjado o de fragua
iron[2], aplanchar, planchar, poner en grillos
ironclad, blindado(a), acorazado(a), o armado(a) de hierro
ironic, irónico
ironical, irónico
ironically, con ironía, irónicamente
ironing, planchado(a)
ironing board, tabla de planchar
ironware, ferretería, quincallería
ironwork, herraje
ironworks, herrería
irony, ironía
Iroquois, iroqueses
irradiate, irradiar, brillar
irradiated, irradiado(a)
irradiation, irradiación
irrational, irracional
irrational number, número irracional
irrational root, raíz irracional
irrefutable, irrefutable
irregular, irregular
irregular heart rate, frecuencia cardiaca irregular
irregular plural noun, sustantivo plural irregular
irregular polygon, polígono irregular
irregular verb, verbo irregular
irregularity, irregularidad
irrelevance, calidad de inaplicable
irrelevant, irrelevante, no aplicable, que no prueba nada, no concluyente, desatinado(a)
irrelevant information, información irrelevante, información inaplicable, información sin importancia
irremediable, irremediable
irremovable, irremovible
irreparable, irreparable
irrepressible, irrefrenable
irreproachable, irreprochable,

intachable
irresistible, irresistible
irresolute, irresoluto(a), vacilante
irrespective, independiente
irrespective of, sin consideración a, sin tomar en cuenta
irresponsible, no responsable, irresponsable
irreverent, irreverente
irrevocable, irrevocable
irrigate, regar, mojar
irrigation, riego, irrigación
irritable, irritable, colérico(a)
irritant, estimulante
irritate, irritar, exasperar, azuzar
irritation, irritación
Isfahan, Isfahán o Ispahán
isinglass, colapez, cola de pescado, mica
Islam, islam
Islamic beliefs, creencias islámicas
Islamic law, ley islámica
Islamic state, estado islámico
Islamization, islamización
island, isla
islander, isleño(a), insular
isle, islote, isleta
Ismail, Ismael
isobaric, isobárico
isogonal, isogonal
isolate, aislar, apartar, separar
isolation, aislamiento
isolationism, aislacionismo
isolationist, aislacionista
isometric exercise, ejercicio isométrico
isometry, isometría
isosceles, isósceles
isosceles trapezoid, trapecio isósceles
isosceles triangle, triángulo isósceles
isothermal, isotermo
isotonic solution, solución isotónica
isotope, isótopo
isotropic, isotrópico
Israel, Israel
issuance, emisión
issue[1], salida, evento, fin, término, flujo, sucesión, producto, consecuencia, punto en debate, exutorio, prole, progenie, tirada, edición, número
issue[2], salir, nacer, prorrumpir, brotar, venir, proceder, provenir, terminarse
issue[3], echar, brotar, expedir, despachar, publicar, emitir
isthmus, istmo
it, él, ella, ello, lo, la, le
Italian humanism, humanismo italiano
Italian Renaissance, Renacimiento italiano
italic, letra cursiva, bastardilla
Italy, Italia
itch[1], sarna, picazón, prurito
itch[2], picar, tener comezón
item[1], ítem, otrosí, aun más
item[2], artículo, suelto, renglón
itemize, particularizar, detallar, estipular
iterative process, proceso iterativo
iterative sequence, secuencia iterativa
itinerant, ambulante, errante
itinerary, itinerario
its[1], el suyo, la suya, suyo(a)
its[2], su, de él, de ella
itself, el mismo, la misma, lo mismo, sí
by itself, de por si
ivory, marfil
ivory black, negro de marfil
Ivory Coast, Costa de Marfil
ivory nut, nuez de marfil, corozo
ivory tower, torre de marfil
ivy, hiedra

J

jab[1], pinchazo, golpe inverso
jab[2], pinchar
jabber, charlar, farfullar
jack, gato, sacabotas, martinete, cric, clavija, dinero, boliche, macho, burro, sota
  jack pot, jugada que no puede abrirse mientras un jugador no tenga un par de sotas o algo mejor
  to hit the jack pot, sacarse un premio gordo
jackal, adiva, adive, chacal
jackass, garañón (garañona), burro(a), asno
jacket, chaqueta, saco, envoltura, forro de papel
jackknife, navaja de bolsillo
jack-o'-lantern, linterna hecha de una calabaza, fuego fatuo
jackrabbit, liebre
Jacksonian Democracy, democracia jacksoniana
jade[1], jade, rocín, mujer desacreditada
jade[2], cansar
jag[1], diente de sierra, mella, diente
jag[2], dentar
jagged, desigual, dentado(a)
jaguar, jaguar
jail, cárcel
jailbird, preso(a), criminal
jailer, carcelero(a), bastonero(a)
jalopy, automóvil destartalado, carcacha
jam[1], compota, conserva, mermelada de frutas, apretadura, aprieto
jam[2], apiñar, apretar, estrechar
  to be in a jam, estar en un aprieto
  jam session, reunión de músicos para improvisar música popular
Jamaican sugar, azúcar de Jamaica
Janissary Corps, jenízaros
jamboree, reunión nacional o internacional de muchachos exploradores, juerga, jolgorio
jangle[1], reñir, altercar, sonar en discordancia
jangle[2], hacer sonar
jangle[3], sonido discordante, altercado
janitor, ujier, portero, conserje
January, enero
Japan, Japón
Japanese, japonés (japonesaa), nipón (nipona)
  Japanese American, japonés americano
  Japanese feudal society, sociedad feudal japonesa
  Japanese invasion of China, invasión japonesa de China
  Japanese modernization, modernización de Japón
  Japanese occupation of Manchuria (1930s), ocupación japonesa de Manchuria (años treinta)
  Japanese tea ceremony, ceremonia del té japonesa
jar[1], chocar, discordar, reñir
jar[2], jarro, tinaja, riña, sonido desapacible, tarro
jardiniere, jardinera, florero
jargon, jerga, jerigonza
jasmine, jazmín
jasper, jaspe
jato (jet-assisted takeoff), propulsión auxiliar para el despegue de aviones
jaundice, ictericia
jaunt, excursión
jauntiness, viveza, garbo
jaunty, alegre, festivo(a)
javelin, venablo, jabalina
jaw, quijada, boca, mandibula
jawbone, quijada, mandíbula
jay, picaza, urraca, marica
Jay Gardoqui Treaty of 1786, Tratado de Jay-Gardoqui (1786)
Jay's Treaty, Tratado de Jay
jaywalker, peatón que cruza la calle con las luces en contra
jazz, jazz
  Jazz Age, era del jazz
  jazz dance, danza jazz
jealous, celoso(a), envidioso(a)
  to be jealous, tener celos de
jealousy, celos

jean, mezclilla, dril, tela burda de algodón
jeans, pantalones de mezclilla de uso casual, generalmente de color azul
jeep, jeep
jeer[1], ridiculizar, mofar, escarnecer
jeer[2], befa, mofa, burla
jelly, jalea, gelatina
jellyfish, aguamar, medusa
jeopardize, arriesgar, poner en riesgo
jeopardy, peligro, riesgo
jerk[1], sacudida, sobarbada, respingo, tonto(a)
jerk[2], sacudir
jerky, espasmódico(a), a tirones
jersey, jersey, tejido de punto, ganado vacuno de la isla de Jersey
Jerusalem, Jerusalén
jest[1], chanza, burla, zumba, chasco
jest[2], chancear
jest[3], ridiculizar
jester, mofador(a), bufón (bufona)
Jesuit, jesuita
Jesus Christ, Jesucristo
Jesus of Nazareth, Jesús de Nazaret
jet, azabache, surtidor(a)
  jet plane, avión de retropropulsión
  jet propelled, impulsado por motor de retropropulsión
  jet propulsion, retropropulsión, retroimpulso
  jet stream, corriente de vientos occidentales veloces estratosféricos, manga por chorro de aire
jetty, muelle, rompeolas
Jew, judío(a), judios
jewel, joya, alhaja
jewels, rubíes (de un reloj)
jeweler, joyero(a)
jewelry, joyería, pedrería
  jewelry store, joyería
  nevelty jewelry, bisutería, joyería de imitación
Jewish, judaico(a), judío(a)
  Jewish and Arab inhabitants of Palestine, habitantes judíos y árabes de Palestina
  Jewish civilization, civilización judía
  Jewish Diaspora, diáspora judía
  Jewish flight to Poland and Russia, viaje de los judíos a Polonia y Rusia
  Jewish monotheism, monoteísmo judío
  Jewish refugee, refugiado judío
  Jewish resistance movement, movimiento de resistencia judía
  Jewish scapegoating, judíos como chivos expiatorios
  Jewish time, época de los judíos
Jiang Jieshi, Chiang Kai-shek o Jiang Jieshi
jibe[1], mudar un botavante
jibe[2], concordar, convenir, estar de acuerdo
jiffy, momentito, santiamén
jig, baile alegre
  jig saw, sierra, sierra de vaivén
jigger, dispositivo, artefacto, medida de licor que contiene onza y media
jiggle[1], mover a tirones
jiggle[2], moverse a tirones
jigsaw puzzle, rompecabezas
jihad, yihad
jilt[1], coqueta
jilt[2], dar calabazas, despedir a un galán, plantar
Jim Crow Laws, Leyes de Jim Crow
jingle[1], retiñir, resonar
jingle[2], retintín, resonido, sonaja
jingoism, jingoísmo
jingoist, jingoísta, patriotero(a) exaltado(a)
jitterbug, amante de cierta música popular norteamericana y del baile violento y movido a que ha dado origen
Joan of Arc, Juana de Arco
job, empleo, chamba, destajo, trabajo
  job application, solicitud de trabajo
  job interview, entrevista de trabajo

job lot, colección, miscelánea de géneros, comprar en calidad de corredor
jobber, agiotista, destajero(a)
jobbing, oficio de comprar y revender
jobless, cesante, sin trabajo
jockey[1], jockey, jinete profesional
jockey[2], engañar, estafar
disc o disk jockey, anunciador de programa con base en discos
jocose, jocoso(a), burlesco(a)
jocular, jocoso(a), alegre
jocund, jovial, alegre
jog[1], empujar, dar un golpe suave
jog[2], bambolearse, andar a saltos
jog[3], empellón, traqueo
jogging, jogging, footing
joggle, mover a sacudidas
John Doe, fulano de tal
John F. Kennedy presidency, presidencia de John F. Kennedy
johnnycake, variedad de pan de maíz
join[1], juntar, unir
join[2], unirse, juntarse, asociarse, confluir
joint[1], coyuntura, articulación, charnela, lugar de reunión, nudo
joint probability, probabilidad conjunta
out of joint, desunido(a)
joint[2], unido(a), participante
joint account, cuenta en participación
joint heir, coheredero(a)
joint[3], juntar, ensamblar, descuartizar
jointly[1], juntamente, conjuntamente, en común
jointly liable, solidario(a)
joke[1], chanza, burla, zumba, chasco
to play a joke, hacer una burla
to play a joke on, dar broma a
joke[2], chancear, bromear, broma
joker, bromista, comodín
jollity, alegría, regocijo
jolly, alegre, jovial
jolt[1], traquear, sacudir
jolt[2], traqueo, sacudida
jonquil, junquillo
Joseph Francois Dupleix's theory of "divide and rule", teoría de "divide y vencerás" de Joseph François Dupleix
Joseph II, José II
jostle, rempujar, empellar
jot[1], jota, cosa mínima, ápice
jot down, apuntar, tomar apuntes, anotar
joule, julio, joule
jounce, sacudir
journal, diario, periódico
journalism, periodismo
journalist, periodista
journey[1], jornada, viaje
journey[2], viajar
jovial, jovial, alegre
jowl, quijada
joy, alegría, júbilo
to give joy, alegrar, causar regocijo
to wish joy, congratular
joyful, alegre, gozoso(a)
joyous, alegre, gozoso(a)
J.P. (Justice of the Peace), Juez de Paz
jubilee, jubileo
Judaism, judaísmo
judge[1], juez
judge[2], juzgar, inferir
judgment, juicio, sentir, meollo, concepto, opinión, decisión
to pass judgment, pronunciar la sentencia, juzgar
judicial, judicial
judicial branch, poder judicial
judicial power, Poder judicial
judicial review, control judicial
judiciary, magistratura, administración de justicia
Judiciary Act, Ley Judicial
Judiciary Act of 1789, Ley Judicial de 1789
judicious, juicioso(a), prudente
jug, jarro
juggle[1], juego de manos
juggle[2], hacer juegos de manos,

escamotear
juggler, prestidigitador(a), impostor(a), estafador(a)
jugular, yugular
jugular vein, vena yugular
juice, zumo, jugo
juicy, jugoso
jujitsu, jiu-jitsu
juke box, tragaperras, tragamonedas
Julius Caesar, Julio César
July, julio
jumble[1], mezclar confusamente
jumble[2], mezcla, confusión
jumbled, destartalado(a)
jumbo[1], persona o cosa excesivamente voluminosa
jumbo[2], colosal, excesivamente voluminoso(a)
jump[1], saltar, brincar, convenir, concordar, dar saltos
jump[2], salto
jump rope, cuerda de saltar
jumper, brincador(a), vestido sin mangas que se usa encima de una blusa con mangas
jumping[1], salto, brinco
jumping[2], saltante
jumping jack, títere
junction, junta, unión, empalme, contacto, bifurcación
June, junio
June bug, escarabajo americano
jungle, matorral
junior[1], más joven
junior[2], estudiante de tercer año
junior college, los dos primeros años universitarios
junior high school, los dos primeros años de escuela secundaria
juniper, junípero, enebro, sabina
junk, chatarra, hierro viejo, cosa despreciable, junco
junk food, comida chatarra
junk mail, correo basura
junket[1], cuajada, dulce de leche
junket[2], fiesta
junket[3], hacer un convite con fondos públicos
junkman, comprador de hierro viejo, de papeles, trapos
junta, junta
Jupiter, júpiter
jurisdiction, jurisdicción
jurisprudence, jurisprudencia
jurist, jurista, jurisconsulto
juror, jurado
jury, junta de jurados, jurado
jury duty, llamamiento para formar parte de un jurado
juryman, jurado, miembro de un jurado
just, justo(a), honrado(a), virtuoso(a), derecho(a)
just as, como, así como
just compensation, compensación justa
just now, ahora mismo
justly, justamente
justice, justicia, derecho, juez
justification, justificación, defensa
justify, justificar
Justinian, Justiniano
jut, sobresalir
jute, yute
juvenile, juvenil, menor de edad
juxtapose, yuxtaponer
juxtaposition, yuxtaposición

K

Kalash church, iglesia kalash
Kamakura period, período de Kamakura
kangaroo, canguro
Kangxi emperor, emperador Kangxi
Kansas-Nebraska Act, Ley de Kansas-Nebraska
karma, karma
karyotype, cariotipo
Kashmir, Cachemira
katydid, cigarra
kc. (kilocycle), kc. (kilociclo)
keel, quilla
keen, afilado(a), agudo(a), penetrante, sutil, vivo(a), vehemente, satírico(a), picante
keenly, con viveza
keenness, agudeza, sutileza, perspicacia, aspereza
keep[1], tener, mantener, retener, preservar, guardar, proteger, detener, conservar, reservar, sostener, observar, solemnizar
 to keep accounts, llevar cuentas
 to keep aloof, apartarse
 to keep books, llevar libros
 to keep house, poner casa, ser ama de casa
keep[2], perseverar, soler, mantenerse
keep[3], sustentación, manutención, sustento
keeper, guardián (guardiana), tenedor(a)
 keeper of a prison, carcelero(a)
keeping, custodia, guarda
keepsake, dádiva, recuerdo, regalo
keg, barrilito
Kennedy assassination, asesinato de Kennedy
kennel, perrera, jauría, zorrera
Kepler's law of planetary motion, Ley de Kepler del movimiento planetario
kerchief, pañuelo
Kerensky, Kérenski
kernel, almendra, pepita, meollo, grano
kerosene, querosina
ketchup, catchup, catsup, salsa de tomate
kettle, caldera, marmita, olla
key[1], llave, clave, clavija, chaveta, tecla
 key landforms, accidentes geográficos
 key signature, armadura de clave
 key ring, llavero
 Key West, Cayo Hueso
 key word, palabra clave
 master key, llave maestra
key[2], leyenda
keyboard, teclado de órgano o piano, teclado de máquina de escribir
 keyboard instruments, instrumentos de teclado
keyhole, agujero de la llave
keynote, tónica, idea básica o fundamental
 keynote speech, discurso principal
keyword, palabra clave
kg. (kilogram), k (kilogramo)
khaki, kaki, caqui
khans, kan
Khoisan group, grupo khoisánido
Khyber Pass, paso de Khyber
kibitzer, espectador(a) en un juego de naipes, camasquince, mirón(a), entremetido(a), metiche
kick[1], acocear
kick[2], patear, reclamar, objetar
 kick & strike, patear y golpear
kick[3], puntapié, patada, culatada de armas de fuego, efecto estimulador, placer
kickoff, saque
kid[1], cabrito(a), chaval(a)
kid[2], bromear, chotear, chancearse
kidnap, secuestrar
kidnapper, secuestrador(a)
kidnapping, secuestro
kidney, riñón, clase, índole, especie, temperamento
 kidney bean, judía
kidskin, cuero de cabritilla
Kievan Russia, Rus de Kiev
kill, matar, asesinar
killer, matador(a), asesino(a), criminal
killing, matanza

kiln, horno
brick kiln, horno de ladrillo
kilo, kilo
kilobyte, kilobyte
kilocycle, kilociclo
kilogram, kilogramo
kilometer, kilómetro
kilometric, kilométrico
kiloton, kilotonelada, kilotón
kilowatt, kilovatio
kilowatt hour, kilovatio-hora
kimono, quimono, kimono, bata japonesa
kin, parentesco, afinidad
next of kin, pariente más cercano
kind[1], benévolo(a), benigno(a), bondadoso(a), afable, cariñoso(a)
kind[2], género, clase, especie, naturaleza, manera, tenor, calidad
kindergarten, escuela de párvulos, jardín de la infancia
kindhearted, bondadoso(a)
kindle, encender, arder
kindliness, benevolencia, benignidad
kindling wood, leña
kindly[1], blando(a), suave, tratable
kindly[2], benignamente, bondadosamente
kindness, benevolencia, favor, beneficio
have the kidnees to, tenga la bondad de
kindred[1], parentesco, parentela, casta
kindred[2], emparentado(a), parecido(a)
kinescope, cinescopio
kinesphere, cinesfera
kinesthetic awareness, conciencia cenestésica
kinetic, cinético
kinetic element, elemento cinético
kinetic energy, energía cinética
kinetic theory, teoría cinética
kinetics, cinética
king, rey, rey o doble dama
King Alfred of England, rey Alfredo de Inglaterra
king-size, de tamaño grande
kingly[1], regiamente
kingly[2], real, suntuoso(a)
kingdom, reino
kingdom of Aksum, Reino de Aksum
kingfisher, martín pescador
kingpin, bolo central en un juego de bolos, pasador de charnela o pivote, persona principal en un grupo o empresa
kink, retorcimiento o ensortijamiento de pelo, alambre, hilo, peculiaridad
kinky, grifo(a), rizado(a), ensortijado(a)
kinky hair, cabello duro o demasiado crespo
kinsfolk, parientes
kinship, parentela
kinship group, grupo de parentesco
kinsman, pariente
kinswoman, parienta
kipper[1], salmón o arenque ahumado
kipper[2], ahumar
kiss[1], beso, ósculo
kiss[2], besar
kissing, acción de besar, besuqueo
kit, estuche
first-aid kit, botiquín
sewing kit, costurero, estuche de costura
kitchen, cocina
kitchen police, soldados que asisten en el trabajo de cocina, trabajo de cocina en un campamento militar
kitchen range, estufa, cocina económica
kitchen utensils, trastos, batería de cocina
kitchenette, cocineta, cocina pequeña
kitchenette apartment, pequeño departamento en que la cocina forma parte del resto de la habitación
kite, milano, cometa, birlocha, pandorga, papalote
kitten[1], gatito(a)
kitten[2], parir
kitty[1], gatito
kitty[2], fondo común
kleptomaniac, cleptómano(a)
km. (kilometer), km (kilómetro)

knack, maña, destreza
knapsack, mochila
knave, bribón (bribona), pícaro(a), bellaco(a), sota
knavery, picardía, bribonada
knavish, fraudulento(a), pícaro(a), truhán (truhana)
knead, amasar
knee, rodilla
  knee bone, rótula
  knee-deep, hasta las rodillas, muy comprometido(a), metido(a) muy profundamente
kneecap, rótula
kneel, arrodillarse, hincar la rodilla, postrarse
kneepad, cojincillo para las rodillas
knell, clamoreo, tañido fúnebre.
knew, pretérito del verbo know
knickerbockers, calzones cortos, pantalones, bragas
knickers, calzones cortos, pantalones, bragas
knife, cuchillo
knight[1], caballero, paladín
knight[2] **(in chess)**, caballo (en ajedrez)
knight[3], crear a uno caballero
knighthood, caballería, dignidad de caballero
knightly class, clase caballeresca
knit, enlazar, atar, unir, trabajar a punto de aguja, tejer
knitting, trabajo de punto, tejido con agujas.
knives, plural de knife, cuchillos
knob, protuberancia, perilla, nudo en la madera
knock[1], chocar, golpear, tocar, pegar
knock[2], golpe, llamada
  to knock down, derribar, tumbar
  to knock on the door, llamar a la puerta
knocker, llamador, picaporte, aldaba
knock-kneed, patituerto(a), patizambo(a)
knockout, nocaut, puñetazo que pone fuera de combate, golpe decisivo, persona o cosa sumamente atractiva
knoll, otero, cima de una colina
knot[1], nudo, lazo, maraña, atadura, dificultad
knot[2], enredar, juntar, anudar
knothole, agujero que deja un nudo en la madera
knotted, nudoso(a)
knout, látigo para azotar
know, conocer, saber, tener noticia de
  I know positively, me consta
  know-how, experiencia y habilidad técnicas
  Know Nothing Party, partido Know Nothing
  to know a thing perfectly, saber una cosa al dedillo
knowing, instruido(a), inteligente, entendido(a), sabedor(a)
knowingly, hábilmente, a sabiendas
know-it-all, sabelotodo
knowledge, conocimiento, saber, ciencia, inteligencia, habilidad
  knowledge base, base de conocimiento
known, conocido(a), sabido(a)
knuckle, coyuntura, nudillo, jarrete de ternera
kodak[1], marca de fábrica
kodak[2], cámara fotográfica
Kongo, Congo
Koran, Corán
Korea, Corea
Korean, coreano(a)
  Korean culture, cultura coreana
  Korean War, Guerra de Corea
kosher[1], kosher, alimento judío
kosher[2], autorizado(a) por la ley judía, regular, natural
kulak, kulak
Kurds, kurdos
Kush culture, cultura de Kush

L

£ (pound), £ (libra esterlina)
label[1], esquela, marbete, billete, etiqueta, rótulo
label[2], rotular o señalar alguna cosa con un rótulo
label[3], identificar, identificación
label work, identificar el trabajo
labor[1], trabajo, labor, fatiga, mano de obra
labor[2], trabajar, afanarse, estar con dolores de parto
hard labor, trabajos forzados, trabajos forzosos
labor conflicts, conflictos laborales
labor conflicts of 1894, conflictos laborales de 1894
Labor Day, Día del Trabajo en EE.UU.
labor force, "mano de obra; población activa"
labor force immobility, inmovilidad de la mano de obra
labor market, mercado laboral
labor movement, movimiento laboral
labor relations, relaciones laborales
labor union, sindicato
labor union, unión, gremio o sindicato obrero
to be in labor, estar de parto
laboratory, laboratorio, gabinete
laborer, labrador(a), trabajador(a), obrero(a)
day laborer, jornalero(a)
laborious, laborioso(a), difícil
laborsaving, ahorrador(a) o economizador(a) de trabajo
laborsaving device, dispositivo que ahorra trabajo
labyrinth, laberinto, dédalo
lace[1], lazo, cordón, encaje, galón, pasamano
lace[2], abrochar, encordonar, amarrar
lace trimming, adorno de encaje, randa
shoe lace, agujeta, cordón de zapato
lacerate, lacerar, rasgar
lacework, obra de encaje o parecida al encaje
lacing, cordón, acción de atar o amarrar
lack[1], carecer, necesitar, faltar algo
lack[2], falta, carencia, necesidad
lackey, lacayo(a)
lacking, falto(a)
to be lacking, hacer falta
laconic, lacónico(a)
lacquer[1], laca, charol, barniz
lacquer[2], charolar
lactic, lácteo(a)
latic acid, ácido lácteo
lad, mozo, muchacho, mozalbete
ladder, escalera portátil
laden, cargado(a), oprimido(a)
lading, carga, cargamento
bill of lading, conocimiento de embarque, carta de porte
ladle, cucharón, cazo, achicador
lady, señora, señorita, dama
ladybird, mariquita
ladybug, mariquita
ladyfinger, melindre, variedad de bizcocho, soleta
lady-killer, donjuán, tenorio, favorito de las mujeres
ladylike, que se comporta como una dama, afeminado
ladylove, querida
lag, moverse lentamente, quedarse atrás, rezagarse
laggard, haragán(a), holgazán(a)
lagoon, laguna
laid, pretérito y participio. del verbo lay
lain, participio del verbo lie
lair, cubil
laissez-faire, liberalismo
laity, estado seglar
lake, lago, laguna
lake desiccation, desecación de lagos
lake ecosystem, ecosistema de lago
Lalibela church, iglesia de Laibela
lamb, cordero, carne de cordero

lame[1], lisiado(a), estropeado(a), cojo(a), imperfecto(a)
lame[2], lisiar, estropear
lameness, cojera, imperfección
lament[1], lamentar
lament[2], lamentarse
lament[3], lamento
lamentable, lamentable, deplorable, desconsolador(a)
lamp, lámpara
electric lamp, lámpara eléctrica
lamp shade, pantalla
lamplight, luz de lámpara
lampoon[1], sátira, libelo
lampoon[2], escribir sátiras
lamppost, pie de farol, poste de farola
lamprey, lamprea
lance[1], lanza, lanceta
lance[2], dar un lancetazo, abrir, cortar, perforar, hacer una operación quirúrgica con lanceta
land[1], país, región, territorio, tierra
land area, superficie del terreno
land clearing, limpieza de tierras
land degradation, degradación del suelo
land run, carrera por tierra
land-survey system, sistema de registro de la propiedad rural
land use, uso de suelo
land-use data, información sobre el uso del suelo
land-use pattern, modelo de uso del suelo
land use regulation, regulación del uso de suelo
land[2], desembarcar, saltar en tierra, aterrizar
land forces, tropas de tierra
land mine, mina terrestre
landforms, accidentes geográficos, superficies geográficas
landform relief, relieve o accidente geográfico
landholder, hacendado(a)
landing, desembarco, aterrizaje
emergency landing field, campo de emergencia
landing field, campo de aterrizaje
landing gear, tren de aterrizaje
landlady, propietaria, arrendadora, mesonera, posadera, casera
landlocked, sin salida al mar
landlocked country, país sin salida al mar
landlord, propietario, posadero, casero
landlubber, marinero bisoño
landmark, mojón, linde, señal, marca, hecho o acontecimiento importante, monumento histórico
landmark case, caso que sienta precedente
landmark decision, decisión histórica
landmass, masa continental
landowner, hacendado(a), terrateniente
landscape, paisaje
landscape gardener, paisajista
landscape gardening, jardinería
landslide[1], derrumbe, desprendimiento de tierra, abrumadora, victoria arrolladora, avalancha de tierra
landslide[2], mayoría de votos
landsman, persona que vive en la tierra, marinero de poca experiencia
lane, callejuela, calle, vereda
traffic lane, zona de tránsito
language, lengua, lenguaje, idioma
language convention, convención lingüística
language region, región lingüística
languid, lánguido, débil
languish, entristecerse, afligirse, languidecer
languishing, lánguido(a)
languor, languidez
lank, alto(a) y delgado(a)
lanky, alto(a) y delgado(a)
lanolin, lanolina
lanoline, lanolina
lantern, linterna, farol
lantern slide, diapositiva, fotografía positiva
lap[1], falda, seno, regazo, vuelta, etapa
lap[2], arrollar, envolver, traslapar, sobreponer, lamer

lapel, solapa
Laplander, lapón (lapona)
lapse[1], lapso, caída, falta ligera, traslación de derecho o dominio
lapse[2], escurrir, manar, deslizarse, caer, caducar, vencerse
laptop, laptop, ordenador o computadora portátil
larceny, ratería, hurto
larch, alerce, lárice
lard[1], manteca, lardo, gordo
lard[2], mechar
larder, despensa
large, grande, amplio(a), vasto(a), liberal
  at lage, en libertad, suelto
  large firm, empresa grande
  large intestine, intestino grueso
  large sample, muestra grande
  large type, tipo de cartel
largely, en ran parte
large-scale, en gran escala
  large-scale investment, inversión a gran escala
larger, más grande que
largest, el más grande
lariat, lazo, reata
lark, alondra
larkspur, espuela de caballero
larva, larva, oruga
laryngitis, laringitis
larynx, laringe
laser, láser
lash[1], latigazo, sarcasmo
lash[2], dar latigazos, azotar, atar, satirizar
lass, doncella, moza
lassitude, lasitud, fatiga
lasso, lazo, reata
last[1], último(a), postrero(a), pasado(a)
last[2], horma de zapatero, carga de un navío
last[3], durar, subsistir
  at last, al fin, al cabo, por último
  last name, apellido
  last night, anoche
  last word, decisión final, última moda, la última palabra, lo mejor, algo que no se puede mejorar
lastly, al fin, por último
lastex, hilo elástico hecho de látex y algodón seda, lana o seda artificial
lasting, duradero(a), permanente
lastingly, perpetuamente
latch[1], aldaba, cerrojo
latch[2], cerrar con aldaba
latchkey, picaporte, llave de la puerta principal
late[1], tardío(a), tardo(a), lento(a), difunto(a), último(a)
late[2], tarde
  of late, de poco tiempo acá
lateen sails, vela latina
lately, poco ha, recientemente
lateness, retraso, tardanza
latent, escondido(a), oculto(a), latente
later[1], posterior
later[2], más tarde
lateral, lateral
  lateral area, área lateral
laterally, lateralmente
latest, último(a), más reciente
  latest fashion, última moda
  at the latest, a más tardar
latex, látex
lath[1], lata, listón
lath[2], enlistonar
lathe, torno
lather[1], espuma de jabón, jabonaduras
lather[2], lavar con espuma de jabón, espumar
Latin[1], latín
  Latin affix, afijo latino
  Latin root, raíz latina
Latin[2], latino(a)
  Latin America, América Latina
  Latin-American, latinoamericano(a)
  Latin American revolution, revolución latinoamericana
  Latin Catholic church, Iglesia latina
Latino, hispanoamericano
latitude, latitud
latrine, letrina
latter, posterior, último(a)
  the latter, éste(a) último(a)
lattice[1], celosía, reja, enrejado
lattice[2], enrejar
laud[1], alabanza, laudes
laud[2], alabar, ensalzar
laudable, laudable, loable, meritorio(a)

laudatory, laudatorio(a)
laugh[1], reír
laugh[2], risa, risotada
laugh at, reírse de, burlarse de
laughable, risible
laughing[1], risueño(a)
laughing[2], risa
laughing gas, óxido nitroso
to burst out laughing, soltar una carcajada
laughingly, con risa
laughing-stock, hazmerreír
laughter, risa, risotada
hearty laughter, carcajada
outburst of laughter, risotada
launch[1], lanzar
launch[2], lanzarse
launch[3], lancha
launching, lanzamiento
launching pad, plataforma de lanzamiento, rampa de lanzamiento
launder, lavar
laundromat, lavandería de auto servicio
laundry, lavadero, lavandería, ropa lavada o para lavar
laundryman, lavandero
laundrywoman, lavandera
laurel, lauro, laurel, honor, fama
lava, lava
lavatory, lavabo, lavatorio
lavender[1], espliego, lavándula, cantueso
lavender[2], lila
lavish[1], pródigo(a), gastador(a)
lavish[2], disipar, prodigar
law, ley, derecho, litigio judicial, jurisprudencia, regla
according to law, procedente, de acuerdo con la ley
law and order, ley y orden
law enforcement, aplicación de las leyes
Law of Conservation of Energy, ley de la conservación de energía
Law of Conservation of Mass, ley de la conservación de la masa
Law of Conservation of Momentum, ley de la conservación del momento
law of cosines, ley de cosenos
Law of Gravitation, ley de gravitación
Law of Large Numbers, ley de los grandes números
law of logarithms, ley de logaritmos
law of probability, ley de probabilidad
law of retail gravitation, ley de gravitación del comercio al por menor
law of sines, ley de senos
law of specificity, ley de especificidad
law of supply and demand, ley de la oferta y la demanda
law-abiding, obediente de las leyes
lawbreaker, elincuente, trasgresor(a), persona que infringe la ley
lawful, legal, legítimo(a)
lawgiver, legislador
lawless, ilegal, anárquico, sin ley
lawlessness, desobediencia o trasgresión de la ley, ilegalidad, desorden
lawmaker, legislador(a)
lawn, prado, linón, césped, pasto
lawn mower, segadora de césped, corta césped
lawsuit, proceso, pleito, demanda
lawyer, abogado(a), licenciado(a), jurisconsulto(a)
lawyer's office, bufete de abogado
lax, laxo(a), flojo(a)
laxative, purgante, laxante
laxity, laxitud, flojedad, relajación
lay[1], poner, colocar, extender, calmar, sosegar, imputar, apostar, exhibir, poner
lay of the land, forma del tendido del terreno o suelo, consideración de la disposición o circunstancia, estado de asuntos
to lay claim, reclamar, pretender
lay[2], aovar, poner huevos las aves
lay[3], echarse, recostarse
lay[4], laico(a), secular, seglar
lay brother, lego
lay[5], canción, melodía
layer, gallina que pone, estrato, capa
layette, canastilla

layman, lego, seglar
layoff[1], despedida del trabajo
layoff[2], despedir del trabajo
layout, plan, trazado, esquema, arreglo, disposición, distribución, diseño
lazily, perezosamente, lentamente
laziness, pereza
lazy, perezoso(a), tardo(a), pesado(a)
lb. (pound), lb. (libra)
l.c. (letter of credit), carta de crédito
l.c. (lower case), min. (minúscula)
l.c.l. (less than carload), menos de carro entero, menos de vagonada
lead, conducir, guiar, gobernar, emplomar, llevar la batuta
lead[2], mandar, tener el mando, ser mano, sobresalir, ser el primero
lead[3], delantera, mano
lead[4], plomo
  lead pencil, lápiz
  molten lead, plomo derretido
  to take the lead, tomar la delantera
leaden, hecho(a) de plomo, pesado(a), estúpido(a)
leader, líder, guía, conductor(a), jefe general, caudillo(a)
  political leader, cacique
leadership, capacidad dirigente, liderazgo
  leadership role, rol de liderazgo
leading, principal, capital
  leading article, artículo de fondo de una publicación
  leading lady, primera actriz
  leading man, primer actor
leaf, folio, hoja, fronda
leafless, deshojado(a), sin hojas
leaflet, hojilla, folleto, volante
leafy, frondoso(a)
league[1], liga, alianza, legua
league[2], confederarse
  League of Nations, Sociedad de Naciones
  League of Women Voters, Liga de mujeres votantes
leak[1], fuga, salida o escape, goteo, gotera, vía de agua
leak[2], hacer agua, gotear, salirse o escaparse
leakage, derrame, escape, goteo, merma, filtración, gotera, fuga
leakproof, libre de goteo, a prueba de escape
leaky, agujereado, que se gotea
lean[1], ladear, inclinar, apoyarse
lean[2], magro(a), seco(a), chupado(a)
  lean body mass, masa muscular
  to lean back, recostarse
leaning, ladeo, inclinación, tendencia
leap[1], saltar, brincar, salir con ímpetu, palpitar, dar brincos
leap[2], salto
  leap year, año bisiesto o intercalar
learn, aprender, conocer
learned, docto(a), instruido(a)
  learned adaptation, adaptación aprendida
  learned behavior, conducta aprendida
  learned behavior pattern, patrón de comportamiento aprendido
  the learned, literatos
learning, literatura, ciencia, erudición, saber, letras
  learning log, registro de aprendizaje
lease[1], arriendo, arrendamiento, contrato de arrendamiento
lease[2], arrendar
leash[1], correa, traílla
leash[2], atar con correa
least[1], mínimo(a)
  least common denominator (LCD), mínimo común denominador, menor denominador común
  least common factor, mínimo factor común
  least common multiple (LCM), mínimo común múltiplo
least[2], en el grado mínimo
  at least, a lo menos
  least squares regression line, línea de regresión de mínimos cuadrados
  not in the least, ni en lo más mínimo
  the least posible, lo menos posible
leastwise, al menos, a lo menos

leather, cuero, pellejo
leatherette, cuero artificial, imitación de piel
leathery, correoso(a)
leave[1], licencia, permiso, despedida
  leave-taking, despedida
leave[2], dejar, abandonar, ceder, cesar, salir
  by your leave, con su permiso
  leave of absence, licencia, permiso para ausentarse
  to give leave, permitir
  to take leave, despedirse
leaven[1], levadura, fermento
leaven[2], fermentar
leaves, plural de leaf
leave-taking, despedida
leavings, sobras, residuos, desechos, desperdicios
lecture[1], lectura, conferencia, corrección, reprensión
lecture[2], enseñar, censurar, reprender
lecturer, conferenciante, lector(a), instructor(a)
ledge, capa, tonga, borde, reborde, anaquel
ledger, libro mayor
lee[1], sotavento
lee[2], sotaventado
Lee Iaccoca, Lido Anthony "Lee" Iacocca
leech, sanguijuela
leek, puerro, poro
leer, mirada lasciva
  to leer at, ojear al soslayo y con malicia
lees, heces, sedimento, foso
leeside, banda de sotavento
leeward[1], hacia el sotavento
leeward[2], relativo(a) al sotavento
leeward[3], sotavento
leeway, desviación, libertad, margen, deriva
left[1], siniestro(a), izquierdo(a)
left[2], izquierda, izquierda
  left behind, rezagado(a)
  left wing, izquierda
  left winger, izquierdista
  on the left, a la izquierda
left-handed, zurdo(a), desmañado(a), insincero(a), malicioso(a)
leftist, izquierdista
leftover, sobrante, lo que queda por hacer, sobras, restos
leg[1], pierna, pie
leg[2], lado, cateto
  leg of a triangle, cateto de un triángulo
legacy, legado, manda
legal, legal, legítimo(a)
  legal code, código legal
  legal recourse, recurso legal
  legal tender, moneda legal, curso legal
legality, legalidad, legitimidad
legalize, legalizar, autorizar
legation, legación, embajada
legato, legato
legend, leyenda, signos convencionales
legendary, fabuloso(a), quijotesco(a), legendario(a)
legging, polaina, botín
legibility, legibilidad
legible, legible, que puede leerse
legion, legión
legislate, legislar
legislation, legislación
legislative, legislativo
  legislative branch, poder legislativo
  legislative district, distrito legislativo
  legislative power, poder legislativo
legislator, legislador
legislature, legislatura, cuerpo legislativo
legitimacy, legitimidad
legitimate[1], legítimo(a)
legitimate[2], legitimar
legume, legumbre
leisure, desocupación, ocio, comodidad
  at leisure, cómodamente, con sosiego
  leisure activity, actividades recreativas
  leisure hours, horas o ratos libres
lemon, limón
  lemon drop, pastilla de limón
  lemon squeezer, exprimidor de limones
lemonade, limonada
lend, prestar, dar prestado
lender, prestamista, prestador(a)
lending, préstamo, crédito

lend-lease[1], de préstamos y arrendamientos
lend-lease[2], otrogar préstamos y arrendamientos
length, longitud, largo, duración, distancia
  at length, finalmente, largamente
  length of arc, longitud del arco
lengthen[1], alargar
lengthen[2], alargarse, dilatarse
lengthwise[1], longitudinalmente, a lo largo
lengthwise[2], colocado(a) a lo largo
lengthy, largo(a), fastidioso(a)
leniency, benignidad, lenidad
lenient, lenitivo(a), indulgente
Lenin's ideology, ideología leninista
Lenin's New Economic Policy, nueva política económica de Lenin
lens, lente
lent, cuaresma
lentil, lenteja
Leo Africanus, León el Africano
leopard, leopardo, pardal
leper or leprous, leproso(a)
leprosy, lepra
Lesiler's Rebellion, rebelión de Leisler
lesion, lesión
less[1], inferior, menos
less[2], menos
  less than, menor que, menor de, menor a
lessee, arrendatario(a)
lessen[1], minorar, disminuir
lessen[2], disminuirse
lesser, más pequeño(a), inferior
lesson, lección
  lesson of history, lección de historia
lessor, arrendador(a), casero(a)
lest, para que no, por temor de que
let, dejar, permitir, arrendar
  let's go, vámonos
  let's see, a ver
letdown, aflojamiento, relajación, decepción, desanimación
lethal, letal
lethargy, letargo, estupor
letter[1], carta
  air mail letter, carta aérea
  circular letter, carta circular
  form letter, carta general, carta circular
  general delivery letter, carta en lista
  letter box, buzón para las cartas
  letter case, cartera
  letter drop, buzón
  letter file, archivo para cartas
  letter of credit, carta credencial, carta credencial de crédito
  letter of introduction, carta de presentación
  letter of request, carta de solicitud
  letter opener, plegadera
  letter to the editor, carta al editor
  love letter, carta amorosa, carta de amor
  registered letter, carta certificada
letter[2], letra
  capital letter, mayúscula
  letter coordinates, coordinadas de letras
  letter grid, cuadrícula de letras
  letter-sound relationship, relación entre sonido y letra
  lower case letter, letra minúscula
letterhead, membrete
lettering, inscripción, leyenda, rótulo
letter-perfect, que se sabe a la perfección
lettuce, lechuga
leucocyte, leucocito
levee, dique, recepción
level[1], llano(a), igual, nivelado(a), plano(a), allanado(a)
level[2], llanura, plano, nivel
  level in relation to floor, nivel en relación con el suelo
level[3], allanar, nivelar
levelheaded, discreto(a), sensato(a)
leveling[1], igualación, nivelación
leveling[2], nivelador(a)
lever, palanca
  clutch lever, palanca
  driving lever, palanca de impulsión
  firing lever, palanca de desenganche
  lever arm, brazo de palanca

operating lever,
palanca de impulsión
reverse lever,
palanca de cambio de marcha
leverage, acción de palanca
levity, levedad, ligereza, inconstancia, veleidad
levy[1], leva
levy[2], embargar una propiedad, imponer, impuesto, gravamen
lewd, lascivo(a), disoluto(a), libidinoso(a)
lexicon, léxico, diccionario
Lewis and Clark Expedition, expedición de Lewis y Clark
liability, responsabilidad
liability rules,
normas de responsabilidad
liabilityles, pasivo, créditos pasivos
liable, sujeto(a), expuesto(a) a, responsable, capaz
liaison, vinculación, coordinación
liar, embustero(a), mentiroso(a)
libel[1], libelo
libel[2], difamar, difamación, calumnia
libeler, libelista
libeller, difamador(a)
libellous, difamatorio(a)
libelous, difamatorio(a)
liberal[1], liberal, generoso, franco
liberal[2], persona de ideas liberales, miembro del Partido Liberal
liberal arts, artes liberales
liberal democracy,
democracia liberal
liberally, a manos llenas
liberalism, liberalismo
liberality, liberalidad, generosidad
liberal-minded, tolerante, de ideas liberales
liberate, libertar
liberation, liberación
liberation theology,
teología de la liberación
liberator, libertador(a)
libertine[1], libertino(a)
libertine[2], libertino(a), disoluto(a)
liberty[1], libertad
liberty and justice for all,
libertad y justicia para todos
Liberty Bell,
Campana de la Libertad
liberty[2], privilegio
to take the liberty to,
permitirse, tomarse la libertad
librarian, bibliotecario(a)
library, biblioteca
Library of Congress,
Biblioteca del Congreso
libretto, libreto
lice, (de louse), piojos
license, licencia, permiso
driver's license,
licencia para manejar
license plate, placa
licensing, acuerdo de licencia
licentious, licencioso(a), disoluto(a)
lichen, liquen
licit, lícito(a)
lick, lamer, chupar, golpear, tundir, derrotar
licking, paliza
licorice, orozuz, regaliz
lid[1], tapa, tapadera
lid[2] **(of the eye)**, párpado
lie[1], mentira, trápala
lie[2], mentir, echarse, reposar, acostarse, yacer
lie on the line,
yace sobre la línea
lief, de buena gana
lien, derecho de retención
lieu, lugar
in lieu of, en vez de
lieutenant, lugarteniente, teniente, alférez
lieutenant commander,
capitán de corbeta
lieutenant colonel,
teniente coronel
lieutenant general,
teniente general
Lieutenant Governor,
vicegobernador, asistente del gobernador
second lieutenant,
subteniente
life, vida, ser, vivacidad
for life, por toda la vida
from life, del natural
high life, el gran mundo
life belt, cinturón salvavidas
life buoy, boya
life cycle, ciclo de vida
life expectancy,
esperanza de vida
life experience,
experiencia de vida

life form, forma de vida
life form change, cambio de forma de vida
life insurance, seguro de vida
life preserver, salvavidas
life raft, balsa salvavidas
life span, duración de vida
life-size, de tamaño natural
life-sustaining functions, funciones de mantenimiento vital
lifeboat, bote salvavidas, lancha salvavidas
lifeguard, salvavidas, guardavidas
lifeless, muerto(a), inanimado(a), sin vivacidad
lifelike, natural, que parece vivo
lifelong, de toda la vida, que dura toda la vida
lifesaver, salvavidas, miembro del servicio de salvavidas
lifestyle, estilo de vida
lifetime[1], duración de la vida
lifetime[2], de por vida, que dura toda la vida
lifetime sport, deportes para toda la vida
lifework, obra total o principal de la vida de uno
lift[1], alzar, elevar, levantar, hurtar, robar
lift[2], acción de levantar, alza, ayuda, ascensor
lifting, izamiento, acción de levantar
ligament, ligamento
ligature, ligadura
light[1], luz, claridad, conocimiento, día, reflejo, candela, resplandor
light absorption, absorción de la luz
light emission, emisión de luz
light reflection, reflejo de luz
light refraction, refracción de la luz
light scattering, dispersión de la luz
light transmission, transmisión de la luz
light wavelength, longitud de onda de la luz
light year, año luz
light[2], ligero(a), leve, fácil, frívolo(a), superficial, ágil, inconstante, claro(a), blondo(a)
light[3], encender, alumbrar
light[4], hallar, encontrar, desmontarse, desembarcar
light bulb, foco, bombilla
lighten[1], centellear como relámpago, brillar, aclarar
lighten[2], iluminar, aligerar, aclarar
lighter[1], más liviano
lighter[2], encendedor
cigarette lighter, encendedor de cigarrillos, mechero
lighter[3], alijador, chalana, barcaza, gabarra, encendedor, más liviano
lighthearted, despreocupado(a), alegre
lighthouse, faro, fanal
lighting, iluminación
lightly, levemente, alegremente, ágilmente
lightness, ligereza, agilidad, velocidad
lightning[1], relámpago
lightning[2], relampaguear
heat lightning, relámpago sin trueno
lightning bug, luciérnaga
lightning rod, pararrayos
lightweight, de peso ligero
light-year, año luz
likable, simpático(a), agradable
like[1], semejante, igual, parecido(a)
like denominators, denominadores semejantes, denominadores comunes
like terms, términos semejantes
like[2], como
like[3], querer, amar, gustar, agradar alguna cosa
to look like, parecerse a
as you like it, como quiera usted
to be liked, caer en gracia
to like someone, tener simpatía por
like[4], verosímil
likelihood, probabilidad, indicación
likely[1], probable, verosímil, posiblemente
likely[2], con toda probabilidad
liken, asemejar, comparar
likeness, semejanza, igualdad, retrato fiel
likewise, igualmente, asimismo

liking, gusto, agrado
lilac[1], lila
lilac[2], de color lila
lilt[1], cantar alegremente
lilt[2], canción alegre, movimiento rápido
lily, lirio
lily of the valley, lirio de los valles, muguete
limb, miembro, pierna, rama
limber[1], manejable, flexible
limber[2], poner manejable, hacer flexible
lime, variedad de limón, tilo, tila
limelight, centro de atención pública
limerick, verso jocoso
limestone, piedra de cal, caliza
limewater, agua de cal
limit[1], límite, término, línea
limit[2], restringir, concretar, confinar
to the limit, hasta no más
limitation, limitación, restricción, coartación
limitations on government, limitaciones en el gobierno
limited, tasado(a), limitado(a)
limited budget, presupuesto limitado
limited government, gobierno limitado
limited partnership, sociedad comanditaria simple
limited point of view, punto de vista limitado
limited sample, muestra limitada
limiting factors, factores limitantes, factores de limitación
limitless, inmenso(a), ilimitado(a), sin límite
limousine, limosina
limp[1], cojear
limp[2], cojera
limp[3], fláccido, flojo, blando
limpid, limpio(a), claro(a), trasparente, límpido(a)
Lincoln Memorial, Monumento a Lincoln
Lincoln's "House Divided" speech", discurso de Lincoln sobre "La Casa Dividida"
linden, tilo
linden tea, tila
line[1], línea, línea de batalla, raya, contorno, cola, ferrocarril, vía, renglón, verso, linaje, cordón
line equation, ecuación lineal
line graph, gráfica de líneas
line of best fit, línea de mejor ajuste, línea de ajuste óptima
line of equidistance, línea de equidistancia
line of gravity, línea de gravedad
line of reflection, línea de reflexión
line of sight, línea de visión
line of symmetry, línea de simetría
line plot, diagrama lineal
line segment, segmento de una línea
line segment congruence, congruencia de segmento de línea
line segment similarity, similitud de segmento de línea
line symmetry, simetría lineal
pipe line, cañería
line[2], forrar, revestir, rayar, trazar líneas
line[3], alinearse
lineage, linaje, descendencia, prosapia, generación
lineal, lineal
linear, lineal
linear arithmetic sequence, secuencia aritmética lineal
linear coordinates, coordenadas lineales
linear equation, ecuación lineal
linear function, función lineal
linear geometric sequence, secuencia geométrica lineal
linear growth, crecimiento lineal
linear independence, independencia lineal
linear pattern, patrón lineal
linear regression, regresión lineal
linear system, sistema lineal
linear unit, unidad lineal
linear velocity, velocidad lineal
line-item veto, veto de partidas

específicas
lineman, guardavía, guardabarreras, reparador de líneas telefónicas, atajador o guarda en la línea de embestida
linen[1], lienzo, lino, tela de hilo, ropa blanca
linen[2], de lino, de tela de hilo
liner, avión o vapor de travesía
linesman, juez de línea en el fútbol
line-up, formación, formación de los jugadores antes de principiar el juego.
linger, demorarse, tardar, permanecer por un tiempo
lingerie, ropa interior femenina, ropa íntima
lingering[1], tardanza, dilación
lingering[2], moroso(a), lento(a)
lingua franca, lengua franca o vehicular
linguist, lingüista
linguistic diversity, diversidad lingüística
liniment, linimento
lining, forro
link[1], eslabón, vínculo, anillo de cadena, articulación, gozne
link[2], unir, vincular
linkage, unión, enlace
linked gene, gen ligado
linking verb, verbo de enlace, verbo copulativo
Linnean taxonomy, taxonomía de Linneo, taxonomía Linneana, clasificación biológica
linnet, pardillo(a), pardal
linoleum, linóleo
linotype, linotipo, máquina linotipista
linseed, linaza
  linseed oil, aceite de linaza
lint, hilas, hilacha
lintel, lintel o dintel de puerta o ventana
lion, león
lioness, leona
lip, labio, borde
  lip reading, lectura por el movimiento de los labios
lipid, lípido
lipstick, lápiz para los labios, lápiz labial
liquefy, licuar, liquidar, derretir
liqueur, licor, aguardiente
liquid[1], líquido
liquid[2], licor, líquido
  liquid air, aire fluido o líquido
  liquid fire, fuego líquido
  liquid measure, cántara, medida para líquidos, medida de líquidos
  liquid water, agua líquida
liquidate, liquidar, saldar
liquidation, liquidación
liquidizer, licuadora
liquor, licor
  liquor case, licorera
Lisbon, Lisboa
lisp[1], balbucear, cecear
lisp[2], ceceo, balbuceo
list[1], lista, elenco, catálogo
list[2], poner en lista, registrar, enumerar
list[3], alistarse, recalcar
  list price, precio de catálogo
listen, escuchar, atender
listener, escuchador(a), oyente
listening comprehension, comprensión oral
listening skill, habilidad auditiva
listless, indiferente, descuidado(a)
listserv, servidor de lista
litany, letanía
liter (l), litro (l)
literacy, capacidad para leer y escribir, alfabetismo, alfabetización
  literacy rate, índice de alfabetización
literal, literal, al pie de la letra, a la letra
  literal equations, ecuación literal
  literal phrase, frase literal
literally, literalmente
literary, literario(a)
  literary analysis, análisis literario
  literary criticism, crítica literaria
  literary device, técnica literaria
  literary elements, elementos literarios
  literary exposition, exposición literaria
  literary narrative, narración literaria

literature, literatura
literature review, reseña literaria
lithe, ágil, flexible
lithograph[1], litografía
lithograph[2], litografiar
lithography, litografía
lithosphere, litosfera
litigant, litigante
litigation, litigio, pleito, litigación
litmus, tornasol
litotes, atenuación retórica o litotes
litter[1], litéra, cama portátil
litter[2], parir los animales
litter[3], desordenar
little[1], pequeño(a), poco(a), chico(a)
Little Italy, Pequeña Italia
little[2], poco, parte pequeña
a little, poquito
little boy, chico, chiquito
little girl, chica, chiquita
very little, muy chico, muy poquito
Little Rock 1957, Los Nueve de Little Rock (1957)
liturgy, liturgia
live[1], vivir, manifestarse, habitar
live[2], vivo(a)
live wire, persona lista o muy activa, alambre cargado
livelihood, vida, subsistencia
liveliness, vivacidad
livelong, todo
the livelong day, el día entero
lively, vivo(a), brioso(a), gallardo(a), animado(a), alegre
liver, hígado
liverwurst, salchicha de hígado
livery, librea
lives, plurar de life.
livestock, ganadería, ganado en pie
livid, lívido(a), amoratado(a)
living[1], modo de vivir, subsistencia
living[2], vivo, viviente
living organism, organismo vivo
living room, sala, salón
living thing, cosa viviente
living wage, salario adecuado para vivir
lizard, lagarto, lagartija
llama, llama
L.L.D. (Doctor of Laws), Doctor en Derecho
load[1], cargar, llenar, embarcar
load a program, cargar un programa
load[2], carga, cargamento, peso
load of a firearm, carga
loaded words, palabras con carga emocional
loading, cargo, acción de cargar
loaf[1], pan, bollo de pan
loaf[2], haraganear, holgazanear
meat loaf, pan de carne
loafer, holgazán (holgazana), gandul(a)
loam, marga
loan[1], préstamo, empréstito
loan[2], prestar
loan office, casa de préstamos
loath, con aversión, poco dispuesto
loathe, aborrecer, detestar
loathing, repugnancia, aversión
loathsome, detestable, repugnante
loathly[1], repugnante
loathly[2], de mala gana
loaves, plural de loaf
lobby[1], vestíbulo
lobby[2], cabildear, grupo de presión
lobbying, cabildeo
lobbyist, cabildero, grupo de presión
lobe, lóbulo
lobster, langosta
local[1], local
local behavior, comportamiento local
local community, comunidad local
local election, elección local
local government, gobierno local
local network system, sistema de red local
local resource, recurso local
local scale, escala local
local water, agua local
local[2], tren local
locale, local
locality, localidad
localize, localizar
locally, localmente
locate, ubicar, colocar, situar, localizar
located, situado(a), ubicado(a)
location, ubicación, localización, colocación
location principle, principio de ubicación
lock[1], cerradura, cerraja, llave, vedi-

ja, mechón, compuerta
spring lock,
cerradura de golpe o de muelle
lock[2], cerrar, cerrar con llave
lock[3], cerrarse con llave
to lock out, cerrar la puerta a uno para que no entre
locked, cerrado(a), encerrado(a), enganchado(a), trabado(a), entrelazado(a)
locker, armario, cofre, gaveta, locket
locket, medallón, guardapelo
lockjaw, tétano
lockout, cesación del trabajo, paro forzoso
locksmith, cerrajero, llavero
locomotion, locomoción
locomotive, locomotora
locomotor movement,
movimiento locomotor
locomotor skill,
habilidad locomotora
locust, langosta, saltamontes
lode, filón, vena, veta
lodge[1], casa de guarda en el bosque, casita pequeña, sucursal o casa de una sociedad
lodge[2], alojar, depositar, presentar
lodge[3], residir, habitar
lodger, huésped, inquilino(a)
lodging, posada, casa, habitación, hospedaje
loft, desván, pajar
loftiness, altura, sublimidad, soberbia
lofty, alto(a), sublime, altivo(a), elevado(a)
log[1], leño, trozo de árbol
log cabin, cabaña rústica
log[2], registro
log[3], logaritmo
log function,
función logarítmica
log[4], barquilla
log[5], cuaderno de bitácora
loganberry, frambuesa norteamericana
logarithm, logaritmo
logarithm, logaritmo
logarithmic function,
función logarítmica
logbook, diario de navegación
logger, persona que corta árboles, máquina para el corte y trasporte de trozas
logging, industria maderera,corte y trasporte de trozas, tala
logic, lógico (a)
logical, lógico(a), consecuente
logical argument,
argumento lógico
logical fallacy,
falacia lógica
logical reasoning,
razonamiento lógico
login, inicio de sesión
logistics, logística
logo, logotipo
logographic system, sistema logográfico
logrolling, acuerdo entre los políticos para ayudarse recíprocamente
logwood, palo de Campeche, campeche
loin, ijada, ijar
loins, lomos
loiter, haraganear, holgazanear
loiterer, haragán (haragana), holgazán (holgazana)
loll[1], dejar colgar
loll[2], apoyarse, recostarse, dejar colgar la lengua
lollipop, paleta
London, Londres
lone, solitario(a), soltero(a)
Lone Star Republic, República de la Estrella Solitaria (Texas)
loneliness, soledad
lonely, solitario(a), solo(a), triste, abatido(a) por la soledad
lonesome, solitario(a)
long[1], largo(a), prolongado(a)
long division, división larga
long vowel, vocal larga
long[2], durante mucho tiempo
a long time,
mucho tiempo, un largo rato
long-distance, de larga distancia
long-distance call,
llamada de larga distancia
long-distance migration,
migración de larga distancia
long-distance trade,
comercio de larga distancia
longer[1], más largo(a)
longer[2], más tiempo
no longer, ya no, no más
longest, el(la) mas largo(a)

longevity, longevidad
longhand, escritura a mano
longhorn, buey español con cuernos muy largos
longing, deseo vehemente, anhelo
longitude, longitud
longitudinal, longitudinal
  longitudinal wave, onda longitudinal
long-lived, longevo(a), muy anciano(a)
long-playing, de larga duración
long-range, de gran alcance
longshoreman, estibador
long-standing, de larga duración
long-term consequence, consecuencias a largo plazo
long-winded, locuaz
look[1], mirar, ver, considerar, pensar, contemplar, esperar, parecer, tener cara de
look[2], aspecto, mirada, ojeada
  as it looks to me, a mi ver
  look out!, ¡cuidado! ¡aguas!
  to look after, echar una vista, cuidar de
  to look bad, tener mala cara, verse mal
  to look for, buscar
  to look well, verse bien
  to look over, repasar
looking glass, espejo
lookout, centinela, vigía
loom[1], telar
loom[2], destacarse, descollar, perfilarse, amenazar
loony, loco(a)
loop, ojal, presilla, aro, anillo, lazo, vuelta
loophole, tronera, buhedera, evasiva, escapatoria
loose, suelto(a), desatado(a), holgado(a), flojo(a), suelto(a) de vientre, vago(a), relajado(a), disoluto(a), desenredado(a)
  loose-jointed, con las coyunturas al parecer flojas, capaz de mover las coyunturas con gran facilidad
  loose-leaf, de hojas sueltas
loosely, sueltamente
  loosely speaking, en téminos generales
loosen, aflojar, laxar, desliar, desatar
looseness, flojedad, relajación, flujo de vientre
loot[1], pillaje, botín
loot[2], pillar, saquear
lop, desmochar
loquacious, locuaz, charlador(a), palabrero(a)
lord[1], señor, amo, dueño, lord
lord[2], señorear, dominar
Lord Dalhousie, Conde de Dalhousie
lordly, señoril, orgulloso(a), imperioso(a)
lordship, excelencia, señoría, dominio, autoridad
lore, saber, erudición, conocimiento de hechos y costumbres tradicionales
lose[1], perder, disipar, malgastar
  to lose one's senses, perder la chaveta
  to lose one's temper, salirse de sus casillas
  to lose one's composure, salirse de sus casillas
  to lose one's way, extraviarse, perder el camino
lose[2], perderse, decaer
  to lose face, perder prestigio
  to lose out, ser derrotado(a)
loser, perdedor(a)
  good loser, buen(a) perdedor(a)
losing, pérdida
loss, pérdida, daño
  to be at a loss, estar perplejo, estar en duda
lot, suerte, lote, cuota, porción
  building lot, solar
  to draw lots, decidir por suerte, echar a suerte
lotion, loción
lottery, lotería, rifa
lotus, loto
loud, ruidoso(a), alto(a), clamoroso(a), charro(a), vulgar
loudly, en voz alta
loudness, ruido, vulgaridad, falta de delicadeza, mal gusto
loudspeaker, altoparlante, altavoz
Louis Pasteur, Louis Pasteur
Louisiana Purchase, compra de la Luisiana
lounge[1], sofá, canapé
lounge[2], holgazanear

lounge room, sala de esparcimiento social, salón social
louse, piojo
lousy, piojoso(a), miserable, vil, horrible, detestable
lout, patán, rústico(a), zafio(a)
lovable, amable, digno(a) de ser querido(a)
love[1], amor, cariño, galanteo
love[2], amar, gustar de, querer
love game, juego a cero
to fall in love, enamorarse
to make love, cortejar, galantear, enamorar
lovebird, periquito
loveliness, amabilidad, agrado, belleza
lovely, amable, hermoso(a), bello(a)
love-making, enamoramiento
lover, amante, galán
lovesick, enamorado(a), herido(a) de amor
loving, amoroso(a), afectuoso(a)
low[1], bajo(a), pequeño(a), hondo(a), abatido(a), vil
low-income area, zona de bajos ingresos
low-minded, bajo(a), ruin
low-pressure, de baja presión
low-priced, barato(a)
low water, bajamar
low-water mark, línea de bajamar, nivel más bajo
low[2], mugir
low[3], a precio bajo, en posición baja
lower[1], más bajo(a), menor
lower berth, litera o cama baja
lower case, caja baja, caja de minúsculas
lower class, clase trabajadora, clase baja
lower court, tribunal de primera instancia
lower South colony, colonia del Sur
lower[2], bajar, humillar, disminuir
to lower the price, rebajar
lower[3], disminuirse
lowercase, minúsculas
lowermost, más bajo(a), ínfimo(a)
lowest, más bajo(a), ínfimo(a)
lowest common denominator (LCD), mínimo común denominador
lowland, tierra baja
lowliness, bajeza, humildad
lowly[1], humilde
lowly[2], modestamente
lox, oxígeno líquido
loyal, leal, fiel
loyal opposition, oposición leal
loyalist[1], realista
loyalist[2], partidarios del régimen
loyally, lealmente
loyalty, lealtad, fidelidad
L.P. (long playing), LP (de larga duración)
lube, aceite lubricante
lubricant, lubricante
lubricate, lubricar, engrasar
lubricating, lubricante, lubricador
lubrication, lubricación
lucid, luciente, luminoso(a), claro(a)
luck, acaso, suerte, fortuna
luckily, por fortuna, afortunadamente
luckless, infeliz, desventurado(a)
lucky, afortunado(a), feliz, venturoso(a), dichoso(a)
to be lucky, tener suerte
lucrative, lucrativo(a)
ludicrous, burlesco(a), ridículo(a)
lug[1], tirar, arrastrar, tirar de un cabo
lug[2], esfuerzo, agarradera, asa
luggage, equipaje
carry-on luggage, equipaje de mano
luggage rack, portaequipajes
lukewarm, tibio(a), templado(a)
lull[1], arrullar, adormecer, aquietar
lull[2], pausa, momento de calma
lullaby, arrullo, canción de cuna
lumber, madera de construcción
lumber dealer, maderero, comerciante en maderas
lumberjack, leñador(a), hachero(a)
lumberman, maderero
lumberyard, depósito de maderas de construcción
luminous, luminoso(a), resplandeciente
lump[1], protuberancia, chichón
lump of sugar, terrón de azúcar
lump[2], amontonar
lump[3], agrumarse
lunacy, locura, frenesí

lunar, lunar
lunar phase, fase lunar
lunar year, año lunar
lunatic[1], lunático(a), loco(a), frenético(a), fantástico(a)
lunatic[2], loco(a)
lunch[1], merienda, colación, almuerzo
lunch[2], almorzar, merendar
luncheon, almuerzo, merienda, colación
Lunda, Lunda
lung, pulmón
lung cancer, cáncer pulmonar
iron lung, pulmón de acero
lunge[1], embestida, estocada
lunge[2], embestir
lunging, zancada, desplante
lurch[1], abandono, vaivén, bandazo, sacudida
lurch[2], dar bandazos, caminar con vaivén
lure[1], señuelo, cebo
lure[2], atraer, inducir
lurid, fantástico(a), lívido(a), descolorido(a)
lurk, espiar, ponerse en acecho
luscious, delicioso(a), sabroso(a), atractivo(a), apetitoso(a)
lush, jugoso(a), suculento(a)
lust[1], lujuria, sensualidad, libídine, codicia, concupiscencia
lust[2], lujuriar
luster, lustre, brillantez, lucimiento, realce, viso
lustre, lustre, brillantez, lucimiento, realce, viso
lustrum, lustro, quinquenio
lusty, fuerte, vigoroso(a)
Lutheran, luterano(a)
luxuriant, exuberante, superabundante
luxurious, lujoso(a), exuberante
luxury, voluptuosidad, exuberancia, lujo
luxury goods, bienes de lujo
lyceum, liceo
lye, lejía
lynching, linchamiento
lying[1], mentir, mentira
lying[2], mentiroso(a), tendido(a), recostado(a)
lying-in, parto
lymph, linfa
lymphatic, linfático(a)
lynch, linchar
lynx, lince
lyric, lírico(a)
lyric poem, poema lírico
lyrical, lírico(a)
lysosome, lisosoma

macadam, macádam, macadán
macaroni, macarrones
macaroon, almendrado(a), macarrón de almendras
Macedonia, Macedonia
Mach, número Mach
Machiavelli, Maquiavelo
machination, maquinación, trama
machine, máquina
machine gun, ametralladora
machine-to-machine, máquina a máquina, M2M
machine tool, herramienta de máquina
machinery, maquinaria, mecánica
machinist, maquinista, mecánico(a)
mackerel, escombro, caballa, macarela
mackinaw, chamarra
mackintosh, abrigo impermeable
macro, macro
macroeconomics, macroeconomía
macroevolution, macroevolución
macromolecule, macromolécula
mad, loco(a), furioso(a), rabioso(a), insensato(a)
stark mad, loco(a), rematado
to go mad, volverse loco(a)
madam, madama, señora
madame, madama, señora
madden, enloquecer, trastornar, enfurecer
made[1], hecho(a), fabricado(a), producido(a)
made-to-order, hecho(a) a la medida o a la orden
made to order clothing, ropa hecha a la medida
made-up, artificial, pintado(a)
madhouse, casa de locos, manicomio
madman, loco(a), maniático(a)

madness, locura, manía, furor
madras, madras
madrigal, madrigal
magazine, revista, almacén, depósito, santabárbara
maggot, gusano, noción fantástica
magic[1], magia, nigromancia
magic[2], mágico(a)
magician, mago, nigromante
magistrate, magistrado
magma, magma
Magna Carta, Carta Magna
magnanimity, magnanimidad
magnanimous, magnánimo(a)
magnate, magnate
magnesia, magnesia
magnesium, magnesio
magnet, imán, piedra imán
magnetic, magnético(a)
magnetic attraction, atracción magnética
magnetic compass, brújula
magnetic field, campo magnético
magnetic needle, calamita, brújula
magnetic repulsion, repulsión magnética
magnetism, magnetismo
magnification, magnificación, aumento
magnificence, magnificencia
magnificent, magnífico(a), pomposo(a), rumboso(a)
magnifier, magnificador
magnify, amplificar, magnificar, exaltar, exagerar
magnifying glass, vidrio de aumento
magnitude, magnitud, grandeza
magnolia, magnolia
magpie, urraca, picaza
Magyar cavalry, caballería de Magyar
Mahdist state, Estado mahdista
mahogany, caoba
maid, doncella, joven, moza, criada
maiden[1], virgen, virginal, nuevo(a)
maiden[2], doncella, joven
maiden name, nombre de soltera
maiden voyage, primer viaje
maidservant, criada, sirvienta
mail, correo, malla, armadura, correspondencia, cota de malla
by registered mail, bajo sobre certificado, por correo certificado
by return mail, a vuelta de correo
mail merge, combinación de correspondencia
mail order, pedido postal, compra de artículos por correo
mail-order house, casa de ventas por correo
mailbag, portacartas, valija de correo
mailbox, buzón, buzón de correo
mailman, cartero
maim, estropear, tullir
main[1], principal, esencial
in the main, en general
main character, personaje principal
main idea, idea principal
main[2], océano, alta mar, fuerza
main office, casa matriz
mainly, principalmente, sobre todo
mainland, continente
mainmast, palo mayor de un navío
mainsail, vela mayor
mainspring, muelle
mainstay, apoyo principal del mastelero, sostén principal, motivo principal
mainstream America, cultura dominante de EE.UU.
maintain, mantener, sostener, conservar
maintenance, mantenimiento, protección, sustento, conservación
maize, maíz
maize cultivation, cultivo de maíz
majestic, majestuoso(a), grande
majestical, majestuoso(a), grande
majestically, majestuosamente
majesty, majestad
major[1], mayor, importante
major key, clave mayor
major metropolitan center, centro metropolitano importante, principal
major parallel, paralelo principal

major world event, acontecimiento mundial importante
major[2], mayor, sargento mayor, comandante, primera proposición de un silogismo
major general, mariscal de campo
major[3], especializarse en
majority[1], mayoría, pluralidad
majority[2], mayoría absoluta
majority leader, líder de la mayoría
majority rule, gobierno de la mayoría
make[1], hacer, crear, producir, fabricar, ejecutar, obligar, forzar, confeccionar
make a fool of, engañar
make a play, hacer una actuación, hacer una jugada
make a point of, dar importancia a
make a show of, ostentar
make believe, hacer ver, hacer de cuenta, disimulo, pretexto
make for, ir hacia, encaminarse a
make fun of, burlarse de
make inferences, inferir, hacer deducciones
make known, dar a conocer
make no difference, no importar
make over, hacer de nuevo
make out, divisar, columbrar
make ready, preparar
make room, hacer lugar
make use of, servirse de, utilizar
to make up, constituirse,componerse, inventar, contentarse, hacer las paces, maquillar
make[2], hechura, forma, figura
make-believe, disimulo, pretexto
makeshift[1], expediente, medio
makeshift[2], temporal, mal confeccionado(a), mal hecho(a)
makeup, maquillaje, tocado
making, composición, estructura, hechura
making inferences, hacer inferencias
maladjustment, mal ajuste, discordancia, desequilibrio
malady, enfermedad
malaria, malaria, paludismo
Malayo-Polynesia, malayo-polinesio
Malaysia, Malasia
Malaysian rain forest, selva de Malasia
male[1], masculino(a)
male sexuality, sexualidad masculina
male[2], macho
male-dominated job, trabajo con predominancia masculina
malefactor, malhechor(a)
malevolent, malévolo(a)
malformed, malhecho(a), contrahecho(a)
malfunction, disfunción
Mali, Mali
Mali Empire, Imperio de Mali
malice, malicia
malicious, malicioso(a)
malign[1], maligno(a), malandrín (malandrina)
malign[2], difamar
malignant, maligno
malignity, malignidad
mall, plaza comercial, centro comercial
mallard, pato, ánade
mallet, mazo
mallet instruments, instrumentos de mazo
malnutrition, desnutrición
malt, malta, cebada fermentada
maltose, maltosa, azúcar de almidón y malta
maltreat, maltratar
mama, mamá
mamma, mamá
mammal, mamífero(a)
mammoth[1], enorme, gigantesco(a)
mammoth[2], mamut
man[1], hombre, marido, criado, peón
man overboad, hombre al agua
man vs. environment, el hombre contra el medio embiente
man vs. himself, el hombre contra sí mismo
man vs. man, el hombre contra el hombre
man vs. supernatural, el

hombre contra lo sobrenatural
mechanical man, autómata
young man, joven
man[2], tripular, armar
manage, manejar, manipular, gobernar, administrar, dirigir, gestionar
manageable, manejable, dócil, tratable, dirigible
management, manejo, administración, dirección, conducta, gestión, gerencia
manager, administrador, director, gestor, gerente
assistant manager, subgerente
managing, dirigente, gestor
Manchu Empire, Imperio manchú
mandate, mandato, comisión
Mandate of Heaven, Mandato del cielo
mandatory, obligatorio(a)
mandolin, mandolin, mandolín, bandolín, mandolina, bandolina
mane, melena, crines del caballo
man-eater, caníbal, antropófago(a)
maneuver[1], maniobra
maneuver[2], maniobrar
manful, bravo(a), valiente
manganese, manganeso
mange, roña, sarna perruna
manger, pesebre, nacimiento
mangle[1], planchadora, planchadora mecánica
mangle[2], mutilar, planchar con planchadora mecánica
mangrove, mangle
manhandle, maltratar
manhole, registro, abertura para la inspección de alcantarillas, calderas, etcétera
manhood, virilidad, edad viril, hombría, valentía, valor
mania, manía, tema
maniac, maniático(a)
manicure[1], arreglo de las uñas
manicure[2], arreglar las uñas
manicurist, manicurista
manifest[1], manifiesto, patente
manifest destiny, destino manifesto
manifest[2], manifiesto(a)
manifest[3], manifestar
manifestation, manifestación
manifesto, manifiesto, declaración pública, proclamación
manifold, muchos(as), varios(as), múltiple
manikin, maniquí
manila, abacá
manila paper, papel de Manila
manipulate, manejar, manipular
manipulation, manipulación
mankind, género humano, humanidad
manliness, valentía, valor
manly, varonil, valeroso(a)
man-made, hecho(a) por el hombre
man-made object, objeto hecho por el hombre
man-made satellite, satélite artificial
mannequin, maniquí
manner, manera, modo, forma, método, maña, hábito, moda, especie, guisa, vía
in such a manner, de tal modo
in the manner of, a fuer de, en son de, a guisa de
manner of speech, modo de hablar
manners, modales, urbanidad, crianza
mannerism, amaneramiento
mannerly[1], cortés, atento(a)
mannerly[2], cortésmente
manor, señorío, feudo, heredad
manorialism, régimen señorial
manpower, fuerza de trabajo, mano de obra, brazos, elemento humano
mansion, mansión, palacete, solar
manslaughter, homicidio
mantel, repisa de chimenea
mantelpiece, repisa de chimenea
mantle, manto, capa
manual[1], manual
manual[2], manual
manual dexterity, destreza manual
manual training, instrucción en artes y oficios
manufacture[1], manufactura, fabricación, artefacto
manufacture[2], fabricar, manufacturar, hacer
manufacturer, fabricante, manufacturero(a)

manufacturing, fabricación, manufactura
manufacturing plant, planta de manufactura
manure[1], abono, estiércol
manure[2], abonar, estercolar, cultivar
manuscript, manuscrito(a), escrito(a), original
many, muchos, muchas
many a time, muchas veces
how many?, ¿cuántos?
as many as, tantos como
Mao Zedong, Mao Tse-Tung
Mao's program, programa de Mao
map[1], mapa, carta geográfica
map grid, cuadriculado
map key, signos convencionales del mapa
map maker, cartógrafo(a)
map projection, proyección cartográfica
map scale, escala de mapa
map[2], delinear mapas, trazar, hacer planes
maple, arce
maple syrup, jarabe de arce
mapping, cartografía
mar, dañar, corromper, desfigurar
marauder, merodeador(a)
marble[1], mármol, canica, bolilla de mármol, bola
marble[2], marmóreo(a), de mármol
marble[3], jaspear
Marbury v. Madison (1803), caso Marbury contra Madison (1803)
March, marzo
march[1], marcha, pasodoble
march[2], marchar, caminar
Marco Polo, Marco Polo
Marcus Aurelius, Marco Aurelio
mare, yegua
margarine, margarina
margin[1], margen, borde, orilla
margin[2], marginar
marginal, marginal
marginal benefit, utilidad marginal
marginal cost, costo marginal
market economy, economía de mercado
Marie Curie, Marie Curie
marigold, caléndula
marihuana, marijuana, marihuana
marijuana, marijuana, marihuana
marimba, marimba
marina, dársena para yates
marine[1], marina, soldado de marina
marine[2], marino(a)
marine climate, clima oceánico
marine transportation, transporte marítimo
marine vegetation, vegetación marina
mariner, marinero(a)
marionette, títere, muñeco(a)
marital, marital
marital status, estado civil
maritime, marítimo(a), naval
maritime rights, derechos marítimos
maritime technology, tecnología marítima
maritime trade route, ruta comercial marítima
mark[1], marca, señal, nota, seña, blanco, calificación
mark down, reducción de precio
printer's mark, pie de imprenta
mark[2], marcar, advertir
to mark down, bajar
to mark time, marcar el paso, llevar el compás, quedar inactivo(a) u ocioso(a)
marker, marca, ficha, marcador
market, mercado, plaza
meat market, carnicería
market clearing price, precio de equilibrio del mercado
market economy, economía de mercado
market exchange, mercado de cambio
market report, revista del mercado
market revolution, revolución mercantil
marketable, vendible, comercial
marketing, mercadotecnia
marketplace, mercado
marking, marcador
marksman, tirador(a)
marksmanship, puntería
marmalade, mermelada
marmoset, mono tití
marmot, marmota

maroon[1], esclavo(a) fugitivo(a), negro(a) descendiente de esclavo(a) fugitivo(a), color rojo oscuro
maroon[2], abandonar a uno en una costa desierta
Maroon society, sociedad cimarrona
marquis, marqués
marquisette, tejido fino de malla
marriage, matrimonio, casamiento
marriageable, casadero(a), núbil
married, casado(a), conyugal
to get married, casarse
marrow, tuétano, meollo, médula
marry[1], casar, casarse con
marry[2], casarse
Mars, marte
marsh, pantano
marshal, mariscal
field marshal, capitán general
Marshall Plan, Plan Marshall
marshmallow, malvavisco, altea
marshy, pantanoso(a)
mart, emporio, comercio, feria
marten, garduña, marta
martial, marcial, guerrero(a)
martial law, ley marcial
martin, vencejo
Martin Luther King Jr. Day, Día de Martin Luther King Jr.
Martin Luther King Jr.'s "I Have a Dream" speech, discurso "Yo tengo un sueño" de Martin Luther King Jr."
martyr, mártir
martyrdom, martirio
marvel[1], maravilla, prodigio
marvel[2], maravillarse
marvelous, maravilloso(a)
Marx and Engel's Communist Manifesto, Manifiesto Comunista de Marx y Engels
Marxism, marxismo
Marxist, marxista
mascara, preparación para teñir las pestañas
mascot, mascota
masculine, masculino(a), varonil
mash[1], masa
mash[2], amasar, mezclar, majar
mask[1], máscara, pretexto
mask[2], enmascarar, disimular, ocultar
mason, albañil, masón
masonry, albañilería, mampostería, masonería
stone masonry, calicanto
masquerade, mascarada
masquerade ball, baile de máscaras o de disfraz
masquerade dance, baile de máscaras o de disfraz
masquerader, máscara, disfrazado(a)
mass[1], misa
midnight mass, misa de gallo
to say mass, cantar o celebrar misa
mass[2], masa, montón, bulto
mass advertising, publicidad masiva
mass conservation, conservación de la materia, conservación de la masa
mass consumer economy, economía de consumo de masas
mass extinction, extinción total
mass media, medios de comunicación
mass meeting, mitin popular, reunión del pueblo en masa
mass number, número de masa
mass production, fabricación en serie, fabricación en gran escala, producción en serie, producción en masa
mass to energy conversion, conversión de materia en energía
masses, vulgo, las masas, el pueblo en general
massacre[1], carnicería, matanza
massacre[2], matar atrozmente, hacer una carnicería
massage[1], masaje, soba
massage[2], sobar, dar masaje
masseur, masajista
masseuse, masajista
massive, macizo(a), sólido(a)
mast[1], árbol de navío, palo, fabuco
mast[2], arbolar
master[1], amo, dueño, maestro, señor, señorito, maestre, patrón
master hand, mano maestra, maestría

master of ceremonies, maestro de ceremonias
master stroke, golpe maestro o diestro, golpe magistral
master touch, golpe maestro o diestro, golpe magistral
master[2], domar, gobernar, dominar, sobreponerse
masterly[1], imperioso(a), despótico(a), magistral
masterly[2], con maestría
masterpiece, obra o pieza maestra
mastery, superioridad, maestría
masthead, cabeza fija
masticate, mascar, masticar
mastoid, mastoides
mat[1], estera, esterilla
mat[2], esterar
match[1], mecha, pajuela, fósforo, cerilla, cerillo, torneo, partido, contrincante, pareja, casamiento, combate, buscar la correspondencia
match[2], igualar, aparear, casar
match[3], hermanarse
matchbox, cajita de fósforos o cerillos
matching, igualación, aparejamiento
matchless, incomparable, sin par
matchmaker, casamentero(a), organizador(a) de juegos o certámenes
mate[1], consorte, compañero(a), piloto, pareja
first mate, piloto
mate[2], desposar, igualar
material[1], material, físico(a)
material[2], tela, género
materialism, materialismo
materialistic, materialista
materialize, consumar, realizar, llevar a efecto
maternal, maternal, materno(a)
maternity, maternidad
mathematical, matemático(a)
mathematical expression, expresión matemática
mathematical model, modelo matemático
mathematical modeling, modelos matemáticos
mathematical theories, teorías matemáticas
mathematician, matemático(a)
mathematics, matemáticas
matinee, matiné
mating, apareamiento
mating time, brama
matriarch, matriarca, mujer que encabeza una familia, grupo o estado
matriculate, matricular
matriculation, matrícula, matriculación
matrilineal family, familia matrilineal
matrimonial, matrimonial, marital
matrimony, matrimonio, casamiento
matrix (pl. matrices), matriz (pl. matrices), molde
matrix addition, suma de matrices
matrix division, división de matrices
matrix equation, ecuación de matriz
matrix inversion, inversión de matrices
matrix multiplication, multiplicación de matrices
matrix subtraction, resta de matrices
matron, matrona
matted, enredado(a), desgreñado(a)
matter[1], materia, sustancia, objeto
matter[2], asunto, cuestión
matter-of-fact, positivo(a), trivial, rutinario(a
matter of form, cuestión de fórmula
matter[3], importancia
it is no matter, no importa
what is the matter?, ¿de qué se trata?
a matter of fact, hecho positivo o cierto
matter[4], importar
mattress, colchón
spring mattress, colchón de muelle
maturation, maduración
mature[1], maduro(a), juicioso(a)
mature[2], madurar
mature[3], vencerse
maturity, madurez
maudlin, lloroso(a), sentimental en extremo
maul, apalear, maltratar a golpes
Maurya empire, Imperio maurya
Mauryan-Buddhist power, poder

budista-maurya
mausoleum, mausoleo
mauve, color malva
maverick, animal sin marca de hierro
maw, cuajar, molleja de las aves
maxim, máxima, axioma
maximize, maximizar
maximum, máximo(a)
maximum employment, pleno empleo
maximum of function, máximo de función
May[1], mayo
May Day, día primero de mayo
May Fourth movement, Movimiento del Cuatro de Mayo
may[2], poder, ser posible
Mayan civilization, civilización maya
maybe, quizás, tal vez
Mayan, maya
Mayan "Long Count" calendar, calendario maya de cuenta larga
Mayan calendar, calendario maya
Mayan city-state, ciudad-estado maya
Mayan pyramids, pirámides mayas
Mayan religion, religión maya
Mayflower Compact, Pacto del Mayflower
mayonnaise, mayonesa, mahonesa
mayor, corregidor(a), alcalde (alcaldesa), intendente
maze, laberinto, perplejidad
M.C. (Master of Ceremonies), Maestro de Ceremonias
McCarthyism, macartismo
McCulloch v. Maryland (1819), caso McCulloch contra Maryland (1819)
M.D. (Doctor of Medicine), Doctor en Medicina
me, mí, me
meadow, pradera, prado, vega
meager, magro, flaco, momio, seco
meagre, magro, flaco, momio, seco
meal, comida, harina
mealy, harinoso(a)
mean[1], bajo(a), vil, despreciable, abatido(a), mediocre, mezquino(a), de término medio
mean[2], medio(a)
in the meantime, en el interín, mientras tanto
mean while, en el interín, mientras tanto
mean[3], significar, querer decir, intentar
mean temperature, promedio de temperatura
you don't mean it!, ¡calla! ¿de veras?
means[1], medio, manera, modo, forma, instrumento
means of distribution, medios de distribución
means of production, medios de producción
means test, comprobación de ingresos
means, medios, recursos
by all means, sin falta
by no means, de ningún modo
person of means, persona acaudalada
meander[1], laberinto, camino tortuoso
meander[2], serpear, seguir un camino tortuoso, caminar sin rumbo
meaning, intención, inteligencia, sentido, significado, significación
meaning clue, idea del significado
meanness, bajeza, pobreza, mezquindad, mediocridad, pequeñez
meantime, mientras tanto, en el entretanto, al mismo tiempo
meanwhile[1], entretanto, mientras tanto
meanwhile[2], interín
measles, sarampión, rubéola
measure[1], medida, regla, compás
measure of crime, medida de la delincuencia
measures of central tendency, medidas de tendencia central
measures of height, medidas de altura
measures of length, medidas de longitud
measures of width, medidas de ancho
measure[2], medir, ajustar, calibrar, calar
in some measure, hasta cierto punto
liquid measure, medida para líquidos
measurement, medición, medida

measurement of motion, medida de movimiento
measuring cup, vaso medidor, taza dosificadora
meat, carne
baked meat, carne asada en horno
broiled meat, carne asada en parrilla
meatless, sin carne
meatless day, día de vigilia
meaty, carnoso(a), sustancioso(a)
mechanic, mecánico(a)
mechanical, mecánico(a), rutinario(a)
mechanical advantage, ventaja mecánica
mechanical energy, energía mecánica
mechanical motion, movimiento mecánico
mechanical wave, onda mecánica
mechanical weathering, desgaste mecánico
mechanically, mecánicamente
mechanics, mecánica
mechanism, mecanismo
mechanize, mecanizar
medal, medalla
medallion, medallón
meddle, entrometerse
meddler, entrometido(a), camasquince
meddlesome, entremetido(a)
media[1], medios
media type, tipos de medios
media[2], media
media[3], medios de comunicación
media-generated image, imagen generada por los medios
median, mediana
mediate, mediar, promediar
mediation, mediación, interposición
mediator, mediador(a)
Medicaid, Medicaid (programa de asistencia médica)
medical, médico(a), clínico
medical advance, avance de la medicina
medical coverage, cobertura médica
medical examination, reconocimiento o examen médico
medical expenditure, gastos médicos
medical history, historial médico
medical personnel, personal médico
Medicare, Medicare (programa de cobertura de seguridad social)
medication, medicamento
medicinal, medicinal
medicine, medicina, medicamento
medieval, medieval
medieval Christian society, sociedad cristiana medieval
Medieval Europe, Europa medieval
medieval literature, literatura medieval
medieval theology, teología medieval
mediocre, mediocre
mediocrity, mediocridad
meditate, meditar, idear
meditation, meditación
Mediterranean Empire, imperio mediterráneo
Mediterranean region, región mediterránea
medium[1], medio, expediente
medium of exchange, sistema monetario
medium[2], mediano(a)
medium-sized, de tamaño regular o mediano
medley, mezcla, baturrillo, popurrí
meek, paciente y tímido(a), corto(a) de ánimo
meekly, tímida y humildemente
meekness, mansedumbre, modestia, timidez, humildad
meet[1], encontrar, convocar, reunir, dar con
meet[2], encontrarse, juntarse
till we meet again, hasta la vista
to go to meet, ir al encuentro
meet[3], idóneo(a), propio(a)
meet[4], reunión
meeting, asamblea, congreso, entrevista, sesión, reunión, mitin
to call a meeting, llamar a junta, convocar a una junta

megabyte, megabyte
megalithic stone building, construcción megalítica
megalopolis, megalópolis
megaphone, megáfono, altavoz
Meiji Japan, Japón de Meiji
Meiji Restoration, Restauración Meiji
Mein Kampf, Mi lucha
meiosis, meiosis
melancholy, melancolía
meld[1], mezcla en que se confunden los elementos
meld[2], mezclar, acusar
mellow[1], maduro(a), meloso(a), tierno(a), suave, blando(a)
mellow[2], madurar, madurarse
melodic, melódico(a)
  melodic embellishment, embellecimiento melódico
  melodic instrument, instrumento melódico
  melodic line, línea melódica
  melodic ostinato, ostinato melódico
  melodic phrase, frase melódica
melodious, melodioso(a)
melodrama, melodrama
melody, melodía
melon, melón
melt[1], derretir, fundir, enternecer
melt[2], derretirse, enternecerse
melting, fusión
  melting point, punto de fusión, temperatura de fusión
  melting pot, crisol, crisol de culturas
member, miembro, parte, individuo, socio
membership, número de socios, personal de socios
membrane, membrana
memento, memento, recuerdo
memo, memorándum
memoir, memoria, relación, narrativa
memorable, memorable
memorandum, memorándum
  memorandum book, libreta, carnet, libro de apuntes
memorial[1], memoria, memorial
memorial[2], conmemorativo(a)
Memorial Day, Día de los Soldados Difuntos, Día de los Caídos
memorize, memorizar, aprender de memoria
memory, memoria, recuerdo, retentiva
  memory aid, ayuda mnemotécnica
men, plural de man, hombres
menace[1], amenaza
menace[2], amenazar
menagerie, colección de animales, casa de fieras
mend[1], reparar, remendar, retocar, mejorar, corregir
mend[2], enmendarse, corregirse
Mendelian genetics, genética mendeliana
mendicant[1], mendicante
mendicant[2], mendicante, mendigo(a)
menial, servil, doméstico(a)
menstruation, menstruación, regla
mensuration, medición
mental, mental, intelectual
  mental health, salud mental
  mental health clinic, clínica de salud mental
  mental image, imagen mental
  mental imagery, imaginería mental
  mental map, mapa mental
  mental mapping, mapa mental
  mental math, cálculo mental
mentality, mentalidad
mention[1], mención
mention[2], mencionar
  don't mention it, no hay de qué
mentor, mentor, guía
menu, menú, lista de platos, comida
mercantile, mercantil
mercantilism, mercantilismo
mercenary[1], materialista, interesado(a)
mercenary[2], mercenario
mercerize, mercerizar, abrillantar, dar lustre
merchandise, mercancía, efectos comerciales
merchant[1], comerciante, mercader, negociante
merchant[2], mercante
merciful, misericordioso(a), compasivo(a), piadoso(a)

mercifully, misericordiosamente, afortunadamente
merciless, duro(a) de corazón, inhumano(a)
mercilessly, cruelmente, sin misericordia
mercurochrome, mercurocromo
mercury[1], mercurio
Mercury[2], Mercurio
mercy, misericordia, piedad, clemencia, perdón
  mercy killing, eutanasia
mere, mero(a), puro(a)
merge[1], unir, juntar, combinar
  merge rules, reglas de combinación
merge[2], absorberse, fusionarse
merge rules, reglas de combinación
merger, consolidación, combinación, fusión
meridian, mediodía, meridiano(a)
meringue, merengue
merit[1], mérito, merecimiento
merit[2], merecer
merited, meritorio(a), digno(a), merecido(a)
meritorious, meritorio
mermaid, sirena
Meroitic period, período meroítico
merrily, alegremente
merriment, diversión, regocijo
merry, alegre, jovial, festivo(a)
merry-go-round, caballitos, tiovivo, carrusel
merrymaking, retozo, bullicio, jolgorio, holgorio
mesa, mesa, meseta, altiplanicie
mesh, malla
Mesoamerica, Mesoamérica
Mesolithic, mesolítico
meson, mesón
Mesopotamia, Mesopotamia
mesosphere, mesósfera
mess[1], plato de comida, vianda, ración o porción de comida, grupo de personas que comen juntas, comida para un grupo
mess[2], confusión, lío
message, mensaje
messenger, mensajero(a)
metabolic waste, desechos metabólicos
metabolism, metabolismo
metal, metal, coraje, espíritu
  metal reactivity, reactividad metal
  metal work, metalistería
metallic, metálico(a)
  metallic bond, enlace metálico
  metallic surface, superficie metálica
metallurgy, metalurgia
metamorphic, metamórfico(a)
  metamorphic rock, roca metamórfica
metamorphosis, metamorfosis
metaphase, metafase
metaphor, metáfora
metaphysical, metafísico(a)
metaphysics, metafísica
metastasis, metástasis
metatarsal, metatarsiano
mete, asignar, repartir
meteor, meteoro
  meteor impact, impacto de un meteorito
  meteor movement patterns, patrones de movimiento de los meteoritos
meteorite, meteorito
meterological, meteorológico(a)
meteorology, meteorología
meter[1], metro
  meter signature, marca de tiempo
meter[2], medidor
  meter change, cambio de compás
method, método, vía, medio
  method of elimination, método de eliminación
  method of investigation, método de investigación
  method selection, selección de método
methodic, metódico(a)
methodical, metódico(a)
Methodist, metodista
methodology, metodología
methylene, metileno
meticulous, meticuloso
metric, métrico(a)
  metric system, sistema métrico
  metric unit, unidad métrica de medición, unidad métrica de medida
metropolis, metrópoli, capital

metropolitan[1], metropolitano(a), ciudadano(a) de una metrópoli
metropolitan[2], metropolitano(a)
metropolitan area, área metropolitana, zona metropolitana
metropolitan corridor, corredor metropolitano
metropolitan statistical area, área estadística metropolitana
Mex. (Mexico), Mex. (México)
Mexican, mexicano(a)
Mexican-American war, Guerra México–Estados Unidos
Mexican migrant worker, trabajador inmigrante mexicano
mezzanine, entresuelo, mezanina
mfg. (manufacturing), manufactura
mfr. (manufacturer), fabricante
mica[1], mg. (miligramo)
mica[2], mica
mice, ratones
microbe, microbio, bacilo
microclimate, microclima
microeconomics, microeconomía
microevolution, microevolución
microfiche, microficha
microfilm, microfilme
microgroove[1], microsurco
microgroove[2], de microsurco
micron, micra
microphone, micrófono
microprocessor, microprocesador
microscope, microscopio
microscope slide, platina
microscopic, microscópico(a)
microscopical, microscópico(a)
microwave, microonda
midaltitude, latitud media
Mid-Atlantic colony, colonias del Atlántico central
midday, mediodía
middle[1], medio(a), intermedio(a), mediocre
middle[2], medio, centro, mitad
middle age, Edad Media
middle-aged, entrado(a) en años, de edad madura
Middle Ages, Edad Media
middle class, clase media
middle class culture, cultura de clase media
middle ear, tímpano del oído
Middle East, Medio Oriente
Middle Kingdom, Reino Medio
Middle Passage, travesía intermedia
Middle West, Medio Oeste
middleman, revendedor(a), intermediario(a)
middleweight[1], peso medio
middleweight[2], de peso medio
middy, blusa holgada para mujeres y niñas, chaqueta semejante a la que usan los marinos
midget, enano(a), minúsculo(a)
MIDI (Musical Instrument Digital Interface), MIDI (Interfaz Digital de Instrumentos Musicales)
midlaltitude forest, bosque de latitud media
midnight, medianoche
midnight judge, juez de medianoche
mid-ocean ridge, dorsal oceánica
midpoint, punto medio
midpoint formula, fórmula de punto medio
midriff, diafragma, parte de un vestido que ciñe el diafragma
midshipman, cadete, aspirante a oficial de marina
midst, medio(a), centro(a)
midstream, centro de la corriente
midsummer, solsticio estival, pleno verano
midway[1], avenida central de una exposición en que suelen instalarse diversiones
midway[2], medio
midway[3], a medio camino
Midwest, Medio Oeste
midwife, comadre, partera, comadrona
midwinter, pleno invierno, solsticio invernal
midyear, a mediados de año
midyear exam, examen de medio año
might[1], poder, fuerza
might and main, fuerza máxima
might[2], pretérito del verbo may
mightily, poderosamente, sumamente
mighty, fuerte, potente
migraine, hemicránea, jaqueca
migrant[1], migratorio(a), de paso, nómada, trabajador extranjero
migrant population, población extranjera

migrant worker, trabajador migratorio
migrant[2], planta migratoria, ave migratoria
migrate, emigrar
migration, migración, emigración
migration counterstream, contracorriente migratoria
migration stream, corriente migratoria
migratory, migratorio(a)
mild, indulgente, blando(a), dulce, apacible, suave, moderado(a)
midly, suavemente, moderadamente
mildew[1], moho, tizón, tizoncillo, roya, añublo
mildew[2], enmohecerse
mile, milla
mileage, longitud en millas, kilometraje
mileage table, tabla de millaje
milestone, hito, mojón
militant, militante
militant religious movement, movimiento religioso militante
militarism, militarismo
military, militar
compulsory military service, servicio militar obligatorio
military campaign, campaña militar
military coup, golpe militar
military force, fuerza militar
military-industrial complex, complejo industrial militar
military installation, instalación militar
military intervention, intervención militar
military mobilization, movilización militar
military police, policía militar
military power, poder militar
military preparedness, prevención de conflictos
military tactic, táctica militar
military unit, unidad militar
militia, milicia
milk[1], leche
milk of magnesia, leche de magnesia
milk[2], ordeñar
milking machine, máquina ordeñadora
milkmaid, lechera
milkman, lechero
milkweed, titímalo, cardo lechero
milky, lácteo(a), lechoso(a)
Milky Way, Vía Láctea, Galaxia
Milky Way galaxy, Vía Láctea
mill[1], molino
mill[2], moler, triturar, batir con el molinillo
millennialism, milenarismo
millenium, milenio
miller, molinero
milli, mili
milligram, miligramo
millimeter, milímetro
milliner, persona que vende o confecciona sombreros de mujer
millinery, artículos para sombreros de señora, confección de sombreros para señora
million, millón
millionaire, millonario(a)
mimeograph, mimeógrafo
mimic[1], imitar, contrahacer
mimic[2], burlesco, mímico
mimic[3], mimo
mimicry, mímica, bufonería
mince[1], picar
mince[2], hablar o pasearse con afectación, andar con pasos muy cortos o muy afectadamente
mincemeat, carne molida o picada
mind[1], mente, entendimiento, gusto, afecto, voluntad, intención, pensamiento, opinión, ánimo
of sound mind, consciente
mind[2], notar, observar, considerar, pensar, obedecer, tener cuidado, importar
not to mind, no importar
mind[3], tener cuidado o cautela, preocuparse, obedecer
mindful, atento(a), diligente
mindreader, adivinador(a) del pensamiento, persona intuitiva y perspicaz
mine[1], el mío, los míos, la mía, las mías
mine[2], mina
mine field, campo de minas,

cuenca minera, zona donde se han colocado minas explosivas
mine layer, plantaminas o lanzaminas
land mine, mina terrestre
mine sweeper, dragaminas o recogedor de minas explosivas
mine[3], minar, cavar
miner, minero(a), minador(a)
mineral[1], mineral
mineral oil, aceite mineral, petróleo
mineral resource, recurso mineral
mineral water, agua mineral
mineral wool, lana de escoria
mineral[2], mineral
Ming Dynasty, dinastía Ming
mingle, mezclar, mezclarse
mingled, revuelto(a), mezclado(a)
miniature, miniatura
minimize, reducir a un mínimo, menospreciar
minimum[1], mínimum, mínimo
minimum[2], mínimo(a)
minimum of function, mínimo de función
minimum wage, jornal mínimo, salario mínimo
mining[1], minería, explotación de minas
mining[2], minero(a)
mining area, zona minera
mining economy, economía minera
mining engineer, ingeniero(a) de minas
mining town, pueblo minero
minister[1], ministro, pastor, capellán
minister[2], ministrar, servir, suministrar, proveer, socorrer
ministry, ministerio
mink, visón
mink coat, abrigo de visón
minnow, gobio pequeño
Minoan Crete, Creta minoica
minor[1], pequeño(a), inferior, menor
minor arc, arco menor
minor character, personaje secundario
minor[2], menor, asignatura secundaria en las escuelas
minor burn, quemadura menor
minor character, personaje menor
minor key, clave menor
minority, minoridad, minoría
minority rights, derechos de las minorías
minority whip, coordinador de la bancada minoritaria
minstrel, juglar, trovador
minstrel show, trovadores
mint[1], menta, ceca, casa de moneda
mint[2], acuñar
minuend, minuendo
minuet, minué
minus[1], menos
seven minus four, siete menos cuatro, cuarto para las siete
minus[2], negativo
minus quantity, cantidad negativa, despojado
minus[3], el signo menos
minute[1], menudo(a), pequeño(a), nimio(a), minucioso(a)
minute[2], minuto, momento, instante, minuta
minute book, libro de minutas
minutely, minuciosamente
miracle, milagro, maravilla
miraculous, milagroso(a)
mirage, espejismo
mire, fango, limo
mirror, espejo
mirroring, creación de reflejos
mirth, alegría, regocijo
mirthful, alegre, jovial
misadventure, desventura, infortunio
misalliance, boda con persona de posición social inferior
misanthrope, misántropo(a)
misapprehend, entender mal
misapprehension, error, yerro, interpretación errónea
misappropriate, malversar
misbehave, portarse mal
misbehavior, mal comportamiento
miscalculate, calcular mal
miscarriage, aborto, malparto, fracaso
miscarry, frustrarse, malograrse, abortar, malparir
miscellaneous, misceláneo(a), mezclado(a)
miscellany, miscelánea
mischance, desventura, infortunio, mal suceso

mischief, travesura, daño, infortunio
mischievous, travieso(a), pícaro(a), dañoso(a), malicioso(a), malévolo(a)
misconception, equivocación, falso concepto
misconduct[1], mala conducta
misconduct[2], conducir o manejar mal
misconnected, desconectado(a)
misconstrue, interpretar mal
miscue, error, equivocación
misdeal[1], dar mal las cartas
misdeal[2], distribución equivocada
misdeed, delito
misdemeanor, mala conducta, culpa, falta
misdirect, dirigir erradamente
miser, avaro(a)
miserable, miserable, infeliz, pobre, mísero(a), mezquino(a)
miserly, mezquino(a), tacaño(a)
misery, miseria, infortunio
misfit[1], quedar mal
misfit[2], mal ajuste, vestimenta que no ajusta o cae bien, desadaptado(a), persona que no se adapta al ambiente
misfortune, infortunio, revés, percance, calamidad, contratiempo
misgiving, recelo, duda, presentimiento, rescoldo
misguide, guiar mal
mishap, desventura, desastre, contratiempo
misinform, informar mal
misinterpret, interpretar mal
misjudge, juzgar mal
mislay, colocar mal, traspapelar
mislead, extraviar, descaminar, engañar
misleading, engañoso(a), desorientador(a)
mismanagement, mala administración, desarreglo
mismatched, mal emparejado(a)
misnomer, nombre o título falso
misplace, colocar mal, traspapelar, sacar algo de su quicio, extraviar
misprint[1], imprimir mal
misprint[2], errata
mispronounce, pronunciar mal
misquote, citar falsa o erróneamente
misrepresent, representar mal, tergiversar
misrepresentation, representación falsa, tergiversación
misrule[1], tumulto, confusión
misrule[2], gobernar mal
miss[1], señorita, pérdida, falta
miss[2], errar, perder, omitir, echar de menos
  to miss one's mark, errar el blanco
  to miss (in shooting), errar el tiro
miss[3], frustrarse, malograrse
missal, misal
misshape, deformar, desfigurar
misshapen, deformado(a), desfigurado(a)
missile, proyectil
missing, que falta, perdido(a)
  to be missing, hacer falta, faltar
mission, misión, comisión, cometido
missionary, misionero(a)
Mississippi River, río Misisipi
Mississippian culture, cultura misisipiense
missive[1], carta, misiva
missive[2], misivo(a)
misspell, deletrear mal, escribir con mala ortografía
misstatement, aserción equivocada o falsa
misstep, paso en falso
mist, niebla, bruma
mistake[1], equivocación, yerro, error
mistake[2], equivocar
mistake[3], equivocarse, engañarse
  to be mistaken, estar equivocado(a), estar errado(a)
Mister, señor
mistletoe, muérdago, liga
mistreat, maltratar, injuriar
mistreatment, maltrato, maltratamiento
mistress, ama, señora, concubina
mistrial, anulación de un juicio
mistrust[1], desconfiar, sospechar
mistrust[2], desconfianza, sospecha
misty, nebuloso(a), brumoso(a)
misunderstand, entender mal
misunderstanding, mal entendimiento, disensión, error
misuse, maltratar, abusar de algo
mite, pizca, mota, ápice

mitigate, mitigar, calmar
mitochondria, mitocondria
mitochondrial DNA, ADN mitocondrial, genoma mitocondrial
mitosis, mitosis
mitt, mitón
mitten, mitón
mix, mezclar
mixed, mezclado(a)
mixed number, número mixto
mixed up, revuelto(a), confuso(a), indeciso(a)
mixer, mezclador(a)
concrete mixer, mezcladora, hormigonera, mezcladora de hormigón
mixmaster, batidora eléctrica
mixture, mixtura, mezcla
mix-up, confusión, conflicto
MLA citation, estilo de citación MLA
mm. (millimeter), milímetro
mnemonic device, dispositivo nemotécnico, recurso mnemotécnico
Mo. (Missouri), Misuri
moan[1], lamento, gemido
moan[2], lamentar, gemir
moan[3], afligirse, quejarse
mob[1], populacho, canalla, chusma, gentuza, gente baja
mob[2], atropellar desordenadamente, formar un tropel
mobile, movedizo(a), móvil
mobility, movilidad
mobilization, movilización
mobilize, movilizar
moccasin, mocasín, abarca
mock[1], mofar, burlar, chiflar
mock[2], mofa, burla
mock[3], ficticio(a), falso(a)
mockery, mofa, burla, zumba
mockingbird, arrendajo
mockingly, burlonamente, en son de burla
mock-up, maqueta
mode, modo, forma, manera, costumbre, vía, modalidad
mode of communication, modo de comunicación
modes of inheritance, modos de herencia
model[1], modelo, pauta, muestra, patrón, tipo
model[2], modelar
modeling, modelado(a)
modem, módem
moderate[1], moderado(a), mediocre, módico(a)
moderate thinking, pensamiento moderado
moderate[2], moderar
moderately, bastante, moderadamente
moderation, moderación, sobriedad
moderator, moderador(a), apaciguador(a)
modern, moderno(a), reciente
modern art, arte moderno
modern China, China moderna
modern democratic thought, pensamiento democrático moderno
modern fantasy, fantasía moderna
modern language, lengua moderna
modern literature, literatura moderna
modern republicanism, republicanismo moderno
modernism, modernismo
modernistic, modernista
modernization, modernización
modernize, modernizar
modest, modesto(a)
modesty, modestia, decencia, pudor
modification, modificación
modified design, diseño modificado
modifier, modificador(a), modificante
modify, modificar
modulate, modular
modulating, modulante
modulation, modulación
modulator, modulador(a)
mohair, tela de angora, mohair
Mohandas Gandhi's call for nonviolent dissent, llamada de Mohandas Gandhi a la resistencia no violenta
mohawk , mohawk
moist, húmedo(a), mojado(a)
moisten, humedecer
moisture, humedad, jugosidad
molar, molar
molar mass, masa molar
molar solution, solución molar
molar teeth, muelas
molar tooth, muela, diente molar

molar volume, volumen molar
molarity, concentración molar, molaridad
molasses, melaza
mold[1], moho, tierra, suelo, molde, matriz
mold[2], enmohecer, moldar, formar
mold[3], enmohecerse
molding, molduras, cornisamiento
moldy, mohoso(a), lleno(a) de moho
mole[1], topo
mole[2], lunar
mole[3], mol
mole[4], muelle, dique
molecular, molecular
molecular arrangement, disposición molecular
molecular energy, energía molecular
molecular formula, fórmula molecular
molecular motion, movimiento molecular
molecular synthesis, síntesis molecular
molecule, molécula
molest, acometer, acosar
mollify, ablandar
mollusk, molusco
molt, mudar, estar de muda las aves
molten, derretido(a)
molten rock, roca fundida
molybdenum, molibdeno
moment, momento, rato, importancia
momenta (sing. momentum), momento
momentarily, a cada momento, momentáneamente
momentary, momentáneo(a)
momentous, importante
momentum (pl. momenta), ímpetu, fuerza de impulsión de un cuerpo, momento (pl. momentos)
monarch, monarca
Monarch Mansa Musa, rey Mansa Musa
monarchist, monárquico(a)
monarchy, monarquía
monastery, monasterio
monastic, monástico(a)
monasticism, monacato
Monday, lunes
monetary, monetario(a)
monetary policy, política monetaria
money, moneda, dinero, plata, oro
money changer, cambista
money chest, caja
money exchange, bolsa, cambio de moneda
money order, libranza o giro postal
money supply, oferta de dinero, masa monetaria
paper money, papel moneda
moneyed, adinerado, rico
Mongol conquest, conquista mongola
mongrel[1], mixto(a), mestizo(a)
mongrel[2], mestizo(a)
monied, adinerado, rico
monitor[1], admonitor(a), monitor(a)
monitor[2], monitorizar
monitor process of a problem, supervisar el proceso de un problema
monk, monje, cenobita
monkey, mono(a), simio(a)
monkey wrench, llave inglesa, llave de tuercas
monocle, monóculo
monoculture, monocultivo
monogamy, monogamia
monogram, monograma
monohybrid cross, cruza monohíbrida
monolith, monolito
monologue, monólogo
monomial, monomio
monoplane, monoplano
monopolist, monopolista
monopolize, monopolizar, acaparar
monopoly, monopolio
monorail, monorriel
monosyllabic[1], monosilábico(a)
monosyllabic[2], monosílabo(a)
monotheism, monoteísmo
monotonous, monótono(a)
monotony, monotonía
monotype, monotipia
monotyping, monotipia
monoxide, monóxido
Monroe Doctrine, Doctrina Monroe
monsoon, monzón
monsoon wind, viento monzón
monster, monstruo
monstrosity, monstruosidad

monstrous, monstruoso(a)
month, mes
month's pay, mensualidad
month's allowance, mensualidad
next month, el mes entrante, el mes que viene
Monroe Doctrine, Doctrina Monroe
monsoon wind, viento monzón
monthly[1], mensual
monthly[2], mensualmente
monument, monumento
monumental, monumental
mood, modo, humor, talante, clima
mood swing, altibajo emocional
moody, caprichoso(a), taciturno(a)
moon, luna
full moon, plenilunio, luna llena
moon's orbit, órbita de la luna
moon's phases, fases de la luna
moonbeam, rayo lunar
moonlight, luz de la luna
moonshine, luz de luna, espejismo
moor[1], pantano, marjal
moor[2], amarrar
mooring, amarra
moose, alce
moot[1], debatir los pros y los contras
moot[2], sujeto a discusión, ficticio(a)
mop[1], trapeador
mop[2], trapear, fregar
mope, ir cabizbajo(a), estar melancólico(a)
moppet, chiquillo(a)
moraine, morrena
moral[1], moral, ético(a)
moral obligation, obligación moral
moral reform, reforma moral
moral responsibility, responsabilidad moral
moral support, apoyo moral
moral values, valores morales
moral[2], moraleja
morals, moralidad, conducta, conducta moral, costumbres
morale, moralidad, animación, buen espíritu, entusiasmo entre tropas
moralist, moralista, moralizador(a)
morality, ética, moralidad
moralize, moralizar
morass, pantano
moratorium, moratoria
morbid, enfermo(a), morboso(a), mórbido(a)
more[1], más, adicional
more[2], más, en mayor grado
more or less, más o menos
more than, mayor a, mayor que
more[3], mayor cantidad
onece more, una vez más
there's more than enough, hay de sobra
moreover, además
morgue, depósito de cadáveres, morgue
Mormon, mormón
Mormon migration to the West, migración mormona hacia el oeste
morning[1], mañana
good morning, buenos días
morning[2], matutino(a)
morning gown, bata
morning-glory, dondiego de día, mañana de gloria
Moroccan resistance movement, movimiento de resistencia marroquí
Morocco, Marruecos
Morocco leather, marroquí
moron, idiota, retrasado(a) mental
morose, hosco(a), sombrío(a), adusto(a)
morphine, morfina
Morse code, clave telegráfica de Morse
morsel, bocado
mortal[1], mortal, humano(a)
mortal[2], mortal
mortally, mortalmente
mortality, mortalidad
mortality rate, tasa de mortalidad
mortar, mortero, almirez, obús, argamasa
mortar and pestle, almirez y mano, mortero y majador
mortarboard, gorro académico, esparavel o tabla que usan los albañiles
mortgage[1], hipoteca
mortgage[2], hipotecar
mortgager, deudor hipotecario

mortgagor, deudor hipotecario
mortician, sepulturero(a), enterrador(a), agente funerario
mortification, mortificación, gangrena
mortify, mortificar, mortificarse
mortise, mortaja
mortuary, funeral
mosaic, mosaico
Moscow, Moscú
Moslem, musulmán
mosque, mezquita
mosquito, mosquito, zancudo
moss, musgo
mossy, musgoso(a)
most[1], más
    Most Favored Nation Agreements, cláusula de la nación más favorecida
most[2], sumamente, en sumo grado
most[3], los (las) más, mayor número, mayor valor
    at most, a lo más, cuando más
mostly, por lo común, principalmente
motel, autohotel, motel
moth, polilla
    moth ball, bola de naftalina para la polilla
mother, madre
    mother country, madre patria
    Mother Mary Jones, Mother Mary Jones
    mother tongue, lengua materna
motherhood, maternidad
mother-in-law, suegra
motherless, sin madre, huérfano(a) de madre
motherly, maternal, materno(a)
mother-of-pearl, madreperla
motif, motivo, tema
motion[1], movimiento, moción, vaivén, proposición
    motion picture, película, filme
    motion pictures, cinematografía, cinematógrafo
motion, hacer señas
motionless, inmóvil
motivate, motivar, proveer con un motivo, incitar, inducir, estimular interés activo por medio de intereses relacionados o recursos especiales
motivation, motivación
motive[1], motivo, motor
    motive power, fuerza motriz
motive[2], motivo, móvil, razón
motley, abigarrado(a), diverso(a), variado(a)
motor, motor
    motor skill, habilidad motora
    motor truck, autocamión
motorboat, lancha de motor
motorbus, autobús
motorcade, desfile de automóviles
motorcar, automóvil
motorcycle, motocicleta
motorist, automovilista, motorista
motorize, motorizar
motorized vehicle, vehículo motorizado
motorman, maquinista de un tranvía o tren
mottled, moteado(a), veteado(a)
motto, lema, mote, divisa, consigna
mound, terraplén, baluarte, dique, terrón
    mound builder, constructor de montículos
    mound center, montículo
mount[1], monte, montaña, montaje
mount[2], ascender, subir, montar
mountain, montaña, sierra, monte
    mountain building, formación de montañas
    mountain climbing, alpinismo, montañismo
    mountain pass, puerto de montaña
    mountain peak, cima de montaña
    mountain range, cordillera
    range of mountains, cadena de montañas
mountaineer, montañés (montañesa)
mountainous, montañoso(a)
mounted, montado(a)
mounting, montaje
mourn[1], deplorar
mourn[2], lamentar, llevar luto
mourner, lamentador(a), llorón(a), doliente
mournful, triste, fúnebre
mourning, luto
    in mourning, de luto
mouse, ratón

mouse trap, ratonera
moustache, bigote, mostacho
mouth[1], boca, entrada, embocadura
by word of mouth, boca a boca, de palabra
make the mouth water, hacerse agua la boca
mouth guard, férula dental
mouth organ, armónica
mouth[2], hablar a gritos
mouth[3], poner en la boca, pronunciar
mouthful, bocado
mouthpiece, vocero, boquilla de un instrumento de música
movable, movible, movedizo(a)
movable pulley, polea móvil
movables, bienes muebles
move[1], mover, proponer, excitar, persuadir, emocionar, bullir, mover a piedad
move[2], moverse, menearse, andar, marchar un ejército
to move to and fro, moverse de un lado para otro, zarandearse, revolverse
move[3], movimiento
movement, movimiento, moción
movement pattern, patrón de movimiento
movement quality, calidad de movimiento
movement sequence, secuencia de movimiento
movies, cine, cinematógrafo
moving[1], movimiento
moving electrical charge, carga eléctrica en movimiento
moving[2], patético(a), persuasivo(a), conmovedor(a)
moving electrical charge, carga eléctrica en movimiento
moving magnet, imán en movimiento
moving pictures, cine, cinematógrafo
movingly, patéticamente
mow, guadañar, segar
mower, guadañero(a), cortadora, segador(a)
mowing, siega
mowing machine, guadañadora
m.p.h. (miles per hour), m.p.h. (millas por hora)
Mr. (Mister), Sr. (señor)
MRI , RMN (resonancia magnética nuclear)
Mrs. (Mistress), Sra. (señora)
Ms. MS. (manuscript), M.S. manuscrito, original
Mt. Rushmore, Monte Rushmore
much[1], mucho(a)
much[2], mucho, con mucho
as much, tanto
so much, tanto
too much, demasiado(a)
mucilage, mucílago, goma para pegar
muck, abono, estiércol, basura
muckraker, periodista sensacionalista, expositor de corrupción
mucous, mocoso(a), viscoso(a)
mucus, moco, mucosidad, mucosa
mud, fango, limo, légamo, lodo
mud slide, río de barro
muddle[1], enturbiar, embriagar, enredar, confundir
muddle[2], confusión, enredo
muddy, cenagoso(a), turbio(a), lodoso(a)
Mudejar Muslim, mudéjar
muff, manguito
muffin, variedad de bizcochuelo o panecillo suave
muffle, embozar, envolver
muffler, silenciador, sordina, desconectador
mufti, ropa civil en contraste con uniformes militares
mug, cubilete, cara
muggy, húmedo(a) y caluroso(a)
Mughal Empire, Imperio mogol
Muhammad, Mahoma
Muhammad Ali of Egypt, Mehmet Ali de Egipto
mulberry, mora
mulberry tree, morera
mule, mulo(a)
mull[1], entibiar, calentar cualquier licor
mull[2], cavilar, meditar, reflexionar
multicellular, pluricelular, multicultural
multicellular organism, organismo pluricelular
multicultural, multicultural
multilateral, multilateral
multilateral agreement, acuerdo multilateral

multilateral aid organization, organización de ayuda multilateral
multimeaning word, palabra con varios significados
multimedia presentation, presentación multimedia
multimillionaire, multimillonario(a)
multinational corporation, corporación multilateral
multinational organization, organización multilateral
multiple[1], multíplice, múltiple
multiple alleles, alelos múltiples
multiple drafts, borradores múltiples
multiple meanings, múltiples significados
multiple point of views, múltiples puntos de vista
multiple problem-solving strategies, estrategias de resolución de problemas múltiples
multiple solutions, múltiples soluciones
multiple sources, múltiples fuentes
multiple strategies for proofs, múltiples estrategias de comprobación
multiple-tier time line, línea cronológica de varios niveles
multiple[2], múltiplo
multiplicand, multiplicando
multiplication, multiplicación
multiplication algorithm, algoritmo de multiplicación
multiplication table, tabla de multiplicar
multiplier, multiplicador(a)
multiplex, múltiplex, múltiple
multiply[1], multiplicar
multiply radical expressions, multiplicar expresiones radicales
multiply[2], propagarse, multiplicarse
multistage rocket, cohete de ignición múltiple
multi-step equations, ecuaciones de múltiples pasos
multitude, multitud, vulgo
multitudinous, numeroso, múltiple
mum, silencioso(a), callado(a)
mum!, ¡chitón! ¡silencio!
to keep mum, callarse
mumble[1], barbotar, mascullar
mumble[2], hablar o decir entre dientes, gruñir, murmurar
mummification, momificación
mummy, momia
mumps, papera, parótida
munch, masticar a bocados grandes
mundane, mundano(a)
Munich Agreement in 1938, Acuerdos de Múnich en 1938
municipal, municipal
municipal government, ayuntamiento, gobierno municipal
municipality, municipalidad
munificence, munificencia, liberalidad
munition, municiones
mural, mural
murder[1], asesinato, homicidio
murder[2], asesinar, cometer homicidio
murderer, asesino(a)
murderess, asesina, matadora
murderous, sanguinario(a), cruel
murky, oscuro(a), lóbrego(a), sombrío(a), turbio(a), empañado(a)
murmur[1], murmullo, cuchicheo
murmur[2], murmurar
muscle, músculo
muscle-bound, con los músculos rígidos por el trabajo muscular excesivo
muscle cramp, calambre muscular
muscle soreness, mialgia
muscle tissue, tejido muscular
muscular, muscular
muscular distrophy, distrofia muscular
muscular endurance, resistencia muscular
muscular strength, fuerza muscular
muscular system, sistema muscular
muse[1], musa, meditación profunda
muse[2], meditar, pensar profundamente
museum, museo

mush, gachas, papas
mushroom, seta, hongo
music, música
  music hall, sala de concierto
  music in four parts, música en cuatro partes
  music in two and three parts, música en dos y tres partes
  music staff, pentagrama
musical, musical, melodioso(a)
  musical comedy, zarzuela, comedia musical
  musical phrase, frase musical
  musical piece, pieza musical
  musical staff, pentagrama
  musical theater, teatro musical
musically, con armonía
musician, músico(a)
musing, meditación
musk, almizcle
musket, mosquete, fusil, chopo
muskrat, rata almizclera
Muslim, musulmán
  Muslim country, país musulmán
  Muslim Empire, Imperio musulmán
  Muslim time, época musulmana
  Muslim trading vessel, navío musulmán de comercio
muslin, muselina, percal
muss, manosear
mussel, marisco
must, estar obligado(a), ser menester, ser necesario(a), convenir
mustache, bigote, mostacho
mustard, mostaza
muster[1], pasar revista de tropa, agregar
muster[2], revista
  muster roll, rol, lista de dotación, rol de la tripulación
musty, mohoso(a), añejo(a)
mutate, trasformar, alterar
mutation, mudanza, mutación
mute[1], mudo(a), silencioso(a)
mute[2], sordina
mutely, sin chistar
mutilate, mutilar
mutineer, amotinador(a), sedicioso(a)
mutinous, sedicioso(a)
mutinously, amotinadamente
mutiny[1], motín, tumulto
mutiny[2], amotinarse, rebelarse
mutter[1], murmurar, musitar, hablar entre dientes
mutter[2], murmuración
mutton, carnero
mutual, mutuo(a), recíproco(a)
  by mutual consent, de común acuerdo
  mutual aid association, asociación de apoyo mutuo, sociedad de beneficencia
  mutual funds, fondos de inversión
mutualism, mutualismo
mutually, mutuamente
  mutually disjoint, recíprocamente desligados
  mutually exclusive, mutuamente excluidos
  mutually exclusive events, eventos que se excluyen mutuamente
  mutually perpendicular, perpendiculares, recíprocas
muzzle[1], bozal, frenillo, hocico
muzzle[2], amordazar
my, mi
Mycenaean Greek culture, cultura micénica de Grecia
myocardium, miocardio
myriad, miríada, gran número
myrtle, mirto, arrayán
myself, yo mismo, mí mismo
mysterious, misterioso(a)
mystery, misterio
mystery play, auto
mystic, místico(a)
mystical, místico(a)
mysticism, misticismo
mystify, desconcertar, ofuscar
myth, fábula mitológica, mito
mythical, mítico(a), fabuloso(a)
mythological, mitológico
  mythological allusion, alusión mitológica
mythology, mitología

N

n. (noun), s. (sustantivo, nombre)
N. (North), n. (Norte)
N.A. (North America), N.A. (Norte América, América del Norte)
nab, atrapar, prender
nacelle, nacela
nag[1], rocín, matalón, caballejo
nag[2], regañar continuamente, molestar, sermonear
nail[1], uña, garra, clavo
nail cleaner, limpiaúñas
nail file, lima para las uñas
nail[2], clavar
naive, ingenuo(a)
naked, desnudo(a), evidente, puro(a), simple
stark naked, en pelotas
nakedness, desnudez
name, nombre, fama, reputación
name calling, poner apodos
nameless, anónimo(a), sin nombre
namely, particularmente, a saber
namesake, tocayo(a)
nap, siesta, sueño ligero, lanilla, flojel
nape, nuca, cerviz, testuz
naphtha, nafta
napkin, servilleta
sanitary napkin, toalla o compresa higiénica
Naples, Nápoles
Napoleon Bonaparte, Napoleón Bonaparte
Napoleonic period, período napoleónico
Napoleon's invasions, guerras napoleónicas
narcissus, narciso
narcosis, narcosis
narcotic, narcótico(a)
narcotics, medicinas heroicas, estupefacientes
narrate, narrar, relatar
narration, narración, relación de alguna cosa
narrative[1], cuento, relato
narrative[2], narrativo(a)
narrative writing, escritura narrativa
narrator, narrador(a)
narrow[1], angosto(a), estrecho(a), avariento(a), próximo(a), escrupuloso(a)
narrow[2], estrechar, limitar
narrowly, estrechamente
narrowminded, mezquino(a), fanático(a), intolerante
narrowness, angostura, estrechez, pobreza
nasal, nasal
nastily, suciamente, desagradablemente
nasturtium, capuchina
nasty, sucio(a), puerco(a), obsceno(a), sórdido(a), desagradable
natal, nativo(a), natal
nation, nación, país
nation building, construcción de la nación
nation-state, Estado-nación
nation-wide, nacional, por toda la nación, a través del país
national, nacional
National Aeronautics and Space Administration, Administración Nacional de Aeronáutica y del Espacio (NASA)
national anthem, himno nacional
national anthem-official song of a country. "The Star-Spangled Banner" is the national anthem of the United States, himno nacional
National Association for the Advancement of Colored People (NAACP), Asociación Nacional para el Avance de la Gente de Color (NAACP)
national autonomy, autonomía nacional
national bank, banco central
national capital, capital nacional
national costumer of Mexico, traje nacional de México
national debt, deuda pública
national defense, defensa nacional
national defense spending, gasto en defensa nacional
National Democratic Party, Partido Democrático Nacional

national economy, economía nacional
National Education Association, Asociación Nacional de Educación
national events, acontecimientos nacionales
national forest, bosque nacional
national government spending, gasto público
national identity, identidad nacional
National Industrial Recovery Act, Ley de Recuperación Industrial Nacional
national interest, interés nacional
national market, mercado interno
National Organization of Women (NOW), Organización Nacional de las Mujeres
national origin, origen nacional
national park, parque nacional
National Recovery Administration, Administración para la recuperación nacional
National Republican Party, Partido Republicano Nacional
national security, seguridad nacional
national self-rule, autodeterminación nacional
national socialism, nacionalsocialismo
national symbol, símbolo nacional
National Woman Suffrage Association, Asociación Nacional por el Sufragio de la Mujer
nationalism, nacionalismo
nationalist, nacionalista
nationality, nacionalidad
nationalize, nacionalizar
native[1], nativo(a)
Native American, Nativo americano
Native American ancestors, antepasados nativos americanos
native culture, cultura nativa
native land, terruño
native of, oriundo(a) de
native population, población nativa
native speaker, hablante nativo
native[2], natural
native-born, natural
Native American, nativo(a) americano(a)
Native American Indian, indio(a) nativo(a) americano(a)
Native American land holdings, posesión de tierras de los nativos americanos
Native American origin story, leyenda del origen de los nativos americanos
Native American tribe, tribu nativo americana
nativism, patriotismo, nativismo
nativity, nacimiento, natividad, horóscopo
natl. national, nacional
N.A.T.O. (North Atlantic Treaty Organization), O.T.A.N. (Organización del Tratado del Altántico Norte)
natural[1], natural, sencillo(a), ilegítimo(a)
natural disaster, desastre natural
natural environment, ambiente natural
natural events, eventos naturales
natural gas, gas natural
natural hazard, riesgo natural
natural history, historia natural
Natural Law, Derecho natural
natural log, logaritmo natural, logaritmo neperiano
natural logarithm, logaritmo natural
natural monopoly, monopolio natural
natural number, número natural
natural object, objeto natural
natural population increase, crecimiento de la población natural
natural resource, recurso natural

natural rights, derechos naturales
natural selection, selección natural
natural vegetation, vegetación natural
natural[2], biológico
naturally, naturalmente
naturalist, naturalista
naturalistic observation, observación naturalista
naturalization, naturalización, obtención de la ciudadanía de un país
naturalize, naturalizar, naturalizarse
naturalness, sencillez, naturalidad
nature, naturaleza, índole, modalidad, carácter, tenor, humor, genio, temperamento
good nature, buen humor
nature of deduction, naturaleza de deducción
naught[1], nada, cero
naught[2], nulo(a)
naughtiness, picardía, travesura
naughty, travieso(a), pícaro(a), desobediente
nausea, náusea, basca
nauseate, dar disgusto, nausear
nautical, náutico(a)
naval, naval
naval warfare, guerra naval
navel, ombligo
navigable, navegable
navigate, navegar
navigation, navegación
Navigation Acts, Leyes de Navegación
navigator, navegante
navy, marina, armada
navy yard, arsenal de la marina de guerra
nay[1], y aun, más aún
nay[2], no, voto negativo, contestación negativa
Nazi, nazi
Nazi genocide, genocidio nazi
Nazi holocaust, holocausto nazi
Nazi ideology, ideología nazi
Nazi war against the Jews, guerra nazi contra los judíos
Nazi-Soviet Non-Aggression pact of 1939, Pacto de no agresión germano-soviético de 1939
N.B. (nota bene), ojo, nótese bien
N.E. (northeast), N.E. (nordeste)
Neanderthal, Neandertal
near[1], cerca de, junto a
near[2], casi, cerca, cerca de
near[3], cercano(a), próximo(a), inmediato(a), allegado(a)
Near East, Oriente Próximo
nearby[1], cercano(a), próximo(a)
nearby[2], cerca, a la mano
nearly, casi, por poco
nearness, proximidad, mezquindad
near-sighted, miope, corto(a) de vista
near-sighted person, miope
neat[1], hermoso(a), pulido(a), puro(a), neto(a), pulcro(a), ordenado(a)
neat[2], ganado vacuno
neatly, elegantemente, con nitidez
nebula, nebulosa
nebulous, nebuloso(a)
necessaries, cosas necesarias, requisitos
necessarily, necesariamente
necessary, necesario(a)
to be necessary, hacer falta, ser preciso, ser menester
necessitate, necesitar
necessity, necesidad
of necessity, forzosamente
neck, cuello
back of the neck, nuca
neckerchief, pañoleta
necklace, collar
necktie, corbata
neckwear, cuellos, corbatas
nectar, néctar
need[1], necesidad, pobreza
need[2], necesitar, requerir
needle, aguja
darning needle, aguja de zurcir
hypodermic needle, aguja hipodérmica
magnetic needle, calamita, brújula
needle sharing, compartir jeringas
needless, superfluo(a), inútil, innecesario(a)
needlework, costura, bordado de aguja

needy, indigente, necesitado(a), pobre
negate, negar
negation, negación
negative[1], negativo(a)
 negative exponent, potencia de exponente negativo
 negative externality, externalidad negativa
 negative incentive, incentivo negativo
 negative number, número negativo
 negative slope, pendiente negativa
 negative space, espacio negativo
negative[2], negativa
neglect[1], descuidar, desatender
neglect[2], negligencia
negligee, bata de casa
negligence, negligencia, descuido
negligent, negligente, descuidado(a)
negligible, insignificante
negotiable, negociable
negotiate[1], gestionar
negotiate[2], negociar, comerciar
negotiation, negociación, negocio
 negotiation skill, habilidad de negociación
negro, negro(a)
neigh[1], relinchar
neigh[2], relincho
neighbor[1], vecino(a)
neighbor[2], estar contiguo, colindar con
neighbor[3], tratarse como vecinos
neighborhood, vecindad, vecindario, inmediación, cercanía
 neighborhood safety, seguridad del vecindario
 Neighborhood Transportation, transporte vecinal
neighboring, cercano(a), vecino(a)
neighborly, sociable, amigable
neither[1], ni
neither[2], ninguno(a)
neither[3], ninguno(a), ni uno ni otro
neoclassic literature, literatura neoclásica
neocolonialism, neocolonialismo
neo-Confucianism, neoconfucianismo
Neolithic agricultural society, sociedad agrícola neolítica
Neolithic revolution, revolución neolítica
neomycin, neomicina
neon, neón
 neon light, lámpara neón
neophyte, neófito(a), novicio(a)
nephew, sobrino
nepotism, nepotismo
Neptune, neptuno
neptunium, neptunio
Nero, Nerón
nerve, nervio, vigor, audacia, descaro
nerveless, enervado(a), débil
nerve-racking, exasperante, que pone los nervios de punta
nerve-wracking, exasperante, que pone los nervios de punta
nervous, nervioso(a), excitable, nervudo(a)
 nervous system, sistema nervioso
nervousness, nerviosidad
nest, nido, nidada
 nest egg, nidal, ahorros
nestle[1], acurrucarse
nestle[2], abrigar, acomodar
net[1], red, malla
 net and invasion game, juego de red e invasión
net[2], neto(a), líquido(a)
 net balance, saldo líquido
 net cost, costo neto
 net export, exportación neta
 net force, fuerza resultante
 net proceeds, producto líquido
 net weight, peso neto
nether, inferior, más bajo(a)
Netherlands, Países Bajos
netting, elaboración de redes, pesca con redes, pedazo de red
nettle[1], ortiga
nettle[2], picar como ortiga, irritar
network, red, cadena, circuito, red de estaciones
 network radio, red radiodifusora
 network station, red de estaciones
 network television, red televisora
neuralgia, neuralgia

neurasthenia, neurastenia
neuritis, neuritis, inflamación de los nervios
neuron, neurona
neurosis, neurosis
neurotic, neurótico(a)
neurotransmitter, neurotransmisor
neuter, neutro(a)
neutral, neutral
neutral nation, país neutral
neutralism, neutralismo
neutrality, neutralidad
neutralization, neutralización
neutralize, neutralizar
neutrino, neutrino
neutron, neutrón
neutron bomb, bomba de neutrones
never, nunca, jamás
never a whit, ni una pizca
never mind, no importa
nevermore, jamás, nunca
nevertheless, a pesar de todo, no obstante, así y todo, con todo, sin embargo
new, nuevo(a), fresco(a), reciente, original
new art forms, nuevas formas artísticas
New Deal, Nuevo Trato, Nueva Delhi
New England, Nueva Inglaterra
New England colony, colonia de Nueva Inglaterra
New England mill town, ciudad textil en Nueva Inglaterra
New Federalism, Nuevo Federalismo
new freedom, Nueva Libertad
New Frontier, Nueva Frontera
new gene combinations, combinación de nuevos genes
New Granada, Nueva Granada
New Jersey, Nueva Jersey
New Jersey Plan, plan de Nueva Jersey
New Kingdom, Imperio Nuevo
New Klan, nuevo Klan
New Mexico, Nuevo México
new moon, luna nueva
new nationalism, nuevo nacionalismo
New Orleans, Nueva Orleans
new scientific rationalism, nuevo racionalismo científico
New Testament, Nuevo Testamento
New Woman, Nueva Mujer
New World, nuevo mundo
New York, Nueva York
New York City draft riots of July 1863, disturbios contra el reclutamiento militar en Nueva York durante julio de 1863
New Zealand, Nueva Zelanda
newborn, recién nacido(a)
newcomer, recién llegado(a), novato
Newfoundland, Terranova
newlywed, recién casado(a)
newness, novedad, calidad de nuevo
news, noticias, nuevas
news broadcast, difusión de noticias
news bulletin, boletín de noticias
newsboy, repartidor de periódicos
newscast, radiodifusión de noticias, noticiero, noticiario
newscaster, comentarista
newsdealer, vendedor(a) de periódicos
newspaper, gaceta, periódico, diario
newspaper account, nota de periódico, noticia de periódico
newspaper clipping, recorte de periódico
newspaper section, sección del periódico
newsprint, papel para periódicos, papel de periódico
newsreel, noticiero, película que ilustra las noticias del día
newsstand, puesto de periódicos
newton, newton
Newtonian mechanics, mecánica newtoniana
Newton's Laws of Motion, leyes de movimiento de Newton
New Zealand, Nueva Zelanda o Nueva Zelandia
next[1], próximo(a), entrante, venidero(a)
the next day, el día siguiente
next[2], luego, inmediatamente después
next[3], siguiente
Nez Perce, Nez Percé

N.G.O. (nongovernmental organization), O.N.G. (organización no gubernamental)
niacin, niacina
nib, pico, punta
nibble, mordiscar, picar
nice, delicado(a), exacto(a), solícito(a), circunspecto(a), tierno(a), fino(a), elegante, escrupuloso(a)
nicely, bastante bien
nicety, exactitud, esmero, delicadeza
niceties, delicadezas, sutilezas
niche, nicho
nick, muesca, punto crítico, ocasión oportuna
    nick of time, momento oportuno
nickel, níquel, moneda de 5 centavos
    nickel-plated, niquelado(a)
nickname[1], mote, apodo
nickname[2], poner apodos
nicotine, nicotina
niece, sobrina
niggardly[1], avaro(a), sórdido(a)
niggardly[2], tacañamente, miserablemente
Niger River, río Níger
nigh, casi
night, noche, nocturno(a)
    by night, de noche
    good night, buenas noches
    night club, cabaret, club nocturno
    night letter, telegrama nocturno
    night owl, trasnochador(a)
    night school, escuela de noche o nocturna
    night watch, sereno, vela
nightcap, gorro de dormir, bebida que se toma antes de acostarse
nightfall, anochecer, caída de la tarde
nightgown, camisón, camisa de dormir
nighthawk, pájaro nocturno, trasnochador(a)
nightingale, ruiseñor
nightly[1], por las noches, todas las noches
nightly[2], nocturno(a)
nightmare, pesadilla
nightshirt, camisa de dormir (de hombre)
Nile Delta, delta del Nilo
Nile River, río del Nilo
Nile Valley, valle del Nilo
nimble, ligero(a), activo(a), listo(a), ágil
nimbus, nimbo
nine, nueve
nineteen, diez y nueve, diecinueve
nineteenth, decimonono(a)
    nineteenth-century literature, literatura del siglo XIX
ninety, noventa
ninny, badulaque, bobo(a), tonto(a)
ninth, nono(a), noveno(a)
ninthly, en noveno lugar
nip, arañar, rasguñar, morder
    to go nip and tuck, regatear
nipping, mordaz, picante, sensible
nipple, pezón
    nirvana, nirvana
nisei, japonés (japonesa) nacido en los E.U.A
nitrate, nitrato
nitrogen, nitrógeno
    nitrogen cycle, ciclo del nitrógeno
    nitrogen fixation, fijación de nitrógeno
    nitrogen peroxide, peróxido de nitrógeno
no[1], no
    there is no such thing, no hay tal cosa
no[2], ningún, ninguno
    by no means, de ningún modo
    in no way, de ningún modo
    no end, sinnúmero
    no longer, no más
No. (north), n. (norte)
No. (number), No., núm. número.
nobility, nobleza
noble[1], noble, insigne, generoso(a), solariego(a)
    noble gas, gas noble
    noble savage, buen salvaje
noble[2], noble
nobleman, noble
nobleness, nobleza, caballerosidad
nobody[1], nadie, ninguno(a)
nobody[2], persona insignificante
nocturnal, nocturnal, nocturno(a)
nod[1], cabeceo, señal
nod[2], inclinar en señal de asentimiento, cabecear
nod[3], cabecear
Noh drama, teatro noh japonés

noise, ruido, estruendo, baraúnda, bulla, rumor
to make noise, hacer ruido, meter bulla
noiseless, silencioso(a), sin ruido
noisy, ruidoso(a), turbulento(a), fragoso(a), vocinglero(a)
Nok terra cotta figure, figuras en terracota de Nok
nomad, nómada
nomadic, nómada
nomadic people, pueblo nómada
no-man's-land, tierra de nadie, faja de terreno no reclamada o en disputa, terreno que separa dos ejércitos enemigos
nomenclature, nomenclatura
nominal, nominal
nominal data, datos nominales
nominal Gross Domestic Product, Producto Interno Bruto nominal
nominal interest rate, tasa de interés nominal
nominate, nombrar, proponer
nomination, nominación, propuesta
nominative, nominativo(a)
nominative pronoun, pronombre nominativo
nominator, nominador(a)
nonacceptance, falta de aceptación
non-adjacent angles, ángulos no adyacentes
nonaggression, no agresión
nonagon, nonágono
nonchalance, indiferencia
nonchalant, indiferente, calmado(a)
non-collinear, no colineal
noncombatant, no combatiente
noncommissioned, subordinado(a), sin comisión
noncommissioned officer, sargento, cabo, oficial nombrado por el jefe de un cuerpo
noncommittal, evasivo(a), esquivo(a), reservado(a)
nonconformist, disidente
nondecimal numeration system, sistema de numeración no decimal
nondescript[1], de difícil descripción o clasificación
nondescript[2], persona o cosa que no pertenece a determinada clase o categoría, persona o cosa indescriptible
nondurable goods, bienes no durables
none, nadie, ninguno(a)
nonentity, nada, nulidad
nonetheless, sin embargo
non-Euclidean geometry, geometría no euclidiana
nonexclusion, no exclusión
nonfiction, no ficción
nonhominid, no homínido
non-included, contenido
nonintervention, no intervención
nonlinear equation, ecuación no lineal
nonlinear function, función no lineal
non-living, sin vida
nonlocomotor movement, movimiento no locomotor
nonlocomotor skill, habilidad no locomotora
nonmetal[1], no metal
nonmetal reactivity, reactividad de no metales
nonmetal[2], no metálico
nonpartisan[1], independiente, sin afiliación política
nonpartisan[2], miembro o grupo sin afiliación política
nonpayment, falta de pago
nonphysical object, objeto no físico
nonpolar bond, enlace apolar, enlace no polar
nonpolar covalent bond, enlace covalente no polar
nonprescription drug, medicamento sin prescripción
nonproductive, no productivo(a)
nonprice competition, competencia no relacionada con los precios
nonprofit organization, organización no lucrativa
nonreactive gas, gas no reactivo
nonrenewable resource, recurso no renovable
nonrival product, producto que no es rival

nonroutine problem, problema no rutinario
nonsectarian, no sectario(a), que no pertenece a denominación alguna
nonsense, tontería, disparate, absurdo, pamplinada
nonsensical, absurdo(a), tonto(a)
nonskid, antideslizante
nonstandard unit, unidad no estándar
nonstop, directo(a), sin parar o sin etapas
nonstop flight, vuelo directo
non support, incumplimiento respecto al mantenimiento
non-terminating decimal, decimal infinito
nontraditional sound, sonido no tradicional
nonunion worker, trabajador no sindicalizado
nonverbal cue, indicación no verbal
non-verbal language, lenguaje no verbal
nonviolent, no violento(a)
nonviolent conflict, conflicto no violento
nonviolent resistance, resistencia no violenta
noodle, tallarín fideo, cabeza, simplón (simplona), mentecato(a)
noodle soup, sopa de tallarines o de fideos
nook, rincón, ángulo
noon, mediodía
noonday, mediodía
noontide, mediodía
noose[1], lazo corredizo
noose[2], enlazar
nor, ni
norm, norma, tipo
normal, normal
normal curve, curva normal
normal distribution, distribución normal
normal school, escuela normal
Normandy Invasion, Batalla de Normandía
Norse invasion, invasión nórdica
Norse long ship, embarcación nórdica
north[1], norte
north[2], septentrional, del norte
North Africa, África del Norte
North America, Norteamérica, América del Norte
North American mound-building people, pueblos norteamericanos constructores de montículos
North American plains society, tribus de las llanuras de América del Norte
North Atlantic Free Trade Agreement (NAFTA), Tratado de Libre Comercio de América del Norte (TLCAN)
North Atlantic Treaty Organization (NATO), NATO (Organización del Tratado del Atlántico Norte)
North Korea, Corea del Norte
North Pole, Polo Norte
northeast, nordeste, noreste
northeastern, del nordeste
northerly, septentrional, del norte
northern, septentrional, del norte
northern Italian city-state, ciudad-estado del norte de Italia
northern lights, aurora boreal
Northern states, estados del norte
northward(s), hacia el norte
northwest, noroeste
Northwest Ordinance, Ordenanza del Noroeste
Northwest Territory, Territorio del Noroeste
northwestern, del noroeste
Norway, Noruega
nose, nariz, olfato, sagacidad
nose dive, clavado de proa, descenso repentino de un aeroplano
nosebag, morral
nosebleed, epistaxis, hemorragia nasal
nostalgia, nostalgia
nostril, ventana de la nariz
not, no
if not, si no
not any, ningún, ninguno(a)
not at all, de ninguna manera
not equal to, distinto de, no igual a
not even, ni siquiera

not-for-profit, asociación sin fines de lucro, no lucrativo(a)
notable, notable, memorable
notarize, autorizar ante notario
notary, notario(a)
notation, notación
notch[1], muesca
notch[2], hacer muescas
note[1], nota, marca, señal, aprecio, billete, esquela, consecuencia, noticia, explicación, comentario, nota
bank note, billete de banco
counterfeit note, billete falso
note[2], notar, marcar, observar
notebook, cuaderno, librito de apuntes
noted, afamado(a), célebre
noteworthy, notable, digno(a) de encomio, digno(a) de atención
nothing, nada, ninguna cosa
good for nothing, inútil, que no sirve para nada
notice[1], noticia, aviso, nota
notice[2], observar, reparar, fijarse en
noticeable, notable, reparable
notification, notificación, aviso
notify, notificar, requerir
notion, noción, opinión, idea
notions, novedades, mercería
notoriety, notoriedad
notorious, notorio(a)
notwithstanding[1], a pesar de
notwithstanding[2], sin embargo
notwithstanding[3], aunque
nougat, nogada
noun, sustantivo, nombre
noun clause, cláusula nominal, cláusula sustantiva
noun phrase, frase nominal, sintagma nominal
nourish, nutrir, alimentar
nourishing, sustancioso(a), nutritivo(a)
Nova Scotia, Nueva Escocia
Nov.: November, nov. (noviembre)
novel[1], novela
novel[2], novedoso(a), original
novelist, novelista
novelty, novedad
novelty jewelry, bisutería, joyas de fantasía
novelties, artículos de fantasía
November, noviembre
novice, novicio(a), novato(a), bisoño(a)
novitiate, noviciado
novocaine, novocaína
now, ahora, en el tiempo presente
now!, ¡vaya!
now and then, de cuando en cuando
till now, hasta ahora, hasta aquí
nowadays, hoy día, en estos días
nowhere, en ninguna parte
nowise, de ningún modo
nozzle, boquilla (de una manguera, etc.), gollete, nariz de un animal, hocico
nuance, matiz
Nubia, Nubia
nuclear, nuclear, nucleario(a)
nuclear energy, energía nuclear
nuclear fission, desintegración nuclearia
nuclear force, fuerza nuclear
nuclear fusion, fusión nuclear
nuclear mass, masa nuclear
nuclear politics, políticas nucleares
nuclear power, energía nuclear
nuclear power point, central nuclear
nuclear reaction, reacción nuclear
nuclear reactor, reactor nuclear
nuclear stability, estabilidad nuclear
nuclear technology, tecnología nuclear
nuclear-waste storage, almacenamiento de residuos nucleares
nucleated cell, célula nucleada
nucleic acid, ácido nucleico
nucleolus, nucléolo
nucleotide, nucleótido
nucleus (pl. nuclei), núcleo (pl. núcleos)
nude, desnudo(a), en carnes, en cuero, sin vestido, nulo(a)
nudge, dar a uno un codazo disimuladamente
nudism, desnudismo
nudist, nudista, desnudista
nudity, desnudez
nugget, pepita
gold nugget, pepita de oro
nuisance, daño, perjuicio, incomodidad, estorbo, lata, fastidio

null, nulo(a), inválido(a)
nullification, anulación
nullify, anular, invalidar, derogar
numb[1], entumecido(a), entorpecido(a)
numb[2], entorpecer, entumecer
number[1], número, cantidad, cifra
back number, número atrasado
number coordinates, coordinadas de números
number line, línea numérica, recta numérica
number of faces, número de lados
number pairs, pares de números
number property, propiedad de número
number sentence, oración numérica, ecuación numérica
number system, sistema númerico
number theory, teoría de números, teoría númerica
number triplet, grupo de tres números
number word, palabra numérica
round number, número redondo
number[2], numerar
numbering, numeración
numberless, innumerable, sin número
numeral[1], numeral
numeral[2], número, cifra
numerator, numerador(a), numerical
numeric, numérico(a)
numeric distributive property, propiedad distributiva numérica
numerical adjective, adjetivo numérico
numerical data, datos numéricos
numerical expression, expresión numérica
numerical pattern, patrón númerico
numeric problems, problemas numéricos
numerical, numérico(a)
numerous, numeroso(a)
numskull, zote, estúpido(a)
nun, monja, religiosa
nunnery, convento de monjas
nuptial, nupcial
nuptials, nupcias, boda
nurse[1], ama de cría, enfermera
wet nurse, nodriza, nutriz
nurse[2], criar, alimentar, amamantar, cuidar
nursery, cuarto dedicado a los niños, guardería infantil, plantel, criadero, almáciga
nursemaid, niñera, aya, nana
nursing, crianza
nursing bottle, mamadera, biberón
nurture, criar, educar
nut, nuez, tuerca
lock nut, contratuerca
nutcracker, cascanueces
nuthatch, trepatroncos
nutmeg, nuez moscada
nutrient, nutriente
nutriment, nutrimento, alimento
nutrition, nutrición, nutrimento
nutrition plan, plan de nutrición
nutritional value, valor nutricional
nutritious, nutritivo(a), alimenticio(a), sustancioso(a)
nutritive, nutritivo(a), alimenticio(a), sustancioso(a)
nutshell, cáscara de nuez
N.W. (northwest), NO. (noroeste)
N.Y.C. (New York City), Ciudad de Nueva York
nylon, nylon
nymph, ninfa
N.Z. (New Zealand), N.Z. (Nueva Zelanda)

O. (Ohio), Ohio (E.U.A.)
oaf, idiota, zote, zoquete(a)
oak, roble, encina
oakum, estopa
oar, remo
oarsman, remero
O.A.S. (Organization of American States), O.E.A. (Organización de los Estados Americanos)

oasis, oasis
oat, avena
oath, juramento, jura, blasfemia
oath of office, juramento de toma de posesión
to take oath, prestar juramento
oatmeal, harina de avena, avena
obdurate, endurecido(a), duro(a)
obdutately, ásperamente
obedience, obediencia
obedient, obediente
obeisance, cortesía, reverencia, deferencia, homenaje
obese, obeso(a), gordo(a)
obesity, obesidad, crasitud, gordura
obey, obedecer
obituary, necrología, obituario
object[1], objeto, punto, complemento
object lesson, lección objetiva o práctica, enseñanza objetiva
object pronoun, pronombre de objeto
object-control skill, habilidad de control de objetos
object[2], objetar, poner reparo, oponer
objection, oposición, objeción, réplica
to raise an objection, poner objeción
objectionable, censurable, reprensible
objective[1], objetivo(a)
objective pronoun, pronombre objetivo
objective view, vista objetiva
objective[2], meta, fin, objetivo
oblate spheroid, esferoide achatado(a)
obligate, obligar, comprometer
obligation, obligación, compromiso, cargo
to be under obligation, verse obligado(a)
oblige, obligar, complacer, favorecer
obliging, servicial, condescendiente
obligingly, cortésmente, gustosamente
oblique, oblicuo(a), indirecto(a), de refilón
obliterate, borrar, destruir, obliterar
oblivion, olvido
oblivious, abstraído(a)
oblivious of, inconsciente de
oblong, oblongo(a)
obnoxious, odioso(a), aborrecible
oboe, oboe, obué
obscene, obsceno(a), impúdico(a)
obscenity, obscenidad
obscure[1], oscuro(a)
obscure[2], oscurecer
obscurity, oscuridad
obsequious, obsequioso(a), servicial
observance, observancia, costumbre, rito, ceremonia
observant, observador(a), atento(a)
observation, observación
observatory, observatorio
observe[1], observar, mirar, reparar, ver, notar, guardar
observe[2], comentar
observer, observador(a)
observing, observado
obsess, obsesionar, causar obsesión
obsession, obsesión
obsidian, obsidiana
obsolete, anticuado(a), obsoleto(a)
obstacle, obstáculo, valla
obstetrician, partero(a)
obstetrics, obstetricia
obstinacy, obstinación, terquedad
obstinate, terco(a), porfiado(a)
obstruct, obstruir, impedir, estorbar
obstruction, obstrucción, impedimento
obstructionism, obstruccionismo
obtain[1], obtener, adquirir, lograr
obtain[2], estar en uso, prevalecer
obtainable, asequible
obtrude[1], introducir con violencia
obtrude[2], entrometerse
obtrusive, intruso(a), importuno(a)
obtuse, obtuso(a), romo(a), sin punta, sordo(a), apagado(a)
obtuse angle, ángulo obtuso
obtuse triangle, triángulo obtuso
obviate, obviar, evitar
obvious, obvio(a), evidente, visto(a)
occasion[1], ocasión, ocurrencia, caso, tiempo oportuno, acontecimiento
to give occasion, dar pie
occasion[2], ocasionar, causar
occasional, ocasional, casual
occasionally, ocasionalmente, a veces, a ratos
Occident, occidente
Occidental, occidental
occult, oculto(a), escondido(a)
occupancy, toma de posesión

occupant, ocupador(a), poseedor(a), inquilino(a)
occupation, ocupación, empleo, quehacer
occupational, profesional
Occupational Safety and Hazard Administration (OSHA), Administración de riesgos y seguridad ocupacional (OSHA)
occupational specialization, especialización ocupacional
occupied, ocupado(a)
occupier, ocupador(a), poseedor(a), inquilino(a)
occupy, ocupar, emplear
occur, ocurrir, suceder
to accur frequently, acontecer a menudo
occurrence, ocurrencia, incidente, caso
ocean, océano, alta mar
ocean circulation, circulación oceánica
ocean current, corriente marina
ocean ecosystem, ecosistema marino
ocean layer, capa de océano
ocean pollution, contaminación de los océanos
Oceania, Oceanía
oceanic, oceánico(a)
oceanography, oceanografía
o'clock, del reloj, por el reloj
two o'clock, las dos, las dos en punto
Oct. (October), oct. (octubre)
octagon, octágono
octane, octano
octane rating, número empleado para medir las propiedades antidetonantes de combustibles líquidos
octave, octava
October, octubre
October Manifesto, Manifiesto de octubre
octogenarian, octogenario(a)
octopus, pulpo
oculist, oculista, oftalmólogo(a)
odd, impar, raro(a), particular, extravagante, extraño
odd integer, entero impar
odd number, número impar, número non
oddly, raramente
oddity, rareza
odds, diferencia, disparidad, ventaja
odds and ends, trozos o fragmentos sobrantes
ode, oda
odious, odioso(a)
odiously, odiosamente
odontologist, odontólogo(a), dentista
odor, olor, fragancia
odour, olor, fragancia
Odyssey, Odisea
of, de, tocante, acerca de
off, lejos, a distancia
hands off, no tocar
off and on, de quitapón
off flavor, desabrido(a), que no tiene sabor
off-color, descolorido(a), impropio(a), inapropiado(a)
offend[1], ofender, irritar, injuriar
offend[2], pecar
offender, delincuente, ofensor(a), trasgresor(a)
offending, ofensor(a)
offense, ofensa, injuria, delincuencia, crimen, delito
offensive[1], ofensivo(a), injurioso(a)
offensive[2], ofensiva
offensive strategy, estrategia ofensiva
offer[1], ofrecer, inmolar, atentar, brindar
to offer one's services, brindarse
offer[2], ofrecerse
offer[3], oferta, proposición, propuesta
offering, sacrificio, oferta, propuesta
offertory, ofertorio
office, oficina, oficio, empleo, servicio, cargo, lugar
doctor's office, consultorio
main office, casa matriz
office seeker, pretendiente a un puesto, aspirante
office supplies, artículos para escritorio
secretary's office, secretaría
officeholder, empleado(a) público(a), funcionario(a)

officer, oficial, funcionario(a), agente de policía
official[1], oficial
official[2], oficial, funcionario(a)
public official, funcionario(a) público(a)
officially, oficialmente
officiate, oficiar, ejercer un cargo
officious, oficioso(a)
offset[1], offset
offset[2], balancear, compensar, neutralizar
offset[3], impresión tipo offset
offshoot, retoño, vástago, ramal
offshore, en la cercanía de la costa
off side, en el lado contrario, en posición fuera de juego
offspring, prole, linaje, descendencia, vástago
off-stage, fuera del escenario
oft, muchas veces, frecuentemente
often, muchas veces, frecuentemente, a menudo
oftentimes, muchas veces, frecuentemente, a menudo
Ogallala Aquifer, acuífero de Ogallala
ogle, mirar al soslayo, echar ojeadas contemplativas
ogre, ogro
ohm, ohmio
Ohm's law, Ley de Ohm
oil[1], aceite, óleo, petróleo
crude oil, aceite crudo, mineral
oil[2], aceite mineral
oil color, color preparado con aceite
oil crisis, crisis petrolera
oil field, campo de petróleo, cuenca petrolífera, yacimiento petrolífero
oil painting, pintura al óleo
oil pipe line, oleoducto
oil shale, pizarra bituminosa
oil silk, encerado, hule
oil slick, marea negra
oil spill, derrame de petróleo
vegetable oil, aceite vegetal
oil[3], aceitar, engrasar
oilcan, aceitera, alcuza, lata de aceite
oilcloth, encerado(a), hule
oilpaper, papel encerado
oilskin, encerado(a), hule
oily, aceitoso(a), oleaginoso(a)
ointment, ungüento
O.K. (all correct), correcto, V.° B.° visto bueno
O.K. (approval), aprobación
okay[1], bueno, está bien
okay[2], aprobar, dar el visto bueno
okay[3], aprobación, visto bueno
okra, quimbombó
old, viejo(a), antiguo(a), rancio(a)
old age, vejez, ancianidad, relativo(a) a la vejez
old-age pension, pensión para la vejez
of old, antiguamente
old-fashioned, anticuado(a), fuera de moda
old-growth forest, bosque virgen, bosque prístino
old hand, experto(a), persona experimentada
Old Hickory, Viejo Nogal
Old Kingdom, Imperio Antiguo de Egipto
old line, conservador(a), de ideas antiguas
old maid, soltera, solterona, persona remilgada
Old Regime France, Antiguo régimen francés
old-time, antiguo(a), anciano(a)
oil silk, encerado, hule
to become old, envejecerse, gastarse
old-timer, antiguo(a) residente, miembro o trabajador(a), persona anticuada
oleomargarine, oleomargarina
olfactory, olfatorio(a)
oligarchy, oligarquía
oligopoly, oligopolio
olive, olivo, oliva, aceituna
olive branch, ramo de olivo, emblema de paz
olive drab, color verde amarillo oscuro
olive oil, aceite de oliva
olive press, trapiche
olive tree, olivo
pickled olives, aceitunas en salmuera
Olmec civilization, civilización olmeca
Olympics, Olimpiada, Juegos Olímpicos
Omaha Platform of 1892, plata-

forma de Omaha de 1892
omelet, tortilla de huevos
omelette, tortilla de huevos
omen, agüero, presagio
ominous, ominoso(a), de mal agüero
omission, omisión, descuido, salto, olvido
omit, omitir
omnibus, ómnibus
omnibus bill, proyecto de ley sobre asuntos distintos
omnipotent, omnipotente, todopoderoso(a)
omnirange, de alcance en todas direcciones
omnirange stations, estaciones de alcance general
omniscent, omnisciente
omniscient point of view, punto de vista omnisciente
omnivore, omnívoro
omnivorous, omnívoro
on[1], sobre, encima, en, de, a
on[2], adelante, sin cesar
once, una vez
at once, en seguida, cuanto antes, a un tiempo
all at once, de una vez, de un tirón
once for all, una vez por todas
once more, una vez más
once upon a time, érase una vez
oncoming, próximo(a), cercano(a), venidero(a)
one, un, uno(a)
at one stroke, de un tirón
one by one, uno(a) a uno(a), uno(a) por uno(a)
one-half, la mitad
one-horse, tirado(a) por un caballo, inferior, de poca importancia
one man one vote, un hombre un voto
one o'clock, la una
one-sided, unilateral, parcial
one-way, en una sola dirección
one-way ticket, boleto sencillo
one-way trip, viaje sencillo o en un solo sentido
oneness, unidad
oneself, sí mismo(a)
with oneself, consigo
onetime, anterior, de antes
one-track, de una sola vía, estrecho, que entiende o hace una sola cosa a la vez
ongoing, en curso, en desarrollo
ongoing process of science, proceso científico actual
onion, cebolla
onionskin, papel trasparente o de seda
online, en línea, conectado(a)
online commerce, comercio electrónico
onlooker, espectador(a)
only[1], único(a), solo(a), mero(a)
only[2], solamente, únicamente
only-begotten, unigénito
onomatopoeia, onomatopeya
Onondaga, onondaga
onrush, arranque, embestida
onset, primer ímpetu, ataque
onslaught, primer ímpetu, ataque
onshore, que se mueve o se dirige hacia las orillas
Ontario, Ontario
onto, encima de, sobre, en
onward(s), adelante
onyx, ónice, ónix
ooze[1], fango, limo, cieno
ooze[2], escurrir o fluir, manar o correr, suavemente, exudar
opal, ópalo
opaque, opaco(a)
op-ed, opinión editorial
open[1], abierto(a), patente, evidente, sincero(a), franco(a), cándido(a), rasgado(a)
open air, aire libre
Open Door policy, política de puertas abiertas
open electrical circuit, circuito eléctrico abierto
open figure, figura abierta
open house, fiesta para todos los que quieran concurrir
open letter, carta abierta
open market purchase, adquisición de mercado abierto
open question, cuestión dudosa o sujeta a duda
open range, terreno abierto
open secret, secreto que todo el mundo sabe
open sentence, oración abierta, ecuación abierta

open shop, taller que emplea obreros que pertenezcan o no a un gremio, empresa con personal sindicalizado y no sindicalizado
open-loop system, sistema de circuito abierto
open-mindedness, criterio amplio
open[2], abrir, descubrir
open[3], abrirse, descubrirse
openly, con franqueza, claramente, descaradamente
open-eyed, vigilante, alerta, pasmado, asombrado
openhanded, dadivoso(a), liberal
openhearted, franco(a), sincero(a), sencillo(a)
opening, abertura, grieta, salida, principio, boca, orificio, apertura, inauguración
opening monologue, monólogo de apertura
open-minded, liberal, imparcial, receptivo
openmouthed, boquiabierto(a), ávido(a), voraz, rapaz, bocón (bocona), bocudo(a)
openwork, obra a claros, calado
opera, ópera
opera glasses, gemelos de teatro
opera hat, clac, sombrero de copa alta
Opera House, Ópera de Sídney
operate[1], obrar, operar
operate[2], explotar
operatic, operístico, relativo a la ópera
operating system, sistema operativo
operation, operación, funcionamiento
to have an operation, operarse
operator, operario(a), operador(a)
operetta, opereta
opiate[1], opiato, opiata
opiate[2], opiato
opine, opinar, juzgar
opinion, opinión, juicio, parecer, sentencia, concepto
in my opinion, a miver, en mi opinión
to give an opinion, opinar
opinionated, obstinado(a), pertinaz, doctrinal
opium, opio
Opium War, Guerra del Opio
opossum, zarigüeya
opponent, antagonista, contrario(a), contendiente
opportune, oportuno(a), tempestivo(a), favorable, apropiado(a)
opportunity, oportunidad, sazón
opportunity benefit, beneficio de oportunidad
opportunity cost, costo de oportunidad
oppose, oponer, oponerse
opposite[1], fronterizo(a), opuesto(a), contrario(a), frente, de cara
to take the opposite side, llevar la contraria
opposite[2], adversario(a)
opposition, oposición, resistencia, impedimento
opposition group, grupo de oposición
oppress, oprimir
oppression, opresión, vejación
oppressor, opresor(a)
opprobrious, oprobioso(a), ignominioso(a)
optic, óptico(a)
optics, óptica
optical, óptico(a)
optical illusion, ilusión óptica
optician, óptico
optimism, optimismo
optimist, optimista
optimistic, optimista
optimized solution, solución optimizada
option, opción, deseo
optional, facultativo(a), opcional
optometrist, optómetra
optometry, optometría
opulence, opulencia, riqueza
opulent, opulento(a)
or, o, u
oracle, oráculo
oracle bone, hueso oracular
oracle bone inscription, inscripción en huesos oraculares
oral, oral, vocal
oral element, elemento oral
oral language, lenguaje oral
oral language techniques, técnicas de lenguaje oral
oral presentation, presentación oral
oral report, informe oral

oral symbol, símbolo oral
oral tradition, tradición oral
orally, de palabra
orange, naranja
orange juice, jugo o zumo de naranja
orange tree, naranjo
orangeade, naranjada
oration, oración, arenga
orator, orador(a), tribuno(a)
oratorio, oratorio(a)
oratory, oratoria, oratorio, elocuencia, arte oratoria
orb, orbe, esfera, ojo
orbit, órbita
orbital, orbital
orbital flight, vuelo orbital
orchard, vergel, huerto, huerta
orchestra, orquesta
orchestra conductor, director de orquesta
orchestra seat, luneta, platea
orchestral instrument, instrumento de orquesta
orchestration, orquestación
orchid, orquídea
ordain, ordenar, establecer
ordeal, ordalías, prueba severa
order[1], orden, regla, mandato, serie, clase, encargo, pedido
in order that, para que
order of events, orden de los acontecimientos
order of operations, orden de operaciones
out of order, descompuesto
rush order, pedido urgente
trial order, pedido de ensayo
unfilled order, pedido independiente
order[2], orden (clasificación biológica)
order[3], ordenar, arreglar, mandar, pedir, hacer un pedido
ordered pair, par ordenado
orderly[1], ordenado(a), regular
orderly[2], camillero(a), ordenanza
ordinal, ordinal
ordinal number, número ordinal
ordinance, ordenanza
ordinarily, ordinariamente
ordinary[1], ordinario(a), burdo(a), vulgar
ordinary[2], ordinario(a)
out of the ordinary, fuera de lo común
ordinance, artillería, cañones, pertrechos de guerra
ore, mineral, mena
ore deposit, yacimiento
Oregon, Oregón
Oregon territory, territorio de Oregón
organ, órgano
internal organs, vísceras
organ pipe, cañón de órgano
organ stop, registro de un órgano
organ system, sistema de órganos
organdy, organdí
organelle, orgánulo
organgrinder, organillero(a)
organic, orgánico(a)
organic compound synthesis, síntesis orgánica compuesta
organic matter, materia orgánica
organism, organismo
organist, organista
organization, organización, organismo
Organization of American States, Organización de los Estados Americanos
organizational principle, principio organizacional
organize, organizar
organized, organizado
organized crime, crimen organizado
organized labor, trabajo organizado
orgy, orgía
Orient, oriente
orient, orientar
Oriental, oriental
orientation, orientación, posición
orifice, orificio
origin, origen, principio, procedencia, tronco
origin of life, origen de la vida
origin of the universe, origen del Universo
original[1], original, primitivo(a), ingenioso(a)
original[2], original
originality, originalidad
originate[1], originar
originate[2], originar, provenir, originarse
oriole, oriol, oropéndola, turpial

orlon, orlón
ornament[1], ornamento, decoración
ornament[2], ornamentar, adornar
ornamental, decorativo(a)
ornamentation, ornamentación
ornate, muy adornado(a), historiado(a)
ornery, de mal carácter, difícil de manejar
ornithologist, ornitólogo(a)
ornithology, ornitología
Orosius, Orosio
orphan, huérfano(a)
orphanage, orfandad, orfanato, asilo de huérfanos
orthodox, ortodoxo(a)
  Orthodox Christianity, cristianismo ortodoxo
orthogonal, ortogonal
orthopedic, ortopédico(a)
oscillate, oscilar, vibrar
oscillating theory, teoría de la oscilación
oscillation, oscilación, vibración
oscillator, oscilador(a)
osculation, osculación, beso
osmosis, osmosis o ósmosis
ostensible, ostensible, aparente
ostentation, ostentación
ostentatious, ostentoso(a), fastuoso(a)
ostentatiously, pomposamente, con ostentación
osteopath, osteópata
osteopathy, osteopatía
osteoporosis, osteoporosis
ostinato, ostinato
ostracize, desterrar, excluir
ostrich, avestruz
other, otro(a)
  other-directed violence, violencia dirigida a otros
otherwise, de otra manera, por otra parte
otter, nutria
Ottoman Empire, Imperio otomano
ought, deber, ser menester
ounce, onza
our, nuestro(a)
ours, el nuestro (la nuestra)
ourselves, nosotros (as) mismos (as)
oust, quitar, desposeer, desalojar
ouster, desposeimiento
out[1], fuera, afuera
  out-of-door, fuera de casa, al aire libre
out[2], fuera de
  out-of-date, anticuado(a), pasado(a), fuera de moda
  out-of-print, agotado(a)
  out-of-print edition, edición agotada
  out-of-stock, agotado(a), sin existencias
  out-of-the-way, remoto(a), distante, fuera del camino, poco usual, raro(a)
out[3], acción de sacar o dejar fuera a un jugador
  out!, ¡fuera!
out[4], expeler, desposeer
out-and-out, sin reserva, completo(a)
outbid, pujar, ofrecer más dinero
out-box, bandeja de salida
outbreak, erupción, estallido, principio
outburst, explosión
outcast[1], desechado(a), desterrado(a), expulso(a)
outcast[2], desterrado(a)
outclass, aventajar, ser superior a
outcome, conclusión, consecuencia, resultado
outcry, clamor, gritería, venta en subasta pública
outdated, anticuado(a), atrasado(a)
outdistance, dejar detrás, sobrepasar
outdo, exceder a otro, sobrepujar
outdoor, al aire libre, fuera de casa, al raso
  outdoor activity, actividad al aire libre
  outdoor exercise, ejercicio al aire libre
outdoors[1], al aire libre, a la intemperie, fuera de la casa
outdoors[2], relativo(a) al aire libre o a la intemperie
outer, exterior
  outer space, espacio extraterrestre, espacio exterior
outermost, extremo, lo más exterior
outfit[1], vestido, vestimenta, ropa
outfit[2], equipar, ataviar
outgoing[1], salida, gasto

outgoing[2], saliente
outgoing mail, correspondencia de salida
outgrow, quedar chico(a) o pequeño(a)
outgrowth, resultado, consecuencia
outing, excursión o salida al campo, paseo campestre
outlandish, de apariencia exótica, ridículo(a), grotesco(a)
outlast, exceder en duración
outlaw[1], forajido(a), bandido(a)
outlaw[2], proscribir
outlay, gastos
outlet, salida, sangrador, tomadero
outlier, valor atípico, valor extremo
outline[1], contorno, bosquejo, esbozo, silueta
outline[2], esbozar
outlined, perfilado(a), delineado(a)
outlive, sobrevivir
outlook, perspectiva
outlying, lejos de la parte central, remoto(a)
outmatch, prevalecer, mostrarse superior, distinguirse, sobresalir
outmoded, anticuado, pasado o fuera de moda
outnumber, exceder en número
outpatient, enfermo(a) o paciente externo de un hospital
outpost, puesto avanzado
outpouring, efusión
output, capacidad, rendimiento, producción total, cantidad producida, salida
output device, dispositivo de salida
output per hour, rendimiento por hora
output per machine, rendimiento por máquina
output per unit of land, rendimiento por unidad de tierra
output per worker, rendimiento por trabajador
outrage[1], ultraje, infamia
outrage[2], ultrajar
outrageous, ultrajoso(a), atroz
outrageously, injuriosamente, enormemente
outrank, sobresalir, exceder en rango, grado o posición
outright, cumplidamente, luego, al momento
outshine, exceder en brillantez, eclipsar
outside[1], superficie, exterior, apariencia
outside[2], afuera
outsider, forastero(a), extranjero(a)
outskirts, suburbio, parte exterior
outspoken, franco(a), que habla en forma atrevida
outspread[1], esparcido(a)
outspread[2], extender, extenderse
outstanding, sobresaliente, notable, extraordinario(a)
outstretch, extender, alargar
outward, exterior, externo(a)
outward migration, migración hacia fuera
outwardly, por fuera, exteriormente
outweigh, pesar más, compensar
outwit, engañar a uno a fuerza de tretas
outworn, usado(a), gastado(a), anticuado(a), ajado(a)
oval[1], óvalo
oval[2], ovalado(a)
ovary, ovario
ovation, ovación
oven, horno
over[1], sobre, por encima de
all over, por todos lados
over-the-counter medicine, medicamento de venta libre, medicamento de venta directa
over[2], demás
over again, otra vez
over and above, de sobra
over and over, repetidas veces
overabundance, plétora, superabundancia, exceso
overact, exagerar la actuación
overage, demasiado viejo(a) desde el punto de vista de la eficacia de su servicio
overall, que incluye todo, en general
overalls, pantalón de trabajo con pechera
overbearing, ultrajoso(a), despótico(a)
overboard, al agua, al mar

overcast, nublar, oscurecer, repulgar
to be overcast,
nublarse, estar encapotado(a)
overcharge, sobrecargar, poner alguna cosa a precio muy subido
overcoat, gabán, abrigo, sobretodo
overcome, vencer, superar, salvar
overconfident, demasiado confiado(a), demasiado atrevido(a)
overcooked, recocido(a)
overcrowd, atestar, llenar demasiado
overcutting of pine forest, tala excesiva de los bosques de pinos
overdesign, exceso en el diseño
overdo[1], exagerar, cocer demasiado
overdo[2], hacer más de lo necesario
overdose, dosis excesiva
overdue, atrasado(a), vencido(a)
overdue draft, letra vencida
overeat, hartarse, comer demasiado
overeating, comer en exceso
overestimate, estimar o avaluar en exceso
overestimation, sobrestimación, sobrevaloración
overexposure, exceso de exposición
overfishing, sobrepesca
overflow[1], inundar
overflow[2], salir de madre, rebosar, desbordar, redundar
overflow[3], inundación, superabundancia
overflowing, desbordamiento
overgeneralization, sobregeneralización
overgrown, grandulón (grandulona), que ha crecido demasiado
overgrowth, vegetación exuberante
overhand throw, tiro por encima del brazo, tiro alto
overhang, estar colgando sobre alguna cosa, salir algo fuera del nivel
overhaul, remendar por completo, reacondicionar, componer, alcanzar
overhead[1], sobre la cabeza, en lo alto
overhead[2], gastos de administración
overhear, oír algo por casualidad
overheat, acalorar, calentar demasiado
overindulge, consentir o mimar demasiado, darse uno gusto en exceso
overjoyed, encantado(a), muy contento(a)
overland, por tierra
overland trade route, ruta comercial por tierra
overlap, sobreponer, sobrepasar, montar, traslapar
overlapping[1], acción de traslapar
overlapping[2], traslapado(a)
overlay, cubrir, extender sobre, abrumar
overload[1], sobrecargar
overload[2], sobrecarga, recargo
overload principle, principio de sobrecarga
overlook, mirar desde lo alto, examinar, repasar, pasar por alto, tolerar, descuidar, desdeñar
overnight[1], de noche, durante o toda la noche
overnight[2], de una noche
overpass[1], atravesar, cruzar, vencer, trasgredir, exceder, sobrepasar, pasar por alto
overpass[2], puente o camino por encima de un ferrocarril, canal u otra vía
overpopulation, sobrepoblación, superpoblación
overpower, predominar, oprimir
overproduction, exceso de producción, sobreproducción
overrate, apreciar o valuar alguna cosa en más de lo que vale
override, atropellar, fatigar con exceso, prevalecer, anular, no hacer caso de
overrule, predominar, dominar
overrun[1], hacer correrías, cubrir enteramente, inundar, infestar, repasar
overrun[2], rebosar
oversea[1], ultramar
oversea[2], de ultramar
overseas[1], ultramar, extranjero
overseas[2], de ultramar, en el extranjero
overseas trade, comercio exterior
oversee, inspeccionar, examinar
overseer, superintendente, capataz

overshadow, asombrar, oscurecer, predominar
overshoe, galocha
oversight, yerro, equivocación, olvido
oversize, grande en exceso
oversleep, dormir demasiado
overstatement, declaración exagerada, exageración
overstay, permanecer demasiado tiempo
overstep, pasar más allá, extralimitarse, excederse
overstuffed, relleno o rellenado(a)
oversupply, provisión, cantidad excesiva
overt, abierto(a), público(a)
overtake, alcanzar, coger en el hecho
overthrow[1], trastornar, demoler, destruir, derribar, derrocar
overthrow[2], trastorno, ruina, derrota, derrocamiento
overtime, trabajo en exceso de las horas regulares
overtone, armónico(a), entonación más baja o alta oída con el sonido principal o fundamental
overtraining, exceso de entrenamiento
overture, abertura, obertura, proposición formal
overturn, volcar, subvertir, trastornar
overuse injury, daño por uso en exceso
overview, información general, visión general
overweight[1], exceso de peso
overweight[2], demasiado pesado(a), muy obeso(a)
overwhelm, abrumar, oprimir, sumergir
overwhelming, abrumador(a), arrollador(a), dominante
overwork[1], hacer trabajar demasiado
overwork[2], trabajar demasiado
overwork[3], exceso de trabajo
overwrought, sobreexcitado(a)
ovule, óvulo
ovum, huevo
owe, deber, tener deudas, estar obligado(a)
owing, que es debido(a)
    owing to, a causa de
owl, lechuza, búho, tecolote
owlet, lechuza, búho, tecolote
own[1], propio
    my own, mío(a)
own[2], reconocer, poseer
    to own up, confesar
owner, dueño(a), propietario(a), poseedor(a)
ownership, dominio, propiedad
ox, buey
oxbow, horcate de yugo
oxen, bueyes
Oxford grey, gris muy oscuro tirando a negro
oxidation, oxidación
    oxidation number, número de oxidación
    oxidation potential, potencial de oxidación
    oxidation-reduction reactions, reacciones de reducción-oxidación
    oxidation state, estado de oxidación
oxidize, oxidar
oxidizing agent, agente oxidante
oxygen, oxígeno
    oxygen cycle, ciclo del oxígeno
    oxygen tent, tienda de oxígeno
oxygenize, oxigenar
oyster, ostra, ostión
oyster cracker, galletita salada
oz. (ounce(s)), onz. (onza(s))
ozone, ozono
    ozone depletion, agujero de ozono
    ozone layer, capa de ozono

P

pace[1], paso, marcha
pace[2], medir a pasos
pace[3], pasear
  to pace one's beat, hacer la ronda
Pacific, océano Pacífico, Pacífico
  Pacific Islands, Islas del Pacífico
  Pacific Ocean, océano Pacífico
  Pacific Railroad, empresa Pacific Railroad
  Pacific rim, Cuenca del Pacífico
  Pacific Theater, teatro de operaciones del Pacífico
pacific, pacífico(a)
pacifist, pacifista
pacify, pacificar, asosegar, apaciguar
pacing, caminata a paso firme y moderado
pack[1], lío, fardo, baraja de naipes, muta, perrada, cuadrilla, carga
  pack animal, acémila, animal de carga
  pack horse, caballo de carga
  pack of cigarettes, cajetilla de cigarros
  pack of wolves, manada de lobos
  pack saddle, albarda
  pack train, reata, recua
pack[2], empaquetar, empacar, enfardelar, embalar
package, fardo, bulto, embalaje, paquete
packaging, empaquetado(a)
packer, empaquetador(a), embalador(a)
packet, paquete
packing, embalaje, envase, empaque, relleno, empaquetadura
  packing house, empresa empacadora, envasadora
pact, pacto, convenio, acuerdo, arreglo, contrato
pad[1], cojincillo, almohadilla, relleno
pad[2], bloc
pad[3], rellenar
padded, acojinado(a), relleno(a), rellenado(a)
padding, relleno
paddle[1], remar, chapotear
paddle[2], remo, canalete
  paddle wheel, rueda de paletas
paddock, dehesa
padlock, candado
paddy, arrozal
pagan, pagano(a)
paganism, paganismo
page[1], página, paje
  page format, formato de página
page[2], foliar, llamar
pageant, espectáculo público, procesión
pageantry, fausto, pompa
paid, pagado(a)
  paid-up, pagado(a), terminado(a) de pagar
pail, balde, cubo, cubeta
pain[1], pena, castigo, dolor
pain[2], afligir, doler
pain[3], causar dolor
painful, dolorido(a), penoso(a)
painless, sin pena, sin dolor
painstaking, laborioso(a), afanoso(a), esmerado(a)
painstakingly, detenidamente
paint[1], pintar
paint[2], pintura
paintbrush, brocha, pincel
painter, pintor(a)
painting, pintura
pair[1], par
pair[2], parear
pair[3], aparearse
paisley, parecido a un chal de Paisley
pajamas, pijamas
Pakistan, Pakistán
pal, camarada, compañero(a), compinche, amigo(a), cómplice, confederado(a)
palace, palacio
palatable, sabroso(a)
palate, paladar, gusto
palatial, propio de palacios, palaciego(a)
pale[1], pálido(a), claro(a)
  to turn pale, palidecer
pale[2], palizada, estaca, límite
pale[3], empalizar, cercar, rodear
paleface, carapálido(a)
paleness, palidez
paleoclimates, paleoclimas
Paleolithic cave painting, pintura rupestre del Paleolítico

Paleolithic Era, Era Paleolítico
paleomagnetism, paleomagnetismo
Palestine, Palestina
palette, paleta
palindrome, palíndromo
paling, estacada, palizada
palisade, palizada, palenque
pall[1], palio de arzobispo, palia
pall[2], desvanecerse
pall[3], saciar
Pallavas, Pallava
pallbearer, portador(a) del féretro
pallet, camilla, cama pequeña y pobre
palliate, paliar
pallid, pálido(a)
pallor, palidez
palm[1], palma, victoria, palma
  palm oil,
  aceite de palma o palmera
palm[2], escamotear, tocar con la palma de la mano
palmetto, palmito
palmistry, quiromancia
Palm Sunday, Domingo de Ramos
palpable, palpable, evidente
palpitate, palpitar
palpitation, palpitación
palsied, paralítico(a)
palsy, parálisis
paltry, mezquino(a)
pampas, pampas
pamper, mimar
pamphlet, folleto, libreto
pan, cazuela, cacerola, sartén
panacea, panacea
Panama, Panamá
  Panama Canal,
  Canal de Panamá
  Panama hat, sombrero de jipijapa, sombrero panamá
  Panama Revolution,
  Independencia de Panamá
Panamanian, panameño(a)
Pan-Arabism, panarabismo
pancake, pancake, hotcake, panqué
pancreas, páncreas
panda, panda
pandemic, pandemia
pane, cuadro de vidrio
panel, entrepaño, bastidor, lista de jurados, panel
  panel discussion, discusión de asuntos de interés general, como problemas públicos, a cargo de oradores previamente seleccionados
pang, angustia, congoja
panhandler, pordiosero(a), mendigo(a), callejero(a)
panic, pánico
panicky, consternado(a), aterrorizado(a)
panic-stricken, aterrorizado(a), pasmado(a), espantado(a)
panorama, panorama
Pan-Slavism, paneslavismo
pansy[1], pensamiento (flor)
pansy[2], hombre afeminado
pant[1], palpitar, jadear
  to pant after, suspirar por
  to pant for, suspirar por
pant[2], jadeo
pantaloon, bufón (bufona)
pantaloons, pantalones
panther, pantera
panties, calzones de mujer
panting, jadeante, anhelante, sin respiración, sin aliento
pantomime, pantomima
pantry, despensa
pants, pantalones
pap, papa, papilla, gacha
papacy, papado
papal, papal
papaw, papaya
paper[1], papel
  blotting paper,
  papel secante
  brown paper,
  papel de estraza
  carbon paper,
  papel carbón
  glazed paper,
  papel satinado
  in a paper cover,
  a la rústica
  litmus paper,
  papel reactivo
  marbled paper,
  papel jaspeado
  paper clip,
  sujetapapeles
  paper cutter,
  cortapapel
  paper factory,
  fábrica de papel
  paper knife,
  cortapapel

paper money, papel moneda
stamped paper, papel sellado
tissue paper, papel de seda
toilet paper, papel de excusado
vellum paper, papel avitelado
wrapping paper, papel de envolver
writing paper, papel de escribir
paper[2], de papel
paper cone, cucurucho
paper[3], entapizar con papel
paper[4], papel
papers, escrituras, documento
paperweight, sujetapapeles, pisapapeles, prensapapeles
paprika, pimentón, paprika
par, equivalencia, igualdad, número de jugadas para un agujero
at par, a la par
exchange at par, cambio a la par
exchange under par, cambio con quebrado
par value, valor a la par
parable, parábola
parabola, parábola
parachute, paracaídas
parachute troops, cuerpo de paracaidistas
parachutist, paracaidista
parade[1], ostentación, pompa, desfile, parada
parade[2], formar parada, tomar parte en un desfile, pasear, hacer gala
paradigm, paradigma
paradigm shift, cambio de paradigma
paradise, paraíso
paradox, paradoja
paraffin, parafina
paragon[1], modelo perfecto, parangón
paragon[2], comparar, comparar con
paragraph, párrafo
parakeet, periquito
parallel[1], línea paralela
parallel[2], paralelo(a)
parallel box plot, diagrama de caja paralelo
parallel episodes, episodios paralelos
parallel figures, figuras paralelas
parallel lines, líneas paralelas
parallel structure, estructura paralela
parallel[3], parangonar
parallelepiped, paralelepípedo
parallelism, paralelismo
parallelogram, paralelogramo
parallelogram formula, fórmula de paralelogramo
paralysis, parálisis
paralytic, paralítico(a)
paralyze, paralizar
paramecium, paramecio
paramedic, paramédico(a)
parameter, parámetro
parameter estimate, cálculo de parámetros
parametric equation, ecuación paramétrica
paramount, supremo, superior
paramour, amante
paranoia, paranoia
parapet, parapeto, pretil
paraphernalia, equipo, atavíos, adornos
paraphrase[1], paráfrasis
paraphrase[2], parafrasear
paraplegic, parapléjico(a)
parasite, parásito(a)
parasitism, parasitismo
parasol, parasol, quitasol
paratroops, tropas de paracaídas, paracaidistas
parboil, medio cocer, sancochar
parcel[1], paquete, porción, cantidad, bulto, lío
parcel post, paquete postal
parcel[2], partir, dividir
parch, tostar
parchment, pergamino
pardon[1], perdón, gracia, indulto
pardon of Richard Nixon, indulto de Richard Nixon
pardon[2], perdonar
pardonable, perdonable
pare, recortar, pelar, quitar la corteza
parent, padre, madre
parent cell, célula madre
parent function, función primaria
parent graph, gráfico primario
Parent Teacher Association

(PTA), Asociación de Padres y Maestros (APT)
parent/offspring similarity, parecido entre padres e hijos
parental generation, generación parental
parents, padres
parentage, ascendencia, extracción, origen
parental, paternal, maternal
parenthesis, paréntesis
parenthood, paternidad o maternidad
parfait, variedad de postre congelado
paring knife, cuchillo para pelar verdura
parings, peladuras, mondaduras
Paris, París
Paris green, cardenillo, verde de París
Paris Peace Accord of 1973, Acuerdos de Paz de París en 1973
parish[1], parroquia
parish[2], parriquial
parishioner, parroquiano(a)
parity, paridad, igualdad
park[1], parque
park[2], estacionar
parking, estacionamiento
no parking, se prohibe estacionarse
parking lot, estacionamiento de automóviles
parking place, lugar de estacionamiento
parkway, calzada arbolada
parley, conferencia, plática
parliament, parlamento
member of parliament, parlamentario(a)
parliamentary, parlamentario(a)
parliamentary government, gobierno parlamentario
parliamentary monarchy, monarquía parlamentaria
parliamentary system, sistema parlamentario
parlor, sala, sala de recibo
beauty parlor, salón de belleza
funeral parlor, casa mortuoria
parochial, parroquial
parochial school, escuela parroquial
parody[1], parodia
parody[2], parodiar
parole[1], libertad que se da a un prisionero
parole[2], libertar bajo palabra
paroxysm, paroxismo
parrot, papagayo, loro
parry[1], evadir, rechazar
parry[2], rechazo
parse, construir
parsimonious, económico(a), moderado(a) en sus gastos
parsimoniously, con parsimonia, con economía
parsley, perejil
parsnip, chirivía
parson, párroco
parsonage, beneficio, curado, rectoría, casa cural
part[1], parte, oficio, papel, raya, partido, obligación
in part, parcialmente
part of speech, parte de la oración
parts of speech, partes del discurso
part time, trabajo de unas cuantas horas por día, trabajo temporal por semana
part-time employment, trabajo de medio tiempo
part-to-part ratio, relación parte-parte
part-to-whole analogy, analogía de parte/todo
part to whole ratio, razón parte-todo, cociente parte-todo
part to whole relationship, relación parte todo
rear part, zaga
part[2], partir, separar, desunir, dividir en partes
part[3], partirse, separarse
part from, despedirse
part with, deshacerse de
parts, partes, paraje, distrito
partake, participar, tomar parte
partial, parcial
partiality, parcialidad
participant[1], participante
participant[2], partícipe, participante
participate, participar
participation, participación
participatory government, gobierno participativo

participial phrase, frase participia, oración de participio
participle, participio
particle, partícula
particle emission, emisión de partículas
particle motion, movimiento de partículas
particle ring, anillo de partículas
particular[1], particular, singular
particular[2], particular, particularidad
parting, separación, partida
partisan, partidario(a)
partisanship, partidarismo
partition[1], partición, separación, tabique
partition of Africa, reparto de África
partition[2], partir, dividir en varias partes
partly, en parte
partner, socio(a), compañero(a)
active partner, gerente o gestor(a)
managing partner, gerente o gestor(a)
partner skill, habilidad de la pareja
partner song, ronda, quodlibet
silent partner, socio(a) comandatario(a)
partnership, compañía, sociedad, sociedad de comercio, sociedad mercantil, asociación comercial, consorcio, general
general partnership, sociedad regular colectiva
limited partnership, sociedad limitada
silent partnership, sociedad en comandita o comanditaria
partridge, perdiz
part-time, parcial
part-time work, trabajo de medio tiempo
party, partido, parte, función, tertulia, partida
party line, línea telefónica usada por dos o más abonados
party system, sistema de partidos
parvenu, arribista, advenedizo(a)
Pascal's principle, principio de Pascal
Pascal's Triangle, triángulo de Pascal
pass[1], pasar, traspasar, trasferir
pass a ball, pasar una bola
pass through a given point, pasar por un punto dado
pass[2], pasar, ocurrir, trascurrir
pass[3], pasillo, paso, camino, pase, estado, condición, estocada, pase
narrow pass, callejón
passable, pasadero(a), transitable
passage, pasaje, travesía, pasadizo
passageway, pasadizo, pasaje, callejón, paso
passbook, libreta de banco
passé, pasado(a), anticuado(a)
passenger, pasajero(a)
passer-by, transeúnte
passing[1], pasajero(a), transitorio(a), momentáneo(a), casual, que pasa
passing bell, toque de difuntos
passing grade, calificación que permite pasar
passing[2], paso
in passing, al paso, al pasar
passion, pasión, amor, celo, ardor
to fly into a passion, montar en cólera
passionate, apasionado(a), colérico(a)
passionflower, pasionaria
passive, pasivo(a)
passive transport, transporte pasivo
passkey, llave maestra
Passover, Pascua
passport, pasaporte, salvoconducto
password, seña, contraseña
past[1], pasado(a), gastado(a)
past master, experto(a), **autoridad**, ex funcionario(a) de una logia o sociedad
past[2], pasado(a), pretérito(a)
past participle, participio pasado
past perfect, pretérito pluscuamperfecto
past perfect verb tense, tiempo de verbo de pasado perfecto
past tense,

pretérito, tiempo pasado
past[3], más allá de, fuera de
paste[1], pasta, engrudo
paste[2], engrudar, pegar
pasteboard, cartón fuerte
pastel, pastel, pintura al pastel
pasteurization, pasterización
pasteurize, pasterizar
pastime, pasatiempo, diversión, recreo, distracción
past master, exmaestro(a), experto(a), conocedor(a)
pastor, pastor
pastoral, pastoril, pastoral, bucólico(a)
pastoral nomadic people, pueblo nómada dedicado al pastoreo
pastoral poetry, bucólica
pastorate, curato
pastry, pastelería
pastry cook, repostero(a)
pastry shop, repostería
pasture[1], pastura, dehesa
pasture[2], pastar, apacentar
pasture[3], pastar, pacer
pasty, pastoso(a)
pat[1], apto(a), conveniente, propio(a), firme, fijo(a), imposible de olvidar
to stand pat, mantenerse firme
pat[2], golpecillo
pat[3], dar golpecillos, acariciar con la mano
patch[1], remiendo, lunar, parche
patch[2], remendar
to patch up, remendar, ajustar, solucionar
to patch up a quarrel, hacer las paces
patchwork, obra de retacitos, chapucería
pate, cabeza
patent[1], patente, manifiesto(a)
patent leather, charol
patent medicine, remedio de patente, medicina patentada
patent[2], patente, privilegio de invención, cédula
patent[3], patentar
paternal, paternal
paternity, paternidad
path, senda, sendero, camino
pathetic, patético(a)
pathfinder, explorador(a), descubridor(a) de senderos
pathless, sin senda, intransitable
pathogen, patógeno
pathological, patológico(a)
pathology, patología
pathos, sentimiento
pathway, vereda, senda
patience, paciencia
patient[1], paciente, sufrido(a)
patient[2], enfermo(a), paciente, doliente
patiently, con paciencia
patina, pátina
patio, patio
patriarch, patriarca
patriarchal society, sociedad patriarcal
patrician, patricio(a)
patriot, patriota
patriotic, patriótico(a)
patriotic song, canción patriótica
patriotic symbols, símbolos patrios
patriotic traditions, tradiciones patrióticas
patriotism, patriotismo
patrol[1], patrulla
patrol[2], patrullar
patrol wagon, camión de policía
patrolman, rondador, guardia municipal, vigilante de policía
patron, patrón (patrona), protector(a)
patron saint, santo patrón
patronage, patrocinio, patronato, patronazgo, clientela
patroness, patrona
patronize, patrocinar, proteger
patter[1], patalear, patear, charlar
patter[2], charlatanería, serie de golpecitos, pataleo, pisadas
pattern, modelo, ejemplar, patrón, muestra, molde, tipo
pattern addition, suma de patrones
pattern division, división de patrones
pattern extension, extensión de patrones
pattern multiplication, multiplicación de patrones
pattern of change, patrón de cambio

pattern recognition, reconocimiento de patrones
pattern rules, reglas patrón
pattern subtraction, resta de patrones
patty, pastelillo
Paul the Apostle, Pablo el Apóstol
paunch, panza, vientre
pauper, pobre, limosnero(a)
pause[1], pausa
pause[2], pausar, deliberar
pave, empedrar, enlosar, embaldosar, pavimentar
pavement, pavimento, piso, empedrado de calle
pavilion, pabellón, quiosco, pabellón
paving, pavimento, piso, pavimentación
paw[1], garra
paw[2], piafar, manosear alguna cosa con poca maña
pawn[1], prenda, peón
pawn[2], empeñar
pawnbroker, prestamista
pawnshop, casa de préstamos o empeños
pawpaw, papaya
Pax Mongolica, Pax Mongólica
Paxton Boys Massacre, masacre de los Paxton Boys
pay[1], pagar, saldar, sufrir
to pay back, devolver, pagar, vengarse de
to pay no attention, no hacer caso
to pat off, despedir, castigar, recompensar
to pay up, pagar por completo
pay[2], paga, pago, sueldo, salario
monthly pay, mensualidad, mesada
pay equity, igualdad de salarios
pay roll, nómina, nómina de sueldos
payroll tax, impuesto sobre los salarios
payable, pagadero(a)
payday, día de paga
payee, portador(a) de una libranza o giro
paying teller, pagador(a)
payload, carga útil
paymaster, pagador(a)
payment, pago, paga, recompensa, premio, pagamento
cash payment, pago al contado
down payment, pago inicial, enganche
on payment of, mediante el pago de
payment in advance, pago adelantado, anticipo
payment in full, saldo de cuenta
terms of payment, condiciones de pago
to delay payment, diferir o aplazar el pago
to defer payment, diferir o aplazar el pago
to make payment, efectuar un pago
to present for payment, presentar al cobro
to stop payment, suspender el pago
pd. (paid), pagado(a)
P.D.A. (personal digital assistant), asistente personal digital
pea, guisante, chícharo
pea green, verde claro
peace, paz
peace offering, sacrificio propiciatorio
Peace of Paris, Conferencia de Paz de París
peaceable, tranquilo(a), pacífico(a)
peaceful, pacífico(a), apacible, tranquilo(a), silencioso(a)
peacemaker, pacificador(a)
peaceful demonstration, manifestación pacífica
peacekeeper, fuerzas encargadas de mantener la paz
peach, melocotón, durazno
peach tree, melocotonero, duraznero
peacock, pavo real, pavón
peak, cima, cúspide
peaked, puntiagudo(a), endeble
peal[1], campaneo, estruendo, repique
peal[2], hacer resonar, repicar
peanut, cacahuate, cacahuete, maní
peanut brittle, crocante, palanqueta
peanut butter, mantequilla de cacahuate o maní
peanut vendor, manicero

pear, pera
pear orchard, peral
pear tree, peral
pearl, perla
pearly, perlino(a)
peasant, labriego(a), campesino(a)
peasantry, campesinado
peat, turba
pebble, guijarro, piedrecilla
pecan, pacana, nuez encarcelada
peck[1], picotazo, celemín
peck[2], picotear, picar
Pecos Bill, Pecos Bill
peculiar, peculiar, particular, singular
peculiarity, particularidad, singularidad
pecuniary, pecuniario(a)
pedagogue, pedagogo(a)
pedal[1], pedal
gas pedal, acelerador
pedal[2], relativo(a) a los pies
pedal[3], pedalear
pedant, pedante
peddle, vender menudencias de casa en casa
peddler, buhonero(a), vendedor(a) ambulante
pedestal, pedestal, basa
pedestrian[1], andador(a), peatón(a)
pedestrian walkway, paso peatonal
pedestrian[2], pedestre
pediatrician, pediatra
pediatrics, pediatría
pedigree, genealogía, linaje
pedigree chart, diagrama de pedigrí
pedigreed, de casta escogida
pedigreed dog, perro de raza fina
peek[1], atisbar
peek[2], atisbo, atisbadura
peel[1], descortezar, pelar
peel[2], corteza, pellejo
peeling, peladura, mondadura
peep[1], asomar, atisbar, piar, pipiar, clavar la mirada
peep[2], asomo, ojeada
peephole, atisbadero
peer[1], compañero(a), par
peer pressure, presión grupal
peer review, revisión por pares
peer-response group, grupo de revisión por pares
peer[2], mirar fijamente, fisgar
peerage, dignidad de par, nobleza
peerless, incomparable, sin par
peevish[1], regañón (regañona), bronco(a), enojadizo(a)
peevish[2], con impertinencia
peg[1], clavija, espita, estaquilla, gancho
peg[2], clavar
pelican, pelícano
pellagra, pelagra
pellet, pelotilla, píldora, bodoque
pell-mell, a trochemoche
pelt[1], pellejo, cuero
pelt[2], golpear
to pelt with stones, apedrear
pelvic, pélvico(a)
pelvis, pelvis
pen[1], pluma, corral, caponera
ball point pen, pluma atómica, bolígrafo
pen name, seudónimo
pen pal, amigo por correspondencia
pen[2], enjaular, encerrar, escribir
penal, penal
penalize, penar, imponer pena a
penalty, pena, castigo, multa
penance, penitencia
to do penance, penar
penchant, tendencia, inclinación
pencil[1], pincel, lápiz
mechanical pencil, lapicero
pencil case, estuche para lápices
pencil holder, lapicero
pencil sharpener, tajalápices, sacapuntas
pencil[2], pintar, escribir con lápiz
pendant, pendiente
pending, pendiente, indeciso(a)
pending payment, pendiente de pago
to be pending, pender
pendulum, péndulo
penetrate, penetrar
penetration, penetración, sagacidad
penguin, pingüino, pájaro bobo
penholder, portaplumas
penicillin, penicilina
peninsula, península
penis, pene
penitence, penitencia
penitent, penitente

penitently, con arrepentimiento
penitentiary, penitenciaría, penitenciario
penknife, cortaplumas
penmanship, caligrafía
pennant, flámula, banderola, jirón, gallardete
pennon, flámula, banderola, jirón, gallardete
penniless, falto(a) de dinero, indigente
Pennsylvania, Pensilvania
penny, centavo, penique, dinero
penology, penología
pension[1], pensión
widow's pension, viudedad
pension[2], dar alguna pensión
pensioner, pensionista, pensionado(a)
pensive, pensativo(a), reflexivo(a)
pentadecagon, pentadecágono
pentagon, pentágono
pentameter, pentámetro, verso de cinco pies
pentatonic melody, melodía pentatónica
pentatonic tonality, tonalidad pentatónica
penthouse, cobertizo, tejadillo, habitación construida en un techo
pent-up, acorralado(a), encerrado(a), reprimido(a)
penultimate, penúltimo(a)
penurious, tacaño(a), avaro(a)
penury, penuria, carestía
peon, peón, criado(a)
peony, peonía
people[1], gente, pueblo, nación, vulgo
People's Republic of China, República Popular China
people[2], poblar
pep, energía, vigor, entusiasmo, espíritu
pepper[1], pimienta
pepper pot, sopa de carne y legumbres condimentada con pimientos, ají, etc.
red pepper, pimiento, chile
pepper[2], sazonar con pimienta, golpear, azotar
pepper-and-salt, mezclado de negro y blanco, grisáceo
pepper-and-salt hair, cabello entre gris y cano
peppermint, menta, hierbabuena
peppermint drop, pastilla de menta
peppery, picante, de mal humor, mordaz
pepsin, pepsina
peptic, péptico, digestivo
peptone, peptona
per, por
per annum, al año
per capita, por persona, por cabeza
per capita GDP, PIB per cápita
per capita income, renta per cápita
per cent, por ciento
per diem, por día
per-unit rate, tasa por unidad
perambulator, cochecito para niños
percale, percal
perceive, percibir, comprender
percent, por ciento
percentage, porcentaje, tanto por ciento
perceptible, perceptible
perception, percepción, idea, noción
perceptual region, región perceptual
perch[1], perca, pértica, percha
perch[2], emperchar
, posarse, encaramarse
perchance, posiblemente, quizá
percolation, percolación
percolator, cafetera filtradora, percolador, colador de café
percussion, percusión, golpe
percussion cap, pistón, fulminante
percussion instrument, instrumento de percusión
perdition, perdición, ruina
peremptory, perentorio, decisivo, rotundo
perennial, perenne, perpetuo
perfect[1], perfecto, acabado, puro, derecho
perfect square, cuadrado perfecto
perfect[2], perfeccionar, acabar
perfectly, a fondo
perfection, perfección
perfectionist, persona amante de la perfección
perfidious, pérfido, desleal

perforate, horadar, perforar
perforation, perforación
perforce, forzosamente
perform[1], ejecutar, efectuar, ejercer, hacer, realizar
perform[2], representar, hacer papel
performance, ejecución, cumplimiento, actuación, obra, representación teatral, función, funcionamiento
first performance, estreno
performance review, revisión de rendimiento
performance testing, comprobación de rendimiento
performer, ejecutor(a), ejecutante, actor, actriz
performing arts, artes escénicas
perfume[1], perfume, fragancia
perfume bottle, frasco de perfume
perfume[2], perfumar
perfumery, perfumería
perfunctory, descuidado, superficial, negligente
perhaps, quizá, quizás, tal vez
perigee, perigeo
peril, peligro, riesgo
perilous, peligroso
perimeter, perímetro
perimeter formula, fórmula de perímetro
perinatal care, cuidado perinatal
period, periodo o período, época, punto
for a fixed period, a plazo fijo
period of history, período histórico
periodic, periódico
periodic function, función periódica
periodic table, tabla periódica
periodic table family, familia de la tabla periódica
periodical, periódico
periodically, periódicamente
periodize, periodizar
peripheral, periférico(a)
peripheral area, área periférica
peripheral device, dispositivo periférico
periphery, periferia
periscope, periscopio
perish, perecer, sucumbir
perishable, perecedero(a)
peritonitis, peritonitis
periwinkle, bígaro, vincapervinca
perjure, perjurar
perjury, perjurio
perk, levantar la cabeza, pavonearse
to perk up, reanimarse
perky, garboso(a), gallardo(a)
permanence, permanencia
permanent, permanente, perenne
permanent wave, permanente
permeable, permeable
permeate, penetrar, atravesar
permissible, lícito(a), permitido(a)
permission, permiso, licencia
permit[1], permitir
permit[2], permiso, cédula
permutation, permutación
pernicious, pernicioso(a), perjudicial
pernicious anemia, anemia perniciosa
peroxide, peróxido
hydrogen peroxide, peróxido hidrogenado
peroxide blonde, rubia oxigenada
perpendicular[1], perpendicular
perpendicular bisector, mediatriz, bisector perpendicular
perpendicular lines, líneas perpendiculares
perpendicular[2], línea perpendicular
perpetrate, perpetrar, cometer
perpetual, perpetuo(a)
perpetuate, perpetuar, eternizar
perplex, confundir, embrollar
perplexity, perplejidad
persecute, perseguir, importunar
persecution, persecución
perseverance, perseverancia
persevere, perseverar, obstinarse
Persia, Persia
Persian Empire, Imperio persa
Persian Gulf, Golfo pérsico
persimmon, variedad de níspero, níspola
persist, persistir
persistency, persistencia
persistent, persistente

person, persona
person-to-machine, persona a máquina
person-to-person, persona a persona
persona, rol, persona
personable, bien parecido(a), donoso(a)
personage, personaje
personal, personal
personal attack, ataque personal
personal autonomy, autonomía personal
personal challenge, reto personal
personal distribution of income, distribución personal del ingreso
personal effects, efectos de uso personal
personal fitness program, programa de entrenamiento personal
personal health assessment, evaluación de salud personal
personal health goal, meta de salud personal
personal hygiene, higiene personal
personal income, ingreso personal
personal letter, carta personal
personal narrative, narración personal, narrativa personal
personal preference, preferencia personal
personal pronoun, pronombre personal
personal responsibility, responsabilidad personal
personal space, espacio personal
personal values, valores personales
personality, personalidad
personification, personificación
personify, personificar
personnel, personal, cuerpo de empleados, tripulación
perspective[1], perspectiva
perspective[2], en perspectiva
perspicacious, perspicaz, penetrante
perspiration, traspiración, sudor
perspire, traspirar, sudar
perspiring, que suda
persuade, persuadir
persuasion, persuasión
persuasive, persuasivo(a)
persuasive devices, estrategias persuasivas
persuasive writing, escritura persuasiva
persuasive writing techniques, técnicas de escritura persuasiva
persuasively, de un modo persuasivo
pert, listo(a), vivo(a), petulante
pertain, pertenecer, relacionar, tocar
pertaining, perteneciente
pertaining to, relativo(a) a
pertinacious, pertinaz, obstinado(a)
pertinence, conexión, relación de una cosa con otra
pertinent, pertinente, perteneciente
pertinently, oportunamente
perturb, perturbar
Peru, Perú
per-unit rate, tasa por unidad
perusal, examen, ojeada, lectura
peruse, leer, examinar o estudiar, atentamente
Peruvian, peruano(a)
pervade, penetrar
pervasive, penetrante
perverse, perverso(a), depravado(a)
perversion, perversión
perversity, perversidad, protervia
pervert, pervertir, corromper
pessimism, pesimismo
pessimist, pesimista
pessimistic, pesimista
pest, peste, pestilencia, plaga, persona fastidiosa
pesthouse, lazareto, hospital de contagiosos
pesticide, pesticida
pestilence, pestilencia
pestle, majador, mano de almirez
mortar and pestle, mortero y majador
pet[1], favorito(a), animal doméstico, mascota
pet[2], mimar, acariciar
petal, pétalo
petition[1], memorial, solicitud, petición, súplica
to make a petition, elevar una instancia o solicitud

petition², suplicar, demandar, pedir, requerir en justicia
petrel, petrel
petrify, petrificar
petrol, gasolina, petróleo
petroleum, petróleo
  petroleum consumption, consumo de petróleo
  petroleum jelly, ungüento de petróleo, vaselina
petticoat, enagua, zagalejo, crinolina
pettiness, pequeñez, mezquindad
petting, mimo, acción de acariciar
petty, pequeño(a), corto(a), mezquino(a)
  petty cash, efectivo para el pago de gastos menores
  petty larceny, hurto, ratería
  petty officer, oficial de marina entre alférez y teniente
petulant, petulante
petulantly, con petulancia
petunia, petunia
pew, banco de iglesia
pewter, peltre
pH, pH
  PH scale, escala del PH
phantasy, fantasía
phantom¹, espectro, fantasma
phantom², espectral
pharmaceutic, farmacéutico(a)
pharmaceutical, farmacéutico(a
pharmacist, boticario, farmacéutico
pharmacy, farmacia, botica
Pharaoh, Faraón
pharyngitis, faringitis
pharynx, faringe
phase, fase, aspecto
  phase change, cambio de fase
  phase shift, desplazamiento de fase
PhD., doctorado
pheasant, faisán
phenol, fenol
phenomenal, prominente, fenomenal
phenomenon (pl. phenomena), fenómeno (pl. fenómenos)
phenotype, fenotipo
phial, redomilla, frasco
Philadelphia, Filadelfia
philander, galantear, coquetear
philanthropic, filantrópico
philanthropical, filantrópico
philanthropist, filántropo(a)
philanthropy, filantropía
philatelist, filatelista
philately, filatelia
philharmonic, filarmónico(a)
Philippine annexation, anexión de Filipinas
Philippine archipelago, archipiélago de Filipinas
Philippines, Filipinas
philosopher, filósofo(a)
philosophic, filosófico(a)
philosophical, filosófico(a)
  philosophical assumption, supuesto filosófico
  philosophical movement, movimiento filosófico
philosophize, filosofar
philosophy, filosofia
phlegm, flema
phlegmatic, flemático(a), lento(a), apático(a)
phlegmatical, flemático(a), lento(a), apático(a)
phobia, fobia, obsesión
Phoenicia, Fenicia
phone¹, teléfono
  phone call, telefonema, llamada teléfonica
  phone directory, directorio telefónico
phone², telefonear
phonetic, fonético(a)
  phonetic analysis, análisis fonético
phonetics, fonética
phonic, fónico(a)
phonics, fonología
phonograph, fonógrafo, gramófono
  phonograph record, disco de fonógrafo
phosphate, fosfato
  phosphate reserves, reservas de fosfatos
phospholipid, fosfolípido
phosphorescence, fosforescencia
phosphorescent, fosforescente
phosphoric, fosfórico
  phosphoric acid, ácido fosfórico
phosphorus, fósforo
photo¹, fotografia, retrato
  photo finish, foto finish
photo², fotografiar, retratar
  to be photoed, retratarse
photoengraving, fotograbado

photogenic, fotogénico(a)
photograph[1], fotografía, retrato
photograph[2], fotografiar, retratar
  to be photographed, retratarse
photographer, fotógrafo(a)
photographic, fotográfico(a)
photography, fotografía
photogravure, fotograbado
photoplay, representación cinematográfica
photostat, fotostato
photosynthesis, fotosíntesis
photosynthesizing organism, organismo fotosintético
photosynthetic plants, planta fotosintética
phrase[1], frase, estilo, frase musical
  phrase grouping, agrupación de fases
phrase[2], expresar, dividir en frases musicales
phrasing, expresión
phraseology, fraseología, dicción
phylogenetics, filogenética
phylogeny, filogenia
phylum, filum
physic, medicina, medicamento, purgante, purga, purgar, dar un purgante, aliviar sanar
physics, física
physical, físico(a)
  physical capital, capital físico
  physical change, cambio físico
  physical description, descripción física
  physical education, educación física, gimnasia
  physical environment, ambiente físico
  physical feature, rasgo físico
  physical fitness, condición física
  physical fitness level, nivel de condición física
  physical fitness test, prueba de condición física
  physical geography, geografía física
  physical gesture, gesto físico
  physical injury, daño físico
  physical map, mapa físico
  physical process, proceso físico
  physical property, propiedad física
  physical regions, regiones físicas
  physical setting, escenario físico
  physical variation, variación física
  physical weathering, desgaste físico, erosión física
physician, médico
  attending physician, médico de cabecera
physicist, físico(a)
physics, física
physiognomy, fisonomía, facciones
physiographic provinces, provincias fisiográficas
physiography, fisiografía
physiological, fisiológico(a)
  physiological adaptation, adaptación fisiológica
  physiological benefit, beneficio fisiológico
  physiological change, cambio fisiológico
  physiological factor, factor fisiológico
  physiological population density, densidad fisiológica de población
physiologist, fisiólogo(a)
physiology, fisiología
physiotherapy, fisioterapia
physique, físico(a)
phytoplankton, fitoplancton
P.I. (Philippine Islands), Islas Filipinas
pi[1], pi
pi[2], pastel, letras de imprenta en confusión o desorden
pi[3], empastelar, mezclar desordenadamente las letras de imprenta
pianist, pianista
piano, piano, pianoforte
  grand piano, piano, pianola
  player piano, piano mecánico, pianola
piazza, corredor cubierto, plaza, pórtico

pica, cícero
pica type, tipo cícero
picayune[1], bagatela, chuchería, pequeñez
picayune[2], de poco valor, mezquino(a)
piccalilli, encurtidos picados
piccolo, flautín
pick[1], escoger, elegir, recoger, mondar, limpiar
to pick a pocket, ratear el bolsillo
pick[2], picar
to pick out, escoger, señalar
to pick over, escoger, examinar
pick[3], pico, lo escogido, lo mejor
pickaback, sobre los hombros, a modo de fardo
pickax, pico, zapapico
pickerel, sollo, esturión
picket[1], estaca, piquete, piquete, guardia de huelguistas
picket[2], cercar con estacas o piquetes, hacer guardia o colocar guardias de huelguistas
picket[3], de estaca
picket fence, cerca hecha de estacas puntiagudas
pickings, desperdicios, residuos, beneficios pequeños o de poco valor
pickle[1], salmuera, encurtido, dificultad
to be in a pickle, estar en un lío
pickle[2], escabechar
pickpocket, ratero(a), ladrón(a)
pickup, aceleración
picnic, comida, merienda, romería, paseo campestre, día de campo
picnicker, participante en una fiesta campestre
pictograph, pictográfico(a)
pictorial, pictórico(a)
pictorial representation, representación pictórica
picture, pintura, retrato, fotografía, cuadro
picture book, libro de imágenes, libro de ilustraciones
picture dictionary, diccionario ilustrado
picture frame, marco
motion picture, película, filme
picture gallery, pinacoteca, salón de pinturas, museo de cuadros
picture graph, gráfica de dibujos
picturesque, pintoresco(a)
pidgin language, pidgin, lengua de contacto
pie[1], pastel, letras de imprenta en confusión o desorden, empanada, urraca
pie a la mode, pastel servido con helados
pie chart, gráfica de pastel, gráfica circular
pie[2], empastelar, mezclar desordenadamente las letras de imprenta
piebald[1], pío(a), pintado(a), manchado(a) de varios colores
piebald[2], animal pío
piece[1], pedazo, pieza, obra, cañón o fusil
to tear to pieces, hacer pedazos
piece[2], remendar, unir los pedazos
pièce de résistance, lo principal, lo más aplaudido
piecemeal, en pedazos, a remiendos
piecework, trabajo a destajo, obra que se paga por pieza
pier, estribo de puente, muelle
pierce, penetrar, agujerear, taladrar, excitar, internar, traspasar
piercing, penetrante, conmovedor
Pierre Curie, Pierre Curie
piety, piedad, devoción
affected piety, beatería
pig[1], cochinillo(a), lechón (lechona), cerdo(a), puerco(a), lingote
pig iron, hierro en lingotes
pig latin, jerigonza
pig[2], parir la puerca
pigeon, palomo(a)
homing pigeon, paloma viajera o mensajera
wood pigeon, paloma zorita
pigeonhole, casilla
pigeon-toed, patituerto(a)

piggish, voraz, puerco, cochino
piggyback[1], sobre los hombros
piggyback[2], trasporte en plataformas de ferrocarril de remolques cargados
piggy bank, alcancía
pigheaded, terco(a)
pigment, pigmento, solución para pinturas
pigmy, pigmeo(a)
pigpen, zahúrda
pigskin, piel de cerdo
pigsty, zahúrda, pocilga
pigtail, trenza de cabello, tabaco torcido
pike, lucio, pica
pile[1], estaca, pila, montón, pira, edificio grande y macizo, pelo, pelillo, rimero
pile[2], amontonar, apilar
piles, hemorroides, almorranas
pilfer, ratear, hurtar
pilgrim, peregrino(a), romero(a)
pilgrimage, peregrinación, romería
pill, píldora
pillage[1], pillaje, botín, saqueo
pillage[2], pillar, hurtar
pillar, pilar, poste, columna, sostén
pillory[1], argolla, picota, cepo
pillory[2], empicotar, poner a un malhechor en alguna picota o argolla, poner públicamente en ridículo
pillow, almohada, cojín, cabezal
The Pillow Book by Sei Shonagon, El libro de la almohada de Sei Shonagon
pillowcase, funda de almohada
pillowslip, funda de almohada
pilot[1], piloto
  pilot house, timonera, sitio del timonel
  pilot light, lámpara de comprobación o piloto, luz pequeña y permanente que se usa para encender el mechero de gas
pilot[2], pilotear, pilotar
pimento, pimiento
pimiento, pimiento
pimple, barro, grano
pin[1], alfiler, prendedor, clavija, chaveta
  pin money, alfileres, dinero para alfileres
  safety pin, imperdible, segurito
pin[2], prender, asegurar con alfileres, fijar con clavija
  to pin down, obligar a resolver
P.I.N. (personal identification number), N.I.P. (número de identificación personal)
pinafore, delantal
pince-nez, quevedos
pincers, pinzas, tenazuelas
pinchers, pinzas, tenazuelas
pincer movement, movimiento de pinzas
pinch[1], pellizcar, apretar con pinzas
pinch[2], ser frugal, escatimar gastos
pinch[3], pellizco, pulgarada, aprieto
pinch-hit, batear en lugar de otro, tomar el lugar de otro en un aprieto
pincushion, alfiletero
pine[1], pino
  pine needle, pinocha
pine[2], languidecer
  to pine for, anhelar, ansiar
pineapple, piña, ananá, ananás
pinfeather, cañón, pluma del ave cuando empieza a nacer
pingpong, tenis de mesa
pinhead, cabeza de alfiler, algo muy pequeño o sin valor
pinhole, agujero que hace un alfiler, agujero muy pequeño
pinion[1], piñón, ala
pinion[2], atar las alas, maniatar
pink[1], clavel
pink[2], rosa, rosado(a), sonrosado(a)
pinnacle, pináculo, chapitel, cima, cumbre
pinochle, pinocle
pint, pinta
pioneer, zapador(a), descubridor(a), explorador(a), precursor(a)
pious, pío(a), devoto(a), piadoso(a)
pipe[1], tubo, cañón, conducto, caño, pipa para fumar, cachimbo(a), churumbela
  oil pipe line, oleoducto
  organ pipe, cañón de órgano
  pipe clay, arcilla refractaria
  pipe line or pipeline, cañería, tubería, oleoducto
  pipe organ, órgano de cañones

pipe[2], tocar, cantar con voz aguda
pipe[3], proveer de cañerías, conducir por medio de cañerías, adornar con vivos
pipeline, oleoducto
piper, flautista
piping[1], tubería, vivo, cordoncillo
piping[2], agudo(a)
  piping hot, hirviente
piquant, punzante, picante, mordaz
piquantly, con picardía
pique[1], pique, desazón, ojeriza, pundonor
pique[2], picar, irritar
piqué, piqué
piracy, piratería
pirate[1], pirata
pirate[2], piratear, robar, plagiar
pirating, piratería, reproducción ilícita de obras literarias
pistachio, alfóncigo, pistache, pistacho
pistil, pistilo
pistol, pistola, revólver, pistolete
  pistol shot, pistoletazo
piston, pistón, émbolo
  piston ring, anillo de empaquetadura del émbolo o pistón
  piston rod, vástago del émbolo
pit[1], hoyo, sepultura, patio, pozo
  ash pit, cenicero
  engine pit, cenicero
pit[2], oponer, poner en juego, marcar, picar
pitapat[1], con una serie rápida de palpitaciones, agitadamente
pitapat[2], moverse o palpitar agitadamente
pitch[1], pez, brea, alquitrán, cima, grado de elevación, tono, lanzamiento
  pitch-dark, negro(a) como la pez, totalmente negro
  pitch pine, pino de tea, pino rizado
  pitch pipe, diapasón vocal
  pitch notation, notación musical
pitch[2], fijar, plantar, colocar, ordenar, tirar, arrojar, embrear, oscurecer
pitch[3], caerse alguna cosa hacia abajo, caer de cabeza
pitched battle, batalla campal
pitcher, cántaro, lanzador
pitchfork, horca, horquilla
pitching, cabeceo
piteous, lastimoso(a), compasivo(a), tierno(a)
pitfall, trampa, armadijo, peligro insospechado
pith, meollo, médula, energía
pithy, enérgico(a), meduloso(a)
pitiful, lastimoso(a), compasivo(a)
pitiless, despiadado(a), cruel
pittance, pitanza, ración, porcioncilla
pitted, cavado(a), picado(a)
pitter-patter, repiqueteo, parloteo
pituitary, pituitario(a)
  pituitary gland, glándula pituitaria
pity[1], piedad, compasión, misericordia
pity[2], compadecer, apiadarse de
pity[3], tener piedad
pivot, espigón, quicio, chaveta, eje de rotación
pixel, píxel
Pizarro, Pizarro
pizza, pizza
pkg. (package), paquete, bulto
pl. (plural), pl. (plural)
placard, cartel, letrero, anuncio
place[1], lugar, sitio, local, colocación, posición, recinto, rango, empleo, plaza, fortaleza
  place holder, en lugar de
  place kick, acción de patear la pelota después de colocarla en tierra
  placeholder, marcador de posición
  place-name, topónimo
  place of origin, lugar de origen
  place value, valor posicional, valor del espacio, valor de lugar
  stopping place, paradero
  to take place, verificarse, tener lugar
place[2], colocar, poner, poner
placement, empleo, colocación
placid, plácido(a), quieto(a)
placidly, apaciblemente

plagiarism, plagio
plagiarize, plagiar
plague[1], peste, plaga
plague[2], atormentar, infestar, apestar
plaid, capa suelta de sarga listada que usan los montañeses de Escocia, tela listada a cuadros
plain[1], liso(a), llano(a), abierto(a), sencillo(a), sincero(a), puro(a), simple, común, claro(a), evidente
plain dealing, buena fe, llaneza
plain sailing, camino fácil
plain[2], llano, llanada, vega
plainness, llaneza, igualdad, sinceridad, claridad
plainsman, llanero(a)
plaint, queja, lamento
plaintiff, demandador(a), demandante
plaintive, lamentoso(a), lastimoso(a)
plaintively, de manera lastimosa
plait[1], pliegue, trenza
plait[2], plegar, trenzar, rizar, tejer
plan[1], plano, sistema, proyecto, plan, planificación, delineación
plan[2], proyectar, planear, plantear, planificar
plan[3], proponerse, pensar
planar cross section, sección plana
plane[1], plano, cepillo de carpintería, aeroplano
plane geometry, geometría plana
plane figure, figura plana
reconnaisance plane, aeroplano de reconocimiento
plane[2], allanar, acepillar
planet, planeta
planet composition, composición de los planetas
planet orbits, órbitas de los planetas
planet size, tamaño de los planetas
planet surface features, características de la superficie planetaria
planetarium, planetario
plank[1], tablón, tablaje
plank[2], entablar, asegurar con tablas
planned, planeado
planned city, ciudad planificada
planned community, comunidad planificada
planned economy, economía dirigida
plant[1], mata, planta, planta
plant community, comunidad vegetal
plant growth, crecimiento de plantas
plant organ, órganos de plantas
plant population, densidad vegetal
plant product, producto a base de plantas
plant root, raíz de planta
plant species, especies vegetales
plant tissue, tejido de planta
plant touse, pulgón
plant[2], plantar, sembrar
Plantae, reino de las plantas
plantain, llantén, plátano
plantation, plantación, planta, plantío
coffee plantation, cafetal
plantation agriculture, agricultura de plantación
plantation colony, colonia de plantación
rubber plantation, cauchal
planter, plantador, colono, hacendado, sembrador(a)
planting, plantación
plaque, placa
plasma, plasma
plasmolysis, plasmólisis
plaster[1], yeso, emplasto, enlucido, estuco, revoque, repello
corn plaster, emplasto para los callos
plaster cast, vendaje enyesado, yeso
plaster coating, enlucido, enyesado
plaster of Paris, yeso, yeso mate
plaster[2], enyesar, emplastar
plasterer, albañil que enyesa, yesero
plastering, revoque, revocadura

plastic, plástico, formativo
plastic surgery, anaplastia, cirugía plástica
plastics, plásticos
plat[1], parcela, solar, plano o mapa de una ciudad
plat[2], entretejer, trenzar, trazar el plano
plate[1], plancha o lámina de metal, placa, clisé, plata labrada, plato
plate boundary, límite de placas
plate collision, colisión de placas
plate glass, vidrio cilindrado o en planchas
plate tectonic theory, teoría de las placas tectónicas
plate tectonics, tectónica de placas
plate[2], planchear, batir hoja
plateau, mesa, meseta
platform, plataforma, tarima, tribunal
platform scale, báscula
platinum, platino
platinum ore, platina
platitude, perogrullada, la verdad de Perogrullo, trivialidad
Plato, Platón
Plato's Republic, República de Platón
platonic, platónico
platoon, pelotón
platter, fuente, plato grande
plausible, plausible, verosímil
plausibly, plausiblemente
play[1], juego, recreo, representación dramática, comedia
play on words, juego de palabras
playing position, posición para tocar un instrumento
play[2], jugar, juguetear, burlarse, representar, jugar, tocar, sonar
to play a joke, hacer una burla
playing by ear, tocar un instrumento de oído
played out, exhausto, agotado, postrado
to play up to, adular
playboy, hombre disoluto amante de los placeres
player, jugador(a), comediante(a), actor, actriz, tocador(a), ejecutante
ball player, jugador o jugadora de pelota
pelota player, pelotari
player piano, pianola, piano mecánico o automático
playfellow, camarada, compañero o compañera de juego
playful, juguetón (juguetona), travieso(a)
playfully, juguetonamente, en forma retozona
playground, campo de deportes o de juegos
playhouse, teatro
playing card, naipe, carta
playmate, compañero(a) de juego
plaything, juguete
playtime, hora de recreo
playwright, dramaturgo(a)
plea, defensa, excusa, pretexto, efugio, ruego, argumento, súplica, petición
plead, defender en juicio, alegar, suplicar
pleading, acto de abogar por, alegación
pleadings, debates, litigios
pleasant, agradable, placentero(a), alegre, risueño(a), genial
pleasantry, chocarrería, chanza
please, agradar, complacer, placer, gustar
do as you please, haga usted lo que guste
if you please, con permiso de usted
please be seated, favor de tomar asiento
pleasing, agradable, placentero, grato
to be pleasing, caer bien
pleasure, gusto, placer, arbitrio, recreo
pleasure trip, viaje de recreo
pleat[1], plegar, rizar
pleat[2], pliegue
pleating, plegado(a), plegadura
plebeian[1], plebeyo(a), vulgar, bajo(a)
plebeian[2], plebeyo(a)
plebiscite, plebiscito

pledge[1], prenda, fianza, compromiso, garantía, empeño
Pledge of Allegiance, Juramento de Lealtad
pledge[2], empeñar, pignorar, dar fianza
plentiful, copioso(a), abundante
plentifully, con abundancia
plenty[1], copia, abundancia, plenitud
plenty[2], abundante
Plessy vs. Ferguson (1896), caso Plessy contra Ferguson (1896)
pleurisy, pleuresía
pliable, flexible, dócil, blando(a), tratable
pliant, flexible, dócil, blando(a), tratable
pliers, tenacillas
plight[1], estado, condición, apuro, aprieto
plight[2], empeñar, prometer
plod, afanarse mucho, ajetrearse
plodder, persona laboriosa y asidua
plot[1], pedazo pequeño de terreno, plano
plot[2], conspiración, trama, complot, estratagema, conjura
plot development, desarrollo de la trama
plot[3], representación gráfica
plot[4], trazar, conspirar, tramar
plotter, conspirador(a)
plough[1], arado
disc plough, arado de discos
gang plough, arado múltiple
rotary plough, arado giratorio
plough[2], arar, labrar la tierra
to plough through, surcar
plover, ave fría, frailecillo
plow[1], arado
disc plow, arado de discos
gang plow, arado múltiple
rotary plow, arado giratorio
plow[2], arar, labrar la tierra
to plow through, surcar
plowboy, arador
plowing, rompimiento, aradura
pluck[1], tirar con fuerza, arrancar, desplumar
pluck[2], asadura, hígado y bofes, arranque, tirón, valor, valentía
plucky, valiente
plug, tapón, tarugo, obturador, clavija, tapón, clavija eléctrica o de contacto, anuncio improvisado
plug and play, enchufe y opere
to plug in, enchufar
to pull the plug of, desenchufar
plum, ciruela
plum pudding, pudín de ciruela
plum tree, ciruelo
plumage, plumaje
plumb[1], plomada
plumb line, cuerda de plomada, nivel
plumb[2], a plomo, vertical
plumb[3], verticalmente, a plomo
plumb[4], aplomar
plumber, plomero(a), emplomador(a), fontanero(a)
plumbing, plomería, instalación de cañerías
plume[1], pluma, plumaje, penacho
plume[2], desplumar, adornar con plumas
plump[1], gordo(a), rollizo(a)
plump[2], de repente
plump[3], engordar, caer a plomo
plunder[1], saquear, pillar, robar
plunder[2], pillaje, botín, despojos
plunge, sumergir, sumergirse, precipitarse
plunger, buzo, somorgujador, émbolo de bomba
plural, plural
plurality, pluralidad, mayoría relativa
plus[1], más
plus[2], adicional
plush, tripe
plutocrat, plutócrata
plutonium, plutonio
ply[1], trabajar con ahínco, importunar, solicitar
ply[2], afanarse, aplicarse, recorrer, ejercer
plywood, madera enchapada
p.m. (afternoon), p.m. (tarde, después del meridiano)
pneumatic, neumático(a)
pneumonia, neumonía, pulmonía
poach[1], medio cocer
poach[2], cazar en vedado
poacher, cazador furtivo

pock, viruela, pústula
pocket[1], bolsillo, faltriquera
pocket money, dinero para los gastos menudos
pocket veto, retención por parte del presidente de los Estados Unidos de un proyecto de ley
pocket[2], embolsar
pocketbook, portamonedas, cartera, dinero, recursos económicos
pocketful, bolsillo lleno
pocketknife, cortaplumas
pock-marked, picado(a) de viruelas
pod, vaina
podium, podio
poem, poema
poet, poeta, vate, bardo
poetic, poético(a)
poetic element, elemento poético
poetic license, licencia poética
poetic style, estilo poético
poetical, poético(a)
poetical license, licencia poética
poetry, poesía
pastoral poetry, poesía bucólica
poetry of Kabir, poesía de Kabir
poetry of Mirabai, poesía de Mirabai
to write poetry, poetizar, trovar
pogrom, pogrom
pogroms in the Holy Roman Empire, pogromos en el Sacro Imperio Romano
poignant, picante, punzante, satírico, conmovedor
poinsettia, nochebuena, flor de Pascua
point[1], punta, punto, promontorio, puntillo, estado, pico
main point, quid
make a point of, tener presente
point of climax, clímax
point of concurrency, punto de concurrencia
point of honor, pundonor
point of order, cuestión de orden o reglamento
point of tangency, punto de tangencia
point of view, punto de vista
stretch a point, exagerar
to get to the point, ir al grano
to the point, al grano, en plata
point[2], apuntar, aguzar
to point out, señalar
points, tantos
point-blank[1], directamente, a boca de jarro
point-blank[2], directo(a), sin rodeos
pointed, puntiagudo(a), epigramático(a), conspicuo(a), satírico(a)
pointedly, sutilmente, explícitamente
pointer, apuntador(a), ventor(a), perro ventor
pointless, obtuso(a), sin punta, insustancial, insípido(a), tonto(a)
poise[1], peso, equilibrio, aplomo, reposo
poise[2], pesar, equilibrar
poison[1], veneno
poison ivy, variedad de hiedra venenosa
poison[2], envenenar, pervertir
poisoning, envenenamiento
poisonous, venenoso(a)
poke[1], empujón, codazo, hurgonazo
poke bonnet, gorra de mujer con ala abovedada al frente
poke[2], aguijonear, hurgar, asomar
to poke fun at, burlarse de
poke[3], andar asomándose
poker, hurgón, póquer
poky, despacioso(a), lento(a), flojo(a)
Poland, Polonia
polar, polar
polar bear, oso blanco o polar
polar bond, enlace polar
polar cap, casquete polar
polar coordinate, coordenada polar
polar covalent bond, enlace covalente polar
Pole[1], polaco(a)
pole[2], polo, palo, pértiga, percha
pole vault, salto de garrocha
polecat, gato montés
polestar, estrella polar
police, policía

police authority, autoridad policial
police court, tribunal de policía
police dog, perro policía
police headquarters, jefatura de policía
police officer, agente de policía
police state, estado policía
policeman, policía, agente de policía, gendarme
policewoman, agente femenino de policía
policy, política de estado, póliza, astucia, sistema
insurance policy, póliza de seguro
policy issue, asunto de normativa
policy statement, declaración de política
policyholder, asegurado(a), persona que tiene póliza de seguro
poliomyelitis, poliomielitis, parálisis infantil
polis, polis
polish[1], pulir, alisar, limar, charolar
polish[2], recibir pulimento
polish[3], pulimento, barniz, lustre
Polish, polaco(a)
Polish rebellion, Revolución polaca
polished, elegante, pulido(a), bruñido(a)
polite, pulido(a), cortés
polite form, forma educada, forma cortés
politely, urbanamente, cortésmente
politeness, cortesía
political, político(a)
political alliance, alianza política
political appointment, nombramiento político
political border, frontera política
political candidate, candidato político
political cartoon, caricatura política, cartón político
political cartoonist, caricaturista político
political economy, economía política
political efficacy, eficacia política
political geography, geografía política
political group, bloque
political ideology, ideología política
political leader, cacique
political life, vida política
political machine, clientelismo político
political map, mapa político
political office, cargo público
political organization, organización política
political party, partido político
political patronage, mecenazgo político
political philosophy, filosofía política
political region, región política
political rights, derechos políticos
political scandals, escándalos políticos
political science, ciencia política
political spectrum, espectro político
political speech, discurso político
political unit, unidad política
politically, según reglas de política
politician, político(a)
politics, política
polity, sistema de gobierno
polka, polca
polka dot, diseño de lunares o puntos
polka dot goods, tela de lunares o puntos
poll[1], cabeza, votación, voto
poll tax, capitación
poll[2], descabezar, desmochar, hacer una encuesta
poll[3], dar voto en las elecciones
polls, comicios
pollen, polen
pollinate, polinizar
pollination, polinización
polling, votación
polling booth, casilla electoral
pollutant, contaminante
pollute, ensuciar, corromper

pollution, corrupción, polución, contaminación
polo, juego de polo
polyester, poliéster
polygamist, polígamo(a)
polygamous marriage, matrimonio polígamo
polygamy, poligamia
polygenic trait, rasgo poligénico
polygon, polígono
polyhedral solid, sólido poliedro
polymer, polímero
polymerization, polimerización
Polynesia, Polinesia
polynomial, polinomio, polinomial
 polynomial addition, suma de polinomios
 polynomial division, división de polinomios
 polynomial function, función polinómica
 polynomial multiplication, multiplicación de polinomios
 polynomial solution by bisection, resolver polinomios por método de bisección
 polynomial solution by sign change, resolver polinomios por el método de cambio de signos
 polynomial solution successive approximation, resolver polinomios por el método de aproximaciones sucesivas
 polynomial subtraction, resta de polinomios
polysyllable, polisílabo(a)
polytheism, politeísmo
polytheist, politeísta
polytheistic religion, religión politeísta
pomade, pomada
pomegranate, granado, granada
pommel[1], perilla de una silla de caballería, pomo de una espada
pommel[2], golpear
pomp, pompa, esplendor, solemnidad
pompadour, copete
pompano, pámpano
Pompeii, Pompeya
pompous, pomposo(a)
pond, charca, estanque de agua
ponder, ponderar, considerar, deliberar, meditar
ponderous, ponderoso(a), pesado(a)
pongee, variedad de tela de seda
pontiff, pontífice, papa
pontoon, pontón
 pontoon bridge, puente de pontones
pony, pony, jaco, caballito
 pony express, correo a caballo
poodle, perro de lanas
pooh-pooh, rechazar con desprecio, burlarse de
 pooh-pooh!, ¡bah!
pool[1], charco, lago, tanque, billar, vaca, dinero o cosas reunidas por varias personas
 swimming pool, alberca, piscina
pool[2], reunir
pooled resources, recursos comunes
poolroom, salón de billares
poor, pobre, humilde, de poco valor, deficiente, estéril, mísero(a)
 poor farm, casa de caridad, casa del pobre
 the poor, los pobres
 to become poor, venir a menos, empobrecer
poorhouse, asilo, casa de caridad
pop[1], chasquido, bebida gaseosa
 pop art, arte pop
 pop music, música pop
pop[2], entrar o salir de sopetón, meter alguna cosa repentinamente
popcorn, palomitas de maíz
Pope, papa
poplar, álamo temblón
poplin, popelina
popover, panecillo ligero y hueco
popper, vasija para tostar maíz
poppy, adormidera, amapola
Popul Vuh, Popol Vuh
populace, populacho, pueblo
popular, popular
 popular culture, cultura popular
 popular figure, figura popular
 popular sovereignty, soberanía popular
 popular uprising, levantamiento popular
 popular will, voluntad popular
popularity, popularidad, boga
popularize, popularizar
populate, poblar

population, población, número de habitantes
population center, centro de población
population concentration, concentración de la población
population density, densidad de población
population distribution, distribución de la población
population growth, crecimiento demográfico, crecimiento de población
population growth curve, curva de crecimiento demográfico
population growth rate, tasa de crecimiento demográfico
population pyramid, pirámide de población
population region, región demográfica
population structure, estructura de la población
populism, populismo
Populist Party, Partido Populista
populous, populoso(a)
porcelain, porcelana, china, loza fina
porch, pórtico, vestíbulo
porcupine, puercoespín
pore, poro
pork, carne de puerco
pork sausage, longaniza, salchicha de puerco
porous, poroso(a)
porpoise, marsopa
porridge, potaje, sopa
port, puerto, babor, escala, vino de Oporto, portuario
port city, ciudad portuaria
port of entry, puerto de entrada
portable, portátil
portable typewriter, máquina de escribir portátil
portage, porte, acarreo, portaje
portal, portal, portada
portal to portal, desde el momento de entrar hasta el de salir
portend, pronosticar, augurar
portent, portento, prodigio, presagio
porter, portero, mozo, mozo de cuerda
porterhouse steak, bistec de solomillo, filete
portfolio, cartera, portafolios
portfolio of a minister of state, cartera de un ministro de Estado
porthole, claraboya, ojo de buey
portiere, portier, cortinaje de puerta
portion[1], porción, parte, ración, dote
portion[2], partir, dividir, dotar
portliness, porte majestuoso, corpulencia
portly, majestuoso(a), rollizo(a), corpulento(a)
portrait, retrato
to make a portrait of, retratar
to sit for a portrait, retratarse
portray, retratar
Portugal, Portugal
Portuguese, portugués (portuguesa)
Portuguese caravel, carabela portuguesa
portuguese language, portugués
pose[1], colocar en determinada posición, proponer
pose a question, hacer una pregunta
pose[2], asumir cierta actitud o postura
pose[3], postura, actitud
position, posición, situación, estación, orientación, postura
position over time, posición en el tiempo
positive, positivo(a), real, verdadero(a), definitivo(a)
positive adjective, adjetivo positivo
positive externality, externalidad positiva
positive incentive, incentivo positivo
positive number, número positivo
positive space, espacio positivo
positively, ciertamente
positron, positrón
posse, fuerza armada, fuerza con autoridad legal
possess, poseer
possession, posesión
take possession of, hacerse

dueño de, posesionarse de
possessive, posesivo(a)
possessive nouns, sustantivo posesivo
possessive pronoun, pronombre posesivo
possessor, poseedor(a)
possibility, posibilidad
possible, posible
as soon as possible, cuanto antes
possible outcomes, posibles resultados
possibly, quizá, quizás
post[1], correo, postal
post card, tarjeta postal
post office, oficina de correos, administración de correos
post-office box, apartado de correos, casilla de correos, enviar por correo
post-office box no bills, se prohibe fijar carteles
post[2], poste, palo
post[3], posterior
post-Civil War period, período posterior a la Guerra Civil
post-Cold War era, período posterior a la Guerra Fría
post-industrial society, sociedad posindustrial
post meridian (p.m.), posmeridiano (p.m.)
post-Mao China, China posterior a Mao
post-reunification Germany, Alemania posterior a la reunificación
post-World War I, período posterior a la Primera Guerra Mundial
post-World War II, período posterior a la Segunda Guerra Mundial
post[4], puesto
post[5], empleo
Post Vincennes, Post Vincennes
postage, porte de carta, franqueo
postage stamp, timbre, sello, estampilla, sello de correo o de franqueo
postal, postal
postal card, tarjeta postal
postal zone, zona postal
poster, cartel, cartelón, letrero
posterior, posterior, trasero(a)
posterity, posteridad, venideros
postgraduate, posgraduado(a)
posthaste, a rienda suelta, con gran celeridad
posthumous, póstumo
postman, cartero
postmark, sello o marca de la oficina de correos
postmaster, administrador de correos
postmeridian, postmeridiano
post-mortem[1], que sucede después de la muerte
post-mortem[2], autopsia
postpaid, franco, porte pagado, franco de porte
postpone, diferir, suspender, posponer, trasladar
postponement, aplazamiento
postscript, posdata
postulate[1], postulado(a)
postulate[2], postular
posture, postura
postwar, de la posguerra
postwar period, posguerra
posy, mote, flor, ramillete de flores
pot, marmita, olla, tarro
pot roast, carne asada en marmita
potash, potasa
potassium, potasio
potato, patata, papa
fried potatoes, patatas o papas fritas
mashed potatoes, puré de patata o de papa
sweet potato, camote, batata, boniato
potbellied, panzudo(a), panzón (panzona), barrigón (barrigona)
potboiler, obra hecha deprisa para ganar dinero
potency, potencia, energía, fuerza, influjo
potent, potente, poderoso(a), eficaz
potential, potencial, poderoso(a)
potential energy, energía potencial
potentiality, potencialidad
potholder, portaollas
pothole, agujero grande

potion, poción, bebida medicinal
potluck, comida ordinaria
to take potluck, comer varias personas juntas sin formalidad
potpie, pastel o fricasé de carne
potpourri, popurrí
potter, alfarero(a)
potter's ware, alfarería, cacharros
pottery, alfarería, cerámica
pouch, buche, bosillo, faltriquera, bolsa
poultice, cataplasma, pegado(a)
poultry, aves caseras, aves de corral
poultry yard, corral de aves caseras
pounce[1], garra, grasilla
pounce[2], apomazar
pounce[3], entrar repentinamente
pounce upon, precipitarse sobre
pound[1], libra, libra esterlina
pound sterling, libra esterlina
pound[2], machacar, golpear, martillar
pour[1], verter, vaciar, servir
pour[2], fluir con rapidez, llover a cántaros
pout, hacer pucheros, ponerse ceñudo(a), puchero, mueca fingida
poverty, pobreza
poverty line, umbral de la pobreza
poverty-stricken, muy pobre, desamparado(a)
POW (prisoner of war), prisionero(a) de guerra
powder[1], polvo, pólvora
powder case, polvera
powder magazine, polvorín, santabárbara, pañol de pólvora
powder puff, borla o mota de empolvarse
powder[2], pulverizar, empolvar
powdered, en polvo, pulverizado(a)
power, poder, potestad, imperio, potencia, autoridad, valor
in power, en el poder
power bloc, bloque de poder
power dive, picada a todo motor
power line, línea eléctrica
power of attorney, carta poder
power of the purse, poder del bolsillo
power plant, casa de máquinas, de calderas, de fuerza motriz, motor
power supply, suministro de energía
power to declare war, poder para declarar la guerra
the powers that be, los superiores, los que dominan
power-up, prender, encender
powerful, poderoso(a)
powerfully, poderosamente, con mucha fuerza
powerhouse, central, casa de máquinas, de calderas o de fuerza motriz
powerless, impotente
powwow[1], conjuración, reunión de jefes de partidos, asemblea, congreso
powwow[2], conjurar, reunirse
pox, viruelas
chicken pox, viruelas locas
cow pox, vacuna
pp. (pages), págs. (páginas)
past participle, pasado participio
p.p. (parcel post), paquete postal
practicability, factibilidad
practicable, practicable, factible
practical, práctico(a)
practical joke, chasco, burla, broma pesada
practical nurse, enfermera práctica
practice[1], práctica, uso, costumbre, ejercicio
practice[2], practicar, ejercer, ensayar
practices, costumbres
practitioner, profesional, médico, practicante
pragmatic, pragmático, entremetido
pragmatical, pragmático, entremetido
prairie, prado, pampa
praise[1], fama, renombre, alabanza, loa
praise[2], celebrar, alabar, enaltecer, ensalzar, elogiar
praiseworthy, digno(a) de alabanza
praline, almendra confitada
prance, cabriolar

prank, travesura, extravagancia
prate[1], charlar, parlotear
prate[2], parlería, charla
prattle[1], charlar, parlotear, murmurar
prattle[2], charla frívola, murmullo
pray, suplicar, rezar, rogar, orar
prayer, oración, súplica
prayer book, devocionario, capitulario
prayer in public school, rezo en las escuelas públicas
prayer meeting, reunión para orar en común
the Lord's Prayer, el Padre Nuestro
preach, predicar
preacher, predicador(a)
preaching, predicación, prédica
preamble, preámbulo
prearrange, preparar de antemano
prebendalism, sistema de prebendas
precarious, precario(a), incierto(a)
precaution, precaución
precautionary, preventivo(a)
precede, anteceder, preceder
precedence, precedencia
precedent, precedente
preceding, precursor(a)
precept, precepto
precinct, lindero, barriada, distrito electoral, circunscripción
precious, precioso(a), valioso(a)
precious stone, piedra preciosa
precipice, precipicio
precipitate[1], precipitar
precipitate[2], precipitarse
precipitate[3], precipitado(a)
precipitation, precipitación, impetuosidad
precise, preciso(a), exacto(a)
precision, precisión
precision of estimation, precisión de cálculo
precision of measurement, precisión de medida
preclude, prevenir, impedir, excluir
precocious, precoz, temprano(a), prematuro(a)
pre-Columbus, precolombino
predation, depredación
predator, predador
predatory, rapaz, voraz
predecessor, predecesor(a), antecesor(a)
predestination, predestinación
predetermine, predeterminar
predicament, predicamento, aprieto, situación desagradable
predicate[1], predicar, afirmar
predicate[2], atributo, predicado
predicate adjective, adjetivo de predicado
predicate nominative, predicado nominal
predication, predicación, afirmación
predict, predecir
predictable, predecible, previsible
predictable book, libro previsible
prediction, predicción
predilection, predilección
predisposed, predispuesto(a)
predominant, predominante
predominate, predominar
pre-eminence, preeminencia
pre-eminent, preeminente
preemptive strike, ataque preventivo
preen, limpiar, concertar y componer sus plumas las aves, arreglarse, acicalarse
pre-European life in Americas, civilización preeuropea en América
pre-existence, preexistencia
prefabricate, prefabricar
preface[1], prefacio, preámbulo, prólogo
preface[2], hacer un prólogo, ser preliminar a
prefect, prefecto
prefer, preferir, proponer, presentar
preferable, preferible, preferente
preference, preferencia
preferential, privilegiado(a), de preferencia
preferred, preferente, predilecto(a)
preferred stock, acciones preferidas o preferentes
prefix[1], prefijar
prefix[2], prefijo
pregnancy, preñez, gravidez
pregnant, preñada, encinta, fértil
preheat, calentar previamente
prehistoric, prehistórico(a)
prehistoric animals, animales prehistóricos

prehistoric environment, entorno prehistórico
prehistoric organisms, organismos prehistóricos
pre-industrial England, Inglaterra preindustrial
prejudice[1], prejuicio, daño, preocupación
prejudice[2], perjudicar, hacer daño, preocupar
prelate, prelado
preliminary, preliminar
prelude[1], preludio
prelude[2], preludiar
premature, prematuro(a)
premedical, preparatorio para el estudio de medicina
premeditate, premeditar
premier, primer ministro
premiere, estreno, debut
premise, premisa
premises, predio, propiedad
premium, premio, remuneración, prima
at a premium, estar solicitado(a), muy valioso(a) debido a su escasez
premonition, presentimiento
prenatal, antenatal, prenatal
prenatal care, cuidado prenatal
preoccupation, preocupación
prep.: preposition, preposición
prepaid, franco de porte, porte pagado(a), prepagado(a)
preparation, preparación, preparativo
preparatory, preparatorio(a)
prepare[1], preparar
prepare[2], prepararse
prepay, franquear, pagar anticipadamente, prepagar
prepayment, franqueo o pago adelantado
preponderance, preponderancia
preposition, preposición
prepositional phrase, frase preposicional, sintagma preposicional
prepossession, prejuicio, idea preconcebida
preposterous, absurdo(a)
preposterously, absurdamente, sin razón
prerequisite[1], condición o requisito necesario
prerequisite[2], exigido(a) anticipadamente, necesario(a) para el fin que uno se propone
prerogative, prerrogativa
preschool, preescolar
prescribe, prescribir, ordenar, recetar
prescription, receta medicinal
prescription medicine, medicamento con receta, medicamento de venta bajo receta
presence, presencia, porte, aspecto
presence of mind, serenidad de ánimo
present[1], presente, regalo
to make a present of, regalar
present[2], presente
at present, en la actualidad
present perfect verb tense, tiempo verbal pretérito perfecto
present tense, presente, tiempo presente
present[3], ofrecer, presentar, regalar
to present charges against, acusar, denunciar
to present itself, surgir
presently, al presente, luego
presentable, presentable, decente, decoroso(a)
presentation, presentación
present-day, corriente, de hoy, del presente
preservation, preservación
preserve[1], preservar, conservar, hacer conservas
preserve[2], conserva, confitura
preserves, compota
preside, presidir, dirigir, llevar la batuta
presidency, presidencia
president, presidente, rector(a), rector(a) de una escuela
Presidents Day, Día del Presidente
presidential, presidencial
president's cabinet, gabinete presidencial
presidential election, elección presidencial
presidential impeachment and trial, acusación del presidente
press[1], planchar, aprensar, apretar, oprimir, angustiar, com-

peler, importunar, estrechar
press[2], apresurarse, agolparse la gente alrededor de una persona o cosa
press[3], prensa, imprenta
Associated Press, Prensa Asociada
press agent, agente de publicidad
pressing, urgente, apremiante
pressure, presión, opresión
pressure cooker, olla a presión, olla exprés
pressure gauge, manómetro
pressure group, minoría que en cuerpos legisladores ejerce presión por medios extraoficiales
pressurize, sobrecomprimir
pressurized cabin, cabina a presión
presswork, impresión, tirada
prestige, prestigio, reputación, fama
presto, presto(a)
presume, presumir, suponer
presumption, presunción
presumption of innocence, presunción de inocencia
presumptuous, presuntuoso(a)
presuppose, presuponer
pretend, hacer ver, simular, pretender
pretender, pretendiente
pretense, pretexto, pretensión
pretentious, pretencioso(a), presuntuoso(a), vanidoso(a)
pretext, pretexto, socolor, viso
prettily, bonitamente, agradablemente
prettiness, belleza
pretty[1], hermoso(a), lindo(a), bien parecido(a), bonito(a)
pretty[2], algo, un poco, bastante
pretzel, galleta dura y salada generalmente en forma de nudo
prevail, prevalecer, predominar, imperar
prevailing, dominante, prevaleciente
prevailing price, previo vigente
prevailing wind, viento dominante
prevalent, prevaleciente, que existe extensamente
prevaricate, prevaricar, mentir
prevent, prevenir, impedir, remediar
preventable, prevenible, evitable
prevention, prevención
preventive[1], preventivo(a)
preventive[2], preventivo(a), preservativo(a)
preview, exhibición preliminar, anticipo
previous, previo(a), antecedente, anterior
previous condition of servitude, condición previa de esclavitud
previously, de antemano
prewar, de la preguerra
prewrite, preescribir
prewriting, preescritura
prey[1], botín, rapiña, presa
prey[2], pillar, robar
price[1], precio, premio, valor
best price, último precio
cost price, precio de costo
fixed price, precio fijo
high prices, carestía
lowest price, último precio
price ceiling, límite máximo de precios, precio máximo, precio tope
price control, control de precios
price decrease, disminución de precios
price floor, precio mínimo
price fixing, fijación de precios
price increase, incremento de precios
price list, lista de precios, tarifa
price stability, estabilidad de precios
price war, guerra de precios
sale price, precio de venta, precio rebajado
to set a price, poner precio
price[2], apreciar, valuar
priceless, inapreciable
prick[1], punzar, picar, apuntar, hincar, clavar
prick[2], puntura, picadura, punzada, púa, pinchazo
pricking[1], picadura, punzada, picada
pricking[2], picante
prickly, espinoso(a)

prickly heat, salpullido
prickly pear, higo chumbo o de pala
pride, orgullo, vanidad, jactancia
to pride oneself on, enorgullecerse de, jactarse de
to take pride in, preciarse de
priest, sacerdote, presbítero, cura
priestess, sacerdotisa
priesthood, sacerdocio
prig, persona pedante y remilgada
priggish, afectado(a)
prim, peripuesto(a), afectado(a), remilgado(a)
primacy, primacía
primarily, primariamente, sobre todo
primary, primario(a), principal, primero(a)
primary city, ciudad principal
primary colors, colores primitivos
primary data, datos básicos
primary economic activity, actividad económica principal
primary education, primera enseñanza
primary election, elección primaria
primary school, escuela primaria
primary source, fuente primaria
primate, primado
prime[1], madrugada, alba, flor, nata, primavera, principio
prime[2], primero(a), primoroso(a), primo(a), excelente
prime factor, factor primo
prime factorization, factorización prima, descomposición en factores primos
prime meridian, primer meridiano
prime minister, primer ministro
prime number, número primo
prime[3], cebar, preparar, prevenir
primer, cartilla de lectura
primeval, primitivo(a)
priming, cebo, preparación, cebadura (de una bomba)
primitive, primitivo
primrose[1], primavera, color amarillo pálido
primrose[2], alegre
primrose path, sendero de placeres
prince, príncipe, soberano
The Prince by Machiavelli, "El Príncipe" por Maquiavelo
princely[1], principesco(a)
princely[2], como un príncipe
princess, princesa
principal[1], principal
principal line, línea principal
principal meridians, principales meridianos
principal parallels, paralelos principales
principal[2], principal, jefe, rector, director, capital
principality, principado
principally, principalmente, máxime
principle, principio, causa primitiva, fundamento, motivo
principle of the "Invisible Hand", principio de la mano invisible
principle of superposition, principio de superposición
print[1], estampar, imprimir
print[2], impresión, estampa, copia, impreso
out of print, vendido(a), agotado(a)
print form, formulario para imprimir
printed, impreso(a)
printed goods, estampados
printed matter, impresos
printer, impresor(a)
printer's devil, aprendiz de impresor
printer's mark, pie de imprenta
printing, tipografía, imprenta, impresión
printing office, imprenta
printing press, prensa tipográfica, prensa, imprenta
printshop, imprenta
prior[1], anterior, precedente
prior[2], prior, antes
prior experience, experiencia previa
priority, prioridad, prelación, antelación
Priscus, Prisco

prism, prisma
prison, prisión, cárcel, presidio
prisoner, preso(a), prisionero(a), cautivo(a)
pristine, prístino(a), primitivo(a)
privacy, retiro, posibilidad de aislamiento, independencia, privacidad
private[1], secreto(a), privado(a), particular
  private audience, audiencia privada
  private businesses, empresa privada
  private domain, ámbito privado
  private investment spending, gasto de inversión privada
  private life, vida privada
  private market, mercado privado
  private property, propiedad privada
  private sector, sector privado
  private white academy, academia privada de blancos
private[2], soldado raso
  in private, secreto
  private first-class, soldado de primera
privately, en secreto, en particular
privation, privación
privatization, privatización
privatized industry, industria privatizada
privilege, privilegio
privileged, privilegiado
privy[1], privado(a), secreto(a), confidente
privy[2], secreta, letrina, retrete
prize[1], premio, precio
  prize flight, pugilato
  prize story, relato interesante digno de premiarse
prize[2], apreciar, valuar
prizefighter, boxeador profesional
pro[1], para, pro
pro[2], en el lado afirmativo(a)
pro[3], persona que toma el afirmativo
  the pros and cons, los pros y los contras
P.R.O. (Public Relations Officer), encargado de relaciones públicas
probability, probabilidad
  probability distribution, distribución de probabilidad
probable, probable, verosímil
probably, probablemente
probation, prueba, examen, libertad condicional, noviciado(a)
probationer, novicio(a), delincuente que disfruta de libertad condicional
probe[1], tienta, sonda espacial
  probe rocket, cohete de sondeo, proyectil sonda
probe[2], tentar, sondar
problem, problema
  problem formulation, formulación del problema
  problem space, espacio del problema
  problem types, tipos de problemas
  problem-solution, solución del problema
problematic, problemático(a)
problematical, problemático(a)
procedure, procedimiento, progreso, proceso
proceed, proceder, provenir, portarse, originarse, ponerse en marcha
proceeds, producto, rédito, resultado
  gross proceeds, producto íntegro
  net proceeds, producto neto o líquido
proceeding, procedimiento, proceso, conducta
proceedings, actas, expediente, memoria, informe
process[1], proceso, procedimiento, progreso
  process of elimination, proceso de eliminación
  process of Russification, proceso de rusificación
process[2], procesar, fabricar, tratar o preparar con un método especial
procession, procesión
proclaim, proclamar, publicar
proclamation, proclamación, decreto, bando, cedulón
procrastinate, diferir, retardar
procreation, procreación, producción

proctor, procurador, juez escolástico
procurable, asequible
procure, adquirir, conseguir
prod[1], pinchazo, aguijón
prod[2], aguijonear, pinchar, aguzar, instar
prodigal[1], pródigo(a), derrochador(a)
prodigal[2], disipador(a), derrochador(a)
prodigious, prodigioso(a)
prodigy, prodigio
infant prodigy, niño(a) prodigio(sa)
produce[1], producir, criar, rendir, causar
produce[2], producto
produce[3], productos agrícolas
producer, productor(a)
product, producto, obra, efecto
production, producción, producto
production cost, costo de fabricación o de producción
production method, método de producción
production output, rendimiento de producción
production requirement, requisitos de producción
production site, lugar de producción
production value, valor de la producción
productive, productivo
productivity, productividad
Prof. (professor), Prof. (profesor(a))
profane[1], profano(a)
profane[2], profanar
profanity, blasfemia, impiedad, lenguaje profano
profess, profesar, ejercer, declarar
professedly, declaradamente, públicamente
profession, profesión
professional[1], profesional
professional sector, sector profesional
professional sport, deporte profesional
professional[2], profesional, actor o actriz profesional
professor, profesor(a), catedrático(a)
proffer[1], proponer, ofrecer
proffer[2], oferta
proficient, proficiente, adelantado(a)
profile, perfil, bosquejo biográfico
profit[1], ganancia, provecho, ventaja, utilidad, beneficio
net profit, ganancia líquida
profit and loss, ganancias y pérdidas, lucros y daños
profit incentive, participación en beneficios
profit motive, afán de lucro
profit opportunity, oportunidad de beneficio
profit sharing, reparto de utilidades
profit[2], aprovechar, servir, ser útil, adelantar, beneficiar, aprovecharse
to profit by, beneficiarse con
profitability, rentabilidad
profitable, provechoso(a), ventajoso(a), productivo(a)
profitably, provechosamente
profiteer[1], usurear, explotar
profiteer[2], usurero(a), explotador(a)
profiteering, especulación
profound, profundo(a)
profuse, profuso(a), pródigo(a)
profusion, prodigalidad, abundancia, profusión
progenitor, progenitor(a)
prognostication, pronóstico
program, programa
programme, programa
programming, programación
programming command, comando de programación
programming language, lenguaje de programación
progress[1], progreso, adelanto, viaje, curso
progress[2], progresar
progression, progresión
progression principle, principio de progresión
progressive, progresivo(a)
Progressive Era, Era Progresista
Progressive movement, movimiento progresista
progressive overload, sobrecarga progresiva
progressive verb form,

forma verbal progresiva
Progressivism, progresismo
prohibit, prohibir, vedar, impedir
prohibition[1], prohibición, auto prohibitorio
Prohibition[2], Prohibición, Ley Seca
project[1], proyectar, trazar
project[2], proyecto
projectile, proyectil
projection, proyección, proyectura
projector, proyectista, proyector
movie projector, proyector de cine, cinematógrafo
prokaryote, procariota, célula procariota
proletarian, proletario(a)
proletariat, proletariado
proliferation, proliferación
prolific, prolífico(a), fecundo(a)
prologue, prólogo
prolong, prolongar, diferir, prorrogar
prom, baile de graduación
promenade[1], pasearse
promenade[2], paseo
prominence, prominencia, eminencia
prominent, prominente, destacado(a), conspicuo(a)
to be prominent, sobresalir, ser eminente
promiscuous, promiscuo(a)
promise[1], promesa, prometido(a)
promise[2], prometer
promising, prometedor(a)
promissory, promisorio(a)
promissory note, pagaré
promontory, promontorio(a)
promote, promover
promoter, promotor(a), promovedor(a)
promotion, promoción
promotional plan, plan promocional
prompt[1], pronto(a), listo(a), expedito(a), apunte
prompt[2], mensaje
prompt[3], sugerir, insinuar, apuntar
promptly, con toda precisión, pronto
promulgate, promulgar, publicar
prone, inclinado(a), dispuesto(a)
prong[1], púa, punta
prong[2], perforar, traspasar con una púa
pronominal adjective, adjetivo pronominal
pronoun, pronombre
pronoun-antecedent agreement, concordancia pronombre-antecedente
pronounce, pronunciar, recitar
pronouncement, declaración formal, anuncio oficial
pronunciation, pronunciación
proof, prueba
bomb proof, a prueba de bombas
fool proof, fácil
proof by contradiction, prueba de contradicción
water proof, impermeable
proofread, corregir pruebas
proofreader, corrector(a) de pruebas
prop[1], sostener, apuntalar
prop[2], apoyo, puntal, sostén
propaganda, propaganda, anuncios, publicidad
propaganda campaign, campaña propagandística
propagandist, propagandista, propagador(a)
propagate[1], propagar
propagate[2], propagarse
propagation, propagación
propel, impeler
propeller, propulsor, hélice
propeller blade, segmento o paleta de hélice
propensity, propensión, tendencia
proper, propio(a), conveniente, exacto(a), decente, debido(a)
in proper form, en forma debida
proof paragraph, párrafo de prueba
proper adjective, adjetivo propio
proper fraction, fracción propia, quebrado propio
proper noun, nombre propio
proper nutrition, nutrición apropiada
properly, justamente, adecuadamente
property, propiedad, bien, peculiaridad, cualidad, inmueble
properties of shapes and figures, propiedades de las formas y figuras
property of elements, propiedad de los elementos

property of light, propiedad de la luz
property of reactants, propiedad de los reactivos
property of soil, propiedad del suelo
property of sound, propiedad del sonido
property of water, propiedad del agua
property of waves, propiedad de las ondas
property ownership, propiedad de los bienes
property rights, derechos de propiedad
property tax, impuesto sobre la propiedad inmobiliaria
prophase, profase
prophecy, profecía
prophesy, profetizar, predicar
prophet, profeta
prophetic, profético(a)
prophylactic, profiláctico(a)
propitious, propicio(a), favorable
proponent, proponente
proportion[1], proporción, simetría
in proportion, a prorrata
proportion[2], proporcionar
proportional, proporcional
proportional gain, ganancia proporcional
proportional system, sistema proporcional
proportionate, proporcionado(a), en proporciones
proportionately, proporcionalmente
proportioned, proporcionado(a)
proposal, propuesta, proposición, oferta
propose, proponer
proposition, proposición, propuesta
proposition of fact speech, propuesta de discurso sobre hechos
proposition of problem speech, propuesta de discurso sobre problemas
proposition of value speech, propuesta de discurso sobre valores
propound, proponer, sentar una proposición
proprietor, propietario(a), dueño(a)
proprietor's income, ingresos del propietario
propriety, propiedad
prorate, prorratear
prosaic, prosaico(a), en prosa, insulso
proscription, proscripción
prose, prosa
prosecute, proseguir, acusar
prosecution, prosecución
prosecutor, acusador(a)
prospect, perspectiva, esperanza
prospective, en perspectiva, anticipado(a)
prospector, buscador de minas
prospectus, prospecto
prosper, prosperar
prosperity, prosperidad, bonanza
prosperous, próspero(a), feliz
prostitute[1], prostituir
prostitute[2], prostituta
prostitution, prostitución
prostrate[1], postrado(a), prosternado(a)
prostrate[2], postrar
prostrate[3], prosternarse, postrarse
prostrated, postrado(a), decaído(a)
prostration, postración, adinamia, colapso
protagonist, protagonista
protect, proteger, amparar
protection, protección
protective, protector(a)
protective equipment, equipo protectivo
protective tariff, arancel proteccionista
protector, protector(a), patron(a), defensor(a)
protégé, protegido(a), paniaguado(a)
protégée, protegido(a), paniaguado(a)
protein, proteína
protein structure, estructura proteica
protein synthesis, síntesis proteica
protest[1], protestar
protest[2], protesta, protesto
Protestant, protestante
Protestant Christianity, cristianismo protestante
Protestant clergy, clero protestante
Protestant Reformation,

Reform protestante

Reforma protestante
Protestant Work Ethic, ética protestante del trabajo
Protista, reino protista
protocol, protocolo
proton, protón
protoplasm, protoplasma
prototype, prototipo
protract, prolongar, dilatar, diferir
protractor, transportador(a)
protrude[1], empujar, impeler
protrude[2], sobresalir
protuberance, protuberancia
protuberant, prominente, saliente
proud, soberbio(a), orgulloso(a)
prove[1], probar, justificar, experimentar
prove[2], resultar, salir
proverb, proverbio
proverbial, proverbial
provide, proveer, surtir, proporcionar
to provide oneself with, proveerse de
provided, provisto(a)
provided that, con tal que, a condición de que, siempre que, dado que
providence, providencia, economía
provident, próvido(a), providente
provider, proveedor(a)
province, provincia, obligación particular, jurisdicción
provincial[1], provincial
provincial[2], provinciano(a)
provision, provisión, precaución
provisions, comestibles
provisional, provisional
provocation, provocación
provocative[1], provocativo(a), estimulante
provocative[2], excitante
provoke, provocar, incitar
provoking, provocativo(a)
provokingly, de un modo provocativo
prow, proa
prowess, proeza, valentía
prowl, andar en busca de pillaje, rondar, vagar, rastrear
prowler, ladrón(a), vago(a)
proximity, proximidad, cercanía
proxy, procuración, procurador(a), apoderado(a)
by proxy, por poder
prude, mojigato(a)
prudence, prudencia, precaución
prudent, prudente, circunspecto(a), cauteloso(a), cauto(a)
prudently, con juicio
prudery, mojigatez, afectación de modestia
prudish, mojigato(a), modesto(a) en extremo
prune[1], podar
prune[2], ciruela seca, ciruela pasa
pruning, poda
pry, espiar, acechar, curiosear
P.S. (postscript), P.D. o P.S. (posdata)
psalm, salmo
pseudonym, seudónimo o pseudónimo
psyche, psique
psychiatrist, psiquiatra o siquiatra
psychiatry, psiquiatría o siquiatría
psychic, psíquico(a) o síquico(a)
psychoanalysis, psicoanálisis o sicoanálisis
psychologic, psicológico(a) o sicológico(a)
psychological, psicológico(a) o sicológico(a)
psychological benefit, beneficio psicológico
psychological health, salud psicológica
psychologist, psicólogo(a) o sicólogo(a)
psychology, psicología o sicología
psychopathic, psicopático(a) o sicopático(a)
psychrometer, psicrómetro, sicrómetro
pt.: pint, pinta (medida de líquidos)
P.T.A. (Parent-Teacher Association), Asociación de Padres y Maestros
p.t.o. (please turn over), véase a la vuelta
Ptolemy, Ptolomeo
ptomaine, tomaína
ptomaine poison, envenenamiento por tomaínas
ptomain, tomaína
ptomain poison, envenenamiento por tomaínas
puberty, pubertad
public[1], público(a), común, notorio(a)
public agenda, agenda pública
public audience, audiencia pública

public education, educación pública
public good, bien público
public health clinic, clínica de salud pública
public housing, vivienda de interés social
public life, vida pública
public office, cargo público
public opinion, opinión pública
public opinion poll, sondeo de opinión
public opinion trend, tendencia de la opinión pública
public official, funcionario público
public policy, política pública
public project, proyecto público
public relations, relaciones con el público
public servant, funcionario público
public service commission, comisión de servicio público
public spirited, de espíritu cívico
public transit, tránsito público
public trial, juicio público
public utility, empresa pública, empresa de servicios públicos
public welfare, bienestar público, asistencia pública
public works, obras públicas
Public Works Administration, Administración de Obras Públicas
public[2], público
publicly, públicamente
publication, publicación
publication date, fecha de publicación
publicist, publicista
publicity, publicidad
publicize, publicar
publish, publicar, dar a la prensa
publisher, publicador(a), editor(a)
publishing[1], publicación
publishing[2], editor(a), editorial
publishing house, casa editorial, casa editora
puck, duende travieso
pucker, arrugar, hacer pliegues
pudding, pudín o pudin
puddle[1], lodazal, cenagal
puddle[2], enlodar, enturbiar el agua con lodo
pudgy, regordete(a)
Puerto Rico, Puerto Rico
puff[1], bufido, soplo, bocanada
powder puff, mota para polvos, mota para empolvarse
puff[2], hinchar, soplar, ensoberbecer
puff[3], inflarse, bufar, resoplar
puffy, hinchado(a), entumecido(a)
pug, perro faldero
pug nose, nariz respingona
pugilism, pugilato, boxeo
pugilist, púgil, boxeador
pugnacious, belicoso(a), pugnaz
pulchritude, belleza
pull[1], tirar, halar o jalar, coger, rasgar, desgarrar
to pull off, arrancar
to pull out, sacar
pull[2], tirón, sacudida, influencia
pull-down menu, menú desplegable
pull factors, factores de atracción
pull-up, dominada
pullet, polla
pulley, polea, garrucha, cuadernal, motón
pulling, tirón
pulmonary, pulmonar
pulmotor, pulmotor
pulp, pulpa, carne
pulpit, púlpito
pulpwood, pulpa de madera
pulsate, pulsar, latir
pulsating theory, teoría de las pulsaciones
pulse[1], legumbres
pulse[2], pulso
pulse rate, frecuencia del pulso
pulverize, pulverizar
puma, puma
pumice, piedra pómez
pump[1], bomba, zapatilla
air pump, máquina neumática
feed pump, bomba de alimentación
pump-priming, reactivar la economía
tire pump, bomba para neumáticos

vacuum pump, bomba de vacío
pump[2], dar a la bomba, sondear, sonsacar
pumpkin, calabaza
pun[1], equívoco, chiste, juego de palabras
pun[2], jugar del vocablo, hacer juego de palabras
punch[1], punzón, puñetazo, sacabocados, ponche
punch[2], punzar, horadar, taladrar, dar puñetazos
punctilious, puntilloso(a)
punctual, puntual, exacto(a)
punctuality, exactitud, puntualidad
punctuate, puntuar
punctuation, puntuación
punctuation mark, signo de puntuación
puncture[1], puntura, pinchazo, pinchadura, perforación
puncture[2], perforar
pungent, picante, acre, mordaz
Punic Wars, Guerras púnicas
punish, castigar, penar
punishable, punible, castigable
punishment, castigo, pena
punk[1], yesca
punk[2], muy malo(a)
Punnett square, diagrama de Punnett
punt, pontón
puny, insignificante, pequeño(a), débil
pup[1], cachorrillo
pup[2], parir la perra
pupa, crisálida
pupil[1], pupilo(a), discípulo(a)
pupil[2], pupila
pupil of the eye, niña del ojo
puppet, títere, muñeco
puppet show, representación de títeres
puppy, perrillo, cachorro
purchase, comprar, mercar, adquirir
purchaser, comprador(a)
purchasing, comprador
purchasing power, poder adquisitivo
pure, puro(a), simple, mero(a)
Pure Food and Drug Act, Ley de Alimentos y Medicamentos Puros
pure food and drug laws, Ley de Medicamentos y Alimentos
pure substance, sustancia pura
purely, puramente
purée, puré
purgatory, purgatorio
purge[1], purgar
purge[2], purga, purgación, catártico(a), purgante
purify[1], purificar
purify[2], purificarse
puritan, puritano(a)
Puritan ethic, ética puritana
Puritan values, valores puritanos
Puritanism, puritanismo
purity, pureza
purple[1], purpúreo(a), morado(a), cárdeno(a)
purple[2], púrpura
purple[3], ponerse morado(a)
purple[4], teñir de color morado
purport[1], designio, contenido
purport[2], significar, designar, implicar, dar a entender
purpose[1], intención, designio, proyecto, objetivo, vista, mira, efecto, propósito
on purpose, de propósito, adrede
to no purpose, inútilmente
to the purpose, al propósito, de perilla
purpose[2], proponerse, resolver, intentar
purr, ronronear
purse[1], bolsa, portamonedas
purse[2], embolsar
purser, sobrecargo de un navío, sobrecargo
pursuance, prosecución
pursue, perseguir, seguir, acosar, continuar
pursuit, perseguimiento, ocupación, persecución
purvey, proveer, suministrar
purveyor, provisor(a), abastecedor(a), surtidor(a)
push[1], empujar, empellar, apretar
push[2], hacer esfuerzos
to push ahead, pujar, avanzar
to push through, pujar, avanzar
push[3], impulso
push[4], empujón
push button, botón de contacto, botón automático

push factors, factores de empuje
pushing, emprendedor(a), agresivo(a)
push-up, flexión
pusillanimous, pusilánime, cobarde
puss, micho, gato
pussy, micho, gato
put, poner, colocar, proponer, imponer, obligar
to put in order, poner en orden
to put in writing, poner por escrito
to put on shoes, calzar
to put out, apagar
to put through, ejecutar, llevar a cabo
to put together, confeccionar, armar
putrefy, pudrirse
putrid, podrido(a), pútrido(a), putrefacto(a), corrompido(a)
putt, tirada que hace rodar la pelota al agujero o cerca de él
putter[1], uno de los palos de golf
putter[2], hacer un poquito de cada cosa, malgastar el tiempo en trivialidades
putty[1], almáciga, masilla, cemento
putty[2], enmasillar
puzzle[1], acertijo, enigma, rompecabezas, perplejidad
jigsaw puzzle, rompecabezas, puzzle
puzzle[2], embrollar, confundir
puzzle[3], confundirse
puzzling, enigmático(a), engañador(a)
pygmy, pigmeo(a)
pyramid, pirámide
pyre, pira, hoguera
pyrex[1], vidrio resistente al calor
pyrex[2], refractario(a), pyrex
pyrometer, pirómetro
Pythagorean Theorem, teorema pitagórico, teorema de pitágoras
python, pitón

Q

Qianlong emperor, emperador Qianlong
Qing position on opium, postura de Qing con respecto al opio
Qizilbash nomadic tribesmen, tribus nómadas qizilbash
qt. (quantity), cantidad
quadrant, cuadrante
quadratic, cuadrática
quadratic equation, ecuación cuadrática
quadratic formula, fórmula cuadrática
quadratic function, función cuadrática
quadratic-linear equation system, sistema de ecuación cuadrática lineal
quadrilateral, cuadrilátero
Quaker, cuáquero
quart, cuarto de galón
quack[1], graznar
quack[2], charlatán (charlatana), curandero(a)
quadrangle, cuadrángulo
quadrant, cuadrante, octante
quadratic, cuadrático(a)
quadratic equation, ecuación cuadrática
quadratic formula, fórmula cuadrática
quadratic function, función cuadrática
quadrilateral, cuadrilátero
quadruple, cuádruplo
quaff[1], beber a grandes tragos
quaff[2], beber demasiado
quagmire, tremedal, situación difícil y escabrosa
quail, codorniz
quaint, pintoresco(a), extraño(a), curioso(a)
quaintly, en forma extraña pero agradable
quake[1], temblar, tiritar
quake[2], temblor
Quaker, cuáquero(a)
qualification, calificación, requisito, cualidad, capacidad
qualify[1], calificar, modificar, templar

qualify[2], habilitarse, llenar los requisitos
qualitative, cualitativo(a)
qualitative change, cambio cualitativo
qualitative data, datos cualitativos
qualitative graph, gráfico cualitativo
quality, calidad, don, condición, prenda
average quality, calidad media
quality of life, calidad de vida
qualm, deliquio, desmayo, escrúpulo, duda
quandary, incertidumbre, duda, dilema
quantitative, cuantitativo(a)
quantitative data, datos cuantitativos
quantitative change, cambio cuantitativo
quantity, cantidad
quantum, cuanto
quantum of energy, cuanto de energía
quarantine[1], cuarentena
quarantine[2], poner en cuarentena
to quarantine a nation, declarar cuarentena contra una nación
quarrel[1], quimera, riña, pelea, contienda
quarrel[2], reñir, disputar
quarrelsome, pendenciero(a), quimerista, peleador(a)
quarry, cantera, presa
quart, un cuarto de galón
quarter[1], cuarto, cuarta parte, cuartel, barriada, barrio, moneda de 25 centavos
quarter note, negra
quarter of an hour, cuarto de hora
quarter[2], cuartear, acuartelar, dividir en cuatro
quarterly, trimestral
quartermaster, comisario u oficial que provee alojamiento, ropa, combustible y trasporte, cabo de brigada
quartermaster general, intendente del ejército
quartet, cuarteto
quartile, cuartil
quartile deviation, desviación cuartil
quartz, cuarzo
quash, reprimir, aplastar
quaver[1], estremecimiento, corchea
quaver[2], gorgoritear, trinar, temblar
quay, muelle
queasy, nauseabundo(a), fastidioso(a)
queen, reina, dama
Queen Hatshepsut, reina Hatshepsut
queenly, majestuoso(a), como una reina
queer, extraño(a), ridículo(a), enrevesado(a), raro(a)
queerly, en forma rara
quell, subyugar, postrar, avasallar, mitigar
quench, apagar, extinguir, saciar
querulous, quejoso(a)
query[1], pregunta, duda
query[2], preguntar
quest, pesquisa, inquisición, busca
question[1], cuestión, asunto, duda, pregunta
ask a question, hacer una pregunta
be a question of, tratarse de
question formulation, formulación de la pregunta
question mark, signo de interrogación
question[2], preguntar
question[3], dudar, desconfiar, poner en duda
questionable, cuestionable, dudoso(a)
questioning, interrogatorio, interrogativo(a)
questionnaire, cuestionario
quibble[1], subterfugio, evasiva
quibble[2], sutilizar, hacer uso de subterfugios
quick[1], listo(a), rápido(a), veloz, ligero(a), pronto(a), ágil, ardiente, penetrante
quick[2], carne viva, parte vital
quickly, rápidamente, con presteza
quicken, vivificar, acelerar, animar
quick-freeze, congelar rápidamente
quick-freezing, congelación rápida
quickie, algo hecho de prisa y mal
quicklime, cal viva
quickness, ligereza, presteza, actividad, viveza, penetración

quicksand, arena movediza
quicksilver, azogue, mercurio
quick-tempered, irascible, irritable, colérico(a)
quick-witted, agudo(a), perspicaz
quiescent, quieto(a), inmóvil
quiet[1], quedo(a), quieto(a), tranquilo(a), callado(a)
quiet[2], calma, serenidad
quiet[3], tranquilizar
quietness, quietud, tranquilidad
quietude, quietud, tranquilidad
quill, pluma de ave, cañón, pluma, púa del puerco espín
quilt, colcha
 crazy quilt, centón
quince, membrillo
 quince jelly, jalea de membrillo
quinine, quinina
quinsy, angina, esquinencia
quintessence, quintaesencia
quintet, quinteto
quintuplets, quíntuples
quip[1], pulla, humorada, agudeza
quip[2], echar pullas, decir humoradas
quirk, desviación, pulla, sutileza, rasgo
quit[1], descargar, desempeñar, absolver
 to quit work, dejar de trabajar
quit[2], desistir, dejar
quite, totalmente, enteramente, absolutamente, bastante
quitter, el que abandona una obra, un trabajo, etc., desertor(a), cobarde
quiver[1], temblor, tiritón
quiver[2], temblar, retemblar, blandir
quixotic, quijotesco(a)
 quixotic person, quijote
quiz[1], examinar
quiz[2], examen por medio de preguntas
 quiz show, concurso de televisión
quorum, quórum
quota, cuota, prorrata
quotable, citable
quotation, citación, cotización, cita
 list of quotations, boletín de cotizaciones
 quotation marks, comillas
quote, citar
 to quote a price, cotizar, valorar
quotient, cociente o coeficiente
 intelligence quotient, cociente intelectual
Qur'an, Corán

R

rabbi, rabí, rabino
Rabbinic Judaism, judaísmo rabínico
rabbit, conejo(a)
rabble, chusma, gentuza, gente baja
rabid, rabioso(a), furioso(a)
rabies, rabia, hidrofobia
raccoon, mapache
race[1], raza, casta, carrera, corrida
 race relations, relaciones de raza
 race track, corredera, pista
race[2], competir en un carrera, correr con mucha ligereza
race[3], acelerar con carga disminuida
racer, caballo de carrera, corredor(a)
racial, racial, de raza
 racial discrimination, discriminación racial
 racial diversity, diversidad racial
 racial group, grupo racial
 racial minority, minoría racial
 racial role, rol de raza
racing start, inicio de la carrera
rack[1], tormento, rueca, percha
rack[2], atormentar, trasegar
racket, baraúnda, confusión, raqueta, explotación, cualquier ardid fraudulento
 racket sport, deporte de raqueta
racketeer[1], individuo que recurre a amenazas o a la violencia para robar dinero
racketeer[2], robar dinero recurriendo a amenazas o violencia
racoon, mapache
racy, fresco(a), con su aroma natural, picante, espiritoso(a)
radar, radar
radiance, brillo, esplendor
radiant, radiante, brillante
radiate, echar rayos, centellear, irradiar
radiation, irradiación, radiación
radiator, calorífero(a), calentador, estufa, radiador

steam radiator, calorífero de vapor
radical, radical
radical equation, ecuación radical
radical expression, expresión radical
radical function, función radical
radical reaction, reacción radical
Radical Republicans, republicanos radicales
radical sign, signo radical
radically, radicalmente
radicalism, radicalismo
radicand, radicando
radio, radio, radiocomunicación
radio amplifier, radioamplificador
radio announcer, anunciador de radio
radio beam, faro radioeléctrico
radio broadcasting station, estación radiodifusora
radio hookup, circuito
radio listener, radioescucha, radioyente
radio message, comunicación radioeléctrica
radio program, programa de radio
radio receiver, radiorreceptor
radio station, estación de radio
radio technician, radiotécnico
radio telescope, radiotelescopio
radio tube, válvula de radio
radioactive, radiactivo(a)
radioactive dating, datación radiactiva
radioactive decay, descomposición radioactiva
radioactive isotope, isótopo radiactivo
radioactivity, radiactividad
radiobroadcast, difundir por radiotrasmisión
radiobroadcasting, radiodifusión
radiogram, radiograma
radioisotope, radioisótopo
radiophoto, radiofoto
radiotelegram, radiotelegrama
radiotherapy, radioterapia
radish, rábano
radium, radio
radius, radio
raffle[1], rifa, sorteo
raffle[2], rifar, sortear
raft, balsa, armadía, gran cantidad
a raft of people, un gentío
rafter, cabrio, viga
rag, trapo, andrajo, jirón
rags, andrajos
ragamuffin, mendigo(a), pordiosero(a), bribón(a)
rage[1], rabia, furor, cólera
to fly into a rage, montar en cólera
rage[2], rabiar, encolerizarse
ragged, andrajoso(a)
raging, furia, rabia
ragingly, furiosamente
raglan, raglán, abrigo holgado
raglan sleeves, mangas raglán
ragtime, ritmo popular norteamericano
ragweed, ambrosía
raid[1], invasión
raid[2], invadir, hacer una incursión
raider, corsario(a)
rail[1], baranda, barrera, balaustrada, carril, riel
rail[2], ferrocarril
by rail, por ferrocarril
rail transportation, transporte ferroviario
rail[3], cercar con balaustradas
rail[4], injuriar de palabra
railing, baranda, barandal, pretil
railroad, ferrocarril, vía férrea
electric railroad, ferrocarril eléctrico
elevated railroad, ferrocarril elevado
narrow gauge railroad, ferrocarril de vía angosta
railroad construction, construcción de ferrocarriles
railroad crossing, paso a nivel
railroad station, estación de ferrocarril
railroad stock, acciones ferrocarrileras
railroad track, vía férrea

railway, ferrocarril
cable railway, ferrocarril de cable
funicular railway, ferrocarril de cable
railway express, servicio rápido de carga por ferrocarril
street railway, ferrocarril urbano
raiment, ropa, vestido
rain[1], lluvia
rain forest, selva tropical
rain shadow, sombra pluviométrica
rain water, agua lluvia, agua llovediza
rain[2], llover
to rain heavily, llover a cántaros
to stop raining, escampar
rainbow, arcoiris
raincheck, contraseña en espectáculos al aire libre para casos de suspensión de función por mal tiempo
to take a raincheck, postergar la aceptación de una invitación
raincoat, impermeable, capote
raindrop, gota de lluvia
rainfall, aguacero, lluvia, precipitación pluvial, precipitación
rainproof, impermeable, a prueba de lluvia
rainy, lluvioso(a)
raise, levantar, alzar, fabricar, edificar, izar, engrandecer, elevar, excitar, causar
to raise an objection, poner objeción, objetar
to raise up, suspender, alzar
raisin, pasa
raising, izamiento
rake[1], rastro, rastrillo, tunante
rake[2], rastrillar, raer, rebuscar
rally[1], reunir, ridiculizar
rally[2], reunirse, burlarse de alguno
ram[1], ariete
battering ram, ariete
ram[2], impeler con violencia, pegar contra, atestar, henchir
RAM (Random-access memory), RAM (memoria de acceso aleatorio)
Ramadan, ramadán
Ramayana, Ramayana
ramble[1], vagar, callejear
ramble[2], correría
rambler, vagabundo(a), callejero(a)
ramification, ramificación, ramal
ramjet engine, motor de retropropulsión
ramp, rampa
rampage, conducta violenta o desenfrenada
rampant, desenfrenado(a), rampante
rampart, baluarte, terraplén, muralla
ramrod, baqueta, atacador, roquete
ramshackle, en ruina, ruinoso(a)
ran, pretérito del verbo run
ranch, finca rústica de ganado
rancher, hacendado(a), ranchero(a)
ranching, ganadería
rancid, rancio
rancor, rencor
random, ventura, casualidad, aleatorio, al azar
at random, a trochemoche, al azar
random number, número al azar
random sample, muestra aleatoria, muestra al azar
random sampling technique, técnica de muestreo aleatorio
random selection, selección al azar
random variable, variable aleatoria
Random-access memory (RAM), memoria de acceso aleatorio (RAM)
rang, pretérito del verbo ring
range[1], colocar, ordenar, clasificar
range[2], fluctuar, vagar
range[3], clase, orden, hilera, correría, alcance,
range finder, telémetro
range of a function, variación de una función, fluctuación de una función
range of estimations, rango de estimaciones
range of motion, rango de movimiento

range of mountains, sierra, cadena de montañas
range[4], cocina económica, estufa
range[5], línea de un tiro de artillería
ranger, guardabosque, comando
rank[1], exuberante, rancio(a), fétido(a), vulgar, indecente
rank[2], fila, hilera, clase, grado
rank and file, individuos de tropa, las masas
rankle, enconarse, inflamarse
ransack, saquear, pillar
ransom[1], rescatar
ransom[2], rescate
rant, decir disparates, regañar con vehemencia
rap[1], dar un golpe vivo y repentino
to rap at the door, tocar a la puerta
rap[2], golpe ligero y seco
rapacious, rapaz
rapaciously, con rapacidad
rape[1], violación, estupro
rape[2], estuprar
rapid, rápido(a)
rapid-fire, de tiro rápido
rapid industrialization, industrialización rápida
rapid transit, sistema de transporte rápido
rapidity, rapidez
rapine, rapiña
rapt, encantado(a), enajenado(a)
rapture, rapto, éxtasis
rapturous, embelesado(a)
rare, raro(a), extraordinario(a)
rarebit, tostada hecha con queso
rarity, raridad, rareza
rascal, pícaro(a), bribón(a), pillo(a)
rascally[1], truhán (truhana), truhanesco(a), tuno
rascally[2], en forma truhanesca
rash[1], precipitado(a), temerario(a)
rash[2], brote, urticaria, erupción, sarpullido
rashly, precipitadamente
rashness, temeridad, arrojo
rasp[1], escofina, raspador
rasp[2], raspar, escofinar
raspberry, frambuesa
raspberry bush, frambueso
Rasputin, Rasputín
rat, rata
ratchet, rueda o diente de engranaje, trinquete
rate[1], tipo, tasa, precio, valor, grado, manera, tarifa, razón, velocidad
at the rate of, a razón de
at the rate of exchange, al cambio de
at what rate of exchange?, ¿a qué cambio?
rate of change, tasa de cambio
rate of interest, tipo de interés
rate of natural increase, tasa de crecimiento natural
rate of nuclear decay, tasa de radioactividad
rate of perceived exertion, tasa de esfuerzo percibido
rate of resource consumption, tasa de consumo de recursos
rate[2], tasar, apreciar, calcular, calificar, reñir a uno
rate[3], ser considerado(a) favorablemente, tener influencia
rather, de mejor gana, más bien, antes, antes bien, bastante, mejor dicho
ratification, ratificación
ratify, ratificar
rating, valuación
ratio, proporción, razón
direct ratio, razón directa
inverse ratio, razón inversa
ration[1], ración
ration[2], racionar
rational, racional, razonable
rational expression, expresión racional
rational function, función racional
rational number, número racional
rationing, racionamiento
rattle[1], hacer ruido, confundir, zumbar, rechinar
to become rattled, perder la chaveta, confundirse
rattle[2], ruido, sonajero, matraca
rattlesnake, culebra de cascabel
raucous, ronco(a), áspero(a), bronco(a)
raucous voice, voz ronca y desagradable

ravage[1], saquear, pillar, asolar
ravage[2], saqueo
rave, delirar, enfurecerse, echar chispas
ravel[1], embrollar, enredar, deshebrar
ravel[2], deshilarse, destorcerse
raven, cuervo
ravenous, voraz, famélico(a)
ravine, barranca, cañada
raving, furioso, frenético
ravingly, como un(a) loco(a) furioso(a)
ravish, estuprar, arrebatar
ravishing, encantador
raw, crudo(a), puro(a), nuevo(a)
in a raw state, en bruto
raw data, datos iniciales
raw materials, primeras materias, materias primas
rawhide, cuero sin curtir, látigo hecho de este cuero
ray[1], rayo, raya
ray[2], semirrecta
Raymond Poincare, Raymond Poincaré
rayon, rayón
raze, arrasar, extirpar, borrar
razor, navaja de afeitar
electric razor, afeitadora o rasuradora eléctrica
safety razor, navaja de seguridad
razor blade, hoja de afeitar
razor strop, asentador
r-controlled, vocales controladas por la letra r
rd. (road), camino
rd. (rod), pértica
reach[1], alcanzar, llegar hasta
reach[2], extenderse, llegar, alcanzar, penetrar, esforzarse
reach[3], alcance, poder, capacidad
react, reaccionar, resistir, obrar recíprocamente
reactant, reactivo(a)
reaction, reacción
reaction rate, velocidad de reacción
reaction shot, plano de reacción
reactionary, reaccionario(a), derechista
reactionary thinking, pensamiento reaccionario
reactivate, reactivar
reactor, reactor
read[1], leer, interpretar, adivinar, predecir
read[2], leer, estudiar
read[3], leído(a), erudito(a), letrado(a)
well read man, hombre letrado
readability, legibilidad
readable, legible
reader, lector(a)
Reader's Guide to Periodical Literature, Guía para lectores de literatura periódica
readily, prontamente, de buena gana
readiness, facilidad, vivacidad del ingenio, voluntad, gana, prontitud
reading, lectura
reading room, salón de lectura
reading strategy, estrategia de lectura
reading vocabulary, vocabulario de lectura
readjust, recomponer, reajustar
readjustment, reajuste
ready, listo(a), pronto(a), inclinado(a), fácil, ligero(a)
ready position, posición de listos
ready-made, hecho(a), confeccionado(a), ya hecho(a)
ready-made clothes, ropa hecha
reaffirmation, reafirmación
Reagan revolution, revolución de Reagan
Reagan-Gorbachev summit diplomacy, cumbre diplomática entre Reagan y Gorbachov
real, real, verdadero(a), efectivo(a)
real cost, costo real
real estate, bienes raíces o inmuebles
real exponent, exponente real
real GDP, PIB real
real interest rate, tasa de interés real
real number, número real
real number properties, propiedades de número real
real roots, raíces reales

real-world function, función del mundo real
realism, realismo
realist, realista
realistic, realista, natural
reality, realidad, efectividad
realization, comprensión, realización
realize, hacerse cargo de, darse cuenta de, realizar
really, realmente, verdaderamente
realm, reino, dominio
realpolitik, realpolitik, realismo político
ream, resma
reap, segar
reaper, segador(a)
reappear, reaparecer
reapportion, asignar o repartir de nuevo
reapportionment, nueva repartición
rear[1], retaguardia, parte posterior
rear[2], posterior
rear admiral, contraalmirante
rear part, zaga
rear-view mirror, espejo retrovisor
rear[3], encabritarse el caballo
rear[4], criar, educar, levantar, construir
rearmament, rearme, rearmamento
rearrange, refundir, dar nueva forma, volver a arreglar
reason[1], razón, causa, motivo, juicio, quid
by reason of, con motivo de, a causa de
for this reason, por esto
without reason, sin qué ni para qué, sin razón
reason[2], razonar, raciocinar
reasonable, razonable, módico(a), lógico(a)
reasonableness, sensatez
reasoning, raciocinio, razonamiento
reassurance, confirmación, reiteración de confianza, restauración de ánimo
reassure, tranquilizar, calmar, asegurar de nuevo
rebate[1], rebaja, deducción, descuento
rebate[2], descontar, rebajar
rebel[1], rebelde, insurrecto(a)
rebel[2], rebelarse, insubordinarse
rebellion, rebelión, insubordinación
rebellious, rebelde
rebirth, renacimiento
reboot, reiniciar
rebound[1], repercutir
rebound[2], rebote, repercusión
rebroadcast, retrasmisión radiofónica
rebuff[1], rechazar
rebuff[2], desaire
rebuild, reedificar, reconstruir
rebuke[1], reprender, regañar
rebuke[2], reprensión, regaño
rebut, refutar, contradecir
rebuttal, refutación
recalcitrant, recalcitrante
recall[1], llamar, hacer volver, revocar
recall to mind, recapacitar
recall[2], revocación
recall election, elección de revocación
recant, retractarse, desdecirse
recapitulate, recapitular
recapping, revestimiento
recapture[1], represa
recapture[2], volver a tomar, represar
recede, retroceder, desistir
receipt, recibo, receta, ingreso
to acknowledge receipt, acusar recibo
receivable, admisible
bills receivable, cuentas por cobrar
receive, recibir, aceptar, admitir, cobrar
receiver, receptor(a), recipiente, audífono, depositario(a)
receiver in bankruptcy, síndico
receivership, sindicatura
receiving set, radiorreceptor
recent, reciente, nuevo(a), fresco(a)
receptacle, receptáculo
reception, acogida, recepción
receptionist, recepcionista, persona encargada de recibir a los visitantes en una oficina
receptive, receptivo(a)
recess, recreo, retiro, nicho, lugar apartado, grieta, tregua, receso
recession, retirada, receso, recesión
recessive gene, gen recesivo
recessive trait, rasgo recesivo
recipe, receta de cocina

recipient, receptor(a)
reciprocal, recíproco(a)
reciprocal identity, identidad recíproca
reciprocate[1], corresponder
reciprocate[2], reciprocar, compensar
reciprocity, reciprocidad
recital, recitación, concierto musical
recitation, recitación
recite, recitar, referir, relatar, declamar
to recite a lesson, dar una lección
reckless, descuidado(a), audaz
recklessly, audazmente, descuidadamente
reckon[1], contar, numerar
reckon[2], computar, calcular
reckoning, cuenta, cálculo
reclaim, reformar, corregir, recobrar, hacer utilizable, reclamar
reclamation, aprovechamiento, utilización, reclamación
recline, reclinar, reposar
recluse[1], recluso(a), retirado(a)
recluse[2], recluso(a)
recognition, reconocimiento, agradecimiento
recognize, reconocer
recoil[1], recular, retirarse
recoil[2], rechazo, reculada
recollect, recordar, acordarse
recollect, recobrar
recollection, recuerdo, reminiscencia
recombinant DNA, ADN recombinado
recombination, recombinación
recombination of chemical elements, recombinación de elementos químicos
recombination of genetic material, recombinación de material genético
recommend, recomendar
recommendation, recomendación
recompense[1], recompensa
recompense[2], recompensar
reconcile, reconciliar
reconciling, reconciliación
reconciliation, reconciliación
recondition, reacondicionar
reconnaissance, reconocimiento, exploración
reconnoiter, reconocer
reconquest of Spain, reconquista de España
reconsider, considerar de nuevo
reconstruct, reedificar, reconstruir
Reconstruction, Reconstrucción
Reconstruction amendments, enmiendas de la Reconstrucción
record[1], registrar, protocolar, grabar
record[2], registro, archivo, disco
off the record, confidencialmente, extraoficialmente
record management, administración de registros
record player, tocadiscos, fonógrafo
record[3], sin precedente
records, anales
record-breaking, que supera precedentes
recorder, registrador(a), archivero(a), grabadora
recount[1], referir, contar de nuevo
recount[2], recuento
recourse, recurso, retorno
recover[1], recobrar, cobrar, reparar, restablecer, recuperar
to recover (property), recobrar (propiedad)
to recover one's senses, volver en sí
recover[2], convalecer, restablecerse
to recover, sanar, recobrar, reponerse
recovery, convalecencia, recobro, recuperación, restablecimiento
recovery rate, tasa de recuperación
recreant[1], cobarde
recreant[2], cobarde, apóstata
recreate, recrear, deleitar, divertir
recreation, recreación, recreo
recreation area, área de recreo
recreational league, liga recreativa
recreation safety, seguridad recreativa
recrimination, recriminación
recruit[1], reclutar
recruit[2], recluta
recruiting, recluta, reclutamiento

recrystallization, recristalización
rectangle, rectángulo
rectangle formula, fórmula del rectángulo
rectangular, rectangular
rectangular coordinate system, sistema coordenado rectangular
rectify, rectificar
rector, rector(a), párroco, jefe(a)
rectory, rectoría
recuperate[1], restablecerse, recuperarse
recuperate[2], recobrar, recuperar
recur, recurrir
recurrence, retorno, vuelta, repetición
recurrence equation, ecuación recurrente
recurrence relationship, relación de recurrencia
recurrent, periódico, que reaparece de cuando en cuando
recurrent pandemic, pandemia recurrente
recurring, recurrente, periódico
recurring theme, tema recurrente
recursive, recursivo
recursive equation, ecuación recurrente
recursive process, proceso recurrente
recursive sequence, secuencia recurrente
recycle, reciclar
recycling, reciclaje
recycling of matter, reciclaje de la materia
red[1], rojo(a), rubio(a), colorado(a)
red blood cell, glóbulo rojo
red-haired, pelirrojo(a)
red herring, arenque ahumado, acción para distraer la atención del asunto principal, indicio falso, pista falsa
red-hot, candente, ardiente
red lead, minio, bermellón
red-letter, notable, extraordinario(a), fuera de lo común
red-letter day, día de fiesta, día especial, día extraordinario
red man, piel roja, indio(a) norteamericano(a)
red pepper, pimiento, pimientón
Red Russian, rusos rojos (bolcheviques)
Red Scare, Peligro Rojo
Red Sea, mar Rojo
red tape, balduque, expedienteo, papeleo
Red[2] **(communist)**, rojo(a) (comunista)
redbird, cardenal
red-blooded, valiente, denodado(a), vigoroso(a)
redbreast, petirrojo, pechirrojo
redcap, cardelina, mozo de cordel, cargador
redden[1], teñir de color rojo
redden[2], ponerse colorado(a), sonrojarse
reddish, rojizo, bermejizo
redeem, redimir, rescatar
redeemer, redentor(a), salvador(a)
the Redeemer, el Redentor
redeeming, redentor(a)
redemption, redención
redhead, pelirrojo(a)
redistribution of income, redistribución del ingreso
redistribution of wealth, redistribución de la riqueza
redistricting, redistribución de los distritos electorales
redness, rojez, bermejura
redolent, fragante, oloroso(a)
redound, resaltar, rebotar, redundar
redraft, volver a redactar
redress[1], enderezar, corregir, reformar, rectificar
redress[2], reforma, corrección
redskin, piel roja, indio(a) norteamericano(a)
redtop, variedad de hierba forrajera
reduce[1], reducir, perder peso, disminuir, sujetar
reduce[2], reducirse
reducing agent, agente reductor, agente de reducción
reduction, reducción, rebaja
reduction of species diversity, reducción de la diversidad de especies
reduction potential, potencial de reducción
redundancy, redundancia

redundant, redundante, superfluo(a)
  to be redundant, redundar
redwing, malvís
redwood, pino de California
reed, caña, flecha
reef[1], tomar rizos a las velas
reef[2], arrecife, escollo
reek[1], humo, vapor
reek[2], humear, vahear, oler a
reel[1], aspa, devanadera, variedad de baile, carrete, película de cine
  fishing reel, carretel
reel[2], aspar, vacilar al andar, tambalearse
re-elect, reelegir
re-election, reelección
re-enforce, reforzar
re-enter, volver a entrar
re-establish, restablecer, volver a establecer una cosa
refer, referir, remitir, dirigir, referirse
  refer to, véase
referee[1], arbitrador(a), árbitro(a)
referee[2], servir de árbrito o de juez
reference, referencia, relación
  reference book, libro de referencia
  reference set, conjunto de referencia
  reference source, fuente de referencia
referendum, plebiscito, referendo
refill[1], rellenar
refill[2], relleno, repuesto
refine, refinar, purificar, purificarse
refinement, refinación, refinamiento, refinadura, elegancia afectada
refinery, refinería
reflect, reflejar, repercutir, reflexionar, recaer, meditar
reflection, reflexión, meditación, reflejo
  reflection in plane, reflexión en un plano
  reflection in space, reflexión en un espacio
  reflection transformation, transformación de reflexión
reflector, reflector
reflex, reflejo
reflexive pronoun, pronombre reflexivo
reflexive property of congruence, propiedad reflexiva de la congruencia
reflexive property of equality, propiedad reflexiva de la igualdad
reforest, repoblar de árboles
reforestation, reforestación
reform[1], reformar
reform[2], reformarse
reform[3], reforma
  reform government, gobierno de reforma
  reform legislation, leyes de reforma
  reform movement, movimiento de reforma
reformation[1], reformación, reforma
Reformation[2], Reforma Protestante
reformatory, reformatorio
reformer, reformador(a)
refract, refractar, refringir
refraction, refracción
refractor, refractor(a), telescopio de refracción
refrain[1], reprimirse, abstenerse, mesurarse
refrain[2], estribillo
refresh, refrigerar, refrescar
refresher, repaso
  refresher course, curso de repaso
refreshing, refrescante
refreshment, refresco, refrigerio
refrigerate, refrigerar
refrigerated railroad car, vagón de tren refrigerado
refrigerated trucking, transporte refrigerado
refrigeration, refrigeración
refrigerator, refrigerador, frigorífero
refuel, poner nuevo combustible
refuge, refugio, asilo, seno, recurso
refugee, refugiado(a)
  refugee population, población refugiada
refund, restituir, devolver, rembolsar
refurbish, renovar, retocar
refusal, repulsa, denegación, negativa
  refusal skill, habilidad de rechazo
refuse[1], rehusar, repulsar, negarse a
refuse[2], desecho, sobra, limpiadu-

ras, basura
refute, refutar, confutar
regain, recobrar, recuperar
regal, real
regale, agasajar, festejarse
regalia, insignias
regard[1], estimar, considerar
regard[2], consideración, respeto
in regard to, en cuanto a, respecto a, con respecto a
in this regard, a este respecto
with regard to, a propósito de, relativo a
regards, recuerdos, memorias
to give regards, dar saludos
regarding, concerniente a
regardless, descuidado(a), negligente, indiferente
regardless of, a pesar de
regency, regencia, gobierno
regeneration, regeneración, renacimiento
regent, regente
regime, régimen, administración
regiment[1], regimiento
regiment[2], regimentar, asignar a un regimiento o grupo, regimentar
regimentation, regimentación
region, región, distrito, país
region of contact, región de contacto
regional, regional
regional boundary, límite regional
regional planning district, distrito de planeación regional
regionalization, regionalización
register[1], registro, registrador(a)
cash register, caja registradora
register[2], inscribir, registrar, certificar
register[3], matricularse, registrarse
registered, registrado(a), matriculado(a)
registered letter, carta certificada
registrar, registrador(a)
registration, registro, inscripción, empadronamiento
registry, asiento, registro
regress[1], retroceso
regress[2], retroceder
regression coefficient, coeficiente de regresión
regression line, línea de regresión
regret[1], arrepentimiento, pesar
regret[2], sentir, lamentar, deplorar
regretful, pesaroso(a), arrepentido(a)
regrettable, sensible, lamentable, deplorable
regroup, reagrupar
regular[1], regular, ordinario(a)
regular army, tropas de línea
regular examination, examen regular
regular plural noun, sustantivo plural regular
regular polygon, polígono regular
regular polyhedron, poliedro regular
regular verb, verbo regular
regular[2], regular
regularity, regularidad
regulate, regular, ordenar
regulation, reglamentación, reglas, arreglo
regulatory agency, organismo de control
rehabilitate, rehabilitar
rehabilitation, rehabilitación
rehash[1], refundir, recomponer
rehash[2], refundición
rehearsal, repetición, ensayo
dress rehearsal, último ensayo
rehearse, ensayar
reign[1], reinado, reino
reign[2], reinar, prevalecer, imperar
reimburse, rembolsar
reimbursement, rembolso, reintegro
rein[1], rienda
rein[2], refrenar
reincarnation, reencarnación
reindeer, reno(s), rangífero(s)
reinforce, reforzar
reinforced, reforzado(a), armado(a)
reinforced concrete, hormigón armado
reinforcement, refuerzo
reinstate, instalar de nuevo, restablecer
reinsure, volver a asegurar
reissue[1], reimpresión, nueva edición
reissue[2], reimprimir
reiterate, reiterar
reject, rechazar, rebatir, despreciar
rejection, rechazamiento, rechazo, repudiación

rejoice, regocijar, regocijarse
rejoicing, regocijo
rejoin[1], volver a juntarse
rejoin[2], replicar
rejoinder, contrarréplica
rejoinder, rejuvenecer, rejuvenecerse
relapse[1], recaer
relapse[2], reincidencia, recidiva, recaída
relate, relatar, contar, referirse
related, emparentado(a), relacionado(a)
relation, relación, parentesco, pariente
relationship, parentesco, relación
relationship clause, cláusula de relación
relative[1], relativo(a)
relative age, edad relativa
relative dating, datación relativa
relative distance, distancia relativa
relative error, error relativo
relative frequency, frecuencia relativa
relative geologic time, tiempo geológico relativo
relative humidity, humedad relativa
relative location, ubicación relativa
relative magnitude, magnitud relativa
relative magnitude of fractions, magnitud relativa de fracciones
relative mass, masa relativa
relative position, posición relativa
relative price, precio relativo
relative pronoun, pronombre relativo
relative size, tamaño relativo
relative[2], pariente
relatively, relativamente
relativity, relatividad
relax[1], relajar, aflojar
relax[2], descansar, reposar
relaxation, reposo, descanso, relajación
relaxation techniques, técnicas de relajación
relay[1], parada, posta
relay race, carrera de relevos
relay[2], transmitir
release[1], soltar, libertar, relevar, dar al público, dar curso
release[2], soltura, descargo, permiso para publicar o exhibir
release of energy, liberación de energía
relegate, desterrar, relegar
relent, relentecer, ablandarse
relentless, empedernido(a), inflexible, implacable
relevant, relevante, pertinente, concerniente
relevant detail, detalle relevante
relevant information in a problem, información relevante de un problema
reliability, responsabilidad, calidad de digno de confianza, fiabilidad
reliable, digno(a) de confianza, responsable
reliance, confianza
reliant, de confianza
self reliant, responsable, capaz, con confianza en sí mismo(a)
relic, reliquia
relict, viuda
relief, relieve, alivio, consuelo
to be on relief, recibir ayuda económica del gobierno
relief map, mapa de relieve
relieve, relevar, aliviar, consolar, socorrer
religion, religión, culto
religious, religioso(a)
religious belief, creencia religiosa
religious discrimination, discriminación religiosa
religious dissenter, disidente religioso
religious evangelism, evangelismo religioso
religious facility, recinto religioso
religious freedom, libertad religiosa
religious fundamentalism, fundamentalismo religioso
religious instruction, catequismo
religious revival, renacimiento religioso
religious right, derecho religioso

religious ties, vínculos religiosos
religiously, religiosamente
relinquish, abandonar, dejar
relish[1], sabor, gusto, deleite, condimento
relish[2], agradar, saborear
relish[3], saber, tener sabor
reload, volver a cargar
relocate, reubicar
relocation, reubicación
relocation center, centro de reubicación
relocation strategy, estrategia de reubicación
reluctance, repugnancia, disgusto, renuencia
reluctant, renuente, con disgusto
rely, confiar en, contar con, depender
remain, quedar, restar, permanecer, durar
remainder, resto, residuo, restante, sobra, remanente
remains, restos, residuos, obras
remark[1], observación, nota, comentario
remark[2], notar, observar, comentar
remarkable, notable, interesante
remedy[1], remedio, medicamento, cura
remedy[2], remediar
remember[1], recordar, tener presente, dar memorias
remember[2], acordarse
remembrance, memoria, recuerdo
remind, acordar, recordar
reminder, recuerdo, recordatorio
reminisce, recordar, contar recuerdos
reminiscence, reminiscencia
reminiscent, recordativo(a), que recuerda acontecimientos pasados
remiss, remiso(a), flojo(a), perezoso(a)
remit, remitir, enviar, restituir
remittance, remesa, remisión
remitter, remitente
remnant, resto, residuo, retazo
remodel, reformar
remonstrance, súplica motivada, protesta, reconvención
remonstrate, protestar, reconvenir
remorse, remordimiento, compunción, cargo de conciencia
remorseful, con remordimiento
remorseless, insensible a los remordimientos
remote, remoto(a), lejano(a)
remote sensing, teledetección
remotely, remotamente, a lo lejos
remoteness, alejamiento, distancia, lejanía
removable, movible, de quita y pon
removal, remoción, deposición, alejamiento, acción de quitar
removal policy, política de remoción
remove[1], remover, alejar, privar, quitar, sacar
remove[2], mudarse
remover, detergente
spot remover, sacamanchas
nail polish remover, quitaesmalte
remunerate, remunerar
remuneration, remuneración
Renaissance, Renacimiento
Renaissance humanism, humanismo renacentista
rend, lacerar, hacer pedazos, rasgar
render, volver, restituir, traducir, rendir
rendezvous, cita, lugar señalado para una cita amorosa
rendition, rendición, rendimiento, ejecución
Rene Descartes, René Descartes
renegade, renegado(a), apóstata
renew, renovar, restablecer, reanudar, instaurar
renewable energy resource, fuente de energía renovable
renewable resource, recurso renovable
renewal, renovación, renuevo, prórroga
rennet, cuajo
renounce, renunciar
renovate, renovar, instaurar
renown, renombre, celebridad
renowned, célebre
rent[1], renta, arrendamiento, rendimiento, alquiler, rasgón
rent control, control de alquileres
rent[2], arrendar, alquilar
rental[1], renta, arriendo, alquiler
rental income, ingresos por percepción de alquileres
rental[2], relativo a renta o alquiler
renter, inquilino(a), arrendatario(a)

renting, alquiler
renunciation, renuncia, renunciación
reopen, abrir de nuevo, reiniciar
reorder, hacer un nuevo pedido, ordenar, arreglar
reordering, reordenación
reorganization, reorganización
reorganize, reorganizar
repair[1], reparar, resarcir, restaurar
repair[2], regresar
repair[3], reparo, remiendo, reparación, compostura
  beyond repair, sin posible reparación
  repair ship, buque taller
  repair shop, maestranza, taller de reparaciones
repaired, compuesto(a), remendado(a)
repairman, técnico
reparable, reparable
reparation, reparación, remedio
  reparation payment, pago de indemnización
repartee, réplica aguda o picante
repast, comida, colación
repatriate, repatriar
repay, volver a pagar, restituir, devolver
repeal[1], abrogar, revocar
repeal[2], revocación, anulación, cesación
repeat, repetir
repeated, repetido(a), reiterado(a)
repeatedly, repetidamente, repetidas veces
repeater, repetidor(a), arma de repetición
repeating decimal, decimal periódico
repeating pattern, patrón repetitivo
repel, repeler, rechazar
repellent, repelente, repulsivo(a)
repent, arrepentirse
repentance, arrepentimiento
repentant, arrepentido(a)
repercussion, repercusión
repertoire, repertorio
repetition, repetición, reiteración
repetitious, redundante, que contiene repeticiones
rephrase, reformular
rephrasing, reformulación
replace, remplazar, reponer, sustituir
replacement, remplazo, sustitución, pieza de repuesto
replenish, llenar, surtir
replete, repleto(a), lleno(a)
replica, réplica
replicable experiment, experimento reproducible
replication, replicación
reply[1], replicar, contestar, responder
reply[2], réplica, respuesta, contestación
  awaiting your reply, en espera de su respuesta, en espera de sus noticias
report[1], referir, contar, informar, dar cuenta
report[2], voz, rumor, fama, relación, informe, memoria, reporte
reporter, relator(a), reportero(a), periodista, cronista
repose[1], reposar, descansar
repose[2], abrigar, tener
repose[3], reposo
repository, depósito
repossession, recuperación
represent, representar
representation, representación
representative[1], representativo(a)
  representative democracy, democracia representativa
  representative government, gobierno representativo
  representative leaders, líderes representativos
representative[2], representante
  House of Representatives, Cámara de Representantes
representativeness of sample, representatividad de la muestra
repress, reprimir, domar
reprieve[1], suspender una ejecución, demorar un castigo
reprieve[2], dilación, suspensión
reprimand[1], reprender, corregir, regañar
reprimand[2], reprensión, reprimenda
reprint[1], tirada aparte, reimpresión
reprint[2], reimprimir
reprisal, represalia
reproach[1], reproche, censura
reproach[2], culpar, reprochar, vituperar, improperar
reprobate[1], corrompido(a), depravado(a)
reprobate[2], malvado(a), réprobo(a)
reprobate[3], rechazar, reprobar
reproduce, reproducir

reproducible result, resultado reproducible
reproduction, reproducción
reproductive, reproductivo(a)
reproductive capacity, capacidad reproductiva
reproductive value of traits, valor reproductivo de los rasgos
reproof, reprensión, censura
reprove, censurar, improperar, regañar
reptile, reptil
republic, república
republican[1], republicano(a)
Republican[2], republicano
Republican party, Partido Republicano
republicanism, republicanismo
repudiate, repudiar
repudiation, repudio, repudiación
repugnant, repugnante
repugnantly, de muy mala gana, con repugnancia
repulse, repulsar, desechar
repulsa, rechazo
repulsion, repulsión, repulsa
repulsive, repulsivo(a)
reputable, honroso(a), estimable
reputation, reputación
repute, reputar
request[1], solicitud, petición, súplica, pedido, encargo
on request, solicitud
request[2], rogar, suplicar, pedir, solicitar
require, requerir, demandar
required, obligatorio(a)
requirement, requisito, exigencia
requirements for life, requisitos para la vida
requisite[1], necesario(a), indispensable
requisite[2], requisito
requisition, requisición, petición, demanda
reread, releer
rerun[1], nueva exhibición
rerun[2], volver a exhibir
resale, reventa, venta de segunda mano
rescind, rescindir, abrogar
rescue[1], rescate, libramiento, recobro
rescue[2], librar, rescatar, socorrer, salvar
research, investigación
research and development, investigación y desarrollo
research paper, artículo de investigación, trabajo de investigación
research question, pregunta de investigación
resell, revender, volver a vender
resemblance, semejanza
resemble, asemejarse a, parecerse a
resent, resentir
resentful, resentido(a), vengativo(a)
resentifuly, con resentimiento
resentment, resentimiento, escama
reservation, reservación, reserva, restricción mental
restore, reservas mínimas
reservation system, sistema de reservación
reserve[1], reservar
reserve[2], reserva, sigilio
reserve requirement, reservas mínimas
reserved, reservado(a), callado(a)
reserved powers, poderes reservados
reservedly, con reserva
reservoir, depósito, tanque
reset, reengastar, montar de nuevo
to reset a bone, reducir un hueso
to reset type, volver a componer el tipo
resettlement, reasentamiento
reshipment, reembarque
reside, residir, morar
residence, residencia, morada
resident, residente
residential, residencial
residential pattern, modelo residencial
residual[1], residual
residual[2], residuo
residue, residuo, resto
resign, resignar, renunciar, ceder, resignarse, rendirse, conformarse
resignation, resignación, renuncia
resigned, resignado(a)
resignedly, con resignación, resignadamente
resilient, elástico, flexible
resin, resina, colofonia, pez griega
resinous, resinoso(a)
resist, resistir, oponerse
resistance, resistencia

resistance coil, bobina de resistencia
resistance training, entrenamiento de la resistencia
resistant, resistente
resole, remontar, solar de nuevo, echar suela nueva
resolute, resuelto(a)
resolution, resolución
resolve[1], resolver, decretar
resolve[2], resolverse
resolve[3], determinación
resolved, resuelto(a)
resonance, resonancia
resonant, resonante
resort[1], recurrir, frecuentar
resort[2], centro de recreo
bathing resort, balneario
summer resort, lugar de veraneo
resound, resonar
resource, recurso, expediente
resource availability, disponibilidad de recursos
resource base, base de recursos
resource management, gestión de recursos
resource material, recurso material
resource scarcity, escasez de recursos
resourceful, ingenioso(a), hábil, fértil en recursos o expedientes
resourcefulness, ingeniosidad, habilidad, expedición
respect[1], respecto, respeto, motivo
respect for law, respeto por la ley
respect for the rights of others, respeto por los derechos de los demás
respect[2], apreciar, respetar, venerar
respects, saludos, respetos
respectability, respetabilidad
respectable, respetable, decente, considerable
respected, considerado(a), apreciado(a)
respectful, respetuoso(a)
respectfully, respetuosamente
respecting, con respecto a
respective, respectivo(a), relativo(a)
respiration, respiración
respirator, respirador, aparato para respiración artificial
respiratory, respiratorio(a)
respitratory aliment, enfermedad del aparato respiratorio
respiratory efficiency, eficiencia respiratoria
respiratory system, sistema respiratorio
respite[1], suspensión, respiro, tregua
respite[2], suspender, diferir
resplendent, resplandeciente, fulgurante, reluciente
respond, responder, corresponder
response, respuesta, réplica
responsibility, responsabilidad, encargo
to assume responsibility, tomar por su cuenta, asumir responsabilidad
responsible, responsable
responsive, sensible, de simpatía
rest[1], reposo, sueño, quietud, pausa, resto, residuo, restante, sobra
the rest, los demás
rest room, excusado, retrete, descanso
rest[2], poner a descansar, apoyar, descansar
rest[3], dormir, reposar, acostarse
to rest upon, basarse en
restate a problem, reformular un problema
restatement, reafirmación
restaurant, restaurante, fonda
restful, sosegado(a), tranquilo(a)
resting heart rate, frecuencia cardiaca en reposo
restitution, restitución
restless, inquieto(a), intranquilo(a), revuelto(a)
restlessness, impaciencia, inquietud
restoration, restauración
restore, restaurar, restituir, restablecer, devolver, instaurar
restrain, restringir, refrenar
to restrain oneself, reprimirse
restraint, refrenamiento, coerción
without restraint, a rienda suelta
restrict, restringir, limitar
restriction, restricción, coartación
restriction enzyme, enzima de restricción
restructure, reestructurar
result[1], resultado, consecuencia, éxito

result[2], resultar, redundar en
resulting, resultante
resume, resumir, reanudar, empezar de nuevo
resurrect, resucitar
resurrection, resurrección
retail[1], revender, vender al por menor
retail[2], venta al por menor, menudeo
at retail,
al menudeo, al por menor
retailer, comerciante al por menor, detallista
retain, retener, guardar, mantener
retainer, retenedor(a), adherente, partidario(a), honorario(a)
retainer fee, iguala
retaliate, vengarse, desquitarse
retaliation, venganza, desquite, represalia
retard, retardar
retell, volver a contar
retention, retención
reticence, reticencia
reticent, reticente
retina, retina
retire[1], retirar
retire[2], retirarse, sustraerse, jubilarse
retired, apartado(a), retirado(a)
retirement, retiro, retiramiento, jubilación, receso
retiring, recatado(a), callado(a)
retort[1], redargüir, retorcer
retort[2], contrarréplica, redargución, réplica, retorta
retouch, retocar
retrace, volver a trazar
to retrace one's steps,
volver sobre sus huellas
retract, retractar, retirar, retraer
retread[1], reponer la superficie rodante de un neumático, reandar
retread[2], recubierta
retreat[1], retirada, retreta, retiro
retreat[2], retirarse
retrench[1], cercenar, atrincherar
retrench[2], economizar
retribution, retribución, recompensa, refacción
retrieve, recuperar, recobrar
retroactive, retroactivo(a)
retrograde, retrógrado(a)
retrogression, retrogradación
retrorocket, retrocohete
retrospect, reflexión de las cosas pasadas
retrospection, reflexión de las cosas pasadas
return[1], retribuir, restituir, volver, devolver
return[2], regresar
return[3], retorno, regreso, vuelta, recompensa, retribución, recaída
return to domesticity,
regreso al ámbito doméstico
return[4], rendimiento
return on investment,
rendimiento de la inversión
return key, tecla Entrar, tecla Enter, tecla Intro
returnable, que puede devolverse
reunification, reunificación
reunion, reunión
reunite[1], reunir, volver a unir
reunite[2], reunirse, reconciliarse
reusable, reutilizable
reuse, reutilizar
Rev. (Reverend), R. (Reverendo)
revaluation, revaluación
revalue, valorizar de nuevo
revamp, meter capellada nueva, remendar, renovar
reveal, revelar, publicar
revel[1], andar en borracheras
revel[2], borrachera
drunken revel, orgía
revelation, revelación
reveler, fiestero(a), parrandero(a)
reveller, fiestero(a), parrandero(a)
revelry, borrachera, jarana
revenge[1], vengar
revenge[2], venganza
revengeful, vengativo(a)
revengefully, con venganza
revenue, renta, rédito, ingreso
revenue cutter, guardacostas
revenue stamp,
sello de impuesto
reverberate, reverberar, resonar, retumbar
revere, reverenciar, venerar
reverence[1], reverencia
reverence[2], reverenciar
reverend[1], reverendo, venerable
reverend[2], clérigo, abad, pastor
reverent, reverencial, respetuoso
reverential, reverencial, respetuoso
reverie, ensueño, embelesamiento, ilusión

reversal, revocación, reversión
reverse[1], vicisitud, contrario, reverso, revés, través, contramarcha
reverse[2], inverso(a), contrario(a)
reverse[3], invertir, poner al revés
to reverse the charges, cobro revertido
to put in reverse, dar marcha atrás
reversibility, reversibilidad
reversible, revocable, reversible
reversing order of operations, orden inverso de las operaciones
revert, revertir, trastrocar, volverse atrás
revery, ensueño, embelesamiento, ilusión
review[1], revista, reseña, repaso
to make a review, reseñar
review[2], rever, repasar, revistar
reviewer, revisor(a), crítico(a) profesional
revile, ultrajar, difamar
revise[1], revisar, rever
revise[2], revista, revisión, segunda prueba
revision, revisión
revision of scientific theories, revisión de las teorías científicas
revival, restauración, renacimiento, nueva representación de una obra antigua
revive[1], avivar, restablecer, volver a presentar
revive[2], revivir
revocable, revocable
revoke, revocar, anular
revolt[1], rebelarse, alzarse en armas
revolt[2], rebelión
revolting, repugnante
revolution, revolución
revolutionary, revolucionario(a)
revolutionary government, gobierno revolucionario
Revolutionary War, Guerra Revolucionaria
revolutionist, revolucionario(a)
revolutionize, revolucionar
revolve[1], revolver, meditar
revolve[2], girar
revolver, revólver, pistola
revolving, giratorio(a)
revue, revista teatral
revulsion, reacción repentina, revulsión
reward[1], recompensa, fruto, pago
reward[2], recompensar
rewrite, volver a escribir, escribir de nuevo
R.F.(radio frequency), radiofrecuencia
R.F.D.(rural free delivery), distribución gratuita del correo en regiones rurales
Rh factor, factor Rh
R.H. (Royal Highness), Alteza Real
rhapsody, rapsodia
rhetoric, retórica
rhetorical, retórico(a)
rhetorical device, recurso retórico
rhetorical question, pregunta retórica
rheumatic, reumático(a)
rheumatism, reumatismo
rhinoceros, rinoceronte
rhombus, rombo
rhubarb, ruibarbo
rhumba, rumba
rhyme[1], rima, poema
rhyme[2], rimar
rhyming dictionary, diccionario de rimas
rhythm, ritmo
rhythmic, rítmico(a)
rhythmic completion, terminación rítmica
rhythmic ostinato, ostinato rítmico
rhythmic phrase, frase rítmica
rhythmic variation, variación rítmica
rhythmical, rítmico(a)
rhythmical skill, habilidad rítmica
rib[1], costilla, nervio, nervadura, varilla
rib[2], chotear, burlarse de
ribald, obsceno(a), ribaldo(a)
ribbon, listón, cinta
ribbons, jirones
riboflavin, riboflavina
ribosome, ribosoma
rice, arroz
rice field, arrozal
rice paper, papel de paja de arroz
rich, rico(a), opulento(a), abundante, empalagoso(a)

riches, riqueza, bienes
richness, riqueza, suntuosidad
rickets, raquitismo
rickety, raquítico(a), desvencijado(a)
rid, librar, desembarazar
riddance, libramiento, zafada
riddle[1], enigma, rompecabezas, acertijo, criba, garbillo
riddle[2], acribillar, cribar
ride[1], cabalgar, andar en coche
to ride a bicycle, montar en bicicleta
ride[2], paseo a caballo o en coche
rider, cabalgador(a), pasajero(a)
ridge[1], espinazo, lomo, cordillera, arruga
ridge[2], formar lomos o surcos
ridgepole, parhilera
ridicule[1], ridiculez, ridículo
ridicule[2], ridiculizar
ridiculous, ridículo(a)
riding[1], paseo a caballo o en auto
riding[2], relativo a la equitación
riding boot, bota de montar
riding breeches, pantalones de equitación o de montar a caballo
riding habit, traje de montar
riding outfit, traje de montar
riding master, profesor de equitación
rife, común, frecuente
rife with, lleno(a) de, abundante en
riffraff, desecho, desperdicio, gentuza
rifle[1], robar, pillar, estriar, rayar
rifle[2], fusil, carabina rayada
rifle case, carcaj
rifle corps, fusilería
rifle range, alcance de proyectil de rifle, lugar para tirar al blanco
rifleman, escopetero(a), fusilero(a)
rift, hendidura, división, disensión
rig[1], ataviar, aparejar
rig[2], aparejo, traje ridículo o de mal gusto
rigging, aparejo
right[1], derecha, mano derecha
right[2], derecho, justicia, razón
all rights reserved, derechos reservados
right against self-incrimination, derecho a la autoincriminación
right of appeal, derecho de apelación
right of way, derecho de vía
right to a fair trial, derecho a un juicio justo
right to acquire of property, derecho a adquirir una propiedad
right to choose one's work, derecho a elegir trabajo
right to copyright, derechos de autor
right to counsel, derecho a la asistencia de un abogado
right to criticize the government, derecho a criticar al gobierno
right to dispose of property, derecho a disponer de una propiedad
right to due process of law, derecho a la jurisdicción
right to enter into a lawful contract, derecho a celebrar un contrato lícito
right to equal protection of the law, derecho a la protección igualitaria ante la ley
right to establish a business, derecho a establecer un negocio
right-hand, a la derecha
right to hold office, derecho a ocupar un cargo público
right to hold public office, derecho a ocupar un cargo público
right to join a labor union, derecho a sindicalizarse
right to join a political party, derecho a afiliarse a un partido político
right to join a professional association, derecho a afiliarse a una asociación política
right to know, derecho a la información
Right to Know law, ley de derecho a la información
right to life, derecho a la vida
right to patent, derecho a patentar
right to privacy, derecho a la privacidad
right to property, derecho a la propiedad

right to public education, derecho a la educación pública
right to vote, derecho a votar
right to work, derecho a trabajar
rights of the disabled, derechos de las personas con discapacidad
to the right-hand side, a la derecha
right-wing, derechista
right[3], recto(a)
right angle, ángulo recto
right isosceles triangle, triángulo rectángulo isósceles
right scalene, escaleno derecho
right triangle, triángulo recto
right triangle geometry, geometría del triángulo rectángulo
right[4], ¡bueno!, ¡bien!, justo(a), honesto(a)
all right!, ¡bien!
right[5], derechamente, rectamente, justamente, bien
right away, en seguida, luego
right now, ahora mismo
to be right, tener razón
to set right, poner en claro
right[4], hacer justicia
rightabout, vuelta a la derecha, vuelta atrás, media vuelta
righteous, justo(a), honrado(a)
rightist, derechista
rigid, rígido(a), austero(a), severo(a)
rigid class, clase rígida
rigidly, con rigidez
rigidity, rigidez, austeridad
rigmarole, jerigonza, galimatías
rigor, rigor, severidad
rigorous, riguroso(a)
rill, riachuelo
rim, margen, orilla, borde
rime, escarcha, rima
rind, corteza, hollejo
ring[1], círculo, cerco, anillo, campaneo, cuadrilátero, manija
ring finger, dedo anular
Ring of Fire, Cinturón de Fuego del Pacífico
ring[2], sonar
to ring the bell, tocar la campana, tocar el timbre
ring[3], retiñir, retumbar, resonar
ringing[1], sonoro(a), resonante
ringing[2], repique
ringleader, cabecilla, cabeza de partido o bando
ringlet, anillejo, rizo
ringside, lugar donde se puede ver bien
ringside seat, asiento cerca al escenario
ringworm, empeine, tiña
rink, patinadero(a)
rinse, lavar, limpiar, enjuagar
riot[1], tumulto, bullicio, pelotera, orgía, borrachera, motín
riot[2], andar en orgías, causar alborotos, armar motines
rioter, amotinador(a), revoltoso(a), bullanguero(a), alborotador(a)
riotous, bullicioso(a), sedicioso(a), disoluto(a)
riotously, disolutamente
rip[1], rasgar, lacerar, descoser
rip[2], rasgadura
rip cord, cuerda que al tirar de ella abre el paracaídas
R.I.P. (rest in peace), RIP. (requiescat in pace), Q.E.P.D. (que en paz descanse)
ripe, maduro(a), sazonado(a)
ripen, madurar
ripping, admirable, espléndido(a)
ripple[1], susurrar, ondular, rizar, ondear
ripple[2], susurro
rise[1], levantarse, nacer, salir, rebelarse, ascender, hincharse, elevarse, resucitar, surgir
to rise above, trascender
rise[2], levantamiento, elevación, subida, salida, causa
risen, participio del verbo rise
riser, persona o cosa que se levanta, contrahuella
early riser, madrugador(a)
rising action, acción creciente, complicación
risk[1], riesgo, peligro
risk and benefit, riesgo y beneficio
risk factor, factor de riesgo
risk management, gestión de riesgos
risk reduction, reducción de riesgos

risk taking, arriesgarse
without risk, sobre seguro
risk², arriesgar
risky, peligroso(a)
ritard, ritardando
rite, rito
ritual, ritual
ritual sacrifice, sacrificio ritual
rival¹, competidor
rival², rival
rival³, competir, emular
rivalry, rivalidad
river, río
river basin, cuenca de un río
river bed, cauce
river system, sistema fluvial
river valley civilizations, civilizaciones de los valles fluviales
riverside¹, ribera
riverside², situado(a) a la orilla de un río
rivet¹, remache, roblón
rivet plate, roseta, plancha de contrarremache
rivet², remachar, roblar
Riviera, Riviera
rivulet, riachuelo
Riyadh, Riad
R.N. (registered nurse), enfermera titulada.
RNA, ARN
RNA polymerase, ARN polimerasa
roach¹, escarcho, rubio
roach², cucaracha
road, camino, camino real, vía, ruta, carretera
main road, carretera
paved road, carretera pavimentada
road development, desarrollo de carreteras
road system, red de carreteras
roadblock, bloqueo de caminos
roadhouse, posada o venta a la vera de un camino
roadside, al lado de un camino
roadster, automóvil pequeño de turismo
roadway, camino afirmado, firme del camino, calzada
roam, corretear, tunar, vagar
roan, roano(a), ruano(a)
roar¹, rugir, aullar, bramar
roar², rugido, bramido, estruendo, mugido
roaring¹, bramido
roaring², rugiente
roast, asar, tostar
roast beef, rosbif
roaster, asador
rob, robar, hurtar
robber, ladrón (ladrona)
robbery, robo
robe¹, manto, toga, bata, peinador
robe², vestir, vestirse, ataviarse
Robert Owen's New Lanark System, sistema de New Lanark de Robert Owen
robin, petirrojo, pechirrojo, pechicolorado
robot, robot
robust, robusto(a)
rock¹, roca, escollo, vigía
rock bottom, el fondo, lo más profundo
rock-bound, rodeado(a) de rocas
rock breakage, rotura de rocas
rock characteristics, características de las rocas
rock composition, composición de las rocas
rock crystal, cuarzo
rock cycle, ciclo de los rocas
rock garden, jardín entre rocas
rock layer movement, movimiento de las capas de las rocas
rock music, música rock
rock salt, sal gema
rock sequence, secuencia de rocas
rock², mecer, arrullar, conmover
rock³, bambolear, balancearse, oscilar
rocker, mecedora, balancín
rocket, cohete, volador
probe rocket, vestir, vestirse, ataviarse
space rocket, cohete espacial
rocketry, estudio y experimentación con cohetes
rocking¹, balanceo
rocking², mecedor(a)
rocking chair, mecedora
rocky, peñascoso(a), pedregoso(a), rocoso(a), roqueño(a)

Rocky Mountains, Montañas Rocallosas o Rocosas
rod, varilla, caña
connecting rod, biela
rode, pretérito del verbo ride
rodent, roedor(a)
roe, corzo, hueva
Roe v. Wade (1973), caso Roe contra Wade (1973)
rogue, bribón (bribona), pícaro(a), pillo(a), villano(a), granuja
rogue's gallery, colección de retratos de malhechores para uso de la policía
roguish, pícaro(a), pillo(a)
role, papel, parte, papel
role identification, identificación de rol
roll[1], rodar, volver, arrollar, enrollar
roll[2], rodar, girar
roll[3], rodadura, rollo, lista, catálogo, rasero, panecillo
to call the roll, pasar lista
roller, rodillo, cilindro, aplanador, rodo, aplanadora, rueda
roller bearing, cojinete de rodillos
roller coaster, montaña rusa
roller skate, patín de ruedas, patín
roller towel, toalla sin fin
rollicking, jovial, retozón (retozona)
rolling[1], rodante, ondulante
rolling mill, taller de laminar
rolling pin, rodillo de pastelero
rolling stock, material rodante
rolling[2], rodadura, balanceo, balance
roll-top, de cubierta plegadiza o corrediza
roly-poly[1], rechoncho(a)
roly-poly[2], persona rechoncha, variedad de pudín
Roman[1], romano(a), romanesco(a)
Roman[2], romano(a)
Roman Catholic Church, Iglesia Católica Romana
Roman civilization, civilización romana
Roman Empire, Imperio romano
Roman numeral, número romano
Roman occupation of Britain, ocupación romana de Bretaña
Roman Republic, República romana
Roman system of roads, red de carreteras romanas
Roman type, letra redonda
romance[1], romance, ficción, cuento, fábula, amorío, novela, neolatino, románico
Romance, Romance
romance[2], soñar, fantasear
Romanization of Europe, romanización de Europa
romantic, romántico(a), sentimental
romantic period literature, período romántico de la literatura
romanticism, romanticismo
Rome, Roma
romp[1], muchacha retozona, juego, retozo
romp[2], retozar
rompers, traje de niño de una sola pieza y en forma de pantalón
Ronald Reagan, Ronald Reagan
roof[1], tejado, techo, azotea
roof of the mouth, paladar
roof garden, azotea
roof[2], techar
roofing, techado(a), material para techos
rook[1], corneja, roque, trampista
rook[2], trampear, engañar
rookie, bisoño(a)
room, cuarto, habitación, cámara, aposento, fugar, espacio
roomer, inquilino(a), persona que ocupa un cuarto en una casa de huéspedes
roomful, cuarto lleno, personas o cosas que llenan un cuarto
roommate, compañero(a) de cuarto
roomy, espacioso(a)
Roosevelt coalition, coalición de Roosevelt
Roosevelt Corollary, corolario Roosevelt
roost[1], pértiga del gallinero
roost[2], dormir las aves en una pértiga

rooster, gallo
root[1], raíz, origen
root beer, bebida de extractos de varias raíces
root word, palabra raíz
roots to determine cost, raíces para determinar el costo
roots to determine profit, raíces para determinar el beneficio
roots to determine revenue, raíces para determinar el ingreso
to take root, echar raíces, prender, radicarse
root[2], arraigar, echar raíces
to root out, desarraigar
root[3], gritar o aplaudir ruidosamente a los jugadores para animarlos
rooted, inveterado(a), arraigado(a)
rooter, persona que grita y aplaude ruidosamente a los jugadores para animarlos
rope[1], cuerda, cordel, cable, soga, mecate
rope[2], atar con un cordel
rosary, rosario
rose[1], rosa, color de rosa
rose[2], pretérito del verbo rise
rosebud, capullo de rosa
rosebush, rosal
rosette, roseta, florón
rosewood, palo de rosa, palisandro
rosin, resina, pez griega.
roster, lista, matrícula, registro
rostrum, tribuna, rostro, pico del ave
rosy, rosado(a), de color de rosa
rot[1], pudrirse
rot[2], morriña
rot[3], putrefacción
rotary, giratorio
rotary press, máquina rotativa
rotate, girar, alternar, dar vueltas
rotating, giratorio(a), rotativo(a)
rotation, rotación
rotation in plane, rotación de planos
rotation symmetry, simetría de rotación
rotational symmetry, simetría rotativa
rote, uso, práctica
rotogravure, rotograbado
rotten, podrido(a), corrompido(a)
rottenness, podredumbre, putrefacción
rotor, rotor
rotund, rotundo(a), redondo(a), circular, esférico(a)
rouge, arrebol, colorete, afeite
rough[1], áspero(a), bronco(a), brusco(a), bruto(a), tosco(a), tempestuoso(a)
in the rough, en bruto
rough draft, borrador
rough sea, mar borrascoso
rough[2], rastrojo
roughage, alimento o forraje difícil de digerir
rough-and-ready, tosco(a) pero eficaz en acción
roughen, poner áspero(a) o ponerse áspero(a)
roughhouse, retozar
roughness, aspereza, rudeza, tosquedad, tempestad
roulette, ruleta
round[1], redondo(a), circular, cabal, rotundo(a), franco(a), sincero(a)
round number, número redondo
round steak, corte especial de carne de vaca
round table, mesa redonda, reunión de un grupo para discutir problemas de interés mutuo
round trip, viaje redondo, viaje de ida y vuelta
to make round, redondear
round[2], círculo, redondez, vuelta, giro, escalón, ronda, andanada de cañones, descarga, asalto
round[3], redondamente, por todos lados
round[4], cercar, rodear, redondear
to round up, rodear, recoger
roundabout, amplio(a), indirecto(a), a la redonda
Roundhead, cabezas redondas
roundhouse, casa de máquinas, rotunda, toldilla
rounding, redondeo
roundness, redondez
round-shouldered, cargado(a) de espaldas
roundup, rodeo, reunión, congregación
rouse, despertar, excitar

roustabout, peón de embarcadero, gañán
rout[1], rota, derrota
rout[2], derrotar
route, ruta, vía, camino
en route, en ruta, en camino
routine[1], rutina, hábito
routine[2], rutinario(a)
routine problem, problema rutinario
rove, vagar
rover, vagabundo, pirata
row, riña, camorra, zipizape
row[1], hilera, fila
row of seats, tendido
row[2], remar, bogar
rowboat, bote de remos
rowdy[1], alborotador(a), bullanguero(a)
rowdy[2], alborotador(a), bullanguero(a)
royal, real, regio(a)
royal court, corte real o noble
royal patronage, mecenazgo real
royally, regiamente
royalist, realista
royalty, realeza, dignidad real
royalties, regalías, derechos de autor
r.p.m. (revolutions per minute), r.p.m. (revoluciones por minuto)
R.R. (railroad), f.c. (ferrocarril)
Right Reverend, Reverendísimo
R.S.V.P. (please answer), R.S.V.P. (sírvase enviar respuesta)
rub[1], estregar, fregar, frotar, raspar, restregar, friccionar
to rub against, rozar
rub[2], frotamiento, roce, tropiezo, obstáculo, dificultad
rubato, rubato
rubber[1], goma, goma elástica, caucho, hule
hard rubber, caucho endurecido
rubber band, liga de caucho
rubber cement, cemento de caucho
rubber heel, tacón de goma o de caucho
rubber plantation, cauchal
rubber stamp, sello de goma, persona que obra de una manera rutinaria
synthetic rubber, caucho artificial
vulcanized rubber, caucho vulcanizado
rubber[2], de goma, de caucho
rubbers, chanclos, zapatos de goma o de caucho
rubberize, engomar
rubber-stamp, aprobar servilmente, estampar con un sello de goma
rubbish, escombro, ruinas, andrajos, cacharro, ripio
rubble, mampostería
rubdown, masaje
rubric, título, encabezamiento, rúbrica
ruby, rubí
ruching, material para hacer lechuguillas
rudder, timón, timón de dirección
ruddy, colorado(a), rubio(a), lozano(a)
rude, rudo(a), brutal, rústico(a), grosero(a), tosco(a)
rudeness, descortesía, rudeza, insolencia, barbaridad, brusquedad
rudiment, rudimento
Rudyard Kipling's "White Man's Burden", La carga del hombre blanco de Rudyard Kipling
rueful, lamentable, triste
ruffian[1], malhechor(a), bandolero(a), rufián
ruffian[2], brutal
ruffle[1], desordenar, desazonar, rizar, fruncir, irritar, enojar
ruffle[2], volante fruncido, vuelta, conmoción, enojo, enfado
rufous, rojizo(a)
rug, tapete, alfombra
steamer rug, manta de viaje
rugged, áspero(a), tosco(a), robusto(a), vigoroso(a)
rugosity, rugosidad
Ruhr, río Ruhr
ruin[1], ruina, perdición, escombros
ruin[2], arruinar, destruir, echar a perder
ruination, arruinamiento, ruina
ruinous, ruinoso
rule[1], mando, gobierno, férula
rule by the people, gobierno por el pueblo
rule of law, estado de derecho

rule of men, estado de hecho
Rule of St. Benedict, Regla de San Benito
rule[2], regla, norma, ordenanza
as a rule, por lo general
by rule, a regla, por regla
rules of conversation, reglas de conversación
rules of evidence, reglas de evidencia
standard rule, regla fija
to make it a rule, tener por costumbe
rule[3], gobernar, reglar, dirigir, imperar, mandar
rule[4], rayar
ruler, gobernador(a), gobernante(a), mandatario(a), regla
ruling[1], rayadura, decisión
ruling[2], gobernante, dirigente
ruling class, clase dirigente
rum, ron
Rumanian, rumano(a)
rumba, rumba
rumble, crujir, rugir
rumble seat, asiento trasero descubierto
ruminant, rumiante
ruminate, rumiar
rumination, rumiación
rummage[1], trastornar, revolver, escudriñar
rummage[2], registro
rummage sale, venta de artículos usados, venta de remates
rumor[1], rumor, runrún
rumor[2], divulgar alguna noticia
rump, anca, nalga
rumple[1], arruga
rumple[2], ajar, arrugar
rumpus, alboroto
run[1], correr, manejar, traspasar
to run down a pedestrian, atropellar a un peatón, correr, fluir, manar, pasar rápidamente, proceder
to run across, tropezar con
to run aground, encallar
to run down, averiguar, alcanzar, pararse, descargarse, agotarse
to run into, topar, chocar con
to run of, escaparse, escurrir
to run out of, no tener más, agotarse
to run the risk of, arriesgar, aventurar
to run through, examinar, o ensayar rápidamente
run[2], corrida, carrera, curso, recorrido, serie, libertad en el uso de cosas, escala
in the long run, a la larga
runaway, fugitivo(a), desertor(a)
run-down, cansado(a), rendido(a), agotado(a), fatigado(a), parado(a) por falta de cuerda
rung[1], escalón, peldaño
rung[2], participio del verbo ring
runic, ruso
run-in, riña
runner[1], corredor(a), mensajero(a)
runner[2], alfombra larga y angosta
runner-up, competidor(a) que queda en segundo lugar
running[1], carrera, corrida, curso
running board, estribo
running gear, juego de ruedas y ejes de un vehículo
running water, agua corriente
running[2], corriente, que corre o fluye
runoff, segunda vuelta, residuo líquido
run-on sentence, texto seguido, texto sin puntuación, oración sin puntuación
runproof, indesmallable
runt, enano
runway, cauce, corredera, vía, pasadizo para ganado, pasadizo para exhibición de modelos, pista de aviones en un aeropuerto
rupture[1], rotura, hernia, quebradura
rupture[2], reventar, romper
rural, rural, campestre, rústico(a)
rural area, área rural
Rural Electrification Administration, Administración de Electrificación Rural
rural region, región rural
rural-to-urban migration, migración del campo a la ciudad
ruse, astucia, maña
rush[1], junco, ímpetu, prisa
rush hour, hora de tránsito intenso

rush order, pedido urgente, pedido de precisión
rush[2], abalanzarse, tirarse, ir de prisa, apresurarse
russet, bermejizo(a)
Russia, Rusia
Russian, ruso(a)
Russian absolutism, absolutismo ruso
Russian Chronicle, crónica rusa
Russian language, ruso
Russian Revolution of 1917, Revolución rusa de 1917
rust[1], herrumbre, orín, moho, color bermejo
rust[2], enmohecerse
Rust Belt, cinturón industrial
rustic[1], rústico(a), pardal
rustic[2], patán, rústico
rusticate, rusticar
rusting, oxidación
rustle[1], susurro
rustle[2], crujir, susurrar
rustproof, a prueba de herrumbre, inoxidable
rusty, mohoso(a), enmohecido(a)
rut[1], estar en celo
rut[2], brama, centinela, rutina
rutabaga, naba
ruthless, cruel, insensible
ruthlessly, inhumanamente
rutile sand, arena de rutilo
Rwanda salinization, salinización de Ruanda
Ry. (Railway), f.c. (ferrocarril)
rye, centeno
rye field, centenal

S.A. (Salvation Army), Ejército de Salvación
sabbath, día de descanso
saber or sabre, sable
sable, cebellina, marta
sabotage, sabotaje
saboteur, saboteador(a)
SAC (Strategic Air Command), MAE (Mando Aéreo Estratégico)
saccharine[1], sacarina
saccharine[2], sacarino(a), azucarado(a)
Sacco and Vanzetti trial, juicio de Sacco y Vanzetti
sachet, bolsita con polvo perfumado
sack[1], saco, talego
sack coat, americana, saco de hombre
sack[2], meter en sacos, saquear
sackcloth, arpillera, cilicio
sacrament, sacramento, Eucaristía
sacred, sagrado(a), inviolable
sacrifice[1], sacrificio
sacrifice[2], sacrificar
to sacrifice oneself, sacrificarse
sacrilege, sacrilegio
sacrilegious, sacrílego(a)
sad, triste, melancólico(a), infausto(a)
sadden, entristecer
saddle[1], silla, silla de montar
saddle horse, caballo de montar
saddle[2], ensillar
saddlebag, alforja
sadism, sadismo
sadistic, sádico(a)
sadness, tristeza, aspecto tétrico
safari, expedición de caza, safari
Safavid Empire, Imperio safávida
safe[1], seguro(a), incólume, salvo(a)
safe and sound, sano(a) y salvo(a)
safe driving, manejar seguro
safe[2], caja fuerte
safely, a salvo
safe-conduct, salvoconducto, seguro, carta de amparo
safe-deposit, de seguridad
safe-deposit box, caja de seguridad
safeguard[1], salvaguardia
safeguard[2], proteger
safety, seguridad, salvamento
safety belt, cinturón salvavidas
safety island, plataforma de seguridad, refugio
safety hazard, peligro para la seguridad
safety match, fósforo de seguridad
safety pin, imperdible, segurito
safety razor, navaja de seguridad
safety rule, regla de seguridad

saffron, azafrán
sag[1], desviación, pandeo, seno
sag[2], empandarse, combarse, doblegarse
saga, saga, leyenda de los Eddas
sagacious, sagaz, sutil
sage, sabio(a)
sagebrush, artemisa
Sahara desert, desierto del Sahara
sail[1], vela
sail[2], navegar
sailboat, velero, buque de vela
sailcloth, lona
sailfish, pez espada
sailing[1], navegación, partida, salida
sailing[2], de vela
sailor, marinero(a)
saint[1], santo(a), ángel
  patron saint, santo patrón, santa patrona
saint[2], canonizar
saintlike, como santo(a)
saintly, santo(a)
sake, causa, razón, amor, consideración
  for your own sake, por tu propio bien
salad, ensalada
  salad bowl, ensaladera
  salad dressing, aderezo, salsa para ensalada
salamander, salamandra
salary, salario, sueldo, paga
sale, venta, realización
  auction sale, remate
  clearance sale, liquidación
  sale price, precio de venta, precio reducido
  sales tax, impuesto sobre ventas
  sales technique, técnica de ventas
salesclerk, vendedor(a), dependiente
salesman, vendedor(a), tendero(a)
  traveling salesman, comisionista, agente viajero
salesmanship, arte de vender
salicylic, salicílico
salicylate, salicilato
salient, saliente, saledizo(a)
saliva, saliva
salivate, salivar
Salk vaccine, vacuna Salk, vacuna contra la poliomielitis
sallow, cetrino(a), pálido(a)
  sallow face, cara pálida y amarillenta
sally[1], salida, surtida, excursión, paseo, agudeza
sally[2], salir
salmon[1], salmón
salmon[2], de color salmón
  salmon trout, trucha salmonada
salon, salón, sala de exhibición
  beauty salon, salón de belleza
saloon, cantina, taberna
salt[1], sal, sabor, gracia, agudeza
  salt accumulation, acumulación de sal
salt[2], salado(a)
  salt water, agua salada
salt[3], salar, salpresar
saltcellar, salero, receptáculo para sal
salted, salado(a)
  salted fish, pescado salado
saltshaker, salero
salty, salado, salobre
salutation, salutación, saludo
salute[1], saludar
salute[2], salutación, saludo
salvage[1], salvamento, derecho de salvamento
salvage[2], salvar
salvation, salvación
salve, emplasto, ungüento, pomada
Samarkand, Samarcanda
same[1], mismo(a), idéntico(a), propio
  same size units, unidades del mismo tamaño
same[2], lo mismo, igual
Samori Ture, Samori Turé
sample[1], muestra, ejemplo
  sample bias, sesgo muestral
  sample book, muestrario
  sample data, muestra de datos
  sample selection techniques, técnicas de selección de muestra
  sample space, espacio modelo, espacio de muestra
  sample statistic, estadísticas de muestreo
sample[2], catar, probar una muestra
sampler, muestra, dechado, modelo
sampling, muestreo

sampling distribution, distribución muestral, muestra de distribución
sampling error, error de muestreo
samurai, samurái
samurai class, clase de los samuráis
sanatorium, sanatorio
sanctify, santificar
sanctimonious, hipócritamente piadoso(a)
sanction[1], sanción
sanction[2], sancionar
sanctioned country, país sancionado
sanctity, santidad, santimonia
sanctuary, santuario, asilo
sanctum, lugar sagrado, lugar de retiro
sand[1], arena
sand dune, médano, duna
sand movement, movimiento de arena
sand pit, arenal
sand[2], enarenar
sandal, sandalia
sandalwood, sándalo
sandbag[1], saco de arena
sandbag[2], resguardar con sacos de arena, golpear con sacos de arena
sandbank, banco de arena
sandblast[1], máquina sopladora de arena, soplete de arena
sandblast[2], lanzar por aire o vapor un chorro de arena
sandbox, caja de arena
sandpaper[1], papel de lija, lija
sandpaper[2], lijar
sandstone, piedra arenisca
sandstorm, tormenta de arena
sandwich[1], sandwich, emparedado
sandwich[2], emparedar, intercalar
sandy, arenoso(a), arenisco(a)
sane, sano
sang, pretérito del verbo sing
sanguine, sanguíneo(a)
sanitarium, sanatorio
sanitary, sanitario(a)
sanitary napkin, servilleta higiénica
sanitation, saneamiento
sanity, cordura, sano juicio, sentido común
to lose one's sanity, volverse loco
sank, pretérito del verbo sink
sans-culottes, sans-culottes
sap[1], savia, zapa
sap[2], zapar
sapling, renuevo(a), vástago(a), mozalbete
sapphire, zafir, zafiro
sarcasm, sarcasmo
sarcastic, sarcástico(a), mordaz, cáustico(a)
Sargon, Sargón
sardine, sardina
S.A.R.S. (severe acute respiratory syndrome), síndrome respiratorio agudo severo
sash, faja, cinturón, cinta, bastidor de ventana o de puerta
sassafras, sasafrás
Sassanid Empire, Imperio sasánida
sat, pretérito y participio del verbo sit
Sat.: Saturday, sábado
Satan, Satanás
satanic, diabólico(a), satánico(a)
satchel, saquillo de mano, maletín, maleta
sateen, asete, tela similar al raso pero de inferior calidad
satellite, satélite
satellite image, imagen satelital o de satélite
satellite imagery, imágenes de satélite
satellite system, sistema de satélites
satellite-based communications system, sistema de comunicación por satélite
satiate[1], saciar, hartar, saciarse, hartarse
satiate[2], saciarse, hartarse
satin, raso
satire, sátira
satirical, satírico(a)
satirist, autor satírico, persona que usa sátira
satirize, satirizar
satisfaction, satisfacción
satisfactorily, satisfactoriamente
satisfactory, satisfactorio(a)
to be satisfactory to you, ser de su agrado
satisfy, satisfacer
saturate, saturar

Saturday, sábado
Saturn, saturno
saturnine, saturnino(a), melancólico(a)
satyr, sátiro
sauce, salsa
saucepan, cacerola
saucer, plato pequeño
saucy, atrevido(a), malcriado(a), respondón (respondona)
Saudi Arabia, Arabia Saudita
sauerkraut, col fermentada
saunter, callejear, vagar, andar sin rumbo
sausage, salchicha
pork sausage, longaniza
savage[1], salvaje, bárbaro(a)
savage[2], salvaje
savagery, salvajismo, salvajez
savanna, sabana
savant, sabio(a), erudito(a)
save[1], salvar
save[2], economizar, ahorrar, conservar
save[3], excepto
saver, libertador(a), ahorrador(a)
saving[1], frugal, económico(a), salvador(a)
saving[2], fuera de, excepto
saving[3], salvamento
savings, ahorros, economías
savings account, cuenta de ahorros
savings bank, caja de ahorros, banco de ahorros
savior (saviour), salvador(a)
Saviour, Redentor, Salvador
savor[1], olor, sabor
savor[2], gustar, saborear
to savor of, oler a, saber a, tener la característica de
savour[1], olor, sabor
savour[2], gustar, saborear
to savour of, oler a, saber a, tener la característica de
savory, sabroso(a)
saw[1], sierra
saw[2], serrar
saw[3], préterito del verbo see
sawdust, aserraduras, aserrín
sawmill, molino de aserrar
Saxon peoples, pueblos sajones
saxophone, saxofón
say[1], decir, hablar, proferir
that is to say, es decir
to say mass, cantar misa
to say to oneself, decir para su capote
say[2], habla
saying, dicho, proverbio, refrán
s.c. (small capitals), pequeñas mayúsculas
scab, costra, roña, hombre roñoso, bribón
scabbard, vaina de espada, cobertura, carcaj
scaffold, tablado, andamio, cadalso
scaffolding, andamiaje, construcción de tablados o andamios
scalar, escalar
scalar quantity, magnitud escalar
scald[1], escaldar
scald[2], escaldadura, quemadura
scale[1], balanza, escama, escala, gama, lámina delgada
balance scale, balanza
plataform scale, báscula
scale drawing, dibujo a escala
scale factor, factor de escala
scale of instrument, escala de un instrumento
scale transformation, transformación de escala
scale[2], escalar, descostrarse, desconchar
scalene triangle, triángulo escaleno
scaling, desconchamiento, escalamiento, escamadura
scallop[1], viera, venera
scallop[2], festonear, festón
scalp[1], cuero cabelludo
scalp[2], escalpar, comprar y revender billetes de teatro, etc., por una ganancia
scalper, reventa de boletos o entradas para espectáculos o deportes
ticket scalper, revendedor(a)
scamp, bribón (bribona), ladrón(a)
scamper, escapar, huir
scan, escudriñar, medir las sílabas de un verso
scandal, escándalo, infamia
scandalize, escandalizar
scandalous, escandaloso(a)
Scandinavia, Escandinavia
scanner, escudriñador(a), explorador(a)

scant (scanty), escaso(a), parco(a), sórdido(a)
scapegoat, víctima inocente, chivo expiatorio
scar[1], cicatriz
scar[2], hacer alguna cicatriz
scarce, raro(a), escaso
to be scarce, escasear
scarce resource, recurso escaso
scarcely, apenas, escasamente, solamente, pobremente
scarcity, escasez
scare[1], susto
to get a scare, llevarse un susto
scare[2], espantar
scarecrow, espantapájaros, mamarracho
scarf, bufanda, chal, chalina
scarfpin, alfiler de corbata
scarlet[1], escarlata
scarlet[2], de color escarlata o grana
scarlet fever, escarlatina
scat!, ¡zape!
scatter[1], esparcir, dispersar, disipar
scatter[2], derramarse, disiparse
scatter plot, gráfico de dispersión, diagrama de dispersión
scatterbrained, atolondrado(a), distraído(a)
scavenger, basurero(a), barrendero(a), animal que se alimenta de carroña
scenario, guión, argumento de una película cinematográfica, escenario
scenarist, escritor(a) de argumentos cinematográficos
scene, escena, perspectiva, vista, paisaje, escena, lugar de un suceso
scenery, vista, paisaje, escenografía, decoración, bastidores
sceneshifter, tramoyista
scenic or scenical, escénico(a)
scenic area, región panorámica
scent[1], olfato, olor, rastro
scent[2], oler, olfatear
scent[3], olfatear
scepter (sceptre), cetro
sceptic or sceptical, escéptico(a)
schedule[1], plan, programa, catálogo, horario, itinerario
schedule[2], fijar en un plan o en un programa
schematic, esquemático(a)
scheme[1], proyecto, designio, esquema, plan, modelo
scheme[2], proyectar
schemer, proyectista, intrigante
schism, cisma
schist, esquisto
Schlieffen Plan, Plan Schlieffen
scholar, estudiante, literato(a), erudito(a)
scholarly[1], de estudiante, erudito(a), muy instruido(a)
scholarly[2], eruditamente
scholarship, educación literaria, beca, erudición
scholastic, escolástico(a), estudiantil
school[1], escuela
school attendance, asistencia escolar
school attendance zone, zona de asistencia escolar
school board, consejo escolar
school district, distrito escolar
school prayer, rezo en las escuelas
school voucher, bono escolar
high school, escuela secundaria, escuela superior
school[2], instruir, enseñar, disciplinar
schoolhouse, escuela
schooling, instrucción, enseñanza
schoolteacher, maestro(a) de escuela
schooner, goleta
sciatic, ciático(a)
sciatic nerve, nervio ciático
science, ciencia
science fiction, ciencia ficción
scientific, científico(a)
scientific breakthrough, descubrimiento científico
scientific equipment, equipo científico
scientific evidence, evidencia científica

scientific experiment, experimento científico
scientific interpretation, interpretación científica
scientific method, método científico
scientific notation, notación científica
scientific racism, racismo científico
scientific revolution, revolución científica
scientific skepticism, escepticismo científico
scientist, hombre de ciencia, científico(a)
scintillate, chispear, centellear
scion, vástago, renuevo
Scipio Africanus, Publio Cornelio Escipión el Africano
scissors, tijeras
scoff[1], mofarse, burlarse
scoff[2], mofa, burla
scold[1], regañar, reñir, refunfuñar
scold[2], persona regañona
scolding[1], regaño
scolding[2], regañón (regañona)
scoop[1], cucharón, achicador, cesta, acción de ganar una noticia
scoop[2], cavar, socavar
scope, alcance, rienda suelta, libertad, ámbito
scope and limit, alcances y límites
Scopes trial, juicio de Scopes
scorch[1], quemar por encima, tostar, socarrar, calcinar
scorch[2], quemarse, secarse
scorched, chamuscado(a), abrasado(a), agostado(a)
score[1], muesca, consideración, cuenta, razón, motivo, veintena, tantos, puntuación, partitura
score[2], sentar alguna deuda, imputar, señalar con una línea
score[3], hacer tantos
scorn[1], despreciar, mofar
scorn[2], desdén, menosprecio
scornful, desdeñoso(a)
scornfully, con desdén
scorpion, escorpión
Scotch[1], escocés(a)
Scotch[2], whisky escocés
Scotland, Escocia
Scots-Irish, escocés de Ulster
scoundrel, pícaro(a), bribón (bribona), infame, canalla
scour, fregar, estregar, limpiar, rebuscar, sondear
scourge[1], azote, castigo
scourge[2], azotar, castigar
scout[1], batidor, corredor, escucha, centinela avanzada
boy scout, niño explorador, niño de la Asociación de Niños Exploradores
girl scout, niña exploradora, niña de la Asociación de Niñas Exploradoras
scout[2], reconocer secretamente los movimientos del enemigo, explorar
scoutmaster, jefe de tropa de niños exploradores
scowl[1], ceño, semblante ceñudo
scowl[2], mirar con ceño
scramble[1], trepar, arrebatar, disputar, esparcirse en forma irregular
scramble[2], mezclar confusamente
scrambled eggs, huevos revueltos
scramble[3], disputa, arrebatiña, despegue rápido de emergencia en operaciones de defensa
scrap[1], migaja, pedacito
scrap heap, montón de desechos, pila de desperdicios
scrap iron, chatarra
scrap metal, chatarra
scrap[2], descartar
scrap[3], disputar, reñir
scraps, sobras, retazos
scrapbook, álbum de recortes
scrape[1], raer, raspar, arañar, juntar gradualmente
scrape[2], dificultad, lío
scraper, raspador(a)
scratch[1], rascar, raspar, borrar, arañar
scratch[2], rasguño
scratch pad, bloc de papel para apuntes
scrawl[1], garrapatear
scrawl[2], garabatos, garrapato
scrawny, flaco(a) y huesudo(a)

scream[1], gritar, chillar, dar alaridos
scream[2], chillido, grito, alarido
screech[1], chillar, dar alaridos
screech[2], chillido, grito, alarido
screech owl, lechuza
screen[1], pantalla, biombo, mampara, pantalla de cine
fire screen, pantalla de chimenea
screen[2], abrigar, esconder, cribar, cerner, tamizar, seleccionar por eliminación, proyectar en la pantalla
screening, "proyección; exploración "
screw[1], tornillo, clavo de rosca, rosca
screw driver, destornillador
screw propeller, hélice
to have a screw loose, tener un tornillo flojo, ser alocado
screw[2], atornillar, forzar, apretar
scribble[1], borrajear
scribble[2], escrito de poco mérito
scribe, escritor(a), escriba, escribiente
scrimmage, arrebatiña
scrimp, escatimar, economizar, pasarse sin
scrip, cédula, esquela
script, guión, argumento, libreto, plumilla inglesa
scriptwriter, guionista
scriptural, bíblico(a)
Scripture, Escritura Sagrada
scroll[1], rollo, voluta
scroll saw, sierra de cinta, sierra de marquetería
scroll[2], decorar con volutas
scrollwork, adornos de voluta
scrub[1], restregar con un estropajo, fregar, restregar
scrub[2], estropajo, ganapán, afanador
scrubbing, fregadura
scrubbing brush, fregador, cepillo para fregar
scruff, nuca
scruple[1], escrúpulo, rescoldo
scruple[2], tener escrúpulos de conciencia
scrupulous, escrupuloso(a)
scrutinize, escudriñar, examiner, escrutar
scrutiny, escrutinio, examen
Scuba, escafandra autónoma
scuff[1], arrastrar los pies, dañar una superficie dura, restregar
scuff[2], variedad de chinela
scuffle[1], quimera, riña
scuffle[2], reñir, pelear
scullery, fregadero
sculptor, escultor
sculptress, escultora
sculpture[1], escultura
sculpture[2], esculpir
scum[1], nata, espuma, escoria
scum[2], espumar
scurvy[1], escorbuto
scurvy[2], vil, despreciable
scuttle, banasta, balde para carbón, paso veloz
scuttle[2], apretar a correr
scuttle[3], echar a pique
scuttlebutt, rumor, runrún que corre especialmente entre gente de mar
scythe, guadaña
Scythian society, pueblo escita
S.E. (South East), S.E. (Sureste, Sudeste)
sea[1], mar
rough sea, mar alta
sea breeze, viento de mar
sea food, marisco
sea gull, gaviota
sea horse, hipocampo
sea level, nivel del mar
sea turtle, tortuga marina
sea wall, malecón, dique de mar, rompeolas
sea[2], de mar, marítimo(a)
seaboard[1], costa, playa
seaboard[2], al lado del mar, costanero(a)
seacoast, costa marítima
seafaring[1], marino(a), de mar
seafaring[2], viajes por mar
seagoing, capaz de navegar en el océano, navegante
seal[1], sello, foca, becerro marino
seal[2], sellar
sealing, caza de focas, selladura
sealing wax, lacre
sealskin, piel de foca
seam[1], costura, cicatriz, sutura

seam[2], coser
seaman, marinero, marino
seamless, sin costura
seamless hosiery, medias sin costura
seamstress, costurera
seaplane, hidroavión
seaport, puerto de mar
sear, cauterizar, quemar, dorar o freír, secar
search[1], examinar, registrar, escudriñar, inquirir, tentar, pesquisar
search[2], pesquisa, busca, búsqueda
in search of, en busca de
search engine, motor de busqueda, buscador
search techniques, técnicas de investigación
search warrant, orden de registro
searchlight, reflector
seashore, ribera, litoral
seasick, mareado(a)
seaside[1], orilla o ribera del mar
seaside[2], en la costa, del mar
seaside resort, lugar de recreo a la orilla del mar
season[1], estación, tiempo, tiempo oportuno, sazón, temporada
season ticket, abono para la temporada, abono de pasaje
season[2], sazonar, imbuir, curar, condimentar
season[3], sazonarse
seasonable, oportuno(a), tempestivo(a), a propósito
seasonal, de temporada, estacional, por temporada
seasonal change, variación estacional
seasonal pattern of life, ciclo estacional de vida
seasonal unemployment, desempleo estacional
seasonal weather pattern, patrón climático de la estación
seasoned, curado(a), sazonado(a)
highly seasoned, picante, picoso(a)
seasoning, condimento
seat[1], silla, localidad, morada, domicilio, situación
front seat, asiento delantero
back seat, asiento trasero
seat cover, cubreasiento
seat[2], situar, colocar, asentar, sentar
seating, acción de sentar, material para tapizar sillas
seating capacity, cabida, número de asientos
seaward, del litoral
seawards, hacia el mar
seaweed, alga marina
secant, secante
secede, apartarse, separarse
secession, separación, secesión
secessionist, secesionista, separatista
seclude, excluir, recluir
seclusion, separación, reclusión
second[1], segundo(a)
second childhood, segunda infancia, chochera
second-class, de segunda clase, mediocre
second-degree burn, quemadura de segundo grado
second front, segundo frente
Second Great Awakening, Segundo Gran Despertar
second hand, segundero
second industrial revolution, segunda revolución industrial
second lieutenant, alférez, subteniente
second nature, costumbre arraigada
Second New Deal, segundo Nuevo Trato
second person, segunda persona
second person point of view, punto de vista de segunda persona
second-quadrant angle, ángulo del segundo cuadrante
second[2], padrino, defensor, segundo, segunda
second[3], apoyar, ayudar
to second the motion, apoyar la moción
secondly, en segundo lugar
secondary, secundario(a)
secondary economic activity, actividad económica secundaria
secondary education, educación secundaria

secondary school, escuela secundaria
secondary source, fuente secundaria
secondhand, de ocasión, usado(a), de segunda mano
secondhand dealer, prendero(a), ropavejero(a)
secondhand shop, baratillo, tienda de artículos de segunda mano
secrecy, secreto, reserva, reticencia
secret[1], secreto
in secret, en secreto
secret[2], privado(a), secreto(a), reservado(a)
secret service, policía secreta
secretly, secretamente, a escondidas, de rebozo
secretariat, secretaría
secretary, secretario(a)
private secretary, secretario (o secretaria) particular
secretary's office, secretaría
secrete, esconder, guardar en secreto, secretar
secretion, secreción
secretive, misterioso(a), reservado(a), secretorio(a)
sect, secta
sectarian, sectario(a), secuaz
sectary, sectario(a), secuaz
section, sección, departamento
sectionalism, regionalismo
sector, sector
sector model, modelo de sectores, modelo de Hoyt
secular, secular, seglar
secular ideology, ideología secular
secular ruler, gobernante secular
secular state, estado secular
secure[1], seguro(a), salvo(a)
secure server, seguro(a) servidor(a)
secure[2], asegurar, conseguir, resguardar
securely, en forma segura
security, seguridad, defensa, confianza, fianza
to give security, dar o prestar confianza
security risk, individuo(a) que representa un peligro para la seguridad pública
secy. (secretary), srio. (secretario), sria. (secretaria)
sedan, sedán
sedate, sosegado(a), tranquilo(a)
sedative, sedativo, sedante, calmante, confortante
sedentary, sedentario(a)
sedentary agriculture, agricultura sedentaria
sedentary lifestyle, estilo de vida sedentario(a)
sediment, sedimento, hez, poso
sediment deposition, depósito de sedimentos
sedimentary, sedimentario
sedimentary rock, roca sedimentaria
sedition, sedición, tumulto, alboroto, motín, revuelta
seditious, sedicioso(a)
seduce, seducir, engañar
seduction, seducción
seductive, seductivo(a), seductor(a)
see[1], ver, observar, descubrir, advertir, conocer, juzgar, comprender, presenciar
let's see, vamos a ver, a ver
to see to it that, encargarse de
see[2], véase
see!, ¡mira!
see[3], silla episcopal
the Holy See, la Santa Sede
seed[1], semilla, simiente, origen
seed corn, semilla para maíz
seed drill, sembradora
to go to seed, degenerar, decaer, echarse a perder
seed[2], granar, sembrar
seedless, sin semilla
seedless grapes, uvas sin semilla
seedy, lleno(a) de semillas, andrajoso(a), de aspecto miserable.
seeing, vista, acto de ver, ver
seeing that, visto que, en consideración a
seeign eye dog, perro lazarillo, perro guía
seek, buscar, pretender

seem, parecer, semejarse, tener cara de
seeming, apariencia
seemingly, al parecer
seemly, decoroso(a), agradable
seen, pasado participio del verbo see
seep, colarse, escurrirse
seer, profeta, vidente
seersucker, variedad de tela de algodón
seesaw[1], vaivén, balancín de sube y baja
seesaw[2], balancear
seethe, hervir, bullir
segment, segmento
segment bisector, bisectriz de un segmento
segregate[1], segregado(a), apartado(a)
segregate[2], segregar
segregation, segregación, separación
seismic activity, actividad sísmica
seismic wave, onda sísmica
seismograph, sismógrafo
seize, asir, agarrar, prender, secuestrar bienes o efectos, decomisar
seizure, captura, toma, secuestro
seizure of Constantinople, toma de Constantinopla
seldom, raramente, rara vez
select[1], elegir, escoger, seleccionar
select[2], selecto(a), escogido(a), granado(a)
selection, selección, trozo
selective, selectivo(a), relativo(a) a la selección, que escore
selective gene expression, expresión genética selectiva
self[1], propio(a), mismo(a)
self[2], sí mismo
self-addressed, rotulado(a)
self-assessment, autoevaluación
self-centered, egoísta, concentrado(a) en sí mismo, independiente
self-confident, que tiene confianza en sí mismo(a)
self-conscious, consciente de sí mismo(a), tímido(a), vergonzoso(a)
self-contained, reservado(a), independiente, completo(a), que contiene todos sus elementos
self-control, autocontrol, control de sí mismo(a)
self-controlled, dueño(a) de sí mismo(a)
self-correction, autocorrección
self-defeating, contraproducente
self-defense, defensa propia
self-denial, abnegación
self-determination, autodeterminación
self-directed violence, violencia dirigida contra uno(a) mismo(a)
self-discipline, autodisciplina
self-employment, autoempleo
self-esteem, amor propio, autoestima
self-evident, natural, patente
self-evident truths, verdades manifiestas
to be self-evident, caerse de obvio
self-examination, examen de conciencia, autocrítica, autoexamen
self-explanatory, que se explica por sí mismo
self-expression, expresión de personalidad, aserción de rasgos individuales
self-expression through physical activity, expresión personal a través de la actividad física
self-governance, autonomía
self-government, autogobierno, autonomía
self-governing, autónomo(a), que tiene dominio sobre sí mismo(a)
self-help, ayuda de sí mismo(a)
self-image, imagen de uno(a) mismo(a), concepto de uno(a) mismo(a)
self-improvement, mejoramiento de sí mismo(a)
self-indulgence, intemperancia, entrega a la satisfacción de los propios deseos
self-interest, interés personal
selfish, interesado(a), egoísta
selfishness, egoísmo
self-made, formado(a) o desarrollado(a) por sus propios esfuerzos
self-made man, hombre forjado por sus propios esfuerzos
self-possession, sangre fría, tranquilidad de ánimo

self-preservation, instinto de conservación
self-propelling, automotor
self-reliance, confianza en sí mismo(a)
self-reliant, independiente, que confía en sí mismo
self-respect, respeto de sí mismo(a)
self-rule, autonomía, autogobierno
self-sacrifice, abnegación
selfsame, idéntico(a), el mismo, exactamente lo mismo
self-satisfied, satisfecho(a) de sí mismo(a)
self-seeking, egoísta, interesado(a)
self-starter, motor de arranque, arranque automático
self-sufficiency, autosuficiencia
self-sufficient, capaz de mantenerse, independiente, confiado(a) en sí mismo(a), altanero
self-support, sostenimiento económico propio
self-talk, diálogo interno, diálogo interior
self-taught, autodidacta
self-winding, de cuerda automática
Seljuk Empire, Imperio selyúcida
sell[1], vender, traficar
sell[2], patraña, engaño
seller, vendedor(a)
seltzer, agua de seltzer, agua carbónica
selvage, orilla de una tela
selves, plural de self
semantics, semánticas
semblance, semejanza, apariencia
semester, semestre
semiannual, semianual, semestral
semiarid area, zona semiárida
semicircle, semicírculo
semicircular, semicircular
semi-colon, punto y coma
semiconductor, semiconductor
semifinal, semifinal
semifinals, semifinales
semilunar calendar, calendario semilunar
semimonthly[1], quincenal
semimonthly pay, quincena, paga quincenal
semimonthly[2], quincenalmente
seminar, seminario, grupo de estudiantes dirigido por un profesor que hace estudios superiores
seminary, seminario
Seminole removal, remoción de los semínolas
semi-permeable, semipermeable
semitropical, semitropical
semiweekly[1], bisemanal
semiweekly[2], bisemanalmente
semiyearly[1], semestral
semiyearly[2], semestralmente
Sen. (Senate), senado
Sen. (Senator), senador
Sen. (senior), padre, socio más antiguo o más caracterizado(a)
Senate, Senado
senator, senador(a)
senatorial, senatorio, senatorial
send, enviar, despachar, mandar, producir, trasmitir
sender, remitente, trasmisor
sending, trasmisión, envío
Seneca, Séneca
Seneca Falls Convention, Convención de Seneca Falls
senile, senil
senior[1], mayor
senior high school, años superiores de una escuela secundaria
senior[2], estudiante de cuarto año
seniority, antigüedad, ancianidad
sensation, sensación, sentimiento
sensational, sensacional
sense[1], sentido, entendimiento, razón, juicio, sentimiento, sensatez
common sense, sentido práctico, sentido común
sense of sight, ver, vista
sense organ, órgano sensorial, órgano del sentido
sense[2], percibir, sentir
senseless, insensible, insensato(a)
senses, sentidos
sensibility, sensibilidad
sensible, sensato(a), juicioso(a)
sensitive, sensible, sensitivo(a)
sensitize, sensibilizar
sensory, sensorial
sensory detail, detalle sensorial
sensory image, imagen sensorial
sensory recall, memoria sensorial
sensual, sensual

sensuality, sensualidad
sensuous, sensorial, sensitivo(a), sensual
sentence[1], sentencia, frase, oración, sentencia
sentence combining, combinación de oraciones
sentence fluency, oración fluidez, fluidez de la oración
sentence fragment, fragmento de oración
sentence structure, estructura de la oración
sentence variety, variedad de oraciones, tipos de oraciones
sentence[2], sentenciar, condenar
sentiment, sentimiento, opinión
sentimental, sentimental
sentimentalist, sentimentalista
sentinel, centinela
sentry, centinela
separable, separable
separate[1], separarse
separate[2], separarse
separate[3], separado
under separate cover, por separado
separately, separadamente
separation, separación
separation method, método de separación
separation of church and state, separación de la Iglesia y el Estado
separation of powers, división de poderes
separatist movement, movimiento separatista
separator, abaleador
cream separator, desnatadora
Sept. (September), sept. (septiembre)
September, septiembre o setiembre
septic, séptico
septic tank, foso séptico
sepulchre, sepulcro
sequel, secuela, consecuencia, continuación
sequence, serie, continuación, secuencia
sequencer, secuenciador
sequencing, secuenciación
sequent occupance, ocupación secuencial
sequential, secuencial
sequential order, orden secuencial
sequin, lentejuela
sequoia, secoya
seraph, serafín
serenade[1], serenata
serenade[2], llevar serenata
serene, sereno(a), tranquilo(a)
serenely, serenamente
serenity, serenidad
serf, siervo(a), esclavo(a)
serge, sarga
sergeant, sargento, alguacil
serial[1], que se publica en series
serial order, orden serial
serial[2], publicación en cuadernos periódicos, película cinematográfica de episodios
series, serie, cadena
serious, serio(a), grave
seriously, seriamente
sermon, sermón
sermonize, sermonear, regañar, amonestar
serous, seroso(a)
serpent, serpiente, sierpe
serpentine[1], serpentino
serpentine[2], serpentina
serpentine[3], serpentear
serum, suero
servant, criado(a), servidor(a), sirviente(a), paniaguado
serve, servir, asistir o servir (a la mesa), ser a propósito
serve the ball, sacar la pelota
service, servicio, servidumbre, utilidad, servicio religioso
at your service, su servidor(a), a sus órdenes
day service, servicio diurno
night service, servicio nocturno
service charge, importe del servicio
service group, grupo de servicio
service industry, industria de servicios
service station, estación de gasolina, estación de servicios, taller de repuestos y reparaciones
to be of service, ser útil
serviceable, servible, útil, beneficioso(a), ventajoso(a)

servile, servil
servilely, servilmente
servitude, servidumbre, esclavitud
servomotor, servomotor
sesame, sésamo, ajonjolí
  open sesame, sésamo ábrete
session, junta, sesión
  joint session, sesión plena
set[1], poner, colocar, fijar, establecer, determinar, basar
set[2], ponerse, tramontar, cuajarse, aplicarse
  to set a diamond, montar un diamante
  to set aside, ponerse a un lado
  to set back, hacer retroceder
  to set forward, hacer adelantar
  to set on fire, pegar fuego a
  to set the table, poner la mesa
  to set up, erigir, sentar
set[3], juego, conjunto, servicio, conjunto de varias cosas, colección, cuadrilla, bandada
  set of dishes, vajilla
set[4], puesto(a), fijo(a)
set[5], decorado
  set design, escenografía
setback, revés, voladizo
setter, perro de ajeo
setting, establecimiento, colocación, asentamiento, fraguado, montadura, escenario, decorado, marco, entorno
  setting of the sun, puesta de sol
settle[1], colocar, fijar, afirmar, componer, arreglar, calmar, solventar
settle[2], reposarse, establecerse, radicarse, sosegarse
  to settle an account, finiquitar, saldar, ajustar una cuenta
settlement, establecimiento, domicilio, contrato, arreglo, liquidación, empleo, colonia, colonización, asentamiento, poblado
  Settlement House, casa de ayuda, hogar de asentamiento transitorio
  settlement pattern, patrón de asentamiento
settler, colono(a), colonizador, poblador
set-to, combate, contienda
setup, disposición, arreglo, organización
seven, siete
Seven Years' War, Guerra de los Siete Años
seventeen, diez y siete, diecisiete
seventeenth, decimoséptimo(a)
seventh, séptimo(a)
  seventh heaven, séptimo cielo, éxtasis
seventy, setenta
sever, separar, dividir, cortar, desligar
  to sever connections, romper las relaciones, apartarse
several, diversos(as), varios(as)
severance, separación
  severance pay, compensación de despido
severe, severo(a), riguroso(a), serio(a), áspero(a), duro(a), cruel
severely, severamente
severity, severidad
sew, coser
sewage, inmundicias, aguas residuales
  sewage system, alcantarillado
sewer, albañal, cloaca, caño
sewing, costura
  sewing machine, máquina de coser
sex, sexo
  sex chromosomes, cromosomas sexuales
  sex-linked trait, rasgo ligado al sexo
sexton, sacristán, sepulturero(a)
sexual, sexual
  sexual abuse, abuso sexual
  sexual activity, actividad sexual
  sexual harassment, acoso sexual
  sexual maturation, maduración sexual
  sexual reproduction, reproducción sexual
Sgt. (Sergeant), sargento

shabbiness, miseria, pobreza, vileza, bajeza
shabby, vil, bajo(a), desharrapado(a), destartalado(a), miserable
shack, choza, cabaña, casa en mal estado
shackle, encadenar
shackles, grillos
shad, alosa, sábalo
shade[1], sombra, oscuridad, matiz, sombrilla, umbría
shades of meaning, matices en el significado
shade[2], dar sombra, matizar, esconder
shaded, sombreado
shading, matiz, sombreado
shadow[1], sombra (s), protección
shadow[2], sombrear
shadowboxing, acto de pelear o boxear con un adversario imaginario
shadowy, umbroso(a), oscuro(a), quimérico(a)
shady, con sombra, sombrío(a), umbroso(a)
shady character, individuo(a) sospechoso(a)
shaft, flecha, saeta, fuste de columna, pozo de una mina, cañón de chimenea
shaggy, afelpado(a), peludo(a), desaliñado(a), áspero(a)
shake[1], sacudir, agitar
shake-up, agitación, reorganización
shake[2], temblar
to shake hands, darse las manos
shake[3], concusión, sacudida, vibración
shakedown, cama improvisada, demanda de dinero por compulsión
shaker, agitador, estremecedor
cocktail shaker, coctelera
salt shaker, salero
Shakespearean English, inglés de Shakespeare, inglés shakespeariano
shaking, sacudimiento, temblor
shaky, titubeante, tembloroso(a), inestable, dudoso(a), sospechoso(a)
shall, verbo auxiliar para indicar el futuro en la primera persona del singular y del plural, o el imperativo en las demás personas
I shall eat, comeré
we shall eat, comeremos
he shall eat, comerá de todos modos, tendrá que comer
shallow[1], somero(a), poco profundo(a)
shallow[2], bajío
sham[1], engañar, chasquear
sham[2], socolor, fingimiento, impostura
sham[3], fingido(a), disimulado(a)
sham battle, simulacro de batalla
shambles, carnicería, escena de destrucción
shame[1], vergüenza, deshonra
what a shame!, ¡qué pena! ¡qué lástima!
shame[2], avergonzar, deshonrar
shamefaced or shameful, vergonzoso, pudoroso
shamefully, ignominiosamente
shameless, desvergonzado(a)
shampoo[1], dar shampoo o champú, lavar la cabeza
shampoo[2], champú o shampoo
shamrock, trébol, trifolio
shank, pierna, asta, asta de ancla
Shang Dynasty, dinastía Shang
shantung, variedad de tela de seda en rama
shanty, cabaña
shape[1], formar, concebir, configurar, dar forma, adaptar
shape[2], forma, figura, modelo
shape combination, combinación de formas
shape division, división de formas
shape pattern, patrón de formas
shape similarity, semejanza de formas
shape symmetry, simetría de formas
shape transformation, transformación de formas
shapeless, informe, sin forma
shapely, bien hecho(a), bien formado(a)

shapely figure, buen cuerpo
share[1], parte, porción, cuota, acción, reja del arado, participación
share[2], repartir, participar, compartir
share the wealth, compartir la riqueza
sharecropper, mediero(a), inquilino(a), aparcero(a)
shared, compartido(a)
shared characteristic, característica compartida
shared consumption, consumo compartido
shared power, poder compartido
shareholder, accionista
shark[1], tiburón
shark[2], explotador(a), estafador(a)
sharkskin, tela en su mayor parte de algodón, con hilos de varias hebras finas y apariencia sedosa
sharp[1], agudo(a), aguzado(a), astuto(a), perspicaz, sagaz, penetrante, picante, acre, mordaz, severo(a), rígido(a), vivo(a), violento(a)
sharp bend, curva cerrada
sharp[2], sostenido(a)
two o'clock sharp, las dos en punto
sharply, con filo, ingeniosamente, ásperamente
sharpen, afilar, aguzar
sharpener, aguzador, afilador, amolador, máquina de afilar
pencil sharpener, tajalápices, sacapuntas
sharper, estafador
sharpness, agudeza, sutileza, perspicacia, acrimonia
sharpshooter, buen(a) tirador(a), soldado(a) elegido(a) por su buena puntería
shatter[1], destrozar, estrellar
shatter[2], hacerse pedazos
shatter[3], pedazo, fragmento
shatterproof, inastillable
shave[1], rasuradora, afeitadora
shave[2], rasurar, afeitar
shaver, barbero(a), usurero(a), muchacho, chico
electric shaver, rasuradora o afeitadora eléctrica
shaving, raedura, acepilladura, rasurada, afeitada
shaving cream, crema de afeitar
shavings, virutas
shawl, chal, mantón
Shay's Rebellion, Rebelión de Shays
Shaysites, seguidores de Shays
she, ella
sheaf[1], gavilla
sheaf[2], agavillar
shear, atusar, tundir, tonsurar
shears, tijeras grandes, cizalla
sheath[1], vaina, funda, vestido recto y ajustado
sheath[2], envainar, aforrar el fondo de un navío
sheave, rueda de polea, roldana
sheaves, plural de sheaf
shed[1], verter, derramar, esparcir
shed[2], sotechado, tejadillo, cabaña, barraca, cobertizo, techo, choza
sheen, resplandor, brillo
sheep, oveja(s), carnero, criatura indefensa y tímida, papanatas
sheepish, vergonzoso(a), tímido(a), cortado(a)
sheepskin, piel de carnero, diploma
sheer[1], puro(a), claro(a), sin mezcla, delgado(a), trasparente
sheer[2], de un solo golpe, completamente
sheer[3], desviarse
sheet[1], pliego de papel, escota
bed sheet, sábana
blank sheet, hoja en blanco
sheet anchor, áncora mayor de un navío
sheet glass, vidrio en lámina
sheet iron, plancha de hierro batido
sheet lightning, relampagueo a manera de fucilazos
sheet metal, hoja metálica, metal en hojas, palastro, lámina
sheet music, música publicada en hojas sueltas
sheet[2], ensabanar, extender en láminas
sheeting, tela para sábanas, encofrado
sheikh, jeque
shelf, anaquel, estante, arrecife, escollera
corner shelf, rinconera
on the shelf, desechado(a), archivado(a)
shell[1], cáscara, concha, corteza,

bomba, cartucho, granada, carapacho, caparazón
cartridge shell, cápsula
shell room, pañol de granadas
tortoise shell, carey
shell[2], descascarar, descortezar, bombardear
shell[3], descascararse
shellac[1], goma laca
shellac[2], cubrir con laca
shellfire, fuego de bomba o metralla
shellfish, marisco
shellproof, a prueba de bombas
shelter[1], guarida, amparo, abrigo, asilo, refugio, cubierta, albergue
shelter[2], guarecer, abrigar, acoger
shelve, echar a un lado, arrinconar, desechar
shelves, plural de shelf
shelving, estantería, material para anaqueles
shepherd[1], pastor
shepherd[2], pastorear
shepherdess, pastora, ovejera
sherbet, sorbete
sheriff, alguacil, funcionario(a) administrativo(a) de un condado
Sherman Anti-Trust Act, Ley Sherman Antitrust
sherry, jerez, vino de Jerez
shield[1], escudo, patrocinio
shield volcano, volcán en escudo
shield[2], defender, amparar
shift[1], cambiarse, moverse, trasladarse, ingeniarse, trampear
shift[2], mudar, cambiar, trasportar
shift[3], último recurso, cambio de marcha, tanda, conmutación, artificio, astucia, efugio
shift in demand curve, cambio en la curva de demanda
shift in point of view, cambio en el punto de vista
shift in supply curve, cambio en la curva de oferta
shift in tense, cambio en el tiempo verbal
shifting agriculture, agricultura itinerante
shifting civilization, civilización cambiante
shiftless, perezoso(a), negligente, descuidado(a)
Shi'ism, chiismo
Shi'ite, chiita
shilling, chelín
Shiloh, Silo
shimmer[1], brillar tenuemente
shimmer[2], luz trémula
shin, espinilla
shinbone, tibia, espinilla
shine[1], lucir, brillar, resplandecer
shine[2], dar lustre, embolar
shine[3], brillo, resplandor
shingle[1], ripia, tejamaní, tejamanil, muestra, letrero en un bufete
shingle[2], cubrir con ripias, trasquilar, cinglar
shingles, herpes
shining, resplandeciente, luciente, reluciente
Shinto, sinto
Shintoism, sintoísmo
shiny, brillante, luciente
ship[1], nave, bajel, navío, barco
merchant ship, buque mercante
repair ship, buque taller
scouting ship, buque explorador
ship design, diseño naval
ship's captain, capitán, patrón
ship's papers, documentación de a bordo
ship[2], embarcar, expedir
shipboard, barco
on shipboard, a bordo
shipbuilding, arquitectura naval, construcción de buques
shipmate, ayudante, compañero de camarote
shipment, cargazón, expedición, cargamento, envío, despacho, embarque, remesa
shipowner, naviero
shipper, expedidor(a), remitente, embarcador(a)
shipping[1], navegación, marina, flota, expedición, embarque
shipping clerk, dependiente encargado de embarques y remisiones
shipping company, compañía naviera
shipping expenses, gastos de expedición

shipping room, departamento de embarques
shipping[2], naviero
shipwreck, naufragio
shipwrecked, náufrago(a)
shipwrecked person, náufrago(a)
shipyard, varadero, astillero
shires, condados
shirk[1], esquivar, evitar
shirk[2], persona que elude o se hace esquiva en algo
shirr, fruncir, escalfar
shirred eggs, huevos escalfados
shirt, camisa de hombre
shirt store, camisería
sport shirt, camisa sport
shiver[1], cacho, pedazo, fragmento, estremecimiento
shiver[2], tiritar de miedo o frío
shiver[3], romper, estrellar
shivering, temblor, estremecimiento
shoal[1], multitud, bajío, vigía
shoal of fish, manada de peces
shoal[2], bajo(a), vadoso(a)
shoal[3], perder profundidad gradualmente
shock[1], choque, encuentro, concusión, combate, ofensa, hacina
shock absorber, amortiguador
shock troops, tropas escogidas, tropas ofensivas o de asalto
shock wave, onda de choque
shock[2], sacudir, ofender
shocking, espantoso(a), horroroso(a), horrible, ofensivo(a), chocante
shocking pink, color rosa subido
shockproof, a prueba de choques
shoddy, cursi
shoe[1], zapato, herradura de caballo
old shoe, chancla
rubber shoe, chanclo, zapato de goma
shoe polish, grasa para calzado, betún
shoe store, zapatería
shoe tree, horma de zapatos
to put on one's shoes, calzarse
shoe[2], calzar, herrar un caballo
shoeblack, limpiabotas
shoehorn, calzador
shoelace, cordón de zapato, agujeta
shoemaker, zapatero(a)
shoestring, cordón de zapato, agujeta
shoot[1], tirar, disparar, arrojar, lanzar, fusilar, matar o herir con escopeta
shoot at a target, tirar al blanco
shoot the ball, lanzar la pelota
shoot[2], brotar, germinar, sobresalir, lanzarse
shoot[3], tiro, brote, vástago, retoño, tallo
shop[1], tienda, taller
in the shops, en el comercio, en las tiendas
pastry shop, repostería
confectionery shop, dulcería
beauty shop, salón de belleza
shop[2], hacer compras, ir de compras
shopkeeper, tendero(a), mercader(a)
shoplifter, ratero(a)
shopper, comprador(a)
shopping, compras
shopping center, centro comercial
go shopping, ir de compras
shopwindow, vidriera, vitrina, aparador
shore, costa, ribera, playa, orilla
shore leave, permiso para ir a tierra
shore line, ribera, costa
short[1], corto(a), breve, sucinto(a), conciso(a), brusco(a)
in a short while, dentro de poco, al poco rato
in short, en resumen, en concreto, en definitiva
short cut, atajo, camino corto, medio rápido
short-lived, de breve vida o duración
short sale, promesa de venta de valores u otros bienes que no se poseen, pero cuya adquisición se espera pronto
short story, cuento
short-term, a corto plazo
short vowel, vocal corta

short-term consequences, consecuencias a corto
short wave, onda corta
on short notice, con poco tiempo de aviso
short[2], cortocircuito
short circuit, cortocircuito
to short circuit, causar un cortocircuito
shortly, brevemente, presto, en pocas palabras, dentro de poco
shortage, escasez, falta, merma, déficit, carestía
shortcake, variedad de torta o pastel
shorten, acortar, abreviar
shortening, acortamiento, disminución, manteca, mantequilla o grasa vegetal usada para pastelería
shorter, más corto
shorthand, taquigrafía, estenografía
shorts, calzones cortos, calzoncillos, pantalones cortos de mujer
shortsighted, corto(a) de vista, miope
shortstop, campo corto
shot[1], tiro, alcance, inyección hipodérmica, trago de licor
bird shot, perdigones
shot heard round the world, disparo que se escuchó en todo el mundo
shotgun, escopeta
should, condicional de shall
shoulder[1], hombro
round shouldered, cargado(a) de espaldas
shoulder blade, omóplato
shoulder[2], cargar al hombro, soportar
shout[1], dar vivas, aclamar, reprobar con gritos, gritar
shout[2], aclamación, grito
shove[1], empujar, impeler
shove[2], empujón
shovel[1], pala
fire shovel, paleta
shovel[2], traspalar
show[1], mostrar, enseñar, explicar, hacer ver, descubrir, manifestar, probar, demostrar
show[2], parecer
to show off, lucirse
to show oneself superior to, sobreponerse a
show[3], espectáculo, muestra, exposición, función
show bill, cartelón, cartel
show boat, buque-teatro
show card, rótulo, cartel, letrero
showcase, escaparate, mostrador, vitrina
showdown, enfrentamiento, confrontación
shower[1], aguacero, chubasco, llovizna, fiesta de regalos, abundancia
shower bath, baño de ducha o de regadera
shower[2], llover
shower[3], derramar profusamente
showman, empresario, director de espectáculos públicos, buen actor
showmanship, habilidad para presentar espectáculos
shown, mostrado
showroom, sala de muestras, sala de exhibición de modelos
showy, ostentoso(a), suntuoso(a), vistoso(a), llamativo(a), chillón (chillona)
shrank, pretérito del verbo shrink
shrapnel, granada de metralla
shred[1], cacho, pedazo pequeño, triza, jirón
shred[2], picar, hacer trizas, rallar
shrew, mujer de mal genio, musgaño
shrewd, astuto(a), sagaz, mordaz
shrewdness, astucia, sagacidad
shriek[1], chillar
shriek[2], chillido
shrill, agudo(a), penetrante, chillón (chillona)
shrimp, camarón, enano(a)
shrine, relicario, tumba de santo, trono
shrink[1], encoger, encogerse, rehuir
shrink[2], contraer, encoger
shrinkage, contracción, encogimiento
shrinking pattern, patrón de reducción
shrinking transformation, transformación de reducción
shrivel, arrugar, arrugarse, encogerse
shroud[1], cubierta, mortaja, sudario
shroud[2], cubrir, esconder, amortajar
shrouds, obenques

shrub, arbusto
shrubbery, arbustos
shrug[1], encogerse de hombros
shrug[2], encogimiento de hombros
shuck[1], cáscara
shuck[2], descascar, descascarar, desgranar
shudder[1], estremecerse
shudder[2], escalofrío, temblor, estremecimiento
shuffle[1], poner en confusión, desordenar, barajar los naipes, trampear, tergiversar, arrastrar
shuffle[2], barajadura, treta
shuffling, tramoya, acción de arrastrar
shun, huir, evitar
shut, cerrar, encerrar
    shut-in, persona confinada en su casa o en hospital por enfermedad
shutdown, paro, cesación de trabajo
shutter, persiana, celosía, obturador de cámara fotográfica
shuttle, lanzadera
shy, tímido(a), reservado(a), vergonzoso(a), contenido(a), pudoroso(a)
shyness, timidez
Siam, Siam
Siamese, siamés (siamesa)
Siberia, Siberia
Sicily, Sicilia
sick, malo(a), enfermo(a), disgustado(a), aburrido(a)
sicken, enfermar, enfermarse
sickening, repugnante, asqueroso, nauseabundo
sickle, hoz, segadera
sickly, enfermizo(a), malsano(a)
sickness, enfermedad
side[1], lado, costado, facción, partido
    side arms, armas llevadas al cinto
    side dish, platillo, entremés
    side effect, efecto secundario, efecto colateral
    side light, luz lateral, información incidental
    side line, negocio o actividad accesorios
    side order, entremés, platillo
    side show, función o diversión secundaria
side[2], lateral, oblicuo(a)
    side by side, juntos(as)
side[3], apoyar la opinión, declararse a favor
sidebar, barra lateral
sideboard, aparador
sideburns, patillas
sidecar, carro lateral
sidelong[1], lateral
sidelong[2], lateralmente, oblicuamente
side-step[1], evitar
side-step[2], hacerse a un lado
sidetrack, desviar a un apartadero, arrinconar, apartarse de
sidewalk, banqueta, acera, vereda
sideward, de lado, de costado, lateralmente
sideways, de lado, al través
siding, cobertura exterior de una casa de madera, apartadero, desviadero
sidle, ir de lado
siege, sitio
    siege of Troy, sitio de Troya
sierra, sierra, cadena de montañas
siesta, siesta
sieve, tamiz, cedazo, colador
sift, cerner, cernir, cribar, examinar, investigar
sigh[1], suspirar, gemir
sigh[2], suspiro
sight, vista, mira, perspectiva
    at first sight, a primera vista
    at sight, a presentación
    gun sight, punto
    on sight, a la vista
    sense of sight, ver, sentido de la vista
    sight draft, letra o giro a la vista
    sight read, lectura a primera vista
    sight-seer, excursionista
    sight-seeing, paseo, excursión
    sight word, palabra que se reconoce a primera vista
sight[2], mamarracho, espantajo
sightless, ciego(a)
sightly, vistoso(a), hermoso(a)
sign, señal, indicio, tablilla, signo
    sign language, lenguaje de señales
signo[1], firma, seña, letrero, marca, rótulo

signo², señalar, hacer señas, suscribir, firmar
signal¹, señal, seña, aviso
signal², insigne, señalado(a)
  signal light, farol, fanal, faro
  signal man, guardavía
  signal mast, semáforo, mástil de señales
signature, firma, seña, signatura
signboard, tablero de anuncios
signet, sello
significance, importancia, significación
significant, significativo(a), importante, expresivo (a)
  significant digit, dígito significativo, cifra significativa
  significant event, acontecimiento significativo
signify¹, significar
signify², importar
signpost, hito, pilar de anuncios
Sikh, sij
silence¹, silencio
silence², imponer silencio, hacer callar
silencer, silenciador, apagador, mofle
silent, silencioso(a), callado(a), mudo(a)
  Silent Majority, mayoría silenciosa
  silent partner, socio(a) comanditario(a)
silhouette, silueta
silica, sílice
silk, seda
  Silk Road, ruta de la seda
silken, de seda, sedeño(a)
silkiness, suavidad de seda
silkworm, gusano de seda
silky, hecho de seda, sedeño(a), sedoso(a)
sill, umbral de puerta
  window sill, repisa de ventana
silliness, simpleza, bobería, tontería, necedad
silly, tonto(a), mentecato(a), imbécil, bobo
silo, silo, plataforma de lanzamiento
silt, cieno, limo, légamo
silting, encenagamiento
silver¹, plata
silver², de plata
  silver dollar, peso fuerte
  silver fox, zorro plateado, piel de zorro plateado
  silver nitrate, nitrato de plata
  silver production, producción de plata
  silver screen, pantalla cinematográfica
  silver wedding, bodas de plata
  to silver plate, platear
silversmith, platero(a)
silverware, cuchillería de plata, vajilla de plata
silvery, plateado(a)
similar, similar, semejante
  similar figures, figuras similares
  similar proportions, proporciones similares
  similar triangles, triángulos semejantes
similarly, en forma similar
similarities (sing. similarity), semejanzas (sing. Semejanza)
similarity (pl. similarities), semejanza (pl. semejanzas)
simile, semejanza, similitud, símil
simmer, hervir a fuego lento
simper¹, sonreir tontamente
simper², sonrisilla tonta
simple, simple, puro(a), sencillo(a)
  simple event, evento simple
  simple injury, lesión simple
  simple interest, interés simple
  simple machines, máquinas simples
  simple predicate, predicado simple
  simple sentence, oración simple
  simple subject, sujeto simple
  simple system, sistema simple
  simple-minded, imbécil, idiota
simplest form, expresión mínima
simpleton, simplón (simplona), mentecato(a), pazguato(a), zonzo(a)
simplicity, simplicidad, simpleza, llaneza
simplification, simplificación
simplify, simplificar
  simplify a fraction, simplificar una fracción
  simplify an expression, simplificar una expresión

simply, simplemente
simulate, simular, fingir
simulation, simulación, simulacro
simultaneous, simultáneo(a), sincrónico(a)
sin[1], pecado, culpa
sin[2], pecar, faltar
since[1], desde entonces
since[2], ya que, pues que, pues, puesto que
since[3], desde, después de
sincere, sencillo(a), sincero(a), franco(a)
sincerely, sinceramente
sincerely yours, su seguro(a) servidor(a)
sincerity, sinceridad, llaneza
sinew, tendón, nervio
sinewy, nervudo(a), robusto(a)
sinful, pecaminoso(a), malvado(a)
sing, cantar, gorjear
singe, chamuscar, socarrar
singer, cantor, cantora, cantante
singing, canto, acción de cantar
single[1], sencillo(a), simple, solo(a), soltero(a)
single-breasted, de botonadura sencilla
single-celled, unicelular
single event, evento simple u ocurrencia única
single file, fila india, uno tras otro
single-handed, sin ayuda
single household, familia monoparental
single-industry city, ciudad monoindustrial
single man, soltero
single-minded, cándido(a), sencillo(a), con un solo propósito
single-point perspective, perspectiva central
single replacement, monosustitución
single-track, de una sola vía, de un solo carril
single-track mind, mentalidad estrecha
single woman, soltera
single[2], singularizar, separar
singleness, sencillez, sinceridad, celibato, soltería
singly, separadamente
singsong, sonsonete, tonadita
singular, singular, peculiar, singular
singular noun, sustantivo singular
sinister, siniestro(a), hacia la izquierda, viciado(a), infeliz, funesto(a)
sink[1], hundirse, sumergirse, bajarse, penetrar, arruinarse, decaer, sucumbir
sink[2], hundir, echar a lo hondo, echar a pique, sumergir, deprimir, destruir
sink[3], fregadero
sinker, plomada
sinking fund, caja de amortización
sinner, pecador(a)
Sinocentric, sinocéntrico
Sino-Japanese War, Guerra Sino-Japonesa
sinus, seno, cavidad, seno frontal
sinusoidal function, función sinusoidal
Sioux, siux
sip[1], tomar a sorbos, sorber
sip[2], sorbo
siphon, sifón
siphon bottle, sifón, botella de sifón
sir, señor
dear sir, muy señor mío, muy señor nuestro
sire, caballero, padre
siren, sirena
sirloin, lomo de buey o vaca, solomillo
sirup or syrup, jarabe
sissy, marica, varón de modales afeminados
sister, hermana, religiosa
sisterhood, hermandad
sister-in-law, cuñada
sisterly, como hermana
sit, sentarse, estar situado
sit-and-reach position, posición de sentarse y alcanzar
sit-down strike, huelga de brazos caídos
sitcom, comedia de situación, comedia en serie, sitcom
site, sitio, situación, emplazamiento, localización
Sitka, Sitka
sitting, sesión, junta, sentada,

postura ante un pintor para un retrato
sitting room, sala
situate, colocar, situar
situation, situación, ubicación
situational awareness, conciencia situacional
situational irony, ironía situacional
six, seis
sixpence, seis peniques
sixshooter, revólver de seis cámaras
sixteen, dieciséis, diez y seis
sixteenth, decimosexto(a)
Sixteenth Amendment, Sexta enmienda
sixteenth note, semicorchea
sixth, sexto(a)
sixth sense, sexto sentido, sentido intuitivo
sixthly, en sexto lugar
sixty, sesenta
size[1], tamaño, talle, calibre, dimensión, estatura, condición, variedad de cola o goma
size variation, variación de tamaño
size[2], encolar, ajustar, calibrar
sized, de tamaño especial, preparado(a) con una especie de cola o goma
sizzle[1], chamuscar, sisear
sizzle[2], siseo
skate[1], patín
ice skate, patín de hielo
roller skate, patín de ruedas
skate[2], patinar
skater, patinador(a)
skating, acto de patinar
skating rink, patinadero, pista para patinar
skein, madeja
skeletal muscle, músculo esquelético
skeleton, esqueleto
skeleton key, llave maestra
skeptic, escéptico(a)
skeptical, escéptico(a)
sketch[1], esbozo, esquicio, bosquejo, boceto, esquema, croquis
sketch[2], bosquejar, esbozar
skewer[1], aguja de lardear, espetón
skewer[2], espetar
ski[1], esquí
ski jump, salto en esquíes, pista para esquiar
ski[2], patinar con esquíes
skid[1], patinaje, calza o cuña
skid[2], patinar, resbalarse
skidding, patinaje
skiff, esquife
skill, destreza, pericia, ingenio, maestría, maña, habilidad
skilled, práctico(a), instruido(a), versado(a), diestro(a)
skillet, cazuela, sartén
skilful or skillful, práctico(a), diestro(a), perito(a), mañoso(a)
skillfully, diestramente
skim[1], lectura rápida
skim[2], espumar, tratar superficialmente
skim[3], espuma
skimp, ser parco(a), escatimar
skimpy, tacaño(a), miserable, corto(a), escaso(a)
skin[1], cutis, cuero, piel
skin-deep, superficial, sin sustancia
skin-tight, ajustado(a) al cuerpo
skin[2], desollar, robarle dinero
skinned, desollado(a)
skinny, flaco(a), macilento(a)
skip[1], saltar, brincar
skip[2], pasar, omitir
skip[3], salto, brinco
skip count, contar por múltiplos de un número
skipper, capitán de una embarcación pequeña
skipping, salto
skirmish[1], escaramuza, tiroteo
skirmish[2], escaramuzar
skirt[1], falda, enagua, pollera
skirt[2], orillar
skis, esquís
skit, burla, zumba, pasquín, sainete, piececita cómica o dramática, sketch, obra teatral satírica, escena corta, satírico
skittish, espantadizo(a), retozón, caprichoso(a), frívolo(a)
skittishly, caprichosamente
skulk, espiar a hurtadillas, acechar furtivamente, esconderse
skull, cráneo, calavera
skullcap, gorro, casquete
skunk, zorrillo(a), zorrino(a), persona despreciable
sky, cielo, firmamento

sky blue, azul celeste
sky-high, muy alto, por las nubes
skylark[1], alondra
skylark[2], bromear, retozar
skylight, claraboya
skyline, horizonte, perspectiva de una ciudad
skyrocket[1], cohete volador
skyrocket[2], elevarse súbitamente, p.e., los precios
skyscraper, rascacielos
slab, losa, plancha, tablilla
slabber[1], babear
slabber[2], babosear
slack, flojo(a), perezoso(a), negligente, lento(a)
slacks, pantalones bombachos
slack, aflojar, ablandar, entibiarse, decaer, relajar, aliviar
slacken, aflojar, ablandar, entibiarse, decaer, relajar, aliviar
slacker, gandul(a), zángano(a), vago(a)
slag, escoria
slake, extinguir, apagar
slam[1], capote, portazo
slam[2], dar capote, empujar con violencia
slander[1], calumniar, infamar
slander[2], calumnia, difamación
slanderer, calumniador(a), maldiciente
slang, vulgarismo, jerga, argot
slant[1], inclinarse, pender oblicuamente
slant[2], sesgar, inclinar
slanted material, material sesgado
slanting, sesgado(a), oblicuo(a), terciado(a)
slap[1], manotada
  slap on the face, bofetada
slap[2], de sopetón
slap[3], golpear, dar una bofetada
slapstick, farsa con actividad física rápida y violenta y en la que abundan los porrazos
slash[1], acuchillar
slash[2], cuchillada
slat, tablilla
slate[1], pizarra
slate[2], empizarrar, golpear, castigar, criticar severamente
slaughter[1], carnicería, matanza
slaughter[2], matar atrozmente, matar en la carnicería
slaughterhouse, rastro, matadero, degolladero
slave[1], esclavo(a)
  slave holder, amo de esclavos
  slave rebellion, rebelión de esclavos
  slave trade, trata, comercio de esclavos
slave[2], trabajar como esclavo(a)
slavery, esclavitud
  white slavery, trata de blancas
Slavic world, mundo eslavo
slaw, ensalada de col
slay, matar, quitar la vida
slayer, asesino(a)
sled or sleigh, rastra, narria, trineo
sledge[1], rastra, narria, trineo
sledge[2], rastra
  sledge hammer, macho, acotillo, martillo pesado
sleek[1], liso(a), bruñido(a)
sleek[2], alisar, pulir
sleep[1], dormir
  to sleep soundly, dormir profundamente, dormir como un bendito
sleep[2], sueño
sleeper[1], persona que duerme, zángano(a), durmiente, coche cama
sleeper[2], éxito inesperado de librería, película insignificante que resulta un éxito pecuniario
sleepily, con somnolencia o torpeza, con sueño
sleepiness, adormecimiento
  to cause sleepiness, adormecer
sleeping, sueño
  sleeping bag, talego para dormir a la intemperie
  sleeping car, coche cama, vagón cama
  sleeping room, dormitorio
  sleeping sickness, encefalitis letárgica
sleepless, desvelado(a), sin dormir
  to spend a sleepless night, pasar la noche en blanco
sleepwalker, sonámbulo(a)
sleepwalking, sonambulismo
sleepy, soñoliento(a), somnoliento(a)
  to be sleepy, tener sueño

sleepyhead, dormilón (dormilona)
sleet[1], aguanieve
sleet[2], caer aguanieve
sleeve, manga
sleeveless, sin mangas
sleigh, trineo
  sleigh bell, cascabel
slender, delgado(a), sutil, débil, pequeño(a), escaso(a)
slenderly, delgadamente
sleuth, detective
slice[1], rebanada, lonja, espátula, contragancho
slice[2], rebanar
slicing, rebanador(a)
  slicing machine, máquina cortadora o rebanadora
slick[1], liso(a), lustroso(a)
slick[2], hacer liso(a) o lustroso(a)
slicker, impermeable, trampista, petardista
slide[1], resbalar, deslizarse
slide[2], resbalón, resbaladero, corredera, desplazamiento, deslizamiento
  lantern slide, diapositiva
  slide rule, regla de cálculo
  slide valve, válvula corrediza
sliding, deslizante, corredizo(a), deslizable
  sliding door, puerta corrediza
  sliding friction, fricción deslizante
slight[1], ligero(a), leve, pequeño(a)
slight[2], descuido
slight[3], despreciar
slightness, debilidad, pequeñez
slim, delgado(a), sutil
slime, lodo, sustancia viscosa, pecina
slimness, delgadez, sutileza, tenuidad
slimy, viscoso(a), pegajoso(a)
sling[1], honda, hondazo, cabestrillo
sling[2], tirar con honda, embragar
slingshot, tirador(a)
slink, deslizarse furtivamente
slip[1], resbalar, escapar, huirse
slip[2], meter, correr
  to slip on, ponerse
slip[3], resbalón, tropiezo, escapada, patinazo, enagua, combinación
  slip cover, funda de mueble
slip-on, prenda de vestir que se pone por la cabeza
slipper, chinela, zapatilla
slippery, resbaladizo(a), deleznable, resbaloso(a)
slipshod, desaliñado(a), negligente, descuidado(a)
slit[1], rajar, hender
slit[2], raja, hendidura
sliver[1], astilla, tira
sliver[2], rasgar, cortar en tiras
slobber[1], baba
slobber[2], babosear
slobber[3], babear
slogan, lema, mote, grito de combate, frase popularizada para anunciar un producto, eslogan
sloop, balandra
slop, aguachirle, agua sucia
slops, ropa de pacotilla
slope[1], sesgo, escarpa, ladera, vertiente, declive, cuesta, pendiente
  slope intercept form, forma pendiente intercepto
  slope intercept formula, fórmula pendiente intercepto
slope[2], sesgar
slope[3], inclinarse
sloping, oblicuo(a), inclinado(a)
sloppy, lodoso(a), fangoso(a), desaliñado(a), descuidado(a)
slot, hendidura
  slot machine, máquina automática con ranura para monedas
sloth, pereza, perezoso(a)
slothful, perezoso(a)
slouch[1], estar cabizbajo(a), bambolearse pesadamente
slouch[2], persona incompetente y perezosa, joroba
slough, lodazal, cenagal, decaimiento espiritual
slovenly, desaliñado(a), puerco(a), sucio(a)
slow[1], tardío(a), lento(a), torpe, perezoso(a)
  slow motion, velocidad reducida
  slow-twitch muscle, músculo de lenta contracción
slow[2], retardar, demorar
  to slow down, reducir o acortar la marcha
slowly, despacio, despaciosamente, lentamente

slowness, lentitud, tardanza, pesadez
slug[1], holgazán (holgazana), zángano(a), babosa, lingote
slug[2], aporrear, golpear fuertemente
sluggard, haragán (haragana), holgazán (holgazana)
sluggish, perezoso, lento
sluggishness, pereza, lentitud
sluice[1], compuerta
sluice[2], dejar correr abriendo la compuerta
sluice[3], descorrerse
slum, visitar viviendas o barrios bajos o escuálidos
slums, barrios bajos, viviendas escuálidas
slumber[1], dormitar
slumber[2], sueño ligero
slump, hundimiento, quiebra, baja considerable de precios o actividades en los negocios
slur[1], ensuciar, pasar ligeramente
slur[2], ligado, afrenta, estigma, calumnia
slush, lodo, barro, cieno
slut, mujer sucia
sly, astuto(a), furtivo(a)
small, pequeño, menudo, chico
small arms, armas de fuego portátiles
small intestine, intestino delgado
small-minded, mezquino(a), despreciable
small of the back, parte más estrecha de la espalda
small talk, conversación trivial, hablar de cosas sin importancia
smallness, pequeñez
smaller, más pequeño que
smallest, el más pequeño
smallest set of rules, conjunto más pequeño de reglas
smallpox, viruelas
smart[1], escozor
smart[2], punzante, agudo(a), agrio(a), ingenioso(a), mordaz, doloroso(a), inteligente, elegante, apuesto(a)
smart[3], escocer, arder
smartness, agudeza, viveza, sutileza, elegancia
smash[1], romper, quebrantar
smash[2], fracaso, volea alta
smash-up, choque desastroso
smattering, conocimiento superficial
smear, untar, emporcar, manchar, calumniar
smell[1], oler, percibir, olfatear
smell[2], olfato, olor, hediondez
sense of smell, olfato
smelt[1], olor, olfato
smelt[2], fundir
smelting, fundición
smile[1], sonreír, sonreírse
smile[2], sonrisa
smirk, sonreir burlonamente
smite, herir, golpear
smith, forjador(a) de metales
blacksmith, herrero(a)
smithers, fragmentos, pedacitos
smithereens, fragmentos, pedacitos
smithery, herrería
smithy, herrería
smock, bata
smog, combinación de humo y niebla, niebla tóxica, esmog
smoke[1], humo, vapor
smoke screen, cortina de humo
smoke[2], ahumar, humear, fumar
smokehouse, ahumadero, cámara de ahumado
smokeless, sin humo
smokeless powder, pólvora sin humo
smoker, fumador(a)
smokestack, chimenea
smoking, fumífero(a), que despide humo
smoking car, coche fumador
smoking jacket, batín
no smoking, se prohíbe fumar
smoky, humeante, humoso(a)
smolder[1], arder sin llama, existir en forma latente
smolder[2], humo
smooth[1], liso(a), pulido(a), llano(a), suave, afable
smooth[2], allanar, alisar, lisonjear
smoothly, llanamente, con blandura
smoothness, lisura, llanura, suavidad
smother[1], sofocar, apagar
smother[2], humareda
smoulder, arder debajo de la ceni-

za, existir en forma latente
smudge[1], fumigar, ensuciar, tiznar
smudge[2], tiznadura, mugre
smug, atildado(a), escrupulosamente limpio(a) o compuesto(a), satisfecho(a) de sí mismo(a)
smuggle, contrabandear
smuggler, contrabandista
smuggling, contrabando
smut[1], tiznón, suciedad
smut[2], tiznar, ensuciar
smutty, tiznado(a), nublado(a), obsceno(a)
snack[1], parte, porción, tentempié, refrigerio, colación, merienda
snack[2], merendar
snag, protuberancia, diente que sobresale, rama de un árbol escondida en el fondo de un lago o río, tocón, obstáculo inesperado
snail, caracol
snake[1], culebra, sierpe, serpiente
snake[2], culebrear
snap[1], romper, agarrar, morder, contestar con grosería, chasquear, estallar
to snap one's fingers, castañetear los dedos
to snap open, abrirse de golpe
to snap a picture, tomar una instantánea
snap[2], estallido, castañeteo, corchete
snap[3], repentino(a)
snap judgment, opinión a la ligera
snapdragon, antirrino, hierba becerra
snapper, pargo, corchete
snapping, acción de romper, acción de agarrar
snappy, vivaz, animado(a), elegante
snapshot, instantánea, fotografía
snare[1], lazo, trampa, garlito, trapisonda
snare drum, pequeño tambor militar
to fall into a snare, caer en la ratonera
snare[2], cazar animales con lazos, trapisondear
snarl[1], regañar, gruñir
snarl[2], enredar
snarl[3], gruñido, complicación
snatch[1], arrebatar, agarrar
snatch[2], arrebatamiento, arrebatiña, pedazo, ratito
sneak[1], arrastrar, ratear
to sneak out, salirse a escondidas, tomar las de Villadiego
sneak[2], persona traicionera
sneak thief, ratero(a)
sneer[1], hablar con desprecio, fisgarse
sneer[2], fisga
sneeze[1], estornudar
sneeze[2], estornudo
snicker[1], reír a menudo y socarronamente
snicker[2], risita socarrona
sniff[1], resollar con fuerza
sniff[2], olfatear
sniff[3], olfateo
sniffle, aspirar ruidosamente por la nariz, gimotear
snip[1], tijeretear
snip[2], tijeretada, pedazo pequeño, pedacito
snipe[1], agachadiza, becardón
snipe[2], cazar becardones, tirar de un apostadero
sniper, tirador apostado
snippy, fragmentario(a), grosero(a), brusco(a), desdeñoso(a)
snivel[1], moquita
snivel[2], moquear, gimotear
snob, snob, persona presuntuosa, advenedizo social o intelectual
snobbish, presuntuoso(a), jactancioso(a), propio(a) del snob
snood, gorro tejido que sujeta el cabello de las mujeres
snoop[1], espiar, fisgar, acechar, escudriñar
snoop[2], metiche, fisgón (fisgona)
snooze[1], sueño ligero
snooze[2], dormir ligeramente, dormitar
snore[1], roncar
snore[2], ronquido
snorkel, doble tubo de respiración para submarinos
snorkel pen, pluma fuente que se llena mediante un tubo aspirante
snort, resoplar, bufar como un caballo fogoso

snout, hocico, trompa de elefante, nariz, boquilla
snow[1], nieve
snow line, límite de las nieves perpetuas
snow[2], nevar
snowball, pelota de nieve
snowberry, baya blanca americana
snowbird, variedad de pinzón
snow-blind, cegado(a) por el brillo del sol en la nieve
snow-blinded, cegado(a) por el brillo del sol en la nieve
snowbound, bloqueado(a) por la nieve
snowdrift, nieve acumulada por el viento
snowdrop, campanilla blanca
snowfall, nevada
snowflake, coro de nieve
snowplow, quitanieve
snowshed, guardaaludes
snowstorm, nevada, tormenta de nieve
snowsuit, traje para nieve
snow-white, níveo(a), blanco(a) como la nieve
snowy, nevoso(a), nevado(a)
snub[1], desairar, tratar con desprecio
snub[2], altanería, desaire
snub-nosed, de nariz respingona
snuff[1], pabilo, tabaco en polvo, rapé
snuff[2], olfatear, aspirar, despabilar
snuffbox, tabaquera
snuffer, despabilador, despabiladeras
snuffle, hablar gangoso
snuffles, catarro
snug, abrigado(a), conveniente, cómodo(a), agradable, grato(a)
snuggle, acurrucarse, estar como apretado(a), arrimarse a otro en busca de calor o cariño
so, así, tal, por consiguiente, tanto
and so forth, y así sucesivamente
so and so, Fulano de Tal, Fulana de Tal
so much, tanto
so that, para que, de modo que
so then, con que
that is so, eso es, así es
so what?, ¿y qué?
So. (South), S. (sur)
soak[1], remojarse, calarse, empapar, remojar
to soak through, calarse
soak[2], calada
soap[1], jabón
cake of soap, pastilla de jabón
soap bubble, globo de jabón
soap opera, telenovela, radionovela
soap[2], jabonar, enjabonar
soapbox, plataforma improvisada para oradores de las calles
soapstone, esteatita
soapsuds, jabonaduras, espuma de jabón
soapy, jabonoso(a)
soar, remontarse, sublimarse
soaring, vuelo muy alto, acción de remontarse
sob[1], sollozo
sob[2], sollozar
sober, sobrio(a), serio(a)
soberly, sobriamente, juiciosamente
sobriety, sobriedad, seriedad, gravedad
so-called, así llamado(a), denominado
soccer, fútbol inglés
soccer-dribble, movimiento de drible en el fútbol
sociability, sociabilidad
sociable, sociable, comunicativo(a)
social[1], social, sociable
social agency, asistencia social
social attitudes, actitudes sociales
social class, clase social
social contract, contrato social
social dance, baile de sociedad
Social Darwinism, darwinismo social
social democratization, democratización social
social equity, equidad social
social factor, factor social
social isolation, aislamiento social
social issue, problema social
social pressure, presión social
social pretend play, juego simbólico, juego de ficción
social reform, reforma social
social sciences, ciencias sociales

Social Security, seguridad social, seguro social
Social Security number, número de seguridad social
social security withholding, retención de la seguridad social
social service, servicio social, servicio en pro de las clases pobres
social status, condición social, estatus social
social welfare, bienestar social
social work, servicio social, servicio en pro de las clases pobres
social worker, trabajador(a) social
social[2], tertulia
socialism, socialismo
socialist, socialista
Socialist Party, Partido Socialista
Socialist Realism, realismo socialista
socialistic, socialista
socialite, persona prominente en sociedad
socialize, socializar
society, sociedad, compañía
sociocultural context, contexto sociocultural
socioeconomic, socioeconómico(a)
socioeconomic group, grupo socioeconómico
socioeconomic status, condición socioeconómica
sociological, sociológico(a)
sociologist, sociólogo(a)
sociology, sociología
sock[1], calcetín, zueco, golpe fuerte
sock[2], golpear con violencia
socket, cubo, encaje, casquillo, alveolo de un diente, encastre
eye socket, órbita, cuenca del ojo
electric socket, enchufe
Socrates, Sócrates
sod[1], césped, turba, tierra
sod[2], enyerbar
soda, sosa, soda
baking soda, bicarbonato de sosa o de soda
soda cracker, galleta de soda
soda fountain, fuente de sodas
soda water, gaseosa
sodality, hermandad, cofradía, fraternidad
sodden, empapado(a), de aspecto pesado por la disipación, ebrio(a)
sodium, sodio
sodium chloride, cloruro de sodio, sal de cocina
sofa, sofá
soft, blando(a), suave, benigno(a), tierno(a), compasivo(a), jugoso(a), afeminado(a)
soft coal, hulla grasa, carbón bituminoso
soft drink, refresco, bebida no alcohólica
soft water, agua dulce, agua no cruda
softly, con suavidad, quedamente
softball, juego parecido al béisbol que se juega con pelota blanda
soft-boiled, cocido(a), pasado(a) por agua
soft-boiled eggs, huevos pasados por agua
soften, ablandar, mitigar, enternecer, reblandecer, suavizar
softhearted, compasivo(a), sensible, de buen corazón
softness, suavidad, blandura, dulzura
soft-pedal, suavizar, contener, reprimir
soft-spoken, afable, que habla con dulzura
software, software
software application, aplicación de software
software piracy, piratería de software
softwood, madera blanda
soggy, empapado(a), mojado(a)
soil[1], ensuciar, emporcar
soil[2], mancha, suelo, tierra
soil acidification, acidificación de suelo
soil color, color del suelo
soil composition, composición del suelo
soil conservation, protección del suelo
soil creep, corrimiento de tierras
soil erosion, erosión del suelo

soil fertility, fertilidad del suelo
soil region, región de suelos
soil salinization, salinización del suelo
soil texture, textura del suelo
soiled, sucio(a)
soiled clothes, ropa sucia
soiree or soirée, velada
sojourn[1], residir, morar
sojourn[2], morada, estadía, permanencia
Sojourner Truth's "Ain't I a Woman?", discurso "¿Acaso no soy mujer" de Sojourner Truth
sol, sol, sol
solace[1], solazar, consolar
solace[2], consuelo, solaz
solar, solar
solar eclipse, eclipse solar
solar energy, energía solar
solar flare, erupción solar
solar plexus, plexo solar
solar power, energía solar
solar radiation, radiación solar
solar system, sistema solar
solar system formation, formación del sistema solar
solar year, año solar
solarium, solana, habitación para tomar el sol con propósitos terapéuticos
sold out, agotado(a), vendido(a)
solder[1], soldar
solder[2], soldadura
soldier[1], soldado(a)
soldier[2], prestar servicio militar
soldierly, soldadesco(a), marcial
sole[1], planta del pie, suela del zapato
sole[2], único(a), solo(a)
sole[3], solar, poner suela al calzado
sole[4], lenguado
solemn, solemne
solemnity, solemnidad
solemnize, solemnizar
solicit, solicitar, implorar, pedir
solicitation, solicitación
solicitor, procurador(a), solicitador(a)
solicitous, solícito(a), diligente
solicitude, solicitud, cuidado
solid[1], sólido(a), compacto(a)
solid color, color entero
solid figure, figura sólida
solid geometry, geometría del espacio
solid rock, roca sólida
solid-waste contamination, contaminación de desechos sólidos
solid[2], sólido(a)
solidarity, solidaridad
solidify, congelar, solidar, solidificar
solidity, solidez
soliloquize, soliloquiar, hablar a solas
soliloquy, soliloquio
solitaire, solitario(a)
solitary[1], solitario(a), retirado(a)
solitary[2], ermitaño(a)
solitude, soledad, vida solitaria
solo, solo
soloist, solista
Solomon, Salomón
Solon, Solón
solubility, solubilidad
soluble, soluble
solute, soluto
solution, solución
solution algorithm, algoritmo de solución
solution probabilities, probabilidades de solución
solution set, conjunto solución
solvable, soluble
solve, solver, disolver, aclarar, resolver
solvency, solvencia
solvent, solvente
somber, sombrío(a), nebuloso(a), oscuro(a), lúgubre, triste, tétrico(a), melancólico(a)
somber lighting, iluminación sombría
some[1], algo de, un poco de, algún, alguna
some[2], unos pocos, ciertos, algunos
somebody, alguien, alguno(a)
somehow, de algún modo, de alguna manera
someone, alguien, alguna persona
somersault[1], voltereta, salto mortal
somersault[2], dar un salto mortal
somerset[1], voltereta, salto mortal
somerset[2], dar un salto mortal
something[1], alguna cosa, algo
something else, otra cosa, alguna otra cosa
sometime, en algún tiempo

sometimes, algunas veces, a veces
somewhat, un poco, algo, algún tanto
somewhat, algún tanto, un poco
somewhat cold, algo frío(a), un poco frío(a)
somewhere, en alguna parte
somnambulism, sonambulismo
son, hijo
sonata, sonata
song, canción, canto, cántico
Song of Solomon, Cantar de los Cantares
song sparrow, gorrión canoro
song thrush, tordo canoro
song writer, compositor(a) de canciones
Song Dynasty, dinastía Song
songbook, cancionero, libro de canciones
songster, cantante, ave canora
sonic, sónico(a)
sonic barrier, barrera sónica
son-in-law, yerno
sonnet, soneto
sonorous, sonoro(a)
soon, presto, pronto, prontamente
as soon as, luego que, en cuanto
as soon as possible, lo más pronto posible
sooner, más pronto, primero, más bien
soot, hollín
soothe, sosegar, calmar, tranquilizar
soothsayer, adivino(a)
sooty, cubierto(a) de hollín
sop, soborno, adulación
sophisticate, persona de mundo
sophisticated, artificial(a), afectado(a), refinado(a) y sutil
sophistication, afectación, artificio, falta de sencillez
sophistry, sofistería
sophomore, estudiante de segundo año de una escuela superior o universidad
sopping, ensopado(a)
sopping wet, empapado(a)
soprano, soprano, tiple
soprano singer, tiple, soprano
sorcerer, hechicero, brujo
sorceress, hechicera, bruja
sorcery, hechizo, encanto, hechicería
sordid, sórdido(a), sucio(a), avariento(a)
sordidly, sórdidamente
sore[1], llaga, úlcera
sore[2], doloroso(a), penoso(a), enojado(a), resentido(a)
sore throat, carraspera, mal de garganta
sorghum, sorgo, zahína, melaza de sorgo
sorority, hermandad de mujeres
sorrel[1], acedera
sorrel[2], alazán
sorrow[1], pesar, tristeza
sorrow[2], entristecerse
sorrowful, pesaroso(a), afligido(a), sentido(a), triste
sorrowfully, con aflicción
sorry, triste, afligido(a), pesaroso(a), miserable
to be sorry, sentir
to feel sorry for, compadecerse, tenerle lástima
I am very sorry, lo siento mucho
sort[1], género, especie, calidad, clase, manera
sort techniques, técnicas de clasificación
sort[2], separar, clasificar
sortie, salida, misión o ataque aéreos
sot, zote
soul, alma, esencia, persona
sound[1], sano(a), entero(a), puro(a), firme, solvente
sound barrier, barrera sónica
sound effect, efecto de sonido
sound pattern, patrón de sonido
sound recorder, grabadora de sonidos
sound system, sistema de sonido
sound track, guía sonora (en películas cinematográficas)
sound wave, onda sonora
sound[2], tienta, sonda, sonido, ruido, son, estrecho
at the sound of, al son de
sound[3], sondar, tocar, celebrar, sondar
sound[4], sonar, resonar
soundly, vigorosamente
sounding[1], sondeo
sounding[2], sonante
sounding line, sondaleza

soundproof, a prueba de sonido
soup, sopa
soup kitchen, comedor de beneficencia
soup plate, plato sopero
vegetable soup, sopa de verdura
sour[1], agrio(a), ácido(a), áspero(a)
sour grapes, uvas verdes, indiferencia hacia algo que no se puede poseer
sour[2], agriar, acedar, agriarse
source, manantial, mina, principio, origen, fuente
souse[1], salmuera, zambullida
souse[2], escabechar
souse[3], empapar, chapuzar
south[1], sur, sud, mediodía
South Africa, Sudáfrica
South America, Sudamérica
South Asia, Asia meridional
South Carolina, Carolina del Sur
South India, sur de la India
South Korea, Corea del Sur
South Pacific, Pacífico Sur
South Pole, Polo Sur
South[2], la región meridional
south[3], meridional, al sur
southeast, sureste, sudeste
Southeast Asia, Sureste asiático
southern, meridional
Southern Africa, África del sur
Southern Europe, Europa del sur
Southern Hemisphere, hemisferio sur
Southern Iberia, sur de la Península Ibérica
Southern Ocean, océano Antártico
southerner, persona de la región meridional
southernmost, lo más al sur
southland, región meridional, región del sur
southward, hacia el sur, con rumbo al sur
southwest[1], sudoeste
Southwest Asia, Sudoeste asiático
southwest[2], del sudoeste, hacia el sudoeste
souvenir, recuerdo, memoria
sovereign, soberano(a)
sovereign state, estado soberano
sovereignty, soberanía
soviet, soviético(a)
Soviet bloc, bloque soviético
Soviet domination, dominación soviética
Soviet espionage, espionaje soviético
Soviet invasion of Afghanistan, invasión soviética de Afganistán
Soviet invasion of Czechoslovakia, invasión soviética de Checoslovaquia
Soviet non-aggression pact, pacto de no agresión soviético
Soviet Union (USSR), Unión Soviética (URSS)
sow[1], puerca, marrana
sow[2], sembrar, sementar, esparcir
sowing, siembra
soy, soja, soya, semilla de soja, salsa de soja
space[1], espacio, trecho, intersticio, lugar
space capsule, cápsula espacial
space exploration, exploración espacial
space medicine, medicina espacial
space probe, cohete de sondeo, vehículo de exploración espacial, sonda espacial
space ship, nave espacial
space[2], espaciar
spacecraft, nave espacial
spacious, espacioso(a), amplio(a)
spaciously, con bastante espacio
spade[1], laya, azada, espada
spade[2], azadonar
Spain, España
SPAM, mensajes no deseados
span[1], palmo, espacio
span of a bridge, tramo
span[2], medir a palmos, extenderse sobre, atravesar
spangle[1], lentejuela

spangle[2], adornar con lentejuelas
Spaniard, español(a)
spaniel, sabueso
Spanish, español
Spanish America, hispanoamérica
Spanish American, Hispanoamericano(a)
Spanish-American War (1898), Guerra Hispano-Estadounidense (1989)
Spanish ballad, romance
Spanish Civil War, Guerra civil española
Spanish colony, colonia española
Spanish language, castellano
Spanish Muslim society, comunidad musulmana española
Spanish settlement, asentamiento español
spank[1], palmada
spank[2], pegar, dar palmadas, dar nalgadas
spanking, nalgada
spar[1], espato
spar[2], boxear
spare[1], ahorrar, economizar, perdonar, vivir con economía
spare[2], escaso(a), económico(a), de reserva
spare time, tiempo desocupado
spare tire, neumático o llanta de repuesto o de reserva
spare parts, piezas de repuesto
sparely, escasamente
sparerib, costilla de puerco
sparing, frugal, parco(a), económico(a)
sparingly, parcamente
spark[1], chispa, bujía, centella, pisaverde
spark plug, bujía
spark[2], echar chispas, chispear
spark[3], enamorar, cortejar
sparkle[1], centella, chispa
sparkle[2], chispear, espumar
sparkling, centelleante, efervescente, vivo(a), animado(a)
sparkling wine, vino espumoso
sparkling personality, personalidad atrayente
sparrow, gorrión, pardal
sparrow hawk, gavilán
sparse, escaso(a), esparcido(a)
spasm, espasmo
spasmodic, espasmódico
spastic, espástico(a), espasmódico(a)
spat[1], riña, hueva de ostras, bofetada
spat[2], reñir
spatial, espacial
spatial arrangement, arreglo espacial
spatial awareness, conciencia espacial
spatial characteristic, característica espacial
spatial distribution, distribución espacial
spatial perception, percepción espacial
spatial scale, escala espacial
spats, polainas
spatter[1], salpicadura
spatter[2], salpicar, manchar, esparcir
spattering, salpicadura
spatula, espátula
spawn[1], hueva
spawn[2], desovar, engendrar
spawning, desove
speak, hablar, decir, conversar, pronunciar
to speak plainly, hablar con claridad
to speak in torrents, hablar a borbotones
to speak to, dirigirse a
speaker, el (la) que habla, orador(a)
Speaker of the House, presidente de la Cámara de Representantes
speaking[1], habla, oratoria
speaking[2], que habla
speaking trumpet, portavoz
speaking tube, tubo acústico
spear[1], lanza, pica, arpón
spear[2], herir con lanza, alancear
spearhead, roquete, tropas en el puesto delantero de un ataque
spearmint, hierbabuena
special, especial, particular
special effect, efecto especial
special interest group, grupo de interés especial
special interests, intereses especiales
special keys, teclas especiales

special purpose program, programa de propósitos específicos
special theory of relativity, teoría de la relatividad especial
special-delivery, de urgencia, de entrega inmediata
special-delivery letter, carta urgente, carta de entrega inmediata
special-delivery stamp, sello de entrega inmediata
specialist, especialista
specialty, especialidad, rasgo característico
specialization, especialización
specialize, especializar, especializarse
specialized, especializado
specialized cell, célula especializada
specialized economic institution, institución económica especializada
specialized language, lenguaje especializado
specialized machine, máquina especializada
specialized organ, órgano especializado
specialized tissue, tejido especializado
specialty, especialidad
speciation, especiación
species, especie, clase, género, especies
species diversity, diversidad de las especies, diversidad de especies
specific[1], específico(a)
specific gravity, densidad específica, peso específico
specific heat, calor específico
specific[2], específico(a)
specifically, específicamente
specification, especificación
specifications, pliego de condiciones
specificity principle, principio de especificidad
specify, especificar
specimen, espécimen, muestra, prueba
speck[1], mancha, mácula, tacha
speck[2], manchar, abigarrar
speckle[1], mancha, mácula, tacha
speckle[2], manchar, abigarrar
spectacle, espectáculo, exhibición
spectacles, anteojos, espejuelos, gafas
spectacular[1], espectacular, aparatoso(a), grandioso(a)
spectacular[2], programa extraordinario
spectator, espectador(a)
spectator sport, deporte de espectáculo
specter (spectre), espectro
spectral, aduendado(a), espectrométrico(a)
spectral analysis, análisis espectral, análisis del espectro solar
spectroscope, espectroscopio
spectrum, espectro
speculate, especular, reflexionar
speculation, especulación, especulativa, meditación
speculative, especulativo(a), teórico(a)
speculator, especulador(a)
speech, habla, discurso, oración, arenga, conversación, perorata, parlamento
make a speech, perorar, pronunciar un discurso
speech action, acto de habla
speech pattern, patrón lingüístico
speechless, mudo(a), sin habla
speed[1], prisa, celeridad, rapidez, prontitud, velocidad
at full speed, a todo escape, a toda velocidad, a toda prisa, de corrida
speed limit, límite de velocidad, velocidad máxima
speed of communication, velocidad de la comunicación
speed of light, velocidad de la luz
speed reading, lectura rápida
speed writing, escritura rápida o abreviada
speed[2], apresurar, despachar, ayudar
speed[3], darse prisa
speedboat, lancha de carrera
speedily, aceleradamente, de prisa
speedometer, velocímetro, celerímetro
speed-up, aceleramiento, aceleración
speedway, autopista, autódromo
speedy, veloz, pronto(a), diligente
speedy trial, juicio sumario
spell[1], hechizo, encanto, periodo de

descanso, periodo corto
spell[2], deletrear, hechizar, encantar, revezar
spellbound, fascinado(a), encantado(a)
speller, libro de deletrear, deletreador(a)
spelling, ortografía, deletreo
spelling pattern, patrón de ortografía, patrón de deletreo
spend[1], gastar, disipar, consumir
to spend (time), pasar (tiempo)
spend[2], hacer gastos
spender, gastador(a), derrochador(a), despilfarrador(a)
spending, gastos
spendthrift, derrochador(a), pródigo(a)
spent, alcazado(a) de fuerzas, gastado(a)
sperm, esperma, semen
sperm cell, espermatozoide
spew, vomitar
S.P.F. (sun protection factor), F.P.S. (factor de protección solar)
sphere, esfera
sphere of influence, esfera de influencia
spheric or spherical, esférico
spheroid[1], esferoide
spheroid[2], esferodial
sphinx, esfinge, persona de carácter misterioso e indescifrable
spice[1], especia, sal, picante
spice trade, comercio de las especias
spice[2], sazonar con especias
spices, especiería, especias
spick-and-span, flamante, muy limpio(a) o muy nuevo(a), pulcro(a) y ordenado(a)
spicy, especiado(a), aromático(a), picante
spider, araña
spigot, llave, grifo, espita
spike, alcayata, escarpia, púa metálica de algunos zapatos para deporte, variedad de espiga
spike the ball, rematar la pelota
spill[1], derramar, verter
spill[2], clavija, espiga, astilla, vuelco
spillway, vertedero lateral, canal de desagüe
spin[1], hilar, alargar, prolongar
spin[2], hilar, girar, dar vueltas
spin[3], vuelta, paseo, giro
spinach, espinaca
spinal, espinal
spinal column, espina dorsal
spinal cord, espina dorsal
spindle, huso, quicio, carretel
spindle of a lathe, madril
spine, espinazo, espina
spinet, piano pequeño
spinning[1], hilandería, rotación
spinning[2], de hilar
spinning jenny, hiladora con usos múltiples
spinning mill, hilandería
spinning top, trompo
spinning wheel, rueca, torno de hilar
spinster, hilandera, soltera, solterona
spiral, espiral
spiral staircase, escalera de caracol
spirally, en forma de espiral
spire, cúspide, cima, aguja
spirit[1], aliento, espíritu, ánimo, valor, brío, humor, fantasma
spirit of individualism, espíritu del individualismo
spirit[2], incitar, animar
to spirit away, arrebatar, secuestrar
spirited, vivo(a), brioso(a)
spiritedly, con espíritu
spiritual, espiritual
spiritualism, espiritismo
spiritism, espiritismo
spiritualist, espiritualista
spit[1], asador, saliva, expectoración
spit[2], espetar, escupir, salivar
spite[1], rencor, malevolencia
in spite of, a pesar de, a despecho de
spite[2], dar pesar, mortificar
spiteful, rencoroso, malicioso
spitefully, malignamente, con tirria
spitfire, mujer fiera
spittle, saliva, esputo
spittoon, escupidera
splash[1], salpicar, enlodar
splash[2], salpicadura, rociada
splay[1], exponer a la vista, extender
splay[2], extendido(a), desmañado(a)
spleen, bazo, esplín
splendid, espléndido(a), magnífico(a)

splendor, esplendor, pompa, brillo
splice[1], empalmar, unir, casar
splice[2], empalme
splint[1], astilla, cabestrillo
splint[2], entablillar
splinter[1], cacho, astilla, brizna
splinter[2], astillar
splinter[3], astillarse
split[1], hender, rajar, dividir
split[2], henderse
to split with laughter, desternillarse de risa
split[3], hendidura, raja
banana split, mezcla de helados con jarabe, nueces y plátano
split-level, de piso escalonado
split-level house, casa de pisos con distintos niveles
splitting, desintegrador(a), severo(a), violento(a)
splitting head-ache, fuerte dolor de cabeza
splotch, manchar, salpicar
splotch[2], mancha, borrón
spoil[1], pillar, robar, despojar, contaminar, arruinar, dañar, pudrir, mimar demasiado, echar a perder
spoil[2], corromperse, dañarse, echarse a perder
spoils, despojo, botín
spoils system, sistema de prebendas
spoiled food, alimentos echados a perder
spoiler, corruptor(a), robador(a)
spoke[1], rayo de la rueda
spoke[2], pretérito del verbo speak
spoken text, texto hablado
spokesman, interlocutor(a), vocero(a), portavoz
sponge[1], esponja
sponge[2], limpiar con esponja
sponge[3], gorronear, ser gorrón
spongecake, variedad de bizcochuelo
sponger, pegote, mogollón, gorrón(a), vividor(a)
spongy, esponjoso(a)
sponsor, fiador(a), padrino, madrina, garante, persona responsable
spontaneity, espontaneidad, voluntariedad
spontaneous, espontáneo(a)
spontaneous combustion, combustión espontánea
spontaneous nuclear reaction, reacción nuclear espontánea
spool, canilla, broca, bobina, carrete, carretel
spool of thread, carrete de hilo
spoon, cuchara
spoonful, cucharada
sporadic, esporádico(a)
spore, espora
sport[1], juego, retozo, juguete, divertimiento, recreo, pasatiempo, deporte
sport etiquette, etiqueta de deporte
sport[2], deportivo(a)
sports apparatus, aparato deportivo
sports club, club deportivo
sport facility, instalaciones deportivas
sport psychology, psicología del deporte
sport shirt, camisa para deportes, camisa sport
sport-specific skill, habilidad especifica deportiva
sports stadium, estadio deportivo
sport[3], lucir
sport[4], chancear, juguetear
sporting, deportivo(a)
sportive, festivo(a), juguetón (juguetona)
sportsman, deportista, persona equitativa y generosa en los deportes, buen(a) perdedor(a)
sportsmanship, espíritu deportivo
spot[1], mancha, borrón, sitio, lugar
spot cash, dinero al contado, remover, quitamanchas, sacámanchas
spot[2], manchar, observar, reconocer
spotless, limpio(a), inmaculado(a), puro(a), sin mancha
spotlight[1], luz concentrada, proyector, faro giratorio
spotlight[2], dar realce
spotted, lleno(a) de manchas, sucio(a), moteado(a)
spotty, lleno(a) de manchas,

sucio(a), moteado(a)
spouse, esposo(a)
spout[1], arrojar agua con mucho ímpetu, borbotar, chorrear
spout[2], llave de fuente, gárgola, bomba marina, chorro de agua, pico
sprain[1], torcer
sprain[2], torcedura
sprang, pretérito del verbo spring
sprawl, revolcarse, arrastrarse con las piernas extendidas, extenderse irregularmente
spray[1], rociada, ramita, espuma del mar, rociador, pulverizador, vaporizador
spray gun, pistola pulverizadora
spray net, loción para rociar el cabello
spray[2], rociar, pulverizar
spraying, rociada, riego, pulverización
spread[1], extender, desplegar, tender, esparcir, divulgar, regar, untar, propagar, generalizar
spread[2], extenderse, desplegarse
spread over, cubrir
spread[3], extensión, dilatación, sobrecama
spread of bubonic plague, propagación de la peste bubónica
spread of disease, propagación de una enfermedad
spread[4], extendido(a), aumentado(a)
speadsheet, hoja de cálculo
spree, fiesta, festín, juerga
sprig, ramito
sprightly, alegre, despierto(a), vivaracho(a)
spring[1], brotar, arrojar, nacer, provenir, dimanar, originarse, saltar, brincar
spring[2], soltar, hacer saltar, revelar
to spring back, saltar hacia atrás
to spring forward, arrojarse
to spring from, venir, proceder de
to spring a leak, declararse una vía de agua
spring[3], primavera, elasticidad, muelle, resorte, salto, manantial
hot springs, aguas termales
spring of water, fuente
springboard, trampolín
springer, brincador(a), saltador(a)
springlike, primaveral
springy, elástico(a)
sprinkle[1], rociar, salpicar
sprinkle[2], lloviznar
sprinkle[3], rociada, lluvia ligera
sprinkler, rociador, rehilete
sprinkling, rociada, aspersión
sprinkling can, regadera
sprint[1], carrera breve a todo correr
sprint[2], correr velozmente
sprite, duende, hada
sprocket, diente de rueda de cadena
sprocket wheel, erizo, rueda dentada para cadena, rueda catalina, rueda de cabillas
sprout[1], vástago, renuevo, tallo, retoño
sprout[2], brotar, pulular
sprouts, bretones
spruce[1], pulido(a), gentil
spruce[2], abeto
to spruce up, aliñar, aliñarse
sprucely, bellamente, lindamente
spry, activo(a), listo(a), vivo(a), ágil, veloz, ligero(a)
spun glass, lana de vidrio
spur[1], espuela, espolón
on the spur of the moment, en un impulso repentino
spur[2], espolear, estimular
spurge, titímalo
spurious, espurio(a), falso(a), contrahecho(a), supuesto(a), bastardo(a)
spurious correlation, correlación espuria
spurn, acocear, despreciar, desdeñar
spurt[1], chorrear, arrojar
spurt[2], manar a borbotones, borbotar
spurt[3], chorro, esfuerzo grande
sputnik, sputnik, satélite ruso
sputter, escupir con frecuencia, babear, chisporrotear, barbotar, hablar a borbotones
sputum, esputo, saliva
spy[1], espía
spy[2], espiar, columbrar
spyglass, anteojo de larga vista

sq. (square), cuadrado
squab[1], implume, cachigordo(a), regordete(a)
squab[2], pichón, palomita, canapé, sofá, cojín
squabble[1], reñir, disputar
squabble[2], riña, disputa
squad, patrulla, escuadra
 squad car, automóvil de patrulla de policía
squadron, escuadrón
squalid, sucio(a), puerco(a), escuálido(a)
squall[1], grito desgarrador, chubasco
 squall of wind, ráfaga de viento
squall[2], chillar
squalor, porquería, suciedad, escualidez
squander, malgastar, disipar, derrochar
square[1], cuadrado, cuadrángulo, exacto(a), cabal, equitativo(a)
 square dance, contradanza, baile de figuras
 square deal, trato equitativo
 square foot, pie cuadrado
 square inch, pulgada cuadrada
 square number, número cuadrado
 square pyramid, pirámide cuadrada
 square rigger, buque de vela con aparejo de cruz
 square root, raíz cuadrada
 square unit, unidad cuadrada
square[2], cuadro, plaza
 bevel square, falsarregla
 carpenter's square, escuadra
square[3], cuadrar, ajustar, arreglar
square[4], ajustarse
squared, cuadrado(a)
squash[1], aplastar
squash[2], calabaza, calabacera, zapallo
squat[1], agacharse, sentarse en cuclillas
squat[2], agachado(a), rechoncho(a)
squaw, mujer india de E.U.A.
squawk[1], graznar, quejarse
squawk[2], graznido
squeak[1], chillar
squeak[2], grito, chillido
squeal, plañir, gritar, delatar
squeamish, fastidioso(a), demasiado delicado(a), remilgado(a)
squeeze[1], apretar, comprimir, estrechar
squeeze[2], compresión, acción de apretar, abrazo
squeezer, exprimidor, estrujador
squelch, aplastar, hacer callar
squint[1], ojizaino, bizco
squint[2], mirar de reojo, mirar con los ojos medio cerrados
squire[1], escudero
squire[2], acompañar
squirm, retorcerse, contorcerse
squirrel, ardilla
squirt[1], rociar
squirt[2], jeringa, chorro, joven grosero, persona insignificante y presuntuosa
S.R.O. (Standing room only), espacio sólo para estar de pie
S.S. (steamship), vapor
S.S. (Sunday School), escuela dominical
St. (Saint), Sto., San (Santo), Sta., (Santa)
 St. Petersburg, San Petersburgo
St. (Strait), estrecho
St. (Street), calle
stab[1], dar de puñaladas
stab[2], puñalada
stability, estabilidad, solidez, fijeza
stabilize, estabilizar, hacer firme
stable[1], establo
stable[2], poner en el establo
stable[3], estable
staccato, staccato
stack[1], niara, gran cantidad, montón
stack[2], hacinar, amontonar
stadium, estadio
staff, báculo, palo, apoyo, cuerpo, personal
 editorial staff, redacción, cuerpo de redacción
 music staff, pentagrama
 ruled staff, pauta
 staff officer, oficial de estado mayor
stag, ciervo, hombre que va a una fiesta sin compañera
 stag party, tertulia para hombres
stage[1], tablado, teatro, escenario, parada, escalón, tablas

stage fright, pánico escénico, miedo al público
stage lights, candilejas
stage management, dirección escénica
stage scenery, escenografía, decoración, decorado, bastidores
stage setting, puesta en escena
stage struck, loco por ingresar a las tablas
stage[2], etapa
stage of life, etapa de vida
stage[3], poner en escena
stagecoach, diligencia
stagecraft, arte teatral
stage whisper, cuchicheo de actores que pueden oír los espectadores
stagger[1], vacilar, titubear, tener incertidumbre, tambalear
stagger[2], escalonar, alternar, asustar, hacer vacilar
staging, puesta en escena
stagnant, estancado(a)
stagnate, estancarse
stagnation, estancamiento
stagnation of wages, estancamiento de los salarios
staid, grave, serio(a)
stain[1], manchar, empañar la reputación
stain[2], mancha, tacha, borrón, deshonra
stainless, limpio(a), inmaculado(a), impecable, inoxidable
stainless steel, acero inoxidable
stair, escalón
stairs, escalera
back stairs, escalera de servicio, escalera trasera
staircase, escalera
stairway, escalera
stake[1], estaca, posta
to have much at stake, tener mucho que perder
to pull up stakes, levantar el campo
stake[2], estacar, poner en el juego, apostar, arriesgar
stalactite, estalactita
stalagmite, estalagmita
stale[1], añejo(a), viejo(a), rancio(a)
stale[2], hacerse rancio(a) o viejo(a), orinar el ganado
stale[3], orina de ganado
stalemate[1], tablas, empate
stalemate[2], hacer tablas (en el juego de ajedrez), parar, paralizar
staleness, vejez, ranciedad
Stalinist totalitarianism, totalitarismo estalinista
Stalin's purge, purgas de Stalin
stalk[1], acechar
stalk[2], pavoneándose
stalk[3], paso majestuoso, tallo, pie, tronco, troncho
stall[1], pesebre, tienda portátil, tabanco, barraca, desplome, silla, butaca en el teatro
stall[2], meter en el establo
stall[3], demorarse premeditadamente, pararse
stallion, caballo padre
stalwart, robusto(a), vigoroso(a)
stamen, estambre
stamina, fuerza vital, vigor, resistencia
stammer, tartamudear, balbucear
stammerer, tartamudo(a)
stamp[1], patear (los pies), estampar, imprimir, sellar, acuñar
stamp[2], cuño, sello, impresión, estampa, timbre
postage stamp, sello de correo
revenue stamp, sello de impuesto
stampede[1], huida atropellada, fuga precipitada, estampida
stampede[2], huir en tropel
stance, posición, postura
stanch[1], estancar
stanch[2], estancarse
stanch[3], sano(a), leal, firme, seguro(a), hermético(a), a prueba de agua
stanchion, puntal, apoyo que se pone en tierra firme para sostener las paredes, etc.
stand[1], estar de pie o derecho, sostenerse, resistir, permanecer, pararse, hacer alto, estar situado, hallarse
stand by, estar cerca o listo para ayudar
stand[2], sostener, soportar
stand aside, apartarse

stand in line, hacer cola
stand out,
resaltar, destacarse
stand still, estarse parado(a)
o quieto(a)
stand up,
ponerse de pie, parase
stand[3], puesto, sitio, posición,
parada, tarima, estante
standard[1], estandarte, modelo,
norma, pauta, tipo, regla fija,
patrón
gold standard, patrón de oro
standard English,
inglés estándar
standard currency,
divisa estándar
standard equipment,
equipo corriente, equipo regular
standard form,
forma estándar, forma corriente
standard measure,
medida estándar
standard of behavior,
modelo de comportamiento
standard of living,
nivel de vida
standard unit,
unidad estándar
standard weights,
pesos estándar
standard[2], normal
standard measure,
medida patrón
standard time, hora normal
standard-gauge, de vía normal
standardization, uniformidad,
estandarización
standardize, normalizar, regulari-
zar, estandardizar
stand-by, cosa o persona con que
se puede contar en un mo-
mento dado
stand-by credit,
crédito contingente
standing[1], permanente, fijado(a),
establecido(a), estancado(a)
standing army,
ejército permanente
standing room,
espacio para estar de pie
standing[2], duración, posición,
puesto, reputación
standpoint, punto de vista
standstill, pausa, alto
stanza, verso, estrofa
staple[1], materia prima, producto
principal, presilla, grapa
staple crop production, producción de alimentos básicos
staple[2], establecido(a), principal
staple[3], engrapar
staples, artículos de primera necesidad
stapler, engrapador(a)
star[1], estrella, asterisco, astro
star[2], decorar con estrellas, marcar
con asteriscos, presentar en
calidad de estrella
star age, edad de las estrellas
star brightness,
brillo de las estrellas
star composition,
composición de las estrellas
star destruction,
destrucción de las estrellas
star formation,
formación de estrellas
star size,
tamaño de las estrellas
Star Spangled Banner, bandera tachonada de estrellas,
Bandera Llena de Estrellas
star system, sistema estelar
star temperature,
temperatura de las estrellas
star types, tipos de estrellas
star[3], ser estrella, tomar el papel
principal
starboard, estribor
starch[1], almidón
strach[2], almidonar
stare[1], clavar la vista
stare[2], mirada fija
starfish, estrella de mar
stark, fuerte, áspero(a), puro(a)
stark mad,
loco rematadamente
starkly, del todo
starlet, estrella joven de cine
starlight, luz de las estrellas
starling, estornino
starred, estrellado(a), como estrellas
starry, estrellado(a), como estrellas
start[1], sobrecogerse, sobresaltarse,
estremecerse, levantarse de
repente, salir los caballos en
las carreras

start[2], empezar, comenzar, fomentar, cebar, poner en marcha
to start off, ponerse en marcha, sobresalto, ímpetu, principio
to start out, ponerse en marcha, sobresalto, ímpetu, principio
to get a start, tomar la delantera
starter, iniciador(a), arrancador(a), principio, arranque
to step on the starter, pisar el arranque
starting, principio, origen, comienzo
starting point, punto de partida, poste de salida
startle[1], sobresaltarse, estremecerse de repente
startle[2], espanto, susto, repentino(a)
startling, espantoso(a), pasmoso(a), alarmante
starvation, muerte por hambre, inanición, hambre
starve, perecer o morirse de hambre
state[1], estado, condición, Estado, pompa, grandeza, situación, estación, circunstancia
state agency, agencia estatal
state bill of rights, carta de derechos del estado
state bureaucracy, burocracia estatal
state capitol, capitolio estatal
state constitution, constitución estatal
state court, tribunal estatal
state election, elección estatal
state government, gobierno estatal
state legislature, legislatura estatal
state revenue, ingresos estatales
state sales tax, impuestos estatales sobre la venta
state senator, senador estatal
state sovereignty, soberanía estatal
state's evidence, testimonio en favor del estado en una audiencia
states' rights, derechos de los estados
state[2], plantear, fijar, declarar, precisar
statecraft, arte de gobernar
statehood, condición de estado
statehouse, sede de la legislatura de un estado
stately, augusto(a), majestuoso(a)
statement, relación, cuenta, afirmación, estado de cuenta, relato, manifestación, declaración, enunciado
stateroom, camarote(a), compartimiento(a)
statesman, estadista, político, hombre de Estado
statesmanship, política, arte de gobernar
static[1], estática
static[2], estático(a)
static balance, equilibrio estático
static electricity, electricidad estática
static friction, fricción estática
static stretch, estiramiento estático
statics, estática
station[1], estación, empleo, puesto, situación, postura, grado, condición, estación, paradero
central station, central
main station, central
station to station phone call, llamada teléfonica a quien conteste
station wagon, camioneta
station[2], apostar, situar, alojar
stationary, estacionario(a), fijo(a)
stationary object, objeto estático
stationery, útiles o efectos de escritorio, papelería
stationery store, papelería
statistic, estadístico(a)
statistical, estadístico(a)
statistical experiment, experimento estadístico
statistical regression, regresión estadística
statistician, experto en estadística

statistics, estadística
stat. mile (statute mile), milla ordinaria
statuary[1], estatuario, escultor(a), escultura de estatuas, grupo de estatuas
statuary[2], estatuario
statue, estatua
  Statue of Justice, estatua de la Justicia
  Statue of Liberty, Estatua de la Libertad
stature, estatura, talla
status, posición, condición, estatus
  status indicator, indicador de estado
  status quo, statu quo
statute, estatuto, reglamento, regla
  statute law, derecho escrito
statutory, legal, establecido(a) por la ley, perteneciente a un estatuto, castigable por el estatuto
  statutory requirement, requisito por estatuto
staunch[1], estancar
staunch[2], estancarse
staunch[3], sano(a), leal, firme, seguro(a), hermético(a), a prueba de agua
stave[1], romper las duelas, quebrantar
  to stave off, impedir, alejar, evitar
stave[2], duela de barril
stave[3], pentagrama
stay[1], estancia, permanencia, suspensión (de una sentencia), cesación, apoyo, estribo
stay[2], quedarse, permanecer, estarse, tardar, detenerse, aguardarse, esperarse
  stay in bed, guardar cama
  stay on topic, ceñirse al tema
stay[3], detener, contener, apoyar
stays, corsé, justillo
stead, lugar, sitio, paraje
steadfast, firme, estable, sólido(a)
steadfastly, con constancia
steadily, firmemente, invariablemente
steady[1], firme, fijo(a)
steady[2], hacer firme
steak, bistec
steal, hurtar, robar
  steal away, escabullirse
  steal in, colarse
  steal the ball, robar la pelota
stealth, hurto
  by stealth, a hurtadillas
stealthily, a hurtadillas
stealthy, furtivo(a)
steam[1], vapor
steam[2], de vapor
  steam bath, baño de vapor
  steam boiler, caldera de una máquina de vapor
  steam engine, bomba de vapor, máquina de vapor
  steam fitter, montador de tubos y calderas de vapor
  steam heat, calefacción por vapor
  steam locomotive, locomotora de vapor
  steam radiator, calorífero de vapor
  steam roller, aplanadora de vapor
  steam shovel, pala de vapor
  steam pressure, presión del vapor
steam[3], vahear
steam[4], limpiar con vapor, cocer al vapor
steamboat, vapor, buque de vapor
steamer, vapor, máquina o carro de vapor
  steamer rug, manta de viaje
steamship, vapor, buque de vapor
  steamship agency, agencia de vapores
  steamship line, línea de vapores
steed, caballo brioso, corcel
steel[1], acero
  alloy steel, aleación de acero
  bar steel, acero en barras
  carbon steel, acero al carbón
  chrome steel, acero al cromo
  hard steel, acero fundido
  nickel steel, acero níquel
  raw steel, acero bruto
  silver steel, acero de plata
  stain-less steel, acero inoxidable
  steel construction, construcción de acero
  steel-tipped plow, reja de arado de acero
  steel wool, lana de acero

tempered steel, acero recocido
vanadium steel, acero al vanadio
steel[2], acerar, fortalecer, endurecer
steelworker, obrero(a) en una fábrica de acero
steelworks, acería, fábrica de acero, talleres de acero
steep[1], escarpado(a), empinado(a), exorbitante
steep[2], precipicio
steep[3], empapar, remojar
steeple, torre, campanario, espira
steeplechase, carrera ciega, carrera de obstáculos
steeplejack, reparador(a) de espiras, chimeneas, etcétera
steer[1], novillo, consejo, buey
steer[2], gobernar, guiar, dirigir
steerage, gobierno, antecámara de un navío, proa
steering[1], dirección
steering[2], de gobierno
steering gear, aparato de gobierno
steering wheel, volante
stein, tarro especial para cerveza
stellar, estelar
stellar energy, energía estelar
stem[1], vástago, tallo, estirpe, branque, tronco
stem-and-leaf plot, diagrama de tallo y hoja
stem[2], cortar, estancar
stench, hedor
stencil[1], plantilla, esténcil, patrón
stencil[2], estarcir
stenographer, taquígrafo(a), estenógrafo(a), mecanógrafo(a)
stenographic or stenographical, estenográfico
stenography, taquigrafía, estenografía
stenotype, estenotipia
stenotypist, estenomecanógrafo(a), mecanotaquígrafo(a)
step[1], paso, peldaño, escalón, huella, trámite, gestión
be in step, llevar el paso
in step, de acuerdo
step graph, gráfica escalonada
steps in the design process, pasos del proceso de diseño
step[2], escalonar
to step in, entrar
to step on, pisar
to step out, salir, ir de parranda
to step up, acelerar, aviviar
stepbrother, medio hermano, hermanastro
stepdaughter, hijastra
stepfather, padrastro
stepladder, escalera de mano, gradilla
stepmother, madrastra
steppe lands, estepas
steppingstone, pasadera, medio para progresar o adelantar
stepsister, media hermana, hermanastra
stepson, hijastro
stereophonic, estereofónico(a)
stereoscope, estereoscopio
stereotype[1], estereotipia, estereotipo
stereotype[2], estereoripar
stereotypical, estereotípico(a)
stereotyping, estereotipar
sterile, estéril
sterility, esterilidad
sterilization, esterilización
sterilize, desinfectar, esterilizar
sterling[1], genuino(a), verdadero(a)
sterling[2], moneda esterlina
sterling silver, plata esterlina
stern[1], austero(a), rígido(a), severo(a), ceñudo(a)
stern[2], popa
sternum, esternón
steroid, esteroide
stet, reténgase
stethoscope, estetoscopio
stevedore, estibador(a)
stew[1], estofar, guisar, mortificarse
stew[2], guisado, guiso, sancocho
steward, mayordomo, despensero
cabin steward, camarero
stewardess, camarera
plane stewardess, azafata, sobrecargo, aeromoza
stewpan, cazuela
stick[1], palo, bastón, vara
incense stick, pebete
stick control, palanca de mando
stick[2], pegar, picar, punzar
stick[3], pegarse, detenerse, perseverar
sticker, etiqueta engomada

sticking, pegadura
stickleback, espino
stickler, porfiador(a), persona escrupulosa
stickpin, alfiler de corbata, fistol
stick-up, asalto, robo
sticky, viscoso(a), pegajoso(a), pegadizo(a)
stiff, tieso(a), duro(a), torpe, rígido(a), obstinado(a)
stiff neck, torticolis o tortícolis
stiffen[1], atiesar, endurecer
stiffen[2], endurecerse
stiffness, tesura, rigidez, obstinación
stifle, sofocar
stifling, sofocante
stifling heat, calor asfixiante
stigma, nota de infamia, estigma, borrón
stigmatize, estigmatizar
stile, portillo con escalones
still[1], aquietar, aplacar, calmar
still[2], silencioso(a), tranquilo(a)
still[3], silencio, alambique, fotografía para anunciar una película
still[4], todavía, siempre, hasta ahora, no obstante
stillborn, nacido(a) muerto(a)
stillness, calma, quietud
stilt, zanco
stilted, altisonante, afectado(a)
stimulant, estimulante
stimulate, estimular, aguijonear
stimulation, estímulo, estimulación
stimuli, estímulos, estímulo
stimulus, estímulo
sting[1], picar o morder
sting[2], aguijón, punzada, picadura, picada, remordimiento de conciencia
stinginess, tacañería, avaricia
stinging, picante, mordaz, punzante
stinging nettle, ortiga
stingy, mezquino(a), tacaño(a), avaro(a)
stink[1], heder
stink[2], hedor
stint[1], limitar, ser económico(a)
stint[2], límite, restricción, tarea asignada
stipulate, estipular
stipulation, estipulación, contrato mutuo
stir[1], mover, agitar, menear, conmover, incitar
stir[2], moverse, bullir
stir[3], tumulto, turbulencia, movimiento, cárcel
stirring, emocionante, animador(a)
stirrup, estribo
stitch[1], coser, bastear
stitch[2], puntada, punto
stock[1], tronco, injerto, zoquete, mango, corbatín, estirpe, linaje, capital, principal, fondo, acción, acciones, ganado
in stock, en existencia
preferred stocks, acciones preferentes
stock breeding, cría de ganado
stock company, sociedad anónima
stock exchange, bolsa, bolsa de comercio, bolsa financiera
stock market, mercado de valores, mercado bursátil
stock market crash, colapso de la bolsa
supply stock, provisión
to speculate in stocks, jugar a la bolsa
stock[2], proveer, abastecer
stocks, acciones en los fondos públicos
stockade, palizada, estacada
stockbroker, agente de cambio, corredor de bolsa, bróker
stockholder, accionista
stocking, media
stock-in-trade, existencias, surtido, recursos para un negocio
stockjobbing, juego de bolsa, agiotaje
stockpile[1], acumulación de mercancías de reserva
stockpile[2], acumular mercancías de reserva
stockroom, depósito
stocky, rechoncho(a)
stockyard, rastro, corral de ganado
stodgy, hinchado(a), regordete, pesado(a), indigesto(a)
stoic or stoical, estoico(a)
stoically, estoicamente
stoichiometry, estequiometría
stoicism, estoicismo
stoke, atizar el fuego
stoker, fogonero(a), cargador(a)
stole[1], estola

stole[2], robó
stolid, estólido
stomach[1], estómago, apetito
on the stomach, boca abajo
stomach[2], aguantar, soportar
stone[1], piedra, canto, cálculo, cuesco, pepita, hueso de fruta, alhaja, piedra preciosa
hewn stone, cantería
of stone, pétreo
stone fruit, fruta con hueso
corner stone, piedra angular
foundation stone, piedra fundamental
stone[2], apedrear, quitar los huesos de las frutas, empedrar, trabajar de albañilería
stonecutter, picapedrero(a)
stony, de piedra, pétreo(a), duro(a)
stooge, cómico(a), paniaguado, secuaz servil, palero(a)
stool, banquillo, taburete, silleta, evacuación
piano stool, banqueta
stool pigeon, señuelo, espía, delatador(a), persona empleada para embaucar
stoop[1], inclinación hacia abajo, abatimiento, escalinata
stoop[2], encorvarse, inclinarse, bajarse, agacharse
stop[1], detener, parar, diferir, cesar, suspender, paralizar, tapar
stop[2], pararse, hacer alto
to stop a clock, parar un reloj
stop[3], pausa, obstáculo, parada, detención
stop signal, señal de alto o de parada
stop light, luz de parada
stop watch, cronógrafo
stopover, escala, parada en un punto intermediario del camino
stoppage, obstrucción, impedimento, alto
stopping, obstrucción, impedimento, alto
stopping place, paradero
storage, almacenamiento, almacenaje
cold storage, cámara frigorífica
storage battery, batería, batería de acumuladores, acumulador
storage device, dispositivo de almacenamiento
storage of genetic information, almacenamiento de información genética
storage temperature, temperatura de almacenamiento
store[1], abundancia, provisión, almacén
department store, bazar, tienda de departamentos
dry goods store, mercería
store[2], surtir, proveer, abastecer, almacenar
store energy, almacenamiento de energía
stored data, datos almacenados
storehouse, almacén
storekeeper, guardaalmacén, pañolero
storeroom, almacén, depósito, pañol
storied, con pisos
three storied house, casa de tres pisos
storing money, ahorrar dinero
stork, cigüeña
storm[1], tormenta, tempestad, borrasca, asalto, tumulto
storm center, centro tempestuoso
storm door, guardapuerta, contrapuerta
storm window, contraventana
storm[2], tomar por asalto
storm[3], haber tormenta
stormy, tempestuoso(a), violento(a), turbulento(a)
story, cuento, historia, crónica, fábula, mentira, piso de una casa
story board, guión gráfico
story element, elemento del cuento, elementos de la historia
story map, mapa conceptual
story structure, estructura del cuento
stout[1], robusto(a), vigoroso(a), corpulento(a), fuerte
stout[2], cerveza fuerte, persona corpulenta, vestido propio para personas gruesas
stoutly, valientemente, obstinadamente

stove, estufa, fogón, hornillo
stow, meter, colocar, dejar, estibar
stowaway, polizón(a)
straddle[1], montar a horcajadas
straddle[2], evitar tomar un partido
straddle[3], el estar a horcajadas
straggle, vagar, extenderse
straggler, rezagado(a)
straight[1], derecho, recto, justo
straight[2], directamente, en línea recta
straight angle, ángulo llano, ángulo recto
straight edge, reglón, herramienta para dibujar líneas rectas, regla recta
straight line, línea recta
straight-line motion, movimiento en línea recta
straight razor, navaja ordinaria de afeitar
straightaway[1], curso directo
straightaway[2], derecho, en dirección continua
straightedge, regla
straighten, enderezar
straightforward, derecho(a), franco(a), leal, sencillo
straightway, inmediatamente, luego
strain[1], colar, filtrar, cerner, trascolar, apretar, forzar, violentar
strain[2], esforzarse
strain[3], retorcimiento, raza, linaje, estilo, sonido, armonía, tensión, tirantez
strainer, colador, coladera
strait[1], rígido(a), exacto(a), escaso(a)
strait jacket, camisa de fuerza
strait[2], estrecho, aprieto, angustia, penuria
Strait of Malacca, estrecho de Malaca
straiten, acortar, estrechar, angostar
straitened circumstances, circunstancias reducidas, escasos recursos
strand[1], costa, playa, ribera, cordón
strand[2], encallar
strand[3], embarrancar, abandonar
to be stranded, perderse, estar uno(a) solo(a) y abandonado(a)
strange, extraño(a), curioso(a), raro(a), peculiar
strangely, extraordinariamente
stranger, extranjero(a), desconocido(a), forastero(a)
strangle, ahogar, estrangular
strangle hold, presa que ahoga al antagonista
strap[1], correa, tira de cuero, correa o trabilla
strap[2], atar con correas
strapping, robusto(a), fornido(a), fuerte
stratagem, estratagema, astucia
strategic, estratégico(a)
Strategic Air Command (S.A.C.), Mando Aéreo Estratégico
strategy, estrategia
strategy efficiency, eficiencia de estrategia
strategy generation technique, técnica de generación de estrategias
stratification, estratificación
stratocruiser, estratocrucero
stratosphere, estratósfera
stratum, lecho, estrato
stratus, estrato
stratus cloud, nube estrato
straw[1], paja, bagatela, popote
straw[2], de paja, falso
straw hat, sombrero de paja
straw vote, voto no oficial para determinar la opinión pública
strawberry, fresa, frutilla
stray[1], extraviarse, perder el camino
stray[2], persona descarriada, animal extraviado
stray[3], extraviado(a), perdido(a), aislado(a), sin conexión
streak[1], raya, lista
streak[2], rayar
stream[1], arroyo, río, torrente, raudal, corriente
a stream of children, una muchedumbre infantil
down stream, agua abajo
stream of consciousness, flujo de conciencia, monólogo interior
stream[2], correr, fluir, entrar a torrentes
streamer, flámula, gallardete, cinta colgante
streaming, transmisión por secuencias

streamline[1], línea en que corre una corriente
streamline[2], dar forma aerodinámica, modernizar
streamlined, aerodinámico(a)
street, calle
street crossing, cruce de calle
street gang, pandilla callejera
street intersection, bocacalle
streetcar, tranvía
streetcar conductor, cobrador
streetcar line, línea de tranvía
streetwalker, ramera, prostituta, mujer de la calle
strength, fuerza, robustez, vigor, fortitud, potencia, fortaleza, resistencia
to gain strength, cobrar fuerzas
tensile strength, resistencia a la tracción
strengthen[1], corroborar, consolidar, fortificar, reforzar
strengthen[2], fortalecerse
strenuous, fuerte, vigoroso(a), arduo(a), activo(a)
strenuously, vigorosamente
streptococcus, estreptococo
streptomycin, estreptomicina
stress[1], fuerza, tensión, acento
stress management, control del estrés
stress reduction, reducción del estrés
stress[2], acentuar, dar énfasis, hacer hincapié en
stress[3] **(vowel sound)**, acento (sonido de una vocal)
stressed syllable, sílaba acentuada, sílaba tónica
stretch[1], extender, alargar, estirar, extenderse, esforzarse
stretch[2], extensión, esfuerzo, estirón, trecho
stretcher, estirador, tendedor, parihuela, camilla
stretching, estiramiento
strew, esparcir, sembrar
strict, estricto(a), estrecho(a), exacto, riguroso(a), severo(a), terminante
strict order, orden terminante
strictly, estrictamente, con severidad
stride[1], tranco, adelanto, avance
stride[2], cruzar, pasar a zancadas
stride[3], andar a pasos largos
strident, estridente
strife, contienda, disputa, rivalidad
strike[1], golpear, dar, chocar, declararse en huelga
strike out, tachar, hacer perder el tanto al bateador que falla en golpear la pelota en tres golpes consecutivos
strike[2], golpe, hallazgo, huelga
strikebreaker, rompehuelgas, esquirol
striker, huelguista, golpeador(a)
striking, impresionante, sorprendente, llamativo(a)
striking pattern, patrón llamativo
strikingly, de un modo sorprendente
string, cordón, cuerda, hilo, hilera, fibra
string bean, habichuela verde, judía, ejote
stringed, encordado(a)
stringed instrument or string instrument, instrumento de cuerda
stringent, severo(a), riguroso(a), rígido(a), convincente
strip[1], tira, faja
strip[2], desnudar, despojar
strip mining, explotación a cielo abierto
stripe[1], raya, lista, roncha, cardenal, azote
stripe[2], rayar
striped, rayado(a)
strive, esforzarse, empeñarse, disputar, contender, oponerse
stroboscope, estroboscopio
stroke[1], golpe, toque, sonido, tirada, golpe de émbolo, caricia con la mano, apoplejía, plumada, palote
stroke[2], acariciar
stroll[1], tunar, vagar, pasearse
stroll[2], paseo
stroller, paseante
strong, fuerte, vigoroso(a), robusto(a), concentrado(a), poderoso(a), violento(a), pujante
strongly, con fuerza
strongbox, caja fuerte
stronghold, fortaleza

strontium, estroncio
struck, cerrado(a) o afectado(a) por huelga, golpeado(a)
structural, estructural, construccional
structural adaptation, adaptación estructural
structural analysis, análisis estructural
structural formula, fórmula estructural
structural iron, hierro para construcciones
structural patterns, patrones estructurales
structural unemployment, desempleo estructural
structure, estructura, edificio, fábrica
studies, estudios
study, estudiar, estudio
study guide, guía de estudio
study strategies, estrategias de estudio
struggle[1], lucha, contienda, conflicto, brega
struggle[2], esforzarse, luchar, lidiar, agitarse, contender
strum, tocar defectuosamente, rasguear
strut[1], pavonearse, zarandearse
strut[2], pavonada, contoneo, poste, puntal
strychnine, estricnina
style, estilo
style of homes, estilos de los hogares
style sheet format, formato de hoja de estilos
stylistic feature, característica estilística
stub[1], tocón, talón, colilla, fragmento
stub[2], pegar, dar
stubble, rastrojo
stubborn, obstinado(a), terco(a), testarudo(a), enrevesado(a), cabezón (cabezona)
to be stubborn, ser porfiado(a) o terco(a)
stubby, cachigordete(a), gordo(a)
stucco, estuco, escayola
stuck-up, arrogante, presumido(a), presuntuoso(a)
stud[1], botón de camisa, tachón, yeguada
stud mare, yegua para cría
stud[2], tachonar
student[1], estudiante, alumno(a)
student[2], estudiantil
studhorse, caballo padre
studio, estudio de un artista
moving picture studio, estudio cinematográfico
studio couch, sofá cama
studious, estudioso(a), diligente
study[1], estudio, aplicación, meditación profunda, gabinete
study[2], estudiar, cursar, observar
study[3], estudiar, aplicarse
stuff[1], materia, material, efectos, cosas, materia prima
stuff and nonsense!, ¡bagatela!, ¡niñería!
stuff[2], henchir, llenar, cebar, rellenar
stuff[3], atracarse, tragar
to stuff oneself, hartarse, soplarse
stuffing, relleno, atestadura
stuffy, mal ventilado(a), enojado(a) y terco(a), estirado(a), presuntuoso(a)
stumble[1], tropezar
stumble[2], traspié, tropiezo
stumbling, tropezón
stumbling block, tropezadero, obstáculo, impedimento
stump[1], tocón, colilla, muñón
stump speech, discurso de política
stump[2], aplastar, confundir, dejar estupefacto, coger
stump[3], pronunciar discursos políticos
stun, aturdir, pasmar
stunning, elegante, atractivo(a), aturdidor(a)
stunt[1], no dejar crecer, reprimir
stunt[2], hazaña
stunt flying, acrobacia aérea
stupefy, atontar, atolondrar
stupendous, estupendo(a), maravilloso(a)
stupendously, estupendamente
stupid[1], estúpido(a), tonto(a), bruto(a)
to be stupid, ser duro(a) de mollera
stupid[2], bobo(a), tonto(a)
stupidly, estúpidamente

stupidity, estupidez
stupor, estupor, letargo
sturdily, robustamente, vigorosamente
sturdy, fuerte, tieso(a), robusto(a), rollizo(a), determinado(a), firme
sturgeon, esturión
stutter[1], tartamudear, gaguear
stutter[2], tartamudeo
sty, zahúrda, pocilga, orzuelo
style[1], estilo, título, gnomon, modo, moda
in style, a la moda
style[2], intitular, nombrar, confeccionar según la moda
stylish, elegante, a la moda
stylist, estilista
stylize, estilizar
stylograph, estilográfica, pluma estilográfica
stylographic, estilográfico(a)
suave, pulido(a) y cortés
suavely, pulida cortésmente
sub, sustituto(a), submarino, subordinado(a)
sub-Arctic environment, clima subártico
subatomic particle, partícula subatómica
subcommittee, subcomisión, subcomité
subconscious[1], subconsciente
subconscious[2], subconsciencia
subculture, subcultura
subdivide, subdividir
subdivision, subdivisión
subduction zones, zonas de subducción
subdue, sojuzgar, rendir, sujetar, conquistar, mortificar
subhead, subtítulo, título o encabezamiento secundario
subject[1], sujeto, tema tópico, asignatura, materia
subject[2], sujeto, sometido(a) a
subject matter, asunto, tema
subject pronoun, pronombre sujeto
subject-verb agreement, concordancia entre sujeto y verbo
subject[3], sujetar, someter, supeditar, rendir, exponer
subjection, sujeción, supeditación
subjective[1], subjetivo(a)
subjective[2], subjetivamente
subjective view, opinión subjetiva, punto de vista subjetivo
subjugate, sojuzgar, sujetar
subjunctive, subjuntivo
sublease[1], subarrendar
sublease[2], subarriendo
sublet, subarrendar, dar en alquiler o renta
sublimation, sublimación
sublime[1], sublime, excelso(a)
sublime[2], sublimidad
sublime[3], hacer sublime, exaltar, purificar, sublimar
sublimely, de un modo sublime
subliminal message, mensaje subliminal
submarine, submarino, sumergible
submerge, sumergir
submerse, sumergir
submission, sumisión, rendimiento, resignación, humildad
submissive, sumiso(a), obsequioso(a)
submissively, con sumisión
submit[1], someter, rendir, presentar
submit[2], someterse
suborbital, suborbital
subordinate[1], subordinado(a), subalterno(a), inferior, dependiente
subordinate character, personaje secundario
subordinate[2], subordinar, someter
subordinating conjunction, conjunción de subordinación, conjunción subordinada
subordination, subordinación
subplot, subtrama, trama secundaria
subpoena[1], orden de comparecer, comparendo
subpoena[2], citar para comparecencia, citar con comparendo
subpena[1], orden de comparecer, comparendo
subpena[2], citar para comparecencia, citar con comparendo
sub-Saharan Africa, África subsahariana
subscribe, suscribir, certificar con su firma, suscribirse, consentir, abonarse

subscriber, suscriptor(a), abonado(a)
subscript, subscripto
subscription, suscripción, abono
subsequent, subsiguiente, subsecuente, posterior
subsequently, posteriormente
subservient, subordinado(a), útil
subsets of real numbers, subconjuntos de números reales
subside, apaciguarse, bajar, disminuirse
subsidiary[1], subsidiario(a), afiliado(a), auxiliar
subsidiary[2], auxiliar
subsidize, dar subsidios
subsidy, subsidio, socorro, subvención
subsist[1], subsistir, existir
subsist[2], mantener
subsistence, existencia, subsistencia
subsistence agriculture, agricultura de subsistencia
subsistence farming, agricultura de subsistencia
subsistence method, método de subsistencia
subsoil, subsuelo
substance, sustancia, entidad, esencia
substance abuse, abuso de sustancias
substantial, sustancial, real, material, sustancioso(a), fuerte
substantiate, corroborar, verificar, comprobar, sustanciar
substantive, sustantivo
substitute[1], sustituir, remplazar, relevar
substitute[2], sustituto(a), remplazo, suplente, lugarteniente, sobresaliente
substitute product, producto sustituto
substitute[3], de sustituto(a)
substitution, sustitución
substitution for unknowns, sustitución de valores desconocidos
substitution method, método de sustitución
substitution property, propiedad de sustitución
subsystem, subsistema
subterfuge, subterfugio, evasiva
subterranean or subterraneous, subterráneo, oculto, secreto
subtext, subtexto
subtitle, subtítulo, título secundario
subtle, sutil, delicado(a), tenue, agudo(a), penetrante, astuto(a)
subtlety, sutileza
subtract, sustraer, restar
subtract radical expressions, restar expresiones radicales
subtraction, sustracción, resta
subtraction algorithm, algoritmo de la resta
subtrahend, sustraendo
subunit, subunidad
suburb, suburbio, arrabal
suburbs, afueras
suburban, suburbano(a)
suburban area, área suburbana
suburbanite, suburbano(a), que vive en los suburbios
suburbanization, suburbanización
subversive, subversivo(a)
subvocalize, subvocalizar
subway, túnel, ferrocarril subterráneo, metro
sucaryl, nombre comercial de un compuesto azucarado parecido a la sacarina
succeed, suceder, seguir, conseguir, lograr, tener éxito
success, éxito, buen éxito, lucimiento
successful, próspero(a), dichoso(a)
to be successful, tener buen éxito
successfully, con éxito
succession, sucesión, descendencia, herencia
successive, sucesivo(a)
successor, sucesor(a)
succinct, sucinto(a), compendioso(a)
succinctly, de modo compendioso
succor[1], socorrer, ayudar, subvenir
succor[2], socorro, ayuda, asistencia
succotash, combinación de habas y maíz
succulent, suculento, jugoso
succumb, sucumbir
such, tal, semejante
such as, tal como
such as, los o las que
in such a manner, de tal modo
suck[1], chupar, mamar
suck[2], chupada

sucker, chupador(a), persona fácil de engañar, caramelo, paleta
sucking[1], chupadura
sucking[2], mamante, chupador(a)
suckle, amamantar
sucre, sucre
suction, succión, chupada
Sudan, Sudán
sudden, repentino(a), no prevenido
suddenly, de repente, súbitamente, de pronto
suds, jabonadura, espuma de jabón
sue, poner pleito, demandar
suede, piel de ante
suet, sebo, grasa
Suez Canal, Canal de Suez
suffer, sufrir, tolerar, padecer
suffering[1], sufrimiento, pena, dolor
suffering[2], doliente
suffice, bastar, ser suficiente
sufficient, suficiente, bastante
suffix[1] **(es)**, sufijo (s)
suffix[2], añadir un sufijo
suffocate[1], sofocar, ahogar
suffocate[2], sofocarse
suffocation, sofocación
suffrage, sufragio, voto
  suffrage movement, movimiento sufragista
suffuse, difundir, derramar, extender
suffusion, difusión
Sufism, sufismo
sugar[1], azúcar, lisonja
  beet sugar, azúcar de remolacha
  brown sugar, azúcar morena
  corn sugar (glucose), glucosa
  cube sugar, terrón de azúcar
  fruit sugar, fructosa
  granulated sugar, azúcar granulado(a)
  loaf sugar, azúcar de pilón
  refined sugar, azúcar blanco(a)
  sugar bowl, azucarero, azucarera
  sugar cane, caña de azúcar
  sugar crop, zafra
  sugar loaf, pan de azúcar
  sugar mill, trapiche, central
sugar[2], azucarar, confitar
sugar-cane, caña de azúcar
  sugar-cane plantation, cañaveral
  sugar-cane juice, guarapo
sugar-coat, azucarar, garapiñar, hermosear lo feo, ocultar la verdad
sugary, azucarado(a), dulce
suggest, sugerir, proponer
suggestion, sugestión
suggestive, sugestivo(a)
suicidal, suicida
suicide, suicidio, suicida
  to commit suicide, suicidarse
Sui dynasty, dinastía Sui
suit[1], vestido entero, traje, galanteo, petición, pleito
  ready-made suit, traje hecho
  suit made to order, traje a la medida
  to bring suit, formar causa, demandar, entablar un juicio
suit[2], adaptar, surtir, ajustarse, acomodarse, convenir
suit[3], sentar, caer bien
suitability, conveniencia, compatibilidad
suitable, conforme, conveniente, satisfactorio(a), idóneo(a)
suitably, apropiadamente, debidamente
suitcase, maleta
suite, serie, tren, comitiva
  suite of rooms, habitación de varios cuartos
suitor, pretendiente, galán, demandante
Suleiman the Magnificent, Suleimán el Magnífico
sulfa drugs, sulfanilamidos
sulfonamide, sulfonamida
sulfur, azufre
sulfuric acid, acido sulfúrico
sulk[1], mal humor
sulk[2], ponerse de mal humor, hacer pucheros
sulky, regañón(a), malhumorado(a), resentido(a)
sullen, intratable, hosco(a)
sullenly, de mal humor, tercamente
sully[1], manchar, ensuciar
sully[2], empañarse
sulphate, sulfato
sulphur, azufre
  sulphur dioxide, gas sulfuroso, bióxido sulfuroso

sultry, caluroso(a) y húmedo(a), sofocante, ardiente, sensual
sum[1], suma, monto, montante
certain sum, tanto
sum total, total, cifra total
sum[2], sumar, recopilar
to sum up, resumir
Sumeria, Sumeria
summarize, resumir, recopilar
summary[1], epítome, sumario, resumen
summary sentence, oración de resumen
summary statistic, estadísticas de resumen
summation, total, suma
summer[1], verano, estío
summer[2], estival, de verano
summer house, cenador, quiosco
summer resort, lugar de veraneo
summer solstice, solsticio de verano
summer[3], veranear
summersault[1], voltereta, salto mortal
summersault[2], dar un salto mortal
summertime, verano, época de verano
summit, ápice, cima, cresta, cumbre
summit conference, conferencia en la cumbre
summon, citar, requerir por auto de juez, convocar, convidar, intimar la rendición
summons, citación, requerimiento, emplazamiento
sumptuous, suntuoso(a)
sun[1], sol
sun parlor, solana
sun porch, solana
Sun's position, posición del Sol
Sun's radiation, radiación solar
sun's size, tamaño del Sol
sun[2], asolear
sun[3], asolearse, tomar el sol
sunbeam, rayo de sol
sunblock, bloqueador solar
sunbonnet, papalina, cofia para el sol
sunburn[1], quemadura de sol
sunburn[2], quemarse por el sol
sunburnt, tostado(a) por el sol, asoleado(a)
sundae, helado cubierto con jarabe y fruta o nueces
Sunday, domingo
Sunday School, doctrina dominical, escuela dominical
sunder, separar, apartar
sundial, reloj de sol, cuadrante
sundown, puesta del sol, ocaso
sundries, géneros varios
sundry, vanos(as), muchos(as), diversos(as)
sunfast, firme, a prueba de sol
sunfish, rueda
sunflower, girasol, mirasol, tornasol
sunglass, espejo ustorio
sunglasses, anteojos contra el sol, gafas para el sol
sunlamp, lámpara de rayos ultravioletas
sunless, sin sol, sin luz
sunlight, luz del sol
sunlight reflection, reflejo de luz solar
Sunna, Sunna
Sunni, sunita
sunny, asoleado(a), brillante, alegre
it is sunny, hace sol
sunproof, a prueba de sol
sunrise, salida del sol
sunroom, solana
sunscreen, bloqueador solar
sunset, puesta del sol, ocaso
sunshade, quitasol, pantalla, visera contra el sol
sunshine, luz solar, luz del sol
sunshiny, lleno de sol, resplandeciente como el sol
sunstroke, insolación
sup[1], sorber, beber a sorbos, dar de cenar
sup[2], cenar
superb, soberbio(a), espléndido(a), excelente
supercargo, sobrecargo
supercharge, sobrealimentar
supercilious, arrogante, altanero(a)
superciliously, con altivez
superficial, superficial
superfine, superfino(a)
superfluous, superfluo(a), prolijo(a), redundante
superfluously, superfluamente
superhero, superhéroe
superhighway, autopista

superhuman, sobrehumano(a)
superimpose, sobreponer
superintend, inspeccionar, vigilar, dirigir
superintendent, superintendente, mayordomo
superior, jefe, superior
superiority, superioridad, arrogancia
superlative, superlativo(a)
superlative adjective, adjetivo superlativo
superlative adverbs, adverbio superlativo
superlatively, en sumo grado
super majority, mayoría cualificada
superman, superhombre
supermarket, supermercado
supernatural, sobrenatural
supernatural tale, leyenda sobrenatural, cuento sobrenatural
supernova, supernova
superposition, superposición
superpower rivalry, rivalidad de las superpotencias
supersede, sobreseer, remplazar, invalidar
supersonic, supersónico(a)
superstition, superstición
superstitious, supersticioso(a)
superstructure, superestructura, edificio levantado sobre otra fábrica
supervene, sobrevenir
supervise, inspeccionar, dirigir, vigilar
supervision, superintendencia, dirección, inspección, vigilancia
supervisor, superintendente, inspector(a)
supper, cena
Last Supper, Última Cena
Lord's Supper, institución de la Eucaristía
to have supper, cenar
supplant, suplantar
supple[1], flexible, manejable, blando(a)
supple[2], hacer flexible
supplement[1], suplemento
supplement[2], suplir, adicionar
supplemental, adicional, suplementario(a)
supplementary, adicional, suplementario
supplementary angles, ángulos suplementarios
suppliant, suplicante
supplicant, suplicante
supplicate, suplicar
supplier, proveedor, abastecedor
supply[1], suplir, completar, surtir, proporcionar, dar, proveer, abastecer
supply[2], surtido, provisión, oferta
supply and demand, oferta y demanda
supply curve, curva de la oferta
supply-side economics, economía de oferta
support[1], sostener, soportar, asistir, basar
support[2], sustento, apoyo, respaldo
supporter, apoyo, protector(a), defensor(a)
supporting details, detalles secundarios
supporting ideas, ideas secundarias, argumentos de apoyo
supporting weight, soportar peso
suppose, suponer
supposed, supuesto(a)
supposedly, según se supone, hipotéticamente
supposing, en caso de que
supposing that, suponiendo que
supposition, suposición, supuesto
suppress, suprimir, reprimir
suppression, supresión
supremacy, supremacía
supremacy clause, Cláusula de supremacía
supreme, supremo(a)
Supreme Being, Ser Supremo, El Creador, Dios
Supreme Court, Corte Suprema
Supt. (superintendent), superintendente
surcease, cesación, parada, final
surcharge[1], sobrecargar
surcharge[2], sobrecarga, recargo
sure, seguro(a), cierto(a), certero(a), firme, estable
sure-footed, seguro(a), de pie firme
to be sure, sin duda, seguramente, ya se ve
surely, sin duda

surety, seguridad, fiador(a)
to go surety, salir fiador(a)
surf[1], resaca, oleaje
surf bathing, baño de oleaje
surf[2], navegar (Internet)
surface[1], superficie, cara
surface area, área de superficie
surface area cone, área de superficie de un cono
surface area cylinder, área de superficie de un cilindro
surface area of reactants, reactivos de área de superficie
surface area sphere, área de superficie de una esfera
surface run-off, escorrentía
surface tension, tensión superficial
surface[2], alisar
surface[3], emerger, surgir
surfacing, recubrimiento (de un camino), revestimiento, alisamiento
surfboard, acuaplano
surfboat, embarcación para navegar a través de rompientes fuertes
surfeit[1], hartar, saciar, ahitarse, saciarse
surfeit[2], ahíto, empacho, indigestión
surge[1], ola, onda, golpe de mar
surge[2], embravecerse, agitarse, surgir
surgeon, cirujano(a)
surgery, cirugía
surgical, quirúrgico(a)
surly, áspero(a) de genio, insolente
surmise[1], sospechar, suponer
surmise[2], sospecha, suposición
surmount, sobrepujar, superar
surname[1], apellido, patronímico(a)
surname[2], apellidar, dar un apellido
surpass, sobresalir, sobrepujar, exceder, aventajar, sobrepasar
surplice, sobrepelliz
surplus, sobrante, sobra, excedente, superávit
surprise[1], sorprender
surprise[2], sorpresa, extrañeza
surprising, sorprendente, inesperado
surrealism, surrealismo
surrender[1], rendir, ceder, renunciar
surrender[2], rendirse
surrender[3], rendición, sumisión
surreptitious, subrepticio(a)
surrogate[1], subrogar
surrogate[2], suplente, sustituto(a)
surround, circundar, cercar, rodear
surrounding[1], circunstante, que rodea
surrounding[2], acción de circundar
surroundings, cercanías, alrededores, ambiente
surtax, impuesto especial, impuesto adicional
surveillance, vigilancia
survey[1], inspeccionar, examinar, apear
survey[2], inspección, apeo, estudio, encuesta
surveying, agrimensura, estudio, examen, inspección
surveyor, sobrestante, agrimensor, topógrafo
survival, supervivencia
survival of organisms, supervivencia de los organismos
survival of the fittest, supervivencia de los más aptos
survival value of traits, valor de supervivencia de rasgos
survive, sobrevivir
surviving, sobreviviente
survivor, sobreviviente
susceptibility, susceptibilidad
susceptible, susceptible
suspect[1], sospechar, tener malicia, barruntar
suspect[2], persona sospechosa
suspend, suspender, prorrogar, aplazar
suspenders, tirantes
suspense, suspensión, detención, incertidumbre, duda
suspense movie, película de misterio
suspension, suspensión
suspension bridge, puente colgante
suspension of work, paro, desempleo
suspension transport, transporte por suspensión
suspicion, sospecha
suspicious, suspicaz, sospechoso(a), receloso(a)
to make suspicious, dar que pensar
sustain, sostener, sustentar, mantener, apoyar, sufrir
sustainable development, desarrollo sustentable o sostenible
sustaining, que sustenta

sustaining program, programa radiofónico que perifonean por su cuenta las radiodifusoras
sustenance, sostenimiento, sustento, alimentos
svelte, esbelto
Svetaketu, Svetaketu
SW S.W. s.w. (southwest), SO. (sudoeste)
swab[1], lampazo, esponja
swab[2], fregar, limpiar
swaddling, empañadura
swaddling clothes, pañales, envolturas
swagger[1], baladronear
swagger[2], baladronada
swagger stick, bastón corto y liviano
Swahili, suajili
swain, enamorado, zagal
swale, terreno pantanoso
swallow[1], golondrina
swallow[2], bocado, trago
swallow[3], tragar, engullir
swallow-tailed, de cola bifurcada como una golondrina
swallow-tailed coat, frac
swam, pretérito del verbo swim
swamp[1], pantano, fangal
swamp[2], sumergir, abrumar
swan, cisne
swan song, canto del cisne, última obra de un poeta o un músico
swan dive, salto del ángel
swank[1], elegante
swank[2], moda
swank[3], baladronear
swanky, de moda ostentosa, elegante
swap[1], cambalachear, cambiar, hacer permutas
swap[2], cambio, trueque
swarm[1], enjambre, gentío, hormiguero
swarm[2], enjambrar, hormiguear de gente, abundar
swarthy, atezado(a), moreno(a)
swatch, muestrecita
swath, rastro, huella, hilera, guadañada
swathe[1], faja, rastro, huella, guadañada
swathe[2], fajar, envolver
sway[1], disuadir, cimbrar, dominar, gobernar
sway[2], ladearse, inclinarse, tener influjo
sway[3], bamboleo, poder, imperio, influjo
sway-backed, pando
swaying, bamboleo
swear, jurar, juramentar, blasfemar
swearing, jura, juramento, blasfemia
sweat[1], sudor
sweat[2], sudar, trabajar con fatiga, transpirar
sweater, suéter, chaqueta de punto de lana
sweatshop, taller donde se trabaja excesivamente por paga escasa
Swede, sueco(a)
Sweden, Suecia
Swedish, sueco(a)
swedish language, Sueco
sweep[1], barrer, arrebatar, deshollinar, pasar o tocar ligeramente, oscilar
sweep[2], barredura, vuelta, giro, alcance
sweeper, barredor(a)
carpet sweeper, barredora de alfombra
sweeping[1], rápido(a), barredero(a), vasto(a)
sweeping[2], barrido
sweepings, barreduras, desperdicios
sweet[1], dulce, grato(a), meloso(a), gustoso(a), suave, oloroso(a), melodioso(a), hermoso(a), amable
sweet alyssum, alhelí dulce
sweet basil, albahaca
sweet clover, trébol
sweet corn, maíz tierno
sweet potato, batata, camote, boniato
sweet william, variedad de clavel
to have a sweet tooth, ser amante del dulce, ser goloso(a)
sweet[2], dulzura, querida
sweets, dulces
sweetly, dulcemente
sweetbread, mollejas de ternera
sweetbriar or sweetbrier, escaramujo
sweeten, endulzar, suavizar, aplacar, perfumar
sweetheart, querido(a), novio(a), enamorado(a)

sweetmeats, dulces secos, compota
sweetness, dulzura, suavidad
swell[1], hincharse, embravecerse
swell[2], hinchar, inflar, agravar
    swell up, soplar
swell[3], hinchazón, bulto, petimetre, mar de leva
swell[4], elegante, a la moda
swelling, hinchazón, tumor, bulto, protuberancia
swelter, sofocarse, ahogarse de calor, sudar
sweltering, sofocante
swept[1], barrido
swerve[1], vagar, desviarse
swerve[2], desviar, torcer
swerve[3], desviación
swift[1], veloz, ligero(a), rápido(a)
swift[2], vencejo
swiftly, velozmente
swig[1], beber vorazmente
swig[2], trapo
swim[1], nadar, abundar en, ser vertiginoso
swim[2], pasar a nado
swimmer, nadador(a)
swimming, natación, vértigo
    swimming pool, piscina o alberca de natación
swimmingly, sin dificultad
swindle[1], petardear, estafar
swindle[2], estafa, petardo
swindler, petardista, tramposo(a)
swine, puerco(s), cochino(s), ganado de cerdos
swineherd, porqueriza
swing[1], balancear, columpiarse, oscilar, mecerse, agitarse
swing[2], esgrimir, mecer, manejar con éxito
    to swing a loan, lograr obtener un préstamo
swing[3], balanceo, columpio
    swing bar, balancín
    swing music, variedad de jazz
swinging[1], vibración, balanceo, oscilación
swinging[2], oscilante
swipe[1], mango de bomba, golpe fuerte
swipe[2], dar golpes fuertes, hurtar, robar
swirl[1], hacer remolinos el agua, arremolinar
swirl[2], torcimiento
swish[1], chasquido, crujido
swish[2], mover o moverse rápidamente, pasar velozmente
Swiss, suizo(a)
    swiss cheese, queso Gruyère
switch[1], varilla, aguja, interruptor, conmutador
    ignition switch, contacto de la ignición
    switch box, caja de interruptores
switch[2], varear, desviar, cambiar
    to switch off, desviar, apagar
    to switch on, poner, encender
switchboard, cuadro de distribución o conmutador telefónico
switchman, guardagujas
Switzerland, Suiza
swivel[1], torniquete
    swivel chair, silla giratoria
swivel[2], girar
swollen[1], hinchado(a), inflado(a)
swoon[1], desmayarse
swoon[2], desmayo, delirio, pasmo, soponcio
swoop[1], coger, agarrar
swoop[2], precipitarse, caer
swoop[3], acto de echarse un ave de rapiña sobre su presa
    at one swoop, de un golpe
sword, espada
swordfish, pez espada
swore, pretérito del verbo swear
sycamore, sicómoro
Sykes-Picot Agreement, Tratado Sykes-Picot
syllabic system, sistema silábico
syllabication, silabeo
syllabification, silabeo
syllable, sílaba
sylph, silfo, sílfide
symbiosis, simbiosis
symbiotic, simbiótico
symbol, símbolo
    symbol for articulation, símbolo de la articulación
    symbol for note, símbolo de la nota
symbolic, simbólico
    symbolic representation, representación simbólica
symbolism, simbolismo
symbolize, simbolizar
symmetrical, simétrico

symmetrically, con simetría
symmetry, simetría
sympathetic, que congenia, inclinado a sentir compasión o a condolerse
sympathetically, con compasión
sympathize, compadecerse, simpatizar
sympathize with, compadecer
sympathizer, compadecedor(a), simpatizador(a)
sympathy, compasión, condolencia, simpatía, pésame
symphonic, sinfónico
symphony, sinfonía, armonía
symposium, simposia, festín o banquete de los antiguos griegos en donde se cruzaban ideas, simposio, conferencia para discutir un tema, colección de opinones sobre un mismo tema
symptom, síntoma
synagogue, sinagoga
synchronize, sincronizar
synchroton, sincrotón
syncopation, síncopa
syndicate[1], sindicato
syndicate[2], sindicar
synergy, sinergia
synod, sínodo
synonym or synonymous, sinónimo
synonymously, en forma sinónima
synopsis, sinopsis, sumario, resumen
syntax, sintaxis
synthesis, síntesis
synthesize, sintetizar
synthesizer, sintetizador
synthetic, sintético(a), fabricado(a)
synthetic geometry, geometría sintética
synthetic polymer, polímero sintético
synthetic rubber, caucho artificial, caucho sintético
synthetize, sintetizar
syphilis, sífilis, gálico(a)
Syria, Siria
syringe, jeringa, jeringuilla
hypodermic syringe, jeringa hipodérmica
syrup (sirup), jarabe
cough syrup, jarabe para la tos
system, sistema, instalación
system design, diseño de sistemas
system failure, error del sistema
system of alliances, sistema de alianzas
System of Checks and, sistema de controles y contrapesos
system of checks and balances, sistema de controles y contrapesos
system of equations, sistema de ecuaciones
system of inequalities, sistema de desigualdades, sistema de inecuaciones
systems of roads, redes de carreteras
system of weights and measures, sistema de pesos y medidas
systems thinking, pensamiento sistémico
systematic, sistemático(a), metódico(a)
systematize, sistematizar, sistematar
systemic, sistémico

tab, pequeña etiqueta o lengüeta saliente, cuenta
to keep tab on, vigilar, comprobar lo que hace
to pick up the tab, pagar la cuenta de varios
tabernacle, tabernáculo, templo
table[1], mesa, velador, tabla, elenco
on the table, sobre la mesa
round table, mesa redonda
side table, trinchero
table cover, carpeta
table d'hôte, mesa redonda, comida corrida
table linen, mantelería
table of contents, tabla de contenido
table representation of functions, tabla de representación de funciones
table representation of probability, tabla de representación de probabilidad

table service, vajilla
set the table, poner la mesa
table[2], apuntar en forma sinóptica, poner sobre la mesa
tableau, cuadro, cuadro plástico
tablecloth, mantel
tableland, meseta, altiplanicie
tablespoon, cuchara
tablespoonful, cucharada
tablet, tableta, tablilla, pastilla, plancha, lámina, oblea
tablet of paper, bloc de papel
tableware, servicio de mesa
tabloid, noticiero ilustrado
tabloid newspaper, tabloide
taboo[1], tabú
taboo[2], prohibido(a)
taboo[3], vedar, prohibir
tabu[1], tabú
tabu[2], prohibido(a)
tabu[3], vedar, prohibir
tabular, en forma de tabla, tabular
tabulate, presentar cifras o datos en forma de tabla, tabular
tacit, tácito(a)
tacitly, tácitamente
taciturn, taciturno, callado
tack[1], tachuela
tack[2], clavar, atar, pegar
tack[3], virar
tackle[1], todo género de instrumentos o aparejos
fishing tackle, arreos de pescar, cordaje, cuadernal, jarcia, atajador, jugador en la primera línea de un equipo
tackle[2], asir, forcejear, atajar, acometer, emprender, intentar
Tacoma Strait, estrecho de Tacoma
tact, tacto
tactful, sensato(a), sigiloso(a), prudente, con tacto
tactfully, sigilosamente, prudentemente, con tacto
tactics, táctica
tactless, sin tacto, imprudente
tadpole, renacuajo
taffeta, tafetán
taffy, melcocha, zalamería
tag[1], marbete, marca, etiqueta, juego infantil en que se persigue a un niño hasta tocarlo, juego de la roña
tag[2], poner marbete
tail, cola, rabo
tail of a coin, sello de la moneda
tail spin, barrena de cola
taillight, farol de cola, calavera
tailor, sastre
tailoring, sastrería
tailor-made, a la medida, como hecho a mano
taint[1], contaminar, manchar, inficionar, viciar
taint[2], mácula, mancha
Taiping Rebellion, rebelión Taiping
take[1], tomar, coger, asir, recibir, aceptar, pillar, prender, admitir, aguantar
take[2], encaminarse, dirigirse, salir bien, arraigarse, prender
to take a breath, resollar
take apart, desarmar, desmontar
take a walk, pasear, dar un paseo
take away, llevar, quitar
take charge of, encargarse de
take for granted, dar por sentado
take home, llevar a casa
take it, sobrellevar, soportar algo
take off, despegar
take out, suprimir, llevar a pasear
take place, verificarse, tener lugar
take the liberty, permitirse
take turns, turnarse
take upon oneself, encargarse de
taking weight, subir de peso
take[3], toma, presa, parte de una escena filmada o televisada sin interrupción
take-home, neto(a)
take-in, engaño
take-off, caricatura, parodia, despegue
take-out, comida para llevar
taker, tomador(a), persona que acepta una apuesta
taking[1], agradable, simpático(a), cautivador(a), contagioso(a)
taking[2], presa, secuestro
taking weight, subir de peso
takings, colectas, dinero recogido

talcum, talco
talcum powder, polvo de talco
tale, cuento, fábula
talebearer, soplón (soplona), chismoso(a)
talent, talento, ingenio, capacidad, habilidad
talented, talentoso(a), capaz
talisman, talismán
talk[1], hablar, conversar, charlar
talk[2], plática, habla, charla, fama, conferencia, discurso
talk show, programa de entrevistas
talkative, gárrulo(a), locuaz, palabrero(a), hablador(a), charlatán (charlatana)
talker, charlador(a)
talkies, cine sonoro, cine hablado
talking, hablante
talking machine, fonógrafo, tocadiscos
talking picture, película sonora o hablada
tall, alto(a), elevado(a), raro(a), increíble
tall story, relato exagerado e increíble
tall tale, relato exagerado e increíble
taller, más alto
tallest, el más alto
tallow[1], sebo
tallow[2], ensebar
tally[1], cuenta
tally chart, tabla de conteo
tally sheet, hoja de apuntes
tally[2], contar
tally mark, contar con palitos
tally[3], ajustar, tarjar
talon, garra del ave de rapiña
tambourine, pandero, pandereta
tame[1], amansado(a), domado(a), domesticado(a), abatido(a), manso(a), sumiso(a)
tame[2], domar, domesticar
taming, domadura
tamper, tramar, sobornar, entremeterse en lo que no se debe
tan[1], curtir, zurrar, tostar, broncear
tan[2], broncearse
tan[3], casca, color café claro, color de arena
tanbark, casca rica en tanino
tandem[1], uno tras otro
tandem[2], tándem
tang, sabor, olor fuerte, retintín
Tang Empire, Imperio Tang
tangent, tangente
tangerine, naranja tangerina o mandarina
tangible, tangible
tangle[1], enredar, embrollar
tangle[2], enredarse
tangle[3], enredo, embrollo, confusión, maraña
tango, tango
tank[1], tanque, carro blindado, depósito, tanque, cisterna, aljibe
tank car, vagón tanque
tank trap, trampa u obstáculo para tanques
tank[2], almacenar
tanned, curtido(a), tostado(a) del sol
tanner, curtidor
tannery, curtiduría, tenería
tannic, tánico(a)
tannin, tanino
tanning, curtimiento
tantalize, atormentar a alguno mostrándole placeres que no puede alcanzar
tantalizing, atormentador(a), tentador(a)
tantrum, berrinche
Taoism, taoísmo
tap[1], tocar ligeramente, barrenar, golpear ligeramente, decentar, utilizar, usufructuar, sacar
tap[2], palmada suave, toque ligero, grifo, espita, tomadero
tap dance, baile zapateado
tape[1], cinta, cinta de grabar
tape drive, unidad de cinta
tape measure, cinta de medir
tape recorder, magnetófono, grabadora
tape[2], vendar, grabar en cinta
taper[1], candela, cirio, taladro de reducción
taper[2], cónico
taper[3], rematar en punta, ahusar
taper[4], dar forma ahusada
tapestry, tapiz, tapicería
tapeworm, tenia, lombriz solitaria, solitaria
tapioca, tapioca
taproom, taberna
taproot, raíz que penetra verticalmente

taps, toque de queda
tar[1], brea, alquitrán, pez
tar[2], embrear
tarantula, tarántula
tardiness, tardanza
tardy, tardo(a), lento(a)
target, rodela, blanco
target audience, mercado objetivo, público objetivo, grupo objetivo, mercado meta
target heart rate, frecuencia cardiaca objetivo
target language, lengua meta
to hit the target, dar en el blanco, acertar
tariff, tarifa, arancel
tarnish[1], deslustrar, manchar
tarnish[2], deslustrarse
tarnish[3], borrón, mancha
tarpaulin, tela embreada, toldo
tarpoon, sábalo
tarry[1], tardar, pararse, demorar
tarry[2], embreado(a)
tart[1], agrio(a), acedo(a), acre
tart[2], torta, pastelillo
tartly, agriamente
tartar, tártaro, sarro
task, tarea, cometido, quehacer
task force, tropa o contingente naval a los cuales se asignan tareas de combate
tassel[1], mota, borlita
tassel[2], decorar con borlitas
taste[1], gusto, sabor, prueba, ensayo
taste[2], gustar, probar, experimentar, agradar, tener sabor
tasteful, elegante, de buen gusto
tastefully, con buen gusto
tasteless, insípido(a), sin sabor, de mal gusto
tasty, sabroso, gustoso
tat, hacer encaje de hilo
tatter, andrajo
tattered, andrajoso(a), haraposo(a)
tatting, encaje de hilo
tattle[1], charlar, parlotear, chismear
tattle[2], charla
tattletale, chismoso(a), soplón (soplona), delator(a)
tattoo[1], tatuaje, retreta
tattoo[2], tatuar
taunt[1], mofar, ridiculizar, dar chanza
taunt[2], mofa, burla, chanza, pulla
taupe, gris pardo
taut, tieso(a), terco(a), tirante, nítido(a), en orden
tavern, taberna, posada
tawdry, chabacano(a) y vistoso(a)
tawny, moreno(a), de color tostado
tax[1], impuesto, tributo, gravamen, contribución, carga
additional tax, recargo
income tax, impuesto sobre la renta
tax deduction, deducción de impuestos
tax-exempt, exento(a) de impuestos
tax exemption, exención de impuestos
tax rate, tarifa de impuestos
tax revenue, ingresos fiscales
tax[2], imponer tributos o impuestos, agotar, abrumar
taxable, sujeto(a) a impuestos
taxation, tributación
taxation without representation, impuestos sin representación
taxes, impuestos
taxi[1], taxímetro, taxi, automóvil de plaza o de alquiler, libre
taxi[2], ir en un taxí, moverse sobre la superficie
taxicab, taxímetro, automóvil de alquiler
taxonomy, taxonomía
taxpayer, contribuyente, pagador(a) de impuestos
tea, té
tea bag, bolsita con hojas de té
tea ball, bola metálica perforada para el té
teacart, carrito para servir el té
teach[1], enseñar, instruir
teach[2], ejercer el magisterio
teacher, maestro(a), profesor(a), preceptor(a), pedagogo(a)
teaching[1], enseñanza
teaching[2], docente
teaching staff, personal docente
teacup, taza para té
teak, teca
teakettle, tetera
teal, cerceta, zarceta, variedad de ánade silvestre
team, tiro de caballos, pareja, equipo

team member, miembro del equipo
team sport, deporte en equipo
teamwork, trabajo de cooperación, auxilio mutuo, trabajo de equipo
teapot, tetera
tear[1], lágrima, gota
tear bomb, bomba lacrimógena
tear gas, gas lacrimógeno
tear[2], despedazar, lacerar, rasgar, arrancar
tear[3], rasgón, raja, jirón
teardrop, lágrima
tearful, lloroso(a), lacrimoso(a)
tearfully, con llanto
tearoom, salón de té
tease, cardar, molestar, atormentar, dar broma, tomar el pelo
teaspoon, cucharita
teaspoonful, cucharadita
teat, ubre, teta
technical, técnico(a)
technical component, componente técnico
technical difficulty, dificultad técnica
technical directions, direcciones técnicas
technical language, lenguaje técnico
technical staff, personal técnico
technicality, asunto técnico, cuestión técnica
technician, experto(a), técnico(a)
technicolor, tecnicolor
technique, técnica, método
technological, tecnológico(a)
technological hazard, riesgo tecnológico
technology, tecnología
tectonics, tectónica
tectonic plate, placa tectónica
tectonic process, proceso tectónico
tedious, tedioso(a), fastidioso(a)
tee, salida, meta
teem, abundar, rebosar
teenage pregnancy, embarazo en la adolescencia
teenager, adolescente
teens, números y años desde 13 hasta 19, periodo de 13 a 19 años de edad
teeter[1], balancearse
teeter[2], balanceo, columpio de sube y baja
teeth, plural de tooth, dientes
false teeth, dientes postizos
set of teeth, dentadura
teethe, endentecer, echar los dientes
teething, dentición
teething ring, chupador
teetotaler, abstemio(a)
telecast[1], televisar, trasmitir por televisión
telecast[2], teledifusión
telecommunication, telecomunicación
telecommuting, teletrabajo, trabajo a distancia
telecomputing, teleinformática, telecómputo
telegram, telegrama
telegraph[1], telégrafo
telegraph operator, telegrafista
telegraph[2], telegrafiar
telemeter, telémetro
telepathy, telepatía
telephone[1], teléfono
dial telephone, teléfono automático
telephone area code, prefijo telefónico
telephone booth, cabina telefónica
telephone directory, directorio de teléfonos, lista de abonados al teléfono
telephone exchange, central telefónica
telephone information service, servicio de información telefónica
telephone operator, telefonista
telephone receiver, receptor
telephone[2], telefonear
teleprompter, apuntador electrónico
telescope, telescopio
teletype[1], teletipo
teletype[2], enviar un mensaje por teletipo
televiewer, televidente
televise, televisar
television, televisión
television set, telerreceptor, televisor, aparato de televisión

tell, decir, informar, contar, numerar, revelar, mandar, hacer efecto
teller, relator(a), computista
paying teller, pagador(a)
receiving teller, recibidor(a)
telltale[1], soplón (soplona), delator(a)
telltale[2], revelador
tellurian, telúrico, relativo al planeta Tierra
telluric, telúrico, relativo al planeta Tierra
telophase, telofase
temerity, temeridad
temper[1], templar, moderar, atemperar
temper[2], temperamento, humor, genio
ill temper, mal humor
to lose one's temper, enojarse, salirse de sus casillas
temperament, temperamento, carácter, genio
temperamental, genial, de carácter caprichoso
temperance, templanza, moderación, sobriedad
temperate, templado(a), moderado(a), sobrio(a)
temperate zone, zona templada
temperature, temperatura
temperature estimation, estimación de la temperatura
temperature fluctuation, fluctuación de temperatura
tempered, carácter, genio, humor
ill tempered, de mal genio
even tempered, parejo(a), apacible, de buen carácter
tempest, tempestad
tempestuous, tempestuoso(a), proceloso(a)
tempestuously, tempestuosamente
temple, templo, sien
temple of Madurai, templo de Madurai
tempo, tiempo, compás, ritmo
tempo marking, marcar el tempo
temporal, temporal, provisional, secular, profano(a), temporal
temporal change, cambio temporal
temporal structure, estructura temporal
temporarily, temporalmente, provisionalmente, por lo pronto
temporary, provisional, temporario(a), temporal, eventual
temporary dominance, dominación temporal
temporary tiredness, cansancio temporal
temporize, temporizar, contemporizar
tempt, tentar, provocar
temptation, tentación, prueba
tempting, tentador(a)
temptingly, en forma tentadora
temptress, tentadora, mujer fascinadora
ten, diez, decena
Ten Commandments, Diez mandamientos
tenacious, tenaz
tenacity, tenacidad, porfía
tenant[1], arrendador(a), tenedor(a), inquilino(a), arrendatario (a)
tenant[2], arrendar
tend[1], guardar, velar, atender
tend[2], tirar, dirigirse, atender
tendency, tendencia, inclinación
tender[1], tierno(a), delicado(a), sensible
tender[2], oferta, propuesta, patache, lo que se emplea para pagar
tender[3], ofrecer, proponer, presentar
tenderly, tiernamente
tenderfoot, recién llegado(a), novato(a), principiante
tender-hearted, compasivo(a), impresionable
tenderloin, filete, solomillo
tenderness, terneza, delicadeza
tendon, tendón
tendril, zarcillo, filamento
tenement, tenencia, habitación
tenement house, casa de vecindad
tenet, dogma, aserción, credo
Tennessee Valley Authority Act, Autoridad del Valle del Tennessee
tennis, tenis, raqueta
tennis court, campo de tenis
tennis player, tenista
Tenochtitlan, Tenochtitlán
tenor[1], tenor, curso, contenido, sustancia
tenor[2], de tenor
tense[1], tieso(a), tenso(a)

tense[2], tiempo
past tense, pasado
present tense, presente
tenseness, tirantez, tensión
tensile, extensible
tensile strength, resistencia a la tracción o tensión
tension, tensión, tirantez, voltaje
tent[1], tienda de campaña, pabellón, tienta
oxygen tent, tienda de oxígeno
tent[2], acampar en tienda de campaña
tentacle, tentáculo
tentative, tentativo(a), de ensayo, de prueba
tentatively, como prueba
tenth, décimo(a)
tenthly, en décimo lugar
tenuous, tenue, delgado(a)
tenure, tenencia, incumbencia
Tenure of Office Act, Ley de Permanencia en el Cargo
Teotihuacan, Teotihuacán
Teotihuacan civilization, civilización teotihuacana
tepid, tibio(a)
term[1], término, confín, plazo, tiempo, periodo, estipulación
terms of payment, condiciones de pago
to come to terms, llegar a un acuerdo
term[2], nombrar, llamar
terminal[1], terminal, final
terminal[2], terminal, estación terminal
terminate, terminar, limitar
terminating decimal, decimal finito, decimal terminal
termination, terminación, conclusión
terminology, terminología
terminus, última estación, terminal
termite, comején, termita
terra, tierra
terra cotta, terracota, barro
terra firma, tierra firme
terrace[1], terraza, terrado, terraplén
terrace[2], terraplenar
terraced rice fields, arrozales en terrazas
terramycin, terramicina
terrestrial, terrestre, terreno(a)
terrestrial planets, planetas terrestres
terrible, terrible, espantoso(a)
how terrible!, ¡qué barbaridad!
terribly, terriblemente
terrier, zorrero(a)
terrific, terrífico(a), terrible, espantoso(a), tremendo(a), maravilloso(a)
terrify, espantar, llenar de terror
territorial expansion, expansión territorial
territory, territorio
terror, terror, espanto
terrorism, terrorismo
terrorist, terrorista
terrorize, aterrorizar, aterrar, espantar
terror-stricken, aterrorizado(a), horrorizado(a)
terse, terso(a), sucinto(a)
terseness, brevedad, concisión
tertiary, terciario(a)
tertiary economic activity, actividad económica terciaria
tertiary source, fuente terciaria
tessellation, teselado
test[1], ensayo, prueba, examen
test pilot, piloto de prueba
test tube, probeta
test[2], ensayar, probar, examinar
Testament, Testamento
New Testament, Nuevo Testamento
Old Testament, Viejo Testamento
testament, testamento
tester, probador(a), cielo de cama o de púlpito
testicle, testículo
testify, testificar, atestiguar, aseverar
testimonial[1], atestación, recomendación, elogio
testimonial[2], testimonial
testimony, testimonio
testing, ensayo, prueba
testy, displicente, descontentadizo(a), quisquilloso(a)
tetanus, tétano
tête-a-tête[1], de cara a cara, confidencial
tête-a-tête[2], conversación confidencial entre dos
tether[1], correa, maniota, traba
tether[2], atar con una correa
tetter, herpes, serpigo

Tex. (Texas), Texas
Texas Revolution (1836-1845), Revolución de Texas (1836-1845)
Texas War for Independence (1836), Guerra de Independencia de Texas (1836)
Texas War of Independence, "Guerra de Independencia de Texas"
text, texto, tema
text boundary, límite del texto
text feature, característica del texto
text format, formato del texto
text message, mensaje de texto
text structure, estructura del texto, estructura textual
textbook, texto, libro de texto
textile[1], hilable, textil
textile industry, industria textil
textile[2], tejido
textual, textual
textual clue, clave textual, pista de texto
textual evidence, evidencia textual
texture, textura, tejido
Thailand, Tailandia
thalamus, tálamo, tálamo óptico
thallus, talo
than, que o de
thank, agradecer, dar gracias
thank offering, ofrecimiento en acción de gracias
thank you, gracias
thank you letter, carta de agradecimiento
thanks, gracias
thankful, grato(a), agradecido(a)
thankfully, con gratitud
thankfulness, gratitud
thankless, ingrato(a)
thanksgiving, acción de gracias
Thanksgiving Day, Día de Acción de Gracias
that[1], ése, ésa, eso, aquél, aquélla, aquello, que, quien, el cual, la cual, lo cual
that[2], que, para que
that[3], ese, esa, aquel, aquella
that[4], sí de, a tal grado, de este tamaño
not that large, no tan grande
thatch[1], paja
thatch[2], techar con paja
thatched roof, techo de paja
thaw[1], deshielo
thaw[2], derretirse, disolverse, deshelarse
thaw[3], derretir
the, el, la, lo, los, las
the Netherlands, los Países Bajos
The Pillow Book by Sei Shonagon, El libro de la almohada de Sei Sh?nagon
theater, teatro
theater literacy, conocimientos teatrales
theater of conflict, escenario del conflicto
theatrical, teatral, fingido(a) para impresionar
theatrical dance, danza teatral
theatrically, en forma teatral
thee, ti, a ti
theft, hurto, robo
their, su, sus
theirs, el suyo, la suya, los suyos, las suyas, suyo(a), suyos(as)
them, los, las, les, ellos, ellas
thematic map, mapa temático
theme, tema, asunto, motivo
theme music, tema musical
theme park, parque de diversiones
theme song, música que inicia un programa o que sirve de motivo al mismo
themselves, ellos(as) mismos(as), sí mismos(as)
then, entonces, después, en tal caso
now and then, de cuando en cuando
thence, desde allí, de ahí
thenceforth, desde entonces
theocracy, teocracia
theological, teológico(a)
theology, teología
theorem, teorema
binominal theorem, binomio de Newton
theorem direct proof, prueba directa del teorema

theorem indirect proof, prueba indirecta del teorema
theoretical, teórico(a)
theoretical model, modelo teórico
theoretical probability, propiedad téorica
theorist, teórico
theorize, teorizar
theory, teoría
theory of comparative advantage, teoría de la ventaja comparada
theosophy, teosofía
therapeutic, terapéutico
therapeutical, terapéutico
therapeutics, terapéutica
therapy, terapia
there, allí, allá, ahí
there are, hay
there is, hay
there!, ¡mira! ¡ya lo ves! ¡te lo dije!
thereabouts, por allí, cerca de allí, casi
thereafter, después, subsiguientemente
thereby, por medio de eso, con eso, por lo tanto, de tal modo
therefore, por lo tanto, por esto, por esa razón, a consecuencia de eso
therefrom, de allí, de allá, de eso
therein, en ese lugar, en ese particular, en esto, en eso
thereof, de eso, de ello, de allí, de ese particular
thereon, en eso, sobre eso
thereto, a eso, a ello, además
thereunto, a eso, a ello, además
theretofore, hasta entonces
thereupon, en eso, sobre eso, por lo tanto, inmediatamente después, en seguida
therewith, con eso, inmediatamente
thermal, termal
thermal energy, energía térmica
thermal equilibrium, equilibrio térmico
thermal waters, termas, caldas
thermic, termal, térmico(a)
thermite, termita
thermodynamics, termodinámica
thermometer, termómetro
thermonuclear, termonuclear
thermos, termos, thermostat, termostato
thermos bottle, termos
thermosphere, termósfera
thermostat, termostato
thesaurus, tesauro
these[1], éstos, éstas
these[2], estos, estas
thesis, tesis
thesis statement, argumento de la tesis, enunciado de la tesis
they, ellos, ellas
thiamine, tiamina
thick[1], espeso(a), denso(a), grueso(a), turbio(a), frecuente, torpe, ronco(a)
through thick and thin, por toda situación difícil o penosa
thick[2], la parte más gruesa
thickly, espesamente, frecuentemente
thicken, espesar, condensar, condensarse, espesarse
thickening, sustancia para espesar, acción de espesarse
thicket, espesar, matorral, maleza
thickness, espesura, densidad, grosor, espesor
thief, ladrón (ladrona)
thieve, hurtar, robar
thieves, plural de thief
thigh, muslo
thighbone, fémur
thimble, dedal
thimbleful, cantidad que cabe en un dedal, cantidad muy pequeña
thin[1], delgado(a), delicado(a), sutil, flaco(a), claro(a), ralo(a)
thin[2], enrarecer, atenuar, adelgazar, aclarar
thine, tuyo, tuya, tuyos, tuyas
thing, cosa, asunto
think, pensar, imaginar, meditar, considerar, creer, juzgar, opinar
thinker, pensador(a)
thinking, pensamiento, juicio, opinión
thinness, tenuidad, delgadez, raleza, escasez
third, tercero(a)
third degree, abuso de autoridad por parte de la policía para obtener información

third-degree burn, quemadura de tercer grado
third party, tercero
third person, tercera persona, tercero
third person limited point of view, punto de vista de tercera persona limitada
third person omniscient point of view, punto de vista de tercera persona omnisciente
third-quadrant angle, ángulo del tercer cuadrante
thirdly, en tercer lugar
thirst[1], sed, anhelo
thirst[2], tener sed, padecer sed
thirstiness, sed, anhelo
thirsty, sediento(a)
to be thirsty, tener sed
thirteen, trece
thirteen colonies, trece colonias
thirteen virtues, trece virtudes
thirtieth, trigésimo(a), treintavo(a)
thirty, treinta
this[1], este, esta
this[2], éste, ésta, esto
thistle, cardo silvestre, abrojo, espina
thither[1], allá, a aquel lugar
thither[2], más remoto(a)
thong, correa, correhuela
thorax, tórax
thorium, torio
thorn[1], espino, espina
thorn in the side, molestia, mortificación
thorn[2], pinchar, proveer de espinas
thorny, espinoso(a), arduo(a)
thorough, entero(a), cabal, perfecto(a)
thoroughly, enteramente, cabalmente, detenidamente
thoroughbred[1], de sangre, de casta
thoroughbred[2], persona bien nacida o de buena crianza, persona de sangre azul, caballo u otro animal de casta
thoroughfare, paso, tránsito, vía pública, vía principal
no thoroughfare, se prohíbe el paso
thoroughness, entereza, perfección
those[1], plura de that, aquellos, aquellas, esos, esas
those[2], aquéllos, aquéllas, ésos, ésas
thou[1], tú
thou[2], tutear
though[1], aunque, no obstante
as though, como que, como si
though[2], sin embargo, no obstante
thought[1], pensamiento, juicio, opinión, cuidado, concepto
to give thought to, pensar en
thoughtful, pensativo(a), meditabundo(a), pensado(a)
thoughtfully, de un modo muy pensativo
thoughtfulness, meditación profunda, consideración, atención
thoughtless, desconsiderado(a), descuidado(a), insensato(a)
thoughtlessly, sin reflexión
thousand[1], mil, millar
per thousand, por mil
thousand[2], mil
thousandth, milésimo(a)
thrash, golpear, batir, sacudir, trillar
thrasher, trillador(a)
thrashing, desgranamiento, tunda, golpiza
thread[1], hilo, fibra
thread[2], enhebrar, atravesar
threadbare, raído(a), muy usado(a)
threat, amenaza
threaten, amenazar
threatened, amenazado(a)
threatening[1], amenaza
threatening[2], amenazador(a)
threateningly, con amenazas
three, tres
three branches of government, tres poderes del gobierno
three piece iron, arado de hierro en tres piezas
three-dimensional, tridimensional, de tres dimensiones
three-dimensional figure, figura tridimensional
three-dimensional shape, forma tridimensional
three-dimensional shape combination, combinación de forma tridimensional
three-dimensional shape cross section, sección transversal de forma tridimensional
three-dimensional space, espacio de forma tridimensional
three-legged, de tres patas

three-legged stool, tajuela, banquillo de tres patas.
threescore, de tres veintenas
threescore years, sesenta años, tres veintenas
thresh, trillar, desgranar, golpear, batir, sacudir
thresher, trillador(a)
threshing, trillador(a)
threshing machine, trilladora, máquina trilladora, trillo
threshold, umbral, entrada
threshold population, umbral de población
threw, pretérito del verbo throw
thrice, tres veces
thrift, economía, frugalidad
thriftily, económicamente
thriftiness, frugalidad, parsimonia
thriftless, manirroto(a)
thrifty, frugal, económico(a), próspero(a), vigoroso(a)
thrill[1], emocionar
thrill[2], estremecerse
thrill[3], estremecimiento, emoción
thrilling, excitante, emocionante, conmovedor(a)
thrive, prosperar, adelantar, aprovechar
thriving, próspero(a)
throat, garganta, cuello
sore throat, dolor de garganta
throaty, gutural
throb[1], palpitar, vibrrar
throb[2], palpitación, latido
throe, agonía, angustia, dolor agudo, dolor de parto
thrombosis, trombosis
throne[1], trono
throne[2], entronizar
throng[1], muchedumbre, tropel de gente
throng[2], atestar
throng[3], apiñarse
throttle[1], gaznate, garguero, regulador(a)
throttle of an engine, válvula reguladora
throttle[2], ahogar, estrangular
through[1], a través, por medio de, por conducto de
through[2], continuo(a), directo(a)
through train, tren directo
through[3], del principio al fin, de extremo a extremo, completamente
through and through, de un lado a otro, por completo
throughout[1], por todo, en todo
throughout the country, por todo el país
throughout[2], en todas partes, en todos sentidos
throw[1], echar, arrojar, tirar, lanzar, botar
to throw down, derribar
to throw into gear, engranar
to throw out of gear, desengranar
throw[2], tiro, tirada, derribo
throwing, lanzamiento
throwing arm, brazo de lanzar
thrush, tordo
thrust[1], empujar, impeler, meter
thrust[2], entremeterse, introducirse
to thrust aside, rechazar
to thrust in, hincar
thrust[3], estocada, puñalada, lanzada
thud[1], sonido sordo
thud[2], hacer un sonido sordo
thug, asesino(a), malhechor(a)
thumb[1], pulgar
thumb notches, muescas para el dedo pulgar
thumb[2], manosear con poca destreza, emporcar con los dedos
to thumb a ride, hacer el auto-stop
thumbnail[1], uña del pulgar
thumbnail[2], en miniatura
thumbnail sketch, esbozo breve
thumbscrew, tornillo de mano, empulgueras
thumbtack, chinche, tachuela
thump[1], porrazo, golpe
thump[2], aporrear, apuñear
thunder[1], trueno, estrépito
thunder[2], tronar, atronar, fulminar
thunderbolt, rayo, centella
thunderclap, trueno
thundercloud, nube cargada de electricidad
thundering, atronador(a), fulminante
thundershower, aguacero con truenos, tormenta
thunderstorm, temporal, tormenta, tronada, tempestad

thunderstruck, atónito(a), estupefacto(a)
Thursday, jueves
 Holy Thursday, Jueves Santo
thus, así, de este modo
Thutmose III, Tutmosis III
thwart[1], frustrar, desbaratar
thwart[2], banco de remero
thy, tu, tus
thymus, timo
thyroid[1], tiroides, glándula tiroides
thyroid[2], tiroideo(a)
thyself, ti mismo
Tiahuanaco society, cultura Tiahuanaco
Tiananmen Square protest, protestas de la Plaza de Tiananmen
tiara, tiara
Tiberius Gracchus, Tiberio Graco
tibia, tibia
tic, movimiento convulsivo producido por la contracción involuntaria de algún músculo
tick[1], garrapata, tic tac
tick[2], hacer sonido del tic tac
tick[3], marcar en lista
ticker, indicador eléctrico de cotizaciones, reloj, lo que produce el sonido de tictac
 ticker tape, cinta en que se imprimen telegráficamente las cotizaciones de la bolsa
ticket[1], boleto, boleta, cédula, billete, localidad
 round trip ticket, boleto de ida y vuelta
 season ticket, billete de abono
 ticket collector, expendedor(a) de billetes
 ticket office, despacho, taquilla
 ticket scalper, revendedor
 ticket seller, taquillero(a)
 ticket window, taquilla
ticket[2], marcar
ticking, terliz, cotí, cutí, tictac
tickle[1], cosquillear, hacer cosquillas
tickle[2], tener cosquillas
tickle[3], cosquilla
tickling, cosquillas, cosquilleo
ticklish, cosquilloso(a), consquilludo(a)
ticktock, tictac
tidal, de la marea
 tidal process, proceso de mareas
 tidal wave, maremoto
tidbit, bocadito delicado
tide[1], tiempo, estación, marea
 high tide, marea alta, pleamar
tide[2], llevar
 to tide over, ayudar momentáneamente
tidewater[1], agua de marea, litoral
tidewater[2], a lo largo del litoral
tidings, noticias
tidy[1], aseado(a), pulcro(a), ordenado(a)
tidy[2], arreglar, poner en orden, limpiar
tidy[3], asearse
tie[1], anudar, atar, enlazar, empatar, amarrar
tie[2], nudo, corbata, lazo, ligadura, traviesa, empate
tier, fila, hilera, hilera de palcos
tie-up, suspensión de tráfico, embotellamiento, interrupción de trabajo
tiff[1], pique, disgusto
tiff[2], picarse
tiger, tigre
 tiger lily, tigridia
 tiger moth, variedad grande de polilla
tight, tirante, tieso(a), tenso(a), estrecho(a), apretado(a), escaso(a), tacaño(a)
 tight-lipped, callado(a), reservado(a), hermético(a)
 tight-rail system, sistema de trenes ligeros
 tight squeeze, apuro
tighten, tirar, estirar, apretar
tightrope, cuerda tiesa, cuerda de volatinero
tights, mallas, calzas, trajes ajustados que usan los acróbatas
tigress, tigresa
Tigris-Euphrates Valley, valle del Tigris y el Éufrates
tile[1], teja, losa, azulejo
tile[2], tejar
tiling, tejado, azulejos
till[1], hasta que, hasta
 till now, hasta ahora
till[2], cajón, gaveta para dinero
till[3], cultivar, labrar, laborar
tiller, agricultor(a), caña del timón
 tiller rope, guardín
tilt, declive, inclinación, cubierta, justa
tilt[2], inclinar, empinar, apuntar la

lanza
tilt³, justar
timber¹, madera
beam of timber, madero
building timber, madera de construcciones
timber cutting, tala de árboles
timber line, límite de los bosques
timber wolf, lobo gris
timber², enmaderar
timberland, terreno maderable
timberwork, maderamen, maderaje
timbre, timbre, tono
Timbuktu, Tombuctú
time¹, tiempo, compás, edad, época, hora, vez
a long time ago, hace mucho tiempo
at any time, cuando quiera
at the proper time, a su tiempo
at the same time, al mismo tiempo, a la vez
at this time, al presente
at times, a veces
behind time, atrasado(a)
from time to time, de cuando en cuando
in olden times, antiguamente
in time, a tiempo, de perilla
on time, a plazos
some time ago, tiempo atrás
spare time, tiempo desocupado
time bomb, bomba de explosión demorada
time clock, reloj que indica las horas de entrada y salida de los obreros
time exposure, exposición de tiempo
time interval, intervalo de tiempo
time lapse, lapso de tiempo
time line, línea cronológica
time signature, marca de tiempo
time zone, zona horaria
to mark time, marcar el paso
to take time, tomarse tiempo
time², medir el tiempo de, hacer a tiempos regulares, escoger el tiempo, cronometrar
timecard, tarjeta para marcar las horas de entrada y salida de los trabajadores
timed run, carrera cronometrada
timed walk, caminata cronometrada
timekeeper, cronómetro
timeless, eterno(a)
timeline, secuencia, cronología
timeliness, calidad de oportuno
timely¹, con tiempo, a propósito
timely², oportuno, tempestivo, a buen tiempo
timepiece, reloj
timer, persona o instrumento para registrar el tiempo, regulador o marcador de tiempo
times, por, veces
timesaving, que ahorra tiempo
timesaving device, dispositivo para ahorrar tiempo
timetable, horario, itinerario
timeworn, usado(a), gastado(a), deslustrado(a)
timid, tímido(a), temeroso(a)
timidly, con timidez
timidity, timidez, pusilanimidad
timing, regulación de tiempo, sincronización, coincidencia, cronometraje
timorous, temeroso(a), timorato(a)
timothy, fleo
Timur the Lame (Tamerlane), Tamerlán
tin, estaño, hojalata
tin can, lata
tin foil, hoja de estaño
tin plate, hoja de lata, hojalata
tin², estañar, cubrir con hojalata
tincture¹, tintura, tinta
tincture², teñir, tinturar
tine, diente o punta
tinge¹, tinte, traza
tinge², tinturar, teñir
tingle¹, zumbar los oídos, punzar, estremecerse
tingle², retintín, picazon
tinker¹, latonero(a), calderero(a), remendón (remendona)
tinker², remendar, desabollar, tratar torpemente de componer algo
tinkle¹, cencerrear
tinkle², tintinear, retiñir
tinkle³, rentintín
tinkling, retintín

tinner, minero(a) de estaño, hojalatero(a)
tinsel[1], oropel
tinsel[2], adornar con oropel
tinsmith, hojalatero
tint[1], tinta, tinte
tint[2], teñir, colorar
tinware, cosas de hojalata
tiny, pequeño(a), chico(a)
tip[1], punta, extremidad, cabo, graficación, propina, información oportuna
tip[2], golpear ligramente, dar propina, inclinar, ladear, volcar
tip-off, advertencia oportuna, informe oportuno
tipple[1], beber con exceso
tipple[2], bebida, licor, mecanismo para accionar carros de volteo
tipsy, algo borracho(a), inestable
tiptoe, punta del pie
 on tiptoe, de puntillas
tiptop[1], cumbre
tiptop[2], excelente, de la más alta calidad
tirade, invectiva, diatriba
tire[1], llanta, neumático
 balloon tire, neumático balón, llanta balón
 change of tire, repuesto
 flat tire, pinchazo, llanta desinflada
 spare tire, neumático o llanta de repuesto
 tire cover, cubrellanta
 tire gauge, medidor de presión en los neumáticos
tire[2], cansar, fatigar, proveer con una llanta
tire[3], cansarse, fastidiarse, rendirse
tired, fatigado(a), cansado(a), rendido(a)
tireless, incansable
tiresome, tedioso(a), molesto(a)
tissue, tisú, tejido
 tissue paper, papel de seda
tit, paro
 tit for tat, dando y dando
titanic, titánico
titbit, bocadito delicado
tithe[1], diezmo
tithe[2], diezmar
title[1], título
 title deed, derecho de propiedad
 title page, portada, carátula, frontispicio, título de la página
 title role, papel principal
 Title VII, Título IV
title[2], titular
titmouse, paro
titter[1], reírse disimuladamente
titter[2], risilla disimulada
titular, titular
T.N.T. (TNT), trinitrotoluene
to[1], a, para, por, de, hasta, en, con, que
to[2], hacia adelante
toad, sapo
toadstool, variedad de hongo venenoso
toady[1], adulador(a)
toady[2], adular, ser adulador(a)
toadish, adulador(a)
to-and-fro, de acá para allá, de un lado a otro
toast[1], tostar, brindar
toast[2], tostada; pan tostado, brindis
toasted, tostado(a)
toaster, parrilla, tostador
toastmaster, maestro de ceremonias
tobacco, tabaco
 cut tobacco, picadura
 tobacco abuse, abuso de tabaco
 tobacco box, tabaquera
 tobacco dependency, dependencia al tabaco
 tobacco pouch, bolsa para tabaco
 tobacco shop, tabaquería
toboggan[1], tobogán, trineo para deslizarse
toboggan[2], deslizarse en tobogán
today, hoy
 a week from today, dentro de ocho días, de hoy en ocho días
to-day, hoy
 a week from to-day, dentro de ocho días, de hoy en ocho días
toddle, andar con pasitos inciertos, tambalearse
toddler, el que da pasitos inciertos, niño(a) de uno a tres años de edad
toddy, grog, variedad de bebida fermentada
to-do, alboroto, alharaca
toe[1], dedo del pie, punta del calzado
toe[2], tocar con los dedos del pie

to toe the line, comportarse bien, hacer lo que se le manda al pie de la letra
toenail, uña del dedo del pie
togs, vestimenta, ropa
together, juntamente, en compañía de otro, al mismo tiempo, junto
to get together, unirse, juntarse
toil[1], fatigarse, trabajar mucho, afanarse
toil[2], trabajo, fatiga, afán
toilet, tocado, tocador, excusado, retrete
toilet articles, artículos de tocador
toilet paper, papel de excusado, papel higiénico
toilet water, agua de tocador
token, señal, memoria, recuerdo, prueba
by the same token, por lo mismo, por el mismo motivo
token payment, pago parcial como reconocimiento de un adeudo
Tokugawa shogunate, shogunato Tokugawa
Tokyo, Tokio
tolerable, tolerable, mediocre
tolerablely, tolerablemente, así así
tolerance, tolerancia
tolerance for frustration, tolerancia a la frustración
tolerance level, nivel de tolerancia
tolerance of ambiguity, tolerancia de la ambigüedad
tolerant, tolerante
tolerate, tolerar
toleration, tolerancia
toll[1], peaje, portazgo, tañido lento de las campanas
toll bridge, puente de peaje
toll call, llamada teléfonica de larga distancia
toll[2], tocar o doblar una campana, colectar peajes
toll[3], sonar las campanas
tollgate, entrada de camino de cuota
tolling, campaneo
tolling of bells, repique o tañido de las campanas
Toltecs, toltecas
tomato, tomate, jitomate
tomato sauce, salsa de tomate
tomb[1], tumba, sepulcro
tomb[2], poner en tumba
tomboy, jovencita retozona, marimacho
tombstone, piedra o lápida sepulcral
tomcat, gato
tome, tomo
tomfoolery, tontería, payasada
tommy gun, ametralladora pequeña
tomorrow, mañana
day after tomorrow, pasado mañana
tomorrow morning, mañana por la mañana
tomtit, paro
tom-tom, tantán
ton, tonelada
tonal, tonal
tonality, tonalidad
tone[1], tono, tono de la voz, acento, modalidad
tone[2], cambiar el tono, armonizar el tono
to tone down, suavizar
to tone up, animar
tongs, tenazas
tongue, lengua, lenguaje, habla, lengua de tierra
to hold one's tongue, callarse
tongue-tied, con frenillo, mudo, sin habla
tongue twister, trabalenguas
tonic[1], tónico(a), reconstituyente
tonic[2], tónico(a)
tonight, esta noche
to-night, esta noche
tonnage, tonelaje, porte de un buque
tonsil, tonsila, amígdala, agalla
tonsillectomy, amigdalotomía, operación de las amígdalas
tonsillitis, tonsilitis, amigdalitis
tonsorial, de barbería
too, también
too many things, demasiadas cosas
too much, demasiado(a)
took, pretérito del verbo take
tool[1], herramienta, utensilio, persona usada como instrumento
tool bag, talega de herramientas, cartera de herramientas

tool chest, caja de herramientas
tool², labrar con herramientas
tools, pertrechos, útiles, bártulos
toot¹, sonar un cuerno o una bocina
toot², sonido de cuerno o de bocina
tooth, diente, gusto, diente de rueda
molar tooth, diente molar
tooth decay, caries
tooth powder, dentífrico, polvo dentífrico
toothache, dolor de muelas
toothbrush, cepillo de dientes
toothless, desdentado(a), sin dientes
toothpaste, dentífrico, pasta dentífrica
toothpick, mondadientes, escarbadientes, palillo de dientes
top¹, cima, cumbre, cresta, último grado, cabeza, capota, trompo, peón
top hat, sombrero de copa, sombrero de copa alta
top², elevarse por encima, sobrepujar, exceder, descabezar los árboles
topaz, topacio
topcoat, sobretodo, abrigo, gabán, abrigo liviano
toper, bebedor(a), borrachón (borrachona)
topflight, superior en aptitud o eminencia
topflight artist, artista de primera categoría
topic, tópico, particular, asunto, tema
topic sentence, oración principal, oración temática
topical, tópico, sobre el tema o asunto
topknot, copete
topmost, superior, más alto
topnotch, de primera, excelente
topographer, topógrafo(a)
topographic map, mapa topográfico
topography, topografía
topple, volcarse
top-secret, alto secreto
topside, parte superior
topsoil, capa arable, capa fértil del suelo, suelo
topsy-turvy¹, patas arriba, desordenadamente
topsy-turvy², de patas arriba, revuelto
Torah, Torá
torch, antorcha, hacha
torchbearer, hachero(a), portaantorcha
torchlight, luz de antorcha
torchlight procession, procesión con antorchas
tore, pretérito del verbo tear
toreador, torero
torment¹, tormento, pena
torment², atormentar
tormentor, atormentador(a)
tormenter, atormentador(a)
torn¹, destrozado(a), rasgado(a), descosido(a)
tornado, tornado, huracán
torpedo¹, torpedo, tremielga
to fire a torpedo, lanzar un torpedo
torpedo boat, torpedero
torpedo tube, lanzatorpedos, tubo lanzatorpedos
torpedo², torpedear
torpid, entorpecido(a), inerte, apático(a)
torpor, entorpecimiento, estupor
torque, fuerza de torsión
torrent, torrente
torrential, torrencial
torrid, tórrido(a), ardiente
torrid zone, zona tórrida
torso, torso
tortoise, tortuga, carey
tortoise shell, concha de tortuga, carey
tortoise-shell, de carey
tortuous, tortuoso(a), sinuoso(a)
torture¹, tortura, suplicio, martirio
torture², atormentar, torturar, martirizar
Tory¹, miembro del partido conservador de Inglaterra
tory², conservador en extremo
toss¹, tirar, lanzar, arrojar, agitar, sacudir
to toss up, lanzar algo al aire, jugar a cara o cruz
toss², agitarse, mecerse
toss³, sacudida, meneo, agitación
toss-up, incertidumbre sobre el resultado, cara o cruz

tot, niño(a)
total[1], total
total[2], entero(a), completo(a), total
 total benefit, beneficio total
 total cost, costo total
 total loss, pérdida total
 total market value, valor total de mercado
 total war, guerra total
 total weight, peso total
totalitarian, totalitario
 totalitarian regime, régimen totalitario
 totalitarian system, sistema totalitario
totalitarianism, totalitarismo
totter, bambolear, tambalear, vacilar, titubear
tottering, vacilante, titubeante
totteringly, en forma tambaleante
touch[1], tocar, palpar, emocionar, conmover
 touch-me-not, mercurial, mírame y no me toques
touch[2], aproximarse a
touch[3], tocamiento, toque, contacto
 get in touch with, comunicarse con
 in touch with, en contacto con
 sense of touch, sentido del tacto
 touch screen, pantalla táctil
touchable, tangible
touch-and-go, precario(a), incierto(a), arriesgado(a)
touchback, posesión de la pelota detrás de la propia meta
touchdown, acción del jugador al poner la pelota detrás de la meta del contrario
touching, patético(a), conmovedor(a)
touchstone, piedra de toque, ensayo, prueba
touchy, quisquilloso(a), melindroso(a), susceptible
tough, tosco(a), correoso(a), tieso(a), vicioso(a), vigoroso(a), pendenciero(a), difícil
 tough battle, batalla ardúa
 tough contest, concurso reñido
toughen[1], hacerse correoso(a), endurecerse
toughen[2], hacer tosco(a), hacer correoso(a), endurecer
toupee, tupé
tour[1], viaje, peregrinación, vuelta
tour[2], viajar
touring, turismo
 touring agency, agencia de turismo
tourist, turista, viajero(a)
 tourist center, centro turístico
 tourist court, posada para automovilistas
tournament, torneo, combate, concurso
tourniquet, torniquete
tousle, desordenar, desgreñar, despeinar
tow[1], estopa, remolque
tow[2], remolcar
toward(s), hacia, con dirección a, cerca de
towboat, bote remolcador
towel, toalla
 roller towel, toalla sin fin
tower[1], torre, ciudadela
 fortified tower, torreón
 Tower Bridge, Puente de la Torre
tower[2], remontarse, elevarse a una altura
 to tower above, sobrepasar mucho en altura
towhead, cabellera suave y muy rubia, persona con cabello suave y muy rubio
towline, cable, soga o cadena de remolque
town, ciudad, pueblo, población, villa, poblado
 home town, ciudad natal
 town council, ayuntamiento, cabildo
 town crier, pregonero(a), voceador(a)
 town hall, casa de ayuntamiento, casa consistorial, comuna
 town house, casa de ayuntamiento, casa consistorial, comuna
 town planning, urbanización
Townshend Plan, Plan de Townshend
township, ayuntamiento, municipio, municipalidad
townsman, conciudadano(a)

toxic, tóxico(a)
toxic dumping, vertedero tóxico
toxic waste handling, manejo de desechos tóxicos
toxin, toxina, veneno
toy[1], juguete, chuchería, miriñaque
toy[2], jugar, divertirse
trace[1], huella, pisada, vestigio, señal, indicio, exponer una idea
trace[2], delinear, trazar, seguir la pista
traceable, que se puede trazar
tracer, cédula de investigación, trazador(a)
tracer station, estación de rastreo
trachea, tráquea
trachoma, tracoma
tracing, calco, trazo
track[1], vestigio, huella, pista, rodada
race track, hipódromo
track meet, concurso de pista y campo
track of a wheel, carrilera
track[2], rastrear
trackless, sin huella
trackman, corredor
tract, trecho, región, comarca, tratado, sistema
tractable, tratable, manejable
traction, acarreamiento, tracción, tracción
tractor, tractor
trade[1], comercio, tráfico, negocio, trato, contratación
board of trade, junta de comercio
trade advantage, ventaja comercial
trade agreement, acuerdo comercial
trade balance, balanza comercial
trade barrier, barrera arancelaria
trade name, nombre de fábrica
trade pact, pacto comercial
trade price, precio para el comerciante
trade route, ruta comercial
trade school, escuela de artes y oficios
trade surplus, superávit comercial, excedente comercial
trade union, gremio
trade winds, vientos alisios
trade-off, contrapartida
trade[2], comerciar, traficar, negociar, cambiar, cambalachear
trade-in, objeto dado como pago o pago parcial en la compra de otro
trade-mark, marca de fábrica
trader, comerciante, traficante, navío mercante
tradesman, tendero, mercader, artesano
tradespeople, comerciantes
trade-unionism, sindicalismo
trading[1], comercio
trading triangle, triángulo de comercio
trading[2], comercial
trading partner, socio comercial
tradition, tradición
traditional, tradicional
traditional American family, familia estadounidense tradicional
traditional art forms, formas de arte tradicionales
traditional cultural identity, identidad cultural tradicional
traditional dance, danza tradicional
traditional sound, sonido tradicional
traditional sound source, fuente de sonido tradicional
traditionally, tradicionalmente
traduce, vituperar, calumniar, acusar
traffic[1], tráfico, circulación, mercaderías, tránsito, trasporte
heavy traffic, tránsito intenso
light traffic, tránsito ligero
traffic lane, zona de tránsito
traffic light, semáforo
traffic safety, seguridad vial
traffic sign, señal de tránsito
traffic[2], traficar
tragedian, actor(a) trágico(a), autor(a) de tragedias
tragedy, tragedia
tragic, trágico(a)
tragically, trágicamente
trail[1], rastrear, arrastrar

trail[2], rastro, pisada, vereda, trocha, sendero
Trail of Tears, Sendero de Lágrimas
trailer, remolque, acoplado(a), carro de remolque, persona que sigue una pista o un rastro
trailing, rastrero
trailing arbutus, gayuba
train[1], arrastrar, amaestrar, enseñar, criar, adiestrar, disciplinar, entrenar
train[2], tren, séquito, tren, serie, cola (de vestido)
pack train, recua
train[3], conductor(a), motorista, cobrador(a)
train oil, aceite de ballena
trainee, persona que recibe entrenamiento
trainer, enseñador(a), entrenador(a)
training[1], educación, disciplina, entrenamiento, instrucción, capacitación
training[2], de instrucción, de entrenamiento
trainload, carga de un tren
trainman, empleado en un tren
trait, rasgo de carácter, toque
traitor, traidor
traitorous, pérfido(a), traidor(a), traicionero(a)
traitress, traidora
trajectory, trayectoria
trammel[1], trasmallo
trammel[2], coger, interceptar, impedir
trammels, obstáculos, impedimentos
tramp[1], sonido de pasos pesados, paso fuerte, caminata, vagabundo(a), bigardo(a)
tramp steamer, vapor que toma carga donde y cuando puede
tramp[2], vagabundear
tramp[3], patear
trample[1], pisar muy fuerte, hollar
trample[2], pisoteo, sonido de pisoteo
trance, rapto, éxtasis, estado hipnótico
tranquil, tranquilo
tranquilizer, calmante, sedante
tranquility, tranquilidad, paz, calma
tranquillity, tranquilidad, paz, calma
transact, negociar, transigir
transaction, transacción, negociación, tramitación
transaction cost, costo de transacción
transatlantic, trasatlántico(a)
transatlantic airplane, avión trasatlántico
transatlantic liner, vapor trasatlántico
trans-Atlantic slave trade, comercio trasatlántico de esclavos
transcend, trascender, pasar, exceder
transcendent, trascendente, sobresaliente
transcendental, trascendental, sobresaliente
Transcendentalism, trascendentalismo
transcontinental, trascontinental
transcribe, trascribir, copiar, trasladar
transcript, trasunto, traslado, copia
transcription, traslado, copia, electrical, transcripción
electrical transcription, transcripción eléctrica
transept, nave trasversal de una iglesia
transfer, transferencia, transferir
transfer of energy, transferencia de energía
transfer payment, pago de transferencia
transistor, transistor
transfer[1], transferir, transportar, transbordar, trasladar, trasponer
transfer[2], cesión, transferencia, traspaso, traslado,
transferable, transferible
transference, transferencia
transfiguration, transfiguración
transfigure, transformar, trasfigurar
transfix, traspasar
transform[1], transformar
transform[2], transformase
transformation, transformación
transformer, transformador
transforming energy, transformación de la energía
transforming matter, transformación de la materia

transfusion, transfusión
blood transfusion, transfusión de sangre
transgress, transgredir, violar
transgression, transgresión
transgressor, transgresor(a)
transient[1], pasajero, transitorio
transient[2], transeúnte
transiently, de un modo transitorio
transit[1], tránsito, trámite, teodolito
transit theodolite, teodolito
transit[2], pasear por
transition, transición, tránsito
transitional movement, movimiento de transición
transitional words, conectores, palabras puente
transitive[1], transitivo(a)
transitive[2], verbo transitivo
transitory, transitorio(a)
translate, trasladar, traducir, verter, interpretar
translation, traducción, interpretación, la acción de transportar, transferir, trasladar o mudar
translator, traductor(a)
translucent, traslúcido(a), diáfano(a)
transmission, transmisión
transmission of beliefs, transmisión de creencias
transmission belt, correa de transmisión
transmission of culture, transmisión de la cultura
trans-Mississippi region, Trans-Misisipi
transmit, trasmitir
transmitter, transmisor
transmute, transmutar
transnational corporation, corporación transnacional
transom, travesaño
transonic, transónico(a)
transparency, transparencia
transparent, transparente, diáfano(a)
transpiration, transpiración
transpire[1], transpirar, exhalar
transpire[2], acontecer
transplant[1], trasplante, corneal
corneal transplant, trasplante de córnea
transplant[2], trasplantar
transport[1], transportar, deportar, llevar, trasponer
transport[2], transportación, rapto, trasporte, criminal condenado a la deportación
transport company, empresa porteadora, compañía de transportes
transport of cell materials, transporte celular
transport system, sistema de transporte
transportation, transportación, transporte, acarreo
transportation corridor, corredor de transporte
transportation route, ruta de transporte
transporting energy, transporte de energía
transporting matter, transporte de materia
transpose, trasponer, transportar
transposition, trasposición
transregional alliance, alianza interregional
Trans-Siberian railroad, Transiberiano
transversal, transversal
transverse, trasverso(a), travesero(a)
transverse wave, onda transversa
transversely, transversalmente
trap[1], trampa, garlito, lazo, especie de carruaje
trap door, puerta disimulada, escotillón
trap[2], hacer caer en la trampa, atrapar
trapeze, trapecio
trapezoid, trapezoide, trapecio
trapper, cazador(a) de animales de piel
trappings, jaeces
trapshooter, tirador(a) al vuelo o a blancos movibles
trash, heces, desecho, cachivache, cacharro, basura
trashy, vil, despreciable, de ningún valor
trauma, traumatismo, lesión
traumatic, traumático(a)
travail[1], trabajo, dolores de parto
travail[2], trabajar, estar de parto

travel[1], viajar
  to travel over, recorrer
travel[2], viaje
  travel effort, esfuerzo del viaje
traveler, viajante, viajero(a)
  traveler's check, cheque de viajero(a) o de viaje
traveling, de viaje
  traveling companion, compañero o compañera de viaje
  traveling expenses, viáticos, dietas
  traveling pattern, patrón de desplazamiento
  traveling salesman, agente viajero, viajante
travelog, conferencia ilustrada sobre viajes
travelogue, conferencia ilustrada sobre viajes
traverse[1], atravesar, cruzar, recorrer, examinar con cuidado
traverse[2], atravesarse, recorrer
traverse[3], transversal
traverse[4], traviesa, travesaño, negación, objeción legal
travesty[1], parodia
travesty[2], disfrazar
trawl[1], pescar con red rastrera
trawl[2], red larga para rastrear
trawler, embarcación para pescar o dragar a la rastra, persona que pesca o draga a la rastra
tray, bandeja, salvilla, batea, charola
treacherous, traidor(a), pérfido(a)
treachery, perfidia, deslealtad, traición
tread[1], pisar, hollar, apretar con el pie, pisotear, patalear, caminar con majestad
tread[2], pisada, galladura
treadle, pedal, cárcola
treason, traición
treasure[1], tesoro, riqueza
treasure[2], atesorar, guardar riquezas
treasurer, tesorero(a)
treasury, tesorería
treat[1], tratar, regalar, medicinar
  to treat of, versar sobre, tratar de
treat[2], trato, banquete, festín, convidada
treatise, tratado
treatment, trato, tratamiento
  treatment group, grupo de tratamiento
treaty, tratado, pacto, trato
  Treaty of Guadalupe Hidalgo, Tratado de Guadalupe Hidalgo
  Treaty of Nanking (1842), Tratado de Nanking (1842)
  Treaty of Paris, Tratado de París
  Treaty of Shimonoseki (1895), Tratado de Shimonoseki (1895)
  Treaty of Versailles, Tratado de Versalles
  treaty ratification, ratificación de un tratado
treble, tiple
  treble clef, clave de sol
tree, árbol, cepo, palo
  family tree, árbol genealógico
  tree diagram, diagrama de árbol, diagrama ramificado
  tree diagram model, modelo de diagrama de árbol
  tree frog, rana arbólea
treeless, sin árboles
trek[1], prolongado viaje, jornada
trek[2], hacer una jornada ardua
trellis, enrejado(a)
tremble[1], temblar, estremecerse
tremble[2], temblor
trembling[1], tembloroso(a)
trembling[2], estremecimiento, temor
tremendous[1], tremendo(a), inmenso(a)
tremendous[2], tremor, temblor, estremecimiento
tremendously, de un modo tremendo
tremulous, trémulo(a), tembloroso(a)
tremolously, temblorosamente
trench[1], foso, trinchera, cauce
  trench warfare, guerra de trincheras
trench[2], cortar, atrincherar, hacer cauces
trend[1], tendencia, curso
trend[2], tender, inclinarse
trepidation, trepidación
trespass[1], quebrantar, traspasar, violar
trespass[2], transgresión, violación
trespasser, transgresor(a)
tress, trenza, rizo de pelo
trestle, bastidor, caballete, armazón

triad, acorde, terno
trial, prueba, ensayo, juicio
trial and error, ensayo y error
trial balance, balance de prueba
trial by jury, juicio por jurado
trial of Galileo, juicio de Galileo
trial order, pedido de ensayo
trial run, presentación de un espectáculo por algún tiempo como prueba o ensayo, marcha de ensayo
triangle, triángulo
right triangle, triángulo recto
triangle formula, fórmula del triángulo
triangle sides, lados del triángulo
triangular, triangular
triangular trade, comercio triangular
triangular trade route, ruta del comercio triangular
tribal, tribal, perteneciente a una tribu
tribal council, consejo tribal
tribal government, gobierno tribal
tribal identity, identidad tribal
tribal lands, tierras tribales
tribal membership, pertenencia tribal
tribal system, sistema tribal
tribe, tribu, raza, casta
tribulation, tribulación
tribunal, tribunal, juzgado
tribune, tribuno(a)
tributary, tributario(a)
tribute, tributo, homenaje
to render tribute, rendir pleitesía, tributar homenaje
trick[1], engaño, fraude, superchería, astucia, burla, maña, broma, trampa
trick[2], engañar, ataviar, hacer juegos de manos, embaucar
trickery, engaño, dolo, fraude
trickle[1], gotear
trickle[2], goteo, chorrito, corriente pequeña
trickster, burlador(a)
trickster tale, cuento del burlador
tricky, astuto(a), artificioso(a), tramposo(a)
tricolor[1], bandera tricolor
tricolor[2], tricolor
tricycle, triciclo
tried, ensayado(a), probado(a), fiel
triennial[1], trienal
triennial[2], tercer aniversario, acontecimiento trienal
tries, pruebas, ensayos
trifle[1], bagatela, niñería, pamplina, pequeñez, bicoca
trifle[2], bobear, chancear, juguetear
trifling, frívolo(a), inútil
triflingly, sin consecuencia
trigger, gatillo, provocar
trigonometric ratio, razón trigonométrica
trigonometric relation, relación trigonométrica
trigonometry, trigonometría
trilingual, trilingüe
trill[1], trino
trill[2], trinar, gorgoritear
trillion, trillón, la tercera potencia de un millón
trim[1], acicalado(a), compuesto(a), bien ataviado(a)
trim[2], atavío, adorno, aderezo
trim[3], preparar, acomodar, adornar, ornar, podar, recortar, cortar, recortar, orientar, equilibrar
trimly, lindamente, en buen estado
trimming, guarnición de vestido, galón, adorno
trinity, grupo de tres, trinidad
trinket, joya, alhaja, adorno, fruslería, chuchería, juguete, terceto, trío
trinomial, trinomio, trinomial
trip[1], echar zancadilla, hacer tropezar
trip[2], tropezar, dar un traspié
trip[3], zancadilla, traspié, resbalón, viaje
one way trip, viaje sencillo
return trip, viaje de vuelte
round trip, viaje redondo, viaje de ida y vuelta
tripe, tripas, callos, menudo
triple[1], tríplice, triple, triplo
triple meter, compás ternario
triple[2], triplicar
triple[3], triplicarse
triplet, terceto

triplets, trillizos
triplicate[1], triplicar, hacer tres copias
triplicate[2], triplicado(a)
triplicate[3], una de tres copias idénticas
tripod, trípode
tripping[1], veloz, ágil, ligero(a)
tripping[2], baile ligero, tropiezo, tropezón
trisyllable, trisílabo(a)
trite, trivial, usado, banal
triumph[1], triunfo
triumph[2], triunfar, vencer
triumphant, triunfante, victorioso(a)
trivial, trivial, vulgar
triviality, trivialidad
troglodyte, troglodita
Trojan war, Guerra de Troya
trolley, tranvía
  trolley bus, ómnibus eléctrico
  trolley coach, ómnibus eléctrico
trombone, trombón
troop[1], tropa, cuadrilla, turba
troop[2], atroparse
trooper, soldado a caballo, también su caballo, policía a caballo
troopship, transporte de guerra
trophic level, nivel trófico
trophy, trofeo
tropic, trópico
  the tropics, el trópico
  Tropic of Cancer, trópico de Cáncer
  Tropic of Capricorn, trópico de Capricornio
tropical, trópico, tropical
  tropical rain forest, selva tropical
  tropical soil degradation, degradación de los suelos tropicales
tropism, tropismo
trot[1], trote
trot[2], trotar
troth, fe, fidelidad, desposorio
trotter, caballo trotón, trotador(a)
trotting, trotador(a)
troubadour, trovador(a)
trouble[1], perturbar, incomodar, molestar
trouble[2], incomodarse
trouble[3], turbación, disturbio, inquietud, aflicción, pena, congoja, trabajo
  to be in trouble, verse en apuros
troubled, afligido(a), agitado(a)
troublemaker, perturbador(a), alborotador(a)
trouble shooter, persona encargada de descubrir y corregir fallas
troubleshooting, solución de problemas
troublesome, penoso(a), fatigoso(a), inoportuno(a), fastidioso(a), molesto(a), majadero(a)
trough, artesa, gamella, dornajo
troupe, compañía o tropa, especialmente de actores de teatro
trouper, miembro de una compañía que viaja
  a good trouper, actor o actriz que viaja sin importarle incomodidades
trousers, calzones, pantalones
trousseau, ajuar de novia
trout, trucha
trowel, trulla, llana, paleta
truant, holgazán (holgazana), haragán (haragana)
truce, tregua, suspensión de armas
truck[1], trocar, cambiar, acarrear, trasportar
truck[2], camión, carretón, cambio, trueque
  small truck, camioneta
  truck farm, pequeña labranza en que se produce hortaliza para vender en el mercado
  truck frame, bastidor para camión
truckage, acarreo
truck-farming community, comunidad de huertas
truckman, carretero, camionero
truculent, truculento(a), cruel
trudge[1], caminar con pesadez y cansancio
trudge[2], paseo fatigoso
true, verdadero(a), cierto(a), sincero(a), exacto(a), efectivo(a)
  true bill, acusación de un gran jurado
truehearted, leal, sincero(a), franco(a), fiel
truly, en verdad, sinceramente
Truman Doctrine, Doctrina Truman

trump, triunfo, excelente persona
trump[2], ganar con el triunfo
trump card, triunfo
to trump up, forjar, inventar
trumpet[1], trompeta
trumpet creeper, jazmín trompeta
trumpet[2], trompetear, pregonar con trompeta
trumpeter, trompetero(a), trompetista
truncate, truncar
truncation, truncamiento
trundle[1], rueda baja, carreta de ruedas bajas, rodillo
trundle bed, carriola
trundle[2], rodar, girar
trunk[1], tronco, baúl, cofre
trunk of an elephant, trompa
trunk[2], pie, tronco
auto trunk, portaequipajes, maletero
trunk[3], troncal
trunk twist, girar el tronco
trunks, calzón corto de hombre
swimming trunks, traje de baño de hombre, taparrabo
truss, braguero, haz, atado, empaquetar, liar
trussing, armadura
trust[1], confianza, cargo, depósito, fideicomiso, crédito, cometido, cuidado, asociación comercial para monopolizar la venta de algún género, consorcio, trust, monopolio
in trust, en administración
on trust, al fiado
trust[2], confiar, encargar y fiar, dar crédito, esperar
trust[3], confiarse, fiarse
trustee, fideicomisario(a), depositario(a), síndico(a)
trusteeship, sindicatura
trustful, fiel, confiado(a)
trustiness, probidad, integridad
trusting, confiado(a)
trustworthy, digno(a) de confianza
trusty, fiel, leal, seguro(a)
truth, verdad, fidelidad, realidad
in truth, en verdad
truth in advertising, verdad en la publicidad
truth table proof, prueba de validez por tabla de verdad
truthful, verídico(a), veraz
truthfulness, veracidad
try[1], examinar, ensayar, probar, experimentar, tentar, intentar, juzgar, purificar
try[2], procurar
to try on clothes, probarse ropa
try[3], prueba, ensayo
trying, crítico(a), penoso(a), cruel, agravante
tryout, prueba, ensayo
tryst[1], cita, lugar de cita
tryst[2], convenir en encontrarse, arreglar, nombrar, ponerse de acuerdo
t-shirt, camiseta playera, camiseta polera, camiseta remera
tsunami, tsunami
tub[1], tina, cuba, cubo, barreño, barreña
tub[2], bañar, bañarse o lavarse en una tina
tuba, bombardino
tubbing, baño, lavamiento
tube[1], tubo, cañón, cañuto, caño, ferrocarril subterráneo
amplifying tube, válvula amplificadora
electronic tube, tubo electrónico
inner tube, cámara de aire
test tube, probeta
vacuum tube, tubo al vacío
tube[2], poner en tubo, entubar
tuber, tubérculo, protuberancia, prominencia
tubercular, tísico(a), tuberculoso(a)
tuberculin, tuberculina
tuberculosis, tuberculosis, tisis
tuberose, tuberosa, nardo
tuck[1], alforza, pliegue, doblez
tuck[2], arremangar, recoger
Tues. (Tuesday), martes
Tuesday, martes
tuft[1], borla, penacho, moño
tuft[2], adornar con borlas, dividir en borlas
tufted, empenachado(a), copetudo(a)
tug[1], tirar con fuerza, arrancar
tug[2], esforzarse
tug[3], tirada, esfuerzo, tirón, remolcador
tugboat, remolcador(a)
tuition, instrucción, enseñanza, costo

de la matrícula y la enseñanza
tulip, tulipán
tulle, tul
tumble[1], caer, hundirse, voltear, revolcarse
tumble[2], revolver, rodar, volcar
tumble[3], caída, vuelco, confusión
tumbler, volteador, variedad de vaso para beber, volteador, tambor, seguro, fiador
tumor, tumor, hinchazón, nacencia
tumult, tumulto, agitación, alboroto
tumultuous, tumultuoso(a), alborotado(a)
tuna, tuna
tuna fish, atún
tundra, tundra
tune[1], tono, armonía, aria
in tune, afinado(a)
tune[2], afinar un instrumento musical, armonizar, sintonizar
tuneful, armonioso(a), acorde, melodioso(a), sonoro(a)
tuner, afinador(a), templador(a)
tungsten, tungsteno, volframio
tunic, túnica
tuning, afinación, templadura
tuning dial, cuadrante de sintonización
tuning fork, horquilla tónica
tunnel[1], túnel, galería
tunnel[2], construir un túnel
turban, turbante
turbid, turbio(a), cenagoso(a), turbulento(a)
turbine, turbina
blast turbine, turbosopladora
turbojet, turborretropropulsión
turboprop, avión de turbohélice
turbulence, turbulencia, confusión
turbulent, turbulento(a), tumultuoso(a)
tureen, sopera
turf[1], césped, turba, hipódromo, carreras de caballos
turf[2], cubrir con césped
Turk, turco(a)
Turkestan, Turquestán o Turkestán
turkey, pavo, guajolote
turkey buzzard, gallinazo
turkey hen, pava
Turkey, Turquía
Turkic Empire, Imperio turco
Turkic migration, migración turca
Turkish, turco(a)
Turkish bath, baño turco
Turkish towel, toalla turca
turmoil, disturbio, baraúnda, confusión
turn[1], volver, trocar, verter, traducir, cambiar, tornear, giro
turn[2], volver, girar, rodar, voltear, dar vueltas, volverse a, mudarse, transformarse, dirigirse
to turn back, regresar, volver atrás, virar
to turn down, poner boca abajo, voltear, rehusar, bajar
to turn off, cerrar
to turn on, abrir, encender, poner
to turn over, revolver
to turn pale, palidecer
to turn the corner, doblar la esquina
to turn to, recurrir a
turn[3], vuelta, giro, rodeo, recodo, turno, vez, habilidad, inclinación, servicio, forma, figura, hechura
a good turn, un favor
sharp turn, codo
turn taking, toma de turnos
turndown[1], doblado hacia abajo
turndown[2], denegación
turning[1], vuelta, rodeo, recodo
turning[2], de vuelta
turning point, punto decisivo
turning point in human history, momento decisivo en la historia de la humanidad
turnip, nabo
turnout, coche y demás aparejos, aguja, producto limpio o neto, asamblea grande de personas
they had a good turnout, tuvieron una buena concurrencia
turnover[1], vuelco, ventas, evolución o movimiento de mercancías
turnover[2], doblado(a) hacia abajo, volteado(a)
turnpike, entrada de camino de portazgo, camino de portazgo
turnstile, torniquete
turntable, plataforma giratoria, tornavía
turpentine, trementina
oil of turpentine, aguarrás
turpitude, maldad, infamia

turquoise, turquesa
turret, torrecilla
turtle, tortuga, galápago
turtledove, tórtola
tusk, colmillo, diente
tussle[1], lucha, riña, agarrada, pelea, rebatiña
tussle[2], pelear, reñir, agarrarse
tutelar (tutelary), tutelar
tutor[1], tutor(a), preceptor(a)
tutor[2], enseñar, instruir
tuxedo, smoking, esmoquin
T.V. (television), T.V., TV. (televisión)
twaddle[1], charlar
twaddle[2], charla
twain, dos
twang[1], producir un sonido agudo, restallar, hablar con tono nasal
twang[2], tañido, tono nasal
tweak[1], agarrar y jalar o halar con un tirón retorcido
tweak[2], tirón retorcido
tweed, género tejido de lana de superficie áspera y de dos colores
tweeds, ropa hecha de paño de lana y de superficie áspera
tweezers, tenacillas
twelfth, duodécimo(a)
twelve, doce
twelvemonth, año, doce meses
twentieth, vigésimo(a), veintavo(a)
  twentieth century, siglo veinte
twenty, veinte
  twenty odd, veintitantos
twice, dos veces, al doble
  twice-told, que se ha dicho dos veces, repetido
twiddle[1], hacer girar, enroscar
twiddle[2], vuelta, movimiento giratorio
twig, varita, varilla, vástago
twilight[1], crepúsculo
twilight[2], crepuscular
  twilight sleep, narcosis obstétrica parcial
twill[1], paño tejido en forma cruzada
twill[2], tejer paño en forma cruzada
twin, gemelo(a), mellizo(a)
  twin cities, ciudades gemelas
Twin Peaks, Twin Peaks
twine[1], torcer, enroscar
twine[2], entrelazarse, caracolear
twine[3], amarradura, bramante
twinge[1], punzar
twinge[2], sentir comezón, sufrir dolor
twinge[3], dolor punzante, comezón
twinkle[1], centellear, parpadear
twinkle[2], centello, pestañeo, movimiento rápido
twinkling, guiñada, pestañeo, momento
  in the twinkling of an eye, en un abrir y cerrar de ojos
twirl[1], voltear, hacer girar
twirl[2], vuelta, giro
twist[1], torcer, retorcer, entretejer, retortijar
  to twist one's body, contorcerse
twist[2], trenza, hilo de algodón, torcedura, baile y ritmo popular de los E.U.A.
twisted, torcido(a), enredado(a)
twisting[1], torcedor
twisting[2], torcedura, torcimiento
twit[1], vituperar, censurar, regañar
twit[2], tonto(a), dicterio, reproche
twitch[1], tirar bruscamente, agarrar, arrancar
twitch[2], crisparse, contorsionarse, tener una contracción nerviosa
twitch[3], tirón, tic, contracción nerviosa
twitter[1], gorjear
twitter[2], gorjeo
two, dos, doble
  two-by-four, que mide cuatro por dos pulgadas, pequeño(a), mezquino(a), apretado(a)
  two-faced, falso(a), de dos caras, disimulado(a)
  two-fisted, belicoso(a), denodado(a), viril
  two-party system, sistema bipartidista, bipartidismo
  two-seater, vehículo de dos asientos
  two-step, paso doble
  Two Treatises on Government, Dos tratados sobre el gobierno civil
  two-way table, tabla bidireccional
  two-dimensional, de dos dimensiones, bidimensional
  two-dimensional figure, figura de dos dimensiones
  two-dimensional shape, forma bidimensional
  two-dimensional shape combination, combinación

de forma bidimensional
two-dimensional shape decomposition, descomposición de forma bidimensional
two-dimensional shape slide, deslizamiento de forma bidimensional
two-dimensional shape turn, giro de forma bidimensional
two-dimensional space, espacio de forma bidimensional

twofold[1], doble, duplicado(a)
twofold[2], al doble
twosome, juego en que toman parte dos personas, pareja
tycoon, título dado antiguamente al jefe del ejército japonés, magnate industrial
type[1], tipo, letra, carácter, clase, género
bold-faced type, tipo negro
cannon type, canon
large type, tipo de cartel
light-faced type, tipo delgado
lower-case type, letra minúscula
Old English type, letra gótica
pica type, tipo cícero
Roman type, letra redonda
upper-case type, letra mayúscula
type bar, línea de tipos
typeface, tipo de letra
types of conflict, tipos de conflicto
types of poetry, tipos de poesía

type[2], escribir a máquina
type[3], clasificar
typesetter, cajista
typesetting, composición tipográfica
typewrite, escribir a máquina
typewriter, máquina de escribir, dactilógrafo, dactilografista
portable typewriter, máquina de escribir portátil

typewriting, acción de escribir a máquina, dactilografía, mecanografía, escritura a máquina, trabajo hecho en una máquina de escribir
typewritten, escrito(a) a máquina
typhoid[1], tifoidea
typhoid[2], tifoideo(a)
typhoid fever, fiebre tifoidea

typhoon, tifón, huracán
typhus, tifus, tifo
typical, en forma típica
typically, en forma típica
typify, simbolizar, representar
typing, mecanografía, dactilografía, escribir a máquina
typist, mecanógrafo(a)
typographer, tipógrafo(a)
typographical, tipográfico(a)
typography, tipografía
tyrannic, tiránico
tyrannical, tiránico
tyrannous, tiránico(a), tirano(a), arbitrario(a), cruel, injusto(a)
tyranny, tiranía, crueldad, opresión
tyrant, tirano
tyro, principiante, aprendiz, novicio(a)
Tyrolean, tirolés (tirolesa)

U

U. (University), universidad
ubiquitous, ubicuo(a)
udder, ubre
ugliness, fealdad, deformidad, rudeza
ugly, feo(a), disforme, rudo(a), desagradable
Ukraine, Ucrania
ukulele, ukelele, guitarra de cuatro cuerdas
ulcer, úlcera
ulcerate, ulcerar
ulster, abrigo flojo y pesado
ulterior, ulterior
ulterior motive, motivo oculto

ultimate[1], último(a)
ultimate[2], lo último, final
ultimatum, ultimatum, última condición irrevocable
ultimo, en o del mes próximo pasado
ultra[1], extremo(a), excesivo(a)
ultra[2], extremista, persona radical
ultramarine[1], azul de ultramar
ultramarine[2], ultramarino(a)
ultramodern, ultramoderno(a)
ultramontane[1], ultramontano(a), que está más allá o de la otra parte de los montes, al sur de los Alpes
ultramontane[2], Ultramontano, ultracatólico, que se refiere al ultramontanismo
ultrasonic, ultrasónico

ultraviolet, ultravioleta
ultraviolet light, luz ultravioleta
ultraviolet radiation, radiación ultravioleta
ultraviolet rays, rayos ultravioletas
Umayyad Dynasty, dinastía Omeya
umber[1], tierra de sombra, tierra de Nocera, tierra de Umbría
umber[2], de tierra de sombra, pardo(a)
umbilical, umbilical
umbilical cord, ombligo
umbrage, follaje, umbría, resentimiento
to take umbrage, tener sospecha o resentimiento
umbrella, paraguas, parasol, quitasol
umbrella stand, portaparaguas
umlaut, diéresis
umpire[1], árbitro, arbitrador
umpire[2], arbitar
umpteenth, enésimo(a)
for the umpteenth time, por enésima vez
U.N. (United Nations), ONU (Organización de las Naciones Unidas)
UN resolution, resolución de la ONU
unabashed, desvergonzado(a), descocado(a)
unabated, no disminuido(a), no agotado(a), cabal
unable, incapaz
to be unable, no poder
unabridged, completo(a), sin abreviar
unaccompanied, solo(a), sin acompañante
unaccountable, inexplicable, extraño(a)
unaccustomed, desacostumbrado(a), desusado(a)
unacquainted, desconocido(a)
I am unacquainted with him, no lo conozco
unadulterated, genuino(a), puro(a), sin mezcla
unaffected, sin afectación, sincero, natural
unaffectedly, en forma natural, sencillamente
unaided, sin ayuda
unaltered, inalterado(a), sin ningún cambio
un-American, antiamericano(a)
unanimity, unanimidad
unanimous, unánime
unanimously, por aclamación, por unanimidad
unapproachable, inaccesible
unarmed, inerme, desarmado(a)
unassailable, inatacable, inexpugnable
unassisted, sin ayuda, solo(a), sin auxilio
unassuming, modesto(a), sencillo(a), sin pretensiones
unattached, separado(a), independiente, disponible
unattainable, inasequible
unattended, solo(a), sin comitiva
unavailing, inútil, vano(a), infructuoso(a)
unavoidable, inevitable,
to be unavoidable, no tener remedio, no poder evitarse
unaware, incauto(a), de sorpresa, sin saber
unawares, inadvertidamente, de improviso, inesperadamente
unbalanced, trastornado(a), no equilibrado(a)
unbalanced force, fuerza desigual
unbearable, intolerable
unbecoming, indecoroso(a), que no queda bien, que no sienta
unbeliever, incrédulo(a), infiel
unbend[1], aflojar
unbend[2], condescender, descansar
unbending, inflexible
unbiased, imparcial, exento(a) de prejuicios
unbidden, no invitado(a), no ordenado(a), espontáneo(a)
unbind, desatar, aflojar
unblemished, sin mancha, sin tacha
unborn, sin nacer, no nacido(a) todavía
unbosom[1], confesar, desembuchar
unbosom[2], desahogarse
unbound, sin encuadernar, a la

rústica, desatado
unbounded, infinito(a), ilimitado(a)
unbreakable, irrompible
unbridle, desenfrenar
unbridled, desenfrenado(a), licencioso(a), violento(a)
unbroken, indómito(a), entero(a), no interrumpido(a), continuado(a)
unbuckle, deshebillar
unburden, descargar, aliviar
unbutton, desabotonar
uncalled-for, que no viene al caso, que está fuera de lugar, impertinente, grosero(a), inmerecido(a)
uncanny, extraño(a), misterioso(a)
unceasing, sin cesar, continuo(a)
unceasingly, sin tregua
uncertain, inseguro(a), incierto(a), dudoso(a), vacilante
uncertainty, incertidumbre
unchecked, desenfrenado(a)
uncivilized, salvaje, incivilizado(a)
unclaimed, no reclamado(a), sin reclamar, sin recoger
uncle, tío
  Uncle Sam, Tío Sam
unclean, inmundo(a), sucio(a), puerco(a), obsceno(a), inmoral
unclouded, sereno(a), despejado(a), sin nubes
uncoil, desarrollar, devanar
uncomfortable, incómodo(a), intranquilo(a), desagradable
uncommon, raro(a), extraordinario(a), fuera de lo común
uncompromising, inflexible, irreconciliable
unconcern, indiferencia, descuido, despreocupación
unconcerned, indiferente
unconcernedly, sin empacho
unconditional, incondicional, absoluto(a)
  unconditional surrender, rendición absoluta, rendición incondicional
unconscious, inconsciente, desmayado(a)
unconventional, informal, sin ceremonia, sin formulismos
uncouple, desatraillar, desenganchar
uncouth, extraño(a), incivil, tosco(a), grosero(a)
  uncouth word, palabrota, grosería
uncover, descubrir
unction, unción
uncultivated, inculto(a), sin cultivar
uncut, no cortado(a), entero
undamaged, ileso(a), libre de daño
undaunted, intrépido(a), atrevido(a)
undecided, indeciso(a)
undefined, indefinido(a)
undeniable, innegable, indudable
undeniably, innegablemente
under[1], debajo de, bajo
  under penalty of death, so pena de muerte
  under penalty of fine, so pena de multa
under[2], debajo, abajo, más abajo, por debajo de
underage, menor de edad
underbrush, maleza, breñal
undercharge, cobrar de menos
underclothing, ropa interior
undercover, bajo cuerda, secretamente
undercurrent, tendencia oculta, corriente submarina
undercut[1], solomillo, puñetazo hacia arriba
undercut[2], vender a precios más bajos que el competidor
undercut[3], socavar
underdeveloped, subdesarrollado(a)
  underdeveloped countries, países subdesarrollados
underdog, persona oprimida, el que lleva la peor parte
underdone, poco cocido(a)
underestimate, menospreciar, calcular de menos, subestimar
underestimation, subestimación
underexposure, insuficiente exposición
underfoot, bajo los pies de uno, bajo tierra, debajo, en el camino
undergo, sufrir, sostener, experimentar, someterse a

undergraduate, estudiante universitario no graduado
underground[1], subterráneo(a), subrepticio(a)
underground economy, economía subterránea
underground[2], debajo de la tierra, en secreto, subrepticiamente
underground[3], subterráneo, metro
Underground Railroad, ferrocarril subterráneo
underhand[1], secreto(a), clandestino(a), ejecutado(a) con las manos hacia abajo, fraudulento(a), injusto(a)
underhand[2], con las manos hacia abajo, clandestinamente
underhand throw, tiro por debajo del brazo, tiro bajo
underhanded, bajo cuerda, por debajo de la cuerda, secreto, clandestino
underhandedly, en forma clandestina
underlie, estar debajo, ser base de
underline, subrayar
underling, subordinado(a), suboficial
underlying, fundamental, básico(a), esencial, yaciente, que yace debajo, subyacente
undermine, minar, desprestigiar por debajo de cuerda
underneath, debajo
undernourished, malnutrido(a), desnutrido(a), malalimentado(a)
underpass, viaducto
underpay, remunerar deficientemente
underprivileged, desvalido(a), menesteroso(a), necesitado(a)
the underprivileged classes, las clases menesterosas
underrate, menoscabar, deslustrar, menospreciar
underscore, subrayar, recalcar
undersell, vender por menos
undershirt, camiseta
underside, lado inferior, fondo de una cosa
undersigned, suscrito(a)
underskirt, enagua, refajo, fondo, zagalejo
understand, entender, comprender
do you understand?, ¿entiende usted?
we understand each other, nos comprendemos
understanding[1], entendimiento, comprensión, inteligencia, conocimiento, correspondencia, meollo
slow in understanding, torpe, tardo(a) en comprender
understanding[2], comprensivo(a), perito(a), inteligente
understatement, declaración incompleta, manifestación incompleta descripción insuficiente
understudy[1], sustituto(a), actor o actriz que se prepara para remplazar a otro en un momento dado
understudy[2], prepararse para tomar el papel de otro en un momento dado
undertake, emprender, asumir, comprometerse a
undertaker, empresario(a) o director(a) de pompas fúnebres
undertaking, empresa, obra, empeño
undertaking establishment, funeraria
undertone, tono bajo, voz baja, color tenue u opaco
undertow, resaca
underwater, subacuático(a), submarino(a)
underwear, ropa interior, ropa íntima
underweight, de bajo peso, que pesa menos del término medio
underworld, hampa, clase baja y criminal de la sociedad, bajos fondos
underwrite, suscribir, asegurar contra riesgos
underwriter, asegurador(a)
undesirable, no deseable, nocivo(a)
undeveloped, no desarrollado(a)
undeveloped country, país no explotado
undeveloped photograph, fotografía no revelada
undevout, indevoto(a)
undiluted, puro(a), sin diluir
undiminished, entero(a), sin disminuir
undismayed, intrépido(a)
undisputed, incontestable
undisturbed, quieto(a), tranquilo(a), sin haber sido estorbado(a)

undivided, indiviso(a), entero(a)
undo, deshacer, desatar
undoing, destrucción, ruina
undone, sin hacer
to leave nothing undone, no dejar nada por hacer
undoubted, evidente
undoubtedly, sin duda, indudablemente
undress[1], desnudar
undress[2], paños menores
undue, indebido(a), injusto(a)
undulant fever, fiebre mediterránea
undulate, ondear, ondular
unduly, excesivamente, indebidamente, ilícitamente
undying, inmortal, imperecedero(a)
unearned, inmerecido(a), que no se lo ha ganado
unearth, desenterrar, revelar, divulgar, descubrir
unearthly, sobrenatural, espantoso
uneasiness, malestar, inquietud, intranquilidad, desasosiego
uneasy, inquieto(a), desasosegado(a), incómodo(a), intranquilo(a)
uneducated, sin educación
unemployed, desocupado(a), sin trabajo, ocioso(a)
unemployment, desempleo, paro
unemployment rate, tasa de desempleo
unending, inacabable, sin fin, eterno(a), perpetuo(a)
unenumerated rights, derechos fundamentales
unequal, desigual
unequal heating of air, calentamiento desigual del aire
unequal heating of land masses, calentamiento desigual de las masas continentales
unequal heating of oceans, calentamiento desigual de los océanos
unequaled, incomparable
unerring, infalible
uneven, desigual, barrancoso(a), disparejo(a), impar
unevenly, desigualmente
unexpected, inesperado(a), inopinado(a)
unexpectedly, de repente
unexplored, ignorado(a), no descubierto(a), sin explorar
unfailing, infalible, seguro(a)
unfair, injusto(a)
unfairly, injustamente
unfaithful, infiel, pérfido(a)
unfaltering, firme, asegurado(a)
unfamiliar, desacostumbrado(a), desconocido(a)
unfavorable, desfavorable
unfed, sin haber comido
unfeeling, insensible, duro(a), cruel
unfit[1], inepto(a), incapaz, inadecuado(a), indigno(a)
unfit[2], incapacitar, inhabilitar
unfold, desplegar, revelar, desdoblar
unforeseen, imprevisto(a)
unforgettable, inolvidable
unfortunate, desafortunado(a), infeliz, malhadado(a)
unfortunately, por desgracia, infelizmente, desgraciadamente
unfounded, sin fundamento
unfrequented, poco frecuentado(a)
unfurl, desplegar, extender
unfurnished, sin muebles, no amueblado(a)
unfurnished apartment, departamento sin amueblar
ungainly, desmañado(a), desgarbado(a)
ungodly, impío(a)
ungrounded, infundado(a)
unhand, soltar de las manos
unhappy, infeliz, descontento(a), triste
unharmed, ileso(a), sano(a) y salvo(a), incólume
unhealthy, enfermizo(a), insalubre, malsano(a)
unheard-of, inaudito(a), extraño(a), no imaginado(a)
unheeded, despreciado(a), no atendido(a)
unhorse, botar de la silla al jinete
unhurt, ileso(a), sin haber sufrido daño
unicameral, unicameral
UNICEF (United Nations' International Children's Emergency Fund), UNICEF (Fondo de las Naciones Unidas para la Infancia)
unicellular, unicelular
unicellular organism, organismo unicelular

unification, unificación
unification of Germany, unificación de Alemania
unification of Italy, unificación de Italia
unified, unido(a)
unified India, India unida
unified production concept, concepto unificado de producción
uniform, uniforme
uniformitarianism, uniformitarianismo
uniformity, uniformidad
uniformly, uniformemente
unilateral, unilateral
unify, unificar, unir
uninformed, sin conocimientos
uninjured, ileso(a), sin haber sufrido daño
union, unión, conjunción, fusión
Union Army, Ejército de la Unión
union movement, movimiento sindical
unionism, unionismo, sindicalismo obrero, agrupación obrera, formación de gremios obreros
unionize, sindicar, unionizar, incorporar en un gremio
unique, único(a), singular, extraordinario(a)
unison, unisonancia, concordancia, unión
in unison, al unísono
unit, unidad
unit analysis, análisis de unidades
unit conversion, conversión de unidades
unit differences, diferencias de unidades
unit fraction, fracción unitaria
unit rate, tarifa unitaria
unit size, tamaño de la unidad
Unitarian, unitario(a)
unitary government, Estado unitario
unite, unir, unirse, juntarse, concretar
united, unido(a), junto(a)
United Kingdom, Reino Unido
United Nations, Naciones Unidas
United Nations Charter, Carta de las Naciones Unidas
United Nations Children's Fund (UNICEF), Fondo de las Naciones Unidas para la Infancia (UNICEF)
United States, Estados Unidos
United States citizenship, ciudadanía estadounidense
United States Constitution, Constitución de los Estados Unidos
United States foreign policy, política exterior de los Estados Unidos
United States intervention, intervención de los Estados Unidos
United States of America, Estados Unidos de América
unity, unidad, concordia, conformidad
unity of life, unidad de vida
unity of the arts, unidad de las artes
univariate distribution, distribución univariante
universal, universal
universal concept, concepto universal
Universal Declaration of Human Rights, Declaración Universal de Derechos Humanos
universal joint, cardán
universal language, lenguaje universal
universal solvent, disolvente universal
universal theme, tema universal
universal white male suffrage, sufragio universal para los hombres blancos
universally, universalmente
universality, universalidad
universe, universo
university, universidad
unjust, injusto(a)
unjustified, injustificado(a)
unkempt, despeinado(a), descuidado(a) en el traje, tosco(a)
unkind, poco bondadoso(a), cruel
unkindly, desfavorablemente, ásperamente

unknowingly, sin saberlo, desapercibidamente
unknown, incógnito(a), ignoto(a), desconocido(a)
unlace, desenlazar, desamarrar
unless, a menos que, si no
unlike[1], disímil, desemejante
unlike denominators, denominadores distintos
unlike[2], al contrario de
unlikely, improbable, inverosímil, poco probable
unlimited, ilimitado(a)
unlimited government, gobierno ilimitado
unload, descargar
unlock, abrir alguna cerradura
unlucky, desafortunado(a), siniestro(a)
unmanageable, inmanejable, intratable
unmanly, pusilánime, cobarde, afeminado
unmannerly, malcriado(a), descortés, incivil
unmarried, soltero(a)
unmarried man, soltero
unmarried woman, soltera
unmask[1], desenmascarar, revelar
unmask[2], desenmascararse, quitarse la máscara
unmentionable, que no se puede mencionar, indigno(a) de mencionarse
unmentionables, cosas que no pueden mencionarse, tabú, innombrables
unmixed, sin mezcla
unnatural, artificial, contrario(a) a las leyes de la naturaleza
unnecessary, innecesario, inútil
unnerve, enervar
unnoticed, no observado(a)
unnumbered, innumerable, sin número
unobserved, no observado(a), inadvertido(a)
unobtrusive, modesto(a), recatado(a)
unofficial, extraoficial, particular, privado(a)
unorthodox, heterodoxo(a)
unpack, desempacar, desempaquetar, desenvolver
unpaid, pendiente de pago
unpalatable, desabrido(a)
unpleasant, desagradable
unplug, desenchufar
unpopular, impopular
unprecedented, sin precedente
unpremeditated, sin premeditación
unpretending, sin pretensiones, sencillo(a), modesto(a)
unprincipled, sin principios morales, sin escrúpulos
unproductive, estéril, infructuoso(a)
unprofitable, inútil, vano(a), que no rinde utilidad o provecho
unprofitably, inútilmente, en forma infructuosa
unprotected, sin protección, sin defensa, desvalido(a)
unpunished, impune
unquenchable, inextinguible
unravel, desenredar, resolver
unreal, fantástico(a), ilusorio(a), irreal
unrecognizable, irreconocible
unreliable, informal, incumplido(a)
unremitting, perseverante, constante, incansable
unreserved, franco(a), abierto(a)
unrest, inquietud, impaciencia, movimiento
unrestrained, desenfrenado(a), ilimitado(a)
unripe, inmaturo(a), precoz, prematuro(a)
unripe fruit, fruta verde, fruta no madura
unrivaled, sin rival, sin igual
unroll, desenrollar, desplegar
unruffled, plácido(a), sereno(a), calmado(a)
unruly, desenfrenado(a), inmanejable, refractario(a), desarreglado(a)
unsavory, desabrido(a), insípido(a), ofensivo(a)
unscathed, a salvo, sano(a) y salvo(a), sin daño o perjuicio
unschooled, indocto(a), sin escuela
unscrew, destornillar, desatornillar, desentornillar
unscrupulous, sin escrúpulos, inmoral, desalmado(a)
unseasonable, fuera de la estación, a destiempo, inoportuno(a)
unseat, quitar del asiento, privar del derecho de formar parte de una cámara legislativa

unsecured, no protegido(a)
unseemly, indecente, indecoroso(a)
unseen, no visto, invisible
unselfish, desinteresado(a), generoso(a)
unsettled, voluble, inconstante, incierto(a), indeciso(a), no establecido(a)
unsettled accounts, cuentas por pagar, cuentas no liquidadas
unshakable, inmutable, firme, estable, impasible, inconmovible, insacudible
unshod, descalzo(a), desherrado(a)
unsightly, desagradable a la vista, feo
unskilled, inexperto(a), inhábil
unsociable, insociable
unsought, hallado(a) sin buscarlo, no solicitado
unsound, falto(a) de salud, falto(a) de sentido, inestable, erróneo(a), falso(a)
unsparing, generoso(a), liberal, incompasivo(a), cruel
unspeakable, indecible
unspeakably, en forma indecible
unstable, inestable, inconstante
unstressed syllables, sílabas átonas
unsubdued, indomado(a)
unsuitable, inadecuado(a), impropio(a)
unsullied, inmaculado(a), puro(a), limpio(a)
unswerving, indesviable, leal
untamed, indómito(a), indomado(a)
untangle, desenredar
untaught, ignorante, sin instrucción
unthinking, desatento(a), inconsiderado(a), indiscreto(a), irreflexivo(a)
unthought-of, impensado(a)
untidy, desaseado(a), descuidado(a), desaliñado(a)
untie, desatar, deshacer, soltar, desamarrar
until[1], hasta
until[2], hasta que
untimely, intempestivo(a), prematuro(a)
untiring, incansable
unto, a, en, para, hasta
untold, no relatado(a), no dicho(a)
untouched, intacto(a), no tocado(a)
untoward, perverso(a), siniestro(a), adverso(a), refractario(a), testarudo(a)
untried, no ensayado(a) o probado(a)
untrod, que no ha sido pisado(a), no recorrido(a)
untrodden, que no ha sido pisado(a), no recorrido(a)
untroubled, no perturbado, tranquilo, calmado
untrustworthy, incumplido(a), indigno(a) de confianza
untruth, falsedad, mentira
untutored, no instruido(a), sin escuela, sencillo(a)
unused, inusitado(a), desacostumbrado(a)
unusual, inusitado(a), raro(a), insólito(a), poco común
unusually, excepcionalmente
unutterable, inefable, indecible, inexpresable
unvarying, invariable
unveil, descubrir, revelar, quitar el velo, estrenar
unwarranted, injustificable, inexcusable
unwary, incauto(a), desprevenido(a)
unwelcome, inoportuno(a), mal acogido(a), no recibido(a) con gusto
unwieldy, pesado(a), difícil de manejar
unwilling, renuente, sin deseos, sin querer
unwillingly, de mala gana
unwind, desenredar, desenrollar, desenmarañar, relajar
unwise, imprudente
unwisely, sin juicio
unwittingly, sin saber, sin darse cuenta
unwonted, insólito(a)
unworldly, espiritual, ajeno a las cosas mundanas
unworthy, indigno(a), vil
unwound, sin cuerda, desenrollado(a)
unwrap, desenvolver, abrir, revelar
unwritten, verbal, no escrito(a)
unwritten law, ley de la costumbre, derecho consuetudinario
unyielding, inflexible
up, arriba, en lo alto

it is up to me, depende de mí
up to, hasta
up to date, hasta la fecha, hasta ahora
to bring up, criar, educar
to call up, telefonear
to make up, hacer las paces, inventar, compensar, maquillarse
upbraid, echar en cara, vituperar
Upanishad, Upanisad
upbraiding, reproche, censura, regaño
upbringing, educación, crianza
upbuild, reconstruir, vigorizar
upcountry[1], el interior de un país
upcountry[2], que reside en el interior de un país
upgrade[1], cuesta arriba, pendiente arriba
upgrade[2], ascender en categoría, mejorar un producto para subirle el precio
upheaval, alzamiento, levantamiento, conmoción
uphill[1], difícil, penoso(a)
uphill[2], en grado ascendente
uphold, levantar en alto, sostener, apoyar, proteger, defender
upholster, entapizar, tapizar
upholstery, tapicería, tapizado(a)
upkeep, conservación, mantenimiento
upland[1], tierra montañosa
upland[2], alto(a), elevado(a)
uplift, levantar en alto, mejorar
upload, cargar
upmost[1], lo más alto, lo más prominente, lo más influyente
upmost[2], en el lugar más alto, en primer lugar
upon, sobre, encima
upper, superior, más elevado(a)
upper berth, cama o litera alta
upper case, caja alta, letras mayúsculas
upper class, clase alta
upper deck, sobrecubierta, plataforma de arriba
upper hand, dominio, predominancia
upper-case, de caja alta, mayúsculo, mayúscula
upper-class, aristocrático(a), relativo(a) a los grados superiores de un colegio
uppermost, superior en posición, rango, poder, etc.
to be uppermost, predominar
uppish, engreído(a), altivo(a), orgulloso(a), presuntuoso(a)
upright, derecho(a), recto(a), justo(a), perpendicular
uprightly, rectamente
uprising, subida, levantamiento, insurrección
uproar, tumulto, alboroto
uproarious, tumultuoso(a), ruidoso(a)
uproot, desarraigar, extirpar
upset[1], volcar, trastornar, perturbar
upset[2], desordenado(a), alterado(a), ofendido(a), disgustado(a)
upset[3], trastorno, vuelco
upshot, remate, fin, conclusión
upside-down, de arriba abajo
upstairs, en el piso de arriba, arriba
upstart, advenedizo(a)
upstream, aguas arriba, río arriba
up-to-date, moderno(a), de última moda, reciente
Upton Sinclair, Upton Sinclair
uptown, sección de la ciudad fuera del centro, parte alta de la ciudad
upturn[1], mejorar, volver hacia arriba
upturn[2], mejoramiento, subida
upward, hacia arriba
upwards, hacia arriba
uranium, uranio
Uranus, urano
urban, urbano(a)
urban area, zona urbana
urban bourgeoisie, burguesía urbana
urban center, centro urbano
urban community, comunidad urbana
urban commuting, tráfico urbano
urban decay, degradación de zonas urbanas
urban heat island, isla de calor
urban morphology, morfología urbana
urban planning, planeación urbana
urban riot, disturbio urbano

urban sprawl,
explosión urbana
urbane, civil, atento(a), cortés
urbanity, urbanidad
urbanization, urbanización
urchin, pilluelo(a), granuja, erizo
urea, urea
uremia, uremia
urethra, uretra
urge, incitar, hurgar, activar, urgir, instar
urgency, urgencia, premura
urgent, urgente
urgently, urgentemente, con urgencia
urinal, orinal
urinary, urinario(a)
urinate, orinar, mear
urine, orina, orines
URL, dirección URL
urn, urna
U.S. Communist Party, Partido Comunista de los Estados Unidos
U.S. Constitution, Constitución de EE.UU.
U.S. foreign policy, política exterior de EE.UU.
U.S. isolationist policy, política aislacionista de los Estados Unidos
U.S. Smoot-Hawley Tariff, Ley de aranceles Smoot-Hawley
U.S. territory, territorio de los Estados Unidos
U.S. vs. Nixon (1974), caso Estados Unidos contra Nixon (1974)
U.S.-Mexican War, "Guerra México–Estados Unidos"
U.S.A. (United States of America), E.U.A. (Estados Unidos de América)
usable, apto, hábil, utilizable
usage, uso, tratamiento
USB, USB
use[1], uso, utilidad, servicio
use of explosives,
uso de explosivos
use[2], usar, emplear, servirse de, acostumbrar, soler
make use of, utilizar
used, usado, de ocasión
to get used to,
acostumbrarse a
used-up, agotado(a), gastado(a)
to become used-up,
gastarse, agotarse
useful, útil
to make useful, utilizar
usefully, en forma útil
usefulness, utilidad
useless, inútil
uselessness, inutilidad
usenet newsreader, lector de noticias de usenet
usher[1], acomodador(a), ujier
usher[2], introducir, anunciar, acomodar
U.S.S.R. (Union of Soviet Socialist Republics), U.R.S.S. (Unión de Repúblicas Socialistas Soviéticas)
usual, usual, común, usado(a), general, ordinario(a)
usually, de costumbre
usurer, usurero(a)
usurp, usurpar
usury, usura
Ut. (Utah), Utah
utensil, utensilio
utensils, útiles, instrumentos
kitchen utensils,
trastos, batería de cocina
uterus, útero, matriz
utilitarian, utilitario(a)
utility, utilidad
public utilities,
servicios públicos
utilization, utilización
utilize, utilizar, emplear
utmost, extremo(a), sumo(a), último(a)
to the utmost,
hasta más no poder
utopian[1], utópico(a), imaginario(a)
utopian community,
comunidad utópica
utopian[2], utopista
utter[1], acabado(a), todo(a), extremo(a), entero(a)
utter[2], proferir, expresar, publicar
utterance, habla, expresión, manifestación
utterly, enteramente, del todo
uttermost[1], el más lejano, la más lejana, el más distante, la más distante, el mayor posible, la mayor posible, extremo(a), sumo(a)
uttermost[2], lo más posible
uvula, úvula
uvular, uvular

V. (vide), V. (véase)
Va. (Virginia), Virginia
vacancy, vacante, vacío
vacant, vacío(a), desocupado(a), vacante
vacate, desocupar, anular, invalidar
vacation, vacación, vacaciones
vaccinate, vacunar
vaccination, vacuna, vacunación
vaccine, vacuna
vacillate, vacilar
vacuole, vacuola
vacuous, vacío(a)
vacuum, vacío
  vacuum bottle, termo
  vacuum cleaner, aspiradora
  vacuum pump, bomba aspirante, bomba de vacío
  vacuum tube, tubo al vacío
vagabond, vagabundo(a)
vagary, capricho, extravagancia
vagina, vagina
vagrancy, vagancia, tuna
vagrant[1], vagabundo(a)
vagrant[2], bribón (bribona)
vague, vago
vaguely, vagamente
vain, vano, inútil, vanidoso, presuntuoso
  in vain, en vano
valance, cenefa, doselera
valence, valencia
  valence electrons, electrones de valencia
valentine, persona a quien se le tributa amor el día de San Valentín, tarjeta o regalo que se envía el día de San Valentín en señal de amor
valet, criado, camarero, camarista
valiant, valiente, valeroso
valiantly, valientemente, con brío, con ánimo, esforzadamente
valid, válido(a)
  valid approach, enfoque válido
  valid argument, argumento válido
validity, validación, validez
valise, maleta, valija
valley, valle, cuenca
valor, valor, aliento, brío, fortaleza
valorous, valeroso(a)
valerously, con valor
valuable, precioso(a), valioso(a)
  to be valuable, valer
valuables, objetos de valor
valuation, tasa, valuación
value[1], valor, precio, importe
  face value, valor nominal o aparente
  real value, valor efectivo
  value stipulated, valor entendido
  value agreed on, valor entendido
value[2], valuar, apreciar
valve, válvula, regulador
  air valve, válvula de aire
  safety valve, válvula de seguridad
  slide valve, válvula corrediza
vampire, vampiro, persona codiciosa, vampiresa, mujer coqueta y aventurera
van, vagón, camión de mudanza
Van Allen radiation belt, faja de radiación Van Allen
vandal, vándalo(a)
vandalism, vandalismo
vane, veleta, grímpola
vanguard, vanguardia
vanilla, vainilla
vanish, desvanecerse, desaparecer
vanishing point, punto de fuga
vanity, vanidad
  vanity case, neceser, polvera, estuche o caja de afeites
vanquish, vencer, conquistar
vantage, ventaja, superioridad
  vantage point, situación ventajosa
vapid, insípido(a), sin espíritu, soso(a)
vapor, vapor, exhalación
vaporous, vaporoso(a)
variability, variabilidad
variable, variable
  variable change, cambio de variable
variance, discordia, desavenencia, diferencia, desviación, discrepancia
variation, variación, mudanza

varicose, varicoso(a)
varicose vein, várice
varied, variado(a), cambiado(a), alterado(a)
variegated, abigarrado(a)
variety, variedad
various, varios(as), diversos(as), diferentes
varnish[1], barniz
varnish[2], barnizar, charolar
varsity, equipo deportivo principal seleccionado para representar a una universidad
vary, variar, diferenciar, cambiar, mudarse, discrepar
varying, variante, variable
varying color, color variable
varying size, tamaño variable
vase, vaso, jarrón, florero
Vaseline, vaselina, ungüento de petróleo
vassal, vasallo(a)
vast, vasto(a), inmenso(a)
vastly, excesivamente, vastamente
vat, tina, paila, tacho
vaudeville, función de variedades
vault[1], bóveda, cueva, caverna, salto, voltereta
vault[2], abovedar
vault[3], saltar, dar una voltereta
vaunt, jactarse, vanagloriarse
veal, ternera, ternero
veal cutlet, chuleta de ternera
vector, vector
vector addition, suma de vectores
vector division, división de vectores
vector field, campo vector
vector multiplication, multiplicación de vectores
vector subtraction, resta de vectores
Vedas, Vedas
Vedic gods, dioses védicos
veer, virar, cambiar, desviarse
vegetable[1], vegetal
vegetable man, verdulero
vegetable soup, menestra, sopa de verdura
vegetable[2], vegetal
vegetables, verduras, hortalizas
vegetarian, vegetariano(a)
vegetate, vegetar
vegetation, vegetación
vegetation region, región de vegetación
vehemence, vehemencia, violencia, viveza
vehement, vehemente, violento(a)
vehemently, con vehemencia
vehicle, vehículo
veil[1], velo, disfraz
veil[2], encubrir, ocultar, cubrir con velo
vein, vena, cavidad, inclinación del ingenio, humor
veined, venoso(a), vetado(a)
veiny, venoso(a), vetado(a)
vellum, vitela, pergamino, cuero curtido
vellum paper, papel avitelado
velocity, velocidad
velour, terciopelo
velvet[1], terciopelo
velvet[2], de terciopelo, aterciopelado(a)
velveteen, pana
velvety, aterciopelado(a)
venal, venal, mercenario(a)
vend, vender, especialmente en la calle, exclamar públicamente
vendor, vendedor, revendedor
veneer[1], taracear
veneer[2], chapa, capa, apariencia, ostentación, brillo
venerable, venerable
venerate, venerar, honrar
veneration, veneración, culto
venereal, venéreo(a)
Venetian, veneciano(a)
Venezuelan, venezolano(a)
vengeance, venganza
vengeful, vengativo(a)
venial, venial
Venice, Venecia
venison, carne de venado
Venn diagram, diagrama de Venn
venom, veneno
venomous, venenoso(a)
vent[1], respiradero, salida, apertura
vent[2], dar salida, echar fuera
to vent ones's anger, desahogarse, expresar furia
ventilate, ventilar, discutir, airear
ventilation, ventilación
ventilator, ventilador, abanico
ventricle, ventrículo
ventriloquist, ventrílocuo(a)
venture[1], riesgo, ventura

venture[2], osar, aventurarse
venture[3], arriesgar
venturesome , osado(a), atrevido(a)
venturesomely, osadamente
venturous, osado(a), atrevido(a)
venturously, osadamente
Venus, venus
veracious, veraz, honrado(a)
veracity, veracidad
veranda, veranda, terraza, galería, mirador
verandah, veranda, terraza, galería, mirador
verb, verbo
verb phrase, frase verbal
verb tense, tiempo verbal
verbal, verbal, literal
verbal cue, ayuda verbal, directiva verbal, indicación verbal
verbal expression, expresión verbal
verbal form, forma verbal
verbal irony, ironía verbal
verbal representation of a problem, representación verbal de un problema
verbaly, oralmente de palabra
verbatim, palabra por palabra
verbiage, verbosidad, ripio
verbose, verboso(a)
verdant, verde
verdict, veredicto, sentencia, dictamen, fallo
verdure, verdura, verdor
verge[1], vara, fuste, borde, margen
verge[2], inclinarse, tirar a, parecerse a
verification, verificación
verify, verificar, sustanciar
verify results, verificar resultados
verily, en verdad, ciertamente
veritable, verdadero(a), cierto(a)
vermilion[1], bermellón
vermilion[2], teñir de bermellón, teñir de cinabrio
vermin, bichos
vernacular[1], vernáculo(a), nativo(a)
vernacular dialect, dialecto vernáculo
vernacular[2], lengua vernácula, jerga, lenguaje propio de un oficio
Versailles, Versalles
Versailles Treaty, Tratado de Versalles
versatile, polifacético(a), hábil para muchas cosas, versátil, voluble
versatility, habilidad para muchas cosas, flexibilidad
verse, verso, versículo
blank verse, verso blanco
free verse, verso suelto o libro
versed, versado(a)
versify, versificar, trovar, hacer versos
version, versión, traducción
versus, contra
vertebra, vértebra
vertebral, vertebral
vertebrate, vertebrado(a)
vertex, cenit, vértice
vertex edge graph, gráfica de vértices y aristas
vertical, vertical
vertical angles, ángulos verticales
vertical axis, eje vertical
vertical line test, prueba de la línea vertical
vertically, verticalmente
vertices, vértice
vertigo, vértigo, vahído
verve, estro poético, energía, animación, entusiasmo, numen, inspiración
very[1], idéntico(a), mismo(a), verdadero(a)
very[2], muy, mucho, sumamente
vesicle, vesícula, vejiguilla
vespers, vísperas
vessel, vasija, vaso, buque, bajel
vest[1], chaleco
vest[2], vestir, investir
vestal, casto(a), puro(a)
vestal virgin, vestal
vested, vestido, investido
vestibular, vestibular
vestibule, zaguán, casapuerta
vestige, vestigio
vestment, vestido, vestidura
vest-pocket, propio para el bolsillo del chaleco, pequeño
vest-pocket dictionary, diccionario de bolsillo
vest-pocket edition, edición en miniatura
vestry, sacristía
veteran, veterano(a)
Veterans' Day, Día de los veteranos

veterans' memorial, monumento a los veteranos
veterinary, veterinario(a)
veto, veto
veto power, poder de veto
vex, vejar, molestar, contrariar
vexed, picado(a), molesto(a), contrariado(a)
vexation, vejamen, vejación, molestia
vexatious, penoso(a), molesto(a), enfadoso(a)
v.g. (verbi gratia), vg. (verbigracia, por ejemplo)
via, por la vía de, a través de
via airmail, por vía aérea
via feight, por flete o carga
viaduct, viaducto
vial, redoma, ampolleta, frasco
viand, vianda
vibrant, vibrante
vibrate, vibrar
vibration, vibración
vibrator, vibrador
vibratory, vibratorio(a)
vicar, vicario
vicarious, vicario
vice[1], vicio, maldad, deformidad física, mancha, defecto
vice[2], en lugar de
Viceroy, virrey
viceversa, viceversa, al contrario
vice-admiral, vicealmirante
vice-chairman, vicepresidente
vice-consul, vicecónsul
vice-president, vicepresidente
vicinity, vecindad, proximidad
vicious, vicioso(a)
vicious circle, círculo vicioso
viciously, de manera viciosa
vicissitude, vicisitud
victim, víctima
victimize, sacrificar, engañar
victor, vencedor(a)
Victorian values, valores victorianos
victorious, victorioso(a), vencedor(a)
victory, victoria
victual, proveer, abastecer de comestibles
victuals, vituallas, viandas, comestibles
video, televisión
video game, videojuego
videotape, grabación televisada en cinta
vie, competir
Vienna, Viena
Viennese, vienés (vienesa)
Vietnam, Vietnam
Vietnam War, Guerra de Vietnam
Vietnamese, vietnamita
Vietnamese boat people, refugiados del mar vietnamitas
view[1], vista, perspectiva, aspecto, examen, apariencia, ver
bird's eye view, vista a vuelo de pájaro
in view of, en vista de
point of view, punto de vista
view[2], mirar, ver, examinar
viewer, telespectador, televidente
viewer perception, percepción del telespectador
viewpoint, punto de vista
vigil, vela, vigilia
vigilance, vigilancia
vigilant, vigilante, atento(a)
vigilantism, grupos paramilitares
vigilantly, con vigilancia
vigor, vigor, robustez, energía
vigorous, vigoroso(a), fuerte
Vikings, vikingos
Viking longboat, nave vikinga
vile, vil, bajo
vilely, vilmente
vilify, envilecer, degradar
villa, quinta, casa de campo
village, aldea, pueblo
villager, aldeano(a)
villain, malvado, miserable, villano
villainous, bellaco(a), vil, ruin, villano(a)
villainously, vilmente
villainy, villanía, vileza
vim, energía, vigor
vindicate, vindicar, defender
vindication, vindicación, justificación
vindictive, vengativo(a)
vindictively, por venganza
vine, vid
vinegar, vinagre
vineyard, viña, viñedo
vinyl[1], vinilo
vinyl[2], vinílico(a)
vintage, vendimia
viol, violón
viola, viola
violate, violar, quebrantar

violation, violación
violator, violador(a)
violence, violencia
violent, violento(a)
violet, violeta, viola, violeta
  violet ray, rayo violeta
violin, violín
violinist, violinista
violoncello, violoncelo, violonchelo
viper, víbora
virgin[1], virgen
  Virgin Islands, Islas Vírgenes
virgin[2], virginal, virgen
virginal, virginal
Virginia, Virginia
  Virginia Plan, Plan de Virginia
virginity, virginidad
virile, viril
virility, virilidad
virology, virología
virtual, virtual
  virtual company, empresa virtual
virtually, virtualmente
virtue, virtud
virtuous, virtuoso(a)
virtuosity, virtuosidad, disposición extraordinaria para las bellas artes
virulence, virulencia
virulent, virulento(a)
virus, virus
  virus pneumonia, pulmonía a virus
  virus setting, diseminación de virus
visa[1], visa, permiso para entrar en un país, visto bueno
visa[2], visar
visage, rostro, cara
viscera, vísceras, entrañas
viscose[1], viscosa
viscose[2], viscoso(a)
viscosity, viscosidad
viscount, vizconde
viscous, viscoso(a), glutinoso(a)
vise, tornillo, torno
visé, visar
visibility, visibilidad
visible, visible
vision, visión, fantasma, vista
visionary, visionario(a)
visit[1], ver, visitar
visit[2], visita
  farewell visit, visita de despedida
  to pay a visit, hacer una visita
visitation, visitación, visita
visiting card, tarjeta de visita
visitor, visitante, visitador(a)
visor (vizor), visera, máscara
vista, vista, perspectiva, palabra de alta frecuencia
visual, visual
  visual aid, ayuda visual
  visual artist, artista visual
  visual arts, artes visuales
  visual concept, concepto visual
  visual element, elemento visual
  visual image, imagen visual
  visual structure, estructural visual
  visual symbol, símbolo visual
  visual text, texto visual
visualization, visualización
visualize, vislumbrar, percibir mentalmente percibir con clara visión
vital, vital
  vital statistics, estadística demográfica
vitals, órganos vitales
vitally, vitalmente
vitality, vitalidad
vitamin, vitamina
vitreous, vítreo(a), de vidrio
vitriol, vitriolo
vituperate, vituperar
vivacious, vivaz
vivacity, vivacidad
vivid, vivo(a), vivaz, gráfico(a), vívido(a)
  vivid details, detalles vívidos
vividness, vivacidad, intensidad
vivisection, vivisección
vixen, zorra, raposa, mujer regañona y de mal genio, mujer astuta, arpía
viz. (namely), a saber, esto es
Vladimir of Kiev, Vladimiro de Kiev
vocabulary, vocabulario
vocal, vocal
  vocal cords, cuerdas vocales
  vocal literature, literatura vocal
  vocal pitch, tono vocal
  vocal score, partitura vocal

vocalist, cantante
vocation, vocación, carrera, profesión, oficio
vocational, práctico(a), profesional, vocacional
  vocational school, escuela de artes y oficios, escuela vocacional
  vocational training, instrucción vocacional
vocative, vocativo(a)
vociferate, vociferar
vociferous, vocinglero(a), clamoroso(a)
vogue, moda, boga
voice, voz, sufragio
  voice change, cambio de voz
  voice inflection, inflexión de la voz
  voice level, nivel de voz
  voice recorder, grabadora de voz
voiceless, sin voz, mudo, que no tiene voz ni voto
void[1], vacío(a), desocupado(a), nulo(a)
void[2], hacer nulo, anular, abandonar, salir, incapacitar, vaciar
voile, espumilla
vol. (volume), vol. (volumen)
volatile, volátil, voluble
volatility, volatilidad
volcanic, volcánico(a)
  volcanic eruption, erupción volcánica
volcanism, volcanismo
volcano, volcán
volition, voluntad
volley, descarga de armas de fuego, salva, andanada, voleo
volleyball, balonvolea, voleibol
volt, vuelta, voltio
voltage, voltaje
  voltage divider, reductor de voltaje
  voltage drop, caída de voltaje
voltaic, voltaico(a)
  voltaic cell, celda voltaica
voltameter, voltámetro
voluble, voluble, fluido(a), corriente, gárrulo(a)
volume, volumen, libro, tomo
  volume formula, fórmula del volumen
  volume measurement, medida de volumen
  volume of a cylinder, volumen de un cilindro
  volume of a prism, volumen de un prisma
  volume of a pyramid, volumen de una pirámide
  volume of irregular shapes, volumen de formas irregulares
  volume of rectangular solids, volumen de sólidos rectangulares
voluminous, voluminoso(a), muy grande
voluntarily, voluntariamente
voluntary[1], voluntario(a)
  voluntary migration, migración voluntaria
voluntary[2], improvisación, preludio
volunteer[1], voluntario(a)
volunteer[2], servir como voluntario(a), ofrecerse para alguna cosa
volunteerism, voluntariado
voluptuous, voluptuoso(a)
vomit[1], vomitar
vomit[2], vómito, vomitivo(a)
voracious, voraz
vortex, vórtice, remolino, torbellino, vorágine
votary, persona consagrada a algún ideal, a algún estudio o religión
vote[1], voto, sufragio
  vote of no confidence, voto de censura, moción de censura
vote[2], votar
voter, votante
  voter registration, padrón electoral, registro de electores
voting rights, derechos de voto
voting ward, distrito electoral
votive, votivo(a)
  votive offering, exvoto
vouch, atestiguar, certificar, afirmar
voucher, testigo, documento justificativo, comprobante, recibo
vouchsafe[1], conceder, adjudicar
vouchsafe[2], dignarse, condescender
vow[1], voto
vow[2], dedicar, consagrar, hacer votos
vowel, vocal
  vowel sound, sonidos de vocales
voyage[1], viaje por mar, travesía
voyage[2], hacer viaje por mar

voyager, navegador(a), viajero(a), navegante
V.P. (Vice President), V.P. (vicepresidente)
vs. (verse), verso, versículo
vs. (versus), contra.
v.t. (transitive verb), verbo transitivo
vulcanite, ebonita, vulcanita
vulcanize, vulcanizar
vulcanizeed rubber, caucho vulcanizado
vulgar, vulgar, grosero(a), de mal gusto
vulgarity, vulgaridad, bajeza
vulgarize, vulgarizar
vulnerable, vulnerable
vulture, buitre
vying, competidor(a), emulador(a)

w. (week), semana
w. (west), O. (oeste)
w. (width), ancho(a)
w. (wife), esposa
wad[1], atado de paja o heno, borra, taco, rollo de papel moneda, riqueza en general
wad[2], acolchar, rellenar, atacar
wadding, entretela, taco, recolchado
waddle, anadear
wade, vadear
wafer, hostia, oblea, sello, galletita
waffle, barquillo, hojuela
waft[1], llevar por el aire o por encima del agua
waft[2], flotar
waft[3], banderín, gallardete
wag[1], mover ligeramente
to wag the tail, menear la cola
wag[2], meneo, bromista
wage[1], apostar, emprender
to wage war, hacer guerra
wage[2], sueldo, salario, paga
monthly wages, mesada
wage earner, jornalero(a), asalariado(a)
wage rate, escala de salarios
wager[1], apuesta
wager[2], apostar
waggish, chocarrero(a)
waggle, anadear, menearse
wagon, carro, carreta
wagonload, carretada
waif, niño(a) sin hogar, abandonado(a)
wail[1], lamento, gemido
wail[2], lamentarse
waist, cintura, chaqueta
waistcoat, chaleco
waistline, cintura
wait[1], esperar, aguardar, quedarse
wait[2], acción de esperar, demora
wait list, lista de espera
waiter, sirviente, mozo, servidor, mesero, camarero, criado
waiting, espera
waiting room, sala de espera
waitress, camarera, criada, mesera
waive, abandonar, renunciar, posponer
waiver, renuncia
wake[1], velar, despertarse
wake[2], despertar
wake[3], vela, vigilia, velorio, estela
wakeful, vigilante, despierto(a)
waken, despertar, despertarse
waking, vela, acto de despertar
walk[1], pasear, andar, caminar, ir a pie
walk[2], paseo, caminata, esfera de acción
to take a walk, dar un paseo, ir a caminar
walker, paseador(a), andador(a), andaniño
walkie-talkie, radioteléfono emisor-receptor portátil
walking, acción de pasear, paseo
to go walking, dar un paseo, ir de paseo
wall[1], pared, muralla, muro
wall-to-wall, de pared a pared
wall[2], cercar con muros
wallet, mochila, cartera de bolsillo
wallflower, alhelí doble
to be a wallflower, quedarse sin bailar
wallop[1], azotar, tundir
wallop[2], golpe
wallow, encenagarse
wallpaper, papel de entapizar
walnut, nogal, nuez
walrus, morsa

waltz, vals
wan, pálido(a)
wand, vara, varita, varita mágica, batuta
wander, vagar, rodar, desviarse, extraviarse
wanderer, vagabundo(a), peregrino(a)
wane[1], disminuir, decaer, menguar
wane[2], decadencia
wane[3] **(of the moon)**, menguante (de la luna)
wangle, engatusar, obtener algo bajo pretexto o con dificultad
waning (moon phase), menguante (fase de la luna)
want[1], desear, querer, anhelar, faltar
want[2], estar necesitado(a), sufrir la falta de algo
want[3], falta, carencia, indifencia, deseo, necesidad
want ad, anuncio de ocasión, anuncio clasificado en un periódico
wanting, falto(a), defectuoso(a), necesitado(a), menos
wanton[1], lascivo(a), licencioso(a), desenfrenado(a)
wanton[2], persona lasciva
wanton[3], hacerse lascivo(a) o licencioso(a)
wants, deseos
  wants and needs, necesidades y deseos
war[1], guerra
  war bond, bono de guerra
  war crime, crimen de guerra
  War of 1812, Guerra de 1812
  War on Poverty, Guerra contra la pobreza
war[2], guerrear
war[3], relativo(a) a la guerra
warble[1], trinar, gorjear
warble[2], trino, gorjeo
warbler, cantante, persona o pájaro que trina o que gorjea, cerrojillo, herreruelo
ward[1], repeler, guardia, defensa
  to ward off, evitar, desviar
ward[2], crujía de hospital, pupilo(a), distrito
warden, custodio(a), guardián, alcaide de una cárcel, bedel, comandante
wardrobe, guardarropa, ropero, ropa, vestuario
wardroom, cuartel de la oficialidad
ware, mercadería, loza
wares, efectos, mercancías
warehouse, almacén, depósito, bodega
  warehouse man, guardaalmacén, almacenero
warfare, guerra, conflicto armado
warhead, punta de combate
warily, prudentemente, con cautela
warlike, guerrero(a), belicoso(a), marcial
warlord, caudillo
warm[1], cálido(a), caliente, abrigador(a), cordial, caluroso(a)
  to be warm, hacer calor, tener calor
warm[2], calentar
  warm-blooded, de sangre ardiente, vehemente, entusiasta, fervoroso(a), apasionado(a)
  warm color, color cálido
warming, calentamiento
warmly, calurosamente
warmhearted, afectuoso, generoso, benévolo, de buenos sentimientos
warmonger, propagador(a) de guerra
warmth, calor, ardor, fervor
warm-up, calentamiento
warm-up technique, técnica de calentamiento
warn, avisar, advertir, prevenir
warning, amonestación, advertencia, aviso
  warning label, nivel de advertencia
warp[1], urdimbre, comba
warp[2], torcerse, alabearse, combarse
warp[3], torcer, pervertir
warrant[1], autorizar, privilegiar, garantir, garantizar, asegurar
warrant[2], testimonio, justificación, decreto de prisión, autorización, orden judicial
warranty, garantía, seguridad
warren, conejera, conejar
Warren Court, Corte de Warren
Warren G. Harding, Warren G. Harding
warrior, guerrero(a), soldado(a), batallador(a)
  warrior culture,

cultura guerrera
Warsaw Pact, Pacto de Varsovia
warship, barco de guerra
wart, verruga
wartime, época de guerra
wartime diplomacy, diplomacia en tiempos de guerra
wartime inflation, inflación de guerra
wary, cauto, prudente
wash[1], lavar, bañar
wash[2], lavarse
wash[3], loción, ablución, lavado, variedad de pintura para acuarela
wash basin, lavabo
wash bowl, lavabo
washable, lavable
wash-and-wear, de lavar y ponerse, que no necesita plancharse
washday, día de lavar
washer, máquina de lavar ropa, lavadora, arandela
washerwoman, lavandera
washwoman, lavandera
wash goods, telas lavables
washing, lavadura, lavado, ropa para lavar
washing machine, máquina de lavar, lavadora
washout, deslave, socavación, fracasado(a)
washstand, lavabo, aguamanil, wasp, avispa
waste[1], consumir, gastar, malgastar, disipar, destruir, arruinar, asolar
waste[2], gastarse
to waste away, demacrarse
waste[3], desperdicio, estopa, destrucción, despilfarro, merma, desgaste, limpiaduras
waste pipe, tubería de desagüe, desaguadero
waste[4], residuo
wastebasket, cesto o cesta para papeles
wasteful, destructivo(a), pródigo(a), despilfarrador(a)
wastefulness, prodigalidad, despilfarro
wastepaper, papel de desecho
waster, disipador(a), gastador(a)
watch[1], desvelo, vigilia, vela, vigía, centinela, reloj de bolsillo
night watch, vela
stop watch, cronógrafo
to be on the watch, estar alerta
watch shop, relojería
wrist watch, reloj de pulsera
watch[2], observar, velar, guardar, custodiar, espiar
watchdog, perro guardián
watchful, vigilante, cuidadoso(a), observador(a)
watching, vigía, observación
watchmaker, relojero
watchman, sereno, velador
watchtower, atalaya, garita, vigía
watchword, santo y seña, contraseña
water[1], agua
fresh water, agua dulce
hard water, agua cruda
high water, mar llena
lime water, agua de cal
low water, baja mar
mineral water, agua mineral
running water, agua corriente
salt water, agua salada
soda water, agua de soda
toilet water, agua de tocador
water availability, disponibilidad de agua
water basin, cuenca de agua
water capacity, capacidad de agua
water cask, bota, cuba
water closet, común, inodoro, excusado, retrete, letrina
water color, acuarela
water cress, berro
water crossing, paso elevado
water cycle, ciclo del agua
water faucet, grifo, llave del agua, caño de agua
water front, barrio ribereño, ribera
water glass, vidrio soluble, silicato de sosa, clepsidra, reloj de agua
water heater, calentador de agua
water lily, nenúfar, lirio acuático
water main, cañería maestra de agua
water meter, medidor de agua

water moccasin, mocasín, culebra venenosa de agua
water polo, polo acuático
water pollution, contaminación del agua
water power, fuerza hidraúlica
water rights, derechos de aguas
water safety, seguridad en el agua
water spring, manantial
water supply, abastecimiento de agua
water tower, torre para servicio de agua
water vapor, vapor de agua
water wave, ola de agua
water wing, nadadera
water[2], regar, abrevar
water[3], llorar, hacer aguada
water-cooled, enfriado(a) por agua
watercourse, corriente de agua, lecho de un río, conducto natural de agua, canal para conducir agua
waterfall, cascada, catarata, salto de agua, caída de agua
Watergate, Watergate
watering[1], riego
watering[2], que riega
watering pot, regadera
watermark, filigrana o marca en el papel que indica su procedencia, marca de agua
watermelon, sandía
waterproof, impermeable, a prueba de agua
watershed, vertiente de las aguas, cuenca, línea divisoria de aguas
water ski, esquí acuático
waterspout, manga, bomba marina
waterway, cañería, corriente de agua, vía fluvial, canal navegable
waterworks, establecimiento para la distribución de las aguas
watt, vatio
wave[1], ola, onda
short wave, onda corta
sound wave, onda sonora
wave amplitude, amplitud de onda
wave length, longitud de onda
wave packet, paquete de ondas
wave source, fuente de onda
wave[2], fluctuar, ondear, flamear
to wave, saludar agitando la mano
wavelength, longitud de onda
wavering, titubeo
waving, ondulación
wavy, ondeado(a), ondulado(a)
wax[1], cera
wax candle, vela de cera
wax match, cerilla, cerillo, fósforo
wax paper, papel encerado
wax taper, cerilla
wax[2], encerar
wax[3], aumentarse, crecer
waxed paper, papel encerado
waxen, de cera
waxing (moon phase), creciente (fase de la luna)
waxwork, figura de cera
waxy, ceroso(a)
way, camino, senda, ruta, modo, forma, medio
by the way, a propósito
in no way, de ningún modo, de ninguna manera
on the way, al paso, en el camino
right of way, derecho de vía
this way, por aquí, así
to force one's way, abrirse paso
to give way, ceder
to lose one's way, perderse, extraviarse
way station, estación intermediaria
ways and means, orientación y fines
wayfarer, pasajero(a), transeúnte
waylay, insidiar, poner asechanzas
wayside, orilla o borde del camino o sendero
by the wayside, a lo largo del camino o sendero
wayward, caprichoso(a), desobediente, delincuente
we, nosotros, nosotras
We the People..., Nosotros, el pueblo...
weak, débil, delicado(a) físicamente, flojo(a), decaído(a), deleznable

weaken[1], debilitar
weaken[2], aflojarse, ceder, debilitarse
weakling, persona débil ya sea física o mentalmente, cobarde, alfeñique
weak-minded, de poca mentalidad, sin carácter
weakness, debilidad
wealth, riqueza, bienes, bonanza
The Wealth of Nations, Riqueza de las Naciones
wealthy, rico(a), opulento(a), adinerado(a)
 wealthy class, clase acomodada, clase adinerada
wean, destetar
weapon, arma
weaponry, armamento
 weapons of war, pertrechos de guerra
wear[1], gastar, consumir, usar, llevar, llevar puesto, traer
wear[2], consumirse, gastarse
 to wear out a person, fastidiar, aburrir o cansar a una persona
 to wear well, durar
 wear and tear, desgaste producido por el uso
wear[3], uso
weariness, cansancio, rendimiento, fatiga
wearing apparel, ropa, ropaje, vestidos
wearisome, cansado(a), tedioso(a), laborioso(a)
weary[1], cansar, fatigar, molestar
weary[2], cansado(a), fatigado(a), fatigoso(a)
weasel, comadreja
weather[1], clima, tiempo (atmosférico), temperatura
 bad weather, interperie, mal tiempo
 weather conditions, condiciones climáticas
 weather patterns, patrones climáticos
 weather strip, burlete
weather[2], sufrir, aguantar
weathercock, giralda, veleta
weathered rock, meteorización
weathering, desgaste
weatherman, meteorologista
weather report, boletín meteorológico
weather-strip, proteger con burlete
weave[1], tejer, trenzar
weave[2], tejido
weaver, tejedor(a)
weaving, tejido
web[1], tela, tejido, red
web[2], unir en forma de red, enmarañar, enredar
web[3], la Web
 web ring, webring, colección de sitios web
 web site, sitio web
wed, casar, casarse
wedded, casado(a), desposado(a)
wedding, boda, casamiento, matrimonio, nupcias
 silver wedding, bodas de plata
 golden wedding, bodas de oro
 wedding cake, torta o pastel de boda
wedge[1], cuña
wedge[2], acuñar, apretar
wedlock, matrimonio
Wednesday, miércoles
wee, pequeñito
weed[1], hierbajo, mala hierba, maleza
weed[2], escardar
weeds, vestido de luto
week, semana
week end, fin de semana
weekday, día hábil
week-end, de fin de semana
weekly[1], semanal, semanario(a)
 weekly publication, semanario
weekly[2], semanalmente, por semana
weep, llorar, lamentarse
weeping, llorón (llorona), plañidero(a)
 weeping willow, sauce llorón
weigh, pesar, examinar, considerar
weight, peso, pesadez
 net weight, peso neto
 weight control, control de peso
 weight gain, aumento de peso
 weight gross, peso bruto
 weight loss, pérdida de peso
 weight maintenance, mantenimiento de peso
 weight of subatomic particles, peso de partículas subatómicas

weight shift, cambio de peso
weight training, entrenamiento con pesas
weight-bearing activity, ejercicios en los que se carga con el peso del cuerpo
weightlessness, ausencia de gravedad, ingravidez
weighty, ponderoso, importante
weird, extraño(a), fantástico(a), sobrenatural, misterioso(a), que tiene que ver con el destino
welcome[1], recibido(a) con agrado
welcome!, ¡bienvenido(a)!
welcome[2], bienvenida
welcome[3], dar la bienvenida
weld, soldar
welding, soldadura autógena
welfare[1], prosperidad, bienestar, bien
welfare[2], bienestar, asistencia social
welfare society, sociedad benéfica, sociedad de beneficencia, estado benefactor
welfare state, estado protector, estado de bienestar
welfare work, rebajo social, obra de beneficencia
well[1], fuente, manantial, pozo, cisterna, cacimba, casimba
well[2], bueno(a), sano(a)
to be well, estar bien
well-being, felicidad, prosperidad
well[3], bien, felizmente, favorablemente, suficientemente
as well as, así como, lo mismo que, también como
well-behaved, bien criado(a), cortés, bien portado(a)
well-bred, bien criado(a), bien educado(a)
well-defined, bien delineado(a), bien definido(a)
well-disposed, favorable, bien dispuesto(a)
well-done, bien cocido(a)
well-groomed, vestido(a) elegantemente
well-known, notorio(a), bien conocido(a)
well-meaning, de buenas intenciones
well-nigh, muy cerca, casi
well-off, acomodado(a), rico(a)
well-timed, oportuno(a), hecho(a) a propósito
well-to-do, acomodado(a), próspero(a), rico(a)
well-wisher, amigo(a), partidario(a)
well then, con que
very well!, ¡está bien!
well![4], ¡vaya!
wellborn, bien nacido(a)
welt[1], ribete, roncha
welt[2], ribetear, golpear hasta causar ronchas
welter, revolcarse en el lodo, estar en un torbellino
welterweight, peso medio ligero
wen, lobanillo, lupia
wench, mozuela, sirvienta
wend[1], encaminar, dirigir
wend[2], ir, atravesar, pasar, encaminarse
went, pretérito del verbo go
west[1], poniente, occidente, oeste
west[2], occidental
West Africa, África occidental
West Asia, Asia occidental
West Coast, Costa oeste
West Indian colony, colonia india occidental
westerly[1], occidental
westerly[2], viento del oeste, poniente
westerly wind, viento del oeste, poniente
western, occidental
Western art and literature, literatura y arte occidental
Western culture, cultura occidental
Western Europe, Europa occidental
Western hegemony, hegemonía de Occidente
Western Hemisphere, hemisferio occidental
Western political thought, pensamiento político occidental
Western Roman Empire, Imperio Romano de Occidente
Western values,

valores occidentales
westernization, occidentalización
West Indies, Antillas
Westminster model, sistema de Westminster
westward, hacia el poniente u occidente
westward expansion, expansión hacia el oeste
wet[1], húmedo(a), mojado(a)
to get wet, mojarse, empaparse
wet blanket, aguafiestas
wet nurse, nodriza, ama
wet[2], humedad
wet[3], mojar, humedecer
wetlands, tierras de pantanos
wet-nurse, servir de nodriza, amamantar a un hijo ajeno
whack[1], aporrear
whack[2], golpe, intento, prueba, porción, participación
to take a whack at it, intentarlo, hacer la prueba para lograrlo
whale, ballena
whaling, pesca de ballenas, tunda, zurra
wharf, muelle
wharves, plural de wharf
what, qué, cuál, lo que
what is the matter?, ¿qué pasa?
whatever[1], cualquier cosa que, lo que
whatever[2], cualquier
whatsoever[1], cualquier cosa que, lo que
whatsoever[2], cualquier
wheat, trigo
wheat field, trigal
winter wheat, trigo mocho
wheedle, sonsacar, engatusar, conseguir con lisonjas
wheel[1], rueda
driving wheel, rueda motriz
gear wheel, rueda dentada
grambling wheel, rueda de la fortuna
paddle wheel, rueda de paletas
small wheel, rodaja
steering wheel, volante
water wheel, rodezno
wheel and axle, cabria, rueda y eje
wheel base, distancia entre ejes
wheel chair, silla de ruedas
wheel rope, guardín
wheel track, carril
wheelchair sports, deportes sobre sillas de ruedas
wheel[2], rodar, hacer rodar, girar
wheel[3], girar, dar vueltas
wheelbarrow, carretilla, carretón de una rueda
wheeling, rodaje
free wheeling, rueda libre
wheeze, resollar con sonido fuerte
wheezing, resollar
whelm, dominar, cubrir, oprimir
whelp[1], cachorro(a), cachorro(a) de lobo, chiquillo(a)
whelp[2], parir
when[1], cuándo
when[2], cuando, mientras que
when question, pregunta con cuándo
where question, pregunta con dónde
whence, de donde, de quien
whenever, cuando quiera que, siempre que
whenever you wish, cuando quiera
where[1], dónde, en dónde
where[2], donde, en donde
whereabouts[1], paradero
whereabouts[2], por dónde, hacia dónde
whereas, por cuanto, mientras que, considerando que
whereat, a lo cual, por lo cual
whereby, con lo cual, por donde, por lo cual, por el que
wherefore, por lo que, por cuyo motivo
wherein, en donde, en lo cual, en que
whereof, de lo cual, de que
whereon, sobre lo cual
whereupon, sobre que, en consecuencia de lo cual
wherever, dondequiera que
wherewith, con que, con lo cual, por medio de lo cual
wherewithal, medios, dinero necesario
whet, afilar, amolar, excitar
to whet the appetite, incitar el apetito
whether, si, ora

whetstone, aguzadera, piedra de afilar
whey, suero
which[1], que, el cual, la cual, el que, la que, cuál
which[2], cuál de los, qué
whichever[1], cualquier
whichever[2], cualquiera que
whichsoever[1], cualquier
whichsoever[2], cualquiera que
whiff, vaharada, bocanada de humo, fumada
Whig Party, Partido Whig
while[1], rato, vez, momento
  to be worth while, valer la pena
while[2], mientras, a la vez que, a medida que, en tanto
whim, antojo, capricho
whimper[1], sollozar, gemir
whimper[2], sollozo, gemido
whimsical, caprichoso(a), fantástico(a)
whimsy, fantasía, capricho
whine[1], lloriquear, lamentarse
whine[2], quejido, lamento
whining, gimoteo, lloriqueo
whinny, relinchar los caballos
whip[1], azote, látigo
  whip hand, mano que sostiene el látigo, ventaja
whip[2], azotar
whip[3], andar de prisa
whipped cream, crema batida
whipping, flagelación, paliza
whippoorwill, chotacabras
whir, zumbido
whirl[1], girar, hacer girar, moverse rápidamente
whirl[2], giro múy rápido, vuelta
whirlpool, vórtice, remolino, vorágine, olla
whirlwind, torbellino, remolino
whisk[1], movimiento rápido como de una escobilla, escobilla, cepillo
  whisk broom, escobilla, cepillo
whisk[2], moverse ligera y rápidamente
whisk[3], batir
whisker[1], patilla, mostacho
whisker[2], barba
whiskey, whiskey, bebida alcohólica hecha de maíz
  Whiskey Rebellion, Rebelión del whiskey
whisky, whiskey, bebida alcohólica hecha de maíz
whisper[1], cuchichear, susurrar, hablar al oído
whisper[2], cuchicheo, susurro
whistle[1], silbar, chiflar
whistle[2], silbido, pito
whit, pizca
  not to care a whit, no importarle un ápice
white[1], blanco(a), pálido(a), cano(a), canoso(a), puro(a)
  to become white, blanquearse
  white blood cell, leucocito
  white clover, trébol blanco
  white feather, pluma blanca, señal de cobardía
  white gold, oro blanco
  white-haired, canoso(a), de cabello blanco
  white heat, incandescencia, rojo blanco, estado de intensa conmoción física o mental
  white lead, cerusa, blanco de plomo
  white lie, mentirilla
  white matter, tejido nervioso blanco
  white oak, roble blanco
  white pine, pino blanco
  white poplar, álamo blanco
  white sauce, salsa blanca
  white slave, víctima de la trata de blancas
white[2], clara de huevo
white-collar, de oficinista, cuello blanco
  white-collar sector, sector de cuello blanco
  white-collar worker, oficinista
white-hot, incandescente
whiten, blanquear, blanquearse, emblanquecerse
whiteness, blancura, palidez
whitewash[1], jalbegue, blanquete, enlucimiento
whitewash[2], encalar, jalbegar, encubrir
whither, adónde, a qué lugar
whitish, blancuzco(a), blanquecino(a)
whittle, cortar con navaja, tallar, tajar, afilar, mondar, sacar punta
whiz[1], zumbar, silbar
whiz[2], zumbido

W.H.O. (World Health Organization), O.M.S. (Organización Mundial de la Salud)
who, quien, que, quién
whodunit, novela policiaca
whoever, quienquiera que, cualquiera que, quien
whole[1], todo(a), total, sano(a), entero(a)
whole[2], todo, total, conjunto, entero
 whole note, redonda, semibreve
 whole number, número entero
wholehearted, sincero(a), cordial
wholesale, venta al por mayor
 wholesale house, casa al por mayor
wholesaler, mayorista, comerciante que vende al por mayor
wholesome, sano(a), saludable
wholesomely, en forma sana
whole-wheat, de trigo entero
wholly, enteramente, totalmente
whom, quien, el que, quién
whoop[1], gritería
whoop[2], gritar, vocear
whooping cough, tos ferina
whopper, algo muy grande, mentirota
whose, cuyo, cuya, de quien, de quién
whosoever, quienquiera que, cualquiera que, quien
why, ¿por qué?
 why not?, ¿pues y qué? ¿por qué no?
 why question, pregunta con por qué
W.I. (West Indies), Las Antillas
wick, torcida, mecha, pabilo
wicked, malvado(a), perverso(a)
wickedness, perversidad, maldad
wicker[1], mimbre
wicker[2], de mimbre
wide, ancho(a), vasto(a), extenso(a), remoto(a)
 far and wide, por todos lados
 wide-awake, despierto(a), alerta, vivo(a)
 wide-eyed, asombrado(a), con los ojos muy abiertos
widely, ampliamente
widen, ensanchar, extender, ampliar
widespread, extenso(a), difuso(a), esparcido(a), diseminado(a), generalizado (a)
widow[1], viuda
widow[2], privar a una mujer de su marido
widower, viudo
widowhood, viudez, viudedad
width, ancho, anchura
wield, manejar, empuñar, ejercer
wienerwurst, variedad de salchicha
wife, esposa, consorte, mujer
wifely, propio de una esposa
 wifely duties, deberes de esposa
wig, peluca
wiggle[1], meneo rápido, culebreo
wiggle[2], menear, menearse
wigwag[1], menear, comunicarse por señales o banderolas
wigwag[2], comunicación por señales o banderolas
wigwam, choza típica de los indios norteamericanos
wild[1], silvestre, feroz, desierto, salvaje
wild[2], desierto, yermo
 wild boar, jabalí
 wild oats, indiscreciones de la juventud
wildcat[1], gato montés, negocio quimérico, fiera
wildcat[2], corrompido(a), quimérico(a)
wilderness, desierto, selva
 wilderness area, zona selvática, zona virgen
wildfire, fuego griego, conflagración destructiva
 to spread like wildfire, esparcirse como relámpago
wildlife, fauna, fauna silvestre
 wildlife refuge, refugio de vida silvestre
wile, dolo, engaño, astucia
wilful, voluntarioso(a), obstinado(a)
will[1], voluntad, albedrío, testamento
 against one's will, contra la voluntad de uno
 at will, a gusto
will[2], legar, dejar en testamento
will[3], verbo auxiliar que indica futuro
William McKinley, William McKinley
willing, deseoso(a), listo(a), dispuesto(a) a servir
willingly, de buen grado, de buena gana

willingness, buena voluntad, deseo de servir
willow, sauce
willowy, que abunda en sauces, como un sauce, alto y esbelto
Wilmot Proviso, condición Wilmot
wily, astuto(a), insidioso(a)
win, ganar, obtener, conquistar, alcanzar, lograr
to win the favor of, caer en gracia de
wince, encogerse
winch, cabria, torno, cabrestante, malacate, montacargas
wind, viento, aliento, pedo
to break wind, tirarse un pedo
wind energy, energía eólica
wind instrument, instrumento de viento
wind patterns, patrones del viento
wind storm, tormenta de viento
wind tunnel, túnel aerodinámico
wind turbine, turbina eólica
wind[1], enrollar, dar vuelta, dar cuerda, torcer, envolver
wind[2], caracolear, serpentear, insinuarse, arrollarse
to wind up, ultimar
winded, desalentado, sin fuerzas
windfall, fruta caída del árbol, ganancia inesperada, acontecimiento feliz e inesperado
winding[1], vuelta, revuelta, arrollamiento, cuerda
winding[2], tortuoso(a), sinuoso(a)
winding road, camino sinuoso
winding sheet, mortaja, sudario
winding stair, escalera de caracol
winding tackle, aparejo de estrelleras
windlass, cabestrante, torno
windmill, molino de viento
window, ventana
small window, ventanilla
window blind, celosía, persiana de ventana
window frame, marco de la ventana
window shade, visillo
window shutter, puertaventana, contraventana
window sill, repisa de ventana
windowpane, vidrio de ventana
windpipe, tráquea
windshield, guardabrisa, parabrisas
windshield wiper, limpiaparabrisas
windward[1], barlovento
to ply to the windward, bordear
windward[2], a barlovento
windy, ventoso(a)
it is windy, hace viento
wine, vino
red wine, vino tinto
wine cellar, bodega
wine merchant, vinatero(a)
wing[1], ala, lado, costado
wing case, élitro
wing chair, sillón con respaldo en forma de alas
wing spread, extensión del ala de un aeroplano de un pájaro
wing[2], herir superficialmente
wing[3], volar
wings, bastidores
wink[1], guiñar, pestañear
wink[2], pestañeo, guiño
winner, ganador(a), vencedor(a)
winner-take-all system, sistema electoral donde el ganador se lleva todo
winning[1], ganancia, lucro
winning[2], atractivo(a), encantador(a), ganador(a)
winnow, aventar, cerner
winsome, alegre, jovial, simpático(a)
winter[1], invierno
winter solstice, solsticio de invierno
winter wheat, trigo mocho
winter[2], invernal
winter[3], invernar, pasar el invierno
winterize, preparar o acondicionarse para el invierno
wintry, invernal
wipe, secar, limpiar, borrar
to wipe out, obliterar, arruinar financieramente
wire[1], alambre
barbed wire, alambre de púas
conducting wire, alambre conductor
live wire, alambre cargado

de electricidad, persona muy activa
screen wire, alambre para rejas
sheathed wire, alambre envuelto o forrado
wire fence, alambrado(a), cerca o cercado de alambre
wire fencing, alambrado(a), cerca o cercado de alambre
wire gauge, calibrador de alambre
wire photo, telefoto
wire screen, tela metálica
wire tapping, conexión telefónica o telegráfica para interceptar mensajes

wire[2], alambrar
wire[3], telegrafiar, cablegrafiar
wireless, telegrafía sin hilos, telegrafía inalámbrica, radiotelefonía
wireless station, radioemisora, estación radioemisora
wireless transmission, radioemisión
wiring, instalación de alambres eléctricos
wiry, hecho(a) de alambre, parecido(a) al alambre, flaco(a) pero a la vez fuerte
wisdom, sabiduría, prudencia, juicio
wisdom tooth, muela del juicio, muela cordal
wise[1], sabio(a), docto(a), juicioso(a), prudente, sensato(a)
wise[2], modo, manera
wisely, sabiamente, con prudencia
wisecrack[1], chiste o dicho agudo y gracioso
wisecrack[2], decir cosas con agudeza y en forma chistosa
wish[1], desear, anhelar, ansiar, querer
to wish a happy Christmas, desear feliz Navidad
to wish a happy Easter, desear felices Pascuas
wish[2], anhelo, deseo
wishbone, espoleta
wishful, deseoso, ávido
wishful thinking, ilusiones, buenos deseos
wishy-washy, débil, insípido(a)
wisp, manojo de paja o heno, fragmento, pizca
wisteria, glicina
wistful, pensativo(a), melancólico(a), anheloso(a) y sin esperanza de satisfacer sus deseos
wit, ingenio, agudeza, sal
to wit, a saber
witan, witan (hombre sabio, miembro del Witenagemot)
witch, bruja, hechicera
witch hazel, carpe, loción de carpe
witchcraft, brujería, sortilegio
witchery, hechicería, encanto, influencia fascinadora
with, con, por, de, a
withdraw[1], quitar, privar, retirar
withdraw[2], retirarse, apartarse, sustraerse
withdrawal, retiro, retirada
bank withdrawal, retiro de depósitos del banco
wither[1], marchitarse, secarse
wither[2], marchitar
withhold, detener, impedir, retener
within[1], dentro de, al alcance de
within bounds, a raya
within[2], adentro
without[1], sin, fuera de, más allá de
without[2], afuera
withstand, oponer, resistir
withy[1], mimbre
withy[2], flexible y tosco(a), flaco(a) y ágil
witness[1], testimonio, testigo
eye witness, testigo ocular
witness[2], atestiguar, testificar, presenciar
witness[3], servir de testigo
witty, ingenioso(a), agudo(a), chistoso(a)
wives, plural de wife
wizard, brujo, hechicero, mago
wk. (week), semana
wobble[1], bambolear
wobble[2], bamboleo
wobbly, instable, que se bambolea
woe, dolor, aflicción
woebegone, desolado(a), abatido(a)
woeful, triste, funesto(a)
woefully, dolorosamente
wolf, lobo
she wolf, loba
wolf pack, manada de lobos

wolfram, wolframio, tungsteno
wolves, plural de wolf
woman, mujer
woman suffrage, sufragio femenino
womanhood, la mujer en general
womankind, sexo femenino
womanly, mujeril, femenino
womb, útero, matriz
women, plural de woman
women in the clergy, mujeres en el clero
Women's Liberation Movement, Movimiento de Liberación Femenina
women's movement, movimiento feminista
women's suffrage, sufragio femenino
wonder[1], milagro, portento, prodigio, maravilla
wonder[2], maravillarse de
wonderful, maravilloso(a), prodigioso(a)
wonderfully, maravillosamente
wonderland, tierra maravillosa, país de las maravillas o de los prodigios
wont, uso, costumbre
won't, contracción de will not
woo, cortejar, hacer el amor
wood, madera, leña
wood alcohol, alcohol metílico
wood louse, milpiés, cochinilla
wood pigeon, paloma zorita
wood pulp, pulpa de madera
wood thrush, tordo americano
wood turning, arte de trabajar la madera con el torno para sacar piezas de distintas formas
woods, bosque
woodbine, madreselva
woodchuck, marmota
woodcock, chocha, becada
woodcraft, destreza en trabajos de madera, conocimiento de la vida en el bosque
woodcut, grabado en madera, estampa de un grabado en madera
woodcutter, hachero(a), leñador(a)
wooded, arbolado(a)
wooden, de madera
woodland, bosque, selva
woodman, leñador, guardabosque
woodpecker, picamaderos, picaposte, pájaro carpintero
woodpile, pila de leña
Woodrow Wilson's "Fourteen Points", "Catorce puntos" de Woodrow Wilson
woodshed, leñera, sitio para guardar leña
woodsman, leñador, hachero, maderero, guardabosque
woodwork, obra de madera, obra de carpintería, maderaje, molduras
wool, lana
wool merchant, pañero(a)
woolen, de lana, lanoso(a)
woolgathering, acto de soñar despierto o abstraerse, ensimismamiento
woolly, lanudo(a), lanoso(a)
word[1], palabra, voz
by word of mouth, de palabra
in other words, en otros términos, en otras palabras
leave word, dejar dicho
on my word, a fe mía, bajo mi palabra
word borrowing, préstamo de palabras
word choice, elección de palabras
word family, familia de palabras
word origin, origen de las palabras, origen etimológico
word play, juego de palabras
word processing, procesamiento de texto
word processor, procesador de textos
word reference, referencia de palabras
word search, búsqueda de palabras
words of a song,

letra de una canción
word[2], expresar
wordiness, verbosidad
wording, dicción, fraseología
wordless, sin habla, silencioso(a)
wordy, verboso(a)
wore, pretérito del verbo wear
work[1], trabajar, laborar, funcionar
work[2], trabajar, labrar, laborar, formar
work backwards, trabajar de atrás para adelante
work[3], trabajo, obra, gestión, fatiga, quehacer
work animal, animal de trabajo
work experience, experiencia laboral
work song, canción de trabajo
work of art, obra de arte
work rule, norma de trabajo
workable, laborable, explotable, factible, que se puede trabajar o hacer funcionar
workaday, laborioso(a), prosaico(a), ordinario(a)
workbag, saco de labor, bolsa de costura
workbench, banco de taller
worker, trabajador(a), obrero(a), operario(a)
worker safety, seguridad de los trabajadores
workers' compensation, indemnización a los trabajadores
workforce, mano de obra
workhouse, casa de corrección
working, funcionamiento, trabajo, explotación
working-class, clase trabajadora
working-class culture, cultura de la clase trabajadora
working conditions, condiciones de trabajo
working day, día de trabajo
workingman, obrero
workman, labrador, obrero, artífice
workmanship, manufactura, destreza del artífice, trabajo
workout, ensayo, ejercicio
workplace, lugar de trabajo
workroom, taller
works, fábrica, mecanismo
Works Progress Administration, Administración para el Progreso del Empleo
workshop, taller
world, mundo
world atmospheric circulation, circulación atmosférica mundial
World Bank Group, Grupo del Banco Mundial
World Council of Churches, Consejo Mundial de Iglesias
World Court, Corte Internacional
world economy, economía mundial
world geopolitics, geopolítica mundial
world history, historia mundial
world influenza pandemic 1918-1919, pandemia mundial de influenza (1918-1919)
world leader, líder mundial
world population growth, crecimiento de la población mundial
world power, potencia mundial
world temperature increase, incremento de la temperatura mundial
world war, guerra mundial
World War I, Primera Guerra Mundial
World War II, Segunda Guerra Mundial
World Wide Web, World Wide Web
wordly, mundano(a), profano(a), terrenal
world-wide, mundial, del mundo entero
worm[1], gusano, gorgojo
worm gear, engranaje de tornillo sin fin, engranaje de rosca
worm of a screw, rosca de tornillo
worm[2], moverse insidiosamente
worm[3], librar de gusanos, efectuar por medios insidiosos
worm-eaten, carcomido(a), apolillado(a)

wormwood, ajenjo
wormy, agusanado(a)
worn-out, raído(a), gastado(a), cansado(a), rendido(a)
worry[1], cuidado, preocupación, intranquilidad, ansia, desasosiego
worry[2], molestar, atormentar
worry[3], preocuparse
  to be worried, estar con cuidado, estar preocupado(a)
worse, peor
  so much the worse, tanto peor
  to get worse, empeorarse
worship[1], culto, adoración
  your worship, vuestra merced
worship[2], adorar, venerar
worst[1], pésimo(a), malísimo(a)
worst[2], lo (la) peor
worst[3], aventajar, derrotar
worsted, variedad de estambre
worth[1], valor, precio, mérito, valía
worth[2], meritorio(a), digno(a)
  to be worth while, merecer o valer la pena
  to be worth , valer
worthiness, dignidad, mérito
worthless, indigno(a), sin valor
  worthless effort, esfuerzo inútil
  worthless person, persona despreciable
worth-while, que vale la pena, digno de tenerse en cuenta
worthy[1], digno(a), benérito(a), merecedor(a)
worthy[2], varón ilustre
would, pretérito de will, para expresar deseo, condición, acción
would-be, que aspira o desea ser, llamado, considerado
  would-be actress, persona que pretende ser actriz
wound[1], herida, llaga
wound[2], herir
wove, pretérito del verbo weave
WPA project, proyecto de la Administración para el Progreso del Empleo
wrangle[1], reñir, discutir
wrangle[2], pelotera, riña
wrangler, pendenciero(a), disputador(a)
wrap, arrollar, envolver
  to wrap up, abrigar, abrigarse, envolver
wrapper, envolvedor(a), envoltura, bata de casa, forro de un libro
wrapping, envoltura, cubierta, forro exterior
wrath, ira, rabia, cólera
wreak, descargar
wreath, corona, guirnalda
wreathe, torcer, enrollar, arrugarse, coronar
wreck[1], naufragio, destrucción, choque, accidente, naufragio
wreck[2], arruinar, destruir
wreck[3], arruinarse
wreckage, restos, despojos, ruinas
wrecker, automóvil de auxilio
wren, reyezuelo
wrench[1], arrancar, dislocar, torcer
wrench[2], torcedura, llave
  monkey wrench, llave inglesa
wrest, arrancar, quitar a fuerza
wrestle[1], luchar, pelear, disputar
wrestle[2], lucha
wrestler, luchador(a)
wrestling, lucha
  catch-as-catch-can wrestling, lucha libre
  Greco-Roman wrestling, lucha grecorromana
wretch, pobre infeliz, infame
  poor wretch!, ¡pobre diablo!
wretched, infeliz, miserable, mezquino(a), mísero(a), deplorable, lamentable
wriggle, menearse, agitarse, culebrear
wring, torcer, arrancar, estrujar
wringer, exprimidor de ropa
wrinkle[1], arruga
wrinkle[2], arrugar
wrinkleproof, inarrugable
wrist, muñeca
  wrist bandage, pulsera, venda para la mano
  wrist watch, reloj de pulsera
wristband, puño de camisa
writ, escrito, escritura, orden
  writ of habeas corpus, mandato de hábeas corpus
write, escribir, componer
  write off, cancelar, hacer un descuento por depreciación
  write up, dar cuenta, completar, alabar en la prensa
writer, escritor(a), autor(a), novelista
  prose writer, prosista, prosador(a)

write-up, crónica de prensa
writhe[1], torcer
writhe[2], retorcerse
writing, escritura, escrito, manuscrito
in writing, por escrito
to put in writing, poner por escrito
writing desk, escritorio, bufete, pupitre
writing modes, modos de escritura
writing paper, papel de escribir
writing process, proceso de escritura
written, escrito
written code, código escrito
written data, datos escritos
written directions, direcciones escritas
written exchange, intercambio escrito
written form, forma escrita
written language, lenguaje escrito
written record, registro escrito
written representation, representación escrita
wrong[1], injuria, injusticia, error
wrong[2], malo(a), incorrecto(a), erróneo(a), injusto(a)
to be wrong, no tener razón, estar equivocado(a)
wrong side, revés
wrong[3], hacer un mal, injuriar
wrongly, mal, injustamente, al revés
wrongdoer, pecador(a), malvado(a)
wrongful, injusto(a), inicuo(a)
wrote, pretérito del verbo write
wrought, labrado(a), hecho(a)
wrought iron, hierro forjado
wry, torcido(a), tuerto(a)
wry face, mohín, mueca
wt. (weight), peso
W.T.O. (World Trade Organization), O.M.C. (Organización Mundial del Comercio)

x-axis, eje de las x, eje x
xenophobia, xenofobia
xerox, fotocopiar
x-intercept, intersección con el eje x
x-intercept of a line, intercepto de x de una línea
Xiongnu society, pueblo xiongnu
Xmas (Christmas), Navidad, Pascua de Navidad
X ray[1], rayo X, radiografía
X-ray[2], radiográfico(a)
X-raying, radiografía
X-raying specialist, radiógrafo
X-ray[3], radiografiar
xylophone, xilófono, variedad de marimba

yacht, yate
yam, batata, camote
yank, sacudir, tirar de golpe
Yank, yanqui
Yankee, yanqui
yard[1], corral, yarda, patio
yard size, superficie
yard[2], yarda
yardmaster, superintendente de patio
yardstick, yarda o vara de medir
yarn, estambre, cuento de aventuras por lo general exageradas o ficticias
yawl, canoa, serení
yawn[1], bostezar
yawn[2], bostezo
y-axis, eje de las y, eje y
yd. (yard), yarda
ye, vos
yea, sí, verdaderamente
yea or nay, sí o no
year, año
all year round, todo el año
many years ago, hace muchos años
yearbook, libro del año, anuario

yearling, primal, animal de un año de edad
yearly[1], anual
yearly[2], todos los años, anualmente
yearn, anhelar
yearning, anhelo, deseo ferviente
yeast, levadura, giste
yeast cake, pastilla de levadura
yeast fermentation, fermentación de la levadura
yell[1], aullar, gritar
yell[2], grito, aullido
yellow[1], amarillo(a)
yellow[2], color amarillo
yellow fever, fiebre amarilla
yellowish, amarillento(a)
yelp[1], latir, ladrar
yelp[2], aullido, latido
yen[1], yen
yen[2], deseo intenso, anhelo
yeoman, contramaestre, pañolero, alabardero, guardaalmacén en la marina, hacendado
yeoman farmer, pequeño propietario rural
yes, sí
yes-man, individuo servil, adulador que dice sí a todo
yesterday, ayer
day before yesterday, anteayer
yet[1], todavía, aún
yet[2], sin embargo, con todo
yield[1], producir, rendir, ceder, sucum-bir, darse por vencido, asentir
yield[2], producir, rendir
yield[3], producto, rendimiento
yielding, condescendiente, que cede
y-intercept, intersección con el eje y
y-intercept of a line, intercepto de y de una línea
Y.M.C.A. (Young Men's Christian Association), Y.M.C.A. (Asociación de Jóvenes Cristianos)
yodel, cantar con modulación del tono natural al falsete
yoke[1], yugo, yunta, férula
yoke[2], uncir, ligar, casar, sojuzgar
yolk, yema
yon[1], allí, allá
yon[2], de allí, de allá, aquel
yonder[1], allí, allá
yonder[2], de allí, de allá, aquel
yore, tiempo antiguo, tiempo atrás
in days of yore, en tiempo de Maricastaña
you, tú, usted, vosotros, vosotras, ustedes, te, le, lo, la, os, los, las, les, ti
young, joven, mozo(a), tierno(a)
young man, joven
young people, juventud
Young Turk movement, movimiento de los Jóvenes Turcos
young woman, joven, señorita
youngster, jovencito(a), chiquillo(a), muchacho(a), jovenzuelo(a)
your, tu, su, vuestro, de usted, de vosotros, de ustedes
your highnesses, su alteza
yours, el tuyo, la tuya, el suyo, la suya, el vuestro, la vuestra
yourself, tú mismo(a), usted mismo(a), vosotros mismos(as), sí mismo(a), te, se
yourselves, plural de yourself
youth, juventud, mocedad, adolescencia, joven
youthful, juvenil
youthfully, de un modo juvenil
yr. (pl. yrs.), año
Yuan Dynasty, dinastía Yuan
Yucatan Peninsula, Península de Yucatán
yucca, yuca
Yule, Navidad
yurt, yurta
Y.W.C.A. (Young Women's Christian Association), Y.W.C.A. (Asociación de Jóvenes Cristianas)

Z

Zagwe Dynasty, dinastía Zagüe
zakah, azaque
zany, tonto(a), mentecato(a), bufón (bufona)
Zanzibar, Zanzíbar
zeal, celo, ardor, ahínco
zealot, fanático
zealous, celoso(a), fervoroso(a)
zealously, fervorosamente
zebra, zebra, cebra
zen, zen
zenith, cenit o cénit
zephyr, céfiro, favonio
zero, cero
  zero hour, hora fijada para un ataque, hora del peligro, hora crítica
  zero property, propiedad del cero
  zero property of addition, propiedad aditiva del cero
  zero property of multiplication, propiedad multiplicativa del cero
zest, gusto, sabor agudo, gozo
Zheng He maritime expeditions, expediciones marítimas de Zheng He
Zhou Dynasty, dinastía Zhou
ziggurat, zigurat
zigzag[1], zigzag
  zigzag motion, movimiento en zigzag
zigzag[2], hacer un zigzag, ir en forma de zigzag
zinc, cinc, zinc
  zinc chloride, cloruro de cinc
  zinc oxide, óxido de cinc
zinnia, zinia
Zionism, sionismo
  Zionist Movement, movimiento sionista
zip gun, pistola de fabricación casera
zipper, cremallera, cierre, cierre relámpago
zither, cítara
  zither player, citarista
zodiac, zodiaco
zone, zona
  danger zone, zona del peligro
  zone of subduction, zona de subducción
zoned use of land, zonificación de uso del suelo
zoning, zonificación
  zoning regulation, regulación de zonas
zoo, jardín zoológico
zoological, zoológico(a)
zoologist, zoólogo(a)
zoology, zoología
zoom, levantar el vuelo repentinamente, subirse rápidamente o elevarse, zumbir
zooming, subida vertical
Zoroastrianism, zoroastrismo
Zulu empire, Imperio zulú
Zuni, zuñi
zygote, cigoto

Section II

Español – Inglés

1

3ª persona limitada, 3rd person limited
3ª persona omnisciente, 3rd person omniscient

A

a, to, in, at, according to, by, through, for, toward, with
  a cappella, a cappella
  a mi izquierda, on my left
  a pesar de, despite
  a pie, on foot
  a trabajo igual salario igual, equal pay for equal work
  a través de, via
ab (abad), abbot
ábaco, abacus
abad, abbot
abadejo, codfish, yellow wren, Spanish fly
abadía, abbey, abbacy
abajo, under, underneath, below
  calle abajo, down the street
  escaleras abajo, downstairs
  hacia abajo, downward
abalorio, glass bead
abanderado(a), ensign, standard bearer
abanderar, to register
abandonamiento, abandonment, carelessness, debauchery
abandonar, to abandon, to desert, to leave
abandonarse, to despond, to despair
abandono, abandonment, carelessness, loneliness, debauchery
abanicar, to fan
abanico, fan, small crane, derrick
  abanico aluvial, alluvial fan
  abanico neumático, suction fan
abaratar, to cheapen, to reduce in cost
abarcar, to clasp, to embrace, to contain, to comprise
abarrancadero, boggy place, precipice, predicament
abarrancar, to dig holes
abarrancarse, to get into a tight fix, to get into a predicament
abarrote, small wedge
abarrotes, groceries
  tienda de abarrotes, grocery store
abastecedor(a), purveyor, caterer, supplier
abastecer, to purvey, to supply
abastecimiento, provisioning, supplying with provisions
  abastecimiento de agua, water supply
  abastecimiento de alimentos, food supply
abate, abbe
abatimiento, low spirits, depression
abatir[1], to tear down, to knock down, to take down, to take apart, to lower, to humble, to depress
abatir[2], to descend, to go down
abatirse, to be dejected or crestfallen, to abate
abdicación, abdication
abdicar, to abdicate
abdomen, abdomen
Abd-ul-Mejid, Abdul-Mejid
abecé, ABC's, alphabet
abecedario, alphabet, spelling book, primer
abedul, birch tree
abeja, bee
  abeja maestra, queen bee
  abeja reina, queen bee
abejar, beehive
abejarrón, bumblebee
abejorro, cockchafer, bumblebee
abejero, beekeeper
abejón, hornet, drone
aberración, aberration
abertura, cleft, opening
abeto, fir tree
abierto(a), open, sincere, frank
abigarrado(a), flecked, dappled
abigarrar, to variegate, to dapple
abiótico(a), abiotic
abismar, to throw into an abyss, to depress, to humble, to confound
abismarse, to be astonished
abismo, chasm, abyss, gulf, hell
abjurar, to abjure, to recant upon oath
ablandamiento, mollification, softening

ablandar, to mollify, to soften
ablativo(a), ablative
abnegación, abnegation, self-denial
abnegar, to renounce
abobar, to stupefy
abochornar, to swelter, to overheat, to mortify
abochornarse, to be embarrassed, to blush, to be sweltering
abofetear, to slap one's face
abogacía, legal profession
abogado(a), lawyer, advocate, mediator
abogar, to mediate, to intercede
abolengo, ancestry, inheritance
abolición, abolition, abrogation
abolición de la segregación, desegregation
abolicionismo, abolitionism
abolicionista, abolitionist
abolir, to abolish
abolir la segregación, desegregate
abolladura, dent, embossing
abollar, to dent, to emboss
abombado(a), stunned, confused
abombarse, to begin to spoil or decompose
abominable, abominable
abominación, abomination
abominar, to abominate, to detest
abonar, to improve, to make good an assertion, to fertilize, to credit, to pay
abonar en cuenta, to credit to one's account
abonarse, to subscribe to
abonaré, check, promissory note, due bill
abono, fertilizer, payment, installment, season ticket
abono de pasaje, commutation ticket
abordar[1], to come alongside, to broach, to take up
abordar[2], to put into port, to dock, to land
aborigen[1], aboriginal, indigenous
aborigen[2], aborigine
aborrecer, to hate, to abhor, to abandon, to desert
aborrecimiento, abhorrence, hatred
abortar, to miscarry, to have an abortion
aborto, miscarriage, abortion
abotonar[1], to button
abotonar[2], to bud
abovedar, to arch, to vault
abr. (abreviatura), abbreviation
Abraham Lincoln, Abraham Lincoln
abrasador(a), burning, very hot
abrasar, to burn, to scorch, to parch
tierra abrasada, scorched earth
abrazadera, bracket, loop, binding
abrazar, to embrace, to hug, to surround, to comprise, to contain
abrazo, embrace, hug
abrebrechas, bulldozer
abrelatas, can opener
abrevadero, watering place for cattle
abreviación, abbreviation, abridgment, shortening
abreviar, to abridge, to cut short, to accelerate
abreviatura, abbreviation
abridor, opener
abridor de latas, can opener
abrigar, to shelter, to protect, to hold, to cherish
abrigar la esperanza, to hope
abrigarse, to take shelter, to protect oneself against the cold
abrigo, shelter, protection, aid, wrap, overcoat
abrigo de pieles, fur coat
abril, April
abrillantar, to cut, to face, to give luster to, to make brilliant
abrir, to open, to unlock, to open up, to disclose, to reveal
abrochador, button-hook
abrochar, to button on, to clasp on
abrojo, thistle, thorn, caltrop
abrojos, hidden rocks in the sea
abrumador(a), troublesome, annoying, overwhelming
abrumar, to overwhelm, to importune
abrumadora, landslide
absceso, abscess
absentismo, absenteeism
absolución, forgiveness, absolution
absolutamente, absolutely
absolutismo, absolutism, despotism
absolutismo ilustrado, enlightened absolutism
absolutismo imperial, imperial absolutism
absolutismo ruso, Russian absolutism

absoluto(a), absolute, unconditional, sole
en absoluto, at all, absolutely not
absolutorio(a), absolving
absolver, to absolve, to pardon
absorbente, absorbent, absorbing
absorber, to absorb
absorción, absorption
absorción de la luz, light absorption
absorto(a), absorbed, engrossed, amazed
abstemio(a)[1], abstemious
abstemio(a)[2], teetotaler
abstención, abstention
abstenerse, to abstain, to refrain from
abstinencia, abstinence
abstinente, abstinent, abstemious
abstracción, abstraction
abstracto(a), abstract
abstraer, to abstract, to leave out, to leave aside
abstraerse, to be lost in thought
abstraído(a), abstracted, absorbed
absuelto(a), absolved, acquitted
absurdo(a)[1], absurd
absurdo[2], absurdity
abuela, grandmother
abuelo[1], grandfather
abuelo[2], ancestors, forefathers
abultar[1], to make bulky, to enlarge
abultar[2], to be bulky
abundancia, abundance
abundante, abundant, copious
abundar, to abound
aburguesamiento, gentrification
aburrido(a), bored, weary, boresome, tedious
aburrimiento, tediousness, boredom
aburrir, to vex, to weary, to bore
aburrirse, to be bored
abusar, to take advantage of, to abuse
abusar de, to impose upon
abusivo(a), abusive
abuso, abuse, misuse, harsh treatment
abuso de alcohol, alcohol abuse
abuso de confianza, breach of trust
abuso de drogas, drug abuse
abuso de poder, abuse of power
abuso de sustancias, substance abuse
abuso de tabaco, tobacco abuse
abuso infantil, child abuse
abuso sexual, sexual abuse
abyecto(a), abject, low, dejected
a/c (a cuenta), on account, in part payment
a/c (a cargo), drawn on, in care of
a. C. o a. de C. (antes de Cristo), B.C. (Before Christ)
acá, here, this way
acabado(a), finished, perfect, accomplished, concluded, terminated
acabar[1], to finish, to complete, to achieve
acabar[2], to die, to expire, to run out
acaba de hacerlo, he has just done it
acabarse, to grow feeble, to become run down
academia, academy, literary society
academia privada de blancos, private white academy
académico(a)[1], academic
académico(a)[2], academician
acaecer, to happen
acaecimiento, event, incident
acalambrado(a), cramped
acalenturarse, to be feverish
acalorar, to heat
acalorarse, to get excited, to become warm
acallar, to quiet, to hush, to soften, to assuage, to appease
acampamento, encampment
acampar, to camp, to encamp
acanalar, to make a channel in, to flute, to groove
acanelado(a), cinnamon-colored
acantonamiento, cantonment
acantonar, to quarter, to canton
acaparar, to monopolize, to corner
acaramelar, to ice, to candy
acaramelarse, to be cloying, to be overly attentive
acardenalar, to beat black and blue
acardenalarse, to be covered with bruises
acariciar, to fondle, to caress, to cherish
acarrear, to convey in a cart, to transport, to bring about, to occasion, to cause
acarreo, carriage, portage, cartage
acaso[1], chance, happenstance, ac-

cident
acaso[2], perhaps, by chance
por si acaso, just in case
acatar, to revere, to respect, to show willingness to obey
acatarrarse, to catch cold
acaudalado(a), rich, wealthy
acaudalar, to hoard up, to store up
acceder, to accede, to agree
accelerando, accelerando
accesibilidad, accessibility
accessible, attainable, accessible
acceso, access, approach
acceso a los datos, data access
acceso de tos, coughing fit
acceso dirigido desde tierra, ground-control approach
accesorio(a)[1], accessory, additional, addition, attachment
accidental, accidental, casual
accidentarse, to faint, to lose consciousness, to pass out
accidente, accident, attack, fit
accidente geográfico, landform relief
accidente nuclear de Chérnobil, Chernobyl nuclear accident
acción, action, operation, battle, share, stock
acción afirmativa, affirmative action
acción creciente, rising action
acción de capital, capital stock
acción decreciente, falling action
acciones ordinarias, common stock
accionar, to gesticulate
accionista, shareholder, stockholder
acebo, holly tree
acechador, spy
acechar, to watch closely, to spy on
acecho, lying in ambush, waylaying
aceitar, to oil
aceite, oil
aceite de oliva, olive oil
aceite de hígado de bacalao, cod-liver oil
aceite de ricino, castor oil
aceitera, oil cruet, oil jar
aceitoso(a), oily, greasy
aceituna, olive
aceituno, olive tree
aceleración, acceleration
aceleración centrípeta, centripetal acceleration
acelerador, accelerator, gas pedal
acelerar, to accelerate, to hurry
acelerómetro, accelerometer
acémila, beast of burden
acemita, graham bread
acendrado(a), pure, spotless
acendrar, to refine, to purify, to make flawless
acento[1], accent
acento[2], stress
acentuación, accentuation
acentuar, to accentuate, to emphasize
acepción, meaning of a word, import
acepillar, to plane, to brush, to polish
aceptable, acceptable
aceptación, acceptance, approbation, acceptance
presentar a la aceptación, to present for acceptance
falta de aceptación, nonacceptance
aceptar, to accept, to admit, to honor
aceptar la responsabilidad por sus propias acciones, accept responsibility for one's actions
acequia, canal, channel, drain, trench
acera, sidewalk
acerado(a), made of steel, mordant, caustic, biting
acerar, to steel
acerbo(a), bitter, sharp tasting, harsh, cruel
acerca de, about, relating to
acercar, to bring near together, to approach
acercarse, to accost, to approach
acería, steelwork
acero, steel, blade
acero al carbono, carbon steel
acero al cromo, chrome steel
acero al vanadio, vanadium steel
acero colado, cast steel
acero de aleación, alloy steel
acero dulce, soft steel
acero en barras, bar steel
acero en bruto, raw steel
acero fundido, hard steel

acero inoxidable, stainless steel
acero recocido, tempered steel
pulmón de acero, iron lung
acérrimo(a), very strong, very vigorous
acerrojar, to bolt, to lock
acertado(a), accurate, skillful
acertar[1], to hit (the mark), to conjecture correctly
acertar[2], to chance, to happen, to turn out right
acertar con, to discover
acertijo, riddle, conundrum
acervo, heap, pile
acetato, acetate
acético(a), acetic
acetileno, acetylene
acetona, acetone
acetosa, sorrel
achacar, to impute, to blame
achacoso(a), sickly, habitually ailing
achaque, unhealthiness, sickliness, ill health, menstrual period, excuse, pretext
achatar, to flatten
achicar, to diminish, to bail
achicarse, to become smaller, to humble oneself
achicharrar, to burn in frying, to overheat
aciago(a), unlucky, ominous, unhappy
acial, barnacle
acicaladura, burnishing
acicalamiento, burnishing
acicalar, to polish, to furbish
acicalarse, to dress elegantly, to spruce up
acidez, acidity
acidificación de suelo, soil acidification
acidímetro, acidimeter
ácido[1], acid
ácido desoxirribonucleico, deoxyribonucleic acid
ácido nucleico, nucleic acid
ácido sulfúrico, sulfuric acid
exento de ácido, acid-free
ácido(a)[2], acid, sour
acidulo(a), acidulous
acierto, accuracy, exactness, dexterity, ability, knack
acitrón, candied lemon
aclamación, acclamation
por aclamación, unanimously
aclamar, to applaud, to acclaim
aclaración, explanation, clarification
aclarar[1], to clear, to brighten, to explain, to clarify
aclarar[2], to clear up
aclararse, to become clear
aclimatar, to acclimatize
aclocar, to brood, to hatch
acné, acne
acobardar, to intimidate
acobardarse, to lose courage, to be afraid
acogedor(a), cozy, inviting
acoger, to receive, to protect, to harbor
acogerse, to resort to
acogida, reception, asylum, protection, confluence, meeting place
dar acogida a una letra, to honor a draft
tener excelente acogida, to meet with favor, to be well received
acogimiento, reception, good acceptance
acolchar, to quilt
acólito, acolyte, follower
acometedor(a)[1], aggressor, enterpriser
acometedor(a)[2], aggressive, enterprising
acometer, to attack, to undertake, to overtake, to overcome, to steal over
acometida, attack, assault
acometimiento, attack, assault
acomodadizo(a), accommodating
acomodado(a), wealthy, suitable, convenient, fit
acomodador(a), usher
acomodamiento, transaction, convenience, adaptation
acomodar[1], to accommodate, to arrange
acomodar[2], to fit, to suit
acomodarse, to make oneself comfortable
acomodo, adjustment, arrangement, employment
acompañador(a), companion, chaperone, accompanist
acompañamiento, accompaniment, escort, accompaniment
acompañamiento armónico, harmonic accompaniment
acompañante(a), attendant, companion, accompanist

acompañar, to accompany, to join, to accompany, to attach, insert, squire
acompasado(a), measured, well-proportioned, cadenced
acondicionado(a), conditioned
bien o mal acondicionado(a), well- or ill-prepared, well- or ill-qualified
acondicionar, to prepare, to arrange, to fit, to put in condition
acondicionar para uso invernal, to winterize
acongojar, to oppress, to afflict
acongojarse, to become sad, to grieve
aconsejable, advisable
aconsejar, to advise
aconsejarse, to take advice
acontecer, to happen
acontecimiento, event, incident
acontecimiento mundial importante, major world event
acontecimiento significativo, significant event
acontecimientos nacionales, national events
acopado(a), cup-shaped, bell-shaped
acopiamiento, gathering, storing
acopiar, to gather, to store up
acopio, gathering, storing
acoplado(a)[1], coupled, fitted
acoplado[2], trailer
acoplamiento, coupling, connection, clutch
acoplamiento de genes, gene splicing
acoplar, to couple, to adjust, to fit
acoquinar, to intimidate
acorazado(a)[1], iron-clad
acorazado[2], battleship
acorazado de bolsillo, pocket battleship
acorazonado(a), heart-shaped
acordado(a), deliberate, agreed upon
acordar[1], to resolve, to tune
acordar[2], to agree
acordarse, to come to an agreement, to remember
no acordarse mal, to remember rightly
acorde[1], conformable, in agreement
acorde[2], accord, chord
acordeón, accordion
acordonar, to form a cordon around, to lace, put laces on
acorralar, to corral, to intimidate
acortar, abridge, to shorten
acortar el paso, to slow down
acosar, to pursue closely, to annoy, to harass
acoso sexual, sexual harassment
acostar, to put to bed
acostarse, to go to bed, lie down, to incline to one side
acostumbrado(a), customary, accustomed
acostumbrar[1], to make accustomed
acostumbrar[2], to be accustomed
acotar, to set bounds, to annotate, to watch for, to select
acre[1], acid, sharp, bitter
acre[2], acre
acrecentar, to increase, to augment
acrecer, to increase, to augment
acreditado(a), accredited, authorized, creditable
acreditar, to assure, to authorize, to credit, to accredit, to give credit
acreditarse, to gain credit, to get a good reputation
acreedor(a)[1], creditor
acreedor(a)[2], worthy, creditable
saldo acreedor, credit balance
acribillar, to perforate, to annoy, to torment
acrílico(a), acrylic
acriminación, accusation
acriminar, to accuse, to impeach
acrisolar, to refine, to purify
acrobacia, acrobatics
acrobacia aérea, stunt flying
acróbata, acrobat
acrónimo, acronym
acta, act, minutes of proceedings
acta de nacimiento, birth certificate
Acta de Supremacía, Act of Supremacy
acta de venta, bill of sale
ACTH (hormona adrenocorticotropa), ACTH (adrenocorticotrophic hormone)
actina, actin
actitud, attitude, outlook, position, posture
actitud antiinmigrante, anti-immigrant attitude

actitudes sociales, social attitudes
activador, activator
activar, to make active, to expedite, to hasten, to activate
actividad, activity, liveliness
actividad al aire libre, outdoor activity
actividad económica principal, primary economic activity
actividad económica secundaria, secondary economic activity
actividad económica terciaria, tertiary economic activity
actividad sexual, sexual activity
actividad sísmica, seismic activity
actividades acuáticas, aquatics
actividades recreativas, leisure activity
activo(a)[1], active, diligent
activo(a)[2], assets
acto, act, action, function, sexual intercourse
acto continuo, immediately
acto de habla, speech action
en el acto, at once, immediately
actor, actor, player, comedian, plaintiff
actriz, actress
actuación, action, performance
actual, present, of the present moment
actualidad, present time, current event
en la actualidad, at present
actualización de datos, data update
actuar, to act, to take action, to proceed
actuario(a), actuary, notary
acuafortista, etcher
acuarela, water coloring, water color
acuarelista, watercolorist
acuario, aquarium, tank, Aquarius
acuartelar, to quarter troops, to furl sails
acuático(a), aquatic
acuatizar, to land
acucioso(a), zealous, eager
acuchillar, to stab, to knife
acuchillarse, to fight with knives
acudimiento, aid, assistance
acudir, to assist, to succor, to be present
acudir a, to resort to, to hasten to
acueducto, aqueduct
acuerdo, agreement, consent, resolution, court decision
acuerdo bilateral, bilateral agreement
acuerdo comercial, trade agreement
Acuerdo Comercial Plurilateral, PTA
acuerdo de licencia, licensing
Acuerdo General de Aranceles y Comercio (GATT), General Agreement of Tariffs and Trade (GATT)
acuerdo multilateral, multilateral agreement
acuerdo vinculante, binding agreement
Acuerdos de Camp David, Camp David Accords
Acuerdos de Ginebra, Geneva Accords
Acuerdos de Helsinki, Helsinki Accords
Acuerdos de Múnich en 1938, Munich Agreement in 1938
Acuerdos de Paz de París en 1973, Paris Peace Accord of 1973
de acuerdo, unanimously, by agreement
de acuerdo con, in accordance with
ponerse de acuerdo, to reach an agreement
acuífero, aquifer
acuífero de Ogallala, Ogallala Aquifer
acuitar, to afflict, to oppress
acuitarse, to grieve, to feel depressed
acullá, on the other side, yonder
aculturación, acculturation
acumulación, accumulation
acumulación de sal, salt accumulation
acumulado(a), accrued
acumulador, battery, electric storage battery, accumulator
acumular, to accumulate, to heap together, to impute
acumulativo, cumulative
acuñar, to coin, to mint, to wedge in, to secure with wedges
acuñar dinero, coining money
acuoso(a), watery

acurrucado(a), huddled, squatted
acurrucarse, to huddle up, curl-up
acusación, accusation, impeachment
acusación del presidente, presidential impeachment and trial
acusado(a), defendant, accused
acusador(a), accuser
acusar, to accuse, to reproach, to meld
acusar recibo de, to acknowledge receipt of
acusarse, to make one's confession, to confess
acusativo(a), accusative
acusatorio(a), accusing
acuse, melding
acuse de recibo, acknowledgment of receipt
acústica, acoustics
acústico(a), acoustic
A.D. (del latín, Anno Domini, Año del Señor), A.D., in the year of Our Lord
adagio, adage, proverb, adagio
adamado(a), effeminate, ladylike
adamascado(a), damask like
Adán, Adam
adaptabilidad, adaptability
adaptable, adaptable
adaptación, adaptation
adaptación aprendida, learned adaptation
adaptación biológica, biological adaptation
adaptación estructural, structural adaptation
adaptación fisiológica, physiological adaptation
adaptación heredada, inherited adaptation
adaptación humana, human adaptation
adaptación teatral en el salón de clases, classroom dramatization
adaptar, to adapt, to fit, to adjust
adaptativo(a), adaptive
adecuado(a), adequate, fit, able
adecuar, to fit, to accommodate, to proportion
a. de J.C. (antes de Jesucristo), B.C. (Before Christ)
adelantadamente, beforehand
adelantado(a), anticipated, forward, bold, advanced, fast
por adelantado, in advance
adelantar, to advance, to further, to accelerate, to ameliorate, to improve
adelantar la paga, to pay in advance
adelantarse, to take the lead, to outdo, to outstrip
adelante, onward, further off
en adelante, from now on, henceforth
más adelante, farther on, later
salir adelante, to go ahead, to come through
¡adelante!, come in! go on! proceed!
adelanto, progress, advance
adelgazar, to make thin or slender
adelgazarse, to lose weight
ademán, gesture, attitude
además, moreover, also, in addition
además de, besides, aside from
adentro, inside, within, inwardly
tierra adentro, inland
adepto(a)[1], adept
adepto(a)[2], follower
aderezar, to dress, to adorn, to prepare, to season
aderezo, adornment, finery, set of jewels, seasoning, dressing
adeudado(a), indebted
adeudar, to owe
adeudar en cuenta, to charge to one's account
adeudarse, to be indebted
adeudo, indebtedness, debit
adherencia, adherence, cohesion, adhesion, connection, relationship
adherente, adherent, cohesive
adherir, to stick, to believe, to be faithful, to belong, to hold, to cling to
adhesión, adhesion, cohesion, adherence
adicción, addiction
adición, addition
adicional, additional, supplementary
adicionar, to add
adicto(a)[1], addicted, devoted to
adicto(a)[2], follower, supporter, addict
adiestrar, to guide, to teach, to instruct, to train
adiestrarse, to practice

adinerado(a), moneyed, rich, wealthy
adintelado(a), straight, flat
adiós, goodbye, adieu
aditamento, addition, attachment
aditivo, additive
adivinador(a), diviner, soothsayer
adivinanza, riddle, conundrum
adivinar, to foretell, to conjecture, to guess
adivino(a), diviner, soothsayer, fortuneteller
adj. (adjetivo), adj. (adjective)
adjetivo, adjective
adjetivo comparativo, comparative adjective
adjetivo compuesto, compound adjective
adjetivo de predicado, predicate adjective
adjetivo indefinido, indefinite adjective
adjetivo numérico, numerical adjective
adjetivo positivo, positive adjective
adjetivo pronominal, pronominal adjective
adjetivo propio, proper adjective
adjetivo que usa un nombre propio, proper adjective
adjetivo superlativo, superlative adjective
adjudicación, award, adjudication
adjudicar, to award
adjudicarse, to appropriate to oneself
adjuntar, to enclose, to attach
adjunto(a)[1], united, joined, attached, annexed
adjunto[2], attaché
ad lib. (a voluntad), ad lib. (at pleasure, at will)
administración, administration, management, direction, headquarters
Administración de Drogas y Alimentos, Food and Drug Administration
Administración de Electrificación Rural, Rural Electrification Administration
Administración de Obras Públicas, Public Works Administration
administración de registros, record management
Administración de Riesgos y Seguridad Ocupacional (OSHA), Occupational Safety and Hazard Administration (OSHA)
Administración de Trabajos Civiles, Civil Works Administration
Administración Nacional de Aeronáutica y del Espacio (NASA), National Aeronautics and Space Administration
Administración para el Progreso del Empleo, Works Progress Administration
Administración para la recuperación nacional, National Recovery Administration
en administración, in trust
administrador(a), administrator, trustee, manager
administrador(a) de aduanas, collector of customs
administrador(a) de correos, postmaster
administrar, to administer, to manage, administrate
administrativo(a), administrative
admirable, admirable, marvelous
admiración, admiration, wonder, exclamation point
admirador(a), admirer
admirar, to admire
admirarse, to be amazed, to be surprised
admisible, admissible, acceptable
admisión, admission, acceptance
admitir, to admit, to accept, to acknowledge, to let in, to concede
admonición, admonition, warning
ADN (ácido desoxirribonucleico), D.N.A. (deoxyribonucleic acid), mitochondrial DNA
ADN recombinado, recombinant DNA
adobar, to dress, to pickle, to stew, to tan
adobe, adobe, sundried brick
adobo, stew, pickle sauce, rouge, ingredients for dressing leather or cloth
adolecer, to be ill

adolecer de, to suffer or ail from, to be subject to
adolescencia, adolescence, youth
adolescente[1], adolescent, young
adolescente[2], adolescent, teenager
Adolf Hitler, Adolf Hitler
adonde, whither, where
adondequiera, wherever
adopción, adoption
adoptar, to adopt
adoptivo(a), adoptive, adopted
adoquín, paving stone
adoquinar, to pave
adoración, adoration, worship
adorar, to adore, to worship
adormecer, to lull to sleep
adormecerse, to fall asleep
adormecido(a), drowsy, stilled, sleepy
adormecimiento, drowsiness, sleepiness
adormitarse, to be come drowsy
adornar, to embellish, to ornament, to trim
adorno, adornment, ornament, decoration
adquirir, to acquire, to gain
adquisición, acquisition, attainment
adquisición de mercado abierto, open market purchase
poder de adquisición, purchasing power
adrede, purposely
adrenalina, adrenaline
aduana, customhouse
derechos de aduana, customhouse duties
aduanero[1], Customhouse officer
aduanero(a)[2], pertaining to customs or customhouse
aduar, nomadic village of Arabs, gypsy camp
aducción, adduction
aducir, to adduce, to cite, to allege
adueñarse, to take possession of
adulación, adulation, flattery
adulador(a), flatterer
adular, to flatter, to admire excessively
adulterar, to adulterate
adulterio, adultery
adúltero(a), adulterer, adulteress
adulto(a), adult, grown-up, mature
adusto(a), excessively hot, scorching, intractable, austere, gloomy
adv. (adverbio), adv. (adverb)
advección, advection
advenedizo(a)[1], parvenu, foreign
advenedizo(a)[2], upstart, parvenu
advenimiento, arrival, long-awaited
advento, Advent
adverbial, adverbial
adverbio, adverb
adverbio comparativo, comparative adverb
adverbio conjuntivo, conjunctive adverb
adverbio superlativo, superlative adverbs
adversario, adversary, antagonist
adversidad, adversity, calamity
adverso(a), adverse, calamitous
advertencia, admonition, warning, notice
advertido(a), forewarned, skillful, intelligent, clever, alert, aware
advertir, to advert, to notice, to call attention to, to warn
adyacente, adjacent
aéreo(a), air, aerial
correo aéreo, air mail
aerobio, aerobic
aerodinámica, aerodynamics
aerodinámico(a), streamlined
aeródromo, airdrome
aeroembolismo, aeroembolism
aerofotografía, aerial photograph
aerograma, wireless message
aeromedicina, aeromedicine
aeronauta, aeronaut, airman, aviator
aeronáutica, aeronautics
aeronave, airship, dirigible, aircraft
aeroplano, airplane
aeroplano de combate, fighter plane
aeropostal, airmail
aeropuerto, airport
aeropuerto para helicópteros, heliport
aerosol, aerosol
aerospacio, aerospace
aerotermodinámica, aerothermodynamics
afabilidad, affability, graciousness
afable, affable, pleasant, courteous
afamado(a), noted, famous
afamar, to make famous
afán, anxiety, solicitude, worry, physical toil
afán de lucro, profit motive

afanar, to press, to hurry
afanarse, to toil, to overwork, to work eagerly, to take pains
afanoso(a), solicitous, painstaking
afear, to deform, to mar, to misshape, to make ugly
afección, affection fondness, attachment, affection, disease
afectación, affectation
afectar, to affect, to feign
afectísimo(a), very affectionate, devoted, yours truly, very truly yours
afecto[1], affection, fondness, love
afecto(a)[2], fond of, inclined to
afectuoso(a), affectionate, tender
afeitada, shave, shaving
afeitar, to shave, to apply make-up, to put on cosmetics
afeite, paint, make-up, cosmetics
afelpado(a), plushlike, velvetlike
afeminado(a), effeminate
afeminar, to make effeminate
aferrado(a), stubborn, headstrong
aferrar, to grapple, to grasp, to seize
afestonado(a), festooned
afianzar, to bail, to guarantee, to become security for, to prop, to fix, to secure
afición, affection, preference, fondness, fancy, liking, hobby
aficionado(a), devotee, fan, amateur
aficionar, to inspire affection
aficionarse, to be devoted to, to be fond of, to have a taste for, to have an inclination for
afijo(a)[1], suffixed
afijo(a)[2], suffix
  afijo anglosajón, Anglo-Saxon affix
  afijo griego, Greek affix
  afijo latino, Latin affix
afiladera, whetstone
afilado(a), sharp, clear-cut, thin
afilador, sharpener, grinder
afilar, to whet, to sharpen, to grind
afiliado(a)[1], affiliated
afiliado(a)[2], subsidiary
afiligranado(a), filigreelike
afin[1], contiguous, related
afin[2], relation, relative
afinación, refining, tuning
afinado(a), refined, well-finished, tuned
afinador(a), tuner
afinar, to finish, to perfect, to tune, to refine
afinidad, affinity, attraction, relationship, kinship, analogy
afirmación, affirmation, statement
afirmar, to secure, to fasten, to affirm, to assure
afirmativo(a), affirmative
aflicción, affliction, grief, heartache, pain, misfortune
afligido(a), afflicted, sad, despondent
afligir, to afflict, to grieve, to torment
afligirse, to grieve, to lose heart
aflojar[1], to loosen, to slacken, to relax, to relent
aflojar[2], to grow weak, to abate, to lose intensity
afluencia, inflow, plenty, abundance, affluence,
afluente[1], affluent, abundant, tributary, loquacious
afluente[2], tributary stream
afluir, to flow, to congregate, to assemble
aflujo, influx
afmo. o af.mo (afectísimo), yours truly, very truly yours
afofarse, to fluff up
afondar[1], to sink
afondar[2], to go to the bottom
aforar, to gauge, to measure, to appraise
afortunadamente, fortunately, luckily
afortunado(a), fortunate, lucky, successful
afrancesar, to Frenchify
afrecho, bran
afrenta, outrage, insult, injury, infamy, disgrace
afrentar, to affront, to offend
África, África
  África Central, Central Africa
  África colonial, colonial Africa
  África del Norte, North Africa
  África del Sur, Southern Africa
  África Occidental, West Africa
  África Oriental, East Africa
  África Subsahariana, sub-Saharan Africa
africano(a), African
afroamericano(a), African American
afrontar, to confront
aftoso(a), aphthous
  fiebre aftosa,

hoof-and-mouth disease
afuera, out, outside, outward
¡afuera!, out of the way!
afueras, environs, suburbs, outskirts
agachar[1], to lower
agachar[2], to crouch
agacharse, to stoop, to squat, to duck down
agalla, gallnut
agallas, tonsils, fish gills
ágape, banquet, testimonial dinner
agarradera, holder, handle
agarrado(a), miserable, stingy
agarrar, to grasp, to seize
agarrarse, to hold on
agarrotar, to fasten tightly with ropes, to garrote, to strangle
agasajar, to regale, to entertain, to treat affectionately
agasajo, kind attention, entertainment
ágata, agate
agazapar, to catch, to grab
agazaparse, to hide, to crouch down
agencia, agency
agencia comunitaria, community agency
agencia cultural, cultural agency
agencia de turismo, travel agency
agencia estatal, state agency
agenciar, to solicit, to endeavor to obtain
agenda, agenda
agenda pública, public agenda
agente, agent, representative, attorney
agente de aceleración, accelerating agent
agente de bolsa, broker
agente de cambios, bill broker
agente de cobros, collector
agente de erosión, erosion agent
agente de policía, police officer
agente de reducción, reducing agent
agente de seguros, insurance agent
agente de viajes, traveling salesman
agente oxidante, oxidizing agent
agente publicitario, adman
ágil, nimble, fast, active, agile
agilidad, agility, nimbleness
agio, agio, stockjobbing, speculation
agiotador, money changer, stockjobber, speculator
agiotaje, agiotage, stock-jobbing
agiotista, money changer, stockjobber, speculator
agitación, agitation, excitement
agitado(a), excited, agitated
agitar, to agitate, to move
agitarse, to become excited
aglomerar, to agglomerate
agnosticismo, agnosticism
agobiar, to weigh down, to oppress, to burden
agolparse, to assemble in crowds
agonía, agony, anguish
agonizante[1], dying person
agonizante[2], dying, agonizing
agonizar[1], to assist dying persons, to harass
agonizar[2], to be in the agony of death, to agonize
agorar, to divine, to augur
agorero(a), diviner
agorgojarse, to be infested with grubs or weevils
agostar[1], to parch with heat, to blight
agostar[2], to be in summer pasture, to spend August
agostarse, to fade away, to be crushed
agosto, August, harvest time
agotado(a), sold out, exhausted, spent, tired
agotamiento, exhaustion
agotar, to misspend, to exhaust, to use up
agotarse, to become run-down, to become exhausted, to be sold out
agraciado(a), graceful, refined, gifted
agraciar, to embellish, to grace, to favor
agradable, agreeable, pleasant
agradar, to please, to gratify
agradecer, to be grateful for, to appreciate
agradecido(a), thankful, grateful
agradecimiento, gratitude, gratefulness
agrado, agreeableness, courteousness, pleasure, liking
ser de su agrado, to be satisfactory
agrandamiento, enlargement

agrandar, to enlarge, to extend
agrario(a), agrarian
agravante, aggravating, trying
agravar, to oppress, to aggravate, to make worse, to exaggerate
agraviar, to wrong, to injure, to hurt, to make worse
agraviarse, to take offense
agravio, offense, injury
agregación, aggregation, collection
agregado(a), aggregate, attaché
agregar, to aggregate, to heap together, to collect, to add
agremiar, to organize into a union
agremiarse, to unionize
agresión, aggression, attack
  agresión fascista, fascist aggression
agresivo(a), aggressive
agresor(a), aggressor, assaulter
agreste, wild, rude, rustic, rough
agriar, to sour, to acidify, to exasperate
agrícola, agricultural
agricultor(a), agriculturist, farmer
agricultura, agriculture
  agricultura comercial, commercial agriculture
  agricultura de plantación, plantation agriculture
  agricultura de subsistencia, subsistence agriculture or farming
  agricultura itinerante, shifting agriculture
  agricultura sedentaria, sedentary agriculture
agridulce, bittersweet
agrietado(a), cracked, cleft
agrietarse, to crack
agrimensor, land surveyor
agrimensura, land surveying
agrio(a), sour, acrid, rough, rocky, craggy, sharp, rude, unpleasant
agroindustria, agribusiness
agrónomo(a), agronomist
agrupación, group, association, crowd, grouping, cluster
  agrupación de fases, phrase grouping
agrupar, to group, to place together, cluster
agruparse, to cluster, to crowd together
agrura, acidity
Agte. Gral. (Agente General), G.A. (General Agent)
ag. (agosto), Aug. (August)
agua, water, slope
  agua arriba, upstream
  agua delgada, soft water
  agua de lluvia, rain water
  agua de soda, soda water
  agua embotellada, bottled water
  agua gorda, hard water
  agua fresca, cold or fresh water
  agua jabonosa, suds
  agua líquida, liquid water
  agua local, local water
  agua potable, drinking water
  agua salada, salt water
  agua subterránea, groundwater
  agua tibia, lukewarm water
  aguas residuales, sewage
aguacate, avocado, alligator pear
aguacero, short, heavy shower of rain
aguada, flood in a mine, fresh-water supply, wash
aguadero, watering place for cattle, horsepond
aguado(a), watered down, watery, mixed with water, not firm, flaccid
aguador(a), water carrier
aguafiestas, killjoy, spoilsport
aguafuerte, etching
aguamanil, washstand, pitcher
aguamarina, aquamarine
aguamiel, hydromel, honey and water
aguanieve, sleet, lapwing
aguantar, to sustain, to suffer, to endure, to bear
aguante, patience, endurance
aguar, to dilute with water, to spoil
aguardar, to expect, to await, to wait for
aguardiente, distilled liquor
aguarrás, turpentine
agudeza, keenness, sharpness, acuteness, smartness
agudo(a), sharppointed, keen-edged, fine, acute, witty, bright, shrill, glaring, loud
aguerrido(a), inured to war
aguijada, spur, goad
aguijón, stinger of a bee or wasp, stimulation
aguijonear, to prick, to spur on, to stimulate, to goad
águila, eagle, sharp, clever person

aguileño(a), aquiline, hawk-nosed
aguilucho, eaglet
aguinaldo, Christmas gift, bonus
aguja, needle, switch
aguja de coser, sewing needle
aguja de tejer, knitting needle
aguja de zurcir, darning needle
aguja horaria, hour hand
agujerear, to pierce, to bore
agujero, hole, needlemaker, needle seller
agujero de ozono, ozone depletion
agujeta, shoelace, muscular twinge
aguoso(a), aqueous, watery
agusanarse, to become worm-eaten
Agustín, Augustine, Austin
Agustín de Iturbide, Agustin de Iturbide
agustiniano, monk of the order of St. Augustine
agustino, monk of the order of St. Augustine
aguzadera, whetstone
aguzar, to whet, to sharpen, to stimulate
aherrojar, to put in chains or irons
ahí, there
de ahí que, for this reason
por ahí, that direction, more or less
ahijada, goddaughter
ahijado, godson
ahínco, zeal, earnestness, eagerness
ahogar[1], to smother, to suffocate, to drown
ahogar[2], to oppress, to quench
ahogo, suffocation, anguish
ahondar[1], to sink, to deepen
ahondar[2], to penetrate deeply, to go into thoroughly
ahora[1], now, at present
ahora[2], whether, or
ahora bien, now, then
ahora mismo, right now
de ahora en adelante, from now on
hasta ahora, thus far
por ahora, for the present
ahorcajarse, to sit astride
ahorcar, to kill by hanging
ahorcarse, to hang oneself, to commit suicide by hanging
ahorita, right now, in just a minute
ahorquillado(a), forked
ahorrar, to economize, to save
ahorrar dinero, storing money
ahorrativo(a), frugal, parsimonious, sparing
ahorro, saving, thrift
banco de ahorros, savings bank
caja de ahorros, savings bank
ahuecar, to hollow, to scoop out
ahumadero, smokehouse
ahumar, to smoke, to cure in smoke
ahumarse, to get high, to become tipsy
ahusar[1], to make thin as a spindle
ahusar[2], to taper
ahuyentar, to put to flight, to banish
ahuyentarse, to flee, to escape
airarse, to become irritated, to become angry
aire, air, wind, atmosphere, gracefulness, charm, aspect, countenance, musical composition, melody, choke
aire acondicionado, air-conditioned
aire viciado, foul air
al aire libre, outdoors
airear, to air, to ventilate
airoso(a), airy, windy, graceful, charming, successful
aislacionismo, isolationism
aislacionista, isolationist
aislado(a), isolated, cut off, insulated
aislador(a), insulator
aislamiento, isolation, insulation, solitude, loneliness, privacy
aislamiento social, social isolation
aislante, insulating, insulator
aislar, to surround with water, to isolate, to insulate
¡ajá!, aha!
ajar, to rumple, to crumple
ajedrecista, chess player
ajedrez, chess, netting, grating
ajenjo, wormwood, absinthe
ajeno(a), another's, not one's own, strange, improper, contrary, foreign, unknown to
ajetrearse, to exert oneself, to bustle, to toil

ají, chili pepper, chili
ajo, garlic, garlic sauce, shady deal, dishonest business transaction
¡ajo!, darn! heck!
ajolote, axolotl
ajuar, bridal apparel and furniture, trousseau, household furnishings
ajustable, adjustable
ajustar, to regulate, to adjust, to repair
ajustar cuentas, to settle matters, to settle accounts
ajustarse, to adjust or adapt oneself
ajuste, agreement, adjustment, settlement, accommodation
ajuste de curvas, curve fitting
ajusticiar, to execute
Akenatón (Amenhotep IV), Akhenaton (Amenhotep IV)
al (contracción de "a el), to the (contraction of "a el")
al azar, random
al fin, at last
al instante, at once
al-Afghani, al-Afghani
ala, wing, brim
alas, upper studding sails
alabanza, praise, applause
alabar, to praise, to applaud, to extol
alabastrino(a), of alabaster
alabastro, alabaster
alabearse, to warp
alacena, cupboard
alacrán, scorpion, ring of the mouthpiece of a bridle
alacridad, alacrity
alado(a), winged
alambicado(a), given sparingly or grudgingly, pedantic, overly subtle
alambicar, to distil, to scrutinize, to examine closely
alambique, still, distillery
alambrado(a), wire fence, wire screen
alambrar, to fence with wire
alambre, wire, copper wire
alambre de púas, barbed wire
alameda, poplar grove, tree-lined promenade
álamo[1], poplar, poplar tree, cottonwood tree
álamo temblón, aspen tree
Álamo[2], Alamo
alarde, military review, display, show, exhibition
hacer alarde, to boast, to brag
alardear, to brag, to boast
alargado(a), elongated
alargar, to lengthen, to extend, to prolong
alarido, outcry, shout, howl
dar alaridos, to howl
alarma, alarm
alarma contra ladrones, burglar alarm
alarma de incendios, fire alarm
alarmante, alarming
alarmar, to alarm
alarmarse, to be alarmed
alarmista, alarmist
Alaska, Alaska
a la v (a la vista), at sight
alba, dawn of day, daybreak, alb, surplice
albacea[1], executor
albacea[2], executrix
albañal, sewer, drain
albañil, mason, bricklayer
albarda, packsaddle
albaricoque, apricot
albatros, albatross
albedrío, free will
albéitar, veterinary surgeon
alberca, swimming pool, reservoir, cistern, pond
albergar, to lodge, to house, to harbor
albergarse, to take shelter
albergue, shelter, refuge
Albert Einstein, Albert Einstein
albillo, white grape, white-grape wine
albinismo, albinism
albino(a), albino
albo(a), white
albóndiga, meatball
albor, dawn
albores, beginnings
alborada, first dawn of day, aubade
alborotadizo(a), easily upset, easily perturbed
alborotado(a), rash, thoughtless, heedless
alborotar, to upset, to stir up, to disturb
alboroto, noise, disturbance, tumult, riot
alborozado(a), excited
alborozar, to exhilarate
alborozo, joy, gaiety, rejoicing
¡albricias!, good news!
álbum, album

álbum de recortes, scrap book
albumen, albumen
albúmina, albumen
albuminuria, Bright's disease
albur, chance, hazard
jugar o correr un albur, to leave to chance, to take a risk
albura, whiteness, sapwood
alcachofa, artichoke
alcahuete(a), pimp, bawd, procurer
alcahuetería, bawdry, pandering
alcaide, jailer, warden
alcalde, mayor
alcaldía, mayor's office, city hall
álcali, alkali
alcalino(a), alkaline
alcance, reach, scope, range, ability, grasp, import, significance
alcance del oído, earshot
alcances y límites, scope and limit
alcancía, piggy bank, alms box
alcanfor, camphor
alcantarilla, small bridge, culvert, drain, sewer, conduit
alcantarillado, sewage
alcanzar[1], to overtake, to catch up with, to reach, to get, to obtain, to perceive
alcanzar a oír, to overhear
alcanzar[2], to suffice, to reach, to be enough
alcaparra, caper, fled, stunned
alcatraz, pelican, calla ily
alcázar, castle, fortress, quarterdeck
alce, the cut (in cards), elk or moose
alcoba, bedroom
alcohol, alcohol
alcohólica, alcoholic fermentation
alcohólico(a), alcoholic
Alcorán, Koran
alcornoque, cork tree, dunce, blockhead
alcrebite, sulfur
alcurnia, lineage, race, ancestry
alcuza, oil jar, vinegar and oil cruet
aldaba, knocker, clapper of a door, crossbar, latch
aldea, hamlet, small village
aldeano(a)[1], rustic, countried, uncultured
aldeano(a)[2], Peasant, countryman
aleación, metal alloy
alear[1], to flutter
alear[2], to alloy
aleatorio, random
aledaño(a)[1], bordering, pertaining to a boundary line
aledaño(a)[2], border, boundary
alegación, allegation
alegar, to allege, to maintain, to affirm
alegato, allegation, statement of plaintiff's case
alegoría, allegory
alegórico(a), allegorical
alegrar, to gladden, to lighten, to exhilarate, to enliven, to beautify
alegrarse, to rejoice, to grow merry with drinking
alegre, glad, merry, joyful, content
alegría, mirth, gaiety, delight, cheer
alegrón, sudden joy, sudden outburst of flame
alejamiento, distance, remoteness, removal, separation
Alejandro, Alexander
Alejandro de Macedonia, Alexander of Macedon
alejar, to remove to a greater distance, to separate, to take away
alejarse, to withdraw, to move away
Alejo (Alejandro), Alex, Alexander
alelado(a), stupefied, stunned
alelarse, to become stupid
alelo, allele
alelos múltiples, multiple alleles
aleluya[1], hallelujah
aleluya[2], Easter time
alemán(a)[1], German
alemán[2], German language
Alemania, Germany
Alemania posterior a la reunificación, post-reunification Germany
alentador(a), encouraging
alentar[1], to breathe
alentar[2], to animate, to cheer, to encourage
alentarse, to recover
alergia, allergy
alérgico(a), allergic
alergista, allergist
alergólogo, allergist
alero, eaves
alerón, aileron
alerta, vigilantly
estar alerta, to be on the alert
¡alerta!, take care! watch out!

alertar, to alert
alerto(a), alert, vigilant, open-eyed
aleta, fin, blade
aletargarse, to fall into a lethargic state, to become torpid
aletazo, blow, hit, from a wing
aletear, to flutter, to flap, to flick
aleteo, flapping of wings, fluttering
aleve, treacherous, perfidious
alevosía, treachery, perfidy
  con alevosía y ventaja, with malice aforethought
alevoso(a), treacherous, perfidious
Alexander Graham Bell, Alexander Graham Bell
Alexander Hamilton, Alexander Hamilton
alfa, alpha, first letter of the Greek alphabet
  alfa y omega, beginning and end
alfabéticamente, alphabetically
alfabético(a), alphabetical, alphabetic
alfabetismo, literacy
alfabetización, literacy
alfabetizar, alphabetize
alfabeto, alphabet
  alfabeto braille, Braille alphabet
alfajor, sweet paste made of some cereals and honey
alfarería, art of pottery, ceramics
alfarero(a), potter
alfeñique, sugar paste, weakling
alferecía, epilepsy
alférez, ensign, second lieutenant
alfil, bishop (in chess)
alfiler, pin
  alfiler de corbata, stickpin
  alfiler imperdible, safety pin
alfilerazo, prick of a pin, large pin
alfiletero, pincushion
alfombra, carpet, rug
alfombrar, to carpet
alfombrilla, measles
alforja, saddlebag, knapsack
alforza, tuck, pleat
Alfredo el Grande, Alfred the Great
alga (pl. algas), alga (pl. algae), seaweed
algas, algae
algarabía, Arabic tongue, babble, jargon, clamor, din
algarada, uproar, sudden attack
algazara, din, hubbub, uproar
álgebra, algebra
algebraico(a), algebraic
algebraicamente, algebraically
álgido, icy, chilly
algo[1], some, something, anything
  algo de, a little
  algo que comer, something to eat
  en algo, somewhat, in some way, a bit
  por algo, for some reason
algo[2], a little, rather
algodón, cotton, cotton plant, cotton material
  algodón en bruto o en rama, raw cotton
algodonado(a), filled with cotton, wadded, padded
algodonal, cotton plantation
algodonero[1], cotton plant, dealer in cotton, cotton broker
algodonero(a)[2], pertaining to the cotton industry
algonquino, Algonkian
algoritmo, algorithm
  algoritmo de la resta, subtraction algorithm
  algoritmo de multiplicación, multiplication algorithm
  algoritmo de solución, solution algorithm
  algoritmo de suma, addition algorithm
algoso(a), full of algae or seaweed
alguacil, bailiff, constable
alguien, someone, somebody, anyone, anybody
algún[1], somebody, someone, some person, anybody, anyone
algún[2], some, any
alguno(a)[1], somebody, someone, some person, anybody, anyone
alguno(a)[2], some, any
  alguna cosa, anything
  en alguna parte, anywhere
  en modo alguno, in any way
algunos(as), a few
alhaja, jewel, gem
alharaca, clamor, vociferation, ballyhoo
alhóndiga, public granary
aliado(a)[1], allied
aliado(a)[2], ally
alianza, alliance, league
  alianza de familias, family alliance

alianza económica, economic alliance
alianza interregional, transregional alliance
alianza política, political alliance
aliarse, to ally oneself, to become allied
alias, alias, otherwise known as
alicaído(a), weak, drooping, extenuated
alicates, pincers, nippers, pliers
aliciente, attraction, incitement, inducement
alícuota, aliquot
alienista, alienist
aliento, breath, support, encouragement
dar aliento, to encourage
sin aliento, without vigor, spiritless, dull
aligar, to tie, to unite
aligerar, to lighten, to alleviate, to hasten, quicken
alijador, lighter, longshoreman
alijo, lightening, unloading
alimentación, maintenance, feeding, nourishment, meals
alimentar, to feed, to nourish
alimenticio(a), nutritious, nutritive
alimento[1], nourishment, food
alimentos echados a perder, spoiled food
alimento[2], alimony, allowance
alindar, to fix limits
alineación, alignment
alineación del cuerpo, body alignment
alinear, to align, to arrange in a line, to line up
alinearse, to fall in line, to fall in
aliñar, to adorn, to season
aliño, dress, ornament, decoration, dressing, seasoning
alisar, to plane, to smooth, to polish
alisios, trade winds
aliso, alder tree
alistado(a), striped
alistamiento, conscription
alistar, to enlist, to enroll
alistarse, to get ready, to make ready
aliteración, alliteration
aliviar, to lighten, to ease, to mollify, to alleviate
alivio, alleviation, mitigation, comfort
aljibe, cistern
alla breve, alla breve
allanamiento, forceful entry
allanamiento de morada, search and seizure
allanamiento ilegal de morada, illegal search and seizure
allegro, allegro
alma, soul, human being, principal part, heart, conscience, motivating force
almacén, department store, warehouse, magazine
tener en almacén, to have in stock
almacenaje, ware-house rent
almacenamiento, storage
almacenamiento de alimentos, food storage
almacenamiento de datos, data storage
almacenamiento de energía, store energy
almacenamiento de información genética, storage of genetic information
almacenamiento de residuos nucleares, nuclear-waste storage
almacenar, to store, to lay up, to warehouse
almacenista, shop owner, salesman, wholesaler
almadén, mine
almagre, red ochre
almanaque, almanac
almazara, oil mill
almeja, clam
almena, battlement
almenado(a), embattled
almendra, almond
almendra garapiñada, sugared, honeyed almond
almendrera, almond tree
almendrero, almond tree
almendro, almond tree
almez, lotus tree
almezo, lotus tree
almiar, haystack
almíbar, sirup
almibarar, to preserve fruit in sugar, to ply with soft and endearing words
almidón, starch, farina

almidonado(a), starched, affected, stiff in mannerisms, overly prim
almidonar, to starch
almirantazgo, admiralty
almirante, admiral
almirez, brass mortar
    almirez y mano, mortar and pestle
almizcle, musk
almizclera, muskrat
almodrote, hodgepodge
almohada, pillow, cushion
almohadilla, small pillow, sewing cushion
almohadón, large cushion
almojábana, type of cheesecake
almoneda, auction
almorranas, hemorrhoids, piles
almorzar, to eat lunch, to have lunch
almuerzo, lunch, luncheon
alocado(a), crack-brained, foolish, reckless
alocución, address, speech
áloe (aloe), aloe
aloja, mead
alojamiento, lodging, accommodation, steerage
alojar, to lodge
alojarse, to reside in lodgings, to board
alón, plucked wing
alondra, lark
alosa, shad
alpaca, alpaca, alpaca fabric
alpargata, hempen shoe
Alpes, Alps
alpinismo, mountain climbing
alpinista, mountain climber
alpino(a), Alpine
alpiste, canary seed
alquería, farmhouse
alquilar, to let, to hire, to rent
alquiler, hire, rent
    de alquiler, for hire, for rent
alquimia, alchemy
alquimista, alchemist
alquitrán, tar, liquid pitch
    alquitrán de hulla, coal tar
    alquitrán de madera, pine tar
alrededor, around
    alrededor de, about, around
alrededores, environs, neighborhood, surroundings
alt. (altitud), alt. (altitude)
alt. (altura), ht. (height)
alta, new member
    Alta Edad Media, Early Middle Ages
    dar de alta, to dismiss, to discharge
altanería, haughtiness
altanero(a), haughty, arrogant, vain, proud
altar, altar
    altar mayor, high altar
altavoz, loudspeaker
    altavoz para sonidos agudos, tweeter
    altavoz para sonidos graves, woofer
alterable, alterable, mutable
alteración, alteration, change, mutation, emotional upset, disturbance
alterar, to alter, to change, to disturb, to upset
alterarse, to become angry
altercación, altercation, controversy, quarrel, contention, strife
altercado, disagreement, quarrel
altercar, to dispute, to altercate, to quarrel
alternación, alternation
    alternación de generaciones, alternation of generation
alternar, to alternate
alternativa, alternative
alteza[1], Highness
    su alteza, your highnesses
alteza[2], high, elevation
altibajos, unevenness of the ground, ups and downs of life
altímetro, altimeter
altiplanicie, highland, high plains
altiplano, high plateau
altísimo(a), extremely high
    el Altísimo, the Most High, God
altisonante, high-sounding, pompous
altitonante, thundering from on high
altitud, altitude
    altitud absoluta, absolute altitude
altivez, pride, haughtiness, huff
altivo(a), haughty, proud
alto(a)[1], tall, high, elevated, loud
    Alto Renacimiento, High Renaissance
alto[2], height, story, floor, highland, halt, tenor, tenor notes

alto[3], stop
¡alto! o ¡alto ahí!, stop there!
altoparlante, loudspeaker
altruismo, altruism, unselfishness
altruista, altruistic, unselfish person
altura, height, highness, altitude, peak, summit
alturas, the heavens
alubia, string bean
alucinación, hallucination
alucinamiento, hallucination
alucinar, to delude, to deceive, to hallucinate
alucinarse, to deceive oneself, to be deceived
alud, avalanche
aludido(a), referred to, above-mentioned
aludir, to allude, to refer to
alumbrado(a)[1], illuminated
alumbrado[2], lighting, flare
alumbramiento[1], illumination
alumbramiento[2], childbirth
alumbrar, to light, to illuminate, to enlighten
alumbre, alum
aluminio, aluminum
alumno(a), student, pupil, disciple, follower
alusión, allusion, hint
alusión clásica, classical allusion
alusión histórica, historical allusion
alusión mitológica, mythological allusion
aluvión, alluvion, flood, crowd of people
álveo, bed of a river
alveolo (alvéolo), socket of a tooth, honeycomb cell
alverjas, peas
alza, advance in price, lift
alzado(a), raised, lifted, proud, insolent, fraudulent
alzamiento, raising, elevation, uprising
alzaprima, lever
alzar, to raise, to lift up, to heave, to construct, to build, to hide, to lock up, to cut cards
alzar cabeza, to recover from a calamity
alzarse, to rise in rebellion
allá, there, thither
mas allá, further on, beyond
mas allá de, beyond
allanar, to level, to flatten, to overcome, to rise above, to pacify, to subdue
allanarse, to submit, to abide by
allegado(a)[1], related, similar, close
allegado(a)[2], follower, ally
allegar, to collect, to gather
allende, on the other side, beyond
allí, there, in that place
por allí, yonder, over there
A.M. (antemeridiano), A.M. or a.m. (before noon)
ama[1], mistress
ama de casa, housewife
ama de llaves, housekeeper
ama[2], loves
amabilidad, amiability, kindness
amable, amiable, kind
amado(a), beloved, darling, loved
amaestrado(a), taught, trained, drilled
amaestrar, to teach, to train
amagar, to threaten, to hint at, to smack of
amago, threat, indication, symptom
amainar, to lower, to die down, to lose its strength
amainarse, to give up, to withdraw from
amalgama, amalgam, alloy, mixture, blend
amalgamar, to amalgamate, to mix
amamantar, to suckle, to nurse
amancebarse, to live in concubinage
amancillar, to stain, to defile, to taint, to injure
amanecer[1], dawn, daybreak
amanecer[2], to dawn, to appear at daybreak, to reach at daybreak
al amanecer, at daybreak
amanerado(a), affected, artificial
amaneramiento, mannerism
amanerarse, to become affected, to acquire undesirable mannerisms
amansar, to tame, to domesticate, to soften, to pacify
amante, lover
amanuense, amanuensis, clerk, copyist
amañar, to do cleverly
amañarse, to become accustomed, to adapt oneself, to become expert
amapola, poppy
amar, to love
amargar, to make bitter, to exasperate

amargarse, to become bitter
amargo(a)[1], bitter, acrid, painful, unpleasant
amargo[2], bitterness
amargos, bitters
amargor, bitterness, sorrow, distress
amargura, bitterness, sorrow, affliction
amarillento(a), yellowish
amarillo(a), yellow
amarrar, to tie, to fasten
amarre, mooring, mooring line or cable
amartillar, to hammer, to cock
amasar, to knead, to arrange, to prepare, to plot
amasijo, mixed mortar, bread dough
amatista, amethyst
amazona, amazon, masculine woman
ambages, circumlocution
  sin ambages, in plain language
ámbar, amber
  ámbar gris, ambergris
ambarino(a), amber, amberlike
Amberes, Antwerp
ambición, ambition, drive, desire
ambicionar, to covet, to aspire to
ambicioso(a), ambitious
ambidextro(a), ambidextrous
ambiental, environmental
ambientalismo, environmentalism
ambiente, environment, ambience
  ambiente físico, physical environment
  ambiente natural, natural environment
ambigú, light meal, buffet lunch
ambigüedad, ambiguity
ambigüo(a), ambiguous, equivocal
ámbito, border, limit, enclosed area, realm, scope
  ámbito privado, private domain
ambivertido, ambivert
ambos(as), both
ambrosia, ambrosia
ambulancia, ambulance
ambulante, ambulatory, roving
  músico ambulante, street musician
  vendedor ambulante, peddler
amedrentar, to frighten, to intimidate
amelga, ridge between two furrows
ameliorar, to better, to improve
amén[1], amen, so be it
amén[2], acquiescence, consent
  en un decir amén, in an instant
  amén de, besides, in addition to
amenaza, threat, menace
amenazado, threatened
amenazador(a), menacing, threatening
amenazar, to threaten, to menace
amenidad, amenity, agreeableness
amenizar, to make pleasant
ameno(a), pleasant, amusing, entertaining
América, America
  América del Norte, North America
  América del Sur, South America
  América Latina, Latin America
  las Américas, Americas, the
americana, sackcoat, coat
americanismo, Americanism, an expression or word used in Latin-American Spanish
americanización, Americanization
americanizado(a), Americanized
americano(a), American
  americano de origen asiático, Asian American
americentrista, Americentric
ametralladora, machine gun
Amiano Marcelino, Ammianus Marcellinus
amianto, asbestos
amiba, ameba or amoeba
amigable, amiable, friendly
amígdala, tonsil
amigo(a)[1], friend, comrade, devotee, fan, lover
  amigo por correspondencia, pen pal
amigo(a)[2], friendly, fond, devoted
amilanar, to frighten, to terrify
amilanarse, to become terrified
aminoácido, amino acid
aminorar, to reduce, to lessen
amistad, friendship
  hacer amistad, to become acquainted
amistoso(a), friendly, cordial
amnesia, amnesia
amniótico, amniotic
amnistía, amnesty
  Amnistía Internacional, International Amnesty
amo, master, proprietor, owner
  amo de esclavos, slave holder
amodorramiento, stupor, sleepiness

amodorrarse, to grow sleepy
amoladera, whetstone, grindstone
amolador, grinder
amolar, to whet, to grind, to sharpen
amoldar, to mold, to adapt, to adjust
amoldarse, to adapt oneself to, to live up to, to pattern oneself after
amonestación, advice, admonition, warning
amonestaciones, publication of marriage bans
amonestar, to advise, to admonish, to warn, to publish, to make public
amonio, ammonium
amontonar, to heap together, to accumulate
amor, love
  amor cortés, courtly love
  amor propio, dignity, pride
  por amor de, for the sake of
  por amor de Dios, for God's sake
amoratado(a), livid, black and blue, purplish
amores, love affair
amorcillo, flirtation
amordazar, to gag, to muzzle
amorfo(a), amorphous
amorío, love-making, love
amoroso(a), affectionate, loving
amortiguador, shock absorber
amortiguar, to lessen, to mitigate, to soften, to deaden, to temper
amortizable, redeemable
amortización, amortization
amortizar, to amortize
amotinador(a), mutineer
amotinamiento, mutiny
amotinar, to excite rebellion
amotinarse, to mutiny
amovible, removable
amparar, to shelter, to favor, to protect
ampararse, to claim protection
amparo, protection, help, support, refuge, asylum, habeas corpus
amperio, ampere
ampliación, amplification, enlargement
ampliar, to amplify, to enlarge, to extend, to expand, to increase
amplificador, amplifier
amplio(a), ample, vast, spacious
amplitud, amplitude, extension, largeness
  amplitud de miras, broadmindedness
  amplitud de onda, wave amplitude
ampo, dazzling whiteness
ampolla, blister, vial, flask, ampoule
ampollar[1], to raise blisters
ampollar[2], bubble-shaped, blister-like
ampollarse, to rise in bubbles
ampolleta, hourglass
ampuloso(a), affected, bombastic
amputación, amputation
amputar, to amputate
Ámsterdam, Amsterdam
amueblar, to furnish
amuleto, amulet
amurallar, to surround with walls
ana, ell
anabolismo, anabolism
anacardo, cashew tree or fruit
anaconda, anaconda, South American boa
anacoreta, anchorite, hermit, recluse
anacronismo, anachronism
ánade, duck
anadino(a), duckling
anadón, mallard
anaerobio, anaerobic
anafase, anaphase
anafe (anafre), portable stove
anagrama, anagram
anales, annals
analfabetismo, illiteracy
analfabeto(a), illiterate person
análisis, analysis
  análisis crítico de textos, critical text analysis
  análisis de datos, data analysis
  análisis de unidades, unit analysis
  análisis estructural, structural analysis
  análisis fonético, phonetic analysis
  análisis literario, literary analysis
analítico(a), analytical
analizar, to analyze
analogía, analogy
  analogía de parte/todo, part-to-whole analogy
  analogía falsa, false analogy
análogo, analogous
anasazi, Anasazi
anaquel, shelf in a bookcase

anaranjado(a), orange-colored
anarquía, anarchy
anarquismo, anarchism
anarquista, anarchist
anatema, anathema
Anatolia, Anatolia
anatomía, anatomy
anatómico(a), anatomical
anca, buttock, hindquarter, haunch
ancestro, ancestor
  ancestro común, common ancestor
ancianidad, old age, great age
anciano(a), aged, ancient
ancla, anchor
  echar anclas, to anchor
anclaje, anchorage
anclar, to anchor
áncora, anchor
ancorar, to cast anchor
ancho(a)[1], broad, wide, large
ancho[2], breadth, width
anchoa, anchovy
anchoas (para cabello), pin curls
anchura, width, breadth
andaderas, gocart
Andalucía, Andalusia
andamio, scaffold, scaffolding, gangplank, gangway
andana, row, rank, line
  llamarse andana, to unsay, to retract a promise
andanada, grandstand, volley of insults, broadside
andante, andante
andaniño, child's walker
andante, walking, errant, andante
andar, to go, to walk, to do, to fare, to proceed, to behave, to work, to function, to move
  ¡anda!, you don't say!
  andar a tientas, to grope
  andar en dimes y diretes, to contend, to argue back and forth
  ¡ándale!, hurry up! move on!
andarín, fast walker, good walker
andas, bier with shafts, stretcher
andén, pavement, sidewalk, platform, foot path, dock, landing
Andes, Andes
andrajo, rag, tatter of clothing
andrajoso(a), ragged
Andrés, Andrew
Andrew Jackson, Andrew Jackson
andrógeno[1], androgen
andrógeno(a)[2], androgenic
andurriales, by-ways
aneblar, to cloud, to darken
aneblarse, to become cloudy
anécdota, anecdote
anegación, overflowing, inundation
anegar, to inundate, to submerge
anegarse, to drown or to be flooded
anemia, anemia
anémico(a), anemic
anemómetro, anemometer
anestesia, anesthesia
anestésico(a), anesthetic
anexar, to annex, to join, to enclose
anexidades, annexes, appurtenances
anexión, annexation
  anexión de Filipinas, Philippine annexation
anexo(a)[1], annexed, joined
anexo[2], attachment on a letter or document
anexos, belongings
anfibio(a)[1], amphibious
anfibio[2], amphibian
anfiteatro, amphitheater, auditorium, balcony
anfitrión, host
anfitriona, hostess
ánfora, amphora, votin box
angarillas, stretcher
ángel, angel
  tener ángel, to have a pleasing personality
angelical, angelic
angina, angina
  angina de pecho, angina pectoris
Angkor Wat, Angkor Wat
anglicismo, Anglicism
anglosajón(a), Anglo-Saxon
angostar, to narrow, to contract
angosto(a), narrow, close
angostura, narrowness, narrow passage
anguila, eel
angular, angular
  piedra angular, cornerstone
ángulo, angle, corner
  ángulo agudo, acute angle
  ángulo alterno, alternate angle
  ángulo alterno externo, alternate exterior angle

ángulo alterno interno, alternate interior angle
ángulo bisector, angle bisector
ángulo central, central angle
ángulo cóncavo, concave angle
ángulo correspondiente, corresponding angle
ángulo de cámara, camera angle
ángulo de depresión, angle of depression
ángulo de elevación, angle of elevation
ángulo de la base, base angle
ángulo del cuarto cuadrante, fourth-quadrant angle
ángulo del primer cuadrante, first-quadrant angle
ángulo del segundo cuadrante, second-quadrant angle
ángulo del tercer cuadrante, third-quadrant angle
ángulo dihedro, dihedral angle
ángulo en una posición estándar, angle in standard position
ángulo exterior, exterior angle
ángulo interior, interior angle
ángulo llano, straight angle
ángulo obtuso, obtuse angle
ángulo recto, right angle, straight angle
ángulos adyacentes, adjacent angles
ángulos complementarios, complementary angles
ángulos consecutivos, consecutive angles
ángulos convexos, convex angles
ángulos coterminales, coterminal angles
ángulos no adyacentes, non-adjacent angles
ángulos suplementarios, supplementary angles
ángulos verticales, vertical angles

anguloso(a), angular, cornered
angustia, anguish, heartache
angustiado(a), worried, miserable
angustiar, to cause anguish
angustiarse, to feel anguish, to grieve
angustioso(a), distressing, alarming
anhelante, eager
anhelar, to long for, to desire, to breathe with difficulty
anhelo, vehement desire, longing
anheloso(a), very desirous
anidar[1], to inhabit
anidar[2], to nestle, to make a nest
anillo, ring, small circle
anillo de empaquetadura del émbolo, piston ring
anillo de boda, wedding ring
anillo de partículas, particle ring
ánima, soul, bore of a gun
animación, animation, liveliness
animado(a), lively, animated
animal, animal, brute
animal de trabajo, work animal
animal domesticado, domesticated animal
animales prehistóricos, prehistoric animals
animar, to animate, to enliven, to comfort, to encourage
animarse, to cheer up, to be encouraged
ánimas, church bells ringing at sunset
ánimo, soul, spirit, energy, determination
¡ánimo!, cheer up!
animosidad, animosity
animoso(a), courageous, spirited
aniñarse, to act in a childish manner
anión, anion
aniquilar, to annihilate, to destroy
aniquilarse, to decay, to be consumed, to be crushed, to be nonplussed
anís, anise
aniversario[1], anniversary
aniversario(a)[2], annual
Anno Domini, Anno Domini
ano, anus
año, year, yr. (pl. yrs.)
al año, per annum
año bisiesto, leap year
por año, per annum
año lunar, lunar year
año luz, light year

Año Nuevo Chino, Chinese New Year
cumplir años, to reach one's birthday
día de Año Nuevo, New Year's
el año pasado, last year
el año que viene, next year
entrado(a) en años, middle-aged
hace un año, a year ago
tener dos años, to be two years old
anoche, last night
anochecer, to grow dark, to arrive by nightfall
anodizar, to anodize
ánodo, anode
añojo, a yearling calf
anomalía, anomaly
anómalo(a), anomalous
anon, custard apple
anonadar, to annihilate, to crush, to humiliate, to lessen
anonadarse, to feel crushed, humiliated
anónimo(a)[1], anonymous
anónimo[2], anonymous message
añoranza, melancholy, nostalgia
anorexia, anorexia
anormal, abnormal
anotación, annotation, note
anotar, to jot down, to note
anoxia, anoxia
ansia, anxiety, worry, eagerness, yearning
ansiar, to desire exceedingly, to long for
ansiedad, anxiety, worry
ansioso(a), anxious, eager
anta, elk, moose
antagónico(a), antagonistic
antagonista, antagonist
antaño, long ago, of old
antártico(a), Antarctic, Antarctica
ante[1], elk, elk skin
ante[2], before, in the presence of
ante todo, above all else
anteayer, day before yesterday
antebrazo, forearm
antecámara, antechamber, lobby, hall
antecedente, antecedent
anteceder, to precede, to antecede
antecesor(a), predecessor, forefather
antedatar, to antedate
antedicho(a), aforesaid
antediluviano(a), antediluvian
antelación, precedence
antemano, beforhand
de antemano, beforehand, in advance
antemeridiano (a.m.)[1], ante meridian (a.m.)
antemeridiano(a)[2], in the forenoon
antena, feeler, antenna, aerial.
antenoche, the night before last
antenombre, title prefixed to a proper name
anteojera, eyeglass case
anteojo, spyglass, eyeglass
anteojo de larga vista, telescope
anteojos, spectacles, glasses
antepagar, to pay in advance
antepasado(a), passed, elapsed
semana antepasada, week before anti last
antepasado(a)s, ancestors
antepasados nativos americanos, Native American ancestors
anteponer, to place before, to prefer
anterior, anterior, fore, former, previous
año anterior, preceding year
anterioridad, precedence
pagar con anterioridad, to pay in advance
antes, first, formerly, before, beforehand, rather, prior
antes bien, on the contrary
antes de, before
antes que, before
cuanto antes, as soon as possible
antes de J.C., B.C. (Before Christ)
Antes de la Era Común (AEC), B.C.E. (Before the Common Era)
antesala, antechamber, waiting room
hacer antesala, to wait one's turn in an office
antiaéreo(a), pertaining to antiaircraft
antiaéreos(as), antiaircraft
antibiótico(a), antibiotic
anticipación, anticipation, advance, foreshadowing
pagar con anticipación,

to pay in advance
anticipado(a), anticipated, in advance
gracias de antemano,
thanks in advance
anticipar, to anticipate, to forestall
anticipo, advance, preview
anticipo de pago,
payment in advance, retainer
anticonceptivo, contraceptive
anticuado(a), antiquated, obsolete
anticuario(a), antiquary, antiquarian
antidetonante, antiknock
antídoto, antidote
antier, day before yesterday
antifederalista, Anti-Federalist
antígeno, antigen
antiguamente, anciently, formerly
antigüedad, antiquity, oldness, ancient times
antigüedad grecorromana,
Greco-Roman antiquity
antigüedades, antiques
antiguo(a), antique, old, ancient
antiguo amo, former master
antiguo esclavo, former slave
Antigua Grecia, ancient Greece
Antiguo régimen francés,
Old Regime France
Antigua Roma, ancient Rome
antihigiénico(a), unsanitary
antihistamina, antihistamine
antílope, antelope
Antillas, Antilles or West Indies
Antillas francesas,
French West Indies
Antillas Neerlandesas,
Dutch West Indies
antimateria, antimatter
antioxidante, antioxidant
antiparras, spectacles
antipatía, antipathy, dislike
antipático(a), disagreeable, displeasing
antípodas, antipodes
antisemítico(a), anti-Semitic
antisemitismo, anti-Semitism
antiséptico(a), antiseptic
antisocial, antisocial
antitanque, antitank
antítesis, antithesis
antitoxina, antitoxin
Antoine Lavoisier, Antoine Lavoisier
antojadizo(a), capricious, fanciful
antojarse, to long, to desire earnestly, to take a fancy
antojo, whim, fancy, longing, craving
antología, anthology
antónimo, antonym
antorcha, torch, taper
antracita, anthracite, hard coal
antropófago(a), maneater, cannibal
antropoide, anthropoid
antropología, anthropology
atropólogo(a), anthropologist
anual, annual
anualidad, yearly recurrence, annuity
anuario, annual, yearbook
anubarrado(a), clouded, covered with clouds
anublarse, to cloud, to obscure
anudar, to knot, to tie, to join
anuente, agreeing, yielding
anulación, nullification
anular[1], to annul, to render void, to void
anular[2], annular
dedo anular,
ring finger, fourth finger
anunciador, announcer
anunciante, advertiser
anunciar, to announce, to advertise
anuncio, advertisement, announcement
anverso, obverse
anzuelo, fishhook, allurement, attraction
añadidura, addition
por añadidura,
in addition, besides
añadir, to add, to join, to attach
añejar, to make old
añejarse, to get old, to become stale, to age
añejo(a), old, stale, musty, aged
añicos, bits, small pieces
hacer añicos,
to break into small pieces
hacerse añicos,
to overexert oneself
añil, indigo plant, indigo
añublo, mildew
apacentar, to pasture, to graze
apacibilidad, placidity
apacible, affable, gentle, placid
apaciguador, pacifier, appeaser
apaciguamiento, appeasement
apaciguar, to appease, to pacify, to calm
apaciguarse, to calm down

apachurrar, to crush, to flatten
apadrinar, to act as godfather to, to sponsor, to support, to favor, to patronize
apagado(a), nut out, turned off, low, dull, muffled, submissive
apagador, extinguisher, damper
apagador de incendios, fire extinguisher
apagar, to quench, to extinguish, to put out, to turn off, to soften
apagón, blackout
apalabrar, to bespeak, to speak for
apalear, to whip, to beat with a stick
apañar, to catch, to grasp, to seize, to pilfer
apañarse, to be skillful
aparador, buffet, sideboard, workshop, store window
estar de aparador, to be dressed for receiving visitors
aparar, to prepare, to set up, to ready, to till, to cultivate, to work
aparato, apparatus, appliance, preparation, ostentation, show
aparato circulatorio, circulatory system
aparato de Golgi, Golgi apparatus
aparato deportivo, sports apparatus
aparato digestivo, digestive system
aparato electrodoméstico, household appliance
aparatoso(a), pompous showy
aparcero, sharecropper
aparear, to match, to pair
aparearse, to be paired off by twos
aparecer, to appear, to be found
aparecido(a), apparition, ghost
aparejar, to prepare, to harness, to rig
aparejo, preparation, harness, sizing, tackle, rigging
aparejos, tools, implements
aparentar, to assume, to simulate, to affect, to feign, to pretend, to sham
aparente, apparent, fit, suitable, evident, seeming, ilusory, deceptive
aparición, apparition, appearance
aparición de formas de vida, emergence of life forms
apariencia, appearance, looks
apartadero, siding, side track, wide roadbed for passing
apartado[1], post-office box
apartado(a)[2], secluded, separated, reserved, aloof
apartamento, secluded place, apartment, flat
apartamento amueblado, furnished apartment
apartamento sin muebles, unfurnished apartment
apartar, to separate, to divide, to dissuade, to remove, to sort
apartarse, to withdraw, to desist
aparte[1], aside, new paragraph
aparte[2], apart, separately
Apartheid, apartheid
apasionado(a), passionate, impulsive, devoted to, fond of
apasionar, to excite apassion
apasionarse, to become very fond of, to be prejudiced
apatía, apathy
apático(a), apathetic, indifferent
apeadero, horse block, rest stop, resting place, flag stop, whistle-stop
apear, to dismount, to alight, to survey, to measure lands, to dissuade, to change someone's mind
apearse, to alight
apedreado(a), stoned, pelted
apedrear[1], to throw stones at, to stone to death, to lapidate
apedrear[2], to hail
apedrearse, to be injured by hail
apegarse, to become attached, to become fond
apego, attachment, fondness
apelación, supplication, entreaty, appeal
apelación emocional, emotional appeal
aplicación de las leyes, law enforcement
(de) apelación, appellate
apelante, appellant
apelar, to appeal, to have recourse, to supplicate
apelar a la autoridad, appeal to authority
apelar a la emoción, appeal to emotion

apelar a la lógica, appeal to logic
apelar al miedo, appeal to fear
apelativo(a), appelative
nombre apelativo, generic name
apelmazar, to compress, to condense, to make compact
apellidar, to call by one's last name, to call to arms
apellidarse, to be surnamed, to be one's last name
apellido, surname, family name, last name
apenar, to cause pain
apenarse, to grieve
apenas, scarcely, hardly
apéndice, appendix, supplement
apendicitis, appendicitis
apeo, survey, act of dismounting
aperar, to repair or equip
apercibir, to prepare to provide, to warn, to advise, to sense
aperitivo, appetizer, apéritif
apero, farm implements, outfit, equipment, riding outfit, saddle
apertura, opening, inauguration
apesadumbrar, to cause trouble
apesadumbrarse, to be grieved, to lose heart
apestar, to produce an offensive smell, to smell bad, to stink
apetecer, to long for, to crave
apetecible, desirable
apetito, appetite
entrar en apetito, to get hungry, to work up an appetite
apetitoso(a), appetizing
apiadarse, to commiserate with, to take pity on
ápice, summit, point, smallest part
apilar, to pile up
apiñado(a), cone-shaped, crowded, packed tightly
apiñar, to press, to crowd close together
apiñarse, to clog, to crowd
apio, celery
apisonar, to tamp, to drive down
aplacar, to appease, to pacify
aplacarse, to calm down
aplanadora, steamroller
aplanar, to level, to flatten, to astonish
aplanarse, to fall to the ground
aplanchado, ironed
aplanchadora[1], plancha o planchadora, ironing
aplanchadora[2], mangle, ironer
aplanchar, to iron, to mangle
aplastado(a), crushed, flattened, dispirited
aplastar, to flatten, to crush, to squelch or crush
aplastarse, to collapse, to feel squelched
aplaudir, to applaud, to extol
aplauso, applause, approbation, praise
aplazamiento, postponement, summons, deferment of loan
aplazar, to call together, to call into session, to defer, to put off, to postpone
aplicable, applicable
aplicación, application, attention, care, industriousness
aplicación de software, software application
aplicado(a), studious, industrious
aplicar, to apply, to stick, to adapt, to make use of
aplicarse, to devote oneself, to apply oneself
aplomado(a), lead-colored, leaden, heavy, dull
aplomo, composure, self-possession, poise
apocado(a), pusillanimous, cowardly, low, mean
apocar, to lessen, to diminish, to limit
apocarse, to humble oneself
apócope, apocope
apodar, to give nicknames
apoderado(a)[1], authorized, empowered
apoderado[2], legal representative, proxy, attorney in fact
apoderar[1], to empower, to grant power of attorney
apoderar[2], to take possession
apodo, nickname
apogeo, apogee, apex, culmination
estar en su apogeo, to be at the height of one's fame or popularity
apolillar, to gnaw or eat
apolillarse, to get moth-eaten
apología, eulogy, apology
apoltronarse, to grow lazy, to remain inactive

apoplejía, apoplexy
aporreado(a)[1], cudgeled, beaten
aporreado[2], kind of beef stew
aporrear, to thrash, to slug
aportación, input
aportar[1], to bring, to contribute
aportar[2], to land at a port
aposento, room, chamber, inn
aposición, apposition
apositivo, appositive
apostar, to bet, to lay a wager, to station
apostador(a), bettor
apostarse, to station oneself
apóstata, apostate
apostema, abscess, tumor
apostilla, endnotes
apóstol, apostle
apostólico(a), apostolic
apostrofar, to apostrophize
apóstrofe, apostrophe
apóstrofo, apostrophe
apostura, neatness
apotema, apothem
apoteosis, apotheosis
apoyar[1], to favor, to support
apoyar[2], to rest, to lie
apoyarse, to lean upon
apoyo, prop, rest, stay, support, protection, aegis
apreciable, preciable, valuable, respectable
su apreciable, your favor
apreciación, estimation, evaluation, appreciation
apreciar, to appreciate, to value
aprecio, appreciation, esteem, regard
aprehender, to apprehend, to seize
aprehensión, apprehension, seizure
apremiante, urgent, pressing
apremiar, to hurry, to urge, to press, to oppress
apremio, pressure, urging, enjoinder
aprender, to learn
aprender de memoria, to learn by heart
aprendiz(a), apprentice
aprensar, to press, to calender
aprensión, apprehension, fear, misgiving
aprensivo(a), apprehensive
apresar, to seize, to grasp, to capture
aprestar, to prepare, to make ready
apresurado(a), hasty
apresuramiento, haste
apresurar, to accelerate, to hasten, to expedite
apresurarse, to hurry, to hasten
apretado(a), tight, squeezed, mean, miserable, closehanded, hard, difficult
apretar, to close tight, to tighten, to squeeze, to bother, to harass, to pinch, to be too tight, to urge, to entreat
apretón, pressure
apretón de manos, strong handshake
aprieto, crowd, predicament, difficulty
estar en un aprieto, to be in a pickle, to be in a jam
aprisa, in a hurry, swiftly
aprisionar, to imprison
aprobación, approbation, approval
aprobado(a)[1], well-thought-of, passed
aprobado(a)[2], pass, passing grade
aprobar, to approve, to approve of, to OK
aprontar, to prepare hastily, to get ready
apropiación, appropriation, assumption
apropiado(a), appropriate, adequate
apropiar, to appropriate
apropiarse, take possession of
aprovechable, available, usable
aprovechamiento, taking advantage, profiting
aprovechar[1], to avail oneself of, to make use of
aprovechar[2], to make progress
aprovecharse de, to take advantage of, to avail oneself of
aproximación, approximation, approach
aproximación en circuito, circling
aproximación inválida, invalid approach
aproximadamente, almost
aproximar, to approach, to move near, to approximate
aptitud, aptitude, fitness, ability, talent
apto(a), apt, fit, able, clever
apuesta[1], bet, wager
apuesto(a)[2], smart, elegant
apuntado(a), pointed, jotted, written

down
apuntador, prompter, gunner
apuntador electrónico, teleprompter
apuntalamiento, propping, pinning
apuntalamiento por la base, underpinning
apuntalar, to prop, to pin, to shore
apuntar[1], to aim, to level, to point out, to note, to write down, to prompt
apuntar[2], to begin to appear
apuntarse, to register, to enroll, to begin to turn (wine)
apunte, annotation, note, sketch, stage prompting, prompt
apurado(a), financially embarrassed, in need of cash, in a hurry
verse apurado(a), to be in difficulties
apurar, to rush, to hurry, to annoy, to exhaust, to purify
apurarse, to hurry oneself, to worry, to grieve
apuro, want, lack, affliction, vexation, embarrassment
salir de un apuro, to get out of a difficulty
aquel (aquella), that, the former
aquellos(as), those
aquello, that, the former, the first mentioned, that matter
aquí, here, in this place
de aquí, hence
por aquí, this way
aquietar, to quiet, to appease, to lull
aquietarse, to become calm
aquilatar, to assay, to appraise, to evaluate, to appraise, to test
aquilón, north wind
ara, altar
en aras, for the sake of
árabe[1], Arab
árabe musulmán, Arab Muslim
árabe palestino, Arab Palestinian
árabe[2], Arabic
árabe[3], Arabic language
arabesco[1], arabesque
arabesco(a)[2], Arabic
Arabia, Arabia
Arabia Saudita, Saudi Arabia
arábico(a) or arábigo(a), Arabian, Arabic
arado, plow
arado de azada, hoe plow
arado de discos, disc plow
arado de hierro en tres piezas, three piece iron
arado giratorio, rotary plow
arado múltiple, gang plow
arador, plowman
aragonés (aragonesa), Aragonese
arancel, customs rates, duty rates
arancel proteccionista, protective tariff
arancelario(a), pertaining to tariff rates
derechos arancelarios, customs duties
arandela, drip catcher on a candlestick, ruffles, screw washer
araña, spider, chandelier
arañar, to scratch, to scrape
arañazo, deep scratch
arar, to plow, to till
arbitraje, arbitration
arbitrar, to arbitrate
arbitrario(a), arbitrary
arbitrio, free will, means, expedient, way, arbitration
arbitrios, excise taxes
árbitro, arbiter, arbitrator, umpire
árbol, tree, shaft, mast
árbol de eje, crankshaft
árbol de factores, factor tree
árbol de levas, camshaft
árbol de manivela, crankshaft
arbolado(a)[1], forested, wooded
arbolado[2], woodland
arboladura, masting, masts
arboleda, grove
arbusto, shrub
arca, chest, wooden box
arca de hierro, strongbox, safe
arcada, arcade, row of arches, retching
arcaico(a), archaic, ancient
arcángel, archangel
arcano(a)[1], secret, mysterious
arcano[2], very important secret, mystery
arce, maple tree
arcilla, argil, clay
arco, arc, arch, fiddle bow, hoop
arco adintelado, straight, fiat arch
arco coseno, arccosine
Arco Gateway (St. Louis), Gateway Arch (St. Louis)

arco menor, minor arc
arco seno, arcsine
arco tangente, arctangent
arco y flecha, bow and arrow
soldadura con arco, arc welding
arcoiris, rainbow
arcón, large chest, bin
archiduque, archduke
archipiélago, archipelago
archipiélago de Filipinas, Philippine archipelago
archipiélago de Indonesia, Indonesian archipelago
archivar, to file, to place in the archives
archivero(a), keeper of the archives, file clerk
archivista, keeper of the archives, file clerk
archivo, archives, files
arder, to burn, to blaze
ardid, stratagem, cunning, trick
ardiente, ardent, fiery, intense
ardilla, squirrel
ardor, great heat, energy, vivacity, anxiety, longing, fervor, zeal
ardoroso(a), fiery, restless
arduo(a), arduous, difficult
área, area
área bajo la curva, area under curve
área de formas complejas, area of complex shapes
área de formas irregulares, area of irregular shapes
área de recreo, recreation area
área de superficie, surface area
área de superficie de un cilindro, surface area cylinder
área de superficie de un cono, surface area cone
área de superficie de una esfera, surface area sphere
área estadística metropolitana, metropolitan statistical area
área lateral, lateral area
área metropolitana, zona metropolitana, metropolitan area
área periférica, peripheral area
área rural, rural area
área suburbana, suburban area
área urbana de periferia, edge city
arena, sand, grains, arena
arena de rutilo, rutile sand
arenal, sandy ground, sand pit
arenga, harangue, speech
arengar, to harangue
arenilla, molding sand, calculus stone, fine sand for drying ink
arenillas, refined saltpeter
arenoso(a), sandy
arenque, herring
arenque ahumado, smoked herring
arenque en escabeche, pickled herring
aretes, earrings
argamasa, mortar
Argelia, Algeria
argentado(a), silverlike
Argentina, Argentina
argentino(a), silvery, Argentine
argolla, large metal ring
argot, slang
argucia, subtlety, trickery
argüir[1], to argue, to dispute, to oppose
argüir[2], to infer
argumentación, argumentation
argumentar, to argue, to dispute
argumento, argument, plot, intrigue
argumento ad hóminem, attack ad hominem
argumento de conclusión, concluding statement
argumento de la tesis, thesis statement
argumento deductivo, deductive argument
argumento evangélico, evangelical argument
argumento inválido, invalid argument
argumento lógico, logical argument
argumento válido, valid argument
argumentos de apoyo, supporting ideas
aria, aria
aridez, aridity, dryness, barrenness
árido(a), arid, dry, barren
ariete, battering ram
ariete hidráulico, hydraulic ram
arillo, earring
ario(a), Aryan

arisco(a), fierce, rude, surly
aristocracia, aristocracy
aristócrata, aristocrat
aristocrático(a), aristocratic
Aristóteles, Aristotle
aritmética, arithmetic
Arizona, Arizona
arlequín, harlequin, buffoon
arma, weapon, arm
arma química, chemical warfare
armas blancas, side arms
alzarse en armas, to revolt
armada, fleet, armada
armadillo, armadillo
armado(a), armed, assembled, put together
armador(a), ship outfitter, shipbuilder, shipowner, jacket, jerkin
armadura, armor, framework
armadura de clave, key signature
armamento, armament, weaponry
armar, to furnish with arms or troops, to put together, to set up, to assemble, to cause, to bring about
armario, wall cabinet, cupboard
armatoste, white elephant, clumsy, useless individual
armazón, framework, skeleton, hulk of a ship
armella, staple, screweye
armero, armorer, keeper of arms
armiño, ermine
armisticio, armistice
armonía, harmony
armónico(a)[1], harmonious, harmonic
armónica[2], harmonica, mouth organ
armonioso(a), harmonious, sonorous
armonizar, to harmonize
ARN, RNA
ARN polimerasa, RNA polymerase
árnica, arnica, medicinal plant
aro, hoop, rim
aroma[1], flower of the aromatic myrrh tree
aroma[2], aroma, fragrance
aromático(a), aromatic
aromatizar, to perfume
arpa, harp
arpía, harpy, hag, witch
arpillera, burlap, sackcloth
arpista, harpist
arpón, harpoon
arponar, to harpoon
arqueada, bowing
arqueado(a), arched, vaulted, bent
arquear, to arch
arqueo, act of arching, system of arches, tonnage, checking of oney and pavers in a safe
arqueobacterias, archaebacteria
arqueología, archaeology
arqueológico, archaeological, archeological
arqueólogo(a), archeologist
arquero, archer, bow maker, goalkeeper, cashier
arquetipo, archetype
arquitecto(a), architect
arquitectura, architecture
arquitectura y arte griego clásico, Classical Greek art and architecture
arrabal, suburb
arrabales, outskirts, outlying districts
arrabalero(a), uncouth, common, vulgar
arraigar, to take root, to become established, to become deep-seated, to become fixed, costumbre arraigada, settled habit, second nature
arraigo, landed property, real estate, settlement, establishment
arrancador, starter
arrancar, to pull up by the roots, to pull out, to wrest from, to drag from, to start, to set sail
arranque, extirpation, pulling out, burst of rage, scene, tantrum, ignition, starter, bright idea
arranque automático, self-starter
motor de arranque automático, self-starting motor
arrasar[1], to demolish, to destroy, to raze
arrasar[2], to clear up
arrastrado(a), dragged along, miserable, destitute
arrastrar[1], to creep, to crawl, to lead a trump in card playing
arrastrar[2], to drag along the ground
arrastre, dragging, creeping, lead of a trump in cards, mining mill

¡arre!, giddap!
arrear, to drive, to urge on, hurry
arrebatado(a), rapid, violent, impetuous, rash, inconsiderate
arrebatar, to carry off, to snatch hurriedly, to enrapture, to thrill
arrebato, surprise, sudden attack, thrill, rapture, ecstasy
arrebol, redness in the sky, rouge
arreciar, to increase in intensity
arrecife, reef, causeway
  arrecife de coral, coral reef
arredrar, to remove to a greater distance, to terrify
arredrarse, to lose courage
arreglado(a), regular, moderate, neat, organized
arreglar, to regulate, to adjust, to arrange
  arreglar una cuenta, to settle an account
arreglárselas, to manage, to make out, to get by
arreglo, adjustment, arrangement, settlement
  arreglo espacial, spatial arrangement
  con arreglo a, according to
arrellanarse, to stretch out, to make oneself comfortable
arremangar, to roll up, to tuck up
arremangarse, to resolve firmly
arremeter, to assail, to attack
arremetida, attack, assault
arrendado(a), manageable, tractable, easily reined
arrendador, tenant, lessee, lessor, hirer
arrendajo, mockingbird, mimic, buffoon
arrendamiento, lease, leasing, rental
  contrato de arrendamiento, lease
arrendar, to rent, to let out, to lease, to tie, to bridle, to mimic, to imitate
arrendatario(a), tenant, lessee
arreo[1], grooming, preparation, adornment
arreo[2], successively, uninterruptedly
arreos, appurtenances, accessories
arrepentido(a), repentant
arrepentimiento, remorse, penitence
arrepentirse, to repent
arrestado(a), intrepid, bold, arrested
arrestar, to arrest, to imprison
arrestarse, to be bold and enterprising
arresto, boldness, vigor, enterprise, imprisonment, arrest
arriar, to lower, to strike, to haul down
arriarse, to flag, to wane
arriata, arriate, flowerbed, roadway, causeway
arriba, up above, on high, overhead, upstairs, aloft
  de arriba abajo, from head to foot
  para arriba, up, upwards
arribar, to arrive, to put into port, to fall off to leeward
arribista, social climber, parvenu, upstart
arribo, arrival
arriendo, lease, farm rent
arriero(a), muleteer
arriesgado(a), risky, dangerous
arriesgar, to risk, to hazard, to expose to danger
arriesgarse, risk taking
arrimar, to approach, to draw near, to stow, to lay aside, to pigeonhole, to shelve, to relinquish, to renounce
  arrimarse a, to lean against, to seek the protection of, to join the banner of
arrinconar, to put in a corner, to corner, to tree, to lay aside, to neglect, to forget
arrinconarse, to retire, to withdraw
arriscado(a), forward, bold, audacious, intrepid
arrizar, to reef, to tie or lash
arroba[1], weight of twenty-five pounds, measure of thirty-two points
arroba[2] **(@)**, at (@)
arrobador(a), enchanting, entrancing, captivating
arrobamiento, rapture, amazement, rapturous admiration
arrocero(a), rice grower, rice merchant
arrodillar, to cause to kneel down
arrodillarse, to kneel
arrogancia, arrogance, haughtiness
arrogante, haughty, proud, assuming, arrogant, bold, valiant, stout
arrojadamente, daringly

arrojado(a), rash, inconsiderate, bold, fearless, unflinching
arrojar, to dart, to fling, to hurl, to dash, to shed, to emit, to give off
    arrojar un saldo, to show a balance
arrojo, boldness, intrepidity, fearlessness
arrollar, to wind, to roll up, to coil, to roll along, to sweep away, to overwhelm, to defeat, to confuse, to confound
arropar, to dress warmly, to bundle up
arrostrar, to undertake bravely, to confront with determination, to face
arrostrarse, to fight face to face
arroyo, creek, gully, dry creek bed
arroz, rice
arrozal, rice field, paddy
    arrozales en terrazas, terraced rice fields
arruga, wrinkle, rumple
arrugar, to wrinkle, to rumple, to fold
    arrugar el ceño, to frown
    arrugar la frente, to knit one's brow
arrugarse, to shrivel
arruinado(a), fallen
arruinar, to demolish, to ruin
arruinarse, to lose one's fortune
arrullador(a), flattering, cajoling
arrullar, to lull to rest, to court, to woo
arrullo, cooing of pigeons, lullaby
arsenal, arsenal, dockyard
arsénico, arsenic
arte, art, skill, artfulness
    arte del amor cortés, art of courtly love
    arte etiope, Ethiopian art
    arte étnico, ethnic art
    arte griego, Greek Christian civilization, Greek art
    arte helenístico, Hellenistic art
    arte moderno, modern art
    arte pop, pop art
    arte religiosa cristiana, Christian religious art
    artes escénicas, performing arts
    artes visuales, visual arts
    bellas artes, fine arts
artefacto, artifact, mechanism, device
arteria, artery
arterial, arterial
    presión arterial, blood pressure
artesanía, craftsmanship
artesano(a), artisian, workman, workwoman
ártico(a), Arctic
articulación, articulation, enunciation, way of speaking, joining, joint
    articulación de las partes del cuerpo, body-part articulation
    articulación de movimiento, articulation of movement
    articulación universal, universal joint
articular, to articulate, to pronounce distinctly
articulistas, newspaper columnist
artículo, article, clause, point, article, item
    artículo de fondo, editorial
    artículos de fantasía, novelties
    artículo de investigación, research paper
    Artículos de la Confederación, Articles of Confederation
    artículos de tocador, toilet articles
    artículos para escritorio, office supplies
artífice, artisan, artist
artificial, artificial
artificio, workmanship, craft, device, artifice, trickery, cunning, subterfuge
artificioso(a), skillful, ingenious, artful, cunning
artillería, gunnery, artillery, ordnance
artillero, artilleryman
artimaña, stratagem, deception, trap
artisela, synthetic silk, type of rayon
artista, artist
    artista gráfico, graphic artist
    artista visual, visual artist
artístico(a), artistic
artritis, arthritis
artrópodo, arthropod
arveja, vetch, green pea
arzobispado, archdiocese
arzobispo, archbishop
as, ace, as
asa, handle, haft
asado(a)[1], roasted
asado[2], roast
asador, turnspit, barbecue

asadura, entrails, chitterlings
asalariado(a), salaried, salaried person
asaltador, assailant, highwayman, highwaywoman
asaltar, to attack, to storm, to assail, to fall upon
asaltar a mano armada, to commit assault with a deadly weapon
asalto, assault, holdup
asamblea, assembly, meeting, pow-wow
asamblea partidista, caucus
asantes, Ashanti
asar, to roast
asbesto, asbestos
ascendencia, ascending line, line of ancestors
ascendente, ascending
ascender, to ascend, to climb, to amount to
ascendiente, ascendant, forefather, influence
ascensión, feast of the Ascension, ascent
ascenso, promotion, advance
ascensor, elevator, lift
ascetismo, asceticism
asciende (que), ascending
asco, nausea, loathing, disgust
ascua, redhot coal
estar en ascuas, to be restless or excited
¡ascua!, ouch!
aseado(a), clean, well-groomed, neat
asear, to clean, to groom, to make neat
asechanza, snare
asediar, to besiege, to annoy, to nag
asedio, siege, nagging
asegurado(a)[1], assured, secured, insured
asegurado(a)[2], policyholder
asegurador, fastener, insurer, underwriter
asegurar, to secure, to fasten, to assure, to affirm, to insure
asemejar, to make similar
asemejarse, to resemble
asenso, assent, consent
asentaderas, buttocks
asentador, razor strop
asentamiento, settlement
asentamiento español, Spanish settlement
asentar[1], to seat, to place, to assure, to establish, to base
asentar[2], to be becoming
asentar al crédito de, to place to the credit of
asentarse, to settle, to distill
asentimiento, assent
asentir, to acquiesce, to concede
aseo, cleanliness, neatness
asequible, attainable, obtainable
aserción, assertion, affirmation
aserradero, sawmill
aserraduras, saw-dust
aserrar, to saw
aserrín, sawdust
asesinar, to assassinate
asesinato, assassination
asesinato de Kennedy, Kennedy assassination
asesino(a), assassin
asesor(a), counselor, assessor
asesorar, to give legal advice to
asesorarse, to employ counsel, to take advice
asestar, to aim, to point, to fire, to let go with
aseverar, to asseverate, to affirm solemnly
asexual, asexual
asfalto, asphalt
asfixia, asphyxia
asfixiante, asphyxiating, suffocating
asfixiar, to asphyxiate, to suffocate
ashanti, Ashanti
así, so, thus, in this manner, therefore, as a result, even though
así que, as soon as, just after
por decirlo así, so to speak
Asia, Asia
Asia Central, Central Asia, Inner Asia
Asia del Este, East Asia
Asia meridional, South Asia
Asia occidental, West Asia
asiático(a), Asiatic
asiático(a) americano(a), Asian American
asidero, handle, occasion, pretext
asido(a), fastened, tied, attached
asiduidad, assiduity, diligence
asiduo(a), assiduous, devoted, careful
asiento, chair, seat, entry, stability, permanence
asiento trasero, back seat
asignación, allocation, distribution,

destination
asignación de poder, allocation of power
asignar, to allocate, to apportion, to assign, to distribute
asignatura, subject of a school course
asilo, asylum, refuge
asimetría, asymmetry
asimilar[1], to resemble
asimilar[2], to assimilate
asimismo, similarly, likewise
asíntota, asymptote
asir, to grasp, to seize, to hold, to grip, to take root, to take hold
Asiria, Assyria
asistencia, presence, attendance, assistance, help
asistencia escolar, school attendance
asistencia pública, public welfare
asistencia social, social work, social agency, welfare
falta de asistencia, absence
asistente, assistant, helper, orderly
asistente del gobernador, Lieutenant Governor
los asistentes, those present
asistir[1], to be present, to attend
asistir[2], to help, to further, to attend, to take care of
asma, asthma
asmático(a), asthmatic
asno, ass
asociabilidad, associativity
asociación, association, partnership
Asociación de Diabetes, Diabetes Association
Asociación de Padres y Maestros (APT), Parent Teacher Association (PTA)
Asociación Estadounidense de Psicología, American Psychological Association
Asociación Estadounidense del Corazón, American Heart Association
Asociación Estadounidense del Pulmón, American Lung Association
Asociación Nacional de Educación, National Education Association
Asociación Nacional para el Avance de la Gente de Color (NAACP), National Association for the Advancement of Colored People (NAACP)
Asociación Nacional por el Sufragio de la Mujer, National Woman Suffrage Association
asociación sin fines de lucro, no lucrativo, not-for-profit
asociado(a)[1], associate
asociado(a)[2], associated
asociar, to associate, couple
asociarse, to form a partnership
Asoka, Ashoka
asolar, to destroy, to devastate
asolarse, to settle, to clear
asoleado(a), sunny, suntanned
asolear, to expose to the sun
asolearse, to bask in the sun
asomar, to begin to appear, to become visible, to show
asomarse, to look out, to lean out, to peer over, to peek
asombrar, to amaze, to astonish
asombro, amazement, astonishment
asombroso(a), astonishing, marvelous
asomo, mark, token, indication
ni por asomo, nothing of the kind, far from it, I wouldn't dream of it
asonancia, assonance, harmony
aspa, reel, Saint Andrew's cross
aspa de hélice, propeller blade
aspa de molino, wing of a windmill
aspar, to reel, to martyr on a Saint Andrew's cross, to vex, to plague
asparse a gritos, to cry out loudly, to yell
aspaviento, exaggerated astonishment or fear, histrionics
aspecto, appearance, aspect
aspereza, asperity, harshness, acerbity
áspero(a), rough, rugged, craggy, harsh, gruff
aspiración, aspiration, ambition
aspirado(a), in-drawn
aspirador, vacuum cleaner
aspiradora, vacuum cleaner
aspirante, aspirant
aspirar, to aspirate, to suck in, to draw in
aspirina, aspirin
asqueroso(a), loathsome, repugnant

asta, lance, horn, handle, staff, pole
aster, aster
asterisco, asterisk
asteroide, asteroid
astigmatismo, astigmatism
astilla, chip, splinter, fragment
astillar, to chip
astillero, dockyard, shipyard, rack for weapons
Astoria, Astoria
astringente, astringent
astro, star
astrobiología, astrobiology
astrofísica, astrophysics
astrolabio, astrolabe
astrología, astrology
astrólogo, astrologer
astronauta, astronaut
astronavegación, astronavigation
astronomía, astronomy
astronómico(a), astronomical
astrónomo(a), astronomer
astucia, cunning, slyness, finesse
asturiano(a), Asturian
astuto(a), cunning, sly, astute, foxy
asueto, holiday, vacation
asumir, to assume, udertake
Asunción, Assumption
asunto, subject, matter, affair, business deal
  asunto de normativa, policy issue
asustadizo(a), easily frightened, shy
asustar, to frighten
asustarse, to be frightened
atacado(a), irresolute, timid, petty, mean
atacar, to attack, to assail, to ram in, to jam in, to button, to fit
atadura, knot, fastening
atajar[1], to cut off, to intercept, to stop, to obstruct
atajar[2], to take a short cut
atajo, bypass, short cut
atalaya[1], watchtower
atalaya[2], guard in a watchtower
ataque, attack, assault, trenches, siege of illness
  ataque personal, personal attack
  ataque preventivo, preemptive strike
atar, to tie, to bind, to fasten, to hamstring, to impede
atarse, to be frustrated, to be baffled
atarantado(a), bitten by a tarantula, frightened, bewildered, noisy and restless
atareado(a), busy
atarear, to impose a task
atarearse, to work diligently
atarugar, to wedge, to plug, to stuff, to fill, to silence, to nonplus
atasajar, to jerk
atascar, to stop a leak, to caulk, to obstruct, to impede
atascarse, to become clogged, to become blocked, to become stuffed
Atatürk, Atatürk
ataúd, coffin
ataviar, to trim, to adorn, to ornament
atavío, dress, ornament, finery
atediar, to disgust
atediarse, to be bored
ateísmo, atheism
atemorizar, to strike with terror, to daunt, to frighten
atemorizarse, to become frightened
Atenas, Athens
atención, attention, heedfulness, concentration, civility, politeness, thing to do, thing on one's mind, consideration
  en atención a, in consideration of, as regards
  llamar la atención, to attract one's attention, to make one take notice
  prestar atención, to give one's attention, to pay attention
atender[1], to be attentive, to heed, to hearken
atender[2], to wait for, to look after
atenerse, to depend, to rely
atenido(a), dependent
atentado, aggression, offense, crime
atentar, to attempt an illegal act, to try to commit a crime
atento(a), attentive, heedful, observant, mindful, courteous, considerate
atenuación retórica, litotes
atenuar, attenuate, to diminish, to lessen
ateo(a), atheist, atheistic
aterciopelado(a), velvetlike
aterrado(a), terrified, appalled
aterrador(a), terrifying, frightful

aterrar, to terrify, to prostrate, to humble
aterrarse, to be terrified
aterrizaje, landing (of airplane)
  aterrizaje accidentado, crash landing
  aterrizaje ciego, blind landing
  aterrizaje de emergencia, crash landing
  aterrizaje forzoso, forced landing
  campo de aterrizaje, landing field
  pista de aterrizaje, landing strip
  tren de aterrizaje, landing gear
aterrizar, to land
aterrorizar, to frighten, to terrify
atesorar, to save up, to put away
atestación, testimony, evidence, affidavit
atestado(a)[1], stubborn, crowded
atestado[2], certificate, affidavit
atestamiento, cramming, crowding
atestar[1], to attest, to testify, to witness
atestar[2], to cram, to stuff, to crowd
atestarse, to overeat
atestiguar, to witness, to attest
ático, attic, penthouse
atiesar, to make stiff, to make rigid
atildado(a), correct, neat
atildar, to punctuate, to underline, to accent, to censure, to deck out, to dress up, to adorn
atinar, to hit the mark, to guess
atisbadero, peephole, eyehole
atisbar, to examine closely, to delve into
atizar, to stir with a poker, to stir up, to roil
atlántico(a), Atlantic
  océano Atlántico, Atlantic Ocean
atlas, atlas
atleta, athlete
  atleta con discapacidad, handicapped athlete
atlético(a), athletic
atmósfera, atmosphere, environment
  atmósfera terrestre, Earth's atmosphere
atmosférico(a), atmospheric
atole, cornflour gruel
  dar atole con el dedo, to deceive, to cheat
atolondramiento, stupefaction, confusion, perplexity
atolondrar, to confuse, to stupefy
atolondrarse, to be befuddled, to be confused
atolladero, miry place, bog, difficulty, obstacle
atollar, to get stuck in the mud
atómico(a), atomic
átomo, atom
  átomo de carbono, carbon atom
atonismo, atonism
atónito(a), astonished, amazed
átono(a), atonic, unaccented
atontar, to stun, to stupefy
atontarse, to grow stupid
atorarse, to choke, to stick in the mud
atormentar, to torment, to give pain
atornillar, to screw
ATP (trifosfato de adenosina), ATP (adenosine tri-phosphate)
atracadero, landing place
atracar[1], to overhaul a ship, to cause to overeat
atracar[2], to make shore, to dock
atracción, attraction
  atracción de cargas, charge attraction
  atracción magnética, magnetic attraction
atractivo(a)[1], attractive, magnetic
atractivo[2], charm, grace
atraer, to attract, to allure
atragantarse, to choke, to get mixed up in conversation
atrancar, to barricade
atrapar, to get, to obtain, to catch, to nab, to deceive, to take in
atrás, backwards, back, behind, past
  hacerse atrás, to fall back
  hacia atrás, backwards, back
  echarse atrás, to change one's mind, to go back on one's word
atrasado(a), backward, behind the times, late, tardy, in arrears, slow
atrasar, to outstrip, to leave behind, to postpone, to delay
  atrasar el reloj, to set a watch back
atrasarse, to be late, to fall behind, to be in arrears

atraso, delay, falling behind
atravesado(a), squint-eyed, of mixed breed, mongrel, degenerate, perverse
atravesar, to lay across, to put across, to run through, to pierce, to go across, to cross, to trump
atravesarse, to get in the way, to thwart one's purpose
atreverse, to dare, to venture
atrevido(a), bold, audacious, daring
atrevimiento, boldness, audacity
atribución, attribution, imputation
atribuir, to attribute, to ascribe, to impute
atribuirse, to assume
atribular, to vex, to afflict
atribularse, to grive, to carry on
atributo, attribute
atrición, contrition
atril, lectern, reading desk
atrincherar, to entrench
atrio, porch, portico, atrium, forecourt
atrocidad, atrocity
atrofia, atrophy
atrofiado(a), atrophied, emaciated
atronar, to deafen, to stun, to din
atronarse, to be thunderstruck
atropellado(a)[1], hasty, precipitate
atropellado(a)[2], person who has been run over
atropellar, to trample, to run down, to knock down
atropellarse, to fall all over oneself, to overdo it
atropello, trampling, knocking down, abusiveness
  atropello de automóvil, automobile collision
atroz, atrocious, enormous
atto., atta. (atento, atenta), kind, courteous
  atto. y seguro servidor, yours truly
  atto. servidor, yours truly
atuendo, attire, garb, pomp, ostentation
atún, tuna, tunny fish
aturdido(a), harebrained, rattled
aturdimiento, stupefaction, dazed condition, astonishment, bewilderment
aturdir, to bewilder, to confuse, to stupefy, to daze
atusar, to trim, to even
  atusarse el bigote, to twist one's mustache
audacia, audacity, boldness
audaz, audacious, bold
audible, audible
audición, audition, hearing
audiencia, audience, hearing, hearing in court, circuit court, appellate court
  audiencia amistosa, friendly audience
  audiencia hostil, hostile audience
  audiencia privada, private audience
  audiencia pública, public audience
audífono, radio earphone
audiófilo, audiophile
audiofrecuencia, audiofrequency
audiología, audiology
audiómetro, audio-meter
audiovisual, audiovisual
auditivo(a), auditory
auditorio, assembly, audience
auge, the pinnacle of power, height of success
augurar, to tell in advance, to predict
augusto(a)[1], august, majestic, magnificent, stately
Augusto[2], Augustus
aula, lecture room, classroom
aullar, to howl
aullido, howling, wailing, cry
aúllo, howling, wailing, cry
aumentar[1], to augment, to increase
  aumentar infinitamente, infinitely increasing
aumentar[2], to grow larger
aumento, increase, growth, promotion, advancement, progress, magnification
  aumento de peso, weight gain
aun, even, the very
  aun cuando, even though
aún, still, yet
aunar, to unite, to assemble
aunque, though, notwithstanding, albeit
¡aúpa!, up! up!
aura[1], gentle breeze
  aura popular, popularity
aura[2], aura
áureo(a), golden, gilt

aureola, halo, glory, heavenly bliss, corona
aureomicina, Aureomycin
auricular[1], within hearing, auricular
auricular[2], earphone
  auricular de casco, headset
aurora, dawn, daybreak, dawn, first beginnings
auscultar, to auscultate
ausencia, absence
  ausencia de reglas y leyes, absence of rules and laws
ausentarse, to absent oneself
ausente, absent
austeridad, rigor, austerity
austero(a), austere, severe
austral, austral, southern
Australia, Australia
  Australia Oriental, Eastern Australia
Austria, Austria
austriaco(a) or austríaco(a), Austrian
austro, south wind
autarquía, autarchy, economic self-sufficiency
autenticar, to authenticate
autenticidad, authenticity
auténtico(a), authentic, true, genuine
auto, judicial decree, edict, ordinance, auto, car
  auto de auxilio, wrecker, tow car
  auto de fe, auto-da-fe
  auto sacramental, religious or allegorical play
autobiografía, autobiography
  autobiografía de Benjamín Franklin, Benjamin Franklin's autobiography
autobús, motorbus, bus
autocamión, auto truck, motor truck
autocarril, automotive railroad car
autocinema, drive-in theatre
autoclave, autoclave, sterilizer
autocontrol, self-control
autocorrección, self-correction
autocracia, autocracy
autócrata, autocrat
autocrítica, self-examination
autodeterminación, self-determination
  autodeterminación nacional, national self-rule
autodisciplina, self-discipline
autoempleo, self-employment
autoestima, self-esteem
autoevaluación, self-assessment
autoexamen, self-examination
autogiro, autogyro
autogobierno, self-government, self-rule
autógrafo, autograph
autohotel, motel
autoinflamación, spontaneous combustion
autómata, automaton, robot
automático(a), automatic
automatización, automation
automotor(a), automotive
automotriz, automotive
automóvil, automobile
  automóvil acorazado, armored car
automovilista, motorist
automovilístico(a), automobile
autonomía, autonomy, self-governance, self-rule
  autonomía nacional, national autonomy
  autonomía personal, personal autonomy
autónomo(a), autonomous
autopiano, piano player
autopista, superhighway, expressway
  autopista de acceso libre, free-way
  autopistas interestatales, interstate highways
autopsia, autopsy, post mortem
autor, author
autora, authoress
autoridad, authority
  autoridad central, central authority
  autoridad del Congreso, congressional authority
  Autoridad del Valle del Tennessee, Tennessee Valley Authority Act
  autoridad policial, police authority
autoritario(a), authoritarian
autoritativo(a), authoritative
autorización, authorization
autorizado(a), competent, reliable
autorizar, to authorize
autorretrato, self-portrait
autosuficiencia, self-sufficiency
autotrófico, autotrophic

autótrofo, autotroph
autoviuda, killer of her own husband
auxiliar[1], to aid, to help, to assist, to keep a deathwatch with
auxiliar[2], auxiliary
auxilio, aid, help, assistance
  acudir en auxilio de, to go to the assistance of
  primeros auxilios, first aid
a/v. (a la vista), sight
aval, backing, countersignature, collateral
avalancha, avalanche, spate, onrush, snowslide
  avalancha de tierra, landslide
avalorar, to enhance the value of, to inspire, to enthuse
avaluar, to estimate, to value, to evaluate, to appraise, to set a price on
avalúo, appraisal
avance, advance, attack
  avance de la medicina, medical advance
avanzada, vanguard
avanzar, to advance, to push forward
avaricia, avarice
avariento(a), avaricious, covetous
avaro(a)[1], avaricious, miserly
avaro(a)[2], miser
avasallar, to subdue, to enslave
ave, bird
  ave de corral, fowl
avejigar, to blister
avellana, filbert, hazelnut
avellanarse, to shrivel, to dry up
avemaría (Ave Maria), salutation of the Virgin Mary
¡Ave María!, my goodness! golly!
avena, oats
avenencia, agreement, bargain, union, concord
avenida, flood, inundation, coming together, concurrence, conjunction, avenue, boulevard
avenir, to reconcile, to bring into agreement
avenirse, to be reconciled, to come to an agreement
aventador(a), winnower, fan
aventajado(a), advantageous, excelling, superior
aventajar, to surpass, to excel, to have the advantage
aventar, to fan, to winnow, to blow along, to cast out, to expulse
aventarse, to puff up, to fill with air
aventura, adventure, event, incident, chance
aventurar, to venture, to risk, to take chances with
aventurero(a)[1], adventurous
aventurero(a)[2], adventurer, free lance
avergonzado(a), embarrassed, sheepish
avergonzar, to shame, to abash
avergonzarse, to be ashamed
avería, damage to goods, aviary, average
averiado(a), damaged by sea water
averiarse, to suffer damage at sea
averiguación, investigation
averiguar, to inquire into, to investigate, to ascertain, to find out
aversión, aversion, dislike, antipathy
avestruz, ostrich
avezar, to accustom, to habituate
aviación, aviation
aviador(a), aviator
aviar, to provision, to provide for, to supply, to equip, to hasten, to speed up
aviarse, to equip oneself, to fit oneself out
avidez, covetousness
ávido(a), greedy, covetous
avío, preparation, provision
avión, martin, swallow, airplane
  avión de bombardeo, bomber
  avión de combate, pursuit plane
  avión de turbohélice, turboprop
  avión de turborreacción, turbo-jet
  avión radioguiado, drone
  por avión, by plane, by air mail
avisar, to inform, to notify, to admonish, to advise
aviso, information, notice, advertisement, warning, hint, prudence, discretion, counsel, advice
  sin otro aviso, without further advice
  según aviso, as per advice
avispa, wasp
avispado(a), lively, brisk, vivacious
avispar, to spur, to incite to alertness
avisparse, to grow restless
avispero, wasps' nest
avivar, to quicken, to encourage

axila, armpit
axioma, axiom, maxim
axiomático(a), axiomatic
¡ay!, alas!
  ¡ay de mi!, alas! poor me!
aya, governess, instructress
ayer, yesterday, lately
  ayer mismo, only yesterday
  ayer por la mañana, yesterday morning
  ayer por la tarde, yesterday afternoon
ayes, lamentations, sighs
ayuda[1], help, aid, assistance, support
  Ayuda a Familias con Niños Dependientes (AFDC), Aid to Families with Dependent Children
  ayuda dietética, diet aid
  ayuda económica, economic aid
  ayuda extranjera, foreign aid
  ayuda humanitaria, humanitarian aid
  ayuda mnemotécnica, memory aid
  ayuda verbal, directiva verbal, verbal cue
  ayuda visual, visual aid
ayuda[2], assistant
  ayuda de cámara, valet
ayudante, assistant, adjutant, aide-de-camp.
ayudar, to aid, to help, to assist, to further, to contribute
ayunar, to fast, to abstain from food
ayunas, before breakfast
  en ayunas, not having had breakfast, unprepared, lacking information, ignorant
ayuno, fast, abstinence from food
ayuntamiento, town council, city hall, town hall, city government, city council
azabache, jet
azada, spade, hoe
azadón, pickax, hoe
azafata, plane stewardess
azafrán, saffron
azahar, orange or lemon blossom
azaque, zakah
azar, unforeseen disaster, unexpected accident, chance, happenstance
  al azar, at random
azaroso(a), ominous, hazardous, foreboding
ázoe, nitrogen
azogar, to overlay with mercury
  azogar la cal, to slake lime
azogarse, to be in a state of agitation
azogue, mercury
azorar, to frighten, to terrify
azorarse, to be terrified
azotar, to whip, to lash
azote, whip, scourge, lash given with a whip, calamity, great misfortune
azotea, flat roof, roof garden
azteca[1], Aztec
azteca[2], Mexican gold coin
azúcar, sugar
  azúcar blanco(a), refined sugar
  azúcar de Jamaica, Jamaican sugar
  azúcar de remolacha, beet sugar
  azúcar morena, brown sugar
  terrones de azúcar, cube sugar
azucarado(a), sugared, sugary
azucarar, to sugar, to sweeten
azucarera, sugar bowl
azucarero, sugar bowl, confectioner
azucena, white lily
azufre, sulphur, brimstone, sulfur
azul, blue
  azul celeste, sky blue
  azul subido, bright blue
  azul turquesa, turquoise blue
azulado(a), azure, bluish
azulejo, glazed tile, bluebird
azumbre, half a gallon
azur, azure
azuzar, to sic, to set on, to irritate, to stir up

B

baba, driveling, drooling, slobbering, mucus, slime
babear, to drivel, to drool, to slobber
babel, babel, confusion
babero, bib
babieca, ignorant, stupid person
Babilonia, Babylon
babor, larboard, port
  de babor a estribor, athwart ship
babosear, to drool, to slobber
baboso(a)[1], driveling, slobbery, foolish, silly
baboso(a)[2], fool, idiot
bacalao, codfish
bacanales, bacchanals
bacía, basin, shaving bowl
bacilo, bacillus
bacinica, chamber pot
bacinilla, chamber pot
bacteria, bacteria
  bacteria aeróbica, aerobic bacteria
  bacteria anaeróbica, anaerobic bacteria
bactericida[1], germicidal
bactericida[2], germicide
bacteriología, bacteriology
bacteriólogo(a), bacteriologist
bache, rut, hole, pothole, air pocket
bachiller[1], holder of a bachelor's degree
bachiller(a)[2], prating, babbling
bachillerato, bachelor's degree
badajo, clapper of a bell, idle, foolish talker
badana, dressed sheepskin
badil, fire shovel
bagatela, bagatelle, trifle
bagazo, bagasse
Bagdad, Baghdad
bahía, bay
  Bahía de Cochinos, Bay of Pigs
bailador(a), dancer
bailar, to dance
bailarín, male dancer
bailarina, ballerina, female, dancer
baile, dance, ball, bailiff
  baile de etiqueta, dress ball
  baile de máscaras, masked ball
  baile de sociedad, social dance
baja, drop in prices, loss of value, loss, casualty, withdrawal, resignation
  dar de baja, to discharge, to release
  darse de baja, to withdraw, to resign, to drop out
bajada, incline, slope, descent, going down
bajamar, low water, low tide, ebb
bajar[1], to lower, to decrease, to take down, to let down, to lead down, to lean down, to bend down, to humble, to humiliate, to download
bajar[2], to go down, to descend
  bajar de, to get out of, to descend from, to alight from
bajel, vessel, ship
bajeza, meanness, littleness, pettiness
bajío, shoal, sandbank, lowland
bajista[1], bear
bajista[2], bass player
bajo(a)[1], low, short, abject, humble, coarse, common, dull, faint, downcast, cast down, bent over
  tierra baja, lowland
  piso, ground floor
  planta baja, ground floor
bajo[2], under
bajo[3], underneath, below
  bajo cuerda, underhandedly
  bajo par, under or below par
  bajo techo, indoors
bajo[4], bass
bajón, bassoon
bajorrelieve, basrelief
bala, bullet, shot, bale, inking roller
balacera, shooting at random
balada, ballad
baladí, mean, despicable, worthless
baladronada, boast, brag, bravado
baladronear, to boast, to brag
balance[1], swaying, swinging, indecisiveness, hesitation, balancing accounts, balancing the books, balance sheet
balance[2], evaluation, comparison
  balance de comercio, balance of trade
  hacer un balance, to draw a balance
balanceado, balanced
balancear, to balance, to put in

balance
balancearse, to rock, to sway, to swing, to hesitate, to be doubtful
balanceo, rocking, swing, rolling, pitching
balancín, whiffletree, coining die, tight-rope walker's pole, rocker arm
balanza, scale, balance scale
balanza comercial, trade balance
balance, evaluation, comparison
balance de comercio, balance of trade
balar, to bleat
balasto, ballast
balaustrada, balustrade
balaustre o balustre, banister
balazo, shot, bullet wound
balboa, monetary unit of Panama
balbucear, to speak indistinctly, to stammer
balbucir, to stammer, to stutter
Balcanes, Balkans
balcón, balcony
baldar, to cripple
balde, bucket, pail
de balde, gratis, for nothing
en balde, in vain
baldear, to wash down with pailfuls of water, to bail out with a bucket
baldío(a), untilled, uncultivated, idle, shiftless, fruitless, useless
baldosa, fine paving bricks or tile
balido, bleating, bleat
balín, buckshot
balística, ballistics
baliza, buoy
balneario, bathing resort
balompié, soccer
balón, balloon, bale
balón de fútbol, football
baloncesto, basketball
balonvolea, volleyball
balsa, raft, float, pool, large puddle
balsadera, ferry landing
bálsamo, balsam, balm
balsear, to cross by ferry
balsero, ferryman
Báltico, The Baltic Sea
baluarte, bastion, bulwark, rampart
ballena, whale, whalebone
ballenato, whale calf
ballesta, crossbow
ballestear, to shoot with a crossbow
bambolear, to reel, to sway, to stagger
bamboleo, reeling, staggering, swaying
bambolla, ostentation vain show
bambú, bamboo
bambuco, Colombian popular tune and dance
banana, banana tree or fruit
bananero(a)[1], banana tree or fruit
bananera[2], pertaining to the banana
banano, banana tree or fruit
banasto, large round basket
banca, bench, banking
banca comercial, commercial banking
bancario(a), banking
bancarrota, bankruptcy
banco, bench, bank, shoal, school, bank
banco agrícola, agricultural bank, farmers' bank
banco central, national bank
banco de ahorros, savings bank
banco de depósito, trust bank
banco de emisión, bank of issue
banco del estado, state bank
banco de liquidación, clearinghouse
banco de préstamos, loan bank
banco de sangre, blood bank
banco de taller, workbench
banco hipotecario, mortgage bank
billete de banco, banknote
empleado de banco, bank clerk
libro de banco, passbook
poner en el banco, to deposit in the bank
banda, band, sash, ribbon, faction, party, side, edge
banda ancha, high speed
bandada, covey, flock.
bandearse, to shift for oneself
bandeja, tray
bandeja de entrada, inbox
bandeja de salida, outbox
bandera, banner, standard, flag
a banderas desplegadas, freely, openly
bandera estadounidense, American flag
Bandera Llena de Estrellas, Star Spangled Banner

banderilla, small decorated dart used at a bullfight
banderola, streamer, pennant
bandido[1], bandit, outlaw, highwayman
bandido(a)[2], bandit like, lawless
bando, faction, party, proclamation, decree
bandola, mandolin
bandolero, highway-man, robber
bandolín, mandolin
bandolina, mandolin, hair pomade
banquero(a), banker
banqueta, stool, sidewalk
banquete, banquet, feast
bañar, to bathe, to dip, to coat, to apply a coat
bañarse, to take a bath
bañera, bathtub
baño, bath, bathtub, bathroom, coat, coating
baño de ducha, shower bath
baño de regadera, shower bath
bantú, Bantu
baquelita, bakelite
baqueta, ramrod, drumstick, gauntlet
baquetazo, blow with a ramrod
baraja, deck of playing cards
jugar con dos barajas, to deal from the bottom of the deck, to be a double-crosser
barajar, to shuffle, to entangle, to mix up, to envolve
baranda, banister, railing
barandal, railing
baratero(a), selling at a low price, offering bargains
baratijas, trifles, toys
baratillero, peddler
baratillo, secondhand shop, sale of secondhand goods, bargain sale
barato(a)[1], cheap, low-priced
barato[2], cheaply
barato[3], bargain sale, sale at low prices, part of the take given the bystanders by the winning gambler
baratura, cheapness
baraúnda, noise, confusion
barba, chin, beard, whiskers
barba a barba, face to face
hacer la barba, to fawn on, to play up to, to bother, to annoy
por barba, per person
barbacoa, barbecue
barbada, lower jaw of a horse, dab
Barbados, Barbados
barbaridad, barbarity, cruelty, rudeness, grossness, piece of foolishness, hare-brained action, tremendous amount, awful lot
¡que barbaridad!, how terrible!
barbarie, barbarism, cruelty, lack of culture, grossness
barbarismo, barbarism
bárbaro(a), cruel, savage, barbaric, rash, headstrong, impetuous, rude, unpolished, gross
barbería, barbershop
barbero, barber
barbicano(a), gray-bearded
barbilla, point of the chin
barbital, barbital
barbitúrico, barbiturate
barbudo(a), long-bearded
barbulla, confused noise
barca, boat, barge
barcaza, barge, lighter
barco, boat, bark, ship
barco de guerra, warship
bardo, bard, poet
baricentro, barycenter
bario, barium
barítono, baritone
barlovento, windward
ganar el barlovento, to get to windward
barniz, varnish
barniz para uñas, nail polish
barnizar, to varnish
barómetro, barometer
indicación del barómetro, barometric reading
barón, baron
baronesa, baroness
barquero, boatman
barquillo, cone-shaped wafer, ice-cream cone
barra, bar, crowbar, lever, large ingot, sandbar
barra lateral, sidebar
barraca, hut, cabin, depository, warehouse, storage shed
barranca, precipice, cliff, ravine, gully
barranco, ravine, gorge, cliff, difficult situation, predicament
barrancoso(a), uneven, rugged, gullied, full of holes
barredor(a), sweeper

barrena, borer, gimlet, auger
barrenar, to bore holes in, to scuttle, to frustrate, to undermine, to undo
barrendero(a), sweeper, dustman or woman
barreno, large borer, large auger, hole bored, bore
barrer, to sweep, to sweep away, to clear away, to rid of
barrera, clay pit, bar, barrier, barricade, obstruction
  barrera antiaérea, flak
  barrera arancelaria, trade barrier
  barrera sónica, sound barrier
barriada, quarter,section, part
barrica, cask containing about 60 gallons, hogshead
barricada, barricade
barrido[1], sweep
barrido(a)[2], swept
barriga, abdomen, belly, belly, bulge in a wall
barrigón[1], small child
barrigón (barrigona)[2], big-bellied
barrigudo(a), big-bellied
barril, barrel, cask
barrilero, barrelmaker, cooper
barrio, district or section of a town, neighborhood
  Barrio Chino, Chinatown
  barrios bajos, slums
barro, clay, mud, pimple
  barro cocido, terra cotta, baked clay
barroco(a), baroque
barroso(a), muddy, like clay, pimpled, pimply
barrote, heavy bar, metal brace
barruntamiento, conjecturing, guessing, inkling
barruntar, to conjecture, to suspect, to have an inkling
barrunto, conjecture, inkling, suspicion
Bartolomé de las Casas, Bartholomew de las Casas
basado(a), based
basalto, basalt
basar, to base, to found, to support
  basarse en, to rely on, to have confidence in
báscula, platform scale
base, base, basis
  base 10, base 10
  base 60, base 60
  base de apoyo, base of support
  base de conocimiento, knowledge base
  base de datos, database
  base de recursos, resource base
  base e, base e
básico(a), basic, fundamental
basílica, basilica
básquetbol, basketball
basquetbolista, basketball player
basta, basting, loose stitching
  ¡basta!, enough!
bastante[1], sufficient, enough, considerable
bastante[2], enough, sufficiently, quite a bit, quite, rather
bastar, to suffice, to be enough
bastardilla, italic
bastardo(a), bastard, spurious
bastear, to stitch loosely, to baste
bastidor, frame, stretcher, chassis, plateholder
  bastidor de ventana or puerta, sash
bastidores, wings
  tras bastidores, backstage
bastilla, hem, seam
bastimento, provisions, supplies, vessel
basto[1], packsaddle, club
basto(a)[2], coarse, rude, unpolished
bastón, staff, cane
bastoncillo, small cane, narrow braid trimming
bastonero, cane maker or seller, dance director, dance manager, assistant jailer
bastos, clubs
basura, dirt, dust, sweepings, trash, horse manure
basurero, garbage man, trash collector, garbage dump, trash pile
bata, dressing gown, robe
  bata de mujer, housecoat
batahola (bataola), hurly-burly, bustle
batalla, battle, combat, fight
  batalla campal, pitched battle
  Batalla de Bull Run, Battle of Bull Run

Batalla de Hastings, Battle of Hastings
Batalla de Inglaterra, Battle for Britain
Batalla de Normandía, Normandy Invasion
Batalla de Poitiers, Battle of Tours
Batalla de Saratoga, Battle of Saratoga
Batalla de Tours, Battle of Tours
batallador(a)[1], battling, combative
batallador[2], combatant, warrior
batallar, to battle, to fight, to struggle, to fence with foils, to dispute, to wrangle, to fluctuate, to waver
batallón, battalion
batata, sweet potato
batea, painted wooden tray, flatcar, rounded trough, square flat-bottomed boat
batear, to bat
batería, battery, percussion instruments
batería de acumuladores, storage battery
batería de cocina, kitchen utensils
batería de teatro, stage lights
batería líquida, wet battery
batería seca, dry battery
batey, premises of a sugar refinery, front yard
batido(a)[1], beaten, with a changeable luster, chatoyant, well-beaten, well-traveled
batido[2], batter
batidor, beater
batidora, beater
batidora eléctrica, mixmaster, electric beater
batín, smoking jacket
batir, to beat, to beat down, knock down, to demolish, to flap violently, to beat, to coin, to mint, to rout, to defeat
batir banderas, to salute with colors
batir palmas, to clap, to applaud
batir tiendas, to strike camp
batirse, to fight, to struggle
batirse a muerte, to fight to the death
batiscafo, bathyscaphe
batista, batiste, cambric
Batú, Batu
baturrillo, hodgepodge, potpourri, medley
batuta, baton
llevar la batuta, to lead, to preside
baúl, trunk, chest
baúl ropero, wardrobe trunk
bautismal, baptismal
bautismo, baptism
bautizar, to baptize, to christen
bautizo, baptism, christening
Baviera, Bavaria
baya, berry
bayeta, woolen baize
bayetón, heavy wool baize, bearskin
bayo(a), bay
bayoneta, bayonet
baza, card trick
meter baza, to butt into a conversation
bazar, bazaar, department store
beata, lay woman in charity work, very devout woman, saintly woman
beatería, affected piety
beatificar, to beatify, to hallow, to sanctify, to make blessed
beatífico(a), beatific
beatísimo(a), most holy
Beatísimo Padre, Most Holy Father, the Pope
beatitud, beatitude, blessedness
beato(a)[1], fortunate, blessed, devout, hypocritical, sanctimonious
beato(a)[2], pious person, devout individual
bebedero, drinking dish, watering trough, bird bath
bebedero(a), drinkable, potable
bebedor(a), drinker, tippler, drunkard
beber[1], to drink
beber[2], drinking
bebible, drinkable, pleasant to the taste
bebida, drink, beverage
bebida alcohólica, intoxicant
bebido(a), intoxicated
beca, scholarship, fellowship
becerra, female calf, snapdragon

becerrillo, dressed calfskin
becerro, yearling calf, calfskin
becerro marino, seal
beduino(a)[1], Bedouin
beduino(a)[2], ungovernable, barbaric individual
befar, to mock, to ridicule
béisbol, baseball
bejucal, reed bank
bejuco, liana
bejuquillo, small gold chain, ipecacuanha
beldad, beauty
Belén[1], Bethlehem
estar en Belén, not to pay attention, to have one's mind elsewhere
belén[2], creche, bedlam
meterse en belenes, to do things at the wrong time
belga, Belgian
Bélgica, Belgium
bélico(a), warlike, martial
belicoso(a), martial, pugnacious, aggressive
beligerancia, belligerency
beligerante, belligerent
Belice, British Honduras, Belize
bellacada, knavery, rascality
bellaco(a)[1], sly, cunning, roguish
bellaco[2], knave
belladona, deadly nightshade, belladonna
bellaquería, knavery, roguery
belleza, beauty
bello(a), beautiful, handsome, fair, fine
bellas artes, fine arts
bellota, acorn
bemol, flat
bencedrina, benzedrine
bencina, benzine
bendecir, to consecrate, to bless, to praise, to exalt
bendición, benediction, blessing
bendito(a), sainted, blessed, simple, naive, simpleminded, fortunate, happy
dormir como un(a) bendito(a), to sleep soundly
¡benditos sean!, bless their hearts!
benedictino, Benedictine
benefactor(a), benefactor
beneficencia, beneficence, charity
beneficiado(a)[1], person or charity receiving proceeds from a benefit performance
beneficiado[2], incumbent
beneficiar, to profit, to benefit, to work, to cultivate, to exploit, to work
beneficiarse con, to profit by
beneficiarse por, to benefit from
beneficiario(a), beneficiary
beneficio, benefit, favor, kindness, working, cultivation, exploitation, working, profit, gain, advantage, benefit, benefit performance, benefice
a beneficio de, for the benefit of
beneficio de oportunidad, opportunity benefit
beneficio fisiológico, physiological benefit
beneficio marginal, fringe benefit
beneficio para la salud, health benefit
beneficio psicológico, psychological benefit
beneficio total, total benefit
benéfico(a), beneficent, kind
benemérito(a), meritorious, worthy
beneplácito, good will, approbation
benevolencia, benevolence, kindness, good will, goodness of heart
benévolo(a), benevolent, charitable, kindhearted
benignidad, kindliness, mildness
benigno(a), benign, kind, mild
Benín, Benin
benito, Benedictine
Benito Mussolini, Benito Mussolini
Benjamin Franklin, Benjamin Franklin
berenjena, eggplant
bergantín, brigantine, brig
Berlín, Berlin
bermejizo(a), reddish
bermejo(a), vermilion, reddish orange
bermellón, vermilion
berrear, to low, to bellow
berrenchín, snorting of an enraged boar, tantrum, fit of temper
berrido, bleating of a calf
berrinche, fit of anger, temper tantrum
berro, watercress

berza, cabbage
besamanos, levee, court reception
besar, to kiss, to touch, to be in contact
besarse, to bump heads, to knock heads together
beso, kiss, touching, contact, knocking heads together
bestia[1], beast, animal
bestia[2], dunce, idiot, nitwit
bestial, bestial, brutal
bestialidad, bestiality
besuquear, to smooch with, to smooch
besuqueo, smooching
betabel, beet, beetroor
betarraga, beet, beetroor
betarrata, beet, beetroor
betatrón, betatron
betún, shoe polish, frosting
bevatrón, bevatron
biberón, nursing bottle
Biblia, Bible
bíblico(a), Biblical
bibliófilo(a), book-lover, bibliophile
bibliografía, bibliography
 bibliografía anotada, annotated bibliography
biblioteca, library
 Biblioteca del Congreso, Library of Congress
bibliotecario(a), librarian
bicameral, bicameral
bicarbonato, bicarbonate
 bicarbonato de soda, baking soda
bíceps, biceps
bicicarril, bicycle lane
bicicleta, bicycle
 montar en bicicleta, to ride a bicycle
biciclista, bicyclist
bicho, insect, bug
 todo bicho viviente, every living soul, every man jack
bicondicional, biconditional
bidimensional, two-dimensional
biela, connecting rod
bien[1], good, use, benefit, welfare, good
bien[2], well, right, all right, very, readily, willingly
 antes bien, rather, on the contrary
 ¡bien!, fine! good! all right!
 bien común, common good
 bien de salud, well, in good health
 bien o mal acondicionado, in good or bad condition
 bien público, public good
 ¡está bien!, very well! good!
bienes, property, possessions, goods
 bienes de capital, capital goods
 bienes de lujo, luxury goods
 bienes duraderos, durable goods
 bienes importados, imported goods
 bienes inmuebles, real estate
 bienes muebles, goods and chattels
 bienes no durables, nondurable goods
 bienes raíces, real estate
bienal, biennial
bienandanza, prosperity, success
bienaventurado(a), blessed happy, fortunate, simple, naive
bienaventuranza, heavenly bliss, life eternal, happiness, prosperity
bienaventuranzas, Beatitudes
bienestar, well-being, welfare, comfort
 bienestar general, general welfare
 bienestar público, asistencia pública, public welfare
 bienestar social, social welfare
bienhablado(a), courteous, well-spoken
bienhadado(a), lucky, fortunate
bienhechor(a)[1], humane
bienhechor(a)[2], benefactor
bienio, period of two years, biennium
bienquerer, to hold in high esteem, to regard highly
bienquistar, to reconcile, to settle one's differences with
bienquistarse, to settle their differences, to become reconciled
bienquisto(a), of good repute, well-thought-of
bienvenida[1], welcome
bienvenido(a)[2], welcome
bienvivir, to live in comfort, to live well, to live an honest life, to live right
bifocal, bifocal
 lentes bifocales, bifocal glasses
bifurcación, junction forking, branching

Big Bang, el, Big Bang theory
bigamia, bigamy
bígamo(a)[1], bigamous
bígamo(a)[2], bigamist
bigardía, trickery, deception
bigornia, anvil
bigote, mustache, dash rule
  tener bigote, to be firm and undaunted
bilateral, bilateral
bilingüe, bilingual
bilioso(a), bilious
bilis, bile
Bill Clinton, Bill Clinton
billar, billiards
billete, ticket, bill, note, short letter
  billete de banco, banknote
  billete de entrada, admission ticket
  billete de ida y vuelta, round-trip ticket
  billete del tesoro, treasury note
  billete directo, through ticket
  billete sencillo, one-way ticket
billetera[1], billfold
billetero(a)[2], person selling lottery tickets
billón, billion
billonario(a), billionaire
Billy el Niño, Billy the Kid
bimestral, bimonthly
bimestre[1], bimonthly
bimestre[2], period of two months, bimonthly payment, bimonthly charge
bimotor(a), two-motored
binario(a), binary
binóculo, lorgnette
biodegradable, biodegradable
biodiversidad, biodiversity
biofísica[1], biophysics
biofísico(a)[2], biophysical
biogénesis, biogenesis
biogeoquímico, biogeochemical
binomio(a), binomial
biografía, biography
biógrafo, biographer
biología, biology
  biología molecular, molecular biology
bioma, biome
biomagnificación, biological magnification
biomasa, biomass
biomecánica del movimiento, biomechanics of movement
biombo, screen
biónica, bionics
biopsia, biopsy
bioquímica, biochemistry
biósfera (biosfera), biosphere
biotecnología, biotechnology
biótico(a), biotic
biotina, biotin
bipartidismo, two-party system
bípedo(a), biped
biplano, biplane
birla, bowling pin
birlar, in bowls, to throw the ball a second time from the place it stopped the first time, to kill with one shot, to trick out of, to do out of, to make off with
birrete, beretta, academic cap, graduation cap
bisabuela, great-grandmother
bisabuelo, great-grandfather
bisagra, hinge, shoemaker's polisher
bisecar, to bisect
  bisecarse la una a la otra, bisecting each other
bisección, bisection
bisector externo, external bisector
bisector interno, internal bisector
bisector perpendicular, perpendicular bisector
bisectriz, bisector
  bisectriz de un ángulo, angle bisector
  bisectriz de un segmento, segment bisector
bisel, bevel
biselar, to bevel
bisemanal, semi-weekly
Bismarck, Bismarck
bisonte, bison
bisoño(a)[1], raw, green, inexperienced
bisoño(a)[2], novice, greenhorn, raw recruit
bistec, beefsteak
  bistec de filete, tenderloin steak
bisutería, cheap or imitation jewelry
bit, bit
bituminoso(a), bituminous
Bizancio, Byzantium
bizarría, gallantry, valor, liberality, generosity, magnanimity

bizarro(a), brave, gallant, generous, liberal
bizco(a), squint-eyed, cross-eyed
bizcocho, biscuit, cake, ladyfinger, sponge cake
biznieta (bisnieta), great-granddaughter
biznieto (bisnieto), great-grandson
blanca[1], an old Spanish copcoin, minim, half note
  estar sin blanca, to broke or penniless
blanco(a)[2], white, blank
  ropa blanca, linens
blanco[3], blank, blank form, target
  blanco directo, direct hit
  carta en blanco, blank credit
  dar en el blanco, to hit the target
  en blanco, blank
blancura, whiteness
blancuzco(a), whitish
blandir, to brandish, to swing
blando(a), soft, smooth, bland, mild, gentle, mellow, cowardly, soft, unmanly
blandura, softness, daintiness, delicacy, mildness, cowardice, weakness
blanquear[1], to bleach, to whiten, to whitewash, to wax, to put wax on
blanquear[2], to show whiteness, to turn white, to verge on white
blanquecer, to blanch, to whiten, to bleach
blanqueo, whitening, bleaching, whitewash
blasfemador(a), blasphemer
blasfemar, to blaspheme
blasfemia, blasphemy, oath, gross insult, vituperation
blasfemo(a)[1], blasphemous
blasfemo(a)[2], blasphemer
blasón, heraldry, blazonry, honor, glory, escutcheon, coat of arms
blasonar[1], to blazon
blasonar[2], to blow one's own horn, to boast
bledo, wild amaranth
  no me importa un bledo, I don't give a rap, I just don't care
blindado(a), ironclad, ironplated, armored
blondo(a), light-haired, fair
bloque, block, bloc
  bloque comunista, Communist bloc
  bloque de poder, power bloc
  bloque soviético, Soviet bloc
bloqueador solar, sunscreen
bloquear, to blockade
bloqueo, blockade
  bloqueo de Berlín, Berlin blockade
blues, blues
blusa, blouse
boa, boa
boato, ostentation, pompous show
bobada, folly, foolish action
bobería, folly, foolishness
bobina, bobbin, spool, coil
bobo(a)[1], dunce, fool, stage clown
bobo(a)[2], stupid, silly, foolish, naïve
boca, mouth, entrance, opening, mouth, taste
  a pedir de boca, to one's heart's content
  boca abajo, face down, on the stomach
  de boca en boca, by word of mouth
  hacerse agua la boca, to make one's mouth water
  a boca de jarro o bocajarro, point blank
bocacalle, street intersection
bocadillo, snack, sandwich, stuffed roll, narrow ribbon, very thin linen
bocado, morsel, mouthful
bocamanga, cuff, wristband, lower sleeve
bocanada, mouthful of liquid, puff of smoke
  bocanada de gente, crowd of people
  bocanada de aire, gust of wind
Boccaccio, Boccaccio
boceto, sketch
bocina, horn, trumpet, megaphone, triton, horn, blowgun, hearing trumpet, speaker, receiver
bocio, goiter
bocón (bocona), wide-mouthed individual, braggart
bocoy, large barrel
bocudo(a), large-mouthed
bochorno, sultry weather, dog days,

scorching heat, flush, blus, humiliation, embarrassment
bochornoso(a), sultry, scorching, shameful, reproachful
boda, nuptials, wedding
bodas de plata or de oro, silver or golden wedding
bodega, wine cellar, harvest of wine, dock warehouse, wine shop, tavern, hold of a ship, pantry
bodegón, chophouse, lunchroom, still life of food and kitchenware
bodoque, pellet, dunce, idiot, dolt
bóer, Boer
bofe (plural bofes), lungs (plural lungs)
bofetada, slap in the face, box on the ear
bofetón, hard slap in the face, revolving flat
boga[1], vogue, popularity
estar en boga, to be fashionable, to be in vogue
boga[2], rower, rowing
bogador(a), rower
bogar, to row, to paddle
bohemio(a), Bohemian
bohío, Indian hut
boicot, boycott
boicotear, to boycott
boina, beret
bola, ball, globe, shoe polish (betun), bowling (juego), tall tale, fib, disturbance, row
hacerse bolas, to get confused
bolchevique, Bolshevik
bolchevismo, Bolshevism
bolchevista, Bolshevik
bolear[1], to play billiards without keeping score
bolear[2], to cast, to throw, to blackball, to reject, to polish, to put a shine on, to rope with bolas, to play a mean trick on, to do a bad turn
bolero, bolero, bootblack, shoeshine boy
boletín, bulletin, pay warrant, ticket, permit, railroad ticket
boletín de cotización, list of quotations
boletín de noticias, news bulletin
boletín meteorológico, weather report
boleto, ticket
boleto de avión, airplane ticket
boleto de entrada, admission ticket
boleto de ferrocarril, railroad ticket
boleto de ida y vuelta, round-trip ticket
boleto sencillo, one-way ticket
boliche, bowling, jack, small dragnet
bolígrafo, ball-point pen
bolillo[1], bobbin used in lace making, form for lace cuffs, coffin bone
bolillo[2], a kind of white bread
bolina, noise, uproar, bowline, flogging, lashing
ir a la bolina, to sail on a wind
bolívar, monetary unit of Venezuela
boliviano(a)[1], Bolivian
boliviano[2], monetary unit of Bolivia
bolo, tenpin or ninepin, bolo, newel, ignoramus, fool
bolos, bowling, game of tenpins or ninepins
bolsa, purse, handbag, pouch, stock exchange, main lode
bolsa de aire, air pocket
bolsa de comercio or financiera, stock exchange
corredor de bolsa, stockbroker, exchange broker
jugar a la bolsa, to speculate in stocks, to play the stock market
bolsillo, pocket, money, funds
bolsista, speculator, stockbroker, jobber
bollo, sweet roll, muffin, dent, lump, bump, tight spot, mess
bomba, pump, bomb, bombshell
a prueba de bomba, bombproof
bomba atómica, atomic bomb
bomba de alimentación, feed pump
bomba de apagar incendios, fire engine
bomba de carena, bilge pump
bomba de cobalto, cobalt bomb
bomba de hidrógeno, hydrogen bomb
bomba de neutrones, neutron bomb
bomba de profundidad, depth charge

bomba de vacío, vacuum pump
bomba de vapor, steam pump
bombachos, slacks
bombardear, to bombard
bombardeo, bombardment
bombardero, bomber, bombardier
bombardero de pique, dive bomber
Bombay, Bombay
bombeo, convexity, bulge
bombero, fireman, pumper, howitzer
bombilla, light bulb, a tube to sip maté
bombilla de destello, photoflash bulb
bombo, large drum, bass drum
bombón, bonbon, candy
bonachón (bonachona), good-natured, easy to get along with
bonaerense, native of or pertaining to Buenos Aires
bonancible, calm, fair, serene
bonanza, fair weather, calm seas, bonanza, good fortune, success
bondad, goodness, bounty kindness
tenga la bondad de, please be good enough to, please have the kindness to, please
bondadoso(a), bountiful, kind, good
poco bondadoso(a), unkind
bonete, secular biretta, member of the secular clergy, graduation cap, academic cap
boniato, sweet potato
Bonifacio anglosajón, Anglo-Saxon Boniface
bonificación, allowance, bonus
bonito(a)[1], quite good, pretty good, pretty, nice looking
bonito[2], tuna, bonito
bono, bond, certificate
bono de guerra, war bond
bono escolar, school voucher
bonos de gobierno, government bonds
boñiga, cow dung
Booker T. Washington, Booker T. Washington
boquear[1], to gape, to gasp, to be breathing one's last, to be dying, to be winding up, to be just about finished
boquear[2], to pronounce, to utter
boquerón, anchovy, large hole or opening
boquete, gap, narrow entrance
boquiabierto(a), open-mouthed
boquiancho(a), wide-mouthed
boquiangosto(a), narrow-mouthed
boquiduro(a), hard-mouthed
boquilla, mouthpiece, stem, cigarette holder, cigar holder, burner, jet
bórax, borax
borbotón, bubbling, gushing of water
hablar a borbotones, to speak in torrents, to ramble on
borceguí, buskin, half boot
bordado, embroidery
bordador(a), embroiderer
bordar, to embroider, to embellish, to elaborate
seda de bordar, embroidery silk
borde, border, edge, rim, board
borde de la acera, curb
bordear[1], to go along the edge, to stay on the outskirts, to ply to windward
bordear[2], to skirt along the edge of
bordo, board, tack
a bordo, on board
franco a bordo, free on board (f.o.b.)
bordonear, to buzz
Boreal, boreal, northern
borgoña, Burgundy wine
Borgoña, Burgundy
bórico(a), boric
ácido bórico, boric acid
boricua, Puerto Rican
borla, tassel
borla de empolvarse, powder puff
tomar la borla, to receive one's doctorate
borra, yearling ewe, goat's hair, nap, fuzz, lint, thick wool, dross, junk
borrachera, drunkenness, bacchanal, carousing, revelry, excess, exaltation
borracho(a), drunk, intoxicated, frenzied, infuriated
borrachón (borrachona), great drinker, tippler
borrador, rough draft, first draft, rubber eraser
borradores múltiples, multiple drafts
borrar, to erase, to scratch out, to

strike out, to blot, to blur, to strike, to delete, to erase
borrasca, violent storm, squall, wind, hazard, danger, risk
borrascoso(a), stormy
borregada, flock of lambs
borrego(a), lamb, simpleton, easy mark
borrica, she-ass, jenny
borricada, drove of asses, group outing on donkeyback
borrico(a), donkey, ass, donkey, blockhead
borrón[1], ink blot, splotch of ink, ink smudge,
borrón[2], blemish, imperfection,
borrón[3], rough draft, first copy, preliminary sketch, outline of a painting
borronear, to sketch, to scribble
borroso(a), indistinct, blurred
boruca, noise, clamor, excitement
bosque, forest, grove, woods
bosque de latitud media, midlaltitude forest
bosque nacional, national forest
bosque prístino, old-growth forest
bosque virgen, old-growth forest
bosquejar, to make a sketch of, to sculpt rough, to rough in, to do the preliminary work on, to outline, to sketch out hazily
bosquejo, outline, sketch
bosquejo biográfico, biographical sketch
bostezar, to yawn, to gape
bostezo, yawn, yawning
Boston, Boston
bota[1], wine bag, water cask
bota[2], shoe boot
botana, plug, stopper, healing plaster, scar, appetizer
botánica, botany
botar, to cast, to throw, to launch
botarate, madcap, spendthrift
bote, rowboat, small boat, thrust blow, prance, caper, rebound, bounce, jail
bote salvavidas, lifeboat
de bote en bote, jammed, overcrowded
botella, bottle, flask
botica, drugstore, pharmacy
boticario, druggist, pharmacist
botija, earthen jar with a short and narrow neck
botijo, round earthen jar
botijón, round earthen jar
botín[1], loot, spoils, sock
botín[2], half boot, ankle boot, boot
botiquín, first-aid kit
boto(a), blunt, slow in understanding, dull, dense
botón, button, bud
botón de contacto, push button
botón de llamada, call button
botón eléctrico, push button
botonadura, set of buttons
bóveda, dome, vault, crypt, vault
bovino(a), bovine
boxcador, boxcr, pugilist
boxeador profesional, prizefighter
boxear, to box
boxeo, boxing, pugilism
boya, buoy, float
boyar, to float, to be afloat, to be returned to service, to be floated again
bozal[1], muzzle
bozal[2], green, inexperienced, foolish, stupid
braceaje, coinage, minting, ocean depth
bracear, to swing the arms, to brace the yards
bracero(a), day laborer, man with a good throwing arm
braceros(as) contratados(as), contract labor
bracete, small arm
de bracete, arm in arm
braco(a)[1], flat-nosed
braco[2], pointer
braguero, truss, bandage for a rupture
bragueta, trousers' fly
brahmanismo, Brahmanism
brama, rut, mating time
bramadero, rutting place, mating spot
bramante[1], packthread, twine, Brabant linen
bramante[2], roaring
bramar, to roar, to bellow, to storm, to bluster, to be in a fury

bramido, roar, bellow, furious outcry, shriek of rage
brasa, live coal
brasero, brazier
Brasil, Brazil
brasileño(a), Brazilian
brasilero(a), Brazilian
bravata, bravado, boasting, braggadocio, swaggering
bravear, to bully, to hector, to bluster, to swagger
bravío(a)[1], ferocious, savage, wild, coarse, uncultured
bravío[2], fierceness, savageness
bravo(a), brave, valiant, blustering, bullying, savage, fierce, angry, enraged, very good, excellent, fine
¡bravo!, bravo! well done!
bravura, ferocity, bravery, courage, bravado, boasting
braza, fathom, breast stroke
brazada, rowing motion of the arms, armful
brazado, armful
brazaje, depth of water
brazalete, bracelet
brazo, arm, branch, foreleg, stamina, strength, power
a brazo partido, with bare hands
brazo con brazo, man to man
brazo de lanzar, throwing arm
brazo de palanca, lever arm
brazos, hands, man power
huelga de brazos caídos, sit-down strike
brea, pitch, tar
brebaje, unpalatable brew, grog
brecha, breach, gap, vivid impression, marked effect
batir en brecha, to make a breach, to impress on someone's mind, to get through to someone, dirt road
brecha de los ingresos, income gap
brécol, broccoli
brega, strife, struggle, joke, trick
bregar[1], to contend, to struggle
bregar[2], to knead
breña, craggy, brambly ground
breñal, craggy, brambly area
breñar, craggy, brambly area
bresca, honeycomb
brescar, to take out the honeycombs from
Bretaña, Brittany
Gran Bretaña, Great Britain
bretones, Brussels sprouts
breve[1], apostolic brief
breve[2], brief, short
en breve, shortly
brevedad, brevity, shortness, conciseness
a la mayor brevedad posible, as soon as possible
breviario, breviary, abridgement, breviary
brezal, heath
bribón (bribona)[1], mischievous, impish, rascally roguish, scoundrel
bribón (bribona)[2], rascal, rogue, scoundrel
bribonada, mischievous trick, impish action, roguery
brida, bridle, restraint, check, curb, flange
brigada, brigade
brillante[1], brilliant, bright, shining
brillante[2], brilliant, diamond
brillantez, brilliancy, brightness, brilliance
brillantina, brilliantine
brillar, to shine, to sparkle, to glisten, to stand out, to be preeminent, to be outstanding
brillo, brilliancy, brightness, splendor, brilliance
brillo de las estrellas, star brightness
brincar, to leap, to jump, to get upset, to flare up, to gloss over the details, to skip over the details
brinco, leap, jump
dar brincos, to leap, to jump around
brindar, to offer, to provide with
brindar por, to drink to the health of, to toast, to invite to, to offer to
brindarse, to offer one's help
brindis, health, toast
brío, strength, vigor, spirit, verve, vivacity
brioso(a), strong, vigorous, spirited, lively, vivacious

brisa, breeze
británico(a), British
brizna, wisp, thin strip, shred
brocado[1], brocade
brocado(a)[2], brocaded
brocal, curbstone
brocatel, brocatelle
brocha, paintbrush, shaving brush
brochada, brush stroke
broche, clasp, brooch
brócoli, broccoli
bróculi, broccoli
broma, hilarity, noisy fun, joke, jest prank
 dar broma,
 to tease, to have fun with
 tomar a broma,
 to take as a joke, to take in fun
bromear, to jest, to joke, to play pranks
bromista, joker, prankster, fond of playing jokes
bromuro, bromide
bronce, bronze
bronceado(a)[1], bronzed, suntanned
bronceado[2], bronze-color finish
broncear, to bronze
broncearse, to get a suntan, to get sun-tanned
bronco(a), rough, coarse, unfinished, brittle, easily broken, harsh, gruff, crabby, vile-tempered, untamed
broncoscopio, bronchoscope
bronquio, bronchial tube
bronquitis, bronchitis
broquel, buckler, shield, protection
 rajar broqueles,
 to play the bully, to lord it
brotar[1], to bud, to germinate, to sprout, to gush, to rush out, to erupt, to break out, to crop out
brotar[2], to shoot out, to shoot forth, to give rise to
brote, bud, shoot, outbreak, rash, outcrop
Brown contra la Junta Educativa de Topeka, Brown v. Board of Education of Topeka
broza, plant trash, rubbish, trash, underbrush, brush
brozar, to brush
bruces, face down
 de bruces,
 head-long, face downward
bruja[1], witch, hag
bruja[2], temporarily broke
Brujas, Bruges
brujería, witchcraft
brujo, sorcerer
brújula, compass, magnetic needle, magnetic compass
 brújula giroscópica,
 gyrocompass
bruma, mist, haze
brumoso(a), misty
bruno(a), dark brown
bruñido[1], polish, burnish
bruñido(a)[2], polished, burnished
bruñir, to burnish, to polish, to put makeup on, to paint
brusco(a), rude, gruff, brusque, abrupt, sudden
Bruselas, Brussels
 coles de Bruselas,
 Brussel sprouts
brusquedad, rudeness, abruptness, suddenness
brutal[1], brutal, brutish, colossal, terrific
brutal[2], brute, beast
brutalidad, brutality, brutal action
bruto[1], brute, beast, blockhead
bruto(a)[2], brutal, stupid, crude, gross, coarse, unpolished, unrefined
 en bruto, in a raw, unmanufactured state
 lino en bruto, raw flax
 peso bruto, gross weight
¡bu!, boo!
bubilla, pimple, pustule
bubónico(a), bubonic
bucanero(a), buccaneer
bucear, to skin-dive, to deepsea-dive
buceo, skin-diving, deepsea diving
bucle, curl
 bucle de realimentación,
 circuito de realimentación,
 feedback loop
bucólico(a)[1], pastoral, rural, bucolic
bucólica[2], pastoral poetry, food
buche, craw, crop, gullet, stomach, mouthful, suckling ass, pucker, crease, bosom, heart
Buda, Buddha
budismo, Buddhism
buen, apocope of bueno
 buen comer, good eating

buen salvaje, noble savage
hacer buen tiempo, to be good weather
tener buen éxito, to be successful
buenaventura, fortune, good luck
bueno(a)[1], good, fair, pleasant, kind, sociable, strong, well, fit, healthy, large, good-sized
buena ley, good law
buena norma, good rule
dar buena acogida, to honor
de buena gana, freely, willingly
bueno[2], enough, sufficiently
bueno está, enough, no more
¡bueno!, all right! that's enough!
Buenos Aires, Buenos Aires
buey, ox, bullock
bufa, jeer, scoff, taunt, mock, drunkenness
búfalo(a), buffalo
bufanda, scarf
bufar, to snort, to rage
bufé, buffet, buffet supper
bufet, buffet supper
bufete, desk, lawyer's office, practice, clients
bufido, snort
bufo[1], buffoon, clown
bufo(a)[2], comic
ópera bufa, comic opera
bufón[1], buffoon, jester
bufón (bufona)[2], funny, comical
bufonada, buffoonery, raillery
Buganda, Buganda
buganvilia, bugainvillea
buhardilla, dormer, small garret, attic
búho, owl, unsociable individual
buhonero(a), peddler, hawker
buitre, vulture
bujía, candle, candlestick, spark plug, candle, international candle
bujía de cera, wax candle
bula, papal bull
bulbo, bulb
bulevar, boulevard, parkway
bulimia, bulimia
bulto, bulk, mass, parcel, package, bundle, lump, swelling, bust, piece of luggage
en bulto, in bulk
bulla, confused noise, clatter, crowd
bullanguero(a)[1], noisy, boisterous
bullanguero(a)[2], noisy, loud person
bullicio, bustle, tumult, uproar
bullicioso(a), lively, restless, noisy, clamorous, turbulent, boisterous, riotous
búmeran o bumerán, boomerang
buñuelo, doughnut
buque, ship, vessel, capacity, hull
buque de vela, sailboat
buque de vela con aparejo de cruz, square rigger
buque explorador, scouting ship
buque fanal, lightship
buque petrolero, tanker
buque taller, repair ship
burdel, brothel
burdo(a), coarse, rough
bureta, burette
burgomaestre, burgomaster
burgués (burguesa), bourgeois
burguesía, bourgeoisie
burguesía urbana, urban bourgeoisie
buril, burin, graver
Burkina Faso, Burkina Faso
burla, scoffing, mockery, sneering, trickery, joke, jest
de burla, in jest
hacer una burla, to play a joke
burlador, trickster
burlar, to play a trick on, to deceive, to frustrate, to disappoint, to mock
burlarse de, to make fun of
burlesco(a), burlesque, comical, funny
burlete, weather stripping
burlón (burlona)[1], mocker, scoffer
burlón (burlona)[2], mocking, scoffing, sarcastic
buró, writing desk, night table
burocracia, bureaucracy
burocracia estatal, state bureaucracy
burocrático(a), bureaucratic
burrada, drove of asses, stupidity, asininity
burro, ass, donkey, work-horse, sawhorse
burro de planchar, ironing board
bursátil, relating to the stock exchange
busca, search, examination
buscador, search engine
buscapiés, firecracker
buscar, to seek, to search for, to

look for
buscar la correspondencia, match
ir a buscar, to get, to go after
buscón, searcher, pilferer, petty robber
búsqueda, search
búsqueda booleana, Boolean search
búsqueda de palabras, word search
busto, bust
butaca, armchair, orchestra seat
butifarra, Catalonian sausage, wide, loose-fitting stocking, ham sandwich
buzo, skin diver, deepsea diver
buzón, mailbox, letter drop, conduit, canal
byte, byte

C. (centígrado), C. (Centigrade)
c (cargo), cargo, charge
C.A. (corriente alterna), A.C. (alternating current)
c/a (cuenta abierta), open account
cabal, precise, exact, perfect, complete, accomplished
cabalgada, mounted foray into the countryside
cabalgadura, beast of burden
cabalgar, to ride horseback
cabalgata, cavalcade
caballar, equine
caballeresco(a), knightly, chivalrous, lofty, sublime
caballería, cavalry, mount, chivalry, knighthood
caballería andante, knight-errantry
caballería de Magyar, Magyar cavalry
caballeriza, stable, mounts owned by one individual
caballero, gentleman, nobleman, knight, cavalier, rider, horseman
caballerosidad, chivalry, nobleness, knightliness
caballeroso(a), noble, gentlemanly, chivalrous
caballete, ridge, trestle, sawhorse, horse, easel, gantry tower
caballitos, merry-go-round, miniature mechanical horse race
caballo, horse, knight
a caballo, on horseback
caballo de fuerza, horsepower
cabaña, hut, cabin, cottage, cabana, large number of livestock, balkline
cabaret, cabaret, night club
cabecear, to nod with sleep, to shake one's head, to pitch, to hit with one's head
cabeceo, nod, shaking of the head, pitching
cabecera, head, head, headboard, pillow, headwaters, heading
médico de cabecera, attending physician
cabecilla, ringleader
cabellera, long hair falling to the shoulders, wig, coma
cabello, hair of the head
cabelludo(a), hairy, overgrown with hair
cuero cabelludo, scalp
caber, to fit, to be possible, to be likely, to be admitted, to be allowed in, el libro no cabe, there isn't room for the book
cabestrar, to halter
cabestrear, to be led easily by the halter
cabestrillo, sling, necklace, chain
cabestro, halter, lead ox
cabeza, head
Cabeza de Vaca, Cabeza de Vaca
cabezas redondas, Roundhead
cabezada, blow on the head, butt with the head, nod, headstall, instep
cabezal, small pillow, bolster, surgical compress
cabezón (cabezona)[1], big-headed, stubborn
cabezón[2], hole for the head
cabezudo(a), big-headed, strong headed, obstinate, stubborn
cabida, content, capacity
cabildear, to lobby
cabildeo, lobbying
cabildero, lobbyist
cabildo, cathedral chapter, chapter meeting, town council

cabina, cabin, cockpit
cabina a presión, pressurized cabin
cabina cerrada transparente, canopy
cabina telefónica, telephone booth
cabizbajo(a), crestfallen
cable, cable, rope
cable conductor, electric cable
cable de conexión, connecting cable
cable de remolque, towline
cablegrafiar, to cable
cablegráfico(a), cable
dirección cablegráfica, cable address
cablegrama, cable
cabo, cape, headland, end, tip, extremity, corporal
al cabo, at last
al cabo de, at the end of
llevar a cabo, to finish, to carry out, to accomplish
Cabo de Buena Esperanza, Cape of Good Hope
Cabo de Hornos, Cape Horn
cabra, goat
cabrestante, capstan
cabrío, flock of goats
macho cabrío, buck
cabriola, caper, gambol, pirouette
cabriolar o cabriolear, to caper, to curvet, to pirouette
cabriolé, cabriolet
cabritilla, dressed kid-skin
cabrito, kid
cabrón, buck, he-goat, cuckold
cabronada, cuckoldry
cacahual, cocoa plantation
cacahuate, peanut
cacahuete, peanut
cacao, cacao, cocoa seed
cacaotal, cocoa plantation
cacarear, to crow, to cackle, to cluck, to brag, to boast
cacareo, crowing, cackling, boasting, bragging
Cachemira, Kashmir
cacera, irrigation canal
cacería, hunting party
cacerola, casserole
cacique, cacique, political boss
caciquismo, bossism
cacofonía, cacophony, dissonance
cacto, cactus
cactus, cactus
cacumen, acumen, keenness, discernment
cacha, knife handle, grip
cacharro, piece of crockery, crock, pottery fragment, potsherd
cachaza, deliberateness, unhurriedness, coldness, indifference, foam of impurities on juice of sugar cane
cachete, chubby cheek, sock in the face
cachetudo(a), chubby-cheeked
cachimbo(a), pipe
cachiporra, cudgel, club, bludgeon
cachivache, junky kitchen utensil, old piece of kitchenware, phony, fake
cacho, slice, piece, horn
cachondo(a), in heat, in rut
cachorro(a), puppy, cub
cachucha, cachucha, Andalusian solo dance, rowboat, cap
cachupín (cachupina), Spanish settler in America
cada, each, every
cada cual, everyone, everybody
cada uno, everyone, each one
cada vez, every time
cada vez más, more and more
cadalso, scaffold, platform
cadáver, corpse, cadaver
cadavérico(a), cadaveric, cadaverous
cadena, chain, chain gang, network, series, bond
cadena alimenticia, food chain
cadena antideslizante, nonskid chain
cadena de montañas, range of mountains
cadena perpetua, life sentence, life imprisonment
cadena química, chemical bond
cadena trófica, food chain
cadencia, cadence
cadente, cadent, rythmical, declining, failing
cadera, hip
cadete, cadet
caducar, to be senile, to dote, to lose effect, to lapse, to fall into disuse, to be outmoded

caduco(a), senile, in one's dotage, perishable, fleeting
C.A.E. (cóbrese al entregar), C.O.D. or c.o.d. (cash on delivery)
caer, to fall, to tumble down, to diminish, to lag, to befall, to happen, to come by chance, to happen to come, to fall due, to catch on, to understand
caer bien, to suit, to be pleasing
caer de bruces, to fall headlong
caer en gracia, to be liked, to win favor
caerse de suyo, to be self-evident
dejar caer, to drop
café[1], coffee tree, coffee, coffeehouse, café
café cargado, strong coffee
café claro, weak coffee
café molido, ground coffee
café[2], coffee-colored
cafeína, caffeine
cafetal, coffee plantation
cafetalero(a), coffee grower, coffee planter
cafetera, coffee pot, jalopy
cafetería, coffeehouse, coffee shop, cafeteria
cafetero(a)[1], pertaining to coffee, very fond of coffee
cafetero(a)[2], coffee picker, coffee seller, coffeehouse owner
cafeto, coffee tree
cafre, savage, inhuman, uncouth, rough
caída[1], fall, falling
caída de agua, waterfall
caída de la tarde, nightfall
caída de voltaje, voltage drop
caída incontrolada, free fall
caída[2], slope, descent
caído(a)[3], fallen
caimán, caiman, cayman, crafty, tricky individual
Cairo, **El,** Cairo
caja, box, case, casket, coffin, strong box, cash-box, cashier's desk
caja alta, upper case
caja baja, lower case
caja de ahorros, savings bank
caja de cambios, gear box, transmission
caja de cartón, carton
caja de herramientas, tool chest
caja de interrupción, switch box
caja de reclutamiento, recruiting branch
caja de ritmos, drum machine
caja de seguridad, safe-deposit box
caja fuerte, safe vault
caja registradora, cash register
libro de caja, cashbook
cajero(a), cashier
cajero automático, automatic teller machine (ATM)
cajeta[1], small box
cajeta[2], caramel topping or filling
cajetilla, pack, city swell, city slicker
cajista, compositor
cajón, space between shelves, drawer, grocery store
ser de cajón, to be the usual thing, to be customary
cajuela, auto trunk
cal, lime
cal viva, quicklime
cal y canto, stone masonry
cala, cove, inlet, small bay, creek
calabaza, pumpkin, gourd
dar calabazas, to reject, to give the cold shoulder, to fail, to flunk
calabozo, dungeon, isolated cell
calada, dive, swoop, soaking, laying, sinking
calado, openwork, drawn work, draft, depth
calador(a), probe
calafate, calker
calamar, squid
calambre, cramp
calambre muscular, muscle cramp
calamidad, calamity, general disaster
calamita, magnetic needle
calamitoso(a), calamitous, disastrous
calar[1], to soak, to pierce, to plug, to fix, to ready, to lay, to sink
calar[2], to draw, to pounce, to swoop down
calarse, to be soaked through
calarse el sombrero, to pull down one's hat
calavera, skull, reckless individual, daredevil, madcap

calaverada, prank, escapade, reckless action
calcañal (calcañar), heel bone, heel
calcar, to trace, to copy, to trample on, to step on, to copy slavishly
calcáreo(a), chalky
calceta, stocking
calcetín, sock
calcificar, to calcify
calcinar, to calcine, to char, to reduce to ashes
calcio, calcium
calcomanía, decalcomania, sticker
calculable, calculable
calculador(a)[1], calculator, computer, estimator
calculador(a)[2], calculating, scheming
calculadora[3], calculating machine, calculator
calcular, to calculate, to compute, to estimate, to judge
calcular los factores, factor a polynomial
calcular aproximadamente, estimate
cálculo, calculation, computation, estimate, judgment
cálculo aproximado, estimation
cálculo aproximado a partir de los primeros dígitos, front-end estimation
cálculo biliario, gallstone
cálculo de decimales, decimal estimation
cálculo de fracciones, estimation of fractions
cálculo de la altura, estimation of height
cálculo de la longitud, estimation of length
cálculo de parámetros, parameter estimate
cálculo del ancho, estimation of width
cálculo mental, mental math
calda, warming up, heating up
caldas, hot baths, thermal springs
caldear, to make red-hot, to warm up, to heat up, to cheer up, to brighten up
caldera, kettle
caldera de vapor, steam boiler
caldera tubular, hot-water boiler
calderón, large kettle, caldron, paragraph sign, pause
caldo, broth, bouillon
caldo de carne, beef consommé
calefacción, heating
caleidoscopio, kaleidoscope
calendario, calendar
calendario maya, Mayan calendar
calendario maya de cuenta larga, Mayan "Long Count" calendar
calendario semilunar, semilunar calendar
calentador, heater, heating apparatus
calentador de agua, water heater
calentamiento, warm-up, warming
calentamiento atmosférico, atmospheric warming
calentamiento desigual de las masas continentales, unequal heating of land masses
calentamiento desigual de los océanos, unequal heating of oceans
calentamiento desigual del aire, unequal heating of air
calentamiento global, global warming
calentar, to warm, to heat
calentarse, to get hot under the collar, to be in rut
calentura, fever
calenturiento(a), feverish
calesa, calash
calesín, light calash
calibración, calibration
calibrador, gauge
calibrar, to calibrate
calibre, bore, caliber, gauge, caliber, diameter, caliber
calicanto, stone masonry
calidad, quality, type, kind, qualities, qualifications, term, condition
calidad de las aguas subterráneas, groundwater quality
calidad de movimiento, movement quality
calidad de vida, quality of life
calidad estética, aesthetic quality
en calidad de,

in one's position as
cálido(a), hot, warm
calidoscopio, kaleidoscope
caliente, hot, warm, fiery, vehement
en caliente,
at once, immediately
califa árabe, Arab Caliph
calificación, rating, classification, evaluation, grade, mark
calificar, to rate, to classify, to evaluate, to grade, to mark, to ennoble
calificarse, to prove one's noble birth
California, California
caligrafía, calligraphy, penmanship
calistenia, calisthenics
calisténica, calisthenics
cáliz, chalice, goblet, calyx
caliza, limestone
¡calla!, no! you don't say! you don't mean it!
callado(a), silent, noiseless, quiet, tight-lipped, close-mouthed, quiet
callar[1], to keep quiet, to be silent, to become quiet, to stop talking
callar[2], not to mention, to keep quiet about
hacer callar,
to silence, to hush up
calle, street, lane
calle transversal, crossroad
calles céntricas,
downtown streets
cruce de calle, street crossing
doblar la calle,
to turn the corner
calleja, lane, narrow street, alley
callejear, to wander the streets
callejero(a), fond of wandering the streets
callejón, short street
callejón sin salida,
dead-end street, blind alley
callejuela, lane, narrow street, subterfuge, shift
callista, chiropodist
callo, corn, callus
callos, tripe
calloso(a), callous
calma, calm, stillness, lull, letup, peace, quiet
calmante, sedative, tranquilizer
calmar, to calm, to quiet
calmarse, to quiet down, to calm down
calmoso(a), calm, tranquil, peaceful
caló, gypsy argot
calofriarse, to be chilled, to have a chill
calofrío, shivering, chill
calor, heat, warmth, ardor, enthusiasm, heat, flush
calor corporal, body heat
calor específico, specific heat
hacer calor, to be hot or warm, to be hot weather
tener calor, to be hot or warm
caloría, calorie
calorífero(a)[1], heat producing
calorífero[2], furnace
calorífero de aire caliente,
hot-air furnace
calumnia, calumny, slander, libel
calumniador(a), slanderer
calumniar, to slander, to smear
calumnioso(a), calumnious, slanderous
caluroso(a), warm, hot
calurosa bienvenida,
cordial welcome
calva, bald spot, bald place, clearing
Calvario, Calvary, via dolorosa
calvario, cross to bear, via dolorosa
calvicie, baldness
Calvin Coolidge, Calvin Coolidge
calvo(a), bald, barren, bare
calzada, causeway, highway
calzado, footwear
calzador, shoe horn
calzar, to put on, to put a wedge under, to take, to wear, to take
calzón, panties, pants, shorts
calzones, breeches, knee-length shorts, trousers, pants
calzoncillos, drawers, shorts
cama, bed, litter, den, lair
cama plegable, folding bed
guardar cama, to stay in bed
hacer la cama, to make the bed
camada, litter, brood, layer, gang of thieves, robber's den
camafeo, cameo
camaleón, chameleon
cámara, hall, chamber, house, camera, cockpit, chamber
cámara de ahumado,
smokehouse
cámara de aire, inner tube

cámara de combustión, combustion chamber
cámara de comercio, chamber of commerce
cámara de compensación, clearing house
cámara de escape, exhaust
Cámara de los Comunes, House of Commons
Cámara de los Lores, House of Lords
cámara frigorífica, cold-storage locker
camarada, comrade, companion
camaradería, fellowship
camarera, waitress, maid
camarero, waiter, valet, steward
camarilla, hidden clique of advisers to a government
camarilla política, caucus
camarista[1], member of the supreme council
camarista[2], maid of honor of the queen
camarógrafo, cameraman
camarón, shrimp
cóctel de camarones, shrimp cocktail
camarote, cabin, stateroom
cambalachear, to trade, to exchange
cambiable, changeable
cambiante[1], changeable, iridescent
cambiante[2], iridescence
cambiar, to change, to exchange, to alter, to turn, to convert, to make change for
cambiavía, switchman
cambija, reservoir
cambio, exchange, change, alteration
a cambio de, in exchange for
agente de cambio, stockbroker
al cambio de, at the rate of exchange of
cambio atmosférico, atmospheric change
cambio ambiental, environmental change
cambio benéfico, beneficial change
cambio cualitativo, qualitative change
cambio cuantitativo, quantitative change
cambio de compás, meter change
cambio de comportamiento en organismos, behavioral change in organisms
cambio de dirección, change of direction
cambio de fase, phase change
cambio de forma de vida, life form change
cambio de marchas o de velocidad, gearshift
cambio de moneda, money exchange
cambio de paradigma, paradigm shift
cambio de peso, weight shift
cambio de variable, variable change
cambio de velocidad, change of motion, change of speed, gearshift
cambio de voz, voice change
cambio demográfico, demographic shift
cambio dinámico, dynamic change
cambio drástico de humor, dramatic mood change
cambio en el punto de vista, shift in point of view
cambio en el tiempo verbal, shift in tense
cambio en la curva de demanda, shift in demand curve
cambio en la curva de oferta, shift in supply curve
cambio exterior, foreign exchange
cambio extranjero, foreign exchange
cambio físico, physical change
cambio fisiológico, physiological change
cambio geológico, geological shift
cambio inducido por los humanos, human-induced change
cambio perjudicial, detrimental change
cambio químico, chemical change
cambio temporal, temporal change

cambios climáticos, climate changes
cambios en el medio ambiente, environmental change
cambios en la superficie terrestre, changes in the Earth's surface
casa de cambio, exchange office
corredor de cambio, exchange broker
en cambio, on the other hand
letra de cambio, bill of exchange
tipo de cambio, rate of exchange
cambista, money changer, banker
Camboya, Cambodia
cambray, cambric
camelia, camellia
camelo, courting, flirting, joke, trick
camello, camel
camilla, stretcher
caminador(a), prone to walking a great deal
caminante, traveler, wayfarer, walker
caminar, to travel, to walk
caminata, long walk
caminata a paso firme y moderado, pacing
caminata cronometrada, timed walk
caminata de distancia, distance walk
camino, road, path
Camino de Birmania, Burma Pass
camino de acceso, access road
camino del inca, Incan highway
camino trillado, beaten path
en camino, on the way
ponerse en camino, to start out
camión, truck, bus
camionero, truckman
camioneta, station wagon, small truck
camisa, shirt, chemise
camisa de fuerza, straitjacket
Camisas Rojas de Garibaldi, Garibaldi's nationalist red-shirts
camisería, haberdashery
camiseta, undershirt
camiseta playera, t-shirt
camiseta polera, t-shirt
camiseta remera, t-shirt
camisola, ruffled shirt
camisón, nightgown, chemise
camorra, quarrel, dispute
camorrista, quarrelsome person
camote, sweet potato
campal, pertaining to the field
batalla campal, pitched battle
campamento, encampment, camp
campana, bell
campana de buzo, diving bell
campana de chimenea, funnel of a chimney
Campana de la Libertad, Liberty Bell
juego de campanas, chimes
campaña, campaign
campaña crítica, hammering campaign
campaña militar, military campaign
campaña propagandística, propaganda campaign
campanada, peal, stroke of a bell, scandal
campanario, belfry, steeple
campaneo, tolling of bells, pealing of bells, affected walk, strut
campanero, bell founder, bell ringer
campanilla, hand bell, uvula
campanillazo, loud ring of a bell
campaña, level countryside, fiat country, campaign
campear, to go out into the countryside, to turn green, to excel, to stand out, to look for
campechano(a), good-natured, cheerful
campeón(a), champion
campeonato, championship
campesinado, peasantry
campesino(a)[1], rural
campesino(a)[2], peasant
campestre, rural, rustic
merienda campestre, picnic lunch
campiña, large tract of arable land
campo, country, countryside, field, camp
campo de deportes, playing field
campo de juegos, playground
campo magnético, magnetic field

campo minado, mine field
campo vector, vector field
campos de concentración para japoneses en EE.UU., internment of Japanese Americans
camposanto, cemetery
camuflaje, camouflage
can, dog
can mayor, Canis Major
can menor, Canis Minor
cana, gray hair
peinar canas, to grow old
Canadá, Canada
canadiense, Canadian
canal, channel, canal, gutter
Canal de Erie, Erie Canal
Canal de la Mancha, English Channel
Canal de Panamá, Panama Canal
Canal de Suez, Suez Canal
canal navegable, waterway
canalización, channeling, wiring
canalizar, to channel, to wire
canalón, large gutter
canalla[1], mob, rabble
canalla[2], scoundrel, heel, despicable person
canallada, despicable act
canana, cartridge box
canapé, lounge, settee
Canarias, Canary Islands
canario[1], canary, liberal tipper
canario(a)[2], from the Canary Islands
canasta, basket, hamper, canasta
canastilla, small basket, layette
canasto, large basket
¡canastos!, confound it! darn it!
Canberra, Canberra
cáncamo, ringbolt
cáncamo de mar, heavy wave
cancelación, cancellation, erasure, settlement
cancelar, to annul, to void, to pay, to liquidate, to break, to cancel
cáncer, cancer
cáncer pulmonar, lung cancer
cancerarse, to become cancerous
cancerígeno(a), carcinogenic
canceroso(a), cancerous
canciller, chancellor, attaché
canción, song
canción artística, art song
canción de trabajo, work song
canción patriótica, patriotic song
cancionero, collection of songs and poetry
cancha, playing field
cancha de tenis, tennis court
candado, padlock
candela, a light, candle
candelabro, candelabrum
candelero, candlestick
candente, red-hot
candidato(a), candidate, applicant
candidato político, political candidate
candidato por el Partido Demócrata, Democratic nominee
candidatura, candidacy
candidez, candor, frankness, whiteness
cándido(a), frank, open, candid, white
candil, oil lamp, chandelier
candilejas, stage lights
candongo(a), cajoling, fawning
candor, candor, frankness
caneca, glazed earthen bottle, liquid measure of 19 liters
canela, cinnamon
canela en rama, cinnamon stick
canela en polvo, powdered cinnamon
canelón, large gutter, icicle, cinnamon candy
canelones, hollow noodles for stuffing
cangilón, dipper
cangrejo, crawfish, crab
canguro, kangaroo
caníbal, cannibal
canilla, shinbone, tap, spigot, bobbin
canino(a), canine
canje, exchange, interchange
canjear, to exchange, to interchange
cano(a), hoary, gray-haired
canoa, canoe, wooden trough, wooden aqueduct
canon, catalogue, list, canon
cánones, canon law
canónico(a), canonical
canónigo(a), canon, prebendary
canonizar, to canonize
canoso(a), white-haired
cansado(a), weary, wearied, tired, tedious, tiresome
cansancio, lassitude, fatigue, weariness

cansancio temporal, temporary tiredness
cansar, to weary, to fatigue, to annoy, to bore
cansarse, to grow weary, to get tired
cantable, singable
cantaleta, shivaree, mocking singsong
cantante, singer
cantar[1], song
cantar[2], to sing
cántara, pitcher, a liquid measure of 32 pints
cántaro, pitcher, ballot box
llover a cántaros, to rain heavily, to pour
cantera, quarry
cantería, stonecutting trade, piece of hewn stone
cantero, stonecutter
cántico, song, canticle
cantidad, quantity, amount, number
cantilena, humdrum, same old thing, monotony
cantimplora, siphon, decanter, water bottle, canteen
cantina, barroom, cantina, wine cellar, canteen
cantinero, bartender
canto, song, chant, edge, chunk, piece, canto
cantón, corner, quarters, region, area
Cantón (Guangzhou), Canton (Guangzhou)
cantonera, corner table, corner brace, corner ornamentation
cantor(a)[1], singer
cantor(a)[2], singing
canturrear, to hum, to sing in a low voice
caña, cane, reed, stalk, rum
caña del timón, helm
caña de azúcar, sugar cane
cañada, ravine, livestock path
cañal, cane plantation, reed bank, canebrake
cañamar, hemp field
cañamiel, sugar cane
cáñamo, hemp, hempen cloth
cañamón, hemp seed
cañavera, reed
cañaveral, sugar-cane plantation
cañería, pipe line, gas main, water main
cañiza, coarse linen
cañizo, reed frame
caño, tube, pipe, drain
cañón, pipe, gorge, canyon, cannon, gun, barrel
cañonazo, cannon shot
cañoneo, cannonade
cañonera, cannon emplacement
cañonería, organ pipes, battery of cannons
cañonero(a)[1], carrying guns
cañonero[2], gunboat
cañutillo, slender glass tubing
caoba, mahogany
caos, chaos, confusion
caótico(a), chaotic
capa, cloak, cape, layer, coating, stratum, cover, pretext
capa de océano, ocean layer
capa de ozono, ozone layer
capas atmosféricas, atmosphere layers
capas terrestres, Earth' layers
defender a capa y espada, to defend at all costs
capacidad, capacity, qualification
capacidad aeróbica, aerobic capacity
capacidad de agua, water capacity
capacidad de albergar vida, ability to support life
capacidad de carga, carrying capacity
capacidad de persistencia, carrying capacity
capacidad reproductiva, reproductive capacity
capacitación, training
capacitar, to enable, to empower, to authorize
capar, to geld, to castrate, to curtail, to curb
caparazón, shell
capataz, overseer, foreman
capaz, spacious, roomy, capable, able, competent
capeador, bullfighter who executes maneuvers with his cape
capear, to steal the cape of, to execute maneuvers with the cape in front of
capear el temporal, to battle the storm, to battle adversity
capellán, chaplain, clergyman

capellán castrense, army chaplain
capellán de navío, navy chaplain
caperuza, hood
Caperucita Roja, Little Red Riding Hood
capilar, capillary
capilla, hood, chapel
capiller, sexton, church warden
capillero, sexton, church warden
capirote[1], with the head of a different color than the body
capirote[2], hood
tonto de capirote, simpleton, blockhead
capitación, poll tax
capital[1], capital, principal, estate, assets
capital circulante, rolling capital
capital extranjero, foreign capital
capital físico, physical capital
capital fluctuante, floating capital
capital humano, human capital
capital nacional, national capital
colocar un capital, to invest capital
capital[2], capital, principal, main
capital nacional, national capital
capitalismo, capitalism
capitalista, capitalist
socio capitalista, investor, investing member
capitalización, capitalization
capitalizar, to capitalize
capitán, captain, chief, leader
capitán de corbeta, lieutenant commander
capitán del puerto, harbor master
capitanear, to captain, to lead
capitel, steeple, capital
capitolio, capitol, Capital Hill
capitular[1], to reach an agreement, to come to an understanding, to capitulate, to sing canons in the Mass
capitular[2], to charge, to impeach
capítulo, chapter, charge, count, allegation
capitolio estatal, state capitol
capón, capon
caporal, chief, ringleader
capota, bonnet, top, short cape
capote, long cloak, capote, bullfighter's cape, stern look, frown
decir para su capote, to say to oneself
capotudo(a), frowning
capricho, caprice, whim, fancy
caprichoso(a), capricious, whimsical, fickle
cápsula, capsule, top, cap, cartridge
cápsula de emergencia, escape capsule
cápsula de escape, escape capsule
cápsula espacial, space capsule
cápsula fulminante, detonator, percussion cap
captar, to captivate, to tune in, to understand, to perceive
captura, capture, seizure
captura de Constantinopla, capture of Constantinople
capturar, to capture
capucha, circumflex accent, hood, cowl
capuchina[1], Capuchin nun
capuchino[2], Capuchin monk
capuchino(a)[3], pertaining to the Capuchins
capuchino[4], cappuccino
capullo, cocoon, bud
caqui, khaki
cara, face, visage, front, surface
cara a cara, face to face
cara o cruz, heads or tails
cara o sello, heads or tails
caras de una forma, faces of a shape
cara de una moneda, head of a coin
de cara, opposite, facing
buena cara, cheerful mien
mala cara, frown
tener mala cara, to look bad
carabela portuguesa, Portuguese caravel
carabina, carbine
ser como la carabina de Ambrosio, to be good for nothing, to be worthless
carabinero, carabineer

caracol, snail
escalera de caracol, winding staircase, spiral staircase
¡caracoles!, blazes! confound it!
carácter, character, nature, disposition, characteristic, position, rank
característica, characteristic, trait, feature
característica anatómica, anatomical characteristic
característica bioquímica, biochemical characteristic
característica compartida, shared characteristic
característica común, common feature
característica del texto, text feature
característica derivada, derived characteristic
característica espacial, spatial characteristic
característica estilística, stylistic feature
característica externa, external feature
característica genética, genetic characteristic
característica heredada, inherited characteristic
características adaptativas, adaptive characteristics
características culturales, cultural trait
características de la superficie planetaria, planet surface features
características de la vida, characteristics of life
características de las rocas, rock characteristics
características del aire, characteristics of air
características geográficas, geographic features
caracterización, characterization
caracterizar, to characterize
caradura, shameless, brazen
¡caramba!, heck! dam it!
carámbano, icicle
carambola, carom, trick, fluke, chance
por carambola, indirectly, by chance
caramelo, caramel
carapacho, shellfish stew
carátula, mask, theater, stage, title page
caravana, caravan
caravana de automóviles, autocade, motorcade
caravana de camellos, camel caravan
¡caray!, confound it! darn it!
carbohidrato, carbohydrate
carbohidrato complejo, complex carbohydrate
carbón, coal, carbon
copia al carbón, carbon copy
carbón de leña, charcoal
carbón de piedra, mineral coal
papel carbón, carbon paper
carbón vegetal, charcoal
carbonera[1], coal mine, coal bin
carbonero[2], collier
carbonero(a)[3], pertaining to coal
carbónico(a), carbonic
carbonífero(a), carboniferous, coal producing
carbonizar, to carbonize, to char
carbono, carbon
carbunclo, carbuncle
carbunco, carbuncle
carburador, carburetor
carcacha, jalopy, old dilapidated car
carcajada, hearty laughter
soltar una carcajada, to burst out laughing
carcañal, heel bone
carcaño, heel bone
cárcel, jail, prison
carcelero(a), jailer
carcinogénico, carcinogenic
carcinógeno, carcinogen
cárcola, treadle
carcoma, wood louse, deep concern vexing problem
carcomer, to gnaw, to corrode, to waste, to eat away
carcomido(a), worm-eaten
carda, teasel, card, reprimand, rebuke
cardador(a), carder
cardar, to card, to teasel
cardenal, cardinal, cardinal, bruise
cardenillo, Paris green
cárdeno(a), livid, purple
cardiaco(a) (cardíaco(a)), Cardiac
síncope cardiaco, heart attack
cardinal, cardinal

cardiógrafo(a), cardiograph
cardiograma, cardiogram
cardiopulmonar, cardiopulmonary
cardiorrespiratorio(a), cardiorespiratory
cardiovascular, cardiovascular
cardo, thistle
carducha, large iron card
carear, to confront, to bring face to face, to compare, to lead
carearse, to get together in person
carecer, to want, to lack
carena, careening ship
carencia, lack, scarcity
carero(a), high-priced
carestía, food shortage, high cost of living, shortage
careta, mask
carey, sea turtle, hawksbill turtle, tortoise shell
carga, load, burden, pack, freight, cargo, load, charge, impost, tax, responsibility, obligation, worry, problem
carga eléctrica, electrical charge
carga eléctrica en movimiento, moving electrical charge
carga inútil, useless burden
carga de profundidad, depth charge
carga útil, payload
cargadero, loading dock
cargado(a), loaded, full
cargado(a) de espaldas, round shouldered
cargador, stoker, stevedore, longshoreman, rammer, ramrod, carrier, porter
cargamento, load, cargo
cargar, to load, to freight, to charge, to impose, to charge, to assault, to attack, to impute, to charge, to worry, to vex, to upload
cargar en cuenta, to charge on account, to debit to one's account
cargar con, to assume the responsibility for
cargar un programa, load a program
cargo, debits, charge, accusation, position, office, care, responsibility, weight, load
a cargo de, in care of, to the account of
a mi cargo, to my account
cargo de conciencia, remorse, sense of guilt
cargo público, public office, political office
girar a mi (nuestro) cargo, to draw on us (me)
hacerse cargo de, to take into consideration, to realice
librar a cargo de una persona, to draw on a person
cariancho(a), broad-faced, chubby-cheeked
cariarse, to become decayed
Caribe, Caribbean
mar Caribe, Caribbean sea
caricatura, caricature, cartoon
caricatura animada, animated cartoon
caricatura política, political cartoon
caricaturista político, political cartoonist
caricia, caress
caridad, charity, benevolence, alms
caries, caries, decay, tooth decay
carigordo(a), full-faced
carilargo(a), long-faced
carilla, sheet, page, beekeeper's mask
carilleno(a), fullfaced
carillón, carillon
carinegro(a), swarthy-complexioned
cariño, fondness, affection, term of endearment
cariñoso(a), affectionate, fond, endearing
cariotipo, karyotype
carirredondo(a), roundfaced
caritativo(a), charitable
Carlomagno, Charlemagne
carmelita, Carmelite
carmenar, to card, to untangle, to unravel, to fleece, to cheat
carmesí[1], crimson
carmesí[2], cochineal powder
carmín, carmine
carnada, bait, lure
carnal[1], carnal, fleshy, sensual, blood, related by blood
primo carnal, first cousin
carnal[2], time of year other than Lent
carnaval, carnival

carne, flesh, meat, pulp
carne asada en horno, baked meat
carne asada en parrilla, broiled meat
carne de gallina, gooseflesh
carne de vaca, beef
carnero, sheep, mutton, family vault
carnet, notebook, memorandum book
carnicería, meat market, butcher shop, massacre, shambles
carnicero(a)[1], butcher
carnicero(a)[2], fond of eating meat
carnívoro(a), carnivore, carnivorous
carnosidad, scar tissue, obesity
carnoso(a), fleshy, full of marrow
carnudo(a), fleshy, full of marrow
caro(a)[1], expensive
caro(a)[2], dear
Carolina del Sur, South Carolina
carpa, carp, camping tent.
carpe, witch hazel
carpeta, table cover, folder
carpintear, to carpenter
carpintería, carpentry, carpenter's shop
carpintero(a), carpenter
pájaro carpintero, woodpecker
carpo, carpus, wrist-bones
carraleja, black beetle
carrasca, carrasco, live oak
carraspera, hoarseness, roughness in the throat
carrera, running, run, track, race, row, line, course of one's life, career, profession
a carrera abierta, at full speed
carrera armamentista, arms race
carrera cronometrada, timed run
carrera de armamentos, arms race
carrera de distancia, distance run
carrera por la tierra, land run
carreta, long narrow cart or wagon
carretada, cartload
a carretadas, in great numbers
carretaje, cartage
carrete, spool, bobbin, reel, coil, cartridge
carretel, reel
carretera, highway, main road
carretero, cartwright, carter, truckman
carretilla, go-cart, hand-cart, wheelbarrow
carretilla elevadora, fork-lift truck
carretón, small cart, small wagon
carril, wheel rut, furrow, rail, lane, narrow road
carril de aire, air track
carrilera, track, wheel rut
carrillo, cheek, pully
carrilludo(a), round-cheeked
carro, freight car, chariot, cart, wagon, auto, car, carriage
carro entero, carload
carro lateral, side car of a motorcycle
Carro Mayor, Big Dipper
Carro Menor, Little Dipper
carrocería, body, body shop, auto-repair pair shop
carroña, carrion
carroza, state coach, awning
carruaje, wheeled vehicle
carrusel, merry-go-round
carta, letter, charter, chart, card
carta aérea, airmail letter
carta al editor, letter to the editor
carta amistosa, friendly letter
carta certificada, registered letter
carta comercial, business letter
carta credencial, letter of credit
carta de agradecimiento, thank you letter
carta de amparo, safe conduct
carta de ciudadanía, citizenship papers
carta credencial o de crédito, letter of credit
Carta de Derechos, Bill of Rights
Carta de Derechos de los Veteranos, GI Bill
Carta de Derechos de los Veteranos respecto a la educación superior, GI Bill on higher education
carta de derechos del estado, state bill of rights

Carta de las Naciones Unidas, United Nations Charter
Carta de Juramento de 1968, Charter Oath of 1868
carta de porte, bill of lading
carta de presentación, letter of introduction
carta de solicitud, letter of request
carta en lista, general delivery letter
carta general, form letter
Carta Magna, Magna Carta
carta personal, personal letter
cartas coloniales, colonial charters
Cartago, Carthage
cartapacio, notebook, portfolio
cartear, to play low cards
cartearse, to correspond, to carry on a correspondence
cartel[1], poster, show bill
no fijar carteles, post no bills
cartel o cártel[2], cartel, organized crime
cartela, Cartouche
carteles, post no bills
cartelera, billboard
cárter, gear case
cárter del cigüeñal, automobile crankcase
cartera, brief case, flap
cartera de bolsillo, billfold, wallet
cartero(a), letter carrier, postman, mailman
cartesiano(a), Cartesian
cartílago, cartilage
cartilla, primer
cartismo, chartist movement
cartografía, cartography
cartógrafo, cartographer
cartón, pasteboard, cardboard
cartón político, political cartoon
cartuchera, cartridge case, cartridge belt
cartucho, cartridge, Cartouche
cartucho en blanco, blank cartridge
cartulina, bristol
casa, house, home, firm, concern
casa al por mayor, wholesale house
casa de ayuda, Settlement House
casa de banca, banking house
casa de cambio, exchange office
casa de campo, country house
casa de correos, post office
casa de comercio, business house
casa de comisiones, commission house
casa de compensación, clearing house
casa de empeños, pawnshop
casa de huéspedes, boardinghouse
casa de locos, madhouse
casa de máquinas, engine house
casa de maternidad, maternity hospital
casa de moneda, mint
casa de oración, house of worship
casa de préstamos, pawnshop
casa editorial, publishing house
casa matriz, main office
casa mortuoria, funeral parlor
en casa, at home
poner casa, to set up housekeeping
casaca, frock coat
casadero(a), marriageable
casamiento, marriage, wedding
casar, to marry, to wed, to join, to combine, to abrogate, to annul
casarse, to get married
cascabel, sleigh bell, rattlesnake
cascabelear[1], to lead on, to entice
cascabelear[2], to behave foolishly
cascada, cascade, waterfall
cascajal, gravel bed
cascajo, gravel, piece of junk
cascanueces, nutcracker
cascar, to crack, to break into pieces, to lick, to beat
cascarse, to break open
cáscara, rind, peel, husk, bark, skin
¡cáscaras!, gosh! golly!
cascarón, eggshell
cascarrón(a), rough, harsh, tough
casco, skull, cranium, fragment, piece, helmet, hulk, crown, hoof
casera[1], housekeeper, landlady
casero[2], landlord

casero(a)[3], domestic, homey, homemade
caserío, village
casi, almost, nearly
casi que, very nearly
o casi, very nearly
casilla, booth, shelter, box office, square, postal box
casilla de correos, mailbox
casillas, pigeonholes
sacar de sus casillas, to get out of one's rut, to make change one's ways, to infuriate, to exasperate
casillero, pigeonhole desk
casimir, cashmere
casino, casino, clubhouse
caso, case, event, occurrence, happening
caso Administradores de la Universidad de Dartmouth contra Woodward, Dartmouth College vs. Woodward
caso ambiguo, ambiguous case
caso cierto, certain case
Caso Dreyfus, Dreyfus affair
caso Engel contra Vitale, Engel v. Vitale
caso Estados Unidos contra Nixon (1974), U.S. vs. Nixon (1974)
caso Gibbons contra Ogden, Gibbons v. Ogden
caso Marbury contra Madison (1803), Marbury v. Madison (1803)
caso McCulloch contra Maryland (1819), McCulloch v. Maryland (1819)
caso Plessy contra Ferguson (1896), Plessy vs. Ferguson (1896)
caso que sienta precedente, landmark case
caso Roe contra Wade (1973), Roe v. Wade (1973)
en caso que, in case
en caso de, in case of
en caso de fuerza, in case of emergency
en ese caso, in that case
en todo caso, at all events
no hacer caso, to pay no attention
poner por caso, to state as an example
casorio, hasty marriage
caspa, dandruff, scab
¡cáspita!, confound it! gracious!
casquetazo, butt with the head
casquete, helmet, cap
casquete polar, polar cap
casquijo, gravel
casquillo, ferrule, arrowhead, horseshoe
casquivano(a), feather-brained
casta, caste, race, lineage, kind, quality
castaña, chestnut, demijohn, bun
castañal, chestnut grove
castañar, chestnut grove
castañazo, blow with the fist
castañetear, to shake the castanets, to chatter, to knock together
castaño[1], chestnut tree
castaño(a)[2], chestnut
castañuela, castanet
castellano(a)[1], Castilian
castellano[2], Spanish language
castidad, chastity
castigador(a)[1], punisher
castigador(a)[2], punishing
castigar, to chastise, to punish
castigo, chastisement, punishment
castigo cruel e inusual, cruel and unusual punishment
Castilla, Castile
castillejo, walker, gocart, scaffolding
castillo, castle, fortress, cell of the queen bee
castizo(a), of noble descent, pure, uncorrupt
casto(a), pure, chaste
castor, beaver
castración, castration, emasculation
castrar, to geld, to castrate, to prune, to remove the honey from
casual, accidental, happenstance
casualidad, accident, chance, coincidence
por casualidad, by chance, by coincidence
casucha, hut, shack
cata, tasting, parrakeet
catabolismo, catabolism
cataclismo, cataclysm
catacumbas, catacombs

catadura, act of tasting, countenance, appearance
catalán (catalana), Catalan, Catalonian
Catalina la Grande, Catherine the Great
catalizador, catalyst
catalogar, to catalogue, to list
catálogo, catalogue, list, catalog
catálogo de fichas, fichero, card catalog
Cataluña, Catalonia
cataplasma, poultice, plaster
catar, to taste, to inspect, to examine
catarata, cataract, waterfall, cascade, cataract
catarro, catarrh, cold
catártico(a), cathartic, purging
catastro, cadastre
catástrofe, catastrophe, disaster
catecismo, catechism
catecúmeno, catechumen
cátedra, professorate, class, course
catedral, cathedral
catedral gótica, Gothic cathedral
catedrático(a), professor
categoría, category, class
categórico(a), categorical, decisive
catequismo, catechism
caterva, multitude, flock, great number
cateto de un triángulo, leg of a triangle
catión, cation
cátodo, cathode
catolicismo, Catholicism
católico(a), Catholic
catorce, fourteen
"Catorce puntos" de Woodrow Wilson, Woodrow Wilson's "Fourteen Points"
catre, fieldbed, cot
caucásico(a), Caucasian
Cáucaso, Caucasus
cauce, irrigation ditch, riverbed
caución, precaution, security, guaranty
caucionar, to guarantee
cauchal, stand of rubber plants
cauchera, rubber plant
caucho, rubber
caucho artificial, synthetic rubber
caucho endurecido, hard rubber
caudal, property, fortune, wealth, funds, abundance, plenty, flow, discharge
caudaloso(a), carrying much water
caudillo, chief, leader, caudillo, warlord
causa, cause, origin, motive, reason, case, lawsuit
causa y efecto, cause and effect
a causa de, owing to, because of, on account of, by reason of
causante, originator, causer
causar, to cause, to produce, to occasion
cáustico(a), caustic
cautela, caution, prudence, heedfulness
cautelar[1], to guard against
cautelar[2], to take precautions
cauteloso(a), cautious, prudent
cauterizar, to cauterize, to reproach severely
cautivador(a), captivating, fascinating
cautivar, to take prisoner, to capture, to captivate, to charm, to attract
cautiverio, captivity, confinement
cautivo(a), captive, prisoner
cauto(a), cautious, wary, prudent
cavalier, Cavalier
cavar[1], to dig, to excavate
cavar[2], to penetrate deeply, to study thoroughly
caverna, cavern, cave
caviar, caviar
cavidad, cavity, hollow
cavilar, to mull over, to ponder over excessively
caviloso(a), ponderous, overly given to detail
Cavour, Cavour
cayo, cay, key
cayuga, Cayuga
caza, game, hunting, hunt, pursuit plane, fighter plane
cazador, hunter, huntsman
cazador furtivo, poacher
cazador-recolector, hunter-gatherer
cazar, to hunt
cazasubmarinos, submarine chaser
cazatorpedero, torpedo-boat chaser

cazo, saucepan
cazuela, stewpan
cazuz, ivy
C.C. (corriente continua), D.C. or d.c. (direct current)
c/cta. (cuya cuenta), whose account
CD (disco compacto), CD (compact disk)
  reproductor de CD, CD player
CD-ROM, CD-ROM
ceba, fattening of livestock, stoking
cebada, barley
  cebada fermentada, malt
cebadera, nosebag, feed-bag
cebador, primer
cebar[1], to feed, to fatten, to stoke, to fuel, to incite, to provoke, to motivate, to prime
cebar[2], to start, to engage, to catch
cebo, feed, bait, lure, priming
cebolla, onion, bulb
cebollar, onion patch
cebollino, seedling onion
cebra, zebra
cebruno(a), reddish brown
cecear, to lisp
cecina, jerked meat, jerky
cedazo, sieve, strainer
cedente, transferor, assigner
ceder[1], to cede, to yield, to transfer, to assign
ceder[2], to submit, to comply, to give in, to abate, to diminish
cedro, cedar
cédula, slip, ticket, card
  cédula de cambio, bill of exchange
  cédula de vecindad, identification papers
  cédula personal, identification papers
  cédulas hipotecarias, bank stock in the form of mortgages
céfiro, zephyr, breeze
Ceilán, Ceylon
cegar[1], to go blind
cegar[2], to blind, to shut
cegato(a), near-sighted
ceguedad, blindness
ceguera, blindness
ceja, eyebrow, edge, rim
ceo, river fog, river mist
cejudo(a), having bushy eyebrows
celada, sallet, ambush, trick, trap
celaje, cloud formation, bull's-eye, small window, indication, presage
celar, to fulfill carefully, to carry out to the letter, to watch over, to guard, to hide, to conceal, to engrave
celda, cell
  celdas de presión atmosférica, atmospheric pressure cells
  celda voltaica, voltaic cell
celdilla, cellule, cell
celebérrimo(a), most famous
celebración, celebration, praise, acclamation
celebrar[1], to celebrate, to praise, to acclaim, to be glad of
celebrar[2], to take place
  celebrar misa, to say mass
célebre, famous, renowned, humorous witty
celebridad, fame, renown, celebrity, famous person
celemín, one-half peck
celeridad, celerity, velocity
celerímetro, speedometer
celeste, heavenly, celestial, sky-blue
celestial, celestial, heavenly
célibe[1], single, unmarried
célibe[2], celibate, single person
celo[1], zeal, care, rut, heat
celo[2], jealously
  tener celos de, to be jealous of
celofán, cellophane
celosía, jalousie
celoso(a), zealous, eager, jealous
celta[1], Celtic
celta[2], Celt
céltico(a), Celtic
célula, cell
  célula de convección, convection cell
  célula especializada, specialized cell
  célula fotoeléctrica, electric eye
  célula hija, daughter cell
  célula madre, parent cell
  célula nucleada, nucleated cell
  célula procariota, prokaryote
celular, cellular
celuloide, celluloid
celulosa, cellulose
cementar, to case harden
cementerio, cemetery

cemento, cement
cemento armado, reinforced concrete
cena, supper
cenador, arbor, diner
cenagal, slough, quagmire, marsh
cenagoso(a), miry, marshy
cenar, to have supper, to dine
cencerrear, to jangle, to squeak
cencerro, cowbell
a cencerros tapados, quietly, unobtrusively
cenefa, border, trimming
cenicero, ash dump, ash pit, ash tray
ceniciento(a), ash, ash-colored
La Cenicienta, Cinderella
ceñirse al tema, stay on topic
cenit (cénit), zenith, pinnacle
ceniza, ashes
Miércoles de Ceniza, Ash Wednesday
cenote, cenote, limestone sinkhole
censo, census, ground rent paid under contract and redeemable
censor, censor, critic, fault-finder, proctor, monitor
censura, censorship, censure
censurar, to censor, to judge, to estimate, to censure, to find fault with
cent. (central), cen. (central), cent. (central)
centavo, hundredth, cent
centella, thunderbolt, spark
centellar, to sparkle, to glitter
centellear, to sparkle, to glitter
centelleo, glitter, sparkle
centena, hundred
centenal, rye field
centenar, hundred
centenario(a)[1], centenarian
centenario[2], centennial
centeno, rye
centena, hundredth
centésimo(a), centesimal, hundredth
centi-, centi
centígrado(a), centigrade
centigramo, centigram
centilitro, centiliter
centímetro, centimeter
céntimo, cent, centime
centinela, sentinel
estar de centinela, to be on guard
hacer centinela, to be on guard
central, central, centric, headquarters, sugar refinery
central de electricidad, powerhouse
central hidroeléctrica, hydroelectric plant
central nuclear, nuclear power point
central telefónica, telephone central
centralización, centralization
centralizado(a), centralized
centralizar, to centralize
centrar, to center
céntrico(a), central, centric
centrifugación, centrifugation
centrífugadora, centripetal
centrífugo(a), centrifugal, centrifuge
centrípeto(a), centripetal
centro, center, downtown
centro comercial, mall, shopping center, commercial center
centro de cuidado infantil, child-care center
centro de gravedad, center of gravity
centro de la ciudad, city center, downtown
centro de la península Ibérica, Central Iberia
centro de población, population center
centro de reubicación, relocation center
centro industrial, industrial center
centro metropolitano importante, major metropolitan center
centro turístico, tourist center
centro urbano, urban center
centros bipolares del poder, bipolar centers of power
centros cívicos, civic center
Centroamérica, Central America
centroide de un triángulo, centroid of a triangle
cenzotle, mockingbird
centuria, century
ceñidor, belt, sash
ceñir, to gird, to surround, to encircle, to curtail, to fit around

one's waist
ceñirse, to limit oneself, to take in one's sails
ceño, frown
ceñudo(a), frowning, stern, gruff
cepa, tree stump, lineage, family
de buena cepa, of good stock
CEPAL (Comisión Económica para la América Latina), LAEC (Latin American Economic Commission)
cepillo, brush, plane, collection box
cepillo de dientes, toothbrush
cepillo para cabello, hairbrush
cepillo para la cabeza, hairbrush
cepillo para ropa, clothesbrush
cepo, trap, branch, limb, stock, poor box, collection box, stocks
cera, wax
cerámica, ceramics, pottery
cerámica de arcilla, clay pottery
ceras, honeycomb
cerca[1], enclosure, fence
cerca[2], near, at hand, close by
cerca de, close to, near, about
cercado, fenced-in garden, enclosure, fence
cercanía, neighborhood, vicinity
cercano(a), nearby, neighboring
cercar, to enclose, to surround, to fence in, to lay siege to
cercenar, to pare off, to trim off, to cut off, to cut down, to reduce
cerciorar, to assure, to reassure, to convince
cerciorarse, to make certain
cerco, siege, hoop, ring, circular motion, enclosure
cerda[1], bristle
cerdo(a)[2], hog, pig
cereal, cereal, grain
cerebelo, cerebellum
cerebral, cerebral
parálisis cerebral, cerebral palsy
cerebro, brain
ceremonia, ceremony
ceremonia del té japonesa, Japanese tea ceremony
ceremonial, ceremonial
ceremonioso(a), ceremonious
cerero, candlemaker
cereza, cherry
cerezo, cherry tree
cerilla, taper, wax, wax match
cerillo, wax match
cernedera, sifter
cerner[1], to sift, to strain, to examine closely
cerner[2], to blossom, to drizzle
cernerse, to sway, to waddle, to hover
cernidura, sifting
cero, zero
ser un cero a la izquierda, to be insignificant, to be of no account
cerote, shoemaker's wax, panic, fear
cerrado(a), closed, closemouthed, reserved, abstruse, stupid, dense
cerradura, act of locking, lock
cerradura de golpe, apring lock
cerradura de muelle, apring lock
cerrajero, locksmith
cerrar, to close, to shut, to obstruct, to block off, to lock, to shut up, to wall in, to seal, to bring to an end, to close
cerrar una operación, to close a transaction, to arrange a deal
cerrarse, to close ranks, to persist
cerrero(a), running wild
caballo cerrero, unbroken horse, bronco
cerril, mountainous, rough, untamed
cerro, hill, neck, backbone
en cerro, bareback
cerrojo, bolt, latch
certamen, literary contest
certero(a), certain, sure, well-aimed, accurate
certeza, certainty, assurance
certidumbre, certainty, certitude
certidumbre de las conclusiones, certainty of conclusions
certificación, certification
certificado, certificate
certificada, certified, registered
certificar, to certify, to affirm, to register
cerval, deer-like
cervario(a), deer-like
cervato, fawn
cervecería, brewery
cervecero(a), brewer, fond of beer

cerveza, beer
cerviz, cervix, nape of the neck
doblar o bajar la cerviz, to humble oneself
cesación, cessation, ceasing, pause, discontinuation
cesante[1], dismissed public official
cesante[2], jobless, out of a job
cesar, to cease, to quit, to stop
César Chávez, Cesar Chavez
cesáreo(a), caesarean
operación cesárea, caesarean section
cesión, cession, transfer
cesionario(a), assignee, transferee
cesionista, assignor, transferor
césped, grass, lawn
cesta, basket, scoop
cestero(a), basketmaker
cesto, large basket, cestus
cetrino(a), citrine, jaundiced, melancholy, somber
cetro, scepter
cf (caballo de fuerza), h.p. (horsepower)
cf (confesor), confessor
cf (costo de flete), freight cost
cg. (centigramo), cg. (centigram)
chabacano(a)[1], in poor taste, vulgar
chabacano(a)[2], apricot
chacal, jackal
chacarero(a), truck farmer
chacota, hilarity, noisy mirth
hacer chacota de, to make fun of
chacra, truck farm
cháchara, chitchat, chatter, idle talk
cháchares, trinkets, trifles
chal, shawl
chalán (chalana)[1], horsetrader, shrewd businessman
chalán (chalana)[2], shrewd
chalana[3], lighter, scow, barge
chaleco, waistcoat, vest
chalina, scarf
chalupa, shallop
chamaco(a), youngster, kid
chamarra, sheepskin jacket, mackinaw
chambergo, slouch hat
chambón(a)[1], awkward, bungling
chambón(a)[2], poor player
champaña, champagne
champiñones, mushrooms
champú, shampoo
champurrar, to mix, to mix in
chamuscado(a), singed, scorched, slightly hipped, slightly obsessed
chamuscar, to singe
chancear, to joke, to jest
chancero(a), given to joking
chancla, old shoe
chancleta, house slipper
chanclo, patten, rubber, overshoe
zapato de chanclo, wedge shoe
chanchullo, crooked deal, underhanded affair
Chandogya, Chandogya
Chandragupta, Chandragupta
chantaje, blackmail
chantajista, blackmailer
chanza, joke, jest, fun
chapa, thin sheet, color, flush, veneer
chaparreras, chaps
chaparro(a)[1], dwarf evergreen oak
chaparro(a)[2], short and stocky
chaparrón, downpour
chapear, to sheet, to plate, to veneer
chapearse, to feather one's nest
chapitel, capital
chapotear[1], to sponge down, to wet down
chapotear[2], to splash in the water, to splash
chapucear, to botch
chapucería, botched job, mess
chapucero[1], blacksmith, poor craftsman
chapucero(a)[2], rough, clumsy, bungling
chapulín, grasshopper
chapurrar (chapurrear), to speak badly, to speak brokenly, to mix in, to mix
chapuza, bungled job, mess, secondrate job, ducking
chapuzar, to duck under water
chaqueta, jacket, coat
chaquetear, to turn tail, to change camps, to change viewpoints
charada, charade
charanga, brass band
charca, pool, pond
charco, puddle
charla, idle chitchat, chatter, conversation, chatting, informal talk
charlas informales, junto al fuego, fireside chats
charlador(a), chatterbox, great talker, talkative
charladuría, compulsion to talk, gar-

rulousness
charlar, to chatter, to chitchat, to chat, to talk
charlatán (charlatana), windbag, gossip, idle talker, charlatan, medicine man, quack
charlatanería, idle talk, quackery, spellbinding
Charles Darwin, Charles Darwin
charnela, hinge
charol, lacquer, enamel, patent leather
charrada, boorish action, uncouth remark, example of poor taste, showy, overdone display
charro[1], Mexican horseman in fancy dress
charro(a)[2], gaudy, overdone, in poor taste, boorish, uncouth
chasco, joke, prank, disappointment
llevarse un chasco, to be disappointed
chasis, chassis
chasquear, to crack, to snap, to play a joke on, to fail, to disappoint, chasquido, snap, crack
chato(a), flat, pugnosed
chaveta, pin, cotter pin
perder la chaveta, to go out of one's head, to go off the deep end
checar, check
checar por factorización, check by factoring
checoslovaco(a), Czechoslovakian
chelín, shilling
cheque, check
cheque al portador, check to bearer
cheque de caja, cashier's check
cheque de viajeros, traveler's check
Cherokee, Cherokee
Sendero de lágrimas cherokee, Cherokee Trail of Tears
Chesapeake, Chesapeake
Chiang Kai-shek o Jiang Jieshi, Jiang Jieshi
chicle, chicle, chewing gum
chico[1], little, small
chico(a)[2], young person
chicoria, chicory
chicote(a)[1], lively youngster
chicote[2], cable end, cigar, whip
chícharo, pea
chicharra, cicada
chicharrón, food burned to a crisp, cracklings, pork skin
chichón, lump on the head, bump on the head
Chickasaw, Chickasaw
chifladera, whistling, booing
chiflar[1], to whistle
chiflar[2], to boo, to jeer
chiflarse, to go half out of one's mind
chiflarse con, to be enfatuated with, to be mad about
chiflido, whistle, boo
chiismo, Shi'ism
chiita, Shi'ite
chile, chili, red pepper
Chile, Chile
chileno(a), Chilean
chillar[1], to scream, to shriek, to howl, to sob
chillar[2], to cry
chillido, scream, shriek
dar un chillido, to utter a shriek, scream
chillón (chillona), screachy, shrill, loud, flashy, showy, bawler, screamer
chimenea, chimney, smokestack, funnel
chimpancé, chimpanzee
china[1], pebble, orange
china poblana, national costumer of Mexico
china[2], chinese
chino(a)[3], Chinese language
China, la China, China
China moderna, modern China
China posterior a Mao, post-Mao China
chinche[1], bedbug, thumbtack
chinche[2], pill, boring person
chinchilla, chinchilla
chinchona, quinine
chinchorro, very small rowboat, fish net
chinela, house slipper
chip, chip
chiquero, pigsty
chiquillo(a), child, youngster, moppet
chiquito(a)[1], little, small
chiquito(a)[2], little boy or girl
chirimoyo, custard apple

chirinola, trifle, mere nothing
chiripa, fluke
de chiripa,
by mere chance, due to luck
chirla, mussel
chirriar, to sizzle, to squeak, to creak, to chirp
chirrido, chirping, sizzling, creaking, squeaking
chisme, gossip
chismear, to carry tales, to gossip
chismoso(a)[1], gossipy, talebearing
chismoso(a)[2], gossip, talebearer
chispa, spark, tiny diamond, tiny bit, little bit, liveliness, sparkle, tipsiness
¡chispa!,
my gosh! for goodness sake!
echar chispas,
to be furious, to rant and rave
chispeante, sparkling, witty, bright
chispear, to spark, to glitter, to sparkle, to sprinkle
chisporrotear, to sputter
chistar, to open one's mouth, to say a word
sin chistar ni mistar,
without saying boo
chiste, joke, funny story, humor
chistera, creel, top hat, scoop
chistoso(a), funny, comical, humorous
¡chito!, hush!
¡chitón!, hush!
chivo(a), kid, young goat
¡cho!, whoa!
chocante, shocking, offensive
chocar, to smash, to crash, to collide, to clash, to shock, to upset
chocarrero[1], off-color joketeller, shocker
chocarrero(a)[2], off-color, dirty
chocolate, chocolate
chocolatera, chocolate pot
chochear, to dote
chochera, second child-hood
chocho(a), doting
chofer (chófer), chauffeur, driver
choque, collision, crack-up, crash, clash, encounter, conflict, dispute, shock
chorizo, pork sausage
chorrear, to gush, to pour out, to drip, to flow steadily
chorrillo, steady stream, continual flow
chorro, gush, flow, jet
a chorros, heavily, copiously
chotear, to rib, to kid, to poke fun at
chovinismo, chauvinism
choza, hut, cabin
chubasco, rainsquall, rainstorm
chuchería, bauble
chufleta, jest, joke
chulear, to make fun of good-naturedly, to kid, to flatter, to pay compliments
chuleta, chop
chuleta de cordero, lamb chop
chuleta de puerco, pork chop
chuleta de ternera, veal chop
chulo(a)[1], sporty Madrid lowlife, pimp, bullring assistant
chulo[2], pretty, charming
chumacera, journal bearing, oarlock
chupada[1], suction, sucking
chupado(a)[2], lean, drawn
chupador, teething ring
chupar, to suck, to sponge on, to drain, to sap
chuparse, to grow weak and thin
chupón[1], sucker, piston, sucker
chupón(a)[2], swindler, drain
chupón[3], fond of sucking
churrasco, charcoal broiled meat
churrigueresco(a), Churrigueresque
chus ni mus, not to say a word
no decir chus ni mus,
not to say a word
chusco(a), droll, clever, funny
chusma, rabble, mob
chuzo, pike
llover a chuzos de punta, to rain heavily, to pour, to rain cats and dogs
chuzón (chuzona), sly
Cía. (Compañía), Co. (Company), hip bone
cianóbacteria, cyanobacterium
cianosis, cyanosis
cianotipia, blueprint
copiar a la cianotipia,
to blueprint
ciática, sciatica
ciberespacio, cyberspace
cibernética, cybernetics
Cicerón, Cicero
cicatriz, scar

ciclismo, bicycling
ciclista, cyclist, bicyclist
ciclo, cycle
ciclo biogeoquímico, biogeochemical cycle
ciclo celular, cell cycle
ciclo de crecimiento, growth cycle
ciclo de energía, energy cycle
ciclo de los rocas, rock cycle
ciclo de vida, life cycle
ciclo del agua, water cycle
ciclo del carbono, carbon cycle
ciclo del nitrógeno, nitrogen cycle
ciclo del oxígeno, oxygen cycle
ciclo económico, business cycle
ciclo estacional de vida, seasonal pattern of life
ciclo hidrológico, hydrologic cycle
ciclo hidrológico de agua, hydrologic water cycle
ciclo químico, chemical cycle
ciclopista, bicycle lane
ciclovía, bicycle lane
ciclón, cyclone
ciclotrón, cyclotron
cicuta, hemlock
cidra, citron
cidro, citron tree
ciego(a)[1], blind
ciego(a)[2], bind person
a ciegas, blindly
vuelo a ciegas, blind flying
cielo, sky, heaven, climate, weather
cielo de la cama, bed canopy
cielo de la boca, roof of the mouth, palate
cielo máximo, ceiling
ciempiés, centipede
cien, one hundred
ciencia, science
ciencia ficción, science fiction
ciencias físicas, physical science
a ciencia cierta, with certainty
hombre de ciencia, scientist
cieno, mud, mire, ooze
científicamente, scientifically
científico(a), scientific, scientist
ciento, one hundred, a hundred
por ciento, per cent
tanto por ciento, porcentage
cierne, act of blossoming
en ciernes, in blossom, just beginning
cierre, closing
cierre relámpago, zipper
cierre de los libros, closing of the books
cierto(a), certain, confident, sure
noticias ciertas, definite news
por cierto, certainly
cierva, hind
ciervo, deer, stag
ciervo volante, stag beetle
c.i.f. (costo, seguro y flete), cost, insurance, and freight
cifra, cipher, number, abbreviation, monogram, code
cifras significativas, significant digits
cifrado(a), dependent
cifrado(a) en, dependent upon
cifrar, to write in code, to code, to abridge
cifrar la esperanza en, to place one's hope in
cigarra, cicada, locust
cigarrera[1], humidor, cigarette case
cigarrero(a)[2], cigar maker
cigarrillo, cigarette
cigarro, cigar, cigarette
cigarrón, grasshopper
cigoto, zygote
cigüeña, tork, crank
cigüeñal, crankshaft
cilantro (culantro), coriander
cilicio, sackcloth
cilíndrico(a), cylindncal
cilindro, cylinder
cima, summit, peak, top
cima de montaña, mountain peak
cimborio (cimborrio), cupola
cimbra, intrados
cimbrar, to swing, to shake, to sway, to bend
cimbrar a alguno, to give someone a beating
cimbrear, to swing, to shake, to sway, to bend
cimbrear a alguno, to give someone a beating
cimentado, refinement of gold

cimentar, to lay the foundation of, to found, to establish, to affirm, to refine
cimera, crest
cimiento, foundation, base
 Cimiento del Cielo Azteca, Aztec Foundation of Heaven
cimientos, foundations
cinc, zinc
cincel, chisel
cincelar, to chisel
cinco, five
 Cinco Tribus Civilizadas, Five Civilized Tribes
cincuenta, fifty
cincha, girth, cinch
cinchar, to girth
Cincinato, Cincinnatus
Cinco de Mayo, Cinco de Mayo
cine, motion-picture projector, movie theater
 cine sonoro, sound motion-picture projector
cinematógrafo[1], motion-picture projector, movie theater
 cinematógrafo sonoro, sound motion-picture projector
cinematógrafo(a)[2], cinematographer
cinematografía, cinematography
cinescopio, kinescope
cinesfera, kinesphere
cinética, kinetics
cínico(a), cynical
cinta, ribbon, band
 cinta de medir, tape measure
 cinta de teletipo, ticker tape
 cinta transportadora, conveyor belt
cintillo, hatband
cinta, tape
 cinta de audio, audiotape
cinto, belt, girdle
cintura, waist, belt
cinturón, belt
 Cinturón Bíblico, Bible Belt
 Cinturón de Fuego del Pacífico, Ring of Fire
 Cinturón de la Biblia, Bible Belt
 cinturón de seguridad, safety belt
 Cinturón del Sol, Sunbelt
 cinturón industrial, Rust Belt
 cinturón salvavidas, life belt
 cinturón Van Allen de radiación, Van Allen radiation belt
CIO (Congreso de Organizaciones Industriales), CIO (Congress of Industrial Organizations)
ciprés, cypress tree
circo, circus
circuito, circuit, hookup, network
 circuito de entrenamiento, training circuit
 circuito eléctrico, electrical circuit
 circuito eléctrico abierto, open electrical circuit
 circuito eléctrico cerrado, closed electrical circuit
circulación, circulation, traffic
 circulación atmosférica, air mass circulation
 circulación atmosférica mundial, world atmospheric circulation
 circulación de dinero, circulation of money
 circulación monetaria, circulation of money
 circulación oceánica, ocean circulation
circular[1], circular, round, incircle, encircle
 carta circular, circular letter
circular[2], to circle
círculo, circle, circumference, sphere, province, club
 círculo polar antártico, Antarctic Circle
 círculo sin un centro, circle without a center
 círculos concéntricos, concentric circles
circuncentro, circumcenter
circuncidar, to circumcise
circuncírculo, circumcircle
circuncisión, circumcision
circundar, to surround, to encircle
circunferencia, circumference
circunlocución, circumlocution
circunnavegar, to circumnavigate
circunscribir, to circumscribe
circunscripción, precinct
circunscrito a, circumscribed, about
circunspecto(a), circumspect, cautious
circunstancia, circumstance
circunstancial, circumstantial

circunstante, surrounding, attending
circunstantes, bystanders, audience
circunvalar, to surround, to encircle
circunvecino(a), neighboring, adjacent
cirio, wax candle
Ciro I, Cyrus I
cirro, cirrus
cirrosis, cirrhosis
cirrus, cirrus
ciruela, plum
ciruela pasa, prune
ciruela seca, prune
ciruelo, plum tree
cirugía, surgery
cirujano(a), surgeon
cisco, coal dust, hubbub, row
cisne, swan, outstanding poet or musician
cisquero, coal-dust dealer, pounce bag
cisterna, cistern, tank, reservoir
cita, date, appointment, citation, quotation
cita directa, direct quote
cita dividida, divided quotation
citación, summons, citation
citado(a), mentioned, quoted
citar, to make an appointment with, to call together, to convoke, to cite, to quote, to summon, to cite
cítara, zither, cithara
cítara de cuerdas, chorded zithers
citoplasma, cytoplasm
cítrico(a), citric
ciudad, city
ciudad con rápido desarrollo, boomtown
ciudad-estado, city-state
ciudad-estado del norte de Italia, northern Italian city-state
ciudad-estado griega, Greek city-state
ciudad-estado maya, Mayan city-state
ciudad monoindustrial, single-industry city
ciudad natal, city of birth, home town
ciudad planificada, planned city
ciudad portuaria, port city
ciudad principal, primary city
ciudad textil en Nueva Inglaterra, New England mill town
ciudades gemelas, twin cities
ciudadanía, citizenship
ciudadanía estadounidense, American citizenship, United States citizenship
ciudadanía informada, informed citizenry
ciudadanía por nacimiento, citizenship by birth
ciudadano(a)[1], citizen
ciudadanos y súbditos, citizens and subjects
ciudadano(a)[2], civic, city
ciudadela, citadel
cívico(a), civic
civil, civil, polite, courteous, civilian
civilización, civilization
civilización antigua, ancient civilization
civilización cambiante, shifting civilization
civilización china, Chinese civilization
civilización clásica, classical civilization
civilización de Huang He (río Amarillo), Huang He (Yellow River) civilization
civilización egipcia, Egyptian civilization
civilización grecocristiana, Greek city-state, Greek Christian civilization
civilización griega, Greek civilization
civilización inca, Incan civilization
civilización judía, Jewish civilization
civilización maya, Mayan civilization
civilización moche, Moche civilization
civilización mochica, Moche civilization
civilización olmeca, Olmec civilization
civilización preeuropea en América, pre-European life in Americas
civilización romana, Roman civilization
civilización teotihuacana, Teotihuacan civilization

civilizaciones de los valles fluviales, river valley civilizations
civilizador(a), civilizing
civilizar, to civilize
civismo, patriotism, civic-mindedness
cizaña, darnel, bad influence, rotten apple, unrest, disagreement
meter cizaña, to sow discord
clamar, to cry out, to call out
clamor, clamor, outcry, death knells
clamoroso(a), clamorous
éxito clamoroso, howling socces
clan, clan
clandestino(a), clandestine, secret, concealed
clara, egg white, brief letup in the rain
claraboya, skylight, bull's-eye
clarear, to dawn, to clear up
clarearse, to be transparent
clarete, claret
vino clarete, claret wine
claridad, clearness, clarity
claridad de propósito, clarity of purpose
claridad de significado, clarity of meaning
clarificar, to illuminate, to brighten, to clarify, to clear up
clarín, bugle, trumpet, trumpeter
clarinete, clarinet, clarinet player
clarividencia, clairvoyance
claro(a)[1], clear, bright, light, thin, evident, obvious
poner en claro, to set right
¡claro!, of course!
claro[2], opening, space
clase, class, classroom, kind
clase acomodada, well-to-do, wealthy class
clase alta, upper class
clase baja, lower class
clase caballeresca, knightly class
clase comerciante holandesa, Dutch merchant class
clase culta, intelligentsia, cultured class
clase de los samuráis, samurai class
clase deudora, debtor class
clase dirigente, ruling class
clase media, middle class
clase rígida, rigid class
clase social, social class
clase trabajadora, working-class, lower class
clases de funciones, classes of functions
clases de triángulos, classes of triangles
clásico(a), classical, classic
clasificación, classification
clasificación biológica, Linnean taxonomy
clasificación de las sustancias, classification of substances
clasificación de los organismos, classification of organisms
clasificar, to classify, to class, to put in order
clasificar los triángulos, classify triangles
claustro, cloister
cláusula, clause
cláusula adjetiva, adjective clause
cláusula adverbial, adverb clause
cláusula de establecimiento del Estado laico, establishment clause
cláusula de la nación más favorecida, Most Favored Nation Agreements
cláusula de libre ejercicio, free exercise clause
cláusula de relación, relationship clause
cláusula de supremacía, highest law of the land, supremacy clause
cláusula de supremacía federal, federal supremacy clause
cláusula del bienestar general, general welfare clause
cláusula dependiente, dependent clause
cláusula flexible, elastic clause
cláusula independiente, independent clause
cláusula introductoria, introductory clause
cláusula nominal, noun clause
cláusula sobre protección igualitaria, equal protection clause
cláusula sustantiva,

noun clause
cláusulas intermedias, intervening clauses
clausura, cloister, cloistered life, vows of seclusion, closing
clausurar, to close, to suspend operation of
clavado(a), exact precise, a perfect fit, well-suited, just like, very similar, dive
clavar, to drive in, to stick, to nail, to cheat, to deceive
clavar la mirada en, to stare at, to fix one's gaze on
clavar la vista en, to stare at, to fix one's gaze on
clave[1], key, clef
clave contextual, context clue
clave de fa, bass clef
clave de sol, treble clef
clave dicotómica, dichotomous key
clave mayor, major key
clave menor, minor key
clave textual, textual clue
claves alfanuméricas, alphanumeric keys
palabra calve, key word
clave[2], harpsichord, clavichord
clavel, pink, carnation
clavicordio, clavichord, harpsichord
clavícula, clavicle, collarbone
clavija, pin, plug, peg
clavo, nail, corn
clavo de olor, clove
clavo de especia, clove
claxon, auto horn
clemencia, clemency, mercy
cleptomanía, kleptomania
cleptómano(a), kleptomaniac
clerical, clerical, pertaining to the clergy
clérigo, clergyman
clero, clergy
clero católico, Catholic clergy
clero protestante, Protestant clergy
cliché, cliché, plate, cut
cliente, client, customer
clientela, clientele, patronage
clientelismo político, political machine
clima[2], climate, weather
clima árido, arid climate
clima artificial, air conditioning
clima continental, continental climate
clima frío, cold climate
clima oceánico, marine climate
clima subártico, sub-Arctic environment
clima terrestre, Earth' climate
clima tropical húmedo, humid tropical climate
clima[2], mood
climatérico(a), climacteric
climático(a), climatic
climatología, climatology
climatológico(a), climatological
clímax, point of climax
climograma, climograph, climate graph
clínica[1], clinic
clínica de asistencia médica, health care facility
clínica de salud mental, mental health clinic
clínica de salud pública, public health clinic
clínico(a)[2], clinical
clíper, clipper
cliquear, click
clisé, cliché, plate, cut
Clístenes, Cleisthenes
cloaca, sewer
Clodoveo, Clovis
clonación, cloning
clonar, cloning
cloquear, to cluck
cloqueo, cluck, clucking
cloquera, brooding time
cloramfenicol, chloramphenicol
cloro, chlorine
clorofila, chlorophyll
cloroformo, chloroform
cloromicetina, Chloromycetin
cloroplasto, chloroplast
cloruro, chloride
Clotilde, Clothilde
club, club, association
club deportivo, sports club
clueca[1], brooding, brooder
clueco(a)[2], decrepit
cm. (centímetro), cm. (Centimeter)
Co. (Compañía), Co. (Company)
c/o (a cargo de), c/o or c.o. (in care of)
coacción, coaction, compulsion
coadyutor(a), coadjutor

coadjutor(a), coadjutor
coadyuvar, to help, to assist
coagular, to coagulate, to curd
coágulo, blood clot, coagulum, clot
coalición, coalition, confederacy
coalición de Roosevelt, Roosevelt coalition
coartación, limitation, restriction
coartada, alibi
coartar, to limit, to restrict, to restrain
cobarde[1], cowardly, timid
cobarde[2], coward
cobardía, cowardice
cobayo, guinea pig
cobertizo, shed
cobertizo para automóvil, carport
cobertura médica, medical coverage
cobija, gutter tile, covering, blanket, thatch
cobijar, to cover, to shelter, to protect, to thatch, to cover with thatch
cobra, cobra
cobrador(a), collector, conductor
cobranza, recovery, collection
cobrar, to collect, to recover, to charge, to cash, to acquire, to pull in
cobrar ánimo, to take courage
cobrar fuerzas, to gain strength
cobrar impuestos, to tax
efectos a cobrar, bills receivable
letras a cobrar, bills receivable
cobre, copper, set of copper kitchenware
moneda de cobre, copper coin
cóbrese al entregar, cash on delivery (C.O.D.)
cobrizo(a), coppery
cobro, collection
presentar al cobro, to present for payment or collection
coca, coca, head
cocaína, cocaine
cocción, cooking
coceador(a), kicking, apt to kick
cocear, to kick, to resist, to balk
cocer, to boil, to cook, to bake, to ferment
cocerse, to suffer for a long time
coche, coach, carriage, automobile, car
coche de alquiler, rental cab
coche cama, sleeping car
coche comedor, diner
coche directo, through coach
coche fumador, smoking car
coche restaurante, dining car
coche salón, parlor car
cochecito, small carriage
cochecito de niño, baby carriage
cochera, coach house, garage
cochina, sow
cochinilla, wood louse, cochineal
cochino(a)[1], dirty, nasty, filthy, messy
cochino[2], pig
cocido(a)[1], cooked, boiled, skilled, experienced
cocido[2], Spanish stew
cociente, quotient
cociente parte-todo, part to whole ratio
cocimiento, cooking, first bath
cocina, kitchen, cuisine
cocina económica, cooking range
cocinar[1], to cook
cocinar[2], to meddle
cocinero(a), cook
cocinilla, kitchenette, chafing dish
coco, coconut, coconut palm, bogeyman
agua de coco, coconut water
hacer cocos, to flirt
cocodrilo, crocodile
coctel (cóctel), cocktail
coctelera, cocktail shaker
cocuyo, firefly
coda, coda
codazo, blow with the elbow
codear, to elbow
codearse con, to hobnob with
códice, codex
codicia, covetousness, greed, cupidity
codiciar, to covet, to desire eagerly
codicioso(a), greedy, covetous, diligent, laborious
código, code
Código de Hammurabi, code of Hammurabi
código de publicidad, advertising code
codigo de vestimenta, dress code
código escrito, written code
código genético, gene encoding

código legal, legal code
código napoleónico, Code Napoleon
código publicitario, advertising code
codo[1], elbow
dar de codo, to elbow
charlar hasta por los codos, to talk a blue streak
codo(a)[2], stingy, cheap
codominancia, codominance
codorniz, quail
coeficiente, coefficient
coeficiente constante, constant coefficient
coeficiente de correlación, correlation coefficient
coeficiente de regresión, regression coefficient
coeficiente de seguridad, safety factor
coenzima, coenzyme
coerción, coercion, restraint
coercitivo(a), coercive
coevolución, coevolution
coexistencia, coexistence
coexistir, to coexist
cofia, hair net
cofre, coffer, chest
co-función, cofunction
cogedor(a), collector, gatherer, dustbin, dustpan
coger, to catch, to get hold of, to grab, to occupy, to gather, to catch by surprise
cogollo, heart, shoot
cogote, nape of the neck
cogulla, cowl
cohabitar, to cohabit, to live together
cohecho, bribery, plowing season
coheredero(a), joint heir or heiress
coherencia, coherence
coherente, coherent, cohesive
cohesión, cohesion, cohesiveness
cohete, skyrocket
cohete espacial, space rocket
cohete de ignición múltiple, multi-stage rocket
cohete impulsor, booster rocket
cohete de señales, flare
cohete de sondeo, probe rocket
cohibir, to restrain, to curb
cohorte, cohort
cohorte de males, series of misfortunes, streak of bad luck
coincidencia, coincidence
coincidencia de grupos, group overlap
coincidente, coincident
coincidir, to coincide
coito, coitus
cojear, to halt, to limp, to wobble, to get off the straight and narrow
cojera, lameness, limping
cojín, cushion
cojinete, bearing, small cushion
cojinete de bolas, ball bearing
cojinete de rodillos, roller bearing
cojo(a), lame, crippled
cojudo(a), not gelded, not castrated
cok, coke
col, cabbage
cola, tail, train, line, glue
a la cola, behind
cola de caballo, horsetail tree
cola de pescado, isinglass
hacer cola, to stand in line
colaboración, collaboration
colaborar, to collaborate
colación, collation, light lunch, snack
traer a colación, to present as proof
coladera, strainer, colander
coladero, colander, narrow passage
colador, colander, strainer
colapso, prostration, collapse
colapso de la bolsa, stock market crash
colar[1], to strain, to confer, to pass off
colar[2], to squeeze through
colarse, to crash, to sneak in
colateral, collateral
colcha, bedspread, quilt
colchón, mattress
colchón de aire, air mattress
colchón de muelles, spring mattress
colchón de pluma, feather mattresss
colección, collection
colección de sitios web, web ring
coleccionar, collect
colecta, assessment, offering, collect
colectar, to collect
colectividad, collectivity
colectivismo, collectivism

colectivista, collectivist
colectivización, collectivization
 colectivización forzada, forced collectivization
colectivo(a), collective, aggregated
 contrato colectivo, group contract
 sociedad colectiva, general partnership
colector(a), collector, gatherer, commutator
colega, colleague
colegial[1], collegian, student
colegial[2], collegiate, college
colegiala, woman collegian
colegio, college, private school, academy
cólera[1], anger, rage, fury
 montar en cólera, to fly into a rage
cólera[2], cholera
colérico(a), choleric, suffering from cholera
colesterol, cholesterol
coleta, queue, postscript
coleto, buff jacket, insides, inner man
 decir para su coleto, to say to oneself
colgadero, hook, clothesline
colgadizo, shed
colgadiza, hanging, suspended
colgadura, hangings
colgante, suspended, hanging
 puente colgante, suspension bridge
colgar[1], to hang, to suspend, to decorate with hangings
colgar[2], to be suspended
colibrí, hummingbird
cólico, colic
coliflor, cauliflower
colilla, cigarette butt
colina, hill
colinabo, turnip
colindar, to be contiguous
 colindar con, to be adjacent to
colineal, collinear
coliseo, coliseum
colisión de placas, plate collision
colmar, to heap up, to fill up
 colmar con, to shower with
colmena, beehive
colmenar, apiary
colmillo, eyetooth, tusk
 tener colmillo, to be sly
colmo, overflowing, height, high point
 eso es el colmo, that is the limit
 a colmo, plentifully
colocación, placement, situation, position
colocar, to situate, to place
 colocar dinero, to invest money
colon, colon, large intestine
Colón[1], Columbus
colón[2], monetary unit of Costa Rica and El Salvador
colonia, colony, sugar-cane field, subdivision, neighborhood
 colonia británica, British colony
 colonia de Nueva Inglaterra, New England colony
 colonia de plantación, plantation colony
 colonia del Sur, lower South colony
 colonia en Massachusetts, colony in Massachusetts
 colonia española, Spanish colony
 colonia francesa, French colony
 colonia india occidental, West Indian colony
 colonias del Atlántico central, Mid-Atlantic colony
colonial, colonial
colonialismo europeo, European colonialism
colonización, colonization, settlement
 colonización europea, European colonization
 colonización francesa, French colonization, French settlement
 colonización francesa de Indochina, French colonization of Indochina
 colonización holandesa, Dutch colonization
 colonización neerlandesa, Dutch colonization
colonizador, colonizer, settler, frontiersman
colonizar, to colonize

colono(a), colonist, tenant farmer
colono(a) del Pacífico asiático, Asian Pacific settler
colono europeo, European settler
coloquio, colloquy, chat, conversation
color, color, rouge
color cálido, warm color
color complementario, complementary color
color de la luz, color of light
color del suelo, soil color
color variable, varying color
colores frescos, cool color
este color destiñe, this color fades
so color, under pretext
colorado(a), ruddy, red
colorante, coloring
colorar, to color, to tint, to dye
colorear[1], to color, to palliate, to cover up
colorear[2], to grow red
colorete, rouge
colorido, coloring, pretext, pretense
colorín, linnet, bright color
colosal, colossal, great
coloso, colossus
columbrar, to glimpse, to barely make out, to guess
columna, column
columnata, colonnade
columpiarse, to swing to and fro
columpio, swing
colusión, collusion
collado, hillock
collar, necklace, collar
com, com
coma, comma, coma
coma decimal, decimal point
coma mal colocada, comma fault, comma splice
comadre, midwife, godmother of one's child, close friend, crony
comadreja, weasel
comadrería, gossiping
comadrona, midwife
comandancia, command
comandante, commander, chief, major
comandante en jefe, commander in chief
comandar, to command
comandita, silent partnership
comanditario(a), relating to a silent partnership
socio comanditario(a), silent partner
comando, commando
comando de programación, programming command
comarca, territory, district, region
comatoso(a), comatose
combar, to bend
combarse, to warp, to twist
combate, combat, struggle, conflict
aeroplano de combate, fighter plane
fuera de combate, out of action, out of the running
combatidor, combatant
combatiente, combatant
no combatiente, non combat
combatir, to combat, to struggle, to fight
combinación, combination
combinación de consonantes, consonant blend
combinación de correspondencia, mail merge
combinación de forma bidimensional, two-dimensional shape combination
combinación de forma tridimensional, three-dimensional shape combination
combinación de formas, shape combination
combinación de movimientos, combination of movements
combinación de nuevos genes, new gene combinations
combinación de oraciones, sentence combining
combinaciones de bisectrices, bisector combinations
combinar, to combine
combinar los términos semejantes, combine like terms
combo(a)[1], bent, twisted, warped
combo[2], cask stand
combustible[1], combustible
combustible[2], fuel
combustible de alta potencia, exotic fuel
combustible fósil, fossil fuel
combustión, combustion
comebolas, one who believes everything he hears
comedia, comedy, play

comedia de situación, sitcom
comedia en serie, sitcom
comedia griega, Greek comedy
comedianta, actress, comedienne
comediante(a), actor, comedian
comedido(a), polite, courteous
comedirse, to restrain or control oneself
comedirse a, to offer to, to be willing to
comedor(a)[1], eater
comedor [2], dinig room
comedor de beneficencia, soup kitchen
comején, white ant, termite
comendador(a), knight commander, commander
comensalismo, commensalism
comentador(a), commentator
comentar, to comment on, to remark, to speak of
comentario, comment, commentary, feedback
comenzar, to commence, to begin
comer, to eat, to eat away, to consume, to take, to have dinner
comer en exceso, overeating
dar de comer, to feed
comercial, commercial
comercialización, commercialization
comerciante, trader, merchant, tradesman
comerciar, to trade, to do business, to have dealings
comerciar en, to deal in
comercio, trade, commerce, business, communication, intercourse
comercio de diamantes, diamond trade
comercio de esclavos, slave trade
comercio de exportación, export commerce
comercio de hardware, hardware trade
comercio de larga distancia, long-distance trade
comercio de las especias, spice trade
comercio de pieles, fur trade
comercio del café, coffee trade
comercio electrónico, online commerce
comercio exterior, foreign trade, overseas trade
comercio global, global trade
comercio interestatal, interstate commerce
comercio interior, internal trade
comercio trasatlántico de esclavos, trans-Atlantic slave trade
comercio triangular, triangular trade
en el comercio, in the shops
junta de comercio, board of trade
comerse, to skip over, to jump
comestible, edible
comestibles, foodstuffs, groceries, food
tienda de comestibles, grocery store
cometa[1], comet
cometa Halley, Halley's comet
cometa[2], kite
cometer, to commit, to entrust, to charge
cometido, task, assignment
comezón, itch, burning desire, fervent wish
comicios, election, voting
cómico(a)[1], comic, comical, funny
cómico[2], actor, comedian
cómica[3], actress, comedienne
comida, eating, food, meal, dinner
comida chatarra, junk food
comida para llevar, take-out
comida rápida, fast food
comidilla, food and drink, talk of the town
comienzo, beginning
comillas, quotation marks
entre comillas, in quotation marks
comino, cumin
no valer un comino, to be absolutely worthless
comisaría, commissariat, commissioner's duties
comisario, commissary, deputy, commissioner, police inspector
comisión[1], commission, errand
Comisión de Comercio entre Estados, Interstate Commerce Commission (I.C.C.)
comisión de investigación, civilian review board
comisión de servicio público, public service commission

Comisión Federal de Comunicaciones, Federal Communications Commission (FCC)
comisión[2], on commission
comisionado, commissioner
comisionar, to commission
comisionista, commission agent, salesman on commission
comité, committee
Comité de Organizaciones Industriales (CIO), Committee for Industrial Organizations (CIO)
comitiva, suite, retinue, cortege, followers
como[1], as, such as, like, almost,
como quiera que, whereas, inasmuch as, however, no matter how
como[2], how, why
¿a cómo estamos?, what is the date?
cómoda[1], chest of drawers
cómodo(a)[2], convenient, commodious, comfortable
comodoro Matthew Perry, Commodore Matthew Perry
compacto(a), compact, close, thick, dense
compadecer, to pity, to sympathize with
compadecerse de, to take pity on
compadrar, to become godfather to someone's child, to become a close friend
compadre, godfather of one's child, close friend, crony
compaginar, to page, to put in order
compañero(a), companion, comrade, fellow, mate
compañero(a) de cuarto, roommate
compañero(a) de destierro, fellow exile
compañero(a) de viaje, traveling companion
compañía, company, business firm
Compañía Británica de las Indias Orientales, East India Company
compañía de exportación, exporting firm
Compañía Francesa de las Indias Orientales, French East India company
comparable, comparable
comparación, comparison
comparar, to compare, equate
comparar estrategias, compare strategies
comparar números, compare numbers
comparar y contrastar, compare & contrast
comparecer, to appear
comparsa[1], extra, walk-on, supernumerary
comparsa[2], walk-ons, extras
compartir, to divide, to share
compartir jeringas, needle sharing
compartir la riqueza, share the wealth
compás, pair of compasses, calipers, measure, time, compass, rule, guide
compás de calibres, inside calipers
compás de espesores, outside calipers
compás ternario, triple meter
compasión, compassion, pity
compasivo(a), compassionate
compatible, compatible
compatriota, fellow countryman, compatriot
compeler, to compel, to constrain
compendiar, to summarize
compendio, summary, compendium
compendioso(a), compendious, concise
compensación, compensation, recompense
casa de compensación, clearing house
compensación justa, just compensation
compensar, to compensate, to make amends, to recompense
competencia, competition, rivalry, competence
competencia internacional, international competition
competencia no relacionada con los precios, nonprice competition
competente, competent, sufficient, adequate, just

competer, to be one's due, to be incumbent on one, to be in one's competence
competidor(a), competitor, rival
competir, to vie, to contend, to compete, to rival
compilar, to compile
compinche, comrade, confidant, crony
complacencia, pleasure, complaisance
complacer, to please
complacerse, to be pleased, to be happy
complaciente, pleasing, pleasurable, accommodating, complaisant
complejidad, complexity
complejo[1], complex
    complejo industrial militar, military-industrial complex
complejo(a)[2], complex, intricate
complementario(a), complementary
    complementariamente, complementarily
complemento, complement, completion, object
    complemento de un conjunto, complement of a set
    complemento de un evento, complement of an event
completar, to complete
    completar un cuadrado, completing the square
completo(a), complete, perfect, all-round
    por completo, completely
complexión, constitution, physique
complicación, complication, complexity, rising action
complicar, to complicate
cómplice, accomplice
complicidad, complicity
complot, plot, conspiracy
componente, component
    componente técnico, technical component
    componentes abióticos de un ecosistema, abiotic components of ecosystems
componer, to compose, to compound, to form, to make up, to mend, to repair, to strengthen, to restore, to prepare, to mix, to adjust, to settle, to reconcile, to calm
componerse, to make up, to put on makeup
    componerse de, to be composed of
comportamiento, behavior
    comportamiento aceptable, acceptable behavior
    comportamiento de grupos, group behavior
    comportamiento genéticamente determinado, genetically determined behavior
    comportamiento global, global behavior
    comportamiento incluyente, inclusive behavior
    comportamiento innato, innate behavior
    comportamiento instintivo, instinctive behavior
    comportamiento local, local behavior
comportar, to suffer, to tolerate
comportarse, to behave, to comport oneself
    comportarse bien, to behave well
    comportarse mal, to behave badly
composición, composition, composure, adjustment, agreement
    composición de funciones, composition of functions
    composición de las estrellas, star composition
    composición de las rocas, rock composition
    composición de los planetas, planet composition
    composición del cuerpo, body composition
    composición del suelo, soil composition
    composición del Universo, composition of the universe
    composición étnica, ethnic composition
compositor(a), composer, compositor
compostura, composition, mending, repair, neatness, agreement, adjustment, composure, circumspection
compota, preserve, compote
compra, purchase, day's shopping
    compra de la Luisiana, Louisiana Purchase

comprador(a), buyer, purchaser
comprar, to buy, to purchase
 comprar al contado, to buy for cash
 comprar a crédito, to buy on credit
 comprar al fiado, to buy on credit
 comprar al por mayor, to buy at wholesale
 comprar de ocasión, to buy secondhand
compras, purchases
 compras al contado, cash purchases
 ir de compras, to go shopping
comprender, to include, to contain, to comprise, to comprehend, to understand
comprendido(a), including, understood
comprensible, understanding, comprehensible
comprensión, comprehension, understanding
 comprensión oral, listening comprehension
comprensivo(a), comprehensive
compresión, compression, pressure
compresor, compressor
comprimir, to compress, to condense, to repress, to restrain
comprimirse, to restrain oneself, to control oneself
comprobación, checking, verification
 comprobación de una hipótesis, hypothesis testing
 comprobación de ingresos, means test
 comprobación de rendimiento, performance testing
 comprobación empírica, empirical verification
comprobante[1], proving
comprobante[2], voucher, receipt
comprobar, to verify, to check, to confirm, to prove
 comprobar la comprensión de los alumnos, check for student's understanding
comprometedor(a), compromising
comprometer, to compromise, to oblige, to endanger, to risk
comprometerse, to commit oneself, to envolve oneself, to get engaged
comprometerse a, undertake
compromiso, engagement, compromise, pledge, commitment, compromising position
 Compromiso de 1850, Compromise of 1850
 Compromiso de Connecticut, Connecticut Compromise
compuerta, floodgate, sluice, half door
compuesto, compound
 compuesto binario, binary compound
 compuesto de clase, class compound
 compuesto químico, chemical compound
compuesto(a), compound, composed
compulsión, compulsion
compulsivo(a), compulsive
compulsorio(a), compulsory
compunción, compunction, remorse
compungido(a), having compunctions, remorseful
computación, computation
computador(a), computer
 computadora digital, digital computer
computar, to compute
cómputo, computation, calculation
comulgar[1], to administer Communion to
comulgar[2], to take Communion
común[1], common
 acciones en común, common stock
 de común acuerdo, by mutual consent
 en común, jointly
 poco común, unusual
 por lo común, in general, generally
común[2], community, people, watercloset
comuna, town hall, municipality
comunal[1], commonalty, common people
comunal[2], community, communal
comunicación, communication, message
 comunicación celular, cellular communication

comunicación global, global communication
comunicación radioeléctrica, radio message
comunicado, communiqué
comunicar, to communicate
comunicativo(a), communicative
comunidad, community
comunidad afroamericana, African American community
comunidad china, Chinese community
comunidad colonial, colonial community
comunidad cristiana, Christian community
comunidad de alianza, covenant community
comunidad de homínidos, hominid community
comunidad de huertas, truck-farming community
Comunidad Económica Europea, European Economic Community
comunidad humana, humman community
comunidad local, local community
comunidad musulmana española, Spanish Muslim society
comunidad pesquera, fishing community
comunidad planificada, planned community
comunidad urbana, urban community
comunidad utópica, utopian community
comunidad vegetal, plant community
comunión, Communion, communication, intercourse
comunismo, communism
comunista, communist
comunistoide, fellow traveler
comunitario(a), community
con, with, despite
con que, then, therefore
con tal que, on condition that
dar con, to find
tratar con, to do business with, to deal with
conato, endeavor, effort, attempt
concavidad, concavity
cóncavo(a), concave
concebir, to conceive
conceder, to grant, to concede
concejal, councilman, councilor
concejo, town council
concentración, concentration
campo de concentración, concentration camp
concentración de la población, population concentration
concepto indio de la monarquía ideal, Indian concept of ideal kingship
concentración de reactivos, concentration of reactants
concentración de servicios, concentration of services
concentración molar, molarity
concentrado(a), concentrated
concentrar, to concentrate
concepción, conception, idea, concept
concepto, concept, idea thought, judgment, opinion, witticism, reason
concepto alemán de Kultur, German concept of Kultarr
concepto de movimiento, movement concept
concepto de uno mismo, self-image
concepto unificado de producción, unified production concept
concepto universal, universal concept
concepto visual, visual concept
por todos los conceptos, by and large
conceptuar, to repute, to judge, to think
conceptuoso(a), keen, witty
concerniente, concerning, relating
concernir, to regard, to concern
concertar[1], to concert, to harmonize, to arrange, to settle on, to reconcile, to set
concertar[2], to agree, to be in accord
concertina, concertina
concertista, concert performer
concesión, concession, grant
concesionario, grantee
conciencia, conscience, awareness

conciencia cenestésica, kinesthetic awareness
conciencia espacial, spatial awareness
conciencia situacional, situational awareness
concienzudo(a), conscientious
concierto, concert, agreement
de concierto, with one accord, in concert
conciliación, conciliation, reconciliation
conciliar[1], to conciliate, to reconcile
conciliar[2], conciliar, council
conciliatorio(a), conciliatory
concilio, council
conciso(a), concise, brief
conciudadano(a), fellow citizen, fellow countryman
cónclave, conclave
concluir, to conclude, to convince
conclusión, conclusion
concluso(a), closed, concluded
concluyente, conclusive
concordancia, agreement, harmony, concord
concordancia entre sujeto y verbo, subject-verb agreement
concordancia pronombre-antecedente, pronoun-antecedent agreement
concordancias, concordance
concordar[1], to accord
concordar[2], to agree
concordia, concord, agreement, harmony
de concordia, by common consent
concretar, to combine, to unite, to make concrete, to reduce to essentials
concretarse, to limit oneself
concreto(a), concrete, definite
en concreto, in short
concubina, concubine, mistress
concuñada, wife of one's brother-in-law
concuñado, husband of one's sister-in-law
concurrencia, concurrence, coincidence, gathering
concurrente, concurrent
concurrentes, those gathered, those assembled
concurrido(a), crowded, well attended
concurrir, to concur, to assemble, to gather, to participate, to take part, to coincide
concurrir con, to contribute, to give
concurso, concourse, crowd, assembly, help, aid, presence, contest
concurso aéreo, air meet
concurso de acreedores, meeting of acreditors
concurso de belleza, beauty contest
concurso deportivo, athletic meet
concurso de televisión, quiz show
concusión, concussion, shake, shock
concha, shell, tortoise shell, prompter's box
conchudo(a), covered by a shell, shelled, astute, cunning
condado, earldom, county, shire
conde, earl, count, gypsy chief
Conde de Dalhousie, Lord Dalhousie
condecorar, to decorate, to award a decoration
condena, condemnation
condenable, condemnable
condenar, to condemn, to sentence, to damn, to board up, to close up
condenarse, to be damned
condensación, condensation
condensador, condenser
condensar, to condense
condesa, countess
condescendencia, affability, complaisance
condescender, to consent, to agree
condescendiente, complaisant, obliging
condición, condition, quality, basis, station, position, character, nature
a condición de que, provided that
condición de discapacidad, handicapping condition
condición de estado, statehood
condición de individuo, individual status
condición física, physical fitness

condición previa de esclavitud, previous condition of servitude
condición social, estatus social, social status
condición socioeconómica, socioeconomic status
condición Wilmot, Wilmot Proviso
condiciones ambientales, environmental conditions
condiciones climáticas, weather conditions
condiciones de pago, terms of payment
condiciones de trabajo, working conditions
reunir las condiciones necesarias, to possess the necessary qualifications
condicional, conditional
condimentar, to season
condimento, condiment, seasoning
condiscípulo(a), fellow-student
condolerse, to condole, to sympathize
condominio, condominium
condón, condom
condonar, to pardon, to forgive, to condone
cóndor, condor
conducción, conduction, driving, conducting, guiding, conveying, transport
conducción del calor, heat conduction
conducente, conducive, contributive
conducir, to transport, to convey, to conduct, to lead
conducir un automóvil, to drive an automobile
conducirse, to conduct oneself, to behave oneself
conducta, leading. guiding, conduct, management, behavior, conduct
conductivo(a), conductive
conducta, behavior
conducta aprendida, learned behavior
conducta compulsiva de búsqueda de drogas, drug-seeking behavior
conductividad, conductivity
conducto, conduit, tube, channel, drain
por conducto de, through, by means of
conductor(a), conductive
hilo o alambre conductor, electric wire
alambre conductor, electric wire
conductor, motorist, driver, engineer
condueño(a), joint owner, partner
conectado, online
conectar, to connect
conectores (palabras), transitional words
conejera, warren
conejillo(a), small rabbit
conejillo de indias, guinea pig
conejo(a), rabbit
conexión, connection
conexo(a), connected, united
confección, confection, making up, preparation
confeccionado(a), ready made
confeccionar, to make up, to put together, to prepare
confederación, confederacy, confederation
confederado(a), confederate
conferencia, conference, talk, lecture
conferencia de larga distancia, long distance call
Conferencia de Helsinki, Helsinki Accords
Conferencia de Paz de París, Peace of Paris Conference
Conferencia de San Remo, Conference at San Remo
Conferencia Internacional sobre la Población y el Desarrollo de El Cairo, Cairo Conference on World Population
conferenciante, lecturer
conferenciar, to consult together, to confer
conferencista, lecturer, speaker
conferir, to confer, to grant
confesar, to confess, to avow, to admit
confesión, confession, avowal
confesionario, confessional, rules for the confessional
confeso(a), confessed criminal
confesor, confessor
confeti, confetti
confiado(a), unsuspecting, credulous, presumptuous

confianza, confidence, reliance, self-reliance, presumption, overconfidence, familiarity, informality
 de confianza, informal
 digno de confianza, reliable, trustworthy
 en confianza, confidentially
 tener confianza en, to trust
confiar[1], to entrust, to confide
confiar[2], to have faith, to rely
confidencia, confidence
confidencial, confidential
confidente(a)[1], confidant
confidente(a)[2], faithful, trustworthy
configuración, configuration
 configuración atómica, atomic arrangement, atomic configuration
 configuración electrónica, electron configuration
 configuración de electrón, electron configuration
confín, limit, boundary
confinar[1], to confine
confinar[2], to border
confirmación, confirmation
confirmación experimental, experimental confirmation
confirmación mediante observación, confirmation by observation
confirmar, to confirm, to corroborate
confiscación, confiscation
confiscar, to confiscate
confite, candy, bonbon
confitera, candy box
confitería, confectioner's shop
confitura, jam, preserve
conflagración, conflagration
conflicto, conflict, fight, struggle
 conflicto de lealtades, divided loyalties
 conflicto étnico, ethnic conflict
 conflicto externo, external conflict
 conflicto fronterizo, border conflict
 conflicto generacional, generational conflict
 conflicto ideológico, ideological conflict
 conflicto internacional, international conflict
 conflicto interno, internal conflict
 conflicto interpersonal, interpersonal conflict
 conflicto laboral, labor conflict
 conflicto no violento, nonviolent conflict
 conflictos laborales de 1894, labor conflicts of 1894
confluir, to join, to flow together, to meet, to come together, to flock together, to crowd together
conformar, to conform, to make agree, to agree
conformarse, to submit, to resign oneself
conforme[1], conformable
 estar conforme, to be in agreement
conforme[2], according to
conforme[3], congruent
conformidad, conformity, patience, resignation
 de conformidad, by common consent
 de conformidad con, in accordance with
confort, comfort
confortable, comfortable
confortante[1], comforting
confortante[2], sedative
confortar, to console, to comfort, to strengthen, to liven
confraternidad, brotherhood
confrontar, to confront, to compare
confucianismo, Confucianism
Confucio, Confucius
confundir, to confuse, to confound
confusión, confusion, shame
confuso(a), confused, confounded
conga, conga, large poisonous ant
congelación, freezing
 congelación rápida, quick freezing
congelador, freezer
congeladora, deep freeze
 almacenar en congeladora, to deepfreeze
congelar, to freeze, to congeal, to immobilize
congeniar, to be congenial, to get along well
congénito(a), congenital
congestión, congestion

conglomeración, conglomeration
conglomerado, conglomerate
Congo, Congo, Kongo
congoja, anguish, grief, heartbreak
congratulación, congratulation
congratular, to congratulate
congregación, congregation, assembly
congregar, to congregate, to assemble, to call together
congreso[1], congress, powwow
  Congreso de Organizaciones Industriales (CIO), Congress of Industrial Organizations (CIO)
Congreso[2], Congress
  Congreso Continental, Continental Congress
  Congreso de Viena, Congress of Vienna
congruencia, appropriateness, suitableness, congruity, congruence
  congruencia de segmento de línea, line segment congruence
congruente, congruent
cónico(a), conical
  cónico sin centro, conic without a center
conjetura, conjecture
conjeturar, to conjecture
conjugación, conjugation
conjugado complejo, complex conjugate
conjugado de un número complejo, conjugate of a complex number
conjugar, to conjugate
conjunción, conjunction
  conjunción correlativa, correlative conjunction
  conjunción subordinada, subordinating conjunction
  conjunciones coordinadas, coordinating conjunctions
conjuntivitis, conjunctivitis, pink eye
conjunto(a), united, joint, conjunct
  conjunto de datos, data set
  conjunto de referencia, reference set
  conjunto infinito, infinite set
  conjunto más pequeño de reglas, smallest set of rules
  conjunto solución, solution set
  el conjunto, the whole, the ensemble
conjura, plot
conjuración, conspiracy, plot
conjurado(a)[1], conspirator
conjurado(a)[2], conspiring
conjurar[1], to swear in, to entreat
conjurar[2], to plot, to conspire
conjuro, entreaty, incantation
conllevar, to stand, to put up with, to help out with, to help bear
conmemoración, commemoration
conmemorar, to commemorate
conmemorativo(a), memorial
conmensurar, to commensurate
conmigo, with me
conmiseración, commiseration
conmoción, tremor, quake, shock, reaction, excitement, commotion
conmovedor(a), touching, moving, exciting, breath-taking, stirring
conmover, to touch, to move, to stir, to excite
conmutación, commutation
conmutador, electric switch
  conmutador telefónico, switchboard
conmutar, to commute
conmutativo(a), commutative
connatural, inborn, ingrained, natural
connivencia, connivance, collusion
connotación, connotation, distant relationship
connotar, to connote, to imply
cono, cone
  cono de aire, air cone
conocedor(a)[1], expert, connoisseur
conocedor(a)[2], knowing, aware
  conocedor de, familiar with, expert in
conocer, to know, to be acquainted with, to meet, to recognize
conocido(a)[1], acquaintance
conocido(a)[2], known
conocimiento, knowledge, understanding, consciousness, acquaintance, bill of lading
  conocimientos previos, background knowledge
  conocimientos teatrales, theater literacy
  poner en conocimiento, to inform, to advise
conque, so then, well then, therefore, as a result
conquista, conquest
  conquista europea,

European conquest
conquista imperial, imperial conquest
conquista mongola, Mongol conquests
conquistado, conquered
conquistador(a), conqueror
conquistar, to conquer, to convince, to win over
consabido(a), well known, previously mentioned
consagración, consecration
consagrar, to consecrate, to hallow, to dedicate
consagrarse, to devote oneself
consciente, conscious
conscripción, conscription
conscripto, draftee
consecución, attainment
consecuencia, consequence, result, consistency
como consecuencia, in consequence, consequently
consecuencia del comportamiento, behavior consequence
consecuencias a corto plazo, short-term consequences
consecuencias a largo plazo, long-term consequence
en consecuencia, therefore
consecuente, consequent, consequient, consistent
consecutivo(a), consecutive
conseguir, to obtain, to get, to attain
consejero(a), counselor, advisor, councilor
consejo, counsel, advice, council
consejo de guerra, courtmartial
consejo directivo, board of directors
consejo escolar, school board
Consejo Mundial de Iglesias, World Council of Churches
consejo tribal, tribal council
consejo y consentimiento, advice and consent
consenso, consensus
consentido(a), pampered, spoiled
consentimiento, consent, assent, pampering, spoiling
consentimiento de los gobernados, consent of the governed
consentir, to consent to, to allow, to tolerate, to permit, to spoil, to pamper
conserje, concierge, janitor
conserva, conserve, preserve
conservas, canned goods
conservación, conservation, upkeep, maintenance, canning
conservación de área, area conservation
conservación de energía, energy conservation
conservación de la masa, conservation of mass, matter conservation
conservación de la materia, conservation of matter, mass conservation
conservacionista, conservationist
conservador, conservator, curator, conservative
conservadurismo, conservatism
conservar, to can, to preserve, to keep up, to maintain, to conserve
conservatorio, conservatory
conservatorio(a), preservative
considerable, considerable, great, large
consideración, consideration, regard
ser de consideración, to be of importance
considerado(a), prudent considerate, esteemed, respected, highly considered
considerando, whereas
considerar, to consider, to think over, to respect, to think highly of
considerar los derechos e intereses de otros, consider the rights of others
consigna, watchword, countersign, checkroom, motto
consignación, consignation, consignment
a la consignación de, consigned to
consignador, consigner
consignar, to consign
consignatario, trustee, consignee
consigo, with oneself
consiguiente[1], consequent, resulting
consiguiente[2], consequence, effect
por consiguiente, consequently, as a result
consistencia, consistence, consistency

consistencia de ecuaciones, consistence of equations
consistir, to consist, to be comprised
consocio, fellow member, associate
consola, console table
consolación, consolation
consolador(a)[1], consoling, soothing
consolador(a)[2], consoler
consolar, to console, to comfort, to soothe
consolidación, consolidation, merger
consolidar, to consolidate, to cement, to assure
consolidarse, to become consolidated
consomé, consomme, broth
consonancia, consonance
consonante[1], consonant
consonante final, ending consonant
consonante inicial, beginning consonant
consonante[2], rhyme word
consorte[1], consort, companion, fellow
consorte[2], accomplices
conspicuo(a), conspicuous, prominent, outstanding
conspiración, conspiracy, plot
conspirador(a), conspirator, plotter
conspirar, to conspire, to plot
constancia, constancy, perseverance, proof, certainty
dejar constancia de, to establish, to prove
constante, persevering, constant, certain, sure
constante de proporcionalidad, constant of proportionality
Constantino, Constantine
Constantinopla, Constantinople
constar, to be evident, to be clear, to be composed, to consist
hacer constar, to state, me consta, I know positively, it is clear to me
constelación, constellation
consternación, consternation
consternar, to dismay, to consternate
constipación, cold, head cold
constipación de vientre, constipation
constipado, cold in the head
constiparse, to catch cold
constitución, constitution
Constitución británica, British constitution
Constitución de los Estados Unidos, United States Constitution
constitución estatal, state constitution
constitucional, constitutional
constitucionalidad de las leyes, constitutionality of laws
constitucionalismo, constitutionalism
constituir, to constitute
constitutivo(a)[1], constituent
constitutivo[2], essential, component
constituyente, constituent
constreñimiento, constraint
constreñir, to constrain, to force, to constipate
construcción, construction, building, structure
construcción de acero, steel construction
construcción de la nación, nation building
construcción megalítica, megalithic stone building
construcción resistente a sismos, earthquake-resistant construction
constructor(a), builder, building
constructor de montículos, mound builder
constructor de un imperio, empire-builder
construir, to build, to construct, to construe
consuelo, consolation, comfort, joy, merriment
cónsul, consul
consulado, consulate
consulta, consultation, opinion, appraisal
consultar, to consult, to discuss, to deal with
consultivo(a), consultative
consejo consultivo, advisory board
consultor(a)[1], adviser, consultant
consultor(a)[2], consulting, advisory
consultorio, consultant's office, clinic
consumación, consummation, termination, extinction
consumado(a)[1], consummate
consumado[2], thick broth, consommé

consumar, to consummate, to perfect
consumidor(a), consumer, consuming
consumir, to consume, to use up, to consume, to destroy
consumirse, to waste away, to languish
consumismo, consumerism
consumismo rapaz, assertive consumerism
consumo, consumption
consumo compartido, shared consumption
consumo de energía, energy consumption
consumo de petróleo, petroleum consumption
consunción, consumption
contabilidad, accounting, bookkeeping
contabilidad por partida doble, double entry bookkeeping
contacto, contact, touch
contacto cultural, cultural contact
contacto del magneto, ignition switch
contacto entre culturas, cross-cultural contact
contado(a), scarce, rare
$50 al contado, $50 down
al contado, in cash, in ready money
de contado, instantly, in hand
tanto al contado, so much down
contador, accountant, bookkeeper, meter, gauge
contador Geiger, Geiger counter
contaduría, accounting, accountancy
contagiar, to infect
contagiarse, to become infected
contagio, contagion
contagioso(a), contagious, catching
contaminación, contamination, defilement, corruption, pollution
contaminación atmosférica, air pollution
contaminación de desechos sólidos, solid-waste contamination
contaminación de los océanos, ocean pollution
contaminación del agua, water pollution
contaminación del aire, air pollution
contaminante, pollutant
contaminar, to contaminate, to defile, to corrupt
contante, ready, cash
dinero contante y sonante, ready cash
contar, to count, to charge, to debit, to relate, to tell, to tally
contar con, to rely upon, to count on
contar con palitos, tally mark
contar en forma regresiva, count backwards
contar por múltiplos de un número, skip count
contemplación, contemplation
contemplar, to contemplate, to meditate, to indulge, to be lenient with
contemplativo(a), contemplative
contemporáneo(a), contemporary
contemporizar, to temporize
contención, containment
contender, to struggle, to contend, to compete, to vie
contendiente, competitor, contender
contener, to contain, to be comprised of, to hold back, to restrain, to accommodate
contenido[1], contents
contenido(a)[2], moderate, restrained
contenido(a)[3], included, non-included
contentadizo(a), easily satisfied, easy to please
mal contentadizo(a), hard to please
contentar, to content, to satisfy, to please
contentarse, to be pleased or satisfied
contento(a)[1], glad, pleased, content
contento[2], contentment
conteo, count, counting
conteo regresivo, countdown
contestación, answer, reply, argument
contestar[1], to answer, to confirm, to substantiate
contestar[2], to agree, to be in accord
contexto, context
contexto cultural, cultural context

contexto histórico, historical context
contexto sociocultural, sociocultural context
contienda, contest, dispute, struggle, fight
contigo, with thee, with you
contigüidad, contiguity
contiguo(a), contiguous, bordering
continencia, continence, moderation
continental, continental
continente[1], continent, mien, bearing, container
continente americano, the Americas, Continente Americano
continente euroasiático africano, Afro-Eurasia
continente[2], abstinent, moderate
contingencia, contingency, contingence, risk
contingente[1], fortuitous, accidental
contingente[2], contingent, quota, share
continuación, continuation, continuance, continuity
a continuación, below, hereafter
continuadamente, continuously
continuamente, continuously, continually
continuar, to continue
continuar un patrón, extend a pattern
continuidad, continuity
continuidad cultural, cultural continuity
continuidad de las especies, continuation of species
continuidad histórica, historical continuity
sistema de continuidad, follow-up system
continuo(a), continuous, continual, ceaseless
de continuo, continually
contómetro, comptometer
contonearse, to strut, to swagger
contorcerse, to writhe
contorno, environs, contour, outline
cultivo en contorno, contour plowing
en contorno, round about
contorsión, contortion
contra, against, facing
ir en contra, to go against
seguro contra incendio, fire insurance
contraalmirante, rear admiral
contraargumento, counterargument
contraataque, counterattack
contrabajo, double bass, contrabass
contrabandista, smuggler, dealer in contraband
contrabando, contraband, smuggling
contracandela, backfire
contracción, contraction
contracción económica, recession
contraceptivo(a), contraceptive
contraceptivo bucal, oral contraceptive.
contracorriente, countercurrent, backwater
contracorriente migratoria, migration counterstream
contráctil, contractile
contracultura, counterculture
contradanza, contredanse, folk dance
contradecir, to contradict, to gainsay
contradicción, contradiction, inconsistency
contradictorio(a), contradictory, opposite
contraejemplo, counter example
contraer, to catch, to acquire, to limit, to restrict
contraespionaje, counterespionage
contrafuerte, counterfort, buttress
contragancho, slice
contrahecho(a), deformed, humpbacked, counterfeit
contrahílo, end grain
a contrahílo, against the grain
contralmirante, rear admiral
contralor(a), controller, inspector
contralto, contralto
contramaestre, boatswain, foreman
contramarca, countermark
contramarcha, countermarch, reverse, going back, return over the same route
contramarea, springtide
contraofensiva, counteroffensive
contraorden, countermand
contrapartida[1], corrective entry, offsetting entry
contrapartida[2], trade-off
contrapaso, back step, countermelody
contrapelo, against
a contrapelo, against the grain

contrapeso, counterbalance, counterweight, tightrope walker's pole, uneasiness
hacer contrapeso a, to counterbalance, to offset
contraportada, back cover
contraposición, contrast
contrapositivo de una frase, contrapositive of a statement
contraproducente, self-defeating
contraproyectil, countermissile
contraprueba, counterproof
contrapuerta, inner door
contrapunto, counterpoint
contrariar, to oppose, to vex, to annoy, to resist
contrariedad, opposition, resistance, vexation, annoyance
contrario(a)[1], opponent, antagonist
llevar la contraria, to take the opposite side
contrario(a)[2], contrary, opposite, adverse, hostile, converse
al contrario, on the contrary
contrarreclamación, counterclaim
Contrarreforma, Counter-Reformation, Catholic Reformation
contrarrestar, to hit back, to return, to resist, to offset, to counteract
contrarrevolución, counterrevolution
contraseña, countersign, watchword, password
contrastar[1], to face, to resist, to assay, to analyze, to verify, to check
contrastar[2], to contrast
contraste, contrast, opposition, resistance, assayer, sudden reversal of the wind
contratación, trade, dealings, business transaction, deal
contratante[1], contracting
partes contratantes, contracting parties
contratante[2], contractor
contratar, to contract, to hire, to negotiate, to agree on, to contract for
contratiempo, mishap, accident, misfortune
contratista, contractor, lessee
contrato, contract
celebrar un contrato, to draw up a contract
contrato social, social contract
contraveneno, antidote
contravenir, to contravene, to go against
contraventana, window shutter
contravidriera, storm window
contribución, contribution, tax
contribuciones sobre ingresos federales, federal income tax
contribuir, to contribute
contribuyente[1], contributing, contributory
contribuyente[2], contributor, taxpayer
contrición, contrition, penitence
contrincante, competitor, opponent
contrito(a), contrite, penitent
control, control, check
control armado, armed control
control civil de los militares, civilian control of the military
control corporal, body control
control de alquileres, rent control
control de armas, gun control
control de la respiración, breath control
control de movimiento, movement control
control de natalidad, birth control
control de peso, weight control
control de precios, price control
control de sí mismo, self-control
control de variables, control of variables
control del arco, bow control
control del estrés, stress management
control experimental, experimental control
control humano sobre la naturaleza, human control over nature
control judicial, judicial review
control remoto, remote control
controles y contrapesos, checks and balances
controlar, to control

controversia, controversy, dispute
controversia del valle de Hetch Hetchy, Hetch Hetchy controversy
contumacia, contempt of court, obstinacy
contumaz, obstinate, stubborn
conturbar, to perturb, to disquiet
contusión, contusion, bruise
convalecencia, convalescence
convalecer, to convalesce, to be out of danger, to be out of harm's way
convaleciente, convalescing, convalescent
convección, convection
convección de calor, heat convection
convecino(a), neighboring
convencer, to convince
convencimiento, conviction
convención, convention, agreement
Convención constitucional, Constitutional Convention
Convención de Seneca Falls, Seneca Falls Convention
convención lingüística, language convention
convencional, conventional
convenido(a), agreed, decided
conveniencia, advantage, profit, convenience, ease, comfort, agreement, suitability
conveniente, profitable, advantageous, convenient, easy, suitable, advisable, desirable
convenio, compact, covenant, bankruptcy settlement
convenir, to agree, to be in agreement, to convene, to assemble, to be suitable, to be becoming, to be important, to be desirable
convento, convent, monastery
conventual, monastic, conventual
convergencia, convergence
convergente, convergent
conversación, conversation
amigo de la conversación, given to good conversation
conversación trivial, small talk
conversador(a), good conversationalist
conversar, to converse, cope to live, to dwell, to deal, to have to do
conversión, conversion
conversión de energía celular, cellular energy conversion
conversión de materia en energía, mass to energy conversion
conversión de unidades, unit conversion
converso(a), convert
converso de una frase, converse of a statement
conversor(a), converter
convertible, convertible
convertidor, converter
convertir, to convert, to change, to transform
convertir un número grande en uno pequeño, convert large number to small number
convertir un número pequeño en uno grande, convert small number to large number
convertirse, to become, to change
convexidad, convexity
convexo(a), convex
convicción, conviction
convicto(a)[1], convicted, found guilty
convicto(a)[2], convict
convidado(a), invited, guest
convidar, to invite, to urge, to entreat
convidar a uno con, to treat someone to
convidarse, to offer one's services
convincente, convincing
convite, invitation, party
convocar, to convoke, to assemble
convocatoria, notification, notice of a meeting
convoy, convoy, retinue, following, table cruets
convulsión, convulsion
conyugal, conjugal
cónyuges, married couple, husband and wife
coñac, cognac
cooperación, cooperation
cooperar, to cooperate
cooperativo(a), cooperative
coordinación, coordination
coordenada, coordinate
coordenada polar, polar coordinate
coordenadas cartesianas, Cartesian coordinate
coordenadas lineales, linear coordinates
coordinadas de letras,

letter coordinates
coordinadas de números, number coordinates
coordinada, coordinate
coordinador, coordinator
coordinador de la bancada mayoritaria, majority whip
coordinador de la bancada minoritaria, minority whip
coordinar, to harmonize, to coordinate
copa, goblet, glass, wineglass, treetop, crown
tomar unas copas, to have a drink
copas, hearts
Copenhague, Copenhagen
copépodo, copepod
Copérnico, Copernicus
copete, pompadour, crest, tuft, forelock, top, summit
copetudo(a), tufted, crested
copia, plenty, abundance, copy
copia de publicidad, advertising copy
copiar, to copy
copioso(a), copious, abundant
copista, copyist
copla, ballad, popular song, stanza, couplet
coplanar, coplanar
copo, snowflake
copra, copra
copudo(a), bushy, thick
cópula, cupola, copula, joining, union, copulation
copulativo(a), copulative
coque, coke
coqueta, coquette, flirt
coquetear, to coquet, to flirt
coquetería, coquetry, flirtation
coquetón (coquetona), flirtatious, coquettish
coquito, face made to amuse a baby
coraje, courage, anger
corajudo(a), illtempered, cross
coral, coral, choral
corales, coral necklace, coral beads
Corán, Koran, Qur'an
coraza, cuirass, armor, shell
corazón, heart
de corazón, wholeheartedly, with all one's heart
enfermedad del corazón, heart trouble
corazonada, feeling, rash impulse, thoughtless move
corbata, cravat, necktie
corcel, charger, courser
corcova, hump, protuberance
corcovado(a), humpbacked, hunchbacked
corchea, eighth note
corchea con puntillo, dotted note
corcheta, eye of a hook, eye, eyelet
corchete, clasp, bench hook, bracket, constable
corcho, cork, beehive
cordel, string, cord
cordero, lamb, lambskin
cordial, cordial, hearty, affectionate
cordialidad, cordiality
cordillera, range of mountains, mountain range
córdoba, monetary unit of Nicaragua
cordón, cord, string, cordon
cordura, prudence, wisdom, judgment
Corea, Korea
Corea del Norte, North Korea
Corea del Sur, South Korea
coreografía, choreography
coreográfico, choreographic
corista[1], choir brother
corista[2], member of the chorus
corista[3], chorine, chorus girl
cornada, butt, goring with the horns, thrust of the horns
cornamenta, horns, antlers
córnea, cornea
cornear, to butt, to gore
cornejo, dogwood
córneo(a), horny, hornlike
corneta[1], cornet, hunting horn, bugle, pennant
corneta[2], bugler
cornisa, cornice, molding
corno, French horn
cornucopia, cornucopia, horn of plenty, ornate mirror with candelabra
cornudo(a)[1], horned
cornudo[2], cuckold
coro, choir, chorus
en coro, all together, in unison
corola, corolla
corolario Roosevelt, Roosevelt Corollary
corona, crown, tonsure, corona

coronación, coronation
coronar, to crown, to reward, to climax, to culminate
coronario(a), relating to the crown, coronary
coronel, colonel
coronilla, crown of the head
corpiño, bodice, brassiere
corporación, corporation, society
corporación multilateral, multinational corporation
corporación transnacional, transnational corporation
corporal[1], corporal, bodfly
corpóreo(a), corporeal
corpulencia, corpulence
corpulento(a), corpulent, bulky
Corpus, Corpus Christi
corpuscular, corpuscular
corpúsculo, corpuscle
corral, yard, court theater, corral
aves de corral, poultry
hacer corrales, to play hooky
correa, leather strap, thong, pliancy, belt
tener correa, to be a good sport, to be able to take it
corrección, correction, correctness, refinement
correcto(a), correct, refined, proper, accurate
corrector(a), corrector, proofreader
corredizo(a), easily untied
nudo corredizo, slipknot
puerta corrediza, sliding door
corredor(a)[1], running
corredor[2], broker, scout, corridor, hall, trackman
corredor metropolitano, metropolitan corridor
corredoras, flightless birds
corregir, to correct, to punish, to lessen, to mitigate
correlación, correlation
correlación espuria, spurious correlation
correlacionar, to correlate
correo, mail, postman, mailman, post office, accomplice
a vuelta de correo, by return mail
correo a caballo, pony express
correo basura, junk mail
correoso(a), flexible, pliable, tough, like leather
correr[1], to run, to race, to flow, to blow, to go by, to pass
correr[2], to race, to run, to slide, to cover, to traverse, to hunt down to pursue
a todo correr, at full speed
correr parejas, to be a good match, to be on an equal footing
correría, excursion, raid, incursion
correrías, youthful escapades
correrse, to become embarrassed, to get flustered
correspondencia, correspondence, relationship, harmony, communication, contact, mail, transfer, connection, correspond
estar en correspondencia con, to correspond with
llevar la correspondencia, to be in charge of the correspondence
corresponder, to correspond, to be connected, communicate, to repay, reciprocate, to concern
corresponder con, to repay for
corresponderse con, to correspond with
correspondiente[1], corresponding
correspondiente[2], correspondent
corresponsal, correspondent
corretaje, brokerage, broker's fee
corretear, to rove, to wander, to run back and forth, to run about, to pursue
correvedile (correveidile), talebearer, gossip, pander, procurer
corrida, race
corrida de toros, bullfight
de corrida, at full speed
corrido(a), expert, artful, ashamed
corriente[1], current, stream, flow, course, progression
corriente alterna, alternating current
corriente continua, direct current
corriente de convección, convection current
corriente eléctrica, electric current, electrical current
corriente marina, ocean current
corriente migratoria, migration stream
del corriente, of the current month

poner al corriente, to inform
tener al corriente, to keep advised
corriente[2], current, fluent, running, well-known, generally known, permissible, customary, run-of-the-mill, common
corrillo, spot where people gather for a chat
corrimiento de tierras, soil creep
corro, circle of people
corroborar, to corroborate, to strengthen
corroer, to corrode
corromper[1], to corrupt, to spoil, to ruin, to seduce
corromper[2], to smell bad
corromperse, to rot, to spoil
corrosión, corrosion
corrupción, corruption, putrefaction, spoilage, seduction
corruptivo(a), corruptive
corruptor(a)[1], corrupter
corruptor(a)[2], corrupting
corsé, corset
cortacircuitos, circuit breaker
cortado(a), disconnected, choppy, adapted, proportioned
cortador(a)[1], cutting
cortador[2], butcher, cutter, incisor
cortadora[3], slicing machine
cortadura, cut, clipping
cortaduras, shreds, trimmings
cortafuego, firebreak
cortapapel, paper cutter, paper knife
cortaplumas, pen-knife, pocket knife
cortar, to cut, to cut off, to cut out, to interrupt, to break into
cortarse, to stop short, to be at a loss for words, to coagulate
cortaúñas, nail clippers
corte[1], edge, cutting edge, cross section, material, cut, edge, cutting down, felling, cut, cutting,
corte[2], court, court-yard
corte de Heian, court of Heian
Corte de Warren, Warren Court
Corte Internacional, World Court
corte noble, royal court
corte real, royal court
Corte Suprema, Supreme Court
hacer la corte, to court, to woo
cortedad, shortness, smallness, lack, want, timidness, lack of spirit
cortejante, courtier, gallant
cortejar, to woo, to court, to fete, to treat royally
cortejo, courtship, wooing, gift, present, entourage
Cortes, las, Spanish Parliament
cortés, courteous, genteel, polite
cortesanía, courtesy, politeness
cortesano(a)[1], court, of the court, courteous, urbane
cortesano[2], courtier
cortesana[3], courtesan
cortesía, courtesy, politeness, days of grace, expression of respect, gift, present, chivalry, civility
corteza, cortex, bark, peel, crust, outward appearance, grossness, roughness
corteza terrestre, Earth's crust
cortijo, farmhouse
cortina, curtain
Cortina de Hierro, iron curtain
cortina de humo, smoke screen
cortinaje, set of curtains
cortisona, cortisone
corto(a), short, scanty, small, limited, lacking in ability, shy, timid
a la corta o a la larga, sooner or later
cortocircuito, short circuit
corva, hollow of the knee, ham
corvadura, curvature, bend of an arch
corveta, curvet
corvo(a), bent, crooked
corzo(a), roe deer
cosa, thing
cosa de cajón, matter of course, routine
cosa viviente, living thing
ninguna cosa, nothing
no hay tal cosa, there is no such thing
otra cosa, something else
cosecha, harvest, crop, harvest time
de su cosecha, of one's own invention
cosechar, to reap, to harvest
cosechero, harvester, gatherer
coseno, cosine
coser, to sew, to join
máquina de coser, sewing machine
cosmético, cosmetic

cósmico(a), cosmic
cosmonauta, cosmonaut, astronaut
cosmopolita[1], cosmopolite
cosmopolita[2], cosmopolitan
cosmos, cosmos
cosquillas, tickling
hacer cosquillas, to tickle
cosquillear, to tickle
cosquilloso(a), ticklish
costa, cost, price, coast, shore
a lo largo de la costa, coastwise
a toda costa, at any cost
Costa Este (de los EE.UU.), East Coast
Costa oeste, West Coast
costado, side, flank, ship's side
costal[1], sack, large bag, tamper
costal[2], costal
costanera, slope
costaneras, rafters, beams
costanero(a), coastal, sloping
costar[1], to cost
costar[2], to cause, to give
costarricense, Costa Rican
coste, price, cost, expense
costear, to pay the cost of, to sail along the coast
costero(a)1, coastal, coastal inhabitant
costera[2], hill, slope
costilla, rib, rung, stave
costillaje, ribbing, rib cage
costillar, ribbing, rib cage
costo, price, cost, expense
costo de fabricación, production cost
costo de oportunidad, opportunity cost
costo de producción, cost of production
costo de transacción, transaction cost
costo-distancia, cost-distance
costo humano, human cost
costo por unidad, cost per unit
costo real, real cost
costo total, total cost
costos y beneficios, cost and benefits
precio de costo, cost price
costoso(a), costly, dear, expensive
costra, crust, scab
costumbre, custom, habit
de costumbre, usually
tener por costumbre, to be in the habit of
costura, sewing, seam, splice
medias sin costura, seamless hose
costurera, seamstress, dressmaker
costurero, sewing room, sewing box
cotangente, cotangent
cotejar, to compare, to collate
cotejo, comparison, collation
cotidiano(a), daily
cotización, quotation
boletín de cotización, list of quotations
cotizar, to quote
coto, enclosed pasture, howler monkey, landmark, goiter
cotón, printed cotton
cotorra, magpie, parrakeet, chatterbox
coyote, coyote
coyunda, yoke strap, marriage, matrimony
coyuntura, joint, articulation, occasion, moment, economic picture
coz, kick, recoil, back flow, butt
C.P.T. (Contador Público Titulado), C.P.A. (Certified Public Accountant)
cráneo, skull, cranium
crápula, intoxication, licentiousness
craquear, to crack, to subject to cracking
craqueo, cracking of petroleum
craso(a), thick, heavy, crass
cráter, crater
crátera, greek up
creación, creation
creación de reflejos, mirroring
Creador[1], Creator, Maker
creador(a)[2], creative
creador(a)[3], originator, creator
crear, to create, to originate, to establish, to found
crecer, to grow, to increase to swell
creces, augmentation, increase
pagar con creces, to pay back generously, to pay more than is due
crecida, swell, floodtide
crecido(a), grown, increased, large
creciente[1], swell, floodtide, crescent
creciente[2], growing, swelling, ascending

creciente (fase de la luna), waxing (moon phase)
crecimiento, increase, growth
crecimiento celular, cell growth
crecimiento de la población china, China's population growth
crecimiento de la población mundial, world population growth
crecimiento de la población natural, natural population increase
crecimiento de plantas, plant growth
crecimiento de población, population growth
crecimiento demográfico, population growth
crecimiento exponencial, exponential growth
crecimiento lineal, linear growth
credencial, credential
credibilidad, credibility
credibilidad del contexto, context credibility
crédito, credit, lending
a crédito, on credit
crédito mercantil, good will
crédito por compra adelantada de cosecha, crop lien system
créditos activos, assets
créditos pasivos, liabilities
credo, creed
en menos de un credo, in less than a jiffy
credulidad, credulity
crédulo(a), credulous
creencia, credence, belief, faith, religious persuasion
creencia cultural, cultural belief
creencia ética, ethical belief
creencia religiosa, religious belief
creencias budistas, Buddhist beliefs
creencias cristianas, Christian beliefs
creencias islámicas, Islamic beliefs
creer, to believe, to think
¡ya lo creo!, I should say so! you bet! of course!
creíble, credible, believable
crema, cream, skin cream
crema batida, whipped cream
crema de afeitar, shaving cream
crema dental, toothpaste
cremación, cremation
crémor tártaro, cream of tartar
crencha, part of one's hair
crepuscular, twilight
crepúsculo, twilight
crescendo, crescendo
crespo(a)[1], crisp, curly, bombastic, turgid, upset, angry
crespo[2], curl
crespón, crepe
cresta, crest
cresta de gallo, cockscomb
Creta, Crete
Creta minoica, Minoan Crete
creyente, believing, believer
cría, raising, breeding, offspring, young
cría de ganado, stock breeding
criada, maid
criadero[1], tree nursery, breeding ground
criadero(a)[2], prolific, productive
criadilla, testicle, small bread roll
criadilla de tierra, truffle
criado[1], servant
criado(a)[2], bred, brought up
criador(a)[1], creator, breeder
criador(a)[2], nourishing, creating, creative, fruitful
crianza, raising, rearing, breeding, nursing
dar crianza, to bring up, to rear
criar, to create, to produce, to breed, to rear, to nurse, to suckle, to raise, to bring up
criatura, creation, work, thing created, small child, baby, creature
criba, sieve
cribado, sifting
cribar, to sift, to screen
crimen, crime
crimen de guerra, war crime
crimen organizado, organized crime
criminal, criminal

criminalista, pertaining to criminal law
abogado criminalista, criminal lawyer
criminología, criminology
crin, mane
criogenia, cryogenics
criollo(a)[1], Creole
criollo(a)[2], native, indigenous
cripta, crypt
criptografía, cryptography
crisantemo, chrysanthemum
crisis, crisis, attack, mature decision, depression
crisis de la deuda externa, international debt crisis
Crisis de los misiles en Cuba, Cuban Missile Crisis
Crisis de los rehenes en Irán, Iranian hostage crisis
crisis energética, energy crisis
crisis petrolera, oil crisis
crisma[1], chrism
crisma[2], head
crisol, crucible, melting pot
crisol cultural, culture hearth
crisol de culturas, melting pot
crispar, to contract, to twitch, to put on edge, to make nervous.
cristal, crystal, pane of glass
cristal tallado, cut crystal
cristalería, glassware
cristalino(a), crystalline, clear
cristalización, crystallization
cristalizar, to crystallize
cristiandad, Christianity, Christendom
cristianismo, Christianity, Christendom
cristianismo católico, Catholic Christianity
cristianismo ortodoxo, Orthodox Christianity
cristianismo ortodoxo griego, Greek Orthodox Christianity
cristianismo protestante, Protestant Christianity
cristiano(a), Christian
cristianos coptos, Coptic Christians
Cristo, Christ
Cristóbal Colón, Christopher Columbus
criterio, criterion, judgment, criteria
criterio amplio, open-mindedness
criterios de aceptación, criteria for acceptance
criterios estéticos, aesthetic criteria
crítica, criticism
crítica literaria, literary criticism
criticable, open to criticism
criticar, to criticize, to find fault with, to evaluate
crítico[1], critic
crítico(a)[2], critical
criticón(a), fault-finder
Cro-Magnon (Cromañón), Cro-Magnon
cromatografía, chromatography
cromo, chromium, chrome
cromosoma, chromosome
cromosoma homólogo, homologous chromosome
cromosomas sexuales, sex chromosomes
crónica[1], chronicle, news feature, news story
crónica rusa, Russian Chronicle
crónico(a)[2], chronic
cronista, chronicler, news writer, feature writer
cronógrafo, stop watch
cronometraje, timing
cronometrar, time
cronología, chronology, timeline
cronológicamente, chronologically
cronológico(a), chronological
croqueta, croquette
croquis, sketch
cruce, crossing, intersection
cruce en trébol, highway clover-leaf
crucero, cruise
crucial, crucial, critical
crucificar, to crucify, to torment
crucifijo, crucifix
crucigrama, cross-word puzzle
crudeza, crudeness
crudo(a), raw, green, unripe, unprocessed, crude, hard, raw, cold, harsh, sharp, hung over, hard to digest
cruel, cruel, heartless, savage, bloodthirsty, intense, bitter
crueldad, cruelty, savageness,

intensity
cruento(a), bloody, savage
crujía, corridor, passageway
crujía de hospital, hospital ward
crujido, crack, crackling, crunch, chattering, rustling
crujir, to crack, to crackle, to crunch, to chatter, to rustle
cruz, cross, tail, reverse
Cruz del Sur, Southern Cross
cruz dihíbrida, dihybrid cross
cruza monohíbrida, monohybrid cross
Cruz Roja Internacional, International Red Cross
cruzada, crusade
Cruzadas europeas, European Crusades
cruzado(a)[1], crossed, mixed-breed, double-breasted
cruzado[2], crusader
cruzamiento, crossing
cruzamiento de calle, street crossing
cruzamiento de vía,
cruzar, to cross, to come across, to cruise
c. s. f. (costo, seguro y flete), c. i. f. (cost, insurance, and freight)
cta. o c/(cuenta), a/c o acct. (account)
cta. cte. or c/c (cuenta corriente), current account
cte. or corr.te (corriente), current
c/u (cada uno), each one, every one
cuaderno, notebook
cuaderno de bitácora, logbook
cuadra, city block
cuadrado(a), square, perfect, flawless, square, die, clock, gusset, quad
cuadrado perfecto, perfect square
cuadragésimo(a), fortieth
cuadrangular[1], quadrangular
cuadrangular[2], home run
cuadrángulo, quadrangle
cuadrante, quadrant, face
cuadrático(a), quadratic
cuadrar[1], to square, to rule in squares
cuadrar[2], to agree, to measure up, to please, to be fine, to come out right
cuadrarse, to square one's shoulders
cuadrícula, grid
cuadrícula de letras, letter grid
cuadriculado, map grid
cuadricular, to mark off in squares, to rule in squares
cuadrilátero(a), quadrilateral
cuadrilongo(a), oblong, rectangular
cuadrilla, gang, crew, quadrille, band, company
cuadrilla de coordenadas, coordinate grid
cuadrimotor, four-motor
cuadro, square, picture, painting, frame, scene, cadre, ward-room
cuadro de control, switch-board
cuadrúpedo(a), quadruped
cuajada, curd, cottage cheese
cuajar[1], to coagulate, to curdle
cuajar[2], to jell, to come through, to suit, to please
cuajarse, to coagulate, to curdle, to fill up
cuajarón, grume, clot
cuajo, rennet
cual[1], which, which one, just as, like
cual[2], such as, according to how
cuál[1], which one, which, some
cuál[2], how
cualidad, quality
cualidades o esfuerzos dinámicos, dynamic qualities or efforts
cualquier, any
cualquiera, any, anyone, someone, anybody, somebody
cuan, as
cuán, how
¡cuán grande es Dios!, how great is God!
cuando[1], when, in case, if
cuando[2], even if, although even though, since
de cuando en cuando, from time to time
cuando más, at most, at best
cuando mucho, at most, at best
cuando menos, at least
aun cuando, even though
de vez en cuando, from time to time, now and then
cuando quiera que, whenever that
cuándo, when
¿de cuándo acá?, since when?
cuantía, quantity, rank, distinction

cuantioso(a), numerous, abundant
cuantitativo(a), quantitative
cuanto(a)[1], as much as, all, whatever
cuanto[2], as soon as
cuanto antes, at once
cuanto más, the more, all the more
en cuanto, as soon as, while
en cuanto a, with regard to
por cuanto, in as much as
cuanto[3], quantum
cuanto de energía, quantum of energy
cuánto[4], how much, how, to what degree
cuáquero, Quaker
cuarenta, forty
cuarentena, Lent, quarantine
cuaresma, Lent
cuarta, quarter, run of four cards, rhumb, point
cuartear, to quarter, to divide up, to make the fourth for, to drive from side to side
cuartearse, to split, to crack
cuartel, quarter, fourth, district, section, quarters, plot, quarter, mercy, hatch
cuartel general, headquarters
cuarteto, quartet
cuarteto de barbería, barbershop quartet
cuartil, quartile
cuartilla, fourth part of an arroba, quarter sheet of paper, pastern
cuartillo, pint, quart
cuarto, fourth part, quarter, room
cuarto de galón, quart (qt)
cuarzo, quartz
cuate(a)[1], twin
cuate(a)[2], chum, pal, close friend
cuatrero, cattle rustler, horse thief
cuatro[1], four
cuatro elementos básicos griegos, Greek basic four elements
cuatro[2], figure four
las cuatro, four o'clock
Cuba, Cuba
cuba, cask, barrel, tub, vat, tubby person, toper, tippler
cubano(a), Cuban
cubeta, bucket, tray
cubicar, cube
cúbico(a), cubic
cubierta, cover, envelope, dust jacket, pretext, deck, forest cover
cubierto, protection, shelter, setting, cover, table d'hote
cubil, den, lair, cave
cubilete, copper pan, dice box, high hat
cubismo, Cubism
cubo, cube, millpond, pail, socket, hub
cubo número justo, fair number cube
cubrecama, bedspread
cubrir, to cover, to drown out, to cover up, to hide
cubrir una cuenta, to balance an account
cubrirse, to put on one's hat
cucaña, greased pole, snap, cinch, cakewalk
cucaracha, cockroach
cuclillo, cuckoo, cuckold
cuco(a)[1], pretty, nice, sly, crafty
cuco[2], cuckoo
cucurucho, paper cone
cuchara, spoon
cucharada, spoonful
cucharita, teaspoon
cucharón, soup ladle, soup spoon
cuchichear, to whisper
cuchicheo, whispering
cuchilla, large knife, cleaver, blade
cuchillada, knife cut, gash, slash
cuchilladas, wrangle, quarrel
cuchillo, knife, gusset, gore
cuchillo de hoja automática, switchblade
cuchillo mantequillero, butter knife
cuchillo de postres, fruit knife
cueca, popular Chilean dance
cuello, neck, collar
cuello blanco, white-collar
levantar el cuello, to have one's head above water, to see one's way clear
cuenca, wooden bowl, valley, river basin, eye socket
cuenca de agua, water basin
cuenca de Polvo, Dust Bowl
cuenca del Caribe, Caribbean Basin
Cuenca del Pacífico, Pacific rim

cuenca hidrográfica, drainage basin
cuenca del Atlántico, Atlantic basin
cuenta, account, calculation, count, bill, bead
abonar en cuenta, to credit with
adeudar en cuenta, to charge to one's account
caer en la cuenta, to become aware, to realice
cuenta abierta, checking account
cuenta atrasada, overdue account
cuenta corriente, checking account
cuenta inversiva, countdown
cuenta de ahorros, savings account
cuenta en participación, joint account
cuenta pendiente, account due
dar cuenta de, to report on
darse cuenta, to realice
llevar las cuentas, to keep accounts
tener en cuenta, to take into account, to bear in mind
tomar por su cuenta, to assume responsibility for
cuentagotas, medicine dropper
cuentahabiente, account holder
cuentista, storyteller, talebearer, gossip
cuentista africano, griot "keeper of tales"
cuento, story, account, count, tale, story, short story
cuento de hadas, fairy tale
cuento de viejas, old wives' tale
cuento del burlador, trickster tale
cuento folclórico, folktale, folk tale
cuento popular, folk tale, folktale
cuento sobrenatural, supernatural tale
cuerda[1], string, mainspring, chord, rope, cord
bajo cuerda, underhandedly
cuerda de saltar, jump rope
cuerda vocal, vocal chord
dar cuerda, to wind, to give free rein to
sin cuerda, unwound
mozo de cuerda, porter
cuerdo(a)[2], sane, prudent, wise
cuerno, horn
cuerno de abundancia, horn of plenty
levantar hasta los cuernos de la luna, to praise to the skies
cuero, hide, skin, leather
cuero cabelludo, scalp
en cueros, stark naked
cuerpo, body, cadaver, corpse, build, physique, section, part, corps
cuerpo a cuerpo, hand to hand
cuerpo celeste, celestial body
Cuerpo Civil de Conservación, Civilian Conservation Corps
cuerpo de agua, body of water
cuerpo de aviación, air corps
cuerpo de Golgi (aparato), Golgi body (apparatus)
cuerpo del texto, body of the text
cuerpo humano, human body
cuerpo político, body politic
cuervo, crow, raven
cuesco, stone, millstone
cuesta, hill, slope, decline
a cuestas, on one's shoulders
ir cuesta abajo, to go downhill, to be on the decline
hacérsele cuesta arriba, to be hard to do for, to be distasteful to
cuestación, collection, charity drive
cuestión, question, matter, problem, argument, quarrel
cuestionar, to question, to dispute
cuestionario, questionnaire
cueva, cave, cavern, cellar
cuezo, trough
cuidado, care, concern, problem, anxiety, worry
¡cuidado!, watch out! be careful!
cuidado perinatal, perinatal care
estar con cuidado, to be worried
estar de cuidado, to be dangerously ill
tener cuidado, to be careful
cuidadosamente, carefully
cuidadoso(a), careful, observant, watchful

cuidaniños, baby-sitter
cuidar, to take care of, to look after, to be careful with of
cuidarse, to be careful of one's health
cuita, grief, sorrow, suffering
cuitado(a), griefstricken, sorrowful, cowardly, irresolute
culantro o cilantro, coriander
culata, hindquarter, butt, breech, back end, tail end
culata de cilindro, cylinder head
culebra, snake
culebra de cascabel, rattlesnake
culebreo, wiggling
culminación, culmination
culminante, predominant
punto culminante, high point, high-water mark
culo, buttocks, hindquarters, anus, bottom
culpa, wrong, fault, defect, guilt, blame
tener la culpa, to be at fault, to be to blame
culpabilidad, guiltiness
culpable, guilty, at fault
culpar, to accuse, to blame
culterano(a), overly refined, affected
cultivado(a), cultivated, cultured
perlas cultivadas, cultured pearls
cultivar, to cultivate, to grow
cultivo, cultivation, culture, crop
cultivo comercial, cash crop
cultivo de maíz, maize cultivation
cultivo doméstico, domestic crop
culto(a)[1], cultured, cultivated, affected, overly refined
culto[2], veneration, worship, religion, form of worship, cult
culto a los antepasados, ancestor worship
cultura, cultivation, culture
cultura aria, Aryan culture
cultura chimú, Chimu society
cultura coreana, Korean culture
cultura de clase media, middle class culture
cultura de consumo, consumer culture
cultura de Kush, Kush culture
cultura de la India, Indian culture
cultura de la clase trabajadora, working-class culture
cultura de vaqueros, cowboy culture
cultura dominante de EE.UU., mainstream America
cultura guerrera, warrior culture
cultura hawaiana, Hawaiian culture
cultura helenística, Hellenist culture
cultura hindú-budista, Buddhist-Hindu culture
cultura madre, culture hearth
cultura micénica de Grecia, Mycenaean Greek culture
cultura misisipiense, Mississippian culture
cultura nativa, native culture
cultura occidental, Western culture
cultura popular, popular culture
cultura Tiahuanaco, Tiahuanaco society
cumbre, summit, peak, highpoint, height
conferencia en la cumbre, summit conference
cumbre diplomática entre Reagan y Gorbachov, Reagan-Gorbachev summit diplomacy
cumpleaños, birthday
cumplido(a)[1], full, complete, long, full, courteous
cumplido[2], courtesy, attention
cumplimentar, to compliment, to fulfill, to carry out
cumplimiento, compliment, accomplishment, fulfillment, expiration
cumplir[1], to execute, to fulfill, to carry out, enforce
cumplir años, to have a birthday
cumplir[2], to fall due, to expire, to be fitting, to be proper
cumular o acumular, to accumulate
cúmulo, heap, pile, lot, great deal, cumulus cloud
cumulonimbo, cumulonimbus

cuna, cradle, homeland, birthplace, foundling home, source, cause
de humilde cuna, of lowly birth
cundir, to spread out, to grow, to spread, to swell, to puff up, to be going well
cuneta, gutter, ditch
cuña, wedge, support, backing
cuñada, sister-in-law
cuñado, brother-in-law
cuneiforme, cuneiform
cuño, stamping die, seal, stamp
cuociente, quotient
cuota, quota, share
cupé, coupé, coupe
cupo, quota, share
cupón, coupon
cuprífero(a), copper-bearing
minas cupríferas, copper mines
cúpula, cupola, dome
cúpula geodésica, geodesic dome
cuquillo, cuckoo
cura[1], parish priest
Cura Miguel Hidalgo, Father Miguel Hidalgo
cura[2], healing, cure, remedy
curable, curable
curandero, quack, medicaster, medicine man
curar, to cure, to heal
curarse, to be cured, to recover
curativo(a), curative, healing
curato, parish, pastorate, ministry
curca, hump
curda, drunk
cureña, gun carriage, stay of a crossbow
curio, curite
curiosear, to pry, to snoop, to meddle
curiosidad, curiosity, neatness, object of curiosity, rarity
curioso(a), curious, tidy, neat, careful
cursado(a), skilled, versed
cursar, to take, to study, to haunt, to frequent, to engage in frequently, to follow through with
cursi, tawdry, cheap, in bad taste
cursivo(a), cursive
letra cursiva, cursive
curso, course, circulation, currency
curso de repaso, refresher course
curso de verano, summer course
curso legal, legal tender
perder el curso, to fail the course
cursor, cursor
curtidor, tanner
curtir, to tan, to sunburn, to tan, to inure, to harden
curucú, quetzal
curul, legislative seat
curva, curve
curva cerrada, sharp bend, closed curve
curva cóncava, concave curve
curva de crecimiento demográfico, population growth curve
curva de demanda, demand curve
curva de frecuencia, frequency curve
curva de la oferta, supply curve
curva degenerada, degenerated curve
curva doble, S-curve
curva en forma de campana, bell-shaped curve
curva normal, normal curve
curvatura, curvature
curvear, to curve
curvilíneo(a), curvilinear
curvo(a), curved, bent
cúspide, cusp, peak, apex
custodia, custody, custodian, monstrance
custodiar, to guard, to keep in custody
cutáneo(a), cutaneous
cúter, cutter
cutícula, cuticle
cutis, skin, complexion
cuyo(a), which, of whom, whose

D

D., (Don), Don
Da. o Dña., Donna, Miss, Madam
dable, feasible, possible
dacrón, dacron
dactilografía, typewriting, typing
dactilógrafo, typist
dadaísmo, Dadaism
dádiva, gift, present
dadivoso(a), generous, open-handed
dado[1], die
  dado que, on condition that, provided that
  dado caso que, on condition that, provided that
dado(a)[2], given
dados, dice
dador(a), giver, donator, endorser, bearer
  dador(a) o donador(a) de sangre, blood donor
daga, dagger
dalia, dahlia
daltoniado(a) o daltónico(a), color-blind
daltonismo, color blindness
dama, lady, mistress, king, queen, leading lady
damas, checkers
Damasco, Damascus
damasco, damask, damson
damisela, sweet young thing, young lady
damnificar, to hurt, to damage, to harm
danés (danesa)[1], Danish
danés (danesa)[2], Dane
Danubio, Danube
danza, dance
  danza abstracta, abstract dance
  danza balinesa, Balinese dance
  danza Bharatanatyam, bharata natyam dance
  danza clásica, classical dance
  danza de Ghana, Ghanaian dance
  danza jazz, jazz dance
  danza teatral, theatrical dance
  danza tradicional, traditional dance
danzante, dancer, giddy, lightheaded individual
danzar[1], to dance
danzar[2], to meddle, to butt in
danzarín(a), dancer, meddler, meddlesome individual
dañar, to damage, to injure, to spoil, to ruin
dañino(a), harmful, dangerous
daño, damage, injury, ruin
  daño físico, physical injury
  daño por uso en exceso, overuse injury
  daños y perjuicios, damages
  hacer daño, to hurt, to injure
dañoso(a), injurious, harmful, detrimental
dar[1], to give, to consider, to strike
dar[2], to matter, to fall, to insist, to arise, to tell
  dar a conocer, to make known
  dar a la calle, to face the street
  dar a luz, to give birth
  dar con, to find, to come upon
  dar curso, release
  dar de comer, to feed
  dar fe, to certify, to attest
  dar fianza, to go good for, to give security
  dar instrucciones, give directions
  dar los buenos días, to say good morning
  dar memorias, to give regards
  dar saludos, to give regards
  dar prestado, to lend
  dar que decir, to give cause to criticize
  dar que pensar, to make suspicious, to cause to think
  dar razón de, to inform
  dar un paseo, to take a walk
  darse cuenta de, to realize
  darse por vencido, to give up
  darse prisa, to hurry
dardo, dart, arrow
Darío el Grande, Darius the Great
Darío I, Darius I
dársena, dock
darwinismo social, Social Darwinism
data, date, item
datación, dating
  datación absoluta, absolute dating
  datación geológica,

geological dating
datación radiactiva, radioactive dating
datación relativa, relative dating
datar, to date
dátil, date
dativo, dative
dato, datum
datos, data, information
datos almacenados, stored data
datos básicos, primary data
datos bivariados, bivariate data
datos categóricos, categorical data
datos cualitativos, qualitative data
datos cuantitativos, quantitative data
datos del censo, census data
datos escritos, written data
datos iniciales, raw data
datos nominales, nominal data
datos numéricos, numerical data
David Alfaro Siqueiros, David Alfaro Siqueiros
D. de J.C. (después de Jesucristo), A.D. (after Christ)
de, of, from, for, by, with
de costado, sideward
de facto, de facto
de lado, sideward
de tal modo, thereby
deán, dean
debajo, underneath, below
debajo de, beneath, under
debate, debate, discussion, contest, struggle
debatir, to debate, to discuss, to contest, to struggle for
debe, debits
debe y haber, debits and credits
deber[1], obligation, duty
deber[2], to owe
debidamente, duly, properly
debido(a), due, proper, just
debido proceso, due process
débil, weak
debilidad, weakness
debilitar, to debilitate, to weaken
debilitarse, to become weak
debitar, to debit
débito, debt
debut, debut
debutar, to make one's debut
década, decade
decadencia, decline, decadence
decadente, decadent, declining
decaer, to decline, to fail, to decay
decágono, decagon
decaído(a), decadent, in decline, weakened, spiritless
decaimiento, decay, decline, lack of vitality
decano, dean, senior member
decapitar, to behead
decasílabo(a)[1], decasyllabic
decasílabo[2], decasyllable
deceleración, deceleration
decencia, decency
decentar, to cut the first piece of
decentar la salud, to begin to loseone's health
decentarse, to get bedsores
decente, decent, appropriate, proper, neat, tidy
decepción, disappointment, deception
decibel, decibel
decibelio, decibel
decible, expressible
decididamente, decidedly
decidido(a), determined, resolute, energetic
decidir, to decide, to determine, to make decide, to cause to make a decision
decidirse, to decide, to make a decision
decigramo, decigram
decimal, decimal, tithing
decimal finito, terminating decimal
decimal infinito, non-terminating decimal
decimal periódico, repeating decimal
decimal terminal, terminating decimal
decímetro (dm.), decimeter (dm)
décimo(a), tenth
decimoctavo(a), eighteenth
decimonono(a), nineteenth
decimonoveno(a), nineteenth
decimoquinto(a), fifteenth
decimoséptimo(a), seventeenth
decimotercio(a), thirteenth

decimotercero(a), thirteenth
decir[1], to say, to tell, to talk, to call, to mean
  querer decir, to mean
  por decirlo así, as it were
decir[2], familiar saying
decisión, decision, determination
  decisión colectiva, collective decision
  decisión de Dred Scott, Dred Scott decision
  decisión histórica, landmark decision
decisivo(a), decisive
declamación, elocution, public speaking, wordiness, rhetoric
declamador(a), declaimer
declamar[1], to declaim, to deliver
declamar[2], to harangue, to rail
declaración, declaration, testimony, evidence
  Declaración Balfour, Balfour Declaration
  Declaración de Derechos, Bill of Rights
  Declaración de derechos inglesa, English Bill of Rights
  Declaración de Independencia, Declaration of Independence
  Declaración de los Derechos de la Mujer y de la Ciudadana, Declaration of the Rights of Women
  Declaración de los Derechos del Hombre y del Ciudadano, Declaration of the Rights of Man
  declaración de política(s), policy statement
  Declaración de Sentimientos, Declaration of Sentiments
  Declaración francesa de los Derechos del Hombre y del Ciudadano, French Declaration of the Rights of Men and Citizens
  Declaración Universal de Derechos Humanos, Universal Declaration of Human Rights
declarar[1], to declare
declarar[2], to give evidence, to give testimony
declararse, to break out, to take place, to declare oneself
declarativo(a), declarative
declinable, declinable
declinación, descent, slope, falling off, decline, declension
declinar[1], to decline, to bend, to slope
declinar[2], to decline, to refute
declive, declivity, slope
decodificar, decoding
decomisar, to confiscate
decomiso, confiscation
deconstruir, deconstruct
decoración, decoration, setting, stage set, decorating, memorizing
decorado, decoration, stage set, decorating
decorador(a)[1], decorator
decorador(a)[2], decorating
decorar, to decorate, to memorize, to learn by heart
decoro, honor, respect, decorum
decoroso(a), decorous, decent
decrecimiento exponencial, exponential decay
decremento, decrease, diminution
decrépito(a), decrepit
decrepitud, decrepitude
decrescendo, decrescendo
decretar, to decree
decreto, decree
dechado, example, model
dedal, thimble
dedicación, dedication
dedicado(a), dedicated, devoted
dedicar, to dedicate, to devote, to apply
dedicatoria, dedication
dedillo, little finger
  saber una cosa al dedillo, to know a thing perfectly
dedo, finger, toe, finger's breadth, digit
  dedo anular, ring finger
  dedo del corazón, middle finger
  dedo índice, idex finger
  dedo meñique, little finger
  dedo pulgar, thumb
deducción, deduction, derivation, source
  deducción de impuestos, tax deduction
  deducción de negocio, business deduction
deducir, to deduce, to deduct, inferring
deductivo, deductive
defectivo(a), defective
defecto, defect, lack
defectuoso(a), defective, flawed

defender, to defend, to protect
defensa, defense, protection, tusk, linebacker
 defensa civil, civil defense
 defensa nacional, national defense
defensiva[1], defensive, guard
defensivo(a)[2], defensive
defensor(a)[1], defender, supporter
defensor[2], lawyer for the defense
deferencia, deference
deferente, deferential, deferent
deficiencia, deficiency
deficiente, deficient
déficit, deficit
 déficit presupuestario, budget deficit
definición, definition, decision, finding
definido(a), definite
definir, to define, to decide, to find on, to finish
definitivo(a), definitive
 en definitiva, definitely, decisively
deforestación, clearing of forest, deforestation
deformación, deformation, distortion
 deformación cortical, crustal deformation
 deformación de la corteza, crustal deformation
deformado(a), deformed
deformar, to deform, to distort
deforme, deformed, misshapen
deformidad, deformity, gross blunder
defraudar, to defraud, to cheat, to ruin, to spoil
defunción, demise, passing
degeneración, degeneracy, degeneration
degenerado(a)[1], degenerated
degenerado(a)[2], degenerate
degenerar, to degenerate
degollar, to behead, to ruin, to destroy
degradación, degradation
 degradación ambiental, environmental degradation
 degradación de las moléculas alimenticias, breakdown of food molecules
 degradación de los suelos tropicales, tropical soil degradation
 degradación de zonas urbanas, urban decay
 degradación del suelo, land degradation
degradar, to degrade, to demean, to demote, to tone down, to scale down
degüello, beheading
dehesa, pasture, grazing land
deidad, deity, divinity
deificar, to deify
deiforme, godlike
deísta, deist
dejadez, negligence, carelessness
dejado(a), careless, negligent, dejected, spiritless
dejamiento, carelessness, dejection, relinquishment, giving up
dejar, to leave, to let, to allow, to permit, to loan, to let have, to stop
 dejar atrás, to leave behind, to excel, to surpass
 dejar de, to fail to, to cease
dejarse, to abandon oneself, to give oneself over
dejo, end, termination, negligence, carelessness, aftertaste, aftereffect
del, of the, apocope of de el
delación, accusation
delantal, apron
delante, ahead
 delante de, in front of
delantero(a)[1], foremost, first
delantero(a)[2], front mule runner
delantera, front part, lead, advantage, first row
 tomar la delantera, to get ahead, to take the lead
delatar, to accuse, to denounce
delator(a), accuser, denouncer
delectación, pleasure, delight
delegación, delegation
delegado(a), delegate
delegar, to delegate
deleitable, delightful
deleitar, to delight
deleite, pleasure, delight
deletrear, to spell, to decipher, to interpret
deletreo, spelling
deleznable, weak, fragile, slippery
delfín, dauphin, dolphin
delgadez, leanness, slenderness, thinness
delgado(a), thin, slender, lean, sharp, acute, fine, thin

deliberación, deliberation, resolution, decision
deliberadamente, deliberately, willfully
deliberar[1], to deliberate, to consider carefully
deliberar[2], to resolve, to decide
delicadeza, delicacy, scrupulousness, exactitude
delicado(a), delicate, keen, quick, scrupulous
delicia, delight, pleasure
delicioso(a), delicious, delightful
delimitar, to delimit, to define
delincuencia, delinquency
delincuente, delinquent, criminal
delineación, delineation, sketch, portrayal
delineamiento, delineation
delinear, to delineate, to sketch, to portray
delinquir, to violate the law
delirante, delirious
delirar, to be delirious, to rant, to talk out of one's head, to talk foolishness
delirio, delirium, nonsense
delito, crime, infraction
delta, delta
  delta del Nilo, Nile Delta
delusorio(a), deceiving, deceptive, misleading
demacrado(a), emaciated
demacrarse, to waste away, to become emaciated
demanda, demand, endeavor, request, petition, charge, complaint
  demanda agregada, aggregate demand
  oferta y demanda, supply and demand
demandado(a), defendant
demandante, plaintiff
demandar, to request, to petition, to bring charges against, to lodge a complaint against
demarcar, to mark off the limits of, to demarcate
demás[1], other, remainder of the
  los o las demás, the rest, the others
demás[2], besides
  y demás, and so forth, and so on
  por demás, in vain, to no purpose, excessively, too much
demasía, excess, extreme, daring, boldness, insolence, rudeness
  en demasía, excessively
demasiado(a)[1], excessive, too much
demasiado[2], too much, excessively
demencia, madness, insanity, dementia
  demencia precoz, dementia praecox
demente, mad, insane, demented
demérito, demerit
democracia, democracy
  democracia ateniense, Athenian democracy
  democracia constitucional, constitutional democracy
  democracia constitucional estadounidense, American constitutional democracy
  democracia contemporánea, contemporary democracy
  democracia directa, direct democracy
  democracia griega, Greek democracy
  democracia jacksoniana, Jacksonian Democracy
  democracia liberal, liberal democracy
  democracia representativa, representative democracy
demócrata, democrat
democrático(a), democratic
democratización, democratization
  democratización social, social democratization
democratizar, to democratize
demografía, demographics, demography
demoler, to demolish, to destroy, to tear down
demonio, devil, demon
  ¡demonios!, darn it!
demora, delay, demurrage, bearing
demorar[1], to delay, to tarry
demorar[2], to delay, to slow up
demostración, demonstration, display, show
demostrar, to prove, to demonstrate, show
demostrativo(a), demonstrative
denegación, denial, refusal
denegar, to deny, to refuse
denigración, defamation, maligning

denigrante, defamatory
denigrar, to malign, to defame
denodado(a), bold intrepid
denominación, denomination
    denominación cristiana, Christian denomination
denominado, so-called
denominador, denominator
    denominador común, common denominator
    denominadores distintos, unlike denominators
    denominadores semejantes, like denominators
    denominadores comunes, like denominators
denominar, to name, to mention
denotación, denotation
denotar, to denote, to indicate
densidad, density
    densidad de población, density of population, population density
    densidad específica, specific gravity
    densidad fisiológica de población, physiological population density
    densidad vegetal, plant population
denso(a), dense
dentado(a), dentated, dentate
    rueda dentada, cogwheel
dentadura, set of teeth, denture, false teeth
dental[1], plowshare beam, metal tooth
dental[2], dental
    pasta dental, tooth-paste
dentar[1], to tooth, to indent
dentar[2], to teethe, to cut one's teeth
dentellada, gnashing, tooth mark, bite
    a dentelladas, with one's teeth
dentición, dentition, teething
dentífrico(a)[1], dentifrice
dentífrico(a)[2], for clearing the teeth
    pasta dentrífica, toothpaste
    polvo dentrífico, tooth powder
dentista, dentist
dentistería, dentistry
dentro, within, inside
    dentro de, inside of
    dento de poco, shortly
    hacia dentro, in inward, inside
    por dentro, on the inside, within

denuedo, valor, daring, courage
denuesto, affront, abuse
denuncia, denunciation, announcement
denunciación, denunciation, denouncement
denunciador(a), denouncer
denunciar, to announce, to declare, to denounce, to predict, to foretell
deparar, to furnish, to provide, to afford, to present
departamental, departmental
departamento, department, compartment, apartment, administrative divisions of a territory, province
departir, to chat
dependencia, dependency, relationship, connection, business, affair
    dependencia a la cafeína, caffeine dependency
    dependencia a las drogas, drug dependency
    dependencia al alcohol, alcohol dependency
    dependencia al tabaco, tobacco dependency
    dependencia económica, economic dependency
depender, to depend, to be dependent, rely
    depender de, to be contingent on, to depend on
dependiente[1], dependent, employee, clerk
dependiente[2], dependent
depilatorio(a), depilatory
deplorable, deplorable, regrettable
deplorar, to deplore, to regret
deponer[1], to put aside, to depose, to testify, to assert, to lower, to remove
deponer[2], to have movement
deportación, deportation
deportar, to deport
deporte, sport
    deporte competitivo, competitive sport
    deporte de espectáculo, spectator sport
    deporte de raqueta, racket sport
    deporte en equipo, team sport

deporte individual, individual sport
deporte profesional, professional sport
deportes intramuros, intramural sport
deportes para toda la vida, lifetime sport
deportes sobre sillas de ruedas, wheelchair sports
deportivo(a), sport, sporting
club deportivo, athletic club
deposición, deposition, movement, deposal
depositante, depositor
depositar, to deposit, to confide, to entrust
depositario(a)[1], depositary
depositario(a)[2], depository
depósito, deposit, depository
depósito de sedimentos, sediment deposition
depravación, depravity
depravar, to deprave, to corrupt
deprecación, petition, earnest entreaty
deprecar, to beg, to implore
depreciación, depreciation
depreciar, to depreciate
depredación, predation
depresión, depression
depresión atmosférica, depression
depresión clínica, clinical depression
Depresión de 1873-1879, depression of 1873-1879
Depresión de 1893-1897, depression of 1893-1897
depresión económica, economic depression
deprimente, depressing
deprimir, to depress, to compress, to weaken, to disparage, to belittle
depuración, purification
depurador(a), purifier
depurar, to purify, debug
derecha, right hand, right side, right wing
a derechas, properly, correctly
a la derecha, to the right
derechista, rightist, conservative
derecho(a)[1], right, straight, just, legitimate, right
derecho[2], straight ahead
derecho[3], law, right, right side
dar derecho, to entitle
derecho a adquirir, right to acquire
derecho a adquirir o disponer de una propiedad, right to acquire/dispose of property
derecho a afiliarse a un partido político, right to join a political party
derecho a afiliarse a una asociación política, right to join a professional association
derecho a celebrar un contrato lícito, right to enter into a lawful contract
derecho a criticar al gobierno, right to criticize the government
derecho a elegir trabajo, right to choose one's work
derecho a establecer un negocio, right to establish a business
derecho a la asistencia de un abogado, right to counsel
derecho a la autoincriminación, right against self-incrimination
derecho a la educación pública, right to public education
derecho a la información, right to know
derecho a la jurisdicción, right to due process of law
derecho a la privacidad, right to privacy
derecho a la propiedad, right to property
derecho a la protección igualitaria ante la ley, right to equal protection of the law
derecho a la vida, right to life
derecho a la vida, la libertad y la búsqueda de la felicidad, right to life, liberty, and the pursuit of happiness
derecho a ocupar un cargo público, right to hold office
derecho a ocupar un cargo público, right to hold public office
derecho a patentar, right to patent
derecho a sindicalizarse,

right to join a labor union
derecho a trabajar, right to work
derecho a un juicio justo, right to a fair trial
derecho a votar, right to vote
derecho al voto, franchise
Derecho anglosajón, English Common Law
derecho civil, civil law
derecho constitucional, constitutional law
derecho consuetudinario, common law
derecho de apelación, right of appeal
derecho de petición, freedom of petition
derecho de prioridad, right of refusal
derecho de reunión, freedom of assembly
derecho divino, divine right
derecho escrito, statute law
derecho inalienable a la libertad, inalienable right to freedom
Derecho natural, Natural Law
derecho penal, criminal law
derecho religioso, religious right
derechos civiles, civil rights
derechos de aduana, customs duties
derechos de aguas, water rights
derechos arancelarios, customs duties
derechos de autor, royalties, right to copyright, copyright
derechos de entrada, import duties
derechos de las minorías, minority rights
derechos de las personas con discapacidad, rights of the disabled
derechos de los estados, states' rights
derechos de los homosexuales, gay rights
derechos de propiedad, property rights
derechos de reproducción, copyright
derechos de voto, voting rights
derechos del consumidor, consumer rights
derechos fundamentales, fundamental rights, unenumerated rights
derechos humanos, human rights
derechos inalienables, inalienable rights
derechos individuales, individual rights
derechos consulares, consular fees
derechos marítimos, maritime rights
derechos naturales, natural rights
derechos políticos, political rights
derechos reservados, all rights reserved
facultad de derecho, law school

deriva, drift
indicador de deriva, drift indicator
a la deriva, drifting

derivación, derivation

deriva continental, continental drift

derivado(a)[1], by-product, derivative

derivado(a)[2], derived

derivar[1], to derive, to direct, to focus

derivar[2], to drift, to derive, to be derived

dermatoesqueleto, exoskeleton

dermatología, dermatology

derogación, abrogation, abolishment, decrease, reduction

derogar, to abrogate, to abolish, nullify

derramamiento, overflow, scattering, outpour
derramamiento de sangre, bloodshed

derramar, to pour, to splash, to scatter, to spread

derramarse, to run over, to overflow, to scatter, to fan out

derrame, loss, waste, leak-age
derrame cerebral, stroke
derrame de petróleo, oil spill

derredor, boundary, outer edge
al derredor, about around
en derredor, about around

derrelicto(a), derelict

derrengado(a), bent, twisted
derrengar, to dislocate the hip of, to injure the back of, to bend, to twist
derretimiento, melting
derretir, to melt, to run through, to burn up
derretirse, to fall hard, to fall head over heels, to fall apart, to be all broken up
derribar, to knock down, to throw down, to overthrow
derribarse, to throw oneself on the ground
derribo, demolition, knocking down, overthrow, rubble, debris
derrocar, to hurl, to dash, to tear down, to demolish, to unseat, to pull down
derrochador(a), prodigal, squanderer, wastrel
derrochar, to squander, to waste
derroche, squandering, waste
derrota, course, route, defeat, rout, road, path
derrotar, to throw off course, to defeat, to rout, to ruin
derrotero, course, chart book, plan of action
derrotismo, defeatism
derrotista, defeatist
derruir, to demolish, to tear down, to wreck
derrumbar, to throw headlong, to dash, to knock down, to throw down
derrumbarse, to cave in, to collapse
derrumbe, collapse, cave in, landslide
desabotonar[1], to unbutton
desabotonar[2], to blossom
desabrido(a), tasteless, insipid, peevish, sharp
desabrigado(a), without one's coat, shelterless
desabrigar, to take off one's coat, to remove one's outer clothing
desabrochar, to unbutton, to unfasten
desabrocharse con, to confide in
desacato, disrespect, rudeness, excess
desaceleración, deceleration
desacertado(a), mistaken, wrong, in error
desacierto, error, mistake, blunder
desacomodado(a), unemployed, out of work, uncomfortable, without means, in want
desacomodar, to inconvenience, to discharge
desacomodarse, to lose one's job
desacomodo, loss of one's job, inconveniencing
desacordado(a), poorly matched, unharmonious
desacorde, discordant, inharmonious
desacostumbrado(a), uncustomary, unusual, unaccustomed
desacostumbrarse, to become unaccustomed
desacreditar, to discredit
desactivar, to deactivate
desacuerdo, disagreement, discord, failure to remember
desafecto, disaffection, ill will, enmity
desafiar, to challenge, to defy, to brave
desafinar, to be off key, to be out of tune, to talk out of turn
desafío, challenge, duel, rivalry, contest
desaforado(a), lawless, heedless, unearthly, extraordinary
desaforar, to violate the rights of
desaforarse, to get beside oneself, to go to pieces
desafortunado(a), unfortunate
desafuero, excess, lawless act, violation of someone's rights
desagradable, disagreeable, unpleasant
desagradar, to displease, to offend
desagradecido(a)[1], ungrateful
desagradecido(a)[2], ingrate
desagrado, displeasure
desagraviar, to make amends for
desagravio, satisfaction, amends
desaguadero, drain pipe, drainage canal
desaguar, drain
desagüe, draining, drainage, drain pipe, drain
desahogado(a), impudent, comfortable
desahogar, to ease, to relieve, to give free rein to
desahogarse, to get relief, to unburden oneself, to get a problem off one's chest
desahogo, relief, relaxation, ease, comfort, freedom, lack of restraint
desahuciar, to evict, to declare incurable, to make despair of
desairado(a), slighted, offended,

rebuffed, mediocre, poor
desairar, to disregard to rebuff, to slight, to offend, to detract from
desaire, rebuff, disregard, offense, slight, awkwardness
desajuste, breakdown, collapse
desalentar, to wind, to discourage
desalentarse, to lose hope, to be discouraged
desaliento, dispair, discouragement, dejection
desaliñado(a), slipshod, messy
desaliñar, to disarrange, to mess up
desalmado(a), cruel, inhuman, heartless
desalojar[1], to dislodge, to abandon, to evacuate, to displace
desalojar[2], to move out
desalumbrado(a), dazzled, groping in the dark, off the track
desamarrar, to unmoor, to let loose of
desaminación, deamination
desamparar, to forsake, to abandon, to relinquish
desamparo, abandonment, forlornness, desolation, relinquishment
desandar, to retrace, to go back over
desangrar, to remove a large amount of blood from, to drain, to impoverish slowly
desanimado(a), downhearted, dull, spiritless
desanimar, to discourage
desanimarse, to become discouraged
desanudar, to untie, to disentangle, to unravel
desapacible, disagreeable, unpleasant
desapadrinar, to disapprove of, to disavow, to disclaim, to disown
desaparecer[1], to whisk out of sight
desaparecer[2], to disappear
desaparecimiento, disappearance
desaparejar, to un-harness, to unrig
desaparición, disappearance
desapasionar, to make objective, to remove one's prejudice, to root out one's passion
desapego, coolness, indifference, detachment
desapercibido(a), unprepared, not ready
desapiadado(a), pitiless, merciless, inhuman
desaplicado(a), careless, lazy, indifferent
desaprobación, disapproval
desaprobar, to disapprove of
desapropiar, to expropriate, to take from
desapropiarse de, to give up ownership of, to alienate
desaprovechado(a), lacking drive, lacking ambition, indifferent, wasted, untapped, unused
desaprovechamiento, misuse, waste, lack of drive
desaprovechar, to misuse, to waste
desapuntar, to unstitch, to make lose one's aim
desarbolar, to dismast
desarmable, collapsible, dismountable
desarmados, hammer of a gun
desarmar, to disarm, to take apart, to dismount, to disassemble, to unrig, to disband, to pacify, to assuage
desarme, disarmament, disassembly, pacifying
desarraigar, to up root, to root out, to eradicate
desarraigo, eradication, uprooting
desarreglado(a), immoderate, intemperate, disorderly
desarreglar, to put out of order, to upset
desarreglo, disorder
desarrimar, to push back, to pull back, to get out of
desarrollar, to unroll, to unwrap, to develop
desarrollo, development, growth
en desarrollo, ongoing
desarrollo de carreteras, road development
desarrollo de la trama, plot development
desarrollo de personajes, character development
desarrollo de vivienda, housing development
desarrollo del personaje, character development
desarrollo industrial, industrial development
desarrollo sustentable o sostenible, sustainable development
desarropar, to undress

desarrugar, to take out the wrinkles from
desaseado(a), untidy, careless
desasear, to mess up, to make untidy
desaseo, lack of neatness, slovenliness
desasir, to let loose of, to let go of
desasirse de, to get rid of
desasosiego, restlessness, uneasiness
desastrado(a), wretched, miserable, ragged, slovenly, sloppy
desastre, disaster, misfortune
desastre natural, natural disaster
desastroso(a), disastrous
desatar, to untie, to loosen, to figure out, to clear up
desatarse, to break out, to come out of one's shell
desatascar, to pull out of the mud, to unplug, to get out of a jam
desataviar, to strip of decorations
desatención, lack of attention, absentmindedness, slight, impoliteness
desatender, to pay no attention to, to disregard, to neglect, to slight
desatento(a), inattentive, careless, rude, uncivil
desatinado(a), senseless, foolish, off the mark
desatinar[1], to drive out of one's mind, to drive to distraction
desatinar[2], to talk nonsense
desatino, foolishness, nonsense
desatornillar, to unscrew
desautorizar, to wrest authority from
desavenencia, discord, disagreement
desavenir, to put at odds, to make disagree
desayunador, breakfast room
desayunarse, to breakfast, to eat breakfast
desayuno, breakfast
desazón, tastelessness, poor quality, trouble, bad time, queasiness, upset
desazonado(a), queasy, poor, upset, bothered
desazonar, to take away the taste of, to upset, to bother
desazonarse, to feel indisposed
desbancar, to supplant, to take the place of
desbandarse, to disband, to disperse
desbarajuste, confusion, jumble
desbaratado(a), broken, upset
desbaratar[1], to break, to ruin, to run through, to waste, to spoil, to upset, to rout
desbaratar[2], to talk nonsense
desbarato, waste, squandering, ruin, breaking, rout
desbarrar, to slip away, to steal away, to wander aimlessly
desbastar, to rough in, to work roughly, to use up, to diminish, to smooth out, to give some polish
desbastecido(a), without sufficient provisions, out of supplies
desbocado(a), widemouthed, runaway, foul-mouthed
desbordar, to over-flow, to spill over, to run over, to know no bounds
desbordamiento, overflowing
desbuchar o desembuchar, to disgorge, to unbosom, to reveal
descabellado(a), disorderly, unruly, unrestrained
descabellar, to muss, to dishevel, to kill instantly with a drive to the neck
descabello, driving in the sword to the neck, dispatch
descabezado(a), out of one's head, headless
descabezar, to behead, to lop off the top of
descabezarse, to rack one's brains
descabullirse o escabullirse, to escape, to get away, to get oneself off the hook
descalabrar, to injure in the head, to hurt, to injure
descalabro, calamity, misfortune
descalificar, to disqualify
descalzar, to pull off, to take off, to take off one's shoes
descalzo(a), barefooted
descaminar, to misguide, to lead astray, to mislead
descampado(a), open, clear
descampar[1], to stop raining
descampar[2], to clear off
descansadamente, easily, effortlessly
descansado(a), peaceful, quiet, restful
descansar, to rest, to spell, to relieve, to rest
descanso, rest, repose

descarado(a), impudent, barefaced, cheeky
descararse, to behave insolently
descarga, unloading, volley, discharge, firing, download
descargar, download
descargadero, wharf, dock
descargar, to unload, to discharge, to fire, to free, to relieve, to let go with, to let have
descargarse, to be cleared of the charges, to be acquitted
descargo, discharge, acquittal, unloading
descarnar, to remove the flesh from, to chip away part of
descaro, impudence, audacity
descarriar, to lead astray, to separate, to keep separately
descarriarse, to go astray
descarrilar, to jump the track, to derail
descartar, to cast aside, to throw off, to count out, to leave out, to discard
descarte, discard, excuse, reason
descasar, to separate, to annul the marriage of, to throw out of balance
descascar, to peel, to shell, to husk, to shuck
descascarar, to skin, to peel, to shell, to shuck, to husk
descendencia, descent, descendants
descendente, descending
descender[1], to descend, to derive, to originate
descender[2], to lower, to take down
descendiente[1], descending
descendiente[2], descendant
descendimiento, descent, lowering
descensión, descent
descenso, descent, degradation
descentralización, decentralization
descentralizar, to decentralize
descentrar, to put off center
descentrarse, to be off center
descepar, to uproot, to weed out, to get rid of
descerrajar, to rip the lock from, to break the lock on, to shoot, to fire
descifrar, to decipher, to decode
descinchar, to loosen the saddle straps of
desclavar, to pull out the nails from
descobijar, to uncover, to remove the blankets from
descodificador, decoder
descolgar, to take down, to lower with a rope, to take down the hangings from, to take down the draperies from
descolgarse, to slide down a rope, to slip down, to descend
descolonización, decolonization
descolorar, to discolor
descolorido(a), faded, discolored
descollar, to excel, to be outstanding
descombrar, to disencumber
descomedido(a), excessive, out of proportion, rude, disrespectful
descomedirse, to be rude, to be disrespectful
descompasado(a), excessive, immoderate
descomponer, to decompose, to break down, to put out of order, to put at odds, to hurt the friendship of
descomponerse, to decompose, to rot, to lose one's composure
descomposición, falling out, decomposition, breakdown, decay, rotting, loss of composure
 descomposición a distancia, distance decay
 descomposición de forma bidimensional, two-dimensional shape decomposition
 descomposición en factores, factoring
 descomposición en factores primos, prime factorization
descompuesto(a), decomposed rotten, out of order, distorted, discourteous, insolent
descomunal, most unusual, extraordinary, highly uncommon
desconcertado(a), disconcerted, dislocated, out of order, evil
desconcertar, to put out of order, to dislocate, to disconcert
desconcertarse, to have a falling out, to be rude, to be disrespectful
desconcierto, disrepair, disorder, confusion, lack of restraint, recklessness
desconectado(a), misconnected

desconectar, to disconnect, to detach, to separate
desconfiado(a), suspicious, distrustful
desconfianza, distrust, lack of confidence, mistrust
desconfiar, to lack confidence, to be distrustful
desconfiar de, to mistrust, to distrust
desconforme o inconforme, in disagreement, unresigned, dissatisfied
desconformidad, disagreement, impatience, dissatisfaction
descongelador, defroster, deicer
descongelar, to de frost.
desconocer, to disown, to disavow, not to know, not to recognize, to have forgotten, to pretend unawareness of
desconocido(a)[1], ungrateful, unknown, foreign, unrecognizable
desconocido(a)[2], stranger
desconsiderado(a), inconsiderate
desconsolado(a), disconsolate, grieving
desconsolador(a), depressing, dejecting, disconsolate
desconsolar, to grieve, to hurt, to pain
desconsuelo, dejection, grief, suffering
descontaminación, decontamination
descontaminar, to decontaminate
descontar, to discount, to grant, to assume to be true, to deduct
descontentar, to displease, to dissatisfy
descontento(a)[1], discontent, dissatisfaction, displeasure
descontento(a)[2], dissatisfied, discontented, displeased
descontinuar, to discontinue
descorazonado(a), depressed, in low spirits, glum
descorazonar, to remove the heart of, to dishearten, to discourage
descornar, to dehorn
descorrer[1], to run, to flow
descorrer[2], to retravel, to go back over
descorrer la cortina, to draw open the curtain
descortés, impolite, discourteous
descortesía, discourtesy, impoliteness
descortezar, to remove the bark from, to remove the crust from, to refine, to cultivate
descoser, to rip, to unstitch
descoserse, to let slip out, to let out of the bag
descosido(a)[1], ripped seam, rip
descosida(a)[2], ripped, unstitched, indiscreet, given to revealing confidences
descostrar, to take off the crust from
descotado(a), décolleté
vestido descotado, décolleté gown
descote o escote, low neck, décolletage
descoyuntar, to dislocate, to bother, to annoy
descrédito, discredit
descreer, to disbelieve, to fail to believe
descreído(a), infidel
descreimiento, lack of faith, disbelief
describir, to describe
descripción, description
descripción física, physical description
descripción insuficiente, understatement
descriptivo(a), descriptive
descrito(a), described
descuartizar, to quarter, to divide up, to split up
descubierto(a)[1], uncovered, bareheaded
descubierto[2], deficit, showing of the sacrament
al descubierto, sincere, aboveboard
girar en descubierto, to overdraw
descubridor(a)[1], discoverer
descubridor(a)[2], scout
descubrimiento, discovery
descubrimiento astronómico, astronomical discovery
descubrimiento científico, scientific breakthrough
descubrimiento de diamantes, discovery of diamonds
descubrimiento de oro, discovery of gold
descubrir, to uncover, to disclose, to discover, to invent, to make out, to have a view of
descubrirse, to take off one's hat
descuello, towering height, imposing height, superiority, distinction,

preeminence, haughtiness
descuento, discount, deduction
descuidado(a), careless, negligent
descuidar, to relieve, to free, to distract, to neglect, to be careless of
descuido, carelessness, neglect, slip, oversight
desde, since, from
desde ahora, from now on
desde entonces, since then
desde luego, of course
desde que, since
desde un principio, from the beginning
desdecir, to go counter, to be out of keeping
desdecirse, to retract a remark, to take back what one has said
desdén, disdain, contempt
desdentado(a), toothless
desdeñar, to disdain, to look down on
desdeñarse, to be disdainful
desdeñoso(a), disdainful, contemptuous
desdibujamiento de géneros, blurring of genres
desdicha, misfortune, dire poverty
desdichado(a), unfortunate, miserable
desdoblar, to unfold, to spread out
desdoro, slur, blemish, blot
deseable, desirable
desear, to desire, to wish
desear saber, to wonder
desecación de lagos, lake desiccation
desecar, to dry, to harden
desechable, disposable
desechar, to reject, to throw out, to depreciate, to underrate, to cast off
desecho, residue, remainder, discard, castoff, low opinion, low regard
desembalar, to un-pack, to open
desembarazar, to clear, to disencumber, to clear out, to empty
desembarazo, ease, facility, freedom of movement
desembarcadero, landing place
desembarcar[1], to unload
desembarcar[2], to disembark, to land
desembarco, landing, disembarkment
desembarque, landing, unloading
desembocadero, outlet, exit, entrance, mouth
desembocar, to run, to end, to flow, to empty
desembolsar, to empty out from a purse, to expend, to disburse
desembolso, disbursement, expenditure
desembozar, to unmuffle, to uncover
desembragar[1], to disengage, to put in neutral
desembragar[2], to depress the clutch pedal
desembrollar, to disentangle, to unravel, to untangle
desembuchar, to disgorge, to unbosom, to reveal
desemejante, dissimilar, different, unlike
desemejanza, dissimilarity, difference, unlikeness
desempacar, to unpack, to unwrap
desempacho, unconcern, ease
desempapelar, to take the paper off
desempaquetar, to unpack, to unwrap
desemparejar, to unmatch, to make uneven
desempatar, to break the tie in
desempeñar, to redeem, to get out of debt, to play, to fulfill, to carry out, to get out of a difficult situation
desempeño, redeeming, fulfillment, performance
desempleado(a), unemployed
desempleo, unemployment
desempleo cíclico, cyclical unemployment
desempleo coyuntural, cyclical unemployment
desempleo estacional, seasonal unemployment
desempleo estructural, structural unemployment
desempleo friccional, frictional unemployment
desempolvar, to dust off, to brush up on
desempolvarse, to brush up
desencabestrar, to disentangle from the halter
desencadenar, to unchain, to unleash, to set abroad
desencadenarse, to break out, to be unleashed
desencajar, to pull out of place, to pull from its socket or fitting
desencajarse, to become contorted

desencallar, to float, to set afloat
desencantar, to disenchant, to disillusion
desencanto, disenchantment, disillusion
desencolerizarse, to grow calm, to get over one's anger
desenconar, to reduce, to appease, to calm
desenconarse, to abate, to subside
desencono, calming down, abatement
desencordar, to unstring
desencordelar, to unbind, to unfasten
desencorvar, to straighten
desenfadado(a), unencumbered, free, spacious, roomy
desenfadar, to calm the anger of, to appease
desenfado, freedom, ease, facility, relaxation, change
desenfrenado(a), wanton, unbridled, debauched
desenfrenar, to unbridle
desenfrenarse, to become completely debauched, to be unleashed
desenfreno, debauchery, unbridling, unleashing
desenganchar, to unhook, to unhitch
desengañado(a), disillusioned, disabused
desengañar, to open one's eyes to, to undeceive, to disillusion, to disappoint
desengaño, disillusionment, disappointment, naked truth, fact of the matter
desengranar, to throw out of gear, to disengage
desenhebrar, to unthread
desenjaular, to let out of the cage
desenlace, denouement, outcome
desenlazar, to untie, to unravel, to resolve, to clear up
desenmarañar, to disentangle
desenmascarar, to unmask, to expose, to reveal
desenmascararse, to unmask
desenojo, calming down, quieting down
desenredar, to disentangle
desenredarse, to extricate oneself, to free oneself
desenrollar, to unroll
desenroscar, to untwist, to unroll
desensartar, to unthread
desensillar, to unsaddle
desentenderse, to pretend ignorance, to pretend not to notice
desentenderse de, to disregard, to ignore, to have nothing to do with
desentendido(a), unmindful
hacerse el desentendido, to feign ignorance, to pretend to be unaware
hacerse la desentendida, to feign ignorance, to pretend to be unaware
desenterrar, to disinter, to dig up
desentonar[1], to humble
desentonar[2], to have poor tone
desentonarse, to raise one's voice, to snap
desentono, poor tone, rude tone of voice
desentrañar, to eviscerate, to ferret out, to figure out
desenvainar, to unsheathe, to bring to light, to stretch out
desenvoltura, ease, effortlessness, self-assurance, freedom, articulateness
desenvolver, to unwrap, to unroll, to clear up, to unravel, to develop
desenvolverse, to act with assurance, to get along well
desenvuelto(a), poised self-assured, articulate
deseo, desire, wish
deseos, wants
deseoso(a), desirous
desequilibrio, unsteadiness, lack of balance
deserción, desertion
desertar, to desert, to withdraw, to abandon
desértico, desert
desertificación, desertification
desertización, desertification
desertor(a), deserter
desescarchador, defroster
desesperación, despair, desperation, anger, fury
desesperadamente, desperately
desesperado(a), desperate, hopeless
desesperanzar, to deprive of hope, to make desperate
desesperar, to make desperate, to annoy, to get on one's nerves

desesperarse, to grow desperate
desfalcar, to embezzle
desfalco, embezzlement
desfallecer[1], to weaken, to fall away, to faint
desfallecer[2], to weaken
desfallecer de hambre, to starve, to weaken by lack of food
desfallecido(a), weak, faint, unconscious
desfallecimiento, weakening, faintness, swoon, fainting
desfavorable, unfavorable
desfavorecer, to disfavor
desfigurado(a), deformed, disfigured, hidden, covered, distorted
desfigurar, to disfigure, to deform, to cover, to disguise, to distort
desfigurarse, to become disfigured, to be distorted
desfiladero, pass, gorge
desfiladero de Cumberland, Cumberland Gap
desfilar, to march, to parade, to troop out, to file out, to march in review
desfile, parade
desflorar, to deflower, to skim, to deal with superficially
desfondar, to stave in
desfondarse, to go in over one's head, to flounder
desganado(a), having no appetite, without will
desganar, to make lose one's taste for
desganarse, to lose one's appetite, to be fed up
desgano, lack of appetite, lack of interest
desgarbado(a), ungraceful, gawky, awkward
desgarrado(a), licentious, dissolute, ripped, torn
desgarrador(a), piercing, heartrending
desgarrar, to tear, to rip, to rend, to hurt deeply
desgarrarse, to tear oneself away
desgastar, to consume, to wear away slowly, to ruin, to spoil
desgastarse, to lose one's vigor, to lose one's verve
desgaste, wearing away, eating away, weathering
desgaste físico, erosión física, physical weathering
desgaste mecánico, mechanical weathering
desgaste químico, chemical weathering
desgobierno, misgovernment, mismanagement
desgoznar, to unhinge
desgoznarse, to gyrate
desgracia, misfortune, mishap, disgrace, bad luck, adversity, sharpness, disagreeableness
por desgracia, unfortunately
desgraciado(a), unfortunate, out of favor, disagreeable, unpleasant
desgramar, to remove the grass from
desgranar, to remove the kernels from, to seed, to remove the grains from
desgrasar, to remove the grease from
desgreñar, to dishevel one's hair, to muss the hair of
desguarnecer, to strip of adornments, to remove the trimmings from, to strip down, to disarm
deshabitado(a), deserted, desolate
deshabitar, to move out of, to depopulate
deshabituar, to disaccustom
deshacer, to undo, to rout, to defeat, to take apart, to dissolve, to break up
deshacerse, to break, to be smashed, to be on edge, to be on pins and needles, to outdo oneself, to injure, to damage, to wear oneself out, to overwork
deshacerse de, to get rid of
deshacerse en, to break into
deshebrar, to unravel, to shred, to make mincemeat of
deshecha, dissembling, pretense, front, formal leave-taking, crossover step
hacer la deshecha, to feign, to pretend
deshecho(a), undone, broken, enormous, torrential, routed
borrasca deshecha, violent storm
deshelador, deicer
deshelar, to thaw
deshelarse, to thaw, to melt
desherbar, to weed

desheredar, to disinherit
desheredarse, to be a black sheep, to get away from one's family
desherrar, to unchain, to unshoe
deshielo, thaw
deshilachar, to unravel
deshilado, openwork
deshilar, to do openwork on
deshinchar, to reduce the swelling on, to appease, to calm down
deshincharse, to go down, to be reduced, to come down a notch, to have one's pride deflated
deshojar, to strip off the leaves from
deshollinar, to clean, to sweep, to sift through, to comb through
deshonesto(a), indecent, lewd
deshonor, disgrace, shame
deshonra, dishonor
deshonrar, to disgrace, to dishonor, to affront, to insult, to ravish, to violate
deshonroso(a), dishonorable, vile, infamous
deshora, inopportune moment, wrong time
deshuesar, to bone, to pit
deshumedecer, to dehumidify
desidia, idleness, indolence
desidioso(a), lazy, idle
desierto(a)[1], deserted, solitary
desierto[2], desert, wilderness
desierto del Sahara, Sahara desert
predicar en el desierto, to be a voice crying in the wilderness
designación, designation
designar, to designate, to plan, to project
designio, plan, course of action, scheme
desigual, unequal, unlike, uneven, rough, difficult, thorny, changeable
desigualar, to make unequal
desigualarse, to surpass, to excel
desigualdad, unlikeness, unequalness, unevenness, roughness, inequality
desigualdad condicional, conditional inequality
desilusión, disillusion
desilusionar, to disillusion
desilusionarse, to become disillusioned
desinfectante, disinfectant
desinfectar, to disinfect
desinflable, deflatable
desinflación, deflation
desinflamar, to soothe the inflammation in
desinflar, to deflate
desintegrable, fissionable
desintegración, disintegration
desintegración de la Unión soviética, breakup of Soviet Union
desintegración nuclearia, nuclear fission
desintegrador de átomos, atom smasher
desintegrar, to disintegrate
desinterés, unselfishness, disinterestedness
desinteresado(a), disinterested, unselfish
desistir, to desist, to cease, to stop
desjuntar, to divide, to separate
deslave, washout, landslide
desleal, disloyal, perfidious
deslealtad, disloyalty, breach of faith
desleír, to dilute, to dissolve
deslenguado(a), foul-mouthed
desliar, to untie
desligar, to loosen, to unbind, to untangle, to clear up, disjoint
deslindar, to mark off the boundaries of, to demarcate
deslinde, demarcation
desliz, sliding, slip, mistake, false step
deslizamiento, slide, slip
deslizamiento de forma bidimensional, two-dimensional shape slide
deslizar[1], to slide, to do without thinking
deslizar[2], to slip, to slide
deslizarse, to scurry away, to slip away, to make a false step
deslucido(a), second-rate, poor, unaccomplished
quedar deslucido, to be a failure
salir deslucido, to be a failure
deslucir, to offset, to spoil, to ruin the effect of, to discredit, to ruin the reputation of
deslumbrador(a), dazzling
deslumbrante, dazzling
deslumbrar, to dazzle, to puzzle, to

perplex, to overwhelm
deslustrar, to tarnish, to frost, to ruin the reputation of
deslustre, tarnish, stain, discredit blemish
desmán, misbehavior, misfortune, disaster
desmandar, to countermand, to revoke
desmandarse, to stray, to be insubordinate
desmanotado(a), unhandy, awkward
desmantelado(a), dilapidated, in bad repair
desmantelar, to dismantle, to tear down, to abandon, to desert, to dismast
desmañado(a), clumsy, awkward, unskillful
desmarañar, to disentangle, to clear up
desmayado(a), pale, soft, wan, weak
desmayar[1], to daunt, to dishearten, to dismay
desmayar[2], to fail, to falter
desmayarse, to faint, to swoon
desmayo, disheartenment, dismay, failure, faltering, swoon, faint
desmedido(a), out of proportion, excessive
desmedrado(a), deteriorated, worsened, thin, skinny
desmejorado(a), sickly, wan
desmejorar[1], to worsen, to deteriorate
desmejorar[2], to lose one's health
desmelenar, to dishevel, to muss
desmelenarse, to give way, to give in
desmembrar, to dismember, to cut up, disjoint
desmemoriado(a), forgetful
desmentir, to contradict, to give the lie to
desmenuzar, to tear into small pieces, to shred, to pick to pieces
desmerecer[1], to be unworthy of
desmerecer[2], to compare unfavorably
desmesurado(a), excessive, unwarranted, discourteous
desmigajar, to crumble, to break into bits
desmochar, to lop off the top of
desmontable, collapsible, dismountable
desmontaje, disassembly
desmontar[1], to clear, to level, to clear away, to take down, to dismantle, to dismount
desmontar[2], to dismount, to alight
desmoralizar, to demoralize
desmoronar, to chip away, to wear away
desmoronarse, to decay, to crumble
desmotadora de algodón, cotton gin
desmovilización, demobilization
desmovilizar, to demobilize
desnatado(a), skimmed
desnatadora, cream separator
desnatar, to skim, to take the flower of
desnaturalizado(a), unnatural, inhuman
desnaturalizar, to denaturalize, to twist, to give a false slant, to misconstrue
desnivel, unevenness, difference in elevation
  paso a desnivel, underpass
desnucar, to break one's neck
desnudar, to strip, to denude, to strip bare
  desnudarse de, to get rid of, to free oneself of
desnudez, nakedness, bareness
desnudismo, nudism
desnudista, nudist
desnudo(a), naked, bare, lacking, half naked, destitute, plain, unadulterated
desnutrición, malnutrition
desnutrido(a), suffering from malnutrition
desobedecer, to disobey
desobediencia, disobedience
  desobediencia civil, civil disobedience
desobediente, disobedient
desocupar, to empty, to clear out
desocuparse, to get out, to be freed
desodorante, deodorant
desolación, desolation
desolado(a), desolate
desolar, to desolate
desolarse, to become overwrought, to get very upset
desollar, to skin, to fleece, to take to the cleaners
desorden, disorder
  desorden alimenticio, eating disorder
desordenado(a), disorderly, unruly

desordenar, to disarrange, to put out of order
desordenarse, to live a disorderly life
desorganización, disorganization
desorganizar, to disorganize
desorientado(a), having lost one's bearings, confused, disconcerted
desovar, to spawn
desovillar, to unwind, to unravel, to solve, to clear up
despabilar, to snuff, to run through hurriedly, to steal, to rouse, to stir up
despabilarse, to wake up, to spring to attention
despacio, slowly
¡despacio!, slow up! hold on there!
despacito, very slowly
¡despacito!, slow up! hold your horses!
despachar, to dispatch, to sell, to take care of, to wait on, to send away
despacharse, to hurry up
despacharse uno a su gusto, to say whatever one pleases
despacho, dispatch, dismissal, store, office
desparejar, to make uneven
desparpajo, pertness, boldness, flippancy
desparramar, to scatter, to spread out, to squander, to waste
desparramarse, to lead a reckless life
despavesar, to snuff
despavorido(a), frightened, terrified
despecho, rancor, resentment, bitterness, despair, desperation
a despecho de, in spite of
despedazar, to tear into pieces, to break, to shatter
despedazarse de risa, to burst into fits of laughter
despedida, good-bye, leave-taking, giving off, dismissal, discharge, loosening
despedir, to loosen, to free, to discharge, to fire, to dismiss, to send away, to give off, to emit, to say good-bye to
despedirse, to take one's leave, to say good-bye
despegado(a), unpleasant, disagreeable
despegar[1], to unglue
despegar[2], to take off
despegarse, to come unstuck, not to go well, to be unbecoming
despego, coolness, indifference, detachment
despegue, takeoff, blast-off
despegue de emergencia, emergency take-off
despeinado, uncombed, unkempt, tousled
despeinar, to tousle the hair off, to mess up one's hairdo
despejado(a), quick, able, clear, cloudless, bright, ready, broad, roomy
despejar, to clear, to solve, to clear up, to clarify
despejarse, to be at ease, to clear up
despejo, clearing, openness, easy manner, brightness, ability
despeluzar, to make one's hair stand on end
despellejar, to skin
despensa, pantry, provisions, food supply
despensero(a), butler, steward
despeñadero, precipice, great danger, risky undertaking
despeñar, to cast, to throw, to hurl
despeñarse, to fall headlong, to hurtle
despepitar, to seed
despepitadora de algodón, cotton gin
despepitarse, to scream, to carry on violently
despercudir, to clean thoroughly of grime
desperdiciar, to squander, to waste, to lose
desperdicio, waste loss, squandering
desperdicios, waste, odd bits
desperezarse, to stretch oneself
despertador, alarm clock
despertar, to wake, to awake, to awaken
despertarse, to wake up, to waken
despiadado(a), pitiless, merciless, inhuman
despierto(a), awake, quick, alert
despilfarrador(a), spender
despilfarrar, to squander, to spend recklessly
despilfarro, wastefulness, mismanagement, reckless expense
despintar[1], to wash the paint from,

to ruin, to alter
despintar[2], not to take after one's family
despintarse, to become discolored, to fade
despiojar, to delouse, to remove from one's sordid surroundings
desplantar, to uproot, to put out of plumb
desplantarse, to lose one's stance
desplante, poor stance, impropriety, insolence, lunging
desplazado(a), displaced
persona desplazada, displaced person
desplazar, to displace
desplazamiento, displacement, slide
desplazamiento de fase, phase shift
desplazamiento de los resultados, displacement of results
desplegar, to unfold, to display, to explain, to unfurl, to deploy
desplomar, to knock over
desplomarse, to fall over, to collapse, to plummet to the ground, to plunge to the ground
desplome, collapse, plunge
desplumar, to deplume, to pluck, to fleece
despoblado(a), uninhabited region
despoblar, to depopulate, to lay waste, to strip
despojar, to strip, to rob, to remove from, to take off
despojarse, to strip, to give up, to renounce
despojo, robbing, stripping, plunder, spoil, offal, ravages
despojos, mortal remains, debris, rubble
desposado(a), newly married, handcuffed
desposar, to publish the marriage bans of
desposarse, to be married
desposeer, to dispossess
desposeerse, to renounce one's possessions
desposorios, engagement, betrothal
déspota, despot, tyrant
déspota ilustrado, Enlightened Despot
despótico(a), despotic
despotismo, despotism
despotismo democrático, democratic despotism
despreciable, contemptible, despicable
despreciar, to despise, to scorn
desprecio, scorn, contempt
desprender, to unfasten, to loosen
desprenderse, to come loose, to come unfastened, to be shown, to be manifest
desprendimiento, unloosening, unfastening, disinterest, coolness, generosity, detachment
desprendimiento de tierra, landslide
despreocupado(a)[1], nonconformist, freethinker
despreocupado(a)[2], unconventional, nonconformist, without a worry in the world, worry-free
despreocuparse, to forget one's worries, to lose one's interest
desprestigiar, to discredit, to bring into disrepute, to lose one's reputation
desprestigio, loss of prestige, discredit, disrepute
desprevenido(a), unprepared, unaware
desproporción, disproportion
despropósito, absurdity, nonsense
desprovisto(a), unprovided, devoid, lacking
después, afterward, later
después de, after
despuntar[1], to blunt, to round
despuntar[2], to sprout, to sparkle, to show wit, to start, to begin
al despuntar del día, at break of day
desquiciar, to unhinge, to throw into disorder, to turn upside down
desquitar, to recoup, to avenge
desquitarse, to recoup one's losses, to take revenge
desquite, revenge, recoup
desregularización, deregulation
desrielarse, to jump the track, to derail
destacamento, detachment
destacar, to make stand out, to highlight, to detach
destacarse, to be prominent, to stand out

destajo, piecework
a destajo, by the piece, hurriedly
destapar, to uncover
destaparse, to unburden oneself
destaparse con, to confide in
destartalado(a), shabby, tumbledown
destello, gleam, glimmer, flash
destemplado(a), out of tune, intemperate
destemplanza, intemperateness, slight fever
destemplar, to put out of tune, to upset, to put out of order
destemplarse, to have a slight fever, to lose its temper, to lose one's temper
desteñir, to discolor, to fade
desternillarse[1], break a tendon
desternillarse[2], to go off the deep end, to lose one's head
desternillarse de risa, to split one's sides with laughter
desterrado(a)[1], exile
desterrado(a)[2], exiled, banished
desterrar, to banish, to exile, to expel, to drive away, to remove the earth from
destetar, to wean
destierro, exile, banishment
destilación, distillation
destilación destructiva, destructive distillation
destilar, to distil
destilería, distillery
destinar, to destine, to intend, to send
destinatario(a), addressee
destino, destiny, fate, destination, post, position
con destino a, bound for
destino manifesto, manifest destiny
destitución, destitution, abandonment
destituir, to deprive, to dismiss from office
destornillador, screwdriver
destornillar, to unscrew
destreza, dexterity, skill, ability
destreza de supervivencia diaria, daily survival skill
destreza manual, manual dexterity
destronamiento, dethronement
destronar, to dethrone, to depose
destroncar, to lop off the top of, to cut short, to mutilate, to wear out, to bush, to ruin
destrozado(a), tattered, torn
destrozar, to destroy, to rip to pieces, to ruin, to crush
destrozo, destruction, ripping to pieces, rout, severe defeat
destrucción, destruction, ruin
destrucción de hábitat, habitat destruction
destrucción de las estrellas, star destruction
destructivo(a), destructive
destructor[1], destroyer
destructor(a)[2], destroying, destructive
destruir, to destroy, to ruin
destruirse, to cancel out
desuncir, to unyoke
desunión, separation, discord, dissension, disunion
desunir, to separate, to disunite, disjoint
desusar, to drop from use, to stop using
desuso, disuse, obsoleteness
desvaído(a), ungainly, gawky, dull, dark
desvalido(a), helpless, destitute
desvalorizar, to devaluate
desván, garret
desvanecer, to dispel
desvanecerse, to evaporate, to be dissipated, to lose one's senses, to black out, to faint, to grow proud, to become haughty
desvanecimiento, pride, haughtiness, blackout, fainting spell, fade-out
desvarío, delirium, aberration
desvelar, to keep awake
desvelarse, to make great sacrifices, to go out of one's way
desvelo, keeping awake, staying awake, great pains, sacrifices
desventaja, disadvantage
desventura, misfortune, bad luck
desventurado(a), unfortunate
desvergonzado(a), shameless, insolent, cheeky
desvergüenza, shamelessness, cheek, effrontery
desviación, deviation, diversion, detour
desviación absoluta, absolute deviation
desviación cuartil,

quartile deviation
desviar, to divert, to draw away, to separate
desviarse, to deviate, to change direction
desvío, deviation, diversion, bypass, detour, indifference, aversion
desvirtuar, to rob of its strength
desvirtuarse, to lose its strength
detallar, to detail
detalle, detail, retail
detalle relevante, relevant detail
detalle sensorial, sensory detail
detalles secundarios, supporting details
detalles vívidos, vivid details
vender al detalle, to retail
detallista, person fond of details, retailer
detección y tratamiento temprano, early detection and treatment
detectar, detect
detective, detective
detector, detector
detención, arresting, stopping, delay, detention
detener, to stop, to arrest, to retain, to keep
detenerse, to stop, to delay, to go slowly
detenido(a), sparing, scant, careful, painstaking, under arrest
detenimiento, thoroughness, care, detainment
détente, détente
detergente, detergent
deteriorar, to deteriorate
deterioro, deterioration
determinación, determination, resolution, boldness, resolve
tomar la determinación, to make the decision
determinado(a), bold, resolute, definite, specific, definite
artículo determinado, definite article
determinar, to determine, to fix, to decide on
determinismo ambiental, environmental determinism
detestable, detestable, frightful, beastly
detestar, to detest
detonación, detonation
detonador, detonator, blasting cap
detractor(a), slanderer
detrás, behind, behind one's back, in one's absence
por detrás, from behind
detrás de, in back of, behind
detrimento, detriment, damage
deuda, debt, fault, offense
deuda pública, national debt
deudo[1], relationship
deudo(a)[2], relative
deudor(a), debtor
devanador(a), winder
devanar, to wind, to reel
devaneo, delirium, idle pursuit, frivolous pastime, crush
devastación, devastation
devastador(a)[1], devastator, ravager
devastador(a)[2], devastating, ravaging
devastar, to devastate, to ravage
devengar, to earn, to draw, to receive
devoción, devotion, special fondness, wont, habit
estar a la devoción de, to be under the thumb of
devocionario, prayer book
devolución, return, restitution
devolutivo(a), to be returned
con carácter devolutivo, on a loan basis
devolver, to return, to restore, to throw up
devorar, to devour
devorar sus lágrimas, to hold back one's tears
devoto(a), devout, devoted, devotional
D.F. (Distrito Federal), Federal District
d/f or d/fha. (días fecha), d.d. (days after date)
dharma, dharma
día, day
a treinta días vista, at thirty days' sight
al día, up to date
al otro día, on the following day
día de fiesta, holiday, D-Day
Día de la Independencia, Independence Day
Día de la Independencia de los Estados Unidos, Fourth of July
Día de la Raza, Columbus Day
Día de los Caídos, Memorial Day
Día de los veteranos, Veterans Day

Día de Martin Luther King Jr., Martin Luther King Jr. Day
día de trabajo, workday, working day
Día del Presidente, Presidents Day
Día del trabajo en EE.UU., Labor Day in the US
día feriado, holiday
día festivo, holiday
día festivo estadounidense, American holiday
día quebrado, half holiday
dentro de ocho días, within a week
de hoy en ocho días, a week from today
el día siguiente, the next day
diabetes, diabetes
diabético(a), diabetic
diablillo, troublemaker, schemer
diablo, devil
más sabe el diablo por viejo que por diablo, experience is the best teacher
diablura, deviltry
diabólico(a), diabolical, devilish
diácono, deacon
diadema, diadem
diáfano(a), diaphanous
diagnosticar, to diagnose
diagnóstico[1], diagnosis
diagnóstico(a)[2], diagnostic
diagonal, oblique
diagrama, diagram, graph
diagrama de árbol, tree diagram
diagrama de caja, box & whisker plot
diagrama de caja y bigotes, box & whisker plot
diagrama de caja paralelo, parallel box plot
diagrama de dispersión, scatter plot
diagrama de flujo, flow chart, flowchart
diagrama de pedigrí, pedigree chart
diagrama de tallo y hoja, stem-and-leaf plot
diagrama de Venn, Venn diagram
diagrama lineal, line plot
diagrama ramificado, tree diagram
dialéctica, dialectic
dialecto, dialect
dialecto vernáculo, vernacular dialect
diálogo, dialogue
diálogo dramático, dramatic dialogue
diálogo interior, self-talk
diálogo interno, self-talk
diamante, diamond
diamante en bruto, rough diamond
diametral, diametrical
diámetro, diameter
diana, reveille
diantre, deuce, dickens
diapasón, diapason, tuning fork
diario[1], daily, diary, daily earnings, daily expenses
diario hablado, news report
diario de navegación, logbook
diario(a)[2], daily
diarrea, diarrhea
diáspora judía, Jewish Diaspora
diatriba, diatribe
dibujante, draftsman
dibujar, to draw, to sketch, to indicate
dibujo, drawing, sketch, outline
dibujo a escala, scale drawing
dibujos animados, animated cartoon
no meterse en dibujos, not to get off the track
dicción, diction, expression, word
diccionario, dictionary
diccionario de rimas, rhyming dictionary
diccionario ilustrado, picture dictionary
diciembre, December
dictado, dictation, title
dictador, dictator
dictados, dictates
dictadura, dictatorship
dictáfono, dictaphone
dictamen, advice, counsel
dictar, to dictate
dicha, happiness, good fortune
por dicha, luckily, fortunately
dicharacho, vulgar expression
dicho[1], saying, remark, testimony
dicho(a)[2], said
dejar dicho, to leave word

dichoso(a), happy, joyful
Diderot, Diderot
Diego Rivera, Diego Rivera
diente, tooth
  dientes postizos, false teeth
  decir entre dientes, to mumble, to mutter
  hablar entre dientes, to mumble, to mutter
diestra[1], right hand
diestro(a)[2], right, skillful, expert
  a diestro y siniestro, higgledy-piggledy, haphazardly
diestro[3], matador
dieta, diet
dietas, fee
dietética, dietetics
diez, ten
  Diez mandamientos, Ten Commandments
diezmar, to decimate, to tithe
diezmo[1], tithe
diezmo(a)[2], tenth
difamación, defamation, slander, libel
difamador(a), libeller
difamar, to defame, to libel
difamatorio(a), libellous, libelous
diferencia, difference
  a diferencia de, unlike
  diferencia constante, constant difference
  diferencia de dos cuadrados, difference of squares
  diferencias de unidades, unit differences
  diferencias individuales, individual differences
diferenciación celular, cellular differentiation
diferencial, differential
diferenciar[1], to differentiate, to change, to vary
diferenciar[2], to differ
diferenciarse, to stand out, to distinguish oneself
diferente, different, unlike
diferir[1], to defer, to put off
diferir[2], to differ
difícil, difficult, unlikely
difícilmente, with difficulty
dificultad, difficulty
  dificultad técnica, technical difficulty
dificultar, to make difficult
dificultarse, to become difficult
dificultoso(a), difficult
difracción, diffraction
difteria, diphtheria
difundido(a), spread, diffused
difundir, to spread, to diffuse
difunto(a), dead, deceased, dead person
difusamente, at great length
difusión, diffusion, broadcast
  difusión cultural, cultural diffusion
  difusión de humo del tabaco, diffusion of tobacco smoking
  difusión de noticias, news broadcast
difusivo(a), diffusive
difuso(a), diffuse
  orador difuso, long-winded speaker
difusora, broadcasting station
digerible, digestible
digerir, to digest, to swallow, to take
digestión, digestion
digestivo(a), digestive
digesto, digest
digital[1], digitalis, foxglove
digital[2], digital
  impresiones digitales, fingerprints
  huellas digitales, fingerprints
digitalizado, digitized
dígito significativo, significant digit
dignarse, to condescend, to deign
dignatario, dignitary, high official
dignidad, dignity
digno(a), worthy
  digno(a) de confianza, trustworthy, dependable, reliable
digresión, digression, digressive time
dihibridismo, dihybrid cross
dije, charm, amulet, jewel, treasure
dilación, delay
dilapidar, to dilapidate
dilatación, expansion, dilation, calmness under stress
  bala de dilatación, dumdum bullet
  dilatación de un objeto en un plano, dilation of object in a plane
dilatado(a), extensive, numerous
dilatar, to expand, to dilate, to delay, to spread

dilatarse, to talk at great length, to be long-winded
dilatoria, delay
  traer a uno en dilatorias, to keep one waiting
  andar con dilatorias, to waste time with red tape
dilecto(a), beloved, greatly loved
dilema, dilemma
  dilema ético, ethical dilemma
  dilema falso, false dilemma
diligencia, effort, care, speed, stagecoach, matter, job
diligenciar, to process, to expedite
diligente, diligent, prompt, swift
dilucidación, explanation
dilucidar, to elucidate, to explain
diluir, to dilute
diluvio, deluge
dimanar, to spring, to originate, to be due
dimensión, dimension, dimensions
diminución o disminución, diminution, decrease, diminuendo
diminuendo, decrescendo
diminutivo(a), diminutive
diminuto(a), defective, faulty, diminutive, very tiny
dimisión, resignation, resigning
dimitir, to resign
Dinamarca, Denmark
dinámica, dynamics
dinámico(a), dynamic
dinamismo, dynamism, energy, vigor
dinamita, dynamite
dínamo (dinamo), dynamo
dinastía, dynasty
  dinastía Han, Han dynasty
  dinastía Ming, Ming Dynasty
  dinastía Omeya, Umayyad Dynasty
  dinastía Shang, Shang Dynasty
  dinastía Song, Song Dynasty
  dinastía Sui, Sui dynasty
  dinastía Yuan, Yuan Dynasty
  dinastía Zagüe, Zagwe Dynasty
  dinastía Zhou, Zhou Dynasty
dineral, large sum of money
  costar un dineral, to cost a fortune
dinero, money
  dinero contante y sonante, ready money, cash
dinosaurio, dinosaur
dintel, transverse, lintel
diócesis, diocese
diorama, diorama
Dios, God
  Dios es grande, God is Great
  Dios mediante, with the help of God
  Dios quiera, God grant
  Dios lo permita, God grant
dios, god, deity
  dioses védicos, Vedic gods
diosa, goddess, female deity
dióxido de carbono, carbon dioxide
diplejía espástica, cerebral palsy
diploide, diploid
diploma, diploma (título), license, certificate
diplomacia o diplomática, diplomacy
  diplomacia atómica, atomic diplomacy
  diplomacia de mano dura, Big Stick diplomacy
  diplomacia del dólar, dollar diplomacy
  diplomacia en tiempos de guerra, wartime diplomacy
diplomarse, to be graduated, to receive one's diploma
diplomático(a)[1], diplomatic
diplomático[2], diplomat
dipsomanía, dipsomania
dipsómano(a), dipsomaniac
diptongo, diphthong
diputación, delegation
diputado, delegate, deputy
diputar, to delegate
dique, dike
  dique de carena, dry dock
  dique de mar, sea wall
  dique flotante, floating dock
dirección, direction, directorship, directorate, board of directors, address
  de dos direcciones, two-way
  dirección a las manecillas del reloj, clockwise direction
  dirección cablegráfica, cable address
  dirección de un movimiento, direction of motion
  dirección de una fuerza, direction of a force
  dirección directa, direct address

dirección escénica, stage management
dirección telegráfica, cable address
dirección URL, URL
direcciones escritas, written directions
direcciones técnicas, technical directions
direccionalidad, directionality
directivo(a)[1], managing
directiva[2], directive, board of directors
directiva de gobierno, government directive
directo(a)[1], direct
directo[2], straight
director(a)[1], directing, directive
director(a)[2], director, principal
director(a) de escena, stage manager
director(a) de orquesta, orchestra conductor
director(a) ejecutivo, chief executive officer
directorio(a)[1], directory
directorio[2], directory, guide, board, directorate
directorio telefónico, phone directory
directriz, guideline, directive
directriz de una parábola, directrix of parabola
línea directriz, directrix
dirigente, leading
dirigible[1], dirigible
dirigible[2], controllable
dirigir, to direct, to address, to dedicate
dirigir la palabra, to address
dirigirse, to go
dirigirse a, to speak to, to address
discerniente, discerning
discernimiento, discernment, appointment as guardian
discernir, to discern, to appoint as guardian
disciplina, discipline
disciplinado(a), disciplined
disciplinar, to discipline
discípulo(a), disciple, pupil
disco, disk, record, discus
disco duro, hard disk
disco flexible, floppy disk
díscolo(a), disobedient, unmanageable
discontinuo, discrete
discordancia, difference
discordante, discordant, different
discordar, to be at variance, to disagree, to be out of harmony
discorde, in disagreement, at variance, out of harmony
discordia, discord
manzana de la discordia, bone of contention
discoteca, phonograph record collection, discotheque
discreción, discretion, quick mind, ready wit
a discreción, at discretion, as much as one thinks best
discrepancia, discrepancy
discrepar, to differ, to disagree
discreto(a), discreet, discrete, witty, discrete
discriminación, discrimination
discriminación basada en discapacidad, discrimination based on disability
discriminación basada en el género, discrimination based on gender
discriminación basada en el origen étnico, discrimination based on ethnicity
discriminación basada en la edad, discrimination based on age
discriminación basada en la religión o las creencias, discrimination based on religious belief
discriminación lingüística, discrimination based on language
discriminación positiva, affirmative action
discriminación racial, racial discrimination
discriminación religiosa, religious discrimination
discriminante, discriminant
disculpa, apology, excuse
disculpar, to excuse, to pardon
disculparse, to apologize, to excuse oneself
discurrir[1], to ramble about, to flow, to pass, to ponder
discurrir[2], to figure out, to draw
discursear, to talk on, to ramble

discurso, reasoning power, speech, sentence
discurso "¿Acaso no soy mujer?" de Sojourner Truth, Sojourner Truth's "Ain't I a Woman?"
Discurso "La Ciudad en la Colina", "City Upon a Hill" speech
Discurso de Gettysburg, Gettysburg Address
Discurso de la Cruz de Oro, Cross of Gold speech
Discurso de las cuatro libertades, Four Freedoms speech
discurso de Lincoln sobre "La Casa Dividida", Lincoln's "House Divided" speech
discurso de odio, hate speech
"Discurso del método" de Descartes, Descartes' "Discourse on method"
discurso "Hierro y Sangre" de Bismarck, Bismarck's "Blood and Iron" speech
discurso político, political speech
discurso "Yo tengo un sueño" de Martin Luther King Jr., Martin Luther King Jr.'s "I Have a Dream" speech
hilo del discurso, train of thought
discusión, discussion
discusión de grupo, group discussion
discutible, debatable
discutir, to discuss, to argue
disecar, to dissect
disección, dissection
diseminación, dissemination
diseminación de virus (informática), virus setting
diseminar, to disseminate
diseñado(a), engineered
diseñar, to draw, to design
diseño, design, drawing, description, word portrayal, layout
diseño de sistemas, system design
diseño experimental, experimental design
diseño modificado, modified design
diseño naval, ship design
disensión, dissension
disentería, dysentery
disentimiento, dissent, disagreement
disentir, to dissent, to disagree
disertación, dissertation
disertar, to dissertate
disforme, deformed
disfraz, disguise
disfrazar, to disguise
disfrutar, to enjoy, to have the use of, to make use of
disfrute, enjoyment, use
disfunción, malfunction
disgregación, disintegration
disgregar, to disintegrate
disgustar, to displease, to bother
disgustarse con, to quarrel with, to have a falling out with
disgusto, displeasure, bother, quarrel, worry
a disgusto, against one's will
llevarse un disgusto, to be disappointed
disidente[1], dissident, dissenting
disidente[2], dissenter
disidente religioso, religious dissenter
disimetría, lack of symmetry
disímil, dissimilar
disimuladamente, pretending ignorance, on the sly
disimulado(a), false, hypocritical
disimular[1], to hide, to cover up, to pretend to know nothing about
disimular[2], to dissemble
disimulo, hiding, covering up, pretense
disipación, dissipation
disipado(a), dissipated, prodigal
disipador(a), spendthrift
disipar, to dissipate
dislate, nonsense, foolishness
dislocación, dislocation
dislocar, to dislocate, to break up, to carve up, disjoint
disminución, lessening, reduction
disminución de precios, price decrease
disminuir, to diminish
disolución, dissolution, dissoluteness
disoluto(a), dissolute, licentious
disolvente universal, universal solvent
disolver, to dissolve

disolverse, to dissolve, to break up
disonancia, dissonance
disonante, dissonant, inharmonious
disonar, to be in discord, to be dissonant
dispar, unlike, unequal
disparar, to throw hard, to heave, to fire
dispararse, to dart off, to rush off
disparatado(a), absurd, nonsensical, huge, enormous
disparate, nonsense, absurdity, excess, enormity
disparejo(a), unequal, uneven
disparidad, disparity
  disparidad económica, economic disparity
disparo, shot
dispensa, dispensation, exemption
dispensación, dispensation, exemption
dispensar, to dispense, to exempt, to excuse, to forgive, to excuse
dispensario, dispensary
dispepsia, dyspepsia
dispersar, to scatter, to disperse
dispersión, dispersal, dispersion
  dispersión de la luz, light scattering
disperso(a), dispersed, scattered
displicencia, displeasure, disdain, slacking off, slowing up
displicente, disagreeable
disponer, to dispose, to ready, to make ready, to determine, to decide
  disponer de, to have at one's disposal, to have the use of
disponerse, to get ready, to prepare
disponible, available
disponibilidad, availability
  disponibilidad de agua, water availability
  disponibilidad de recursos, resource availability
disposición, disposition, disposal, plan, arrangement, preparation, arrangement
  disposición molecular, molecular arrangement
dispositivo, device
  dispositivo de almacenamiento, storage device
  dispositivo de composición, compositional device
  dispositivo de entrada, input device
  dispositivo de salida, output device
  dispositivo nemotécnico, mnemonic device
  dispositivo periférico, peripheral device
dispuesto(a), disposed, fit, ready
  bien dispuesto(a), favorably inclined
  mal dispuesto(a), unfavorably disposed
disputa, dispute, controversy
  disputa fronteriza, boundary dispute
disputar[1], to dispute, to argue
disputar[2], to quarrel
disquete, diskette, floppy disk
distancia, distance, difference
  distancia astronómica, astronomical distance
  distancia desde un punto fijo, distance from a fixed point
  distancia relativa, relative distance
distante, removed, at a distance, far-off, distant, remote
distar, to be distant, to be different
distender, to distend
distensión, détente
distinción, distinction, division
distinguido(a), distinguished
distinguir, to distinguish, to honor
distintivo(a)[1], distinctive
distintivo[2], distinction, distinguishing feature, insignia, mark, badge
distinto(a), distinct, different
  distinto de, not equal to
distorsión, distortion
distorsionar, distort
distracción, distraction, misappropriation
distraer, to distract, to misappropriate
distraerse, to enjoy oneself, to have fun
distraído(a), distracted, dissolute
distribución, distribution, arrangement
  distribución bivariante, bivariate distribution
  distribución de frecuencia, frequency distribution
  distribución de poder, distribution of power

distribución de probabilidad, probability distribution
distribución de probabilidad continua, continuous probability distribution
distribución de probabilidad discreta, discrete probability distribution
distribución de recursos, distribution of resources
distribución del ingreso, income distribution
distribución de la población, population distribution
distribución de los ecosistemas, distribution of ecosystems
distribución espacial, spatial distribution
distribución funcional del ingreso, functional distribution of income
distribución muestral, sampling distribution
distribución normal, normal distribution
distribución personal del ingreso, personal distribution of income
distribución univariante, univariate distribution

distribuidor, slide valve, distributor
distribuidor automático, vending machine

distribuir, to distribute, to lay out, to arrange

distributivo(a), distributive

distrito, district, ward
distrito de censo, census district
distrito de planeación regional, regional planning district
distrito de tribunal de circuito, circuit-court district
distrito electoral, congressional district, constituency, voting ward
distrito escolar, school district
distrito industrial, industrial district
distrito legislativo, legislative district

distrofia, distrophy
distrofia muscular, muscular distrophy

disturbar, to bother, to disturb

disturbio, disturbance, interruption, bother
disturbio urbano, urban riot
disturbios contra el reclutamiento militar en Nueva York durante julio de 1863, New York City draft riots of July 1863

disuadir, to dissuade

disuasión, dissuasion

disyunción, disjunction

disyuntiva, choice of two alternatives

disyuntor, circuit breaker

diurético(a), diuretic

diurno(a), diurnal

diva, prima donna, diva

divagación, wandering, digression, rambling

divagar, to digress, to ramble, to wander

diván, sofa

divergencia, divergence

diversidad, diversity, variety
diversidad de especies, species diversity
diversidad de género, gender diversity
diversidad de las especies, species diversity
diversidad de vida, diversity of life
diversidad étnica, ethnic diversity
diversidad lingüística, linguistic diversity
diversidad racial, racial diversity

diversificación, diversification

diversificar, to diversify, to vary

diversión, diversion

diverso(a), diverse, different

divertido(a), amusing, enjoyable

divertir, to amuse, to entertain, to divert

divertirse, to have a good time, to enjoy oneself

dividendo, dividend

dividir, to divide, split
dividir en partes, part
dividir expresiones radicales, divide radical expressions

dividirse, to part company, to separate

divieso, boil
divinidad, divinity, exceptional beauty
divinidades griegas, Greek gods and goddesses
divino(a), divine
divisa, motto, badge, foreign currency
divisa estándar, standard currency
divisar, to just make out, to barely see
divisible, divisible
división, division
división de la superficie terrestre, division of the Earth's surface
división celular, cell division
división de Alemania y Berlín, division of Germany and Berlin
división de decimales, decimal division
división de formas, shape division
división de fracciones, fraction division
división de matrices, matrix division
división de patrones, pattern division
división de poderes, separation of powers
división de polinomios, polynomial division
división de vectores, vector division
división del subcontinente, division of the subcontinent
división del trabajo, division of labor
división larga, long division
divisor, divisor
divisor complementario, complementary divisor
divisor común, common divisor
divisorio(a), dividing
línea divisoria de las aguas, watershed, water parting
divorciar, to divorce
divorciarse, to get a divorce
divorcio, divorce, divorcement
divulgación, divulgence, spreading, circulation
divulgación de los métodos y procedimientos, disclosure of methods & procedures
divulgar, to divulge, to spread, to circulate, broadcast
dizque[1], hearsay, gossip
dizque[2], possibly, they say that
dls. (dólares), $ dollars
dm (decímetro), dm (decimeter)
do, do
dobladillo, fold, reinforcement, heavy thread
doblado[1], dubbing of a film
doblado(a)[2], wiry, strong, uneven broken, folded, double-dealing, artful
doblar[1], to double, to fold up, to bend, to round, to dub, to sway
doblar[2], to toll
doble[1], double, brawny, tough, two-faced
doble inculpación, double jeopardy
doble negación, double negative
doble riesgo, double jeopardy
doble[2], crease, fold, tolling, copy, double
doblegable, flexible, pliant
doblez[1], crease, fold
doblez[2], duplicity
doce, twelve
docena[1], dozen
docena del fraile, baker's dozen
docena[2], twelfth
docente, teaching
personal docente, teaching staff
dócil, docile, obedient, malleable, tractable
docilidad, docility, obedience
docto(a), learned
doctor(a), doctor
doctorado, doctorate
doctorar, to confer a doctorate upon
doctorarse, to receive one's doctorate
doctrina, doctrine, dominical, Sunday school
Doctrina Eisenhower, Eisenhower Doctrine
Doctrina Monroe, Monroe Doctrine
Doctrina Truman, Truman Doctrine
doctrinar, to indoctrinate
documentación, documentation

documental, documentary
documental dramático, drama-documentary
documento, document
documento del consumidor, consumer document
documento histórico, historical document
dogal, halter, noose
dogma, dogma
dogmático(a), dogmatic
dogo, bulldog
dólar, dollar
dolencia, affliction, sickness
doler, to hurt, to ache, to grieve, to pain
dolerse, to regret, to be sorry, to complain
doliente, painful, sick
dolor, ache, pain, regret
dolorido(a), painful sore, grieving, bereaved
doloroso(a), lamentable, regrettable, painful
doloso(a), fradulent
domable, tamable
domador(a), Animal tamer, horse-breaker, bronco buster
domar, to tame, to subdue, to master
sin domar, untamed, unbroken
domesticación animal, animal domestication
domesticación de plantas alimenticias, food plant domestication
domesticar, to domesticate
domesticidad, domesticity
doméstico(a), domestic
domiciliado(a), residing
domiciliarse, to establish one's residence
domicilio, domicile, home
domicilio social, place of business
dominación, dominion, domain, domination
dominación soviética, Soviet domination
dominación temporal, temporary dominance
dominada, pull-up
dominador(a)[1], dominating
dominador(a)[2], dominator
dominancia incompleta, incomplete dominance
dominante, dominant, domineering
dominar, to dominate
dominarse, to control oneself
dómine, Latin instructor, pedagogue
domingo, Sunday
Domingo Sangriento, Bloody Sunday
dominicano(a), Dominican
dominio, dominance, domain, dominion
dominio colonial, colonial rule
dominio de una función, domain of function
dominio económico, economic dominance
dominó, domino, dominoes
don, gift, quality, Don
don de la palabra, ability with words
don de gentes, savoir-faire, ability to get along
donación, donation, giving
donación caritativa, charitable giving
donador(a), giver, donor
donador(a) de sangre, blood donor
donaire, grace, charm, elegance
donante, donor, giver
donar, to donate
donativo, donation
doncella, virgin, maiden
donde, where, which
dónde, where?
¿por dónde?, with what reason?
dondequiera, anywhere, wherever
donoso(a), pleasant, charming
doña, Doña
doquier, anywhere, wherever
doquiera, anywhere, wherever
dorado(a)[1], gilded
dorado[2], gilding
dorar, to gild, to sugarcoat, to brown lightly
dormido(a), asleep
dormilón (dormilona)[1], sleepyhead
dormilón (dormilona)[2], fond of sleeping
dormir, to sleep
hacer dormir, to put to sleep
dormirse, to fall asleep
dormitar, to doze, to be half asleep

dormitorio, bedroom
dorsal, dorsal
  dorsal oceánica, mid-ocean ridge
  espina dorsal, spinal column, backbone
dorso, back
dos, two
  de dos dimensiones, two-dimensional
  de dos en dos, two abreast, two by two
  Dos tratados sobre el gobierno civil, Two Treatises on Government
  multiplicar por dos, doubling
doscientos(a), two hundred
dosel, canopy
dosis, dose, some, degree
dotación, endowment, complement, staff, crew
dotal, endowment
  seguro dotal, endowment insurance
dotar, to endow, to staff, to provide
dote[1], dower, dowry
  llevarse dote, to receive a dowry
dote[2], quality, good point
dovela, arch stone
draga, dredge
dragado, dredging
dragaminas, mine sweeper
dragón, dragon, dragoon
drama, drama
  drama griego, Greek drama
dramático(a), dramatic
dramatizar, to dramatize
dramaturgo, dramatist, playwright
drástico(a), drastic
drenaje, drainage
drible con las manos, hand dribble
dril, drill, drilling
droga, drug, trick, ruse, nuisance, pill, debt
  droga de elección, drug of choice
drogado, drug addict
droguería, drugstore, drug trade
droguero(a), druggist
droguista, druggist
dromedario, dromedary
ducado, duchy, dukedom, ducat
ducha, shower
ducho(a), dexterous, accomplished
duda, doubt
  en la duda vale mas abstenerse, when in doubt, don't
  no cabe duda, there is no doubt
  poner en duda, to question
dudable, dubious, doubtful
dudar[1], to doubt
dudar[2], to be undecided, not to know
dudoso(a), doubtful, dubious
duela, stave
duelo, duel, suffering, woe, grief, mourning, mourners
duende, elf, goblin
dueño(a)[1], owner, proprietor
  dueño de sí mismo, self-controlled
  hacerse dueño(a), to take possession
dueña[2], duenna, chaperon
  dueña de la casa, homemaker, lady of the house
dueto, duet
dulce[1], sweet, malleable, fresh
dulce[2], piece of candy
dulcedumbre, sweetness, mildness
dulcería, candy shop
dulcificante, sweetener
dulcificar, to sweeten
dulzura, sweetness, gentleness, mildness
dúo, duo, duet
duodécimo(a), twelfth
duodeno, duodenum
  úlcera del duodeno, duodenal ulcer
duplicación, duplication, doubling
duplicado, duplicate
duplicador(a)[1], duplicating
duplicador(a)[2], duplicator
duplicar, to duplicate, to double, doubling
duplicidad, duplicity, falseness
duque, duke
duquesa, duchess
durabilidad, durability
durable, durable, lasting
duración, duration
  duración de vida, life span
duradero(a), lasting, durable
durante, during
durar, to last, to endure, to remain, to wear well

durazno, peach, peach tree
dureza, hardness, hardening
durmiente[1], sleeping
durmiente[2], sleeper, stringer, crosstie
duro(a)[1], hard, strong, vigorous, rough, cruel, harsh
duro[2], hard
duro[3], Spanish coin
d/v, días vista, days' sight

e, and
E Pluribus Unum (de muchos, uno), E Pluribus Unum
E. (Este), E. (East)
¡ea!, very well! well then! let's just see!
ebanista, cabinetmaker
ébano, ebony
ebonita, ebonite, vulcanite
ebriedad, intoxication, drunkenness
ebrio(a), intoxicated, drunk, blind
ebullición, boiling, ebullition, turmoil, ferment, frenzy
EC (Era Común), C.E.
eclesiástico[1], clergyman, ecclesiastic
eclesiástico(a)[2], ecclesiastical
eclipsar, to eclipse, to blot out, to hide
eclipsarse, to drop out of sight
eclipse, eclipse
  eclipse solar, solar eclipse
eco, echo
ecología, ecology
economía, economy
  economía agrícola, agricultural economy
  economía capitalista, capitalist economy
  economía capitalista emergente, emerging capitalist economy
  economía de consumo de masas, mass consumer economy
  economía de mercado, market economy
  economía de oferta, supply-side economics
  economía de planificación, command economy
  economía del trueque, barter economy
  economía dirigida, planned economy
  economía dirigida, command economic system
  economía doméstica, home economics, domestic science
  economía global, global economy
  economía internacional, international economy
  economía minera, mining economy
  economía mundial, world economy
  economía nacional, national economy
  economía política, political economy
  economía subterránea, underground economy
  economías de extracción, extractive economies
económico(a), economic, economical, saving
economista, economist
economizar, to save, to economize
ecosistema, ecosystem
  ecosistema costero, coastal ecosystem
  ecosistema de lago, lake ecosystem
  ecosistema marino, ocean ecosystem
ecoturismo, ecotourism
ectoplasma, ectoplasm
ecuación, equation
  ecuación abierta, open sentence
  ecuación algebraica, algebraic equation
  ecuación centro y radio de un círculo, center-radius equation of a circle
  ecuación condicional, conditional equation
  ecuación cuadrática, quadratic equation
  ecuación cúbica, cubic equation
  ecuación de la recta, equation of a line
  ecuación de matriz, matrix equation

ecuación derivada, derived equation
ecuación equivalentes, equivalent equations
ecuación fraccionaria, fractional equation
ecuación lineal, line equation, linear equation
ecuación literal, literal equations
ecuación no lineal, nonlinear equation
ecuación numérica, number sentence
ecuación paramétrica, parametric equation
ecuación química, chemical equation
ecuación radical, radical equation
ecuación recurrente, recurrence equation, recursive equation
ecuaciones balanceadas, balanced equations
ecuaciones de múltiples pasos, multi-step equations
ecuaciones dependientes, dependent equations

ecuador, equator
Ecuador, Ecuador
ecuánime, eventempered, level-headed, fair, impartial
ecuatorial, equatorial
ecuatoriano(a)[1], Ecuadorian
ecuatoriano(a)[2], from Ecuador
ecuestre, equestrian
eczema (eccema), eczema
echar, to throw, to discharge, to throw out, to attribute, to go
echar a correr, to start running
echar a perder, to ruin, to spoil
echar a pique, to scuttle
echar carnes, to grow fat
echar de menos, to miss
echar de ver, to notice
echar la de, to pride oneself on being
echar raíces, to take root
echar las cartas en el correo, to mail the letters
echarse, to throw oneself, to stretch out
echarse para atrás, to jump back, to go back on one´s word

echazón, throw, throwing, jettison
edad, age, time
edad absoluta, absolute age
edad atómica, atomic age
edad de hielo, Ice Age
edad de la aviación, air age
edad de la Tierra, Earth's age
edad de las estrellas, star age
edad del Universo, age of the universe
Edad Media, Middle Ages
edad media, middle age
edad relativa, relative age
mayor edad, majority
ser mayor de edad, to be of age
menor edad, minority, infancy
ser menor de edad, to be a minor

edecán, aide
Edén, Eden
edición, edition, publication
edicto, edict
edificación, building, construction, buildings, edification
edificante, edifying
edificar, to build, to construct, to set up, to edify, to set an example for
edificio, building, structure
edificios municipales, civic center
editor(a)[1], publisher, editorial writer
editor(a)[2], publishing
casa editora, publishing house
editorial[1], publishing, editorial
editorial[2], publishing house
educación, education, upbringing, rearing
educación a distancia, e-learning
educación bilingüe, bilingual education
educación obligatoria, compulsory education
educación pública, public education
educación secundaria, secondary education
educado(a), wellmannered, refined
educando(a), pupil
educar, to educate, to instruct, to rear, to bring up

educativo(a), educational
educción, Eduction, the act of bringing out
EE.UU. o E.U.A. (Estados Unidos, Estados Unidos de América), U.S. or U.S.A. (United States of America)
efectivamente, actually, really, certainly
efectividad, reality, truth, certainty
efectivo(a)[1], true, real, actual
efectivo[2], cash, spice
  efectivo en caja, cash on hand
  hacer en efectivo, to cash
  valor efectivo, real value
efecto, effect, result, piece of merchandise, purpose, end
  efecto colateral, side effect
  efecto de sonido, sound effect
  efecto Doppler, Doppler effect
  efecto dual, dual effect
  efecto Dust Bowl de las Grandes Llanuras, Great Plains Dust Bowl
  efecto especial, special effect
  efecto invernadero, greenhouse effect
  efecto secundario, side effect
  en efecto, in fact, in truth
efectos, goods, belongings
  efectos a cobrar, bills receivable
  efectos a recibir, bills receivable
  efectos a pagar, bills payable
  efectos comerciales, commercial papers
  efectos de comercio, commercial papers
  efectos de escritorio, stationery
  efectos externos, externalities
  efectos públicos, public securities
efectuar, to effect, to produce, to accomplish
  efectuar un pago, to make a payment
efervescencia, effervescence, fervor, unrest
eficacia, effectiveness
  eficacia civil, civic efficacy
  eficacia política, political efficacy
eficaz, effective
eficiencia, efficiency
  eficiencia cardiovascular, cardiovascular efficiency
  eficiencia de estrategia, strategy efficiency
  eficiencia respiratoria, respiratory efficiency
eficiente, efficient
efigie, effigy, image, personification
efímero(a), ephemeral, short-lived
efluvio, effluvium
efugio, evasion, ruse
efusión, effusion, gush
efusivo(a), effusive, gushing
égida, aegis
egipcio(a), Egyptian
Egipto, Egypt
egoísmo, selfishness, egoism
egoísta[1], egoistic, selfish, self centered
egoísta[2], egoist, self seeker
egregio(a), eminent, illustrious
egreso, debit
eje, axle, axis
  eje de la Tierra, Earth's axis
  eje de las x, x-axis
  eje de las y, y-axis
  eje de levas, camshaft
  eje de simetría, axis of symmetry
  eje horizontal, horizontal axis
  eje imaginario, imaginary axis
  eje terrestre, Earth's axis
  eje vertical, vertical axis
  eje x, x-axis
  eje y, y-axis
  ejes de coordenada, coordinate axis
ejecución, execution
ejecutante[1], performer, distrainer
ejecutante[2], distraining
ejecutar, to execute, to distrain, to play
ejecutivo(a)[1], demanding, executive
ejecutivo(a)[2], executive
ejecutor(a)[1], executive
ejecutor(a)[2], executer
ejemplar[1], copy, pattern, original
ejemplar[2], exemplary
ejemplificar, to exemplify
ejemplo, example
  ejemplo casero,

everyday example
por ejemplo, for instance
ejercer, to exercise, to perform, to practice
ejercer la medicina, to practice medicine
ejercicio, exercise, practice, drill
ejercicio de tiro, target practice
ejercicio isométrica, isometric exercise
ejercicios en los que se carga con el peso del cuerpo, weight-bearing activity
ejercitar, to practice, to train
ejercitarse, to become proficient
ejército, army
Ejército Confederado, Confederate Army
Ejército de la Unión, Union Army
ejido, common land, communal farm
ejote, string bean
el, the
él, he, him, it
él mismo, he himself
elaboración, elaboration, processing, secretion
elaborado(a), processed, worked
elaborar, to elaborate, to work, to process, to secrete
elasticidad, elasticity, laxity
elástico(a)[1], elastic
Eleanor Roosevelt, Eleanor Roosevelt
e-learning, e-learning
elección, freedom of action, election, selection
elección artística, artistic choice
elección de palabras, word choice
elección de revocación, recall election
elección estatal, state election
elección general, general election
elección local, local election
elección presidencial, presidential election
elecciones parlamentarias, congressional election
electivo(a), elective
electo(a), elect
elector, elector
electorado, electorate
electoral, electoral
eléctricamente neutro, electrically neutral
electricidad, electricity
electricidad estática, static electricity
electricista, electrician
eléctrico(a), electric, electrical
electrificación, electrification
electrificar, to electrify
electrizar, to electrify
electrocardiógrafo, electrocardiograph
electrocardiograma, electrocardiogram
electrocución, electrocution
electrodo, electrode
electrólisis, electrolysis
electromagnético(a), electromagnetic
electromotor(a), electromotive
electromotriz, electromotive
electrón, electron
electrones compartidos, electron sharing
electrones de valencia, valence electrons
electronegatividad, electronegativity
electrónica, electronics
electrónico(a), electronic
electroplatear, to electroplate
electrotecnia, electrical engineering
electroterapia, electrotherapy
electrotipo, electrotype
elefante, elephant
elegancia, elegance
elegante, elegant, fashionable
elegía, elegy
elegible, eligible
elegir, to elect, to choose
elegir al azar, draw at random
elemental, elemental, elementary
elemento, element, integral part
elemento auditivo, aural element
elemento cinético, kinetic element
elemento de diseño, design element
elemento de la música, elements of music

elemento de movimiento, movement element
elemento del cuento, story element
elemento oral, oral element
elemento poético, poetic element
elemento químico, chemical element
elemento visual, visual element
elementos artísticos, art elements
elementos de la historia, story elements
elementos de la materia, elements of matter
elementos de la prosa, elements of prose
elementos de la trama, elements of plot
elementos de poesía, elements of poetry
elementos literarios, literary elements
elementos poéticos, elements of poetry
elementos terrestres, Earth's elements
elenco, catalogue, table, index, cast
elevación, raising, elevation, height, ecstasy, rapture
elevado(a), high, tall, lofty, elevated
elevador, hoist, lift, elevator
elevar, to lift, to raise, to elevate
elevar al cubo, cube
elevar ambos lados al cubo, cube both sides
elevarse, to be carried away, to be enraptured, to swell up with pride
eliminación, elimination, disposal
eliminación celular, cellular waste disposal
eliminación de los datos, data deletion
eliminación de materia y energía, elimination of matter & energy
eliminación doméstica de desechos, household-waste disposal
eliminar, to eliminate
elipse, ellipse
élite, elite
élite burguesa, gentry elite
elitismo étnico, ethnic elitism
elixir, elixir
Ellora, Ellora
elocución, elocution, speaking style, self expression
elocuencia, eloquence
elocuente, eloquent
elogiar, to eulogize, to extol
elogio, eulogy, extolling
elucidar, to elucidate, to clarify
eludir, to elude, to avoid
ella, she, her, it
ella misma, she herself
ello, it, that
ellos, ellas, they
emaciación, emaciation
emanación, emanation, indication, expression
emanar, to emanate
emancipación, emancipation
emancipar, to emancipate, to set free
embadurnar, to daub, to smear
embajada, embassy
embajador(a), ambassador
embalaje, packing, packaging
embalar, to pack, to package
embaldosar, to tile, to floor with tiles
embalsamar, to embalm, to perfume
embalsar, to put on a raft
embalsarse, to dam up, to back up
embanderar, to decorate with flags
embarazada[1], pregnant
embarazada[2], pregnant woman
embarazar, to obstruct, to block, to make pregnant
embarazarse, to get pregnant, to be hindered, to be held back
embarazo, obstruction, pregnancy, awkwardness, embarrassment
embarazo en la adolescencia, teenage pregnancy
embarazoso(a), awkward, troublesome, hindering
embarcación, vessel, ship, embarkation, craft
embarcación nórdica, Norse long ship
embarcadero, wharf, dock, pier, platform
embarcar, to embark
embarcarse, to embark, to go on

board
embarcarse en,
to embark on, to launch on
embarco, boarding, embarkation
embargar, to embargo, to affect, to bother, to attach
embargo, embargo, bother, trouble, attachment, garnishment
embargo de armas,
arms embargo
sin embargo,
nevertheless, however
embarque, shipment, embarkment
embarrar, to daub with mud, to muddy, to smear, to daub
embaucador, swindler, huckster
embaucamiento, trickery, deception, hoodwinking
embaucar, to deceive, to trick, to hoodwink
embeber[1], to absorb, to soak up, to contain, to hold, to shorten, to soak, to insert
embeber[2], to shrink
embeberse, to be wrapped up, to be absorbed
embeberse en, to imbibe, to drink in, to ground oneself thoroughly in
embelesamiento, rapture
embelesar, to enrapture, to enthrall
embeleso, rapture, enchantment, bliss, delight, joy
embellecer, to embellish, to beautify
embellecimiento, embellishment, beautifying
embellecimiento melódico,
melodic embellishment
embestida, assault, violent attack
embestir, to attack, to assault
emblandecer, to soften, to make tender
emblandecerse, to be moved to pity, to soften
emblanquecer, to whiten, to turn white
emblema, emblem
embobar, to distract, to absorb
embobarse, to stand gaping, to be enthralled
embobecer, to stupefy, to benumb
embocadura, mouthpiece, mouth, taste, squeezing in, forcing through
tomar la embocadura,
to get the hang of it, to catch on
embodegar, to store in a cellar
embolar, to blunt the horns of with wooden balls, to shine, to polish
embolismo, embolism
émbolo, piston
anillo de empaquetadura del émbolo, piston ring
vástago del émbolo,
piston rod
embolsar, to take in, to make, to put in one's purse
emborrachar, to intoxicate, to make drunk
emborracharse, to get drunk, to become intoxicated
emborronar, to blot, to smudge, to dash off, to scribble
emboscada, ambush
embotado(a), dull, blunt
embotar, to blunt, to dull, to weaken
embotarse, to wear boots
embotellar, to bottle
embozado(a), concealed, hidden, disguised
embozo, scarf or muffler across the lower part of the face, border, upper fold, duplicity, equivocation
embragar[1], to let out or release the clutch pedal
embragar[2], to sling, to put in gear, to engage
embrague, clutch, letting out the clutch
embriagar, to intoxicate, to make drunk, to enrapture, to carry away
embriaguez, intoxication, drunkenness, rapture, bliss
embrión, embryo
embrionario(a), embryonic
embrollado(a), tangled, confused
embrollar, to entangle, to confuse
embrollo, tangle, confusion, trick, ruse, tight spot
embromado(a), vexed, annoyed
embromar, to trick, to trip up, to fool with, to banter, to joke with
embrujar, to bewitch

embrutecer, to make brutish, to stupefy
embudo, funnel, trap, trick
embuste, trick, wile, artifice
embustes, gewgaws, trinkets
embustero(a)[1], cheat, liar, trickster
embustero(a)[2], tricky, deceitful
embutido(a)[1], inlaid, stuffed
embutido[2], inlaid work
fábrica de embutidos, sausage factory
embutir, to inlay, to stuff, to cram, to stuff, to wolf down, to gobble up
emergencia, emergency, emergence
campo de emergencia, emergenct landing field
sala de emergencia, emergency room
emérito(a), emeritus
emersión, emersion
emigración, emigration
emigrado(a)[1], emigrated
emigrado(a)[2], emigrant, émigré
emigrante, emigrant
emigrar, to emigrate
eminencia, eminence
eminente, eminent
emisario, emissary
emisión[1], emission
emisión atmosférica, airborne emission
emisión de calor, heat emission
emisión de luz, light emission
emisión de partículas, particle emission
emisión[2], broadcast
emisora, broadcasting station
emitir, to issue, to emit, to give off, to transmit, to broadcast, to give out, to express
emoción, emotion, feeling
emocionante, thrilling, exciting
emocionar, to excite, to thrill, to affect
emolumento, emolument, fee
emotivo(a), emotional, emotive
empacar, to pack
empachar, to surfeit, to stuff
empacharse, to be at a loss, to be confused
empacho, overfull feeling, indigestion, confusion, perplexity
sin empacho, unconcernedly, unceremoniously
empadronamiento, census
empadronar, to take a census of
empajar, to cover with straw, to thatch
empalagar, to stuff, to cloy, to surfeit, to weary, to get on one's nerves
empalago, stuffed feeling, disgust
empalagoso(a), cloying, sickeningly sweet, wearisome, troublesome
empalmadura, splice, connection
empalmar[1], to splice, to hook up, to connect
empalmar[2], to join, to hook up, to follow right after
empalme, junction, hookup
empanada, meat pie
empanado(a), breaded
empanar, to put crust on, to bread, to sow with wheat
empantanar, to swamp, to bog down, to block
empañados de lágrimas, bleary
empañar, to swaddle, to wrap, to blur, to cloud, to tarnish, to sully
empapar, to saturate, to soak, to drench, to absorb
empaparse, to become thoroughly grounded, to go into deeply
empapelar, to paper, to wrap in paper
empaque, packing
empaquetado, packaging
empaquetadura, packing, packaging
empaquetamiento de la corte, court packing
empaquetar, to pack, to package
emparchar, to put a plaster cast on
emparedado, sandwich
emparedado(a), walled in, secluded
emparedar, to confine, to wall in
emparejar[1], to match, to level, to equalize
emparejar[2], to be level, to catch up
emparentar, to become related by marriage
emparrado, arbor, trellis
empastar, to fill with dough, to cover with paste, to fill, to hard-bind

empatar, to tie, to tie up, to delay
empate, tie, delay, tie up
empavesar, to deck out with flags, to dress
empedernir, to harden
empedernirse, to become insensitive, to become hardened
empedrado, stone pavement
empedrar, to pave with stones
empeine, lower abdomen, instep
empellar, to push, to shove
empellejar, to cover with skins
empellón, forceful push, heavy shove
  a empellones, roughly, violently
empeñar, to pawn, to obligate, to pledge, to compel, to require
empeñarse, to insist, to persist, to go into debt
empeño, determination, resolve, obligation, pledge, backer, pawn shop
empeoramiento, deterioration, worsening
empeorar, to make worse, to worsen, to grow worse, to worsen, to deteriorate
empequeñecer, to belittle, to minimize
emperador, emperor
  Emperador Aurangzeb, Emperor Aurangzeb
  emperador Kangxi, Kangxi emperor
  emperador Qianlong, Qianlong emperor
emperatriz, empress
emperifollar, to dress up elaborately, to spruce up
empero, however, nevertheless
empezar, to begin, to commence
empinado(a), steep, lofty, towering, stiff
empinar, to raise, to lift
empinarse, to stand on tiptoe, to tower
empírico(a)[1], empiric, empiricist
empírico(a)[2], empirical
empirismo, empiricism
empizarrar, to slate, to cover with slate
emplastar, to put a plaster on, to put makeup on, to delay, to foul up
emplastarse, to get all sticky, to get messed up
emplasto, plaster
emplazamiento, site, location, summons, citation
emplazar, to summon, to place, to locate
empleado(a), employee
emplear, to employ, to use, to spend
empleo, employment, occupation
  empleo friccional, frictional employment
emplomar, to line with lead
emplumar, to feather, to put feathers on, to tar and feather
emplumarse, to grow feathers
emplumecer, to grow feathers
empobrecer, to impoverish, to reduce to poverty
empobrecerse, to grow poor
empobrecimiento, impoverishing
empoderamiento, empowerment
empolvado(a), powdered, dusty, out of practice, rusty
empolvar, to powder, to cover with dust
empolvarse, to become dusty, to be out of practice
empollar, to brood, to hatch
emponzoñar, to poison, to infect
emporcar, to soil, to dirty
emprendedor(a), entrepreneur
emprender, to initiate, to undertake
empresa, enterprise, under taking, symbol, motto, company, firm, business firm
  empresa con personal sindicalizado y no sindicalizado, open shop
  empresa de contenedores, container company
  empresa grande, large firm
  empresa Pacific Railroad, Pacific Railroad
  empresa privada, private businesses
  empresa virtual, virtual company
  libre empresa, free enterprise
empresario(a), contractor, entrepreneur, manager
empréstito, loan

empujar, to push, to shove, to press, to oust, to remove
empuje, push, shove, thrust, drive, energy
empujón, shove, forceful push, rapid strides
a empujones, roughly, carelessly
empuñadura, hilt, handle
empuñar, to grasp, to clutch, to grip, to hold, to take hold of
emulación, rivalry, competition
emular, to rival, to compete with
emulsión, emulsion
en, at, in, on
en adelante, in the future
en calidad, in quality
en casa, at home
en cuanto, as soon as
en cuanto a, as to, in regard to
en domingo, on Sunday
en la clase, in class
en la dirección del viento, downwind
en línea, online
en lugar de, place holder
en medio de, between, among, within, betwixt
en peligro, endangered
en vías de extinción, endangered
enagua(s), underskirt, petticoat
enajenable, alienable
enajenación, alienation, absent-mindedness, inattention
enajenamiento, alienation, lack of attention, absentmindedness
enaltecer, to praise, to exalt
enamoradizo(a), inclined to falling in love easily
enamorado(a), in love, enamored, lovesick
enamoramiento, falling in love
enamorar, to enamor, to inspire love in, to court, to woo
enamorarse, to fall in love
enano(a)[1], dwarfish
enano(a)[2], dwarf, midget
enarbolar, to hoist, to raise
enarbolarse, to become angry, to lose one's temper
enardecer, to inflame, to kindle, to excite
encabestrar, to put a halter on, to guide by the halter, to bring in line, to keep in tow
encabezados de capítulo, chapter headings
encabezamiento, census, heading, foreword, preface, rubric
encabezar, to make a census of, to put a heading on, to write a preface to, to lead, to head up
encabritarse, to tear
encadenamiento, linking together, chaining together, connecting
encadenar, to chain, to link together, to connect
encajar[1], to fit in, to attach, to throw in, to bring in, to pass off, to fob off
encajar[2], to fit in, to be to the point, to be relevant
encajarse, to squeeze in
encaje, lace, fitting, socket, inlay
encaje de aguja, needlepoint
encajetillar, to package
encajonamiento, packaging in boxes
encajonar, to box, to case, to squeeze, to put in close quarters
encalvecer, to get bald, to lose one's hair
encallar, to run aground, to be at an impasse, to be stalled
encaminar, to show the way, to start out, to direct
encaminarse, to start out, to be on the way
encandecer, to bring to a white heat, to make red-hot
encandilar, to dazzle, to daze, to confuse, to perplex
encandilarse, to become bloodshot
encanecer, to turn gray, to grow old
encantador(a)[1], charming, delightful, enchanting
encantador[2], enchanter, sorcerer, magician
encantadora[3], sorceress, enchantress
encantamiento, enchantment
encantar, to enchant, to cast a spell on, to charm, to captivate
encanto, enchantment, spell, charm, delightfulness

encapado(a), cloaked
encapotar, to cloak
encapotarse, to put on one's cape, to cloud over, to become overcast, to grow sullen, to frown
encapricharse, to be stubborn, to persist
encapuchar, to put a hood on
encaramar, to raise
encaramarse, to climb
encarar, to aim at, to face, to come face to face with
encarcelar, to imprison
encarecer, to raise the price of, to praise, to rate highly, to urge, to recommend strongly
encarecidamente, most earnestly, strongly
encarecimiento, raising the price, high praise, enhancement, strong recommendation, urging
con encarecimiento, earnestly
encargar, to give the job, to entrust
encargarse de, to take upon oneself, to take charge of, to take care of
encargo, entrusting, giving the job, job, responsibility, position
encariñar, to inspire affection in
encariñarse con, to become fond of
encarnación, incarnation
encarnado(a)[1], incarnate, incarnadine
encarnado[2], flesh color
encarnar[1], to become incarnate, to grow new flesh, to make a tremendous impression
encarnar[2], to embody, to personify
encarnarse, to mix, to fuse
encarnizado(a), bloodshot, inflamed, savage, without quarter
encarnizar, to flesh, to make bloodthirsty, to brutalize
encarnizarse, to become bloodthirsty, to take out one's wrath
encarrilar, to channel, to direct, to put to rights, to set right
encartar, to proscribe, to register, to insert, to inclose, to involve, to play into the hand of
encartonar, to bind in boards, to cover with cardboard
encascabelado(a), trimmed with bells
encasillado(a), set of pigeonholes, slate of candidates
encasillar, to pigeonhole, to classify, to sort out
encasquetar, to put on tight, to jam down, to get into someone's skull, to make listen to
encastar[1], to crossbreed
encastar[2], to breed, to reproduce
encastillar, to fortify with castles, to stack up
encausar, to indict, to prosecute
encauzar, to channel, to direct
encefalitis, encephalitis
encefalitis letárgica, sleeping sickness
encelamiento, jealousy, rut
encelarse, to become jealous, to be in rut
encenagamiento, silting
encenagarse, to get covered with mud, to wallow in vice
encendedor, lighter
encendedor de cigarillos, cigarette lighter
encender, to light, to ignite, to set on fire, to turn on, to switch on, to kindle, to inflame, power-up
encenderse, to blush, to turn red
encendido(a)[1], red-hot, flushed, red
encendido[2], ignition
encendido prematuro, backfiring
encendimiento, lighting, kindling, ardor, burning, heat, intensity
encerado(a)[1], waxen
encerado[2], oilcloth, blackboard
encerar, to wax
encerrar, to shut up, to confine, to lock up, to hold, to contain
encerrarse, to go into seclusion
enchufe y opere, plug and play
encía, gum
enciclopedia, encyclopedia
enciclopédico(a), encyclopedic
encierro, confinement, locking up, enclosure, seclusion, retirement, narrow cell, pen for fighting bulls
encima, above, over, on top, as well, morever

encima de, on top of, on
encima de cero, above zero
por encima de, over
encina, holm oak, ilex
encinta, pregnant
enclaustrado(a), cloistered, hidden away
enclavadura, groove, nail piercing the hoof
enclavar, to nail
enclave étnico, ethnic enclave
enclavijar, to pin, to join with dowels, to peg
enclenque[1], feeble, sickly
enclenque[2], weakling
encofrado(a), wooden form, wall support
encoger, to draw back, to pull back, to make timid, to impede, to hold back
encogerse, to shrink
encogerse de hombros, to shrug one's shoulders
encogido(a), timid, fearful
encogimiento, shrinkage, timidness, lack of resolve
encolar, to flue
encolerizar, to anger, to infuriate
encomendar, to recommend, to entrust
encomendarse, to commit oneself, to rely
encomiar, to praise
encomiástico(a), complimentary, high in praise
encomienda, commission, trust, package by mail, praise
encomienda postal, parcel post
encomio, praise, commendation
enconar, to inflame, to irritate, to vex, to anger, to weigh heavily on, to hurt
encono, malevolence, rancor, ill-will
enconoso(a), quick to anger, irritable, inflamed
encontrado, found
encontrar, to meet by chance, to come upon, to find, to locate
encontrarse, to run into each other, to meet, to clash, to be at odds, to be, to find oneself
encontrarse con, to meet
encontrón, jolt, bump
encopetado(a), presumptuous, boastful
encorajar, to give courage
encorajarse, to be in a rage
encorar[1], to cover with leather
encorar[2], to heal, to grow new skin
encorchar, to hive, to cork
encorvar, to bend, to curve
encrespar, to curl, to ruffle, to make stand on end, to stir up
encresparse, to grow rough, to become complicated
encrestado(a), haughty, high and mighty
encrucijada, crossroads, intersection
encrudecer, to make rough and raw, to rub the wrong way, to exasperate
encuadernación, binding, bookbinding, bindery
encuadernación en rústica, paper binding
encuadernación en tela, cloth binding
encuadernador(a), bookbinder
encuadernar, to bind
encuadrar, to frame, to insert, to fit
encubar, to cask, to barrel
encubridor(a)[1], covering, concealing
encubridor(a)[2], cover, shield
encubrir, to hide, to conceal
encuentro, collision, crash, meeting, encounter, disagreement, opposition, match, game, encounter, clash, find
salir al encuentro, to go out to meet, to face
encuesta, investigation, poll, survey
encumbrado(a), high, elevated
encumbramiento, elevation, height
encumbrar, to raise, to elevate, to reach the top of
encumbrarse, to grow vain, to swell with pride, to tower, to loom
encurtido, pickle
encurtido con eneldo, dill pickle
enchapar, to veneer, to plate
encharcar, to flood, to cover with water
enchilada, tortilla seasoned with chili and stuffed with cheese and meat
enchilar, to put chili on, to throw

into a rage, to let down, to disappoint
enchufe, outlet, plug, connection
tener enchufe, to have pull
endeble, feeble, weak, flimsy
endemoniado(a), possessed, bedeviled, devilish, fiendish
enderezamiento, straightening
enderezar, to straighten, to rectify, to direct, to send straight
endeudarse, to get into debt
endiablado(a), devilish, diabolical
endiosar, to deify
endiosarse, to puff up with pride, to be absorbed, to be deeply engrossed
endocitosis, endocytosis
endorso, endorsement
endosante, endorser
endosar, to endorse, to load with, to throw on
endoso, endorsement
endotérmico, endothermic
endulzar, to sweeten, to soften
endurecer, to harden
endurecerse, to become cruel, to grow hard
endurecido(a), inured, hardened
endurecimiento, hardening, obstinacy
eneldo, dill
encurtido con eneldo, dill pickle
enemigo(a)[1], unfriendly, hostile
enemigo(a)[2], enemy
enemigos del Estado, enemies of the state
enemistad, enmity, hatred
enemistar, to estrange, to make enemies
enemistarse, to become enemies
energía, power, force, strength, energy
energía atómica, atomic energy
energía cinética, kinetic energy
energía de enlace, bond energy
energía eléctrica, electrical energy
energía electromagnética, electromagnetic energy
energía enlazante, binding energy
energía eólica, wind energy
energía estelar, stellar energy
energía geotérmica, geothermal energy
energía gravitatoria, gravitational energy
energía hidroeléctrica, hydroelectric power
energía mecánica, mechanical energy
energía molecular, molecular energy
energía nuclear, nuclear power, nuclear energy
energía nuclearia, nuclear power, nuclear energy
energía potencial, potential energy
energía potencial gravitacional, gravitational potential energy
energía química, chemical energy
energía solar, solar energy, solar power
energía térmica, heat energy, thermal energy
energía vatimétrica, watt-age
enérgico(a), energetic, powerful, strong
energúmeno(a), one possessed whirling dervish
enero, January
enervar, to enervate
enésimo(a), umpteenth
por enésima vez, for the umpteenth time
enfadado(a), angry, irate, annoyed, vexed
enfadar, to anger, to make angry, to annoy, to vex
enfadarse, to get angry, to be annoyed
enfado, vexation, annoyance, anger, ire
enfadoso(a), annoying, vexing
enfardar, to pack, to bale, to package
énfasis, emphasis
enfático(a), emphatic
enfermar[1], to sicken, to make sick, to weaken
enfermar[2], to get sick
enfermarse, to get sick

enfermedad, illness, sickness, disease
enfermedad cardiaca, heart disease
enfermedad contagiosa, contagious disease
enfermedad crónica, chronic disease
enfermedad degenerativa, degenerative disease
enfermedad epidémica, epidemic disease
enfermedad infecciosa, infectious disease
enfermedades transmisibles, communicable diseases
enfermería, infirmary
enfermero(a), nurse
enfermizo(a), infirm, sickly, unhealthful, twisted, sick
enfermo(a)[1], sick, diseased
enfermo(a)[2], sick person, patient
ponerse enfermo(a), to get sick
enfilar, to line up, to string, to follow the course of, to enfilade
enflacar, to get thin, to lose weight
enflaquecer, to make lose weight, to weaken
enflaquecerse, to lose weight, to get thin
enfocar, to focus
enfoque[1], focus
enfoque[2], approach
enfoque válido, valid approach
enfrascar, to bottle
enfrascarse, to become entangled, to become deeply involved, to give oneself over
enfrenar, to bridle, to brake, to curb, to check
enfrentar, to bring face to face, to confront, to face
enfrente, across, opposite, in front, opposed
enfriador(a)[1], cooling
enfriador[2], cool spot
enfriamiento, refrigeration, cooling, chill, cool-down
enfriamiento por aire, air-cooling
enfriar[1], to cool, to refrigerate, to chill, to dampen
enfriar[2], to cool off
enfurecer, to infuriate, to enrage
enfurecerse, to grow furious, to get rough, to become wild
enfurruñarse, to pout, to sulk
engalanar, to adorn, to deck out
enganchador(a)[1], hitching, connecting
enganchador(a)[2], recruiter
enganchar, to hook, to connect, to hang, to hitch, to recruit, to hook, to trap
enganche, connection, hook, down payment
engañabobos, fake
engañadizo(a), easily deceived
engañador(a)[1], cheat, deceiver, fake
engañador(a)[2], deceiving, tricky
engañar, to deceive, to cheat, to mislead, to take advantage of, to wile away, to pass
engañarse, to be mistaken, to be wrong
engaño, mistake, deceit
engañoso(a), deceitful, misleading
engarrotar, to garrote
engarzar, to curl, to thread, to wire
engastar, to enchase, to mount
engaste, setting, mounting
engatusar, to wheedle, to coax
engazar, to curl, to thread, to wire, to dye after weaving
engendrar, to engender, to beget
englobar, to lump together
engolfar, to go far out to sea
engolfarse, to throw oneself heart and soul, to devote all one's time
engomar, to gum, to rubberize
engordar, to fatten
engordarse, to get fat, to grow rich
engorro, obstacle, impediment
engorroso(a), troublesome, bothersome
engranaje, gear, gears, meshing
engranar, to mesh, to gear
engrandecer, to increase, to augment, to aggrandize, to extol
engrandecimiento, increase, augment, aggrandizement, exaltation
engrasar, to grease, to oil
engreimiento, presumption, vanity, overindulgence, spoiling
engreír, to make vain, to make

proud, to spoil, to overindulge
engrosar[1], to thicken, to swell
engrosar[2], to put on weight
engrudo, library paste
engullidor(a), gulping, gobbling
engullir, to gobble up, to gulp down
enhebrar, to thread
enhorabuena[1], congratulations
enhorabuena[2], safely, well
enhoramala, cursed be the time, unluckily
enigma, riddle, enigma
enigmático(a), enigmatical
enjabonadura, soaping
enjabonar, to soap, to lather
enjaezar, to put fancy trappings on
enjalma, packsaddle
enjambrar[1], to remove a new bee colony from
enjambrar[2], to swarm
enjambre, swarm of bees, throng, swarm
enjardinar, to set out, to plant in regular patterns
enjaretar, to run through the hem, to reel off, to dash off, to palm off, to fob off
enjaular, to cage, to jail
enjoyar, to put jewels on, to embellish
enjuagar, to rinse, to rinse out
enjuague, rinse, rinsing, mouthwash
enjugar o enjuagar, to dry off, to wipe off, to wipe out
enjuiciar, to pass judgment on, to try, to sue, to bring to trial
enjundioso(a), substantial, meaty
enjuto(a), dry, skinny, sparse
enlace, connection, link, relationship, junction, wedding, bond
enlace apolar, nonpolar bond
enlace covalente coordenado, coordinate covalent bond, covalent bond
enlace covalente no polar, nonpolar covalent bond
enlace covalente polar, polar covalent bond
enlace iónico, ionic bond
enlace no polar, nonpolar bond
enlace polar, polar bond
enlace químico, chemical bond
enladrillado(a), brick paving
enladrillar, to pave with bricks
enlatado(a), canned, preserved
productos enlatados, canned goods
enlatar, to can, to tin
enlazar, to link, to connect, to lasso, to tie, to bind
enlazarse, to be united by marriage
enlistonado, lathing
enlodar, to cover with mud
enlodarse, to get muddy
enloquecer, to madden, to drive mad
enloquecerse, to go mad, to be mad, to be wild
enloquecido(a), deranged, mad
enloquecimiento, madness, insanity
enlosar, to set flagstones on, to lay with flagstone
enlutar, to dress in mourning
enlutarse, to go into mourning
enllantar, to put a tire on
enmaderar, to board, to timber
enmarañar, to entangle, to snarl up, to confuse, to mix up
enmarcar, to frame
enmascarar, to mask
enmendar, to amend, to correct, to make restitution for, to revise
enmienda, correction, revision, amendment, restitution
enmienda de la Guerra Civil, Civil War amendment
enmienda sobre igualdad de derechos, Equal Rights Amendment
enmiendas constitucionales, constitutional amendments
enmiendas de la Reconstrucción, Reconstruction amendments
enmohecer, to mold, to rust
enmohecerse, to grow moldly, to rust, to get rusty
enmohecido(a), moldy, rusty
enmudecer, to silence, to keep silent, to be struck dumb, to lose one's speech, to keep quiet, to say nothing
ennegrecer, to blacken
ennoblecer, to ennoble
ennoblecimiento, ennoblement
enojadizo(a), touchy, quick-tempered

enojado(a), angry, cross
enojar, to anger, to make angry, to peeve, to irritate
enojarse, to get angry
enojo, anger, irritation, bother
enojón (enojona), quick-tempered, irritable
enojoso(a), irritating, vexing
enorgullecer, to fill with pride
enorgullecerse, to swell with pride
enorme, enormous, huge
enormemente, enormously
enormidad, enormity
enramada, boughs, bower, leafy retreat
enredadera, climbing plant, vine
enredar, to net, to twist up, to tangle, to stir up, to start, to mix up, to entangle
enredarse, to have an affair, to present problems, to run afoul
enredo, tangle, snarl, prank, trick, trap, problem, difficulty, plot
enrejado, grillwork, grating, openwork
enrejar, to put grillwork over
enrevesado(a), intricate, complicated, contrary, headstrong
enriquecer[1], to enrich
enriquecer[2], to grow rich
enriscar, to elevate, to raise
enriscarse, to take refuge among the rocks
enrizar, to curl
enrojecer, to make red-hot, to redden, to make red
enrojecerse, to blush, to redden
enrollar, to wind, to roll
enronquecer[1], to make hoarse
enronquecer[2], to grow hoarse
enroscar, to twist, to screw in
ensalada, salad, hodgepodge
ensaladera, salad bowl
ensalzar, to exalt, to praise
ensalzarse, to boast, to make much of oneself
ensamblador, assembler
ensamblar, to assemble, to fit together
ensamble, assembly, fitting together
ensanchar, to widen, to enlarge
ensancharse, to assume an air of importance
ensanche, widening, enlargement, seam allowance
ensangrentar, to bloody, to make bloody
ensangrentarse, to rage, to seethe
    ensangrentarse con, to take out one's wrath on
ensañar, to enrage, to infuriate
    ensañarse en, to vent one's rage on, to do unnecessary violence
ensartar, to string, to stick, to drive
ensayar, to experiment with, to try out, to teach, to train, to rehearse, to assay, to attempt
ensayo, trying out, experiment, essay, rehearsal, assay
    ensayo general, dress rehearsal
    ensayo reflexivo, reflective essay
    ensayo y error, trial and error
ensebar, to grease
ensenada, cove, small bay
enseña, standard, ensign, colors
enseñanza, teaching, instruction
    enseñanza primaria, primary grades
    enseñanza secundaria, high school grades
enseñar, to teach, to instruct, to show, to point out
enseres, implements, equipment
    enseres domésticos, household goods
enseriarse, to become sober, to get serious
ensilladura, back of a mount under the saddle, saddling
ensillar, to saddle
ensimismarse, to be lost in thought, to be stuck on oneself
ensordecer[1], to deafen
ensordecer[2], to grow deaf, to keep quiet, not to answer
ensortijar, to curl
ensuciar, to dirty, to soil, to tarnish, to stain
ensuciarse, to accept bribes, to be able to be bought
ensueño, dream, reverie, illusion
entablado(a)[1], boarded, made of boards
entablado(a)[2], wooden flooring

entablar, to board over, to splint, to broach
entablillar, to splint
entalladura, carving, tap, notch, groove
entallar[1], to carve, to tap, to notch, to groove
entallar[2], to fit
entalpía, enthalpy
entapizar, to hang with tapestries
entarimado, wooden flooring
entarimar, to cover with wooden flooring
ente, entity, being, character
entenado(a), step son, stepdaughter
entender, to understand, to know, to intend, to mean, to believe
entendido(a), wise, learned, skilled
  valor entendido, value agreed on
entendimiento, understanding, good judgment, insight
enteramente, entirely, completely
enterar, to inform, to notify, to let know
  enterarse de, to find out about, to be informed of
entereza, entirety, perfection, perseverance, steadfastness
enteritis, enteritis
enterizo(a), entire, complete
enternecer, to soften, to affect, to move
enternecerse, to be touched, to be moved
enternecimiento, compassion, pity
entero(a)[1], whole, entire, just, upstanding, resolute, virtuous, honest
  por entero, entirely, completely
entero[2], integer
  entero impar, odd integer
  entero par, even integer
enterrador, gravedigger
enterrar, to inter, to bury
entibiar, to cool
entidad, entity, being, importance, value
entierro, burial, interment
entomología, entomology
entonación, intonation, presumption, airs
entonar, to intone, to sing in tune, to tone up, to harmonize
entonces, then, at that time
entontecer, to stupefy, to dull
entontecerse, to grow stupid
entorchado, braid
entorchar, to braid, to twist
entornar, to leave ajar, to leave half open
entorno, setting
  entorno prehistórico, prehistoric environment
entorpecer, to stupefy, to dull, to block, to hinder
entorpecimiento, torpor, numbness
entrada, entry, entrance, attendance, admission, ticket, beginning, first course, receipt, ear, access
entrambos(as) o ambos(as), both
entrampar, to trap, to snare, to trick, to deceive, to complicate, to confuse
entramparse, to go deeply into debt
entrante, next, incoming, coming
entrañable, intimate, very dear
entrañas, intestines, bowels, very heart, life blood
entrar[1], to enter, to pierce, to penetrate, to fit, to be used, to start up
entrar[2], to bring in, to get through to
entre, between, among, within, betwixt
  entre manos, at hand, on hand
entreabierto(a), ajar, half-open
entreabrir, to open half-way, to leave ajar
entreacto, intermission
entrecano(a), grayish, graying
entrecejo, space between the eyebrows, frown
entrecoger, to catch, to intercept, to grab hold of
entrecortado(a), faltering, intermittent, broken
entrecubiertas, between decks
entredicho, prohibition
entrega, delivery, handing over, surrender
  entrega inmediata, special delivery
  novela por entregas, serial or installment novel
entregar, to deliver, to hand over

entregarse, to surrender, to give up, to devote oneself, to give oneself over
entrelazado(a), interlaced, entwined
entrelazar, to interlace, to entwine
entremés, scene of comic relief, appetizer, side order
entremeter, to insert, to place between
entremeterse, to meddle, to intrude
entremetido(a)[1], meddler, kibitzer
entremetido(a)[2], meddling, meddlesome
entremezclar, to mix together
entrenador, trainer, coach
entrenamiento con pesas, weight training
entrenamiento de intervalos, interval training
entrenamiento de la resistencia, resistance training
entrenar, to train, to coach
entreoír, to barely hear, to catch snatches of
entrepaño, panel
entrepierna, innerpart of the thighs, swim trunks
entresacar, to thin out
entresuelo, mezzanine
entretanto, meanwhile
entretejer, to interweave
entretela, interlining
entretener, to entertain, to amuse, to delay to put off, to allay
entretenido(a), pleasant, amusing
entretenimiento, amusement, entertainment
  entretenimiento cultural, high culture entertainment
entretiempo, seasons of spring and fall
entrevenado(a), intravenous
entrevenarse, to spread through the veins
entrever, to catch a glimpse of, to barely see
entrevista, interview
  entrevista de trabajo, job interview
entrevistar, to interview
entristecer, to sadden, to grieve
entristecerse, to grive, to be sad
entrometido(a)[1], meddler, kibitzer
entrometido(a)[2], meddling, meddlesome
entrometimiento, interference, meddling
entronar, to enthrone
entroncar[1], to establish a relationship with
entroncar[2], to have a common ancestry, to be related, to meet, to join
entronque, junction, common ancestry, relationship
entropía, entropy
entubar, to pipe
entuerto, affront, insult
entuertos, afterpains
entullecerse, to be crippled
entumecer, to numb, to make numb
entumecerse, to swell, to rise
entumecimiento, numbness, numbing
entumirse, to become numb
enturbiar, to muddy, to stir up, to spoil, to upset
entusiasmar, to enthuse, to make enthusiastic
entusiasmarse, to enthuse
entusiasmo, enthusiasm
entusiasta[1], enthusiast, fan
entusiasta[2], enthusiastic
enumeración, enumeration
enumerar, to enumerate, to list
enunciación, enunciation, declaration, clear statement
enunciado, statement
  enunciado condicional, conditional statement
  enunciado de tesis, thesis statement
enunciar, to enunciate, to declare, to state clearly
envainar, to sheathe
envalentonar, to give the courage, to make bold enough
envalentonarse, to pluck up courage, to consider oneself quite a hero
envanecer, to make vain, to swell up, to puff up
envanecerse, to become vain
envararse, to become numb
envasar, to bottle, to package, to

drink too much
envase, bottling, packaging, container
envejecer[1], to age
envejecer[2], to age, to grow older
envejecido(a), aged, old, veteran, experienced
envejecimiento, aging
envenenamiento, poisoning
envenenar, to poison
envestir, to invest
enviado, envoy, messenger
enviar, to send
enviciar, to vitiate, to corrupt
enviciarse en, to spend too much time at, to go overboard on
envidia, envy, desire
envidiable, enviable
envidiar, to envy, to begrudge, to wish one had, to long for
envidioso(a), envious
envilecer, to degrade, to debase
envilecerse, to degrade oneself, to be debased
envío, shipment, remittance
envite, bid, offer
enviudar, to be widowed, to be left a widower
envoltorio, bundle
envoltura, covering, wrapping, swaddling clothes
envolver, to wrap, to cover, to involve, to swaddle, to complicate to hide
envolverse, to have an affair
envolvimiento, involvement, covering, complication
enyesar, to plaster, to put in a cast
enzima, enzyme
enzima de restricción, restriction enzyme
eón, aeon
epicentro, epicenter
épico(a), epic
epicúreo(a)[1], epicurean
epicúreo(a)[2], epicure
epidemia, epidemic
epidermis, epidermis
epígrafe, epigraph
epigrama, epigram
epilepsia, epilepsy
epilogar, to conclude, to sum up
epílogo, epilogue
episcopado, bishopric, episcopate
episodio, episode
episodios paralelos, parallel episodes
epístola, epistle, Epistle
epistolar, epistolary
epitafio, epitaph
epíteto, epithet
epitome, epitome
época, epoch, age, era, period
época antigua, ancient time
época de la India antigua, Indian time
época de los judíos, Jewish time
Época Dorada, Gilded Age
época egipcia, Egyptian time
época musulmana, Muslim time
epopeya, epic poem, saga, epic
equiangular, equiangular
equidad, equity, moderation
equidad social, social equity
equidistante, equidistance
equidistar, to be equidistant
equilátero(a), equilateral
equilibrado(a), sensible, well balanced
equilibrar, to balance, to equilibrate
equilibrio, equilibrium, balance, poise
equilibrio dinámico, dynamic equilibrium
equilibrio estático, static balance
equilibrio político, balance of power
equilibrio presupuestario, balanced budget
equilibrio químico, chemical equilibrium
equilibrio térmico, thermal equilibrium
equinoccio, equinox
equipaje, baggage, luggage, crew
coche de equipaje, baggage car
equipaje de mano, hand baggage, carry on
equipar, to fit out, to equip, to furnish
equipo, equipment, outfit, team
equipo atlético, athletic equipment

equipo científico, scientific equipment
equipo corriente, standard equipment
equipo de novia, trousseau
equipo protectivo, protective equipment
equis, name of the letter x
equiseto, horsetail tree
equitación, horsemanship
equitativo(a), equitable, just
trato equitativo, square deal
equivalencia, equivalence
equivalencia de representaciones, equivalent representation
equivalente, equivalent
equivaler, to be of equal value, to have the same value
equivocación, error, misunderstanding, miscue
equivocar, to mistake
equivocarse, to be mistaken
era, era, plot, patch, threshing floor
Era Común, Common Era
Era de los Descubrimientos, Age of Exploration
era del jazz, Jazz Age
era industrial, industrial age
Era Paleolítica, Paleolithic Era
Era Progresista, Progressive Era
erario, government treasury, treasury department
erección, erection, foundation, establishment
eremita, hermit
erguir, to raise, to straighten up
erguirse, to be puffed up, to become haughty
Eric el Rojo, Eric the Red
erigir, to erect, to build, to found, to establish, to elevate, to raise
erisipela, erysipelas
erizar, to bristle, to make thorny
erizarse, to stand on end, to bristle
erizo, hedgehog, bur
ermita, hermitage
ermitaño, hermit, hermit crab
erosión, erosion, abrasion, scrape
erosión del suelo, soil erosion
erosión física, physical weathering
erótico(a), erotic
erradicación, eradication
erradicar, to eradicate
errante, errant, wandering, roving
errar[1], to miss, to fall short of
errar[2], to wander, to rove
errar el blanco, to miss the mark
errata, printing error
erre que erre, obstinately, stubbornly
erróneo(a), erroneous
error, error, mistake, miscue
error absoluto, absolute error
error de muestreo, sampling error
error del sistema, system failure
error en la presentación de los datos, data display error
error relativo, relative error
eructar (erutar), to belch
eructo, belch
erudición, erudition, learning
erudito(a)[1], learned, erudite
erudito[2], scholar, man of erudition
erudito(a) a la violeta, superficial scholar
erupción, eruption
erupción volcánica, volcanic eruption
erupción solar, solar flare
esbelto(a), slender, graceful, svelte
esbirro, bailiff
esbozar, to sketch, to out-line
esbozo, outline, sketch
escabeche, pickle
pescado en escabeche, pickled fish
escabel, footstool
escabroso(a), rough, uneven, harsh, scabrous
escabullirse, to escape, to get away
escafandra, diving suit
escafandra espacial, spacesuit
escafandra autónoma, scuba
escala, ladder, scale, scale, port of call
escala de mapa, map scale
escala de salarios, wage rate
escala de tiempo geológico, geologic time scale
escala de un instrumento,

scale of instrument
escala del PH, PH scale
escala espacial, spatial scale
escala local, local scale
hacer escala en, to stop at, to call at
scalafón, seniority scale, grade scale
escalar[1], to climb, to scale
escalar[2], scalar
eescaldado(a), cautious, suspicious, wary
escaldar, to scald
escaleno derecho, right scalene
escalera, stairs, stairway, run
escalera de mano, stepladder
escalera mecánica, escalator
escalfar, to poach
escalofriarse, to be chilled, to have a chill
escalofrío, chill
escalón, step, tread, grade, rank, echelon
escalonar, to stagger, to space out, to place at intervals
escama, scale, resentment
escamar, to scale, to make wary, to teach
escamarse, to become wary, to learn from experience
escamoso(a), scaly
escampar, to stop rain
escandalizar, to scandalize, to shock
escandalizarse, to be scandalized, to be outraged
escándalo, scandal, uproar
escándalo Irán-Contra, Iran-Contra affair
escándalos políticos, political scandals
escandaloso(a), scandalous, boisterous
Escandinavia, Scandinavia
escaño, par bench, seat
escapada, escape, flight
escapar[1], to race, to run at high speed
escapar[2], to escape, to flee
escaparate, show window, display cabinet, showcase
escaparse, to escape, to get free, to run out, to escape
escapatoria, escape, flight, way out, loophole, excuse
escape, escape, flight, leak, exhaust, escapement
a todo escape, at top space
escapismo, escapism
escapulario, scapulary
escarabajo, dung beetle, scarab, twerp
escaramuza, skirmish
escaramuzar, to skirmish
escarapela, cockade
escarbadientes, toothpick
escarbar, to scratch, to clean, to pick, to stir, to poke, to sift through, to dig into
escarcha, hoarfrost
escarchar[1], to sugar
escarchar[2], to be frost
escardador(a), weeder
escardar, to weed
escarlata, scarlet
escarlatina, scarlet fever
escarmentar[1], to profit by experience, to take warning
escarmentar[2], to punish severely
escarmiento, caution, profit from experience, punishment
escarnecer, to mock, to ridicule, to scoff at
escarnio, ridicule, mocking, scoffing
escarola, endive
escarpado(a), sloping steeply, steep
escarpia, hook
escarpín, pump
escasear[1], to skimp on, to spare, to give grudgingly
escasear[2], to be scarce, to be in short supply
escasez, niggardliness, shortage, scarcity
escasez de recursos, resource scarcity
escaso(a), limited, in short supply, scanty, stingy, niggardly, scarce
escatimar, to hold back, to begrudge
escayola, stucco
escena, stage, scene
escena corta, skit
escena retrospectiva, flashback
poner en escena, to stage
escenario, stage, scenario

escenario del conflicto, theater of conflict
escenario físico, physical setting
escenografía, set design
escepticismo, skepticism
escepticismo científico, scientific skepticism
escéptico(a), skeptic, skeptical
esclarecer[1], to illuminate, to light up, to ennoble, to clear up, to explain
esclarecer[2], to begin to dawn
esclarecido(a), illustrious, noble
esclavitud, slavery
esclavitud personal, chattel slavery
esclavizar, to enslave
esclavo(a), slave, captive
esclavo fugitivo, escaped slave
esclerosis, sclerosis
esclerosis múltiple, multiple sclerosis
esclusa, lock, floodgate
escoba, broom
escobilla, brush
escocés (escocesa)[1], Scot
escocés de Ulster, Scots-Irish
escocés (escocesa)[2], Scotch, Scottish
escoger, to choose, to select
escogido(a), chosen, selected, choice
escolar[1], pupil, student
escolar[2], student, scholastic
sistema escolar, school system
escolástico(a), scholastic
escolta, escort
escoltar, to escort
escollo, sunken rock, snare, pitfall
escombrar, to clean up, to clear of rubble
escombro, rubble, debris, mackerel
escondedero, hiding place
esconder, to hide, to conceal
escondidas, a secretly
a escondidas de, without the knowledge of
escondidillas, a secretly
a escondidillas de, without the knowledge of
escondido(a), hidden
escondite, hiding place, hide-and-seek
escondrijo, hiding place
escopeta, shotgun
a tiro de escopeta, within gunshot
aquí te quiero escopeta, this is it! it's now or never!
escopetero, musketeer, gunsmith
escoplo, chisel
escorbuto, scurvy
escoria, slag, dregs
escorial, slag deposit, slag heap
escorpión, scorpion
escorrentía, surface run-off
escotado(a), lownecked, décolleté
escote, décolletage, share, part
escotilla, hatchway
escotillón, trapdoor
escozor, smart, sting, grief, pain
escribanía, clerk's office
escribano(a), clerk
escribidor(a), poor writer
escribiente, clerk, secretary
escribir, to write, to spell
escribir a máquina, to typewrite, typing
escribir con mayúsculas, capitalization
escrito[1], writing, written document, writ, brief
por escrito, in writing
escrito(a)[2], written
escritor(a), writer
escritorio, writing desk, office, desktop
escritura, penmanship, handwriting, writing, document, script, alphabet, deed, charter document
escritura abreviada, speed writing
escritura alfabética, alphabetic writing, alphabetical writing
escritura descriptiva, descriptive writing
escritura expositiva, expository writing
escritura narrativa, narrative writing
escritura persuasiva, persuasive writing
escritura rápida, speed writing
Sagradas Escrituras,

Holy Scriptures
escrúpulo, scruple
escrupuloso(a), scrupulous, precise, exact
escrutinio, scrutiny, polling and counting votes
escuadra, square, bracket, brace, squadron, squad
escuadrón, cavalry squadron
escuálido(a), squalid
escucha activo, active listener
escuchar, to listen to
escudar, to shield
escudero, squire, shield bearer
escudo, shield, escutcheon, coat of arms
escudriñar, to scrutinize
escuela, school
escuela de párvulos, kindergarten
escuela dominical, Sunday school
escuela para externos, day school
escuela para internos, boarding school
escuela parroquial, parochial school
escueto(a), unadorned, plain, bare
esculpir, to sculpture, to sculpt, to engrave
escultor(a), sculptor
escultura, sculpture
escupidera, spittoon
escupir, to spit, to cast off
escurriduras, dregs, lees
escurrimiento, run off, dripping, flow
escurrir[1], to drain, to let drain
escurrir[2], to drip, to slip
escurrirse, to slip
ESE (estesudeste), ESE or E.S.E. (east southeast)
ese(a), that
esencia, essence
esencial, essential
esfera, sphere, dial
esfera de coprosperidad de Asia Oriental, East Asian Co-Prosperity Sphere
esfera de influencia, sphere of influence
esférico(a), spherical
esferoide achatado, oblate spheroid
esforzado(a), strong, vigorous
esforzar, to strengthen, to encourage
esforzarse, to exert oneself, to make an effort
esfuerzo, effort, spirit, vigor, courage
esfuerzo cardiorrespiratorio, cardiorespiratory exertion
esfuerzo del viaje, travel effort
esfumarse, to disappear, to vanish
esgrima, fencing
esgrimir[1], to fence
esgrimir[2], to wield
eslabón, link
eslabonar, to link, to compose, to put together
eslogan, slogan
eslogan de prosperidad del Partido Republicano, full dinner pail
esmaltar, to enamel, to adorn, to brighten
esmalte, enamel
esmalte para uñas, nail polish
esmerado(a), painstaking, careful
esmeralda, emerald
esmerar, to polish
esmerarse, to do one´s best, to take pains
esmeril, emery
esmero, great care, pains taking
esmog, smog
esnobismo, snobbery
eso, that, that matter
eso de, that matter of
a eso de, about
por eso, for that reason, therefore
nada de eso, not at all, absolutely not
esófago, esophagus
esos(as), those
espabilar, to snuff, to run through hurriedly, to steal, to rouse, to stir up
espaciador, spacer
espacial, spatial
cápsula espacial, space capsule
espaciar, to space out, to spread out
espacio, space, period, piece, slowness
espacio de forma bidimensional, two-dimensional space

espacio de forma tridimensional, three-dimensional space
espacio de muestra, sample space
espacio del problema, problem space
espacio exterior, outer space
espacio modelo, sample space
espacio negativo, negative space
espacio personal, personal space
espacio positivo, positive space
espacio verde, greenway
espaciosidad, spaciousness, roominess
espacioso(a), spacious, roomy
espada[1], sword, spade, swordsman
espada[2], matador
espadachín, good swordsman, fine blade, trigger happy individual
espadín, rapier
espalda, back, backstroke
dar la espalda, to turn one's back on
espaldar, back, carapace, trellis
espaldas, back, shoulders
a espaldas, behind one's back
cargo de espaldas, round shouldered
tener buenas espaldas, to have strong shoulders, to be able to take it
espaldilla, shoulder blade
espantadizo(a), skittish, easily frightened
espantajo, scarecrow, bugbear, bugaboo
espantamoscas, fly swatter
espantapájaros, scarecrow
espantar, to frighten, to terrify, to frighten away, to chase away
espanto, fright, terror, menace, threat, specter
espantoso(a), frightful, terrible
España, Spain
español(a)[1], Spanish
español(a)[2], Spaniard
español[3], Spanish language
esparavel, casting net, dragnet
esparcimiento, spreading out, fanning out, opening up, enjoyment
esparcir, to scatter, to spread out, to spread
esparcirse, to open up, to enjoy oneself
espárrago, asparagus
espasmo, spasm
espasmódico(a), spasmodic
espástico(a), spastic
espátula, spatula
especiación, speciation
especias, spices
especia de la India, Indian spice
especial, special, particular
en especial, specially
especialidad, specialty
especialista, specialist
especialización, specialization
especialización económica, economic specialization
especialización ocupacional, occupational specialization
especializado, specialized
especializarse, to specialize
especializarse en, major
especialmente, specially
especie, species, kind, quality, case, instance
especies en vías de extinción, endangered species
especies vegetales, plant species
especiería, spice shop
especiero, dealer, spices
especificación, specification
especificar, to specify
específico(a)[1], specific
específico(a)[2], patent medicine
espécimen, specimen
espectacular, spectacular
espectáculo, show, public amusement, spectacle, display
espectador(a), spectator, onlooker
espectral, spectral, ghostly
espectro, specter, ghost, spectrum
espectro electromagnético, electromagnetic spectrum
espectro político, political spectrum
especulación, speculation, profiteering
especulador(a), speculator

especular[1], to speculate on
especular[2], to speculate
especulativo(a), speculative
espejismo, mirage
espejo, looking glass, mirror
  espejo retrovisor, rearview mirror
  espejo ustorio, burning glass
espeluznante, hair-raising
espeluznar, to set one's hair on end
espera, wait, stay, delay, patience, restraint
  sala de espera, waiting room
esperanto, Esperanto
esperanza, hope, expectation
  áncora de esperanza, sheet anchor
  esperanza de vida, life expectancy
esperanzar, to give hope
esperar, to hope for, to wait for, to await, to expect
esperma, sperm
espermatozoide, sperm cell
espesar, to thicken, to close up, to tighten
espeso(a), thick, dense
espesor, thickness, density
espetar, to spit, to skewer, to pierce
espetarse, to become stiff, to grow very formal
espía, spy
espiar, to spy on, to observe carefully
espiga, ear, peg, fuse
espigado(a), tall and willowy
espigador(a), gleaner
espigar[1], to research, to glean
espigar[2], to ear
espigarse, to shoot dop
espigón, ear of corn, sting, point
espina, thorn, sliver, bone, spine, thorn in one's side
  espina dorsal, spinal cord
  estar en espinas, to be on needles and pins
espinaca, spinach
espinar[1], to prick
espinar[2], brier patch, rub, difficulty
espinazo, spine, backbone
espinilla, shinbone, pimple
espino, hawthorn
espinoso(a), spiny, thorny, tricky, complicated
espionaje soviético, Soviet espionage
espiral[1], spiral
espiral[2], spiral spring
espirar[1], to give off, to cheer, to inspire
espirar[2], to exhale, to breathe
espiritismo, spiritualism, spiritism
espíritu, spirit
  el Espíritu Santo, the Holy Ghost
  espíritu del individualismo, spirit of individualism
  espíritu deportivo, sportsmanship
  espíritu emprendedor, entrepreneurial spirit
espiritual, spiritual
espiritualidad, spirituality
esplendente, resplendent, shining
esplendidez, splendor, magnificence
espléndido(a), splendid, magnificent, brilliant, bright
esplendor, radiance, splendor, brilliance
esplín, melancholy
espolón, spur, prow, cutwater, dike
esponja, sponge
esponjar, to make spongy, to fluff up
esponjarse, to puff up with pride
esponjoso(a), spongy
esponsales, betrothal
espontaneidad, spontaneity
espontáneo(a), spontaneous
espora, spore
esposa, wife
esposas, manacles, handcuffs
esposo, husband
esposos, married couple
espuela, spur, larkspur
espuma, foam, froth, cream
  hule espuma, foam rubber
espumar[1], to skim
espumar[2], to foam, to froth
espumarajo, foam, froth
espumoso(a), frothy, foamy
espurio(a), spurious, adulterated
esputo, spit, sputum
esquela, note, short letter, announcement, notice
esquelético(a), skeletal
esqueleto, skeleton
esquema, diagram, outline
esquí, ski

esquís, skis
esquiador(a), skier
esquiar, to ski
esquicio, thumbnail sketch
esquife, skiff, small boat
esquilar, to shear
esquimal, Eskimo, Inuit
esquina, corner
doblar la esquina, to turn the corner
hacer esquina, to be on the corner
esquinado(a), hard to get along with, troublesome
esquinazo, corner, serenade
dar esquinazo, to lose, to shake off
esquirol, strikebreaker
esquivar, to avoid, to dodge
esquivarse, to get out, to retract
esquivo(a), diffident, aloof
estabilidad, stability
estabilidad de elementos, element stability
estabilidad de precios, price stability
estabilidad nuclear, nuclear stability
estabilización, stabilization
estabilizador, stabilizer
estabilizar, to stabilize
estable, stable
establecer, to establish
establecerse, to settle, to establish oneself
establecimiento, establishment, statute
establo, stable
estaca, stake, club, spike
estacar, to stake, to stake out
estacazo, blow with a club
estación, station, residence, stay, stopover, season
estación astral, space station
estación de bomberos, fire station
estación de servicio, service station
red de estaciones, network
estacionamiento, parking
estacionamiento de automóviles, parking lot
estacionar, to park, to position, to station
estacionario(a), stationary
estadía, stay, sojourn, demurrage
estadio, stadium, furlong, phase, period
estadio deportivo, sports stadium
estadista, statesman, stateswoman
estadística, statistics
estadística demográfica, vital estatistcs
estadístico(a)[1], statistician
estadístico(a)[2], statistical
estadística[3], statistic
estadísticas de muestreo, sample statistic
estadísticas de resumen, summary statistic
estado, state, statement
estado absoluto, absolutist state
estado civil, marital status
estado de bienestar, welfare state
estado de cuenta, statement of account
estado de derecho, rule of law
estado de guerra, martial law
estado de hecho, rule of men
estado de oxidación, oxidation state
estado de sitio, state of siege
estados del norte, Northern states
estados fronterizos, border states
estado islámico, Islamic state
Estado mahdista, Mahdist state
Estado Mayor, military staff
estado protector, welfare state
estado secular, secular state
estado soberano, sovereign state
Estado unitario, unitary government
Estado-nación, nation-state
Estados Confederados de América, Confederate States of America
estados del Ganges,

Gangetic states
Estados Generales, Estates-General
Estados Generales franceses, French Estates-General
Estados Unidos, United States
Estados Unidos de América, United States of America
hombre de Estado, statesman
ministro de Estado, Secretary os State
estadounidense (estadunidense), American
estafa, swindle
estafador(a), swindler
estafar, to swindle
estafeta, branch post office
estalactita, stalactite
estalagmita, stalagmite
estallar, to blow up, to crack, to break out
estallido, crack, report, outbreak, blowing up
estambre, wool yarn, stamen
estambre de la vida, fabric of life
estameña, serge
estampa, printed image, looks, appearance, press, mark
estampar, to print, to stamp, to press, to imprint, to throw, to dash
estampida, stampede
estampido, report, explosion
estampilla, signet, seal, postage stamp
estancamiento, standstill, delay, sales controls
estancamiento de los salarios, stagnation of wages
estancar, to stem, to hold back, to subject to sales controls, to hold up, to delay
estancia, stay, sojourn, ranch, country estate
estanciero(a), farmer, rancher
estanco[1], government control of sales, government outlet
estanco(a)[2], watertight
estándar crítico, critical standard
estandardización, standardization
estandarte, banner, standard
estanque, reservoir, pond
estanquillo, tobacco shop, cigar store
estante, bookcase
estañar, to tin, to solder
estaño, tin
estaquilla, cleat, spike
estar, to be
estar bien, to be well
estar de, to be in the middle of
estar de pie, to be standing
estar de prisa, to be in a hurry
estar de receso, to be adjourned
estar en sí, to be fully aware of one's actions
estar mal, to be ill
estar para, to be about to
estar por, to be in favor of
estar sobre sí, to be cautious, to be alert
¿estamos?, agreed? is that alright?
estarcido, stencil
estarcir, to stencil
estática[1], statics
estático(a)[2], static
estatua, statue
Estatua de la Justicia, Statue of Justice
Estatua de la Libertad, Statue of Liberty
estatuario, statuary
estatuir, to establish, to enact
estatura, stature
estatus, status
estatuto, statute, charter document
estatuto del banco, bank recharter
este, east
Este de los Estados Unidos, eastern United States
este(a) o éste(a), this, the latter
esta noche, tonight
estos(as), these
esteatita, soapstone
estela, wake, trail
estela de vapor, contrail
estenografía, stenography, shorthand
estenógrafo(a), stenographer
estenomecanografía, stenotyping
estenomecanógrafo(a), stenotypist

estepas, steppe lands
estepas de Asia Central, Central Asian steppes
estequiometría, stoichiometry
estera, matting
esterar, to cover with matting
estereofónico(a), stereophonic
estereoscopio, stereoscope
estereotipar, to stereotype, stereotyping
estereotípico, stereotypical
estereotipo, stereotype
estéril, sterile, barren
esterilidad, sterility, barrenness
esterilización, sterilization
esterilizador[1], sterilizer
esterilizador(a)[2], sterilizing
esterilizar, to sterilize
esterilla, gold braid, silver braid, fine straw matting
esterlina, sterling
libra esterlina, pound sterling
estero, matting, estuary, swampy lowland
esteroide, steroid
estético(a), aesthetics
estetoscopio, stethoscope
esteva, plow handle
estiércol, manure
estigma, stigma
estigmas, stigmata
estigmatizar, stigmatize
estilo, style, stylus
estilo arquitectónico, architectural style
estilo de citación MLA, MLA citation
estilo de vida, lifestyle
estilo de vida agrícola, agricultural lifestyle
estilo de vida sedentario, sedentary lifestyle
estilo del edificio, building style
estilo poético, poetic style
estilos de los hogares, style of homes
por el estilo, like that, of that kind
estilográfico(a)[1], stylographic
estilográfica[2], stylograph
estima, esteem
estimable, estimable, perceptible, appreciable
estimación, esteem, estimation, estimate
estimación de la temperatura, temperature estimation
estimar, to esteem, to value, to estimate
estimar una respuesta, estimate answer
estimulante[1], stimulant
estimulante[2], stimulating
estimular, to stimulate
estímulo, stimulus, impulse, motivation
estímulos, stimuli
estío, summer
estipendio, stipend
estipulación, stipulation
estipular, to stipulate
estirado(a), stiff, prim, high handed, tightfisted
estirador, stretcher
estiramiento, stretching
estiramiento balístico, ballistic stretching
estiramiento de brazos y hombros, arm & shoulder stretch
estiramiento estático, static stretch
estirar, to stretch out, to pull out, to stretch to the limit, to draw out
estirar la pata, to kick the bucket
estirón, pull, jerk
dar el estirón, to grow rapidly, to shoot up
estirpe, origin, stock, family
estivador, stevedore, longshoreman
esto, this, this matter
a esto, hereto
con esto, herewith
en esto, at that moment
esto es, that is, that is to say
por esto, for this reason
estocada, stab, blow, stab wound
estofado(a), quilted, stewed
estofar, to quilt, to stew
estoico(a), stoic, cold, indifferent
estola, stole
estolidez, stupidity, denseness
estólido(a), stupid, dense
estomacal, stomachic, stomach

malestar estomacal, upset stomach
estómago, stomach
estopa, oakum, tow, burlap
estorbar, to hinder, to obstruct, to bother, to annoy
estorbo, hindrance, obstruction, bother, annoyance
estornudar, to sneeze
estornudo, sneeze
estrabismo, squint, strabismus
estrado, drawing room
estrados, lawcourts
estrafalario(a), slovenly, unkempt, outlandish, weird
estrago, ravage, havoc
estrambótico(a), oddball, bizarre, weird
estrangulación, strangulation
cuello de estrangulación, bottleneck
estrangulador(a), choking, strangling
estrangular, to choke, to strangle, to strangulate
estratagema, stratagem, trickiness, craftiness
estrategia, strategy
estrategia de afrontamiento, coping strategy
estrategia de lectura, reading strategy
estrategia de prevención de conflictos, conflict prevention strategy
estrategia de reubicación, relocation strategy
estrategia defensiva, defensive strategy
estrategia ofensiva, offensive strategy
estrategia para la prevención de lesiones, injury-prevention strategy
estrategias de estudio, study strategies
estrategias de resolución de problemas múltiples, multiple problem-solving strategies
estrategias persuasivas, persuasive devices
estratégico(a), strategic
estratificación, stratification
estrato, stratum, layer, stratus cloud
estratosfera, stratosphere
estraza, rag
papel de estraza, brown paper
estrechar, to tighten, to narrow, to press, to close in on, to force, to make, to hug, to hold tight
estrecharse, to squeeze in, to cut expenses
estrechez, tightness, narrowness, close relationship, close friendship, tight spot, ticklish situation, lean time
estrecho[1], straits, period of want
estrecho de Malaca, Strait of Malacca
estrecho de Tacoma, Tacoma Strait
estrecho(a)[2], narrow, tight, narrow, mean, close, severe, harsh
estregar, to rub
estrella, star
estrellado(a), starry, dashed to pieces
huevos estrellados, fried eggs
estrellar, to dash to pieces, to smash to bits, to fry
estrellarse, to smash, to crash, to fail, to fill with stars
estremecer, to jolt, to shake
estremecerse, to quake, to shake, to tremble
estremecimiento, trembling, quaking, jolt, shake
estrenar, to inaugurate, to use for the first time, to premiere
estrenarse, to makes one's debut, to premiere
estreno, inauguration, first time in use, premiere, debut
estrenuo(a), strenuous, rigorous
estreñimiento, constipation
estreñir, to constipate
estreñirse, to become constipated
estrépito, crash, loud noise, show, splash
estrepitoso(a), noisy, loud
estreptococo, streptococcus
estreptomicina, streptomycin
estría, groove
estribar, to rest, to lie

estribar en, to be supported by, to be grounded on
estribillo, refrain, favorite word
estribo, buttress, running board, stirrup
perder los estribos, to act foolishly, to lose one's head
estribor, starboard
estricto(a), strict
estridente, strident, piercing, clamorous, noisy
estroboscopio, stroboscope
estrofa, stanza, strophe
estrógeno, estrogen
estroncio, strontium
estropajo, dishrag, old shoe
estropajoso(a), tough, like leather, unkempt, slovenly
estropear, to cripple, to misuse, to abuse, to spoil, to ruin
estropeo, crippling, use, abuse, rough treatment, ruin, spoiling
estructura, structure
estructura análoga, analogous structure
estructura coreográfica, choreographic structure
estructura de ADN, DNA structure
estructura de composición, composition structure
estructura de la oración, sentence structure
estructura de la población, population structure
estructura del cuento, story structure
estructura del texto, text structure
estructura homóloga, homologous structure
estructura interna, internal structure
estructura jerárquica, hierarchic structure
estructura paralela, parallel structure
estructura proteica, protein structure
estructura temporal, temporal structure
estructura textual, text structure
estructural visual, visual structure
estruendo, blast, din, confusion, hullabaloo, uproar, great pomp and circumstance
estrujar, to squeeze, to bruise, to crush, to drain, to bleed
estrujón, last pressing of grapes, pressing, squeezing
estuco, stucco
estuche, kit
ser un estuche de monerías, to be handy, to be very versatile
estudiantado, student body
estudiante, student
estudiantil, student, scholastic
estudiar, to study
estudio, study, studio
estudio y experimentación con cohetes, rocketry
estudios, studies
estudioso(a), studious
estufa, stove, heater, greenhouse
estupefacción, astonishment, great surprise, amazement
estupefacientes, drugs, narcotics
estupefacto(a), amazed, astonished
estupendo(a), stupendous, marvelous
estupidez, stupidity
estúpido(a), stupid
estupor, stupor, daze
estupro, rape
esturión, sturgeon
etapa, phase, stage, leg, stop, pause, ration
etapa de vida, stage of life
éter, ether
etéreo(a), ethereal
eternidad, eternity
eternizar, to eternize, to make endless
eterno(a), eternal
ética[1], ethics
ética en la ciencia, ethics in science
ética protestante del trabajo, Protestant Work Ethic
ética puritana, Puritan ethic
ético(a)[2], ethical
etileno, ethylene
etilo, ethyl
etimología, etymology
etíope, Ethiopian
Etiopía, Ethiopia
etiqueta, etiquette, formality, tag, label
de etiqueta, in formal dress

etiqueta de deporte, sport etiquette
etnicidad, ethnicity
étnico(a), ethnic
etnocentrismo, ethnocentrism
etnógrafo(a), ethnographer
etnológico(a), ethnological
etnólogo(a), ethnologist
etrusco(a), Etruscan
E.U.A. (Estados Unidos de América), U.S.A. (United States of America)
eucalipto, eucalyptus
eucariota, eukaryote
Eucaristía, Eucharist
eufonía, euphony
eufónico(a), euphonic
eugenesia, eugenics
Eurasia, Eurasia
Euroasiáfrica, Afro-Eurasia
Europa, Europe
Europa Central, Central Europe
Europa cristiana, Christian Europe
Europa del Este, Eastern Europe
Europa del sur, Southern Europe
Europa medieval, Medieval Europe
Europa occidental, Western Europe
europeo(a), European
eutanasia, euthanasia
eutrofización, eutrophication
evacuación, evacuation, carrying out, emptying, movement
evacuar, to evacuate, to empty, to carry out
evacuar el vientre, to have a bowel movement
evadir, to evade, to avoid
evadirse, to flee, to escape
evaluación, evaluation
evaluación de procesos científicos, evaluation of science process
evaluación de salud personal, personal health assessment
evaluar, to evaluate
evangélico(a), evangelical
evangelio, Gospel
evangelismo religioso, religious evangelism
evangelista, Evangelist, public letter writer, scribe
evaporar, To evaporate
evasión, evasion, escape, subterfuge
evasivo(a)[1], evasive, elusive
evasivo(a)[2], subterfuge, evasion
evento, event
evento cierto, certain event
evento complementario, complementary event
evento compuesto, compound event
evento imposible, impossible event
evento independiente, independent event
evento simple, Simple event
evento simple u ocurrencia única, single event
eventos dependientes, dependent events
eventos desligados, disjoint events
eventos mutuamente excluyentes, mutually exclusive events
eventos naturales, natural events
eventos que se excluyen mutuamente, mutually exclusive events
eventual, possible, contingent, fringe, temporary
eventualmente, eventually
evicción, loss, damages
evidencia, evidence, manifestation
evidencia a partir de una roca sedimentaria, evidence from sedimentary rock
evidencia arqueológica, archeological evidence
evidencia biológica, biological evidence
evidencia científica, scientific evidence
evidencia fósil, fossil evidence
evidencia geológica, geologic evidence
evidencia textual, textual evidence
poner en evidencia, to make clear, to demostrate
evidente, evident, clear, manifest

evitable, avoidable
evitar, to avoid
evocación, evocation
evocar, to evoke
evolución, evolution, change
  evolución biológica, biological evolution
evolucionar, to evolve, to undergo evolution
exacerbar, to exasperate, to irritate
exactitud, exactness
exacto(a), exact
  ¡exacto!, fine! perfect!
exageración, exaggeration, overstatement
exagerar, to exaggerate
exaltación, exaltation
exaltado(a), hotheaded, fanatic
exaltar, to exalt
exaltarse, to become highly excited, to get carried away
examen, examination
  examen de conciencia, self-examination
  examen regular, regular examination
examinación del servicio civil, civil service examination
examinador(a), examiner
examinar, to examine
exánime, lifeless, faint
exasperación, exasperation, intensity
exasperar, to exasperate
exasperarse, to become intense
excavación, excavation
excavadora, power shovel
excavar, to excavate
excedente[1], excessive, excess
excedente[2], surplus, excess
  excedente comercial, trade surplus
exceder, to excede
excederse, to overdo, to overstep the limit, to go too far
excelencia[1], excellence
Excelencia[2], Excellency
excelente, excellent
excelso(a), elevated, sublime, lofty
excentricidad, eccentricity
excéntrico(a), eccentric, excenter
excepción, exception
excepcional, exceptional
excepto, with the exception of
exceptuar, to except, to exclude
excesivo(a), excessive
exceso, excess
  exceso de entrenamiento, overtraining
  exceso de equipaje, excess baggage
  exceso de peso, excess baggage
  exceso en el diseño, overdesign
excitable, excitable
excitación, excitement
excitante[1], exciting, stimulating
excitante[2], stimulant
excitar, to excite, to stimulate
exclamación, exclamation
exclamar, to exclaim
exclamativo, exclamatory
exclamatorio, exclamatory
excluir, to exclude
exclusión, exclusion
exclusivamente, exclusively
exclusive, exclusively
exclusivo(a)[1], exclusive
exclusiva[2], exclusive rights, sole dealership
excomulgar, to excommunicate
excomunión, excommunication
excoriar, to skin
excremento, excrement
excretar, to excrete
excursión, excursion
  ómnibus de excursión, sight-seeing bus
excursionista, sightseer, excursionist
excusa, excuse
excusable, excusable
excusado(a)[1], exempt, unnecessary, private
excusado[2], washroom, lavatory, toilet
excusar, to excuse, to avoid, to exempt
execrar, to execrate
exención, exemption
  exención de impuestos, tax exemption
exento(a), exempt, free
exequias, funeral rites, obsequies
exhalación, exhalation, falling star, vapor, flash
exhalar, to exhale, to emit
exhausto(a), exhausted, depleted

exhibición, exhibition
exhibicionista, exhibitionist
exhibir, to exhibit
exhortación, exhortation
exhortar, to exhort
exhumar, to exhume
exigencia, demand, exigency, unreasonable demand
exigente, exacting, demanding, exigent
exigir, to demand, to necessitate, to exact, to collect
exiguo(a), small, tiny
exiliado(a), exile
exiliar, to exile
eximio(a), superior, choice
eximir, to exempt, to excuse
existencia, existence, being
en existencia, in stock
existencialismo, existentialism
existencias, stock on hand
existente, existent
existir, to exist, to be in existence
éxito, result, outcome, success
éxito de librería, best seller
ex libris, ex libris, bookplate
exocitosis, exocytosis
éxodo, exodus
exoneración, exoneration
exonerar, to exonerate, to dismiss, to relieve
exorbitancia, exorbitance, excessiveness
exorbitante, exorbitant, excessive
exósfera, exosphere
exotérmico, exothermic
exótico(a), exotic
expansión, expansion, expansiveness
expansión de expresión algebraica, algebraic expression expansion
expansión de un binomio, binomial expansion
expansión hacia el oeste, westward expansion
expansión territorial, territorial expansion
expansionismo, expansionism
expansivo(a), expansive
expatriación, expatriation
expatriarse, to expatriate
expectación, expectation
expectativa, expectancy
expectativas de grupo, group expectations
expectorar, to expectorate
expedición, expedition, promptness, shipment
expedición de Lewis y Clark, Lewis and Clark Expedition
gastos de expedición, shipping expenses
expediciones marítimas de Zheng He, Zheng He maritime expeditions
expedicionario(a), expeditionary
expedidor(a), shipper
expediente, expedient, file, dossier, dispatch, ease
expedir, to expedite, to issue, to dispatch, to ship
expedito(a), prompt, speedy
expeler, to expel
expendio, retail selling, cigar shop
expensas, expenses, charges
a expensas de, at the expense of
experiencia, experience
experiencia de vida, life experience
experiencia directa, direct experience
experiencia laboral, work experience
experiencia previa, prior experience
experimentado(a), experienced
experimental, experimental
experimentar, to experience, to try out, to experiment with, undergo
experimento, experiment
experimento científico, scientific experiment
experimento controlado, controlled experiment
experimento estadístico, statistical experiment
experimento reproducible, replicable experiment
experto(a), expert
expiación, expiation
expiar, to expiate, to atone for
expiatorio(a), expiatory
expirar, to expire
explanada, esplanade

explanar, to level, to grade, to explain
explayar, to extend, to enlarge
explayarse, to dwell at great lengths, to go on and on
explicable, explainable
explicación, explanation, clarification
explicación alternativa de los datos, alternative explanation of data
explicar, to explain
explicarse, to understand, to comprehend
explicativo(a), explanatory
explícito(a), explicit
exploración, exploration, screening
exploración espacial, space exploration
exploración mamaria, breast examination
exploración médica, health screening
explorador(a)[1], explorer
explorador de Internet, Internet browser
explorador europeo, European explorer
explorador[2], scanner
explorador(a)[3], exploratory, frontiersman
niño explorador, boy scout
explorar, to explore
exploratorio(a), exploratory
explosión, explosion
explosión urbana, urban sprawl
explosivo(a), explosive
explotación, exploitation
explotación a cielo abierto, strip mining
explotación agrícola de carácter familiar, family farm
explotación infantil, child labor
explotar[1], to exploit
explotar[2], to explode
exponencial, exponential
exponente, exponent
exponente real, real exponent
exponer, to expose, to exhibit, to risk
exportación, exportation, export
exportación neta, net export
exportador(a)[1], exporting
casa exportadora, export company
exportador(a)[2], exporter
exportar, to export
exposición, exposition, exposure, danger, exposure to risk
exposición literaria, literary exposition
expósito(a)[1], abandoned
expósito(a)[2], foundling
expositor(a), expositor, exhibitor
expositor de corrupción, muckraker
expresado(a), expressed
expresar, to express
expresar en forma radical simple, express in simplest radical form
expresar en términos de, express in terms of
expresión, expression, phrasing
expresión algebraica, algebraic expression
expresión aritmética, arithmetic expression
expresión artística, artistic expression
expresión cultural, cultural expression
expresión de un binomio, binomial expression
expresión genética, gene expression
expresión genética selectiva, selective gene expression
expresión matemática, mathematical expression
expresión mínima, simplest form
expresión numérica, numerical expression
expresión personal a través de la actividad física, self-expression through physical activity
expresión racional, rational expression
expresión radical, radical expression
expresión verbal, verbal expression

expresiones contrastantes, contrasting expressions
expresionismo, Expressionism
expresionismo abstracto, Abstract Expressionism
expresivo(a), expressive, affectionate, demonstrative, significant
expreso(a), express
expreso aéreo, air express
exprimidor, squeezer
exprimir, to squeeze out, to drain, to wring out, to express clearly, to make clear
ex profeso, on purpose, purposely
expropiación, eminent domain, expropriation
expropiar, to expropriate
expuesto(a), dangerous
lo expuesto, what has been said
expulsar, to expel, to expulse
expulsión, expulsion
expurgar, to purge, to purify, to expurgate
exquisito(a), exquisite
éxtasis, ecstasy
extático(a), ecstatic
extensión de patrones, pattern extension
extender, to extend, to spread, to draw up, to make out
extender indefinidamente, extend indefinitely
extender un patrón, extend a pattern
extenderse, to spread, to reach
extensión, extension, extent
extensivo(a), extensive
sentido extensivo, extended meaning
extenso(a)[1], extensive, vast
extenso[2], comprehensive
extenuación, near collapse, extreme weakness
extenuar, to debilitate, to weaken
exterior[1], exterior, outer, overseas, foreign
exterior[2], outward look, appearance, abroad
exterioridad, outer appearance, outer show, hollow demonstration
exteriorizar, to externalize, to express
exterminador(a), exterminator
exterminar, to exterminate
exterminio, extermination
externalidad negativa, negative externality
externalidad positiva, positive externality
externalidades, externalities
externo(a)[1], external
externo(a)[2], day pupil
extinción, extinction
extinción total, mass extinction
extinguir, to extinguish
extinto(a), extinguished, extinct, passed on, dead
extirpación, uprooting, extirpation
extirpador(a), cultivator
extirpar, to root out, to uproot, to extirpate
extorsión, obtaining by force, wresting, turmoil, upset
extra[1], special, superior
extra[2], extra
extra[3], extra edition, bonus, added payment
extra de, in addition to, besides
extracción, extraction
extractar, to make an extract of
extracto, extract
extractor(a)[1], extractor
extractor(a)[2], extracting
extraer, to extract
extraer una raíz, extract a root
extralimitarse, to overstep one's authority, to take advantage of one's position
extramuros, outside town, out of the city
extranjero(a)[1], foreign, overseas
cambio extranjero, foreign exchange
en el extranjero, overseas
extranjero(a)[2], foreigner
extranjero[3], foreign lands
ir al extranjero, to go abroad
extrañar, to be lonesome for, to miss, to exile, to estrange, to be surprised by, to find hard to get used to, to surprise
extrañarse de, to be surprised at

extrañeza, wonderment, surprise, strangeness
extraño(a)[1], stranger
extraño(a)[2], strange, not a party, disassociated
extraoficial, unofficial, off the record
extraordinario(a)[1], extraordinary
extraordinario(a)[2], specialty, special edition
extrapolar, extrapolate
extrasensorio(a), extrasensory
extraterrestre, from outer space
extraterritorial, extraterritorial
extravagancia, eccentricity
extravagante, eccentric
extravertido(a)[1], extrovert
extravertido(a)[2], extroverted
extraviar, to mislead, to lead astray, to misplace, to mislay
extraviarse, to stray from the straight and narrow
extravío, misleading, misplacing, bad habits, going astray, trouble, bother
extremado(a), extreme
extremar, to carry to extremes
extremarse, to outdo oneself
extremidad, extremity
extremista, extremist
extremo(a)[1], extreme, last
extremo[2], end, tip, extreme, great care, extremum
  de extremo a extremo, form one end to the other
  en extremo, extremely
  por extremo, extremely
extrovertido(a)[1], extrovert
extrovertido(a)[2], extroverted

F

f. (franco), free
f/(fardo), bl. (bale), bdl. (bundle)
f.a.b. (franco a bordo), f.o.b. (free on board)
fábrica, factory, mill, manufacture, construction
  fábrica de papel, paper factory
fabricación, manufacture
  costo de fabricación, production cost
  fabricación en gran escala, mass production
  fabricación en serie, mass production
fabricador(a), fabricator
fabricante, manufacturer, factory owner
fabricar, to manufacture, to produce, to construct, to fabricate, to create
fabril, manufacturing
fábula, fable, gossip, hearsay
  la fábula del pueblo, the talk of the town
fabuloso(a), fabulous
facción, faction, action
facciones, features
faccioso(a), partisan, rebel
faceta, facet, phase, aspect
facial, facial, perceptive
  valor facial, face value
fácil, easy, likely
  fácil acceso, accessibility
facilidad, facility, ability, easiness, overindulgence
facilidades, advantages, convenience
facilitador, facilitator
facilitar, to facilitate, to supply, to provide with
fácilmente, easily
facineroso(a)[1], wicked, evil, vicious
facineroso[2], villain, scoundrel
facsímile, facsimile
factible, feasible, practical
factor, factor, shipping agent
  factor común, common factor
  factor común mayor, greatest common factor

factor constante, constant factor
factor de crecimiento, growth factor
factor de escala, scale factor
factor de riesgo, risk factor
factor de seguridad, safety factor
factor de un polinomio, factor of a polynomial
factor fisiológico, physiological factor
factor geográfico, geographic factor
factor primo, prime factor
factor Rh, Rh factor
factor social, social factor
factores de atracción, pull factors
factores de empuje, push factors
factores de limitación, limiting factor(s)
factores limitantes, limiting factors
factoreo, factoring
factoría, colonial trading post, factory
factorial, factorial
factorización, factorization
factorización prima, prime factorization
factorizar, factorize
factorizar completamente, factorize completely
factura, invoice, bill
factura simulada, pro forma invoice
factura de expedición, shipping invoice
factura de remesa, shipping invoice
facturar, to invoice, to check
facultad, faculty, property, school, authority
facultado(a), authorized
facultativo(a)[1], optional
facultativo[2], doctor
facundia, eloquence
facha, appearance, aspect, mien
ponerse en facha, to dress shabbily
fachada, facade
fachenda[1], braggart
fachenda[2], bragging
fachendear, to brag, to boast
faena, labor, job, duty, chore
fagocito, phagocyte
faisán, pheasant
faja, band, strip, sash
faja de radiación Van Allen, Van Allen radiation belt
fajar, to wrap, to bandage, to put a sash on
fajina, toil, chore, kindling wood
fajo, bundle
falacia, trickery, deceit
falacia lógica, logical fallacy
falange, phalanx
falangista, Falangist
falaz, deceitful, false
falda, skirt, lap, lower slope, foothill
faldero(a), fond of person's company
perro faldero, lap dog
faldón, short, full skirt, shirt tail
falla, faulting
falsarregla, bevel square, bevel rule
falsear[1], to falsify, to pierce, to force, to break open
falsear[2], to be off tune, to weaken
falsedad, falsehood, untruth
falsete, falsetto, plug
falsificación, falsification
falsificador(a), falsifier, counterfeiter
falsificar, to falsify, to counterfeit
falso(a), false, counterfeit, unsteady, unstable
en falso, falsely
falta, lack, want, mistake, error, breach, infraction
a falta de, by lack of, by want of
falta de aceptación, nonacceptance
falta de datos, data gap
falta de incentivos, disincentive
falta de pago, non payment
hacer falta, to be necessary, to be needed
poner faltas, to find fault
sin falta, without fail
faltar, to be lacking, to run short, to run out, to fail to show up, to fail, to fall short, to be absent, to be missing
¡no faltaba más!, not on your life! that's the last straw!
falto(a), wanting, lacking, short

faltriquera, pocket
fallar[1], to decide, to find on, to judge, to trump
fallar[2], to fail, to fall through, to weaken
fallecer, to die, to pass on
fallecimiento, death, passing
fallo[1], finding, verdict, lack of a suit
fallo(a)[2], out of, lacking
fama, reputation, fame, talk, rumor
  es fama, they say, it's said
familia, family, servants
  familia de la tabla periódica, periodic table family
  familia de palabras, word family
  familia estadounidense tradicional, traditional American family
  familia extensa, extended family
  familia matrilineal, matrilineal family
  familia monoparental, single-parent household
familiar[1], familiar, colloquial
familiar[2], relative, relation, familiar
familiaridad, familiarity
familiarizar, to familiarize
familiarizarse, to become familiar, to acquaint oneself
famoso(a), famous, first rate, excellent, top notch
fanal, lighthouse, bell jar
fanático(a), fanatic, zealot
fanatismo, fanaticism
fandango, fandango, mess, muddle
fanfarrón (fanfarrona)[1], boasting, bragging
fanfarrón (fanfarrona)[2], braggart, boaster
fanfarronada, bravado, boasting
fanfarronear, to boast, to bluster, to swagger
fango, mire, mud
fangoso(a), muddy, miry
fantasear, to daydream, to let one's mind wander
fantasía, fantasy, fancy
  fantasía moderna, modern fantasy
fantasma, phantom, stuffed shirt
fantástico(a), fantastic, stuffy
faramalla, hocus-pocus, rigmarole
farándula, profession of the farceur, hocus-pocus, rigmarole
farandulero(a)[1], farceur
farandulero(a)[2], trckly, sly, deceitful
Faraón[1], Pharoah
faraón[2], faro
fardo, bale, bundle
faringe, pharynx
fariseo(a), Pharisee, pharisee
farmacéutico(a)[1], pharmaceutical
farmacéutico[2], pharmacist
farmacia, pharmacy
faro, lighthouse, beacon, headlight
farol, lantern, light
farola, street light
farolear, to boast, to brag, to toot one's own horn
farolero[1], lamplighter
farolero(a)[2], boastful, cocky
farolero(a)[3], braggart, cocky individual
farsa, farce, company of farceurs
farsante[1], farceur
farsante[2], humbug
fascinación, fascination
fascinador(a), fascinating
fascinar, to fascinate, to bewitch
fascismo, fascism
fascista, fascist
fase, phase, aspect
  fase autónoma del aprendizaje, autonomous phase of learning
  fase lunar, lunar phase
  fases de la Luna, moon's phases
fastidiar, to annoy, to bother, to bore
fastidio, annoyance, boredom, bother
fastidioso(a), annoying, boring, bothersome
fatal, fatal, terrible, very bad
fatalidad, fate, disaster, misfortune
fatalismo, fatalism
fatalista[1], fatalist
fatalista[2], fatalistic
fatiga, fatigue, toil, labor, difficulty in breathing, nausea
fatigado(a), fatigued, worn out
fatigar, to tire, to wear out
fatigoso(a), weary-some, tiresome
fatuo(a), fatuous, inane, silly
fauna, fauna, wildlife
  fauna silvestre, wildlife

fausto(a)[1], happy, lucky, fortunate
fausto[2], luxury, splendor
favor, favor
  a favor de,
  by means of, due to, in favor of
favorable, favorable
favorecer, to favor, to help
favoritismo, favoritism
favorito(a), favorite
faz, face, side
F.C. o f.c. (ferrocarril), R.R. or r.r. (rail-road)
F. de T. (fulano de tal), John Doe
fe, faith, faithfulness, testimony
  a fe mia, on my honor
  dar fe, to certify, to testify
fealdad, ugliness
feb. (febrero), Feb. (February)
febrero, February
febril, feverish
fecal, fecal
fecha, date, day
  a treinta días fecha,
  at thirty day's sight
  fecha de publicación,
  publication date
  hasta la fecha, to date
  con fecha, under date
fechar, to date
fechoría, misdeed, villainy
fecundación, conception
fecundar, to fertilize, to make fertile, to make fruitful
fecundidad, fecundity, prolificness
fecundo(a), fruitful, prolific, fertile
federación, federation
  Federación Americana del Trabajo (F.A.T.), A.F.L., A.F. of L. (American Federation of Labor)
  Federación Estadounidense del Trabajo, American Federation of Labor (AFL)
  Federación Estadounidense del Trabajo y Congreso de Organizaciones Industriales (AFL-CIO), A.F.L., A.F. of L. (American Federation of Labor)
federal, federal
federalismo, federalism
federalista, Federalist
fehaciente, authentic
felicidad, happiness
felicitación, congratulation
felicitar, to congratulate, to felicitate
feligrés (feligresa), parishioner
felino(a), feline
feliz, happy, fortunate
  feliz idea, clever idea
felón (felona), traitor
felonía, disloyalty, treachery
felpa, plush, good drubbing, beating
felpilla, chenille
femenino(a), feminine, female
feminismo, feminism
feminista, feminist
fémur, femur, thighbone
fenecer[1], to finish, to conclude
fenecer[2], to come to an end, to pass on, to die
Fenicia, Phoenicia
fénico(a), carbolic
  ácido fénico, carbolic acid
fenomenal, phenomenal
fenómeno, phenomenon, freak, (pl. phenomena)
fenotipo, phenotype
feo(a), ugly
feracidad, richness, fertileness
feraz, fertile, agriculturally rich
féretro, bier, coffin
feria, weekday fair, day off
feriado(a), off, free
  día feriado, holiday, day off
feriar[1], to buy at the fair, to treat to
feriar[2], to suspend work
ferino(a), savage
  tos ferina, whooping cough
fermentación, fermentation
  fermentación de la levadura,
  yeast fermentation
  fermentación alcohólica,
  alcoholic fermentation
fermentar, to ferment
Fernando de Magallanes, Ferdinand Magellan
ferocidad, ferocity, ferociousness
feroz, ferocious
férreo(a), iron, ferrous
  vía férrea, railroad
ferrete, sulfate of copper, iron punch
ferretería, hardware store
ferrocarril, railroad
  ferrocarril de cable,
  cable railroad
  ferrocarril fenicular,
  funicular railroad

ferrocarril subterráneo, subway, Underground Railroad
por ferrocarril, by rail
ferrocarrilero(a)[1], railroad
ferrocarrilero[2], railroad man
ferroviario(a), railroad
ferruginoso(a), containing iron, iron
fértil, fertile, fruitful
fertilidad, fertility, fruitfulness
fertilidad del suelo, soil fertility
fertilización, fertilization
fertilizante, fertilizer
fertilizante químico, chemical fertilizer
fertilizar, to fertilize
férula, ferule
estar bajo la férula de otro, to be under somebody else's domination
férula dental, mouth guard
férvido(a), fervent, ardent
ferviente, fervent
fervor, fervor
fervoroso(a), fervent, ardent, eager
festejar, to celebrate, to fete, to entertain, to court, to woo, to court
festejo, fete, entertainment, courtship, wooing, celebration
festín, feast banquet
festividad, festivity
festivo(a), festive
día festivo, holiday
festonear, to festoon
fetiche, fetish
fétido(a), fetid, stinking
feto, fetus
feúcho(a), fright-fully ugly
feudal, feudal
feudalismo, feudalism
feudo, fief, feud, fee
fiabilidad, reliability
fiable, responsible, trustworthy
fiado(a), on trust
al fiado, on credit charged
fiador(a)[1], bondsman, surety
fiador[2], fastener, safety catch, snap
fiambre, cold, served cold
fiambrera, lunch basket
fiambres, cold cuts
fianza, surety, guarantee, bond
dar fianza, to go good for
prestar fianza, to go good for
fiar[1], to go good for, to sell on credit, to trust with
fiar[2], to trust
fiasco, failure
fibra, fiber, grain, vigor, toughness
fibras del corazón, heartstrings
fibroma, fibroid tumor
fibroso(a), fibrous
ficción, fiction
ficción histórica, historical fiction
ficción realista contemporánea, contemporary realistic fiction
ficticio(a), fictitious
ficha, chip, token, index card
fichero, card index, card file, card catalog
fidedigno(a), trustworthy, believable
fideicomiso, trust
fidelidad, fidelity, accuracy, care
fideos, vermicelli, thin noodles
fiebre, fever
fiebre amarilla, yellow fever
fiebre cerebral, brain fever, meningitis
fiebre de Malta, undulant fever
fiebre aftosa, hoof and mouth disease
fiel[1], faithful
los fieles, the faithful
fiel[2], public inspector, indicator
fieltro, felt
fiera, beast, wild animal, fiend, monster
fiereza, fierceness, ferociousness
fiero(a), bestial, hard, cruel, huge, monstrous, horrible, frightful
fiesta, feast, festival, holida, party, festivity
aguar la fiesta, to spoil the fun
fiesta de la cosecha, harvest festival
fiestas conmemorativas, commemorative holidays
no estar para fiestas, to be in no mood for jokes
fig. (figura), fig. (figure)
figura, figure, countenance, face, representation, face card, note
figura abierta, open figure
figura cerrada, closed figure
figura de dos dimensiones, two-dimensional figure
figura geométrica, geometric shape, geometric figure

figura histórica, historic figure
figura literaria, figure of speech
figura plana, plane figure
figura popular, popular figure
figura sólida, solid figure
figura tridimensional, three-dimensional figure
figuras en terracota de Nok, Nok terra cotta figure
figuras paralelas, parallel figures
figuras similares, similar figures
figurado(a), figurative
figurar[1], to portray, to figure, to feign, to pretend
figurar[2], to figure, to be counted
figurarse, to imagine
figurín, model, dude, fashion plate
fijación[1], fixation
fijación de nitrógeno, nitrogen fixation
fijación del carbono, carbon fixation
fijación[2], obsession
fijar, to fix, to fasten, to determine
se prohibe fijar carteles, post no bills
fijarse, to notice, to take notice
fijeza, firmness, stability, persistence
fijo(a), fixed
de fijo, certainly, surely
fila, row, line
fila guía, home row
fila principal, home row
Filadelfia, Philadelphia
filantropía, philanthrophy
filantrópico(a), philanthropic
filántropo, philanthropist
filarmónico(a), philharmonic
filatelia, philately
filatélico(a), philatelic
filatelista, philatelist
filete, fillet, small spit
filiación, filiation, description
filial, filial
filibusterismo u obstruccionismo, filibusters
filigrana, filigree, water-mark
filipino(a), Filipino, Philippine
filisteo(a), Philistine
filmar, to film
filme, film
filmoteca, film library
filo, cutting edge, dividing line, division
filocomunista, fellow traveler
filogenética, phylogenetics
filogenia, phylogeny
filología, philology
filólogo(a), philologist
filosofar, to philosophize
filosofía, philosophy
filosofía política, political philosophy
filosófico(a), philosophical
filósofo(a), philosopher
filósofo griego, Greek philosopher
filtración, filtration
filtrado, filtering
filtrar, to filter
filtrarse, to filter, to seep
filtro, filter, love potion
filtro de vacío, vacuum filter
filum, phylum
fin, end
al fin, at last
en fin, in conclusion, in short
sin fin, endless number
finado(a), dead, deceased
final[1], final, ultimate
final[2], end
final[3], finals, main event
finalidad, end, purpose
finalista, finalist
finalizar, to finish, to conclude
finalmente, finally, at last
financiación, funding
financiamiento, financing, funding
financiar, to finance
financiero(a)[1], financial
financiero(a)[2], financeer
finca, piece of land, property, ranch, country place
fineza, fineness, token of friendship, refinement, good turn
fingido(a), false, feigned, not genuine
fingimiento, feigning, pretense
fingir, to feign, to fake, to pretend
fingirse, to pretend to be
finiquitar, to settle, to liquidate, to finish
fino(a), fine, polite, courteous, true, cunning
finura, delicacy, excellence, courtesy, politeness
fiordo, fiord
firma, signature, company, firm, signing

firmamento, firmament
firmar, to sign
firme, firm stable
firmeza, firmness, stability
fiscal[1], public prosecutor, district attorney, treasurer
fiscal[2], fiscal
fiscalizar, to meddle in, to pry into
fisco, treasury department
física[1], physics
  física de altas energías, high-energy physics
  física de bajas temperaturas, low-temperature physics
  física del estado sólido, solid state physics
  física del plasma, plasma physics
físico(a)[2], physical, outward appearance, looks
físico(a)[3], physicist, person who works in physics
fisiografía, physiography
fisiología, physiology
fisión, fission
  fisión binaria, binary fission
  fisión nuclear, nuclear fission
fisionable, fissionable
fisioterapia, physiotherapy
fisonomía, look, countenance, features
fisonomista, person who has a good memory for faces
fitoplancton, phytoplankton
flaco(a), thin, feeble.
flagelo, flagellum (pl. flagella)
flagrante, flagrant
  en flagrante, in the act red-handed
flamante, flaming, bright, brand-new
flamear, to flutter, to wave, to flame, to blaze
flamenco(a)[1], Flemish
  baile flamenco, Andalusian gypsy dance
flamenco[2], flamingo
flan, custard
flanco, flank, side
flanquear, to flank, to outflank
flaquear, to flag, to weaken, to lose spirit, to slacken
flaqueza, leanness, meagerness, feebleness, weakness, failing
flatulento(a), flatulent
flauta, flute
flautín, piccolo, fife
flautista, flutist, flautist
fleco, flounce, fringe, bangs
flecos, gossamer
flecha, Arrow, dart
fleje, iron arrow
flema, phlegm, apathy
flemático(a), phlegmatic
flequillo, bangs
fletador, freighter, charterer
fletamento, chartering, charter
fletar, to freight, to load, to charter
flete, freight
  flete aéreo, air freight
flexibilidad, flexibility, mobility
flexible, flexible
flexión, push-up
flirtear, to flirt
flirteo, flirting, flirtation
flojedad, weakness, laziness, negligence
flojera, laziness, slackness
flojo(a), loose, slack, weak, lazy, idle
flor, flower
  echar flores, to compliment, to flatter
  flor de la edad, prime of life
flora, flora
florear[1], to take the best part of
florear[2], to pay compliments
florecer, to blossom, to flower, to bloom, to flourish
floreciente, in bloom, flowering, flourishing
Florencia, Florence
florentino(a), Florentine
floreo, frivolous chitchat, flourish, triviality, banality
florero, vase for flowers
floresta, grove, florilegium, anthology
florete, foil
floricultor(a), floriculturist
floricultura, floriculture
florido(a), florid, flowery, choice, select
florista, florist
florón, vignette, flower, crowning grace
flota, fleet
  flota aérea, air fleet
flotación, floating, buoyancy
flotante, floating
flotar, to float
flote, floating
  a flote, buoyant, afloat
flotilla, flotilla
fluctuación, fluctuation

fluctuación de temperatura, temperature fluctuation
fluctuación de una función, range of a function
fluctuar, to fluctuate
fluidez, fluidity, fluency
fluidez de la oración, sentence fluency
fluido(a), fluid, fluent
fluir, to flow, to run
flujo, flow
flujo de conciencia, stream of consciousness
flujo de energía, flow of energy
flujo de mercancías, commodity flow
flujo de risa, outburst of laughter
fluorescencia, fluorescence
fluorescente, fluorescent
fluoroscopio, fluoroscope
fluoruración, fluoridation
fluvial, fluvial
vías fluviales, waterways
foca, seal
piel de foca, sealskin
focal, focal
foco, focus, lightbulb
foco de una parábola, focus of a parabola
fofo(a), soft, fluffy
fogón, stove, vent
fogonazo, flash of powder
fogonero, fireman, stoker
fogosidad, heatedness, fieriness, fervor
fogoso(a), fiery, ardent, heated
folclore, folklore
folclórico(a), folkloric
folclorista, student of folklore
foliación, foliation
folio, folio
follaje, foliage
folletín, special supplement
folleto, pamphlet
follón(a)[1], indolent, good for nothing
follón[2], dud
fomentador(a), promoter, inciter, furtherer
fomentar, to heat, to warm, to incite, to foment, to promote, to further
fomento, heat, warmth, promotion, foment
fonda, inn
fondear[1], to sound, to search
fondear[2], to anchor
fondillos, seat of trousers
fondo[1], bottom, depth, back, back part, background, fund, qualities
a fondo, completely, fully
artículo de fondo, editorial
dar fondo, to cast anchor
Fondo de las Naciones Unidas para la Infancia (UNICEF), United Nations Children's Fund (UNICEF)
fondo doble, false bottom
fondos de inversión, mutual funds
fondo[2], funding
fonética[1], phonetics
fonético(a)[2], phonetic
fonógrafo, phonograph
forajido(a), outlaw, highwayman
foráneo(a), foreign, strange
forastero(a)[1], strange
forastero(a)[2], stranger
fórceps, forceps
forense, forensic
forestal, forest
forjador, smith, inventor, fabricator
forjadura, forging, fabrication
forjar, to forge, to work, to invent, to coin, to fabricate
forma, form, shape, way, format, means
forma bidimensional, two-dimensional shape
forma binaria, binary form
forma complementaria, complementary shape
forma corporal, body shape
forma corriente, standard form
forma de arte, art form
forma de asentamiento concentrado, concentrated settlement form
forma de vida, life form
forma cortés, polite form
forma educada, polite form
forma electrónica, electronic form
forma escrita, written form
forma estándar, standard form
forma exponencial, exponential form
forma gramatical, grammatical form

forma pendiente intercepto, Slope intercept form
forma tridimensional, three-dimensional shape
forma verbal, verbal form
forma verbal progresiva, progressive verb form
formas contrastantes, contrasting shapes
formas de arte tradicionales, traditional art forms
formas de la materia, forms of matter
formas del agua, forms of water
formas equivalentes, equivalent forms
formas equivalentes de ecuaciones, equivalent forms of equations
formas equivalentes de inecuaciones, equivalent forms of inequalities
formación, formation
formación de estrellas, star formation
formación de la Tierra, Earth's formation
formación de montañas, mountain building
formación del Sistema Solar, solar system formation
formal, formal, reliable, serious
formalidad, formality, reliability, seriousness
formalizar, to formalize
formalizarse, to grow stiff, to get very formal, to become serious, to grow up
formar, to form, to shape
formar causa, to bring suit
formar una unión más perfecta (preámbulo de la Constitución de EE.UU.), form a more perfect union
formativo(a), formative
formato, format
formato de documentos, document formatting
formato de hoja de estilos, style sheet format
formato de página, page format
formato del texto, text format
formidable, formidable, terrific
formón, chisel, punch
fórmula, formula
formula cuadrática, quadratic formula
fórmula de ángulo doble, double-angle formula
fórmula de ángulo medio, half-angle formula
fórmula de distancia, distance formula
fórmula de la circunferencia, circumference formula
fórmula de paralelogramo, parallelogram formula
fórmula de perímetro, perimeter formula
fórmula de punto medio, midpoint formula
fórmula del círculo, circle formula
fórmula del rectángulo, rectangle formula
fórmula del triángulo, triangle formula
fórmula del volumen, volume formula
fórmula estructural, structural formula
fórmula molecular, molecular formula
fórmula para calcular valores desconocidos, formula for missing values
fórmula pendiente intercepto, slope intercept formula
fórmula química, chemical formula
formulación, formulation
formulación de la pregunta, question formulation
formulación del problema, problem formulation
formular, to formulate
formulario, form, blank
formulario para imprimir, print form
fornicación, fornication
fornicar, to commit fornication, to fornicate
foro, forum, bar, back of the stage
forraje, forage, fodder
forrar, to line, to cover
forro, lining, cover
Fort Sumter, Fort Sumter
fortalecer, to fortify, to strengthen

fortaleza, fortitude, fortress, stronghold
fortificación, fortification
fortificar, to fortify
fortín, small fort, bunker
fortuito(a), fortuitous, unforseen
fortuna, fortunes, luck, fortune, storm
  por fortuna, luckily, fortunately
forzado(a)[1], forced, compelled
forzado[2], convict
forzar, to force, to ravish, to force one's way in, to storm
forzosamente, of necessity
forzoso(a), unavoidable
fosa, grave, cavity
  fosa séptica, septic tank
fosfato, phosphate
fosfolípidos, phospholipids
fosforescente, phosphorescent
fosfórico(a), phosphoric
fósforo, phosphorus, match
  fósforo de seguridad, safety match
fósil, fossil
foso, pit, moat, trench, grease pit
fotocélula, electric eye
fotocopiar, xerox, copy
fotoeléctrico(a), photoelectric
fotogénico(a), photogenic
fotograbado, photoengraving, photogravure
fotografía, photograph, photography
  fotografía aérea, aerial photography
fotografiar, to photograph
fotógrafo, photographer
fotómetro, photometer, light meter
fotón, photon
fotosíntesis, photosynthesis
fotostático(a), photostatic
F.P.S. (factor de protección solar), SPF (sun protection factor)
frac, full dress, tails
fracasar, to be wrecked, to be dashed
fracaso, collapse, ruin, fiasco
fracción, fraction, division, cutting up
  fracción compleja, complex fraction
  fracción común, common fraction
  fracción impropia, improper fraction
  fracción propia, proper fraction
  fracción unitaria, unit fraction
  fracciones de tamaño distinto, fractions of different size
  fracciones equivalentes, equivalent fractions
fraccionamiento, cutting up, dividing up
fraccionario(a), fractional
fractura, fracture, break, rupture
fracturar, to fracture, to break open, to smash
fragancia, fragrance, perfume
fragante, fragrant, flagrant
fragata, frigate
frágil, fragile, weak, frail
fragilidad, fragility, frailty
fragmento, fragment
  fragmento de oración, sentence fragment
fragor, noise, clamor
fragoso(a), craggy, rough, loud, noisy
fragua, forge
fraguar[1], to forge, to contrive
fraguar[2], to solidify, to harden
fraile, friar
frambuesa, raspberry
frambueso, raspberry bush
francachela, festive gathering, high old time
francés (francesa)[1], French
francés[2], French language, Frenchman
francesa, French woman
Francia, France
Francis Bacon, Francis Bacon
Francisco Franco, Francisco Franco
franco(a)[1], free, liberal, generous, frank, open
  franco a bordo, free on board
  franco de porte, postpaid, prepaid
franco[2], franc
Franco[3], Frank
franela, flannel
franja, fringe, strip, band
Franklin D. Roosevelt, Franklin D. Roosevelt
franquear, to exempt, to permit, to give, to clear, to stamp, to free
franquearse, to be easily swayed, to reveal one's true feelings
franqueo, postage, exemption, freeing
franqueza, frankness, liberty, freedom, liberality

franquicia, immunity from customs payments, franchise, free mailing privileges
frasco, flask, powder horn
frase, phrase, sentence
 frase adjetiva, adjective phrase
 frase adverbial, adverb phrase
 frase concluyente, clincher sentence
 frase de cierre, closing sentence
 frase de seguimiento, follow-up sentence
 frase en gerundio, gerund phrase
 frase en sentido figurado, figure of speech
 frase exclamativa, exclamatory sentence
 frase literal, literal phrase
 frase melódica, melodic phrase
 frase musical, musical phrase
 frase nominal, noun phrase
 frase participia, participial phrase
 frase preposicional, prepositional phrase
 frase rítmica, rhythmic phrase
 frase verbal, verb phrase
 frases de palabras intermedias, intervening word phrases
 frases extranjeras, foreign phrases
 frases infinitivas, infinitive phrases
frasear, to phrase
fraseología, phraseology
fraternal, fraternal, brotherly
fraternidad, fraternity, brotherhood, fraternal organization
fratricida, fratricide
fratricidio, fratricide
fraude, fraud, cheating
 fraude al consumidor, consumer fraud
 fraude informático, computer fraud
fraudulento(a), fraudulent
fray o fraile, friar
frazada, blanket
frecuencia, frequency
 con frecuencia, frequently
 frecuencia cardiaca, heart rate
 frecuencia cardiaca aumentada, increased heart rate
 frecuencia cardiaca en reposo, resting heart rate
 frecuencia cardiaca irregular, irregular heart rate
 frecuencia cardiaca objetivo, target heart rate
 frecuencia del pulso, pulse rate
 frecuencia relativa, relative frequency
 frecuencia relativa acumulativa, cumulative relative frequency
 frecuencia respiratoria, breathing rate
frecuentar, to frequent, to frequent the company of
Frederick Douglass, Frederick Douglass
Fredericksburg, Fredericksburg
fregadero, kitchen sink
fregado, scouring, washing, scrubbing
fregador[1], scrub brush
fregador(a)[2], dishwasher
fregar, to scrub, to scour, to wash, to rub the wrong way, to annoy
fregona, kitchen maid
freir, to fry
fréjol, kidney bean
frenar, to brake
frenesí, frenzy
frenético(a), frenzied
frenillo, frenum
 no tener frenillo en la lengua, to have a loose tongue
freno, bridle, brake
 freno de aire, air brake
frenos, braces
frenópata, alienist
frenopatía, study of mental diseases
frente[1], forehead
 frente a frente, face to face
frente[2], front
 frente civil, home front
 frente frío, cold front
 frente interno, home front
 frente obrero, labor front
 en frente, in front
 frente a, in front of
 hacer frente, to face, to stand up to
fresa, strawberry
fresco(a), cool, fresh, healthy, ruddy,

unruffled, fresh, cheeky
frescura, freshness, coolness, calmness, steadiness, smart remark, jibe, carelessness
fresno, ash tree
frialdad, coldness, indifference, frigidity, stupidity
fricasé, fricassée
fricción, friction
fricción de la distancia, friction of distance
fricción deslizante, sliding friction
fricción estática, static friction
friccionar, to rub
friega, massage, whipping
frígido(a), frigid
frigorífero, refrigerator
frigorífico[1], cold storage plant, refrigerator
frigorífico(a)[2], refrigerating
frijol, bean
frío(a), cold
hacer frío, to be cold
tener frío, to be cold
friolera, trifle
frisar[1], to tease, to rub
frisar[2], to be very much alike, to approach
friso, frieze
fritada, fry
frito(a), fried
fritura, fry
fritura de pescado, fish fry
frivolidad, frivolity
frívolo(a), frivolous
frondosidad, thick foliage
frondoso(a), thick, dense, leafy
frontera, frontier, border
frontera de malezas, crabgrass frontier
frontera geográfica, geographic border
frontera política, political border
fronterizo(a), frontier, border, opposite, on the other side
frontis, face, facade
frontispicio, frontispiece
frontón, pelota court, court wall, pediment
frotación, friction, rubbing
frotadura, friction, rubbing
frotar, to rub
fructífero(a), fruitful
fructificar, to yield fruit
fructosa, fructose
fructuoso(a), fruitful
frugal, frugal, sparing
frugalidad, frugality, parsimony
fruición, fruition
fruncimiento, gathering, ruffling, ruse, trick
fruncir, to gather, to ruffle, to press together
fruncir las cejas, to knit one's eyebrows, to frown
fruncir los labios, to purse one's lips
fruncir el ceño, to frown
fruslería, trifle, mere nothing
frustrar, to frustrate, to thwart, to fail in the attempt of
frustrarse, to miscarry, to fall through
fruta, fruit
fruta del tiempo, fruit in season
fruta azucarada, candied fruit
frutal[1], fruit tree
frutal[2], fruit-bearing
frutería, fruit store
frutero(a)[1], fruit, holding fruit
frutero(a)[2], fruit vendor
frutero[3], fruit dish, still life of fruit
fruto, fruit
fuego, fire, burning sensation, dwelling
fuego fatuo, ignis fatuus, will o' the wisp
fuegos artificiales, fireworks
fuelle, bellows, gossip, tale bearer
fuente, fountain, source, spring, platter
fuente de energía, energy source
fuentes de energía alternativa, alternative energy source
fuente de energía renovable, renewable energy resource
fuente de información, information source
fuente de onda, wave source
fuente de referencia, reference source
fuente de sonido tradicional, traditional sound source

fuente primaria, primary source
fuente secundaria, secondary source
fuente terciaria, tertiary source
fuentes de energía, energy resources
fuentes de energía externa de la Tierra, Earth's external energy sources
fuentes de energía interna de la Tierra, Earth's internal energy sources
fuentes dignas de crédito, credible sources
fuer, fuer, strong
a fuer de, by means of, by dint of
fuera, without, outside
¡fuera!, out of the way! make way!
fuera de, outside of, over and above
fuera de sí, frantic, beside oneself
fuera de alcance, beyond reach
fuera de ley, lawless, outside the law
fuero, jurisdiction, code, special right, concession
fuero interior, heart, innermost conscience
fueros, arrogance, presumption
fuerte[1], small fortification
fuerte[2], strong, considerable
fuerte[3], loud, hard
fuerza, force, strength, power
a fuerza de, by dint of
fuerza aplicada, applied force
fuerza boyante, buoyant force
fuerza centrípeta, centripetal force
fuerza cohesiva, cohesive force
fuerza desigual, unbalanced force
fuerza eléctrica, electric force
fuerza electromagnética, electromagnetic force
fuerza electromotriz, electromotive force
fuerza geológica, geologic force
fuerza gravitatoria, gravitational force
fuerza mayor, act of God
fuerza militar, military force
fuerza muscular, muscular strength
fuerza nuclear, nuclear force
fuerza resultante, net force
fuerzas armadas, armed forces
fuerzas encargadas de mantener la paz, peacekeeper
Fuerzas Expedicionarias Estadounidenses, American Expeditionary Force
fuerzas intermoleculares, intermolecular forces
fuete, horsewhip
fuga, flight, exuberance, leak, escap, fugue
fugarse, to escape, to flee
fugaz, fleeting, momentary
fugitivo(a), fugitive
fulano(a), so and so, what's his (her) name
fulano(a) de tal, John Doe, Jane Doe
fulcro, fulcrum
fulgor, glow, brilliance, splendor
fulgurante, resplendent, brilliant
fulgurar, to flash, to shine brilliantly
fulminante[1], percussion cap, primer
fulminante[2], fulminating, explosive, killing, that strikes dead
fulminar[1], to strike dead, to throw off, to thunder
fulminar[2], to fulminate
fumada, puff
fumadero, smoking room, smoker
fumador(a)[1], smoker
fumador(a)[2], given to smoking
fumar, to smoke
fumigación, fumigation
fumigador, fumigator
función, function, performance, engagement
función absoluta, absolute function
función algebraica, algebraic function
función analógica, function analogy
función celular, cell function
función circular,

circular function
función compuesta, function composition
función cuadrática, quadratic function
función de valor absoluto, absolute value function
función del mundo real, real-world function
función directa, direct function
función escalonada algebraica, algebraic step function
función exponencial, exponential function
función geométrica, geometric function
función inversa, inverse function
función lineal, linear function
función logarítmica, log function, logarithmic function
función no lineal, nonlinear function
función periódica, periodic function
función polinómica, polynomial function
función primaria, parent function
función racional, rational function
función radical, radical function
función sinusoidal, sinusoidal function

funciones de mantenimiento vital, life-sustaining functions
funcional, functional
funcionamiento, performance, function, running
funcionar, to function, to work, to run
funcionario, official, functionary
funcionario público, government employee, public servant
funda, case, cover, slip cover
funda de almohada, pillowcase
fundación, foundation
fundación de Roma, founding of Rome
fundador(a), founder
fundadores, founders
fundamental, fundamental
fundamentalismo, fundamentalism
fundamentalismo religioso, religious fundamentalism
fundamento, foundation, base, seriousness, levelheadedness, grounds
fundar, to found, to establish
fundición, melting, fusion, founding, casting, foundry, font, smelting
fundidor, foundryman, caster
fundir, to found, to cast, to fuse, to melt
fundirse, to fuse, to join
fúnebre, funeral, funereal
funeral, funereal
funerales, pl. funerals
funerario(a)[1], funeral, funereal
funeraria[2], funeral parlor
funerario[3], undertaker
funesto(a), mournful, dismal, ill-fated, disastrous
fungosidades, fungi (sing. fungus)
furgón, boxcar, freightcar, trailer truck, van
furia, fury, rage, haste
a toda furia, with the utmost speed
furioso(a), furious
furor, fury
furtivo(a), furtive, sly
cazador furtivo, poacher
fuselado(a), streamlined
fuselaje, fuselage
fusible, fuse
caja de fusibles, fuse box
fusil, rifle
fusilar, to shoot, to execute, to plagiarize, to steal
fusilazo, rifle shot
fusión, fusion
fusión nuclear, nuclear fusion
temperatura de fusión, melting point
fuste, shaft, saddletree, importance, matter, backbone, character
hombre de fuste, man of character, man of initiative
fustigar, to lash, to rake over the coals

fútbol, soccer, football
futbolista, football player, soccer player
fútil, useless, trifling, unimportant
futilidad, futility
futurismo, futurism
futuro(a), future
en un futuro próximo, in the near future

G

g (gramo), gr. (gram)
g/(giro), draft
gabacho(a)[1], Frenchie, French, Frenchified Spanish
gabacho(a)[2], awkward
gabacho(a)[3], foreigner (of North American or European origin)
gabán, overcoat
gabardina, gabardine, trench coat
gabarra, lighter
gabela, tax, duty
gabinete, cabinet, study, exhibition hall, exhibit
gabinete presidencial, president's cabinet
gacela, gazelle
gaceta, newspaper
gacetero, newswriter, newspaper writer, journalist
gacetilla, news in brief, short news item, news hound
gachas, porridge, mush
gacho(a), curved down, bent down
gachupín (gachupina), Spanish settler in America
gafa, hook
gafas, spectacles, glasses
gaguear, to stutter
gaita, bagpipe
gajes, salary, wages
gajes del oficio, bad part of a job, worries attached to a position
gajo, broken branch, section, spur
gala, finery, elegant dress, grace, refinement, pride
hacer gala, to glory in
galán, gallant, suitor, swain, dandy, swell
primer galán, leading man
galano(a), elegantly dressed, elegant, polished
galante, gallant, coquettish
galanteador[1], attentive, courting
galanteador[2], suitor, swain
galantear, to court, to woo
galanteo, courtship, wooing
galantería, gallantry, elegance, liberality, generosity
galápago, sea turtle, light saddle
galardón, reward, recompense
galeno, doctor
galeón, galleon
galeote, galley slave
galera, galley, covered wagon, women's prison, galley
galerada, galley proof, wagonload
galería, gallery
Gales, Wales
galgo, greyhound
galicismo, Gallicism
Galileo, Galileo
galimatías, gobbledygook, gibberish
galón, braid, gallon
galopar, to gallop
galope, gallop
a galope, in a hurry, in great haste
galopear, to gallop
galladura, tread
gallardear, to acquit oneself extremely well, to do a top-notch job
gallardete, pennant, streamer
gallardía, grace ease, effortlessness, resourcefulness, spirit
gallardo(a), graceful, elegant, spirited, resourceful, splendid
gallego(a), Galician
galleta, hardtack, sea biscuit, cracker
gallina[1], hen
gallina ciega, blind-man's bluff
gallina[2], chicken, coward
gallinazo, turkey buzzard
gallinero(a)[1], poulterer
gallinero[2], chicken coop, peanut gallery, bedlam, madhouse
gallipavo, sour tone, false note
gallito, smart aleck, cocky individual
gallo, cock

Misa de Gallo, midnight mass
gama, gamut, doe
gameto, gamete
gamuza, chamois
gana, desire, wish
tener ganas de, to feel like
de buena gana, with pleasure, willingly, gladly
de mala gana, unwillingly, with reluctance
ganadería, cattle raising, stock cattle, ranching
ganadero(a)[1], cattle dealer, cattle raiser
ganadero(a)[2], cattle, livestock
ganado, cattle, livestock
ganado de cerda, swine
ganado mayor, bulls, cows, mules, and mares
ganado menor, sheep and goats
ganador(a)[1], winner, earner
ganador(a)[2], winning, earning
ganancia, gain, profit, earnings
ganancia líquida, net profit
ganancia proporcional, proportional gain
ganancias y pérdidas, profit and loss
ganancioso(a), gainful, winning
ganar[1], to earn, to win, to reach, to win over, to be ahead of, to deserve, to earn
ganar[2], to improve
gancho, hook, wheedler, coaxer, charm, allure
gandul(a), idler, tramp, loafer
ganga, European sand grouse, bargain, windfall
ganglio, ganglion
gangoso(a), snuffling, sniveling
gangrena, gangrene
gangrenarse, to become gangrenous
ganguear, to snuffle, to snivel
ganoso(a), desirous
ganso(a)[1], goose
ganso[2], gander
garabatear, to hook, to scrawl, to scribble
garabato, hook, scrawl, scribbling
garabatos, fidgeting of the hands
garaje, garage
garante, guarantor
garantía, guarantee, pledge
garantir, to guarantee
garantizar, to guarantee
garapiña, sugar-coating, icing, frosting
garapiñado(a), candied, frosted, glace
almendras garapiñadas, sugar-coated almonds
garbanzo, chickpea
garbo, gracefulness, elegance, grace, gallantry, generous nature
garboso(a), sprightly, graceful, elegant, gallant, liberal, attentive
gardenia, gardenia
gargajear, to spit, to clear one's throat
gargajo, phlegm, spittle
garganta, throat, instep, neck, narrows, narrow pass
gárgara, gargle
hacer gárgaras, to gargle
gárgola, gargoyle
Garibaldi, Garibaldi
garita, sentry box, line-man's box, cab
garito, gambling den
garlito, fish net, trap, snare
garra, claws, talons
caer en las garras de, to fall in the clutches of
garrafa, decanter, carafe
garrafón, demijohn, large water jar
garrapata, tick
garrapato, scrawl, doodle
garrocha, goad
garrote, cudgel, club, garrote
gárrulo(a), chirping, twittering, babbling, murmuring
garza[1], heron
garzo[2], agaric
garzo(a)[3], bluish grey
gas, gas
gas de efecto invernadero, greenhouse gas
gas lacrimógeno, tear gas
gas natural, natural gas
gas no reactivo, nonreactive gas
gas noble, noble gas
gases de la atmósfera, gases of the atmosphere
gasa, gauze, chiffon

gaseoso(a)[1], gaseous
gaseosa[2], soft drink, soda water
gasolina, gasoline
  tanque de gasolina, gasoline tank
gasolinera, motor launch, gas station
gastado(a), wornout, tired out, worn down, used up, spent
gastador(a)[1], spendthrift
gastador[2], convict laborer, sapper, pioneer
gastar, to spend, to use up, to go through, to lay waste, to waste, to have always, to use
gastarlas, to behave, to act
gasto, expense, cost, waste, consumption, spending
  gasto de inversión privada, private investment spending
  gasto en defensa nacional, national defense spending
  gasto federal, federal spending
  gasto público, government spending
  gastos corporativos, corporate spending
  gastos del Estado, national government spending
  gastos en bienes de consumo, consumer spending
  gastos en defensa, defense spending
  gastos médicos, medical expenditure
gastrónomo(a), gourmet, epicure
gastrorrectomía, gastrorectomy
gastrotomía, gastrostomy
gata, she-cat, tabby
  a gatas, on all fours
gatear[1], to creep, to go on all fours, to climb up, to clamber up
gatear[2], to scratch, to snatch, to pilfer
gatillo, pincers, tooth extractor, trigger
gato, cat, tomcat, car jack, lifting jack, hooking tong, sneak thief
  gato montés, wildcat
gaucho, Argentine cowboy
gaveta, desk drawer
gavia, tops'l, topsail, drainage ditch, sea gull
gavilán, sparrow hawk
gaviota, gull, sea gull
gavota, gavotte
gay, gay
gazapo[1], young rabbit, sly fox, shrewd individual, slip
gazapo[2], mistake
gaznate, throttle, windpipe
géiser, geyser
gelatina, gelatine
gema, gem, precious stone
gemelo(a), twin
gemelos, cuff links, opera glasses, binoculars
gemido, groan, moan, wail
  dar gemidos, to groan
gemir, to groan, to moan, to wail
gen, gene
  gen dominante, dominant gene
  gen ligado, linked gene
  gen recesivo, recessive gene
gendarme, gendarme
genealogía, genealogy
generación, generation
  generación de los baby boomers, baby boom generation
  generación parental, parental generation
generador, generator
general[1], general of militia
general[2], general, usual
  en general, in general, overall
  por lo general, as a rule
  cuartel general, headquarters
  procurador general, Attorney General
generalidad, generality
generalísimo, generalissimo
generalizado(a), widespread
generalizar, to generalize, to spread, to make common
  generalizaciones resonantes, glittering generality
genérico(a), generic
género, genus, kind, sort, gender, genre
  género humano, mankind
géneros[1], goods, commodities
géneros[2], genera (sing. genus)

generosidad, generosity
generoso(a), generous
Génesis[1], Genesis
génesis[2], genesis, origin
genética, genetics
genética humana, human genetics
genética mendeliana, Mendelian genetics
Gengis Kan, Genghis Khan
genial, genial, cheerful, outstanding, inspired
genio, sort, kind, temper, disposition, genius
genital, genital
genocidio, genocide
genocidio nazi, Nazi genocide
genoma mitocondrial, mitochondrial DNA
genotipo, genotype
genotipo homocigótico, homozygous genotype
Génova, Genoa
gente, people
gente bien, well-to do
gente menuda, children, young fry
gente de trato, tradespeople
ser buena gente, to be likable, to be nice
gentecilla, mob, rabble
gentil[1], pagan
gentil[2], refined, genteel, obvious, evident
gentileza, gentility, elegance, kindness
gentilhombre, gentleman
gentilicio(a), national, family
gentío, crowd, multitude
gentuza, rabble, mob
genuino(a), genuine, pure
geodésico(a), geodesic
cúpula geodésica, geodesic dome
geofísico(a), geophysical
año geofísico, geophysical year
geofísica, geophysics
geografía, geography
geografía física, physical geography
geografía política, political geography
geográfico(a), geographical
geógrafo, geographer
geología, geology
geólogo, geologist
geometría, geometry
geometría analítica, analytical geometry
geometria de coordenadas, coordinate geometry
geometría del espacio, solid geometry
geometría del triángulo rectángulo, right triangle geometry
geometría euclidiana, Euclidean geometry
geometría no euclidiana, non-Euclidean geometry
geometría plana, plane geometry
geometría sintética, synthetic geometry
geométrico(a), geometrical, geometric
geomorfología, geomorphology
geopolítica, geopolitics
geopolítica mundial, world geopolitics
geosfera, geosphere
geotropismo, geotropism
Gerald Ford, Gerald Ford
geranio, geranium
gerencia, management, administration
gerente, manager
geriatría, geriatrics
germen, germ, origin, source
germicida, germicidal
germinación, germination
germinar, to germinate
Gerónimo, Geronimo
gerundio, present participle
gestación, gestation
gesticular, to gesticulate
gestión, management, effort, measure
gestión de conflictos, conflict management
gestión de recursos, resource management
gestión de riesgos, risk management
gestionar, to carry out, to implement

gesto, face look, expression, movement, gesture
    gesto abstraído, abstracted gesture
    gesto físico, physical gesture
gestor(a)[1], managing
    socio gestor, active partner
gestor[2], manager
Ghana, Ghana
giba, hump, hunch, annoyance, bother
gibosa menguante/iluminante (fase lunar), gibbous (moon phase)
gigabyte, gigabyte
giganta, giantess
gigante[1], giant
gigante[2], gigantic
gigantesco(a), gigantic, huge
gigote, hash
gimnasia, gymnastics
gimnasio, gymnasium
gimnasta, gymnast
gimnástica, gymnastics
gimnástico(a), gymnastic
gimotear, to whine
ginebra, gin, confusion, bedlam
ginecología, gynecology
ginecólogo, gynecologist
gingivitis, gingivitis
gira, excursion, tour
    gira comercial, business trip
girado, drawee
girador, drawer
girafa, giraffe
girar[1], to rotate, to revolve, to turn, to revolve, to turn
    girar el tronco, trunk twist
girar[2], to draw
    girar contra, to draw on
girasol, sunflower
giratorio(a), rotating, revolving
    silla giratoria, swivel chair
giro, rotation, revolution, turn, tack, draft
    giro a la vista, sight draft
    giro de forma bidimensional, two-dimensional shape turn
    giro postal, money order
gitanesco(a), gypsy-like
gitano(a)[1], gypsy
gitano(a)[2], fawning, sly, tricky
glacial, glacial
glaciar, glacier
gladiador, gladiator
gladiolo, gladiolus, gladiola
glándula, gland
glanduloso(a), glandulous
glaucoma, glaucoma
glicerina, glycerine
glicina, wisteria
global, total, lump, all-inclusive
globalización, globalization
globo, globe, sphere
    en globo, as a whole, in a lump sum
    globo aerostático, balloon
    globo de barrera, barrage balloon
    globo del ojo, eyeball
globulina gamma (gammaglobulina), gamma globulin
glóbulo, globule
    glóbulos rojos, red blood corpuscles, red blood cells
    glúbulos blancos, white blood corpuscles
gloria, glory
    saber a gloria, to taste delicious
    oler a gloria, to smell delightful
gloriarse, to glory, to take delight
glorieta, bower, arbor, circle
glorificación, glorification
glorificar, to glorify
glorificarse, to boast, to vaunt
glorioso(a), glorious
glosa, gloss, commentary
glosar, to gloss, to comment on, to find fault with
glosario, glossary
glotón (glotona)[1], glutton
glotón (glotona)[2], gluttonous
glotonería, gluttony
glucosa, glucose
gluten, gluten
glutinoso(a), glutinous, viscous
gnomo, gnome
gobernación, government, governing
gobernador(a)[1], governing
gobernador[2], governor
gobernadora[3], governor's wife
gobernante[1], governor, self-appointed authority
    gobernante secular, secular ruler
gobernante[2], governing

gobernanza, governance
gobernar, to govern, to guide, to direct, to steer
gobierno, government, direction, helm, rule
gobierno central, central government
gobierno colonial, colonial government
gobierno de la mayoría, majority rule
gobierno de reforma, reform government
gobierno estatal, state government
gobierno federal, federal government
gobierno ilimitado, unlimited government
gobierno limitado, limited government
gobierno local, local government
gobierno local constitucional, charter local government
gobierno parlamentario, parliamentary government
gobierno participativo, participatory government
gobierno por el pueblo, rule by the people
gobierno representativo, representative government
gobierno revolucionario, revolutionary government
gobierno tribal, tribal government
gobierno tribal nativo, American tribal government
goce, enjóyment, possession
gol, goal
goleta, schooner
golf, golf
campo de golf, golf course, links
golfo, gulf
Golfo pérsico, Persian Gulf
golilla, ruff, sleeve, flange
golondrina, swallow
golosina, tidbit, delicacy, frill, trifle
goloso(a), gluttonous
golpe, blow, large quantity, beat, flap, blow, calamity, shock, surprise
de golpe, all at once
golpe de estado, coup d'état
golpe de mar, heavy surge, strong wave
golpe de gracia, death blow
golpe militar, military coup
golpear, to beat, to hit
goma, gum, rubber
goma de mascar, chewing gum
goma laca, shellac
goma vulcanizada, ebonite, hard rubber
goma para borrar, eraser
goma para pegar, mucilage
gomorresina, gum resin
gomoso(a), gummy
góndola, gondola
gonorrea, gonorrhea
gordiflón (gordinflona), pudgy, roly-poly
gordo(a), fat, stocky
gordura, grease, fatness
gorgojo, grub, weevil
gorila, gorilla
gorjear, to warble, to trill
gorjeo, trilling, warbling
gorra, cap
de gorra, at others' expense, by sponging
gorrión, sparrow
gorrista, parasite, sponger, cadger
gorro, cap
gorrón (gorrona)[1], parasite
gorrón (gorrona)[2], sponging, parasitic, cadging
gorronear, to sponge, to cadge
gota, drop, gout
gotear, to drip, to trickle
goteo, dripping, trickling
a prueba de goteo, leakproof
gotera, leak, dripping water, water stains
gozar, to enjoy
gozar de, to possess
gozarse, to enjoy, to have fun
gozne, hinge
gozo, joy, pleasure, delight
gozoso(a), joyful, cheerful
grabación, recording, cutting
grabación en cinta, tape recording
grabado, engraving, print, picture

grabado al agua fuerte, etching
grabador, engraver, recorder
grabadora, tape recorder
grabadora de sonidos, sound recorder
grabadora de voz, voice recorder
grabar, to engrave, to record, to cut, to etch, to impress
grabar al agua fuerte, to etch
gracia, grace, boon, pardon, witty remark, name
hacer gracia, to amuse, to strike as funny
tener gracia, to be amusing
gracias, thanks
dar gracias, to thank
gracioso(a)[1], graceful, charming, funny, witty, gratuitous
gracioso(a)[2], comic
Graco, Gracchi, the
grada, step, row, tier, harrow
gradas, steps
gradiente de concentración, concentration gradient
grado, degree, grade, step
grado Celsius (°C), Celsius (°C)
grado de parentesco, degree of kinship
grado de un monomio, degree of a monomial
grado de un polinomio, degree of a polynomial
grado Fahrenheit (°F), Fahrenheit (°F)
graduación, graduation, rank, grade
graduado(a)[1], graduate, alumnus
graduado(a)[2], graduated
gradual, gradual
gradualmente, gradually
graduar, to graduate, to classify
graduarse, to graduate, to be graduated
graficar la ecuación, graph the equation
gráfico(a)[1], graphic
gráfico(a)[2], graph, scale
gráfica circular, pie chart
gráfico de clima, climate graph
gráfica de dibujos, picture graph
gráfica de líneas, line graph
gráfica de pastel, pie chart
gráfica de vértices y aristas, vertex edge graph
gráfica escalonada, step graph
gráfico circular, circle graph
gráfico cualitativo, qualitative graph
gráfico de barras, bar graph
gráfico de barras dobles, double bar graph
gráfico de dispersión, scatter plot
gráfico de líneas dobles, double line graph
gráfico de pastel, circle graph
gráfico de torta, circle graph
gráfico de un instrumento, graph of instrument
gráfico primario, parent graph
gráficos, graphics
grafo finito, finite graph
grama, Bermuda grass
gramática, grammar
gramatical, grammatical
gramático, grammarian
gramo (g), gram (g)
gramófono, phonograph
gran, apocope of grande, great, large, big
Gran Alianza, Grand Alliance
Gran Barrera de Coral, Great Barrier Reef
Gran Canal de China, Great Canal of China
Gran Cisma de Occidente, Great Western Schism
Gran Depresión, Great Depression
Gran Desierto Americano, Great American Desert
Gran Despertar, Great Awakening
Gran Ducado de Moscú, Duchy of Moscow
Gran Guerra, Great War
Gran Kan Mongke,

Great Khan Mongke
Gran Kan Ogodei,
Great Khan Ogodei
Gran Migración,
Great Migration
gran negocio,
big business
Gran Plaga,
Great Plague
Gran Salto Adelante,
Great Leap Forward
gran sello, great seal
Gran Sociedad,
Great Society
la gran explosión,
Big Bang theory
grana, seeding, cochineal, kermes, red fabric
granada, grenade, pomegranate
granada de metralla, shrapnel
granadero(a), grenadier
granadilla, passion flower, passion fruit
granadino(a), of Granada
granado(a)[1], select, illustrious, experienced, mature
granado[2], pomegranate tree
granar, to go to seed, to seed
granate, garnet
Gran Bretaña, Great Britain
grande[1], large, big, great
Grandes Llanuras,
Great Plains
grandes potencias europeas,
Great Powers in Europe
Grandes praderas,
Great Plains
grande[2], grandee
grandeza, largeness, large size, grandeur, vastness
grandiosidad, splendor, magnificence
grandioso(a), magnificent, splendid
granel, bulk
a granel, in bulk, loose
granero, granary
granito, granite
granizada, hailstorm, downpour, torrent
granizar, to hail
granizo, hail
granja, grange, farm, country home
granja modelo,
model farm
granjear, to earn, to win
grano, grain, pimple
ir al grano, to get to the point
granuja[1], loose grape
granuja[2], urchin, rascal
grapa, staple
grapador, stapler
grasa, fat, grease, dirt
grasa de ballena,
whale blubber
grasiento(a), greasy
gratificación, gratification, bonus, gratuity
gratificar, to reward, to recompense, to gratify, to please
gratis, gratis, free
gratitud, ratitude, gratefulness
grato(a), pleasant, pleasing
me es grato, I have the pleasure of, I am pleased to
su grata, your letter
gratuito(a), gratuitous, unwarranted
gravamen, burden, obligation, lien, encumbrance, levy
gravar, to burden, to oppress, to encumber
grave, heavy, grave, weighty, grave, very sick
gravedad, gravity, seriousness
ausencia de gravedad,
weightlessness
fuerza de gravedad,
force of gravity
gravedad de la Tierra,
Earth's gravity
grávido(a), filled, laden, pregnant
en estado grávido,
in the family way
gravitación, gravitation
gravitacional, gravitational
gravitar, to gravitate
gravitatorio, gravitational
graznar, to cackle, to caw
graznido, cawing, cackling
Grecia, Greece
greda, fuller's earth
Greenpeace, Greenpeace
Gregor Mendel, Gregor Mendel
gremio, guild, union, society
greña, matted hair, snarled hair, tangle, snarl
greñudo(a), with one's hair in snarls
gresca, clatter, confusion, wrangle, quarrel
grey, flock

griego(a), Greek
grieta, crack, chink
grifo(a)[1], kinky, curly
grifo[2], griffin, faucet
grillo, cricket
grillos, fetters, irons
gringo(a), Yankee, Limey
gripe, grippe
gris[1], gray
gris[2], cold, sharp wind
gritar, to cry out, to shout, to scream
gritería, shouting, screaming, hubbub
grito, shout, outcry, scream
gro, grosgrain
Groenlandia, Greenland
grosella, currant
grosería, coarseness, illbreeding
grosero(a), coarse, rude, unpolished
grotesco(a), grotesque
grúa, crane, derrick
grúa de pórtico, gantry tower
gruesa[1], gross
grueso(a)[2], thick, large, dense
grueso[3], heaviness, thickness
grulla, crane
grumoso(a), clotted, curdled
gruñido, grunt, grumble, creak
gruñidor(a), grumbling, complaining
gruñir, to grunt, to grumble, to creak
grupa, rump, croup
grupo, group, cluster
grupo abeliano, Abelian group
grupo caritativo, charitable group
grupo cultural, culture group
grupo de control, control group
grupo de datos, data cluster
grupo de interés, interest group
grupo de interés especial, special interest group
grupo de oposición, opposition group
grupo de parentesco, kinship group
grupo de presión, lobby
grupo de revisión por pares, peer-response group
grupo de servicio, service group
grupo de tratamiento, treatment group
grupo de tres números, number triplet
Grupo del Banco Mundial, World Bank Group
grupo étnico, ethnic group
grupo khoisánido, Khoisan group
grupo objetivo, target audience
grupo racial, racial group
grupo socioeconómico, socioeconomic group
grupos paramilitares, vigilantism
gruta, grotto
gsa. (gruesa), gro. (gross)
gte. (gerente), mgr. (manager)
guacamayo(a), macaw
guachinango, red snapper
guadaña, scythe
guadañero, mower
guajolote, turkey
gualdrapa, trappings, tatter, rag
guanábano, custard apple
guanaco, guanaco
guano, guano
guante, glove
guantes, tip
guapo(a)[1], good-looking, handsome, stouthearted, brave, showy
guapo[2], bully, tough guy, beau, gallant
guarapo, sugar-cane juice
guarda[1], custodian
guarda[2], custody, care, endpaper
guardabarreras, lineman
guardabosques, forest ranger
guardabrisa, windshield
guardacostas, coast guard cutter
guardaespaldas, bodyguard
guardafango, mudguard, fender
guardafrenos, brakeman
guardafuego, fender, fire screen
guardagujas, switchman
guardalmacén, warehouseman
guardapelo, locket
guardapolvo, dust cover, duster, smock
guardar, to keep, to guard, to

protect
guardar rencor, to hold a grudge
guardarse, to avoid, to protect oneself
guardarropa[1], ward-robe, check-room
guardarropa[2], wardrobe mistress, check girl
guardarropía, wardrobe, costumes
guardasellos, keeper of the seal
guardavía, lineman
guardavidas, life-guard
guardería, day nursery
guardia[1], guard, keeping, care, watch
guardia[2], guardsman
guardia civil, national guardsman
guardián(a), keeper, guardian
guardilla, garret
guarida, den, lair, refuge, shelter
guarismo, cipher, number
guarnecer, to set, to garnish, to decorate, to garrison, to provide, to supply
guarnición, setting, decoration, garnishment, garrison
guasa, jewfish, stupidity, dullness, fun, jest
guasón (guasona)[1], dull, boring, humorous, witty, sharp, fond of jokes
guasón (guasona)[2], joker
guatemalteco(a), Guatemalan
guayaba, guava
guayabo, guava tree
gubernamental, governmental
gubernativo(a), governmental
guedeja, long hair, mane
güero(a)[1], blond, fair-haired
güero(a)[2], towhead, light-skinned
guerra, war, hostility
guerra civil, Civil War
Guerra civil española, Spanish Civil War
Guerra Civil inglesa, English civil war
Guerra contra la pobreza, War on Poverty
guerra convencional, conventional warfare
Guerra de 1812, War of 1812
Guerra de Black Hawk (halcón negro), Black Hawk War
guerra de caballería, cavalry warfare
Guerra de Corea, Korean War
Guerra de Crimea, Crimean War
guerra de escaramuzas, brushfire war
guerra de guerrillas, guerrilla warfare
Guerra de Independencia de Texas (1836), Texas War for Independence (1836)
Guerra de los Bóeres, Boer War
Guerra de los Cien Años, Hundred Years' War
Guerra de los Siete Años, Seven Years' War
guerra de precios, price war
guerra de trincheras, trench warfare
Guerra de Troya, Trojan war
Guerra de Vietnam, Vietnam War
Guerra del Opio, Opium War
Guerra Franco-India, French and Indian War
Guerra Franco-Prusiana, Franco-Prussian War
Guerra Fría, Cold War
Guerra Hispano-Estadounidense (1989), Spanish-American War (1898)
Guerra México–Estados Unidos, Mexican-American war, U.S.-Mexican War
guerra mundial, world war
guerra naval, naval warfare
guerra nazi contra los judíos, Nazi war against the Jews
guerra nuclear, nuclear war
guerra química, chemical warfare
guerra relámpago, blitzkrieg
Guerra Revolucionaria, Revolutionary War
Guerra Sino-Japonesa, Sino-Japanese War
guerras napoleónicas, Napoleon's invasions

Guerras púnicas, Punic Wars
hacer la guerra, to wage war
dar guerra, to cause trouble, to be a nuisance
guerrear, to war, to wage war
guerrero[1], warrior
guerrero(a)[2], martial, warlike
guerrilla, guerilla warfare, guerrilla party
guía[1], guide
guía[2], guide, guidebook
guía de estudio, study guide
guía del consumidor, consumer document
Guía para lectores de literatura periódica, Reader's Guide to Periodical Literature
guiar, to guide, to lead, to drive
guijarro, cobblestone
Guillermo, William
guillotina, guillotine
guinda[1], sour cherry
guinda[2], gingham
guindar, to hang
guindola, life buoy
guiñada, wink, yaw
guiñapo, tatter, rag
guiñar, to wink, to yaw
guión, banner, standard, leader, outline, script, hyphen, dash
guión anecdótico, anecdotal scripting
guión gráfico, story board
guionista, scriptwriter
guirnalda, garland, wreath
güiro, bottle gourd
guisa, manner, fashion
a guisa de, in the manner of, like
guisado, meat stew, stew
guisante, pea
guisar, to cook, to stew, to prepare, to ready
guiso, stewed dish, stew
guitarra, guitar
guitarrero(a), guitar maker, guitar dealer
guitarrista, guitar player
gula, gluttony
gusano, worm
gusano de luz, glowworm
gusano de seda, silkworm
gusarapo, waterworm
gustación, tasting
gustar[1], to taste
gustar[2], to be pleasing, to be enjoyable
gustar de, to have a liking for, to take pleasure in
gusto, taste, pleasure, delight, decision, choice
a gusto, to one's liking, however one wishes
gustos de los consumidores, consumer tastes
tener gusto en, to be glad to
tanto gusto, glad to meet you
gustosamente, tastefully, gladly, willingly
gustoso(a), tasty, glad, happy
gutagamba, gamboge
gutapercha, guttapercha
gutural, guttural

h. (habitantes), pop. (population)
haba, broad bean
Habana, Havana
habanero(a)[1], Havanan
habanera[2], habanera
habano, Havana cigar
hábeas corpus, habeas corpus
haber[1], to get hold of
haber[2], to have
haber[3], there to be
haber de, to have to
va a haber, there is going to be
haber[4], credit side
haberes, property, goods, hay, there is, there are
habichuela, kidney bean
habichuela verde, string bean
hábil, capable, qualified, skillful, clever
habilidad, qualification, capacity, aptitude, skillfulness, ability, skill
habilidad auditiva, listening skill
habilidad de actuación, acting skill
habilidad de control de objetos, object-control skill

habilidad de la pareja, partner skill
habilidad de negociación, negotiation skill
habilidad de rechazo, refusal skill
habilidad específica deportiva, sport-specific skill
habilidad innata, innate ability
habilidad locomotora, locomotor skill
habilidad motora, motor skill
habilidad motora avanzada, advanced movement skill
habilidad no locomotora, nonlocomotor skill
habilidad rítmica, rhythmical skill
habilidades de escucha activa, active listening skills
habilitación, qualification
habilitado(a)[1], qualified
habilitado[2], paymaster
habilitar, to qualify, to enable, to equip, to furnish, to empower
habitación, dwelling, residence, room, habitat
habitante, inhabitant
habitantes judíos y árabes de Palestina, Jewish and Arab inhabitants of Palestine
habitar, to inhabit, to live in
hábitat, habitat
hábito, dress, custom, habit
hábitos mentales, habits of mind
habitual, habitual, customary, usual
habituar, to accustom
habituarse, to accustom oneself, to get used
habla, speech
sin habla, speechless
hablador(a)[1], chatterbox, gossip
hablador(a)[2], talkative, gossipy
habladuría, sarcasm, gossip, chatter
hablanchín(a), talkative, gossipy
hablante nativo, native speaker
hablar[1], to talk, to speak
hablar de cosas sin importancia, small talk
hablar[2], to say, to speak
hablilla, rumor, gossip
hacedero(a), feasible, practicable
hacedor(a), maker, creator, manager
hacendado(a)[1], landowner, property owner, rancher
hacendado(a)[2], landed
hacendoso(a), domestic, good around the house
hacer[1], to make, to work, to make up, to contain, to get used, to do, to play
hacer[2], to matter
hace poco, a short time ago
hacer alarde, to boast
hacer alto, to halt
hacer burla, to poke fun at
hacer calor, to be warm
hacer campaña, campaigning
hacer caso de, to pay attention to
hacer daño, to hurt
hacer de, to act as
hacer deducciones, make inferences
hacer falta, to be lacking
hacer frío, to be cold
hacer fuego, to open fire
hacer inferencias, making inferences
hacer la prueba, to try out
hacer muecas, to make faces
hacer un papel, to play a role
hacer presente, to notify
hacer saber, to inform
hacer una actuación, make a play
hacer una jugada, make a play
hacer una pregunta, pose a question
hacerse, to become
hacia, toward, about
hacia abajo, down, downward
hacia acá, this way, over here
hacia arriba, up, upward
hacia atrás, backward
hacienda, holdings, possessions, farm, country place, hacienda
hacinar, to stack up, to pile up
hacha, ax, torch
hachero, torch stand, pioneer, woodcutter, lumberjack
hada, fairy
cuento de hadas, fairy tale
hadiz, Hadith

hado, fate, destiny
Haití, Haiti
haitiano(a), Haitian
halagar, to please, to cajole, to flatter
halago, pleasure, appeal, flattery
halagüeño(a), pleasing, appealing, flattering
halar, to pull
halcón, falcon, hawk
hálito, breath, gentle breeze
halo, halo
haltera, barbell, weight
hallar, to find
  no hallarse, to be out of sorts
hallazgo, finding, location, find, discovery, reward
hamaca, hammock
hambre, hunger, famine, starvation
  hambre de tierra en Europa, European land hunger
  tener hambre, to be hungry
  matar el hambre, to satisfy one's hunger
hambriento(a), hungry
hambruna, famine
hamburguesa, hamburger
hampa, underworld
hangar, hangar
haploide, haploid
haragán (haragana)[1], idler, loafer, good-for-nothing
haragán (haragana)[2], lazy, idle
haraganear, to loaf, to laze, to idle
haraganería, idleness, laziness
harapiento(a), ragged, in tatters
harapo, rag, tatter
haraposo(a), ragged
harén, harem
harina, flour, fine powder
  harina de maíz, corn meal
harinero[1], flour dealer
harinero(a)[2], flour
harinoso(a), mealy, floury
harmonía, harmony
hartar, to stuff, to satiate, to satisfy, to appease, to bore, to tire
hartarse, to be fed up
harto(a)[1], satiated, sufficient
harto[2], enough
hartura, fill, plenty, abundance
hasta[1], until, till, as far as, as much as
  hasta ahora, till now
  hasta aquí, till here
  hasta después, see you later
  hasta luego, see you later
  hasta no más, to the very limit
  hasta la vista, I'll be seeing you
hasta[2], even
hastío, aversion, disgust
hato, clothes, herd, gang, flock, bunch
Hawai, Hawaii
haya[1], beech tree
Haya[2], Hague, The
haz[1], bundle, beam
haz[2], face, surface
hazaña, exploit, achievement, feat
hazmerreír, laughingstock
he, past of have or get
  he allí, there is
  he aquí, here is
  heme aquí, here I am
hebilla, buckle
hebra, thread, fiber, stringiness, vein
hebraico(a), Hebraic
hebreo(a)[1], Hebrew
hebreo[2], Hebrew language
hecatombe, hecatomb
hectárea, hectare
hectógrafo, hectograph
hechicería, witchcraft, enchantment
hechicero(a)[1], bewitching
hechicera[2], witch, sorceress
hechicero[3], warlock, sorcerer
hechizar, to bewitch, to enchant
hechizo, enchantment, spell
hecho(a)[1], made, done, used, accustomed
  bien hecho(a), well done
  mal hecho(a), poorly done
hecho[2], happening, matter, act
hechura, construction, workmanship, creature, creation, shape, appearance, making
heder, to stink, to smell bad
hediondez, stench, evil smell
hediondo(a), fetid, stinking, malodorous
hedor, stench, stink
hegemonía, hegemony
  hegemonía de Occidente, Western hegemony
hégira, Hegira (Hijrah)
helada, freezing

heladería, ice-cream parlor
helado(a)[1], freezing, like ice, cold, astounded, thunderstruck
helado[2], ice cream
helar, to freeze, to strike, to discourage
helarse, to freeze
helecho, fern
helenismo, Hellenism
hélice, helix, propeller
helicóptero, helicopter
helio, helium
heliotropo, heliotrope
hembra, female, eye, nut
hemeroteca, periodical library
hemisferio, hemisphere
  Hemisferio Occidental, Western Hemisphere
  Hemisferio Oriental, Eastern Hemisphere
  hemisferio sur, Southern Hemisphere
hemoglobina, hemoglobin
hemorragia, hemorrhage
hemorroides, piles, hemorrhoids
henar, hay field
henchir, to fill, to stuff
henchirse, to overeat, to stuff oneself
hendedura, crack, split
hender, to split, to cut one's way through
hendidura, crack, split, cleavage
henequén, henequen
heno, hay
Henri Matisse, Henri Matisse
heparina, heparin
hepático(a), hepatic
hepatitis, hepatitis
heraldo, herald
herbaje, herbage, pasture
herbívoro(a), herbivore
hercúleo(a), herculean
heredad, farm, country place, manor
heredado(a), inherited
heredar, to inherit
heredero(a), heir, heiress
hereditario(a), hereditary
hereje, heretic
herejía, heresy
herencia, inheritance, heritage, heredity
  herencia africana, African heritage
  herencia cultural, cultural heritage
herético(a), heretic
herida[1], wound, injury
herido(a)[2], wounded, injured
herir, to wound, to injure, to hurt, to touch
hermafrodita, hermaphrodite
hermanar, to match, to mate
hermanarse, to become brothers
hermanastra, stepsister, half sister
hermanastro, stepbrother, half brother
hermandad, fraternity, brotherhood, affinity, likeness
hermano(a), brother, sister, mate
  Hermano conejo, Brer Rabbit
  primo hermano or prima hermana, first cousin
  hermana de la Caridad, Sister of Charity
  hermanas Grimké, Grimke sisters
hermético(a), hermetic, airtight
hermosear, to beautify, to make handsome
hermoso, beautiful, handsome
hermosura, beauty
Hernán Cortés, Hernando Cortes
hernia, hernia
Heródoto, Herodotus
héroe, hero
heroicidad, heroism
heroico(a), heroic
  medicinas heroicas, narcotics
heroína, heroine, heroin
heroísmo, heroism
herpes, shingles, herpes
herrada, pail, bucket
herrador, farrier
herradura, horseshoe
  camino de herradura, bridle path
herramienta, tool, implement, set of tools, choppers, grinders
  herramientas artísticas, art tools
  herramienta para dibujar líneas rectas, straight edge
  herramientas y armas de hierro, iron tools and weapons
herrar, to shoe, to brand

herrería, smithy, ironworks, clamor, din
herrero, blacksmith
herrumbre, rust, rustiness
hervidero, boiling, bubbling, bubbling spring, rattle, wheeze, swarm, throng
hervir, to boil, to be teeming
hervor, boiling, boil, fire, spirit
heterocigoto, heterozygous
heterogéneo(a), heterogeneous
heterótrofo, heterotroph, heterotrophic
hético(a), tubercular, consumptive, skin and bones
hexaedro, hexahedron
hexágono, hexagon
hexámetro, hexameter
hez, dregs
hibernación, hibernation
hibridación de cultivos, hybridization of crops
híbrido(a), hybrid
hidalgo(a)[1], noble, illustrious
hidalgo[2], nobleman
hidalga[3], noblewoman
hidalguía, nobility
hidratación, hydration
hidráulica[1], hydraulics
hidráulico(a)[2], hydraulic
hidroavión, seaplane
hidrocarburo, hydrocarbon
hidroeléctrico(a), hydroelectric
hidrofobia, hydrophobia, rabies
hidrógeno, hydrogen
  hidrógeno líquido, liquid hydrogen
hidromático(a), hydromatic
hidrónica, hydronics
hidropesía, dropsy
hidroplano, hydroplane
hidropónica, hydroponics
hidrósfera, hydrosphere
hidrostática, hydrostatics
hidroterapia, hydrotherapy
hiedra, ivy
hiel, gall, bile
hielo, ice, coldness
  hielo seco, dry ice
hiena, hyena
hierba, grass
  hierba mate, maté
  mala hierba, weed
  hierba medicinal, herb
hierbabuena, mint
hierro, iron, brand
  hierro colado, cast iron
  hierro de fundición, cast iron
  hierro forjado, wrought iron
  hierro fundido, cast iron
  hierro fragua, wrought iron
hierros, fetters
hígado, liver, guts, courage
higiene, hygiene
  higiene personal, personal hygiene
higiénico(a), hygienic, sanitary
  papel higiénico, toilet paper, bathroom tissue
higo, fig
higrómetro, hygrometer
higuera, fig tree
hijastro(a), stepchild
hijo(a)[1], child, offspring, brainchild
hijo[2], son
hija[3], daughter
hila, row, line, spinning
hilacha, ravel, shred
hilado, spinning, thread, yarn
hilador(a)[1], spinner
hilador(a)[2], spinning
  hiladora con usos múltiples, spinning jenny
hilandero(a), spinner
hilar, to spin
hilaridad, hilarity, mirth, gaiety
hilera, row, line, file
hilo, thread, linen, wire, thin stream, trickle, thread
  al hilo, with the grain
  cortar el hilo, to interrupt
  telegrafía sin hilo, wireless
hilván, basting
hilvanar, to baste, to tie together, to throw together
himno, hymn, anthem
  himno nacional, national anthem
hincapié, getting a foot-hold, taking a firm stance
  hacer hincapié en, to stress, to emphasize, to underline
hincar, to thrust in, to drive in
  hincar el diente, to bite
hincarse, to kneel down
hinchar, to swell, to puff up
hincharse, to swell up, to puff up

hinchazón, swelling, ostentation, vanity
hindú, Hindu
hindúes, Hindus
hinduismo, Hinduism
hinojo[1], knee
  ponerse de hinojos, to kneel down
hinojo[2], fennel
hipérbola, hyperbola
hipérbole, hyperbole
hipergólico(a), hypergolic
hipersónico(a), hypersonic
hipertensión, hypertension
hípico(a), equine
hipnótico(a), hypnotic
hipnotismo, hypnotism
hipnotizar, to hypnotize
hipo, hiccough
hipocondría, hypochondria
hipocresía, hypocrisy
hipócrita[1], hypocritical
hipócrita[2], hypocrite
hipodérmico(a), hypodermic
hipódromo, race track
hipopótamo, hippopotamus
hipoteca, mortgage
hipotecar, to mortgage
hipotecario(a), mortgage
  juicio hipotecario, mortgage foreclosure
hipotensión, hypotension
hipotenusa, hypotenuse
hipótesis, hypothesis
  hipótesis de Avogadro, Avogadro's hypothesis
hipotético(a), hypothetical
hirviente, boiling
hispano(a), Hispanic
Hispanoamérica, Spanish America
hispanoamericano(a), Spanish American, Hispanic American, Latino
histamina, histamine
histérico(a), hysterical
histerismo, hysteria
histograma, histogram
  histograma de frecuencia acumulativa, cumulative frequency histogram
historia, history, tale, story
  historia de la ciencia, history of science
  historia del arte, art history
  historia del descubrimiento del petróleo, history of oil discovery
  historia del Universo, history of the universe
  historia geológica, geologic history
  historia mundial, world history
  historia natural, natural history
historiado(a), ornate
historiador(a), historian
historial[1], historical
historial[2], background
  historial médico, medical history
historiar, to tell the history of
histórico(a), historical, historic
historieta, short story, anecdote, cartoon
  historieta cómica, comic strip
hititas, Hittite people
hito, landmark, guidepost, target
  a hito, fixedly
  mirar de hito en hito, to stare at, to fix one's gaze on
Hno. (Hermano), Bro. (Brother)
hocico, snout, muzzle, face
  meter el hocico en todo, to stick one's nose into everything
hogar, hearth, fireplace, home, household
  hogar de asentamiento transitorio, Settlement House
hogareño(a), home-loving
hoguera, bonfire, huge blaze
hoja, leaf, blade, sheet hoja
  hoja de afeitar, razor blade
  hoja de apunte, tally sheet
  hoja de cálculo, spreadsheet
  hoja de lata, tin
  hoja de ruta, flight plan
  hoja en blanco, blank sheet
hojalata, tinplate, tin
hojalatero, tinsmith
hojaldre, puff paste
hojarasca, dead leaves, excess leafage, dross, froth
hojear, to skim through, to scan
¡hola!, hello! hi!
Holanda, Holland
holandés (holandesa), Dutch
holgachón(a), lazy, idling

holgado(a), unoccupied, idle, roomy, ample, wide, leisurely, worry-free
holganza, leisure, relaxation, laziness, pleasure, joy
holgar, to rest, to be useless
holgarse, to amuse oneself
holgazán (holgazana)[1], idler, loafer
holgazán (holgazana)[2], lazy, do nothing
holgazanear, to idle, to loaf
holgazanería, idleness, indolence, loafing
holgura, frolic, merrymaking, roominess, ease, comfort
Holocausto, Holocaust
holocausto nazi, Nazi holocaust
hollar, to trample, to tread upon
hollín, soot
hombre, man, omber
el hombre contra el hombre, man vs. man
el hombre contra el medio ambiente, man vs. environment
el hombre contra lo sobrenatural, man vs. supernatural
el hombre contra sí mismo, man vs. himself
hombre común, common man
hombre de bien, honorable man
hombre de negocios, businessman
hombre de letras, literaly man
hombre de Estado, statesman
hombre de ciencia, scientist
hombre rana, forgman
hombrera, shoulder pad
hombría, manhood
hombría de bien, probity, honesty
hombro, shoulder
hombruno(a), mannish
homenaje, homage, tribute
rendir homenaje, to pay homage, to honor
homeopatía, homeopathy
homeostasis, homeostasis
homicida[1], homicide
homicida[2], homicidal
homicidio, homicide
homínido, hominid
Homo erectus, homo erectus
Homo sapiens, homo sapiens
homocigótico, homozygous
homocigoto, homozygous
homófono, homophone
homogéneo(a), homogeneous
homogenizar, to homogenize
homólogo, homologous
homónimo(a), homonym
homosexual, homosexual, gay
honda, slingshot
hondear, to sound
hondo(a), deep, profound
hondonada, bottom land
hondura, depth, profundity
meterse en honduras, to get into deep water, to go over one's head
hondureño(a), Honduran
honestidad, integrity, decency, politeness, decorum
honestidad intelectual, intellectual honesty
honesto(a), decent, polite, polished, refined
Hong Kong, Hong Kong
hongo, mushroom, fungus, derby
hongos, fungi (sing. fungus)
honor, honor
honorable, honorable
honorario(a), honorary
honorarios, fees
honorífico(a), honorable
mención honorífica, honorable mention
honra, honor, self respect, repute, acclaim
honradez, honesty
honrado(a), honest
honrar, to honor
honrarse, to deem it an honor
honroso(a), honorable
hopi, Hopi
hora, hour, time
hora de comer, mealime
media hora, half n hour
horadar, to drill a hole through
horario(a)[1], hourly
horario[2], hour hand, timetable, schedule
horca, gallows, pitchfork
horcajadas u horcajadillas, astride
a horcajadas u horcajadillas,

astride
horchata, orgeat
Horda de Oro, Golden Horde
horizontal, horizontal
horizonte, horizon
horma, mold, form
horma de zapatos, shoe last
hormiga, ant
hormigón, concrete
hormigón armado, reinforced concrete
hormiguear, to itch, to crawl, to swarm, to flock
hormiguero, anthill
hormona, hormone
hormona adrenocorticotropa, adrenocorticotrophic hormone
hornada, batch
hornear, to bake
hornilla, burner
horno, oven
alto horno, blast furnace
horno de ladrillo, brick kiln
horno Siemens-Martin, open-hearth furnace
horóscopo, horoscope
horquilla, forked stick, pitchfork, hairpin
horrendo(a), horrible, hideous
horrible, horrid, horrible
horror, horror
horrorizar, to horrify
horroroso(a), horrible, hideous
hortaliza, vegetable
hortelano, gardener
hortensia, hydrangea
horticultura, horticulture
hosco(a), dark, sullen, gloomy
hospedaje, lodging
hospedar, to lodge, to put up
hospedarse en, to lodge at, to put up at
hospicio, home, asylum
hospicio de huérfanos, orphanage
hospital, hospital
hospitalario(a), hospitable
hospitalidad, hospitality
hospitalización, hospitalization
hostería, inn
hostia, wafer, Host
hostigar, to whip, to harass, to keep after
hostil, hostile, adverse
hostilidad, hostility, enmity
hostilizar, to inflict damage on, to make telling inroads on
hotel, hotel
hotelero(a)[1], innkeeper
hotelero(a)[2], hotel
industria hotelera, hotel industry
hoy, today
de hoy en adelante, hanceforth, from now on
hoy día, nowadays
hoyo, hole, pit, grave
hoyo negro, black hole
hoyuelo, dimple
hoz, sickle
HTML, HTML
Huang Ho, Huang Ho
huarache, sandal
huaso, Chilean cowboy
hueco(a)[1], hollow, deep, fluffy, soft, pretentious
hueco[2], hollow, space, opening
huelga, strike
huelga de brazos caídos, sit down strike
huelga en las minas de carbón, coal mine strike
huella, track, trace
huella de ADN, DNA fingerprint
huella genética, DNA fingerprint
huellas digitales, fingerprints
huérfano(a), orphan
huero(a), empty, void
huevo huero, rotten egg
huerta, large orchard, vast irrigated area
huerto, vegetable garden, kitchen garden, orchard
hueso, bone, stone, hard job
hueso oracular, oracle bone
huésped(a)[1], innkeeper, guest, roomer, boarder, host
huésped[2], host
huéspeda[3], hostess
hueste, host, force
huesudo(a), bony
huevero(a)[1], egg dealer
huevera[2], oviduct
huevo, egg, ovum
huevo cocido, hard-boiled egg

huevo condimentado con picantes, deviled egg
huevo estrellado, fried egg
huevo frito, fried egg
huevo pasado por agua, soft boiled egg
huevo tibio, soft boiled egg
huevos revueltos, scrambled eggs
Huey Long, Huey Long
huida, flight, escape
huidizo(a), taking flight easily, evasive
huir, to flee, to escape
hule, rubber, oilcloth
hule espuma, foam rubber
hulla, soft coal
hulla blanca, water power
hulla verde, river power
humanidad, humanity
humanismo, humanism
humanismo italiano, Italian humanism
humanismo renacentista, Renaissance humanism
humanitario(a), humanitarian
humano(a), human, humane, kind
humeante, smoking, steaming
humear, to smoke, to steam
humedad, humidity, moisture
humedad relativa, relative humidity
humedecedor, humidifier
humedecer, to moisten, to wet
húmedo(a), humid, damp, moist, wet
humildad, humility, humbleness
humilde, humble
de humilde cuna, of humble birth
humillación, humiliation
humillar, to humble, to humiliate, to bend down, to bow down
humillarse, to humble oneself
humo, smoke, fume, steam
humor, humor, mood
buen humor, good humor
mal humor, moodiness
estar de buen humor, to be in good spirits, to be in a good mood
humorada, witticism, joke
humorismo, humor
humorista, humorist
hundimiento, sinking
hundir, to sink, to stump, to ruin, to defeat
hundirse, to be wrecked, to be ruined, to drop out of sight
húngaro(a), Hungarian
Hungría, Hungary
huracán, hurricane
huraño(a), unsociable, shy, retiring
hurgón, poker
hurtadillas, sneak
a hurtadillas, stealthily
hurtar, to steal, to pilfer, to move aside
hurto, theft, robbery
husillo, clamp screw, drain
husmear, to scent, to pry into, to poke into
husmeo, prying
huso, spindle
hutu, Hutus

I

ib. O ibíd.(ibídem), ib. or ibid. (ibidem)
ibérico(a), Iberian
iberoamericano(a), Ibero American
ibídem, ibidem
Ibn Batuta, Ibn Battuta
icono (ícono), icon
iconoclasta, iconoclast
iconoscopio, iconoscope
ictericia, jaundice
íd. (ídem), id. (idem)
ida, going, dash, start
billete o boleto de ida y vuelta, round-trip ticket
idas y venidas, comings and goings
idea, idea
cambiar de idea, to change one's mind
idea central, central idea
idea del significado, meaning clue
idea preconcebida, prepossession
idea principal, controlling idea, main idea
ideas secundarias, supporting ideas
ideal, ideal
ideal constitucional,

constitutional ideal
ideal principal, main idea
ideales del amor cortés, courtly ideals
idealismo, idealism
idealista[1], idealist
idealista[2], idealistic
idealización, idealization
idealizar, to idealize
idear, to think up, to plan
ideario, ideas, set of ideas
ídem, idem
idéntico(a), identical
identidad, identity (pl. identities)
cédula de identidad, identification card
identidad cultural, cultural identity
identidad cultural tradicional, traditional cultural identity
identidad de grupo, group identity
identidad estadounidense, American identity
identidad étnica, ethnic identity
identidad nacional, national identity
identidad recíproca, reciprocal identity
identidad tribal, tribal identity
identificación[1], identification, label
identificación de rol, role identification
idetificación[2], identification card
identificar[1], to identify
identificar[2], equate
identificar[3], label
identificar el trabajo, label work
identificarse, to identify oneself
ideología, ideology
ideología abolicionista, antislavery ideology
ideología leninista, Lenin's ideology
ideología nazi, Nazi ideology
ideología política, political ideology
ideología secular, secular ideology
ideológico(a), ideological
idilio, idyl
idioma, language
idiomático(a), idiomatic
idiosincrasia, individual temperament, own ways, idiosyncrasy
idiota[1], idiot
idiota[2], idiotic
idiotez, idiocy
idiotismo, ignorance, idiom, idiotism
idólatra, idolater
idolatrar, to idolize
idolatría, idolatry
ídolo, idol
idóneo(a), fit, suitable
iglesia, church
iglesia bizantina, Byzantine church
Iglesia Católica, Catholic Church
Iglesia Católica Romana, Roman Catholic Church
Iglesia de Jesucristo de los Santos de los Últimos Días, Church of Jesus Christ of Latter-Day Saints
iglesia de Laibela, Lalibela church
iglesia kalash, Kalash church
Iglesia latina, Latin Catholic church
iglesias etíopes talladas en piedra, Ethiopian rock churches
ígneo(a), igneous
ignición, ignition
ignominioso(a), ignominious
ignorancia, ignorance
ignorante, ignorant
ignorar, to be unaware of, not to know
ignoto(a), unknown
igual, equal, like, the same, constant, smooth
igual suerte, equal chance
no igual a, not equal to
iguala, smoothing, equating, equalizing, fee
igualar[1], to smooth out, to equalize, to make equal, to equate
igualar[2], to be equal
igualdad, equality
igualdad condicional, conditional equality
igualdad de derechos, equal rights

igualdad de derechos bajo la ley, equal rights under the law
igualdad de género, gender equality
igualdad de oportunidades, equal opportunity
igualdad de salarios, pay equity
igualmente, equally
iguana, iguana
ilegal, illegal, unlawful
ilegalidad, illegality, unlawfulness
ilegalmente, illegally
ilegítimo(a), illegitimate
ileso(a), unhurt
Iliada, Iliad
ilícito(a), illicit, unlawful
ilimitado(a), unlimited, boundless
iliterato(a), illiterate, unlearned
ilógico(a), illogical
iluminación, illumination
iluminar, to illuminate
ilusión, illusion
ilusionarse, to daydream, to indulge in wishful thinking
iluso(a), deluded, visionary
ilusorio(a), illusory
ilustración, illustration, Age of Enlightenment, learning
iluminación sombría, somber lighting
ilustrado(a), enlightened
ilustrar, to illustrate, to enlighten
ilustre, illustrious,eminent
imagen, image
imagen corporal, body image
imagen de Camelot, Camelot image
imagen de uno(a) mismo(a), self-image
imagen generada por computadora, computer-generated image
imagen generada por los medios, media-generated image
imagen mental, mental image
imagen satelital o de satélite, satellite image
imagen sensorial, sensory image
imagen visual, visual image
imágenes de satélite, satellite imagery
imágenes, imagery
imaginación, imagination, fancy, figment
imaginar, to imagine
imaginario(a), imaginary
imaginativo(a), imaginative
imaginería, imagery
imaginería mental, mental imagery
imán, magnet
imán en movimiento, moving magnet
imbécil[1], imbecile
imbécil[2], imbecilic, idiotic, foolish
imberbe, beardless
imbuir, to imbue
IMF (Fondo Monetario Internacional), International Monetary Fund (IMF)
imitable, imitable
imitación, imitation
imitador(a)[1], imitator
imitador(a)[2], imitative
imitar, to imitate
impaciencia, impatience
impacientar, to make impatient
impacientarse, to become impatient, to lose one's patience
impaciente, impatient
impacto, impact
impacto de un asteroide, asteroid impact
impacto de un cometa, comet impact
impacto de un meteorito, meteor impact
impacto global, global impact
impacto humano, human impact
impala, impala
impar, odd, uneven, unmatched
imparcial, impartial
imparcialidad, impartiality
impartir, to impart
impasible, impassible, impassive
impávido(a), fearless, intrepid
impecable, impeccable
impedimento, impediment
impedir, to impede
impeler, to propel, to impel

impenetrable, impenetrable
impensado(a), unthought of, unforeseen
imperar, to reign
imperativo(a), imperative
imperceptible, imperceptible
imperdible, safety pin
imperdonable, unpardonable
imperecedero(a), imperishable
imperfección, imperfection
imperfecto(a), imperfect
imperial, imperial
imperialismo, imperialism
imperialismo británico, British imperialism
imperialismo europeo, European imperialism
imperialista, imperialistic
imperio, empire
Imperio alemán, German Empire
Imperio Antiguo de Egipto, Old Kingdom
Imperio asirio, Assyrian Empire
Imperio austro-húngaro, Austro-Hungarian empire
Imperio azteca, Aztec Empire
Imperio babilónico, Babylonian Empire
Imperio bizantino, Byzantine Empire
Imperio británico, British Empire
Imperio carolingio, Carolingian Empire
Imperio celeste, celestial empire
Imperio de los Habsburgo, Hapsburg Empire
Imperio de Mali, Mali Empire
imperio del mal, evil empire
Imperio euroasiático, Eurasian empire
Imperio franco, Frankish Empire
Imperio gaznávida, Ghaznavid Empire
Imperio Gupta, Gupta Empire
Imperio Han, Han empire
Imperio ibérico, Iberian Empire
Imperio inca, Incan Empire
Imperio manchú, Manchu Empire
Imperio maurya, Maurya empire
imperio mediterráneo, Mediterranean Empire
Imperio mogol, imperial Mughal, Mughal Empire
Imperio musulmán, Muslim Empire
Imperio Nuevo, New Kingdom
Imperio otomano, Ottoman Empire
Imperio persa, Persian Empire
Imperio romano, Roman Empire
Imperio Romano de Occidente, Western Roman Empire
Imperio romano de Oriente, Eastern Roman Empire
Imperio safávida, Safavid Empire
Imperio sasánida, Sassanid Empire
Imperio selyúcida, Seljuk Empire
Imperio Tang, Tang Empire
Imperio turco, Turkic Empire
Imperio Zulú, Zulu empire
Imperios Centrales, Central Powers
imperioso(a), imperious, imperative
impermeable[1], impermeable, waterproof
impermeable[2], raincoat
impersonal, impersonal
impertinencia, impertinence
impertinente, impertinent
impertinentes, lorgnette
imperturbable, imperturbable
ímpetu, impetus, impetuousness
impetuoso(a), impetuous
impío(a), impious
implacable, implacable
implementar, implement
implicación, implication
implicar, to imply, to contain, to hold
implícito(a), implicit
implorar, to implore
impolítico(a), impolite

imponderable, imponderable
imponente, imposing
imponer, to impose, to deposit, to instruct, to charge falsely with
importación, importation
importado, imported
importador(a)[1], importer
importador(a)[2], importing
importancia, importance
importante, important
importar[1], to be important, to matter
no importar, not to matter
importar[2], to import
importar un archivo, import a file
importe, amount
importe bruto, gross amount
importe del servicio, service charge
importe total, gross amount
importe líquido, net amount
importe neto, net amount
importunar, to importune, to bother
importuno(a) o inoportuno(a), importunate, inopportune
imposibilidad, impossibility
imposibilitar, to make impossible
imposibilitarse, to become crippled
imposible, impossible
imposición, imposition
impostor(a), impostor, fraud
impotencia, impotence
impotente, impotent
impracticable, impracticable
imprecar, to imprecate, to curse
imprecatorio(a), imprecatory, punctuated with curses
impregnarse, to become impregnated
impremeditado(a), unpremeditated
imprenta, printing, printing office, press, printing press
imprescindible, indispensable, essential
impresión, printing, presswork, impression
impresión digital, fingerprint
impresión tipo offset, offset
impresionable, impressionable
impresionar, to impress
impresionismo, Impressionism
impreso[1], printed matter
impreso(a)[2], printed
impresor(a), printer
imprevisión, lack of foresight, negligence
imprevisto(a), unforeseen, unexpected,unprovided-for
imprimir, to press, to imprint, to print, to impart
improbabilidad, improbability
improbable, improbable, unlikely
ímprobo(a), corrupt, wicked, excessive, oppressive
improductivo(a), unproductive
improperio, grave insult
impropio(a), improper, unfit
improvisación, improvisation
improvisar, to improvise
improviso(a), unforeseen
de improviso, unexpectedly
imprudente, imprudent, unwise
impudente, impudent, shameless
impúdico(a), immodest, indecent
impuesto[1], tax, duty
cobrar impuestos, to tax
impuesto al consumo, excise tax
impuesto sobre la herencia, estate tax
impuesto sobre la propiedad inmobiliaria, property tax
impuesto sobre la renta, income tax
impuesto sobre los salarios, payroll tax
impuestos estatales sobre la venta, state sales tax
impuestos sin representación, taxation without representation
tarifa de impuestos, tax schedule
impuesto[2], levy
impugnar, to impugn, to oppose
impulsar, to drive, to propel
impulsivo(a), impulsive
impulso, impulse
impune, unpunished
impunidad, impunity
impureza, impurity
impuro(a), impure
imputar, to impute, to attribute
inaccesible, inaccessible, incomprehensible
inacción, inaction, inactivity

inaceptable, unacceptable
inactividad, inactivity
inadaptable, unadaptable
inadecuado(a), inadequate
inadmisible, inadmissible
inadvertencia, oversight
inadvertido(a), inattentive, unnoticed, unobserved
inagotable, inexhaustible
inaguantable, insufferable, intolerable
inajenable, inalienable
inalámbrico(a), wireless
inalienable, inalienable
inalterable, unalterable
inanimado(a), lifeless, inanimate
inarrugable, wrinkleproof
inastillable, shatter-proof
inaudito(a), unheard-of
inauguración, inauguration
inaugurar, to inaugurate
inca, Inca
incandescencia, incandescence
incansable, tireless, indefatigable
incapacidad, incapacity, lack of ability, stupidity
incapacitar, to incapacitate
incapaz, incapable, incompetent
incauto(a), incautious, unwary
incendiar, to set on fire
incendiarse, to catch fire
incendiario(a), incendiary
incendio, fire
  compañía de seguros contra incendios, fire insurance company
  boca de incendio, fireplug
  incendio forestal, forest fire
incentivo, inducement, incentive
  incentivo económico, economic incentive
  incentivo negativo, negative incentive
  incentivo positivo, positive incentive
incentro de un polígono, incenter of a polygon
incertidumbre, uncertainty
incesante, incessant, unceasing
incesto, incest
incidencia, incidence, incident
  por incidencia, by chance, accidentally
incidente, incident, event
incidir, to fall into, to run into, to make an incision
incienso, incense
incierto(a), uncertain, doubtful
incinerador, incinerator
incinerar, to incinerate
incipiente, incipient, beginning
incisión, incision
incisivo(a), incisive
inciso, clause
incitar, to incite
incivil, uncivil
inclemencia, inclemency, seventy
  a la inclemencia, exposed, without shelter
inclinación, inclination
inclinar, to incline
inclinarse, to be inclined
incluir, to include
inclusión, inclusion
inclusive, inclusively
incluso(a), enclosed
incógnito(a), unknown
  de incógnito, incognito
incoherencia, inconsistency
incoherente, incoherent
incoloro(a), colorless
incólume, unharmed, safe
incomible, inedible
incomodar, to inconvenience, to bother, to annoy
incomodidad, inconvenience, annoyance, discomfort
incómodo(a), uncomfortable, inconvenient
incomparabilidad, incomparability
incomparable, incomparable, matchless
incompatibilidad, incompatibility
incompatible, incompatible
incompetencia, incompetency
incompetente, incompetent
incompleto(a), incomplete
incomprensible, incomprehensible
incomunicado(a), incommunicado
inconcebible, inconceivable
inconexo(a), unconnected
inconforme, in disagreement, unsatisfied
incongelable, antifreeze
  solución incongelable, antifreeze
incongruencia, incongruity
incongruo(a), incongruous

inconsciencia, unconsciousness
inconsciente, unconscious
inconsecuencia, inconsistency, illogic
inconsecuente, inconsistent, illogical
inconsiderado(a), inconsiderate
inconsistencia, inconsistency
inconsolable, inconsolable
inconstante, inconstant, variable
inconstitucional, unconstitutional
inconveniencia, inconvenience, unsuitability
inconveniente[1], inconvenient, unsuitable
inconveniente[2], objection, disadvantage, resulting damage, harm done
incorporación, incorporation, joining
incorporar, to incorporate, to sit up, to straighten up
incorporarse, to join, to sit up, to straighten up
incorrecto(a), incorrect
incorregible, incorrigible
incorruptible, incorruptible
incredulidad, incredulity
incrédulo(a), incredulous
increíble, incredible
incrementa (que), ascending
incremento, increment
  incremento de la temperatura mundial, world temperature increase
  incremento de precios, price increase
incubación, incubation, hatching
incubadora, incubator
incubar, to hatch, to incubate
inculcar, to inculcate
inculpar, to accuse
inculto(a), uncultivated
incumbencia, incumbency, duty
  eso no es de mi incumbencia, that isn't my responsibility
incumbir, to be incumbent, to be the responsibility
incumplido(a), unreliable
incumplimiento de pago, default on a loan
incurable, incurable
incurrir, to incur
incursión, incursion
  incursión aérea, air raid
indagación, investigation, research, inquiry
indagar, to investigate, to research
indebido(a), undue, illegal, unlawful
indecencia, indecency
indecente, indecent
indecible, inexpressible, unutterable
indecisión, irresolution, indecision
indeciso(a), irresolute, undecided, vague, imprecise
indecoroso(a), unbecoming, indecorous, improper
indefenso(a), defenseless
indefinible, ndefinable
indefinido(a), indefinite, undefined
indeleble, indelible
indelicado(a), indelicate
indemnización, indemnity, compensation
  indemnización a los trabajadores, workers' compensation
indemnizar, to indemnify
independencia, independence
  Independencia de los Estados Unidos, American Independence
  independencia de los tribunales, independent judiciary
  Independencia de Panamá, Panama Revolution
  independencia del adolescente, adolescent independence
  independencia lineal, linear independence
independiente, independent
indescriptible, indescribable
indestructible, indestructible
indeterminado(a), undetermined, irresolute, undecided
India unida, unified India
Indias Occidentales, West Indies
  Indias Occidentales Británicas, British West Indies
  Indias Occidentales Holandesas, Dutch West Indies
Indias Orientales, East Indies
  Indias Orientales Británicas, British East India
indicación, indication
  indicación no verbal, nonverbal cue
  indicación verbal, verbal cue

indicador, indicator
indicador ácido-base, acid-base indicator
indicador de dirección, direction indicator
indicador de estado, status indicator
indicador económico, economic indicator
indicador externo, external cue
indicador interno, internal cue
indicar, to indicate, give direction
indicativo(a), indicative
índice, index, hand, index finger, table of contents
índice de alfabetización, literacy rate
Índice de Precios al Consumidor, Consumer Price Index
índice de un radical, index of a radical
índice Dow Jones, Dow Jones
indicio[1], indication, sign
indicio falso, red herring
indicio[2], trace
índico(a), Indian
Océano Indico, Indian Ocean
indiferencia, indifference, unconcern
indiferente, indifferent
indígena, indigenous, native
indigencia, indigence
indigente, indigent
indigestión, indigestion
indigesto(a), indigestible, undigested
indignación, indignation
indignado(a), indignant
indignar, to anger, to make indignant
indigno(a), unworthy, undeserving, disgraceful, contemptible
indio(a), Indian, native
indio nativo americano, Native American Indian
indirecta[1], innuendo, hint, cue, insinuation
indirecto(a)[2], indirect
indisciplinado(a), undisciplined
indiscreción, indiscretion
indiscreto(a), indiscreet
indiscutible, unquestionable
indisoluble, indissoluble
indispensable, indispensable
indisponer, to make feel under the weather, to put at odds, to indispose
indisposición, indisposition, unwillingness
indispuesto(a), indisposed
individual, individual
individualizar, to individualize
individuo(a), individual
indivisible, indivisible
índole, temperament, inclination, class, kind, nature
indolencia, indolence
indolente, indolent
indomable, untamable, wild
indómito(a), untamed, indomitable, uncontrollable
Indonesia, Indonesia
inducción, induction
carrete de inducción o bobina de inducción, induction coil
inducción matemática formal, formal mathematical induction
inducir, to induce
indudable, unquestionable, certain
indulgencia, indulgence
indulgente, indulgent
indultar, to pardon, to exempt
indulto, pardon, exemption
indulto de Richard Nixon, pardon of Richard Nixon
indumentaria, clothing, attire
industria, industry, ability, knack
industria de servicios, service industry
industria del entretenimiento, entertainment industry
industria energética, energy industry
industria familiar, cottage industry
industria maderera, logging
industria privatizada, privatized industry
industria textil, textile industry
industrial, industrial
industrialización, industrialization
industrialización rápida, rapid industrialization
industrializado, industrialized

industrializar, industrialize
industrioso(a), industrious, skillful, able
inédito(a), unpublished
inefable, ineffable
ineficacia, inefficacy
ineptitud, ineptitude
inepto(a), inept, unfit, stupid
inequívoco(a), unmistakable
inercia, inertia
inerte, inert, dull, sluggish
inesperado(a), unexpected, unforeseen
inevitable, unavoidable, inevitable
inexacto(a), inaccurate, inexact
inexcusable, inexcusable, unpardonable
inexorable, inexorable
inexperto(a)[1], inexperienced
inexperto(a)[2], novice
inexplicable, inexplicable
infalible, infallible
infame[1], infamous, terrible
infame[2], wretch, scoundrel
infamia, infamy
infancia, early childhood, infancy
infanta, infanta, little girl
infante, infantryman, infante, little boy
infantería, infantry
  infantería de marina, marines
infanticidio, infanticide
infantil, infantile
  parálisis infantil, infantile paralysis, poliomyelitis
infarto, infarct, heart attack
infatigable, indefatigable
infatuación, infatuation
infausto(a), unlucky, unfortunate
infección, infection
infeccioso(a), infectious, contagious
infectar, to infect
infeliz, unhappy, unfortunate
inferior, lower, inferior
inferioridad, inferiority
  complejo de inferioridad, inferiority complex
inferir, to infer, to cause, to bring about, inferring, make inferences
infernal, infernal
infestar, to infest
infidelidad, infidelity
infiel, unfaithful, inaccurate
infierno, hell
infiltración, infiltration
infiltrar, to infiltrate
ínfimo(a), lowest, most abject
infinidad, infinity, great number
infinitamente, infinitely
  infinitamente mucho, infinitely many
infinitivo, infinitive
infinito(a)[1], infinite
infinito(a)[2], a great deal, immensely
infinito[3], infinity
inflación, inflation
  inflación de costos, cost-push inflation
  inflación de demanda, demand-pull inflation
  inflación de guerra, wartime inflation
  inflación generada por la demanda, demand-pull inflation
inflamable, inflammable
inflamación, inflammation
inflamar, to set fire to, to inflame
inflamarse, to catch fire
inflar, to inflate
inflexible, inflexible
inflexión de la voz, voice inflection
influencia, influence
  influencia cultural, cultural influence
  influencia histórica, historical influence
influenza, influenza
influir, to influence
influjo, influence
influyente, influential
información, information, inquiry, investigation
  información demográfica, demographic information
  información general, overview
  información hereditaria, hereditary information
  información inaplicable, irrelevant information
  información irrelevante, irrelevant information
  información relevante de un problema, relevant information in a problem
  información sin importancia, irrelevant information

información sobre el uso del suelo, land-use data
informal, informal, unreliable
informalidad, unreliability, informality
informante, informer, informant
informar, to inform, to report
informe[1], report, account, piece of information
informe oral, oral report
informe[2], shapeless
infortunio, misfortune
infracción, infraction, violation
infracción de copyright, copyright violation
infracción de tránsito, traffic violation
infraestructura, infrastructure
infrarrojo(a), infrared
infrecuente, infrequent, unusual
infringir, to infringe on, to violate
infructuoso(a), fruitless, unproductive, unprofitable
infundado(a), groundless
infundir, to infuse, to instill
infusión, infusion
ingeniar, to conceive, to contrive
ingeniarse, to contrive a way, to manage
ingeniería genética, genetic engineering
ingeniero(a), engineer
ingenio, ingenuity, talent, creativity, ability, cleverness, machine, contrivance
ingenio de azúcar, sugar mill
ingenioso(a), ingenious, talented, creative, clever
ingenuidad, ingenuousness
ingenuo(a), ingenuous, naive
ingerencia, interference, meddling
ingerir, to ingest
ingerirse, to mix, to meddle
Inglaterra, England
Inglaterra preindustrial, pre-industrial England
ingle, groin
inglés (inglesa)[1], English
inglés (inglesa)[2], Briton
inglés (inglesa)[3], Englishman, Englishwoman
inglés[4], English language
inglés de Shakespeare, Shakespearean English
inglés estándar, standard English
ingratitud, ingratitude
ingrato(a), ungrateful, disagreeable, unpleasant, unproductive, unrewarding
ingravidez, weightlessness
ingrediente, ingredient
ingreso, entrance, receipt, income
ingreso personal, personal income
ingresos del propietario, proprietor's income
ingresos disponibles, disposable income
ingresos estatales, state revenue
ingresos fiscales, tax revenue
ingresos por impuestos federales, federal tax revenue
ingresos por percepción de alquileres, rental income
ingresos salariales, earned income
inhabilitar, to disqualify
inhabitable, uninhabitable
inhalador, inhaler
inhalantes, inhalants
inherente, inherent
inhibición, inhibition
inhumación, burial, interment
agencia de inhumaciones, funeral parlor
inhumano(a), inhuman, cruel
iniciación, initiation
iniciación central, central initiation
iniciación de movimiento, initiation of movement
inicial, initial
inicializar, initialize
iniciar, to initiate, to begin
iniciarse, to be initiated, to receive one's first orders
iniciativo(a)[1], first, preliminary
iniciativa[2], initiative
inicio de la carrera, racing start
inicio de sesión, login
inicio distal, distal initiation
inicuo(a), iniquitous, unjust
inigualado(a), unequaled
inimitable, inimitable
iniquidad, iniquity, injustice

injertar, to graft
injerto, graft, grafting
injerto de órganos, medical transplant
injuria, offense, insult, harm, damage
injuriar, to insult, to harm
injusticia, injustice, inequities
injusto(a), unjust
inmaculado(a), immaculate
inmaduro(a) o inmaturo(a), immature
inmediación, nearness, immediacy
inmediatamente, immediately, at once
inmediato(a), immediate
de inmediato, immediately
inmejorable, unsurpassable
inmemorial, immemorial
inmensidad, immensity
inmenso(a), immense
inmensurable, immeasurable
inmersión, immersion
inmigración, immigration
inmigrante, immigrant
inmigrante irlandés, Irish immigrant
inmigrar, to immigrate
inminente, imminent
inmoderado(a), immoderate
inmodesto(a), immodest
inmoral, immoral
inmoralidad, immorality
inmortal, immortal
inmortalidad, immortality
inmortalizar, to immortalize
inmóvil, immovable, motionless, firm, resolute
inmovilidad, immobility
inmovilidad de la mano de obra, labor force immobility
inmueble, building, property
bienes inmuebles, real estate, immovables
inmundicia, dirt, filth, indecency
inmundo(a), filthy, dirty, indecent
inmune, immune
inmunidad, immunity
inmunización, immunization
inmunizar, to immunize
inmutable, immutable, unchangeable
inmutar, to change
inmutarse, to change countenance
innato(a), inborn, innate
innecesario(a), unnecessary
innovación, innovation
innovador(a), innovator
innovar, to innovate
innumerable, innumerable
inocencia, innocence
inocente, innocent
inocular, to inoculate
inocuo(a), harmless
inodoro(a)[1], odorless
inodoro[2], water closet
inofensivo(a), inoffensive, harmless
inolvidable, unforgettable
inoxidable, rustproof
acero inoxidable, stainless steel
inquebrantable, unbreakable, unswerving, unshakable
inquietar, to disturb, to concern, to worry
inquieto(a), restless, anxious, uneasy
inquietud, restlessness, worry, anxiety
inquilino(a), tenant, renter
inquirir, to inquire into, to investigate
inquisición, inquisition, inquiry, investigation
insaciable, insatiable
insalubre, unhealthful
insano(a), insane, mad
inscribir, to inscribe
inscribirse, to register
inscripción, inscription, registration
insecticida, insecticide
insecto, insect
inseguridad, insecurity, uncertainty
inseguro(a), uncertain, unsteady, insecure
insensatez, stupidity, folly
insensato(a), stupid, senseless
insensibilidad, insensibility
insensible, insensible, insensitive, imperceptible
inseparable, inseparable
inserción, insertion
insertar, to insert
inservible, unserviceable, useless
insigne, notable, famous
insignia, badge
insignias, insignia
insignificancia, insignificance

insignificante, insignificant
insinuación, insinuation, hint
insinuar, to insinuate, to imply, to hint
insinuarse, to steal, to slip, to creep
insipidez, insipidity
insípido(a), insipid
insistencia, insistence
insistir, to insist, to rest, to lie
insociable, unsociable
insolente, insolent
insólito(a), unusual, uncommon
insoluble, insoluble
insolvente, insolvent
insomnio, insomnia
insoportable, intolerable
inspección, inspection
  inspecciones y balances, checks and balances
inspeccionar, to inspect, to examine
inspector, inspector
inspiración, inspiration
inspirar, to inspire
instalación, installation
  instalación militar, military installation
  instalaciones deportivas, sport facility
instalar, to install
  instalar de nuevo, to reinstate
instancia, entreaty, request
  elevar una instancia, to make a request
instantáneo(a)[1], instantaneous
instantánea[2], snapshot
instante, instant
  al instante, immediately
instar[1], to press, to urge
instar[2], to be urgent
instaurar, to establish, to reestablish, to renew
instigación, instigation
instigar, to instigate
instintivo(a), instinctive
instinto, instinct
  instinto de conservación, instinct of self preservation
institución, institution
  institución económica especializada, specialized economic institution
  institución financiera, financial institution
instituir, to institute, to establish
instituto, institute
institutriz, governess
instrucción, instruction, education, training
  instrucciones breves, briefing
  instrucción en artes y oficios, manual training
instructivo(a), instructive
instructor(a), instructor, teacher
instruido(a), well educated, well informed
instruir, to instruct, to teach, to let know, to inform
instrumentación, instrumentation
instrumento, implement, instrument
  aproximación por instrumentos, instrument approach
  instrumento acústico, acoustic instrument
  instrumento armónico, harmonic instrument
  instrumento de cuerda, string instrument
  instrumento de orquesta, band instrument, orchestral instrument
  instrumento de viento, wind instrument
  instrumento electrónico, electronic instrument
  instrumento melódico, melodic instrument
  instrumentos de mazo, mallet instruments
  instrumentos de teclado, keyboard instruments
  instrumentos del salón de clases, classroom instruments
  tablero de instrumentos, instrument panel
  vuelo con instrumentos, blind flying
insubordinado(a), insubordinate
insubordinar, to incite to insubordination
insubordinarse, to rebel
insuficiencia, insufficiency, inadequacy
insuficiente, insufficient, inadequate

insufrible, insufferable, intolerable
insular[1], islander
insular[2], insular
insulina, insulin
insulso(a), insipid, tasteless
insultar, to insult
insulto, insult, offense
insumo, input
insuperable, insurmountable
insurrección, insurrection
insurrección en Filipinas, Filipino insurrection
insurrecto(a), insurgent, rebel
insustituible, irreplaceable
intacto(a), intact, whole
intachable, blameless, irreproachable
integración, integration
integración cultural, cultural integration
integración de formas artísticas, integration of art forms
integral, integral, whole
integridad, integrity, virginity
íntegro(a), integral, whole, honest, upright
intelectual, intellectual
inteligencia, intelligence, understanding
inteligente, intelligent
inteligible, intelligible
intemperancia, intemperance
intemperie, rough weather
a la intemperie, outdoors
intempestivo(a), inopportune, badly timed
intención, intention, wish, caution, dangerousness
con intención, on purpose
intención artística, artistic purpose
intención del autor, author's purpose
intención estética, aesthetic purpose
intención humana, human intention
intencionadamente, intentionally
intencionado(a), inclined, disposed
intendente, intendant, mayor
intensidad, intensity
intensificar, to intensify
intensivo(a), intensive
intenso(a), intense
intentar, to try, to attempt, to intend
intento, intent, purpose
interactuar, interact
interamericano(a), interamerican
intercalar, to interpolate, to intercalate
intercambio, interchange, exchange
intercambio colombino, Columbian Exchange
intercambio cultural, cultural exchange
intercambio de bienes y servicios, goods and services exhange
intercambio de fauna, exchange of fauna
intercambio de flora, exchange of flora
intercambio de información, information exchange
intercambio escrito, written exchange
interceder, to intercede
interceptar, to intercept
intercepto, intercept
intercepto de x de una línea, x-intercept of a line
intercepto de y de una línea, y-intercept of a line
intercesión, intercession
interdependencia, interdependence
interdependencia de los organismos, interdependence of organisms
interdependencia económica, economic interdependence
interés, interest
interés compuesto, compound interest
interés compuesto anual, interest compounded annually
interés compuesto semestral, interest compounded semiannually
interés nacional, national interest
interés personal, self-interest
interés simple, simple interest
intereses de demora, interest payment
intereses especiales, special interests

tipo de interés, rate of interest
interesado(a)[1], interested, selfish
interesado(a)[2], person concerned
interesante, interesting
"La interesante narración de la vida de Olaudah Equiano", The Interesting Narrative of the Life of Olaudah Equiano
interesar, to interest, to involve
interesarse, to become interested
interfase, interphase
interferencia, interference
interino(a), provisional
secretario interino, acting secretary
interior, inner, internal
ropa interior, underwear
interior, interior
interiores, entrails, internal parts
interioridad, inner nature
interioridades, inner secrets
interjección, interjection
interlocutor(a), speaker
interludio, interlude
intermediar, to interpose, to intervene, to mediate
intermediario(a), intermediary
intermedio(a)[1], intermediate
intermedio[2], interval, intermission
por intermedio de, through, by means of
interminable, interminable, endless
intermitente, intermittent
internacional, international
Internacional Comunista, Communist International
internado(a)[1], interned
internado[2], boarding school, student body
internar, to take inland, to intern
internarse, to penetrate, to curry favor
internista, internist
interno(a)[1], internal, boarding
interno(a)[2], boarding school student
interpelar, to request the aid of, to interpellate
interplanetario(a), interplanetary
interpolación, interpolation
interpolar, to interpolate, to interrupt momentarily
interponer, to interpose
interpretación, interpretation
interpretación científica, scientific interpretation
interpretación de autor, author's interpretation
interpretación de los datos, data interpretation
interpretación en conflicto, conflicting interpretations
interpretar, to interpret
intérprete, interpreter
interrogación, question
interrogante[1], interrogative
interrogante[2], questioner
interrogar, to question
interrogativo(a), interrogative, questioning
interrogatorio, questioning, interrogative
interrumpir, to interrupt, to cease
interrupción, interruption
interruptor, switch
intersección, intersection, intersect
intersección con el eje x, x-intercept
intersección con el eje y, y-intercept
intersección de conjuntos, intersection of sets
intersección de formas, intersection of shapes
intersectante, intersecting
intersectario(a), interdenominational
intervalo, interval, range
intervalo de confianza, confidence interval
intervalo de tiempo, time interval
intervalos consecutivos, consecutive intervals
intervención, intervention, operation
intervención de los Estados Unidos, United States intervention
intervención militar, military intervention
intervencionista, interventionist
intervenir[1], to happen, to take part, to intervene, to intercede
intervenir[2], to audit, to operate on
intestado(a), intestate
intestino(a)[1], internal
intestino[2], intestine
intestino delgado, small intestine

intestino grueso, large intestine
intimar[1], to intimate, to declare
intimar[2], to become intimate
intimidación, intimidation
intimidad, intimacy
intimidar, to intimidate
intimidarse, to lose courage
íntimo(a), intimate
ropa íntima, lingerie
intocable, untouchable
intolerable, intolerable, insufferable
intolerancia, intolerance
intolerante, intolerant
intoxicación, intoxication
intramuros, in the city, in town
intranet, Intranet
intranquilo(a), restless, uneasy
intransitable, impassable
intransitivo(a), intransitive
intratable, intractable, impassable
intravenoso(a), intravenous
intrepidez, daring, courage, intrepidness
intrépido(a), intrepid, daring
intriga, intrigue, plot
intrigante[1], intriguer
intrigante[2], intriguing, scheming
intrigar, to intrigue
intrínseco(a), intrinsic
introducción, introduction
introducción de especies exóticas, introduction of species
introducir, to introduce, to show in, to insert
introductorio(a), introductory
introspección, introspection
introspectivo(a), introspective
intruso(a)[1], intrusive
intruso(a)[2], intruder, interloper
intuición, intuition
intuitivo(a), intuitive
inundación, inundation, deluge, flood
inundación repentina, flash flood
inundar, to inundate, to overflow
inusitado(a), unusual
inútil, useless, needless
inutilidad, uselessness
inutilizar, to make useless
inútilmente, uselessly
invadir, to invade
invalidar, to invalidate
inválido(a)[1], invalid, null
inválido(a)[2], invalid
invariable, invariable
invariedad, invariance
invasión, invasion
invasión a la privacidad, invasion of privacy
invasión francesa de Egipto en 1798, French invasion of Egypt in 1798
invasión iraquí de Kuwait (1991), Iraq invasion of Kuwait (1991)
invasión japonesa de China, Japanese invasion of China
invasión nórdica, Norse invasion
invasión soviética de Afganistán, Soviet invasion of Afghanistan
invasión soviética de Checoslovaquia, Soviet invasion of Czechoslovakia
invasiones de los hunos, Hun invasions
invasor(a)[1], invader
invasor(a)[2], invading
invencible, invincible
invención, invention
inventar, to invent
inventario, inventory
inventiva, inventiveness
invento, invention
inventor(a), inventor
invernadero, greenhouse
invernal, winter
inversamente, inversely
inverosímil, unlikely, improbable
inversión, inversion, investment
inversión a gran escala, large-scale investment
inversión de capital extranjero, foreign capital investment
inversión de fracciones, fraction inversion
inversión de matrices, matrix inversion
inversionista, investor
inversamente proporcional, inversely proportional
inverso(a), inverted, inverse, opposite
inverso aditivo, additive inverse

invertebrado(a), invertebrate
invertir, to invert, to invest, to spend, investing
investidura, investiture
investigación, investigation
  investigación y desarrollo, research and development
investigar, to investigate
investir, to invest, to endow
invicto(a), undefeated, never defeated
invierno, winter
  en pleno invierno, in the dead of winter
inviolable, inviolable
invisible, invisible
invitación, invitation
invitado(a), guest
invitar, to invite
invocación, invocation
invocar, to invoke
involuntario(a), involuntary
invulnerable, invulnerable
inyección, injection, shot
  inyección estimulante, booster shot
inyectar, to inject
inyector, injector
  inyector del combustible, affterburner
ion o ión, ion
ionosfera, ionosphere
ir, to go, to be, to be different, to proceed, to become, to be fitting
  ir adelante, to get ahead, to progress
  ir y venir, to go back and forth
  ir a lo largo de, to go along
Irán, Iran
ira, anger, wrath
iracundo(a), wrathful, enraged
irascible, irascible, choleric
iris, rainbow, iris
Irlanda, Ireland
irlandés(a)[1], Irish
irlandés[2], irishman
irlandesa[3], Irishwoman
ironía, irony
  ironía dramática, dramatic irony
  ironía situacional, situational irony
  ironía verbal, verbal irony
irónico(a), ironical, ironic
iroqueses, Iroquois
irracional, irrational
irradiación, irradiation
irradiado(a), irradiated
irrazonable, unreasonable
irrealizable, unreachable, unattainable
irreconocible, unrecognizable
irrefutable, irrefutable
irregular, irregular
irrelevante, irrelevant
irremediable, beyond help, hopeless
irreparable, irreparable
irresistible, irresistible
irresoluto(a), irresolute, unresolved
irresponsable, irresponsible
irrevocable, irrevocable
irrigación, irrigation
irrisible, laughable
irrisorio(a), ridiculous, laughable
irritación, irritation
irritado(a), irritated
irritar, to irritate, to fan, to stir up
irrompible, unbreakable
irrupción, violent attack, invasion
irse, to leak, to slip, to pass on, to go away, to leave
Isabel I, Elizabeth I
Isfahán o Ispahán, Isfahan
isla, isle, island
  isla Ángel, Angel Island
  isla barrada, barrier island
  isla británica, British Isle
  isla de calor, urban heat island
  isla Ellis, Ellis Island
  Islas del Pacífico, Pacific Islands
  Islas Vírgenes, Virgin Islands
islam, Islam
islamización, Islamization
isleño(a), islander
Ismael, Ismail
isobárico(a), isobaric
isogonal, isogonal
isometría, isometrics, isometry
isométrico(a), isometric
isotermo(a), isothermal
isótopo, isotope
  isótopo radiactivo, radioactive isotope
isotrópico, isotropic
Israel, Israel
israelí, Israeli

israelita, Israelite
istmo, isthmus
Italia, Italy
italiano(a)[1], Italian
italiano[2], Italian language
itinerario(a), itinerary
izamiento, hoisting, hauling up
izar, to hoist, to haul up
izquierda, left wing
izquierdista, leftist
izquierdo(a)[1], left, left handed
izquierda[2], left, left hand

J

jaba, basket
jabalí, wild boar
jabalina, wild sow, javelin
jabón, soap
  pastilla de jabón, cake of soap
jabonadura, soaping, lathering
jabonaduras, soapsuds, sudsy water
jaca, small horse
jacal, hut, shack
jacarandá o jacaranda, jacaranda
jacinto, hyacinth
jactancia, boasting
jactancioso(a), boastful
jactarse, to boast
jade, jade
jadeante, out of breath, panting
jadear, to pant
jaez, harness, ilk, kind
jaguar, jaguar
jai alai, jai alai
jaiba, crab
jalea, jelly
jamás, never
  para siempre jamás, for ever and ever
  nunca jamás, never again
jamón, ham
Japón, Japan
  Japón de Meiji, Meiji Japan
japonés (japonesa)[1], Japanese
  japonés americano, Japanese American
japonés[2], Japanese language
jaque, check, bully
  jaque mate, checkmate
jaqueca, headache
jarabe, sirup
  jarabe tapatio, Mexican national dance
jarana, lark, fun, noise, din
jardín, garden
  jardín de la infancia, kindergarten
  Jardines Colgantes de Babilonia, Hanging Gardens of Babylon
jardinería, gardening
jardinero(a)[1], gardener
jardinero[2], outfielder
jaripeo, rodeo
jarra, jug, jar, pitcher
  en jarras, with one's arms akimbo
jarro, pitcher
jarrón, large urn
jaspeado(a), marbled, speckled
jaula, cage
jauría, pack of hounds
jazz, jazz
J.C. (Jesucristo), J.C. (Jesus Christ)
jefatura, headquarters, leadership
  jefatura de policía, police headquarters
jefe, chief, head, leader, boss
  jefe nativo americano, American Indian chief
jején, gnat
jengibre, ginger
jenízaros, Janissary Corps
jeque, sheikh
jerarquía, hierarchy
jerez, sherry
jerga, coarse cloth, mop rag, gibberish, slang, jargon
jerigonza, gibberish, silly thing to do
jeringa, syringe
  jeringa hipodérmica, hypodermic syringe
jeroglífico(a), hieroglyphic
Jerusalén, Jerusalem
Jesucristo, Jesus Christ
jesuita, Jesuit
Jesús, Jesus
  ¡Jesús!, to your health!
Jesús de Nazaret, Jesus of Nazareth
jícara, cup
jicotea, fresh-water terrapin

jigote, hash
jilguero, linnet
jinete, horseman, rider
jingoísmo, jingoism
jipijapa[1], jipijapa straw
jipijapa[2], Panama hat
jira, picnic
jirafa, giraffe
jirón, shred, piece
jitomate, tomato
jiu-jitsu, jujitsu
jocoso(a), humorous, jocular
jonrón, home run
jornada, day's journey, trip, journey, foray, lifespan, act, scene
jornal, day's work, day's pay
  a jornal, by the day
jornalero, day laborer
joroba, hump, nuisance, bother
jorobado(a), hunchbacked
jorobar, to bother, to annoy
José II, Joseph II
jota, j, jota, jota, jot
  no saber ni jota de, to know absolutely nothing about
joule, joule
joven[1], young
joven[2], young man
joven[3], young woman
jovial, jovial
jovialidad, joviality
joya, jewel, present, gift
joyel, small jewel
joyería, jewelry store
joyero, jeweler, jewel case
Juana de Arco, Joan of Arc
juanete, bunion
jubilación, retirement, pension, happiness
jubilar[1], to retire, to pension, to get rid of, to cast off
jubilar[2], to retire, to be glad
jubileo, jubilee, great to do, great bustle
júbilo, merriment, jubilation
judaico(a), Judaic
judaísmo rabínico, Rabbinic Judaism
judía[1], kidney bean
judicatura federal, federal judiciary
judío(a)[2], Jewish
judio(a)[3], Jew
  judío europeo, European Jew
  judíos como chivos expiatorios, Jewish scapegoating
judicial, judicial
juego, game, play, set
  juego de cartas, deck of cards
  juego de damas, checkers
  juego de ficción, social pretend play
  juego de mesa, board game
  juego de muebles, set of furniture
  juego de palabras, play on words, word play
  juego de red e invasión, net & invasion game
  juego simbólico, social pretend play
  campo de juegos, playground
  hacer juego, to match to go together
juerga, spree, carousal
jueves, Thursday
juez, judge
  juez de medianoche, midnight judge
jugada, play, move
  mala jugada, dirty deal, underhanded thing to do
jugador(a), player
jugar[1], to play, to move, to match, to become involved
jugar[2], to wield, to risk, to gamble
juglar, minstrel, jester
jugo, juice, meat
jugoso(a), juicy, succulent
juguete, toy, plaything
juguetear, to fool around, to play, to romp
juguetón (juguetona), playful
juicio, judgment, right mind, trial
  en tela de juicio, pending, under consideration
  juicio de Galileo, trial of Galileo
  juicio de Sacco y Vanzetti, Sacco and Vanzetti trial
  juicio de Scopes, Scopes trial
  juicio hipotecario, mortgage foreclosure
  juicio imparcial, fair trial
  juicio por jurado, trial by jury

juicio público, public trial
juicio sumario, speedy trial
juicioso(a), judicious
julio, July, joule
Julio César, Julius Caesar
jumento, ass, donkey
junco, rush, Chinese junk
junio, June
junta, meeting, board, seam, joint, connection, junta
junta directiva, board of directors
juntar, to join, to unite, to collect, to gather
juntarse, to assemble, to gather
junto[1], near, close, together
junto a, close to
junto al fuego, fireside chats
junto(a)[2], united, joined
juntura, joint seam
júpiter, Jupiter
jura, pledge of allegiance, oath
jurado, juror, juryman, jury
juramentar, to swear in
juramento, oath
Juramento de Lealtad, Pledge of Allegiance
juramento de toma de posesión, oath of office
prestar juramento, to take oath
jurar, to swear, to swear loyalty to
jurídico(a), lawful, legal, juridical
jurisconsulto, jurist
jurisdicción, jurisdiction
jurisprudencia, jurisprudence
jurista, jurist
justicia, justice, rightness, execution
justicia correctiva, corrective justice
justicia igualitaria para todos, equal justice for all
justiciero(a), fair, just
justificación, justification
justificado(a), just, right
justificar, to justify
Justiniano, Justinian
justo(a)[1], just, exact, perfect
justo(a)[2], righteous person
juvenil, youthful
juventud, youth
juzgado, tribunal, court

K

kaki (caqui), khaki
kaleidoscopio, kaleidoscope
kan, khans
karma, karma
Kc. (kilociclo), kc. (kilocycle)
Kg. or kg. (kilogramo), k. or kg. (kilogram)
Kérenski, Kerensky
kermés, bazaar, charity fair, potluck
kilo, kilo, kilogram
kilobyte, kilobyte
kilociclo, kilocycle
kilogramo, kilogram
kilometraje, mileage
kilométrico(a), kilometric, too long
billete kilométrico, mileage ticket
discurso kilométrico, very long speech
kilómetro, kilometer
kilotón, kiloton
kilotonelada, kiloton
kilovatio, kilowatt
kilovoltamperio, kilovolt-ampere
kilovoltio, kilovolt
kimono, kimono
kinescopio, kinescope
kiosco, kiosk
kiosco de periódicos, newsstand
Km. or km. (kilómetro), kilometer
koala, koala
kulak, kulak
kurdos, Kurds
kv. or k.w. (kilovatio), kw. (kilowatt)

l. (ley), law
l. (libro), bk. (book)
l. (litro), l. (liter)
L/ (letra de cambio), bill of exchange
libra esterlina, £, pound sterling
la[1], the, as la señora, la casa
la[2], her, it, as la vio, he saw her, la compré, I bought it
laberinto, labyrinth, maze
labia, winning eloquence
labilidad emocional, mood swing
labio, lip
labor, labor, task, needlework, tilling, working
  labor industrial, industrial labor
laborar, to work, to till
laboratorio, laboratory
laboriosidad, laboriousness, assiduity
laborioso(a), laborious, industrious
labrado(a)[1], worked, finely carved or wrought
labrado[2], cultivated land
labrador(a), laborer, farmer, farmhand
labranza, farming, agriculture, landholding, farm
labrar, to work, to labor, to cultivate, to cause, bring about
labriego(a), peasant
laca, lac, lacquer
lacayo(a), lackey, footman
lacerar, to tear to pieces, to lacerate
lacio(a), faded, withered, languid, straight
lacónico(a), laconic, concise
lacra, mark left by an illness, fault, vice
lacrar, to damage the health of, to hurt financially, to seal with sealing wax
lacre[1], sealing wax
lacre[2], lacquer red
lacrimoso(a), tearful, lachrymose
lactancia, time of suckling
lácteo(a), lactic, lacteous, milky
  ácido lácteo, lactic acid
  Vía Láctea, Milky Way
lactosa, lactose
ladear[1], to move to one side, to lean to one side
ladear[2], to incline to one side
ladearse, to incline to an opinion or belief
ladera, declivity, slope
ladino(a), sagacious, cunning, crafty, adept in a foreign language
lado, side, facet, aspect
  al lado de, by the side of, near to
  al otro lado, on the other side
  lado correspondiente, corresponding side
  lado inicial de un ángulo, initial side of an angle
  lado superior, upper side
  lados adyacentes, adjacent sides
  lados del triángulo, triangle sides
  por otro lado, on the other hand
  ¡a un lado!, to one side, clear the way!
ladrar, to bark
ladrido, bark, barking, censure, criticism
ladrillo, brick
  ladrillo refractario, firebrick
ladrón, thief, robber, highwayman
lagañoso(a) o legañoso(a), bleary, blear eyed, bleared, blear
lagartija, small lizard
lagarto, lizard, alligator
lago, lake
lágrima, tear
lagrimoso(a), weeping, shedding tears
laguna, lagoon, pond, blank space, hiatus, gap, deficiency
laico(a), lay, laic
lamentable, lamentable, deplorable, pitiable
lamentación, lamentation, lament
lamentar[1], to lament, to regret
lamentar[2], to lament, to mourn
lamento, lamentation, lament, mourning
lamer, to lick, to lap
lámina, plate, sheet of metal, copper plate, engraving, print picture
laminación, lamination
laminar, to laminate
lámpara, lamp
  lámpara de arco, arc light
  lámpara de radio, radio tube
  lámpara de rayos ultravioleta, sunlamp
  lámpara de soldar, blowtorch

lámpara portátil, emergency light
lamparilla, night light
lampiño(a), beard less
lana, wool, money, cash
lanar, woolly
ganado lanar, sheep
lance, cast, throw, critical situation, occurrence, happening, sudden quarrel
lancha, barge, lighter, launch
lancha de carrera, speedboat
lancha de salvavidas, lifeboat
lanchón, lighter, barge
langosta, locust, lobste, swindler
langostino, prawn
languidecer, to droop, to languish
lánguido(a), languid, faint, weak, languorous, languishing
lanolina, lanolin
lanudo(a), woolly, fleecy
lanza, lance, spear, tongue, pole, nozzle
lanzabombas, bomb thrower, bomb release
lanzacohetes, rocket launcher
lanzadera, shuttle
lanzador, pitcher (baseball)
lanzamiento, launching, throwing
lanzar, to throw, to dart, to launch, to fling, to eject
lanzar la pelota, shoot the ball
lanzarse, to throw oneself forward or downward
lanzarse en paracaidas, to bail out
lapicero, pencil holder, lead pencil
lápida, tombstone
lápiz, lead pencil, black lead
lápiz de labios o labial, lipstick
lapso de tiempo, time lapse
larga, delay, adjournment
a la larga, in the long run
largar, to loosen, to slacken, to let go of, to dismiss
largarse, to get out, to leave, to set sail
largo(a)[1], long, generous, liberal, copious
de largometraje, full length
largo[2], length, todo lo o de, the full length of
a lo largo, lengthwise
laringe, larynx
laringitis, laryngitis
larva, larva
lascivo(a), lascivious, lewd
láser, laser
lasitud, lassitude, weariness
lástima, compassion, pity, object of pity
lastimar, to hurt, to wound, to grieve, to sadden
lastimero(a), sad, mournful, lamentable
lastimoso(a), grievous, mournful
lastre, ballast, good judgment, sense, handicap
lat (latín), Lat. (Latin)
lat. (latitud), lat. (latitude)
lata, tin can, nuisance, annoyance
dar lata, to annoy, to be a nuisance
productos en lata, canned goods
latente, dormant, concealed
lateral, lateral
lateralmente, sideward
latido, throbbing, palpitation, yelping of dogs
latifundio, large farm, landed estate
latigazo, lash, crack of a whip
látigo, whip
latín, Latin language
latino(a), Latin
Latinoamérica, Latin America
latinoamericano(a), Latin American
latir, to palpitate, to howl, to yelp
latitud, breadth, width, latitude
latitud media, midaltitude
latón, brass
latoso(a), annoying, boring
latrocinio, larceny, theft, robbery
laudable, laudable, praiseworthy
laurear, to crown with laurel, to graduate, to reward
laurel, laurel, laurel crown
lavabo, washbowl, sink
lavadedos, finger bowl
lavadero, place where gold is panned, laundry
lavado, washing, wash
lavado de manos, hand washing
lavadora, washing machine
lavamanos, washstand
lavandera, laundress
lavandería, laundry
lavandería automática, laundromat
lavandero, laundryman

lavaplatos[1], dishwasher
lavaplatos[2], dishwashing machine
lavar, to wash, to tint, to give a wash to
lavativa, enema
lavatorio, act of washing, medicinal lotion, ceremony of washing the feet on Holy Thursday, lavatory, washroom
laxante, laxative
lazarillo, boy who guides a blind man
lazo, lasso, lariat, slip-knot, snare, trick, tie, bond, bow
  lazo de zapato, shoestring
lb. (libra), lb. (pound)
Ldo. o Lcdo., licentiate, master, lawyer
le, to him, to her, to it
leal, loyal, faithful
lealtad, loyalty
lección, lesson
  lección de historia, lesson of history
lector(a), reader
  lector(a) de pruebas, copyreader
lectura, reading
lechada, calcimine
leche, milk
lechera, milkmaid, dairy-maid
lechería, dairy, dairy barn
lechero[1], milkman, dairyman
lechero(a)[2], pertaining to milk, dairy
lecho, bed, litter
  lecho de roca, bedrock
  lecho rocoso, bedrock
lechón (lechona), sucking pig
lechoso(a), milky
lechuga, lettuce
lechuza, owl
lector de noticias de usenet, usenet newsreader
lectura, lecture
  lectura a primera vista, sight read
  lectura rápida, speed reading, skim
leer, to read, to lecture on
legación, legation, embassy
legajo, bundle of loose papers tied together
legal, legal, lawful
  moneda legal, legal tender
legalidad, legality, fidelity
legalizar, to legalize
legañoso(a) o lagañoso(a), bleary, blear eyed, bleared, blear
legar, to depute, to bequeath
legato, legato
legendario(a), legendary
legibilidad, readability
legible, legible
legión, legion
legionario(a), legionary
legislación, legislation
  legislación de derechos civiles, civil rights legislation
legislador(a), legislator, lawmaker
legislar, to legislate
legislativo(a), legislative
legislatura, legislature
  legislatura democrática, democratic legislature
  legislatura estatal, state legislature
legitimar, to legitimate, to make lawful
legitimidad, legitimacy
legítimo(a), legitimate, lawful
lego, layman
legua, league
  a leguas, very distant
legumbre, vegetable
leguminoso(a), leguminous
leguminosas, legumes
leído(a), well-read
lejanía, distance, remoteness
lejano(a), distant, remote, far
  en un futuro no lejano, in the near future
  Lejano oeste, Far West
lejía, lye, alkaline solution
lejos, at a great distance, far off
lema, motto, slogan, theme of a literary composition, lemma
lencería, linen goods, linen shop
lengua, tongue, language, tongue
  lengua de contacto, pidgin language
  lengua franca o vehicular, lingua franca
  lengua indoeuropea, Indo-European language
  lengua meta, target language
  lengua moderna, modern language
lenguaje, language, style, choice of words
  lenguaje corporal, body language

lenguaje cotidiano, everyday language
lenguaje de programación, programming language
lenguaje descriptivo, descriptive language
lenguaje escrito, written language
lenguaje especializado, specialized language
lenguaje figurado, figurative language
lenguaje informal, informal language
lenguaje no verbal, non-verbal language
lenguaje oral, oral language
lenguaje técnico, technical language
lenguaje universal, universal language
lenitivo(a)[1], mitigating
lenitivo[2], palliative, lenitive
lentaje de agua, duckweed
lente, lens
lenteja, lentil
lentejuela, spangle, sequin
lentes, eye-glasses, reading glasses
lentes contra resplandores, sunglasses, heat glasses
lentes de contacto, contact lenses
lentitud, slowness
lento(a), slow, tardy, lazy
leña, firewood, kindling wood
leñador(a), woodman, woodcutter
leño, log, length of tree trunk, wood
León[1], Leo, Leon
León el Africano, Leo Africanus
león[2], lion
león marino, sea lion
leona[3], lioness
leopardo, leopard
leopoldina, fob, short chain
lepra, leprosy
leproso(a)[1], leprous
leproso(a)[2], leper
lerdo(a), slow, heavy, stupid
lesión, damage, wound, injury
lesión simple, simple injury
lesionar, to injure
leso(a), hurt, wounded
letanía, litany
letárgico(a), lethargic
letargo, lethargy, drowsiness
letra, letter, handwriting, printing type, draft, words to a song
al pie de la letra, literally
buena letra, good handwriting
letra a la vista, sight draft
letra a plazo, time draft
letra de cambio, bill of exchange, draft
letras, learning
hombre de letras, literary man
letrado(a)[1], learned, lettered
letrado[2], lawyer
letrero, inscription, label, notice, poster, sign
letrina, outhouse, toilet
leucocitos, leucocytes, white corpuscles, white blood cell
leva, weighing anchor, levy, cam
levadura, yeast, leaven, ferment
levantamiento, elevation, insurrection, uprising
Levantamiento de los Criollos de 1821, Creole-dominated revolt of 1821
levantamiento popular, popular uprising
levantar, to raise, to lift, to build, to construct, to impute falsely, to promote, to cause
levantar el campo, to break camp
levantarse, to rise, to get up from bed, to stand up
leve, light trifling
levita[1], Levite, deacon
levita[2], frock coat
levulosa, levulose
ley, law, loyalty, obligation, devotion
fuera de ley, lawless
Ley Agraria, Homestead Act
Ley Dawes de 1887, Dawes Severalty Act of 1887
Ley de Ajuste Agrícola, Agricultural Adjustment Act
Ley de Alimentos y Medicamentos Puros, Pure Food and Drug Act
Ley de aranceles Smoot-Hawley, U.S. Smoot-Hawley Tariff
ley de Boyle, Boyle's law
ley de cancelación de la adición, cancellation law of addition

ley de cancelación de la multiplicación, cancellation law of multiplication
ley de Charles, Charles' law
ley de cosenos, law of cosines
Ley de Coulomb, Coulomb's law
ley de cuadrado inverso, inverse square law
ley de De Morgan, De Morgan's law
ley de derecho a la información, Right to Know law
Ley de Derechos Civiles, Civil Rights Act
Ley de Derechos Civiles de 1964, Civil Rights Act of 1964
ley de derechos de autor, copyright law
ley de desprendimiento, detachment law
ley de especificidad, law of specificity
Ley de estadounidenses con discapacidades, Americans with Disabilities Act
ley de gravitación, Law of Gravitation
ley de gravitación del comercio al por menor, law of retail gravitation
Ley de Kansas-Nebraska, Kansas-Nebraska Act
Ley de Kepler del movimiento planetario, Kepler's law of planetary motion
ley de la conservación de energía, Law of Conservation of Energy
ley de la conservación de la masa, Law of Conservation of Mass
ley de la conservación del momento, Law of Conservation of Momentum
ley de la oferta y la demanda, law of supply and demand
ley de logaritmos, law of logarithms
ley de los grandes números, Law of Large Numbers
Ley de Medicamentos y Alimentos, pure food and drug laws
Ley de Ohm, Ohm's law
Ley de Permanencia en el Cargo, Tenure of Office Act
ley de probabilidad, law of probability
Ley de protección ambiental, Environmental Protection Act
Ley de Recuperación Industrial Nacional, National Industrial Recovery Act
Ley de Reforma, Great Reform Bill 1832
Ley de Reorganización de los Indios de 1934 (Nativos Americanos), Indian Reorganization Act of 1934
ley de senos, law of sines
ley de sucesión, inheritance law
ley divina, divine law
Ley ex post facto (efecto retroactivo), ex post facto law
Ley General de Distribución de Tierras, Dawes Severalty Act of 1887
ley islámica, Islamic law
Ley Judicial, Judiciary Act
Ley Judicial de 1789, Judiciary Act of 1789
Ley Seca, Prohibition
Ley sobre Estatutos de Banco de 1832, Bank Recharter Bill of 1832
ley y orden, law and order
leyes de aire limpio, clean air laws
Leyes de Extranjería y Sedición, Alien and Sedition Acts
Leyes de Jim Crow, Jim Crow Laws
leyes de los gases, gas laws
leyes de movimiento de Newton, Newton's Laws of Motion
Leyes de Navegación, Navigation Acts
leyes de reforma, reform legislation
proyecto de ley, proposed bill

leyenda, inscription, legend, cutline
leyenda de foto, caption
leyenda del origen de los nativos americanos, Native American origin story
leyenda negra, Black Legend
leyenda popular, folk tale, folktale

leyenda sobrenatural, supernatural tale
liar, to tie, to bind
libelista, libeler
libélula, dragonfly
liberación, liberation, deliverance
liberación de energía, release of energy
liberal, liberal, generous
liberalidad, liberality, generosity
liberalismo, laissez-faire
liberalización, deregulation
liberalizar, to liberalize
liberar, to free, to release
libertad, liberty, freedom, independence
libertad académica, academic freedom
libertad de asociación, freedom of association
libertad de comercio, free trade
libertad de conciencia, freedom of conscience
libertad de contraer matrimonio con quien uno elija, freedom to marry whom one chooses
libertad de contratación, freedom to enter into contracts
libertad de elegir trabajo, freedom to choose employment
libertad de emigrar, freedom to emigrate
libertad de expresión, freedom of expression
libertad de expresión, freedom of speech
libertad de prensa, freedom of press
libertad de residencia, freedom of residence
libertad de viajar libremente, freedom to travel freely
libertad individual, individual liberty
libertad religiosa, religious freedom
libertad y justicia para todos, liberty and justice for all
libertades civiles, civil liberties
libertador(a), deliverer, liberator
libertar, to free, to set at liberty, to exempt, to clear
libertinaje, licentiousness
libertino(a)[1], dissolute, licentious
libertino(a)[2], libertine
libra, pound
libra esterlina, pound sterling
librado(a), drawee, acceptor of a draft
libramiento, deliverance, written order of payment, city by-pass, alternate highway
libranza, draft, order of payment, bill of exchange
librar, to free, to rid, to deliver, to give order for payment of, to draw, to put, to place
librar bien o librar mal, to come off or acquit oneself well or badly
librarse de, to rid oneself of, to be rid of
libre[1], free, exempt
libre comercio, free trade
libre empresa, free enterprise
libre[2], taxicab
librea, livery
librepensador, freethinker
librería, bookstore
librero, bookseller, bookcase
libreta, memorandum book, notebook
libreto, libretto, script
libro, book
El libro de la almohada de Sei Shonagon, The Pillow Book by Sei Shonagon
libro de actas, minute book
libro de caja, cashbook
libro de cheques, checkbook
libro de imágenes, picture book
libro de referencia, reference book
licencia, permission, license
licencia para manejar, driver's license
licenciado(a), holder of a master's degree, lawyer
licenciar, to permit, to allow, to confer the master's degree, to discharge
licenciarse, to become dissolute, to receive one's master's degree
licitación, bid, bidding
licitador, bidder
lícito(a), lawful, licit
licor, liquor, liquid
licorera, liquor container, liquor bottle
licuar, to liquefy
lid, combat
en buena lid, by fair means
líder, leader
líder de discusión,

discussion leader
líder de la mayoría, majority leader
líder mundial, world leader
líderes representativos, representative leaders
liderazgo, leadership
liderear, to lead, to be the leader of, to command
lidiador, combatant
lidiar, to fight, to struggle
lidiar con, to contend, to put up with
Lido Anthony "Lee" Iacocca, Lee Iaccoca
liebre, hare
lienzo, linen, canvas, painting
liga, garter, birdlime, coalition, alloy, rubber band
Liga Árabe, Arab League
Liga de mujeres votantes, League of Women Voters
liga recreativa, recreational league
ligadura, ligature, binding
ligar, to tie, to bind, to fasten, to alloy, to confederate
ligarse, to league, to be allied, to bind oneself to a contract
ligereza, lightness, fickleness, swiftness
ligero(a), light, swift, rapid, fickle
lija, sandpaper, dogfish
lijar, to smooth, to polish
lila, lilac bush, lilac
lima, file
limadura, filing
limar, to file, to polish
limbo, limbo
limeño(a)[1], native of Lima
limeño(a)[2], from Lima, of Lima
limitación, limitation, restriction
limitación de armas, arms limitations
limitaciones de hardware, hardware limitations
limitaciones en el gobierno, limitations on government
limitado(a), limited
limitar, to limit, to restrain
límite, limit, boundary
límite de placas, plate boundary
límite de velocidad, speed limit
límite del texto, text boundary
límite regional, regional boundary
límites convergentes, convergent boundaries
límites de clase, class boundaries
límites divergentes, divergent boundaries
limítrofe, limiting, bordering
limo, slime, mud, ooze
limón, lemon
limonada, lemonade
limonar, grove of lemon trees
limonero, lemon tree
limosna, alms, charity
limosnero(a)[1], charitable
limosnero(a)[2], beggar, alms giver
limpiabotas, boot-black
limpiachimeneas, chimney sweep
limpiador, cleanser, scourer
limpiaparabrisas, windshield wiper
limpiar, to clean, to cleanse
limpiaúñas, nail cleaner
límpido(a), clear, limpid
limpieza, cleanliness, neatness, chastity, purity, precision, exactness
limpieza de tierras, land clearing
limpieza étnica, ethnic cleansing
limpio(a), clean, neat, pure, exact, precise
en limpio, clearly
sacar en limpio, to infer, to understand, to prepare in final form from a rough draft
linaje, lineage, descent
linaje común, common ancestry
linaza, linseed
aceite de linaza, linseed oil
lince[1], lynx, keen person, fox
lince[2], sharp-eyed, keen-sighted
linchamiento, lynching
linchar, to lynch
lindar, to be contiguous
lindero, boundary, edge
lindeza, prettiness
lindezas, insults
lindo(a)[1], handsome, pretty, wonderful, perfect
lindo[2], coxscomb, fop
línea, line, boundary, limit

línea concurrente, concurrent line
línea cronológica, time line
línea cronológica de varios niveles, multiple-tier time line
línea de ajuste optima, line of best fit
línea de cascadas, fall line
línea de cascadas de los montes Apalaches, fall line of the Appalachians
línea de equidistancia, line of equidistance
línea de gravedad, line of gravity
línea de mejor ajuste, line of best fit
línea de montaje, assembly line
línea de reflexión, line of reflection
línea de regresión, regression line
línea de regresión de mínimos cuadrados, least squares regression line
línea de simetría, line of symmetry
línea de visión, line of sight
línea dedicada, dedicated line
línea divisoria de aguas, watershed
línea eléctrica, power line
línea fija, fixed line
línea internacional de cambio de fecha, International Date Line
línea melódica, melodic line
línea numérica, number line
línea principal, principal line
líneas aproximadas, approximate lines
líneas imaginarias conjugadas, conjugate imaginary lines
líneas intersectantes, intersecting lines
líneas paralelas, parallel lines
líneas perpendiculares, perpendicular lines
lineal, lineal, linear
linfa, lymph
linfático(a), lymphatic
lingüística, linguistics
linimento, liniment
lino, flax, linen
semilla de lino, flaxseed
linóleo, linoleum
linotipo, linotype
linterna, lantern
linterna de bolsillo, flashlight
linterna delantera, headlight
linterna trasera o linterna de cola, taillight
lío, bundle, scrape, conspiracy
armar un lío, to make a fuss, to start a row
hacerse un lío, to become confused, to get into a mess
lípido, lipid
liquidación, liquidation, settlement, clearance sale
liquidar, to liquefy, to melt, to liquidate, to dissolve, to settle, to clear
líquido(a), liquid, net
líquido amniótico, amniotic fluid
producto líquido, net proceeds
saldo líquido, net balance
lira, lyre
lírico(a), lyrical, lyric
lirio, iris
lirio blanco, lily
Lisboa, Lisbon
lisiado(a), crippled, lame
lisiar, to lame, to cripple, to mutilate
liso(a), plain, even, flat, smooth
lisonja, adulation, flattery
lisonjear, to flatter, to charm, to delight
lisonjero(a)[1], flatterer
lisonjero(a)[2], flattering, pleasing, delightful
lisosoma, lysosome
lista, slip, narrow strip, list, catalogue, colored stripe
lista de comprobación, checklist
lista de control, checklist
lista de correos, general delivery
lista de espera, wait-list
lista de pagos, payroll
lista de platos, bill of fare, menu
lista de precios, price list
pasar lista, to call the roll
listado(a), striped
listo(a), ready, prepared, prompt, quick, clever
listón, ribbon, tape

litera, litter, berth
literas, bunk beds
literal, literal
literario(a), literary
literato(a)[1], learned, lettered
literato(a)[2], literary person, writer
literatura, literature
literatura anecdótica, anecdotal scripting
literatura antigua, ancient literature
literatura británica, British literature
literatura del siglo XIX, nineteenth-century literature
literatura estadounidense, American literature
literatura griega homérica, Homeric Greek literature
literatura infantil, children's literature
literatura instrumental, instrumental literature
literatura medieval, medieval literature
literatura moderna, modern literature
literatura neoclásica, neoclassic literature
literatura vocal, vocal literature
literatura y arte occidental, Western art and literature
litigante, litigant
litigar, to litigate, to take to court
litigio, lawsuit
litografía, lithography
litografiar, to lithograph
litoral[1], littoral, coast
litoral[2], littoral, coastal
litro (l), liter (l)
litúrgico(a), liturgical
liviandad, lightness, imprudent action, rash move
liviano(a), light, fickle, lewd
lívido(a), livid, pale
llaga, wound, sore
llama, flame, llama
llamada, call, summons
llamada de incendios, fire alarm
llamada de larga distancia, long-distance call
llamada de Mohandas Gandhi a la resistencia no violenta, Mohandas Gandhi's call for nonviolent dissent
llamada y respuesta, call and response
llamado(a), so-called, by the name of
llamador, door knocker
llamamiento, call, calling, divine inspiration
llamamiento para formar parte de un jurado, jury duty
llamar[1], to call, to summon, to cite, to call on, to invoke
llamar[2], to knock
llamar con señas, to motion to, to signal
¿cómo se llama usted?, what is your name?
llamativo(a), showy, conspicuous
llamear, to flame, to blaze up
llanero(a), plainsman, plainswoman
llaneza, simplicity, sincerity, openness
llano(a)[1], plain, even, smooth, unassuming, simple, evident
llano[2], plain, prairie
llanta, rim, tire
llanta balón, balloon tire
llanto, flood of tears, weeping
llanura, evenness, level, plain
llanura indogangética, Indo-Gangetic plain
llave, key, hammer
ama de llaves, housekeeper
cerrar con llave, to lock
llave inglesa, monkey wrench
llave maestra, master key
llavero, keeper of the keys, key ring, key chain
llegada, arrival, coming
llegar, to arrive, to reach
llegar a ser, to become
llenar, to fill, to fulfill, to meet, to fill out
lleno(a), full, replete
de lleno, entirely, fully
llevadero(a), tolerable
llevar, to carry, to bear, to take, to lead, to take, to wear, to receive, to obtain, to win over, to persuade
llevar a cabo, to complete, to accomplish
llevar dinero, carrying money
llevar la voz por, to speak for
llevar los libros, to keep books

llevar puesto, to be wearing, to have on
volver a llevar, to carry back, to bring back
llevarse, to take away
llevarse bien, to get along well together
llevarse chasco, to be disappointed
llorar, to weep, to cry, to bewail, to mourn, to feel deeply
lloriqueo, whining, crying
lloroso(a), mournful, full of tears, bleary
llover, to rain
lloviznar, to drizzle
lluvia, rain
lluvia ácida, acid rain
lluvia de ideas, brainstorm
lluvia nuclear, fallout
lluvioso(a), rainy
llevar dinero, carrying money
lo[1], him, it
lo[2], the
lo bueno, the good thing
lo mismo, same
loable, laudable
loar, to praise, to approve
lobo, wolf
lóbrego(a), murky, obscure, sad, gloomy, glum
lóbulo, lobe
local[1], local
local[2], place
localidad, locality
localidades, tickets, seats
localización, placing, location
localizar, to localize, to locate
loción, lotion
loco(a), mad, crazy, insane
casa de locos, insane asylum
loco rematado, stark raving mad
volverse loco, to go mad
locomoción, locomotion
locomotora, locomotive
locomotora de vapor, steam locomotive
locuaz, loquacious, garrulous, long-winded
locura, madness, insanity, passion, frenzy, folly, foolishness
locutor(a), announcer
locutor(a) de radio or de televisión, radio or T.V. announcer or commentator
lodazal, muddy place
lodo, mud, mire
logaritmo, logarithm, log
logaritmo común, common logarithm
logaritmo natural, natural log, natural logarithm
logaritmo neperiano, natural log
logia, lodge, secret society
lógica, logic
lógico(a)[1], logical, reasonable, logic
lógico[2], logician
logística, logistics
logotipo, logo
lograr, to gain, to obtain, to succeed in, to attain
logro, gaining, attainment, accomplishment, usury
logro estético, aesthetic achievement
loma, hillock
lombriz, earthworm
lombriz solitaria, tapeworm
lomo, loin, back, spine, crease, ridge
llevar a o traer a lomo, to carry on one's back
lona, canvas, sailcloth
londinense, Londoner, from London
Londres, London
longaniza, long, narrow pork sausage
longevidad, longevity
longitud, length, longitude
longitud de onda, wavelength
longitud de onda de la luz, light wavelength
longitud del arco, length of arc, arc length
longitudinal, longitudinal
lonja, exchange, grocery store, delicatessen, warehouse, slice, roll of fat, love-handle
lontananza, distance
en lontananza, far off, barely visible
loquero, attendant in an insane asylum
loro, parrot
Los Nueve de Little Rock (1957), Little Rock 1957
los Países Bajos, the Netherlands
losa, flagstone, slab

lote, lot, share
lotería, lottery, lotto
Louis Pasteur, Louis Pasteur
loza, porcelain, chinaware
lozanía, vigor, vivacity
lozano(a), luxuriant, healthy, ruddy
lubricación, lubrication
lubricador(a), lubricating
lubricante[1], lubricating
lubricante[2], lubricant
lubricar, to lubricate
lubrificar, to lubricate
lucero, morning star, day star
lucha, struggle, strife, wrestling
lucha de clases, class conflict
lucha libre, catch-as-catch-can wrestling
lucidez, brilliance, splendor
lúcido(a), shining, bright, clear, lucid
luciente, bright, shining
luciérnaga, glowworm, firefly
lucimiento, splendor, luster, success, accomplishment
lucir[1], to shine, to be brilliant, to be of benefit, to be useful, to excel, to do well
lucir[2], to light up, to illuminate, to sport, to show off
lucirse, to dress up, to put on one's Sunday best
lucrativo(a), lucrative
lucro, gain, profit, lucre
luchador(a), wrestler, fighter, contender
luchar, to wrestle, to struggle, to fight
luego, at once, immediately, then, afterwards, later
desde luego, of course
hasta luego, good-bye
luego que, as soon as
lugar, place, village, employment, office, cause, motive, locus
en lugar de, instead of
en primer lugar, in the first place, first
lugar central, central place
lugar de culto, house of worship
lugar de diversión, place of amusement
lugar de origen, place of origin
lugar de producción, production site
lugar de trabajo, workplace
lugares comunes, commonplaces
lugar natal, birthplace
tener lugar, to take place, to occur
lugarteniente, deputy, lieutenant
lúgubre, gloomy, lugubrious, mournful
lujo, luxury
de lujo, de luxe, elegant
lujoso(a), sumptuous, luxurious
lujuria, lewdness, excess, excessiveness
lumbre, light, brilliance, brightness
lumbrera, luminary, sky-light
lummoso(a), lucid, bright, brilliant
luna, moon, plate glass
luna creciente, crescent moon
luna de miel, honeymoon
luna nueva, new moon
lunar[1], mole, skin blemish
lunar[2], lunar
lunático(a), lunatic, moonstruck
Lunda, Lunda
lunes, Monday
luneta, orchestra seat, eyeglass
lupanar, brothel
lúpulo, hops
lustrar, to shine, to polish
lustre, gloss, luster, splendor, glory
lustro, lustrum
lustroso(a), bright, brilliant
luterano(a), Lutheran
luto, mourning, bereavement
de luto, in mourning
luz, light, news, information, guide, example
dar a luz, to give birth
luz de la luna, moonlight
luz del día, daylight
luz diurna, daylight
luz solar, sunlight
luz ultravioleta, ultraviolet light
luces, culture, at tainment, enlightenment
traje de luces, bullfighter's costume

M

m. (masculino), m. (masculine)
m. (metro), m. (meter)
m. (milla), m. (mile)
Ma (María), Mary
macabro(a), macabre, hideous
macanudo(a), excellent, fine, grand, first-rate
macarrones, macaroni
macartismo, McCarthyism
Macedonia, Macedonia
maceta, flowerpot
Mach, Mach number
  número Mach, Mach number
macilento(a), lean, withered
macizo(a), massive, solid
machacar[1], to pound, to crush
machacar[2], to harp on the same thing, to dwell monotonously on one subject
machete, machete, heavy knife
macho[1], male animal, hook, male part
macho[2], male, masculine, manly, virile
machucar, to pound, to crush
macro, macro
macroeconomía, macroeconomics
macroevolución, macroevolution
macromoléculas, macromolecules
madeja, skein, hank of hair
madera, timber, wood
  de madera, wooden
  madera aserrada, lumber
  madera contrachapada, plywood
  madera terciada, plywood
  madera de construcción, building timber
maderero, lumberman
madero, beam of timber, piece of lumber
madona, Madonna
madrastra, stepmother
madre, mother, riverbed, main sewer line
  madre patria, mother country
madreperla, mother of pearl
madreselva, honey-suckle
madrigal, madrigal
madriguera, burrow, den, hiding place
madrileño(a)[1], inhabitant of Madrid
madrileño(a)[2], from Madrid, of Madrid
madrina, godmother
madrugada, dawn
  de madrugada, at break of day
madrugador(a), early riser
madrugar, to get up early, to be ahead of the game, to be ready ahead of time
maduración, maturation
  maduración sexual, sexual maturation
madurar, to ripen, to grow ripe, to arrive at maturity, to mature
madurez, maturity, prudence, wisdom
maduro(a), ripe, mature, prudent, judicious, wise
maestra[1], schoolmistress, woman teacher
maestro(a)[2], master, expert, teacher, maestro
  maestro del gremio, guild master
maestro(a)[3], masterly
  obra maestra, masterpiece
maestranza, arsenal, marine arsenal, arsenal staff
maestría, skill, mastery
Magallanes, Magellan
magia, magic
mágico(a)[1], magical
  poder mágico, magic power, magic
mágico[2], magician
magisterio, teaching profession, class control, teaching ability
magistrado(a), magistrate
magistral, magisterial, masterful, definitive
magistratura, magistracy
magma, magma
magnanimidad, magnanimity
magnánimo(a), magnanimous
magnate, magnate
magnesia, magnesia
magnético(a), magnetic
magnetismo, magnetism
magnetizar, to magnetize
magneto, magneto
magnetófono, tape recorder
magnetohidrodinámica, magnetohydrodynamics
magnificación, magnification
magnificador, magnifier
magnificar, to exalt, to magnify
magnificencia, magnificence, splendor
magnífico(a), magnificent, splendid

magnitud, magnitude, grandeur
magnitud absoluta, absolute magnitude
magnitud escalar, scalar quantity
magnitud relativa, relative magnitude
magnitud relativa de fracciones, relative magnitude of fractions
magno(a), great
magnolia, magnolia
mago(a), magician, wizard
magro(a), meager, thin, lean
maguey, maguey, century plant
magullar, to bruise, to contuse
Mahoma, Muhammad
mahometano(a), Mohammedan
maíz, corn, maize
maíz machacado or molido, hominy
palomitas de maíz, popcorn
maizal, cornfield
majadería, piece of foolishness, annoying behavior, pestiness
majadero(a)[1], dull, silly, foolish, annoying, bothersome
majadero(a)[2], pest, bore
majadero[3], pestle
majestad, majesty
majestuoso(a), majestic, sublime
majo(a)[1], sportily dressed, showily dressed
majo(a)[2], flashy dresser
mal[1], pain, ache, illness
mal de garganta, sore throat
mal[2], bad, wrong
mal emparejado, mismatched
caer mal, to be unbecoming or displeasing
mal entendimiento, misunderstanding
mal[3], evil, misfortune, bad luck, injury, damage
malo(a), bad
mala cosecha, crop failure
malabarista, juggler
malacate, hoist, windlass, winch
malagradecido(a), ungrateful
malagueño(a)[1], pertaining to Malaga
malagueña[2], malaguena
malaria, malaria
Malasia, Malaysia
malaventurado(a), unfortunate
malayo-polinesio, Malayo-Polynesia
malbaratar, to sell at a low price, to squander, to waste
malcriado(a), illbred, ill-behaved, unmannerly
maldad, wickedness
maldecir, to curse
maldición, malediction, curse, cursing
maldito(a), perverse, wicked, damned, cursed
¡maldito sea!, damn it!
malear, to corrupt
malecón, sea wall, breakwater, levee, dike
maledicencia, slander, calumny
maleficio, curse, evil spell
malentendido, misunderstanding
malestar, queasiness, indisposition, uneasiness, anxiety
maleta, suitcase, satchel
maletilla, handbag, satchel
maletín, handbag, satchel
malevolencia, malevolence
malévolo(a), malevolent
maleza, underbrush
malgastar, to waste, to misuse
malhablado(a), foul-mouthed
malhecho[1], evil act, wrong
malhecho(a)[2], malformed, deformed
malhechor(a), malefactor
malhumorado(a), peevish, ill-humored
Mali, Mali
malicia, malice, perversity, suspicion, cunning, artifice
tener malicia, to suspect
maliciar, to suspect, to get a hint of
maliciarse, to smell a rat, to have one's doubts
malicioso(a), malicious, wicked
malignidad, malignity, malice, evildoing
maligno(a), malignant, malicious
malinchismo, preference for anything foreign
malintencionado(a), ill-disposed
malnutrido(a), undernourished
malo(a), bad, wicked, sickly, sick, ill
malograr, to waste, not to take advantage of, to miss
malograrse, to fail, to fall through
malparto, abortion, miscarriage
malquerer, to have a grudge against
malquisto(a), hated, detested

malsano(a), unhealthy, sickly, unhealthful, unwholesome, unsanitary
maltratar, to treat badly, to abuse, to mistreat
malva, mallow
malvado(a)[1], wicked, perverse
malvado(a)[2], wrongdoer, villain
malversar, to misapply, to misappropriate
malla, mesh, mail, tights, bathing suit
mamá, mamma, mom
mamadera, nipple, nursing bottle
mamar, to suck
mamarracho, white elephant, piece of junk
mameluco, child's rompers, simpleton, fool
mamey, mamey, mammee
mamífero(a)[1], mammalian
mamífero(a)[2], mammal
mampara, screen
mampostería, rough stone work
maná, manna
manada, flock, drove, herd, crowd, pack
manada de lobos, wolf pack
manantial, spring, origin, source, water spring
manar, to spring, to issue, to flow out, to distill, to abound, to be teeming
mancebo, youth, young man, salesclerk
manco(a), one-handed, one-armed, incomplete, faulty
mancomunar, to associate, to unite
mancomunarse, to act together, to collaborate
mancuerna, pair tied together
mancuernas, cuff links
mancha, stain, spot, blot
manchar, to stain, to soil, to spot
manchego(a), a native of La Mancha, Spain
queso manchego, cheese from La Mancha
mandado, mandate, errand, message
mandamiento, mandate, command, commandment
mandar[1], to command, to order, to will, to bequeath, to send
mandar[2], to rule, to govern, to give the orders
mandatario, mandatory, director
mandato, mandate, order
mandato arbitraria, arbitrary rule
mandato británico, British rule
mandato de hábeas corpus, writ of habeas corpus
Mandato del cielo, Mandate of Heaven
mandato popular directo, direct popular rule
mandíbula, jawbone, jaw
mandil, apron
mandioca, cassava
mando, command, authority, power
mandolín, mandolin
mandolina, mandolin
mandón(a)[1], imperious, domineering
mandón(a)[2], imperious, haughty person
mandril, baboon, spindle of a lathe
manecilla, hand of a clock
manecillas de la hora, hour hand
manejable, manageable
manejar, to manage, to handle, to drive
manejar bajo la influencia de alcohol o drogas, drunk and drugged driving
manejar seguro, safe driving
manejarse, to behave
manejo, management, direction, administration
manejo de desechos peligrosos, hazardous waste handling
manejo de desechos tóxicos, toxic waste handling
manera, manner, way, kind, means
de ninguna manera, not at all
manga, sleeve, waterspout, hose
manga de aire, jet stream
mangle, mangrove
mango[1], handle, haft
mango[2], mango
manguera, hose for sprinkling
manguito, muff, bushing sleeve
maní, peanut
manía, frenzy, madness
maniatar, to manacle, to handcuff
maniático(a), maniac, mad, frantic
manicero(a), peanut vendor
manicomio, insane asylum
manicurista, manicurist
manifestación, manifestation,

demonstration, declaration, statement
manifestación pacífica, peaceful demonstration
manifestar, to manifest, to show
manifiesto(a)[1], manifest, open
manifiesto[2], manifest, presentation of the Host, manifesto
Manifiesto Comunista de Marx y Engels, Marx and Engel's Communist Manifesto
Manifiesto de octubre, October Manifesto
manigua, thicket, jungle
manigueta, handle, haft, kevel
manija, handle, crank, hand lever
maniobra, handiwork, handling, operation, maneuver, stratagem
maniobra de compresión abdominal, abdominal thrust maneuver
maniobra de Heimlich, Heimlich maneuver
maniobras para dividir un distrito a favor de un partido político, gerrymandering
manipulación, manipulation
manipular, to manipulate, to manage
maniquí, mannikin
manirroto(a)[1], wasteful, prodigious
manirroto(a)[2], spendthrift
manivela, crank, crankshaft
manjar, choice food, specialty food
mano, hand, coat, layer
a mano, at hand
a manos llenas, liberally, abundantly
de propia mano, with one's own hand
mano de obra, labor, construction work, workforce, labor force
mano de obra barata, cheap labor
tener buena mano, to be skillful
venir a las manos, to come to blows
¡manos a la obra!, let's get started! let's get going!
manojo, handful, bundle
manómetro, pressure gauge
manopla, gauntlet, short whip
manosear, to handle, to muss
manotear[1], to gesture with the hands
manotear[2], to slap
mansedumbre, meekness, gentleness
mansión, sojourn, residence, abode, home, mansion
manso(a), tame, gentle, mild
manta, blanket
manta de cielo, chessecloth
manteca, lard
mantecado, ice cream, biscuit
mantel, tablecloth
mantelería, table linen
mantener[1], to maintain, to support
mantener[2], retain
mantenimiento, maintenance, support
mantenimiento de peso, weight maintenance
mantequilla, butter
mantequillera, butter churn, butter dish
mantilla, mantilla
mantillas, swaddling clothes
estar en mantillas, to be in its infancy, to be just beginning
manto, mantle, cloak, robe
mantón, shawl
mantón de manila, Spanish shawl
manuable, easy to handle, handy
manual, manual, handy. easy to handle
manual, manual
manubrio, handlebar
manufactura, manufacture
manufacturar, to manufacture
manuscrito[1], manuscript
manuscrito(a)[2], handwritten
manutención, maintaining, maintenance
manzana[1], apple
manzana[2], block
manzano, apple tree
maña, dexterity, skill, cleverness, ability, artifice, cunning, trickery, evil way, vice, bad habit
mañana[1], morning
mañana[2], tomorrow
pasado mañana, day after tomorrow
mañanear, to be an early riser, to have the habit of getting up early
mañoso(a), skillful, handy, cunning, tricky
Mao Tse-Tung, Mao Zedong
mapa, map

mapa conceptual, conceptual map
mapa conceptual, story map
mapa de coropletas, choropleth map
mapa de flujo, flow map
mapa físico, physical map
mapa histórico, historical map
mapa mental, mental map
mapa mental, mental mapping
mapa político, political map
mapa temático, thematic map
mapa topográfico, topographic map
mapache, raccoon
mapamundi, map of the world
maqueta, mock up, scale model
maquiavélico(a), machiavelian
Maquiavelo, Machiavelli
maquillaje, makeup
maquillar, to put makeup
maquillarse, to put on one's makeup
máquina, machine, engine
máquina a máquina, machine-to-machine
máquina automática, automated machine
máquina calculadora digital, digital computer
máquina de clacular, calculating machine
máquina de coser, sewing machine
máquina de escribir, typewriter
máquina especializada, specialized machine
máquina operada por un ser humano, human operated machine
máquina de sumar, adding machine
máquina de vapor, steam engine
máquina electoral, voting machine
máquinas simples, simple machines
maquinación, machination
maquinalmente, mechanically
maquinar, to machinate, to conspire
maquinaria, machinery
maquinaria de Diesel, diesel machinery
maquinaria para excavaciones, earth-moving machinery
maquinista, machinist, mechanician, driver, engineer
mar, sea
en alta mar, on the high seas
mar Caspio, Caspian Sea
mar Negro, Black Sea
mar Rojo, Red Sea
maraña, thicket, snarl, perplexity, difficult situation
maravilla, wonder
a las mil maravillas, uncommonly well, exquisitely
a maravillas, marvelously
maravillar, to admire
maravillarse, to wonder, to be astonished
maravilloso(a), wonderful, marvelous
marca, mark, sign
marca de fábrica, trademark, brand name
marca de tiempo, meter signature, time signature
marcador de posición, placeholder
marcar, to mark, to observe, to note
marcar el tempo, tempo marking
marcar en negrita, bolding
marcha, march, course, development
acortar la marcha, to slow down
marchas por la libertad, freedom ride
ponerse en marcha, to proceed, to start off
reducir la marcha, to slow down
marchar, to leave, to go off, to march
marchar al encuentro, to go to meet
marcharse, to go away
marchitar, to wither, to fade, to deprive of vigor, to devitalize
marchito(a), faded, withered
marcial, martial, warlike
marco[1], frame, mark
marco[2], framework
marco inerte de referencia, inertial frame of reference
Marco Polo, Marco Polo
marea, tide

marea alta, high tide
marea menguante, ebb tide
marea negra, oil slick
mareado(a), dizzy, seasick
marearse, to get seasick, to get dizzy, to have success go to one's head
marejada, sea swell, head sea, surf
mareo, seasickness
marfil, ivory
margarina, margarine
margarita, daisy
margen, margin, border, marginal note
marginal, marginal
mariachi, street band, mariachi, musician in a mariachi
mariano(a), Marian, pertaining to the Virgin Mary
maridaje, marriage, conjugal union, intimate connection
maridar, to marry, to unite, to join
marido, husband
Marie Curie, Marie Curie
marimba, marimba
marina, navy, shipping fleet
marinero(a), mariner, sailor
marino(a)[1], marine
marino[2], mariner, seaman
mariposa, butterfly
mariquita, ladybird, ladybug
mariscal, marshal, horseshoer, blacksmith
mariscal de campo, field marshal
marisco, shellfish
marital, marital
marítimo(a), maritime, marine
maritornes, awkward, gawky woman
marmita, kettle, pot
mármol, marble
marmóreo(a), marbled, marble
marmota, marmot, woodchuck, groundhog
maroma, rope, feat, stunt
marqués, marquis
marquesa, marchioness
marquesina, marquee, canopy
marrana, sow
marrano, pig, hog, sloppy, unkempt person
marras, long ago
de marras, of long ago, well known, old hat
marroquí[1], Moroccan
marroquí[2], morocco leather
marsellés (marsellesa), native of Marseilles, of Marseilles
la Marsellesa, the Marseillaise, French national anthem
marta, marten
marte, Mars
martes, Tuesday
martillar, to hammer
martillazo, blow with a hammer
martillo, hammer
mártir, martyr
martirio, martyrdom, torture
martirizar, to martyr, to torture, to wrack
martirologio, martyrology
marxismo, Marxism
marzo, March, Mar. (March)
mas, but, yet
más, more
a más, besides, moreover
a más tardar, at latest
el más alto, tallest
el más grande, biggest
el más grande, largest
el más pequeño, smallest
el(la) mas largo(a), longest
lo más, the most
más alimento, more food
más allá, farther
más alto, taller
más caliente, hotter
más cercano, closest
más corto, shorter
más difícil, hardest
más fácil, easiest
más frío, colder
más grande, bigger
más grande que, larger
más largo que, longer
más liviano, lighter
más o menos, more or less
más pequeño que, smaller
más pesado, heavier
sin más ni más, without more ado
tanto más, so much more
masa, dough, paste, mass
las masas populares, the lower classes, the masses
masa atómico, atomic mass
masa continental, landmass
masa de aire, air mass
masa molar, molar mass

masa monetaria, money supply
masa muscular, lean body mass
masa nuclear, nuclear mass
masa real, actual mass
masa relativa, relative mass
masacre, massacre
masacre de los Paxton Boys, Paxton Boys Massacre
masaje, massage
mascar, to chew
máscara[1], masquerader
máscara[2], mask
baile de máscaras, masquerade ball
mascarada, masquerade
mascota, mascot
masculino(a), masculine, male
masonería, free-masonry
masticar, to masticate, to chew
mástil, topmast, pylon
mastín, mastiff
mastoides, mastoid
mata, plant, shrub
matadero, slaughter-house
matador, murderer, bull-fighter
matamoscas, flyswatter
matanza, slaughtering, massacre
matar, to kill
matar atrozmente, massacre
matarse, to commit suicide, to be killed
matasanos, quack, charlatan
matasiete, bully, braggadocio
mate, checkmate, maté
matemática, mathematics
matemático(a)[1], mathematical
matemático[2], mathematician
materia, matter, material, subject, topic, matter, pus
entrar en materia, to lead up to a subject, to broach a topic
materia orgánica, organic matter
materia prima, raw material
material[1], material, corporal, rude, uncouth
material[2], ingredients, materials
material artístico, art material
material gráfico, artwork
material sesgado, slanted material
materiales terrestres, Earth materials
materialismo, materialism
materialista[1], materialist
materialista[2], materialistic
maternal, maternal, motherly
maternidad, motherhood, motherliness
materno(a), maternal, motherly
matinal, morning
matiné, matinée
matiz, shade, nuance, shading
matices, shadows
matices en el significado, shades of meaning
matiz cultural, cultural nuance
matizar, to mix well, to blend, to shade
matón, bully
matorral, brambles, thicket, dense underbrush
matraca, rattle
dar matraca, to annoy, to tease
matricida, matricide
matricidio, matricide
matrícula, register, list, license plate, registration, number registered
matricular, to matriculate
matricularse, to register
matrimonial, matrimonial
matrimonio, marriage, matrimony
matrimonio arreglado, arranged marriage
matrimonio polígamo, polygamous marriage
matriz[1], uterus, womb, mold, die
matriz[2], main, parent
casa matriz, head or main office
matriz[3] **(pl. matrices)**, matrix (pl. matrices)
matrona, matron
matutino(a), morning, in the morning
maullar, to mew, to meow
maullido, mewing, meowing
mausoleo, mausoleum
máxima[1], maxim, rule
máximo(a)[2], maximum, chief, principal, greatest
máximo absoluto, absolute maximum
máximo común divisor, greatest common factor, geatest common divisor (GCD)
máximo de función, maximum of function
máxime, principally

maximizar, maximize
mayo, May
mayonesa, mayonnaise
mayor[1], greater, larger, elder, greatest
  Estado Mayor, military staff
  mayor a, greater than, above, more than
  mayor de edad, of age
  mayor que, greater than, more than
mayor[2], superior, major
  al por mayor, wholesale
mayoral, foreman, head shepherd
mayorazgo, primogeniture, inheritance of the first born
mayorista, wholesaler
mayordomo, steward, butler, majordomo
mayoría, majority
  mayoría cualificada, super majority
  mayoría de votos, landslide
  mayoría negra, black majority
  mayoría silenciosa, Silent Majority
mayúscula, capital letter, uppercase
maza, club, mace, mallet, hub
mazamorra, small bits, crumbs, thick corn stew, boiled corn, potage made from broken hardtack
mazapán, marzipan
mazo, mallet, bundle
mazorca, ear of corn
mazurca, mazurka
m/c (mi cargo o mi cuenta), my account
m/cta. (mi cuenta), my account
m/cte mc. (moneda corriente), cur. (currency)
me, me, to me
mear, to urinate
mecánicamente, mechanically, automatically
mecánica, mechanics
  mecánica celeste, celestial mechanics
  mecánica newtoniana, Newtonian mechanics
mecánico(a)[1], mechanical
mecánico[2], mechanic
mecanismo, mechanism
mecanizar, to mechanize
mecanografía, typewriting, typing
mecanógrafo(a), typist
mecate, rope
mecedora, rocking chair, rocker
mecenazgo, patronage
  mecenazgo político, political patronage
  mecenazgo real, royal patronage
mecer, to swing, to rock
mecha, wick, fuse, match
mechar, to lard
mechero, socket, nozzle, jet
  mechero de gas, gas burner, gas jet
mechón, shock
medalla, medal
medallón, medallion, locket
media[1], stocking
  media hora, half hour
media[2], media
mediación, mediation, intervention
mediado(a), half-full
  a mediados de, about the middle of, half way through
mediador, mediator, go-between
medianía, moderation, mediocrity
mediana[1], median
mediano(a)[2], moderate, average, medium, mediocre, passable
medianoche, midnight
mediante, by means of, through
  Dios mediante, God willing
mediar, to be in the middle, to intercede, to mediate
mediatriz, perpendicular bisector
Medicaid (programa de asistencia médica), Medicaid
medicamento, medicine, medication
  medicamento con receta, prescription medicine
  medicamento de venta bajo receta, prescription medicine
  medicamento de venta directa, over-the-counter medicine
  medicamento de venta libre, over-the-counter medicine
  medicamento sin prescripción, nonprescription drug
Medicare (programa de cobertura de seguridad social), Medicare
medicastro, charlatan, quack
medicina, medicine
  medicina espacial, space medicine
medicinal, medicinal

medicinar, to give medicine, to treat
médico(a)[1], physician
médico(a)[2], medical
medida, measure
a la medida, made-to-measure, tailor-made
a medida que, at the same time that, in proportion as, as
medida de ángulo, angle measure
medida de ángulos, angle measurement
medida de grados, degree measure
medida de la delincuencia, measure of crime
medida de líquidos, liquid measure
medida de movimiento, measurement of motion
medida de volumen, volume measurement
medida dirigida, direct measure
medida estándar, standard measure
medida indirecta, indirect measurement
medidas de altura, measures of height
medidas de ancho, measures of width
medidas de longitud, measures of length
medidas de tendencia central, measures of central tendency
medida para líquidos, liquid measure
medidor[1], meter, gauge
medidor de franqueo, postage meter
medidor del gas, gas meter
medidor(a)[2], measurer
medieval, medieval
medio(a)[1], half (pl. halves), half-way, middle, average, mean, average
a media asta, at halfmast
a medias, by halves
de peso medio, middle weight
la Edad Media, the Middle Ages
media hora, half an hour
media noche, midnight
Medio Oeste, Midwest
Medio Oriente, Middle East
medio[2], way, method, step, surroundings, medium, middle, means
medio artístico, art medium
mediocre, middling, mediocre
mediocridad, mediocrity
mediodía, noon, midday, south
medios, means, media
medios de comunicación, media, mass media
medios de distribución, means of distribution
medios de producción, means of production
medios dramáticos, dramatic media
medios electrónicos, electronic media
medir, to measure
medirse, to act with moderation
meditación, meditation
meditar, to meditate, to consider
Mediterráneo, Mediterranean
Mediterráneo Oriental, Eastern Mediterranean
medrar, to thrive, to prosper
medroso(a), fearful, timorous, terrible, frightful
medula (médula), marrow, essence, pith, main part
megabyte, megabyte
megaciclo, megacycle
megáfono, megaphone
megalomania, megalomania
megalópolis, megalopolis
megatón, megaton
megatonelada, megaton
Mehmet Ali de Egipto, Muhammad Ali of Egypt
meiosis, meiosis
mejicano(a), Mexican
mejilla, cheek
mejor, better, best
a lo mejor, when least expected
mejor aproximación, best approximation
mejor dicho, rather, more properly
mejora, improvement, melioration
mejoramiento, improvement, enhancement
mejorana, sweet marjoram
mejorar[1], to improve, to cultivate, to heighten, to mend, enhance
mejorar[2], to recover, to get over a

disease
mejorarse, to improve, to get better
mejoría, improvement, recovery, advantage
melancolía, melancholy
melancólico(a), melancholy, sad
melaza, molasses
melena, long, bushy hair, mane
melenudo(a), having long, bushy hair
melindroso(a), prudish, finical
melocotón, peach
melodía, melody
melodía pentatónica, pentatonic melody
melodioso(a), melodious
melodrama, melodrama
melodramático(a), melodramatic
melón, melon
melón de verano, cantaloupe
melosidad, sweetness, mellowness
meloso(a), like honey, sweet, mellow
mella, notch, gap
hacer mella, to affect adversely, to have a telling effect on
mellizo(a), twin
membrana, membrane
membrana celular, cell membrane
membresía de grupo, group membership
membrete, letterhead
membrillo, quince, quince tree
memorable, memorable
memorándum, memorandum, notebook
memoria, memory, account, report
de memoria, by heart, from memory
memoria de acceso aleatorio (RAM), Random-access memory (RAM)
memoria sensorial, sensory recall
memorial, memorandum book, memorial, brief
memorias, compliments, regards, memoirs
mención, mention
mencionado, found, mentioned
mencionar, to mention
mendicante, mendicant, begging
mendigar, to ask for charity, to beg
mendigo(a), beggar
mendrugo, stale crust of bread
menear, to stir, to agitate, to wiggle, to wag
menearse, to wag, to wiggle, to bustle about, to bestir oneself
meneo, stirring, wagging, wiggling
menester, necessity, want
ser menester, to be necessary
menesteres, bodily needs, bare necessities
menesteroso(a), needy, necessitous
menestra, dried legumes
mengua, decay, decline, poverty, disgrace
menguante[1], decreasing, diminishing
menguante[2], ebb tide, low water, decline, falling off
menguante[3] (fase de la luna), waning (moon phase)
menguar, to decay, to fall off, to decrease, to diminish, to fail
meningitis, meningitis
menor[1], minor, person under age
menor[2], less, smaller, younger, lower
menor a, less than
menor de, less than
menor de edad, juvenile
menor denominador común, least common denominator (LCD)
menor que, less than
por menor, retail, minutely, detailedly
menos, less, with the exception of
a lo menos, at least, in any event
a menos que, unless
echar de menos, to miss
por lo menos, at least, in any event
lo menos posible, the least possible
menos que, fewer than
venir a menos, to decline, to lessen
menoscabar, to lessen, to worsen, to make worse, to reduce
menoscabo, diminution, deterioration, loss
menospreciar, to undervalue, to underestimate, to despise, to contemn
menosprecio, contempt, scorn
mensaje, message, errand
mensaje de texto, text message

mensaje subliminal, subliminal message
mensajes no deseados, junk mail, SPAM
mensajería instantánea, instant messaging (IM)
mensajero(a), messenger
menstruación, menstruation
mensual, monthly
mensualidad, monthly payment
mensualmente, monthly
ménsula, cantilever, bracket, support
menta, mint
mental, mental, intellectual
mentalidad, mentality
mentalmente, mentally
mentar, to mention
mente, mind, understanding
mentecato(a)[1], silly, crackbrained
mentecato(a)[2], fool, simpleton
mentir, to lie, to tell falsehoods
mentira, lie, falsehood
decir mentiras, to lie
parecer mentira, to seem impossible
mentirilla, fib, white lie
mentiroso(a), lying, deceitful, liar
mentón, chin
menú, menu, bill of fare
menú desplegable, pull-down menu
menudear[1], to repeat, to detail
menudear[2], to occur frequently, to be plentiful, to go into detail
menudencia, trifle, great care, minuteness
menudeo, retail
al menudeo, at retail
menudo(a)[1], small, minute
a menudo, repeatedly, often
menudo[2], change, silver, tripe, entrails, tripe soup
menundencias, giblets
meñique, little finger
mequetrefe, meddler, blunderbuss
mercachifle, peddler, hawker
mercader, dealer, trader, merchant
mercadería, commodity, merchandise
mercado, market, market place
mercado bursátil, stock market
mercado competitivo, competitive market
Mercado Común, Common Market
mercado de cambio, market exchange
mercado de divisas, foreign exchange market
mercado de valores, stock market
mercado exterior, foreign market
mercado global, global market
mercado internacional, international market
mercado interno, national market
mercado laboral, labor market
mercado meta, target audience
mercado objetivo, target audience
mercado privado, private market
mercadotecnia, marketing
mercancía, trade, traffic, goods, merchandise
mercante, merchant
buque mercante, merchant ship
mercantil, commercial, mercantile
derecho mercantil, business law
ley mercantil, business law
mercantilismo, mercantilism
merced, favor, grace, mercy, will, pleasure
estar a merced de otro, to be at another's mercy
mercenario[1], day laborer, mercenary
mercenario(a)[2], mercenary
mercería, drygoods store
Mercomún, European Common Market
mercurio, mercury, quicksilver
mercurocromo, Mercurochrome
merecedor(a), deserving, worthy
merecer[1], to deserve, to merit
merecer[2], to be deserving
merecido(a)[1], deserved
bien o mal merecido, well- or ill-deserved
merecido[2], just punishment, just deserts
merecimiento, merit, desert
merendar, to have a snack
merengue, meringue, typical dance

of the Dominican Republic
meridiano[1], meridian
pasado meridiano, afternoon
meridiano(a)[2], meridional
meridional, southern, meridional
merienda, light lunch, snack
merienda campestre, picnic lunch
mérito, merit, desert
meritorio(a), meritorious, laudable
merma, decrease, shortage
mermar, to diminish, to decrease
mermelada, marmalade
mero[1], pollack
mero[2], almost
mero(a)[3], mere, pure, real, actual
merodear, to pillage, to go marauding
mes, month
mesa, table
mesa redonda, round table
poner la mesa, to set the table
quitar la mesa, to clear the table
mesada, monthly payment
meseta, landing, tableland, plateau
Mesías, Messiah
Mesoamérica, Mesoamerica
mesolítico, Mesolithic
mesón, inn, hostelry, meson
mesonero(a), innkeeper
Mesopotamia, Mesopotamia
mesósfera, mesosphere
mestizo(a)[1], half-breed
mestizo(a)[2], of mixed blood
mesura, grave deportment, dignity, politeness, moderation
mesurado(a), moderate, modest, gentle, quiet
meta, goal, finish line, end
meta de salud, health goal
meta de salud personal, personal health goal
metabolismo, metabolism
metabolismo basal, basal metabolism
metafase, metaphase
metafísica, metaphysics
metáfora, metaphor
metafórico(a), metaphorical
metal, metal, brass, tone, timbre
metálico(a), metallic, metal
metalizado(a), mercenary, money-hungry
metaloide, metalloid
metalurgia, metallurgy
metamórfico(a), metamorphic
metamorfosis, metamorphosis
metamorfosis completa, complete metamorphosis
metamorfosis incompleta, incomplete metamorphosis
metástasis, metastasis
metate, stone forgrinding corn
meteoro, meteor
meteorización, weathered rock
meteorología, meteorology
meteorológico, meterological
meter, to place in, to put in, to insert, to cause, to start, to smuggle
meterse, to meddle, to interfere
meticuloso(a), conscientious, meticulous
metiche, prier, meddler, kibitzer
metódico(a), methodical, systematic
metodista, Methodist
método, method
método central de ajuste de curvas, curve fitting median method
método científico, Scientific Method
método de actuación, acting method
método de asignación, allocation method
método de cancelación, cancellation method
método de eliminación, elimination method
método de investigación, method of investigation
método de la ruta crítica, critical paths method
método de producción, production method
método de recopilación de datos, data collection method
método de separación, separation method
método de subsistencia, subsistence method
método de sustitución, substitution method
método deductivo, deductive method
método psicoanalítico de Freud, Freud's psychoanalytic method

métodos de datación, dating methods
métodos de explotación agrícola, farming methods
metodología, methodology
metraje, length in meters
de largometraje, full length
métrico(a), metrical
metro, meter (m), subway
metrópoli, metropolis
metropolitano(a)[1], metropolitan
metropolitano[2], subway
Mex. (México), Mex. (Mexico)
mexicano(a), Mexican
mezcla, mixture, medley
mezcla de consonante, consonant blend
mezcla heterogénea, heterogeneous mixture
mezcla homogénea, homogeneous mixture
mezclar, to mix, to mingle
mezclarse, to mix, to take part
mezclilla, denim
mezcolanza, hodgepodge
mezquindad, penury, poverty, avarice, stinginess, trifle
mezquino(a), poor, indigent, avaricious, covetous, mean, petty
mezquita, mosque
m/f. (mi favor), my favor
m/fha. (meses fecha), months after today's date
mg. (miligramo), mg. (milligram)
m/g (mi giro), my draft
mi[1], my
mi[2], mi
mí, me
mialgia, muscle soreness
mico, monkey
micra, micron, very small
microbio, microbe, germ
microbiólogo, microbiologist
microcircuito, microcircuit
microclima, microclimate
microeconomía, microeconomics
microevolución, microevolution
microficha, microfiche
microfilme, microfilm
micrófono, microphone, receiver
micrómetro, micrometer
microonda, microwave
microorganismo patógeno, disease microorganism
microprocesador, microprocessor
microscópico(a), microscopic
microscopio, microscope
microscopio compuesto, compound microscope
microsurco, microgroove
MIDI (Interfaz digital de instrumentos musicales), MIDI (Musical Instrument Digital Interface)
miedo, fear, dread
tener miedo, to be afraid
miedoso(a), afraid, fearful
miel, honey
luna de miel, honeymoon
miembro, member, limb
miembro del equipo, team member
mientras, while
mientras tanto, meanwhile, in the meantime
miércoles, Wednesday
Miércoles de Ceniza, Ash Wednesday
mierla, blackbird, merle
mies, harvest
miga, crumb
migaja, scrap, crumb, small particle
migración, migration
migración de larga distancia, long-distance migration
migración del campo a la ciudad, rural-to-urban migration
migración forzada, involuntary migration
migración hacia fuera, outward migration
migración mormona hacia el oeste, Mormon migration to the West
migración turca, Turkic migration
migración voluntaria, voluntary migration
migraciones bantúes en África, Bantu migrations in Africa
mil, one thousand
mil millones, one thousand million, one billion in U.S.A
por mil, per thousand
milagro, miracle, wonder, ex-voto
milagroso(a), miraculous
milenario(a)[1], millenary
milenario[2], millennium

milenarismo, millennialism
milésimo(a), thousandth
mili, milli
milicia, militia
miligramo, milligram
milímetro, millimeter
militar[1], military
militar[2], to serve in the army
militarismo, militarism
milpa, cornfield
milla, mile
millar, thousand
millón, million
millonario(a), millionaire
mimar, to indulge, to cater to, to spoil, to treat with affection, to gratify
mimbre, wicker
mimeógrafo, mimeograph
mímica, mimicry
mimo, mime, mimic, mimicry, satire, gratification, affection, indulgence, spoiling
mimoso(a), fastidious, finicky, overindulged
mina, mine, wealth, goldmine, trove
mina terrestre, land mine
minas de carbón, coal mining
minas de extracción, extractive mining
minar, to mine, to undermine, to work hard at, to pursue diligently
mineral, mineral, fountainhead, wellspring
mineral de hierro, iron ore
minería, mining
minero(a)[1], miner
minero(a)[2], mining
miniatura, miniature
miniaturización, miniaturization
mínima, minim
mínimo(a), least, slightest
mínimo común denominador, least common denominator (LCD)
mínimo común múltipo, least common multiple (LCM)
mínimo de función, minimum of function
mínimo factor común, least common factor
ministerio, ministry, department, function, position, cabinet
ministro, minister, secretary, minister
ministro de Estado, Secretary of State
minoría, minority
minoría étnica, ethnic minority
minoría racial, racial minority
minoría vasca, Basque minority
minoridad, minority
minucioso(a), minute, very exact
minué, minuet
minuendo, minuend
minúscula[1], lower-case letter
minúsculo(a)[2], small, lower-case
minuta, minute, rough draft, bill of fare, menu, note, memorandum, list, catalogue
minutero, minute hand
minuto, minute
mío(a), mine
miocardio, myocardium
infarto del miocardio, coronary occlusion
miope[1], nearsighted
miope[2], nearsighted person
miopía, nearsightedness
miosota, forget-me-not plant
mira, gunsight, purpose, intention, care
mira de bombardero, bombsight
estar a la mira, to be on the lookout, to be on the alert
mirada, glance, gaze
clavar la mirada, to peer, to stare
mirador(a)[1], spectator, onlooker
mirador[2], enclosed porch, belvedere
miramiento, consideration, circumspection, care
mirar, to behold, to look at, to observe, to spy on, to face, to look over
mirasol, sunflower
mirlo, blackbird
mirón (mirona), spectator, bystander, kibitzer, prier, busybody
mirto, myrtle
misa, mass
misa del gallo, midnight mass
cantar misa, to say mass
misal, missal

misántropo(a), misanthrope, misanthropist
misceláneo(a)[1], miscellaneous
miscelánea[2], miscellany, sundries shop
miserable, miserable, wretched, stingy, avaricious
miseria, misery, niggardliness, trifle
misericordia, mercy, clemency, pity
misericordioso(a), merciful, clement
mísero(a), miserable, poor, wretched
misión, mission
misionero(a), missionary
  misionero cristiano, Christian missionary
mismo(a), same
  ahora mismo, just now
  el mismo, the same
  él mismo, he himself
  la misma, the same
  ella misma, she herself
  ellos mismos, they themselves
  usted mismo, you yourself
  yo mismo, I myself
misterio, mystery
misterioso(a), mysterious
mística, mysticism
místico(a), mystic, mystical
mitad (pl. mitades), half (pl. halves), middle,
  la mitad, one-half
mítico(a), mythical
mitigación, mitigation
mitigar, to mitigate
mitin, meeting
mito, myth
  mito babilónico de la creación, creation myths of Babylon
  mito chino de la creación, creation myths of China
  mito egipcio de la creación, creation myths of Egypt
  mito griego de la creación, creation myths of Greece
  mito sumerio de la creación, creation myths of Sumer
mitocondria, mitochondria
mitología, mythology
mitológico(a), mythological
mitosis, mitosis
mitote, Mexican Indian dance, family party, excitement, clamor
mitotero(a), enthusiastic, fond of excitement
mitra, miter
mixto(a), mixed, mingled
mixtura, mixture
m/l o m L (mi letra), my letter, my draft
ml. (mililitro), ml. (milliliter)
mm. (milímetro), mm. (millimeter)
m/n (moneda nacional), national currency
m/o (mi orden), my order
mobiliario, furniture, chattels
mocedad, youth, adolescence
moción de censura, vote of no confidence
moco, mucus
mocosidad, mucosity
mocoso(a)[1], sniveling, mucous
mocoso(a)[2], brat
mochar, to lop off, to cut off
mochila, knapsack, backpack
mocho(a), hornless, shaved, maimed
mochuelo, owl
  cargar con el mochuelo, to get the worst of the deal
moda, fashion, mode
  a la moda, in style
  de moda, fashionable
  moda sanitaria, health fad
  última moda, latest fashion
modales, manners, breeding, bearing
modalidad, nature, character, quality
  modalidad artística asiática, Asian art form
modelar, to model, to form
modelo, model, pattern
  modelo de área, area model
  modelo de comportamiento, standard of behavior
  modelo de diagrama de árbol, tree diagram model
  modelo de Hoyt, sector model
  modelo de sectores, sector model
  modelo de uso del suelo, land-use pattern
  modelo de zonas concéntricas, concentric zone model
  modelo matemático, mathematical model
  modelo residencial, residential pattern
  modelo teórico, theoretical model

modelos matemáticos, mathematical modeling
módem, modem
moderación, moderation, temperance
moderado(a), moderate, temperate
moderar, to moderate
modernismo, modernism
modernista, modernistic
modernización, modernization
modernización de Japón, Japanese modernization
modernizar, to modernize
moderno(a), modern
modestia, humility, diffidence
modesto(a), unassuming, modest, unpretentious
módico(a), moderate, reasonable, modest
modificación, modification
modificación de los ecosistemas por el hombre, human modification of ecosystems
modificación humana, human modification
modificador(a), modifier
modificar, to modify
modismo, idiom, idiomatic expression
modista, dressmaker
modo, mode, method, manner, moderation, mood, means
de modo que, so that
de ningún modo, by no means
de todos modos, by all means
modo de comunicación, mode of communication
modo de hablar, manner of speech
modos de escritura, writing modes
modo de vida rural, agricultural lifestyle
modos de herencia, modes of inheritance
modorra, drowsiness
modulación, modulation
modulación de frecuencia, frequency modulation
modulador(a), modulator
modular, to modulate
mofar, to deride, to mock, to scoff
mogote, knoll
mogotes, antlers
mohawk, mohawk
mohín, grimace, wry face
moho, mold, rust
mohoso(a), moldy, musty, rusty
moisés, bassinet
mojado(a), wet
mojar, to wet, to moisten
mojarse, to get wet
mojiganga, masquerade, mummery
mojigato(a)[1], hypocritical
mojigato(a)[2], hypocrite, religious fanatic
mojón, boundary mark, milestone, landmark, heap, pile
mol, mole
molaridad, molarity
molde, mold, matrix, pattern, example, model
moldura, molding
mole[1], soft, mild
mole[2], mass, bulk
mole[3], kind of spicy sauce for fowl and meat stews
molécula, molecule
molécula biológica, biological molecule
molécula de ADN, DNA molecule
molécula inhibidora, inhibitory molecule
moler, to grind, to pound, to vex, to annoy
molestar, to vex, to annoy, to trouble
molestia, disturbance, annoyance, discomfort, indisposition, ailment
molesto(a), vexatious, troublesome
molestoso(a), annoying, bothersome
molibdeno, molybdenum
molienda, grinding, pounding
molinero, miller
molinillo, hand mill, hand grinder
molino, mill
molino de viento, windmill
molleja, gizzard
mollera, crown of head
ser duro de mollera, to be headstrong or hardheaded, to be dense or dull
momentáneo(a), momentary
momento (pl. momentos), momentum (pl. momenta)
momento decisivo en la historia de la humanidad, turning point in human history
momia, mummy
momificación, mummification

mona, female monkey, copycat, imitator, drunkenness, drunkard
monacato, monasticism
monada, cute child, grimace, monkeyshine
monaguillo, acolyte, altar boy
monarca, monarch
monarquía, monarchy
  monarquía absoluta, absolute monarchy
  monarquía británica, British monarch
  monarquía centralizada, centralized monarchy
  monarquía constitucional, constitutional monarchy
  monarquía europea, European monarchy
  monarquía parlamentaria, parliamentary monarchy
monasterio, monastery, cloister
monástico(a), monastic
mondadientes, toothpick
mondar, to clean, to cleanse, to trim, to husk, to peel, to deprive of, to strip of
mondo(a), neat, clean, pure
  mondo y lirondo, pure and simple
mondongo, animal intestines
moneda, money, coinage, currency
  moneda corriente, currency
  moneda de 25 centavos, quarter
  moneda de 5 centavos, nickel
  moneda falsa, counterfeit money
  moneda legal, legal tender
  casa de moneda, mint
  papel moneda, paper money
monedero, coiner, coin purse
monería, monkeyshine, cute ways, clowning around, fooling around
monetario(a), monetary
mongoloide, Mongoloid
monigote, lay brother, bumpkin, dolt, lout, poor painting, badly done statue
monitor, monitor
monitorizar, monitor
monja, nun
monje, monk
  monje budista, Buddhist monk
mono(a)[1], pretty, cute
mono[2], monkey, ape
monóculo, monocle
monocultivo, monoculture
monogamia, monogamy
monografía, monograph
monograma, monogram
monolito, monolith
monólogo, monologue
  monólogo de apertura, opening monologue
  monólogo dramático, dramatic monologue
  monólogo interior, interior monologue, stream of consciousness
monoplano, monoplane
monopolio[1], monopoly
  monopolio natural, natural monopoly
monopolio[2], Trust
monorriel, monorail
monosílabo(a), monosyllabic, monosyllable
monosomático, haploid
monosustitución, single replacement
monoteísmo, monotheism
  monoteísmo cristiano, Christian monotheism
  monoteísmo judío, Jewish monotheism
monotipo, monotype
monotonía, monotony
monótono(a), monotonous
monóxido de carbono, carbon monoxide
monseñor, Monseigneur, Monsignor
monstruo, monster
monstruosidad, monstrosity
monstruoso(a), monstrous, freakish
montacargas, elevator, hoist
montaje, assembly, setting up, putting up, mounting, editing
montajes, artillery carriage
montaña, mountain
montañés (montañesa)[1], from the mountains, mountain
montañés (montañesa)[2], mountaineer
montañeses, mountain men
montañismo, mounteneering
montañoso(a), mountainous
montar[1], to climb up, to get up, to mount, to ride horseback
montar[2], to set up, to put together, to

amount to, to come to, to edit
montaraz, mountainous, wild, untamed
monte, mountain, wilds, brush, stumbling block, obstacle
Montes Apalaches, Appalachian Mountains
Monte Rushmore, Mt. Rushmore
montículo, mound center
monto, amount, sum
montón, heap, pile, mass, cluster
a montones, abundantly, in great quantities
montura, mount, saddle trappings, mounting, framework
monumental, monumental
monumento, monument
Monumento a Lincoln, Lincoln Memorial
monumento a los veteranos, veterans' memorial
monumento histórico, landmark
monzón, monsoon
moño, topknot, loop, tuft, crest
moquillo, distemper, pip
mora, blackberry, mulberry
morada, abode, residence, dwelling
morado(a), violet, purple
morador(a), lodger, dweller
moral[1], mulberry tree
moral[2], morals, ethics
moral[3], moral
moraleja, moral, moral lesson
moralidad, morality, morals
moralista, moralist
moralizar, to moralize
morar, to inhabit, to dwell
moratoria, moratorium
mórbido(a), diseased, morbid
morcilla, blood sausage
mordaz, biting, sarcastic
mordaza, gag
mordedura, bite
morder, to bite
mordisco, bite
mordiscón, bite
morena[1], moray eel, brunette, moraine
moreno(a)[2], swarthy, dark brown
morfina, morphine
morfinómano(a), morphine addict
morfología urbana, urban morphology
moribundo(a), dying
morir, to die, to expire
morirse, to go out, to be extinguished
morisco(a), Moorish
mormón, Mormon
moro(a)[1], Moorish
moro(a)[2], Moor, Moslem
morosidad, slowness, delay, tardiness
moroso(a), slow, tardy, late
morral, feed bag, nose bag, sack, provisions sack
morrena, moraine
morriña, murrain, sadness, melancholy
mortaja, shroud, winding sheet, mortise
mortal, mortal, fatal, deadly, mortal
mortalidad, mortality, death rate
mortandad, number of dead, death toll
mortero, mortar
mortífero(a), fatal, deadly
mortificación, mortification, vexation, trouble
mortificar, to mortify, to afflict, to vex
mortuorio(a)[1], burial, funeral
mortuorio(a)[2], rite, mortuary
moruno(a), Moorish
mosaico, mosaic
mosca, fly
moscarda, horsefly
moscatel, muscatel
Moscú, Moscow
mosquetero, musketeer
mosquitero, mosquito net
mosquito, mosquito
mostacho, mustache
mostaza, mustard, mustard seed
mostrado, shown
mostrador, shop counter
mostrar, to show, to exhibit
mostrarse, to appear, to show oneself
mota, burl, speck
mota de empolvarse, powder puff
moteado(a), spotted, mottled
motín, mutiny, riot
Motín del té de Boston, Boston Tea Party
motivación, motivation
motivación de los personajes, character motivation
motivar, to motivate, to give a motive for, to justify, to explain the reason for

motivo, motive, cause, reason
con este motivo, therefore
con motivo de, by reason of
motivo del personaje, character's motive
motocicleta, motorcycle
motón, block, pulley
motor(a)[1], moving, motor
motor[2], motor, engine
motor de búsqueda, search engine
motor eléctrico, electric motor
poner en marcha el motor, to start the motor
motriz, motor, moving
movedizo(a), moving, movable
mover, to move, to stir up, to cause
movible, mobile
móvil[1], movable
móvil[2], motive, incentive
movilización, mobilization
movilización militar, military mobilization
movilizar, to mobilize
movimiento, movement
movimiento abolicionista, abolitionist movement
movimiento antichino, anti-Chinese movement
movimiento anticomunista, anticommunist movement
movimiento aparente de las estrellas, apparent movement of the stars
movimiento aparente de los planetas, apparent movement of the planets
movimiento aparente del Sol, apparent movement of the Sun
movimiento atómico, atomic motion
movimiento axial, axial movement
movimiento bhakti, Bhakti movement
movimiento cartista, chartist movement
movimiento circular, circular motion
movimiento conservacionista, conservation movement
movimiento de arena, sand movement
Movimiento de cercamiento, Enclosure Movement
movimiento de conservación, conservation movement
movimiento de drible en el fútbol, soccer-dribble
movimiento de Garvey, Garvey movement
movimiento de independencia, independence movement
movimiento de independencia de Brasil, Brazilian independence movement
movimiento de las capas de las rocas, rock layer movement
movimiento de las placas corticales, crustal plate movement
Movimiento de Liberación Femenina, Women's Liberation Movement
Movimiento de Liberación Homosexual, Gay Liberation Movement
movimiento de los Derechos Civiles, Civil Rights Movement
movimiento de los Jóvenes Turcos, Young Turk movement
movimiento de partículas, particle motion
movimiento de protección ambiental, environmental protection movement
movimiento de reforma, reform movement
movimiento de resistencia africano, African resistance movement
movimiento de resistencia europeo, European resistance movement
movimiento de resistencia judía, Jewish resistance movement
movimiento de resistencia marroquí, Moroccan resistance movement
movimiento de trabajadores agrícolas, farm labor movement
movimiento de transición, transitional movement
movimiento del aire, air movement
Movimiento del Cuatro de Mayo, May Fourth movement
movimiento en línea recta, straight-line motion

movimiento en zigzag, zigzag motion
movimiento evangélico, evangelical movement
Movimiento evangélico cristiano, Christian evangelical movement
movimiento feminista, feminist movement
movimiento feminista, women's movement
movimiento filosófico, philosophical movement
movimiento glacial, glacial movement
movimiento iónico, ionic motion
movimiento laboral, labor movement
movimiento locomotor, locomotor movement
movimiento mecánico, mechanical motion
movimiento molecular, molecular motion
movimiento nacionalista africano, African nationalist movement
movimiento no locomotor, nonlocomotor movement
Movimiento por los Derechos Civiles de los Asiáticos, Asian Civil Rights Movement
movimiento progresista, Progressive movement
movimiento religioso militante, militant religious movement
movimiento revolucionario chino, China's revolutionary movement
movimiento separatista, separatist movement
movimiento sindical, union movement
movimiento sionista, Zionist Movement
movimiento sufragista, suffrage movement

moza, girl, lass, maidservant
mozalbete, lad
mozo(a)[1], young
mozo[2], youth, lad, manservant, waiter
m/r (mi remesa), my remittance, my shipment
MS. (manuscrito), Ms. or MS. or ms. (manuscript)
MSS. (manuscritos), Mss. or MSS. or mss. (manuscripts)
muchacha, girl, lass, young woman
muchacho[1], boy, lad, young man
muchacho(a)[2], boyish, girlish
muchedumbre, crowd, multitude
mucho(a)[1], much, abundant
 mucho tiempo, a long time
 hay muchos, there are many
mucho[2], much
mucosa, mucus
muda, change, alteration, molt, molting
mudanza, change, mutation, inconstancy
 estoy de mudanza, I am moving
mudar, to change, to molt
 mudarse de casa, to move, to move into a new home
 mudarse de ropa, to change clothes
mudéjar, Mudejar Muslim
mudo(a), dumb, silent, mute
mueblaje, household furniture
mueble, piece of furniture
muebles, furniture
mueblería, furniture store
mueca, grimace, wry face
muela, molar tooth
 muela cordal, wisdom tooth
 muela del juicio, wisdom tooth
muelle[1], tender, delicate, soft
muelle[2], spring, dock, quay, wharf, freight dock
muérdago, mistletoe
muerte, death
muerto(a)[1], corpse
muerto(a)[2], dead
muesca, notch, groove
muestra, sample, sign, pattern, model, muster, inspection, face, dial, indication, sample, example
 muestra al azar, random sample
 muestra aleatoria, random sample
 muestra de datos, sample data
 muestra de distribución, sampling distribution
 muestra engañosa, biased sample

muestra grande, large sample
muestra limitada, limited sample
muestra parcial, biased sample
muestrario, samples, sample book
muestreo, sampling
mugido, lowing, bellowing
mugir, to low, to bellow
mugre, dirt, grease
mugriento(a), greasy, dirty, filthy
mujer, woman, wife
mujeres, women
mujeres en el clero, women in the clergy
mujeriego, very fond of women, womanizer
mujeril, womanish, womanly
mula, she-mule
muladar, trash heap
mulato(a), mulatto
muleta, crutch
multa, fine, penalty
multar, to impose a penalty on, to penalize, to fine
multicelular, multicellular
multicultural, multicultural
multifacético(a), multiphase
multígrafo, multigraph
multilateral, multilateral
multimillonario(a), multimillionaire
múltiple, multiple, manifold
múltiples estrategias de comprobación, multiple strategies for proofs
múltiples fuentes, multiple sources
múltiples puntos de vista, multiple point of views
múltiples significados, multiple meanings
múltiples soluciones, multiple solutions
multiplicación, multiplication
multiplicación de decimales, decimal multiplication
multiplicación de fracciones, fraction multiplication
multiplicación de matrices, matrix multiplication
multiplicación de patrones, pattern multiplication
multiplicación de polinomios, polynomial multiplication
multiplicación de vectores, vector multiplication
multiplicador(a), multiplier
multiplicando, multiplicand
multiplicar, to multiply
multiplicar expresiones radicales, multiply radical expressions
multiplicar por dos, doubling
multiplicidad, multiplicity
múltiplo, multiple
múltiplo común, common multiple
multitud, multitude, crowd
mullir, to shake up, to fluff up
mundano(a), mundane, worldly
mundial, world-wide, world
mundo, world
mundo animal, Animalia
mundo eslavo, Slavic world
todo el mundo, everybody
munición, ammunition
municipal, municipal
municipalidad, township
municipio, city council, township
muñeca, wrist, doll
muñeco, figurine, statuette, sissy, effeminate boy
mural, mural
muralla, rampart, wall
murciélago, bat
murmullo, murmuring
murmuración, backbiting, gossip
murmurar, to murmur, to backbite, to gossip
muro, wall
musa, Muse
muscular, muscular
músculo, muscle
músculo de lenta contracción, slow-twitch muscle
músculo esquelético, skeletal muscle
muselina, muslin
museo, museum
musgo, moss
música, music
música contemporánea, contemporary music
música de cámara, chamber music
música Dixieland, Dixieland music
música en cuatro partes, music in four parts

música en dos y tres partes, music in two and three parts
música gospel, gospel music
música pop, pop music
música rock, rock music
música sagrada, church music
musical, musical
musical de Broadway, Broadway musical
músico(a), musician
muslo, thigh
mustio(a), withered, sad, sorrowful
musulmán (musulmana), Mohammedan, Moslem, Muslim
mutación, mutation, change
mutación genética, gene mutation
mutilación, mutilation
mutilar, to mutilate, to maim
mutismo, muteness
mutual, mutual
mutualismo, mutualism
mutuamente, mutually
mutuamente excluidos, mutually exclusive
mutuo(a), mutual, reciprocal
muy, very, greatly

N

N. (norte), N., No., or no. (North)
no (nacido), b. (born)
n/ (nuestro), our
naba, rutabaga, Swedish turnip
nabo, turnip
Nac. (nacional), nat. (national)
nácar, mother-of-pearl
nacarado(a), set with mother-of-pearl, pearl-colored
nacela, nacelle, concave moulding
nacer, to be born, to bud, to germinate
nacido(a)[1], born
nacido[2], tumor, swelling
naciente, rising
el sol naciente, the rising sun
nacimiento, birth, Nativity, manger, creche
nación, nation
nación en vías de desarrollo económico, economically developing nation
nación nativa americana, American Indian nation
nacional, national
nacionalidad, nationality
nacionalismo, nationalism
nacionalista, nationalist
nacionalsocialismo, national socialism
Naciones Unidas, United Nations
nada[1], nothing
de nada, don't mention it, you're welcome
nada de eso, of course not, not at all
nada[2], in no way, by no means
nadador(a), swimmer
nadando, swimming
nadar, to swim
nadie, nobody, no one
nafta, naphtha, gasoline
naipe, playing card
nalga, buttock
nalgada, spank, slap on the buttocks
nalgas, rump
nana, nursemaid
nao, ship, vessel
Napoleón Bonaparte, Napoleon Bonaparte
Nápoles, Naples
naranja, orange
jugo de naranja, orange juice
naranjada, orangeade
naranjado(a), orange-colored
naranjal, orange grove
naranjo, orange tree
narciso, narcissus, narcissist
narcótico(a), narcotic
narigón (narigona) or narigudo(a), big-nosed
nariz, nose, sense of smell, nostril
narración, narration, account
narración autobiográfica, autobiographical narrative
narración biográfica, biographical narrative
narración literaria, literary narrative
narración personal, personal narrative
narrador(a), narrator
narrar, to narrate, to tell
narrativo (a), narrative
narrativa histórica, historical narrative

narrativa personal, personal narrative
nasal, nasal
nata, thick, rich cream
la flor y nata, the cream, the elite
natación, swimming
natal, natal, native
ciudad natal, native city
pueblo natal, home town
natalidad, birth rate
natalicio, birthday
natilla, custard
natividad, nativity
nativismo, nativism
nativo(a), native
nativo americano, Native American
natural, natural, native, natural, unaffected
al natural, unaffectedly
del natural, from life
naturaleza, nature
naturaleza de deducción, nature of deduction
naturaleza humana, human nature
naturalidad, naturalness, national origin, ingenuity, candor
naturalista, naturalist
naturalmente, naturally, of course
naufragar, to be shipwrecked, to fail, to be ruined
naufragio, shipwreck
náufrago(a), shipwrecked person
náusea, nausea
náutica, navigation, nautical science
náutico(a), nautical
navaja, pocketknife
navaja de afeitar, razor
navaja de seguridad, safety razor
naval, naval
nave, ship, nave, craft
nave espacial, spacecraft, spaceship
nave vikinga, Viking longboat
navegable, navigable
navegación, navigation, shipping
navegador, browser
navegante, navigator, seafarer
navegar, to navigate, surf (the Internet)
Navidad, Christmas
navideño(a), pertaining to Christmas
espíritu navideño, Christmas spirit
naviero(a)[1], shipping
compañía naviera, shipping company
naviero[2], shipowner
navío, ship, vessel
navío musulmán de comercio, Muslim trading vessel
N.B. (Nota Bene), N.B. (take notice)
n/c. o n cta. (nuestra cuenta), our account
NE (nordeste), NE or N.E. (northeast)
Neandertal, Neanderthal
neblina, mist
nebuloso(a), cloudy, nebulous, foggy, hazy, nebula
necedad, gross ignorance, stupidity, nonsense
necesario(a), necessary
neceser, cosmetic case, vanity case, manicure case
necesidad, necessity, need, want
necesidades básicas, basic needs
necesidades y deseos, wants and needs
necesitado(a), needy, indigent
necesitar[1], to need, to necessitate
necesitar[2], to want, to need
necio(a), stubborn
necroscopia, autopsy
néctar, nectar
neerlandés, Dutch
nefasto(a), unlucky, ill-fated
negar, to deny, negate
negarse, to refuse, to decline
negativo(a)[1], negative
negativa[2], refusal, denial, negative
negligencia, negligence
negligente, careless, heedless
negociación, negotiation, transaction, business deal, affair
negociación del contrato, contract negotiation
negociaciones colectivas, collective bargaining
negociante, trader, dealer, merchant
negociar[1], to negotiate
negociar[2], to trade, to deal
negocio, business
hombre de negocios, businessman
negra (música)[1], quarter note

negro(a)[2], black
negro(a)[3], Negro
negrura, blackness
nene(a), baby
neocolonialismo, neocolonialism
neoconfucianismo, neo-Confucianism
neófito, neophyte, novice
neologismo, neologism
neón, neon
 alumbrado de neón, neon lighting
neoyorquino(a)[1], New Yorker
neoyorquino(a)[2], from New York, of New York
nepotismo, nepotism
neptunio, neptunium
neptuno, Neptune
Nerón, Nero
nervio, nerve
nervioso(a), nervous
neto(a), net
neumático[1], tire
 neumático balón, balloon tire
 neumático desinflado, deflated tire
 neumático de repuesto, spare tire
 neumático recauchado, retread
neumático(a)[2], pneumatic
neumonía, pneumonia
neuralgia, neuralgia
neurastenia, neurasthenia
neuritis, neuritis
neurona, neuron
neurosis, neurosis
 neurosis de guerra, shell shock, war neurosis
neurótico(a), neurotic
neurotransmisor, neurotransmitter
neutral, neutral
neutralidad, neutrality
neutralismo, neutralism
neutralización, neutralization
neutralizar, to neutralize
neutro(a), neuter
neutrón, neutron
nevada, snowfall
nevado(a), snow-covered, snow-capped
nevar, to snow
nevera, refrigerator
nevería, ice cream store
newton, newton
Nez Percé, Nez Perce
n/f.: nuestro favor, our favor
n/g.: nuestro giro, our draft
ni, neither, nor
 ni el uno ni el otro, neither one nor the other
niacina, niacin
nicaragüense, Nicaraguan
nicotina, nicotine
nicho, niche
nido, nest, den, hangout
niebla, fog
 niebla tóxica, smog
nieta, granddaughter
nieto, grandson
nieve, snow
nigua, chigoe, jigger, chigger
Nilo, Nile
nimbo, nimbus, halo
nimiedad, excess, superfluousness, trifle, insignificance
ninfa, nymph
ningún, no, not any
 de ningún modo, in no way, by no means
ninguno(a), none, not one, neither
 en ninguna parte, no place, nowhere
niña, little girl
 niña de los ojos, apple of one's eye
 niña del ojo, pupil of the eye
niñera, nursemaid, babysitter
niñería, puerility, childish action
niñero(a), fond of children
niñez, childhood
niño(a)[1], childish
niño(a)[2], child, infant
 desde niño(a), from infancy, since childhood
N.I.P. (número de identificación personal), P.I.N. (personal identification number)
nipón (nipona), Japanese
níquel, nickel
niquelado(a), nickel-plated
nirvana, nirvana
níspero, medlar tree
nítido(a), bright, pure, shining
nitrato, nitrate, saltpeter
nitrógeno, nitrogen
nivel, level, plane
 a nivel, perfectly level
 nivel de actividad, activity level

nivel de advertencia, warning label
nivel de alimentación, feeding level
nivel de condición física, physical fitness level
nivel de mejora de la condición física, health-enhancing level of fitness
nivel de precios promedio, average price level
nivel de tolerancia, tolerance level
nivel de voz, voice level
nivel del mar, sea level
nivel dinámico, dynamic level
nivel en relación con el suelo, level in relation to floor
nivel trófico, trophic level
nivelación, grading, leveling
niveladora, bulldozer
nivelar, to level
n/l. or n L. (nuestra letra), our letter, our draft
NNE (nornordeste), NNE or N.N.E. (north-northeast)
NNO (nornoroeste), NNW or N.N.W. (north-northwest)
NO (noroeste), NW or N.W. (northwest)
No. nro o núm. (número), no. (number)
n/o. (nuestra orden), our order
no, no, not
no colineal, non-collinear
no exclusión, nonexclusion
no ficción, nonfiction
no homínido, nonhominid
no metal, nonmetal
no metálico, nonmetal
"No pelearé nunca más" del Jefe Joseph, Chief Joseph's "I Shall Fight No More Forever"
no protegido, unsecured
no violento(a), nonviolent
noble, noble, illustrious
nobleza, nobleness, nobility
noción, notion, idea
nocivo(a), injurious, harmful
nocturno(a)[1], nocturnal, nightly
nocturno[2], nocturn, nocturne
noche, night
esta noche, tonight, this evening
de noche, at night
media noche, midnight
Nochebuena, Christmas Eve
cada noche, every night
todas las noches, every night
buenas noches, good evening, good night
nodriza, wet nurse
nogada, nougat
nogal, walnut tree, walnut
nómada, nomad, nomadic
nómade, nomad, nomadic
nombradía, fame, reputation
nombramiento, nomination, appointment, mention, naming
nombramiento político, political appointment
nombrar, to name, to nominate, to appoint
nombre, name, title, reputation, first name
nombre propio, proper noun
nomenclatura, nomenclature, catalogue
nomenclatura binomial, binomial nomenclature
nómina, catalogue, pay roll, membership list
nominador(a)[1], nominator, appointer
nominador(a)[2], nominating
nominal, nominal
nominativo, nominative
non, odd, uneven
non plus ultra, absolute limit, very end
nonagenario(a)[1], ninety years old
nonagenario(a)[2], nonagenarian
nonagésimo(a), ninetieth
nonágono, nonagon
nono(a), ninth
nordeste, northeast
nórdico(a), Nordic
noreste, Northeast
noria, water wheel, noria
norma, norm, standard, model, square
norma de trabajo, work rule
normas de responsabilidad, liability rules
normal, normal
normalidad, normality
nornordeste, north-northeast
nornoroeste, north-northwest
noroeste, northwest
norte, north, rule, guide
Norte América o Norteamérica, North America

Norte industrial, industrial North
norteamericano(a), North American, a native of U.S.A.
Noruega, Norway
noruego(a), Norwegian
nos, us, to us
nosotros(as), we, us
Nosotros el pueblo..., We the People ...
nostalgia, homesickness, nostalgia
nota[1], note
nota al pie de página, footnote
nota bene, take notice
nota de entrega, delivery order
nota de gastos, bill of expenses
nota de periódico, newspaper account
nota musical, musical note
notas al final, endnotes
nota[2], grade
notable, notable, remarkable, distinguished
notación, notation
notación ampliada, expanded notation
notación científica, Scientific notation
notación de función, function notation
notación de la función, function notation
notación desarrollada, expanded form
notación explícita, explicit notation
notación exponencial, exponential notation
notación factorial, factorial notation
notación musical, pitch notation
notar, to note, to mark, to remark, to observe
notaría, profession of notary public
notario, notary public
noticia, notice, knowledge, information, piece of news
en espera de sus noticias, awaiting your reply
noticia de periódico, newspaper account
noticiario, newscast
noticiero(a), newscaster, news commentator
notificación, notification
notificación razonable de una audiencia, fair notice of a hearing
notificar, to notify, to inform
notoriedad, notoriety
notorio(a), well-known, known to all
nov. (noviembre), Nov. (November)
novato(a)[1], new
novato(a)[2], novice, greenhorn, freshman, newcomer
novecientos(as), nine hundred
novedad, novelty, newness, change, news
novedades, notions
novela, novel, he, tale
novelero(a), fond of novels, news-hungry, newfangled, fickle, changeable
novelesco(a), novelesque
novelista, novelist
novena, Novena
noveno(a), ninth
noventa, ninety
novia, newlywed, fiancée, betrothed woman, sweetheart, girlfriend
noviazgo, courtship
noviciado, novitiate
novicio(a), novice
noviembre, November
novilla, heifer
novillada, drove of young bulls, fight featuring young bulls
novillo, young bull
hacer novillos, to play hooky
novio, fiancé, sweetheart, boyfriend, newlywed
viaje de novios, honeymoon trip
novísimo(a), newest
novocaína, novocaine
n/p (nuestro pagaré), our promissory note
n/r (nuestra remesa), our remittance or our shipment
N.S. (Nuestro Señor), Our Lord
N.S.J.C. (Nuestro Señor Jesucristo), Our Lord Jesus Christ
Ntra. Sra.(Nuestra Señora), Our Lady
nubarrón, large dark cloud
nube, cloud
nube cirro, cirrus cloud
nube estrato, stratus cloud

Nubia, Nubia
nublado(a), cloudy
  nublados de lágrimas, bleary
nublarse, to become clouded, to fall through, to fail
nuca, nape, scruff of the neck
nuclear, nuclear
  desintegración nuclear, nuclear fission
  física nuclear, nuclear physics
  lluvia nuclear, fallout
nucleario(a), nuclear
nucleico(a), nucleic
núcleo (pl. núcleos), nucleus, core, (pl. nuclei)
  núcleo atómico, atomic nucleus
  núcleo celular, cell nucleus
nucléolo, nucleolus
nucleótido, nucleotide
nudillo, knuckle, small knot
nudismo, nudism
nudista, nudist
nudo, knot, knot, gnarl
  nudo corredizo, slipknot
nuera, daughter-in-law
nuestro(a)[1], our
nuestro(a)[2], ours
nueva, news
nueve, nine
nuevo(a), new, another
  de nuevo, once more, again
  Nueva Delhi, New Delhi
  Nueva Escocia, Nova Scotia
  Nueva Frontera, New Frontier
  Nueva Granada, New Granada
  Nueva Inglaterra, New England
  Nueva Jersey, New Jersey
  Nueva Libertad, new freedom
  Nueva Mujer, New Woman
  Nueva Orleans, New Orleans
  nueva política económica de Lenin, Lenin's New Economic Policy
  nueva repartición, reapportionment
  Nueva York, New York
  Nueva Zelanda, New Zealand
  nuevas formas artísticas, new art forms
  Nuevo Federalismo, New Federalism
  nuevo Klan, New Klan
  Nuevo México, New Mexico
  nuevo mundo, New World
  nuevo nacionalismo, new nationalism
  nuevo racionalismo científico, new scientific rationalism
  Nuevo Testamento, New Testament
  Nuevo Trato, New Deal
  ¿qué hay de nuevo?, is there any news? what's new?
nuez, nut, walnut, Adam's apple
  nuez de especia, nutmeg
  nuez moscada, nutmeg
nulidad, nullity, nonentity
nulo(a), null, void
núm. (número), no. (number)
numen, numen
numeración, numeration, numbering
numerador, numerator
numeral, numeral
numerar, to number, to numerate, to count
numérico(a), numerical, numeric
número, number, cipher
  número al azar, random number
  número atómico, atomic number
  número atrasado, back number
  número base, base number
  número básico, basic number
  número cardinal, cardinal number
  número complejo, complex number
  número compuesto, composite number
  número conjugado, conjugate number
  número cuadrado, square number
  número cúbico, cube number, cubic number
  número de Avogrado, Avogadro's Number
  número de lados, number of faces
  número de masa, mass number
  número de oxidación, oxidation number
  número de seguridad social, Social Security number
  número decimal,

decimal number
número entero, integer
número imaginario, imaginary number
número impar, odd number
número irracional, irrational number
número mixto, mixed number
número natural, natural number
número negativo, negative number
número non, odd number
número ordinal, ordinal number
número par, even number
número positivo, positive number
número primo, prime number
número racional, rational number
número real, real number
número romano, Roman numeral
números cardinales, cardinal numbers
números cardinales, counting numbers
números compatibles, compatible numbers
números complejos conjugados, conjugate complex numbers
números consecutivos, consecutive integers

numeroso(a), numerous
numismática, numismatics
nunca, never
nuncio, messenger, nuncio
nupcial, nuptial
nupcias, nuptials, wedding
nutria, otter
nutrición, nutrition, feeding
nutrición apropiada, proper nutrition

nutriente, nutrient
nutrir, to nourish
nutritivo(a), nutritive, nourishing
nylon, nylon

oasis, oasis
obcecación, obduracy, stubbornness
obedecer, to obey
obediencia, obedience
obediente, obedient
obelisco, obelisk
obertura, overture
obesidad, obesity
obeso(a), obese
óbice, obstacle
obispado, bishopric, episcopate, diocese
obispo, bishop, ray
obituario, obituary
objeción, objection
poner objeción, to raise an objection

objetar, to raise, to bring up, to object
objetivo(a)[1], objective
objetivo[2], objective, purpose, lens
objetivo[3], goal
objeto, object, subject
objeto astronómico, astronomical object
objeto de arte, art object
objeto diseñado, designed object
objeto estático, stationary object
objeto hecho por el hombre, man-made object
objeto natural, natural object
objeto no físico, nonphysical object
objetos cargados, charged object

oblea, pill, tablet, seal, skeleton
oblicuo(a), oblique
obligación, obligation, duty, debt
obligación civil, civic duty
obligación moral, moral obligation

obligado(a)[1], obliged, obligated, beholden
obligado[2], city supplier, obbligato
obligar, to oblige, to force
obligatorio(a), compulsory, obligatory
obispillo, dim, boy-bishop, a chorister boy dressed like a bishop, and allowed to imitate a bishop, rump or croup of a fowl

oblongo(a), oblong
oboe, oboe
óbolo, obolus, pittance
obra, work, construction, virtue, power
    manos a la obra, let's get started
    obra dramática, dramatic play
    obra maestra, masterpiece
    obra teatral satírica, skit
obrar[1], to work, to do, to execute, to build
obrar[2], to be, to have a bowel movement
obrero(a), worker, churchwarden
obreropatronal, relating to capital and labor
    relaciones obreropatronales, employer-employee relations
obscenidad, obscenity
obsceno(a), obscene
obscurecer (oscurecer), to darken, to obscure, to confuse, to shade, to grow dark
obscurecerse u obscurecerse, to get cloudy, to cloud over, to vanish into thin air
oscurecimiento, darkening, obscuring, confusing, shading
obscuridad u oscuridad, darkness, obscurity, confusion
obscuro u oscuro, dark, obscure
    a obscuras, in the dark
obsequiar, to court, to give, to shower with attention
obsequio, gift, attention, kindness
obsequioso(a), obsequious, officious, courteous, obliging
observación, observation
    observación naturalista, naturalistic observation
observador(a)[1], observer
observador(a)[2], observant
observancia, observance, deference, respect
observar, to observe
observatorio, observatory
obsesión, obsession
obsidiana, obsidian
obstáculo, obstacle, bar, impediment
obstante, in the way
    no obstante, notwithstanding, nevertheless
obstar, to obstruct, to hinder, to get in the way, to oppose
obstetricia, obstetrics
obstinación, obstinacy, stubbornness
obstinado(a), obstinate, stubborn
obstrucción, obstruction
obstruir, to obstruct
obstruirse, to get blocked up, to get stopped up
obtener, to obtain, to get, to retain, to maintain
obturador, shutter
obtuso(a), obtuse, blunt, slow, dense
obús, howitzer
obviar[1], to obviate
obviar[2], to be in the way
obvio(a), obvious, evident
ocasión, occasion, danger, risk
    de ocasión, used, secondhand
ocasional, occasional, causative, causal
ocasionalmente, occasionally
ocasionar, to cause, to occasion, to move, to motivate, to endanger
ocaso, occident, declin, sunset
occidental, occidental, western
occidentalización, westernization
occidente, occident, west
Oceanía, Oceania
océano, ocean
    océano Antártico, Southern Ocean
    océano Ártico, Arctic Ocean
    océano Atlántico, Atlantic Ocean
    océano Índico, Indian Ocean
    océano Pacífico, Pacific Ocean
ocio, leisure, pastime, idleness
ociosidad, idleness, laziness
ocioso(a), idle, lazy, useless
ocre, ochre
octágono, octagon
octava, octave
octavo(a), eighth
oct. (octubre), Oct. (October)
octogenario(a), octogenarian
ocular, eye-piece, ocular
oculista, oculist
ocultar, to hide, to conceal
oculto(a), hidden, concealed
ocupación, occupation, employment
    ocupación japonesa de Manchuria (años treinta), Japanese occupation of Manchuria (1930s)
    ocupación romana de Bretaña, Roman occupation of Britain
    ocupación secuencial, sequent occupance
ocupado(a), busy, occupied, pregnant

ocupar, to occupy, to bother, to attract the attention of
ocuparse en, to give one's attention to
ocurrencia, occurrence, event, incident, brainstorm, witticism
ocurrente, witty
ocurrir, to occur, to happen, to occur
ocurrir a, to have recourse to
ochenta, eighty
ocho, eight
ochocientos(as), eight hundred
oda, ode
odiar, to hate
odio, hatred
odioso(a), hateful, odious
odisea, odyssey
odontología, odontology
odorífero(a), fragrant
odre, wineskin, souse, drunkard
O.E.A. (Organización de Estados Americanos), O.A.S. (Organization of American States)
oeste, west, west wind
Oeste de los Estados Unidos, American West
ofender, to offend, to injure, to bother, to annoy
ofenderse, to get angry, to take offense
ofensa, offense, injury, annoyance
ofensivo(a), offensive
oferta, offer, offering, gift, supply
oferta agregada, aggregate supply
oferta de dinero, money supply
oferta y demanda, supply and demand
oficial[1], official
oficial[2], officer, official, journeyman, clerk
oficial de sanidad, health officer
oficial mayor, chief clerk
oficiar, to officiate, to communicate by an official letter
oficiar de, to act as
oficina, office, workshop, laboratory, hotbed
oficina central, home office
Oficina de libertos, Freedmen's Bureau
oficio, occupation, office, trade, official letter, craft
oficios, divine services
oficioso(a), officious, useful, mediative, informal, obliging
ofrecer, to offer
ofrecerse, to occur, to happen
ofrecimiento, offer
ofrenda, offering
ofuscar, to darken, to obscure, to confuse
ofuscarse, to get confused
ohmio, ohm
oído, hearing, ear
hablar al oído, to whisper
oír, to hear, to listen to, to understand, to attend
ojal, buttonhole, hole
¡ojalá!, would to God! God grant! if only!
ojeada, glance, look
ojear, to eye, to look at, to stare at, to give the evil eye to, to raise, to frighten
ojera, eye cup
ojeras, dark rings under the eyes
ojo, eye, spring, hole, span, type size, attention, note, scrubbing
en un abrir y cerrar de ojos, in the twinkling of an eye, in a second
ola, wave, surge
ola de agua, water wave
oleada, large wave, surge, beating, pounding, wave, large crop
oleaje, running sea, sea swell
óleo, oil, olive oil
santos óleos, holy oil
oleoducto, oil pipe line, pipeline
oleomargarina, oleomargarine
oler[1], to smell, to ferret out
oler[2], to smell, to smack
olfatear, to smell, to sniff, to smell out
olfato, sense of smell, smell, a keen nose, acumen
oligarquía, oligarchy
oligopolio, oligopoly
Olimpiada, Olympics
olímpico(a), Olympic, Olympian
oliva, olive, olive tree, owl, peace
olivar, olive grove
olivo, olive tree, olive wood
olla, pot, kettle, stew, eddy
olla a presión, pressure cooker
olla express, pressure cooker
olla podrida, potpourri
olmo, elm tree
olor, odor, scent, smell, hope, reputation

oloroso(a), fragrant, odorous
olote, corncob
olvidadizo(a), forgetful, absent-minded, ungrateful
olvidar, to forget
olvido, forgetfulness
dar al olvido, to forget completely, to bury
echar al olvido, to forget completely, to bury
ombligo, navel, umbilical cord
O.M.C. (Organización Mundial del Comercio), W.T.O. (World Trade Organization)
ominoso(a), ominous
omisión, omission, neglect, remissness
omitir, to omit, to overlook
ómnibus, omnibus, bus
omnipotencia, omnipotence
omnipotente, omnipotent, almighty
omnisciente, omniscent
omnívoro, omnivore, omnivorous
O.M.S. (Organización Mundial de la Salud), W.H.O. (World Health Organization)
once, eleven
onceno(a) o undécimo(a), eleventh, elevenman team
onda, wave, scallop, flicker, wave length
onda corta, short wave
onda de choque, shock wave
onda de compresión, compression wave
onda electromagnética, electromagnetic wave
onda longitudinal, longitudinal wave
onda mecánica, mechanical wave
onda sísmica, seismic wave
onda sonora, sound wave
onda transversa, transverse wave
ondeado(a), wavy
ondear, to be wavy, to toss, to wave, to flicker
ondímetro, ondograph
ondulación, undulation, wave
ondulado(a), wavy, rippled, rolling
ondulado permanente, permanent wave
ondular[1], to undulate
ondular[2], to wave, to make wavy
oneroso(a), onerous
O.N.G. (Organización no Gubernamental), N.G.O. (nongovernmental organization)
onomástico, saint's day
onomatopeya, onomatopoeia
onondaga, Onondaga
Ontario, Ontario
O.N.U. (Organización de las Naciones Unidas), U.N. (United Nations)
onz. (onza), oz. (ounce)
onza, ounce
opaco(a), opaque, dark, somber, melancholy, gloomy
ópalo, opal
opción, option
ópera, opera
Ópera de Sídney, Opera House
operación, operation
operación binaria, binary operation
operación cesárea, Caesarean section
operación encubierta, covert action
operación extendida de números elementales, extended fact
operación inversa, inverse operation
operaciones con números elementales relacionados (familias), fact family
operar[1], to operate on
operar[2], to take effect, to operate
operarse, to have an operation
operario(a), laborer, workman
opereta, operetta
opinar, to express an opinion, to opine
opinión, opinion, feedback
opinión editorial, op-ed
opinión pública, public opinion
opinión subjetiva, subjective view
opio, opium
opíparo(a), succulent, sumptuous
oponer, to oppose, to put up
oponerse a, to oppose, to compete for
oporto, port wine
oportunidad, right moment, opportunity, opportuneness
oportunidad de beneficio, profit opportunity
oportunidad de empleo, employment opportunity

oportunidad de intervención, intervening opportunity
oportuno(a), opportune, timely, witty
oposición, opposition, competition
oposición leal, loyal opposition
opositor(a), opponent
opresión, oppression
opresor(a), oppressor
oprimir, to oppress, to press, to squeeze
oprobio, ignominy, disgrace
optar, to choose, to select
óptico(a)[1], optic, optical
óptico(a)[2], optician
optimismo, optimism
optimista[1], optimist
optimista[2], optimistic
óptimo(a), best
optómetra, optometrist
optometría, optometry
opuesto(a), opposite, contrary
opulencia, opulence, wealth, riches, affluence
opulento(a), opulent, wealthy, rich
ora, now
ora esto, at times this, at other times that
ora aquello, at times this, at other times that
oración[1], sentence
oración abierta, open sentence
oración compleja, complex sentence
oración compleja compuesta, compound-complex sentence
oración completa, complete sentence
oración compuesta, compound sentence
oración de participio, participial phrase
oración de resumen, summary sentence
oración decisiva, clincher sentence
oración declarativa, declarative sentence
oración fluidez, sentence fluency
oración imperativa, imperative sentence
oración interrogativa, interrogative sentence
oración numérica, number sentence
oración principal, topic sentence
oración simple, simple sentence
oración sin puntuación, run-on sentence
oración temática, topic sentence
oración[2], speech, prayer
oración diaria, daily prayer
oración[3], oration
oráculo, oracle
orador(a)[1], orator, speaker, petitioner
orador invitado, guest speaker
orador[2], preacher
oral, oral
orangután, orangutan
orar[1], to make a speech, to speak, to pray
orar[2], to beg, to supplicate
oratoria[1], oratory, rhetoric
oratorio[2], oratory, oratorio
oratorio(a)[3], rhetorical, oratorical
orbe, orb, world, sphere, globefish
órbita, orbit
órbita de la Luna, moon's orbit
órbita de la Tierra, Earth's orbit
órbitas de los planetas, planet orbits
órbitas elípticas, elliptical orbits
orbital, orbital
orden[1], order, Holy Orders
orden del día, order of the day
orden[2] (clasificación biológica), order (biological classification)
orden[3], order, command, order
a sus órdenes, at your service
orden ascendente, ascending order
orden coherente, coherent order
orden cronológico, chronological order
orden de los acontecimientos, order of events
orden de operaciones, order of operations
orden de registro, search warrant
orden descendente, descending order

orden inverso de las operaciones, reversing order of operations
orden judicial, warrant
orden secuencial, sequential order
orden serial, serial order
ordenado(a), neat, orderly
ordenador, computer
ordenador portátil, laptop
ordenamientos distintos, distinct arrangements
ordenanza[1], order, command, method, system, ordinance
Ordenanza del Noroeste, Northwest Ordinance
Ordenanza del Noroeste de 1787, Northwest Ordinance of 1787
ordenanza[2], orderly
ordenar, to arrange, to put in order, to order, to command, to ordain
ordenarse, to become ordained
ordeñar, to milk
ordinal, ordinal
ordinario(a)[1], ordinary, daily
acciones ordinarias, common stock
de ordinario, usually, ordinarily
ordinario[2], ordinary
orégano, oregano, wild marjoram
Oregón, Oregon
oreja, ear, hearing, outer ear, flap, gossip
con las orejas caídas, crestfallen
orejas de mercader, deaf ears
orejera, ear muff, moldboard
orejón, tweak of the ear, orillion, preserved peach slice
orfandad, orphanage, neglect, desertion
orfebre, goldsmith, silversmith
orfelinato, orphanage
organdí, organdy
orgánico(a), organic
organillero, organ grinder
organillo, hand organ, hurdy-gurdy
organismo, organization, organism
organismo de control, regulatory agency
organismo de control independiente, independent regulatory agency
organismo fotosintético, photosynthesizing organism
organismo pluricelular, multicellular organism
organismo saprofito, decomposer
organismo unicelular, unicellular organism
organismo vivo, living organism
organismos prehistóricos, prehistoric organisms
organista, organist
organización, organization
organización de ayuda multilateral, multilateral aid organization
Organización de los Estados Americanos, Organization of American States
Organización de Mantenimiento de la Salud (HMO), HMO (Health Maintenance Organization)
organización fraternal, fraternal organization
organización multilateral, multinational organization
Organización Nacional de las Mujeres, National Organization of Women (NOW)
organización no lucrativa, nonprofit organization
organización política, political organization
organización química de los organismos, chemical organization of organisms
organizador(a)[1], organizer
organizador gráfico, graphic organizer
organizador(a)[2], organizing
organizar, to organize
órgano, organ
órgano de cañones, pipe organ
órgano del sentido, sense organ
órgano especializado, specialized organ
órganos de plantas, plant organ
orgánulo, organelle
orgánulo celular, cell organelle
orgía, orgy
orgullo, pride, haughtiness
orgulloso(a), proud, haughty

orientación, orientation, trimming
orientación por inercia, inertial guidance
orientación psicopedagógica, counseling
orientación vocacional, vocational guidance
oriental, Oriental, eastern
orientar, to orient, to trim
orientarse, to get one's bearings, to orient oneself
oriente, orient, east, Orient
orificar, to fill with gold
orificación, gold filling
orificio, orifice, opening
origen, origin, descent
origen de la vida, origin of life
origen de las palabras, word origin
origen del Universo, origin of the universe
origen etimológico, word origin
origen étnico, ethnic origin
origen nacional, national origin
orígenes constitucionales, constitutional origins
original[1], original, eccentric, odd
original[2], original, first copy, oddball
originalidad, originality, eccentricity, oddness
originar, to cause, to be the origin of
originarse, to originate
originario(a), native, originating, being the cause
originario(a) de Inglaterra, native of England
orilla, border, margin, edge, sidewalk, shore, fresh breeze
orín, rust
orina, urine
orinal, urinal
orinar, to urinate
orines, urine
oriol, oriole
oriundo(a), native
orla, edge, border, trimming
orlar, to border, to edge, to trim
ornamento, ornament, embellishment, virtue, asset
ornamento, vestments
ornar, to trim, to adorn
ornato, ornament, decoration
ornitólogo(a), ornithologist
oro, gold, wealth, riches
de oro, golden
patrón oro, gold standard
oros, diamonds
Orosio, Orosius
oropel, tinsel
orozuz, licorice
orquesta, orchestra
orquestación, orchestration
orquídea, orchid
ortiga, nettle
ortodóntico, orthodontist
ortodoxo(a), orthodox
ortogonal, orthogonal
ortografía, orthography
ortopédico(a)[1], orthopedic
ortopédico(a)[2], orthopedist
oruga, rocket, caterpillar
os, you, to you
osa, she-bear
Osa Mayor, Great Bear
osadía, boldness, courage
osar, to dare, to venture
osar o osario, charnel house
oscilar, to oscillate, to vacillate
Oscurantismo, Dark Ages
oscurecer[1], to darken, to obscure, to confuse, to shade
oscurecer[2], to darken, to grow dark
oscurecerse, to get cloudy, to cloud over, to vanish into thin air
oscurecimiento, darkening, obscuring, confusing, shading
oscuridad, darkness, obscurity, confusion
oscuro(a), dark, obscure
a oscuras, in the dark
óseo(a), bony
osmosis (ósmosis), osmosis
oso(a), bear
oso pardo, brown bear
oso hormiguero, anteater
ostensible, ostensible, apparent
ostentación, displaying, showing, great display, ostentation, pomp
ostentar, to show, to display, to show off
ostentoso(a), sumptuous, magnificent
osteópata, osteopath
osteoporosis, osteoporosis
ostinato, ostinato
ostinato melódico, melodic ostinato

ostinato rítmico, rhythmic ostinato
ostra, oyster
ostracismo, ostracism
OTAN (Organización del Tratado del Atlántico Norte), North Atlantic Treaty Organization (NATO)
otero, hill, knoll
otólogo, ear specialist
otoñal, autumnal
otoño, autumn, fall
otorgamiento, grant, consent, approval, closing
otorgar, to consent to, to grant
otro(a), another, other
al otro lado, on the other side
el uno al otro, one to the other, to each other
el uno o el otro, one or the other
en alguna otra parte, somewhere else
ni el uno ni el otro, neither one nor the other, neither one
por otra parte, on the other hand
otra vez, once more, again
ovación, ovation
ovalado(a), oval
óvalo, oval
ovario, ovary
oveja, sheep
ovillo, ball of yarn, snarl, tangle, confused mess
ovíparo(a), oviparous
óvulo, egg cell
oxidación, rusting
oxidación de los alimentos, food oxidization
oxidar, to oxidize
oxidarse, to rust, to get rusty
óxido, oxide
óxido de cinc, zinc oxide
oxigenado(a), oxygenated
rubia oxigenada, peroxide blond
oxígeno, oxygen
oxígeno liquido, lox, liquid oxygen
oyente, listener, auditor
oyente activo, active listener
oyentes, audience

P

p.a.[1] (por ausencia), in the absence
p.a.[2] (por autorización), by authority
P.A. (Prensa Asociada), A.P (Associated Press)
pabellón, pavilion, flag, stack, bell, protection
pabilo (pábilo), wick, snuff
Pablo el Apóstol, Paul the Apostle
pacer[1], to pasture, to graze
pacer[2], to gobble up, to graze
paciencia, patience
paciente, patient
pacificador(a), peacemaker
pacificar[1], to pacify, to make peaceful
pacificar[2], to negotiate for peace
pacificarse, to become peaceful
pacífico(a), pacific, peaceful
Pacífico, Pacific
Pacífico Sur, South Pacific
pacifista, pacifist
pacotilla, goods free of freight, merchandise
de pacotilla, of inferior quality, trashy
hacer uno su pacotilla, to make one's pile
pactar, to agree on, to agree to
pacto, pact, agreement
pacto comercial, trade pact
pacto de caballeros, Gentleman's Agreement
Pacto de la Sociedad de Naciones, Covenant of the League of Nations
Pacto de no agresión germano-soviético de 1939, Nazi-Soviet Non-Aggression pact of 1939
pacto de no agresión soviético, Soviet non-aggression pact
Pacto de Varsovia, Warsaw Pact
Pacto del Mayflower, Mayflower Compact
pacto verbal, Gentleman's Agreement
pachorra, indolence, sluggishness
padecer, to suffer
padecimiento, suffering

padrastro, stepfather, bad father, obstacle, hangnail
padre, father, sire, stud
  padre del Egipto moderno, father of modern Egypt
padres, parents, forefathers
  padres fundadores, founding fathers, framers
  santos padres, fathers of the Church
padrenuestro, Lord's Prayer
padrinazgo, sponsor ship
padrino, godfather, second, sponsor
  padrino de boda, groomsman
padrón electoral, voter registration
paella, paella
pág. (página), p. (page)
paga, payment, satisfaction, fee, wage, requital
pagadero(a)[1], payable
pagadero[2], time of payment, term's of payment
pagador(a), payer, paymaster
paganismo, paganism, heathenism
pagano[1], heathen, pagan, dupe, easy mark
pagano(a)[2], heathen, pagan
pagar, to pay, to pay for, to atone for, to repay, to return
  pagarse de, to be pleased with, to boast about
pagaré, promissory note, due bill, I.O.U.
página, page
  página inicial, home page
  página principal, home page
  página raíz, home page
pago, pay, payment, satisfaction, recompense, region, village
  pago al contado, cash payment
  pago de indemnización, reparation payment
  pago de transferencia, transfer payment
pagoda, pagoda
pagua, avocado
paila, large pan
país, country, land, landscape
  país capitalista, capitalist country
  país comunista, communist country
  país de origen, country of origin, home country
  país del Eje, axis country
  país desarrollado, developed country
  país en desarrollo, developing country
  país europeo, European country
  país industrializado, industrialized countries
  país musulmán, Muslim country
  país neutral, neutral nation
  país sancionado, sanctioned country
  país sin salida al mar, landlocked country
paisaje, landscape
  paisaje cultural, cultural landscape
paisano(a)[1], of the same country
paisano(a)[2], countryman, compatriot, rustic, civilian
paja, straw
  techo de paja, thatched roof
pajar, hayloft
pajarera, bird cage
pajarero(a)[1], merry, loud, flamboyant
pajarero[2], birdman
pájaro, bird, fox, specialist
  pájaro carpintero, woodpecker
  vista de pájaro, bird's eye view
paje, page, caddie, cabin boy, dressing table
Pakistán, Pakistan
pala, shovel, blade, racket, setting, guile, cunning, vamp
palabra, word, speech, gift of oratory, floor
  de palabra, by word of mouth
  dirigir la palabra, to address
  libertad de palabra, freedom of speech
  palabra clave, keyword
  palabra compuesta, compound word
  palabra con varios significados, multimeaning word
  palabra de alta frecuencia, high-frequency word, vista
  palabra numérica, number word

palabra por palabra, literally, word for word
palabra que indica acción, action word
palabra que se reconoce a primera vista, sight word
palabra raíz, root word, base word
palabras con carga emocional, loaded words
palabras con varios significados, multi-meaning words
palabras extranjeras, foreign words
palabras guía, guide words
palabras puente, transitional words
pedir la palabra, to ask for the floor
tener la palabra, to have the floor
palabrería, verbosity, wordiness
palabrota, vulgarity, harsh word
palaciego(a)[1], court, palace
palaciego(a)[2], courtier
palacio, palace
palada, shovelful, stroke
paladar, palate, taste, feeling, sensitivity
paladín, paladin
palafito, house on stilts
palanca, lever, pole, influence, pull
palanca de cambio, reverse lever
palanca de embrague, clutch lever
palanca de impulsión, driving lever
palanca de hierro, crowbar
palanca de mando, stick control
palanca de marcha, reverse lever
palangana, washbowl
palanqueta, bar shot, jimmy
palco, theater box, bench
paleoclimas, paleoclimates
paleomagnetismo, paleomagnetism
paleontología, paleontology
palero, stooge
Palestina, Palestine
palestra, literary forum, wrestling, palaestra
paleta, fire shovel, palette, trowel, shoulder blade, lollipop, blade, serving knife
paletada, trowelful, shovelful
paliativo(a), palliative
palidecer, to turn pale, to pale
palidez, paleness, wanness
pálido(a), pallid, pale
palillero, toothpick holder
palillo, bobbin, toothpick, drumstick, stem, chit-chat.
palíndromo, palindrome
palio, pallium, cloak, canopy, prize
palique, chit-chat
paliza, beating, drubbing
Pallava, Pallavas
palma, palm, victory, triumph, sole
ganar la palma, to carry the day
palmada, slap, clap
palmadas, clapping
palmas, applause
batir las palmas, to clap hands
palmera, palm tree
palmeta, ferule, rod, lick, rap
palmito, palmetto, shoot, face, slender figure
palmo, palm
palmo a palmo, inch by inch
palmotear, to applaud
palmoteo, clapping, lick, rap
palo, stick, mast, blow, hook, handle, suit
pata de palo, woodeng leg
paloma, dove, pigeon, lamb, high collar
paloma mensajera, carrier pigeon
paloma torcaz, ring dove
paloma viajera, homing pigeon
paloma zorita, wood pigeon
palomar, pigeon coop
palomas, whitecaps
palomilla, young pigeon, butterfly, back, gang, crowd
palomino, young pigeon, whippersnapper, stripling
palomita, squab
palomitas de maíz, popcorn
palomo, cock pigeon
palote, drumstick
palpable, palpable, evident
palpar, to feel, to touch, to grope

through, to be certain of
palpitación, palpitation
palpitante, palpitating
cuestión palpitante, burning question
palpitar, to palpitate, to beat, to throb
paludismo, malaria
pampa, pampa, plain
pámpano, tendril, vine leaf, pampano
pampero(a)[1], pampean
pampero[2], pampero
pamplinada, nonsense, foolishness
pan, bread, loaf of bread, dough, food, wheat, foil
pana, plush, velveteen, plank
panacea, panacea, cure all
panadería, baking trade, bakery
panadero(a), baker
panal, honeycomb, hornet comb, lemon meringue
panameño(a), Panamenian
panamericanismo, Panamericanism
panarabismo, Pan-Arabism
páncreas, pancreas
panda[1], panda
panda[2], gallery in a cloister
pandear, to warp, to bulge
pandemia, pandemic
pandemia de enfermedad, disease pandemic
pandemia mundial de influenza (1918-1919), world influenza pandemic 1918-1919
pandemia recurrente, recurrent pandemic
pandemónium, pandemonium
pandereta, tambourine
pandero, tambourine, timbrel
pandilla, gang, gathering, group
pandilla callejera, street gang
pando(a), bulging, convex, deliberate
panegírico(a)[1], panegyrical
panegírico[2], panegyric
panel, panel
panera, granary, bread basket
paneslavismo, Pan-Slavism
pánfilo(a)[1], slow, sluggish
pánfilo(a)[2], dawdler
paniaguado, servant, protégé
pánico, panic, terror
panorama, panorama
pantalones, trousers, pants, pantaloons
pantalla, screen, fire screen, lamp shade, screen, blind, front
pantalla táctil, touch screen
pantano, swamp, marsh, bog, quagmire, morass
pantanoso(a), marshy, fenny, boggy, sticky, messy
panteón, pantheon, cemetery
pantera, panther
pantomima, pantomime
pantorrilla, calf
pantufla, slipper
panza, belly, paunch, belly, bulge, rumen
panzudo(a), potbellied
pañal, diaper, shirttail
pañales, infancy, first stages
paño, cloth, breadth of cloth, tapestry, growth over eye, spot, defect, coating, film
pañoleta, shawl
pañolón, large shawl
pañuelo, handkerchief
papa[1], Pope, papa
papa[2], potato
papá, papa, dad
papada, double chin, dewlap
papado, papacy
papagayo, parrot
papal, papal
papalina, sunbonnet, drunkenness, drunk
papalote, kite
papamoscas, flycatcher, simpleton
papaya, papaya, pawpaw
papel, paper, sheet of paper, role, part
papel encerado, waxed paper
papel de entapizar, wallpaper
papel de escribir, writing paper
papel de estraza, brown paper
papel de excusado, toilet paper
papel de lija, sandpaper
papel de periódico, newsprint
papel de seda, tissue paper
papel higiénico, toilet paper
papel moneda, paper money
papel secante, blotter
papel sellado, official document paper
papeleo, red tape, leafing through papers

papelería, stationery store, bunch of papers
papelero[1], paper manufacturer, paper dealer
papelero(a)[2], boastful, pretentious
papeleta, ballot, slip of paper, paper roll, difficult job
papelón (papelona)[1], boastful
papelón[2], poor quality paper, fine cardboard
papera, goiter, mumps
paperas, scrofula
papilla, pap, guile, deceit
papista, papist
paquete, package, packet, bundle, packet boat
  paquete de ondas, wave packet
par[1], similar, equal, alike, even
  pares o nones, even or odd
  sin par, peerless, matchless
par[2], par
par[3], pair, peer
  par cromosómico, chromosome pair
  par ordenado, ordered pair
  pares de números, number pairs
para, for, to, in order to, toward, good for
  estar para, to be about to
  para que, so that, in order that
parabién, congratulations
parábola, parable, parabola
parabrisa, windshield
paracaídas, parachute
  paracaídas de frenado, drag chute
paracaidista, parachutist, party crasher
paracaidistas, paratroops
parachoques, buffer, bumper, bumper
parada, parade, pause, stop, end, stall, dam, stake, bet
paradero, stopping place, whereabouts, station, depot, end
paradigma, paradigm
parado(a), stopped, unemployed, standing up
paradoja, paradox
parador, catcher, inn, hostelry
  parador para turistas, tourist court, motel
parafina, paraffin
parafrasear, to paraphrase
paraguas, umbrella
paraíso, paradise
paraje, place, location, state
paralelepípedo, parallelepiped
paralelismo, parallelism
paralelo(a), parallel
  paralelo principal, major parallel
  paralelos principales, principal parallels
paralelogramo, parallelogram
parálisis, paralysis
paralítico(a), paralytic
paralizar, to paralyze
paramecio, paramecium
paramédico, paramedic
parámetro, parameter
paramilitar, paramilitary
páramo, highland desert, wasteland, paramo
parangón, comparison
parangonar, to compare
parapeto, parapet
parapléjico(a), paraplegic
parar[1], to cease, to stop, to halt, to end, to come into the possession of, to end up, to stay
parar[2], to detain, to impede, to put up, to stake, to point, to change, to prepare
  parar en mal, to come to a bad end
  sin parar, without stopping
pararrayo, lightning rod
pararse, to stop, to halt, to stand up
parasitismo, parasitism
parasicología, parapsychology
parásito, parasite
parasol, parasol
parcial, partial
parcialidad, partiality, faction, circle, group, friendliness, partisanship
parcialmente, partially, in part, passionately
parco(a), sparing, frugal, temperate, moderate
parche, patch, plaster, drumhead, drum, splotch
pardo(a)[1], brown, dun, cloudy, flat, mulatto
pardo(a)[2], leopard
pardusco(a), grayish, grizzly
pareado, couplet

parear, to compare, to match, to pair, to couple
parecer[1], opinion, judgment, mien, demeanor
al parecer, apparently
parecer[2], to appear, to show up
parecerse a, to look like, to resemble
parecido(a)[1], similar, like
parecido[2], resemblance
parecido entre padres e hijos, parent/offspring similarity
pared, wall
pared celular, cell wall
pareja, pair, couple, mate
parentela, relatives, kin
parentesco, relationship
paréntesis, parenthesis, digressive time
pares de ángulos, angle pairs
paridad, comparison, parity, equality
paridad industrial, industrial parity
pariente(a), relative, mate
parihuela, barrow, stretcher
parir, to give birth to, to bring forth, to cause
París, Paris
parisiense, Parisian
parlamentario(a)[1], parliamentary
parlamentario(a)[2], member of Parliament
parlamento, harangue, oration, parliament
Parlamento inglés, English Parliament
parlanchín(a)[1], chatterer, blabbermouth
parlanchín(a)[2], chattering
parlero(a), talkative, gossiping, expressive, babbling
parlotear, to babble, to prattle
parmesano(a), Parmesan
queso parmesano, Parmesan cheese
paro, lockout, work stoppage
paro forzoso, unemployment, layoff
parodia, parody
paroxismo, paroxysm, fit
parpadear, to blink
párpado, eyelid
parque, park, parking lot
parque de diversiones, theme park
parque municipal, city park
parque nacional, national park
parque público, city park
parquedad, frugality
parra, grapevine
subirse a la parra, to lose one's temper
párrafo, paragraph, paragraph mark
párrafo de conclusión, concluding paragraph
párrafo de prueba, proof paragraph
párrafo introductorio, introductory paragraph
parral, vine arbor, wild vineyard, earthen jar
parranda, carousal, spree
andar de parranda, to go out on the town, to make the rounds
parrandear, to go on a spree, to go out on the town
parricida, parricide
parrilla, grill, grillroom
párroco, parson
parroquia, parish, parish priest, trade, clientele, customers
parroquiano(a)[1], parishioner, customer
parroquiano(a)[2], parochial
parte, part, side, party
de mi parte, from me
de parte de, from by order of
de ocho días a esta parte, within the last week
en alguna otra parte, somewhere else
en alguna parte, somewhere
en ninguna parte, no place
en parte, partly, in part
en todas partes, everywhere
parte inferior, lower side, bottom
parte superior, upper side, top
partes del discurso, parts of speech
por mi parte, as concerns
por otra parte, on the other hand, besides
por una parte, on the one hand
tomar parte, to take part
¿de parte de quién?, who is calling?
partera, midwife

partero, obstetrician
partición, partition, division
participación, participation, communication
participación en beneficios, profit incentive
participante, participant, notifier
participar[1], to participate
participar[2], to inform of, to communicate
partícipe[1], participating
partícipe[2], participant
participio, participle
partícula, particle
partícula beta, beta particle
partícula elemental, elementary particle
partícula subatómica, subatomic particle
particular[1], particular, special, private
particular[2], private citizen, point, matter
particularidad, particularity, detail, characteristic, trait
partida, departure, party of soldiers, game, round, shipment, consignment, item, entry, copy
partida doble, double entry
partidario(a)[1], partisan, adherent
partidario(a)[2], partisan, advocate
partido[1], party, district
Partido Comunista, Communist Party
Partido Comunista de China, Chinese Communist Party
Partido Comunista de los Estados Unidos, American Communist Party, U.S. Communist Party
Partido Demócrata, Democratic Party
Partido Demócrata-Republicano, Democratic-Republican Party
Partido Democrático Nacional, National Democratic Party
partidarios del régimen, loyalist
Partido Federalista, Federalist Party
Partido Know Nothing, Know Nothing Party
Partido Laboral Greenback, Greenback Labor Party
partido político, political party
Partido Populista, Populist Party
Partido Republicano, Republican party
Partido Republicano Nacional, National Republican Party
Partido Socialista, Socialist Party
Partido Whig, Whig Party
partido[2], advantage, help, agreement, measures, means
sacarle partida, to take advantage of
partido[3], match
partir[1], to divide, to split, to break, to separate
partir[2], to depart, to make up one's mind
a partir de, beginning with, starting with, as of
partitura, score
partitura vocal, vocal score
parto, childbirth, infant, production, creation, expectation
parvada, flock, covey
párvulo(a)[1], very small, gullible, humble
párvulo(a)[2], child
escuela de párvulos, kindergarten
pasa, raisin
ciruela pasa, prune
pasada, passage, passing, misbehavior
de pasada, on the way, in passing
pasadero(a)[1], passable
pasadero[2], steppingstone
pasadizo, narrow passage, alley, lane
pasado[1], past, traitor, past tense
pasado[2], past
pasado mañana, day after tomorrow
en tiempos pasados, in former times
pasador, contrabandist, door bolt, pin, barrette, tie pin, colander, sieve
pasador de charnela, kingpin
pasados, ancestors
pasaje, passage, fare
pasaje, passage
pasajero(a)[1], fleeting, transitory, well traveled
pasajero(a)[2], passenger

pasamano, railing, handrail, banister, lace, braid, cord
pasante, assistant, tutor
pasaporte, passport, travel allowance, carte blanche
pasar[1], to pass, to send, to cross, to transport, to cross over, to smuggle, to surpass
pasar de largo, to go right by
pasar por un punto dado, pass through a given point
pasar una bola, pass a ball
pasar[2], to overlook, to blow over
pasar por alto, to overlook, to omit
pasar[3], to strain, to swallow, to undergo, to suffer
pasar[4], to tutor, to assist, to review
pasar[5], to happen
¿qué le pasa?, what's the matter with him?
¿qué pasa?, what's going on? what's the matter?
pasar[6], to get along
pasar[7], to spend, to value, to cost
pasar unos días, to spend a few days
pasar[8], to pass away
pasar[9], to dry
pasarse, to defect, to end, to cease, to forget, to spoil, to overscore, to proctor
pasatiempo, pastime, amusement, diversion
Pascua, Passover, Easter
Pascuas, Christmastide
dar las Pascuas, to wish someone a Merry Christmas.
pase, permit, pass
pase de pecho de baloncesto, basketball chest pass
paseador(a), great walker
paseante, stroller, walker
pasear[1], to take a walk, to walk, to go for a ride, to take a ride, walk
pasear[2], to walk, to show around
pasearse, to ramble on, to loaf, to loiter
paseo, walk, stroll, ride, promenade
dar un paseo, to go out walking or driving
echar de paseo, to get rid of
ir de paseo, to go out walking or driving
paseo en el campo, hiking
pasillo, corridor, hallway, stitch, short step
pasión, passion, suffering
pasionaria, passion flower
pasivo(a)[1], passive, inactive, pensionary
pasivo[2], liabilities
pasmar, to cause a spasm, to stun, to stupefy, to chill, to freeze, to astonish, to astound
pasmarse, to suffer spasms, to be astonished, to dull
pasmo, cold, tetanus, lockjaw, amazement, wonder
paso, step, pace, passing, passage, footprint, track, pass, stitch, migration, strait, event, happening, dramatic sketch
abrirse el paso, to force one's way
acortar el paso, to slow one's pace, to walk slowly
al paso, on the way, in passing
apretar el paso, to hasten one's steps
marcar el paso, to mark time
paso a nivel, railroad crossing
paso de baile, dance step
paso de Khyber, Khyber Pass
paso del Brennero, Brenner Pass
paso del huracán, hurricane tracks
paso doble, two-step, paso doble
paso elevado, water crossing
paso peatonal, pedestrian walkway
pasos del proceso de diseño, steps in the design process
pasta, pasta, dough, unworked metal, cardboard, pulp, bookbinding
de buena pasta, good natured
pasta de dientes, toothpaste
pastar[1], to pasture, to graze
pastar[2], to lead to graze
pastel, pastry, cake, pastel, dealing from the bottom, plot, scheme, butterball, pi

pastelería, pastry shop, pastry, pastry making
pastelero(a), pastry cook
pasterizar, to pasteurize
pastilla, tablet, lozenge, drop
pastilla de levadura, yeast cake
pastilla de limón, lemon drop
pastilla de jabón, cake of soap
pasto, pasture, grazing, fodder, grass, fuel, food
pastor, shepherd, pastor
pastor alemán, German shepherd dog
pastor protestante, minister
pastores de rebaño, cattle herders
pastoso(a), mellow, doughy, pastose
pata, foot, leg, paw, foot, duck, leg, pocket flap
patas arriba, topsy-turvy, upside down
patada, kick, step, footprint
pataleo, foot stamping
pataleta, fake fit or convulsion
patán, yokel, hick, rustic, peasant
patata o papa, potato
patear[1], to kick, to light into
patear[2], to stamp the feet, to run from pillar to post, to be furious
patear y golpear, kick & strike
patente[1], patent, manifest, evident
patente[2], permit, warrant, certificate
medicina de patente, patent medicine
patente de invención, patent
paternal, paternal, fatherly
paternalismo, paternalism
paternidad, paternity, fatherhood
paterno(a), paternal, fatherly
patético(a), pathetic
patíbulo, gallows, gibbet
patillas, sidewhiskers
patín, skate
patín de hielo, ice skate
patín de ruedas, roller skate
pátina, patina
patinador(a), skater
patinaje, skidding, skating
patinar, to skate, to skid
patinazo, skidding, slip, false step, blunder
patio, patio, pit, yard
pato(a), duck
patochada, faux pas, foolish remark
patógeno, pathogen
patología, pathology
patológico(a), pathological
patólogo, pathologist
patraña, lie, story, bunk
patria, native country, fatherland
patriarca, patriarch
patriarcal, patriarchal
patricio, patrician
patrimonio, patrimony, inheritance, heritage
patrio(a), native, paternal
patriota, patriot
patriótico(a), patriotic
patriotismo, patriotism, nativism
patrocinar, to patronize, to favor, to protect
patrocinio, protection, patronage
patrón, patron, captain, landlord, boss, employer, patron saint, pattern, standard, stock
patrón climático, climatic pattern
patrón climático de la estación, seasonal weather pattern
patrón climático diario, daily weather pattern
patrón creciente, increasing pattern
patrón de asentamiento, settlement pattern
patrón de cambio, pattern of change
patrón de comportamiento, behavior pattern
patrón de comportamiento aprendido, learned behavior pattern
patrón de crecimiento, growing pattern
patrón de deletreo, spelling pattern
patrón de desplazamiento, traveling pattern
patrón de flujo, flow pattern
patrón de formas, shape pattern
patrón de inundación, flooding pattern
patrón de migración global, global migration pattern
patrón de movimiento,

movement pattern
patrón de ortografía, spelling pattern
patrón de reducción, shrinking pattern
patrón de sonido, sound pattern
patrón decreciente, decreasing pattern
patrón geométrico, geometric pattern
patrón lineal, linear pattern
patrón lingüístico, speech pattern
patrón llamativo, striking pattern
patrón númerico, numerical pattern
patrón oro, gold standard
patrón repetitivo, repeating pattern
patrones climáticos, weather patterns
patrones de movimiento de asteroides, asteroid movement patterns
patrones de movimiento de cometas, comet movement patterns
patrones de movimiento de los meteoritos, meteor movement patterns
patrones del viento, wind patterns
patrones estructurales, structural patterns

patrona, patroness, landlady, patron saint
patronímico, surname
patrulla, patrol, squad, gang
patuá, patois
paupérrimo(a), exceedingly poor, poverty-stricken
pausa, pause, slowness, deliberation, rest
pausado(a), slow, deliberate
pausar, to pause
pauta, ruler, ruled lines, standard, model, staff
pava, turkey hen, peahen, old maid
pelear la pava, to flirt
pavesa, spark, ember
pavimentar, to pave
pavimento, pavement
pavo, turkey, dimwit
pavoreal, peacock
pavonear, to strut, to parade, to show off, to get someone's hopes up
pavor, terror, horror
pavoroso(a), terrible, horrible
Pax Mongolica, Pax Mongolica
payasada, antic, prank
payaso(a), clown
payo(a), yokel, hick
paz, peace, tranquillity, kiss of peace
paz defectuosa, flawed peace
pazguato(a), nincompoop, simpleton
p/cta. (por cuenta), on account, for account
P.D. (posdata), P.S. (postscript)
pdo. o p.do (pasado), pt. (past)
peaje, toll
peatón, pedestrian, route mailman
peca, freckle, spot
pecado, sin
pecador(a), sinner
pecaminoso(a), sinful
pecar, to sin, to go wrong, to make a mistake
pécora, sheep
buena o mala pécora, vixen, fox
pecoso(a), freckled
pectina, pectin
peculiar, peculiar, individual
pecuniario(a), pecuniary
pechera, shirt bosom, bosom, dickey
pecho, breast, chest, teat, hillock, bosom, heart, courage, valor, voice, tax, tribute
dar el pecho, suckle
tomar a pecho, to take to heart
pechuga, breast, bosom
Pecos Bill, Pecos Bill
pedagogía, pedagogy
pedagogo, pedagogue, teacher, mentor, vergil
pedal, pedal, treadle, pedal
pedante[1], pedantic
pedante[2], pedant
pedantería, pedantry
pedazo, piece, bit
hacer pedazos, to break to pieces, to shatter
pedernal, flint, flintiness
pedestal, pedestal, basis
pediatra, pediatrician

pediatría, pediatrics
pedicuro, chiropodist
pedido, request, order
pedido de ensayo, trial order
pedigüeño(a), nagging, insistent, demanding
pedir, to ask, to ask for, to solicit, to petition, to demand, to crave, to desire
pedir cuenta, to bring a person to account
pedir permiso, asking permission
pedir prestado, to borrow
pedo, wind, flatulence
pedrada, stoning, mark, bruise, hair-bow, taunt, gibe
pedregal, rocky terrain
pedregoso(a), stony, rocky, afflicted by gallstones
pedrería, precious stones
pegadizo(a), sticky, gluey, contagious, mooching, parasitic, false, artificial
pegado, sticking plaster, poultice, patch
pegadura, sticking, patch
pegajoso(a), sticky, attractive, alluring, contagious, soft, smooth, familiar, habit-forming
tonada pegajosa, catchy tune
pegar[1], to cement, to stick, to paste, to glue, to join, to attach, to strike, to beat, to communicate
pegar[2], to take root, to click, to be received well, to be near, to be opportune, to be to the point, to bump, to stick together
pegarse, to intrude, to steal in, to adhere
peinado, coiffure, hairdo
peinador, hairdresser, dressing gown
peinadora, hairdresser
peinar, to comb
peinarse, to comb one's hair
peine, comb, card, instep, sly devil, sly one
peineta, dress comb
pelado(a)[1], peasant
pelado(a)[2], bald, peeled, pared, bare, poor, shameless, even
pelar, to pull out one's hair, to pluck, to peel, to pare, to snatch, to grab, to clean out
peldaño, step
pelea, battle, fight, quarrel, diligence
pelear, to fight, to battle, to quarrel
pelearse, to scuffle, to fight, to split up, to break up
pelele, man of straw, Dr. Dentons', laughingstock
peletero, furrier
pelícano, pelican, pincers
pelicano(a), gray haired
película, film, skin layer
rollo de películas, film roll
tira de películas, filmstrip
peliculero(a)[1], film
peliculero(a)[2], movie actor
peligrar, to be in danger
peligro, danger, risk, peril
peligro para la seguridad, safety hazard
Peligro Rojo, Red Scare
peligroso(a), dangerous, perilous
pelinegro(a), black haired
pelirrojo(a), redhead
pelo, hair, pile, flaw, hairspring, fuzz, down, raw silk, vein, grain, trifle
a pelo, to the purpose, timely
tomar el pelo, to tease, to kid
pelota, ball, ball game, cowhide boat, prostitute, pile of debts
en pelota, stark naked
pelotari, pelota player
pelotazo, blow with a ball
pelotera, row, fracas
pelotón, large ball, snarl, crowd, platoon
peltre, pewter
peluca, wig, bawling out, dressing down
peludo(a), hairy
peluquería, barbershop, beauty parlor
peluquero, barber, hairdresser, wigmaker
pelusa, fuzz, down, nap, childish envy
pelvis, pelvis
pellejo, skin, hide, pelt, wineskin, drunk, lush
pellizcar, to pinch, to graze, to nip, to take a speck of
pellizcarse, to yearn, to pine

pellizco, pinch, graze, nip, smidgen, pinch
pena, pain, sadness, shame, punishment, trouble, difficulty, pendant, penna
  a duras penas, with difficulty
  merecer la pena, to be worthwhile
  pena capital, capital punishment
  pena de muerte, capital punishment
  so pena de, under penalty of
  valer la pena, to be worthwhile
penable, punishable
penacho, crest, plumes, pride, haughtiness
penal[1], penal
penal[2], penitentiary
penalidad, trouble, hardship, culpability, punishability
penar[1], to suffer, to suffer in Purgatory
penar[2], to penalize, to punish
pendencia, quarrel, dispute, litigation
pendenciero(a), quarrelsome
pender, to hang, to depend, to be awaiting a decision, to be pending
pendiente, hanging, pending
  pendiente de pago, pending payment, unpaid
pendiente[2], pendant, earring, eardrop
pendiente[3], slope, grade, incline
  pendiente arriba, uphill slope
  pendiente negativa, negative slope
péndola, pendulum, pendulum clock, suspension
pendón, standard, banner, pennon, shoot, frump, rake, libertine
péndulo(a)[1], pendent, hanging
péndulo[2], pendulum
pene, penis
penetrable, penetrable, comprehensible
penetración, penetration
penetrante, penetrating
penetrar, to penetrate, to fathom, to comprehend
penicilina, penicillin
peninsula, peninsula
  Península de Yucatán, Yucatan Peninsula
peninsular[1], peninsular
peninsular[2], Spaniard
penitencia, penitence, repentance, penance
penitenciaría, penitentiary
penitente[1], penitent, repentant
penitente[2], penitent
penoso(a), hard, difficult, suffering, afflicted, conceited, vain
pensado(a), deliberate, intentional
  mal pensado(a), evilminded
pensador(a), thinker
pensamiento, thought, suspicion, pansy
  pensamiento democrático moderno, modern democratic thought
  pensamiento moderado, moderate thinking
  pensamiento político occidental, Western political thought
  pensamiento reaccionario, reactionary thinking
  pensamiento sistémico, systems thinking
pensar, to think, to intend
pensativo(a), pensive, thoughtful
Pensilvania, Pennsylvania
pensión, pension, annuity, allowance, board, grant, boardinghouse, pension
pensionado(a)[1], pensioned
pensionado(a)[2], pensioner
pensionado[3], boarding school
pensionar, to award a pension to
pensionista, pensioner, pensionary, boarder
pentadecágono, pentadecagon
pentágono, pentagon
pentagrama, staff, musical staff, stave
penumbra, penumbra
penuria, penury, poverty, indigence, need, want
peña, rock, boulder, rocky peak, friends, comrades
peñasco, crag, peak, murex
peñón, rocky peak, boulder
  Peñón de Gilbratar, Rock of Gilbratrar

peón, pedestrian, laborer, foot soldier, top, pawn, checker, axle, beehive
peonía, peony
peor, worse
de mal en peor, from bad to worse
tanto peor, so much the worse
pepino, cucumber
pepita, seed, pip, nugget
pepsina, pepsin
péptico(a), peptic
pequeñez, smallness, infancy, meanness
pequeño(a), little, small, young, lowly, humble, trifling
Pequeña Italia, Little Italy
pequeño propietario rural, yeoman farmer
pera, pear, goatee, plum
peral, pear tree
percal, percale
percance, perquisite, bad luck, misfortune
percepción, perception, idea
percepción del telespectador, viewer perception
percepción espacial, spatial perception
perceptible, perceptible, perceivable, receivable, collectible
percibir, to collect, to receive, to perceive, to comprehend
percolación, percolation
percudido(a), dull, tarnished, soiled
percusión, percussion
instrumento de percusión, percussion instrument
percha, perch, clothes tree, snare trap
perder[1], to lose, to waste, to miss, to fail, to flunk, to spoil, to ruin
perder[2], to lose, to fade
echar a perder, toruin
perderse, to get lost, to go astray, to be in a jam, to lose one's senses, to become dissipated, to lose one's train of thought, to miss, to miss out on, to risk, to be passionately in love with, to lose one's honor
perdición, perdition, ruin, loss, unbridled love, misuse
pérdida, loss, damage
pérdida de dientes, dental loss
pérdida de peso, weight loss
perdido(a), lost
perdigón, baby partridge, decoy partridge
perdigones, bird shot
perdiguero(a), setting, pointing
perdiz, partridge
perdón, pardon, forgiveness, remission, hot drop of oil or wax
perdonable, pardonable
perdonar, to pardon, to excuse, to renounce
perdurable, perpetual, everlasting, durable, long lasting
perecedero(a)[1], perishable
perecedero[2], necessity, want
perecer, to perish, to die, to suffer, to be poverty stricken
perecerse, to yearn, to pine, to anguish
peregrinación, pilgrimage, Hajj
peregrino(a)[1], traveling, foreign, migratory, strange, rare, elegant, mortal
peregrino(a)[2], pilgrim
perejil, parsley, frilliness, gaudiness
perenne, continuous, incessant, perennial
perentorio(a), peremptory
pereza, laziness, negligence, carelessness
perezoso(a)[1], lazy, negligent, careless
perezoso[2], sloth
perfección, perfection
perfeccionamiento, perfecting
perfeccionar, to perfect, to give the finishing touches
perfecto(a), perfect
perfidia, perfidy
pérfido(a), perfidious
perfil, profile, edging, sketch, outline
perfilado(a), well formed, long and thin
perfilar, to profile, to outline, to perfect, to refine
perfilarse, to be outlined
perforación, perforation, puncture
perforar, to perforate, to puncture
perfumar, to perfume
perfume, perfume
perfumería, perfumery
pergamino, parchment

pericia, skill, ability
perico, periwig, peruke, parakeet, large fan, giant asparagus, chamber pot, chatter-box
periferia, periphery
periférico, peripheral
perifollo, chervil
perifollos, frippery
perifonear, to broadcast
perigeo, perigee
perilla, small pear, pearshaped ornament, pommel, goatee, earlobe
de perilla, apropos
perímetro, perimeter
periódico(a)[1], periodical, recurring
periódico[2], newspaper
periodismo, journalism
periodista, journalist
periodista sensacionalista, muckraker
periodístico(a), journalistic
periodizar, periodize
período (periodo), periodic sentence, period, cycle
período antebellum, antebellum period
período Ashikaga o Muromachi, Ashikaga period
período colonial, colonial period
período de Heian, Heian period
período de Kamakura, Kamakura period
período de la posguerra, postwar period
periodo de semidesintegración, half-life
periodo de semivida, half-life
período helenístico, Hellenistic period
período histórico, historical period, period of history
período meroítico, Meroitic period
período napoleónico, Napoleonic period
período posterior a la Guerra Civil, post-Civil War period
período posterior a la Guerra Fría, post-Cold War era
período posterior a la Primera Guerra Mundial, post-World War I
período posterior a la Segunda Guerra Mundial, post-World War II
período romántico de la literatura, romantic period literature
peripecia, peripeteia
periscopio, periscope
perito(a)[1], expert, skilled
perito[2], expert
peritonitis, peritonitis
perjudicar, to harm, to damage
perjudicial, damaging, harmful, injurious
perjuicio, injury, harm, damage
perjurar, to commit perjury, to swear
perjurarse, to commit perjury, to perjure oneself
perjurio, perjury
perjuro(a)[1], perjured, perjurer
perjuro[2], perjury
perla, pearl
de perlas, just right
perlas cultivadas, cultured pearls
permanecer, to remain, to stay
permanencia, permanence
permanente[1], permanent
permanente[2], permanent wave
permeable, permeable
permiso, permission, authorization, deviation
permitido(a), allowed, permitted
no está permitido, it is not allowed
permitir, to permit, to allow, to enable
permitirse, to take the liberty, to permit oneself, Dios lo permita, God willing
permutación, permutation
permutar, to exchange, to change
pernicioso(a), pernicious, destructive
pernil, thigh, leg
perno, bolt, joint pin
pernoctar, to spend the night
pero[1], but, yet
pero[2], defect, fault, objection
poner peros, to find fault
perogrullada, platitude
perorar, to make a speech, to nag, to hound
perorata, harangue, speech

peróxido, peroxide
perpendicular, perpendicular
perpendicular común, common perpendicular
perpendiculares recíprocas, mutually perpendicular
perpetrar, to perpetrate, to commit
perpetuar, to perpetuate
perpetuidad, perpetuity
perpetuo(a), perpetual
perplejidad, perplexity
perplejo(a), perplexed
perra[1], female dog, bitch, drunkenness, intoxication, childish anger
perrillo, little dog, trigger
perrillo de lanas, poodle
perrillo faldero, lap dog
perro[2], dog
persa, Persian
perseguir, to pursue, to persecute, to dun, to hound
perseverancia, perseverance, persistency
perseverante, perseverant
perseverar, to persevere, to persist
Persia, Persia
persiana, window blind, Venetian blind
persignarse, to make the sign of the cross, to bless oneself, to begin the day's selling
persistencia, persistence, persistency
persistente, persistent, tenacious
persistir, to persist
persona, person, personage, character, persona
persona a máquina, person-to-machine
persona a persona, person-to-person
persona desplazada, displaced person
por persona, per capita
personaje, personage, character
personaje menor, minor character
personaje principal, main character
personaje secundario, subordinate character, minor character
personal[1], personal
personal[2], personnel, staff, staff expenses
personal médico, medical personnel
personalidad, personality
personificación, personification
personificar, to personify
personilla, nothing
perspectiva, perspective, false representation, prospect
perspectiva central, single-point perspective
perspectiva cultural, cultural perspective
perspicacia, clear sightedness, perspicacity
perspicaz, perspicacious, clear sighted
persuadir, to persuade, to convince
persuasión, persuasion
persuasivo(a), persuasive
pertenecer, to belong, to pertain, to concern, to have to do
perteneciente, belonging, pertaining
pertenencia, right of property, territory, domain, appurtenance, adjunct
pertenencia tribal, tribal membership
pértiga, long pole
pertinacia, obstinacy, stubbornness, pertinacity
pertinaz, pertinacious, obstinate
pertinencia, relevance, pertinence
pertrechos, ordnance, tools, instruments
perturbación, disturbance, perturbation
perturbar, to perturb, to disturb, to trouble, to confuse, to mix up
Perú, Peru
peruano(a), Peruvian
perversidad, perversity
perversión, perversion, depravation, corruption
perverso(a), perverse
pervertir, to pervert, to corrupt
pesa, weight
pesas y medidas, weights and measures
pesadez, heaviness, gravity, boredom, tedium
pesadilla, nightmare
pesado(a), heavy, slow, tiresome, tedious, harmful, injurious,

harsh, hard
sueño pesado, profound sleep
pesadumbre, heaviness, injury, offense, gravity, quarrel, dispute, grief, sorrow
pésame, condolence, sympathy
pesantez, gravity
pesar[1], sorrow, grief, regret, repentance
a pesar de, in spite of, notwithstanding
pesar[2], to weigh, to have weight, to be heavy, to be valuable
pesar[3], to weigh, to weigh down, to grieve
pesaroso(a), sorrowful, sorry, repentant
pesca, fishing
pesca con arpón, spear fishing
pescadería, fish market
pescado, fish, salted codfish
pescador(a)[1], fisherman
pescador[2], angler
pescar, to fish, to catch, to get hold of, to latch onto, to catch, to surprise
pescozón, slap on the neck
pescuezo, neck, haughtiness, pride
pesebre, manger
peseta, monetary unit of Spain
pesimista[1], pessimist
pesimista[2], pessimistic
pésimo(a), very bad, abominable
peso, peso, gravity, weight, balance
en peso, boldily
peso atómico, atomic weight
peso bruto, gross weight
peso de partículas subatómicas, weight of subatomic particles
peso fuerte, silver dollar
peso neto, net weight
peso mosca, flyweight
pesos estándar, standard weights
pespunte, backstitch
pesquisa, inquiry, investigation
pestaña, eyelash, edge, edging, cilium
pestañear, to blink, to wink, to be alive, to be alive and kicking
peste, pest, plague, stench, stink, corruption, epidemic
peste bubónica, bubonic plague
peste negra, Black Death
pesticida, pesticide
pestífero(a)[1], pestiferous, malodorous
pestífero(a)[2], plague victim
pestilencia, pestilence, plague
pestillo, bolt
petaca, leather chest, cigar box
pétalo, petal
petardista, cheat, fraud
petardo, petard, bomb, cheat, fraud
petate, mat, bedding, luggage, baggage, swindler, cad
petición, petition, request, plea
petirrojo, robin red-breast
peto, breastplate, dickey
pétreo(a), stony
petrificar, to petrify
petróleo, petroleum, oil
petrolero(a), pertaining to oil, arsonistic
petrolífero(a), oil producing
campos petrolíferos, oil fields
petulancia, petulance, insolence, pretention, pretentiousness
petunia, petunia
pez[1], fish, long pile, fruit of one's labors, peces de colores, goldfish
pez[2], pitch
pez griega, rosin
pezón, stalk, stem, nipple, point
pezuña, hoof
pH, pH
piadoso(a), pious, merciful, benevolent
piafar, to paw, to stamp
pianista, pianist
piano, piano
piano de cola, grand piano
pianoforte, pianoforte
piar, to peep, to chirp, to clamor, to cry
PIB (Producto Interno Bruto), Gross Domestic Product (GDP)
PIB per cápita, per capita GDP
PIB real, real GDP
pica, pike, spear, goad, hammer, pique, resentment
picada, peck, bite, sting, strike
picadillo, mincemeat, hash
picado(a)[1], perforated, piqued, vexed
picado[2], hash, dive
picador, picador, trainer, cutting board, lock-breaker

picadura, prick, puncture, bite, cut, slit, cut tobacco, cavity
picaflor, hummingbird, flirt
picamaderos, woodpecker
picante, stinging, pricking, hot, highly seasoned, piquant, spicy, racy
picapedrero, stonecutter
picahielo, ice pick
picapleitos, troublemaker, shyster, pettifogger
picaporte, latchkey, catch, latch, door knocker
picaposte, woodpecker
picar[1], to prick, to puncture, to jab, to goad, to prick, to bite, to chop up, to mince, to peck, to take the bait, to itch, to burn, to spur, to train, to cut, to goad, to excite, to pique, to puncture, to pursue, to touch up
picar[2], to nibble, to burn, to beat down, to pick up, to take hold, to dabble
picardía, knavery, roguery, deceit, trickery, mischievousness, bunch of rascals
picaresco(a), roguish, knavish, picaresque
pícaro(a)[1], knavish, roguish, sly, rascally, tricky, mischievous
pícaro[2], rogue, knave, rascal, mischief
picarse, to become motheaten, to rot, to spoil, to be in heat, to be choppy, to be offended, to be piqued, to boast, to brag, to get carried away with oneself
picazón, itching, itch, displeasure
pico, beak, bill, peak, pickax, spout, corner, loquacity
    cien dólares y pico, a little more than one hundred dollars
    la una y pico, a little after one o'clock
    perder por el pico, to miss out by not knowing when to keep one's mouth shut
picoso(a), pitted with small pox, hot, highly seasoned
picotear, to peck at
pictográfico, pictograph
picudo(a)[1], beaked, sharp pointed, talkative
picudo[2], spit
pichón, young pigeon, darling
pidgin, pidgin language
pie, foot, base, basis, trunk
    a pie, on foot
    al pie de la letra, literally
    dar pie, to give occasion
    dedo del pie, toe
    de pies a cabeza, from head to toe
    estar de pie, to be standing
    pie cuadrado, square foot
    pie de atleta, athlete's foot
    pie de foto, cutline, caption
    pie de página, endnotes
    ponerse de pie, to stand up
piedad, piety, mercy, pity
piedra, stone, gem, hail
    piedra angular, cornerstone
    piedra de afilar, whetstone
    piedra pómez, pumice stone
piel, skin, hide, pelt, leather
pienso, cattle feed
pierna, leg
Pierre Curie, Pierre Curie
pieza, piece, play, room
    pieza de bronce fundido, bronze casting
    pieza musical, musical piece
pifia, miscue in billiards, blunder
pigmeo(a), pygmy
pignorar, to pledge
pijama, pajamas
pila, trough, font, pile, battery
    nombre de pila, Christian name
    pila de agua bendita, holy water font
    pila seca, dry battery
pilar[1], basin, milestone, pillar
pilar[2], to pound, to crush
pilastra, pilaster
píldora, pill
pilón, pylon, large water basin, drinking trough, mortar, loaf of sugar, small gift added to a purchase
    de pilón, thrown in, added free
piloto, pilot, first mate
    piloto automático, auto pilot
    piloto de prueba, test pilot
piltrafa, meat that is nearly all skin

piltrafas, meat scraps
pillada, piece of villainy
pillaje, pillage, plunder
pillar, to pillage, to plunder, to seize, to grab, to snatch
pillo(a)[1], roguish
pillo[2], rogue, rascal
pilluelo, urchin, scamp
pimentero, pepper shaker, pepper plant
pimentón, paprika, red pepper
pimienta, pepper
pimiento, pepper, red pepper
pimpollo, sprout, bud, charming young thing
pináculo, pinnacle
pinar, grove of pines
pincel, brush
pincelada, brushstroke
pinchar, to prick
pinchazo, prick, puncture
pinche, kitchen boy, scullion
pingüe, fat, greasy, rich, fertile
negocio pingüe, thriving business
pingüino, penguin
pino(a)[1], steep
pino[2], pine
pinocle, pinochle
pinta, spot, mark, sign, mark, pint
pintado(a), mottled, spotted
venir como pintado(a), to be just the ticket
pintamonas, bad painter, dauber
pintar[1], to paint, to picture, to describe, to exaggerate
pintar[2], to begin to ripen, to show up, to crop out
pintarse, to put on one's make up
pintor(a), painter, artist
pintoresco(a), picturesque
pintorrear, to daub
pintura, painting, picture, paint
pintura rupestre del Paleolítico, Paleolithic cave painting
pinzas, pincers, forceps
piña, pineapple, fir cone
piñata, piñata, decorated jar filled with candy and toys
piñón, pineapple seed, pine seed, pinion
pío(a)[1], pious, devout, compassionate
pío[2], peeping, chirping
piojo, louse
piojoso(a), full of lice, lousy
piorrea, pyorrhea
pipa, pipe, fuse, cask
pipote, keg
pique, pique, offense
a pique, in danger, steep
echar a pique, to sink
piqué, piqué
piquete, prick, jab, picket, picket
piquete de salvas, firing squad
piragua, pirogue
pirámide, pyramid
pirámide cuadrada, square pyramid
pirámide de biomasa, biomass pyramid
pirámide de energía, energy pyramid
pirámide de población, population pyramid
pirámides mayas, Mayan pyramids
pirata, pirate, cruel wretch
pirata informático, hacker
piratería de software, software piracy
piratería informática, computer hacking
piromanía, pyromania
piropo, compliment, flattery
pirotecnia, pyrotechnics
pirueta, pirouette
pisada, footstep, footfall, footprint
pisapapeles, paper weight
pisar, to step on, to tread on, to tramp, to stamp down, to mistreat
pisarle a uno la información, to wring the information out of
pisaverde, fop, coxcomb, jackanapes
piscina, fishpond, swimming pool
piso, story, floor, flat, apartment
casa de tres pisos, three story house
piso bajo, ground floor
pisotear, to trample on, to tread under foot
pista, trace, footprint, track, clue
pista de aterrizaje, landing strip, landing field
pista de contexto, context clue
pista de despegue, runway

pista de texto, textual clue
pista falsa, red herring
pista y campo, track and field
pistacho, pistachio, pistachio nut
pistola, pistol
pistoletazo, pistol shot
pistón, piston, percussion cap
pita, century plant
pitanza, dole, ration, real bargain
pitazo, whistle, honk
pitillo, cigarette
pito, whistle
no me importa un pito, I don't give a hang
pituitario(a), pituitary
pivote, kingpin
píxel, pixel
piyama, pajamas
pizarra, slate, blackboard, chalkboard
pizarra bituminosa, oil shale
Pizarro, Pizarro
pizarrón, blackboard, chalkboard
pizca, mite, pinch, bit
ni pizca, not a bit
pl. (plural), pl. (plural)
placa, plaque, sheet, plate, license plate
placa tectónica, tectonic plate
placentero(a), pleasant, agreeable
placer[1], pleasure, delight, placer
placer[2], to please
plácido(a), placid, quiet
plaga, plague
plagar, to plague, to torment
plagio, plagiarism
plan, plan, design, project
plan corporal, body plan
plan de Nueva Jersey, New Jersey Plan
plan de nutrición, nutrition plan
plan de rellenar la corte, court packing
Plan de Townshend, Townshend Plan
Plan de Virginia, Virginia Plan
plan de vuelo, flight plan
Plan Marshall, Marshall Plan
plan promocional, promotional plan
plan quinquenal, five year plan
Plan Schlieffen, Schlieffen Plan
plana, trowel, page, level
plana mayor, staff office
plancha, plate, sheet, flatiron
planchado(a)[1], ironed
planchado[2], ironing
planchadora, mangle, ironer
planchar, to iron, to mangle
planeación urbana, city planning, urban planning
planeador, glider
planear[1], to glide
planear[2], to plan, to organize
planeo, gliding, free flight
planeta, planet
planetas terrestres, terrestrial planets
planetario(a)[1], planetary
planetario[2], planetarium
planicie, plain, prairie
planificación, city planning
planificación familiar, family planning
planificar, to make a plan for, to plan
plano(a)[1], level, flat
plano[2], plan, plane, chart
de plano, right out, directly, flatly
plano cartesiano, Cartesian plane
plano de coordenados, coordinate plane
planta de manufactura, manufacturing plant
plano de reacción, reaction shot
primer plano, foreground
planta, plant, sole, floor plan
planta baja, ground floor
planta fotosintética, photosynthetic plants
plantación, plantation, planting
plantaminas, mine layer
plantar, to plant, to fix upright, to stick, to put, to place, to found, to establish, to jilt, to give
plantarse, to stand firm
plantear, to lay out, to plan, to found, to propose, to offer, to pose
plantel, nursery, plant, establishment

plantilla, insole, template, pattern
plantío(a)[1], planted, ready to be planted
plantío[2], planting, plot, bed
plañir, to lament, to grieve, to wail
plaqueta, small plate, tag
plaqueta sanguínea, blood platelet
plasma, plasma, plasm
plasmólisis, plasmolysis
plástico(a), plastic
plata, silver, money
en plata, briefly, to the point
plata labrada, silverware
plataforma, platform
plataforma de hardware, hardware platform
plataforma de lanzamiento, launching pad
plataforma de Omaha de 1892, Omaha Platform of 1892
plataforma de seguridad, safety island
plataforma giratoria, turnplate, turntale
plataforma subterránea de lanzamiento, silo
plátano, plantain, banana, plane tree
platea, parquet, orchestra seats
plateado(a), silvery, silver plated
platear, to coat with silver
platería, silversmith's shop, silver-smithing
platero, silversmith
plática, conversation, chat
platicar, to converse, to chat
platillo[1], saucer
platillo volador, flying saucer
platillo[2], cymbal
platillo[3], side order
platina, microscope slide
platino, platinum
plato, dish, plate, dish
lista de platos, bill of fare, menu
Platón, Plato
platónico(a), Platonic
plausible, plausible
playa, beach, strand
plaza, square, market place, fortified city, place, employment, sentar, to enlist
plaza de toros, bull ring
plazo, term, date of payment
a plazo, on credit, on time
a corto plazo, short term
a plazo fijo, for a fixed period
pleamar, high water, flood tide
plebe, common people, populace
plebeyo(a)[1], plebeian
plebeyo(a)[2], commoner
plebiscito, plebiscite, referendum
plegable, pliable, foldable
plegadizo(a), folding, collapsible
plegador, folding machine
plegar, to fold, to pleat
plegarse, to submit
plegaria, prayer
pleitear, to plead, to litigate
pleitesía, agreement, pact, tribute, homage
rendir pleitesía, to pay homage
pleito, dispute, controversy, quarrel, lawsuit, litigation
Plena Edad Media, High Middle Ages
plenamente, fully, completely
plenario(a), plenary
plenilunio, full moon
plenipotenciario(a), plenipotentiary
plenitud, fullness, plenitude
pleno(a), full
en pleno invierno, in the dead of winter
pleno empleo, maximum employment
pleonasmo, pleonasm
pleuresía, pleurisy
plexo, plexus
plexo solar, solar plexus
pliego, sheet, folder, sealed document
pliegue, fold, pleat
plomero, plumber
plomo, lead
plomo derretido, mealted lead
pluma, feather, plume, pen
pluma estilográfica, fountain pen
pluma fuente, fountain pen
plumada, flourish, dash, stroke
plumaje, plumage, feathers
plumero, feather duster
plumífero(a)[1], feathered
plumífero(a)[2], hack writer
plural, plural

pluralidad, plurality, numerousness
pluricelular, multicellular
plusvalía, increased value, appreciation
plutócrata, plutocrat
plutonio, plutonium
pluvial, rainy
pluviómetro, pluviometer
P.M. o p.m. (pasado meridiano), P.M. (afternoon)
P.N.B. (Producto Nacional Bruto), G.N.P. (gross national product)
p.o. o P.O. (por orden), by order, as per your order
población, population
  población aborigen, aboriginal population
  población activa, labor force
  población civil, civilian population
  población extranjera, migrant population
  población nativa, native population
  población refugiada, refugee population
poblacho, populace, rabble
poblado, town, village, hamlet, settlement
poblador, settler
poblar, to populate, to people
pobre[1], poor, indigent, wanting, deficient
pobre[2], to procreate
pobreza, poverty, poorness, sterility, barrenness
pocilga, pigsty
poción, potion
poco(a)[1], little
poco[2], little
  a poco, shortly after, very soon
  hace poco, a short time a gok, a little while ago
  poco a poco, gradually, little by little
  poco bondadoso, unkind
  poco común, unusual
  poco probable, unlikely
  por poco, almost
  tan poco como, as little as
poco[3], small part
  un poco, a little
pocos, few
poda, pruning
podar, to prune
podenco, hound
poder[1], power, possession, proxy
  a más no poder, to the limit, to the utmost
  en poder de, in the hands of
  poder adquisitivo, purchasing power
  poder aristocrático, aristocratic power
  poder autónomo, autonomous power
  poder budista-maurya, Mauryan-Buddhist power
  poder compartido, shared power
  poder de veto, veto power
  poder del bolsillo, power of the purse
  poder económico, economic power
  poder ejecutivo, executive branch, executive power
  poder hidroeléctrico, hydroelectric power
  poder imperial, imperial power
  poder judicial, judicial branch, judicial power
  poder legislativo, legislative branch, legislative power
  poder militar, military power
  poder para declarar la guerra, power to declare war
  poderes concurrentes, concurrent power
  poderes delegados, delegated powers
  poderes enumerados, enumerated powers
  poderes expresados, expressed powers
  poderes implícitos, implied powers
  poderes inherentes, inherent powers
  poderes reservados, reserved powers
  por poder, by proxy
poder[2], to be able, to be possible
poderío, power, authority, wealth, riches
poderoso(a), powerful, eminent

podredumbre, putrid matter, grief
podrir, to make putrid, to putrefy, to consume, to worry
podrirse, to rot
poema, poem
  poema épico, epic
  poema lírico, lyric poem
poesía, poetry
  poesía de Kabir, poetry of Kabir
  poesía de Mirabai, poetry of Mirabai
poeta, poet
poético(a), poetic
poetisa, poetess
pogromos en el Sacro Imperio Romano, pogroms in the Holy Roman Empire
polaco(a)[1], Polish
polaco(a)[2], Pole
polaco[3], Polish language
polaina, legging, gaiter
polainas, spats
polar, polar
polca, polka
polea, pulley, tackle
  polea fija, fixed pulley
  polea móvil, movable pulley
polémica, polemics, polemic
polen, pollen
policía[1], police
  vigilante de policia, patrolman
policia[2], policeman, policewoman
policiaco(a), police
  novela policiaca, detective story, whodunit
policromo(a), multicolored
poliedro regular, regular polyhedron
polietileno, polyethylene
polifacético(a), of many aspects, many sided
poligamia, polygamy
polígamo(a)[1], polygamist
polígamo(a)[2], polygamous
polígono, polygon
  polígono convexo, convex polygon
  polígono inscrito, inscribed polygon
  polígono irregular, irregular polygon
  polígono regular, regular polygon
polilla, moth
polimerización, polymerization
polímero, polymer
  polímero sintético, synthetic polymer
Polinesia, Polynesia
polinizar, pollinate
polinomial, polynomial
polinomio, polynomial
poliomielitis, polio, infantile paralysis
polis, polis
politeísta, polytheist
política[1], politics, policy, manners, tact
  política británica de modernización en India, Britain's modernizing policy in India
  política crediticia, credit policy
  política de contención, containment policy
  política de defensa, defense policy
  política de puertas abiertas, Open Door policy
  política de remoción, removal policy
  política de un solo hijo en China, one child policy in China
  política dinástica, dynastic politics
  política exterior, foreign policy
  política exterior de EE.UU., U.S. foreign policy
  política exterior de los Estados Unidos, American foreign policy, United States foreign policy
  política exterior expansionista, expansionist foreign policy
  política fiscal, fiscal policy
  política gubernamental hacia los pueblos indios, federal Indian policy
  política imperial, imperial policy
  política interna, domestic policy
  política migratoria, immigration policy
  política monetaria, monetary policy
  política pública, public policy

políticas nucleares, nuclear politics
politico(a)[2], political, polite
padre político, father in law
politico(a)[3], politican
politeísmo, polytheism
póliza, policy
póliza de seguro, insurance policy
polizón, bum, loafer, stowaway
polla, pullet, kitty, pool
pollada, covey, brood
pollera, skirt, chicken yard
pollo, young chick
pollo frito, fried chicken
polo, pole, polo
Polo Sur, South Pole
polonesa, polonaise
Polonia, Poland
polución, pollution
poltrón (poltrona)[1], idle, lazy
silla poltrona, armchair
poltrón (poltrona)[2], poltroon, coward
poluto(a), filthy, dirty
polvareda, cloud of dust
polvera, compact
polvo, powder, dust
en polvo, powdered
polvo de hornear, baking powder
polvos de talco, talcum podwer
polvo dentífrico, tooth powder
pólvora, gunpowder, fireworks
polvorear, to powder
polvoriento(a), dusty
polvorín, finely ground gunpowder, powder flask, powder magazine, tinderbox
polvoroso(a), dusty
poner pies en polvorosa, to take off, to beat it
pomada, pomade
pomerano(a), Pomeranian
pómez, pumice stone
pomo, pome, pommel
pompa, pomp, grandeur, bubble
empresario(a) de pompas fúnebres, undertaker, mortician
Pompeya, Pompeii
pompón, pompon
pomposo(a), pompous, ostentatious, magnificent
pómulo, cheekbone
ponche, punch, eggnog
ponchera, punchbowl
poncho, poncho
ponderación, ponderation, consideration, exaggeration
ponderar, to weigh, to consider, to extol
ponencia, report, paper
poner, to put, to place, to set, to suppose, to assume, to take, to put on, to instill, to lay
poner al corriente, to bring up to date, to inform
poner apodos, name calling
poner casa, to set up housekeeping
poner en marcha, power-up
poner la mesa, to set the table
poner por escrito, to put in writing
poner precio, to set a price
poner reparo, to object
ponerse, to become, to get, to set, to put on
ponerse a, to begin to, to set about
ponerse de acuerdo, to agree
ponerse en marcha, to start, to start out
ponerse de pie, to stand up
poniente, west, west wind
pontífice, pontiff
pontón, pontoon
ponzoñoso(a), poisonous
popa, poop, stern
popelina, poplin
popof, elegant, aristocratic, snobbish, high hat
Popol Vuh, Popul Vuh
popote, drinking straw
populacho, populace, mob, rabble
popular, popular
popularidad, popularity
populismo, populism
populoso(a), populous
popurrí, potpourri, medley
póquer, poker
poquito(a)[1], very little
poquito[2], a very little
poquito a poquito, little by little, bit by bit

por[1], for
por[2], by, over, through, around
por debajo de, under
por delante, in front
por[3], as, by means of
por el que, whereby
¿por qué?, why?
por lo tanto, as a result, hence
por[4], about, per
por ciento, percent
por[5], times
por temporada, seasonal
porcelana, porcelain
porcentaje, percentage
porción, portion
porción debida, fair share
pordiosear, to beg alms, to go begging
pordiosero(a), beggar
porfía, stubbornness, obstinacy
a porfía, in competition
porfiado(a), obstinate, stubborn
porfiar, to dispute obstinately, to persist in, to be dogged in
pormenor, detail
pornográfico(a), pornographic
poro, pore
poroso(a), porous
porque, because, so that, in order that
porqué, cause, reason, amount
porquería, nastiness, foulness, trifle, vile action
porra, club, last (en un juego), bore (sujeto pesado), rooters, backers
porrazo, blow with a club
portaaviones, aircraft carrier, flattop
portada, title page, frontis piece, cover, facade, front cover
portador(a), carrier, bearer, porter
portaestandarte, standard bearer
portal, vestibule, portico, porch, creche
portamonedas, purse, pocketbook, coin purse
portaplumas, pen holder
portar, to carry, to bear
portar dinero, carrying money
portarse, to behave, to conduct oneself
portátil, portable
portavoz, megaphone, mouthpiece, spokesman
portazgo, toll
portazo, bang of a door, slam of a door
porte, portage, freight, postage, conduct, bearing, carriage
porte a cobrar, charges collect
porte cobrado, charges prepaid
porte pagado, charges prepaid
portento, prodigy, wonder
portentoso(a), prodigious, marvelous
porteo, portage, transport
portería, entryway, janitoring
portero(a)[1], porter, janitor
portero[2], goal keeper
pórtico, portico, porch
portón, gate, entrance
portuario(a), port
Portugal, Portugal
portugués (portuguesa)[1], Portuguese
portugués[2], Portuguese language
porvenir, future
pos, after, behind
posada, boardinghouse, inn, lodging, Christmas party
posar[1], to lodge, to put up, to rest, to perch, to alight, to pose
posar[2], to set down
posarse, to rest, to settle
posdata, postscript
poseedor(a)[1], owner, possessor
poseedor(a)[2], possessing, owning
poseer, to hold, to possess, to own
poseído(a), possessed
posesión, possession
posesión de tierras de los nativos americanos, Native American land holdings
posesivo(a), possessive
posgraduado(a), postgraduate
posibilidad, possibility, chance
posible, possible
hacer lo posible, to do one's best
lo más pronto posible, as soon as possible
posibles resultados, possible outcomes
posiblemente, likely
posiblemente igual, equally likely
posición, position
posición corporal, body position
posición de élite, elite status
posición de la mano, hand position
posición de listos, ready position

posición de pino, headstand
posición de sentarse y alcanzar, sit-&-reach position
posición del Sol, Sun's position
posición en el tiempo, position over time
posición para tocar un instrumento, playing position
posición relativa, relative position
positivo(a), positive
positrón, positron
posmeridiano (p.m.), post meridian (p.m.)
poso, sediment, dregs, lees, rest
pospierna, thigh
posponer, to postpone, to defer, to put off
Post Vincennes, Post Vincennes
posta, relay, post house, leg
postal, postal
paquete postal, parcel post
poste, post, pillar
poste de amarre, mooring mast
postema, abscess, bore
postergar, to defer, to delay
posteridad, posterity
posterior, posterior, back, rear, subsequent
posteriormente, later, subsequently
postigo, wicket, postern
postizo(a), artificial, false
dientes postizos, false teeth
postnatal, postnatal
postor, bidder
postración, prostration
postrar, to humble, to humiliate, to weaken
postrarse, to prostrate oneself, to kneel down
postre[1], last in order
a la postre, at last
postre[2], dessert
postrer, last
postrero(a), last
postulado, postulate
postulado paralelo euclidiano, Euclidean parallel postulate
postular, to postulate, to seek
póstumo(a), posthumous
postura, posture, position, price offered, bet, wager
postura de Qing con respecto al opio, Qing position on opium
potaje, pottage, hodgepodge
potasa, potash
potasio, potassium
pote, pot, jar
potencia, power, potential
las grandes potencias, the great powers
potencia de exponente negativo, negative exponent
potencia mundial, world power
Potencias Aliadas, Allied Powers
Potencias Centrales, Central Powers
potencias de números enteros, integral exponents
Potencias del Eje, Axis Powers
potencial, potential
potencial de oxidación, oxidation potential
potencial de reducción, reduction potential
potencialidad, potentiality
potentado, potentate
potente, potent, powerful
potestad, power, dominion, jurisdiction
potro, colt, foal, rack, cross, burden
pozo, well, shaft
pozos artesianos, artesian wells
p.p.[1] **(porte pagado)**, p.p. (postpaid)
p.p.[2] **(por poder)**, by power of attorney, by proxy
p. pdo o p.o p.do (próximo pasado), ult. (in the past month)
práctica, practice, skill
práctica agrícola, agricultural practice
práctica comercial, business practice
practicable, practicable, feasible
practicante, intern, practitioner
practicar, to practice, to exercise, to make use of
práctico(a), practical, skillful
práctica, practice
prácticas de empleo justo, fair employment practice

pradera, meadowland, grassland
prado, meadow
preámbulo, preamble, dodge, evasion
preboste, provost
precario(a), precarious
precaución, precaution
precaver, to prevent, to guard against
precedente[1], precedent, foregoing
precedente[2], precedent
sin precedente, unequalled, unexcelled, all time
preceder, to precede, to go before
precepto, precept, order
preceptor, teacher, preceptor
preces, prayers, devotions
preciado(a), valued, esteemed, proud, presumptuous
preciar, to value, to appraise
preciarse de, to take pride in, to boast
precio, price, value, charge
poner precio, to set a price
precio al por mayor, wholesale price
precio al por menor, retail price
precio de costo, cost price
precio de equilibrio del mercado, market clearing price
precio de las materias primas, commodity price
precio de venta, sale price
precio límite, ceiling price
precio máximo, price ceiling
precio mínimo, price floor
precio relativo, relative price
precio tope, ceiling price
precio vigente, prevailing price
último precio, best or lowest price
control de precios, price control
precioso(a), precious, beautiful
piedra preciosa, gem
precipicio, precipice, cliff, violent fall, ruin, disaster
precipitación, precipitation, rainfall
precipitado(a), precipitous
precipitar, to precipitate, to dash, to cast
precipitarse, to run headlong, to rush
precisar[1], to compel, to oblige, to necessitate, to state
precisar[2], to be necessary
precisión, precision, necessity
con toda precisión, on time, very promptly
precisión de cálculo, precision of estimation
precisión de medida, precision of measurement
preciso(a), necessary, requisite, precise, exact
precolombino, pre-Columbus
precoz, precocious
precursor(a)[1], forerunner
precursor(a)[2], preceding
predecesor(a), predecessor, forerunner
predecible, predictable
predecir, to foretell, to predict
predestinación, predestination
predeterminar, to predetermine
predicado, predicate
predicado nominal, predicate nominative
predicado simple, simple predicate
predicador, preacher
predicamento, predicament, reputation
predicar, to preach, to praise to the skies, to advise, to counsel
predicción, prediction
predicción deductiva, deductive prediction
predilección, predilection, preference
predilecto(a), darling, favorite, preferred
predio, landed property, estate
predio rústico, farm site
predio urbano, town property
predisponer, to predispose
predispuesto(a), biased, predisposed
predominante, predominating, predominant
predominar, to predominate
predominio, predominance
preeminencia, preeminence
preescribir, prewrite
preescritura, prewriting
prefabricar, to prefabricate
prefacio, preface

prefecto, prefect
preferencia, preference
de preferencia, preferably
preferencia personal, personal preference
preferente, preferred, preferable
acciones preferentes, preferred stock
preferible, preferable
preferir, to prefer
prefiguración, foreshadowing
prefijo telefónico, telephone area code
pregón, proclamation
pregonar, to proclaim, to announce, to peddle, to hawk
pregunta, question
hacer una pregunta, to ask a question
pregunta con cómo, how question
pregunta con cuándo, when question
pregunta con dónde, where question
pregunta con por qué, why question
pregunta de investigación, research question
pregunta retórica, rhetorical question
preguntar, to question, to ask
preguntarse, to wonder
preguntón (preguntona)[1], inquisitive person
preguntón (preguntona)[2], inquisitive
prehistórico(a), prehistoric
prejuicio, prejudice, prepossession, bias
prelado, prelate
preliminar, preliminary
preliminarse, preliminaries, preliminary steps
preludio, prelude
prematuro(a), premature
premeditación, premeditation
premeditar, to premeditate
premiar, to reward, to remunerate
premio, reward, prize, premium
premisa, premise
premura, haste, hurry, urgency, difficult situation
prenatal, prenatal
prenda, pledge, pawn, piece of jewelry, trait, quality, loved one
prenda de vestir, article of clothing
prendar, to pledge, to ingratiate oneself
prendarse de, to take a fancy to, to be charmed by
prendas, accomplishments, talents
prender[1], to seize, to catch, to imprison, to pin on, to kindle
prender[2], to catch fire, to take root
prenderse, to get dressed up
prensa, press, printing press
dar a la prensa, to have published
Prensa Asociada, Associated Press
prensar, to press
preñado(a), pregnant, full
preocupación, care, preoccupation, bias, prejudice
preocupar, to worry, to preoccupy
preocuprse por, to care about, to worry about
prep. (preposición), prep. (preposition)
preparación, preparation
preparar, to prepare
prepararse, to get ready
preparativos, preparations, preliminary steps
preparatorio(a), preparatory
preponderancia, preponderance
preponderar, to prevail
preposición, preposition
prerrogativa, prerogative
presa[1], quarry, dam
presa[2], capture, seizure, prey, catch, hold
presas, tusks, claws
presagio, presage, omen, foreshadowing
présbite (présbita), farsighted
presbítero, priest
prescindir, dispense with
prescindir de, to disregard, to dispense with, to do without
prescribir, to prescribe
prescripción, prescription
presencia, presence, appearance
presencia de ánimo, serenity
presenciar, to witness, to see
presentación, presentation, introduction
a presentación, at sight
presentación de los datos,

data display, data presentation
presentación multimedia, multimedia presentation
presentación oral, oral presentation
presentar, to present, to introduce, to submit
presentar al cobro, to present for payment
presentarse, to appear, to introduce oneself
presente[1], present, present tense
presente[2], present, gift
al presente, at present, at the moment
el 20 del presente, the 20th of the current month
hacer presente, to call attention
la presente, the present writing
tener presente, to keep in mind
presentimiento, presentiment, premonition
presentir, to have a premonition of
preservación, preservation, protection
preservación cultural, cultural preservation
preservación histórica, historic preservation
preservar, to preserve, to protect
presidencia, presidency
presidencia de John F. Kennedy, John F. Kennedy presidency
presidencia imperial, imperial presidency
presidencial, presidential
presidente, president, chairman
presidiario, convict
presidio, penitentiary, prison, garrison
presidir, to preside over
presilla, loop, fastener
presión, pressure
presión arterial, blood pressure
presión atmosférica, atmospheric pressure
presión de aire, air pressure
presión de vapor, steam pressure
presión grupal, peer pressure
presión sanguínea, blood pressure
presión social, social pressure
preso(a)[1], prisoner
preso(a)[2], imprisoned
prestamista, moneylender
préstamo, loan, borrowing, lending
prestar, to lend, to loan, pedir prestado, to borrow
presteza, quickness, haste, speed
prestidigitador(a), prestidigitator
prestigio, prestige, illusion
presto(a)[1], quick, prompt, ready, presto
presto(a)[2], quickly, in a hurry
presumido(a), presumptuous, arrogant, vain, prideful
presumir[1], to presume
presumir[2], to boast, to have a high opinion of oneself
presunción, presumption, conceit
presunción de inocencia, presumption of innocence
presunto(a), presumed, presumptive
presunto(a) heredero(a), heir apparent
presuntuoso(a), presumptuous, vain
presuponer, to presuppose, to budget
presupuesto, budget, reason
presupuesto limitado, limited budget
presuroso(a), hasty, prompt, quick
pretender, to pretend to, to claim, to try, to attempt, to maintain, to contend
pretendiente, pretender, suitor, candidate, office seeker
pretensión, pretension, effort
pretérito(a)[1], preterit, past
pretérito[2], past tense
pretexto, pretext, pretense
pretina, waistband, belt
prevalecer, to prevail, to take root
prevención, prevention, preparation
prevención de conflictos, military preparedness
prevenciones, provisions
prevenido(a), prepared, provided, well stocked, stocked, abundant, provident, careful, cautious, foresighted

prevenir, to prepare, to foresee, to foreknow, to prevent, to advise, to warn
prevenirse, to get ready
preventivo(a), preventive
prever, to foresee, to forecast
previo(a), previous, former
previo el depósito de, upon deposit of
previsible, predictable
libro previsible, predictable
previsión, foresight, prevision, forecast
previsor(a)[1], fore sighted, far sighted
previsor(a)[2], foreseer
prez, glory, honor
prieto(a)[1], blackish, very dark, compact, tight
prieto(a)[2], very dark complexioned person
prima, prime, treble, premium
primacía, primacy, primateship
primario(a), primary
escuela primaria, elementary school
primavera, spring
primaveral, spring like
primer, first
en primer lugar, in the first place
Primer Congreso, First Congress
primer dígito a la izquierda, front-end digits
primer habitante, first inhabitant
primer meridiano, prime meridian
primer ministro, prime minister
Primer Nuevo Trato, First New Deal
primeramente, previously
primero(a)[1], first, prior, former
primera dama, First Lady
primera enseñanza, primary education
Primera Guerra Mundial, World War I
primeros auxilios, first aid
por primera vez, for the first time
primero[2], rather, sooner
primicia, first fruits
primitivo(a), primitive
primo(a)[1], first, prime
primo(a)[2], cousin
primogénito(a), first-born
primor, beauty, dexterity, ability
primordial, primordial
primoroso(a), elegant, fine, excellent, able, accomplished
princesa, princess
principado, princedom, principality
Principado de Moscú, Duchy of Moscow
principal, principal, chief, main
principales meridianos, principal meridians
principalmente, mainly, principally, for the most part
príncipe, prince
"El Príncipe" de Maquiavelo, The Prince by Machiavelli
principiante, beginner, learner
principiar, to commence, to begin
principio, beginning, commencement, principle
al principio, at the beginning
desde un principio, from the beginning
en principio, essentially
principio de Arquímedes, buoyancy, Archimedes' principle
principio de Bernoulli, Bernoulli's principle
principio de conteo, Counting Principle
principio de diseño, design principle
principio de especificidad, specificity principle
principio de La Mano Invisible, principle of the "Invisible Hand"
principio de Pascal, Pascal's principle
principio de progresión, progression principle
principio de sobrecarga, overload principle
principio de superposición, principle of superposition
principio de ubicación, location principle
principio fundamental de conteo, Fundamental Counting Principle
principio organizacional, organizational principle

principios constitucionales, constitutional principles
principios del enlace atómico, atomic bonding principles
principios fundamentales de la democracia estadounidense, fundamental principles of American democracy
prioridad, priority
prisa, hurry, haste
a toda prisa, at full speed
con prisa, in a hurry
darse prisa, to hurry
tener prisa, to be in a hurry
Prisco, Priscus
prisión, seizure, capture, prison
prisionero(a), prisoner, captive, slave
prisiones, fetters
prisma, prism
privacidad, privacy
privación, privation
privación del derecho a voto, disenfranchisement
privado(a), private, devoid
privar, to deprive, to prohibit
privarse, to deprive oneself
privatización, privatization
privilegiado(a), privileged, favorite
privilegio, privilege
pro, profit, benefit, advantage
el pro y el contra, the pros and cons
en pro de, in behalf of
proa, prow
probabilidad, probability, likelihood
ley de probabilidades, law of averages
probabilidad alta, fair chance
probabilidad condicional, conditional probability
probabilidad conjunta, joint probability
probabilidad de un evento, event likelihood
probabilidad discreta, discrete probability
probabilidad empírica, empirical probability
probabilidad experimental, experimental probability
probabilidades de solución, solution probabilities
probable, probable, likely
probado(a), proved, tried
probar[1], to try, to prove, to taste, to examine, to test, to justify
probar[2], to suit, to agree
probarse, to try on
probeta, test tube, graduated cylinder
probidad, probity
problema, problem
problema complejo, complex problem
problema de conservación, conservation issue
problema no rutinario, nonroutine problem
problema relacionado con drogas, drug-related problem
problema rutinario, routine problem
problema social, social issue
problemas numéricos, numeric problems
problemático(a), problematical
probo(a), upright, honest
procariota, prokaryote
procedencia, origin, source
procedente, coming, proceeding, originating
proceder[1], procedure, behavior
proceder[2], to proceed, to be wise
procedimiento, procedure
procedimiento de adivinar y comprobar, guess and check
procedimiento de cálculo, counting procedure
procedimiento de cálculo de suma, addition counting procedure
prócer[1], lofty
prócer[2], leader, outstanding figure
procesador de textos, word processor
procesamiento de los datos, data processing
procesamiento de texto, word processing
procesar, to sue, to prosecute, to indict
procesión, procession, parade
proceso, process, lawsuit
en proceso de quiebra, in a state of bankruptcy, in the hands of the receivers
proceso artístico, artistic process
proceso científico actual, ongoing process of science

proceso coreográfico, choreographic process
proceso de arte, art process
proceso de eliminación, process of elimination
proceso de escritura, writing process
proceso de mareas, tidal process
proceso emprendedor, entrepreneurship
proceso físico, physical process
proceso humano, human process
proceso iterativo, iterative process
proceso recurrente, recursive process
proceso repetitivo, repetitive process
proceso tectónico, tectonic process
proclama, proclamation
proclamación, proclamation, acclamation
Proclamación de Emancipación, Emancipation Proclamation
proclamar, to proclaim
procrear, to procreate
procurador, attorney, procurator
Procurador General, Attorney General
procurador público, attorney at law
procurar, to act as attorney for, to try, to attempt
prodigalidad, prodigality
prodigar, to waste, to lavish
prodigio, prodigy, marvel, wonder
prodigioso(a), prodigious, excellent, fine
pródigo(a), prodigal, lavish
producción, production
producción de alimentos, food production
producción de alimentos básicos, staple crop production
producción de oro, gold production
producción de plata, silver production
producción en cadena, assembly line
producción en masa, mass production
producción en serie, mass production
producción informal, informal production
producción por lotes, batch production
producir, to produce
productividad, productivity
productivo(a), productive
producto, product, proceeds, receipts
producto a base de plantas, plant product
producto animal, animal product
producto complementario, complementary product
producto de asistencia médica, health-care product
producto en bruto, gross receipts
producto final, end product
Producto Interno Bruto (PIB), Gross Domestic Product (GDP)
Producto Interno Bruto nominal, nominal Gross Domestic Product
Producto Nacional Bruto (PNB), gross national product (PNB)
producto líquido, net proceeds
producto neto, net proceeds
producto que no es rival, nonrival product
producto sustituto, substitute product
productos, produce
productos agrícolas, produce
productos alimenticios, foodstuffs
proeza, prowess, exploit
prof. (profesor), prof. (professor)
prof.a (profesora), professor
prof. (profeta), prophet
profanación, profanation
profanar, to profane, to desecrate
profano(a), profane
profecía, prophecy
proferir, to utter, to exclaim
profesar[1], to profess

profesar[2], to take one's vows, to enter a religious order
profase, prophase
profesión, profession
profesional, professional, occupational
  profesional de la salud, health-care provider
profesor(a), professor, teacher
profesorado, teachers, faculty, professorship
profeta, prophet
profético(a), prophetic
profetizar, to prophesy
profiláctico(a), prophylactic
prófugo(a), fugitive
profundidad, profoundness, depth
  carga de profundidad, depth charge
profundizar, deepen, to penetrate into, to go into
profundo(a), profound, deep
profusión, profusion
progenitor, ancestor, forefather
programa, program
  programa de asistencia familiar, family assistance program
  programa de entrenamiento personal, personal fitness program
  programa de entrevistas, talk show
  programa de estudios, curriculum
  programa de Mao, Mao's program
  programa de propósitos específicos, special purpose program
  programa de radio, radio program
  programa infantil, children's program
  programa informático, computer program
  programa nacional, domestic program
programación, programming
progresar, to progress, to improve
progresión, progression
  progresión armónica, chord progression
progresismo, Progressivism
progresista, progressive
progresivo(a), progressive
progreso, progress, advancement
prohibición, prohibition
prohibido(a), forbidden
prohibir, to prohibit, to forbid
prohibitivo(a), prohibitive
prohijar, to adopt
prohombre, top man, leader
prójimo, fellow man
prole, issue, offspring
proletariado, proletariat
proletario(a), proletarian
proliferación, proliferation
prolijo(a), tedious, overly long, drawn-out
prólogo, prologue
prolongación, prolongation, continuance, extension
prolongado(a), prolonged, extended
prolongar, to prolong
promedio, average, median, middle
promesa, promise
prometedor(a), promising
prometer[1], to promise
prometer[2], to be promising
prometerse, to get engaged
prometido(a)[1], engaged
prometida[2], fiancée
prometido[3], fiancé
prominencia, prominence
prominente, prominent
promiscuo(a), promiscuous
promoción, promotion
promontorio, promontory
promotor(a), promoter
promover, to promote, to further
promulgar, to promulgate, to proclaim
pronombre, pronoun
  pronombre de objeto, object pronoun
  pronombre demostrativo, demonstrative pronoun
  pronombre indefinido, indefinite pronoun
  pronombre interrogativo, interrogative pronoun
  pronombre nominativo, nominative pronoun
  pronombre objetivo, objective pronoun
  pronombre personal, personal pronoun
  pronombre personal compuesto, compound personal pronoun

pronombre posesivo, possessive pronoun
pronombre reflexivo, reflexive pronoun
pronombre relativo, relative pronoun
pronombre sujeto, subject pronoun
pronosticar, to prognosticate, to predict, to forecast
pronóstico, prognosis, forecast, almanac
prontitud, promptness, speed
pronto(a)[1], prompt, speedy
pronto[2], soon, promptly
de pronto, all of a sudden
por lo pronto, temporarily
tan pronto como, as soon as
prontuario, memorandum book, handbook
pronunciación, pronunciation
pronunciamiento, decree, pronouncement, military uprising
pronunciar, to pronounce
pronunciar un discurso, to make a speech
pronunciarse, to rebel
propagación, spread, propagation
propagación de la peste bubónica, spread of bubonic plague
propagación de una enfermedad, spread of disease
propaganda, propaganda, advertising media
propagandista, propagandist
propagar, to propagate, to spread, to disseminate
propalar, to publish, to divulge
propensión, propensity, inclination
propenso(a), prone, inclined
propenso(a) a accidentes, accident-prone
propicio(a), propitious, favorable
propiedad, ownership, property
propiedad aditiva de igualdad, additive property of equality
propiedad aditiva del cero, zero property of addition
propiedad asociativa, associative property
propiedad asociativa de la multiplicación, associative property of multiplication
propiedad asociativa de la suma, associative property of addition
propiedad conmutativa, commutative property
propiedad conmutativa de la multiplicación, commutative property of multiplication
propiedad conmutativa de la suma, commutative property of addition
propiedad de identidad, identity property
propiedad de identidad de la multiplicación, identity property of multiplication
propiedad de identidad de la suma, identity property of addition
propiedad de la luz, property of light
propiedad de las ondas, property of waves
propiedad de los bienes, property ownership
propiedad de los elementos, property of elements
propiedad de los reactivos, property of reactants
propiedad de número, number property
propiedad de sustitución, substitution property
propiedad definitoria, defining property
propiedad del agua, property of water
propiedad del cero, zero property
propiedad del sonido, property of sound
propiedad del suelo, property of soil
propiedad distributiva, distributive property
propiedad distributiva algebraica, algebraic distributive property
propiedad distributiva numérica, numeric distributive property
propiedad física, physical property

propiedad inversa, inverse property
propiedad multiplicativa del cero, zero property of multiplication
propiedad privada, private property
propiedad química, chemical property
propiedad reflexiva de la congruencia, reflexive property of congruence
propiedad reflexiva de la igualdad, reflexive property of equality
propiedad téorica, theoretical probability
propiedades de las formas y figuras, properties of shapes and figures
propiedades de número real, real number properties
propiedades extensivas, extensive properties
propiedades intensivas, intensive properties
propiedades químicas de las sustancias, chemical properties of substances
propiedades químicas de los elementos, chemical properties of elements

propietario(a), proprietor
propina, tip, gratuity
propio(a)[1], proper, own, characteristic, selfsame, very
propio[2], messenger
proponer, to propose, to suggest
proponerse, to intend, to plan, to be determined
proporción, proportion, occasion, opportunity
proporción constante, constant ratio
proporción directa, direct proportion
proporciones similares, similar proportions

proporcionado(a), proportionate, fit
proporcionar, to proportion, to adjust, to adapt, to provide, to afford, to supply
proposición, proposition
propósito, purpose, intention
a propósito, apropos, to the point, by the way
a propósito de, with regard to, apropos of
de propósito, on purpose, purposely
fuera de propósito, untimely, beside the point

propuesta, proposal, proposition
propuesta de discurso sobre hechos, proposition of fact speech
propuesta de discurso sobre problemas, proposition of problem speech
propuesta de discurso sobre valores, proposition of value speech

propulsión, propulsion
avión de propulsión a chorro, jet plane
propulsión a chorro, jet propulsion

propulsor(a), propulsive
prorrata, quota
a prorrata, pro rata

prórroga, extension, renewal
prorrogar, to put off, to delay, to postpone
prorrumpir, to break forth, to burst forth
prosa, prose
prosaico(a), prosaic
proscribir, to exile, to outlaw
proscripción, ban, proscription
proscripto(a), outlaw, exile
prosecución, prosecution, pursuit
proseguir, to pursue, to continue, to carry on
prospecto, prospectus
prosperar[1], to favor
prosperar[2], to prosper, to thrive
prosperidad, prosperity
próspero(a), prosperous
próstata, prostate gland
prostitución, prostitution
prostituta, prostitute
protagonista, protagonist
protección, protection
protección del suelo, soil conservation
protección igualitaria de las leyes, equal protection of the laws

proteccionismo, protectionism
protector(a)[1], protector, patron
protector(a)[2], protective
protectorado, protectorate
proteger, to protect, to defend
protegido(a)[1], protégé
protegido(a)[2], protected
proteína, protein
protesta, protest
protestas de la Plaza de Tiananmen, Tiananmen Square protest
protestante, Protestant
protestar[1], to profess, to affirm
protestar[2], to protest, to oppose
protestar contra, to object to, to oppose
protocolo, protocol
protoplasma, protoplasm
prototipo, prototype
protuberancia, protuberance
provecho, profit benefit, advantage, usefulness
provechoso(a), profitable, beneficial, favorable
proveedor, supplier
proveedor de acceso a Internet, Internet Service Provider
proveer, to provide, to provision
proveerse de, to provide oneself with
provenir, to proceed, to arise, to originate
proverbial, proverbial
proverbio, proverb
providencia, providence, foresight, divine providence
providencial, providential
providenciar, to take the steps necessary for
provincia, province, county
provincias fisiográficas, physiographic provinces
provincialismo, provincialism
provinciano(a), provincial
provisión, provision, supply, stock
provisional, provisional, temporary
provisor(a), provider, purveyor, supplier
provocación, provocation
provocar, to provoke, to further, to trigger
provocativo(a), provocative
prox. (próximo), next, nearest
próximamente, very soon, shortly
proximidad, proximity
próximo(a), next, nearest, following
pariente próximo, close relative
proyección, projection, screening
proyección cartográfica, flat-map projection, map projection
proyectar, to protect, to plan
proyectil, missile, projectile
proyectil balístico, ballistic missile
proyectil cohete, rocket missile
proyectil de alcance intermedio, intermediate range ballistic missile
proyectil dirigido, guided missile
proyectil guiado, guided missile
proyectil de sondeo, probe rocket
proyectil interceptor, interceptor missile
proyecto, project, plan
proyecto comunitario, community project
proyecto de control de inundaciones, flood-control project
proyecto de la Administración para el Progreso del Empleo, WPA project
proyecto de ley, proposed bill
proyecto de ley sobre asuntos distintos, omnibus bill
proyecto del gobierno, government project
proyecto público, public project
proyector, projector, searchlight
prudencia, prudence, wisdom
prudente, prudent, cautious
prueba, proof, trial, test, experiment, trial, attempt, token, sample
a prueba de agua, waterproof
a prueba de bala, bulletproof
a prueba de bomba, bombproof
prueba analítica, analytical proof
prueba de acidez, acid test

prueba de condición física, physical fitness test
prueba de contradicción, proof by contradiction
prueba de divisibilidad, divisibility test
prueba de hipótesis, hypothesis testing
prueba de línea horizontal, horizontal line test
prueba de la línea vertical, vertical line test
prueba de validez por tabla de verdad, truth table proof
prueba deductiva, deductive proof
prueba directa, direct proof
prueba directa del teorema, theorem direct proof
prueba formal, formal proof
prueba independiente, independent trial
prueba indirecta del teorema, theorem indirect proof
pruebas, tries
prurito, itching, burning desire
P.S. o P.D. (posdata), P.S. (postscript)
pseudónimo, pseudonym
psicoanálisis, psychoanalysis
psicología, psychology
psicología del deporte, sport psychology
psicológico, psychological
psicólogo(a), psychologist
psicosis, psychosis
psicosomático(a), psychosomatic
psicrómetro, psychrometer
psique, psyche
psiquiatra, psychiatrist
psíquico(a), psychic
pte. (presente), pres. (present)
pto. (puerto), pt. (port)
pto. (punto), pt. (point)
Ptolomeo, Ptolemy
púa, sharp point, graft, tooth, barb, plectrum, remorse, anguish
alambre de púas, barbed wire
pubertad, puberty
publicación, publication
publicar, to publish, to publicize
publicidad, publicity, propaganda
publicidad comercial, commercial advertising
publicidad en medios de difusión, broadcast advertising
publicidad masiva, mass advertising
público(a)[1], public
público[2], attendance, audience
público objetivo, target audience
Publio Cornelio Escipión el Africano, Scipio Africanus
puchero, pot, meat stew, pout, grimace
hacer pucheros, to pout
pudiente, rich, powerful
pudín (pudin), pudding
pudor, bashfulness, modesty, decorum
pudoroso(a), modest, shy
pudrir, to make putrid, to putrefy, to consume, to worry
pudrirse, to rot
pueblo, town, village, country, people
pueblo escita, Scythian society
pueblo fantasma, ghost town
pueblo indoario, Indo-Aryan people
pueblo minero, mining town
pueblo minero de Colorado, Colorado mining town
pueblo natal, hometown, native town
pueblo nómada, nomadic people
pueblo nómada dedicado al pastoreo, pastoral nomadic people
pueblo xiongnu, Xiongnu society
pueblos de pastores, herding societies
pueblos germánicos, Germanic peoples
pueblos germanos, Germanic peoples
pueblos indígenas, indigenous people
pueblos norteamericanos constructores de montículos, North American mound-building people
pueblos sajones, Saxon peoples

puente, bridge
cabeza de puente, bridge-head
puente aéreo, air-lift, air bridge
puente colgante, suspension bridge
puente de Beringia, Bering land bridge
Puente de la Torre, Tower Bridge
Puente Golden Gate, Golden Gate Bridge (San Francisco)
puente levadizo, drawbridge
puerca, sow
puerco(a)[1], nasty, filthy, dirty, rude
puerco[2], hog, pig
carne de puerco, pork
puercoespín, porcupine
puericultura, child care
pueril, childish, puerile
puerro o poro, leek
puerta, door, doorway, gateway
puerta corrediza, sliding door
puerta de entrada, front door
Puerta Dorada, Golden Door
puerta trasera, back door
puerto, port, harbor, narrow pass, defile
puerto aéreo, airport
puerto de entrada, port of entry
puerto de montaña, mountain pass
puerto franco, free port
Puerto Rico, Puerto Rico
pues[1], since, inasmuch as
pues[2], then, therefore
¡pues!, well then!
puesta, set, setting, stake
puesta de sol, sunset
puesta en escena, staging
puesto[1], place, particular spot, job, position, employment, encampment, booth, stand, blind
puesto(a)[2], put, set, placed
puesto que, since
pugilato, pugilism, boxing, fight, boxing match
pugna, combat, battle, struggle
pugnar, to fight, to struggle, to strive earnestly, to work doggedly
pujante, powerful, strong, robust, strapping
pujanza, power, strength
pujar[1], to outbid, to push ahead, to push through
pujar[2], to hesitate, to falter, to pout
pulcritud, neatness, tidiness
pulcro(a), neat, tidy, clean
pulga, flea
pulgada, inch
pulgada cuadrada, square inch
pulgar, thumb
pulido(a), neat, nice, polished
pulir, to polish, to burnish, to put the finishing touches on
pulirse, to get all dressed up
pulmón, lung
pulmón acuático, aqualung
pulmón de acero, iron lung
pulmonía, pneumonia
pulmonía atípica, virus pneumonia
pulmonía virus, virus pneumonia
púlpito, pulpit
pulpo, octopus
pulque, pulque
pulsar[1], to touch, to take one's pulse, to explore, to try
pulsar[2], to pulse, to throb
pulsera, bracelet, wrist bandage
pulso, pulse
pulverizador, atomizer, spray, sprayer
pulverizar, to pulverize, to atomize, to spray
pulla, smart remark, dig, taunt, obscene expression
puma, puma, cougar
pundonor, point of honor
pundonoroso(a), punctilious, honor-bound
punta, point, tip
punta de combate, warhead
puntada, stitch

puntal, prop, stay
puntapié, kick
puntería, aim, marksmanship
puntiagudo(a), sharp-pointed
puntilla, brad, tack, narrow lace edging
de puntillas, on tiptoe
puntillo, small point, punctilio, dot
punto, period, point, matter, hole, notch, dot, point of honor, goal, point, mesh, moment, time, point
al punto, instantly
estar a punto de, to be about to
hasta cierto punto, in some measure, to some degree
punto de arranque, starting point
punto de concurrencia, point of concurrency
punto de congelamiento, freezing point
punto de ebullición, boiling point
punto de partida, starting point
punto de tangencia, point of tangency
punto de vista, point of view
punto de vista de la primera persona, 1st person point of view
punto de vista de la segunda persona, second person point of view
punto de vista de la tercera persona limitada, third person limited point of view
punto de vista de la tercera persona omnisciente, third person omniscient point of view
punto de vista del autor, author's viewpoint
punto de vista limitado, limited point of view
punto de vista omnisciente, omniscient point of view
punto de vista subjetivo, subjective view
punto extremo, endpoint
punto medio, midpoint
punto y coma, semi-colon
puntos cardinales, cardinal directions
puntos cardinales intermedios, intermediate directions
puntos colineales, collinear points
puntos concíclicos, concyclic points
puntos igualmente espaciados, equally spaced points
son las dos en punto, it is exactly two o'clock
puntuación, punctuation, score
puntual, punctual, exact, sure, certain
puntualidad, punctuality, exactness, certainty
puntualizar, to fix in one's mind, to retain in one's memory, to accomplish
punzada, prick, sting, pain, anguish
punzar, to prick, to sting, to throb, to hurt, to wound
punzón, punch, burin
puñado, handful
puñal, poniard, dagger
puñalada, stab with a dagger
puñetazo, blow with the fist
puño, fist, handful, fistful, wristband, cuff, handle, hilt
pupila, pupil
pupilo(a), boarder, day student, orphan, ward
pupitre, desk, writing desk
puramente, purely
puré, thick soup, purée
puré de papas, mashed potatoes
puré de patatas, mashed potatoes
pureza, purity, chastity
purga, physic, purge
purgas de Stalin, Stalin's purge
purgante, purgative, physic
purgar, to purge, to purify, to clear up, to expiate
purgatorio, purgatory
purificación, purification
purificar, to purify

purificarse, to be purified, to be cleansed
purista, purist
puritanismo, Puritanism
puritano(a)[1], puritanical
puritano(a)[2], Puritan
puro(a)[1], pure, flawless, perfect, outright, absolute
a puro, by dint of
puro[2], cigar
púrpura, purple
purpúreo(a), purple
pus, pus
pusilánime, pusillanimous, cowardly
pústula, pustule
putrefacción, putrefaction
putridez, putridity
pútrido(a), putrid, rotten
puya, goad
pza. (pieza), pc. (piece)

q.e.p.d. (que en paz descanse), R.I.P. may (he, she) rest in peace
ql. o ql (quintal), cwt. (hundredweight)
qq. (quintales), cwts. (hundredweights)
que[1], that, which, who, whom
que[2], that, and, since, whether, without, than
a menos que, unless
con tal que, provided that
qué, which? what?
sin qué ni para qué, without rhyme or reason
no hay de qué, don't mention it
Quebec francés, French Quebec
quebrada, gorge, defile, brook
quebradero, breaker
quebradero de cabeza, worry, concern, real problem
quebradizo(a), brittle, fragile, quavering
quebrado[1], fraction
quebrado propio, proper fraction
quebrado(a)[2], broken, bankrupt, faded, washed out, ruptured
quebrantar, to break, to crack, to burst, to shatter, to pound, to grind, to violate, to break, to violate
quebrantarse, to break down, to crack due to strain
quebranto, breakage, great loss, reversal, breakdown, collapse
quebrar, to break, to upset, to interrupt, to soften, to trouble,to break one's heart
quebrarse, to break down
queda, curfew
quedar, to remain, to stop, to stay, to be, to be left, to be left over
quedar bien, to fit well, to come out well
quedar en, to agree to
quedarse con, to keep, to deceive
quedarse a oscuras, to be left in the dark
quedo(a)[1], quiet, still
quedo[2], softly, quietly
quehacer, task, job, chore
quehaceres de la casa, household duties
queja, complaint, gripe, moan
quejarse, to complain, to gripe, to moan, to wail
quejido, groan, moan
quejoso(a), complaining, whining
quejumbroso(a), complaining, grumbling
quemadura, burn, burning
quemadura de segundo grado, second-degree burn
quemadura de tercer grado, third-degree burn
quemadura menor, minor burn
quemar[1], to burn, to scorch, to freeze
quemar[2], to be hot, to burn
quemarropa, blank
a quemarropa, directly, point-blank
quemazón, burn, intense heat, smarting, burning sensation
quepis, kepi
querella, complaint, quarrel,

dispute
querer, to wish, to want, to like, to be fond of, to love, to resolve, to decide
querer decir, to mean, to signify
sin querer, unintentionally, unwillingly
como quiera, anyhow, anyway
cuando quiera, at any time
donde quiera, anywhere
Dios quiera, God willing
quiera o no quiera, whether or not
querer más, to prefer
querido(a)[1], dear, beloved
querido(a)[2], dear, darling
querosina, kerosene, coal oil
querubín, cherub
quesadilla, cheesecake, pastry, fried tortilla filled with cheese
quesero(a)[1], cheese maker, cheese seller
quesera[2], cheese dish
queso, cheese
queso Gruyére, Swiss cheese
quetzal, quetzal, monetary unit of Guatemala
quevedos, pincenez
quicial, doorjamb, hinge pole
quicio, pivot hole
estar fuera de quicio, to be out of order, not to be working properly
quid, quiddity
quiebra, crack, fissure, loss, damage, bankruptcy, decision to liquidate
en proceso de quiebra, in the hands of receivers
en quiebra, in bankruptcy, bankrupt
leyes de quiebra, bankruptcy laws
quien, who, whom, whoever
quién, who? whom?
quienquiera, whosoever, whoever, anyone, anybody
quieto(a), quiet, still, tranquil, clean-living
quietud, quietness, peace, tranquillity, rest, repose
quijada, jaw, jawbone
quijotada, quixotism
quijote, quixote, quixotic person, impractical idealist
quilatar, to assay, to purify
quilate, carat
quilla, keel, sternum
quím. (química), chem. (chemistry)
quimbombó, okra, gumbo
quimera, chimera, quarrel
quimérico(a), chimerical, imaginary
química[1], chemistry
química coloidal, colloid chemistry
química de polímeros, polymer chemistry
químico[2], chemist
químico(a)[3], chemical
quimono o kimono, kimono
quimioterapia, chemotherapy
quina, chinchona bark, quinine water
quincalla, hardware, junk jewelry
quincallería, hardware store, hardware factory, hardware business, what-not shop
quince, fifteen
quinceavo(a), fifteenth
quincena, two weeks, fortnight, semimonthly pay
quincenal, semimonthly, fortnightly
quincuagésimo(a), fiftieth
quinientos(as), five hundred
quinina, quinine
quinquenio, space of five years, five years' time
quinta, country house, conscription, draft, five of a kind, fifth
quintacolumnista, fifth columnist
quintaesencia, quintessence
quintal, quintal, hundredweight
quinteto, quintette
quinto[1], fifth, draftee, plot
quinto(a)[2], fifth
quíntuples, quintuplets
quíntuplo(a), quintuple, fivefold
quiosco o kiosco, kiosk
quiosco de periódicos, newsstand
quiromancia, palmistry, chiromancy
quirúrgico(a), surgical

quisquilloso(a), trifling, hair-splitting, touchy, peevish, irritable
quiste, cyst
quisto(a), liked
bien quisto, well-liked, popular
mal quisto, unpopular, disliked
quitamanchas, spot remover
quitapón, headstall
de quitatapón, removable, detachable
quitar, to take away, to remove, to abrogate, to annul, to prevent, to hinder, to free, to exempt, to parry
quitar la mesa, to clear the table
quitarse, to get rid of, to take off, to leave
quitasol, parasol
quita y pon, detachable, removable
quizá(s), perhaps
quodlibet, partner song
quórum, quorum

R. (Reverendo), Rev. (Reverend)
R. (respuesta), reply
R. (reprobado), failing grade, flunk
rabadilla, coccyx, uropygium
rábano, radish
rábano picante, horseradish
rabí, rabbi
rabia, rage, fury, rabies
rabiar, to storm, to rage, to be in agony, to have rabies
a rabiar, like the devil
rabieta, fit, temper tantrum
rabino, rabbi
rabioso(a), rabid, furious, vehement, violent
rabo, tail, stem
rabón(a), tailless, short-tailed, bobtailed, short
racimo, bunch, cluster
raciocinar, to reason, to ratiocinate
raciocinio, reason, ratiocination, argument
ración, ration, portion, prebend
racional, rational, reasonable
racionalismo griego, Greek rationalism
racionamiento, rationing
racionar, to ration
racismo, racism
racismo científico, scientific racism
racista, racist
radar, radar
radiación, radiation
radiación de calor, heat radiation
radiación electromagnética, electromagnetic radiation
radiación infrarroja, infrared radiation
radiación solar, solar radiation, Sun's radiation
radiación térmica, heat radiation
radiación ultravioleta, ultraviolet radiation
radiactividad, radioactivity
radiactividad atmosférica, fallout
radiactivo(a), radioactive
radiador, radiator
radiante, radiant
radiar[1], to broadcast, to radio
radiar[2], to radiate
radical, radical
radicalismo, radicalism
radicando, radicand
radicando fraccionario, fractional radicand
radicar, to take root, to be found, to be located
radicarse, to take root, to settle down, to establish oneself, to reside, to dwell
radio[1], radio
radio[2], radius, radium
radioactividad, radioactivity
radioactividad atmosférica, fallout
radioactivo(a), radioactive
radioaficionado(a), ham operator
radioamplificador, radio amplifier
radiocomunicación, radio communication

radiodifundir, to broadcast
radiodifusión, broadcast, radiobroadcast
radiodifusora, broadcasting station
radioemisión, transmission
radioemisor(a), broadcasting
radioescucha, radio listener
radiografía, X ray
radiograma, radiogram
radionovela, serial, soap opera
radiorreceptor, radio receiver
radiotécnico, radio technician
radiotelefonía, radiotelephony
radioteléfono, radiotelephone
radioteléfono emisor-receptor portátil, walkie-talkie
radiotelegrafista, wireless operator
radiotelégrafo, radiotelegraph
radiotelegrama, radiotelegram
radiotelescopio, radio telescope
radioterapia, radiotherapy
radiotrasmisor, radio transmitter
radioyente, radio listener
ráfaga, gust of wind, cloud, burst of gunfire, flash of light
raído(a), threadbare, shabby, shabby, base
raigón, root
raíz, root
raíz anglosajona, Anglo-Saxon root
raíz compleja, complex root
raíz conjugada, conjugate roots
raíz cuadrada, square root, bienes raíces, landed property
raíz cúbica, cube root
raíz de planta, plant root
raíz extrínseca, extraneous root
raíz griega, Greek root
raíz irracional, irrational root
raíz latina, Latin root
raíces para determinar el beneficio, roots to determine profit
raíces para determinar el costo, roots to determine cost
raíces para determinar el ingreso, roots to determine revenue
raíces reales, real roots
raja, splinter, chip, slice, chink, fissure, crack
rajá, rajah
rajar[1], to split, to crack, to chop, to slice
rajar[2], to tell fish stories, to chatter, to jabber
rajarse, to back out
raleza, thinness, sparseness
ralo(a), thin, sparse
RAM (memoria de acceso aleatorio), RAM (Random-access memory)
rama, branch
ramadán, Ramadan
ramaje, foliage, branches
ramal, a strand of a rope
Ramayana, Ramayana
ramificación, ramification
ramificarse, to ramify, to branch out
ramillete, nosegay, bouquet, centerpiece, collection, cluster
ramo, branch, bunch, bouquet, touch
rampa, ramp, cramp
rana, frog
hombre rana, frogman
rancio(a), rancid, rank, old fashioned
ranchero, rancher, cook
rancho, mess, messmates, camp, get together, ranch, hut, command
rango, class, category, class, range
rango de estimaciones, range of estimations
rango de movimiento, range of motion
rango intercuartílico, interquartile range
ranura, groove
rapaz[1], thieving, rapacious
rapaz[2], lad
rapaza, lass
rape, quick shave, angler
al rape, close
rapé, snuff
rapidez, speed, swiftness
rápido(a), fast, swift, rapid, speedy
rapiña, rapine, robbery
ave de rapiña, bird of prey
rapsodia, rhapsody
rapto, abduction, carrying off, ecstasy, rapture, faint, loss of consciousness

raqueta, racket, badminton, rake
raqueta de nieve, snowshoe
raquitismo, rickets
rareza, rarity, rareness, idiosyncrasy
raro(a), rare, eccentric
ras, levelness, evenness
rascacielos, skyscraper
rascar, to scratch, to scrape
rasgado(a)[1], torn, wide
boca rasgada, wide mouth
ojos rasgados, wide eyes
rasgado[2], rip, tear
rasgar, to tear, to rip, to strum
rasgo, dash, stroke, flourish, deed, action, characteristic, feature
rasgo adquirido, acquired trait
rasgo común, common feature
rasgo de personalidad, character trait
rasgo dominante, dominant trait
rasgo físico, physical feature
rasgo ligado al sexo, sex-linked trait
rasgo poligénico, polygenic trait
rasgo recesivo, recessive trait
rasgos animales, animal features
rasgos culturales, cultural exchange
rasgos hereditarios, inherited traits
rasgón, rip, tear
rasgos, features
rasguear, to make flourishes, to strum
rasgueo, strumming
rasguño, scratch, sketch
raso[1], satin, sateen
raso(a)[2], smooth, flat, backless, common, undistinguished, clear
al raso, in the open air
raspadura, scraping, erasure
raspar, to scrape, to rasp, to burn, to steal, to graze
Rasputín, Rasputin
rastra, rake, sign, sledge
caminar a rastras, to crawl
rastrear[1], to trace, to inquire into, to investigate, to trawl
rastrear[2], to skim along close to the ground
rastreo, trawling, tracing
estación de rastreo, tracer station
rastrero(a), creeping, low, vile, cringing
rastrillo, hackle, flax comb, portcullis, rake
rastro, track, slaughterhouse, rake, sign, trail
rastrojo, stubble, rough
rasurar, to shave
rata, rat
ratear, to filch, to snatch, to distribute on a pro rata basis
ratería, petty theft, meanness
ratero(a), mean, vile
ratero(a), pickpocket, sneak thief
ratificación, ratification
ratificación constitucional, constitutional ratification
ratificación de un tratado, treaty ratification
ratificar, to ratify
rato, while, moment
a ratos, occasionally
al poco rato, shortly, in a short while
pasar el rato, to while away the time
ratón, mouse, mouse
ratonera, mousetrap, place where rats breed
raudal, torrent, stream, abundance, flood
raya[1], stripe, line, end, limit, dash
a raya, within bounds
lista de raya, payroll
raya[2], ray
rayado(a), striped
rayar, to draw lines on, to rule, to stripe, to underline, to cross out, to pay
rayar en, to border on
Raymond Poincaré, Raymond Poincare
rayo(a), ray, beam, flash of lightning, spoke
rayo electrónico orientador, guidance beam
rayo visual, field of vision
rayo X, X ray
rayón, rayon

raza, race, lineage, strain, breed
razón, reason, cause, motive, ratio, rate
a razón de, at the rate of
dar la razón, to agree with
dar razón, to inform, to give account
no tener razón, to be wrong
perder la razón, to go insane
razón áurea, golden ratio
razón de costo-beneficio, cost-benefit ratio
razón parte-todo, part to whole ratio
razón social, firm name
razón trigonométrica, trigonometric ratio
razones equivalentes, equal ratios, equivalent ratios
tener razón, to be right
razonable, reasonable
razonado(a), rational, prudent
razonamiento, reasoning
razonamiento deductivo, deductive reasoning
razonamiento equivocado, faulty reasoning
razonamiento inductivo, inductive reasoning
razonamiento lógico, logical reasoning
razonar[1], to reason
razonar[2], to reason out
Rda. M o R.M. (Reverenda Madre), Reverend Mother
Rdo. P. o R.P. (Reverendo Padre), Reverend Father
reacción, reaction
reacción ácida, acid reaction
reacción atómica, atomic reaction
reacción de base, base reaction
reacción de intercambio iónico, ion-exchange reaction
reacción en cadena, chain reaction
reacción endotérmica, endothermic reaction
reacción exotérmica, exothermic reaction
reacción nuclear, nuclear reaction
reacción nuclear espontánea, spontaneous nuclear reaction
reacción química, chemical reaction
reacción radical, radical reaction
reacciones de reducción-oxidación, oxidation-reduction reactions
reaccionar, to react
reaccionario(a), reactionary
reacio(a), obstinate, refractory
reactivar, to reactivate
reactivar la economía, pump-priming
reactividad, reactivity
reactividad de no metales, nonmetal reactivity
reactividad metal, metal reactivity
reactivo, reactant
reactivos de área de superficie, surface area of reactants
reactor, reactor
reafirmación, restatement, reaffirmation
reagrupar, regroup
reajuste, readjustment
real[1], real, actual, royal
pavo real, peacock
real[2], real
realce, embossing, raised work, luster, splendor, enhancement
dar realce, to build up, to highlight, to give importance to
realeza, royalty
realidad, reality, fact, truthfulness, sincerity
en realidad, truly, really
realismo, realism
realismo político, realpolitik
realismo socialista, Socialist Realism
realista, royalist, realist
realización, realization, fulfillment, bargain sale
realizar, to realize, to fulfill, to sell off, to liquidate
realizar pruebas comparativas, benchmarking
realmente, really
realpolitik, realpolitik
realzar, to raise, to elevate, to emboss, to heighten
reanimación cardiopulmonar (RCP), CPR

reanimar, to cheer up, to encourage, to reanimate
reanudar, to renew, to resume
reaparecer, to reappear
rearmamento, rearmament
rearme, rearmament
reasentamiento, resettlement
reata, strap to keep pack animals in line, line of pack animals
rebaja, reduction, rebate
rebasar, to lessen, to diminish, to reduce, to give a rebate on
rebasarse, to humble oneself
rebanada, slice
rebanar, to slice, to plane
rebaño, flock
rebasar, to go beyond, to exceed, to pass
rebelarse, to revolt, to rebel, to resist, to oppose
rebelde[1], rebel
rebelde[2], rebellious
rebeldía, rebelliousness, disobedience
en rebeldía, in default
rebelión, rebellion, revolt
Rebelión de Bacon, Bacon's rebellion
rebelión de esclavos, slave rebellion
Rebelión de la India de 1857, Indian uprising of 1857
Rebelión de Leisler, Lesiler's Rebellion
Rebelión de los Bóxers, Boxer Rebellion
Rebelión de Shays, Shay's Rebellion
Rebelión Decembrista, Decembrist uprising
Rebelión del whiskey, Whiskey Rebellion
rebelión Taiping, Taiping Rebellion
reborde, edge, border, rim
rebosar, to run over, to overflow, to abound, to be abundant
rebotar[1], to repel
rebotar[2], to rebound
rebote, rebound
de rebote, indirectly, on the rebound
rebozo, shawl, pretext
de rebozo, secretly
sin rebozo, frankly, openly
rebuscado(a), affected, stilted
rebuznar, to bray
rebuzno, braying
recabar, to manage to get, to ask for
recado, message, gift, regards
recaer, to fall back, to fall again, to have a relapse, to fall, to come
recaída, relapse
recalcar[1], to squeeze in to stuff in, to fill, to stuff, to dwell on, to emphasize
recalcar[2], to list
recalcitrante, obstinate, stubborn
recalentar, to reheat
recámara, dressing room, bedroom, chamber, circumspection
recamarera, chambermaid
recapacitar, to recall to mind, to run over
recapitular, to recapitulate
recargar, to reload, to overload, to overdress, to overdecorate, to increase
recargo, extra tax, increase, reloading, overload, new charge
recatado(a), prudent, circumspect
recato, caution, circumspection, modesty, reserve
recaudar, to take in, to collect, to take charge of, to keep under surveillance
recelo, dread, suspicion, mistrust
receloso(a), mistrustful, suspicious
recepción, reception, acceptance
receptáculo, receptacle
receptor, receiver
receptor de cabeza, headset
recesión, recession
receso, withdrawal, separation, recess
estar de receso, to be adjourned
receta, recipe, prescription (de un medicamento)
recetar, to prescribe
recibimiento, reception, waiting room
recibir, to receive, to approve, to accept, to let in, to go to meet
recibirse, to receive one's degree
recib.o (recibido)(a), recd. (received)
recibo, receipt, voucher
acusar de recibo, to acknowledge receipt
reciclaje, recycling
reciclaje de la materia,

recycling of matter
reciclar, recycle
recién, recently, lately
recién casado(a), newlywed
reciente, late, recent
recientemente, recently, lately
recinto, area, space
recinto religioso, religious facility
recio(a)[1], stout, strong, coarse, heavy, thick, rude, sharp, arduous, rough
recio(a)[2], strongly, stoutly
hablar recio, to talk loudly
recipiente, recipient, container
recíprocamente desligados, mutually disjoint
reciprocidad, reciprocity
recíproco(a), reciprocal
recitación, recitation
recitar, to recite
reclamación, claim, demand, reclaim, complaint
reclamante, claimant
reclamar[1], to claim, to demand, to reclaim, to call for, to beg for, to lure
reclamar[2], to complain
reclinar, to recline, to lean
recluir, to shut in, to seclude
recluirse, to go into seclusion
recluta[1], recruiting
recluta[2], recruit
reclutamiento, recruiting
reclutar, to recruit
recobrar, to recover
recobrarse, to recover
recodo, bend, turn, twist
recogedor(a)[1], harborer, shelterer, gatherer
recogedor[2], scraper
recogedor de basura, dustpan
recoger, to take back, to gather, to collect, to pick up, to shelter, to compile
recogerse, to take shelter, to take refuge, to retire, to withdraw from the world
recogimiento, gathering, collecting, sheltering, retiring
recolección de recursos, harvesting of resources
recombinación, recombination
recombinación de elementos químicos, recombination of chemical elements
recombinación de material genético, recombination of genetic material
recombinación genética, genetic recombination
recomendación, recommendation
recomendar, to recommend
recompensa, recompense, reward
en recompensa, as a reward
recompensar, to recompense, to reward
recomposición de la corte, court packing
reconciliación, reconciliation
reconciliar, to reconcile
reconciliarse, to become reconcilied
recóndito(a), recondite
reconocer, to examine closely, to acknowledge, to be aware of, to confess, to admit, to recognize, to consider, to reconnoiter
reconocerse, to know oneself
reconocido(a), grateful
reconocimiento, recognition, acknowledgement, gratitude, confession, examination, inquiry, reconnaissance, reconnoitering
reconocimiento de patrones, pattern recognition
reconocimiento médico, medical examination
reconquista de España, reconquest of Spain
reconstituyente, tonic
reconstrucción, Reconstruction
Reconstrucción Negra, Black Reconstruction
reconstruir, to reconstruct
reconvenir, to retort with, to recriminate with
recopilación, sumary, abridgement
recopilación de datos, data gathering
recopilador, compiler
recopilar, to compile
recordar[1], to remind of, to remember, to recall
recordar[2], to remember
recorrer, to travel, to travel over, to repair, to run over, to go over, to peruse, to examine

recorrido, run, path, traveling over, repair, examination
final del recorrido, end of the line
recortar, to cut away, to trim off, to cut out
recorte, cutting, clipping
recorte de periódico, newspaper clipping
recostar, to lean, to recline
recrear, to amuse, to recreate, to recreate
recrearse, to enjoy oneself, to have some recreation
recreativo(a), recreative, diverting
recreo, recreation, recess
campo de recreo, playground
hora de recreo, recess time
patio de recreo, playground
recriminación, recrimination
recriminar, to recriminate
recrudecer, to flare up, to break out again
recta numérica, number line
rectamente, justly, rightly
rectangular, rectangular
rectángulo, rectangle
rectificar, to rectify, to correct
rectilíneo(a), rectilinear
rectitud, straightness, rectitude
recto(a), straight, just, upright, literal
ángulo recto, right angle
triángulo recto, right triangle
rector, rector
rectoría, rectory
recua, pack train, throng
recubrir, to cover, to recover, to recap
recuento, inventory, count, recount
recuerdo, remembrance, memory, impression, souvenir, reminder, souvenir, remembrance, memento
recular, to back up, to recoil, to flag, to relent
recuperación, recovery, recuperation, repossession
recuperación de datos, data retrieval
recuperación de información, information retrieval
recuperación de la frecuencia cardiaca, heart-rate recovery
recuperar, to recover, to regain
recuperarse, to recuperate
recursivo, recursive
recurrente, recurring
recurrir, to resort, to have recourse, to turn
recurso, resorting, having recourse, request, recourse, resort
recurso capital, capital resource
recurso de flujo, flow resource
recurso escaso, scarce resource
recurso humano, human resource
recurso importado, imported resource
recurso legal, legal recourse
recurso local, local resource
recurso material, resource material
recurso mineral, mineral resource
recurso mnemotécnico, mnemonic device
recurso natural, natural resource
recurso no renovable, nonrenewable resource
recurso renovable, renewable resource
recurso retórico, rhetorical device
recursos capitales, capital resources
recursos comunes, pooled resources
recursos humanos, human resources
recursos naturales, natural resources
rechazar, to repel, to repulse, to reject, to resist
rechazo, rejection, recoil, rebound
rechinar, to gnash, to grind, to creak, to do begrudgingly, to balk
rechoncho(a), chubby
red, net, mesh, netting, trap, network
red alimenticia, food web
red comercial económica contemporánea, contemporary economic trade network
red de autopistas interestatales, interstate highway system
red de canales, canal network
red de carreteras, road system
red de carreteras romanas,

Roman system of roads
red radial, hub-and-spoke
red trófica, food web
redes de carreteras, systems of roads
redacción, editing, editorial offices, editorial staff
redactar, to edit, to word, to write up
redactor(a), editor
redecilla, hairnet
redentor(a)[1], redeemer
redentor(a)[2], redeeming
el Redentor, the Redeemer
redil, sheepfold
volver al redil, to get back on the straight and narrow
redimible, redeemable
redimir, to ransom, to redeem, to exempt, to buy back
redistribución de la riqueza, redistribution of wealth
redistribución del ingreso, redistribution of income
redistribución de los distritos electorales, redistricting
rédito, yield, interest
redoblar, to double, to bend back, to go over, to do again
redoma, vial
redonda, whole note, region, area
redondear, to round off, to clear
redondeo, rounding
redondez, roundness
redondo(a), round
a la redonda, roundabout, around
reducción, reduction, subjugation
reducción de datos, data reduction
reducción de la diversidad de especies, reduction of species diversity
reducción de las aguas subterráneas, groundwater reduction
reducción de los bosques tropicales de África Central, depleted rain forests of central Africa
reducción de riesgos, risk reduction
reducción del estrés, stress reduction
reducir, to reduce, to subjugate
reducir la marcha, to slow down
reducirse, to cut down, to make ends meet
reducirse a, to resolve to, to be obliged to
reductor de voltaje, voltage divider
redundancia, redundancy
redundante, redundant, superfluous
redundar, to overflow, to spill over, to redound
reelección, reelection
reelegir, to reelect
reembolsar, to reimburse
reembolso, reimbursement
reemplazar, to replace
reemplazo, replacement, substitute
reemplazo doble, double replacement
reencarnación, reincarnation
reestructurar, restructure
ref. (referencia), ref. (reference)
refacción, snack, light lunch, repair, bonus
piezas de refacción, spare parts
refajo, petticoat, half slip
referencia, reference
referencia cruzada, cross-reference
referencia de palabras, word reference
referendo, referendum
referéndum, referendum
referente, related, connected
referir, to relate, to refer, to relate
referirse, to refer, to relate
refilón, obliquely
de refilón, askance
refinado(a), refined, outstanding, distinguished, clever, shrewd
refinamiento, good taste, care, refinement
refinar, to refine
reflector, reflector, searchlight
reflejar, to reflect
reflejo[1], reflection, reflex, immediate reaction, flip
reflejo de luz, light reflection
reflejo de luz solar, sunlight reflection
reflejo(a)[2], reflected, reflexive, reflex
reflexión, reflection
reflexión en un espacio, reflection in space

reflexión en un plano, reflection in plane
reflexionar, to reflect, to meditate, to consider
reflexivo(a), reflexive, thoughtful, considerate, reflecting
reflujo, ebb tide
flujo y reflujo, ebb and flow
reforestación, reforestation
reforma[1], reform
reforma del servicio civil, civil service reform
reforma educativa, educational reform
reforma moral, moral reform
reforma social, social reform
reformas económicas, economic reforms
reforma[2], Reformation
Contrarreforma, Catholic Reformation, Counter-Reformation
reforma católica, Catholic Reformation, Counter-Reformation
reforma protestante, Protestant Reformation
reformación, reform
reformar, to reform
reformatorio, reformatory
reformulación, rephrasing
reformular, rephrase
reformular un problema, restate a problem
reforzado(a), reinforced, strengthened
reforzar, to strengthen, to reinforce, to encourage
refracción, refraction
refracción de la luz, light refraction
refractario(a), refractory
refrán, proverb, saying
refrenar, to rein, to check, to curb
refrendar, to counter sign, to validate
refrescante, refreshing
refrescar[1], to cool off, to renew, to refresh
refrescar[2], to refresh oneself, to cool off
refresco, refreshment
refriega, skirmish, minor engagement
refrigerador, refrigerator
refrigerar, to refrigerate
refuerzo, reinforcement
refugiado(a), refugee
refugiado judío, Jewish refugee
refugiados del mar vietnamitas, Vietnamese boat people
refugiar, to shelter
refugiarse, to take refuge
refugio, refuge, shelter
refugio antiaéreo, bomb shelter
refugio de vida silvestre, wildlife refuge
refugios de huracanes, hurricane shelter
refulgente, radiant, shining
refundir, to recast, to revise
refunfuñar, to growl, to grumble
refunfuñón, crabby
refutación, rebuttal
refutar, to refute
regadera, sprinkling can, irrigation canal
regadío(a)[1], irrigable
regadío[2], irrigated land
regalar, to make a gift of, to regale
regalarse, not to spare oneself anything
regalía, royal prerogative, privilege, bonus
regaliz, licorice
regalo, gift, pleasure, repast, ease
regañadientes, reluctantly
a regañadientes, grudgingly, grumblingly, against one's will
regañar[1], to scold, to nag, to reprimand
regañar[2], to snarl, to grumble
regañón (regañona), snarling, grumbling, scolding, nagging
regar, to sprinkle, to water, to flow through, to spread
regata, regatta, small irrigation ditch
regatear[1], to haggle over
regatear[2], to jockey for position
regateo, bargaining, haggling, regatta
regazo, lap, fold, lap
regeneración, regeneration
regenerar, to regenerate
regente, regent
regidor, alderman, councilman, director
régimen, regime, regimen, diet, period, government
régimen colonial europeo, European colonial rule
régimen de Diem, Diem regime

régimen fascista, fascist regime
régimen señorial, manorialism
régimen totalitario, totalitarian regime
regimiento, administration, direction, aldermen, councilmen, council, regiment
regio(a), royal, regal
región, region
región andina, Andean region
región báltica, Baltic region
región climática, climate region
región cultural, culture region
región de contacto, region of contact
región de suelos, soil region
región de vegetación, vegetation region
región del Cabo, Cape Region
región del Egeo, Aegean region
región demográfica, population region
región económica, economic region
región formal, formal region
región funcional, functional region
región lingüística, language region
región mediterránea, Mediterranean region
región panorámica, scenic area
región perceptual, perceptual region
región pobre en energía, energy-poor region
región política, political region
región rural, rural region
regiones físicas, physical regions
regionalismo, regionalism, Sectionalism
regionalización, regionalization
regir[1], to rule, to govern, to administrate, to direct
regir[2], to be in force
registrador(a)[1], registering
caja registradora, cash register
registrador(a)[2], registrar, inspector
registrar, to inspect, to examine, to search, to enter, to record, to register, to mark
registrarse, to register
registro, register, registry office, bookmark, record, entry, regulator, check point, log
registro de aprendizaje, learning log
registro de electores, voter registration
registro escrito, written record
registro fósil, fossil record
registro y confiscación ilegal, illegal search and seizure
registros de datos, data records
regla, ruler, rule, order
regla arbitraria, arbitrary rule, capricious rule
regla aúrea, golden rule
regla de cálculo, slide rule
regla de exclusión, exclusionary rule
Regla de san Benito, Rule of St. Benedict
regla de seguridad, safety rule
regla del peligro claro e inminente, clear and present danger rule
regla fija, standard rule
regla recta, straight edge
reglas de combinación, merge rules
reglas de conversación, rules of conversation
reglas de evidencia, rules of evidence
reglas patrón, pattern rules
reglamento, bylaws
reglón, straight edge
regocijar, to gladden, to delight
regocijarse por, to rejoice at
regocijo, joy, rejoicing, happiness
regordete, chubby, plump, roly poly
regresar, to return, to come back
regresión estadística, statistical regression
regresión lineal, linear regression
regreso, return
de regreso, on the way back
regreso al ámbito doméstico, return to domesticity
regulación, regulation
regulación celular, cellular regulation

regulación de zonas, zoning regulation
regulación del departamento de servicios sociales, DSS regulation
regulación del uso de suelo, land use regulation
regulador(a)[1], regulating
regulador[2], regulator
regulador de humedad, humidistat
reguladores de Carolina, Carolina regulators
regular[1], to regulate, to adjust
regular[2], regular, average
regularidad, regularity
rehabilitación, rehabilitation
rehabilitar, to rehabilitate
rehacer, to redo, to remake, to repair
rehacerse, to rally one's forces, to compose oneself
rehén, hostage
rehuir[1], to avert, to turn away, to avoid
rehuir[2], to backtrack
rehuirse, to shrink back, to flee
rehusar, to refuse, to decline
reimpresión, reprint
reimprimir, to reprint
reina, queen
Reina Hatshepsut, Queen Hatshepsut
reinado, reign
reinar, to reign, to prevail
reiniciar, reboot
reincidir, to relapse, to fall back
reincidir en un error, to repeat an error
reino, kingdom
reino de Aksum, kingdom of Aksum
Reino de Dahomey, Dahomey
reino de las plantas, Plantae
reino ermitaño, Hermit Kingdom
Reino Medio, Middle Kingdom
reino protista, Protista
Reino Unido, United Kingdom
reintegración, reintegration, restoration
reintegrar, to reintegrate, to restore
reintegrarse, to recoup one's losses
reintegro, reintegration, restoration
reivindicación de patente, composition of matter
reír[1], to laugh
reír[2], to laugh at, reírse de, to laugh at
reiterar, to reiterate, to repeat
reja, plowshare, grille, grillwork
reja de arado de acero, steel-tipped plow
rejación de tensión, détente
rejilla, grate, wicker, grid
rejuvenecer, to rejuvenate
relación, relationship, dealing, account
relación de recurrencia, recurrence relationship
relación entre el Sol y la Tierra, Earth-sun relation
relación entre sonido y letra, letter-sound relationship
relación inversa, inverse relation
relación parte-parte, part-to-part ratio
relación parte-todo, part to whole relationship
relación sana, healthy relationship
relación trigonométrica, trigonometric relation
relaciones de raza, race relations
relaciones entre clases, class relations
relaciones exteriores,. foreign relations
relaciones Iglesia-Estado, church-state relations
relaciones industriales, Industrial Revolution
relaciones internacionales, international relations
relaciones laborales, labor relations
relacionado(a), related, connected
relacionar, to relate
relacionarse, to become acquainted
relaciones, courtship
relajar, to relax
relámpago, lightning flash
relámpago sin trueno, heat lightning
cierre relámpago, zipper
relampaguear, to lightning, to flash, to sparkle
relatar, to relate
relatividad, relativity
relativo(a), relative
relativo a,

with regard to, as concerns
relato, statement, account
relato bíblico del Génesis, biblical account of Genesis
relato exagerado e increíble, tall tale
relato histórico, historical account
relator(a)[1], narrator, teller
relator(a)[2], narrating, reporting
releer, reread
relegar, to banish, to exile, to relegate
relevante, eminent, outstanding, relevant
relevar[1], to put into relief, to free, to relieve, to replace
relevar[2], to stand out
relevarse, to take turns
relevo, relief, relieving, freeing
carrera de relevos, relay race
relicario, reliquary, locket, medallion
relieve, relief, landform relief
bajo relieve, basrelief
dar relieve, to emphasize, to highlight
religión, religion
religión maya, Mayan religion
religión oficial, established religion
religión politeísta, polytheistic religion
religioso(a)[1], religious
religioso[2], monk, brother
religiosa[3], nun, sister
relinchar, to neigh
relincho, neigh, neighing
relindo(a), extremely pretty
reliquia, relic
reloj, clock
reloj analógico, analog clock
reloj de arena, hourglass
reloj de bolsillo, pocket watch
reloj de pulsera, wrist watch
reloj digital, digital clock
relojería, watchmaking, watch shop
relojero, watchmaker
reluciente, resplendent, glittering
relucir, to shine
relumbrante, glittering, dazzling
rellenar, to refill, to stuff
relleno[1], filling, stuffing, padding, packing
relleno(a)[2], chock full, stuffed
remachado(a), riveted
remachar, to rivet
remache, rivet
remanente, residue, remains, remnant, remainder
remangar, to roll up
remar, to row
rematado(a), utter, absolute, hopeless, incurable
loco rematado, stark raving mad
rematar[1], to auction off, to complete, to finish, to kill off, to finish off
rematar la pelota, spike the ball
rematar[2], to end
rematarse, to be utterly ruined
remate, end, completion, winning bid
de remate, absolutely, hopelessly, incurably
por remate, finally
rembolsar, to reimburse
rembolso, reimbursement
remediable, remediable, curable
remediar, to remedy, to free from risk, to prevent, to avoid
remedio, remedy, recourse
no tiene remedio, it can't be helped
no tener remedio, to be beyond help
sin remedio, helpless, unavoidable
remedo, poor imitation, pale copy
remendar, to mend, to repair
remero, rower, oarsman
remesa, remittance, shipment, sending
remiendo, patch, repair, reparation, correction
a remiendos, piecemeal
remilgarse, to act affectedly, to be overly prim
remilgo, affectation, prim mannerism
reminiscencia, reminiscence
remisión, remission, shipment, forgiveness, reference, remittance, cross-reference
remiso(a), remiss
remitente[1], remitter, sender
remitente[2], remittent
remitir[1], to remit, to send, to refer to, to reduce, to slacken
remitir[2], to abate, to lose force
remitirse a, to refer to, to cite

remoción, removal, changing around, dismissal, stirring up
remoción de los chickasaw, Chickasaw removal
remoción de los choctaw, Choctaw removal
remoción de los cree o cri, Cree removal
remoción de los indios (nativos americanos), Indian removal
remoción de los seminolas, Seminole removal
remojar, to soak, to steep, to celebrate
remojo, steeping, soaking, celebration
remolacha o betabel, beet
remolcador, tug boat
remolcar, to tow
remolino, dust devil, eddy, stir, whirl, swirl
remolón (remolona)[1], slow, lazy, laggard
remolón (remolona)[2], upper tusk
remolque, towing, tow, tow line, trailer
llevar a remolque, to tow along
remono(a), very cute, cute as a bug's ear
remontar, to frighten away, to provide with fresh horses, to repair, to resole, to raise, to elevate
remontarse, to soar
remontarse hasta, to go back to
rémora, remora, hindrance, setback
remordimiento, remorse
remoto(a), remote, distant, far
remover, to remove, to change around, to dismiss, to stir, to stir up
removerse, to get upset
remozar, to rejuvenate
remozarse, to become rejuvenated
remplazar, to replace
remplazo, replacement, substitute
remuneración, remuneration, recompense
remunerar, to reward, to remunerate, to repay
renacer, to be born again, to come to life again, to feel as good as new
renacimiento[1], renascence, rebirth
Renacimiento[2], Renaissance
Renacimiento de Harlem, Harlem Renaissance
Renacimiento italiano, Italian Renaissance
renacimiento religioso, religious revival
rencilla, bitter quarrel
rencor, rancor, grudge, ill will
guardar rencor, to bear a grudge
rendición, surrender, profit, yield, rendition
rendido(a), worn out, fatigued, submissive
rendija, crevice, crack
rendimiento, weariness, submissiveness, output, yield, return
rendimiento de la cosecha, crop yield
rendimiento de la inversión, return on investment
rendimiento de producción, production output
rendimiento por hora, output per hour
rendimiento por máquina, output per machine
rendimiento por trabajador, output per worker
rendimiento por unidad de tierra, output per unit of land
rendir, to overcome, to deliver over, to subdue, to produce, to yield
rendirse, to surrender, to wear oneself out
René Descartes, Rene Descartes
renegado(a)[1], apostate, renegade
renegado(a)[2], surly
renegar[1], to deny, to disown, to nag, to detest, to abhor
renegar[2], to abandon Christianity, to blaspheme, to curse
renglón, line, item
reno, reindeer
renombrado(a), renowned
renombre, renown
renovación, renovation, renewal
renovar, to renovate, to replace, to repeat
renta, rent, income
renta fija, fixed income
renta per cápita, per capita income
rentabilidad, profitability
rentista, financier
renuencia, reluctance
renuente, reluctant, unwilling
renuncia, refusal, resignation
renunciar, to renounce, to refuse, to

resign from
reñido(a), at loggerheads, at odds, hard fought
reñir[1], to wrangle, to quarrel, to fight, to have a falling out, to become enemies
reñir[2], to fight, to scold
reo, offender, criminal
reojo, askance
mirar de reojo, to look out of the corner of one's eye, to look at contemptuously, to look askance at
reordenación, reordering
reorganización, reorganization
reorganización de oportunidades, chance reordering
reóstato, rheostat
Rep. (república), rep. (republic)
reparable, reparable, remediable, noteworthy
reparación, reparation, repair
reparar[1], to repair, to mend, to parry, to note, to observe, to make amends for, to dwell on, to get satisfaction for
reparar[2], to stop over, to stay over, to stop
repararse, to contain oneself, to refrain oneself
reparo, repair, reparation, remark, observation, warning, notice, defense, obstacle, difficulty
poner reparo, to object
repartición, distribution, division
repartir, to distribute, to divide up
reparto, distribution, allotment, assessment, cast of characters, subdivision
reparto de África, partition of Africa
repasar, to review, to revise, to look over, to repass, to retrace
repaso, review, revision
repatriación, repatriation
repatriado(a)[1], repatriated
repatriado(a)[2], repatriate
repeler, to repel, to reject
repelón, pull on one's hair, snag, tiny bit, bolt, dash
a repelones, little by little, bit by bit
de repelón, quickly
repello, plastering
repente, burst, start
de repente, suddenly
repentino(a), sudden, unforeseen
repercusión, reverberation, repercussion: bouncing off
repercutir, to reverberate, to be deflected, to rebound, to bounce off
repertorio, repertory
repetición, repetition, repeat
repetidor(a)[1], repeater
repetidor(a)[2], repeating
repetir, to repeat
repicar, to chime, to peal
repique, chime, peal, tiff
repiqueteo, pealing, chiming, pitterpatter, patter, tattoo
repisa, stand
repleto(a), replete, full, loaded
réplica, answer, retort, replica
replicación, replication
replicación de ADN, DNA replication
replicar, to reply, to retort, to answer back, to argue
repollo, head of cabbage
reponer, to put back, to replace, to revive, to retort, to reply, to reinstate, to provide
reponerse, to calm down, to recover
reportar, to refrain, to hold back, to obtain, to reach, to attain, to carry, to bring
reporte, report
reportero(a)[1], reporter
reportero(a)[2], reporting
reposado(a), quiet, peaceful, settled
reposar, to rest, to repose
reposarse, to settle
reposo, rest, repose
repostería, pastry shop, butler's pantry
repostero, pastry cook
reprender, to reprimand, to scold, to blame
reprensión, reprimand, scolding, blame
represa, damming up, holding back
represalia, reprisal, retaliation
representación, representation, authority, performance
representación algebraica, algebraic representation
representación escrita, written representation
representación geográfica, geographic representation

representación gráfica, plot, graphical representation
representación gráfica de una función, graphic representation of function
representación pictórica, pictorial representation
representación simbólica, symbolic representation
representación verbal de un problema, verbal representation of a problem
representante, representative, actor
representante electo, elected representative
representar, to represent, to perform, to present
representatividad de la muestra, representativeness of sample
representativo(a), representative
represión, repression
reprimenda, reprimand
reprimir, to repress
reprobable, reprehensible
reprobación, reprobation, condemnation, failing, flunking
reprobar, to reprove, to condemn, to fail, to flunk
réprobo(a), reprobate
reprochar, to reproach
reproche, reproach
reproducción, reproduction
reproducción sexual, sexual reproduction
reproducir, to reproduce
reptil, reptile
república, republic
república constitucional, constitutional republic
República de la Estrella Solitaria (Texas), Lone Star Republic
República de Platón, Plato's Republic
República Federal Alemana, German Federal Republic
República Holandesa, Dutch Republic
República Popular China, People's Republic of China
República romana, Roman Republic
República Sudafricana, South African Republic
republicanismo, Republicanism
republicanismo moderno, modern republicanism
republicano(a), republican
republicanos radicales, Radical Republicans
repudiar, to repudiate
repuesto, replacement
piezas de repuesto, spare parts
llanta de repuesto, spare tire
neumático de repuesto, spare tire
repugnancia, repugnance, contradiction
repugnante, repugnant, disgusting
repugnar[1], to contradict, to do with reluctance, to be against
repugnar[2], to be repugnant
repulgar, to hem, to border, to flute
repulsa, denial, rejection
repulsión, repulsion
repulsión de cargas, charge repulsion
repulsión magnética, magnetic repulsion
reputación, reputation, renown
reputar, to repute, to esteem
requerimiento, notification, requiring, examination
requerir, to notify, to require, to examine, to persuade, to court
requesón, cottage cheese, curds
requiebro, flattery, flattering, flattering remark, compliment
réquiem, requiem
requisito, requisite, requirement
requisito por estatuto, statutory requirement
requisitos de producción, production requirement
requisitos para la vida, requirements for life
res, head of cattle, wild animal
carne de res, beef
resabio, unpleasant after taste, bad habit, bad feature
resaca, undertow, hangover
resalado(a), charming, delightful
resaltar, to rebound, to project, to stand out, highlight
resarcir, to compensate, to make amends to
resbaladizo(a), slippery, tricky, deceptive

resbalar, to slip, to slide, to trip up, to make a mistake
resbalón, slip, sliding, slip, error
resbaloso(a), slippery
rescatar, to ransom, to redeem
rescate, ransom, redemption price
rescindir, to rescind, to annul
resecar, to dry out, to dry thoroughly
resentido(a), resentful, angry, hurt, offended
resentimiento, resentment
resentirse, to begin to give way, to weaken, to feel resentment, to be hurt
reseña, review, personal description
reseña literaria, literature review
reseñar, to review, to describe
reserva, reserve, reservation
con o bajo la mayor reserva, in strictest confidence
de reserva, spare, extra
reserva de la frecuencia cardiaca, heart-rate reserve
Reserva Federal, Federal Reserve
reservas de fosfatos, phosphate reserves
reservas mínimas, reserve requirement
sin reserva, frankly, openly
reservado(a)[1], reserved, cautious, circumspect
reservado[2], booth
reservar, to reserve, to retain, to keep back, to conceal, to hide, to postpone
reservarse, to beware, to be on one's guard
resfriado, cold
resfriarse, to catch cold
resfrío, cold
resguardar, to preserve, to defend
resguardarse, to be on one's guard
resguardo, defense, protection, voucher
residencia, residence
residencial, residential
residente[1], residing
residente[2], resident, inhabitant
residir, to reside, to dwell
residuo, residue, waste
residuo común, common refuse
residuo líquido, runoff
resignación, resignation
resignado(a), resigned
resignarse, to be resigned, to resign oneself
resina, resin, rosin
resinoso(a), resinous
resistencia, resistance
resistencia a la erosión, erosion resistance
resistencia cardiorrespiratoria, cardiorespiratory endurance
resistencia del aire, air resistance
resistencia muscular, muscular endurance
resistencia no violenta, nonviolent resistance
resistente, resistant
resistible, resistible
resistir[1], to stand, to bear, to resist
resistir[2], to resist
resistirse, to struggle
resma, ream
resollar, wheezing
resolución, resolution
resolución de conflictos, conflict resolution
resolución de la ONU, UN resolution
resolución del Golfo de Tonkín, Gulf of Tonkin Resolution
resoluto(a), resolute, resolved
resolver, to resolve, to solve, to decide on, to dissolve, to break down, to analyze
resolver polinomios por el método de aproximaciones sucesivas, polynomial solution successive approximation
resolver polinomios por el método de cambio de signos, polynomial solution by sign change
resolver polinomios por método de bisección, polynomial solution by bisection
resolverse, to resolve, to determine, to make up one's mind
resollar, to breathe deeply, to breathe hard, to show up
resonancia, resonance
resonancia magnética nuclear (RMN), MRI

resonar, to resound, to have repercussions
resoplar, to snort, to puff
resorte, spring, spring board
respaldar[1], to indorse, to back
respaldar[2], backrest
respaldo, backrest, backing, indorsement, back-up, support
respaldo de celebridades, celebrity endorsement
respectivo(a), respective
respecto, relation, respect
al respecto, in this regard
con respecto a, in regard to, relative to
respecto a, in regard to, relative to
respetable, respectable, honorable
respetar, to respect
respeto, respect, regard, consideration
respeto ciego, blind respect
respeto por la ley, respect for law
respeto por los derechos de los demás, respect for the rights of others
respetuoso(a), respectful
respiración, respiration, breathing, circulation
respiración aeróbica, aerobic respiration
respiración anaeróbica, anaerobic respiration
respiración celular, cellular respiration
respirar, to breathe
respiro, breathing, respite, extension
resplandecer, to shine, to glitter, to excel, to stand out
resplandeciente, resplendent, brilliant, radiant
resplandor, brilliance, radiance
responder[1], to answer
responder[2], to respond, to answer back, to be answerable, to be responsible
responsabilidad, responsibility
responsabilidad civil, civic responsibility
responsabilidad individual, individual responsibility
responsabilidad moral, moral responsibility
responsabilidad personal, personal responsibility
responsable, responsible, accountable
responso, prayer for the dead
respuesta, answer, reply
respuesta celular, cellular response
respuesta de comportamiento a los estímulos, behavioral response to stimuli
respuesta de la audiencia, audience response
respuesta provocada, elicited response
resquebrar, to start to break, to open cracks
resquicio, crack, cleft, opportunity, chance
resta, subtraction, remainder
resta de decimales, decimal subtraction
resta de fracciones, fraction subtraction
resta de matrices, matrix subtraction
resta de patrones, pattern subtraction
resta de polinomios, polynomial subtraction
resta de vectores, vector subtraction
restablecer, to reestablish, to restore
restablecerse, to recover
restablecimiento, reestablishment, recovery
restante[1], rest, remainder
restante[2], remaining
restar[1], to subtract
restar expresiones radicales, subtract radical expressions
restar[2], to be left, to remain
restauración, restoration
Restauración Meiji, Meiji Restoration
restaurante, restaurant
restaurante de comida rápida, fast-food restaurant
restaurar, to restore
restituir, to restore
restituirse, to return, to go back
resto, remainder, rest
restregar, to scrub hard
restricción, restriction, limitation
restricción presupuestaria, budget constraint
restringir, to limit, to restrict

restriñir, to constrict
resucitar, to resuscitate, to resurrect
resuelto(a), resolved, determined, rapid, diligent
resuello, heavy breathing, panting
resulta, result, consequence, vacancy
 de resultas, as a consequence
resultado, result, consequence, outcome
 resultado favorable, favorable outcome
 resultado imposible, impossible outcome
 resultado instrumental, instrumental score
 resultado reproducible, reproducible result
resultante, resulting
resultar, to result, to turn out
resumen, summary
resumir, to abridge, to summarize
resurgir, to reappear
resurrección, resurrection
retablo, reredos
retaguardia, rear guard
retahíla, succession, string
 de retahíla, one after another, in a series
retar, to challenge, to call down
retardar, to retard, to delay
retardo, delay
retazo, remnant, scrap
retazos, odds and ends
retención, retention
 retención de la seguridad social, social security withholding
retener, to retain
retentiva, memory, recall
retención del calor, heat retention
reticencia, reticence
reticente, reticent
retículo endoplasmático, endoplasmic reticulum
retina, retina
retirada, withdrawal, retreat
retirado(a), retired
retirar, to withdraw, to retire, to take away
retirarse, to retire, to go into seclusion
retiro, retirement
reto, challenge, threat
 reto personal, personal challenge
retocar, to retouch, to put the finishing touches on
retoñar, to sprout, to crop out, to show up again
retoño, sprout, shoot
retoque, retouching, slight touch
retorcer, to twist
retorcimiento, twisting
retórica, rhetoric
retórico(a), rhetorical
retornar[1], to return, to give back
retornar[2], to return, to go back
retorno, return, barter, exchange
retortijón, twisting
 retortijón de tripas, cramp
retozar, to frisk, to frolic, to roughhouse, to engage in horseplay
retozo, friskiness, merry making
retozón (retozona), frolicsome, playful
retractar, to retract
retraer, to bring back, to dissuade
retraerse, to take refuge, to back off, to retreat
retraído(a), reserved, shy
retraimiento, retreat, asylum, seclusion, aloofness, reserve
retrasar[1], to defer, to put off
retrasar[2], to lag, to decline, to be slow
retrasarse, to be delayed
retraso, delay, slowness
retratar, to portray, to photograph
retratarse, to sit for a portrait
retrato, portrait, photograph
 vivo retrato, very image
retreta, retreat, open air concert
retrete, closet, water closet, toilet
retribución, retribution
 retribución en especie, fringe benefit
retribuir, to repay
retroactivo(a), retroactive
retrocarga, breech
 de retrocarga, breech-loading
retroceder, to back up, to go backward
retroceso, retrocession
retrocohete, retro rocket
retrogradación, retrogression, retrogradation
retrógrado(a), retrograde, backward
retroimpulso, jet propulsion
retropropulsión, jet propulsion
 avión de retropropulsión, jet plane
retrospectivo(a), retrospective, backward

en retrospectiva, in retrospect
retumbar, to resound, to thunder, to crash
reubicación, relocation
reubicación forzada, forced relocation
reubicar, relocate
reuma, rheumatism
reumático(a), rheumatic
reumatismo, rheumatism
reumatoideo(a), rheumatoid
artritis reumatoidea, rheumatoid arthritis.
reunificación, reunification
reunión, reunion, meeting, gathering, reuniting
reunir, to bring together, to reunite, to gather together (juntar)
reunirse, to meet, to rendezvous
reutilizable, reusable
reutilizar, reuse
revalidar, to revalidate
revalidarse, to take one's qualifying exams for a degree
revaluación, revaluation
revelación, revelation, disclosure, development
revelar, to reveal, to disclose, to develop
revendedor, reseller
revender, to resell
reventa, resale
reventar[1], to blow out, to break, to burst out, to explode, to be dying, to be itching
reventar[2], to smash, to annoy, to break, to ruin
reverberar, to reverberate
reverdecer, to grow green again, to get back one's pep
reverencia, reverence, bow, curtsy
reverenciar, to venerate, to revere
reverendo(a), reverent, reverend
reverente, respectful, reverent
reversibilidad, reversibility
reversión, reversion, return
reverso, reverse
el reverso de la medalla, the exact opposite
revés, reverse, wrong side, misfortune
al revés, backwards, inside out
revesado(a), difficult, entangled, obscure, way ward, indomitable
revestir, to put on, to don, to cover, to assume, to present
revestirse, to grow proud, to be swayed, to gird oneself
revisar, to revise, to check
revisión, revision, checking
revisión de aduana, customs, customs search
revisión de inmigración, immigration screening
revisión de la Corte Suprema, higher court review
revisión de las teorías científicas, revision of scientific theories
revisión de rendimiento, performance review
revisión por pares, peer review
revisor(a)[1], checker, examiner, conductor
revisor(a)[2], examining
revista, review, magazine, review
revistar, to review
revitalizar, power-up
revivir, to revive
revocable, revocable
revocación, revocation
revocar, to revoke, to drive back
revolcarse, to wallow, to roll around
revolotear, to flutter
revoltillo, disorder, mess, jumble
revoltoso(a), seditious, riotous, wild, noisy
revolución, revolution
revolución armada, armed revolution
Revolución china, Chinese Revolution
revolución científica, scientific revolution
revolución copernicana, Copernican revolution
Revolución cultural proletaria, Cultural Revolution
revolución de Reagan, Reagan revolution
Revolución de Texas (1836-1845), Texas Revolution (1836-1845)
Revolución estadounidense, American Revolution
Revolución francesa, French Revolution
Revolución Gloriosa, Glorious Revolution
Revolución Gloriosa de 1688,

Glorious Revolution of 1688
Revolución haitiana, Haitian Revolution
Revolución húngara, Hungarian revolt
Revolución inglesa, English Revolution
revolución latinoamericana, Latin American revolution
revolución mercantil, market revolution
revolución neolítica, Neolithic revolution
Revolución polaca, Polish rebellion
Revolución republicana china de 1911, China's 1911 Republican Revolution
Revolución rusa de 1917, Russian Revolution of 1917
revolucionar, to revolutionize
revolucionario(a)[1], revolutionary
revolucionario(a)[2], revolutionist
revolver, to stir, to shake, to involve, to upset, to look through, to go through, to go over, to stir up, to rotate, to revolve
revólver, revolver
revuelo, flight, commotion, stir
revuelta, revolt, uprising, turn
revuelto(a), in disorder, confused, mixed up, boisterous, restless
rey, king
los Reyes Magos, the three Wise Men
rey Alfredo de Inglaterra, King Alfred of England
rey Mansa Musa, Monarch Mansa Musa
reyerta, dispute
rezagado(a), left behind
cartas rezagadas, unclaimed letters
rezagar, to leave behind, to defer
rezagarse, to remain behind, to lag behind
rezar, to pray
rezo, praying, prayers, daily devotions
rezo en las escuelas, school prayer
rezo en las escuelas públicas, prayer in public school
rezongón, crabby
ría, estuary
Riad, Riyadh
ribera, shore, bank, edge
ribereño(a), shore, coastal, riverbank
ribete, trimming, border, edging
ribetear, to trim, to border, to edge
riboflavina, riboflavin
ribosoma, ribosome
ricacho(a), rolling in money
ricino, castor oil plant
aceite de ricino, castor oil
rico(a), rich, delicious
ridiculez, ridiculous thing, stupid thing
ridiculizar, to ridicule
ridículo(a), ridiculous
poner en ridículo, to make a fool of
riego, watering, sprinkling, water supply
riel, rail
rienda, rein
a rienda suelta, with free rein
riesgo, danger, risk
riesgo a la salud, health risk
riesgo económico, economic risk
riesgo natural, natural hazard
riesgo tecnológico, technological hazard
riesgo y beneficio, risk and benefit
rifa, raffle, lottery, scuffle, dispute
rifar, to raffle
rigidez, rigidity, stiffness
rígido(a), rigid
rigor, rigor
riguroso(a), rigorous
rima, rhyme
rimar, to rhyme
rimbombante, flashy, showy
rincón, corner
rinconera, corner table, corner cupboard
rinoceronte, rhinoceros
riña, quarrel
riñón, kidney
río, river
río abajo, downstream
río de barro, mud slide
río Delaware, Delaware River
río Misisipi, Mississippi River
río Níger, Niger River
río Ruhr, Ruhr
ripio, waste, rubble, padding, useless padding, verbiage

riqueza, riches, wealth, affluence
Riqueza de las Naciones, The Wealth of Nations
risa, laugh, laughter
risco, cliff
risible, laughable
risotada, outburst of laughter, guffaw
risueño(a), smiling, pleasant
ritardando, ritard
rítmico(a), rhythmical
ritmo, rhythm
rito, rite, ceremony
ritual, ritual
rival, rival, competitor
rivalidad, rivalry
rivalidad de las superpotencias, superpower rivalry
rivalizar, to rival, to vie
Riviera, Riviera
rizado(a), curly, rippled
rizar, to curl, to ripple, to fold into strips
rizo, curl
róbalo (robalo), bass
robar, to steal, to rob, to abduct, to kidnap
robar la pelota, stealing the ball
roble, oak tree
roblón, rivet
robo, robbery, theft, abduction
robustecer, to strengthen, to invigorate
robustez, robustness, fortitude
robusto(a), robust, vigorous
roca, rock
roca fundida, molten rock
roca ígnea, igneous rock
roca metamórfica, metamorphic rock
roca sedimentaria, sedimentary rock
roca sólida, solid rock
roce, rubbing, clearing of underbrush, rubbing elbows
rociar[1], to sprinkle, to scatter about
rociar[2], to be dew
rocín, hack, clod, lout
rocinante, nag, hack
rocío, dew
rocoso(a), rocky
rodaja, flat disk, rowel, caster
rodaje, wheels, workings
rodaje de una película, shooting of a film
rodapié, fringe, railing
rodar, to roll, to roll down, to rotate
rodear[1], to go around, to go a roundabout way
rodear[2], to encircle, to surround
rodeo, going around, round-about way, dodge, roundup, hedging, beating around the bush
rodete, twist, knot, drum wheel
rodilla, knee
de rodillas, on one's knees, kneeling down
hincar la rodilla, to bend the knee
rodillo, roller, cylinder, rolling pin
rodillo de tinta, brayers
roedor(a)[1], gnawing
roedor[2], rodent
roer, to gnaw, to corrode
rogar, to entreat, to beg, to implore
rojizo(a), reddish
rojo(a), red
rol, list, roll, persona
rol de género, gender role
rol de la dotación, muster roll
rol de liderazgo, leadership role
rol de raza, racial role
rol ecológico, ecological role
rol familiar, family role
rollizo(a), plump, robust, sturdy
rollo, roller, roll
Roma, Rome
romadizo, catarrh
romance[1], Romance
romance[2], Spanish language, ballad, novel of chivalry
hablar en romance, to speak plainly
romancero(a)[1], ballad singer
romancero[2], ballad collection
romanización de Europa, Romanization of Europe
romano(a), Roman
romanticismo, romanticism
romántico(a)[1], romantic
romántico[2], romanticist
rombo, rhombus
romería, pilgrimage, excursion, outing
romero[1], rosemary
romero(a)[2], pilgrim
romo(a), blunt, dull, flatnosed
rompecabezas, riddle, puzzle, jigsaw puzzle
rompehielos, icebreaker
rompehuelgas, strikebreaker

rompenueces, nutcracker
rompeolas, break-water
romper[1], to tear up, to break, to ruin, to shatter, to disrupt, to interrupt
romper[2], to break, to break out
rompimiento, breaking, tearing, crack, falling out, disruption
rompope, eggnog
ron, rum
Ronald Reagan, Ronald Reagan
roncar, to snore, to roar, to howl
ronco(a), hoarse, husky
roncha, welt
ronda, rounds, beat, group of revelers, round, partner song
  hacer la ronda, to make one's rounds, to pace one's beat
rondar[1], to patrol, to make one's rounds, to roam around
rondar[2], to circle around
ronquera, hoarseness
ronquido, snore, roar, howl
ronzal, halter
roña, mange, scab, caked filth, cancer, stinginess
roñoso(a), scabby, dirty, filthy
ropa, clothing, clothes, material
  ropa blanca, household linen
  ropa hecha, ready made clothes
  ropa interior, underwear, lingerie
  ropa íntima, underwear, lingerie
ropavejero, old clothes man, junk man
ropero[1], wardrobe
ropero(a)[2], clothier
ropón, loose coverall
roque, rook
rosa, rose
  color de rosa, rose color, pink
rosado(a), rose colored, rosy
rosal, rosebush
rosario, rosary, chain pump
rosbif, roast beef
rosca, screw and nut, screw thread
roseta, rosette
rosquilla, roll, bun
rostro, countenance, face
  hacer rostro, to face, to resist
rota, rout, defeat
rotación, rotation
  rotación de cultivos, crop rotation
  rotación de la Tierra, Earth's rotation
  rotación de planos, rotation in plane
  rotación terrestre, Earth's rotation
rotar sobre un eje, flip
rotario(a), Rotarian, Rotary
rotativo(a), revolving, rotary
rotatorio(a), rotatory
roto(a), broken, destroyed, tattered, ragged, corrupt, debauched
rotograbado, roto gravure
rotor, rotor
rótula, kneecap
rotular, to label
rótulo, label, poster
rotundo(a), rotund, sonorous, absolute, final
  éxito rotundo, complete success
rotura, breaking, crack
  rotura de rocas, rock breakage
roturar, to break up, to plow for the first time
rozadura, scrape, rubbing, friction
rozar[1], to clear, to graze on, to rub, to scrape
rozar[2], to graze, to touch slightly
rozarse, to be very close
r. p. m. (revoluciones por minuto), r.p.m. (revolutions per minute)
rubato, rubato
rubéola, German measles
rubí, ruby
rubia, madder
rubicundo(a), reddish
rubio(a), blond
rublo, ruble
rubor, blush, bashfulness
ruborizarse, to blush, to flush
rúbrica, rubric, flourish, heading
  ser de rúbrica, to be of long standing
rucio(a), silver gray, light gray
rudeza, roughness, crudeness, stupidity, rudeness
rudimentos, rudiments
rudo(a), rough, crude, coarse, stupid, rude
rueca, spinning wheel
rueda, wheel, turn, slice, sunfish
  rueda de la fortuna, wheel of fortune

rueda del timón, helm, wheel
rueda libre, freewheeling
rueda y eje, wheel and axle
ruedo, rotation, rolling, round mat, edge, rounded border
ruego, request, entreaty, plea
rufián, pimp, pander, lowlife, scoundrel
rugido, roaring, bellowing
rugiente, roaring, bellowing
rugir, to roar, to bellow
ruibarbo, rhubarb
ruido, noise
ruidoso(a), noisy, clamorous, loud
ruin, mean, vile, despicable, avaricious, penny-pinching
ruina, ruin
ruindad, meanness, baseness, avarice
ruinoso(a), ruinous
ruiseñor, nightingale
ruleta, roulette
ruma, pile
rumano(a), Romanian
rumba, rumba, rhumba
rumbo, bearing, course, direction, route, way, pomp, show
con rumbo a, bound for
rumboso(a), magnificent, wonderful
rumiante, ruminant
rumiar, to ruminate
rumor, buzzing, rumor, gossip, noise, din
runa, rune
rúnico(a), runic
runrún, rumor, gossip
rupestre, rock
arte rupestre, cave painting
ruptura, rupture, break
rural, rural
Rus de Kiev, Kievan Russia
Rusia, Russia
ruso(a), Russian
rusos rojos (bolcheviques), Red Russian
rusticidad, rusticity, coarseness
rústico(a)[1], rustic
a la rústica, paperback
en rústica, paperback
rústico[2], rustic, peasant
ruta, route
ruta comercial, trade route
ruta comercial marítima, maritime trade route
ruta comercial por tierra, overland trade route
ruta de evacuación, evacuation route
ruta de la seda, Silk Road
ruta de transporte, transportation route
ruta del comercio triangular, triangular trade route
rutas comerciales internacionales, international trade routes
rutina, routine
rutinario(a), routine
rutinero(a)[1], slave to routine
rutinero(a)[2], chained to one's routine

S

S. (San o Santo), St. (Saint)
S. (sur), So. or so. (South)
S. (Sobresaliente), S. (superior)
s. (sustantivo), n. (noun)
s. (segundo), s. (second)
S.A. (Sociedad Anónima), Inc. (Incorporated)
S.A. (Su Alteza), His or Her Highness
sábado, Saturday, Sabbath
sábalo, tarpoon
sabana, savanna
sábana, bed sheet
sabandija, insect, bug, worm
sabañón, chilblain
sabedor(a), informed, advised
sabelotodo, know it all
saber[1], to know, to find out, to be able to, to know how to
saber a, to taste of
saber[2], learning, knowledge
a saber, namely, as follows
es de saber, it is to be noted
sin saberlo, unwittingly
saber de, to know about, to hear from
sabiduría, knowledge, wisdom
sabiendas, knowingly
a sabiendas, knowingly, consciously, deliberately
sabio(a)[1], sage, wise
sabio(a)[2], sage, acholar
sablazo, saber blow, sponging, cadging
dar un sablazo, to touch for a loan
sable, saber, cutlass

sabor, taste
saborear, to enjoy, to relish, to give a taste, to give zest
saborearse, to savor slowly, to enjoy keenly
sabotaje, sabotage
sabotear, to sabotage
sabroso(a), savory, delicious, appetizing, salty
sabueso, bloodhound
sacamuelas, dentist, charlatan, quack
sacapuntas, pencil sharpener
sacar, to take out, to release, to figure out, to get, to force out, to wrest, to win, to copy, to except
sacar a luz, to print
sacar conclusiones, to draw conclusions
sacar en limpio, to make the final draft of, to deduce
sacar la pelota, serve the ball
sacarina, saccharine
sacarosa, sucrose
sacerdote, priest
sacerdotisa, priestess
saciar, to satiate
saciedad, satiety
saco, sack, bag, sackful, bagful, pillage, coat
saco de yute, gunny sack
no echar en saco roto, not to forget, not to fail to keep in mind
sacramental, sacramental
sacramento, sacrament
sacrificar, to sacrifice, to slaughter
sacrificio, sacrifice
sacrificio ritual, ritual sacrifice
sacrilegio, sacrilege
sacrílego(a), sacrilegious
sacristán, sacristan, sexton
sacristía, sacristy, vestry
sacro(a), holy, sacred
sacrosanto(a), sacrosanct
sacudida, shake, jerk, jolt
sacudimiento, shaking
sacudir, to shake, to jerk, to beat, to shake off
sacudirse, to cough up, to dismiss brusquely
sadismo, sadism
saeta, arrow, dart, religious couplet, usually sung
saetazo, arrow wound
saga, saga
sagacidad, sagacity, shrewdness
sagaz, sagacious, shrewd
sagrado(a), sacred, consecrated
sainete, farce, comedy, sauce, zest, gusto
sal, salt, wit, grace, charm
sal de Epsom, Epsom salts
sal de la Higuera, Epsom salts
sala, hall, parlor, living room
sala de clase, classroom
sala de chat, chat room (internet)
sala de espera, waiting room
sala de hospital, hospital ward
sala de muestras, show room
sala de recreo, rumpus room
salado(a), salted, salty, graceful, witty
salar, to salt
salario, salary
salario mínimo, minimum wage
salazón, seasoning, salting
salcochar, to boil with water and salt
salchicha, small sausage, long, narrow fuse
salchichón, salami
saldar, to settle, to pay, to liquidate, to sell out
saldo, balance, sale items, remainders
saldo acreedor, credit balance
saldo deudor, debit balance
saldo líquido, net balance
salero, salt shaker, salthouse, gracefulness
saleroso(a), graceful, charming
salicilato, salicylate
salicílico(a), salicylic
salida, leaving, departure, environs, projection, outcome, result, exit, recourse, pretext, escape, sortie, golf tee, output
salida de sol, sunrise
salida de teatro, light wrap
tener salida, to sell well
salida de tono, impertinence
saliente, projecting, salient
salina, salt pit, salt works, salt mine
salinización de Ruanda, Rwanda salinization
salinización del suelo, soil salinization
salino(a), saline

salir, to depart, to leave, to go out, to free oneself, to appear, to come out, to sprout, to come out, to stick out, to turn out, to proceed, to come from, to begin, to start, to get rid of, to cost, to resemble, to be chosen, to be selected, to be published
salir con, to come out with
salir con alguien, dating relationship
salir bien en un examen, to pass an examination
salir fiador, to go good for, to go bail for
salirse, to flow, to pour out, to spill
salirse con la suya, to win out
salirse de sus casillas, to lose one's temper
salir al encuentro, al encuentro, to go to meet, to stand up to, to oppose, to anticipate
salitre, saltpeter
salitrera, saltpeter deposit
salitroso(a), nitrous
saliva, saliva
salivar, salivate
salmo, psalm
salmón, salmon
salmuera, brine
salobre, brackish, salty
Salomón, Solomon
salón, salon, large hall
salón de baile, ballroom
salón de belleza, beauty parlor
salón de chat, chat room
Salón francés, French salon
salpicadura, splash, sprinkling
salpicar, to splash, to sprinkle, to punctuate, to sprinkle, to skip around in, to jump around in
salpullido, rash, prickly heat, flea bite
salsa, sauce, gravy, dressing
salsa francesa, French dressing
salsa de tomate, tomato sauce, ketchup, catsup
salsa inglesa, Worcestershire sauce
estar en su salsa, to be right in one's element
salsera, gravy boat
saltar[1], to skip, to jump, to bounce, to fly, to spurt, to break, to explode, to fall, to stand out, to come out with, to flash in one's mind
saltar a la pata coja, hopping
saltar en un pie, hopping
saltar[2], to leap, to jump, to skip over
saltar a los ojos, to be obvious, to stand out
saltarín (saltarina), restless, itchy, hard to handle
salteador, highway man
saltear, to rob, to waylay
salterio, psaltery
salto, leap, jump, spring, leapfrog, abyss, chasm, omission, palpitation, skipping
salto de agua, waterfall
dar saltos, to jump
salto de altura, hihg jump
salto mortal, somersault
en un salto, quickly
saltón[1], grasshopper
saltón (saltona)[2], hopping, jumping, bulging
salubridad, healthfulness
Departamento de Salubridad, Public Health Department
salud, health, salvation
estar bien de salud, to be in good health
estar mal de salud, to be in poor health
salud comunitaria, community health
salud dental, dental health
salud mental, mental health
salud psicológica, psychological health
¡salud!, to your health!
saludable, wholesome, healthful, beneficial
saludar, to greet, to salute, to hail, to acclaim
saludo, salute, greeting
salutación, salutation, greeting
salva, salvo
salva de aplausos, thunderous applause
salvación, salvation, deliverance
salvado, bran
salvador(a)[1], saving
salvador(a)[2], saber, savior
salvadoreño(a), Salvadorean
salvaguardia[1], guard, watchman
salvaguardia[2], safe conduct, protec-

tion, safeguard
salvaje, savage, wild
salvajismo, savagery
salvamento, safety, safe place, rescue
escalera de salvamento, fire escape
salvar, to save, to rescue, to avoid, to exclude, to jump, to cover, to pass over
salvarse, to be saved
salvavidas, life preserver
salvo(a)[1], saved, safe, omitted
sano y salvo, safe and sound
estar a salvo, to be safe
salvo[2], except
salvo error u omisón, errors and omissions excepted
salvoconducto, safe conduct
Samarcanda, Samarkand
samba, samba
Samori Turé, Samori Ture
samurái, samurai
san, saint
San Petersburgo "ventana a Occidente", St. Petersburg, "window on the west"
sanalotodo, panacea, cure all
sanar[1], to heal
sanar[2], to heal, to recover
sanatorio, sanatorium, sanitarium
sanción, sanction
sanciones económicas, economic sanctions
sancionar, to sanction
sancochar, to parboil
sancocho, parboiled meat, meat stew
sans-culottes, sans-culottes
sandalia, sandal
sándalo, sandalwood
sandez, folly, stupidity
sandía, watermelon
saneamiento, indemnification, going good, sanitation, making sanitary
sanear, to indemnify, to go good for, to sanitize
sangrante, bleeding
sangrar, to bleed, to drain, to bleed white
sangre, blood
a sangre fría, in cold blood
banco de sangre, blood bank
donador de sangre, blood donor
donante de sangre, blood donor
tener sangre, to be resolute, to have spirit
sangría, bleeding, tap, drain, identation
sangriento(a), bloody, bloodthirsty
sanguijuela, leech
sanguinario(a), cruel, bloodthirsty
sanguíneo(a), sanguine
sanidad, healthiness, healthfulness
patente de sanidad, bill of health
sanitario(a), sanitary
sano(a), healthy, sound, healthful, intact, complete, sound
sánscrito(a), Sanskrit
santabárbara, powder magazine
Santiago, James
santiamén, twinkling of an eye, jiffy
santidad, sanctity, holiness
santificación, sanctification
santificar, to sanctify, to excuse
santiguar, to make the sign of the cross over, to whack
santiguarse, to cross oneself
santísimo(a), most holy
santo(a)[1], holy
santo(a)[2], saint
santo y seña, password
santuario, sanctuary
santurrón (santurrona)[1], sanctimonious
santurrón (santurrona)[2], plaster saint, religious hypocrite
saña, blind fury, rage
sañoso(a), furious, enraged
sapo, toad
saque, serve, service line, server
saquear, to sack, to pillage
saqueo, pillage, sacking
S. A. R. (Su Alteza Real), His or Her Royal Highness
sarampión, measles
sarape, serape
sarcasmo, sarcasm
sarcástico(a), sarcastic
sardina, sardine
sargento, sergeant
Sargón, Sargon
sarna, mange
sarnoso(a), mangy
sarpullido, rash, prickly heat, flea bite

Sarre, Saar
cuenca del Sarre, Saar Basin
sarro, incrustation, tartar
sarta, string, line, series, string
sartén, frying pan
sastre, tailor
sastrería, tailor's shop
Satanás, Satan
satánico(a), Satanic, devilish
satélite, satellite, bailiff, constable, satellite, follower
países satélites, satellite countries
sátira, satire
satírico(a), satirical, skit
sátiro, satyr
satisfacción, satisfaction
satisfacer, to satisfy
satisfacerse, to get satisfaction
satisfactorio(a), satisfactory
satisfecho(a), satisfied, content, self satisfied
saturación, saturation
saturno, Saturn
sauce, willow
savia, sap
saxofón, saxophone
saya, skirt
sayo, smock
sazón, maturity, time, season, taste, flavor
en sazón, at the right time, opportunely
a la sazón, then, at that time
sazonado(a), seasoned, expressive, clever
sazonar, to season
sazonarse, to ripen
sept. (septiembre), Sept. (September)
s.c.(su cargo o su cuenta), your account
s.c. (su casa), your home
SE (sudeste), SE or S.E. (southeast)
se, himself, herself, itself, yourself, themselves, yourselves, each other
se dice, it is said, one says, they say
se resolvió el problema, the problem was solved
sebo, tallow, fat, grease
seboso(a), fat, greasy
secador(a), dryer
secador(a) de pelo, blow dryer
secante[1], blotter, guard
secante[2], drying
papel secante, blotting paper
secante[3], secant
secamente, dryly, gruffly, harshly
secar, to dry, to annoy, to bother
secarse, to dry out, to dry up, to wither, to grow wizened, to grow hard
sección, section, cross section
sección del periódico, newspaper section
sección plana, planar cross section
sección transversal, cross-section
sección transversal de forma tridimensional, three-dimensional shape cross section
secesión, secession
secesionista, secessionist
seco(a)[1], dry, arid, barren, lean, withered dead, harsh, sharp, indifferent
en seco, high and dry
seco(a)[2], drought, dry weather, sandbank, swelling
secreción, secretion
secretaría, secretaryship, secretariat
secretario(a), secretary, scribe
secretario(a) particular, private secretary
secreto(a)[1], secret, secretive
secreto[2], secret, secrecy, hiding place
de secreto inviolable, top secret
en secreto, in secret, in private
secta, sect, doctrine
sectario(a), sectarian
sector, sector
sector de cuello blanco, white-collar sector
sector privado, private sector
sector profesional, professional sector
secuaz, follower, partisan
secuela, sequel, result
secuencia, sequence, timeline
secuencia aritmética, arithmetic sequence
secuencia aritmética lineal, linear arithmetic sequence
secuencia de ADN,

DNA sequence
secuencia de aminoácidos, amino acid sequence
secuencia de baile, dance phrase
secuencia de Fibonacci, Fibonacci sequence
secuencia de movimiento, movement sequence
secuencia de rocas, rock sequence
secuencia geométrica, geometric sequence
secuencia geométrica lineal, linear geometric sequence
secuencia iterativa, iterative sequence
secuencia recurrente, recursive sequence
secuenciación, sequencing
secuenciador, sequencer
secuencial, Sequential
secuestrar, to abduct, to kidnap, to sequester
secuestro, kidnapping
secular, secular, longseated, deep rooted
secundario(a), secondary
escuela secundaria, high school
sed, thirst
tener sed, to be thirsty
seda, silk
sedante, sedative, tranquilizer
sedativo(a), sedative
sede, seat, headquarters, see, cathedra
sedentario(a), sedentary
sedeña, fiber, fishing line
sedeño(a), silky, bristly
sedería, silks, silk store, silk industry
sedición, sedition
sedicioso(a), seditious
sediento(a), dry, thirsty, eager, anxious
sedimento, sediment
seducción, seduction
seducir, to seduce, to bribe, to attract, to charm, to captivate
seductor(a), attractive, fascinating, charming, seductive
segador(a), mower, reaper, harvester
segadora de cesped, lawn mower
segar, to reap, to mow, to harvest, to cut, to cut down, to restrict
seglar[1], secular
seglar[2], lay man
segmento, segment
segmento de acción, action segment
segmento de una línea, line segment
segregación, segregation, secretion
segregación de facto, de facto segregation
segregación de jure, de jure segregation
segregar, to segregate, to secrete
seguida, series, succession
en seguida, immediately, at once
de seguida, consecutively, continuously
seguidilla, seguidilla
seguido(a), successive, in a row, straight
todo seguido, straight ahead
seguidores de Shays, Shaysites
seguir, to follow, to pursue, to continue, to accompany, to exercise, to profess, to imitate
seguir instrucciones, follow directions
seguirse, to ensue, to result, to originate, to proceed
según[1], according to
según[2], depending on how
según aviso, per advice
según y como, it depends
segundario(a) o secundario(a), secondary
segundo(a)[1], second
en segundo lugar, secondly
de segunda mano, secondhand
Segunda Guerra Mundial, World War II
segunda persona, second person
segunda revolución industrial, second industrial revolution
segunda vuelta, runoff
segundo frente, second front
Segundo Gran Despertar, Second Great Awakening
segundo Nuevo Trato, Second New Deal
segundo[2], second
segundón, second son, younger son

segur, axe, sickle
seguridad, security, surety, assurance, certainty, safety
caja de seguridad, safety deposit box
fiador de seguridad, safety catch
seguridad de los productos de consumo, consumer product safety
seguridad de los trabajadores, worker safety
seguridad del vecindario, neighborhood safety
seguridad económica, economic security
seguridad en el agua, water safety
seguridad nacional, national security
seguridad recreativa, recreation safety
seguridad social, Social security
seguridad vial, traffic safety
seguro(a)[1], secure, safe, certain, sure, firm, constant, unsuspecting
seguro[2], insurance, leave, safe-conduct, certainty, assurance, safety lock
compañía de seguros, life insurance company
corredor de seguros, insurance broker
de seguro, assuredly
póliza de seguro, insurance policy
seguro colectivo, group insurance
seguro contra accidentes, accident insurance
seguro de incendios, fire insurance
seguro de vida, life insurance
seguro médico, health insurance
seis, six
selección, selection, choice
selección al azar, random selection
selección de método, method selection
selección natural, natural selection
selecto(a), select, choice
selva, forest
selva de Malasia, Malaysian rain forest
selva tropical, tropical rain forest
sellar, to seal, to stamp, to finish up
sello, seal, stamp, wafer
sello de correo, postage stamp
sello de impuesto, revenue stamp
sello de entrega inmediata, special delivery stamp
sello de la moneda, tail of a coin
poner el sello a, to finish up, to put the finishing touch on
semáforo, semaphore, traffic light
semana, week
semanal, weekly
semanalmente, weekly, every week
semanario(a), weekly
semántica, semantics
semblante, face, countenance, aspect
semblanza biográfica, biographical sketch
sembrado, cultivated field
sembrador(a), sower, planter
sembradora, seed drill
sembrar, to sow, to plant, to scatter
semejante[1], similar, like
semejante[2], fellowman
semejanza, resemblance, likeness, similarity
semejanza de formas, shape similarity
semejanzas, similarities (sing. similarity)
semejar, to resemble
semen, semen, seed
sementar, to seed, to plant
sementera, sowing, planted land, seeding time
semestral, semiyearly, semiannual
semestre, semester
semianual, semiannual
semicircular, semicircular
semicírculo, semicircle
semiconductor, semiconductor
semicorchea, sixteenth note
semidiós, demigod
semifinal, semifinal
semilla, seed

semillero, seed plot, hotbed
seminario, seminary
semipermeable, semi-permeable
sempiterno(a), everlasting, eternal
semirrecta, ray
semitono, halftone
Senado, Senate
senador(a), senator
  senador estatal, state senator
sencillez, simplicity, candor, naiveté
sencillo(a)[1], simple, lightweight, candid, simple, straightforward
sencillo[2], change
senda, path, footpath
sendero, path, trail
  Sendero de Lágrimas, Trail of Tears
sendos(as), one apiece, one each
  tienen sendos caballos, they have a horse apiece, they each have a horse
Séneca, Seneca
senil, senile
seno, breast, bosom, womb, hollow, cavity, sinus, asylum, refuge, innermost part
sensación, sensation, feeling
sensacionalismo, sensationalism
sensatez, reasonableness, good sense
sensato(a), reasonable, sensible
sensibilidad, sensibility, sensitivity
sensible, sensible, sensitive, marked, regrettable, deep-felt
sensitiva, sensitive plant
sensitivo(a), sensitive
sensual, sensual
sensualidad, sensuality
sensualismo, sensualism
sentado(a), seated
  dar por sentado, to take for granted
sentar[1], to seat
sentar[2], to agree with, to be becoming, to look good, to be fitting, to please
  sentar bien, to do good
  sentar mal, to do harm
sentarse, to sit down
sentencia, sentence, decision, judgment
sentenciar, to sentence, to pass judgment on, to give one's opinion of
sentido, sense, meaning, feeling, direction
  sentido práctico, common sense
sentido(a), sensitive
sentidos, senses
sentimental, sentimental
sentimentalismo, sentimentalism
sentimiento, sentiment, feeling, sorrow
sentir, to feel, to regret, to be sorry about, to hear, to read well, to feel about, to sense
sentirse, to feel, to feel hurt
seña, sign, mark, token, password
señas, address
  hacer señas, to hail, to wave at
  por más señas, as a further proof
  señas mortales, unmistakable evidence
  señas personales, personal description
señal, mark, trace, sign, earnest money
  señal de alto, stop sign
  señal de parada, stop sign
señalar, to mark, to indicate, to point out, to determine, to designate
señalarse, to excel
señalización, system of signs, road signs
señalizar, to mark with signs
señor, owner, master, lord, gentleman, sir, Mr., Mister
  señor feudal, feudal lord
  señor independiente, independent lord
  el Señor, the Lord
señora, owner, mistress, lady, madam, Mrs., wife
  Nuestra Señora, Our Lady
señoría, lordship
señoril, lordly
señorío, self-control, dignity, sway, dominion
señorita, young lady, Miss, mistress of the house
señorito, young gentleman, Master, master of the house, playboy
señuelo, lure, enticement
separable, separable
separación, separation, detachment

separación de la Iglesia y el Estado, separation of church and state
separado(a), separate
por separado, under separate cover
separar, to separate, to discharge, disjoint
separarse, to separate, to retire, to withdraw
separatista, secessionist
sepelio, burial
septentrión, north
septentrional, northern
septicemia, septicemia, blood poisoning
septiembre, September
séptimo(a), seventh
septuagésimo(a), seventieth
Septuagésima, Septuagesima, Septuagesima Sunday
sepulcral, sepulchral
sepulcro, sepulcher, grave, tomb
Santo Sepulcro, Holy Sepulcher
sepultar, to bury, to inter
sepultura, sepulture, grave, burial, interment
sepulturero(a), gravedigger
sequedad, dryness, curtness, sharpness
sequía, drought, thirst, dryness
séquito, retinue, suite, following
ser[1], to be
llegar a ser, to become
ser de, to be from
ser igual a, equal to
ser[2], being, life
serenar, to calm down, to settle
serenarse, to calm down
serenata, serenade
serenidad, serenity, quiet
sereno[1], night air, night watchman
sereno(a)[2], serene, calm, quiet, cloudless
serie, series
serie geométrica, geometric series
series alternas, alternating series
seriedad, seriousness, sternness, gravity
serio(a), serious, stern, grave
sermón, sermon
sermonear, to lecture, to reprimand
serpentina, streamer, serpentine
serpiente, serpent, snake
serranía, mountainous region
serrano(a)[1], mountain
serrano(a)[2], mountaineer
serrucho, handsaw
servible, serviceable
servicial, compliant, accommodating
servicio, service, wear, good turn, worship, tableware, chamber pot
servicio al cliente, customer service
servicio de apoyo, advocacy service
servicio de asistencia, advocacy service
servicio de información telefónica, telephone information service
servicio de las fuerzas armadas, armed forces service
servicio de salud al consumidor, consumer health service
servicio diurno, day service
servicio nocturno, night service
servicios sanitarios, health services
servidor(a), servant
servidor de lista, listserv
servidor seguro, secure server
su servidor(a), your servant, at your service
servidumbre, servitude, staff of servants, compulsion, drive
servidumbre por contrato, indentured servitude
servil, servile
servilleta, napkin
servir[1], to serve, to wait on
servir[2], to serve, to be on active duty, to be of use
servirse, to deign, to please
servirse de, to make use of
servomotor, servo-motor
sesenta, sixty
sesgado(a), oblique, slanting
sesgar, to twist, to cut on the bias
sesgo, twist, bias
al sesgo, obliquely, on the bias
sesgo del autor, author's bias
sesgo muestral, sample bias
sesión, session, show, showing
seso, brain
sestear, to take a siesta

sesudo(a), prudent, discreet, judicious
setas, fungi (sing. fungus)
setecientos(a), seven hundred
setenta, seventy
setiembre, September
seto, fence, enclosure
  seto vivo, hedge
seudónimo, pseudonym
severidad, severity, strictness, seriousness
severo(a), severe, strict, serious
sevillano(a), Sevillian
sexagenario(a), sexagenarian
sexagésimo(a), sixtieth
sexto(a), sixth
  Sexta enmienda, Sixteenth Amendment
sexualidad masculina, male sexuality
s/f. (su favor), your letter
s/g (su giro), your draft
s/g (sin gastos), without expense or charge
shogunato Tokugawa, Tokugawa shogunate
si[1], if, even though, although, whether
  por si acaso, just in case
  si acaso, just in case
  si no, if not
  si y sólo si, if and only if
si[2], ti, musical note
sí[1], yes
  él sí lo hizo, he did do it
sí[2], himself, herself, itself, yourself, themselves, yourselves, each other
  dar de sí, to extend, to stretch
  de sí, in himself
  de por sí, on his own, alone
  para sí, to himself
  volver en sí, to come to, to recover one's senses
Siam, Siam
siamés(a), Siamese
Siberia, Siberia
Sicilia, Sicily
sicoanálisis, psychoanalysis
sicología, psychology
sicológico(a), psychological
sicólogo(a), psychologist
sicosis, psychosis
sicosomático(a), psychosomatic
sicrómetro, psychrometer
SIDA (síndrome de inmunodeficiencia adquirida), AIDS, acquired immune deficiency syndrome
sideral, astral, sidereal
  viajes siderales, space travel
siderurgia, iron and steel industry, iron metallurgy
siderúrgico(a), iron and steel
sidra, cider
siega, harvest
siembra, seedtime, sowing, seeding, sown field
siempre, always, in any event
  siempre jamás, for ever and ever
  siempre y cuando, as long as
siempreviva, everlasting
sien, temple
sierpe, serpent, snake
sierra, saw, mountain range
siervo(a), serf, slave, servant
siesta, siesta
siete, seven
sífilis, syphilis
SIG (Sistema de Información Geográfica), GIS (Geographic Information Systems)
sigilo, seal, secret, reserve
sigiloso(a), reserved, silent
sigla, initial, abbreviation, acronym
siglo, century
  la consumación de los siglos, the end of the world
  siglo veinte, twentieth century
signatario, signatory
significación, significance
significado, meaning
  significado connotativo, connotative meaning
  significado contemporáneo, contemporary meaning
  significado denotativo, denotative meaning
significar, to signify, to mean, to make known
significativo(a), significant, meaningful
signo, sign, mark
  signo de admiración, exclamation mark
  signo de exclamación, exclamation mark
  signo de interrogación, question mark

signo de puntuación, punctuation mark
signo radical, radical sign
signos convencionales, legend
signos convencionales del mapa, map key
siguiente, following, successive, next
al día siguiente, on the following day, next day
sij, Sikh
sílaba, syllable
sílabas átonas, unstressed syllables
sílabas tónicas, stressed syllables
silabear, to sound out, to syllable
silbar[1], to hiss
silbar[2], to whistle
silbato, whistle
silbido, whistle, hissing, whistling
silenciador, silencer, muffler
silencio, silence
¡silencio!, quiet! hush!
silencioso(a), silent
silla, chair, saddle, see
silla de cubierta, deck chair
silla de ruedas, wheel chair
silla giratoria, swivel chair
silla poltrona, armchair, easy chair
sillón, easy chair, overstuffed chair, sidesaddle
silo[1], silo, cave
Silo[2], Shiloh
silueta, silhouette, outline
silvestre, wild
sima, abyss
simbiosis, symbiosis
simbiótico(a), symbiotic
simbólico(a), symbolical
simbolismo, symbolism
simbolizar, to symbolize
símbolo, symbol, adage
símbolo atómico, atomic symbol
símbolo de desigualdad, inequality symbol
símbolo de la articulación, symbol for articulation
símbolo de la nota, symbol for note
símbolo estadounidense, American symbol
símbolo nacional, national symbol
símbolo oral, oral symbol
símbolo visual, visual symbol
símbolos patrios, patriotic symbols
simetría, symmetry
simetría central, central symmetry
simetría de formas, shape symmetry
simetría de rotación, rotation symmetry
simetría lineal, line symmetry
simetría rotativa, rotational symmetry
simétrico(a), symmetrical
simiente, seed, semen
símil[1], resemblance, simile
símil[2], similar
similar, similar
similitud, similitude, similarity
similitud de segmento de línea, line segment similarity
simpatía, sympathy, empathy, charm, liking, affinity
tener simpatía por, to like, to find pleasant and congenial
simpático(a), sympathetic, likable, pleasant, nice
simpatizar, to get along well
simpatizar con, to feel at home with, to feel kindly toward
simple[1], simple, single, pure, insipid
simple[2], simpleton
simpleza, foolishness, stupidity
simplicidad, simplicity
simplificación, simplification
simplificar, to simplify
simplificar una expresión, simplify an expression
simplificar una fracción, simplify a fraction
simulación, simulation
simulación, simulation
simulacro, simulacrum, image, phantasm, apparition, simulation, pretense, maneuvers, war games
simulado(a), feigned, pretended
simular, to simulate, to feign, to pretend
simultáneo(a), simultaneous, concurrent
sin, without, not counting

sin duda, doubtlessly
sin embargo, notwithstanding, nevertheless, nonetheless
sin fricción, frictionless
sin nombre, nameless, without a name
sin piedad, without pity, pitiless
sin reserva, without reservation
sin saberlo, unawares, without knowing it
sin noticia de, without news from
sin salida al mar, landlocked
sin valor, of no value, without value
sin vida, non-living
sin techo, homeless
telegrafía sin hilos, wireless telegraphy
sinagoga, synagogue
sinceridad, sincerity
sincero(a), sincere
sincopar, to syncopate
síncope, syncope, fainting spell
sincrónico(a), synchronous, synchronic
sincronizar, to synchronize
sincrotón, synchroton
sindicar, to accuse, to inform on, to unionize, to syndicate
sindicarse, to become unionized
sindicato, syndicate, labor union
sindicato de obreros, labor union
sinecura, sinecure
sinergia, synergy
sinfonía, symphony
sinfónico, symphonic
sinfonola, jukebox
singular, singular
singularizar, to distinguish, to singularize
singularizarse, to distinguish oneself
siniestra, left hand, left side, left
siniestro(a)[1], left, sinister
siniestro[2], loss
sinnúmero, endless amount, great many, no end
sino, but, but rather, except
sinocéntrico, Sinocentric
sínodo, synod
sinónimo(a)[1], synonymous
sinónimo[2], synonym
sinopsis, synopsis
sinrazón, injustice, wrong
sinsabor, tastelessness, lack of taste, displeasure, uneasiness
sinsonte, mockingbird
sintagma, syntagma
sintagma adjetivo, adjective phrase
sintagma adverbial, adverb phrase
sintagma nominal, noun phrase
sintagma preposicional, prepositional phrase
sintaxis, syntax
síntesis, synthesis
síntesis orgánica compuesta, organic compound synthesis
síntesis de ATP, ATP synthesis
síntesis molecular, molecular synthesis
síntesis proteica, protein synthesis
sintético(a), synthetic
sintetizador, synthesizer
sintetizar, synthesize
sinto, Shinto
sintoismo, Shintoism
síntoma, symptom
sintonización, tuning in
sintonizar, to tune in
sinuoso(a), sinuous,winding, evasive, devious
sinvergüenza[1], roguish, rascally
sinvergüenza[2], scoundrel
sionismo, Zionism
siquiatra o psiquiatra, psychiatrist
síquico(a) o psíquico, psychic
siquiera[1], even if, although
siquiera[2], at least, even
ni siquiera, not even
sirena, siren, mermaid, vamp
Siria, Syria
sirviente(a), servant
sirviente contratado, indentured servant
sirviente por contrato, indentured servant
sisa, dart in an underarm, filching
sisear, to hiss
siseo, hissing
sísmico(a), seismic
movimiento sísmico, earthquake
sismógrafo, seismograph
sistema, system

sistema acusatorio, adversary system
sistema adversarial, adversary system
sistema alfanumérica, alphanumeric system
sistema algebraico, algebraic system
sistema anglosajón de medidas, customary measurement system
sistema anglosajón de unidades, English system of measurement
sistema autoritario, authoritarian system
sistema binario, binary system
sistema bipartidista, two-party system
sistema cardiovascular, cardiovascular system
sistema cerrado, closed system
sistema circulatorio, circulatory system
sistema coordenado rectangular, rectangular coordinate system
sistema corporal, body system
sistema de alianzas, system of alliances
sistema de aporte y dispersión, hub-and-spoke
sistema de ayuda, help system
sistema de canales, canal system
sistema de castas, caste system
sistema de circuito abierto, open-loop system
sistema de circuito cerrado, closed-loop system
sistema de clases, class system
sistema de comunicación contemporáneo, contemporary system of communication
sistema de comunicación por satélite, satellite-based communications system
sistema de controles y contrapesos, system of checks and balances
sistema de coordenadas, coordinate system
sistema de coordenadas cartesianas, Cartesian coordinate system
sistema de creencias, belief system
sistema de derecho de retención de cosecha, crop lien system
sistema de desigualdades, system of inequalities
sistema de ecuación cuadrática lineal, quadratic-linear equation system
sistema de ecuaciones, system of equations
sistema de encomienda, encomienda system
sistema de escritura chino, Chinese writing system
sistema de gobierno, polity
sistema de inecuaciones, system of inequalities
Sistema de Información Geográfica (SIG), Geographic Information Systems (GIS)
Sistema de la Reserva Federal, Federal Reserve System
sistema de New Lanark de Robert Owen, Robert Owen's New Lanark System
sistema de numeración decimal, base ten number system
sistema de numeración no decimal, nondecimal numeration system
sistema de órganos, organ system
sistema de partidos, party system
sistema de pesos y medidas, system of weights and measures
sistema de prebendas, prebendalism
sistema de prebendas, spoils system
sistema de red local, local network system
sistema de registro de la propiedad rural, land-survey system
sistema de reservación, reservation system
sistema de satélites, satellite system

sistema de sonido, sound system
sistema de tablón de anuncios, bulletin board system
sistema de trabajo libre, free labor system
sistema de transporte, transport system
sistema de transporte rápido, rapid transit
sistema de trenes ligeros, tight-rail system
sistema de Westminster, Westminster model
sistema dinámico, dynamic system
sistema económico, economic system
sistema educativo, education system
sistema electoral, electoral system
sistema electoral donde el ganador se lleva todo, winner-take-all system
sistema endocrino, endocrine system
sistema escolar, school system
sistema estelar, star system
sistema excretor, excretory system
sistema feudal, feudal system
sistema fluvial, river system
sistema imperial, English system of measurement
sistema inmune, immune system
sistema inmunitario, immune system
sistema inmunológico, immune system
sistema inteligente, intelligent system
sistema lineal, linear system
sistema logográfico, logographic system
sistema monetario, medium of exchange
sistema muscular, muscular system
sistema nervioso, nervous system
sistema nervioso autónomo, autonomic nervous system
sistema nervioso central, central nervous system
sistema nervioso de los animales, animal nervous system
sistema númerico, number system
sistema operativo, operating system
sistema parlamentario, parliamentary system
sistema proporcional, proportional system
sistema respiratorio, respiratory system
sistema señorial europeo, European manorial system
sistema silábico, syllabic system
sistema simple, simple system
sistema social hereditario, hereditary social system
sistema terrestre, Earth system
sistema totalitario, totalitarian system
sistema tribal, tribal system
sistemas de ecuaciones, equation systems
sistemas éticos, ethical systems
sistemas políticos comparados, comparative government systems

sistemático(a), systematic
sistémico, systemic
sitcom, sitcom
sitiar, to besiege, to lay siege to, to hem in, to hole up
sitio, place, country home, siege
sitio de Troya, siege of Troy
sitio histórico, historic site
sitio web, web site

Sitka, Sitka
situación, position, situation
situado(a)[1], situated, located
situado[2], income
situar, to place, to situate, to assign
siux, Sioux
sketch satírico, skit
s/l or sL (su letra), your letter
S. M. (Su Majestad), His or Her Majesty
smoking, tuxedo, dinner jacket

SO (sudoeste), SW or S. W. (southwest)
s/o (su orden), your order
so[1], under
so pena de, underpenalty of
so capa de, in the guise of
¡so!, whoa!
so[2], you
¡so bruto!, you nitwit!
sobaco, armpit
sobar, to knead, to soften, to handle, to paw, to pummel, to beat, to annoy
soberanía, sovereignty
soberanía estatal, state sovereignty
soberanía popular, popular sovereignty
soberano(a), sovereign
soberbia, pride, haughtiness, magnificence, splendor, anger, wrath
soberbio(a), proud, haughty, superb, magnificent, wrathful, angry
sobornar, to suborn, to bribe
soborno, bribe
sobra, excess, surplus
sobrado(a), excessive, abundant, audacious, bold, rich
sobrante, residue, surplus, leftover, excess
sobrar[1], to be too much, to be unnecessary, to be more than enough, to remain, to be left over
sobrar[2], to outdo
sobras, leftovers, waste
de sobras, more than enough
sobre[1], on, about, in addition to
sobre cero, above zero
sobre todo, above all
sobre lo cual, on which, about which
sobre[2], envelope
sobrealimentar, to overfeed, to supercharge
sobrecama, bedspread
sobrecarga, surcharge, extra load, overload, packing cord, added annoyance
sobrecarga progresiva, progressive overload
sobrecargar, to overload, to fell
sobrecargo, supercargo
sobrecejo (sobreceño), frown
sobrecoger, to surprise, to take by surprise, to startle
sobrecomprimir, to pressurize
sobrecubierta, upper deck
sobredicho(a), above-mentioned
sobreexcitar, to overexcite
sobregeneralización, overgeneralization
sobrehumano(a), superhuman
sobrellevar, to ease, to help with, to put up with, to tolerate
sobremanera, exceedingly
sobremesa, table cover, dessert, after-dinner conversation
sobrenatural, supernatural
sobrenombre, nickname
sobrentender, to understand, to deduce
sobrentenderse, to go without saying
sobrepaga, increase in pay
sobreparto, confinement after childbirth
sobrepasar, to surpass
sobrepesca, overfishing
sobrepeso, overweight
sobrepoblación, overpopulation
sobreponer, to superimpose, to put on top of
sobreponerse, to master the situation, to win out, to prevail
sobreproducción, overproduction
sobresaliente[1], projecting, outstanding
sobresaliente[2], substitute, understudy
sobresaliente[3], excellent
sobresalir, to project, to stick out, to excel, to stand out
sobresaltado(a), frightened, startled
sobresaltar, to attack unexpectedly, to frighten, to startle
sobresaltarse[1], to be startled, to be frightened
sobresaltarse[2], to stand out
sobresalto, fright, scare, start
de sobresalto, suddenly, unexpectedly
sobrestante, overseer, foreman
sobrestimación, overestimation
sobresueldo, added stipend, fringe benefits
sobretodo, topcoat, overcoat
sobrevaloración, overestimation
sobrevenir, to come immediately afterward, to happen unexpectedly, to come at the same time
sobrevenir a,

to come right on top of
sobreviviente[1], survivor
sobreviviente[2], surviving
sobrevivir, to survive
sobrevivir a, to outlive, to survive
sobriedad, sobriety, temperance
sobrina, niece
sobrino, nephew
sobrio(a), sober, temperate, moderate
Soc. (Sociedad), Soc. (Society), Co. (Company)
socaliñar, to trick, to wheedle
socarrón(a), cunning, sly, crafty
socavar, to undermine, to weaken
sociabilidad, sociability
sociable, sociable
social, social, company
razón social, firm name
socialismo, socialism
socialista, socialistic, socialist
socializar, to socialize
sociedad, society, company
sociedad agrícola, agrarian society
sociedad agrícola neolítica, Neolithic agricultural society
sociedad anónima, corporation
sociedad benéfica, charity, welfare organization
sociedad cimarrona, Maroon society
sociedad colectiva, general partnership
sociedad comanditaria simple, limited partnership
sociedad cristiana medieval, medieval Christian society
Sociedad de Naciones, League of Nations
sociedad en comandita o comanditaria, limited partnership
sociedad estadounidense, American society
sociedad euroasiática, Eurasian society
sociedad feudal, feudal society
sociedad feudal japonesa, Japanese feudal society
sociedad industrial, industrial society
sociedad moderna temprana, early modern society
sociedad patriarcal, patriarchal society
sociedad posindustrial, post-industrial society
socio(a), associate, partner, member, fellow, guy
socio comercial, trading partner
socioeconómico, socioeconomic
sociología, sociology
sociólogo(a), sociologist
socorrer, to succor, to aid, to help, to pay in part, to pay on account
socorro, succor, help, aid, reinforcement
Sócrates, Socrates
sodio, sodium
soez, mean, vile
sofá, sofa, couch, lounge
sofá cama, sofa bed
sofisma, sophism
sofistería, sophistry
sofístico(a), sophistical
soflamar, to humbug, to embarrass
soflamarse, to get scorched
sofocación, suffocation, smothering
sofocante, suffocating, stifling
sofocar, to suffocate, to put out, to extinguish, to harass, to inflame, to embarrass
software, software
software de creación de publicaciones, desktop publishing software
soga, rope
soja, soybean
sojuzgar, to conquer, to subdue
sol[1], sun, sunlight, day
hace sol, it is sunny
puesta del sol, sunset
rayo de sol, sunbeam
salida del sol, sunrise
sol[2], monetary unit of Peru, sol
solana, sun room, sun porch, sunny spot
solapa, lapel, pretense, cover, pretext
solapado(a), cunning, crafty, artful
solapar[1], to put lapels on, to conceal, to hide
solapar[2], to drape
solar[1], lot, piece of real estate, ancestral home, lineage
solar[2], solar
luz solar, sunshine
solar[3], to put a floor in, to sole
solariego(a), ancestral

solaz, solace, consolation, change
a solaz, gladly
solazar, to solace, to comfort
solazo, scorching sun
soldadesca, soldiery, raw troops
soldadesco(a), soldierly, soldier-like
soldado, soldier
soldado afroamericano de la Unión, African-American Union soldier
soldado cristiano, Christian soldier
soldado de a caballo, cavalryman
soldado de marina, marine
soldado de reserva, reservist
soldado raso, buck private
soldadura, soldering, solder, correction
soldadura autógena, welding
soldar, to solder, to connect, to right, to make amends for
soldarse, to stick together
soleado(a), sunny
soledad, solitude, lonely place, loneliness
solemne, solemn, awful, real, absolute
solemnidad, solemnity, formality
solemnizar, to solemnize
soler, to be accustomed to, to be in the habit of, to be customary for
solfa, sol-fa, musical notes, music, beating
solfeo, solfeggio, flogging, beating
solicitante, applicant
solicitar, to try for, to apply for, to attract
solícito(a), solicitous, careful
solicitud, solicitude, application, request, petition
a solicitud, on request
solicitud de trabajo, job application
solidaridad, solidarity
solidario(a), solidary, jointly liable
solidez, solidity, volume
sólido(a), solid, strong, robust
sólido cristalino, crystalline solid
sólido geométrico, geometric solid
sólido poliedro, polyhedral solid
soliloquio, soliloquy
solio, canopied throne
solista, soloist
solitaria[1], tapeworm
solitario(a)[2], solitary, lonely
solitario[3], solitaire, hermit
solo[1], solo
solo(a)[2], alone, only, sole
a solas, alone, unaided
sólo, only
solomillo, sirloin
solomo, sirloin
Solón, Solon
solsticio, solstice
solsticio de invierno, winter solstice
solsticio de verano, summer solstice
soltar, to untie, to loosen, to free, to let go of, to release, to let out, to explain, to resolve, to come out with
soltarse, to become adept, to loosen up, to unwin, to begin
soltero(a)[1], unmarried, single
soltero[2], bachelor
soltera[3], bachelor girl
solterón(a)[1], old and still single
solterona[2], old maid, spinster
solterón[3], old bachelor
soltura, loosening, explanation, freedom, agility, openness, frankness, fluency, release, freeing
solubilidad, solubility
soluble, soluble, solvable
solución, solution
solución de buffer, buffer
solución de problemas, troubleshooting, problem-solution
Solución final, Final Solution
solución finita, finite solution
solución gráfica, graphic solution
solución hipertónica, hypertonic solution
solución hipotónica, hypotonic solution
solución isotónica, isotonic solution
solución optimizada, optimized solution
soluciones de inecuaciones, inequality solutions
solucionar, to settle, to resolve
soluto, solute
solvencia, solvency

solventar, to settle, to liquidate
solvente, solvent
sollozar, to sob
sollozo, sob
sombra, shade, shadow, darkness, shade, spirit, favor
esto no tiene sombra de verdad, there's not a trace of truth in this
hacer sombra, to be shady
tener buena sombra, to be pleasant, to be nice
sombreado, shading, shaded
sombrear, to shade
sombrerera, hatbox, hat designer, milliner
sombrerería, hat shop
sombrerero, hatter, hatmaker, milliner
sombrero, hat
sombrero de jipijapa, Panama hat
sombrero de paja, straw hat
sombrero de panamá, Panama hat
sombrilla, parasol
sombrío(a), shady, shaded, gloomy, bleak
somero(a), superficial, shallow, on the surface
someter, to subject, to subdue, to conquer, to vanquish, to submit
someterse, to humble oneself, to submit
someterse a, undergo
somnolencia, sleepiness, drowsiness
son, music, soft notes, news, pretext, manner
a son de, at the sound of
en son de, as, like, in the manner of
en son de burla, in the mocking way, mockingly
sonajero, baby's rattle
sonámbulo(a), somnambulist
sonar[1], to play, to sound, to blow
sonar[2], to sound, to sound right, to sound familiar, to seem
sonata, sonata
sonda, sounder, drill, probe, catheter
sonda espacial, space probe
sondar, to sound, to drill, to probe, to sound out
sondear, to sound, to drill, to probe, to sound out
sondeo, sounding, probing
cohete de sondeo, probe rocket
sondeo de opinión, public opinion poll
soneto, sonnet
sónico(a), sonic
sonido, sound, news
sonido del cuerpo, body sound
sonido electrónico, electronic sound
sonido no tradicional, nontraditional sound
sonido tradicional, traditional sound
sonidos de vocales, vowel sound
sonoro(a), sonorous, voiced
sonreír, to smile
sonreír burlonamente, to snicker, to smile sarcastically
sonriente, smiling
sonrisa, smile
sonrojar, to make blush
sonrojarse, to blush
sonrojo, blush, impropriety
sonrosado(a), pink
sonsacar, to make off with, to wheedle, to pump
sonsonete, tapping noise, scornful, derisive tone, dull monotone
soñador(a)[1], dreamer
soñador(a)[2], dreamy
soñar, to dream
soñar despierto, to daydream
soñar con, to dream of
¡ni soñarlo!, wouldn't dream of it!
soñoliento(a), sleepy, drowsy, soporific, dull, lazy
sopa, soup
estar hecho una sopa, to be sopping wet
sopera, soup tureen
sopetón, hard box, hard slap
de sopetón, suddenly
soplar[1], to blow
soplar[2], to blow away, to steal, to blow up, to inflate, to inspire, to whisper, to squeal on
soplete, blowtorch
soplete oxhídrico, oxyhydrogen torch

soplo, blowing, gust, moment, piece of advice, tip, tale
soplón (soplona), talebearer
soponcio, faint, passing out
sopor, drowsiness, sleepiness, stupor
soportable, tolerable, supportable
soportar, to support, to bear, to hold up, to tolerate, to endure
  soportar peso, supporting weight
  soporte, support
soprano, soprano
sor, Sister
sorber, to sip, to suck, to draw in, to soak up, to absorb, to swallow up
sorbete, sherbet
sorbo, sipping, sip, taste
  tomar a sorbos, to sip
sordera, deafness
sordina, damper, sordine, mute
sordo(a), deaf, silent, mute, muffled, voiceless
sordomudo(a)[1], deaf and dumb
sordomudo(a)[2], deafmute
sorna, sluggishness, laziness, slowness, stalling, faking
sorprendente, surprising
sorprender, to surprise
sorpresa, surprise
  de sorpresa, unawares
sortear, to draw lots for, to dodge, to sidestep, to maneuver with
sorteo, drawing lots, dodging
sortija, ring, ringlet
sortilegio, sorcery, witchcraft
sosegado(a), quiet, peaceful, composed
sosegar, to calm, to quiet
sosegar, to rest, to quiet down
sosegarse, to calm down
sosiego, tranquillity, serenity, calm
soslayo(a), oblique
  al soslayo, obliquely, on a slant
  de soslayo, sideways, sidelong
  mirar de soslayo, to look askance at
soso(a), insipid, tasteless
sospecha, suspicion
sospechar, to suspect
sospechoso(a), suspicious
sostén, support, brassiere, steadiness
sostener, to support,to sustain, to hold up, to back, to uphold, to bear, to endure, to maintain, to provide for
sostenerse, to support oneself
sostenido(a)[1], sustained
sostenido[2], sharp
sostenimiento, sustenance, support
sota, jack
sotana, cassock, beating, drubbing
sótano, basement, cellar
sotavento, leeward, lee
soviet (sóviet), soviet
soviético(a), soviet
soya, soybean
sputnik, sputnik
s/p (su pagaré), your promissory note
Sr. (señor), Mr. (Mister)
s/r (su remesa), your remittance or shipment
Sra. (señora), Mrs. (Mistress)
Sres. (señores), Messrs. (Messieurs)
sria. (secretaria), sec. (secretary)
srio. (secretario), sec. (secretary)
Srta. (señorita), Miss
S. S. o s. s. (seguro servidor), devoted servant
S. S. (Su Santidad), His Holiness
SS.mo P. (Santísimo Padre), Most Holy Father
S.S.S. o s.s.s. (su seguro servidor), your devoted servant
SS. SS. SS. o ss. ss. ss. (sus seguros servidores), your devoted servants
Sta. (Santa), St. (Saint)
Sto. (Santo), St. (Saint)
su, his, her, its, one's
  su alteza, your highnesses
suajili, Swahili
suave, smooth, soft, suave, gentle, mild
suavidad, softness, suaveness, smoothness, gentleness
suavizar, to soften, to mollify, to pacify
suavizarse, to calm down
subalterno(a), inferior, subordinate
subarrendar, to sublet, to sublease
subasta, auction, open bidding
  sacar a pública subasta, to sell to the highest bidder
subastar, to auction off
subconjuntos de números reales, subsets of real numbers
subconsciente, subconscious
subcultura, subculture
subdesarrollado(a), underdeveloped
súbdito(a), subject

subdividir, to subdivide
subdivisión, subdivision
subestimación, underestimation
sube (que), ascending
subgerente, assistant manager
subida, climb, ascent, accession
subida al trono de Isabel I de Inglaterra, accession of Elizabeth I
subido(a), intense, penetrating, fine, excellent, very high
subir[1], to climb up, to go up, to come to, to amount to, to rise, to swell, to get worse, to progress, to advance
subir[2], to climb, to go up, to bring up, to take up, to enhance, to erect, to raise
subir al tren, to get on the train
subir de peso, taking weight
subir en empleo, to be promoted
subirse al carro, bandwagon
súbitamente, suddenly
súbito(a), sudden, hasty, unforeseen
de súbito, suddenly
subjuntivo, subjunctive
sublevación, revolt, rebellion
sublevar[1], to excite to rebellion
sublevar[2], to revolt, to rebel
sublimación, sublimation
sublime, sublime, exalted
sublimidad, sublimity, sublimeness
submarino, submarine
subnormal, subnormal
suborbital, suborbital
subordinado(a), subordinate
subordinar, to subordinate
subrayar, to underline, to underscore
subrepticiamente, surreptitiously
subsanar, to excuse, to mend, to repair
subscribir, to subscribe, to subscribe to
subscribirse a, to subscribe to
subscripción, subscription
subscripto, subscript
subscrito, undersigned
subsecretario(a), undersecretary, assistant secretary
subsecuente, subsequent, following
subsidiario(a), subsidiary
subsidio, subsidy
subsidio gubernamental, government subsidy
subsiguiente, subsequent, following
subsistema, subsystem
subsistemas coordinados, coordinated subsystems
subsistencia, subsistence
subsistir, to subsist
substancia, substance
substancial, substantial
substancioso, substantial, nutritious, nourishing
substantivo, substantive, noun
substitución, substitution
substituir, to replace, to substitute for
substituto, substitute
substracción, subtraction
substraer, to remove, to take away, to subtract, to steal
substraerse, to withdraw, to get out
subsuelo, subsoil
subteniente, second lieutenant
subterfugio, subterfuge
subterráneo(a), subterraneous, subterranean
subtexto, subtext
subtítulo, subtitle, cutline
subtrama, subplot
subtropical, subtropical
subunidad, subunit
subunidad de ADN, DNA subunit
suburbanización, suburbanization
suburbano(a)[1], suburban
suburbano(a)[2], suburbanite
suburbio, suburb
subvención, subsidy, endowment
subversión, subversion, overthrow
subversivo(a), subversive
subvocalizar, subvocalize
subyacente, underlying
subyugar, to subdue, to subjugate
succión, suction
suceder, to happen, to follow, to succeed, to inherit
sucesión, succession, issue, offspring
sucesión biológica, biological succession
sucesión ecológica, biological succession
sucesivo(a), successive
en lo sucesivo, from now on, in the future
suceso, event, outcome, success
suceso aleatorio, chance event
sucesor(a), successor, heir

suciedad, filth, dirt, dirtiness, filthiness, dirty remark
sucinto(a), succinct
sucio(a), dirty, filthy
sucre, monetary unit of Ecuador
suculento(a), succulent
sucumbir, to succumb
sucursal[1], subsidiary
sucursal[2], branch, subsidiary
sud, south
sudafricano(a), South African
sudamericano(a), South American
Sudán, Sudan
sudar, to sweat
sudario, shroud
sudeste, southeast
sudoeste, southwest
Sudoeste asiático, Southwest Asia
sudor, sweat
Suecia, Sweden
sueco(a)[1], Swedish
sueco(a)[2], Swede
suegra, mother-in-law
suegro, father-in-law
suela, sole
media suela, half sole
sueldo, salary, pay
suelo, ground, soil, floor, bottom, topsoil
suelo agrícola, agricultural soil
suelto(a), loose, rapid,quick, bold, loose, single
sueño, sleep, dream
conciliar el sueño, to manage to get to sleep
entre sueños, dozing
sueño americano, American dream
tener sueño, to be sleepy
suero, serum
suerte, luck, fortune, fate, kind, sort
tener suerte, to be lucky
echar suertes, to draw lots
suficiencia, sufficiency, adequacy
a suficiencia, sufficient, enough
suficiente, sufficient, enough, fit, apt
sufijo (pl. sufijos), suffix, affix (pl. suffixes)
sufismo, Sufism
sufragar, to aid, to assist, to defray
sufragio[1], vote, suffrage, aid, assistance
sufragio femenino, women's suffrage, woman suffrage
sufragio universal para los hombres blancos, universal white male suffrage
sufragio[2], franchise
sufrido(a), longsuffering, patient
sufrimiento, patience, endurance
sufrir, to suffer, to endure, to tolerate, to bear
sugerencia, suggestion
sugerir, to suggest
sugestión, suggestion
sugestionar, to influence while under hypnosis, to have in one's spell
suicida, suicide
suicidarse, to commit suicide
suicidio, suicide
Suiza, Switzerland
suizo(a), Swiss, dispute, row
sujeción, subjection, control, fastening, holding
con sujeción, subject to
sujetar, to subject, to hold, to fasten
sujeto(a), subject, fastened
estar sujeto a, to be subject to
sujeto informado, informed subject
sujeto simple, simple subject
Suleimán el Magnífico, Suleiman the Magnificent
sulfanilamida, sulfanilamide
sulfato, sulphate
sulfonamida, sulfonamide
sulfúrico, sulphuric
sultán, sultan
suma, addition, sum, amount, essence, summary
en suma, in short
suma de decimales, decimal addition
suma de expresiones radicales, add radical expressions
suma de fracciones, addition of fractions, fraction addition
suma de matrices, matrix addition
suma de patrones, pattern addition
suma de polinomios, polynomial addition
suma de vectores, vector addition
sumamente, exceedingly
sumando, addend
sumar, to add, to summarize, to sum

up, to amount to
sumario, compendium, summary
sumergible[1], submersible
sumergible[2], submarine
sumergir, to submerge, to sink
Sumeria, Sumeria
sumersión, submersion
sumidero, sewer, drain
suministrador(a), provider
suministrar, to supply, to furnish
suministro, provision, supply
suministro de energía, power supply
suministros, supplies
sumir, to sink, to lower
sumirse, to be sunken in, to wallow
sumisión, submission
sumiso(a), submissive
sumo(a), supreme
a lo sumo, at most
de sumo, completely
sunita, Sunni
Sunna, Sunna
suntuoso(a), sumptuous
supeditar, to hold down, to overpower
superable, surmountable, superable
superabundancia, superabundance
superar, to surpass, to excel, to overcome, to surmount
superávit, surplus
superávit comercial, trade surplus
superávit presupuestario, budget surplus
superbombardero, superbomber
supercarretera, superhighway
superficial, superficial, surface
superficie, surface, area, yard size
superficie de la Tierra, Earth's surface
superficie del terreno, land area
superficie geográfica, landform
superficie metálica, metallic surface
superficie terrestre, Earth's surface
superfluo(a), superfluous
superhéroe, superhero
superhombre, superman
superintendente, superintendent, director
superior, superior, upper, higher
parte superior, topside
superioridad, superiority
complejo de superioridad, superiority complex
superlativo(a), superlative
supermercado, supermarket
supernova, supernova
supernumerario(a), supernumerary
superpoblación, overpopulation
superposición, superposition
supersónico(a), supersonic
velocidad supersónica, supersonic speed
superstición, superstition
supersticioso(a), superstitious
super.te (superintendente), supt. (superintendent)
supervisar el proceso de un problema, monitor process of a problem
supervivencia, survival, survivorship
supervivencia de los organismos, survival of organisms
supervivencia del más apto, survival of the fittest
superviviente[1], survivor
superviviente[2], surviving
supino(a)[1], supine
supino[2], supine
suplantar, to falsify, to supplant
suplemento, supplement
suplemento dietético, dietary supplement
suplente, substitute, alternate
súplica, petition, request, entreaty
suplicante[1], entreating, pleading
suplicante[2], supplicant, petitioner
suplicar, to entreat, to beg, to implore, to petition
suplicio, punishment, anguish, suffering, torment
último suplicio, capital punishment
suplir, to make up, to supply, to replace, to take the place of, to make up for
supl.te (suplente), sub. (substitute)
suponer[1], to suppose, to imply, to call for, assume
suponer[2], to carry weight, guess
suposición, supposition, weight, importance, falsehood
supositorio, suppository
supremacía, supremacy

supremo(a), supreme
supresión, suppression
suprimir, to suppress, to omit, to leave out
supuesto[1], supposition
supuesto filosófico, philosophical assumption
supuesto(a)[2], supposed, reputed, assumed
supuesto que, in view of the fact that, inasmuch as
por supuesto, of course
dar por supuesto, to take for granted
supurar, to suppurate
sur, south, south wind
sur de la India, South India
sur de la Península Ibérica, Southern Iberia
surcar, to furrow, to plow through, to cut through
surco, furrow
Sureste asiático, Southeast Asia
surgir, to gush out, to spurt, to arise, to spring up, to emerge, to anchor
suroeste, southwest
surrealismo, surrealism
surtido, assortment, supply
surtidor(a)[1], purveyor, supplier
surtidor[2], spout, jet
surtir[1], to supply, to furnish, to fit out
surtir[2], to gush out, to jet, to spout
sus, their, your
susceptible, susceptible, touchy
suscitar, to excite, to stir up
suscribir, to subscribe, to subscribe to
suscribirse a, to subscribe to
suscripción, subscription
suscriptor(a), subscriber
suscrito(a), undersigned
susodicho(a), above-mentioned, aforesaid
suspender, to suspend, to amaze, to fail, to fire, to discharge, to cease
suspensión, suspension, amazement
suspenso(a)[1], suspended, amazed, bewildered
suspenso[2], failing grade
suspicacia, suspiciousness, distrust
suspicaz, suspicious, distrustful
suspirar, to sigh
suspirar por, to long for
suspiro, sigh, meringue
sustancia, substance
sustancia dañina, harmful substance
sustancia pura, pure substance
sustancial, substantial
sustancioso(a), substantial, nutritious, nourishing
sustantivo(a), substantive, noun
sustantivo colectivo, collective noun
sustantivo compuesto, compound noun
sustantivo común, common noun
sustantivo plural irregular, irregular plural noun
sustantivo plural regular, regular plural noun
sustantivo posesivo, possessive noun
sustantivo singular, singular noun
sustentar, to sustain, to support, to maintain
sustento, sustenance, support
sustitución, substitution
sustitución de consonantes, consonant substitution
sustitución de valores desconocidos, substitution for unknowns
sustituir, to replace, to substitute for
sustituto(a), substitute
susto, fright, scare, dread
llevarse un susto, to get a good scare
sustracción, subtraction
sustraendo, subtrahend
sustraer, to remove, to take away, to subtract, to steal
sustraerse, to withdraw, to get out
susurrar, to whisper, to be whispered about, to rustle, to murmur
susurro, whisper, murmur, rustle
sutil, fine, thin, subtle
sutileza, fineness, subtlety
sutilizar, to refine
sutura, suture
suyo(a)[1], his, hers, theirs, one's, yours
suyo(a)[2], his, her, their, your
de suyo, on one's own, in itself (propiamente)
Svetaketu, Svetaketu

T

tabaco, tobacco
tabaco en polvo, snuff
tábano, horsefly
tabaquera, snuffbox
tabaquería, cigar store, cigar factory
taberna, tavern, saloon
tabernáculo, tabernacle
tabique, partition
tabla, board, slab, butcher's block, index, table, bed of earth, pleat, catalogue
tabla bidireccional, two-way table
tabla de contenido, table of contents
tabla de conteo, tally chart
tabla de entradas, input table
tabla de equilibrio, balance board
tabla de frecuencia, frequency table
tabla de frecuencia de datos, data frequency table
tabla de millaje, mileage table
tabla de representación de funciones, table representation of functions
tabla de representación de probabilidad, table representation of probability
tabla de salidas, output table
tabla periódica, periodic table
tablas, tie, draw, stage
tablas de la ley, tables of the law
tablado, scaffold, staging, frame of a bedstead, stage
tablero, board, chessboard, checkerboard, stock of a crossbow, cutting board, counter, blackboard, petrel
tablero de dibujar, drafting board
tablero de instrumentos, instrument board
tableta, tablet, small chocolate cake, pill
tablilla, tablet, slab, bulletin board
tabloide, tabloid newspaper
tabú, taboo
taburete, narrow-backed chair, stool
tacaño(a), artful, knavish, miserly, stingy
tacatá, child's walker
tacazo, drive
tácito(a), tacit, silent, implied
taciturno(a), taciturn, silent, melancholy
taco, stopper, stopple, wad, rammer, billiard cue, snack, swallow of wine, oath, stuffed rolled tortilla
tacón, heel
tacón de caucho, rubber heel
tacón de goma, rubber heel
taconeo, click of one's heels
táctico(a)[1], tactical
táctica militar, military tactic
táctico(a)[2], tactician
tacto, touch, feeling, tact, knack
tacha, fault, defect, large tack
sin tacha, perfect
tachar, to find fault with, to reprehend, to erase, to efface, to challenge
tachonar, to trim, to stud
tachuela, tack, nail
tafetán, taffeta
tahona, horse-drawn crushing mill, bakery
tahúr, gambler, gamester
Tailandia, Thailand
taimado(a), sly, cunning, crafty
taja, cut, incision, shield
tajada, slice, hoarseness
tajador(a)[1], chopper, cutter
tajador[2], chopping block
tajalápices, pencil sharpener
tajar, to cut, to chop, to slice, to carve
tajo, cut, incision, task, assignment, cliff, cutting edge, cutting board, stool
tal, such, such a
con tal que, provided that
no hay tal, no such thing
¿qué tal?, how goes it? how are you getting along?
tal vez, perhaps
tala, logging
tala de árboles, timber cutting
tala excesiva de los bosques de pinos, overcutting of pine forest
taladrar, to bore, to pierce, to drill, to pierce one's ears, to get to the root of

taladro, borer, gimlet,auger, drill, drill hole
tálamo, bridal bed, thalamus
talante, manner of performance, appearance, countenance, will, desire, pleasure
  de mal talante, unwillingly, with bad grace
  de buen talante, willingly, with good grace
talar, to fell, to desolate, to raise havoc in
talco, talc, tinsel
  polvo de talco, talcum powder
talega, bag, bagful, diaper, sins
talego, bag, sack, clumsy, heavy individual
  tener talego, to have money put away
talento, talent
talentoso(a), talented
talismán, talisman
talón, heel, check, stub, coupon
talonario, check stubs
  libro talonario, checkbook
talla, engraving, sculpture, stature, size, height scale, reward, hand
tallado(a)[1], cut, carved, engraved
  buen tallado(a), well-formed
tallado[2], carving, engraving
tallador(a), engraver
talladura de herramientas en bronce, bronze tool-making technology
tallar[1], to cut, to carve, to engrave, to appraise, to measure
tallar[2], to discourse, to talk of love
tallar[3], ready to be cut or carved
tallarín, noodle
  sopa de tallarines, noodle soup
talle, shape, size, proportion, waist, appearance
taller, workshop, laboratory
  taller cerrado, closed shop
  taller de reparaciones, repair shop
tallo, shoot, sprout, stem, cabbage
tamal, tamale
tamaño[1], size
  tamaño astronómico, astronomical size
  tamaño de la unidad, unit size
  tamaño de las estrellas, star size
  tamaño de los planetas, planet size
  tamaño del Sol, sun's size
  tamaño promedio del hogar, average family size
  tamaño relativo, relative size
  tamaño variable, varying size
tamaño(a)[2], so small, so large, very small, very large
tamarindo, tamarind
tambalear, to stagger, to reel, to totter
tambaleo, staggering, reeling
también, also, too, likewise, as well
tambor, drum, drummer, drum, coffee roaster, reel, tambour frame, eardrum
  tambor mayor, drum major
tamboril, tabor, small drum
tamborilero(a), tabor player, drummer
tamborito, national folk dance of Panama
Tamerlán, Timur the Lame (Tamerlane)
tamiz, fine sieve
tamizar, to sift, to sieve
tampoco, neither, not either
tan[1], boom, drum beat
tan[2], so, as
  tan pronto como, as soon as
tanda, turn, task, gang, shift, game, number, performance, show
tándem, tandem
tangente, tangent
  salir por la tangente, to evade the issue
  tangente común, common tangent
  tangentes conjugadas, conjugate tangents
Tánger, Tangier
tangible, tangible
tango, tango
tanque, tank, beeswax, water tank, dipper, pool
tantear, to compare, to keep score, to consider carefully, to size up, to estimate, to sketch
tanteo, comparison, consideration, evaluation, estimation, sketch, score, scorekeeping
tanto[1], certain sum, a quantity, copy, chip, marker
tanto(a)[2], so much, as much, very great

tanto[3], so, that way, so much, so long
mientras tanto, meanwhile
por lo tanto, therefore
tanto como, as much as
tanto más, so much more, especially, particularly
tantos, score, points
tañer[1], to play
tañer[2], to drum the fingers
tañido, tune, note, sound, tone
taoísmo, Daoism, Taoism
tapa, lid, cover, book cover, snack served with wine
tapar, to cover, to close, to bundle up, to conceal, to hide
taparrabo, loincloth
taparrabo de baño, swimming trunks
tapete, small carpet, runner
tapia, adobe wall, enclosure
sordo como una tapia, stone deaf
tapiar, to wall up, to stop up, to close up
tapicería, tapestry, upholstery
tapicero(a), tapestry maker, upholsterer
tapioca, tapioca
tapiz, tapestry
papel tapiz, wallpaper
tapizar, to cover with tapestry, to cover with rugs, to upholster
tapón, cork, plug, stopper, tampon
taquigrafía, shorthand, stenography
taquigráfico(a), in shorthand
versión taquigráfica, shorthand record
taquígrafo(a), stenographer
taquilla, file cabinet, box office, ticket office, ticket window, box-office take, receipts
taquillero(a)[1], ticket seller
taquillero(a)[2], successful at the box office, popular
tara, tare, tally, defect
tarántula, tarantula
tararear, to hum
tardanza, tardiness, delay
tardar, to be long, to spend time, to take one, to spend
a más tardar, at the latest
tarde[1], afternoon, dusk, early evening
buenas tardes, good afternoon
tarde[2], late
más tarde, later
tardío(a), late, slow, tardy
tardíos, late crops
tardo(a), sluggish, late, slow, dense
tarea, task, trouble, worry, obsession, same old thing, labor
tarifa, tariff, charge, rate, fare, price list
tarifa de impuesto, tax rate
tarifa unitaria, unit rate
tarima, platform, stand, low bench
tarjeta, card, imprint
tarjeta de crédito, credit card
tarjeta postal, postcard
tarjeta de visita, visiting card
tarlatana, tarlatan
tarro, earthen jar
tartamudear, to stutter, to stammer
tartamudo(a)[1], stammerer, stutterer
tartamudo(a)[2], stammering, stuttering
tártaro, cream of tartar, tartar
tarugo, peg, chunk, hunk, block, cheat, dunce
tasa, rate, value, assize, fixed price, measure, rule, regulation
tasa bruta de mortalidad, crude death rate
tasa bruta de natalidad, crude birth rate
tasa de accidentalidad, casualty rate
tasa de cambio, rate of change, exchange rate
tasa de cambio constante, constant rate of change
tasa de consumo de recursos, rate of resource consumption
tasa de crecimiento, growth rate
tasa de crecimiento demográfico, population growth rate
tasa de crecimiento natural, rate of natural increase
tasa de decrecimiento, decay rate
tasa de descuento, discount rate
tasa de desempleo, unemployment rate
tasa de esfuerzo percibido, rate of perceived exertion
tasa de inflación, inflation rate
tasa de interés, interest rate
tasa de interés annual, annual interest rate

tasa de interés corriente, current interest rate
tasa de interés fija, fixed rate of interest
tasa de interés nominal, nominal interest rate
tasa de interés real, real interest rate
tasa de mortalidad, death rate, mortality rate
tasa de mortalidad infantil, infant mortality rate
tasa de natalidad, birth rate
tasa de radioactividad, rate of nuclear decay
tasa de recuperación, recovery rate
tasa o índice de fertilidad, fertility rate
tasa por unidad, per-unit rate
tasa prevista de inflación, expected rate of inflation
tasación, valuation, appraisal
tasado(a), limited, scanty
tasajo, jerked beef
tasar, to appraise, to value, to regulate, to restrict, to reduce
tatuaje, tattoo, tattooing
taumaturgo, miracle worker
tauromaquia, art of bullfighting
taxi, taxicab
taxidermista, taxidermist
taxímetro, taximeter, taxicab
taxonomía, taxonomy
taxonomía de Linneo, Linnean taxonomy
taxonomía Linneana, Linnean taxonomy
taza, cup, cupful, bowl, basin, cup guard, beaker
taza dosificadora, measuring cup
te, you, to you
té, tea
tea, candlewood, torch, anchor rope
teatral, theatrical
teatro, theater, playhouse, stage, theater
teatro de operaciones del Pacífico, Pacific Theater
teatro estadounidense, American theater
Teatro europeo, European Theater
teatro griego, Greek drama
teatro musical, musical theater
teatro noh japonés, Noh drama
tecla, key, delicate matter
tecla de retroceso, backspace key
tecla Enter, return key
tecla Entrar, return key
tecla Intro, return key
tecla Suprimir, delete key
teclas especiales, special keys
teclado, keyboard
tecnicalidad, technicality
tecnicismo, technology, technical term
técnico(a)[1], technical
técnica[2], technique
técnica de agricultura de secano, dry-land farming technique
técnica de arte, art technique
técnica de calentamiento, warm-up technique
técnica de composición, compositional technique
técnica de generación de estrategias, strategy generation technique
técnica de investigación, investigative technique
técnica de irrigación central, center-pivot irrigation
técnica de muestreo aleatorio, random sampling technique
técnica de pintura china, brush painting
técnica de ventas, sales technique
técnica literaria, literary device
técnicas de clasificación, sort techniques
técnicas de escritura persuasiva, persuasive writing techniques
técnicas de investigación, search techniques
técnicas de lenguaje oral, oral language techniques
técnicas de relajación, relaxation techniques
técnicas de selección de muestra, sample selection techniques
técnico(a)[3], technician, repairman
tecnicolor, technicolor

tecnología, technology
tecnología agrícola, agricultural technology
tecnología de comunicación, communication technology
tecnología geográfica, geographic technology
tecnología industrial, industrial technology
tecnología informática, computer technology
tecnología marítima, maritime technology
tecnología nuclear, nuclear technology
tecnológico(a), technological
tecolote, owl
techo, roof, ceiling, house
bajo techo, indoors
tectónica, tectonics
placas tectónicas, plate tectonics
tedio, tedium, boredom
teja, roof tile, linden
tejado, tiled roof
tejar[1], tileworks
tejar[2], to tile
tejedor(a), weaver, intriguer
tejer, to weave, to braid, to knit, to contrive
tejido, texture, web, textile, fabric, tissue, weaving
tejido de planta, plant tissue
tejido de punto, knitted fabric
tejido especializado, specialized tissue
tejido muscular, muscle tissue
tejido sanguíneo, blood tissue
tejo, quoit, metal disk, yew tree
tela, cloth, fabric, membrane, tissue, scum, web
en tela de juicio, in doubt, under consideration
tela adhesiva, adhesive tape
tela aisladora, insulating tape
tela de hilo, linen cloth
telar, loom, proscenium
telaraña, cobweb, spider web, will-o'-the-wisp, trifle
telecómputo, telecomputing
telecomunicación, telecommunication
teledetección, remote sensing
teledirigir, to operate by remote control
telefonear, to telephone
telefonema, telephone message
telefonista, telephone operator
teléfono, telephone
teléfono automático, dial telephone
teléfono celular, cell phone, cell
telefoto, wire photo
teleg. (telegrama)[1], tel (telegram)
teleg. (telégrafo)[2], tel (telegraph)
telegrafía, telegraphy
telegrafía sin hilos or telegrafía inalámbrica, wireless telegraphy
telegrafiar, to telegraph
telégrafo, telegraph
telegrama, telegram
Telegrama de Ems, Ems telegram
teleguiado(a), remote-control
teleinformática, telecomputing
telémetro, telemeter
telenovela, soap opera, television serial
telepatía, telepathy
telerreceptor, television set
telescopio, telescope
telespectador, viewer
teleteatro, teleplay
teletipo, teletype
teletrabajo, telecommuting
televidente, televiewer, television viewer
televisión, television
televisor, television set
telofase, telophase
telón, drop, curtain
telón de boca, front curtain
telúrico(a), telluric
tema[1], theme, subject, theme
tema cultural, cultural theme
tema histórico, historical theme
tema musical, theme music
tema recurrente, recurring theme
tema universal, universal theme
temas de actualidad, current affairs
tema[2], obstinacy, contentiousness, mania, obsession
temblar, to tremble to quiver, to waver, to be terrified

temblor, trembling, tremor, earthquake
tembloroso(a), trembling, shaky
temer[1], to fear
temer[2], to be afraid
temerario(a)[1], rash, reckless, brash
temerario(a)[2], daredevil
temeridad, rashness, recklessness, folly, foolishness, rash judgment
temeroso(a), timid, timorous
temible, dreadful, terrible
temor, dread, fear, suspicion, misgiving
témpano, kettle drum, drumhead, side of bacon, block
  témpano de hielo, iceberg
temperamento, weather, temperament, nature, temper, conciliation
temperatura, temperature, weather
  temperatura atmosférica, atmospheric temperature
  temperatura de almacenamiento, storage temperature
  temperatura de cocción, cooking temperature
  temperatura de las estrellas, star temperature
  temperatura terrestre, Earth's temperature
tempestad, storm, rough seas, agitation, upheaval
tempestuoso(a), tempestuous, stormy
templado(a), temperate, moderate, lukewarm, average
templanza, temperance, moderation, continence, temperateness, mildness
templar, to moderate, to heat, to temper, to dilute, to relieve, to tune
templarse, to be moderate
templo, temple, Protestant church
  templo de Madurai, temple of Madurai
temporada, time, period, season
temporal[1], temporary, temporal
temporal[2], tempest, storm, weather
temprano(a)[1], early
temprano[2], early
tenacidad, tenacity
tenacillas, small tongs, tweezers
tenaz, tenacious
tenazas, tongs, pincers, pliers
tendedero, clothesline
tendencia, tendency
  tendencia central, central tendency
  tendencia de la globalización, globalizing trend
  tendencia de la opinión pública, public opinion trend
tender[1], to stretch out, to unfold, to spread out, to hang out, to extend
tender[2], to tend
tendero(a), shopkeeper
tenderse, to stretch out
tendido, extending, spreading out, lower deck seats, wash, batch of bread
tendón, tendon
  tendón de Aquiles, Achilles' tendon
tenebroso(a), dark, shadowy, gloomy, obscure
tenedor, holder, fork
  tenedor de libros, bookkeeper, accountant
teneduría, position of bookkeeper
  teneduría de libros, bookkeeping
Tenochtitlán, Tenochtitlan
tener, to have, to hold, to possess, to maintain, to consist of, to contain, to dominate, to subject, to finish, to stop, to keep, to fulfill, to spend, to pass
  tener cuidado, to be careful
  tener derecho a, to have the right to
  tener empeño, to be eager
  tener en cuenta, to take into consideration, to realice
  tener inconveniente, to have an objection
  tener a menos, to scorn
  tener por, to consider as
  tener que, to have to
tenería, tannery
teniente, deputy, lieutenant
tenis, tennis, tennis court
  tenis de mesa, ping pong, table tennis
tenista, tennis player
tenor, condition, nature, contents, tenor
tensión, tension
  tensión arterial, blood pressure

tentación, temptation
tentáculo, tentacle
tentador(a)[1], attractive, tempting
tentador(a)[2], tempter
tentador[3], devil
tentar, to touch, to test, to grope through, to tempt, to try, to attempt
tentativo(a)[1], tentative
tentativa[2], attempt, try
tentempié, snack, bite
tenue, tenuous, delicate, unimportant, trivial
teñir, to tint, to dye, to tone down
teocracia, theocracy
teodolito, theodolite
teología, theology
teología de la liberación, liberation theology
teología medieval, medieval theology
teológico(a), theological
teorema, theorem
teorema binario, binomial theorem
teorema central del límite, central limit theorem
teorema de pitágoras, Pythagorean theorem
teorema del límite central, central limit theorem
teorema fundamental, fundamental theorem
teorema pitagórico, Pythagorean Theorem
teoría, theory
teoría atómica, atomic theory
teoría cinética, kinetic theory
teoría de "divide y vencerás" de Joseph François Dupleix, Joseph Francois Dupleix's theory of "divide and rule"
teoría de la oscilación, oscillating theory
teoría de la relatividad especial, special theory of relativity
teoría de la ventaja comparada, theory of comparative advantage
teoría de las placas tectónicas, plate tectonic theory
teoría de las pulsaciones, pulsating theory
teoría de los lugares centrales, central place theory
teoría de números, number theory
teoría del Bing Bang, Big Bang theory
teoría del sitio central, central place theory
teoría económica, economic theory
teoría microbiana, germ theory
teorías matemáticas, mathematical theories
teoría númerica, number theory
teórico(a), theoretical
teosofía, theosophy
Teotihuacán, Teotihuacan
tequila, tequila
terapéutico(a)[1], therapeutic
terapéutica[2], therapeutics
tercero(a)[1], third
tercero[2], third party, pander
terceto, tercet, trio
tercia, third, terse, tierce
terciado(a)[1], slanting, crosswise
terciado[2], cutlass, wide ribbon
terciana, tertian fever
terciar[1], to place crosswise, to put on the bias, to cut in three, to balance, to steady, to plow the third time
terciar[2], to mediate, to fill in
terciario, tertiary
tercio(a)[1], third
tercio[2], third, load, corps
hacer buen tercio, to help, to do a good turn
terciopelado(a), velvety
terciopelo, velvet
terco(a), obstinate, stubborn, very hard, resistant
tergiversar, to misrepresent
termal, thermal
termas, hot baths, hot springs, public baths
térmico(a), thermal, thermic
terminación, termination, ending
terminación rítmica, rhythmic completion
terminal, terminal, final
terminante, final, decisive, conclusive
orden terminante, strict order
terminar, to terminate, to end, to finish

terminarse, to be leading, to be pointing
término, term, termination, end, boundary, limit, object, purpose, situation, demeanor
término absoluto, absolute term
término constante, constant term
término medio, compromise
términos semejantes, like terms
terminología, terminology
termodinámica, thermodynamics
termodinámica aérea, aerothermodynamics
termómetro, thermometer
termonuclear, thermonuclear
termos, thermos bottle
termósfera, thermosphere
termostato, thermostat
ternero(a)[1], calf
ternera[2], veal
terneza, delicacy, tenderness, flattery
terno, vestments, celebrants, three-piece suit, oath
ternura, tenderness, affection
terquedad, stubbornness, obstinacy
terracota, terra cotta
terramicina, terramycin
terraplén, fill, embankment, rampart, terrace, platform
terráqueo(a), terrestrial
globo terráqueo, earth, globe
terrateniente, landowner
terraza, terrace, veranda, flat roof, sidewalk cafe, garden plot, glazed jar
terremoto, earthquake
terrenal, terrestrial, earthly
terreno(a)[1], earthly, terrestrial
terreno[2], land, ground, terrain, proving ground
terreno abierto, open range
terreno inundable, floodplain
terrestre, terrestrial, earthly
terrible, terrible, dreadful, surly, gruff, extraordinary, immeasurable
territorial, territorial
territorio, territory
territorio de los Estados Unidos, U.S. territory
territorio de Oregón, Oregon territory
Territorio del Noroeste, Northwest Territory
Territorio del Noroeste, Old Northwest
terrón, clod, lump, mound
terror, terror, dread, fear
terrorismo, terrorism
terruño, clod, native land
terso(a), smooth, glossy, terse
tertulia, conversational gathering, party, game area
teselado, tessellation
tesis, thesis
tesis implícita, implied thesis
tesón, firmness, inflexibility
tesorería, treasury
tesorero(a), treasurer
tesoro, treasure, treasury, treasure room, treasure house, thesaurus
testa, head, front, face, brains, wit
testamentario, executor
testamento, will, testament
Viejo Testamento, Old Testament
Nuevo Testamento, New Testament
testar[1], to make out one's will
testar[2], to erase
testarudo(a), obstinate, bullheaded
testículo, testicle
testificar[1], to attest, to testify
testificar[2], to witness
testigo, witness
testimoniar, to attest to, to bear witness to
testimonio, testimony
testimonio del testigo presencia, eyewitness account
testuz, forehead, nape
teta, teat, hillock
tétano, tetanus, lockjaw
tetera, teapot, teakettle
tétrico(a), gloomy, sad, melancholy
Texas, Texas
textil, textile
textiles chinos, Chinese textile
texto, text, passage
el Sagrado texto, the Bible
libro de texto, text book
texto dramático, dramatic text
texto expositivo, expository writing
texto hablado, spoken text

texto seguido, run-on sentence
texto sin puntuación, run-on sentence
texto visual, visual text
textual, textual
textura del suelo, soil texture
tez, surface, skin, complexion
ti, you
para ti, for you
tía, aunt, goody, hag
tiamina, thiamine
tiara, tiara
Tiberio Graco, Tiberius Gracchus
tibia[1], shinbone
tibio(a)[2], lukewarm, careless, remiss
tiburón, shark
tictac, ticktock
tiempo, time, season, weather, tempo, tense
a su tiempo debido, in due time
a tiempo, in time
a tiempos, at times
a un tiempo, at once, at the same time
en tiempos pasados, in former times
en un tiempo, formerly
hace mucho tiempo, a long time ago
hacer buen tiempo, to be good weather
más tiempo, longer
tiempo atrás, some time ago
tiempo binario, duple meter
tiempo de duplicación, doubling time
tiempo de verbo de pasado perfecto, past perfect verb tense
tiempo del calendario, calendar time
tiempo desocupado, spare time
tiempo geológico, geologic time
tiempo geológico relativo, relative geologic time
tiempo pasado, past tense
tiempo presente, present tense
tiempo transcurrido, elapsed time
tiempo verbal, verb tense
tiempo verbal de futuro perfecto, future perfect verb tense
tiempo verbal de presente perfecto, present perfect verb tense
tiempo verbal pluscuamperfecto, past perfect verb tense
tiempo verbal presente perfecto, present perfect verb tense
tomarse tiempo, to take one's time
tienda, tent, awning, store, shop
tienda de conveniencia, convenience store
tienda de oxígeno, oxygen tent
tienta, probe, cleverness, sagacity
andar a tientas, to grope
tiento, touch, cane, sure hand, sure touch, circumspection
a tiento, gropingly
tierno(a), tender, delicate, soft, new, childlike, young, teary, tearful, affectionate, loving
tierra, earth, soil, land, homeland, ground
echar por tierra, to destroy, to ruin
echar tierra a, to cover up, to hide
tierra abrasada, scorched earth
tierra adentro, inland
tierra baja, low-lands
tierra de altura, highlands
tierra fértil, fertile soil
tierra interior, hinterland
tierras de labranza, farmland
tierras de pantanos, wetlands
tierras tribales, tribal lands
tieso(a), stiff, hard, firm, tense, taut, robust, valiant, stubborn, pompous
tiesto, potsherd, flowerpot
tifoideo(a)[1], typhoid
tifoidea[2], typhoid fever
tifus, typhus
tigre, tiger, savage
tijeras, scissors
tijeretas, tendrils, small scissors
tijeretear, to cut with scissors, to make a snap judgment of, to decide according to one's whim
tildar, to erase, to brand, to stigmatize, to put a tilde over
tilde, tilde, censure, criticism, iota
tilo, linden tree
timar, to swindle, to deceive
timarse, to make eyes
timbal, kettledrum
timbrazo, clang

timbre, postage stamp, seal, stamp, electric bell, crest, timbre, glorious deed
timidez, timidity, shyness
tímido(a), timid, shy
timo, swindle, gag, joke
  dar un timo, to swindle, to deceive
timón, plow handle, rudder, helm
  timón de dirección, rudder
timonera, pilothouse
timonero, helmsman, pilot
tímpano, kettledrum, tympanum, eardrum
tina, earthen jar, tub
  tina de baño, bathtub
tinaja, large earthen jar
tinajón, large earthen tub
tiniebla, darkness, obscurity
tinieblas, utter darkness, gross ignorance
tino, skill, deftness, marksmanship, judgment, prudence
tinta, tint, ink
  saber algo de buena tinta, to know something on good authority
  tinta china, India ink
  tinta de imprenta, printer's ink
tintas, shades, hues
tinte, tint, dye, dyeing, dyer's shop
tintero, inkwell, inkstand
tintinear, to tinkle
tinto(a), red
  vino tinto, red wine
tintorera, dyer, female shark
tintorería, dry cleaning shop
tintura, tincture, dye
tiñoso(a), scabby, scurvy, stingy, miserly
tío, uncle, old man, guy
  tío abuelo, great uncle
  Tío Sam, Uncle Sam
tiovivo, merry-go-round
típico(a), characteristic, typical
tiple, soprano, treble guitar
tipo, type, model, standard pattern, figure, build, rate
  tipo de cambio, rate of exchange
  tipo de descuento, rate of discount
  tipo de interés, rate of interest
  tipo de letra, typeface
  tipos de conflicto, types of conflict
  tipos de estrellas, star types
  tipos de medios, media type
  tipos de oraciones, sentence variety
  tipos de poesía, types of poetry
  tipos de problemas, problem types
tipografía, typography, typesetting
tipográfico(a), typographical
tipógrafo, printer
tira, strip
tiras, rags
tirabuzón, corkscrew, ringlet, cork-screw curl
tirada, cast, throw, distance, length of time, run, stroke, edition, issue
  tirada aparte, reprint
tirador[1], pressman, stretcher, handle, knob, cord
tirador(a)[2], good shot
tiranía, tyranny
tiránico(a), tyrannical
tirano(a)[1], tyrannical
tirano(a)[2], tyrant
tirante[1], beam, trace, brace
tirante[2], tense, taut, drawn, strained, forced
tirantes, suspenders
tirantez, tenseness, tightness, strain, length
tirar[1], to throw, to toss, to cast, to tear down, to stretch, to pull, to draw, to fire, to shoot, to throw away, to waste
tirar[2], to attract, to pull, to use, to take out, to turn, to hang on, to last, to tend, to incline
  a todo tirar, at the most
  tirar al blanco, to shoot at a target
tirarse, to rush, to lie down, to stretch out
tiritar, to shiver
tiro, throw, cast, mark, charge, shot, report, round, range, rifle range, team, trace, prank, theft, allusion, flight, draft, harm, injury, trajectory
  errar el tiro, to miss the mark
  tiro al blanco, target practice
  tiro alto, overhand throw

tiro bajo, underhand throw
tiro por debajo del brazo, underhand throw
tiro por encima del brazo, overhand throw
tiroides, thyroid
tirolés (tirolesa), tyrolean
tirón, pull, haul, tug, apprentice, novice, pulling
de un tirón, all at once, at one stroke
tirotear, to shoot at random
tiroteo, random shooting
tirria, antipathy, dislike, aversion
tísico(a), tubercular, consumptive
tisis, consumption, tuberculosis
titánico(a), titanic, colossal
títere, puppet, pipsqueak, good-time Charlie, obsession
títeres, puppet show
titiritero, puppeteer
titubear, to stammer, to hesitate, to totter, to be perplexed
titubeo, hesitation, stammering, tottering, perplexity
titular[1], to title
titular[2], to obtain a title
titular[3], titular, headline
título, title, headline, epithet, cause, motive, document, deed, diploma, nobility, nobleman, section, bond, rubric, caption
a título de, on pretense of
a título de suficiencia, upon proven capacity
título de capítulo, chapter title
título de la página, title page
Título IV, Title VII
títulos del Estado, government security
tiza, chalk
tiznar, to cover with soot, to tarnish, to stain
tizne, soot, partly burned stick
T.N.T. (trinitrotolueno), T.N.T. (trinitrotoluene)
toalla, towel, pillow cover
toalla sin fin, roller towel
toallero, towel rack
tobillera, anklet, bobby-soxer
tobillo, ankle
toca, hood, wimple
tocas, widow's benefits
tocadiscos, record player
tocado[1], headdress, hairdo
tocado(a)[2], touched, crazy
tocador[1], dressing table, boudoir
tocador(a)[2], player
tocante, touching
tocante a, concerning, relating to
tocar[1], to touch, to feel, to play, to call, to strike, to bump, to strike, to learn, to experience, to be time to, to touch on, to touch up, to comb
tocar un instrumento de oído, playing by ear
tocar[2], to belong, to pertain, to touch at, to be one's duty, to matter, to be of interest, to touch
tocarse, to put on one's hat, to cover one's head
tocayo(a), namesake
tocino, bacon, salt pork
tocón, stump
todavía, yet, still, even
todo(a)[1], all, every, whole
de todos modos, anyhow, anyway
en todas partes, everywhere
toda o ninguna respuesta, all or none response
todo el año, all year around
todo el mundo, everybody
todas las noches, every night
todo(a)(s) junto(a)(s), all together
todos los días, every day
todos los hombres son creados iguales, all men are created equal
todos los resultados posibles, all possible outcomes
todo[2], whole, entirety
todo[3], entirely, completely
ante todo, first of all
con todo, still, nevertheless
sobre todo, above all, especially
todopoderoso, almighty
toga, toga
togado(a), gowned
Tokio, Tokyo
toldo, awning, tarpaulin, pride, vanity, Indian hut
tolerable, tolerable, bearable
tolerancia, tolerance,consent, permission

tolerancia a la frustración, tolerance for frustration
tolerancia de la ambigüedad, tolerance of ambiguity
tolerante, tolerant
tolerar, to tolerate, to endure, to bear
toltecas, Toltecs
tolvanera, dust storm
toma, taking, capture, seizure, portion, water faucet
toma de cámara, camera shot
toma de Constantinopla, seizure of Constantinople
toma de posesión, inauguration
toma de turnos, turn taking
tomaína, ptomaine
tomar, to take, to seize, to grasp, to receive, to accept, to understand, to interpret, to perceive, to eat, to drink, to rent, to acquire, to contract, to hire, borrow
tomar a cuestas, to take upon oneself
tomar el pelo, to tease
tomar la revancha, to turn the tables
tomar a sorbos, to sip
tomar prestado, to borrow, to take as a loan
tomarse, to get rusty, to rust
tomate, tomato
Tombuctú, Timbuktu
tomillo, thyme
tomo, bulk, tome, volume, importance, value
ton, tone
sin ton ni son, without rhyme or reason
tonada, tune, melody, air
tonadilla, musical interlude, short tune
tonalidad, tonality
tonalidad pentatónica, pentatonic tonality
tonel, cask, barrel
tonelada, ton, casks, tonnage duty
tonelaje, tonnage
tonelero, cooper, barrel-maker
tónico(a)[1], tonic, invigorating
tónica[2], keynote
tonificar, power-up
tonina, dolphin, tuna fish
tono, tone
tono vocal, vocal pitch
tonsilitis, tonsillitis
tontada, nonsense
tontear, to talk or act foolishly
tontería, foolishness, nonsense
tonto(a)[1], stupid, foolish
tonto(a)[2], fool, dunce
tonto útil, dupe, tool
topacio, topaz
topar, to bump into, to come across, to find, to butt, to bump, to lie, to consist
tope, bumper, brake, obstacle, blow, buffers
precio tope, ceiling price
topetar, to butt, to bump
topetón, collision, impact, bump
tópico(a)[1], topical
tópico[2], topic, subject
topo, mole, lummox
topografía, topography
topográfico(a), topographical
topónimo, place-name
toque, touch, ringing, heart of the matter, trial, test, call
Torá, Torah
Tora hebrea, Hebrew Torah
tórax, thorax
torbellino, whirlwind
torcedura, twisting, wrenching, twist, weak wine
torcer, to twist, to double, to curve, to turn, to screw up, to distort, to pervert
torcerse, to go astray, to turn sour
torcido(a), twisted, curved, crooked, dishonest
torcimiento, twist, bend, circumlocution, beating around the bush
tordo[1], thrush
tordo mimo, cat-bird
tordo(a)[2], dappled
torear[1], to fight bulls
torear[2], to tease
toreo, bullfighting
torero, bullfighter
toril, bull pen
torio, thorium
tormenta, storm, thundershower, thunderstorm, adversity, misfortune, turmoil, unrest
tormenta de polvo, dust storm
tormenta de viento, wind storm
Tormenta del Desierto, Desert Storm

tormento, torment, pain, torture, anguish, torment
tornado, tornado
tornar, to return, to restore, to make
tornasol, sunflower, heliotrope, iridescence, litmus
tornasolado(a), of changing colors, iridescent, watered
tornear[1], to turn
tornear[2], to tilt, to muse, to dream
torneo, tournament
tornillo, screw, vise, bolt, desertion
  tornillo de presión or de retén, setscrew
torniquete, turnstile, tourniquet
torno, wheel, lathe, winch, windlass, brake, turn, vise
  en torno de, around
toro, bull
  corrida de toros, bullfight
toronja, grapefruit
torpe, slow, heavy, stupid, dull, clumsy, awkward, licentious, lewd, infamous, ugly
torpedero, torpedo boat
torpedo, torpedo
torpeza, slowness, heaviness, torpor, stupidity, dullness, clumsiness, lewdness, infamy, ugliness
torre, tower, turret, steeple, country house, rook
  torre de mando, conning tower
torrecilla, turret
torreja o torrija, fritter
torrente, torrent, crowd, mob
torreón, fortified tower
tórrido(a), torrid
torso, trunk, torso
torta, cake, punch
  torta compuesta, stuffed bun sandwich
tortera, cookie sheet
tortilla, omelet, tortilla
tórtola, turtledove
tortuga, tortoise, turtle
  tortuga marina, sea turtle
tortuoso(a), tortuous, twisting, devious
torturar, to torture
tos, cough
  tos ferina, whooping cough
tosco(a), coarse, ill-bred, uncultured, ignorant
toser, to cough
tostada, slice of toast, bother, nuisance, meat tart
tostado(a), tanned, sunburned, light brown, toasted
tostador, toaster
tostar, to toast, to heat too much
  tostarse al sol, to sunbathe
total[1], whole, totality
total[2], total, entire, all-out
totalidad, totality, whole
totalitario(a), totalitarian
totalitarismo, totalitarianism
  totalitarismo estalinista, Stalinist totalitarianism
totalmente, totally, entirely
tóxico(a), toxic
toxina, toxin
tr. (transitivo), tr. (transitive)
traba, obstacle, impediment, hobble, trammel, restraint
trabajador(a)[1], worker, laborer
  trabajador de cuello azul, blue-collar worker
  trabajador extranjero, migrant
  trabajador indio, Indian laborer
  trabajador inmigrante mexicano, Mexican migrant worker
  trabajador migratorio, migrant worker
  trabajador no sindicalizado, nonunion worker
  trabajadores chinos, Chinese workers
  Trabajadores Industriales del Mundo, Industrial Workers of the World
trabajador(a)[2], hard-working, industrious
trabajar[1], to work, to bend, to strain
trabajar[2], to work
  trabajar de atrás para adelante, work backwards
trabajo, work, workmanship, difficulty, trouble, job, labor
  costar trabajo, to be difficult
  trabajo a distancia, telecommuting
  trabajo agrícola, agricultural labor
  trabajo con predominancia masculina, male-dominated work
  trabajo contratado, contract labor

trabajo de equipo, teamwork
trabajo de investigación, research paper
trabajo de medio tiempo, part-time employment
trabajo de tiempo completo, full-time employment
trabajo organizado, organized labor
trabajos forzados, hard labor, coerced labor
trabajos, straits, misery
trabajoso(a), laborious, painful, labored
trabalenguas, tongue twister
trabar, to join, to unite, to take hold, of, to grasp, to fetter, to shackle, to set, to begin, to start, to bind
trabar amistad, to make friends
trabarse, to quarrel, to dispute, to stammer, to stutter
trabilla, gaiter strap, small strap, loose stitch
trácala, deceit, trick
tracción, traction
tracoma, trachoma
tractor, tractor
tractor de orugas, caterpillar tractor
tradición, tradition, delivery
tradición cultural, cultural tradition
tradición étnica, ethnic tradition
tradicíon oral, oral tradition
tradiciones patrióticas, patriotic traditions
tradicional, traditional
traducción, translation, interpretation
traducir, to translate
traductor(a), translator
traer, to bring, to carry, to attract, to cause, to have, to wear, to cite, to adduce, to make, to oblige, to persuade
traerse, to dress
traficante, merchant, dealer
traficar, to do business, to deal, to travel
tráfico, traffic, trade
tráfico de opio en Europa, European opium trade
tráfico urbano, urban commuting
tragaluz, skylight
tragar, to swallow, to glut, to swallow up
tragarse, to play dumb, to swallow, to stand, to put up with
tragedia, tragedy
tragedia griega, Greek tragedy
trágico(a), tragic
trago, swallow, adversity, misfortune
a tragos, by degrees,little by little
tragón (tragona), hoggish, piggish
traición, treason
a traición, deceitfully
traicionar, to betray
traidor(a)[1], traitor
traidor(a)[2], treacherous
traje, dress, suit, native dress, mask
traje a la medida, suit made to order
traje de a caballo, riding habit
traje de etiqueta, evening clothes, dress suit
traje hecho, ready-made suit or dress
traje para vuelos espaciales, space suit
traje sastre, tailored suit
trajín, transporting, bustling
trajinar[1], to transport
trajinar[2], to bustle about
trama, weave, plot, scheme, blossom
trama secundaria, subplot
tramar[1], to weave, to plot, to scheme
tramar[2], to blossom
tramitación, transaction, steps
trámite, passage, step, requirement
tramo, tract, lot, flight, span, passage, length
tramoya, stage machinery, scheme, trick
tramoyista, sceneshifter, trickster, cheat
trampa, trap, snare, trapdoor, sliding door, trick, fly, bad debt, bunker
hacer trampa, to cheat
trampolín, springboard
tramposo(a), deceitful, swindling, cheating
tranca, beam, crossbar, crossbeam
trancar, to bar
trancazo, clubbing, cold, flu

trance, critical moment, writ of payment, last stage
a todo trance, at all costs
tranquilidad, tranquility, quiet
tranquilidad doméstica, domestic tranquility
tranquilizar, to soothe, to quiet
tranquilo(a), tranquil, calm, quiet
transacción, compromise, concession, adjustment, transaction
transatlántico[1], transatlantic
transatlántico[2], transatlantic liner
transbordar, to transfer
transcendencia, penetration, importance, consequence, transcendence
transcendental, extensive, important, serious, transcendental
transcender[1], to come to light, to transmit, to spread, to be fragrant, to transcend
transcender[2], to dig into
transcribir, to transcribe, to copy
transcripción, transcription
transcurrir, to pass, to go by
transcurso, course, passing
transeúnte[1], transitory
transeúnte[2], passer by, transient
transferencia, transfer
transferencia de calor, heat transfer
transferencia de energía, energy transfer, transfer of energy
transferencia de información, information transfer
transferencia electrónica, electron transfer
transferencia térmica, heat transfer
transferir, to transfer, to postpone, to put off
transfigurarse, to be transfigured
transformación, transformation
transformación de coordinadas, coordinate transformation
transformación de datos bivariantes, bivariate data transformation
transformación de escala, scale transformation
transformación de formas, shape transformation
transformación de la energía, energy transformation, transforming energy
transformación de la materia, transforming matter
transformación de reducción, shrinking transformation
transformación de reflexión, reflection transformation
transformaciones preservan la distancia, distance-preserving transformations
transformador, transformer, converter
transformar, to transform, to change
transfusión, transfusion
transgresor, transgressor, lawbreaker
Transiberiano, Trans-Siberian railroad
transición, transition
transición demográfica, demographic transition
transido(a), afflicted, overcome, stingy
transido(a) de dolor, brokenhearted, mournful
transigir, to compromise, to adjust
transistor, transistor
transitar, to pass by, to pass through, to travel
tránsito, transit, transition, stop, passage, death, traffic
señal de tránsito, traffic sign
tránsito público, public transit
transitorio(a), transitory
transmisión, transmission
transmisión de creencias, beliefs transmission
transmisión de la cultura, culture transmission
transmisión de la luz, light transmission
transmisión por secuencias, streaming
Trans-Misisipi, trans-Mississippi region
transmitir, to transmit, to transfer
transónico(a), transonic
transparente, transparent
transpirar, to transpire, to perspire, sweat
transplantar, to transplant
transplantarse, to emigrate
transponer, to transpose, to transfer, to transport
transponerse, to detour, to be half asleep

transportador, protractor
transportar , to transport, to convey, to transpose
transportarse, to get carried away
transporte , transportation, transport, conveyance, transport ship, rapture, ecstasy
transporte activo, active transport
transporte celular, transport of cell materials
transporte de energía, transporting energy
transporte de materia, transporting matter
transporte marítimo, marine transportation
transporte pasivo, passive transport
transporte por suspensión, suspension transport
transporte refrigerado, refrigerated trucking
transporte vecinal, Neighborhood Transportation
transposición, transposition, transposal
transversal, transverse, collateral, transversal
calle transversal, crossroad
tranvía, streetcar
trapecio, trapezoid
trapecio isósceles, isosceles trapezoid
trapezoide, trapezoid
trapiche, olive press, sugar mill
trapisonda, racket, commotion, scheming, hanky panky
trapo, rag, tatter, cape, curtain
trapo de limpiar, clening rag
trapos, duds, clothes
tráquea, trachea, windpipe
traqueo, popping, crack, shaking, jolt
tras[1], after, behind, after, behind, in back of
tras de, besides, in addition to
tras[2], behind
tras[3], bang
trasanteayer o trasantier, three days ago
trascendentalismo, Transcendentalism
trasero(a)[1], back, rear, hind
asiento trasero, back seat
trasero[2], buttock
traslado, copy, transcript, transfer, notification
traslapado(a), overlapping
traslucirse, to be transparent, to be inferred
trasnochar[1], to stay up all night
trasnochar[2], to sleep on
trasojado(a), having circles under the eyes, emaciated, wan
traspapelar, to misplace, to mislay
traspié, slip, stumble, trip
traste, fret
dar al traste con, to ruin, to spoil
trasteado, set of frets
trastear[1], to fret, to finger, to manipulate
trastear[2], to move around, to talk vivaciously
trastería, pile of trash, nonsense, foolishness
trastienda, back room, shrewdness, astuteness
trasto, piece of junk, piece of furniture, kitchen utensil, good for nothing, set piece
trastornado(a), unbalanced, crazy
trastornar, to tip, to upset, to overturn, to turn upside down, to mix up, to disquiet, to disturb, to go to one's head, to persuade
trastorno, confusion, upset, mix up
trasversal, transverse, collateral
calle transversal, crossroad
trata, slave trade
trata de blancas, white slavery
trata de esclavos de África, African slave trade
trata de esclavos del Atlántico, Atlantic slave trade
tratable, tractable, compliant, courteous, sociable
tratado, treaty, agreement, treatise, discourse
Tratado Antártico, Antarctic Treaty
Tratado de Guadalupe Hidalgo, Treaty of Guadalupe Hidalgo
Tratado de Jay, Jay's Treaty
Tratado de Jay-Gardoqui (1786), Jay Gardoqui Treaty of 1786
Tratado de Libre Comer-

cio de América del Norte (TLCAN), North Atlantic Free Trade Agreement (NAFTA)
Tratado de Nanking (1842), Treaty of Nanking (1842)
Tratado de París, Treaty of Paris
Tratado de Shimonoseki (1895), Treaty of Shimonoseki (1895)
Tratado de Versalles, Conference of Versailles, Treaty of Versailles
Tratado Sykes-Picot, Sykes-Picot Agreement
tratamiento, treatment, title, procedure
tratar, to manage, to handle, to treat
tratar con, to deal with, to have an affair with
tratar de, to try to, to attempt to, to classify as, to dispute, to discuss
tratar en, to deal in
tratarse, to behave, to conduct oneself
tratarse de, to be a question of, to treat of, to deal with
trato, treatment, title, contract, business dealings, agreement, deal
trato justo, fair deal
trauma, trauma
través, bent, inclination, misfortune, setback
a través de, across
travesaño, cross timber, crossbar, crossbeam, transom, bolster
travesía, side street, crossing, voyage, distance, side wind, through street, win, loss, pay, plain
travesía intermedia, Middle Passage
travesura, mischief, ingeniousness, prank, smart trick
traviesa, railroad tie
travieso(a), cross, mischievous, ingenious, clever, restless, uneasy, fidgety, turbulent, rolling, debauched
trayectoria, trajectory
traza, design, plan, invention, scheme,, appearance, looks
trazado reticular, gridiron pattern
trazar, to design, to plan, to make plans for, to draw, to trace, to outline, to sketch, to summarize
trazas, wits
trazo, plan, design, line, stroke
trébol, clover, trefoil, cloverleaf
trece, thirteen
estarse en sus trece, to be persistent, to stick to one's guns
trece colonias, thirteen colonies
trece virtudes, thirteen virtues
trescientos(as), three hundred
trecho, stretch, well, while
a trechos, at intervals
tregua, truce, armistice, rest, respite
sin tregua, unceasingly
treinta, thirty
tremedal, quagmire
tremendo(a), tremendous, terrible, terrifying, awesome, imposing
trémulo(a), tremulous, trembling
tren, train, retinue, show, ostentation
tren de aterrizaje, landing gear
tren de ruedas, running gear
tren elevado, elevated train
trencilla, braid, braiding
trenza, braid, braiding
trenzar, to braid
treo, storm sail
trepador(a), climbing
trepar[1], to climb
trepar[2], to drill, to put braiding on
trepidación, vibration, trembling, trepidation
tres, three
de tres dimensiones, three-dimensional
tres poderes del gobierno, three branches of government
tres veces, thrice, three times
trescientos(as), three hundred
treta, feint, trick, wile
triangular[1], triangular
triangular[2], to triangulate
triángulo, triangle
triángulo acutángulo, acute triangle
triángulo agudo, acute triangle
triángulo congruente ASA, ASA triangle congruence
triángulo de comercio, trading triangle
triángulo de Pascal, Pascal's Triangle
triángulo equiangular, equiangular triangle

triángulo equilátero, equilateral triangle
triángulo escaleno, scalene triangle
triángulo isósceles, isosceles triangle
triángulo obtuso, obtuse triangle
triángulo rectángulo isósceles, right isosceles triangle
triángulo recto, right triangle
triángulos congruentes, congruent triangles
triángulos congruentes AAS, AAS triangle congruence
triángulos semejantes, similar triangles
triángulos semejantes AA, AA triangle similarity
triángulos semejantes AAA, AAA triangle similarity
tribu, tribe
tribu nativo americana, Native American tribe
tribus de las llanuras de América del Norte, North American plains society
tribus nómadas qizilbash, Qizilbash nomadic tribesmen
tribulación, tribulation, affliction
tribuna, tribune, platform, rostrum, gallery, grandstand
tribunal, tribunal, court house, court
tribunal de apelación, appellate jurisdiction
tribunal de primera instancia, lower court
tribunal estatal, state court
tribunal federal, federal court
tribunal imparcial, impartial tribunal
Tribunal Supremo, Supreme Court
tribuno, tribune, orator
tributar, to pay tribute
tributario(a), tributary
tributo, tribute, tax, retribution
tríceps, triceps
triciclo, tricycle
tricolor, tricolored
tridente[1], three pronged
tridente[2], trident
tridimensional, three-dimensional
trienio, space of three years
trigésimo(a), thirtieth
trigo, wheat, money
trigonometría, trigonometry
trigueño(a), brunet, brunette
trilogía, trilogy
trillado(a), beaten, well travelled, trite, stale, hackneyed
camino trillado, same old routine
trillador(a), thresher, threshing machine
máquina trilladora, threshing machine
trillar, to thresh, to hang around, to mistreat
trimestre, space of three months
trimotor, three engined airplane
trinar, to trill, to warble, to get impatient
trinchante, carver, carving knife, carving fork, carving table
trinchar, to carve, to cut, to settle
trinchera, trench, entrenchment
trinchero, trencher, side table, carving table
trineo, sleigh, sled
trino, trill
trinomial, trinomial
trinomio, trinomial
trío, trio
tripa, gut, entrails, tripe, intestine, belly, filling
tripas, insides
hacer de tripas corazón, to pluck up courage
tropismo, tropism
triplano, triplane
triple, triple
triplicar, to triple, to treble
trípode, tripod
tripulación, crew
tripulado(a), manned
tripular, to man, to go on board
triquina, trichina
triquitraque, clack, clatter, rat a tat, noisemaker
tris, tinkle, trice, instant
estar en un tris de que, to be on the point of
trisílabo(a)[1], trisyllabic
trisílabo(a)[2], trisyllable
triste, sad, mournful, melancholy
tristeza, melancholy, sadness, gloom

triturador(a)[1], crushing
triturador[2], crusher, crushing machine
triturar, to crush, to grind, to pound, to chew, to crunch, to abuse, to mistreat
triunfal, triumphal
triunfante, triumphant, exultant
triunfar, to triumph, to trump, to throw money around
triunfo, triumph, victory, trump, heavy spending
triunvirato, triumvirate
trivial, trivial, common place, trite
trivialidad, trifle, triviality
triza, piece, bit, shred, cord, rope
trocar, to exchange, to change, to vary, to vomit, to confuse, to mix up
trocarse, to change, to change seats
trochemoche, trochemoche
 a trochemoche, helter-skelter
trofeo, trophy, booty, plunder, victory
troglodita[1], trogloditic
troglodita[2], troglodite
trolebús, trolley bus
tromba, waterspout, tornado
trombón, trombone
trombosis, thrombosis
trompa, trumpet, horn, trunk, proboscis
trompeta[1], trumpet, horn
trompeta[2], trumpeter, jerk, clunk
trompetero(a), trumpeter, trumpet maker
trompetilla, small trumpet, ear trumpet
trompetista, trumpeter, trumpet maker
trompo, top, trochid, oaf
tronar, to thunder, to go bankrupt, to harangue, to thunder
troncar, to cut off, to behead, to decapitate, to leave out, to weaken, to emasculate
 troncar la carrera, to ruin one's hopes for a career
tronco, trunk, team, log, stock, lineage, thickhead, stem
tronchar, to break off, to break in two
trono, throne, shrine
tronos, thrones
tronzar, to shatter, to break, to pleat, to tire out, to wear out
tropa, troop, plebeians, mob, crowd
 tropas de asalto, storm troops
 tropas de línea, regular army
tropel, stampede, hurry, bustle, confusion, heap, pile, crowd
 de tropel, tumultuously
tropezar, to stumble, to trip, to be detained, to be obstructed, to be held up, to go wrong, to slip up, to oppose, to dispute, to quarrel, to bump into
tropezón (tropezona)[1], stumbling
tropezón[2], tripping, piece of meat
 a tropezones, haltingly, the hard way
tropical, tropical
trópico[1], tropic
 trópico de Cáncer, Tropic of Cancer
 trópico de Capricornio, Tropic of Capricorn
trópico(a)[2], tropical
tropiezo, obstacle, stumble, trip, slip, fault, mistake, quarrel, argument
tropo, figure of speech
troquelar, to stamp, to coin, to mint
trotador(a)[1], trotter
trotador(a)[2], trotting
trotamundos, globetrotter
trotar, to trot
trote, trot, fix, jam
 a trote, hastily, hurriedly
trovador(a), minstrel, troubadour
trovadores, minstrel show
trozo, piece, bit, part, fragment, selection, section of a line
truculento(a), savage, truculent
trucha, trout, crane
trueno, thunderclap, shot, report, swinger
trueque, exchange
trueques, change
truhán (truhana)[1], buffoon, clown, cheat, crook
truhán (truhana)[2], cheating, thieving, clownish
truhanería, buffoonery
truhanesco(a), cheating, clownish
truncamiento, truncation

truncar, to cut off, to behead, to decapitate, to leave out, to weaken, to emasculate, truncate
truncar la carrera, to ruin one's hopes for a career
trust, Trust
tsunami, tsunami
Tte. (teniente), Lt. o Lieut. (Lieutenat)
tu[1], your
tú[2], you
tuba, tuba
tuberculina, tuberculin vaccine
tuberosa, tuberose
tuberculosis, tuberculosis
tubería, pipeline, tubing, piping
tubo, tube, pipe, duct
tubo de escape, exhaust pipe
tubo de radio, radio tube
tubo lanzatorpedos, torpedo tube
tubo snorkel, snorkel
tuerca, screw
tuerto(a), twisted, crooked, one eyed
tuétano, marrow
tul, tulle
tulipán, tulip
tullido(a), crippled, maimed
tumba, tomb, grave, tumble, fall
tumbar[1], to tip over, to knock down, to stun
tumbar[2], to fall down, to take a fall
tumefacerse, to tumefy, to swell
tumefacto(a), tumescent
tumor, tumor
tumulto, tumult, uproar
tumultuoso(a), tumultuous
tuna, prickly pear, wandering, loafing
tunante[1], astute, cunning, vagabond
tunante[2], vagabond, rascal, hooligan
tundir, to shear, to beat, to cudgel, to flog
tundra, tundra
túnel, tunnel
tungsteno, tungsten, wolfram
túnica, tunic, membrane
tuno(a)[1], tricky, cunning
tuno(a)[2], rascal, scamp
tupa, stuffing, packing
tupé, toupee, audacity, gall, crust
tupir, to pack tight, to make compact
tupirse, to stuff oneself
turba, crowd, mob, turf, sod, peat
turbación, confusion, disorder
turbador(a), up setting, disturbing
turbante, turban
turbar, to disturb, to upset, to stir up
turbina, turbine
turbina eólica, wind turbine
turbio(a), muddy, turbid, confused, turbulent, upset
turbión, cloudburst, down pour, deluge, epidemic
turbohélice, turboprop
turborreactor, turbojet
turborretropropulsión, turbojet propulsion
turbulencia, turbulence, confusion, disorder
turbulento(a), turbulent
turco(a), Turkish
turco(a), Turk
turismo, tourism
turista, tourist
turnar, to alternate
turnarse, take turns
turno, turn, shift
por turno, in turn
turno diurno, day shift
turquesa, turquoise
Turquestán o Turkestán, Turkestan
turquí, turquoise blue
Turquía, Turkey
turrar, to toast
turrón, nougat
tusa, corncob
tutear, to address as "tú"
tutela, guardianship, tutelage
tutelar, protective, guardian
a tutiplén, to excess, too much, a great deal
Tutmosis III, Thutmose III
tutor(a), guardian, tutor
tutoría, guardianship, tutoring
tuyo(a)[1], your
tuyo(a)[2], yours
Twin Peaks, Twin Peaks

U

u, or
ubicación, location, situation
ubicación absoluta, absolute location
ubicación relativa, relative location
ubicar[1], to be located, to be situated
ubicar[2], to locate, to find
ubicuidad, ubiquity, presence everywhere at once
ubre, teat, udder
Ucrania, Ukraine
Ud. (usted), you
Uds. (ustedes), you
U.E. (Unión Europea), E.U. (European Union)
¡uf!, whew! ugh!
ufanarse, to boast
ufano(a), haughty, arrogant, satisfied, content
ujier, usher, doorman
úlcera, ulcer
úlcera del duodeno, duodenal ulcer
úlcera duodenal, duodenal ulcer
ulceroso(a), ulcerous
ulterior, ulterior, later
últimamente, lately, finally
ultimátum, ultimatum
último(a), last, latest, farthest, best, superior, last, final
a últimos de la semana, at the end of the week
a últimos del mes, at the end of the month
por último, lastly, finally
últ.º (último), ult. (last)
ultra, besides
ultrajar, to outrage, to insult, to abuse, to mistreat
ultraje, abuse, outrage
ultramar, country overseas
en ultramar, overseas
ultramarino(a)[1], overseas
azul ultramarino, ultramarine blue
ultramarino(a)[2], ultramarine
ultramarinos, fancy imported groceries
ultramoderno(a), ultramodern
ultramontano(a), ultramontane
ultrasónico(a), ultrasonic
ultravioleta, ultraviolet
umbilical, umbilical
umbral, threshold, door-step, threshold
umbral de la pobreza, poverty line
umbral de población, threshold population
umbría, shady place
un(a)[1], one
un hombre un voto, one man one vote
un(a)[2], a, an, una vez, once
unánime, unanimous
unanimidad, unanimity
unción, unction
uncir, to yoke
undécimo(a), eleventh
ungir, to anoint
ungüento, unguent, ointment, balm
unicameral, unicameral
UNICEF (Fondo de las Naciones Unidas para la Infancia), UNICEF (United Nations Children's Fund)
unicelular, unicellular, single-celled
único(a), sole, only, unique, unusual
unida, unified
unidad, unity, unit
unidad central de procesamiento (CPU), central processing unit (CPU)
unidad cuadrada, square unit
unidad cúbica, cubic unit
unidad de ángulo, angle unit
unidad de cinta, tape drive
unidad de disco, disk drive
unidad de disco duro, hard drive
unidad de las artes, unity of the arts
unidad de vida, unity of life
unidad estándar, standard unit
unidad fundamental de vida, fundamental unit of life
unidad lineal, linear unit
unidad métrica de medición, metric unit
unidad métrica de medida, metric unit

unidad militar, military unit
unidad no estándar, nonstandard unit
unidad política, political unit
unidad termal británica, BTU (British thermal unit)
unidades de capacidad anglosajonas, customary units of capacity
unidades de masa anglosajonas, customary units of mass
unidades de medidas anglosajonas, customary units of measure
unidades de tamaño diferentes, different size units
unidades del mismo tamaño, same size units
unificación, unification
unificación de Alemania, unification of Germany
unificación de Italia, unification of Italy
uniformar, to make uniform
uniforme, uniform
uniformemente distribuido, evenly distributed
uniformidad, uniformity
uniformitarianismo, uniformitarianism
unigénito(a), only begotten
hijo unigénito, only son
unilateral, unilateral
unión[1], union
Unión Europea, European Union
Unión Internacional de Costureras, International Ladies Garment Workers Union
Unión Soviética (URSS), Soviet Union (USSR)
unión[2], linkage
unionismo, unionism
unir, to join, to unite
unísono(a), unison
universal, universal
universidad, universality, university
universo, universe
uno[1], one
uno(a)[2], one
uno(a)[3], sole, the same
cada uno(a), each one, everyone
uno(a) a otro, one an other
uno(a) a uno(a), one by one
unos(as), some
untar, to oil, to grease, to grease one's palm, to bribe
unto, grease, fat
untura, greasing, grease
uña, nail, hoof, claw, talon, stinger, thorn, scab, hook
ser uña y carne, to be very close friends
¡upa!, get up! up we go!
Upton Sinclair, Upton Sinclair
Urania, Urania, the muse of astronomy
uranio, uranium
urano, Uranus
urbanidad, urbanity, good manners, politeness, civility
urbanización, urbanization, housing development
urbanizar, to urbanize
urbano(a), polite, well bred, urban
urbe, metropolis, city
urdimbre o urdiembre, warp, plot, scheme
urdir, to warp, to contrive, to scheme
urea, urea
urgencia, urgency, emergency
urgente, pressing, urgent
urgir, to be urgent
urinario(a), urinary
urna, urn
urna electoral, ballot box
urólogo, urologist
urraca, magpie
urticaria, hives
uruguayo(a), Uruguayan
usado(a), used, worn, used, accustomed
usanza, usage, custom, use
usar[1], to use, to make use of, to practice, to follow
usar[2], to be used to
USB, USB
uso, use, style, custom
uso de explosivos, use of explosives
uso de suelo, land use
usted, you
usted mismo, you yourself
ustedes, plural of you
ustorio(a), burning
usual, usual, customary
usufructo, profit, benefit, usufruct

usura, usury
usurero(a), usurer
usurpación, usurpation, seizure
usurpación de identidad, identity theft
usurpar, to usurp, to seize
utensilio, utensil
uterino(a), uterine
útero, uterus, womb
útil, useful
útiles, utensils, tools
útiles de escritorio, stationery
utilidad, utility, profit
utilitario(a), utilitarian
utilizable, usable
utilizar, to make use of, to utilize
utopía, Utopia or utopia
uva, grape, barberry

V (valor), val. (Value)
V (valor), amt. (amount)
V.A. (Vuestra Alteza), Your Highness
V.A. (Versión Autorizada), A.V. (Authorized Version)
vaca, cow, pool
vacaciones, holidays, vacation
vacante[1], vacant
vacante[2], vacancy
vaciar[1], to empty, to drain, to cast, to hollow out, to scoop out, to sharpen, to hone
vaciar[2], to empty, to drain, to discharge, to dwindle, to ebb
vaciarse, to spill the beans
vacilación, vacillation, wobbling, shaking
vacilante, vacillating, unsteady, wobbling
vacilar, to be unsteady, to totter, to wobble, to waver, to flicker, to vacillate, to hesitate, to doubt
vacío(a)[1], empty, void, devoid, vain
vacío[2], vacuum, hole, void
vacuna, vaccine
vacunar, to vaccinate
vacuno(a), bovine
ganado vacuno, cattle
vacuola, vacuole
vadear, to wade, to ford, to overcome
vado, ford
vagabundo(a), vagabond
vagancia, vagrancy
vagar[1], to rove, to wander
vagar[2], leisure, slowness
vagina, vagina
vago(a)[1], vagrant, wandering, vague
vago(a)[2], vagrant
en vago, unsteadily, in vain
vagón, railroad car
vagón cama, sleeping car
vagón de tren refrigerado, refrigerated railroad car
vahído, vertigo, dizziness
vaho, steam, vapor
vaina, scabbard, sheath, pod, husk
vainilla, vanilla
vaivén, movement to and fro, fluctuation, risk, danger
vajilla, table service, set of dishes
vajilla de plata, silverware
vale, promissory note, voucher
valedero(a), valid, binding
valenciano(a), Valencian
valentía, valor, courage, bragging, boasting
valentón, braggart, boaster
valentonada, great show, swaggering
valer[1], to be valuable, to be important, to be valid, to prevail, to avail, to have influence, to have pull
valer[2], to protect, to favor, to result in, to be worth
valer la pena,to be worthwhile
valerse, to use, to resort to
valerse por sí mismo, to be selfreliant
valeroso(a), valiant brave, strong, powerful
valía, value, worth, favor, faction, party
validar, to validate
validez, validity, strength
válido(a), valid, sound, strong
valiente, valiant, brave, courageous, vigorous, first-rate, extreme
valientemente, vigorously, strongly, valiantly, courageously, strenuously, manfully, superabundantly, excessively, elegantly, with propriety
valija, valise, mail bag, mail
valija diplomática, diplomatic pouch

valioso(a), valuable, rich, wealthy
valor, value, worth, force, power, equivalence, courage, valor, cheek
 por dicho valor, for the above amount
 sin valor, worthless
 valor absoluto, absolute value
 valor aparente, face value
 valor atípico, outlier
 valor correspondiente para, corresponding value for
 valor de la producción, production value
 valor de lugar, place value
 valor de supervivencia de rasgos, survival value of traits
 valor del espacio, place value
 valor designado, designated value
 valor esperado, expected value
 valor extremo, extreme value, outlier
 valor fijo, fixed value
 valor fundamental, fundamental value
 valor nominal, face value
 valor nutricional, nutritional value
 valor posicional, place value
 valor reproductivo de los rasgos, reproductive value of traits
 valor total de mercado, total market value
 valores de ingreso, input values
 valores democráticos, democratic values
 valores morales, moral values
 valores occidentales, Western values
 valores personales, personal values
 valores puritanos, Puritan values
 valores victorianos, Victorian values
valorar, to value, to use, to increase the value of
valorear, to value, to use, to increase the value of
valores, securities
 valores del Estado, government security
vals, waltz
valuación, evaluation, appraisal, estimate
valuar, to evaluate, to estimate
válvula, valve
 válvula corrediza, slide valve
 válvula de aire, air valve
 válvula de radio, radio tube
 válcula de rayos catódicos, cathode-ray tube
 válvula de seguridad, safety valve
valla, barricade, fence, obstacle, impediment
 valla publicitaria, billboard
valle, valley, vale
 valle del Indo, Indus Valley
 valle del Nilo, Nile Valley
 valle del río Ganges, Ganges River Valley
 valle del Tigris y el Éufrates, Tigris-Euphrates Valley
¡vamos!, well then! come on now!
vanagloria, conceit, vainglory
vanagloriarse, to boast, to brag
vandalismo, vandalism
vándalo(a), vandal
vanguardia, vanguard, van
vanidad, vanity
vanidoso(a), vain
vano(a)[1], vain
vano[2], hollow
 en vano, in vain
vapor, vapor, steam, steamer, steamship
 vapor de agua, water vapor
vaporoso(a), vaporous, ethereal
vaquero[1], cowboy
vaquero(a)[2], cowboy, ranch
vaqueta, leather
V. A. R. (Vuestra Alteza Real), Your Royal Highness
vara, twig, branch, rod, pole, staff
 vara alta, upper hand
varadero, shipyard
varadura, grounding
varar[1], to beach
varar[2], to ground to be stranded
variabilidad, variability
variable, variable
 variable aleatoria, random variable
 variable dependiente, dependent variable
 variable independiente,

independent variable
variación, variation
variación de tamaño, size variation
variación de una función, range of a function
variación del color, color variation
variación directa, direct variation
variación estacional, seasonal change
variación física, physical variation
variación genética, genetic variation
variación inversa, inverse variation
variación rítmica, rhythmic variation
variado(a), variegated, varied, diverse
variante[1], variant
variante[2], varying
variar[1], to vary, to change
variar[2], to vary
varicela, chicken pox
varicoso(a), varicose
variedad, variety, diversity, inconstancy, instability, change, alteration, variation
variedad de oraciones, sentence variety
variedades, vaudeville performance
varilla, long narrow rod, rib
vario, varied, various, fickle, inconstant
varón, male, man, man of standing
varonil, male, manly, virile
vasallo, vassal
vaselina, vaseline, petroleum jelly
vasija, vessel, dish
vaso, glass, vase
vaso medidor, measuring cup
vástago, bud, shoot, offshoot, descendant, rod, bar
vasto(a), vast, huge
vate, poet, bard, diviner, seer
Vaticano, Vatican
vaticinar, to divine, to foretell
vaticinio, foretelling, prediction, forecast
vatio, watt
vatio hora, watt hour
¡vaya!, well now!
Vd. (Usted), you
vda. (viuda), widow
Vds. or VV. (ustedes), you
V.E. (Vuestra Excelencia), Your Excellency
véase, see, refer to
veces, times
vecindad, neighborhood
en la vecindad, nearby, in the area
vecindario, neighborhood, district
vecino(a)[1], neighboring, near
vecino(a)[2], neighbor, inhabitant
vector, vector
veda, prohibition, closed season
vedado, park, inclosure
vedar, to prohibit, to forbid, to impede
Vedas, Vedas
veedor[1], overseer, inspector
veedor(a)[2], prying, nosy
vega, plain
vegetación, vegetation
vegetación exuberante, overgrowth
vegetación marina, marine vegetation
vegetación natural, natural vegetation
vegetal, vegetable
vegetar, to vegetate
vegetariano(a), vegetarian
vehemencia, vehemence
vehemente, vehement
vehículo, vehicle
vehículo eléctrico, electric car
vehículo motorizado, motorized vehicle
veinte, twenty
veintena, score, twenty
veinteno(a) o vigésimo(a), twentieth
veintiuno(a), twenty-one
vejamen, taunt, vexation
vejar, to vex, to annoy
vejez, old age, old story
vejiga, bladder, blister
vela, watch, vigil, night work, pilgrimage, guard, candle
vela latina, lateen sails
velación, watch, watching
velaciones, nuptial benedictions
velada, watch, evening entertainment, soiree

velador, watchman, caretaker, wooden candlestick, lamp stand
velar[1], to stay awake, to work nights, to take care, to watch
velar[2], to look after, to observe closely
veleidad, caprice, whim, inconstancy, flightiness
veleidoso(a), inconstant, fickle
velero(a)[1], swift-sailing
velero[2], sailboat
veleta, weathercock, fickle person
velo, veil, pretext
velocidad, velocity, speed
a toda velocidad, at full speed
cambio de velocidad, gear shift
velocidad aérea, air speed
velocidad constante, constant speed
velocidad de la comunicación, speed of communication
velocidad de la luz, speed of light
velocidad de reacción, reaction rate
velocidad de reacción química, chemical reaction rate
velocidad lineal, linear velocity
velocidad máxima, speed limit
velorio, wake, taking the veil
veloz, swift, quick
vello, down, fuzz
vellocino, fleece
vellón, fleece
velloso(a), downy, fuzzy
velludo(a)[1], shaggy, woolly, hairy
velludo(a)[2], velvet
vena, vein, inspiration
estar en vena, to feel in the mood
venado, deer
venal, venous, salable, mercenary
vencedor(a)[1], conqueror, victor
vencedor(a)[2], victorious
vencer[1], to conquer, to excede, to surpass, to prevail over, to suffer, to twist, to bend
vencer[2], to fall due, to expire, to run out
vencerse, to control oneself
vencido(a)[1], conquered, due
darse por vencido, to give up, to yield
letra vencida, overdue draft
vencida[2], vanquishment, maturity, expiration
vencimiento, victory, expiration
venda, bandage, blindfold
vendaje, bandage, dressing
vendaje de pies, foot binding
vendar, to bandage, to blindfold, to blind
vendaval, strong wind from the sea
vendaval de polvo, dust storm
vendedor(a)[1], seller
vendedor[2], salesman
vendedora[3], saleswoman
vender, to sell, to sell out, to betray
vender al por mayor, to sell wholesale
vender al por menor, to sell retail
vendible, salable, marketable
vendimia, vintage, profits
veneciano(a), Venetian
veneno, poison, venom
venenoso(a), venomous, poisonous
venerable, venerable
veneración, veneration, worship
venerar, to venerate, to worship
venéreo(a), venereal
venezolano(a), Venezuelan
vengador(a), avenger
venganza, revenge, vengeance
vengar, to revenge, to avenge
vengarse de, to take revenge for
vengativo(a), revengeful, vindictive
venia, pardon, forgiveness, leave, permission, bow, curtsy
venial, venial
venida, arrival, return, impetuosity
venidero(a), coming, next, approaching
el próximo venidero, the coming month
venideros, posterity
venir, to come, to arrive, to agree to, to fit, to suit
el mes que viene, next month
ir y venir, to go back asid forth
venir a menos, to decay, to decline
venir como anillo al dedo, to be very opportune, to be in the

nick of time
venir de, to come from
venir de perillas, to be very opportune, to be in the nick of time
¿a qué viene eso?,
to what purpose is that?
venta, sale, roadside inn
venta con señuelo,
bait and switch
ventaja, advantage
con ventaja recíproca,
to mutual advantage
llevar ventaja,
to have the advantage over
ventaja absoluta,
absolute advantage
ventaja comercial,
trade advantage
ventaja comparativa,
comparative advantage
ventaja inicial, Head Start
ventaja mecánica,
mechanical advantage
ventajoso(a), advantageous
ventana, window
repisa de ventana, windowsill
vidrio de ventana,
windowpane
ventanal, large window
ventanilla, small window, peephole
ventarrón, violent wind
ventero(a), innkeeper
ventilación, ventilation, discussion
ventilador, ventilator, fan
ventilar, to ventilate, to air, to discuss
ventisca, snowstorm
ventisquero, snowdrift
ventisqueros, glaciers
ventolera, gust, pride, loftiness
ventor(a), pointer
ventosear, to break wind
ventosidad, flatulency
ventoso(a), windy, flatulent
ventrículo, ventricle
ventrílocuo, ventriloquist
ventura, luck, chance, fortune, risk, danger
por ventura, perhaps
venturoso(a), lucky, fortunate, happy
venus, Venus
ver[1], to see, to look at, to note, to observe, to understand, to consider, to reflect, to predict
hacer ver,
to claim, to make believe
ser de ver,
to be worthy of attention
vamos a ver, let's see, veremos, we'll see, maybe
ver[2], sight, appearance, aspect
a mi ver, in my opinion, to my way of thinking
vera, edge, border
veracidad, veracity
veranear, to spend the summer, to vacation
veraneo, summering
lugar de veraneo,
summer resort
verano, summer
veras, truth, sincerity
de veras, in truth, really
veraz, veracious, truthful, sincere
verbal, verbal, oral
verbena, verbena, festival on the eve of a saint's day
verbigracia, for example, namely
verbo, word, term, verb
verbo auxiliar, auxiliary verb
verbo compuesto,
compound verb
verbo copulativo,
linking verb
verbo de acción,
action verb
verbo de enlace,
linking verb
verbo irregular,
irregular verb
verbo regular,
regular verb
verborrea, wordiness
verbosidad, verbosity
verboso(a), verbose
verdad, truth
decir a alguien cuatro verdades, to tell someone off
en verdad, really, indeed
ser hombre de verdad,
to be a man of his word
verdad en la publicidad,
truth in advertising
verdades manifiestas,
self-evident truths
verdaderamente, truly, in fact

verdadero(a), true, real, sincere
verde[1], green, fresh, vigorous, young, inexperienced, off-color
verde[2], fodder, bitterness
verdor, verdure, greenness, youth, vigor
verdoso(a), greenish
verdugo, young shoot, whip, welt, shrike, hangman, savage, brute, torment, plague
verdulero(a), greengrocer
verdura, verdure, vegetables, greens
vereda, path, trail
veredicto, verdict
vergel, flower garden
vergonzante, shameful, shamefaced
vergonzoso(a), bashful, shy, shameful
vergüenza, shame, bashfulness, confusion
tener vergüenza, to be ashamed, to have dignity, to be honorable
verídico(a), truthful
verificación, verification
verificar, to verify, to prove, to check
verificar resultados, verify results
verificarse, to be verified, to turn out true, to take place
verisímil, plausible, credible
verja, grate, lattice, iron fence
vermut, vermouth
verónica, speedwell, veronica
verosímil, plausible, credible
verraco, boar
verruga, wart, nuisance, defect
verrugoso(a), warty
versado(a), well-versed, conversant, skilled
Versalles, Versailles
versar, to turn, to go around, to versify
versar sobre, to deal with
versarse, to become skillful
versátil, versatile, fickle
verse, to find oneself
verse bien, to look well
verse en apuros, to be in trouble
versículo, versicle, verse
versificar, to versify
versión, translation, version, interpretation
verso, verse, stanza
verso blanco, blank verse
verso libre, free verse
verso suelto, blank verse
vértebra, vertebra
vertebrado(a), vertebrate
vertedero, drain, sewer
vertedero tóxico, toxic dumping
vertedor(a)[1], emptier
vertedor[2], conduit, sewer, bailing scoop
verter[1], to spill, to empty, to pour, to translate
verter[2], to flow
vertical, vertical, upright
vértice, vertex, crown, apex, vertices
vertiente[1], sloping
vertiente[2], slope
vertiginoso(a), vertiginous, dizzy, giddy
vértigo, dizziness, vertigo, giddiness
vesícula, vesicle
vesícula biliar, gall bladder
vespertino(a), evening
vestibular, vestibular
vestíbulo, vestibule, lobby
vestido, suit, dress
vestidura[1], dress, wearing apparel
vestidura[2], vestments
vestigio, vestige, trace, footprint
vestir, to clothe, to dress, to furnish, to decorate, to cloak, to disguise
de vestir, dressy, elegant
vertirse, to get dressed
vestuario, apparel, wardrobe, uniform, dressing room, vestry, costuming
veta, vein, ribbon
veterano(a)[1], experienced, practiced
veterano[2], veteran
veterinario, veterinary
veto, veto
veto de partidas específicas, line-item veto
vetusto(a), old, antiquated, aged
vez, time, turn
a la vez, at the same time
a la vez que, while, a veces, algunas veces, sometimes
a su vez, in turn
algunas veces, sometimes
cada vez, each time, every time
cada vez más,

more and more
de vez en cuando, from time to time
dos veces, twice
en vez de, instead of
otra vez, again
por primera vez, for the first time
tal vez, perhaps
rara vez, seldom
toda vez que, whenever
una vez, once
varias veces, several times
v.g. o v.gr. (verbigracia), e.g. (for example)
vía, way, road, route, mode, manner, method, track
vía aérea, airway
vía crucis, way of the cross
vía de comunicación, communication route
vía férrea, railway
vía láctea, Milky Way, Milky Way galaxy
vía marítima, waterway
vías respiratorias, respiratory tract
vía verde, greenway
viaducto, viaduct, underpass
viajar, to travel
viaje, journey, voyage, trip, water main
ir de viaje, to go on a trip
gastos de viaje, traveling expenses
viaje de Cortés a México, Cortes' journey into Mexico
viaje de los judíos a Polonia y Rusia, Jewish flight to Poland and Russia
viaje redondo de ida y vuelta, round trip
viaje sencillo, one-way trip
viajero(a), traveler
vialidad, road system, highway service, communication
vianda, food
viáticos, travel expenses
víbora, viper
vibración, vibration
vibrador, vibrator
vibrante, vibrating, vibrant
vibrar[1], to vibrate, to quiver, to throw, to hurl
vibrar[2], to vibrate
vibratorio, vibratory
vicario[1], vicar
vicario(a)[2], vicarious
vicecónsul, viceconsul
vicegobernador, Lieutenant Governor
vicepresidente, vicepresident, vice-chairman
viceversa, viceversa
viciar, to vitiate, to mar, to spoil, to falsify, to adulterate, to corrupt, to annul
viciarse, to give oneself over to vice, to become overly fond
vicio, vice, overgrowth
de vicio, without reason
vicioso(a), vicious, defective, excessive
vicisitud, vicissitude
víctima, victim
victorear, to cheer, to applaud
victoria, victory
victorioso(a), victorious
vid, vine
vida, life
ganarse la vida, to earn a living
vida contemporánea, contemporary life
vida cotidiana, daily life
vida diaria, daily life
vida en común, communal life
vida inteligente, intellectual life
vida media, half-life
vida política, political life
vida privada, private life
vida pública, public life
vida rural en África, African village life
vidalita, Argentine popular song of woe
video (vídeo), video
videocámara, video camera
videojuego, video game
vidriado(a)[1], glazed
vidriado[2], glazed earthenware
vidriera, show case, shop window, leaded window
vidriero, glazier
vidrio, glass, pane of glass, piece of glassware
vidrio inastillable, shatter-proof glass
vidrio soplado, blown glass

vidrioso(a), glassy, brittle, slippery, frail, fragile
viejo(a), old, aged, wornout
viejo amigo, former friend
Viejo Nogal, Old Hickory
vienés (vienesa), Viennese
viento, wind, air, scent, vanity
hace viento, it is windy
molino de viento, windmill
viento dominante, prevailing wind
viento monzón, monsoon wind
vientre, stomach, belly
viernes, Friday
Viernes Santo, Good Friday
Vietnam, Vietnam
vietnamita, Vietnamese
viga, beam
vigente, in force
vigésimo(a), twentieth
vigía[1], watchtower, shoal, rock
vigía[2], lookout, watch
vigilancia, vigilance, watchfulness, care
vigilante[1], vigilant, alert
vigilante[2], guard, caretaker, policeman
vigilar, to watch over, to look after, to observe
vigilia, vigil, watch, watchfulness, alertness, eve
vigor, vigor
entrar en vigor, to go into effect
vigorizar, to strengthen, to invigorate
vigoroso(a), vigorous, hardy
V.I.H. (virus de la inmunodeficiencia humana), H.I.V. (human inmunodeficiency virus)
vikingos, Vikings
vil, mean, sordid, low, worthless, ungrateful
vileza, meanness, lowness, abjectness
villa, village, small town, villa
Villadiego, Villadiego
tomar las de Villadiego, to run away, to sneak out, to take off
villancico, Christmas carol
villanía, lowness of birth, villainy, nasty remark
villano(a)[1], rustic, boorish
villano[2], rustic, peasant
villano[3], villain
vinagre, vinegar
vinagrera, vinegar cruet
vincular, to entail, to link, to secure, to fasten
vínculo, tie, bond, entail
vínculos religiosos, religious ties
vindicación, vindication
vindicar, to vindicate, to avenge
vindicativo(a), vindictive, vengeful
vinílico(a), vinyl
vinilo, vinyl
vino, wine
vino añejo, aged wine
vino tinto, red wine
viña, vineyard
viñedo, vineyard
viñeta, cartoon
viola, viola
violáceo(a), violet colored
violación, violation
violado(a), violet colored, violated
violar, to violate, to infringe, to break, to ravish, to profane, to desecrate
violencia, violence
violencia dirigida a otros, other-directed violence
violencia dirigida contra uno mismo, self-directed violence
violencia doméstica, domestic violence
violencia familiar, domestic violence
violencia intrafamiliar, domestic violence
violación por un conocido, date rape
violentar, yo enforce by violent means, to force, to distort, to do violence to
violento(a), violent
violeta[1], violet
violeta[2], violet
violín, violin
violinista, violinist
violón, bass viol
violonchelo, violoncello
viperino(a), viperous
lengua viperina, venomous tongue
virada, tacking
virar[1], to veer, to tack
virar[2], to turn
virgen, virgin

virginal, virginal
Virginia, Virginia
virginidad, virginity, purity, candor
viril, virile, manly
virilidad, virility
virología, virology
virreinato, viceroyship
virrey, viceroy
virtud, virtue, efficacy, vigor, courage
virtuoso(a), virtuous
viruela, smallpox
  viruelas locas, chicken pox
virulento(a), virulent
virus, virus
viruta, cutting, shaving
visa, visa
visar, to countersign, to visa, to sight
vísceras, viscera
viscosidad, viscosity
viscoso(a), viscous
visera, visor, eyeshade
visible, visible, apparent, conspicuous
visión, vision, sight, insight
  visión general, overview
visionario(a), visionary
visir, vizier
visita, visit, visitor, guest
  hacer visitas, to pay visits
  visitas de cumplimiento, courtesy call
visitador(a)[1], visiting inspector, frequent visitor
visitador(a)[2], visiting
visitante, visitor
visitar, to visit
visitarse, to be on visiting terms
vislumbrar, to catch a glimpse of, to perceive indistinctly, to have an inkling of, to conjecture
viso, sheen, shimmer, gleam
visos, appearance
visón, mink
  abrigo de visón, mink coat
víspera, eve, day before
  víspera de Año Nuevo, New Year's Eve
vísperas, vespers
vista[1], sight, eyesight, appearance, aspect, view, vista, glance, purpose, intent, trial
  vista objetiva, objective view
vista[2], customs officer
  a la vista, on sight
  a primera vista, at first sight
  corto de vista, nearsighted
  echar una vista a, to glance at
  en vista de, in view of, considering
  hacer la vista gorda, to overlook
  hasta la vista, good-bye, so long
  perder de vista, to lose sight of
  punto de vista, viewpoint
  saltar a la vista, to be obvious
  vista de pájaro, bird's-eye view
  vista de un pleito, day of trial
vistas, windows, collar and cuffs
vistazo, glance
visto, obvious
  dar el visto bueno, to give one's approval
  por lo visto, apparently
  visto bueno, O.K.
  visto que, considering that
vistoso(a), showy, flashy
visual, visual
visualización, visualization
vital, vital, essential
vitalicio(a)[1], life long
vitalicio[2], life insurance policy, life pension
vitalidad, vitality
vitamina, vitamin
vitorear, to cheer, to applaud
vitrina, showcase
vituperar, to blame
vituperio, vituperation
viuda, widow
viudez, widowhood
viudo, widower
¡viva!, hurrah! hail!
vivacidad, vivacity, liveliness
vivaracho(a), lively, smart, sprightly
víveres, provisions
vivero, nursery, fish hatchery
viveza, liveliness, keenness, quickness
vividor(a)[1], lively, industrious
vividor(a)[2], sponger
vivienda, dwelling, house, manner of living, housing
  vivienda de interés social, public housing
viviente, alive, living

vivificar, to vivify, to enliven
vivir, to live, to last
vivir de, to live on
vivisección, vivisection
vivo(a), living, alive, intense, sharp, lively, ingenious, sharp, bright, active, lively
vizconde, viscount
vizcondesa, viscountess
Vladimiro de Kiev, Vladimir of Kiev
V. M. (Vuestra Majestad), Your Majesty
V.o B.o (visto bueno), O.K.
vocablo, word
vocabulario, vocabulary, dictionary
vocabulario de lectura, reading vocabulary
vocabulario del área de contenido, content-area vocabulary
vocación, vocation, calling
vocacional, vocational
escuela vocacional, vocational school
vocal[1], vowel
vocal corta, short vowel
vocal larga, long vowel
vocales controladas por la letra r, r-controlled
vocal[2], member of board of directors
vocal[3], vocal, oral
vocalización, vocalization
vocear, to cry, to shout, to proclaim, to calf, to acclaim
vociferación, vociferation
vociferar, to shout, to proclaim
vocinglería, clamor, shouting, hullabaloo
vocinglero(a), noisy, shouting
vocinglero(a), loudmouth
vol. (volumen), vol. (volume)
vol. (voluntad), will, good will
volador(a)[1], flying, hanging, speedy, fast
volador[2], flying fish, rocket
volante[1], flying, unsettled, portable
volante[2], shuttlecock, steering wheel, minting press, note, memorandum, ruffle, lackey
volantín, fishing tackle
volar[1], to fly, to project, to stick out, to do right away, to disappear, to spread
volar[2], to blow up, to detonate, to irritate, to anger, to rouse
volarse, to get angry
volátil, volatile, flying
volatilidad, volatility
volcán, volcano
volcán compuesto, composite volcano
volcán de cono de ceniza, cinder cone volcano
volcán en escudo, shield volcano
volcanismo, volcanism
volcar[1], to tip, to tip over, to upset, to make dizzy, to change one's mind, to exasperate
volcar[2], to turn over
voleo, volley, Sunday punch
volframio, wolfram, tungsten
voltaje, voltage, tension
voltear[1], to turn over, to reverse, to move, to build
voltear[2], to tumble
volteo, reversal, overturning, tumbling, volteo, flip
caja de volteo, body of a dump truck
voltereta, handspring
voltio, volt
voluble, voluble, inconstant, fickle
volumen, volume
volumen de formas irregulares, volume of irregular shapes
volumen de sólidos rectangulares, volume of rectangular solids
volumen de un cilindro, volume of a cylinder
volumen de un prisma, volume of a prism
volumen de una pirámide, volume of a pyramid
volumen molar, molar volume
voluminoso(a), voluminous
voluntad, will, free will, good will
a voluntad, at will
de buena voluntad, willingly, with pleasure
voluntad popular, popular will
voluntariado, volunteerism
voluntario(a)[1], voluntary
voluntario(a)[2], volunteer
voluntarioso(a), willful
voluptuoso(a), voluptuous, voluptuary

volver, to turn, to translate, to return, to restore, to change, to transform, to vomit, to change one's mind, to give, to push, to pull, to plow a second time, to send back, to return
volver a contar, retell
volver a redactar, redraft
volverse, to become, to turn sour
vomitar, to vomit
vomitivo(a), emetic
vómito, vomiting, vomit
voracidad, voracity
vorágine, whirlpool, vortex
voraz, voracious
vórtice, vortex, whirlpool, eye
vos, you
vosotros(as), plural of you
votación, voting
votante, voter
votar, to vow, to swear, to vote
votivo(a), votive
voto, vow, vote, wish, votive offering, voter, curse
hacer votos, to wish well
voto de censura, vote of no confidence
voz, voice, sound, noise, shout, word
V.P. (Vicepresidente), Vice Pres. (Vice President)
V.R. (Vuestra Reverencia), Your Reverence
vuelco, overturning, upsetting
vuelo, flight, wing, width, fullness, ruffle, frill, woodland
vuelo a ciegas, blind flying
vuelo en formación, formation flying
vuelo tripulado, manned flight
a vuelo, immediately, right away
al vuelo, immediately, right away
vuelta, turn, revolution, curve, return, beating, harshness, repetition, reverse, other side, ruffle
a vuelta de correo, by return mail
viaje de vuelta, return trip
dar la vuelta, to turn around, to take a walk, to take a ride
vuelto, change
dar el vuelto, to give back one's change
vuestro(a), yours, your
vulcanización, vulcanization
vulcanizar, to vulcanize
vulgar, vulgar, common, ordinary, vernacular
vulgaridad, vulgarity
vulgarismo, colloquialism
vulgo[1], common people
vulgo[2], commonly, vulgarly
vulnerar, to injure, to damage
V.V. (ustedes), you

Warren G. Harding, Warren G. Harding
Watergate, Watergate
Web, web
webring, web ring
whisky, whisky
whist, whist
William McKinley, William McKinley
witan, witan
World Wide Web, World Wide Web

xenofobia, xenophobia
xenón, xenon
xerófila, xerophyte
xilófono, xylophone

y, and
ya, already, now, presently, soon, immediately, right now, finally
ya no, no longer
ya que, since, seeing that
¡ya!, enough! I see! that's right!
yacer, to lie, to lie down, to be buried, to be located, to lie

yace sobre la línea, lie on the line
yacimiento, bed, deposit
yacimiento petrolífero, oil field
yaguar, jaguar
yanqui, Yankee
yarda, yard
yate, yacht
ye, name of the letter y
yedra, ivy
yegua, mare
yelmo, helmet
yema, bud, yolk, best, cream
yema del dedo, tip of the finger
yerba, grass
mala yerba, marijuana
yerbabuena, mint
yerba mate, Paraguay tea
yerbas, grass, pasture
yermo[1], desert, wasteland
yermo(a)[2], uncultivated, uninhabited, deserted
yerno, son in law
yerro, error, mistake
yerto(a), stiff, inflexible, rigid
yesca, tinder, spunk, stimulus
yeso, gypsum, plaster, plaster cast
yetar, to hex
yihad, jihad
yo, I
yo mismo, I myself
yodo, iodine
yodoformo, iodoform
yuca, yucca, cassava
yugo, yoke, transom
yugoslavo(a), Yugoslavian
yugular, jugular
vena yugular, jugular vein
yunque, anvil, long suffering person, tool
yunta, team, yoke
yurta, yurt
yute, jute, skin jacket
yuxtaposición, juxtaposition

Z

zacate, hay, grass
zafar, to untie, to loosen, to adorn, to garnish
zafarse, to evade, to get out of
zafarrancho, clearing for action, destruction, devastation, wrangle, scuffle
zafir(o), sapphire
zafra, sugar crop, sugar making
zaga[1], rear load, rear, back
zaga[2], last player in a game
no quedarse en zaga, not to be left behind
zagal, outrider, young man, boy, shepherd, skirt
zagala, shepherdess, lass, girl
zaguán, hall, vestibule
zahúrda, hogsty, pigpen
zaino(a), chestnut, vicious, treacherous, false, traitorous, black
mirar a lo zaino, to look sideways
mirar de lo zaino, to look sideways
zalamería, flattery
zalamero(a)[1], wheedler, flatterer
zalamero(a)[2], wheedling
zamarra, sheepskin, sheepskin jacket
zambo(a), knock kneed
zambullida, dipping, dunking
zambullirse, to plunge, to dive, to jump, to hide
zanahoria, carrot
zanca, shank
zancada, stride, long step, lunging
zancadilla, trip, trick, deceit
zanco, stilt
zancudo(a)[1], long legged, wading
zancudo[2], mosquito
zángano(a), drone, sponger, lazy lout
zanja, ditch, trench
zanjar, to dig ditches in, to clear the ground for
Zanzíbar, Zanzibar
zapa, spade
zapallo, squash
zapapico, pickax

zapar, to dig, to excavate
zapatazo, blow with a shoe
zapatear[1], to strike with a shoe
zapatear[2], to tap one's foot, to beat time
zapatearse, to hold one's own
zapatería, shoe store
zapatero, shoemaker, shoe seller
zapatilla, pump, slipper
zapato, shoe
  zapatos de goma, rubbers
  zapatos de hule, rubbers
¡zape!, scat!
zapote, sapota
zar, czar
  Zar Nicolás I, Czar Nicholas I
  Zar Nicolás II, Czar Nicholas II
zaragata, turmoil, todo, mixup, quarrel
zarandearse, to run from pillar to post
zaraza, chintz, printed cotton, gingham
zarcillo, earring, tendril, hoe
zarigüeya, opossum
zarpa, claw, weighing anchor
zarpar, to weigh anchor, to set sail
zarpazo, thud, thump, clawing
zarza, bramblebush, blackberry bush
zarzal, brambles, blackberry patch
zarzamora, brambleberry, blackberry
zarzo, wattle, trellis
zarzuela, zarzuela, operetta
  zarzuela cómica, comic operetta
¡zas zas!, slap, slap!
zen, zen
zepelín, blimp, zeppelin, dirigible
zeta, name of the letter z
zigurat, ziggurat
zigzag, zigzag
zirconio, zircon
zócalo, socle, plaza, square
zoclo, wooden shoe, galosh
zodiaco (zodíaco), zodiac
zona, zone, belt
  zona central de negocios, central business district
  zona climática, climate zone
  zona comercial del centro de la ciudad, downtown business area
  zona costera, coastal area
  zona costera de inundación, coastal flood zone
  zona de asistencia escolar, school attendance zone
  zona de bajos ingresos, low-income area
  zona de latitud alta, high-latitude place
  zona de marcha lenta, slow driving zone
  zona de peligro, danger zone
  zona de subducción, zone of subduction
  zona de tránsito, traffic lane
  zona horaria, time zone
  zona minera, mining area
  zona postal, postal zone
  zona selvática, wilderness area
  zona semiárida, semiarid area
  zona sísmica, earthquake zone
  zona urbana, urban area
  zona virgen, wilderness area
  zonas de fractura, fracture zones
  zonas de subducción, subduction zones
  zonas de temperatura global, global temperature zones
zonificación, zoning
  zonificación de uso del suelo, zoned use of land
zoología, zoology
zoológico(a), zoological
zoonosis, zoonosis
zoquete, block, chunk, blockhead, numbskull
zoroastrismo, Zoroastrianism
zorra, fox, prostitute, drunkenness

zorrazo, a big fox
zorrería, cunning, craft
zorrillo, skunk
zorro, fox
zorruno(a), foxy
zorzal, thrush
zote, dolt, lout, lug
zozobra, foundering, uneasiness, anxiety
zozobrar, to fail, to be in danger, to be torn, to founder
zuavo, zouave
zueco, wooden shoe, galosh
zumba, cow bell, whistle, joke, trick, flogging, whipping
zumbador, buzzer
zumbar, to hum, to buzz, to ring, to jest, to joke
zumbido, humming, buzzing
  zombido telefónico, busy signal
zumo, juice, advantage
  zumo de limón, lemon juice
zuñi, Zuni
zurcir, to darn, to mend, to join, to unite, to weave, to hatch
zurdo(a), left, lefthanded
zurrador, leather dresser, currier
zurrapa, lees, dregs, scum, garbage
zurrar, to curry, to dress, to whip, to lash, to bawl out, to get the best of
zutano(a), so and so, what's his (her) name

Velázquez Press

For over 150 years, *Velázquez Spanish and English Dictionary* has been recognized throughout the world as the preeminent authority in Spanish and English dictionaries. Velázquez Press is committed to developing new bilingual dictionaries and glossaries for children, students, and adults based on the tradition of *Velázquez Spanish and English Dictionary*.

We invite you to go to www.AskVelazquez.com to access online services such as our free translator and member forum. We also invite you to add on to the glossary. If you know of a K-12 science term that is not included, please let us know at *info@academiclearningcompany.com* for future editions.

Durante más de 150 años, *Velázquez Spanish and English Dictionary* ha sido reconocido como la máxima autoridad en diccionarios de español e inglés en todo el mundo. Velázquez Press está comprometido a elaborar diccionarios y glosarios bilingües para niños, estudiantes y adultos en la tradición del *Velázquez Spanish and English Dictionary*.

Lo invitamos a visitar www.AskVelazquez.com para acceder a los servicios en línea como nuestro traductor automático y el foro. Si sabe de algún término de ciencia de los grados escolares kinder a 12 que no está incluido, por favor, mande un correo electrónico a info@academiclearningcompany.com para ediciones futuras.

Other Velázquez Resources

Velázquez Spanish and English Dictionary

- More than 250,000 entries with accessible pronunciation guides for BOTH Spanish and English
- Revised for the 21st century
- Thumb-indexed to help user find words faster
- Covers regional variations of US, Latin American and European Spanish
- For teachers and students, notes on grammar integrated into the main body
- Entries include examples for better understanding of connotations and usage

BOOK INFORMATION

- **ISBN 13: 978-1-5949-5000-1 • Pub Date: August 2007**
- **Format: Hardcover, 2,008 pages • Size: 7.5 in. x 9.5 in.**
- **Price: $29.95 USD**

Velázquez Large Print Spanish and English Dictionary

- Carries the Seal of Approval of NAVH
- Over 38,000 easy-to-read bold entries with guide phrases
- Great for mature and visually impaired readers and students
- Includes pronunciation keys in BOTH the Spanish and
- English sections
- Easy-to-use format and up-to-date
- User's Guide included
- Durable hardcover binding for long-lasting use

BOOK INFORMATION

- **ISBN 13: 978-1-5949-5002-5 • Pub Date: January 2006**
- **Format: Hardcover, 1,006 pages • Size: 8.25 in. x 9.5 in.**
- **Price: $22.95 USD**

Velázquez World Wide Spanish and English Dictionary

- Word-to-word translation for state standardized testing
- Contains no offensive words. Adopted by many states for classroom use
- Over 85,000 colored entries for easy-to-find reference
- BOTH Spanish and English pronunciation keys and explanation of sounds

BOOK INFORMATION

- **ISBN 13: 978-1-5949-5001-8 • Pub Date: March 2010**
- **Format: Paperback, 691 pages • Size: 5.25 in. x 6.8 in.**
- **Price: $12.95 USD**